中国互联网发展报告

（2003～2004）

中 国 互 联 网 协 会
中国互联网络信息中心 编

人民邮电出版社

图书在版编目（CIP）数据

中国互联网发展报告（2003～2004）/中国互联网协会，中国互联网络信息中心编.
—北京：人民邮电出版社，2004.7
ISBN 7-115-12357-8

Ⅰ. 中… Ⅱ. ①中…②中… Ⅲ. 因特网—调查报告—中国—2003～2004

Ⅳ. TP393.4

中国版本图书馆 CIP 数据核字（2004）第 056122 号

中国互联网发展报告（2003~2004）

◆ 编　　中国互联网协会
　　　　中国互联网络信息中心
　责任编辑　魏雪萍

◆ 人民邮电出版社出版发行　北京市崇文区夕照寺街 14 号
　邮编　100061　电子函件　315@ptpress.com.cn
　网址　http://www. ptpress.com.cn
　读者热线　010-67132692
　北京汉魂图文设计有限公司制作
　北京顺义振华印刷厂印刷
　新华书店总店北京发行所经销

◆ 开本：787×1092　1/16
　印张：58.5　　彩插：2
　字数：1 429 千字　　2004 年 7 月第 1 版
　印数：1-2 000 册　　2004 年 7 月北京第 1 次印刷

ISBN7-115-12357-8/TP・4032

定价：580.00 元

《中国互联网发展报告》编辑委员会名单

编辑委员会主任委员

胡启恒　中国科协副主席、中国互联网协会理事长、中国工程院院士

编辑委员会副主任委员

苏金生　信息产业部电信管理局局长、中国互联网协会副理事长

常小兵　中国电信集团公司副总经理、中国互联网协会副理事长

张春林　信息产业部综合规划司副司长

黄澄清　中国互联网协会副秘书长

毛　伟　中国互联网络信息中心（CNNIC）主任

编辑委员会委员（按姓名拼音排序）

陈　静　中国人民银行科技司司长

陈　因　信息产业部外事司副司长

陈立波　国家经贸委经济信息中心主任

陈晓宁　国家广电总局广播影视信息网络中心主任

杜肤生　人民邮电出版社社长

方滨兴　国家计算机网络与信息安全管理中心主任

高卢麟　中国互联网协会副理事长

季金奎　信息产业部信息化推进司司长

蒋林涛　信息产业部电信研究院总工程师

蒋亚平　　人民日报网络中心主任

蒋志培　　最高人民法院民三庭庭长

寇晓伟　　新闻出版总署音像管理司副司长

雷震洲　　信息产业部电信研究院原总工程师

冷荣泉　　中国网络通信集团公司副总经理

李国杰　　中国科学院计算技术研究所所长

李乃岑　　信息产业部综合规划司副处长

李欲晓　　中国互联网协会秘书处处长

刘二海　　中国铁路通信网络有限公司副总经理

刘韵洁　　中国联合通信有限公司副总经理

刘正荣　　国务院新闻办网络新闻宣传局副局长

鲁向东　　中国移动通信公司副总经理

吕廷杰　　北京邮电大学研究生院常务副院长、博士生导师

倪翼丰　　中国通信广播卫星公司副总经理

钱华林　　中国科学院计算机网络信息中心研究员

魏茂洪　　人民邮电报社社长

吴建平　　中国教育和科研计算机网网络中心主任

许　勤　　国家发展和改革委员会高技术产业司司长

阎保平　　中国科学院计算机网络信息中心主任

杨晓雅　　信息产业部电信管理局处长

于慈珂　　新闻出版总署政策法规司副司长

张晓星　　国家图书馆副馆长

赵　波　　信息产业部电子信息产品管理司副司长

赵小凡　　国务院信息化工作办公室推广应用组副组长

郑京平　　国家统计局综合司司长

周锡生　　新华网总裁

总编辑

黄澄清

副总编辑

毛　伟　钱华林　雷震洲　李欲晓

执行编辑

王恩海　杨君佐　周　镇

撰稿人（按姓名拼音排序）

陈　沛	陈金桥	陈素忱	崔　翔	杜跃进	段　炜	高卢麟	郭先旗
何　松	洪斌一	侯自强	黄元飞	纪玉春	江雁明	蒋林涛	焦绪录
寇晓伟	黎　文	李　红	李　星	李　燕	李国杰	李乃苓	李晓明
梁立华	林　松	刘　东	刘　军	宋　军	孙九林	添先进	王　旭
王存肃	王卷乐	王雪飞	王艳峰	卫亚军	文　健	郇贺铨	肖　云
辛克铎	许丕盛	姚志杰	俞　阳	虞路清	张　冰	张建川	张荣显
张新红	张炎滨	甄　浩	周勇林	朱金周	朱太明	朱秀梅	祝建华

编者的话

《中国互联网发展报告》是一部全面反映我国互联网发展状况的大型综合性研究文献，由中国互联网协会和中国互联网络信息中心（CNNIC）联合组织编写，旨在忠实记载和全面介绍我国互联网在各个领域的发展足迹，帮助国内外社会各界了解我国互联网发展的真实面貌，为各级政府部门和互联网行业从业机构发展互联网、应用互联网、研究互联网以及开展互联网服务进行决策提供一部具有重要参考价值的编年系列文献。

《中国互联网发展报告》（以下简称《报告》）每年编写出版一卷，《报告》内容重点记载、研究和介绍上一年度我国互联网行业发展的最新情况。《报告》第一卷已于 2003 年 8 月出版，2003～2004 年卷为《报告》的第二卷。

本年度《报告》分为发展环境篇、应用篇、资源篇、技术篇、统计篇和附录篇共 6 篇 30 章，包含近 50 份专题研究报告，共计 100 多万字。《报告》各个篇章对 2003 年到 2004 年初我国互联网发展环境、互联网应用与服务、互联网信息资源建设，以及互联网技术创新等各大领域的最新发展状况进行了较为系统的分析和介绍。

“环境篇”包括 2003 年我国互联网发展趋势、下一代互联网研究与规划、政府与互联网、中国互联网络发展状况统计分析、网络设备与产品、互联网服务的管理、互联网标准，以及网络知识产权共 8 章内容。

“应用篇”包括企业信息网络化、农业信息网络化、网上银行建设与应用、证券业信息网络化、网络出版、互联网内容服务、网络媒体、互联网域名服务与管理，以及互联网其他应用与管理（包括网络广告、网络游戏、网络教育、网上采购、网上人才中介和电子邮件服务等）共 9 章内容。

“资源篇”包括互联网资源开发共享与管理状况、科技信息资源建设、网上博物馆、信息网络专门人才培养与管理状况共 4 章内容。

“技术篇”包括计算机网络与信息安全状况、互联网新技术研发与应用状况共 2 章内容。

“统计篇”包括 2003 年中国互联网络发展统计报告、互联网络信息资源调查报告、区域互联网络发展状况分析报告、中国互联网络热点调查报告以及港、澳、台三地的互联网发展统计报告共 7 章内容。

“附录篇”包括 2003 年中国互联网发展大事记、2003 年 1 月到 2004 年 2 月新颁布的互联网政策法规、2003 年我国电信业发展状况及主要统计指标、国外信息网络行业发展概括及统计指标等内容。

与 2002 年卷相比，本年度《报告》内容更加丰富，有一半的章节是新增内容，《报告》所包含的信息总量也有大幅度增加，仅统计和分析图表就达 900 多份，资料更加丰富详实，参考价值和收藏价值进一步提高。

本年度《报告》的编写工作得到了社会各界的关心、支持和参与。来自国务院信息化工作办公室、国务院新闻办公室、信息产业部、中国人民银行、新闻出版总署、中国科学院、中国工程院、中国证监会、国家信息中心、国家经贸委经济信息中心、中国农业科学院、中国互联网协会、中国互联网络信息中心（CNNIC）以及北京大学、清华大学等许多机构的专业人士共60多人参与了本《报告》的编写。

在此，我们谨向那些为本《报告》的出版付出辛勤劳动的各位撰稿人士表示诚挚的敬意，向支持本《报告》编写出版工作的各有关单位和社会各界表示由衷的感谢。

由于我们的力量和水平还很有限，《报告》中肯定还存在缺陷甚至错误，需要继续改进，我们恳请大家予以批评指正，以便我们在今后的编撰工作中不断总结，不断提高。

《中国互联网发展报告》编委会

二〇〇四年六月

目　录

第一篇　环　境　篇

第二篇　应　用　篇

第三篇 资 源 篇

第四篇 技 术 篇

第五篇 统 计 篇

第六篇　附　录　篇

第一篇

环 境 篇

第1章　2003年中国互联网发展特点

2003年中国的互联网继续保持强劲发展的势头。各项指标基本上都保持了快速增长的态势。其中网民数和上网计算机数分别达到了7 950万人和3 089万台；CN下注册的域名数和网站数分别达到了34万和59.6万；网络国际出口带宽总数达到27 216Mbit/s；我国大陆的IPv4地址数达到了41 456 128个。上网用户总数和上网计算机总数从2001年中以来基本保持线性增长的势头，上网用户总数平均每半年增加1 000万人，上网计算机总数平均每半年增加400万台。

与前两年不同的是，2003年中国互联网在持续高速发展的同时，还出现了一些令人可喜的变化。主要表现在两方面。其一是各大门户网站继2002年下半年开始扭亏为盈之后，2003年进入全面盈利阶段，股价飙升成为全球“互联网经济复苏”的带头羊。各种应用发展迅速，短信、游戏和广告业务成为网站盈利的3大支柱。电子商务和即时通信等业务也进入快速发展的轨道。互联网又开始成为创业投资的热点。这表明互联网上的价值链生态系统已经形成并健康发展。其二是宽带进入快速发展的轨道。2000年我国曾出现宽带接入网跑马圈地的热潮，出现泡沫，经过两年的调整，技术和应用市场环境渐趋成熟，2003年开始出现宽带业务快速发展的新局面。

互联网的兴起在为传统电信网开辟更广阔的应用发展空间的同时，也对电信业的技术体制和运营管理理念与方法造成了强烈冲击。2000年，电信业开始了IP化的进程。电信业接受了IP技术，但并没有全盘接受互联网的理念，而是将电信运营的理念与IP网结合发展可管理的IP网，在此基础上向下一代网络NGN演化。2003年电信运营商开展了大规模NGN的试验，互联网也在向下一代互联网NGI演化，全球加快了IPv6发展的步伐并开始向下一代互联网演进，我国政府也启动了中国下一代互联网示范工程CNGI。

1.1　宽带互联网的快速发展

到2003年底，我国内地宽带上网用户人数为1 740万人，同年中相比，宽带上网用户人数半年增加了760万人，增长率为77.6%，和上年同期相比增长163.6%，其增长率超过拨号等窄带上网用户数。

我国宽带用户是在2003年下半年开始快速增长的。2003年6月底，宽带用户虽然已经达到980万户，大部分是在网吧/网校/网络咖啡厅和单位上网。2003年下半年，在家里上网的宽带用户迅速增加，到 2003 年底，中国电信和中国网通注册收费宽带用户已经达到 1 000 万，家庭宽带用户占主导地位。拨号用户正在快速转向宽带。中国电信、中国网通以及其他宽带运营商已经制定了雄心勃勃的宽带发展计划。

宽带得以快速发展的原因一方面是互联网基础设施发展迅速，骨干网和国际出口带宽迅速增加，已经超过 27Gbit/s。更重要的是宽带接入设备成本快速下降，例如 ADSL 的局端设备 IPDSLM 的价格下降到 300 元/线，使得运营商以 80～100 元/月价格包月收费仍然有利可图。根据中国互联网络信息中心（CNNIC）调查，目前 35%的网民每月实际花费的上网费用超过 100 元，34%的网民每月实际花费的上网费用为 51～100 元，这些网民都有可能在近两年内成为宽带用户。据此估计，到 2005 年，我国宽带用户可以达到 4 000 万户以上。用户选择宽带的主要原因是希望能够快速上网。由于游戏、视频点播和即时通信等业务的快速发展，用户对上网速度要求愈来愈高，拨号等窄带上网方式已经不能满足要求，包月宽带既保证了上网速度，又限制收费，最受用户欢迎，因而发展迅速。

宽带业务发展的标志是网络服务从沟通交流和信息查询等基础服务向休闲娱乐等扩展服务转移。目前，休闲娱乐类应用已经在我国互联网服务中占第三位，使用人数为 1293 万人，而且其增长迅速，如图 1.1 所示。目前，国内宽带互联网具体应用种类较多，比如网络游戏、电子商务、VOD 点播、实时金融、远程教育、异地办公、电视电话会议和远程医疗等，市场前景广阔。

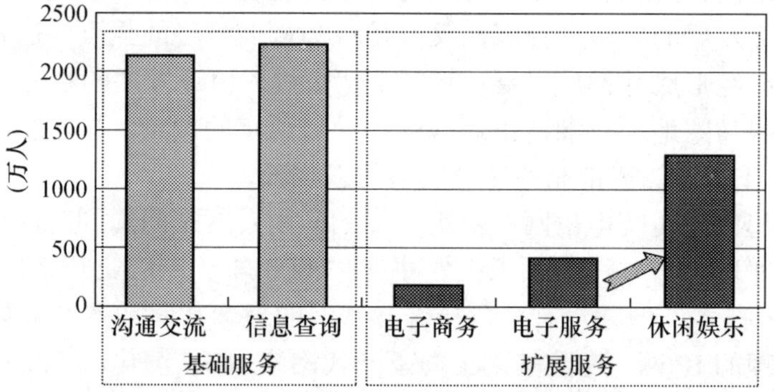

资料来源：互联网实验室 2004 年 1 月

图 1.1　全国大城市网民使用网络服务分布图

网络游戏是目前国内的主流宽带网络应用之一。通过宽带接入可实现高速网络游戏，互动性强，能实时感受现场气氛。从图 1.2 统计数据可以看到：目前中国网络游戏用户数占互联网用户总数的 23.9%，其中付费网民占据网络游戏网民总数近一半左右，2003 年付费网民数量在 760～920 万之间。统计结果显示，网络游戏付费用户平均消费额在 20～50 元之间。中国网络游戏产业市场（包括网络游戏产品和服务）2003 年销售额接近 20 亿，增长率达到 117.6%。未来 3 年内仍将以 50%～80%的速度高速成长，预期 2004 年市场规模为 35 亿以上。其中以上海为龙头的华东地区是中国国内网络游戏最重要市场。图 1.2 给出 Iresearch 的中国网络游戏市场规模和预测图。

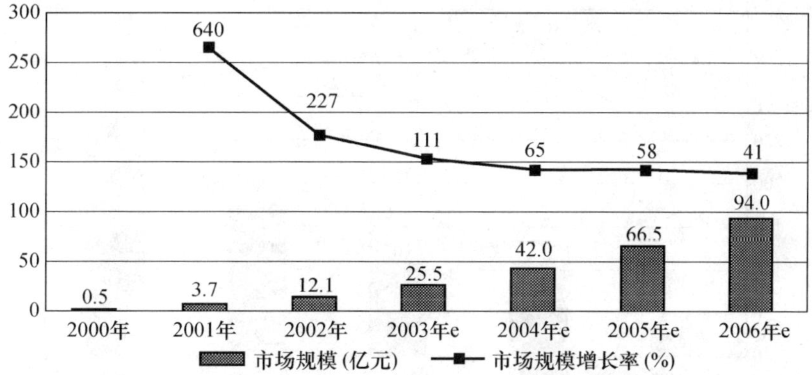

图 1.2 中国网络游戏市场规模和预测图

1.2 网站短信服务——互联网与移动通信的融合

自 2000 年以来，第二代移动通信就开始提供通过 WAP 协议上网的移动互联网业务，但是其性能和价格不受用户欢迎，用户不多，未能获得商业上的成功。意外的是，在此期间，移动短信息却受到用户欢迎，用户数量激增，成为移动数据通信的主流业务。出现了用户通过互联网网站发送短信，向互联网网站定制短信内容业务，移动 QQ 等业务。出现了互联网网站和移动短信业务融合的新业务模式。移动运营商抓住这一机会，提出了合理的合作方式和分账方法，出现了双赢的局面，形成了产业链，建立了健康的生态系统。自 2001 年以来，短信业务迅速发展，网站短信业务也发展很快，成为我国门户网站业务收入的主要来源。到 2002 年下半年，一些门户网站在短信业务的支撑下，开始扭亏为盈。中国的短信息在 2000 年的时候，大概是 5 亿条或者 10 亿条，占全世界总量的 1%；2001 年达到 189 亿条，占全世界总量的 7%；2002 年达到 900 亿条，占到全世界总量的 20%；2003 年已突破 2 200 亿条，而全世界只有 4 000 亿条。

2003 年手机短信增值服务市场规模超过 200 亿元。其中短信内容服务提供商（统称 SP）市场达到 54 亿元，而 SP 收入中网站的收入达到 27.7 亿元人民币，增长率达 201.1%，占整个 SP 收入的 50%。随着彩信的加入及网络短信用户的增加，到 2006 年，网站的短信收入达到 106 亿人民币。预计 2004 年，中国短信 SP 市场将过百亿元的规模。2004 年中国整个短信的市场将达到300 亿元左右，SP 提供的短信服务量占总市场的 30%强。2004 年以后，增长率会有所下降，但 2006 年之前每年仍然会保持在 50%以上，到 2006 年，中国短信 SP 总规模有望达到 275 亿元。如图 1.3 所示。根据 iResearch 调查，2002 年网络短信用户为 1 182 万，占网民总数的 20%，2003 年达到 1 925 万，增长率为 62.9%，预计到 2006 年将达 4 400 万，有 30%的网民会使用网络短信，网络短信市场将具有非常广泛的用户基础。

移动短信是以话音为主的第二代移动通信，利用信令通道提供数据业务。其特点是便宜，使用简单方便，因此受用户青睐。尽管用短信是不能上网的，但是它有类似上网的功能。用户可以体验到上网的感觉，因此可以将移动短信业务看成是移动互联网的延

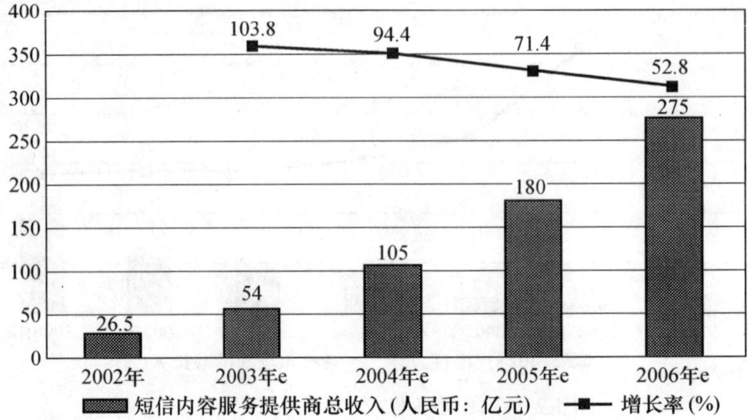

图 1.3　中国短信内容提供商市场规模及预测

伸。目前用户最常使用的网站短信服务类型是：网站提供的文字短信占 46.5%的比例，成为用户最常使用的网站短信息服务类型；位居第二的为订阅短信，经常使用这一服务的人占 26.1%；分别有 20.8%和 16.9%的用户经常使用铃声下载和图片下载；使用自写短信这一服务类型的用户也较多，为 15.2%；使用短信游戏、交友、移动 QQ、点歌和彩信下载等服务的用户则相对较少，分别只有 5.6%、3.9%、1.6%、1.2%和 1.2%的用户经常使用，如图 1.4 所示。

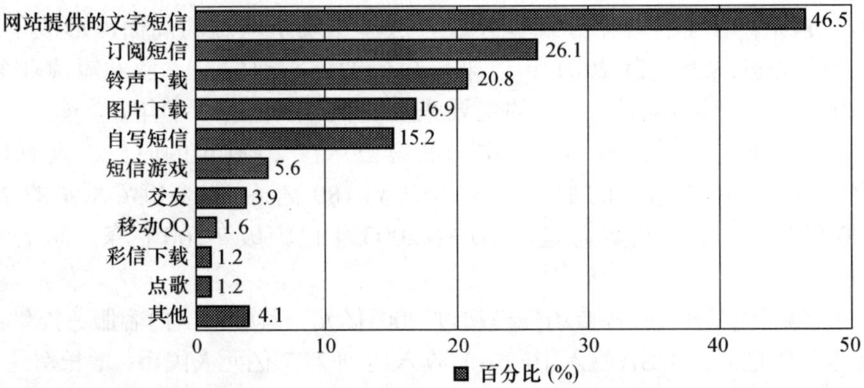

图 1.4　用户经常使用的网站短信服务类型

自 2002 年中国移动和中国联通各自提出 2.5G 移动数据通信业务 GPRS 和 CDMA1x 以来，由于速率和信道可靠性有一定程度提高，开始可以提供真正的移动互联网接入。不仅有了可以上网浏览的手机 Smartphone，还出现了一批用 GPRS 或 CDMA1x 调制解调器上网的 PDA 或笔记本电脑用户，这表明移动无线互联网接入业务已经开始了大规模商业化的进程。

将互联网作为移动应用的另外一种接入手段是无线局域网 WLAN。近年来，WLAN 在我国也有一定发展，受到各方面重视。除企业事业单位、家庭应用外，WLAN 作为公共接入手段，也有一定发展。目前我国已经有近 2 000 个公共 WLAN 接入点。

但是，还应该清醒地认识到，目前移动网络的容量有限，成本也偏高，还不能支持移动无线互联网接入的大规模应用。短期内还将以短信为主，但是可以肯定地说，今后宽带移动无线互联网接入将成为发展的热点。

1.3 门户等网站盈利，互联网资本市场复苏

继2002年中国主要门户网站开始扭亏为盈之后，2003年进入利润快速增长和业务迅速发展的时期。在美国的中国网络股股价上涨势头迅猛，涨幅在纳斯达克领先并击败了美国网络公司的涨幅。新浪、搜狐、中华网和网易2003年的涨幅分别是539%、374%、346%和239%，远远超过了雅虎83%和eBay的62%涨幅，搜狐则成为纳斯达克2003年表现最好的股票。

在截至2003年12月31日的2003财年，新浪净营业收入高达1亿1 430万美元，同比增长194%，净利润为3 140万美元。搜狐全年收入达到8 040万美元，同比增长180%，净利润（按US GAAP标准计算）达到创纪录的2 640万美元；2002年新浪和搜狐都是亏损的。2003年网易的净收入为5.421亿元，比2002财年的2.209亿元增长了145.4%。网易2003年的毛利为4.567亿元，运营利润为3.268亿元。网易2003年的净利润为3.229亿元（3 900万美元）。

门户网站的主要收入来源为：短信等通信增值业务、在线游戏业务和广告收入。以网易为例，网易2003年第四季度的无线增值服务和电子交易收入为6 460万元，比上一季度增长8.4%，比一年前增长13.0%；网易第四季度的在线游戏服务收入稳定增长到了7 070万元，比上一季度增长了31.8%，比一年前增长了222.2%；网易第四季度的广告收入为2 650万元，比上一季度增长3.0%，比一年前增长123.8%。

网站短信目前是门户网站收入的主要来源，前面已经介绍了短信网站业务的情况。2003年手机短信增值服务市场的规模超过200亿元。其中短信内容服务提供商（统称SP）市场为54亿元，而SP收入中网站的收入为27.7亿元人民币。

2003年网络游戏产业实际销售收入达到了13.2亿元人民币，较2002年增长45.8%，与此同时，我国网络游戏用户数量增幅高达63.8%，达到1 380万，约占目前现有网民的1/5。预计到2007年我国网络游戏产业的销售收入将达到67亿元。

根据iResearch的数据，2003年中国网络广告市场规模达到10.8亿元，比2002年的4.9亿元增长120%。iResearch同时预测2004年、2005年和2006年中国网络广告市场规模将分别达到18亿元、27亿元和40亿元。互联网广告与内容密切配合，广告各种新的表现形式和新的销售方式将不断被开发出来。在互联网内容业务中，新闻占有极高的比重。互联网门户网站的海量新闻信息，正深刻改变着中国新闻业的传播形态，由于新闻快速、全面和集中，已成为中国网民了解国内外新闻事件的重要窗口。因此，也为网络广告的发展提供了基础。如新浪2003年第三财季收入为3 190万美元，其中广告收入为1 140万美元。在搜狐2003年第三财季运营中收入为2 210万美元，其中广告收入为870万美元。

门户网站收入的另外一项业务是付费搜索。根据iResearch研究数据，中国的搜索引擎市场2003年达到了5.2亿元人民币，比2002年的2.3亿一年增长了127%。iResearch研究的搜索引擎市场包括IE地址栏搜索、网站登录/固定排名、竞价排名等多种收入模块，具体收入中包含运营商及代理商的收入。估计，今后3年内中国搜索引擎市场将每年增长60%～70%，2004年中国搜索引擎市场可达8.8亿元，2006年可达24亿元。目前3大门户网络都已经强力进入搜索市场。目前搜狐来自付费搜索的收入已经接近了总收入的10%。

除门户网站外，一批从事互联网增值业务的应用服务商如即时通信和电子商务等网站在2003年也获得快速发展，取得了骄人的业绩。即时通信已经成为网友必备的联络工具。它除了能够让网民迅速在互联网上找到朋友，还可以实现实时交谈和传递信息。现在不少即时通信软件还集成了文件共享、语音聊天和短信发送等多元化功能。有专家预测，它有望取代电子邮件成为主流的互联网通信工具。目前，同时有500万人使用QQ即时通信进行交流，QQ的年盈利已经达到5亿元。国内的门户网站依靠数量庞大的固定用户群的优势，纷纷推出了自己的即时聊天软件。

从事B2B电子商务的网站阿里巴巴公司现有注册用户接近300万，在线进行交易的中小企业当中，有90%企业都在使用阿里巴巴公司的服务。阿里巴巴2003全年日均收入100多万元，最高单天收入为500多万元，全年盈利超过1亿元。从事旅行订票，订酒店的携程旅行网创立于1999年初，2001年10月实现盈利，2002年4月收购了北京最大的散客票务公司——北京海岸航空服务公司，并建立了全国统一的机票预订服务中心，在35个商旅城市提供送票上门服务。截至9月30日的2003年前9个月，携程网的营业收入为1 280万美元，净利润为350万美元。B2C网上购物也有较快发展，2003年网上购物交易额近8亿元，B2C网站虽然还没有盈利但是发展势头良好。

进入2003年，网络短信、即时通信和网络游戏等行业的全面火爆，电子商务的快速发展以及NASDAQ中国网络门户的飞速飚升，吸引了大量资本重新进入，而风险投资、网络公司IPO和网站购并等资本运作也开始全面活跃。可以说，2003年，中国互联网资本市场实现了全面复苏。在互联网领域，老虎基金出手大方，2003年向e龙投资了1 500万美元，向卓越网投资了620万美元，向当当网投资了1 100万美元；软银在看中盛大后，也一举投入了4 000万美元；携程网成功登录纳斯达克，募集了7 560万美元，各大基金“疯狂”认购……2004年2月B2B网站阿里巴巴私募融资8 200万美元。图1.5给出了2003年中国互联网主要融资和购并活动一览表。

时　间	投、融资项目	资 金 规 模
2003年1月	新浪网收购广州讯龙	2800万美元
2003年3月	上海盛大获得软银基金4000万美元风险投资	4000万美元
2003年3月	海虹控股A股增发成功，项目主要投向电子商务和网络游戏	5100万美元
2003年3月	香港网（www.hongkong.com）收购掌中万维	约3500万美元
2003年7月	EBAY收购中国C2C网站易趣网	1.8亿美元
2003年7月	阿里巴巴向淘宝网注资1亿元	1200万美元
2003年7月	新浪在NASADQ发行可转债进行融资	1亿美元
2003年7月	网易在NASADQ发行可转债进行融资	1亿美元
2003年7月	搜狐在NASADQ发行可转债进行融资	1亿美元
2003年8月	ELONG获得美国老虎基金与蓝山科技基金风险投资	1500万美元
2003年9月	TOM收购雷霆无极的议案获得通过	1.5亿美元
2003年10月	电子商务网站卓越网获得老虎基金风险投资	700万美元
2003年11月	Yahoo收购3721香港公司	1.2亿美元
2003年11月	搜狐收购17173与焦点网	3650万美元
2003年12月	携程网CTRIP成功在NASDAQ上市，融资7500万美元	7500万美元
2003年12月	慧聪国际在香港上市	2000万美元
© 2004.1 iResearch Inc.		www.iresearch.com.cn

图1.5　2003年中国互联网主要融资、购并活动一览表

1.4 架构产业链，形成健康的生态系统

2003年中国互联网宽带网络建设快速发展，主要门户网站开始盈利，各种应用蓬勃发展，位于产业链不同环节上的企业都能得到盈利，形成多赢的局面。这表明网站有了造血机制，产业链已经初步形成。

目前互联网运营的基本模式是：用户付接入费之后，上网的基本业务不再为内容和传输付费。目前部分用户开始愿意为增值业务付费，但是不愿为增值业务的传输再付费。已经开展的付费增值业务有付费电子邮箱、短信网站、即时通信（包月，专门业务收费）、网络游戏和点播影视（包月，按次）等。

在拨号上网模式下，网站增值业务收费的方式可以有会员制、点数制、按量付费制以及包月制等。支付的方式有手机支付、在线信用卡支付、账户先存后支、充值卡支付以及银行转账汇款等。目前的内容运营商和增值业务商直接向用户收费，与提供接入传输业务的电信运营商未形成（除移动短信）产业链上各个环节之间的结算关系。尽管如此，互联网已经成功地开始了向内容收费过渡。并开始试验建立产业链上各个环节之间的结算关系，试图建立生态系统。

中国移动梦网业务在中国的电信运营业首先采用开放的运营模式，不但不收ICP和ASP的传输费，还向他们付内容和服务使用费，这样就形成了一个健康的生态系统。2001年，短信160亿条，2002年700多亿条，2003年达到2 200亿条。这么做的结果是吸引了众多的ICP和ASP等各种网站增值业务商公司参与短信业务，使得中国移动的短信业务快速发展并大获成功。一条0.1元钱的短信创造了年收入数百亿元的市场。

短信产业链的成功促使固网宽带运营商改变过去经营单纯电信传输业务时的封闭模式，开始创立宽带运营的产业链。包月高速上网收取的是传输费，而增值业务需要和各种网站合作进行，需要架构产业链形成健康的生态系统。宽带接入的普及将电信运营商和用户捆绑，用户按月通过银行付费。这使得电信运营商有可能在产业链中居主导地位。电信运营商可以发挥这一优势并通过建立门户网站代ICP和ASP收费，建立结算关系以形成产业链。中国电信成立了自己的门户网站“互联星空”。中国网通投资成立九洲在线公司，建立“天天在线”网站，提出了各自的产业链合作模式。如互联星空提出 “一点接入、全网服务；一点认证、全网通行；一点结算、全网收益”，以此为中国电信宽带用户提供全网的业务服务。对于宽带业务而言，建立产业链的尝试还刚刚开始，今后还有相当长的一段路要走。在目前互联网上已经形成的用户消费习惯和模式下，电信运营商突破简单包月收费的方法是提供差异化个性化的服务，如不同的套餐收费方法等。

实际上每一项互联网应用业务都存在发展产业链的问题，如网络游戏业。与传统的单机游戏商业运营模式不同，网络游戏所涉及的并不仅仅只是游戏厂商和用户，它包括了开发、运营、维护和市场拓展等诸多环节，这就使得网络游戏产业的发展与游戏开发商、游戏运营商、宽带网络运营商、IT设备制造和服务商关系密切。2003年，我国网络游戏市场规模虽然仅为13.2亿元人民币，但是网络游戏产业对我国通信业收入的直接贡献为68.3亿元人民币，对IT产业的直接贡献为32.8亿元人民币，对媒体及出版的直接贡献为18.2亿元人民币。比如，从扩大和保证用户群的意义上说，网吧就成为了网络游戏运营商的必争之地。网吧对于网游产业来说，不仅意味着用户游戏的场所，更可以看

做是运营商进行游戏推广的重要渠道，包括点卡销售、游戏广告和组织玩家互动等多种市场活动，在网吧进行推广无疑是最好的选择。网吧走向连锁化道路，在管理上将更加规范。这无疑给众多游戏运营商提供了一条创造规模效应的机会。现在的网吧已经成为网游产业链条中跨越发行渠道、销售及终端游戏消费的特殊环节。

1.5 互联网和电信的融合

互联网的出现为人类通信提供了新的手段，电子邮件改变了人们日常通信方式。但是早期互联网只能提供非实时通信。随着互联网带宽的增加、延时的减少和QoS等网络综合能力的提高，互联网开始能够提供实时通信。IP电话虽然没有成为互联网的增值业务，却对传统长途电话产生强烈冲击，占据了长途电话半壁江山。国际电信联盟ITU认识到未来通信技术将基于分组技术，电信基础设施开始了IP化的进程。ITU接受了IP技术但是没有全部接受互联网的全部理念，而是将经营电信网的理念与IP网结合发展可管理的IP网，进一步结合发展软交换等各种增值模块向下一代网NGN演化。与此同时在互联网上发展实时通信业务的能力一直在进行，以探索可行的运营和盈利模式。目前最成功的是即时通信业务。未来互联网和运营商的可管理的IP网在提供各种通信业务时将互相碰撞融合，形成相辅相成的关系，具体会如何将在发展中形成，现在才刚刚开始。

1.5.1 即时通信（Instant Messaging）

即时通信软件可以说是现在上网用户使用率最高的软件之一，是网友必备的联络工具。一开电脑就可以随时连线，想要联络的人在或不在线上一目了然，两个人在网络上沟通可以像打电话一样互动对答，沟通内容可以使用文字与图片等。即时通信软件集成了文件共享、语音聊天和短信发送等多元化功能。有专家预测，它有望取代电子邮件成为主流的互联网通信工具。即时通信应用涵盖了个人娱乐、个人通信和企业通信三大服务平台。

例如腾讯公司基于基本即时通信软件腾讯QQ开发了具有与移动通信网络互联互通功能的移动QQ、应用于商务领域的RTX、供Q友休闲娱乐的QQ game，以及集新闻、体育、娱乐、时尚、游戏、汽车、星座、笑话和教育等众多频道的QQ.com。腾讯发布了新款聊天工具TM，意欲争夺已经为MSN所占据的办公室桌面市场；近日在网上广泛流传一种名叫IMU（即时通）的第二代即时通信软件，独有的开放式技术架构虽然还处于尚未正式发布的公测阶段，却已经拥有了数目可观的合作网站和注册用户；阿里巴巴也推出了商人使用的即时通信工具"贸易通"……随着各种即时通信软件的竞相推出，即时通信将进入各个应用领域。即时通信技术进一步发展应该是增强语音和视频功能。

中国电信推出的VIM系统将通过一个即时通信号码，连通固定电话、小灵通，甚至手机，实现随时随地通话、传输文件或召开电话会议、视频会议。VIM今后的开发重点将是捆绑多种娱乐服务，如图片浏览、铃声下载、在线游戏和各种增值服务商所能提供的SP服务等。VIM将不仅仅是一款即时通信软件，它更是一个增值服务平台，能聚集虚拟运营商，通过提供网上话音、音频、视频等服务打造企业内部的管理与协作功能。

阿里巴巴的"贸易通"则集成了阿里巴巴专业、海量的搜索引擎，能够让商人快速准确地获得商业机会，可以直接和对方沟通、联系甚至直接进行商务洽谈。

我国即时通信软件市场的前景广阔，截至2003年底仅腾讯QQ的注册用户已近2.6亿人次，7 000多万活跃用户。据不完全统计，QQ、MSN Messenger、网易泡泡和UC朗玛这4个主要即时通信软件的最高同时在线人数合计已经达到了550万人。预计未来随着中国上网人口的增长，以及即时通信IM软件的不断普及，即时通信在线人数将保持快速增长的势头。预计2004年国内IM最高同时在线人数有望突破740万人，到2006年将突破1 200万人同时在线。图1.6给出了中国即时通信同时在线人数增长的预测。

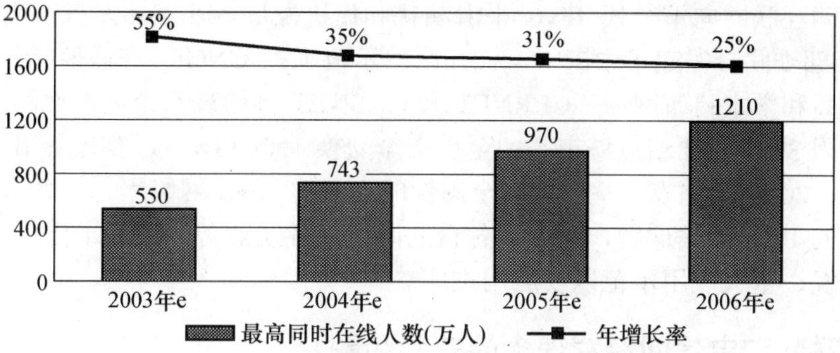

图1.6　中国即时通信同时在线人数增长预测

随着互联网上的即时通信中话音和视频能力增强，终端性能的提高，成本降低，即时通信不仅可以取代传统电话还可以提供更多的功能，如果这成为一种可盈利的商业模式，对现行电话体制的冲击将是巨大的。

1.5.2　可管理的IP网和NGN

可管理的IP网与互联网虽然都是基于IP技术,但是它们的基本理念是不同的。互联网是分布的和自治的,智能在边缘。公共互联网不应该也不可能变成可管理的IP网。目前的发展趋势是公共互联网和运营商的可管理的IP网并存。可管理的IP网基于IP技术,但是没有接受互联网的全部理念,它将智能由网络边缘移到网络内适当的地方,如业务结点处。

电信运营商需要建立有运营、可管理和能盈利的IP网作为其基础网络。可管理的IP网是基于互联网的IP技术，结合宽带接入网和运营商的运营需求来发展建立的。可管理的IP网进一步发展，配合各种新增值业务模块将演化成为下一代网NGN，如图1.7所示。从而使运营商从容应对下一代网络服务中客户细分、利润空间、网际互联、业务创新、产品周期和服务组合等的挑战。

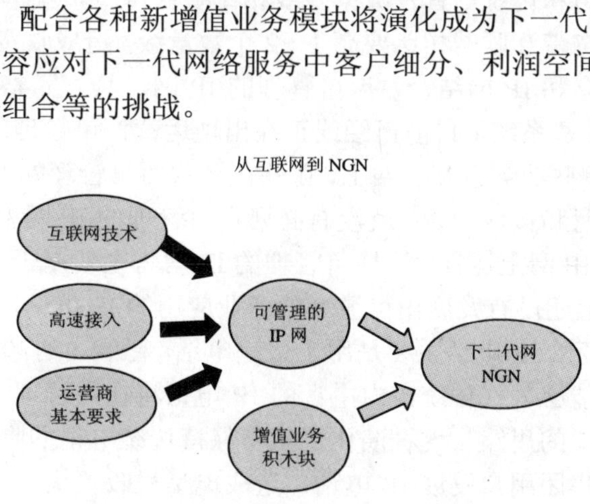

图1.7　可管理的IP网向NGN的演化

可管理的 IP 网为增值业务提供了开放平台，但是要提供各种新的增值业务还需要增加各种增值业务模块。例如要提供多媒体通信业务就需要基于 SIP 的软交换模块。这样就逐步完成了向下一代网 NGN 演化的过程。目前我国各主要电信运营商都在建设各自的可管理的 IP 网，并且开展 NGN 的实验。

1.5.3 CNGI 工程

为了推动互联网向下一代 IPv6 平滑演化和促进发展，在国家发改委支持下，2003 年国务院 8 部委联合发起了中国下一代互联网示范工程 CNGI。在政府指导下，中国 5 大电信运营商和学术科研网——CERNET 及 CASNET 将构筑 6 个全国性的 IPv6 骨干网络（覆盖全国 39 个重要结点城市）和至少 2 个交换中心（IX）以实现各 IPv6 骨干网络的互连互通，2005 年完成。基于这一全国性的大规模 IPv6 网络平台，各大运营商将配合各大部委的 IPv6 攻关课题，并根据各自的网络条件及业务发展需求进行 IPv6 关键技术试验、开发、重大应用示范以及应用推广。

1.5.4 互联网和电信网经营理念的差异和融合

互联网自 1995 年商业化以来发展迅速，也经历过网络泡沫的冲击。经过 9 年的磨练，原来的运营理念和市场化环境相结合已经开始形成一套行之有效的运营规律。如用户开始接受有偿增值服务，网站和产业链各环节都开始盈利，网络经济的生态系统正在形成。

电信运营商主要收入是用户的接入费（主要方法是包月和计时）和网站的传输费（主机托管、租用专线和网络互联费等）。由于技术快速发展，带宽成本迅速下降，电信运营商用这些收入可以维持其运营网络建设和扩容。如 ADSL 宽带接入每线成本降低到 300 元以下，使得运营商 100 元包月有足够的盈利空间，宽带接入才能快速发展。DWDM 技术使得骨干网和国际出口的价格有数量级的降低。

目前在互联网上进行商业运营的理念规则与传统运营商不同，传统运营商以收传输费为基础，按照通信时长、距离、带宽和流量等来收费，而目前互联网的用户接受的是包月和计时上网服务。尽管目前电信运营商经营互联网接入和传输业务是可以维持健康发展的，但是盈利能力和传统话音及数据专线相比要低得多。就单位带宽收入而言，传统话音和数据专线及宽带互联网相比要高 1～2 个数量级，造成收费体制的不平衡。电信运营商将电信运营理念和 IP 网结合发展可管理的 IP 网，具有完整的流量控制、管理、QoS、认证、授权和计费系统，目前已经或正在出现运营商可管理的 IP 网和公共互联网并存的局面。问题是哪些业务在互联网上，哪些在运营商可管理的 IP 网上，如影视点播，目前用户主要接受包月和按次付费，就没有必要在可管理的 IP 网上。网络游戏也很可能没有必要在可管理的 IP 网上运行。这样可管理的 IP 网将主要用于 IP 电话和虚拟专线等业务。至今在互联网上还没有发展出可盈利的商业应用的 IP 电话，因此对传统电话威胁不大。目前电信运营商的 IP 电话主要是用于长途电话，已经占有超过 50%的长途电话市场。电信运营商认为能够替代传统市内电话的 IP 电话将在可管理的 IP 网上增加软交换来实现，这就是 NGN 的思路。这种演化仍然将保持传统电话的收费模式和属性。即便如此，在美国，由于集团用户发展 IP 电话，造成电话税收流失，正在讨论 IP 电话立法问题。随着互联网上话音和视频的即时通信能力增强，终端性能的提高，成本降低，则即时通信不仅可以取代传统电话，还可以提供更多的功能，如果这成为一种可盈利的商业模式，对现行电话体制的冲击将是巨大的。

1.6 小结

2003年是我国互联网发展史上重要的一年，在这一年主要门户网站开始盈利，创业投资复苏从而开始了新一轮的投资。2003年我国互联网发展的另外一个特点是宽带接入和宽带业务步入快速发展的轨道，互联网电信业务蓬勃发展，2.5G移动通信开始提供移动无线互联网接入商业服务。

经历了互联网泡沫破裂后几年的调整，我国互联网经济开始走上健康发展的轨道。部分用户开始接受付费增值业务，从短信、即时通信到游戏和电子商务各项应用增值业务发展迅速，互联网经济产业链上各个环节普遍开始盈利，生态系统正在形成。

互联网的快速发展为电信业提供了广阔的应用市场，也对传统电信业的技术和运营体制产生强烈冲击。电信业接受了IP技术，电信基础设施正在经历IP化的进程，电信运营商在建设自己的可管理的IP网，向NGN过渡。目前已经形成可管理的IP网和公共互联网并存的局面。互联网和电信网这两种不同的管理和运营理念的碰撞和融合将逐渐形成相辅相成的关系，这将对今后互联网的发展走向产生深远的影响。

（中国科学院　侯自强）

第 2 章　下一代互联网研究规划与 CNGI

从 20 世纪 90 年代后期开始，在国家相关部委科技计划的支持下，一批与下一代互联网及 IPv6 关键技术研究有关的课题作为国家重大专项立项，并陆续取得了突破性成果，为我国开展以 IPv6 为基础的下一代互联网的研究奠定了较好的基础。据中国互联网络信息中心（CNNIC）统计，到 2003 年底，我国共有 6 家单位申请了 IPv6 地址，我国大陆 IPv6 地址总数为 9/32+/48 个[1]。

与此同时，我国相关研究机构、高校、厂商及运营商也开始跟踪与关注 IPv6 技术的发展，投入 IPv6 技术研发，并相继启动了 IPv6 试验床及实验网络，如中国教育和科研计算机网 IPv6 试验网、重庆网通信息港 IPv6 城域示范网、信息产业部 6TNet 下一代 IP 电信实验网、湖南电信 IPv6 实验网、中国电信集团 IPv6 实验网、国家 863 计划中国高性能宽带信息网和中国下一代互联网 CNGI 示范工程等项目，在 IPv6 核心技术研发、协议标准制定、组网、过渡策略、测试、应用示范和商业模式探讨等方面获得了宝贵的经验。

2.1　IPv6 相关技术和产品研发工作

作为下一代互联网协议，IPv6 所提供的巨大的地址空间以及所具有的诸多优势和功能，使其成为构筑下一代网络的重要基础，从提出至今获得了普遍关注和广泛认可。具体分析，IPv6 与 IPv4 相比，主要有如下一些特性。

IPv6 的地址长度达到 128 位，彻底解决了 IPv4 地址资源缺乏的问题。IPv6 与 IPv4 相比，很明显的一个改善就是可以提供充足的地址空间，从而使地址空间问题得到彻底解决。同时 IPv6 还可以实现为主机接口提供不同类型的地址配置，其中包括主机的全球地址、全球单播地址、区域地址、链路本地地址、地区本地地址、广播地址、多播群地址、任播地址、移动地址、家乡地址和转交地址等。

IPv6 可以实现地址自动配置。IPv6 的另一个基本特性是它支持无状态和有状态两种地址自动配置的方式。无状态地址自动配置方式是获得地址的关键。在这种方式下，需要配置地址的节点使用一种邻居发现机制获得一个局部连接地址。一旦得到这个地址之后，它使用另一种即插即用的机制，在没有任何人工干预的情况下，获得一个全球惟一

[1] /32 是 IPv6 的地址表示方法，对应的地址数量是 $2^{(128-32)}=2^{96}$ 个，同样，/48 对应的地址数量是 $2^{(128-48)}=2^{80}$ 个。

的路由地址。有状态配置机制，如 DHCP（动态主机配置协议），需要一个额外的服务器，因此也需要额外的操作和维护。

服务质量（QoS）。从协议的角度看，IPv6 的优点体现在能提供不同水平的服务。这主要由于 IPv6 报头中新增加了字段“业务级别”和“流标记”。有了它们，在传输过程中，中间的各节点就可以识别和分开处理任何 IP 地址流。尽管对这个流标记的准确应用还没有制订有关标准，但将来它会用于基于服务级别的新计费系统。在其他方面，IPv6 也有助于改进服务质量。这主要表现在支持“时时在线”连接，防止服务中断以及提高网络性能方面。

IPv6 的移动性。基于移动 IPv6 协议集成的 IP 层移动功能具有很重要的优点。移动 IPv6 能够通过简单的扩展，满足大规模移动用户的需求，避免了 IPV4 下容易出现的三角路由等问题，这样就能在全球范围内解决有关网络和访问技术之间的移动性问题。

内置的安全特性。IPv6 协议内置安全机制并已经标准化。在安全性方面，IPv6 同 IP 安全性（IPSec）机制和服务一致。除了必须提供网络层这一强制性机制外，IPSec 还提供两种服务。认证报头（AH）用于保证数据的一致性，而封装的安全负载报头（ESP）用于保证数据的保密性和数据的一致性。在 IPv6 包中，AH 和 ESP 都是扩展报头，可以同时使用，也可以单独使用其中一个。作为 IPSec 的一项重要应用，IPv6 集成了虚拟专网（VPN）的功能。

在国家 863 计划“新一代互联网技术综合实验环境”和“IPv6 路由器”等科技项目的支持下，我国 IT 领域的重要科技企业、研究机构和高校于 2003 年前后纷纷投入基于 IPv6 的下一代互联网关键技术和设备的研究开发。华为、中兴、港湾网络、烽火网络和清华比威等公司和国防科技大学等都在研发较大容量的 IPv6 路由器，吞吐量上 100Gbit/s 的路由器已接近实用水平，IPv6 高性能路由器等网络设备部分成果已用在北京地区 IPv6 试验网 863-IPv6，并开发了一批 IPv6 典型应用。佳讯飞鸿等公司也生产出小容量的 IPv6 路由器并已投入应用。

中国科学院近两年来在中科院创新工程重大方向性项目“IPv6 网络关键技术研究和城域示范系统”、国家 863 项目“移动 IPv6 关键技术研究”和“IPv6 协议测试技术研究”、国家科技攻关项目“面向 2008 北京科技奥运的移动 IPv6 城域示范系统”等的支持下，从 IPv6 网络关键支撑技术研发和城域试验网两个方面开展工作，取得了多项具有自主知识产权的研究成果。面对 IPv4/IPv6 将在相当长一段时间共存的局面，中科院计算所提出了 IPv4/IPv6 转换和互通综合解决方案,研发了具有自主知识产权的基于网络处理器的高性能 IPv4/IPv6 转换网关系列设备，支持 IPv4/IPv6 协议转换、静态/动态地址翻译、静态路由,支持 DNS-ALG 和 FTP-ALG。通常的 IPv6 隧道无法穿透 NAT,该网关实现的 Silkroad 隧道，能穿透任意数量和任何类型 NAT，提供 IPv4 和 IPv6 节点之间的高效透明互访，该技术已投入试验网应用并向 IETF 提交了 Internet Draft。随着 IPv6 逐步走向实用化，IPv6 协议一致性测试和互操作性测试的问题成为一个十分重要的问题。中科院计算所研发了具有完全自主知识产权的 IPv6 协议测试系统。该系统涵盖 36 个 RFC，500 多个测试例，通过技术转让，与国际知名协议测试仪厂家合作，向国际与国内市场推出了商用 IPv6 协议测试设备。该所还研究开发了集防火墙、入侵检测和动态阻断为一体的 IPv6 信息过滤系统和 IPv6 网络监测分析平台。中科院声学所研发的支持 IPv6 的“有线无线综合接入系统”已成功应用于重庆网通 IPv6 城域示范网。中科院网络中心研发的 IPv6 DNS 根节点服务器已提供 IPv6 域名解析服务。目前与 IPv6 相关的研发成果中科院计算所已申请 20 项国家发明专利，在中科院已形成了一支掌握 IPv6 核心技术并有战斗力的研发队伍。

在中科院“IPv6 网络关键技术研究和城域示范系统”项目的支持下，中科院计算所与重庆网通信息港宽带网络有限公司、华为技术有限公司、重庆科健信息技术有限公司和重庆大学等单位合作，在重庆网通信息港的宽带网络平台上搭建第一个全部采用国产设备的 IPv6 商用城域试验网。整个试验网采用了华为公司的 3 个 IPv6 路由设备，这 3 个节点分布于渝中区都市广场机房、江北区松树桥机房和沙坪坝区重庆大学机房。该网通过中科院计算所研发的高性能 IPv6/IPv4 转换设备与重庆网通信息港已有的 IPv4 城域网互通，同时通过隧道技术与北京科教移动 IPv6 城域示范网和 6Bone 互联。试验网中采用中科院声学所的有线无线综合接入系统设备和计算所研发的 IPv6 信息过滤系统以及支持 IPv6 的 NC 终端。该网络目前可以向 IPv6 用户提供 WWW、DNS、Email、FTP 和 Telnet 等通用服务，还将支持视频点播、试验网范围内的视频会议及可视电话。重庆网通实验网拓扑图如图 2.1 所示。

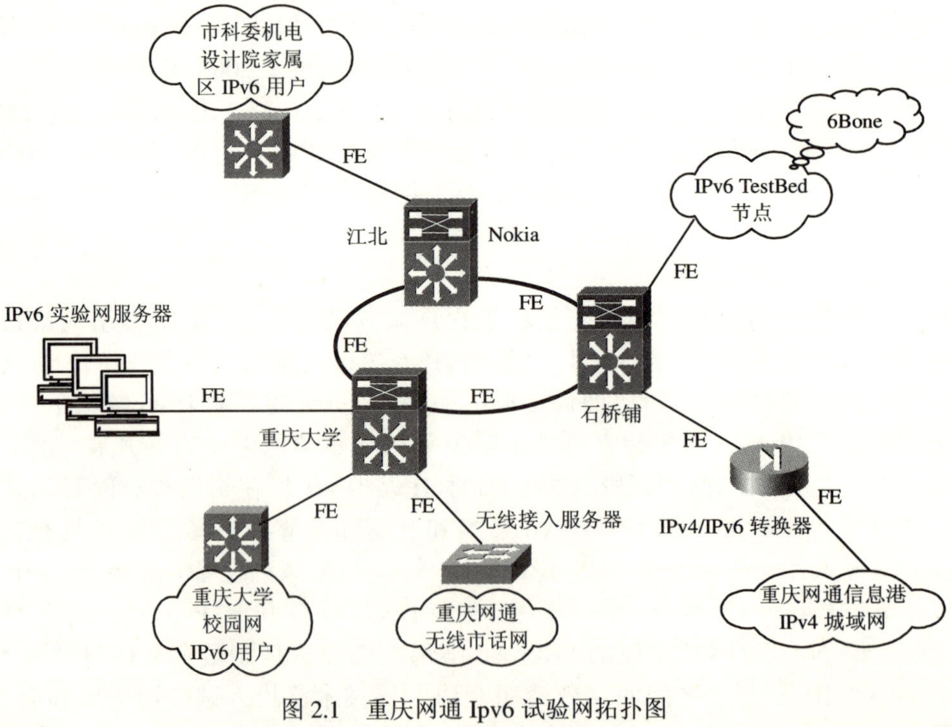

图 2.1　重庆网通 Ipv6 试验网拓扑图

2001 年国家科技部规划的重大专项“高性能宽带信息网（3Tnet）”开始实施。3Tnet 试验图如图 2.2 所示。计划在“十五”期间，研究未来宽带信息网络技术体制、关键技术、可能的运行模式及相应的支撑环境（平台），开发带宽更宽速度更快且有业务流探测

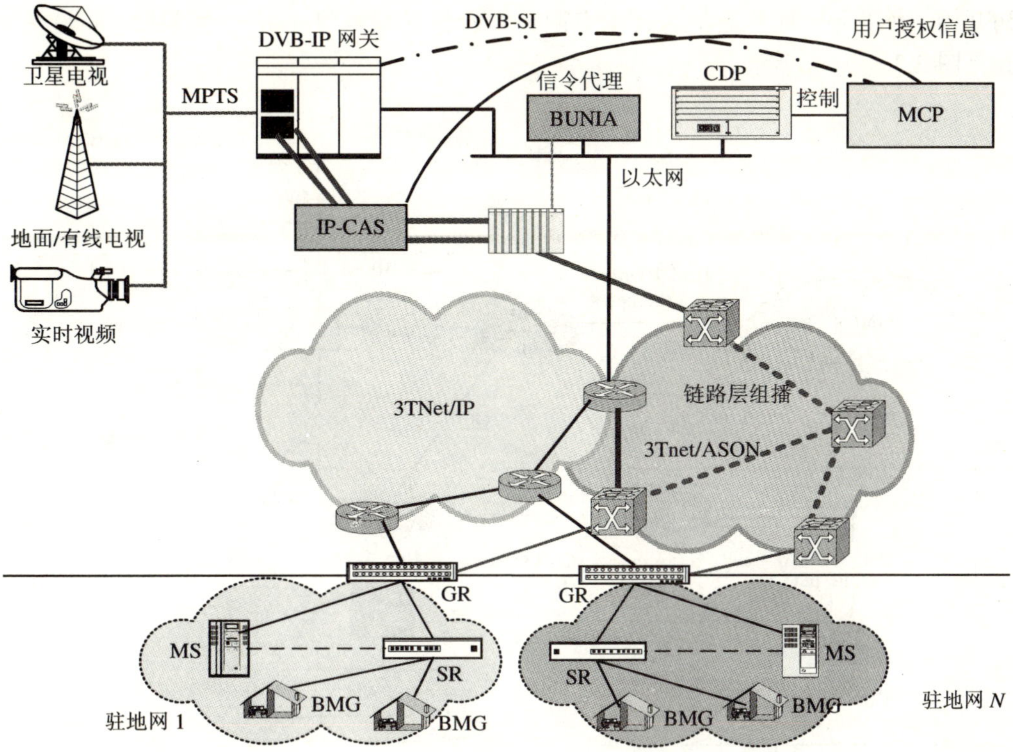

图 2.2　3Tnet 试验网

与分类响应的网络核心节点设备——Tbit/s 级的双协议栈（IPV6/IPV4）核心路由器，开发 Tbit/s 级容量且具有高带宽突发传送能力的自动交换传送网(B-ASTN)核心节点设备，开发 Tbit/s 级的 DWDM 光传输系统，开发具有高加速比和突发交换能力的多通道分布式内容分发平台（B-CDN）及运营支撑环境。2003 年该项目的技术开发与试验/示范网规划全面启动，全国有 40 多家大企业、研究机构和大学参与了其中的工作。预期 2005 年底在我国长江三角洲地区建成一个可管理、可运营的试验/示范网络，示范应用将以宽带互动网络电视为主，同时支持数据、话音、远程教育和远程医疗等应用。评估该网络在大规模迸发条件下对宽带和互动流媒体为特征的未来网络主流业务的适应性。另外，2003 年国家重大基础性研究 973 计划项目还安排了“新一代互联网体系结构理论研究”课题。

中国电信、中国网通、中国移动、中国联通和中国铁通等国内各大运营商在下一代互联网和 IPv6 的试验和商用方面，正在从事积极的探索工作。多数运营商组建了自己的研发中心和研发体系结构，针对各自的运营特点建立并不断完善相应的试验环境，具备了较好的支持下一代互联网研究试验的研发基础。

以中国电信为例，从 2001 年 5 月份开始，中国电信进行了《IPv6 总体技术方案》项目的研究工作。2002 年 8 月份，中国电信从 APNIC 申请到了正式的 IPv6 地址：2001:c68::/32，是国内最早从 APNIC 拿到 IPv6 正式地址的电信运营商，并注册了面向 IPv6 的域名：Chinanet6。中国电信组织研发力量在北京、上海、广州和湖南进行了 IPv6

各项基本技术的实验和测试工作。经中国电信集团公司批准，湖南省电信公司从 2002 年初开始，着手同天地互连信息技术有限公司合作在湖南建立 IPv6 实验网（实验网网络拓扑见图 2.3）。

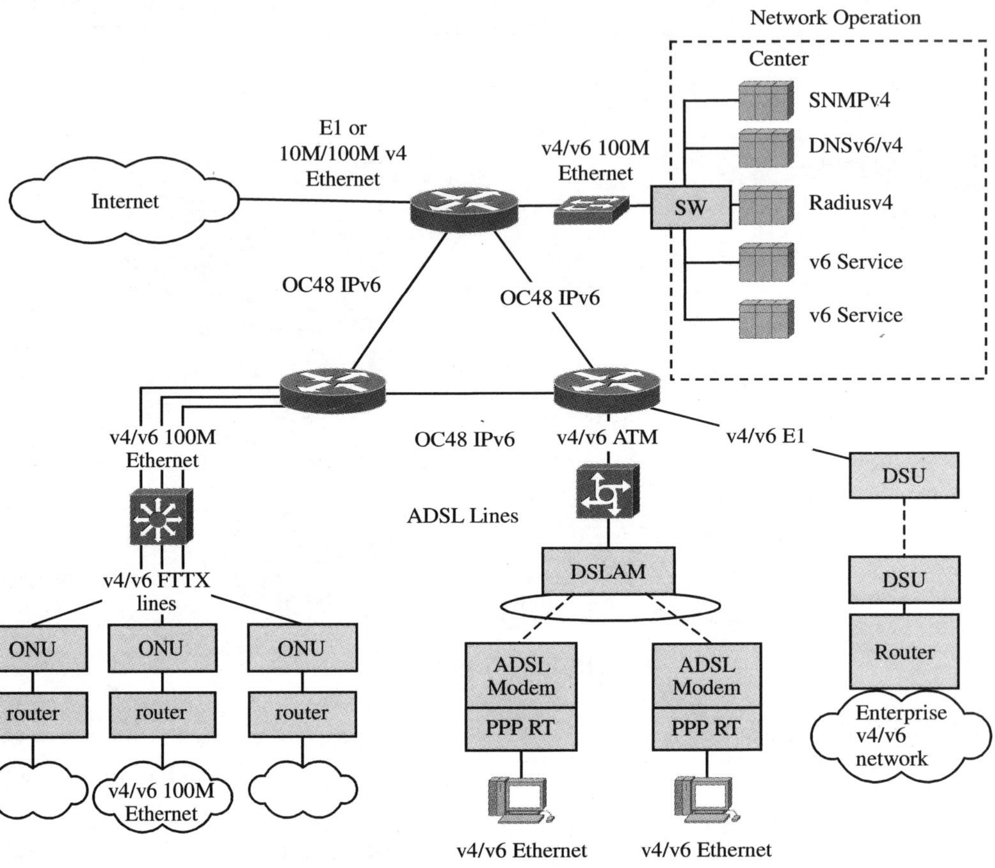

图 2.3　湖南电信 IPv6 试验网网络拓扑原理图

实验网核心层节点各配置一台日立公司的骨干核心路由器 GR2000-10H，与现有业务网络中的思科设备互联互通。接入层分别配置日立公司的 GR2000-4S、AG8000-B 和佳讯飞鸿公司的 FH6501 作为网络应用及服务网络节点。核心节点之间运行 OC48 的纯 IPv6，用户端运行 v4/v6 的双协议栈，该网采用 IPv6 over IPv4 的方式接入 6Bone。主要实验内容包括：IPv6 网络技术测试、设备评估、组网技术与互通、QoS 和网络安全等。第一阶段的试验工作在 2003 年 3 月完成，进行了 IPv6 协议一致性测试、路由协议测试、性能测试及互操作性测试，完成具有多种接入方式和实际用户的实验环境的搭建。湖南省“数字图书馆”近百台主机设备已成为该实验网最早的一批 IPv6 接入终端。

中国有全球最大的移动用户群，移动互联网业务发展很快，中国移动通信集团一直关注 IPv6 在 Mobil IP 中的应用。拥有全球最大的 VoIP 网络和基于 IP 的视频会议网络的中国联通公司也十分重视 IPv6，中国联通将结合 CNGI 项目计划在部分城市提供 IPv6

支持的服务。

另外，北京天地互连公司 2003 年开发了支持 IPv6 的无线网关系统、基于 IPv6 的电信级 IP PHONE 系统（系统的信令部分采用 SIP 协议栈）、BII 1122 IPv6 过渡服务器（支持 6in4、4in6、6in6、6to4、ISATAP 等多种过渡机制，同时支持多种 IPv6 路由协议，目前已经在信息产业部 6TNet 下一代 IP 电信网、北京邮电大学 IPv6 实验网和湖南电信 IPv6 实验网等项目中应用）。该公司还推出了我国首个 IPv6 远程医疗探视系统（已经在北京协和医院等 SARS 定点医院投入使用）。

2.2　下一代网络实验环境和标准化研究

在信息产业部的大力支持下，2002 年 3 月信息产业部电信研究院联合天地互连信息技术有限公司等开展 6TNet（IPv6 Telecom Trial Network）下一代 IP 电信实验网项目，该项目由 3 个骨干网络节点（分别位于信息产业部电信研究院传输所和 BUPT-BII 下一代网络研发中心）和 1 个 CPN 节点（位于天地互连公司 IPv6 网络应用演示中心）组成，并连接至国际最大的 IPv6 实验网 6Bone。目前已开展了多项应用，例如 IPv6 视频会议和视频点播、IPv6 网络视频监控系统、IPv6 家庭网关和 VoIPv6、IPv6 无线 PDA、IPv4/IPv6 双协议终端和服务器操作系统、IPv6 高清晰度视频传输系统，等等。利用 6TNet 的实验环境，完成了对主要设备厂商的吉比特高端路由和 IPv6 协议栈一致性的测试工作，开展了中欧、中日 IPv6 主要组织间产业化的一系列技术与应用合作。积极参与中国 IPv6 标准化工作。正与运营商合作，建设 IPv6 商用智能小区。

目前中国下一代互联网标准化工作已经启动。在我国电信标准化委员会的 IP 专业委员会和网络专业委员会已经安排了一批与 NGI 和 NGN 有关的项目，首批列入标准制定的内容包括 IPv6 基本协议、IPv6 网络总体要求、邻居发现、无状态地址配置、移动 IPv6、路由协议 OSPF 和 BGP4 等。还将安排网络的体系结构和性能指标分配、评估标准和测试方法，以及 IPv6 的业务和应用的标准研究。

配合 CNGI 项目的测试与测量技术的研究工作的展开，包括对网络设备的测试（将主要集中在对 IPv6 协议的支持情况，IPv6 包、IPv6 和 IPv4 混合包的转发能力、对各种过渡机制、协议翻译等的支持情况，对新的路由协议、新的业务的支持等），对终端设备的测试（将主要集中在对 IPv6 协议的支持能力，在 IPv6 上对各种业务的支持能力等），网络测量（将重点针对不同自治域间的业务数据的流量和流向等的性能、可靠性及业务的支持能力进行测量）等。

2.3　中国下一代互联网的试验网和示范网项目

2001 年 11 月，57 位院士致信国务院领导，建议建设我国第二代互联网的学术性高速网。国家发改委组织专家委研究并于 2003 年 3 月完成了“下一代互联网发展战略报告”和“中国下一代互联网示范工程 CNGI 项目实施方案建议”。2003 年 8 月，经国家批准，由国家 8 部委共同组织实施的 CNGI 项目正式启动。该项目要求在国家统一部署和规划下，充分利用国家现有的通信基础设施，建成下一代互联网示范网络，建设具有国家创新能力的信息基础设施平台，连接一定数量的大学、科研机构和大型企业研究机构，提供基础性研究和技术开发试验环境，推动科学研究和技术开发；在网络设备、网络应用和网络工程等方面要攻克关键技术，开发一批重大应用，如交互式远程教育、交互协同视频会议、数字图书馆、计算网格和数据网格等，在网络设备制造、互联网软件开发和互联网运营服务方面初步实现产业化；增强我国发展下一代互联网的核心竞争力，确立我国在国际下一代互联网标准制定、科学研究、技术开发和产业发展等方面的重要地位；推动我国的信息化建设和应用，增强我国的综合国力和可持续发展能力，实现国民经济和社会进步的跨越式发展。项目以下一代互联网示范工程（CNGI）建设为重点，争取在2～3年时间内基本建成由多个主干网构成的核心网，核心节点达到30个左右，连接300个大学、研究机构和企业研究机构，并在切实保障网络和信息安全的前提下与国内现有网络互联并与国际接轨，建立并完善网络管理体系。该项目由国家发改委主持、中国工程院技术总牵头，涉及8个部委、国内5大电信运营商和学术科研网CERNET/CSTNET、100多所高校和研究单位、几十个设备制造商，工作量大、涉及面广、参加的人多，在中国的通信网建设史上都是第一次，对我国下一代互联网建设和产业的发展具有深刻影响。目前该项目已按照国家有关程序，开展了CNGI核心网建设招标、评标、选择承建单位、编写科研报告、进行初步设计和初步设计会审等工作，并陆续启动大批研究开发和试验课题，如图2.4所示。

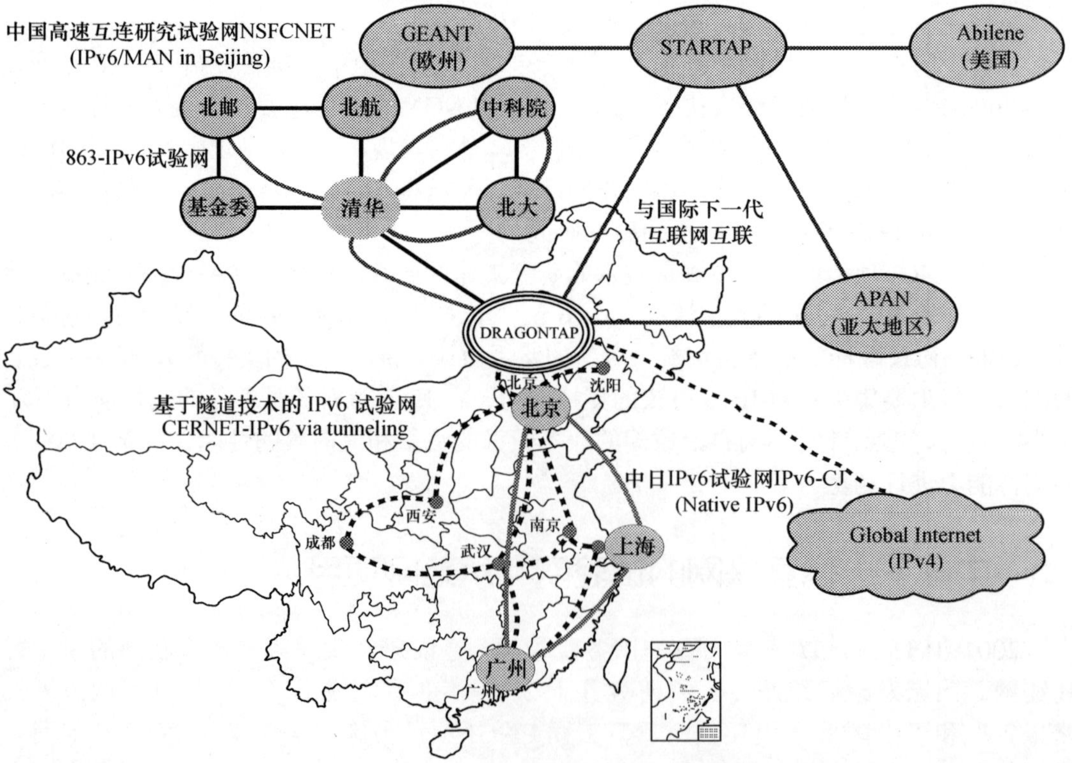

图2.4　中国下一代互联网研究与试验原理图

2.3.1　IPv6 试验床

1998 年 4 月，CERNET 利用主干网提供的通信基础条件，采用隧道技术（IPv6 over IPv4），组建了我国第一个在国际 6Bone 组织正式注册的、连接国内 8 大城市的 IPv6 试验床（CERNET-IPv6），是 6Bone 第 38 个正式注册的国家（或地区），如图 2.5 所示。

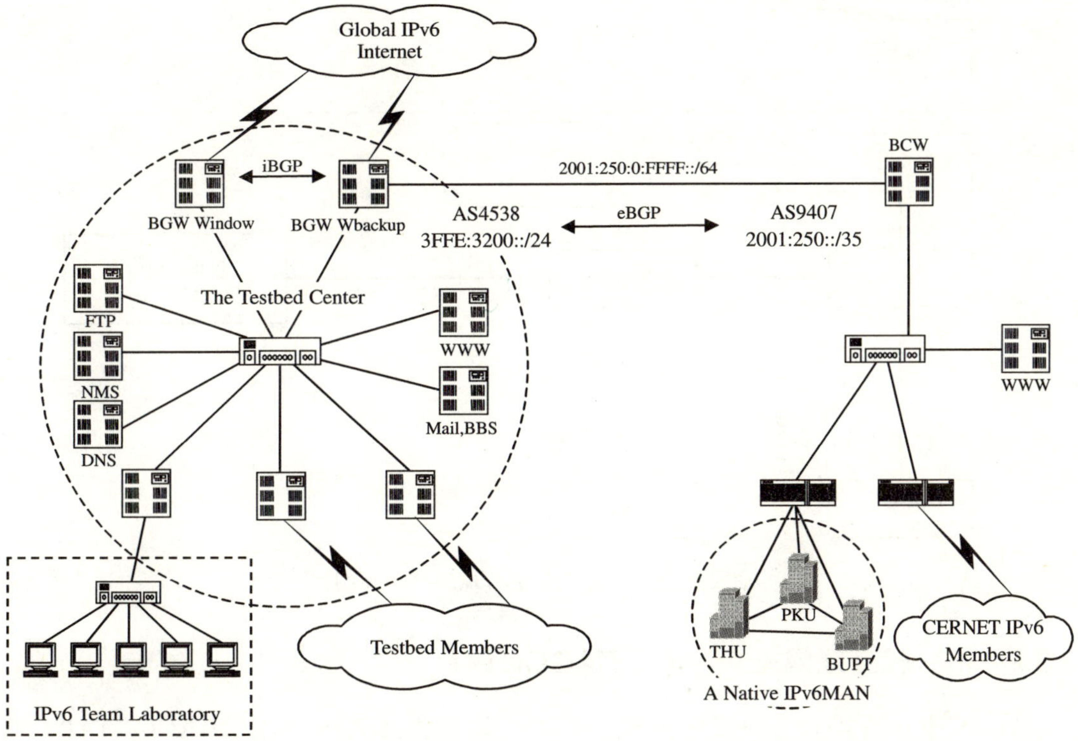

图 2.5　CERNET-IPv6 试验床

该试验床采用由 6Bone 分配的、具有 128 位字长的 IPv6 编址方式组网，建立了 5 条国际 IPv6 虚拟链路，直接通达美国、英国和德国的 IPv6 网络，间接地与几乎全球所有的 6Bone 成员互联。截至到 2001 年 9 月，试验床利用隧道方式连接了国内 20 余所高校的 IPv6 试验网，采用 BGP 路由连接了 15 个国外 IPv6 试验网。CERNET IPv6 试验床现在是 6Bone 的主干网节点，也是 IPv6 Forum 和 6REN 等 IPv6 国际技术联盟的成员。

基于 CERNET-IPv6，有关高校开展了大量与 IPv6 技术有关的研究，包括网络构建、路由技术、过渡技术、纯 IPv6 城域网络的建设、服务质量控制、IPv6 安全性、网络行为学、移动互联网技术、IPv6 组播技术，以及与 IPv6 有关的应用等。特别是在主干网络建设、路由技术、过渡技术、搜索引擎和网络行为学等方面的研究取得了突出的成果。

其中，北京地区纯（native）IPv6 网络的建设项目是与 Nokia 公司中国研发中心共同合作，该网络于1999年12月建成，是国内第一个纯IPv6城域网络，网络拓扑结构如图2.6所示。

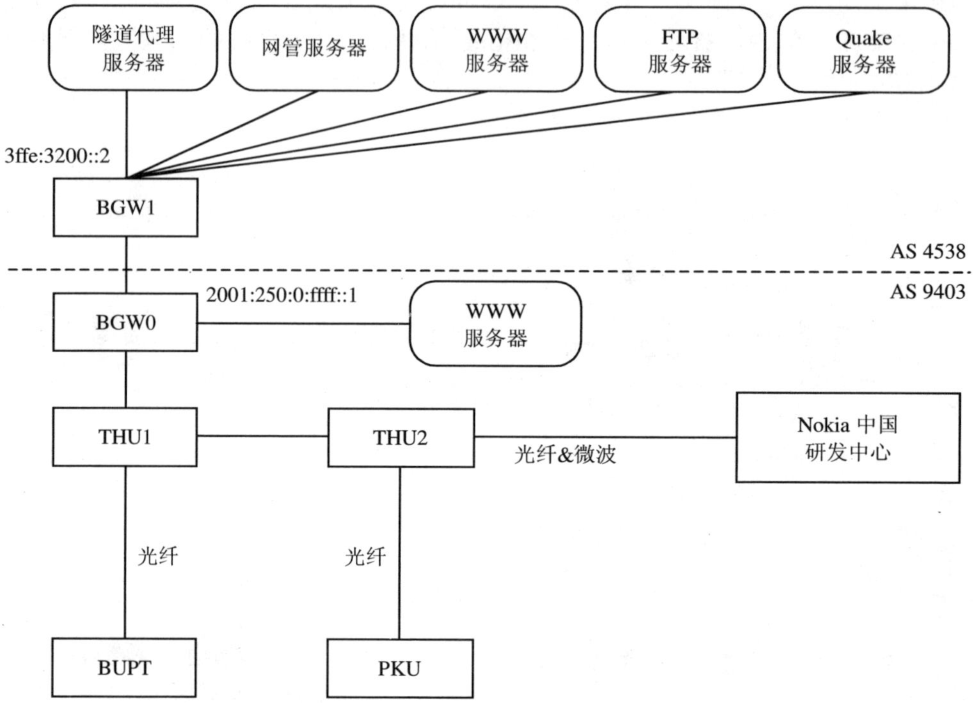

图2.6　北京地区纯IPv6城域网拓扑图

2.3.2　下一代互联网交换中心DRAGONTAP

2000年，清华大学建成中国第一个下一代互联网交换中心DRAGONTAP。通过DRAGONTAP，CERNET、CSTNET和NSFCNET用10Mbit/s线路连接位于美国芝加哥的下一代互联网交换中心STARTAP，用10Mbit/s线路连接位于日本东京的亚太地区高速网APAN交换中心，从而与国际下一代互联网络Abilene、vBNS和CA*net3等学术性网实现互联。同时，CERNET的信息服务中心CERNIC在国内率先提供IPv6地址分配服务。图2.7所示为下一代互联网交换中心DRAGONTAP的网络连接示意图。

2002年，DRAGONTAP IPv6边界网关建立，AS9407通过AS4538连通全球IPv6网络，即通过6Bone和全球IPv6 网互联。截至2002年5月，已经开通的隧道基础上的BGP4+ peer有24个，分布在13个国家和地区，所提供的路由通达6Bone的所有成员，以及几乎所有已经启动的IPv6网络。

DRAGONTAP的建设成功，为中国加入下一代互联网国际性研究提供了最为关键的实验环境，也为我国参与基于下一代互联网的国际竞争创造了有利条件。目前，DRAGONTAP已被我国即将实施的中国下一代互联网示范工程CNGI选定为国际交换中心，在我国下一代互联网发展中将发挥更大的作用。

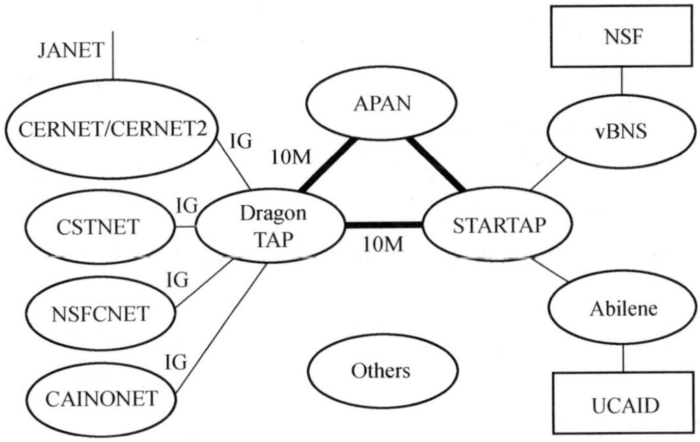

图 2.7　下一代互联网交换中心 DRAGONTAP 的网络连接示意图

2.3.3　学术性下一代互联网 NSFCNET

"中国高速互联研究试验网络 NSFCNET"是 2001 年 7 月初在国家自然科学基金委的资助下，由清华大学、中国科学院计算机信息网络中心、北京大学、北京邮电大学和北京航空航天大学等单位合作的重大联合研究项目。该项目的研究内容包括中国高速互联研究试验网总体设计、密集波分多路复用光纤传输系统、高速计算机互联网络，以及高速网络环境下重大应用研究和演示系统。

在下一代互联网技术试验研究方面取得了以下创新性成果。

（1）在我国首次建成了传输速率为 2.5～10Gbit/s 的高速计算机互联研究试验网络，实现了高速路由器 OC-192（10Gbit/s）POS 板与 DWDM 系统的连接，开通了传输速率达 10Gbit/s 的高速路由器 IP 链路。

（2）在国内首次完成了一批高水平的高速计算机互联网络服务实验。主要包括 IPv6 试验网络，并与国际 IPv6 试验网 6Bone 连接；支持 Native Multicast 网络服务试验，研制并开通我国第一个全网基于 Native Multicast 的组播服务平台，并实现与国际下一代组播服务平台互通；开放式高速网络运行管理服务系统实验；多协议标记交换系统 MPLS 流量控制工程试验。

（3）为高速互联网络基础理论研究提供了实验环境。提出了基于多视图的高速互联网络安全体系结构，面向性能的高速互连网络网络行为理论框架以及基于 IP 数据流分类的 QoS 控制方法，在网络安全、网络行为和服务质量控制等方面都获得了一批理论研究成果。

NSFCNET 的建设成功，发挥了我国计算机和光通信学科的交叉优势，为我国积极参与国际下一代互联网络研究计划提供了必要手段，为我国开展基于高速互联网络及其应用的各类基础研究和技术试验提供了与世界接轨的试验环境。

2002 年，清华大学等单位承担国家"十五"863 计划计算机主题重点项目——"新一代网络互联技术综合实验环境"，于 2003 年 12 月研制成功我国第一台 IPv6 高性能路由器，用具有自主知识产权的网络关键设备建成 863-IPv6 试验网，并开发和运行基于 IPv6 的典型应用示范系统。

2.3.4 中日 IPv6 试验网 IPv6-CJ

2002 年，CERNET 受国家发展与改革委员会委托，与日本通信产业协会 CIAJ 共同承担“下一代互联网中日 IPv6 合作项目”（2002-2005），本项目的目的是在中国国家发改委和日本经济省指导下，中日两国通过在中国国内的 IPv6 试验网建设和试验验证，进行下一代互联网络的研究开发，促进下一代互联网 IPv6 技术的应用和发展；通过共同试验验证进行研究开发，为中日两国乃至亚洲地区尽快构筑下一代互联网络、推动全球信息化发展做出贡献。

项目分为系统、应用、试验网和标准化 4 个专题，主要内容包括研究 IPv6 网络设备和系统关键技术；研究 IPv6 中间件和典型应用技术；建立连接北京、上海和广州 3 个城市的高速 IPv6 试验网，实现与日本 IPv6 试验网的高速互联，研究网络关键技术；测试与评估试验网和所开发系统，研究和提交有关 IPv6 技术的标准。

2003 年 11 月，中国北京－日本东京 45Mbit/s 国际连接线路开通。

2004 年 1 月，连接北京、上海和广州 3 个城市、传输速率为 2.5Gbit/s 的中日 IPv6 试验网开通。

到 2005 年，通过中日合作，该项目将会具备开展 ITS（智能交通系统）等进一步试验和应用的能力，并为该项目开发的 IPv6 路由器以及其他设备厂商的各种网络设备提供开放式的试验平台，形成 IPv6 关键技术和设备的研究开发能力，并力争提出有关 IPv6 的新的国际标准。

2.3.5 第二代中国教育和科研计算机网 CERNET2

第二代中国教育和科研计算机网 CERNET2 是中国下一代互联网示范工程 CNGI 最大的核心网和惟一的全国性学术网，是目前世界上规模最大的采用纯 IPv6 技术的下一代互联网主干网，拓扑结构如图 2.8 所示。

CERNET2 主干网将充分使用 CERNET 的全国高速传输网，以 2.5～10Gbit/s 传输速率连接全国 20 个主要城市的 CERNET2 核心节点，实现全国 200 余所高校下一代互联网 IPv6 的高速接入，同时为全国其他科研院所和研发机构提供下一代互联网 IPv6 高速接入服务，并通过中国下一代互联网交换中心 CNGI-6IX，高速连接国内外下一代互联网。

CERNET2 主干网采用纯 IPV6 协议，为基于 IPv6 的下一代互联网技术提供了广阔的试验环境。CERNET2 还将部分采用我国自主研制具有自主知识产权的世界上先进的 IPv6 核心路由器，将成为我国研究下一代互联网技术、开发基于下一代互联网的重大应用和推动下一代互联网产业发展的关键性基础设施。

中国教育和科研计算机网 CERNET 始建于 1994 年，是中国第一个采用 IPv4 技术的全国性互联网。在教育部的领导下，CERNET 从 1998 年开始进行下一代互联网研究与试验，建成 IPv6 试验床 CERNET-IPv6。2000 年在北京地区建成中国第一个下一代互联网 NSFCNET 和中国下一代互联网交换中心 DRAGONTAP，并代表中国参加国际下一代互联网组织，实现了与国际下一代互联网的互联。2001 年，CERNET 提出建设全国性下一代互联网 CERNET2 计划。2003 年 8 月，CERNET2 计划被纳入由国家发改委等 8 部委联合领导的中国下一代互联网示范工程 CNGI。

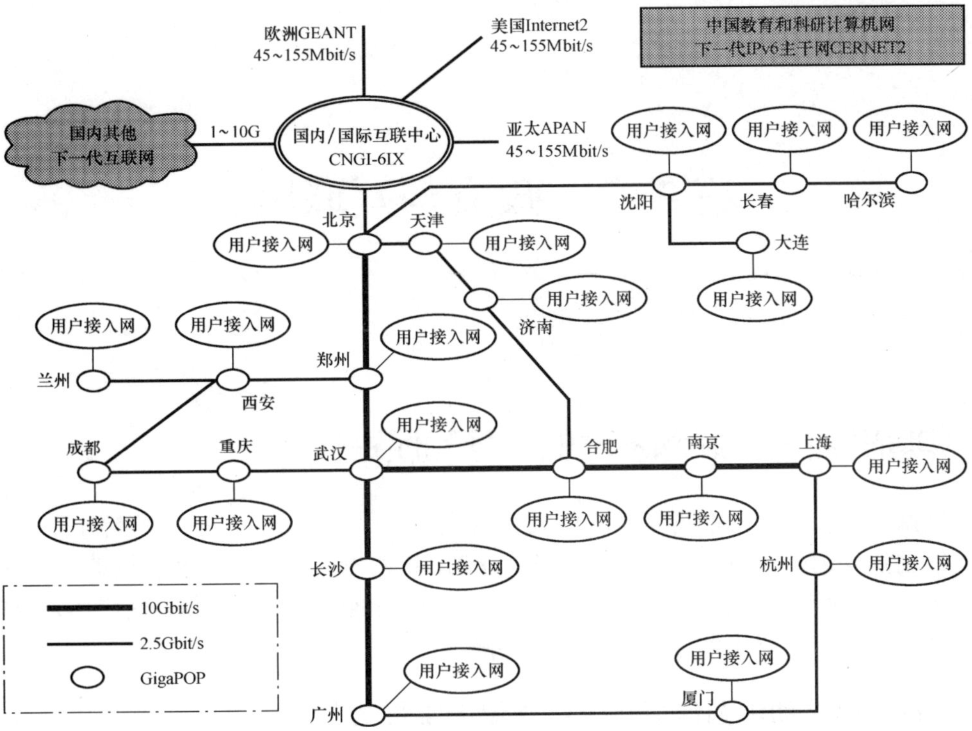

图 2.8　CERNET2 拓扑结构

2003 年 10 月，连接北京、上海和广州 3 个核心节点的 CERNET2 试验网率先开通，并投入试运行。2004 年 1 月 15 日，包括美国 Internet2、欧盟 GEANT 和中国 CERNET 在内的全球最大的学术互联网，在比利时首都布鲁塞尔欧盟总部向全世界宣布，同时开通全球 IPv6 下一代互联网服务。

2004 年 3 月，CERNET2 试验网正式向用户提供 IPv6 下一代互联网服务。

根据规划，到 2005 年底将建成 CNGI 示范网络核心网，以 2.5～10Gbit/s 的传输速率连接分布于全国 20 个城市的 39 个核心节点，并接入 300 个左右的用户网，支持基于下一代互联网的技术试验和应用示范。

CNGI 示范网络的建成，将有利于我国开发和掌握下一代互联网关键技术。利用掌握的核心技术和以自主开发的软硬件产品为主，建设我国下一代互联网，将对我国的国民经济和社会发展产生巨大影响，对保障国防和国家安全发挥重要作用，大大提高我国的综合国力和可持续发展能力，将直接促进和带动信息产业及其服务业的发展，形成国民经济新的增长点。下一代互联网的实施也将促进和加快传统产业的改造，加快网络重大应用在各行各业的推广，提高各行业的经济效益。下一代互联网也将促进社会的全面进步，改善和提高全民的生活质量，为我国在 21 世纪初的跨越式发展和中华民族的腾飞打下坚实的基础。

（中国工程院　邬贺铨
中国科学院计算技术研究所　李国杰
中国教育和科研计算机网　吴建平 李 星
信息产业部电信研究院　蒋林涛
北京天地互连信息技术有限公司　刘 东）

第3章　政府与互联网

3.1　中国政府对互联网发展的引导和促进作用

互联网之所以在我国取得了巨大的发展和成绩，是与我国政府的支持分不开的。政府将互联网的发展纳入重要议事日程，统筹规划，积极出台推动互联网发展的产业政策，加大对 IT 基础建设方面的投资，同时积极鼓励对互联网的应用和创新。这些都为我国互联网行业健康发展提供了制度支持和物质保障。

3.1.1　政府是推动中国信息化工程建设的重要力量

互联网的健康有序发展是以完善的网络基础设施与其他配套设施的协调发展为基础的。从历史上看，我国政府作为我国互联网事业发展的主要推动力量之一，在基础设施、数据库、互联网标准体系以及高技术产业建设等方面投入了大量的资金，为我国信息化工程提供了强有力的支持。

随着“十五”计划的实施，我国信息网络的建设逐步完善。本地传输网、干线传输网、国际通信网等各类网络的容量和传输速度稳步提高，网络设备的装备水平与世界发达国家接近，建成了世界第一大基础电信网络。传输网的技术层次显著提高，SDH 传输技术和 DWDM 密集波分复用技术大量应用于干线传输网络，网上设备技术先进性居世界前列。稳步推进宽带信息网建设，积极开展第三代移动通信相关技术的试验工作。以 IPv6 技术为例，随着互联网在全球的普及，原有的 IPv4 地址资源即将耗尽，IPv6 作为下一代网的基础协议已经得到各界的认同，我国政府为了推动互联网向下一代 IPv6 平滑演化和应用发展，2003 年，国务院 8 部委联合发起了中国下一代互联网示范工程 CNGI。在我国政府的大力支持下，5 大电信运营商和教育科研网——CERNET 及 CASNET 将构筑 6 个全国性的 IPv6 骨干网络（覆盖全国 39 个重要结点城市）和至少 2 个交换中心（IX），以实现各 IPv6 骨干网络的互连互通，计划于 2005 年完成。基于这一全国性的大规模 IPv6 网络平台，各大运营商将配合各大部委的 IPv6 攻关课题，并根据各自的网络条件及业务需求进行 IPv6 关键技术试验、开发、重大应用示范及其应用推广。

3.1.2　政府为互联网发展提供了法律和制度保障

3.1.2.1　对互联网络域名的管理

在互联网络域名注册服务企业的工作推动下，我国互联网络域名数量快速增长，域名应用日益广泛，域名在维护和保障我国互联网健康发展方面的作用日益明显。但近期少数企业违规从事域名注册服务活动，干扰了我国互联网络域名注册服务秩序。为贯彻落实《中国互联网络域名管理办法》，维护我国互联网络域名注册服务秩序，进一步加强管理，在全国范围内开展域名注册服务规范整顿工作。2003 年 7 月 31 日，中华人民共和国信息产业部颁布了《关于加强我国互联网络域名管理工作的公告》。

2003 年 11 月 20 日，信息产业部发布了《关于从事域名注册服务经营者应具备条件法律适用解释的通告》，对《中国互联网络域名管理办法》第十二条所指“从事域名注册服务活动，应当具备下列条件”做出了进一步具体的规定。同年，11 月 24 日，信息产业部还发布了《关于公布符合从事.CN 域名注册服务条件的域名注册服务机构的通告》，公布了符合从事.CN 域名注册服务条件的机构及其相关信息、域名注册管理的投诉电话，欢迎社会各界进行监督。

这两个通告进一步推动了我国域名注册管理的规范化。

3.1.2.2　对计算机网络著作权纠纷案件的进一步关注

早在 2000 年 11 月 22 日，最高人民法院审判委员会第 1144 次会议就通过了《最高人民法院关于审理涉及计算机网络著作权纠纷案件适用法律若干问题的解释》，自 2000 年 12 月 21 日起施行。

近年来，针对新形势的需要，总结已有的纠纷案件，根据 2001 年 10 月 27 日第九届全国人大常委会第二十四次会议审议修改的《中华人民共和国著作权法》的规定，2003 年 12 月 23 日最高人民法院审判委员会第 1302 次会议通过关于修改《最高人民法院关于审理涉及计算机网络著作权纠纷案件适用法律若干问题的解释》的决定，根据这一决定对《最高人民法院关于审理涉及计算机网络著作权纠纷案件适用法律若干问题的解释》作了修改，并重新公布，自 2004 年 1 月 7 日起施行。

3.1.2.3　规范互联网等信息网络传播视听节目的管理

为规范信息网络传播视听节目秩序，加强信息网络传播视听节目的监督管理，促进社会主义精神文明建设，2003 年 1 月 7 日，国家广播电影电视总局发布了《互联网等信息网络传播视听节目管理办法》，适用于在互联网等信息网络中开办各种视听节目栏目，播放（含点播）影视作品和视、音频新闻，转播、直播广播电视节目，及以视听节目形式转播、直播体育比赛和文艺演出等各类活动。本办法自 2003 年 2 月 10 日起施行。

在此基础上，为进一步贯彻落实中办国办《关于进一步加强互联网新闻宣传和信息内容安全管理工作的意见》（中办发〔2002〕8 号），加强对信息网络传播视听节目的监督管理，推进网络文明建设，促进网上视听节目的传播健康、繁荣、有序地发展，国家广播电影电视总局和公安部决定，广电与公安部门联合行动，共同开展信息网络传播视听节目治理工作，2003 年 10 月 28 日，共同发布了《关于联合开展信息网络传播视听节目治理工作的通知》。

3.1.2.4　对互联网文化的管理

为贯彻落实党中央、国务院对互联网管理工作的指示精神，文化部根据国务院整顿和规范市场经济秩序工作会议的要求以及全国整顿和规范文化市场秩序电视电话会议的总体部署，切实加强网络文化市场的管理，颁布了《互联网文化管理暂行规定》，并发出了关于实施《互联网文化管理暂行规定》有关问题的通知。

2003年5月10日，文化部部长孙家正签署了中华人民共和国文化部第27号令，公布《互联网文化管理暂行规定》，明确了互联网文化单位的设立条件和审批程序。该规定的实行，对于加强对互联网文化的管理，保障互联网文化单位的合法权益，促进我国互联网文化健康、有序地发展具有重要意义。可以说，这是中国互联网文化发展历程中的一件大事，互联网文化发展和管理从此有章可循。

3.1.2.5 对上网经营场所的管理

为深入贯彻《互联网上网服务营业场所管理条例》，整顿和规范网络文化市场，2003年4月22日，文化部发布了《关于加强互联网上网服务营业场所连锁经营管理的通知》，对互联网上网服务营业场所连锁经营管理有关问题做出规定，指出促进和规范互联网上网服务营业场所连锁经营的总体指导思想，对申请设立互联网上网服务营业场所连锁经营企业规定了具体的条件。

2003年6月5日，文化部发出《关于全国性互联网上网服务营业场所连锁经营单位审批情况的通告》。《通告》指出，根据《互联网上网服务营业场所管理条例》第八条和文化部《关于加强互联网上网服务营业场所连锁经营管理的通知》的有关规定，文化部负责全国性互联网上网服务营业场所连锁经营企业的审批，并确定全国性互联网上网服务营业场所连锁企业原则上不超过10家。公布了获准开展全国性互联网上网服务营业场所连锁经营筹建业务的10家单位名单。并将暂停受理全国性互联网上网服务营业场所连锁经营单位申请业务。

3.1.3 政府积极推动和引导互联网产业的健康发展

3.1.3.1 推动互联网经济积极发展

我国网络经济经过10年发展，取得了斐然的成绩。调查数据显示，2003年是我国网络经济飞速发展的一年，我国的互联网市场规模达到82.5亿元，其中短信业务达到27.7亿元，网络游戏达到25.5亿元，网上购物达到7.9亿元，网络广告达到10.8亿元，收费邮箱达到5.6亿元。2003年互联网市场规模比2002年的33.8亿元增长了220%，预计今后两年将以每年82%的比例增长，到2006年中国互联网市场规模将会达到348亿元。2003年短信和网络游戏成为业界的宠儿，也为网络企业带来了丰富的回报。网易凭借其短信业务一改其低迷的股价，成为股市的新贵，拉开了我国网络经济的发展序幕。

在这一过程中，我国政府发挥了重要的作用，为网络经济和产业的发展提供了有力的支持，在推动网络经济发展的各个阶段中发挥了重要作用。

1. 政府在调整需求结构要素方面起了关键作用。网络经济结构的变动呈现出明显的需求拉动的特点，即受先进国家信息产业消费示范的影响，需求结构首先变化，然后拉动网络经济结构的成长。我国政府通过加强基础性条件要素方面的建设，为网络经济发展提供坚实的基础。

2. 营造良好的市场环境，为网络经济的发展创造条件。网络经济的发展对社会各经济领域及政府管理机构提出了新的要求，一年来，我国政府致力于网络基础设施的建设外，还在加强行业管理、改善网络经济发展的软环境方面做了大量工作，如互联互通和提高电信服务质量等方面，并在涉及到工商、税务、银行、海关和认证管理等诸多部门，为引导全社会的电子商务活动健康、有序地发展，积极协调各类商业组织统一行业规范，建立信用和安全保障机制进行了积极有效的尝试。加强了对于网上银行和网上证券交易的管理和引导，以保障网上交易和电子商务的顺利进行。

我国政府在网络经济时代的作用，最根本的还是在于制定适合中国国情的发展战略。对于中国这样的发展中国家而言，如果想在信息产业竞争中争得一席之地，必须建立自己的创新体系。

3.1.3.2　加强对网络文化的引导与管理

加强网络文化管理是社会进步的要求，如何对网络文化进行有效的监督与管理是世界各国都还在探索的问题。我国政府一直秉承长效管理与集中治理相结合的主张，倡导行业协会实施自律，鼓励社会监督，加大对网络文化的监管力度，建设政府管理、行业自律、社会监督和企业依法经营的综合监管体系，并为此做了大量的工作，制订了多项法律规定和行业规范，为互联网文化事业的健康发展提供了制度和法律保障。

网吧作为网络文化的传播场所，一直是社会各方讨论的热点。2002 年“蓝急速”网吧的火灾事件至今还让人们记忆犹新，正是在这样一种情况之下，我国政府先后出台了多项政策，对网吧进行有效治理。由于充分考虑到文化市场作为一种特殊的商品市场，除了具有一般的商品属性外，还具有意识形态属性。因此对网络文化市场，要在充分尊重市场经济规律的基础上，运用多种手段适度干预市场进程。通过市场调节和政府调控两手，保障网络文化市场健康协调发展。2003 年先后出台的《关于加强互联网上网服务营业场所连锁经营管理的通知》及《关于全国性互联网上网服务营业场所连锁经营单位审批情况的通告》，拉开了对网吧的全面整顿工作，并取得了重大的成果。从而形成了以信息文化产业为先导、各类文化产业全面发展的产业格局，推动传统文化产业向现代文化产业的转型升级。

我国政府通过促进文化产业立法，完善文化产业政策，健全文化市场体系，完善文化市场管理机制，努力为网络文化产业发展搭建一个广阔的市场运作平台，为网络文化产业发展创造一个良好的文化市场环境。

3.1.4　致力于中国互联网络安全方面的组织和制度建设

互联网是一个高速发展、自成一体的体系，覆盖面广、结构复杂，管理的难度大。近年来，我国政府对信息安全和网络安全问题做了大量实质性的工作，在国家统一组织和指导下，信息产业部、公安部和国家技术监督局等主管部门陆续出台了有关我国信息安全的政策法规以及信息安全和网络安全技术及产品标准，成立了全国信息技术标准化技术委员会、信息技术安全技术委员会、中国互联网安全产品认证中心和公安部计算机信息系统安全产品质量监督检验中心等机构。

2003 年 3 月，为有利于开展计算机网络应急处理方面的协调工作，“信息产业部互联网应急处理协调办公室”成立，并承担 APEC 要求的网络反恐的高技术协作单位。与此同时，CNCERT/CC 作为我国计算机应急体系的核心技术协调机构，发挥着协调我国各计算机网络安全事件应急小组，共同处理国家公共互联网上的安全紧急事件的重要作用。

在网络病毒防范体系的建设上，我国政府先后出台了多项法律法规，并在国家信息化工作领导小组计算机网络与信息安全管理办公室和公安部公共信息网络安全监察局的指导下，成立了国家计算机病毒应急处理中心，即计算机病毒防治产品检验中心，作为我国病毒防范的研究和预警机构，在国家病毒预警防范体系中发挥着重要作用。

3.2 互联网对政府管理模式的影响

2003年是我国互联网迅速发展的一年，也是考验政府执政能力与挑战其管理模式的一年。在过去的一年中，上网人数比2002年增加2 040万人，达到了7 950万。同时新业务的日新月异、新技术的日益推广、网民对网络服务水平及互联网应用中出现问题的关注，以及非典等一些重大、突发事件的发生与解决无不体现互联网开放、平等、全球共享、交互、信息量巨大和传播快等特点。互联网不仅在我国的社会生活中发挥了巨大的影响力，并对我国政府的管理模式的转变与执政能力的提高带来了新的机遇。与此同时，垃圾邮件、网上黄色、暴力信息、网吧的治理和网络服务行为的规范都成为社会广泛关注的热点，这些都对政府的管理能力提出了严峻的挑战。

互联网带来的变革和冲击使政府行政的社会环境发生了深刻的变化，政府管理面临着来自多方位的压力。因此，互联网就像一把双刃剑：一面是受到严峻的挑战；另一面为政府管理模式的创新和发展提供了良好的机遇。

3.2.1 互联网的发展为政府管理模式创新提供了良好的机遇

3.2.1.1 互联网的普及加速了中国电子政务的发展

随着互联网技术及其应用的日益普及，电子政务建设已成为各国关注的焦点和重点，成为提升一个国家或地区综合竞争力的重要因素之一。电子政务以建立政府网站组成虚拟政府的形式，通过信息网络技术的应用和信息资源整合，打破政府部门之间和政府与社会之间的界限，使公众可以方便、快捷地获取政府提供的信息和服务。电子政务是技术创新与政府管理创新相结合的典范，为政府管理方式的变革带来深刻的影响。

当前我国的电子政务应用主要有两大模式：一是互联网信息发布；二是网上办公。通过这两种方式，公众可以快捷方便、及时准确地了解政府机构所制定的相关政策法规以及一些重要的信息；政府部门通过网上办公业务提供了网上审批和纳税等一系列服务功能。电子政务的发展大大提高了政府部门处理公共事务的能力，提高了政府机构运作效率和服务水平，同时降低了管理成本，并使政府管理模式向服务型转变。

电子政务促使政府职能由管理型向更加贴近公众的服务型转化。一站式和一网式服务成为处理电子政务的主流模式。同时，电子政务使政府管理走向开放式和交互式。政府在制定政策和做出决策的过程中，通过网络让更多公众参与，有利于政府在公开、公正、透明的原则下，推动政府决策的科学化与民主化进程。电子政务的开放性还能大大减少腐败现象的滋生，有效堵塞管理漏洞，进一步密切政府和公众的关系。

目前，电子政务已经在我国各级政府中形成共识，整合资源、统一平台和统一标准的建设思路已经明确。我国“十五”计划提出的，总投入达2 500亿元，以“两网一站四库十二金”为主要内容的软硬件建设工程在2003年已经全面启动（两网指电子政务内、外网，一站指政府门户网站，四库指人口、法人单位、空间地理和自然资源、宏观经济4个国家基础数据库，十二金指金税、金关、金财、金盾等12个国家重点业务系统）。

2003 年 7 月，国家信息化领导小组第三次会议和随后召开的电视电话会议进一步提出了加快电子政务建设的要求，提出要用 3～5 年的时间初步建立以“三网一库”（即政府机关内部的办公业务网、中央和地方政府及部门的办公业务资源网、以互联网为依托的政府公众信息网，政府系统共建共享的电子信息资料库）为基本架构的政府系统信息化框架。各级政府纷纷将电子政务建设与政府机构改革、理顺内部管理流程相结合，利用国家基础网络资源，大力铸造电子政务软硬件环境，不断推进政府上网和网上办公，我国电子政务建设进入了快速发展的新阶段。

根据赛迪顾问公布的数据，2003 年第一季度，中国电子政务市场整体规模约为 76.8 亿元，同比增长 15.8%。第二季度，中国电子政务市场整体规模约为 66.3 亿元，受 SARS 疫情的影响，同比呈现负增长，幅度为－6.1%。随着 SARS 疫情的过去，第三季度电子政务市场出现了较大的补偿性增长，电子政务市场规模扩大迅速，整体规模约为 92.4 亿元，环比增长达到 39.2%，同比增长超过 26%。第四季度的电子政务市场仍延续增长的态势，赛迪顾问估计投资总额将会在 93 亿元左右，全年电子政务市场达到 329 亿元左右。[1]

3.2.1.2 互联网的普及和发展为政府更好地了解社情民意、实践执政为民理念提供了强有力的支持和保障

互联网作为一种新的传媒，具有很多传统媒体所不具备的特点，从而极大地提高了信息的传播速度和影响范围，信息渠道更加畅通，信息更加公开、透明，这为政府更好地了解社情民意，贴近民生提供了强有力的支持。

2003 年我国遭遇了非典疫情的洗礼，在与非典斗争的过程中，互联网发挥了重要的作用。正是互联网及时、全面地介绍了非典疫情的情况，使民众在足不出户的情况下，得以及时、全面地了解疫情。互联网还为政府统计通报疫情、宣传防治措施和沟通交流经验提供了有效的平台，把政府与民众更紧密地结合在一起，对赢得抗击非典的全面胜利发挥了不可替代的作用。可以说，非典事件使互联网的优势与特点得以充分彰显，也使政府借助网络正确应对社会重大、突发事件的一个成功范例。除此之外，“孙志刚事件”、“刘涌案”和“宝马撞人案”等广为民众关注的热点事件发生后，互联网以其开放、广泛、即时与交互式等特点，为政府及时了解民意、民愿，采取反映民众呼声的措施提供了一个重要的平台与渠道，从而推动了问题的解决，提高了政府的执政能力与社会公信力。

3.2.1.3 积极推动新技术的应用，努力赶超世界先进信息技术水平

互联网技术的发展日新月异，其更新速度远远超过以往任何一项发明。尽管我国互联网起步较晚，但新技术的不断涌现及应用为我国赶超世界先进技术水平提供了良好的机遇。特别是世界发达国家对以 IPv6 为代表的下一代网络的研究与试验进展迅速的情况下，我国政府积极推动 IPv6 技术的开发、研究和应用。

从 20 世纪 90 年代后期开始，在国家相关部委科技计划的支持下，一批与下一代互联网及 IPv6 关键技术研究有关的课题作为国家重大专项立项，并陆续取得了突破性成果，为我国开展以 IPv6 为基础的下一代互联网的研究奠定了良好的基础。在某种程度上，IPv6 对中国的意义远远不止于在物理上提供充裕的 IP 地址和改变人们的生活方式，而

[1] 《中国计算机报》2003 年 88 期，《略有波折 总体增大 城市电子政务建设是龙头》

是在互联网发展上争取更大主动权的一次战略机遇，由政府牵头、8部委联合投资14亿元，并要求5大运营商参与的CNGI建设已全面启动。支持IPv6网络建设、核心技术研究、应用示范及推广正在逐步地展开。

政府与研究机构及企业联动的研发应用局面已初具规模。据中国互联网络信息中心（CNNIC）统计，到2003年底，我国共有6家单位申请了IPv6地址，我国大陆IPv6地址总数为9/32＋/48个。目前我国除了对IPv6技术抓紧研发之外，3G技术、IT/ICT新技术的开发、互联网与电信网络的融合等高新技术也都已列入了国家发展规划之中。研究机构、企业都投入了大量的人力、物力进行开发研制工作，为我国加快信息技术进步提供了强有力的支持。

3.2.2 互联网发展对政府管理模式提出的挑战

3.2.2.1 纵向政府管理结构受到冲击，高效率的政府工作机制需与高效、多元化的信息传播机制相适应

互联网使信息在全社会的共享程度空前提高，传统的政府管理面临全新挑战。我国原有的政府管理结构是一种典型的“科层制”模式，是与以计划为主的社会生产方式和相对稳定的社会结构相适应的纵向管理方式。政府决策往往采用垂直的方式进行，决策信息从上往下流动。互联网使人们不分等级地获得了最广泛意义上的信息知情权，极大地提高了信息在全社会的共享程度，普通公民借助互联网摆脱了信息闭塞的局面。互联网降低了中间管理层次的中转作用，公众可以通过网络对政府高层的决策直接发表意见，政府高层也可以更为直接、快速地获得这些反馈，从而加强了政府部门之间经由网络的联系，其决策意向也可以通过网络让公众进行讨论和选择。

3.2.2.2 网络信息安全与垃圾邮件对政府的管理能力提出了更高要求

2003年，世界各地的安全事件普遍呈上升趋势。根据美国计算机紧急事件响应组/协调中心（CRET/CC）的统计，2003年CRET/CC接到的安全事件报告比2002年增加了一倍还多。计算机病毒的数量在增长，病毒的传播手段、破坏性也在不停地增加或扩大。2003年对于中国的互联网来说是不平凡的一年。自2003年1月25日Slammer蠕虫爆发以来，W32.HLLW.Deloder、CodeRed@F、Blaster和来自美国的黑客竞赛等大规模的安全攻击一次又一次地冲击着互联网。网络安全问题不容忽视。我国互联网的发展不但要面对病毒的破坏，还要提高抵抗黑客入侵的能力，以及对远程数据传输安全性的保护。

另外，垃圾邮件问题严重，任其发展，必将危及互联网的形象及其健康有序的发展。据中国互联网络信息中心（CNNIC）统计，2003年我国互联网用户平均每人每周收到正常邮件5.8封，垃圾邮件7.9封，垃圾邮件已经超过用户的正常邮件。2003年，中国互联网协会成立的“反垃圾邮件协调小组”曾经两次发布“垃圾邮件服务器名单”，并组织互联网行业的集体行动，对名单上的服务器地址进行过滤，这从一个侧面带动了整个行业的自律自查。但同时我们应该看到，随着世界各国加大对本国垃圾邮件的立法管理与打击力度的情况下，境外垃圾邮件发送源正在向中国转移，这无疑将增加我国反垃圾邮件努力的压力。因此，垃圾邮件问题的解决不仅需要来自更多方面的自觉抵制与协同努力，也对政府的立法与监督，以及积极开展国际合作提出了更高的要求。

总体看来，现阶段我国的网络与信息安全还面临着很大的挑战：网络与信息系统的

防护水平不高，应急处理能力不强；信息安全管理和技术人才缺乏，关键技术整体上还比较落后，产业缺乏核心竞争力；信息安全法律法规和标准不完善，全社会的信息安全意识不强，信息安全管理薄弱。

3.2.2.3　健康的网络文化建设与引导是政府面临的新课题

作为一种"新生事物"的互联网，随着网络内容的日益丰富、上网条件的不断改善、人数的不断增加以及网络游戏的不断推广，互联网对年轻一代具有极大的吸引力与诱惑力，这在一定程度上推动了互联网的迅速发展。但与此同时，网上灰色甚至色情信息、暴力信息以及对传统文化与道德规范形成冲击的不良信息也在日益增加，又由于父母与孩子间在计算机与网络知识与技能方面的差异，如何加强健康网络文化的建设，弘扬中华民族优秀文化的传播，引导青少年正确使用互联网成为政府推动互联网发展、加强网络管理过程中面临的新课题。

随着我国网络文化市场的日益繁荣，网吧等互联网上网服务营业场所明显增多。这扩大了网络文化的影响力，对于交流信息、学习科技、传播文明，提高全民族科学文化素质发挥了积极作用。但是由于与之相应的法律法规尚不完善，管理手段不完备，管理措施不落实，一些单位和提供互联网上网服务的营业场所利用互联网从事违法违规经营活动时有发生。又由于互联网在一定程度上超越了时间、空间和容量的限制，客观上构成了一个跨国界的虚拟文化市场。传统的人工管理手段显然已不适应文化发展的要求，必须积极利用先进的管理思想、管理模式和管理手段，来调控和引导文化市场的发展。

2003 年的"木子美事件"、中小学生因在网吧上网被拐骗甚至丧生等事件在社会上引起了社会的广泛关注，这对政府在"趋利避害，促进发展"的过程中如何定位和如何作为等问题提出了很高的要求。

3.2.2.4　互联网区域发展的不平衡性和"数字鸿沟"问题挑战政府的执政能力

在电话和互联网等信息通信手段的飞速发展使世界变成"地球村"的同时，互联网也带来了世界范围内信息通信技术发展的不平衡，形成了"数字鸿沟"，又称"信息鸿沟"。这一鸿沟既表现在中国与发达国家之间在接触、拥有和利用丰富信息方面的差异，也表现在我国沿海发达地区和内陆贫困地区之间、城市和农村之间、高收入人群和低收入人群之间、健康人群与残障人群等社会群体间在这方面的差异。数字鸿沟的存在不仅不利贫富差距问题的解决，并可能扩大贫富差距或造成新的贫富不均，从而影响全民族的振兴与国家的发展。

尽管我国政府高度重视"数字鸿沟"问题，提出了良好的对策，并积极推动"村村通"等一系列措施的实施。但是解决"数字鸿沟"问题是个系统工程，需要国家从战略和长远发展的高度，从基础设施建设、教育水平的提高、经济发展及技术研究与产品的推广等方面创造性地开展工作。这无疑对政府的执政能力提出了很高的要求。

3.3　国外政府与互联网的发展与规范

3.3.1　国外政府与互联网的利用

3.3.1.1　国外政府电子政务建设情况概述

在世界各国积极倡导的"信息高速公路"的 5 个领域中，"电子政府"被列在第一位。据联合国最新的《2003年电子化政府完备程度》（E-Government readiness 2003）报告显示，联合国191个成员国中有173个国家的政府都有自己的网站，高于2001年的143个。根据政府网站的可用性、国家信息基础设施发展水平、为公民提供基本社会服务的电子化参与程度等指标，最终得出可表示每个国家电子政府成熟度的指数，名列前10名的国家依次为美国、瑞典、澳大利亚、丹麦、英国、加拿大、挪威、瑞士、德国和芬兰。亚洲的新加坡和韩国分居第12和13位，日本排名第18，我国排名第74，属中上水平。

国外政府在电子政务方面的主要经验如下。

1．采取有力措施解决政府信息公开和跨部门信息资源共享问题。国外成功实施电子政务的国家无不重视政府信息的公开，在法律中明确规定获取政府信息是公众的一项权利。如美国的《信息自由法》，欧盟的《公众获取欧盟议会、理事会和委员会文件的法令》，英国的《政府信息公开条例》，加拿大的《信息公开法》以及澳大利亚的《信息自由法》等。

2．优化政府业务流程。国外电子政务建设的实践表明,缺乏对政府业务流程的优化是成功实施电子政务的主要障碍之一。优化后的政府业务流程有两个基本特征：一是面向公众，以公众满意为目标；二是以事务为中心，跨越部门和职能界限。

3．突出服务宗旨，以公众需求确定应用项目。

4．重视政府门户网站建设。政府门户网站是电子政务发展的主要形式，大多数国家都努力建设和完善国家级的综合门户网站。美国下大力气建设了“第一政府”网站，公众通过它能够获取各级政府的在线信息资源。新加坡的“电子公民中心”（e—Citizen Center）以人生的里程为依归，被公认为设计最好和充分考虑到居民要求的电子政府门户网。

5．重视电子政务建设的绩效评估。英国负责电子政务的专员和大臣要向首相提交月度和年度进展报告。美国推出了“电子政务计分卡”，根据电子政务服务的便捷性、用户数量、风险和收益等评估标准，将各部门的电子政务建设水平从高到低划分等级。

3.3.1.2 国外政府网络采购的主要经验

随着互联网的不断普及，政府网络采购成为政府有偿获取物资、服务和工程项目常用的作法。如何充分应用互联网来提升政府采购的效率和公正性，我们可以从国外的发展中获得丰富的经验。总的来看，国外成功的政府网络采购具有以下主要特点：1．起步较早。20世纪90年代中期，互联网开始在商业中应用时，美国联邦和州政府就试图开始将网络引进政府采购过程中，并开始利用政府网站公布政府采购相关信息；澳大利亚政府也在这方面进行了积极有益的探索；智利等南美国家也试图将信息技术引进政府采购中来。2．积极运用新的信息技术。网络技术的不断发展，促进了政府在采购方面的应用步伐，特别在认证、安全和支付方面，不断采用新技术，使政府采购的方式能够与时俱进，运用最先进的技术来提高政府采购的效率。3．尊重实效。政府采购的根本目标是通过信息技术改变过去传统的采购方式，以提高政府采购效率。因此许多国家的政府网络采购体系都把“实效”作为其工作的出发点，通过各种手段，精简采购环节，减少人为干预，提高采购竞争度。总的来看，国外政府网络采购正处于积极发展状态中，不少国家认定发展政府网络采购是他们提升和改造政府采购的重要举措，是未来的发展方向。

3.3.2 国外政府对互联网技术应用的支持

3.3.2.1 国外政府对宽带业务的支持

国外网络技术发展迅速，与政府的有力支持密不可分。以宽带业务为例，欧盟委员会计划从 2004 年起，在 3 年内投入 1.63 亿欧元资金，用于欧盟各国的网络内容建设，以满足网上用户的需求并促进宽带业务的发展。欧盟将在 2005～2008 年度继续拨款支持其成员国进行网络内容建设，重点包括地理数据库、教育资料和文化等方面。英国政府也采取措施推广国内的高速宽带服务。英国政府公布的宽带远景计划称，英国计划在 2010 年左右开始部署更高速率的宽带服务，并考虑在乡村地区推行 Wi-Fi 接入方式。英国电信（BT）也宣布，将在未来的两年内投资 2200 万英镑，在偏远地区采用宽带无线接入技术，以配合英国的宽带发展。此外，英国电信还将积极开展与公共和民营部门之间的合作计划，将宽带服务推广到更多地区。

3.3.2.2 国外政府对移动互联网发展的支持

作为互联网十分重要的一个方面，有关移动互联网标准和技术问题一直是业界争论的热点。韩国是世界上移动互联网最为发达的地区之一，其市场发展经验和运营模式长久以来一直受到世界各国移动运营商的关注，对我国未来的移动互联网产业和 3G 市场的发展有着极其重要的借鉴意义。

从传统意义上讲，移动互联网具有封闭的特征，这主要是由于移动互联网所依托的移动网络是封闭的，这一点是移动互联网与传统互联网最大的区别。在韩国移动互联网市场的发展过程中，韩国政府发挥了十分重要的作用。韩国政府的基本出发点是希望利用移动互联网的开放性创造更多的商业机会，鼓励大量的移动互联网服务提供商（MISP）参与移动互联网的建设，促使移动互联网产业链的形成。韩国政府采取了一系列措施。首先，要求移动运营商降低移动互联网服务的月付费。从 2002 年 12 月开始，政府准备推出针对数据传输业务的 5 种不同的资费计划，以降低移动互联网用户的实际使用费用；第二，推动修改移动运营商和内容提供商（CP）之间的利润分成协议，使内容提供商能够通过移动互联网获得稳定的收入来源，鼓励内容提供商生产出更加优秀的移动内容；第三，支持对移动商务支付系统的研发；第四，即将启动 m-Government 计划，使韩国公民能够利用手机接受来自于政府的各种信息；第五，拟修订相关法律，允许基于位置的服务设施的创建，增加新的商业机会。此外，个人数据保护也是韩国政府关注的一个领域；最后，韩国政府还要求移动运营商向第三方内容提供商开放移动互联网。

3.3.2.3 国外政府对网络经济的扶植

为推动网络经济的发展，各国政府大量投资建立科级基础设施，为网络经济与传统经济的融合制造有利环境，并采取一系列的政策措施推动网络经济健康发展。这其中既包括促进和鼓励网络经济发展的战略、政策和规划，还包括加强对网络经济管理方面的法律法规的制定。

英国政府认为，在网络经济时代，确保尽可能多的人接触信息技术和使用互联网等先进通信手段是推动经济发展的先决条件。根据现任首相布莱尔提出的2005年英国要实现全民上网的要求，英国计划兴建1000个信息技术培训中心。此外，还采取措施协调现行各管制机构更好地工作；出台了公用设施检讨议案和改革竞争法，改进现有的管制框架和加强税收征管。新加坡为促进网络经济发展和推进电子商务制定了资讯通信21世纪蓝图、电子商务发展蓝图以及数字新加坡战略等规划，并推行了一系列行动计划。目标是发展与国际一致的电子商务基础设施：迅速将新加坡发展成为一个电子商务枢纽；战略上对企业采用电子商务给予鼓励和支持；促进公众和商业领域的电子商务活动；制定适合跨国交易的电子商务的法律和政策。

3.3.3 国外政府对互联网新业务的管制

3.3.3.1 国外政府对互联网语音服务（VoIP）发展的管制

互联网语音服务协议（Voice over Internet protocol，简称VoIP）是一种快速崛起的语音通信技术。由于它通过互联网以数据包形式传送话音，促进了网络资源的利用，降低了语音业务成本，因此在全球范围内已得到迅速发展。同时VoIP带来丰富的新应用，像赋予普通电话IP功能、赋予呼叫中心网络能力、IP可视电话和IP－PBX技术等。但同时，VoIP产品的安全性威胁VoIP的发展。英国政府的一项技术审查发现，在使用VoIP和文本信息的产品当中存在着若干安全缺陷。这些缺陷影响着实时多媒体通信及处理标准，因此各国对VoIP发展普遍采取一种管制的策略。

美国一些州和传统电话运营商要求对VoIP收费进行管制。明尼苏达公共事业委员会要求：（1）IP电话服务要取得和电话服务一样的许可，并向州政府纳税；（2）要确保能拨打“911”等紧急电话，并向州政府捐赠所需资金。加利福尼亚州希望对VoIP服务进行管制，以保护现有大规模的网络基础设施投资。对此，美国联邦通信委员会（FCC）于2003年12月1日宣布成立“FCC互联网政策工作组”，专门探讨什么样的规定对VoIP最为适当。

欧盟目前认为IP电话是“不属于适用欧盟电话通信规定的成熟服务”，一直不在限制对象之列。欧洲委员会认为，如果IP电话发展到能够提供实时呼叫，并且电话到电话方式的IP电话业务成为IP业务提供者的主要业务并得到广泛应用时，欧洲委员会会对IP电话采取管制措施，从而保障传统电话公司的利益。

3.3.3.2 国外政府对互联网接入服务征税的规定

互联网接入服务的纳税问题逐渐成为各方关注的焦点，对此存在不同的看法。一种观点支持对互联网接入服务免税，以支持互联网的不断普及和应用。另一种观点认为互联网不应该被特殊对待，这样会影响国家和地方的财政收入。以美国为例，美国众议院2003年9月通过了《永久性禁止向互联网接入征税》的法案。该法案阻止某些州及地方政府继续利用法律上的漏洞对某些互联网接入业务征税，明确规定各州不得对任何形式的互联网接入业务征税，无论是移动接入方式还是卫星、DSL或Cable Modem接入方式。但在2003年11月参议院会议中，没有能够对互联网免税禁令的规模和范围达成一致意见，这使得这一问题更加复杂，越来越大的可能表明联邦政府将对通过DSL、电缆调制解调器上网和拨号上网服务征税。很多美国议员认为互联网不应受到特殊对待，这将给国家和地方税收带来巨大损失。

3.3.4 国外政府对于网络信息与网络安全的防范和管理

3.3.4.1 国外政府为控制垃圾邮件所采取的措施

垃圾邮件泛滥日益成为一个全球公害，据最新统计资料显示，2004 年世界垃圾邮件的总数占全部电子邮件的 60%。它不仅将导致严重的网络堵塞与邮件管理困难，增加运行与维护成本，还将带来网络诈骗、网络色情传播和计算机病毒扩散等一系列问题，甚至影响互联网健康有序的发展及其应用推广。为此各国纷纷出台相应的政策和措施控制垃圾邮件的泛滥。除了鼓励企业、民间机构及网民重视、参与反垃圾邮件的活动外，采取法律手段解决垃圾邮件泛滥问题尤为重要。这里主要以美国和欧盟为例，介绍当前国外政府对反垃圾邮件的立法情况。

作为当前全球垃圾邮件问题最严重的国家，美国自 20 世纪 90 年代后期以来，一直在致力于反垃圾邮件的立法工作，并取得了一定的进展。截至目前，美国已有 36 个州通过了反垃圾邮件法。在联邦立法方面，美国总统布什已于 2003 年 12 月 16 日正式签署了反垃圾电子邮件法案——《2003 年控制未经请求的侵犯性色情及行销消息法》（简称《2003 年反垃圾邮件法》），从而使美国拥有了第一部联邦反垃圾邮件法。该法案已于 2004 年 1 月 1 日正式生效。“2003 年反垃圾邮件法”要求促销商必须清楚地标注自己的身份，并避免在促销邮件当中使用误导性的主题，此外，色情邮件必须明确标注，使用户可以更方便地采取过滤措施；违反该法案规定的商家将被处以最高 600 万美元的罚款以及最高 5 年的有期徒刑。

但是，《2003 年反垃圾邮件法》是一个折衷方案，它实施的是一种让消费者“选择退出（opt-out）”的标准，而不是更为严格的“选择加入（opt-in）”的模式。根据该法案，大宗邮件发送者可传送数量不限的“商业电子邮件消息”，只要这些消息内包含有效的美国邮寄地址或邮政信箱，而且附有退订的机制即可。

欧盟先后出台多个指令就打击和遏制垃圾邮件泛滥问题做出规定，如《1997 年电子通信和数据隐私指令》、《2000 年电子商务指令》和《2002 年欧盟隐私与电子通信指令》等。值得一提的是，2002 年 5 月 30 日，欧盟议会批准的最新的反垃圾邮件及保护在线隐私权的法令——《欧盟隐私与电子通信指令》，对商业垃圾邮件的发送做出了明确规定，与美国存在较大的不同。该指令中的反垃圾邮件条款规定，将“选择加入（opt-in）”作为商业电子邮件的默认规则，这意味着营销方必须事先获得消费者的许可才能向其发送电子宣传材料。所有的商业电子邮件宣传品都必须具有“选择退出”的功能，使收件人可以随时终止继续收到此类邮件。该指令经欧盟议会批准之后，还有待各成员国通过，使之成为本国法律的一部分。截至目前，仅有 7 个欧盟成员国——奥地利、英国、丹麦、爱尔兰、意大利、西班牙和瑞典，依据上述欧盟指令采取了相应的立法措施。欧盟已经敦促尚未采取行动的比利时、德国、希腊、芬兰、法国、卢森堡、荷兰和葡萄牙等 8 国尽快制定相应法律，采取严厉手段打击互联网上的垃圾信息，否则就可能被欧盟起诉。

此外，澳大利亚、日本、韩国和新加坡等许多互联网发展比较发达的国家和地区也纷纷于近几年推出了类似的立法。

3.3.4.2 国外政府对网络色情内容的管理

网络色情内容日益成为影响互联网健康发展的制约因素，对于未成年人造成了很大的危害。国外政府机构大多采用严格的立法，来有效遏制网络色情内容的传播。以澳大利亚为例，通过了多项法律对网络色情内容和与之相关的犯罪进行界定。最新的法案还创设了另一新型犯罪形式，即利用互联网进行带有攻击与威胁目的的活动，如倡导或煽动暴力抗议等。欧盟也公布了新的“互联网安全计划”以保护青少年上网安全。欧盟将总共投资 5 000 万欧元，加强对过滤技术和公共举报热线的使用，加大力度打击非法的互联网内容，以进一步净化互联网环境，帮助青少年远离不健康的网络内容。美国国会针对网络色情对未成年人的危害，推出《保护儿童免遭 P2P 色情入侵法》。该法案旨在防止儿童下载网上的色情内容。根据该法案，在允许儿童用户使用在线文件交换服务之前，必须首先获得儿童父母的许可。法案还建议儿童父母在孩子的计算机上安装用来显示其不愿孩子使用文件共享软件的“警示灯”。这样即使孩子试图下载了文件共享软件，当网站注意到“警示灯”之后就会拒绝孩子的下载要求。

3.3.4.3　国外政府对网络安全和恐怖活动的防范措施及经验

互联网在为人们的工作、生活和娱乐提供了极大的便利，并推动了全球的信息共享的同时，也为各种犯罪分子，特别是跨国犯罪集团和恐怖分子提供了一种较为安全的联络手段。同时网络病毒和黑客攻击等影响互联网安全的事件也频频发生。有鉴于此，世界各国政府纷纷采取多种措施，加大对互联网的监控力度。下面从几个方面介绍国外针对网络安全和防范恐怖活动所采取的措施。

1．成立专门的安全管理、防范机构和体系防范恐怖袭击

针对网络恐怖袭击和网络信息安全问题的日益猖獗。国外政府纷纷建立多层次的安全防范机构，保障国土和网络安全。美国在这方面积累了比较丰富的经验，先后成立了多个组织和防范体系。2003 年美国国土安全部成立“美国计算机紧急响应组”（U.S CERT），以提高联邦政府对计算机安全事件，尤其是病毒袭击事件的反应能力。同年 7 月，美国联邦通信委员会（FCC）设立国土安全办公室，办公室将为 FCC、负责外交事务的鲍威尔、FCC 国土安全政策委员会以及 FCC 执法局局长履行各自在国土安全和应急准备方面的职责提供强有力的支持。8 月成立“网络事件探测与分析中心”以推动有关网络安全事件的信息共享。

另外，美国国土安全部在 2003 年秋季还启用了全球预警信息系统。全球预警信息系统将作为一个中心枢纽，监视互联网的敏感区域，并且针对可疑活动向国土安全部官员报警。

此外，韩国成立国家网络安全中心以防范网络恐怖袭击。该机构隶属于韩国国家情报院，任务是保护国家通信网络不受网络恐怖袭击。2004 年 4 月英国政府在全国部署防御数字攻击的预警网络。这一网络可以帮助该国各地区的组织、机构和社团防御数字攻击。此后该网络将进一步扩展为一个也为私营部门提供服务的国家资源。

2．国外政府通过立法保障网络安全

目前，已有多个国家出台了有关互联网监控方面的立法，为合法地监控和监视互联网提供了必要的法律依据。2000 年，英国通过了《调查权力法》，旨在打击日益猖獗的恐怖活动和严重犯罪行为。根据该法，英国主要的通信服务提供商必须安装自动监视电子通信和网络浏览情况的专用设备，以便在警方或其他调查机构提出要求时，能够在 24 小时内对指定对象进行监视。

3．国外政府利用技术手段监控网络信息

另外，国外政府还采取了多种技术手段监控互联网信息。以美国为例，政府先后投入大量经费，研制多项网络监控技术和程序。主要成果有："网络清道夫"（NetEraser），该程序将通过识别进入用户电脑的信息流是否符合安全协议要求，解决安全防护问题。如某信息不符安全协议，则立刻被阻挡在系统外。"食肉动物"电子邮件监视系统、"魔灯（Magic Lantern）"技术和"情报全面识别系统"（total information awareness）等，这些技术在防止恐怖分子发动网络袭击，确保国家以及私人计算机网络的安全方面发挥了很重要的作用。

3.3.4.4　国外政府打击网络犯罪与欺诈的措施

随着互联网在经济和社会生活的不断普及，网络犯罪与经济欺诈日益频繁，严重影响互联网的应用，各国纷纷采取措施打击网络犯罪与欺诈。2003 年 6 月美国和其他 29 个经合组织（OECD）成员国签署一项协议，宣布将对垃圾邮件制造商、电话营销商和其他跨境诈骗分子进行调查追踪。美国联邦贸易委员会（FTC）和英国、法国、日本、加拿大、澳大利亚、芬兰等国表示，该协议有利于各国政府调查并逮捕那些进行国际诈骗的犯罪分子。这 30 个国家同意合作打击跨境诈骗，对本国消费者保护法进行必要的修改，以及为消费者创造条件以弥补其蒙受的损失。欧盟为打击网络金融犯罪，欧盟委员会联合研究中心 2003 年研发出了一种名为"网上虚拟证据搜索工具"的新技术。这项技术旨在帮助确认网络用户的身份信息，保障网上交易的安全，并搜集各种网络犯罪行为的证据。例如，该技术将为每一笔网络交易的全过程建立档案，任何网络金融犯罪活动都会清楚地留下痕迹。在这项新技术投入使用后，调查人员可以通过记录在电脑上的数据，比如上网日志、电子邮件、文字处理程序和图片处理软件等，检索出网络金融犯罪的证据。这些证据可以在欧洲所有法庭上作为有力的"呈堂证供"。

3.3.4.5　国外政府对网络知识产权的保护

世界知识产权组织从20世纪90年代就开始探讨制定有关网络著作权的法律和规定，并于 1996 年组织制定了《世界知识产权组织版权条约》（WCT）和《世界知识产权组织表演和录音制品条约》（WPPT）。WCT 和 WPPT 对很多国家的立法产生了重要的影响，如美国的《数字千年版权法》，2001 年欧盟通过的《关于协调信息社会的版权和邻接权若干方面的指令》，以及日本《著作权法》的修改等。

同时各国针对新出现的违法侵权行为，不断完善相应法律体系。2004 年 3 月欧洲议会通过新的"反盗版法案"。根据这项法案，盗版者将面临没收财产和冻结银行账户等处罚。新法案主要针对 DVD、CD 和医药产品的非法侵犯版权行为。目前，英国已经开始实施欧盟新的"反盗版法案"。2004 年 3 月，美众院小组委员会通过新的版权法——《制止盗版和教育法》（PDEA），以加强对网络侵权的监管。该法案扩大了联邦警察在打击网络侵犯版权行为方面的权限。

3.3.4.6　国外政府对在线赌博活动的控制

近年来，国外一些国家的在线赌博活动日渐猖獗。以美国为例，数百万美国网民通过家用电脑参与在线赌博游戏。这些网民利用信用卡或其他电子支付方式，在网络赌场上下注，而这类网络赌场大多设在哥斯达黎加、加勒比海地区或一个位于英国和爱尔兰之间的小岛上。为遏制美国国内日渐猖獗的在线赌博行为，美参议院银行委员会已于

2003 年批准网络赌博禁令，禁止采用信用卡付费方式对网上赌场进行支付。美众议院司法犯罪小组委员也通过限制网络赌博的法案《非法网络赌博融资禁止法案》（H.R. 21），禁止使用信用卡、支票和电子资金转帐等支付在线赌博交易，并将暂不考虑一项可能导致各州将在线赌场合法化并向其征税的提案，此举意味着美国人更难以在网上赌博。同时美国联邦司法机构已经对媒体公司、公关公司和科技公司展开了一场大规模的调查，并且取得的一些重大的“非法律意义上”的成果。另外，为避免司法部门的进一步调查以及可能导致的法律官司，多家广播公司和大型媒体公司已经停止播放境外网络赌场的广告。

（中国互联网协会 辛克铎 姚志杰
中国电子信息产业发展研究院 李燕）

3.4 芜湖市政府网站“市民心声”栏目催生电子“政务”

信息化是现代化的必然选择，是促进城市经济跨越式发展、增强城市综合竞争力、强化城市集聚辐射功能的重要环节。为适应信息社会政府服务、管理、调控经济建设和社会发展的客观需要，安徽省芜湖市政府顺应政府与市民沟通方式的变化，通过创建市政府网站“市民心声”栏目，倾听民声、了解民意、广纳民智，推动政府工作和市民需求的良性互动，鼓励公众参与，实现政府决策的科学化、民主化。

“市民心声”栏目 2003 年元月 17 日开通以来，广大市民踊跃参与，访问量不断上升。市民就普遍关心的问题通过“市民心声”栏目畅所欲言，为城市发展献计献策。市长沈卫国亲自读帖，夜半复帖，市政府领导，政府各部门积极回应市民的意见和建议，形成了良好的互动机制，加深和促进了政府与市民的理解和联系，使“市民心声”栏目成为市民百姓参政议政的“论坛”，得到了普遍的欢迎和社会各界的广泛关注。栏目日均点击量达到 7 000 次左右，发帖量达 500 多条。截至 2003 年底，栏目的总访问量达到 91 万人次；栏目注册网民用户 1.3 万人；拥有主题 0.6 万条、回复 5.4 万条；有部门回复的主题 384 条。“市民心声”的快速发展，为该市电子政务的实施、政情民意的沟通互动提供了宝贵的经验和新的平台。

“市民心声”栏目推出后，广大市民在“市民心声”这个便捷栏目里，对关系芜湖发展的重大问题：城市定位、功能布局、发展方向、建设管理、招商引资、改革开放和社会治安等诸多话题展开热烈讨论，畅所欲言。各级政府和各部门在这里能听到开会时听不到的声音，看到报告中看不到的问题，了解到原汁原味的社情民意。使栏目成为“市民参政议政、建言献策的渠道”、“政府倾听民声、改进工作的平台”，并实现了多方联动，“市民心声”影响力日渐扩大。

一、市民参政议政、建言献策的渠道

就城市如何规划，网友们创作了《芜湖规划：长个子，还是长肚子？》、《质疑芜湖城市整体规划》、《论芜湖城市建设之不足，请大家参与规划》等帖子，对城市规划调整提出了很有见解的意见。在城市的发展方向上，网友们创作了《关于裕溪口的建设发展的思考》、《芜湖的发展需要尽早实施跨江发展战略》、《芜湖要极力地争取加入长江三角洲经济带!》等帖子。这些帖子对芜湖发展方向进行了认真的思考和分析，对开阔思路具有很好的启迪作用。

建设各类特色园区、加强招商引资同样受到了网友们的重视。网友们在《对留学人员芜湖创业园的一点想法》、《设立芜湖造船工业园区如何？》、《芜湖能开辟特色农业经济区吗?》、《对芜湖经济园区发展的几点看法》、《逆向思维谈招商》等帖子里，从诸多方面提出了建设特色园区，进一步加强招商引资等工作的思路和举措，令人耳目一新。

培育产业也得到网友的关注。网友们创作了《奥园，市场化的路还有多远》、《对芜湖的经济和教育发展的建议》、《(反思芜湖）走向知识时代——谈洽洽和傻子》、《芜湖，你如何寻找新优势，重振百年商埠雄风》帖子，指出芜湖教育和企业管理人才培养方面的问题，提议大力发展职业教育产业，并就芜湖第三产业发展提出了很多好的建议。

如何改善发展环境？网友们编发了《芜湖投资环境在哪些方面还需要改善，欢迎参与讨论》，引起了广大网友的强烈共鸣和热烈讨论。一位署名“加拿大芜湖人”的网友，虽身在国外却心系家乡，从加拿大发帖《怎样让更多外商投资在芜湖？》，就芜湖如何改善投资软环境提出了建议。有一位网友创作了《建议一百条》帖子，对芜湖经济和社会发展提出了整整100条具有可操作性的建议，引起了强烈的社会反响，其爱乡恋土浓厚情谊深深感染着市民。

二、政府倾听民声、改进工作的平台

“市民心声”栏目开办后，在市领导的亲自关心和支持下，论坛受到了各级各部门的高度重视。许多县区和市直部门领导经常访问论坛，有的单位负责同志要求办公室将涉及本部门职责范围的问题及时抄报，有的部门负责同志经常亲自回复网友的投诉和意见。对一些热点问题，网友们自然十分关注。

在城市建设和管理方面。市规划、市政和土地管理等部门在收到网友《给规划局和建委重点办的信（兴芜小区拆迁）》、《规划局帮帮我们》、《请教土地管理部门，商品房如何才有保障？》、《市容局为何不管?》、《给芜湖房管局长的信》、《银湖北路改造应该为民着想》、《湾里机场前面月牙路占道经营该非管不可了!》、《北京西路电信营业厅高音音响扰民》以及《市容局新招执法队员的工资问题》等帖子后，均及时给予了答复和处理。针对许多网友提出的长宁路改造问题，“新芜区建设委员会”回帖《就长宁路修复工程给网民的回复》，及时做好与群众的沟通工作。

关于社保问题。网友们提出《关于社保异地转移问题》、《我们的劳动时间为什么那么长》、《有问题想咨询社保局，能帮帮我吗？》、《请问社保局我的社保医保该如何续办》、《劳动者应享受怎么样的权益?》等问题，咨询如何保护劳动者权益。市劳动保障局工作人员均及时进行了网上答复；对无视劳动法规擅自延长劳动时间的作法进行了查处，维护了职工的合法权益。

在治安管理方面。网友们制作《警车也应该遵守交通规则》、《老虎机猛如虎!》、《驾照年审必须要订阅〈现代交通管理〉杂志吗？》、《关于110出警》、《关于户口迁移、变更姓名的问题》等帖子，指出公安部门工作上存在的一些问题。对于这些问题，市公安部门均进行了及时答复，对于反映属实的问题，对有关责任人进行了严肃处理。为了进一步加强与市民的沟通，市公安局主要负责同志做客“市民心声”，与网友进行了长达3个小时的在线访谈，受到网民的一致好评。该局还确定一名分管负责同志每天及时答复网友意见。

现代社会的发展离不开教育，孩子的成长和教育问题为市民们广泛关切，112 条相关的主题帖充满了家长的忧虑和希冀。网友的《给一中的梅校长提个醒》一帖引起强烈反响。学生、家长和老师三方就有偿家教、学校管理和教育体制改革问题进行了热烈的讨论。《十二中个别教师在干什么？》、《我看有偿家教》、《一位母亲的求助：哪里有教育心理咨询的服务？》、《这则消息令人震惊：12 岁的男孩从六楼跳下》、《中国的教育，是在培养有完整人格的人吗？》、《心理健康与孩子的成长大家谈》等帖子反映出对孩子健全人格和健康心理的培养已为家长、老师和社会所应当普遍关注的问题。

三、多方联动，“市民心声”影响力日渐扩大

为使互动的效果更加显著，市政府办与政府网站密切协作，于 2003 年 3 月 22 日刊出了第一期政务信息版的“市民心声”纸质摘编信息，分送市委、市政府领导参阅，得到了肯定和热情支持。截止 2003 年底，市政府办共刊出政务信息版“市民心声”摘编信息 26 期。被市领导批示的“市民心声”摘编信息达 22 条。许多关系市民百姓切身利益的问题经过信息、督查得到了解决，受到市民的欢迎。

沈卫国市长经常进入“市民心声”栏目，在网上回答市民们提出的各种问题。在看到芜湖县网友沈启峰为我市经济发展发出 100 条“献策帖”后，特地批复并通过网络答复：“看了你的 100 条建议，很受启发，非常感谢。”市公安局经常回复市民提出的问题，副局长徐海军还在《对百户入户调查活动的一点疑惑的回复》中，对市民进行了详细的解释。

2003 年 8 月 15 日，新华网安徽频道以“芜湖电子政务：市长关注，网民踊跃”为题，报道了芜湖“市民心声”栏目，并附加了编者按：看了芜湖沈市长在其政府网“市民心声”论坛的发言，以及众多网友的回复，作为一个普通网友，不由地从心底发出感叹：羡煞芜湖，感动芜湖，叹息其他！……。

市长还告诉记者，尽管日常工作很忙，但他每周都要抽空上一两次“ 市民心声”论坛，寻找值得重视的话题，并对市民们共同关心的问题作出批复。他在网上给芜湖网民提出建议：芜湖是一个开放的城市，应该有海纳百川的胸怀，网上有不同观点，可以平心静气地说理，看到对芜湖的批评意见，政府有则改之、无则加勉。

2003 年 8 月 25 日，新华社发布通稿“安徽省芜湖市搭建群众参政议政的‘网上通道’”：安徽省芜湖市政府网站年初增设“市民心声”栏目，市民可以随时在网上发帖参政议政，市长们和各部门官员积极回应，政府官员与市民之间“网上互动”，拉近了彼此的距离。

芜湖的做法给我们发展电子政务带来启示。网络作为现代信息文明，已延伸到社会的各个角落，成为人们生活中重要的组成部分。通过网上电子政务，群众利用网络这种数字位移，取代许多繁琐的空间位移。人们再也不需要跨过重重门槛，历经层层宅院，穿过道道关卡，而是通过鼠标的轻轻点击，就把自己的意愿和呼声直接传达到政府官员手中。

让我们以芜湖市市长沈卫国为《“市民心声”2003 年年度报告》写的卷首语作为本文的结束语：

“芜湖市人民政府网站人气越来越旺，‘市民心声’已成为政府部门与市民沟通的桥

梁。芜湖是一个开放城市，应该有海纳百川的胸怀，网上不同观点讨论，可以平心静气说理，对芜湖的批评意见，应该有则改之、无则加勉。希望大家凝心聚力把芜湖的事情认真办好，也真诚地希望，有更多的市民，为加快芜湖的发展多提建设性意见。"

（根据《"市民心声"2003 年度报告》整理）

第 4 章　中国互联网络发展状况分析报告

和“我国的经济持续、健康、高速发展，GDP 增长率有望达到 8.5%（数据来源于人民网）”、“政府、企业、教育等社会信息化建设工作继续推进和深入”、“四月份在我国二十多个省市爆发的非典疫情进一步促进了互联网产业和传统产业的结合”、“下半年开始出现的互联网企业第二次上市热潮”等各方面因素综合形成的环境相适应，2003 年的中国互联网继续保持了快速的发展态势，同时也出现了一些耐人寻味和令人欣喜的变化。

从宏观的角度看，各数据基本上都保持了快速增长的态势。其中网民数、上网计算机数分别达到了 7 950 万、3 089 万；CN 下注册的域名数、网站数分别达到了 34 万、59.6 万；网络国际出口带宽总数达到 27 216Mbit/s；我国大陆的 IPv4 地址数达到了 41 456 128 个。

在网民的特征结构方面，男性、未婚、25 岁以下、大专及以下、月收入在 2 000 元以下（含无收入）网民的比例继续在网民各特征数据中占据相对主要地位，所占比例分别为 60.4%、56.8%、52.9%、70.2%和 77.6%，其中未婚、25 岁以下、大专及以下、月收入在 2000 元以下（含无收入）网民的比例和半年前相比都有所下降，但男性网民所占比例和半年前相比有所上升；在职业方面，学生、专业技术人员仍然是网民主体，比例分别为 29.2%、13.7%，但两者的比例和半年前相比均有所下降；在行业方面，制造业、教育业、公共管理和社会组织、IT 业、批发和零售业是网民的主要分布行业，比例分别达到 12.8%、12.7%、12.4%、10.2%和 7.9%。

在网民的上网途径方面，家中仍然是网民上网的主要地点，比例达 66.1%；网民的上网设备主要是台式计算机，比例达 96.3%，但同时采用其他上网设备的网民日趋增多；拨号上网是网民上网的主要方式，但专线、宽带等其他上网方式继续得到发展，其中宽带（xDSL、Cable Modem 等）上网用户数达 1 740 万，上网方式进一步多元化。

在网民的上网行为方面，网民在一天中有 3 个上网的峰值时间段：第一个峰值时间段为上午 9：00、10：00，网民上网比例分别为 20.4%、22.8%，第二个峰值时间段为下午 2：00、3：00，网民上网比例分别为 28.2%、28.2%，晚上的 20：00、21：00 达到一天中的最高峰，网民上网比例分别为 48.6%、47.8%，和以往的结果相比，晚上上网的网民比例有明显增加；网民每周的上网小时数和天数分别为 13.4 小时和 4.0 天，每周上网小时数呈增加的趋势；绝大部分网民每月实际花费的上网费用在 100 元以内，比例值达 64.6%，但该比例和以往相比继续下降；网民平均拥有的电子邮箱账号数和以往相比基本未变，电子邮箱总数和免费的邮箱数分别为 1.4 和 1.3；用户每周收发的邮件数与以往相比呈减少状态，分别达到 5.8 封/周和 4.1 封/周，收到的垃圾邮件数和以往相比也呈减少趋势，达 7.9 封/周；网民的上网目的主要是获取信息和休闲娱乐，比例值分别为 46.2%和 32.2%，网民的上网目的继续多样化。

从非网民的状况看，其不上网的最主要原因是“不懂电脑/网络”，比例值为 37.7%；其次是“没有上网设备”，比例值为 21.3%；再次是“觉得上网没用”，比例值为 14.8%；第四个主要原因是“没有时间上网”，比例值为 14.3%，这和以往的调查结果相比略有差异。在未来是否可能上网的问题上，7.4%的非网民表现了一定的兴趣，表示一年内有可能上网，这在一定程度上预示着未来我国网民可能的变化。

分析网民和非网民对互联网看法的数据可以发现：和以往类似，非网民对互联网有着比网民更高的期望和评价。

4.1　中国互联网络宏观状况

上网计算机数、上网用户人数、CN 下注册的域名数、WWW 站点数、网络的国际出口带宽以及 IP 地址数等信息可以从整体上反映互联网络在我国的发展程度及普及程度。对中国互联网络信息中心（CNNIC）历次调查中这些基础性统计数据的深入分析，有助于从宏观的角度更深刻地认识互联网络在中国的发展状况。

1．上网计算机数

截止到 2003 年 12 月 31 日，我国的上网计算机总数已达 3 089 万台，同上一次调查结果相比，我国的上网计算机总数半年增加了 517 万台，增长率为 20.1%，和上年同期相比增长 48.3%，是 1997 年 10 月第一次调查结果 29.9 万台的 103.3 倍（如图 4.1 所示），可见我国上网计算机总数呈现出比较快的增长态势。

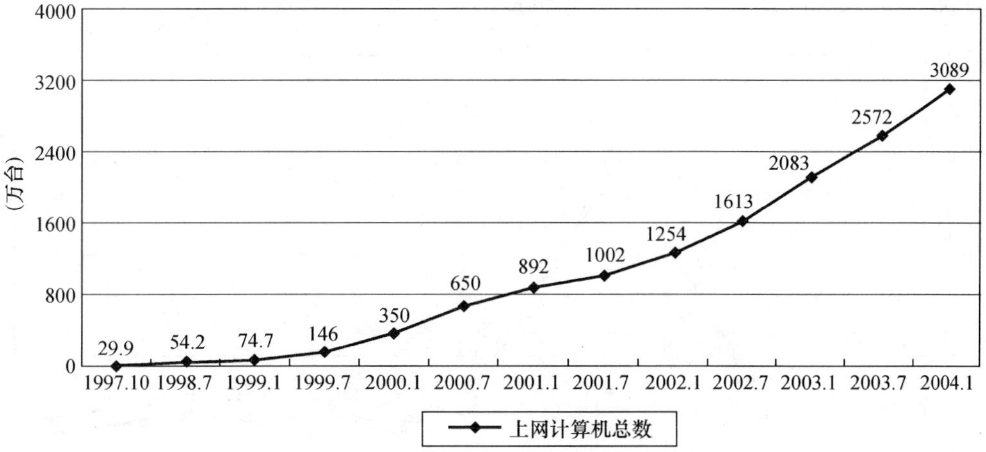

图 4.1　历次调查上网计算机总数

其中专线上网计算机数为 595 万台，同上一次调查结果相比，专线上网计算机数半年增加了 80 万台，增长率为 15.5%，和上年同期相比增长 47.6%，是 1997 年 10 月第一次调查结果 4.9 万台的 121 倍；拨号上网计算机数为 1 945 万台，同上一次调查结果相比，拨号上网计算机数半年增加了 206 万台，增长率为 11.8%，和上年同期相比增长 31.4%，是1997年10月第一次调查结果25万台的77.8倍；其他方式上网计算机数为549万台，同上一次调查结果相比，其他方式上网计算机数半年增加了231万台，增长率为72.6%，和上年同期相比增长175%（如图4.2所示）。可见，在上网计算机总数快速增长的同时，专线上网计算机数、拨号上网计算机数以及其他方式上网计算机数都呈现出较快的增长态势。

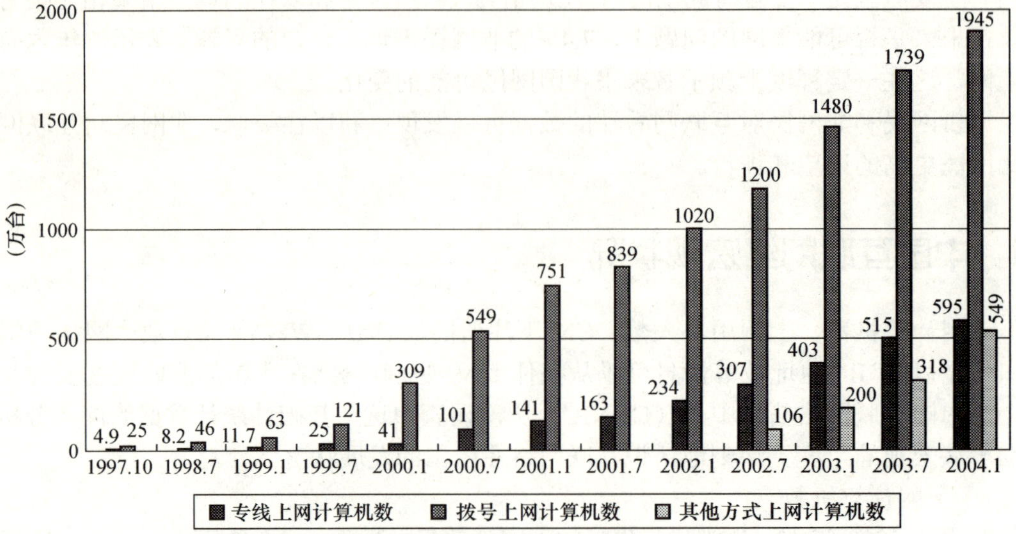

图4.2　历次调查不同方式上网计算机数（万台）

但同上一次调查结果相比，本次调查结果中上网计算机总数、专线上网计算机数和拨号上网计算机数的增长率均有不同程度的降低，增长速度减慢（如图4.3所示）。这和随着互联网的发展，各种方式上网计算机数的基数增大有一定的关系。

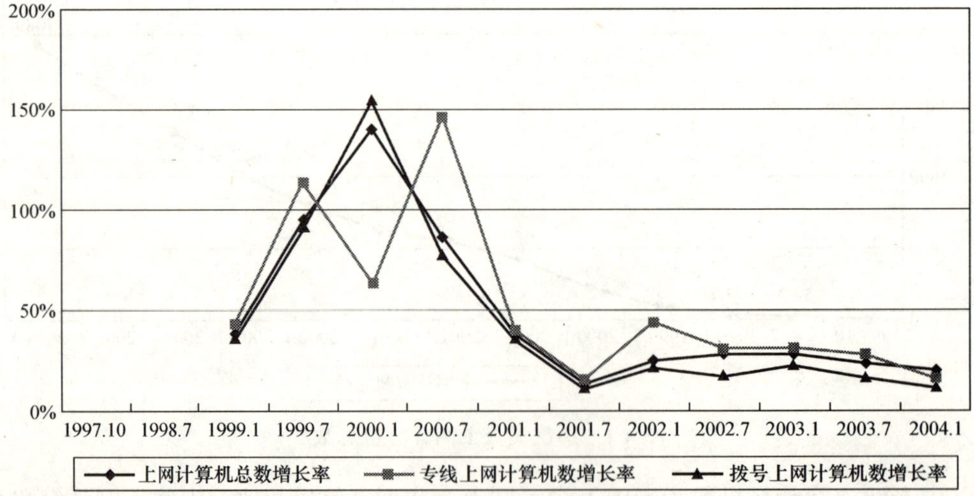

图4.3　历次调查上网计算机数增长率

2．上网用户人数

截止到2003年12月31日，我国的上网用户总人数为7 950万人，同上一次调查相比，我国上网用户总人数半年增加了 1 150 万人，增长率为 16.9%，和上年同期相比增长 34.5%，同 1997 年 10 月第一次调查结果 62 万上网用户人数相比，现在的上网用户人数已是当初的 128.2 倍（如图 4.4 所示）。可见我国上网用户总数增长非常快。

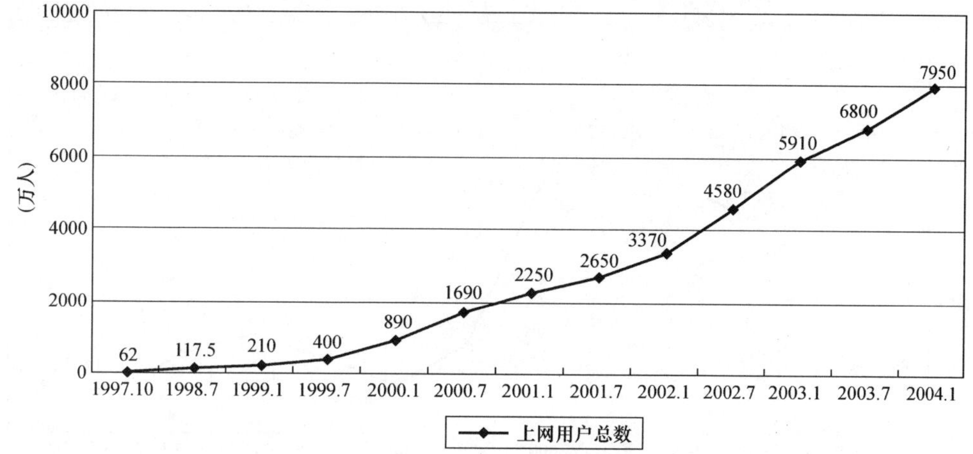

图 4.4　历次调查上网用户总数（万人）

其中专线上网用户人数为 2 660 万人，同上一次调查相比，专线上网用户人数半年增加 318 万人，增长率为 13.6%，和上年同期相比增长 31.5%，是 1997 年 10 月第一次调查结果 15.5 万的 171.6 倍；拨号上网用户人数为 4 916 万人，同上一次调查相比，拨号上网用户人数半年增加 415 万人，增长率为 9.2%，和上年同期相比增长 20.5%，是 1997 年 10 月第一次调查结果 46.5 万的 105.7 倍；ISDN 上网用户人数为 552 万人，同上一次调查相比，ISDN 上网用户人数半年增加了 62 万人，增长率为 12.7%，和上年同期相比增长 27.8%；宽带上网用户人数为 1 740 万人，同上一次调查相比，宽带上网用户人数半年增加了 760 万人，增长率为 77.6%，和上年同期相比增长 163.6%（如图 4.5 所示）。可以看出，同上网用户总数快速增长的发展趋势相一致，拨号上网用户人数、专线上网用户人数、ISDN 上网用户人数和宽带上网用户人数都呈现出非常快的增长趋势。

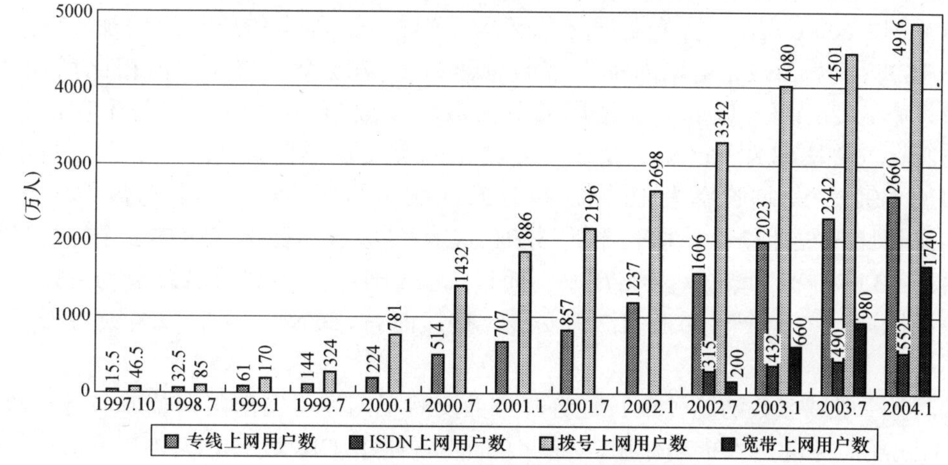

图 4.5　历次调查不同方式上网用户人数（万人）

分析上网用户人数增长率的变化趋势（如图 4.6 所示）可以看出，同半年前相比，上网用户人数的增长率略有提高，但和上年同期相比，增长率仍呈下降趋势。这种情况的出现可能和上网用户基数的增大有一定的关系。

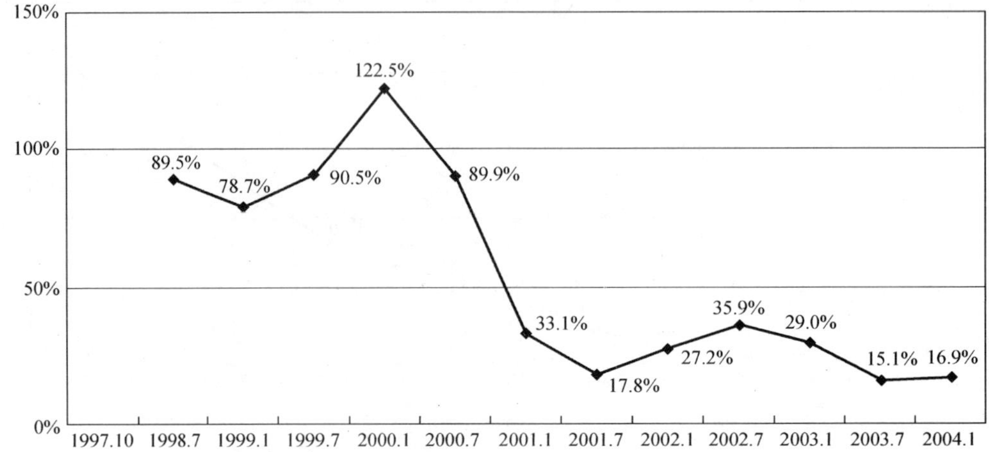

图 4.6　历次调查上网用户人数增长率

我国网民总数的快速增长已被世界所注目，但 7950 万网民在我国将近 13 亿的总人口中还仅占 6.2%，比半年前调查的 5.3%略有提高，在本次调查的总体（住宅电话覆盖的 6 岁以上的人口加上在校的大学生）中占 13.0%，也比半年前调查的 11.0%有所增加，这说明尽管我国的互联网用户总数很大，增长速度较快，但互联网络的普及程度目前还很低，发展空间仍非常大。

3．CN 下注册的域名数

截止到 2003 年 12 月 31 日，我国 CN 下注册的域名数为 340 040 个，与半年前相比增加 89 389 个，增长率为 35.7%，与上年同期相比增长了 89.4%，同 1997 年 10 月第一次调查结果相比，域名总数已是当初 4 066 个的 83.6 倍。从分类的角度来看，以 com.cn 结尾的英文域名总数为 140 779 个，与半年前相比增加 19 822 个，增长率为 16.4%；以 edu.cn 结尾的英文域名总数为 1 915 个，与半年前相比增加 128 个，增长率为 7.2%；以 gov.cn 结尾的英文域名总数为 11 764 个，与半年前相比增加 2 436 个，增长率为 26.1%；以 net.cn 结尾的英文域名总数为 16 189 个，与半年前相比增加 2 232 个，增长率为 16.0%；以 org.cn 结尾的英文域名总数为 7 369 个，与半年前相比增加 1 027 个，增长率为 16.2%；以行政区域名结尾的英文域名总数为 3 286 个，与半年前相比增加 177 个，增长率为 5.7%；CN 二级域名数为 158 072 个，与半年前相比增加 63 603 个，增长率为 67.3%；而以 ac.cn 结尾的英文域名总数为 666 个，与半年前相比减少 36 个（如图 4.7 所示）。整体而言，CN 下注册域名数有着较快的增长。

CN 下注册域名数的这种增长趋势一方面反映了国家主管部门调整域名管理政策对 CN 域名注册服务的巨大推动作用，另一方面也说明了 CN 域名的优势和价值已经得到我国各单位和互联网用户的广泛认可。

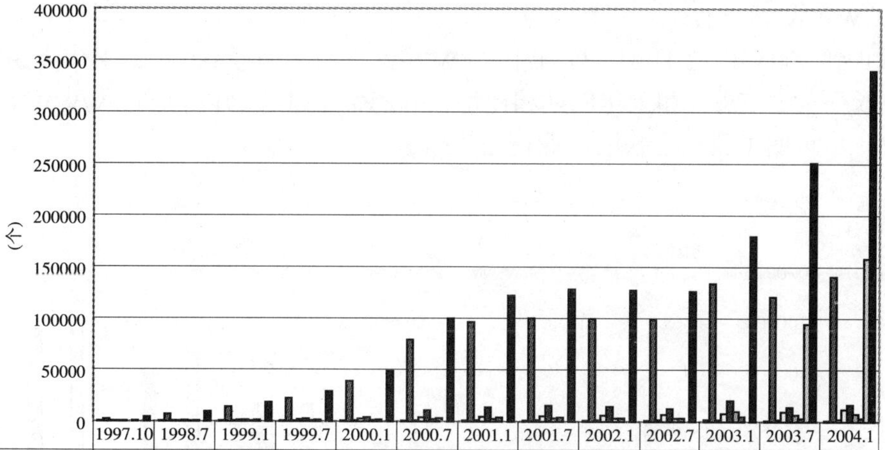

	1997.10	1998.7	1999.1	1999.7	2000.1	2000.7	2001.1	2001.7	2002.1	2002.7	2003.1	2003.7	2004.1
AC	259	363	432	502	500	624	682	667	673	692	1728	702	666
COM	2131	6559	13913	22220	38776	78878	96221	99922	99123	98835	133796	120957	140779
EDU	325	414	531	615	731	812	1127	1239	1354	1482	1629	1787	1915
GOV	323	561	982	1663	2479	3665	4615	5181	5864	6686	7796	9328	11764
NET	370	657	1223	2221	3753	10719	13291	15055	14045	12248	20234	13957	16189
ORG	99	229	409	649	940	1912	2596	2864	2943	3031	9587	6342	7369
行政区域名	559	632	906	1175	1516	3124	3567	3434	3317	3172	4774	3109	3286
CN												94469	158072
合计	4066	9415	18396	29045	48695	99734	122099	128362	127319	126146	179544	250651	340040

AC　COM　EDU　GOV　NET　ORG　行政区域名　CN　合计

图 4.7　历次调查 CN 下注册的域名数（个）

从 CN 下注册域名的地域分布可以看出，华北、华东和华南的 CN 下注册域名比例为 78.3%，东北、西南和西北的 CN 下注册域名比例同历次调查结果相类似，所占比例仍非常小（如图 4.8 所示）。这在一定程度上反映了我国地区之间的互联网发展水平的差距。

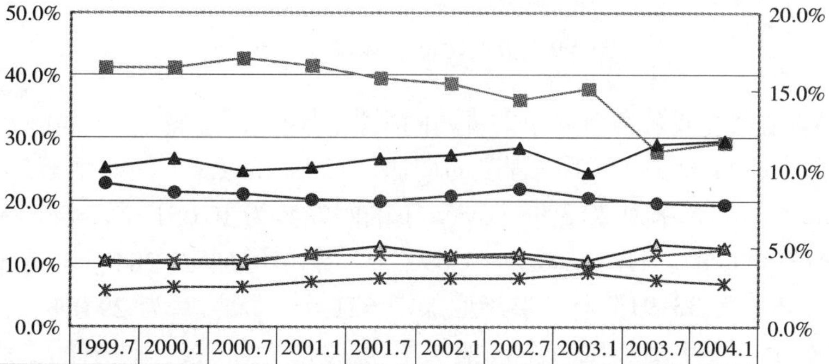

	1999.7	2000.1	2000.7	2001.1	2001.7	2002.1	2002.7	2003.1	2003.7	2004.1
华北	41.3%	41.3%	42.6%	41.4%	39.5%	38.6%	36.0%	37.9%	27.8%	29.4%
华东	25.3%	26.6%	24.7%	25.4%	26.6%	27.4%	28.5%	24.6%	28.9%	29.6%
华南	22.8%	21.2%	21.0%	20.1%	20.0%	20.6%	22.0%	20.3%	19.7%	19.4%
东北	4.2%	4.0%	4.0%	4.7%	5.1%	4.6%	4.7%	4.3%	5.2%	5.0%
西南	4.1%	4.2%	4.2%	4.6%	4.5%	4.4%	4.4%	3.7%	4.6%	4.9%
西北	2.2%	2.5%	2.5%	2.8%	3.1%	3.1%	3.1%	3.4%	2.9%	2.7%

华北　华东　华南　东北　西南　西北

图 4.8　CN 下注册域名地域分布

4．WWW 站点数

截止到 2003 年 12 月 31 日，我国 WWW 站点数为 595 550 个，半年内增加 121 650 个，增长率为 25.7%，和上年同期相比增长 60.3%（如图 4.9 所示）。WWW 站点的快速增长进一步说明了我国互联网产业正稳步发展。

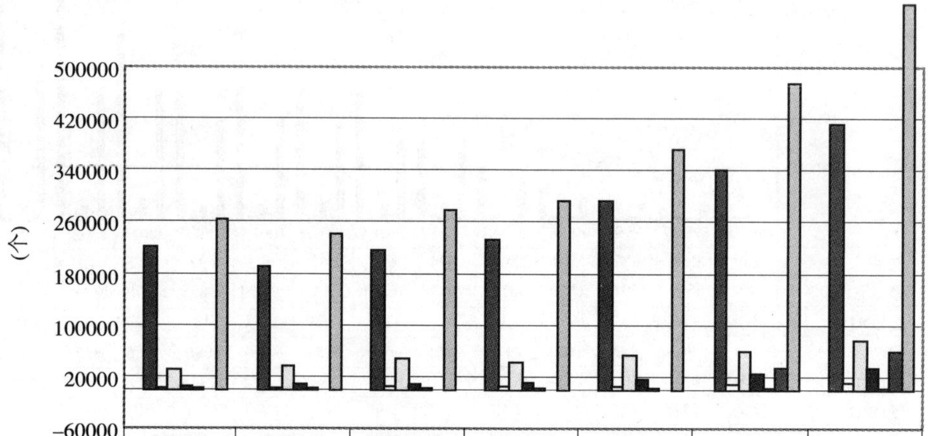

	2001.1	2001.7	2002.1	2002.7	2003.1	2003.7	2004.1
AC	403	486	444	453	425	469	467
COM	221988	191036	215779	232118	291323	341753	411185
GOV	3294	3398	4677	4929	6148	7876	10051
NET	31833	36168	47307	42289	54156	60408	77692
ORG	6446	8981	7200	11652	17831	26292	33913
行政区域名	1441	1456	1693	1772	1717	1906	2096
CN						35196	60146
合计	265405	242739	277100	293213	371600	473900	595550

AC　COM　GOV　NET　ORG　行政区域名　CN　合计

图 4.9　历次调查 WWW 站点数（个）

从 WWW 站点的域名类别分布来看，同半年前相比，除 ac.cn 下的网站数变化不大外，其他各类域名下的网站数皆有不同程度的增加，其中 com.cn 下的网站数为 411 185 个，半年增加 69 432 个，增长率为 20.3%；gov.cn 下的网站数为 10 051 个，半年增加 2 175 个，增长率为 27.6%；net.cn 下的网站数为 77 692 个，半年增加 17 284 个，增长率为 28.6%；org.cn 下的网站数为 33 913 个，半年增加 7 621 个，增长率为 29.0%；行政区域名下的网站数 2 096 个，半年增加 190 个，增长率为 10%；同 CN 下注册的二级域名数获得较快增长一致，cn 下的网站数新增为 60 146 个，半年增加 24 950 个，增长率为 70.9%（如图 4.9 所示）。

从 WWW 站点数的地域分布可以看出，同历次调查 WWW 站点数的地域分布一致，华北、华东和华南的 WWW 站点数比例仍占 85%左右，东北、西南和西北 WWW 站点数所占的比例同以往调查结果相比略有增长，但所占比例还是较小（如图 4.10 所示）。同 CN 下注册域名的地域分布情况一致，这也在一定程度上说明我国地区之间的互联网发展水平的差距。

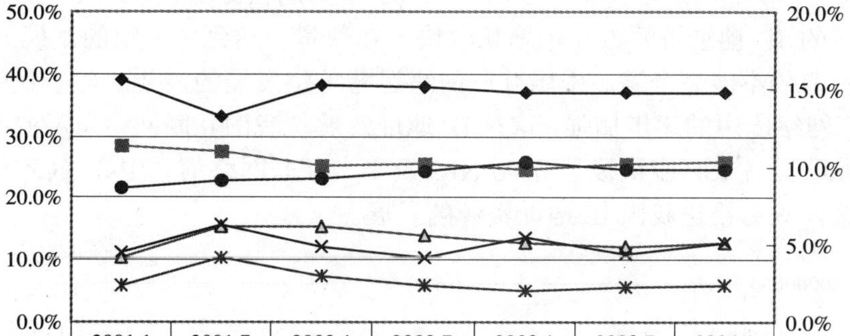

	2001.1	2001.7	2002.1	2002.7	2003.1	2003.7	2004.1
华北	28.3%	27.4%	25.1%	25.5%	24.7%	25.6%	25.8%
华东	39.2%	33.2%	38.1%	37.9%	36.9%	37.0%	37.1%
华南	21.6%	22.8%	23.0%	24.4%	25.6%	24.6%	24.5%
东北	4.1%	6.1%	6.1%	5.6%	5.1%	4.9%	5.1%
西南	4.5%	6.3%	4.8%	4.2%	5.4%	4.4%	5.1%
西北	2.4%	4.2%	2.9%	2.4%	2.0%	2.3%	2.4%

华北　华东　华南　东北　西南　西北

图 4.10　历次调查 WWW 站点数地域分布

5．网络国际出口带宽数

截止到 2003 年 12 月 31 日，我国国际出口带宽的总容量为 27 216Mbit/s，与半年前相比增加了 8 617Mbit/s，增长率为 46.3%，和上年同期相比增加 190.1%，是 1997 年 10 月第一次调查结果 25.408Mbit/s 的 1 071.2 倍（如图 4.11 所示）。可见，虽然 2002 年下半年我国国际出口带宽有所减少，但目前增长非常迅速。

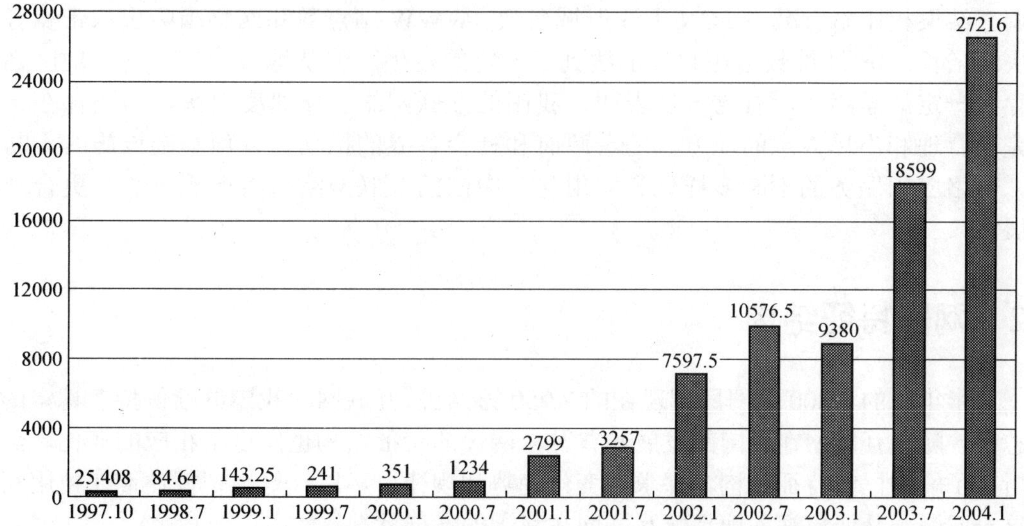

图 4.11　历次调查我国国际出口带宽（单位：Mbit/s）

6．IPv4 地址数

截止到 2003 年 12 月 31 日，中国内地 IPv4 地址数已达 41 456 128 个，与半年前相比增加 9 371 648 个，增长率为 29.2%，和 2002 年同期相比增长 42.9%（如图 4.12 所示）。可见，中国的 IP 地址资源近几年增长较快，在数量上达到了一定的规模。但是这些 IP 地址资源目前仍不能完全满足中国互联网络运营单位发展的需要。随着我国网民人数的大幅增加，网络应用的逐步加强，这种 IP 地址发展与我国互联网络发展的不匹配会更加明显。因此我国各 ISP 应积极了解 APNIC 及中国互联网络信息中心（CNNIC）的 IP 地址分配政策，大力推进我国 IP 地址资源的发展。

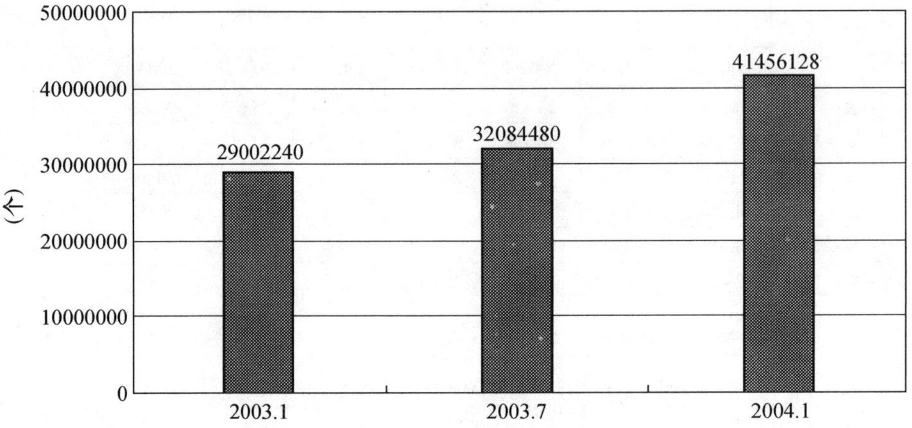

图 4.12　历次调查我国 IPv4 地址数（个）

综上所述，通过分析历次调查结果可以看出，从 1997 年 10 月第一次调查到现在，我国互联网络在上网计算机数、上网用户人数、CN 下注册的域名数、WWW 站点数、网络国际出口带宽和 IP 地址数等方面皆有不同程度的变化，基本上呈现出增长态势。其中上网用户数的增长率同上次调查结果相比略有增加，上网计算机数的增长率同上次调查结果相比略有减少；CN 下注册域名数、WWW 站点数和网络国际出口带宽等方面快速增长；IP 地址数也在数量上达到了一定的规模。但从地域分布上看，地区之间仍存在一定的差距。所有这一切表明，我国的互联网络发展速度很快，但还存在一些不完全合理和不尽人意的地方。随着政府和社会各界的推动，各项基础设施的不断完善，网络应用服务的不断多样化和实用化，中国的互联网络必将得到更快、更合理的发展。

4.2　网民特征结构

从半年前的 6 800 万网民到现在的 7 950 万网民，互联网在我国继续保持着稳定的发展态势。随着互联网在我国的发展和普及，网民的特征结构也发生了相应的变化。深入分析、了解网民的特征结构，探求其变化趋势和规律，可以较好地把握住谁在使用互联网这一问题，从而更深入地理解互联网在我国的发展状况。

1. 用户性别

第十三次中国互联网络信息中心（CNNIC）调查结果显示，男性网民占 60.4%，女性网民占 39.6%（如图 4.13 所示）。男性依然占据网民主体。

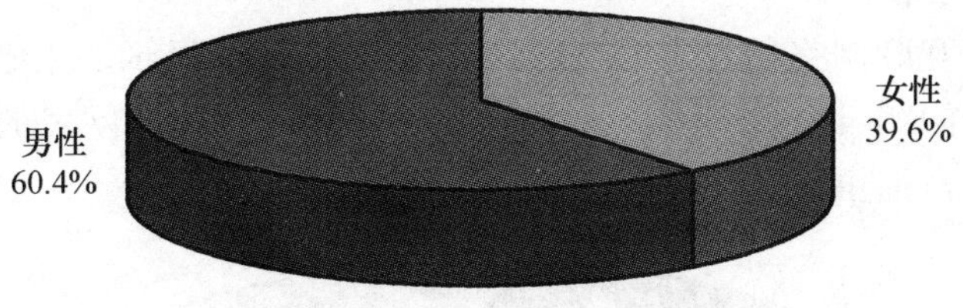

图 4.13　网民性别

与半年前相比，男女网民所占比例基本没有变化。网民中男女性别之比在最近两年内一直稳定在 3∶2（如图 4.14 所示）。我国男性网民 4 802 万，比半年前增加了 715 万，增长率为 17.5%；女性网民 3 148 万，比半年前增加 435 万，增长率为 16%（如图 4.15 所示）。从普及率的角度来看，男性网民占我国男性总人口的 7.3%，女性网民占女性总人口的 5.0%。互联网在男性中的普及程度仍然要高于女性。

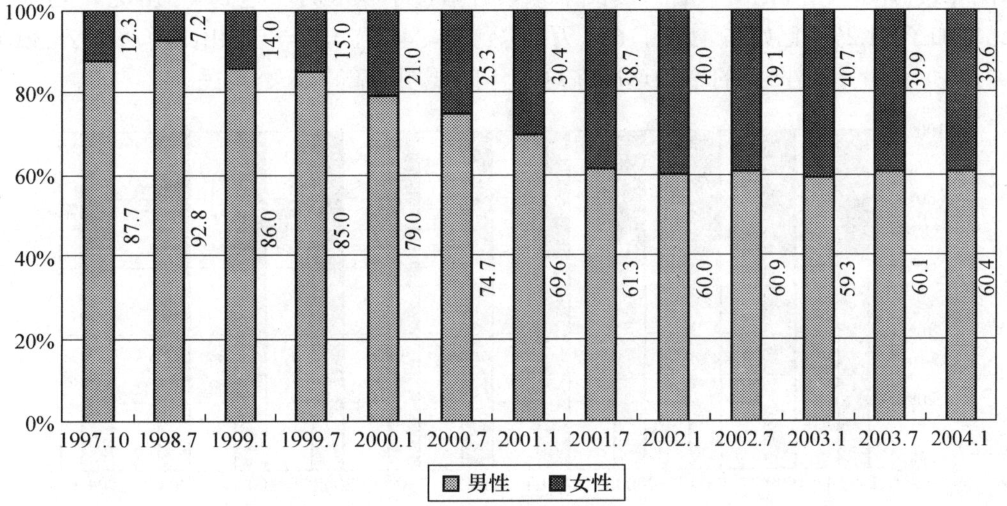

图 4.14　历次调查网民性别分布（%）

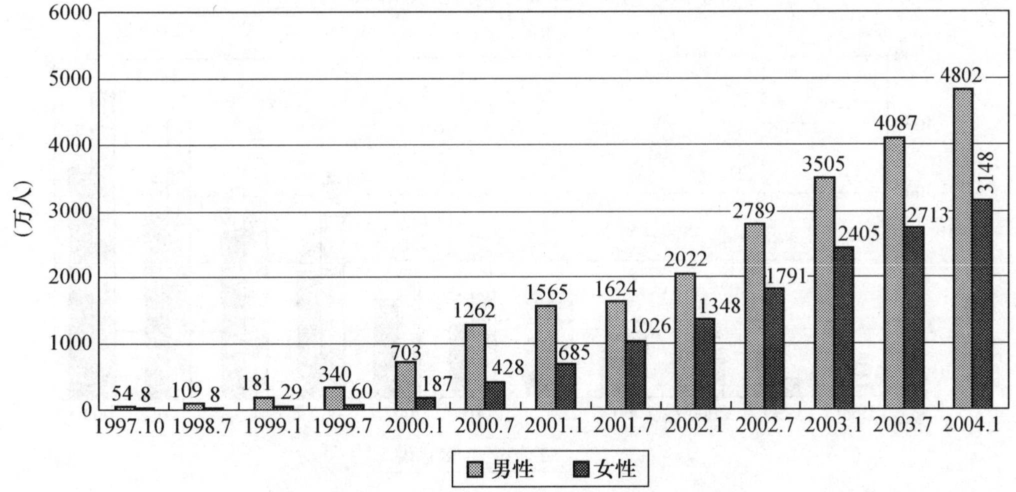

图 4.15　历次调查不同性别网民的数量（万人）

2．用户婚姻状况

第十三次中国互联网络信息中心（CNNIC）调查结果显示，未婚网民占 56.8%，已婚网民占 43.2%（如图 4.16 所示）。未婚者在目前仍然是我国网民的主体。这与我国人口分布中已婚网民占据主体的情况不太一致。

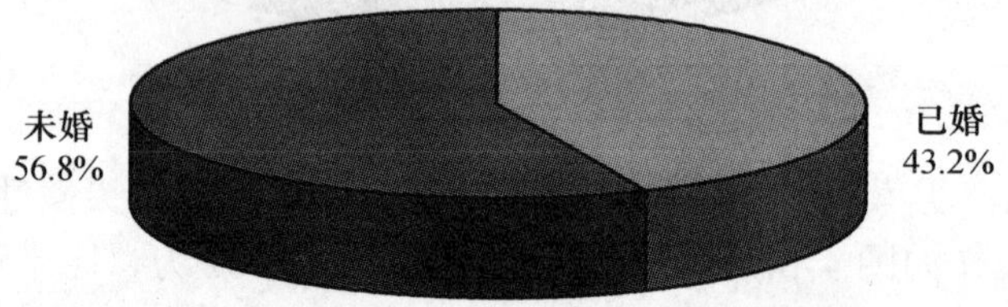

图 4.16　网民婚姻状况分布

与半年前相比，已婚网民所占比例增加了 2.9%，未婚网民所占比例相应的有所减少（如图 4.17 所示）。从绝对数看，网民中未婚者增加了 456 万，达到 4 516 万，与半年前相比增加了 11.2%；已婚者增加了 694 万，达到 3 434 万，与半年前相比增加了 25.3%（如图 4.18 所示）。已婚网民的增长速度在这半年间要明显高于未婚网民。

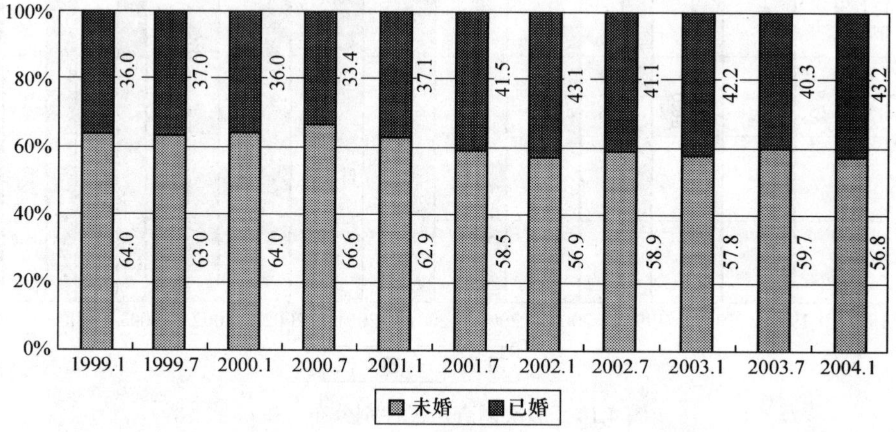

图 4.17　历次调查网民婚姻状况分布（%）

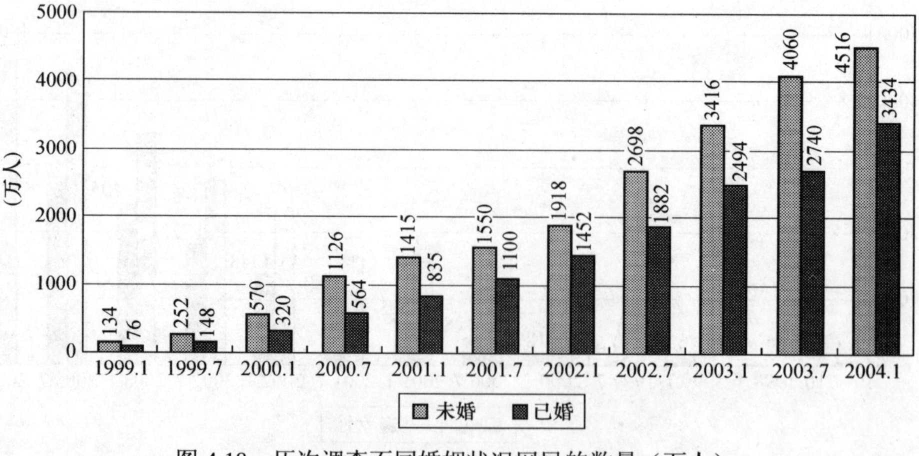

图 4.18　历次调查不同婚姻状况网民的数量（万人）

3．用户年龄

第十三次中国互联网络信息中心（CNNIC）调查结果显示，网民中 18～24 岁的年轻人所占比例最高，达到 34.1%，其次是 18 岁以下的网民（18.8%）和 25～30 岁的网民（17.2%），30 岁以上的网民随着年龄的增加所占比例相应减少，31～35 岁的网民占到 12.1%，36～40 岁的占到 7.6%，41～50 岁的为 6.4%，还有 3.8%的网民在 50 岁以上（如图 4.19 所示）。35 岁以下的网民占 82.2%，35 岁以上的网民占 17.8%，网民在结构上仍然呈现低龄化。

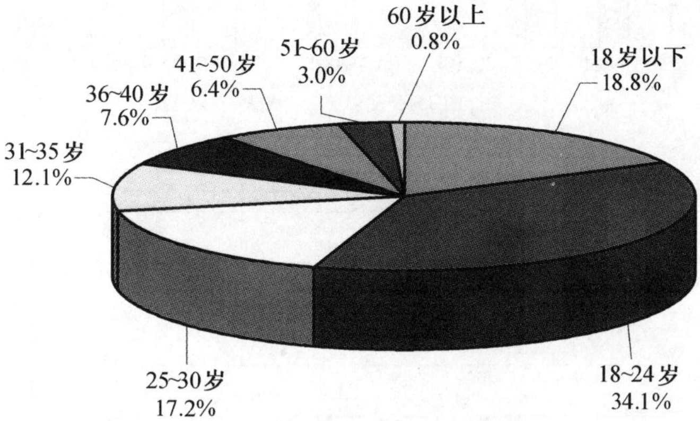

图 4.19　网民年龄分布所占百分比

历次调查结果都显示，网民中 18～24 岁的年轻人最多，远远高于其他年龄段的网民而占据绝对优势，但与以往历次调查结果相比，18～24 岁的年轻人所占比例有所下降。35 岁以上的网民所占比例为 17.8%，比半年前增加了 1.5%，达到 1 415 万，在绝对数量上增加了 279 万人，增长率为 24.6%；35 岁以下的网民达到了 6 535 万，比半年前增加了 843 万人，增长率为 14.8%（如图 4.20、图 4.21 所示）。35 岁以上的网民在这半年的增长速度要高于 35 岁以下的网民。

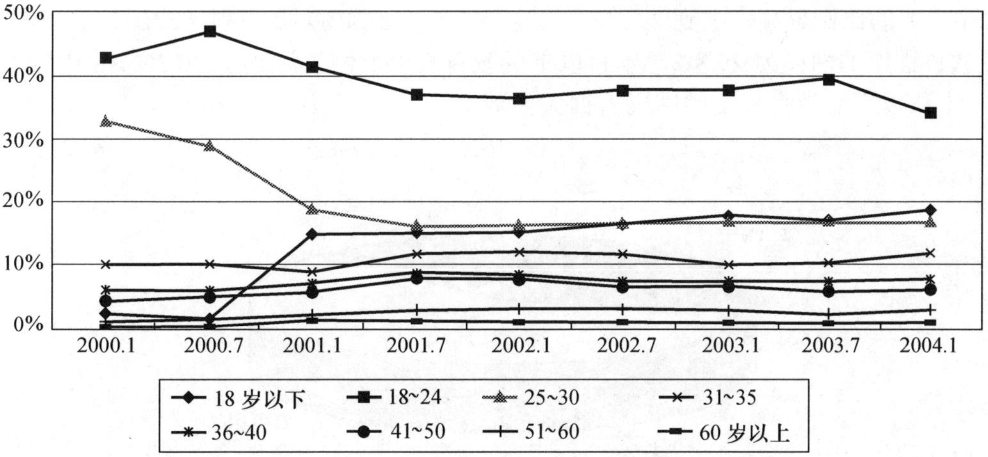

图 4.20　历次调查网民各年龄段分布（%）

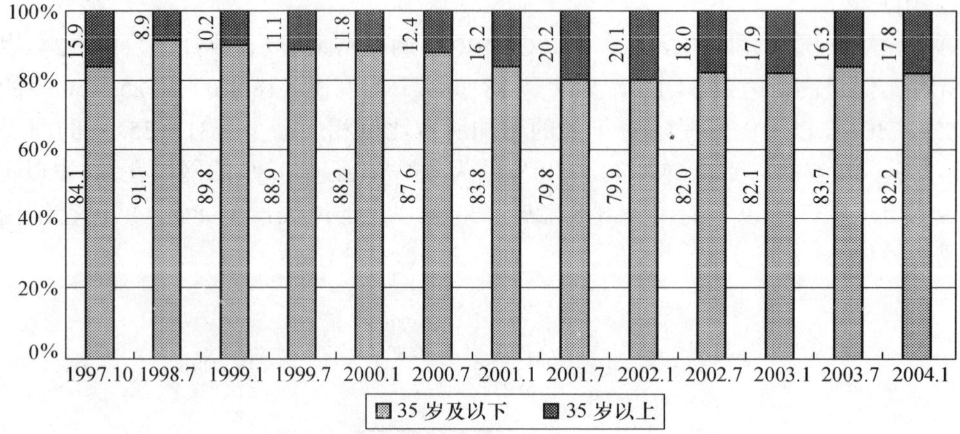

图 4.21　历次调查网民年龄分布（%）

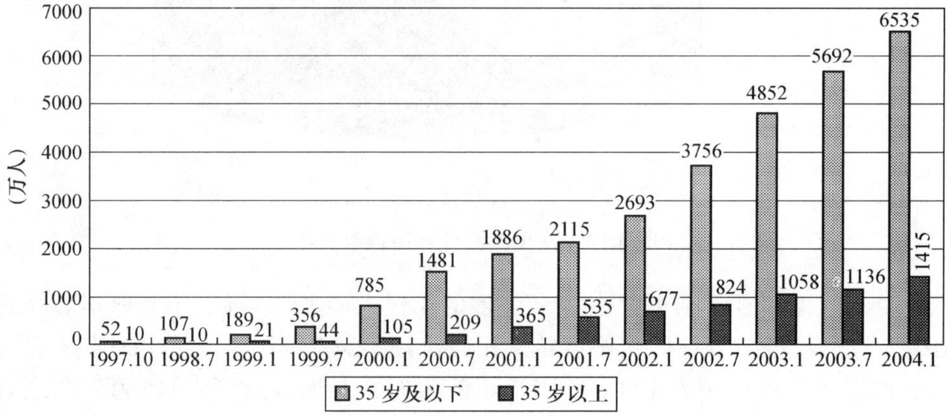

图 4.22　历次调查不同年龄网民的数量（万人）

4．用户受教育程度

第十三次中国互联网络信息中心（CNNIC）调查结果显示，网民中受教育程度为高中（中专）的比例最高，占到 29.3%，其次是大专（27.4%）和本科（27.1%）。本科及以上受教育程度的网民为 29.8%，本科以下受教育程度的网民达到了 70.2%（如图 4.23 所示）。本科以下受教育程度的网民占据大多数。

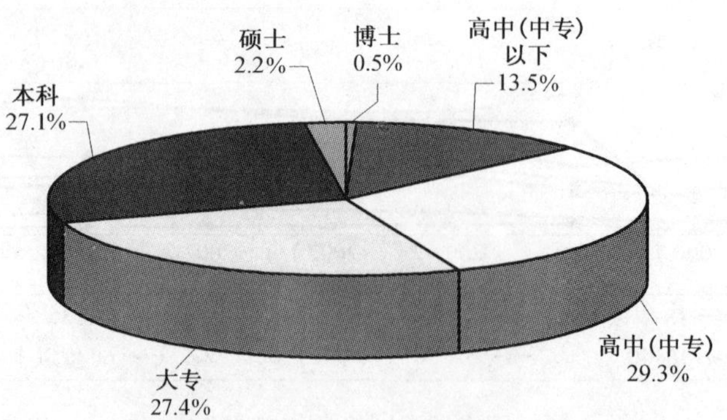

图 4.23　网民受教育程度分布

与半年前相比，本科及以上受教育程度的网民所占比例增加了 1.7%，达到 29.8%。从绝对数上看，大学本科以下受教育程度的网民增加了 692 万，达到 5 581 万，与半年前相比增加了 14.2%；大学本科及以上受教育程度的网民增加了 458 万，达到 2 369 万，比半年前增加了 24%（如图 4.24、图 4.25 所示）。大学本科及以上受教育程度的网民在这半年内的增长速度要略高于大学本科以下受教育程度的网民。

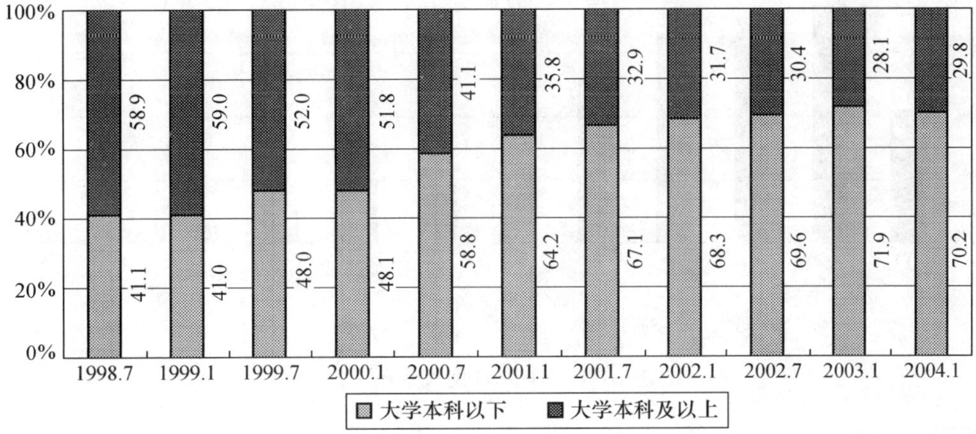

图 4.24　历次调查网民受教育程度分布（%）

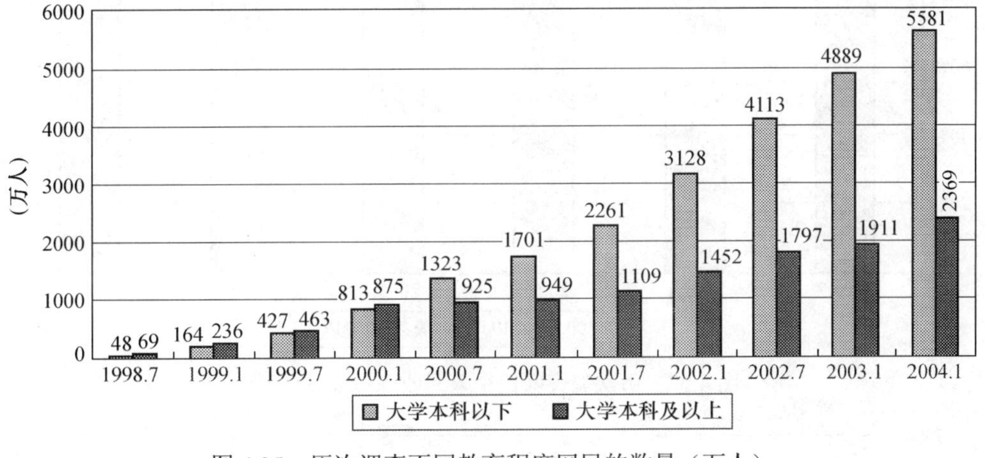

图 4.25　历次调查不同教育程度网民的数量（万人）

5．用户个人月收入

第十三次中国互联网络信息中心（CNNIC）调查结果显示，个人月收入在 500 元以下（包括无收入）的网民所占比例最高，达到 34.2%，其次是月收入为 1 001～1 500 元和 501～1 000 元的网民（比例分别为 16.5%、15.6%），11.3%的网民个人月收入在 1 501～2 000 元，个人月收入在 2 000 元以上的网民为 22.4%（如图 4.26 所示）。低收入网民仍然占据主体。这种结构应该与网民中学生及年轻人较多有很大关系。

与半年前相比，无收入的网民所占比例明显减少，从 19.5%减少到 10.4%，个人月收入 2 000 元以上的网民所占比例增加了 6.7%，达到 22.4%。从绝对数量看，个人月收入 2 000 元及以下的网民从 5 732 万增加到 6 169 万，增长率为 7.6%；个人月收入 2 000

元以上的网民从 1 068 万增加到 1 781 万，增长率为 66.8%，增长显著（如图 4.27、图 4.28 所示）。与历次调查结果相比，网民的个人月收入略有提高，这可能与网民中已婚者及 35 岁以上网民所占比例有所增加有一定关系。

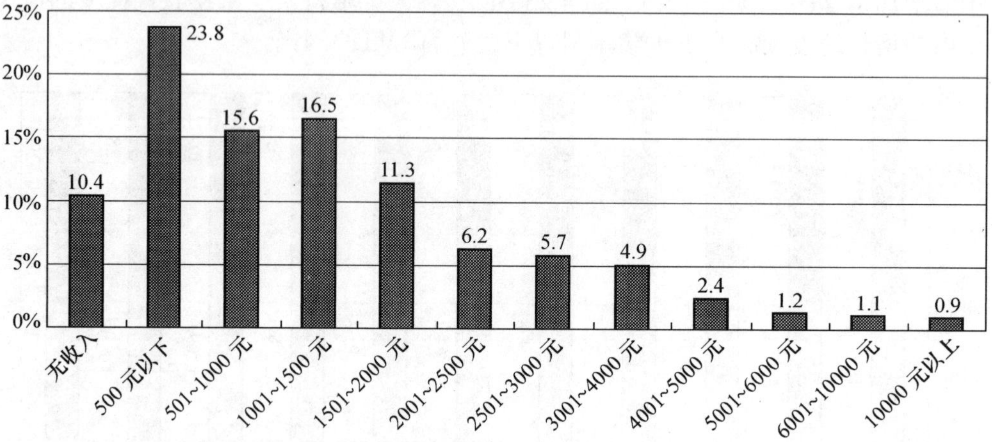

图 4.26　网民个人月收入分布（%）

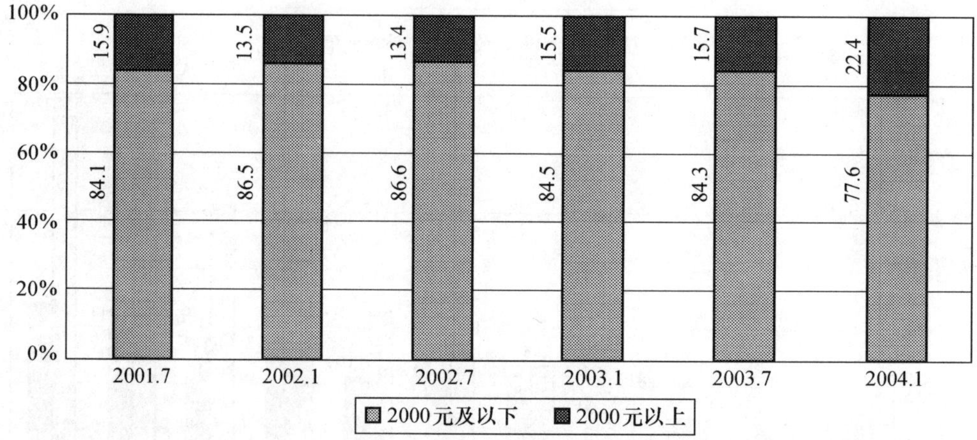

图 4.27　历次调查网民个人月收入分布（%）

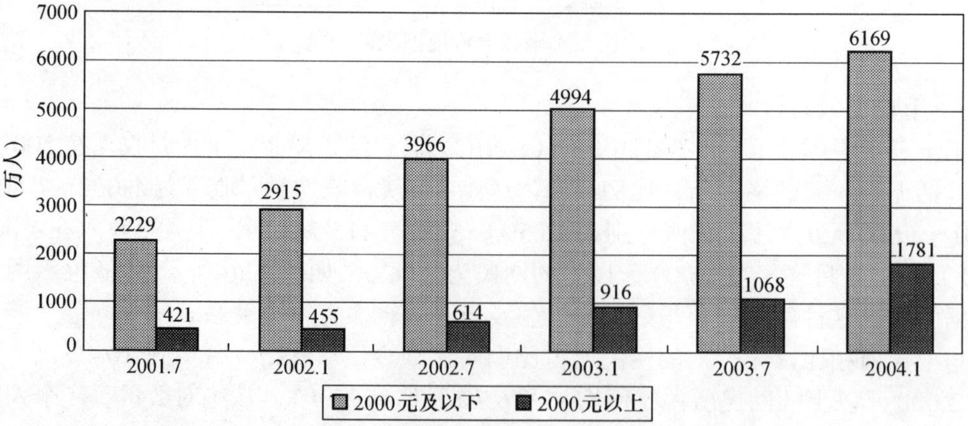

图 4.28　历次调查不同个人月收入网民的数量（万人）

6．用户职业

第十三次中国互联网络信息中心（CNNIC）调查结果显示，网民中学生所占比例最多，达到了 29.2%，其次是专业技术人员，占总数的 13.7%，排在其后的是商业、服务业人员，所占比例为 10.1%，企事业单位管理人员、国家机关/党群组织工作人员、办事员等协助人员所占比例也较多，分别为 8.9%、8.4%和 8.1%。农林牧渔工作人员和军人所占比例最少，分别只有不到 1%（如图 4.29 所示）。

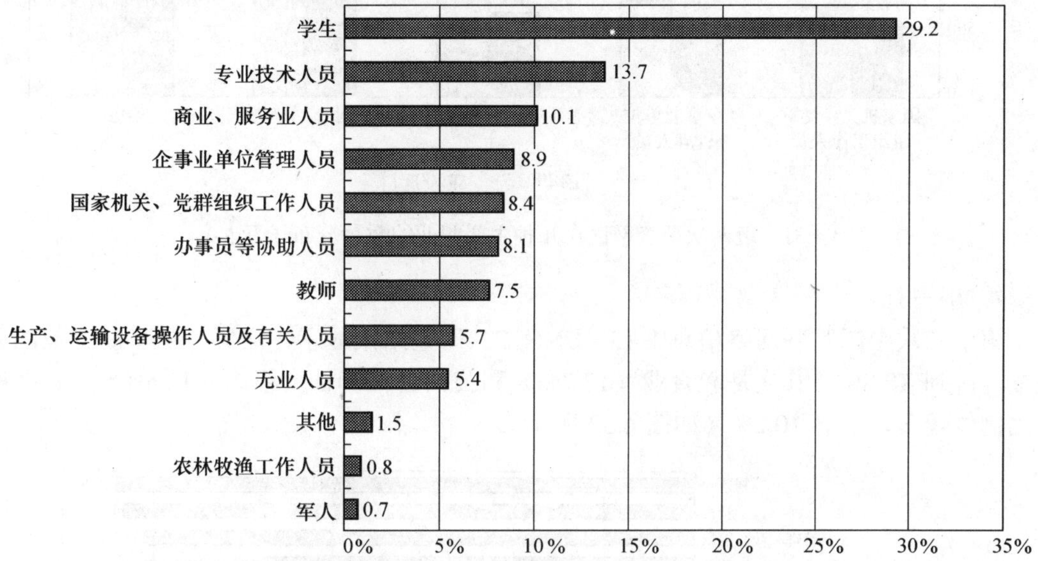

图 4.29　网民的职业分布（%）

与半年前相比，国家机关/党群组织工作人员、企事业单位管理人员、商业、服务业人员所占比例均有所增加，而学生和专业技术人员的比例略有下降（如图 4.30 所示）。在绝对数量上，国家机关/党群组织工作人员增加了 124 万，增长率为 22.8%；企事业单位管理人员增加了 171 万，增长率为 31.8%；商业、服务业人员增加了 184 万，增长率为 29.7%；专业技术人员增加了 8 万，增长率为 0.7%；学生增加了 274 万，增长率为 13.4%（如图 4.31 所示）。从网民在职业上的分布变化可以看出，网民职业逐渐趋于多元化。

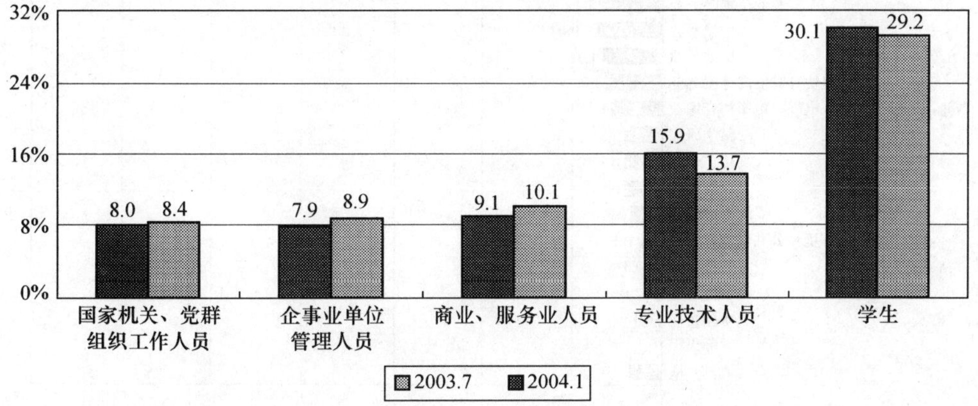

图 4.30　近两次调查网民在几种主要职业的比例分布（%）

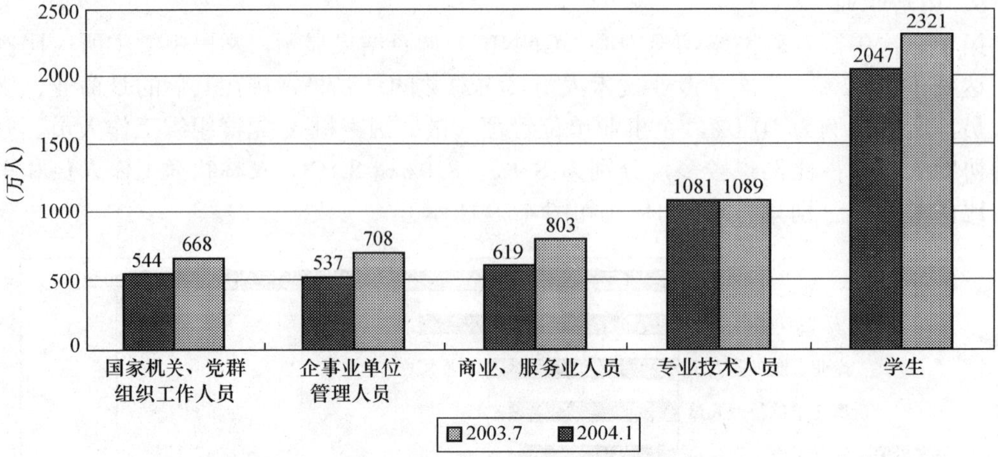

图 4.31　近两次调查网民在几种主要职业的数量分布（万人）

7．用户行业

第十三次中国互联网络信息中心（CNNIC）调查结果显示，网民中从事制造业的人最多，占到 12.8%，其次是教育业（12.7%）和公共管理和社会组织（12.4%），IT 业所占比例也较多，达到 10.2%（如图 4.32 所示）。

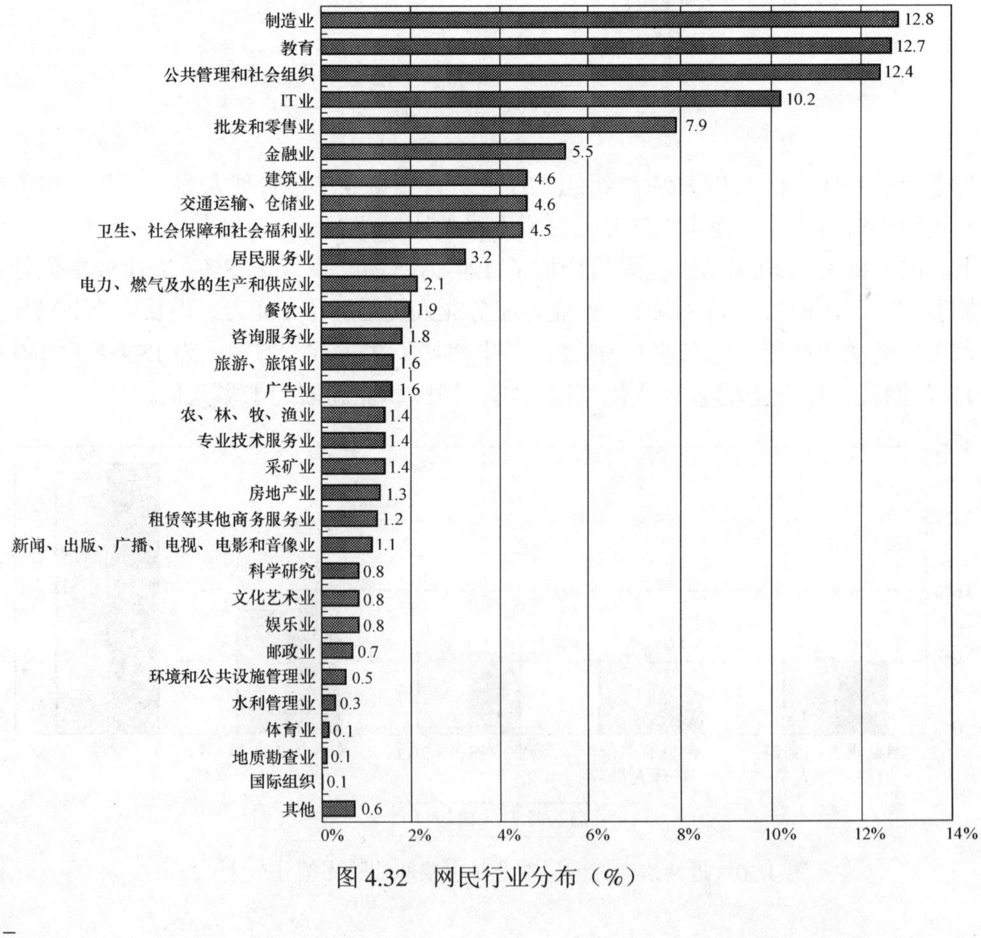

图 4.32　网民行业分布（%）

与半年前相比，教育业从第一位退至第二位，公共管理和社会组织、IT 业、制造业以及建筑业的网民所占比例均有所增加（如图 4.33 所示）。在绝对数量上，从事公共管理和社会组织的网民增加了 122 万，增长率为 23.6%；IT 业增加了 116 万网民，增长率为 28.4%；制造业增加了 133 万网民，增长率为 25.3%；建筑业增加了 64 万网民，增长率为 37%（如图 4.34 所示）。

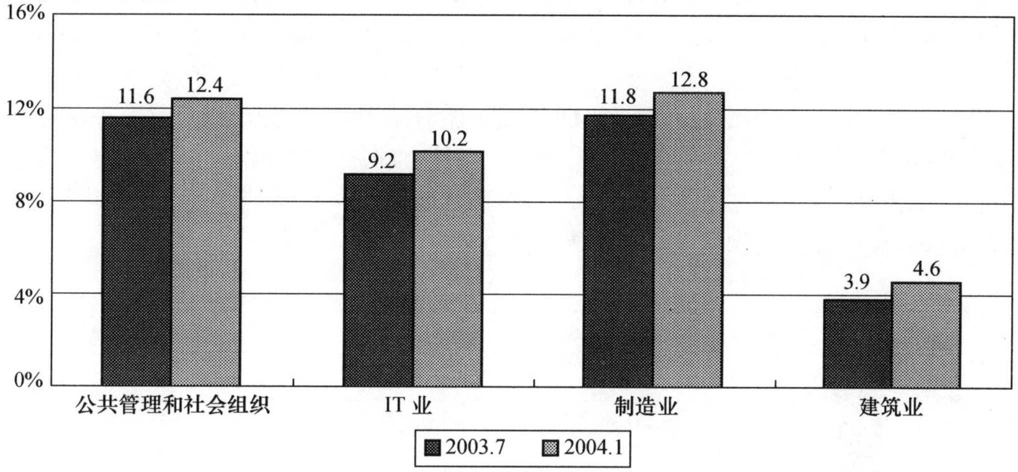

图 4.33 近两次调查网民在几种主要行业的比例分布（%）

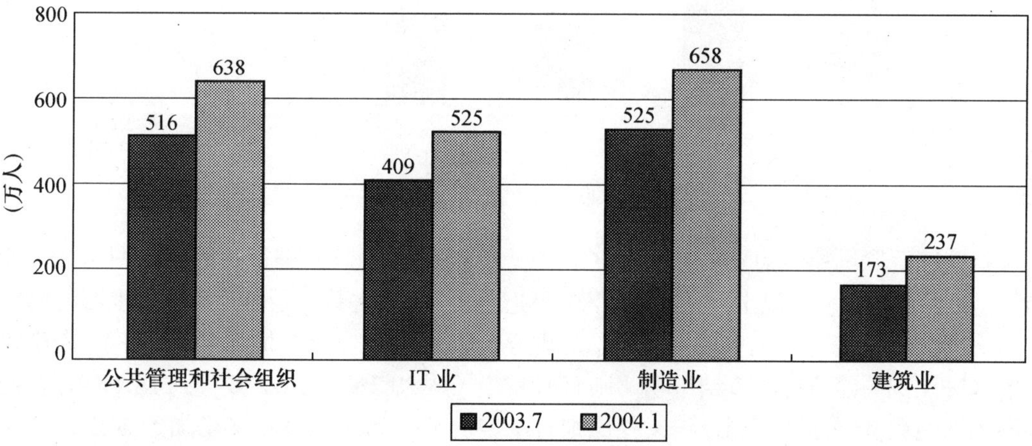

图 4.34 近两次调查网民在几种主要行业的数量分布（万人）

综上所述，尽管目前我国的网民仍然以男性、未婚者、35 岁以下的年轻人为主体，但是女性、已婚者、35 岁以上的网民已经在分布上呈现出增长的势头；大学本科以下受教育程度的人以及低收入者仍然占据网民的大多数，但与半年前相比，本科及以上受教育程度的网民和个人月收入在 2000 元以上的网民所占比例略有回升；学生、专业技术人员仍然比其他职业的人要多，但在网民总体中所占比例略有下降；制造业、教育业、公共管理和社会组织以及 IT 业成为网民相对比较集中的行业。与半年前相比，网民在特征结构上正在向合理与平衡的方向发展。

4.3　网民上网途径

随着网络技术的进步和互联网的发展，我国网民在上网地点、上网设备以及上网方式方面均有不同程度的扩展和变化。对中国互联网络信息中心（CNNIC）调查结果中这些数据的深入分析，有助于更加清楚地了解网民的上网途径，从而更全面地认识我国互联网的发展情况。

1．用户上网地点

第十三次中国互联网络信息中心（CNNIC）调查结果显示，66.1%的网民在家里上网，43.6%的网民在单位上网，其次是网吧、网校、网络咖啡厅（20.3%），以及学校（18.4%），同时还有 0.5%的人在公共图书馆上网，0.6%的人移动上网，地点不固定（如图 4.35 所示）。可以看出，家里是网民上网最主要的地点。

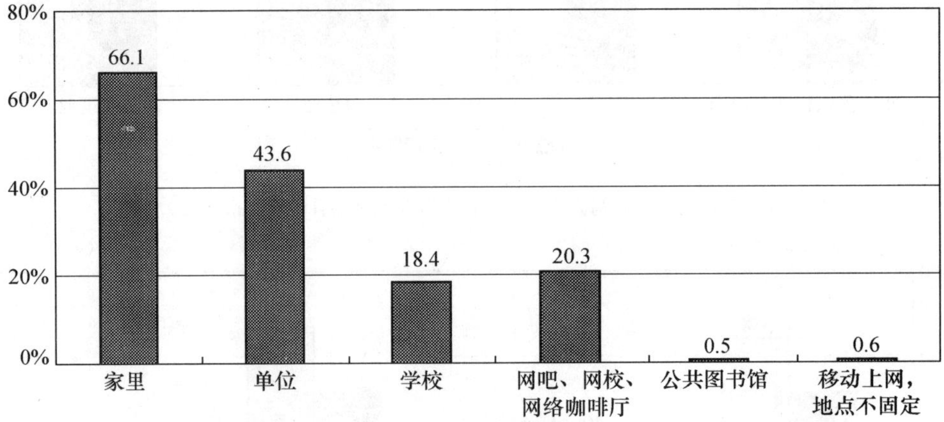

图 4.35　网民上网地点分布（%）

将中国互联网络信息中心（CNNIC）最近几次的调查数据进行对比（如图 4.36、4.37 所示）可以看出，在家里上网的网民比例继续呈稳步递增趋势；同时，在单位上网的网民比例,在最近两次调查中，也呈现出缓慢增加现象（从 42.5%、43.0%增加到 43.6%）；在学校上网的网民比例同前两次调查结果相比则有所减少（从 20.2%、22.6%减少到 18.4%），在网吧上网的网民比例同前两次调查结果相比则有所增加（从 19.4%、18.1%增加到 20.3%），在其他地点上网的网民比例变化不是很明显。这一方面说明随着家庭电脑的普及、小区宽带的建设以及互联网使用成本的降低使越来越多的家庭接入了网络，家里相应成为网民上网最主要的地点，另一方面也在一定程度上说明，随着我国信息化建设的不断深入，网民的上网场所在扩展，上网条件不断改善，上网变得更为便捷。

2．用户上网设备

第十三次中国互联网络信息中心（CNNIC）调查结果显示，使用台式计算机上网的网民比例为 96.3%，使用笔记本电脑上网的网民比例为 13.1%，用户上网的主要设备是台式计算机，也有部分网民在使用计算机上网的同时使用移动终端和信息家电等设备上网。

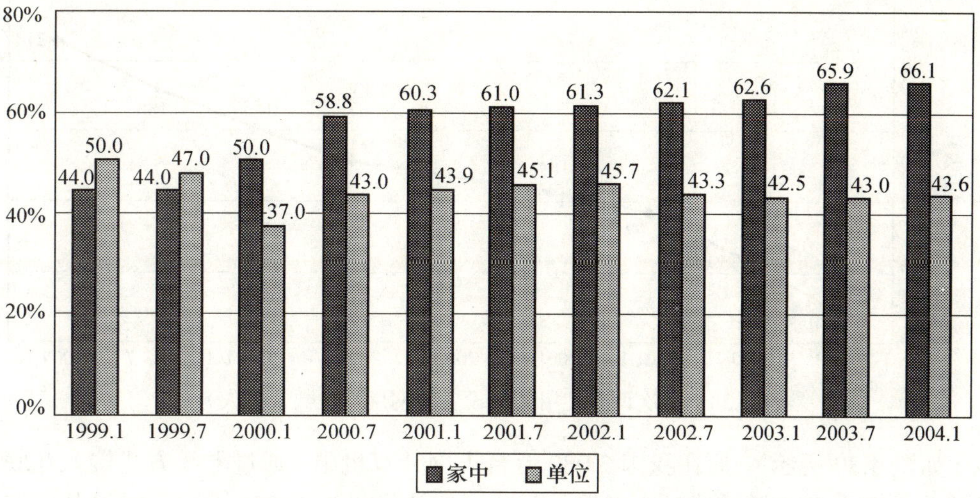

图 4.36　历次调查网民在家中/单位上网的比例（%）

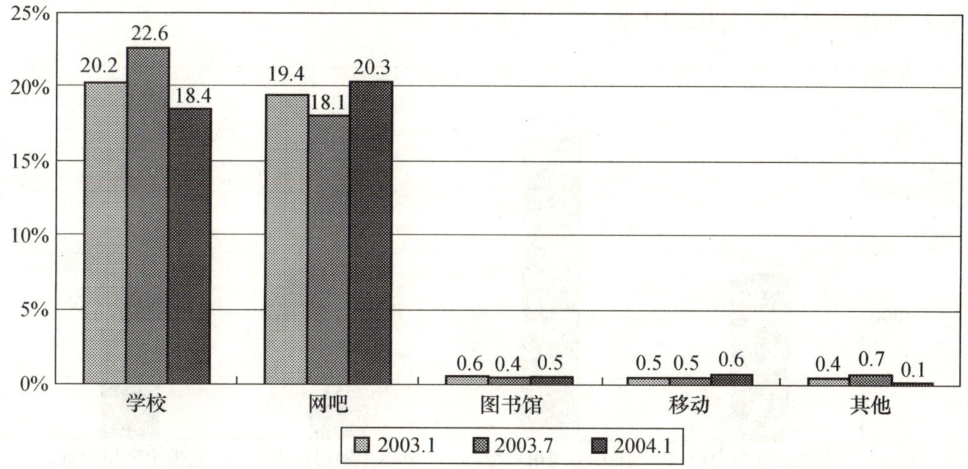

图 4.37　最近 3 次调查网民在学校、网吧等地上网的比例（%）

从中国互联网络信息中心（CNNIC）近几年的调查数据来看，在使用计算机上网的同时，使用移动终端和信息家电等设备上网的用户人数在逐渐增多，从 2000 年 1 月调查的 20 万人增加到现在的 214 万人，4 年增加了 194 万人。同半年前相比增加了 34 万人，增长率为 18.9%，比上年同期增长 39.5%（如图 4.38 所示）。可以看出，尽管使用计算机上网的网民占绝大多数，但使用移动终端和信息家电等新的上网设备的网民正在逐渐增多，网民的上网设备日趋多样化。

3．用户上网方式

用户的上网方式可以通过不同方式上网的网民数和不同接入方式的上网计算机数来反映。

第十三次中国互联网络信息中心（CNNIC）调查结果显示，在我国 7 950 万上网用户中，使用专线方式上网的用户数为 2 660 万人，使用拨号方式上网的用户数为 4 916 万人，使用 ISDN 方式上网的用户数为 552 万人，使用宽带方式上网的用户数为 1 740

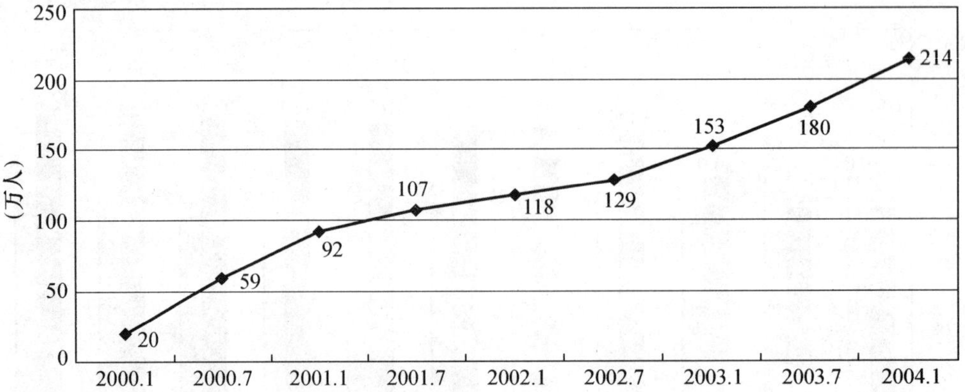

图 4.38　历次调查使用其他设备上网用户人数（万人）

万人（如图 4.39 所示）。而在我国 3 089 万台上网计算机中，通过专线方式接入互联网的计算机为 595 万台，通过拨号方式接入互联网的计算机为 1 945 万台，通过其他方式接入互联网的计算机为 549 万台（如图 4.40 所示）。网民的情况及上网计算机的情况都表明拨号上网到目前为止是用户上网的主要方式。

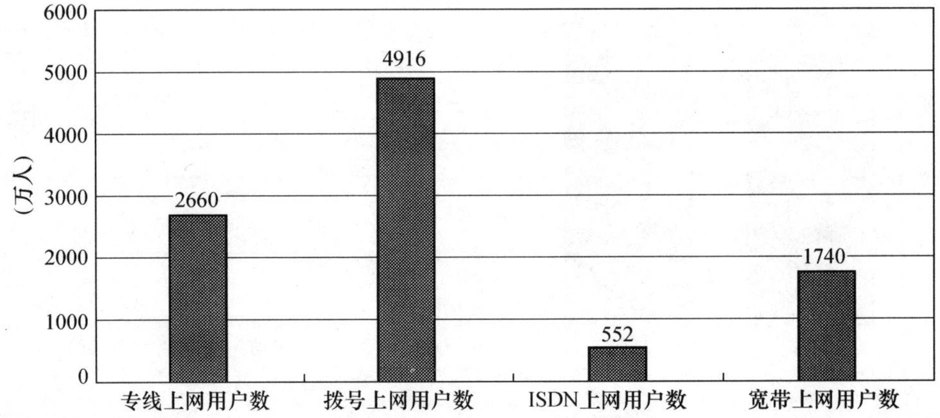

图 4.39　不同上网方式用户数（万人）

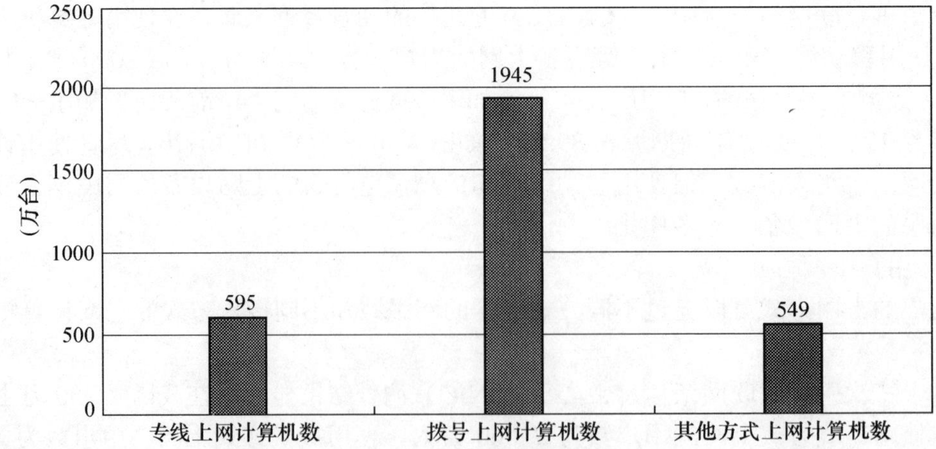

图 4.40　不同上网方式计算机数（万台）

从中国互联网络信息中心（CNNIC）近几年的调查数据来看，在上网用户数方面，专线上网用户人数同上一次调查相比，半年增加 318 万人，和上年同期相比增加 637 万人；拨号上网用户人数同上一次调查相比，半年增加 415 万人，和上年同期相比增加 836 万人；ISDN 上网用户人数同上一次调查相比，半年增加 62 万人，和上年同期相比增加 120 万人；宽带上网用户人数同上一次调查相比，半年增加 760 万人，和上年同期相比增加 1 080 万人（如图 4.41 所示）。可以看出，拨号上网用户人数一直处于主导地位快速地增长，同时专线上网用户人数、ISDN 上网用户人数和宽带上网用户人数都呈现出非常快的增长趋势，尤其宽带上网用户人数增长幅度较为明显。

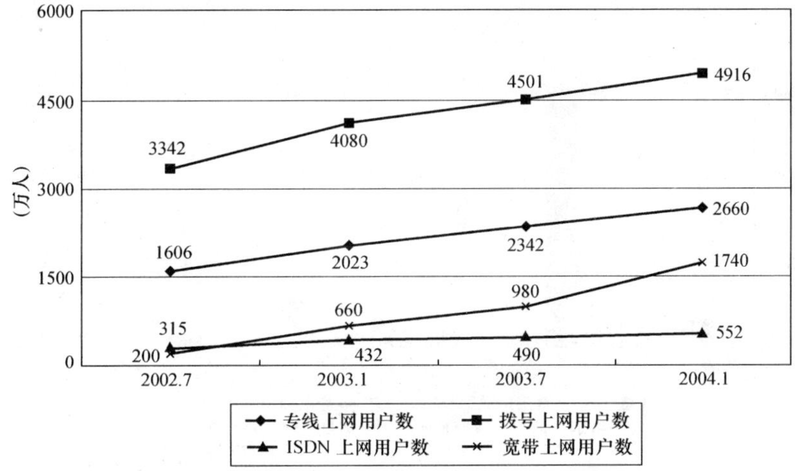

图 4.41　最近 4 次调查不同上网方式网民人数（万人）

在上网计算机数方面，专线上网计算机数同上一次调查相比，半年增加 80 万台，和上年同期相比增加 192 万台；拨号上网计算机数同上一次调查相比，半年增加 206 万台，和上年同期相比增加 465 万台；其他方式上网计算机数同上一次调查相比，半年增加 231 万台，和上年同期相比增加 349 万台（如图 4.42 所示）。可见，在拨号上网计算机数保持主体地位快速增长的同时，专线上网计算机数和其他方式上网计算机数也都呈现出较快的增长态势。

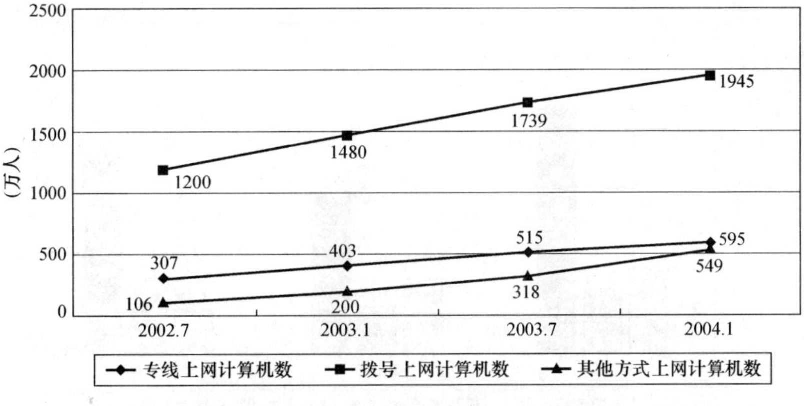

图 4.42　最近 4 次调查不同上网方式上网计算机数（万人）

从中国互联网络信息中心（CNNIC）近几年的调查结果来看，在上网用户数增长率方面，专线上网用户人数增长率为 13.6%，同前两次调查的 26.%、15.8%相比，增长率有所降低；拨号上网用户人数增长率为 9.2%，同前两次调查的 22.1%、10.3%相比，增长率有所降低；ISDN 上网用户人数增长率为 12.7%，同前两次调查的 37.1%、13.4%相比，增长率有所降低；宽带上网用户人数增长率为 77.6%，同上一次调查的 48.5%相比，增长率有所提高，但和上年同期的 230%相比，增长率则有所降低（如图 4.43 所示）。虽然不同方式上网用户数增长程度不同，但横向对比可以看出，专线上网用户人数的增长率、ISDN 上网用户人数的增长率、宽带上网用户人数的增长率都高于拨号上网用户人数的增长率，并且宽带用户的增长速度最快。

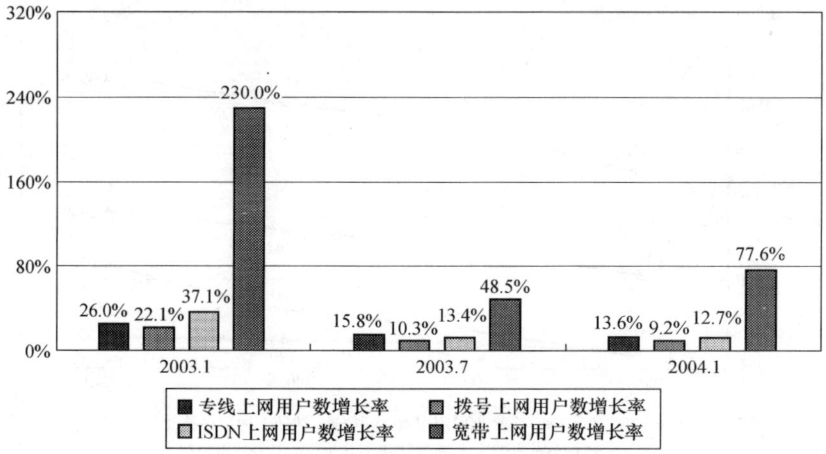

图 4.43　最近 3 次调查不同方式上网用户数增长率

在上网计算机数增长率方面，专线上网计算机数增长率为为 15.5%，同前两次调查的 31.3%、27.8%相比，增长率有所降低；拨号上网计算机数增长率为 11.8%，同前两次调查的 23.3%、17.5%相比，增长率有所降低；其他方式上网计算机数增长率为 72.6%，同上一次调查的 59%相比，增长率有所升高，和上年同期调查的 88.7%相比，增长率则有所降低（如图 4.44 所示）。虽然不同方式上网计算机数增长程度不同，但横向对比可以看出，专线上网计算机数的增长率和其他方式上网计算机数的增长率均高于拨号上网计算机数的增长率。

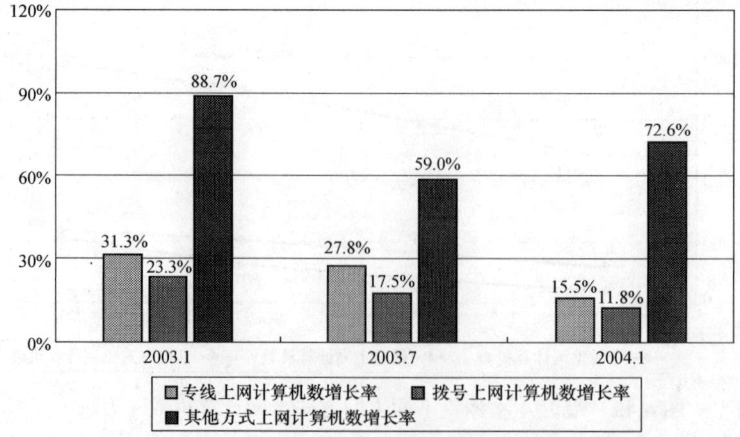

图 4.44　最近 3 次调查不同方式上网计算机数增长率

通过对中国互联网络信息中心（CNNIC）最新统计数据的计算，可以得出，在上网计算机数中，拨号上网计算机数所占比例为 62.97%，同上一次调查结果 67.61%相比，半年减少 4.64 个百分点，和上年同期调查结果 71.05%相比，一年减少 8.08 个百分点；而专线上网计算机数所占比例为 19.26%，同上一次调查结果 20.02%相比，略有减少，但和 2002 年 7 月调查结果 19.03%相比，则有所增加；其他方式上网计算机数所占比例为 17.77%，同上一次调查结果 12.36%相比，半年增加 5.41 个百分点，和上年同期调查结果 9.6%相比，一年增加 8.17 个百分点（如图 4.45 所示）。可以看出，尽管目前拨号上网计算机仍为上网计算机的主流，但拨号上网计算机所占比例却在逐渐减少，其他方式上网计算机所占的比例在逐渐增加，各种方式上网计算机所占比例的差距正在减小。

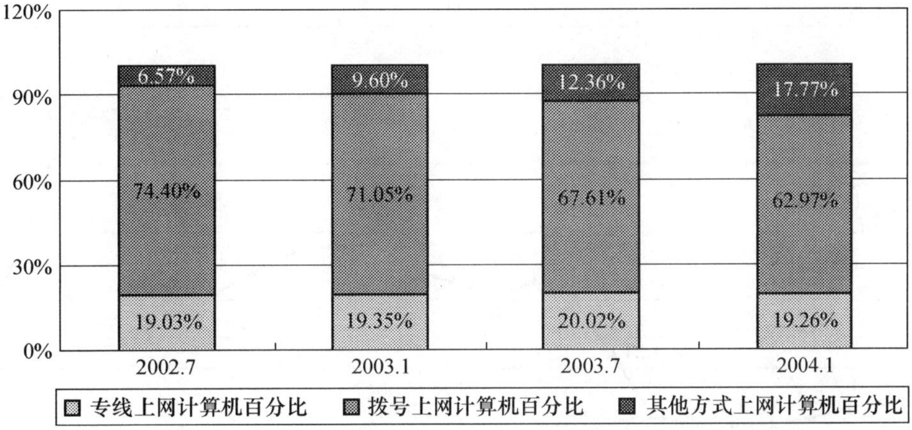

图 4.45　最近三次调查不同方式上网计算机所占比例

通过对上网用户数和上网计算机数的绝对数量、上网用户数和上网计算数的增长率，以及不同方式上网计算机数比例分配等数据的分析可以发现，在网民的上网方式中，拨号方式一直占主流地位，但专线、宽带等其他上网方式正逐渐被网民所接受和使用，上网方式多元化的趋势日益明显。

综上所述，网民上网的主要地点是家中，上网的首选设备是台式计算机，上网的主流方式是拨号上网；但网民上网的场所正不断扩展，新的上网设备和上网方式正在逐渐被网民所接受和使用。可以预计，随着网络技术的不断进步、互联网的进一步发展普及，网民的上网途径将不断扩展，人们将在多种场所、利用多种设备、通过多种方式，更方便地使用互联网。

4.4　网民上网行为

随着我国互联网的发展，越来越多的人开始接触互联网，网民的队伍逐渐壮大，人们对互联网的使用也越来越频繁。通过分析网民对互联网的使用行为习惯，可以较好地了解互联网与人们日常学习、工作、生活的结合程度，从而更准确地把握互联网在我国的发展和普及状况。

1．用户使用互联网的时间段

第十三次中国互联网络信息中心（CNNIC）调查结果显示，网民一天中使用互联网的时间波动非常大：凌晨 1 点至早上 7 点钟是网民最少上网的时间，从早上 8 点钟起上网的人逐渐增加，到上午 10 点达到一天当中的第一个高峰，有 22.8%的网民在这一时间上网；中午 11 点略有回落，从 12 点开始回升，到下午 14、15 点达到一天当中的第二个高峰，各有 28.2%的网民在这一时间上网，此后上网人数开始下降；从晚上 19 点开始上网人数激增，到晚上 20、21 点的时候达到一天中的顶峰，各有 48%左右的网民在这一时间上网，这之后上网人数又急剧减少（如图 4.46 所示）。可以看出，人们日常生活的作息时间在一定程度上影响着人们使用互联网的时间。与以往调查结果类似，网民使用互联网的高峰时间仍然在晚上。

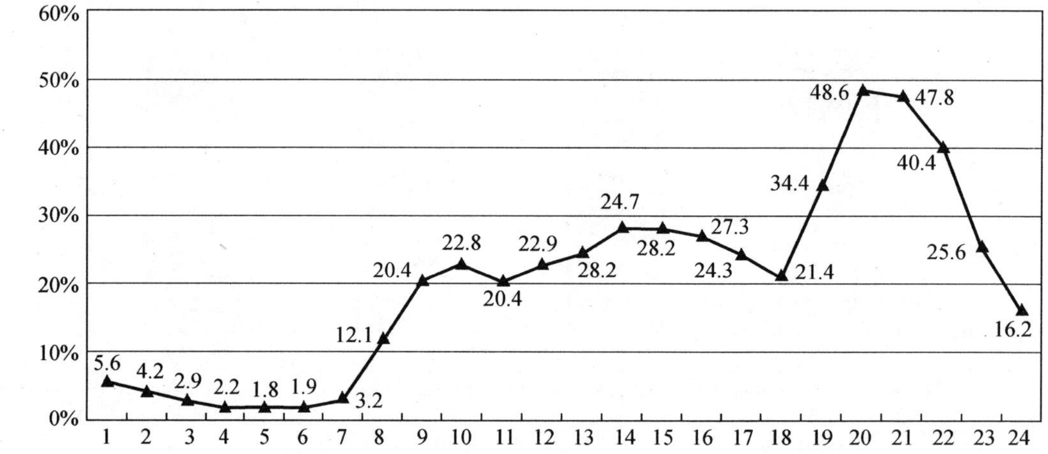

图 4.46　网民通常使用互联网的时间（%）

与半年前相比，在上午的 9 点至 11 点以及下午的 14 点至 18 点上网的网民比例有所减少，而在晚上的 19 点至 24 点上网的网民比例有所增加。（如图 4.47 所示）。

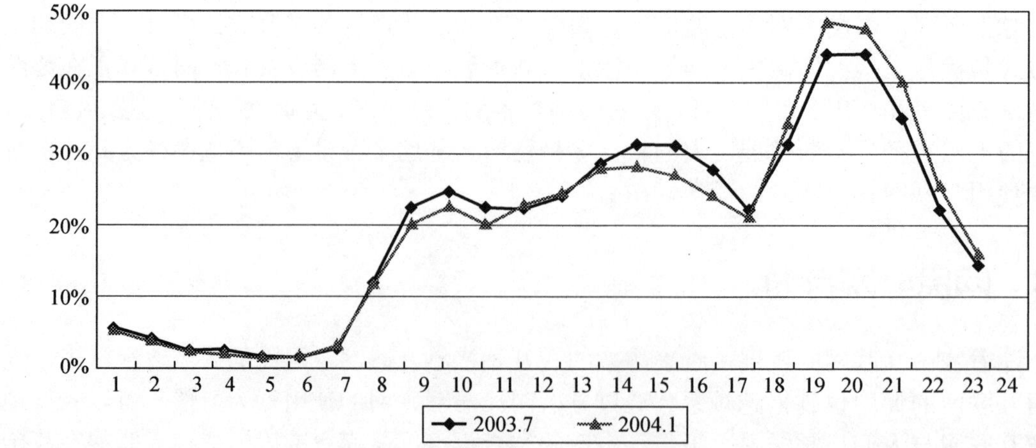

图 4.47　近两次调查网民通常使用互联网的时间（%）

2．用户上网时间

第十三次中国互联网络信息中心（CNNIC）调查结果显示，网民平均每周上网 4.0 天，13.4 个小时。与半年前相比，网民每周上网小时数略有增加。

历次调查结果对比可以看出，网民每周上网时间的变化很大，从最开始的每周 17 个小时逐渐减少至每周 8～9 个小时；但从半年前开始，网民的上网时间明显增加，这一次与半年前相比每周上网时间又增加了 0.4 个小时（如图 4.48 所示）。与此相对应，网民每周上网天数也在最近半年内稳定在 4 天（如图 4.49 所示）。从网民每周上网时间可以看出，人们对互联网的使用越来越频繁，而互联网对人们日常生活的渗透性也越来越强。

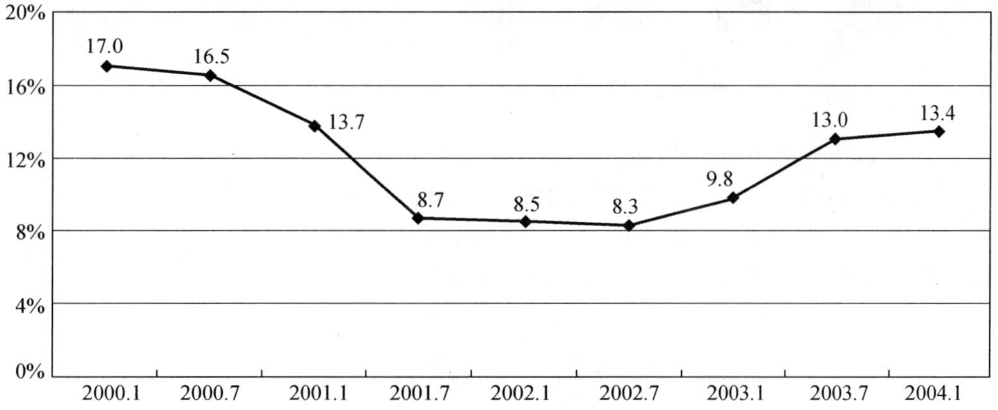

图 4.48　历次调查网民每周上网小时数（小时）

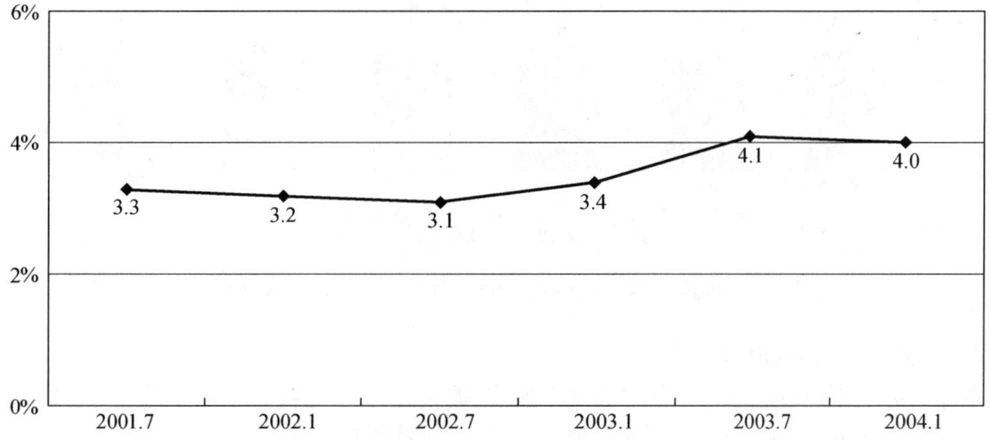

图 4.49　历次调查网民每周上网天数（天）

3．用户每月实际花费的上网费用

第十三次中国互联网络信息中心（CNNIC）调查结果显示，每月实际花费的上网费用（仅限于上网费及上网电话费，不包括使用网络服务的费用）在 51～100 元的网民最多，达到 33.9%；其次是花费低于 50 元的网民，占 30.7%；27.4%的网民每月花费的上网费用在 101～200 元；每月花费超过 200 元的网民则很少，只有 8%（如图 4.50 所示）。网民每月实际花费的上网费用主要集中在 100 元及以下。

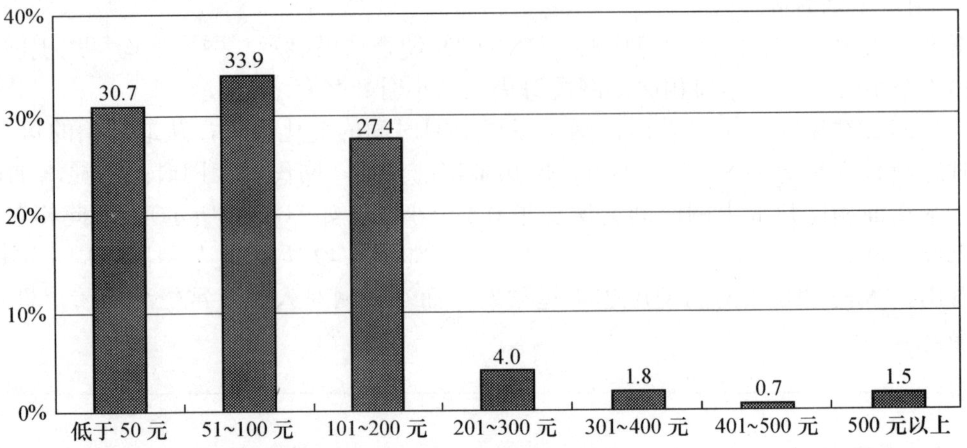

图 4.50 网民每月实际花费的上网费用分布（%）

与上一次调查结果相比可以看出，每月花费在 100 元及以下的网民比例继续减少，从 68%减少至 64.6%，而每月花费超过 100 元的网民比例则继续增加，达到 35.4%（如图 4.51 所示）。随着发展，互联网与人们的生活日益密切，人们对互联网的使用越来越频繁可能是导致网民每月花费的上网费用增加的主要原因。

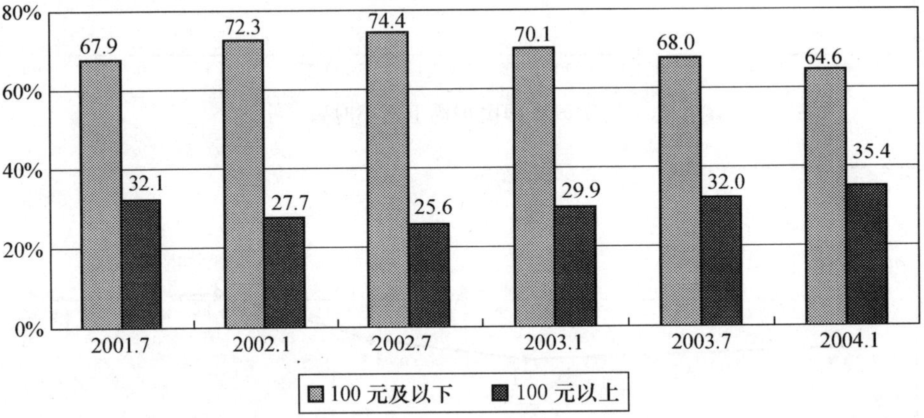

图 4.51 历次调查网民每月实际花费的上网费用分布（%）

4．用户拥有 E-mail 账号数

第十三次中国互联网络信息中心（CNNIC）调查结果显示，网民人均拥有 1.4 个 E-mail 账号，其中免费的 E-mail 账号为 1.3 个。网民人均拥有 E-mail 账号的数目与半年前相比基本没有变化。

对比历次调查结果可以看出，网民最开始拥有的 E-mail 账号较多，达到人均 4 个，此后呈递减趋势，逐渐稳定在人均 1～2 个（如图 4.52 所示）。从网民人均 E-mail 账号数可以看出网民在电子邮箱的使用上比较理性，常用的 1～2 个邮箱已经完全可以满足用户对外通信联络的需要。

5．用户每周收发电子邮件数

第十三次中国互联网络信息中心（CNNIC）调查结果显示，网民平均每周收到 5.8

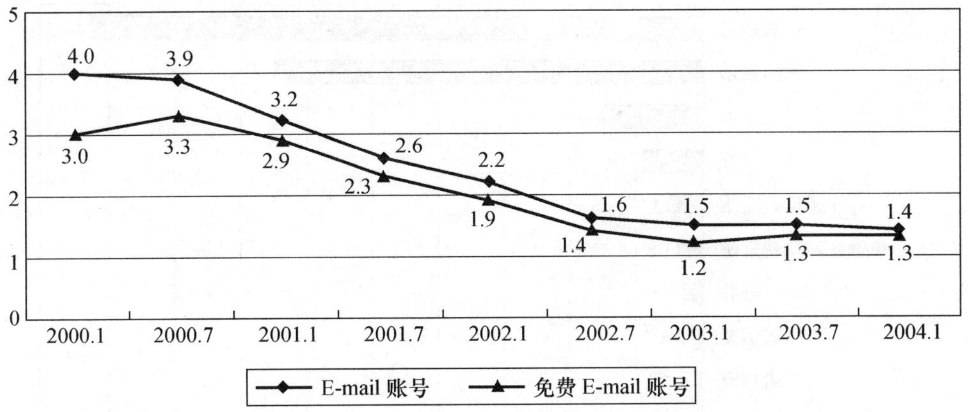

图 4.52　历次调查网民拥有 E-mail 帐号及免费 E-mail 账号平均值（个）

封电子邮件（不包括垃圾邮件），收到垃圾邮件 7.9 封，每周发出电子邮件 4.1 封。网民每周收到的垃圾邮件仍然超过非垃圾邮件。

与半年前相比，网民每周收到和发出的电子邮件数均有减少（如图 4.53 所示）。这可能与短信、聊天工具等其他通信联络方式的流行有一定关系；而垃圾邮件数的减少可能与相关部门对垃圾邮件的治理有一定关系。

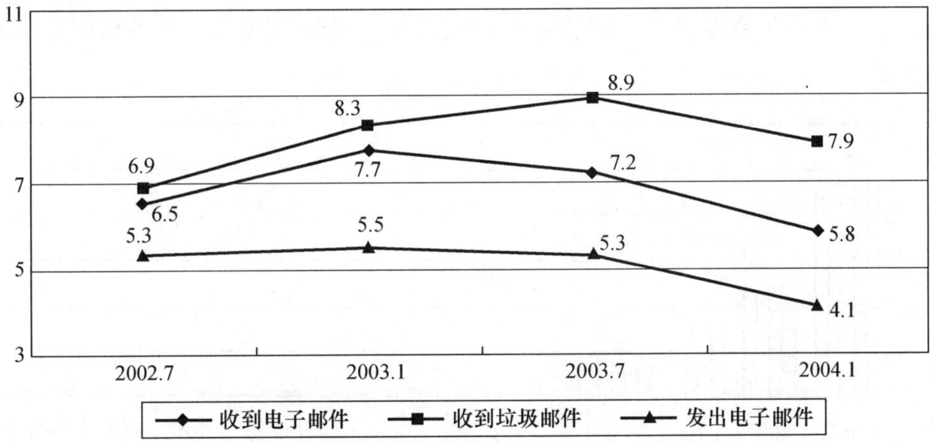

图 4.53　近几次调查网民每周收到和发出的电子邮件数（封）

6．用户上网目的

第十三次中国互联网络信息中心（CNNIC）调查结果显示，将获取信息作为上网最主要目的的网民所占比例最多，达到 46.2%；其次是休闲娱乐，有 32.2%的网民选择；排在第三的是学习，有 7.9%的网民选择；选择其他上网目的的网民所占比例则很小（如图 4.54 所示）。

近几次调查结果对比可以看出，以获取信息作为上网最主要目的的网民所占比例一直遥遥领先，接近网民的一半左右，但与半年前相比所占比例略有下降；休闲娱乐成为继获取信息之后的第二大主要目的，并且其所占比例呈递增趋势；以交友为目的的网民比例继续下降；以学习为目的的网民比例略有增加；选择对外通信联络作为上网目的的

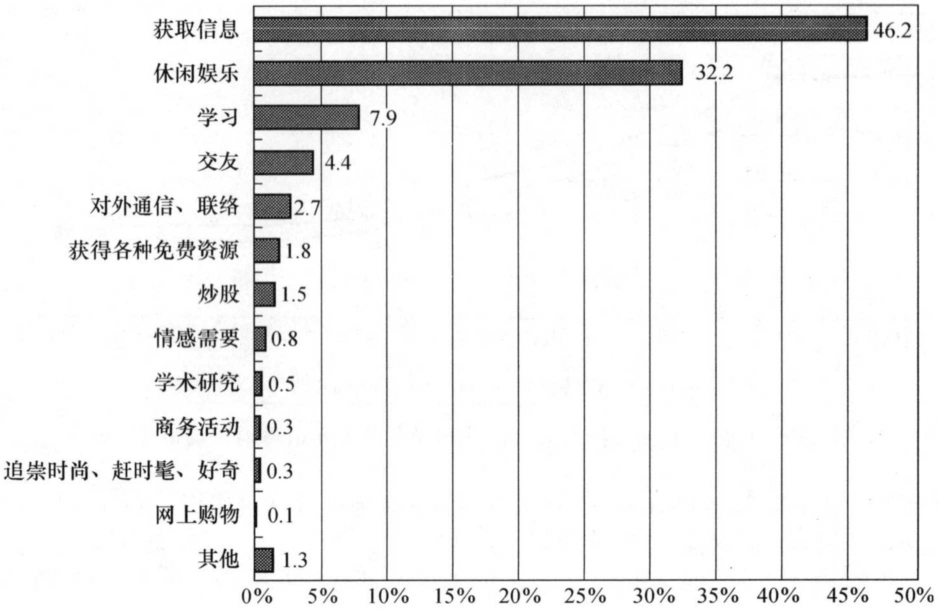

图 4.54 网民上网最主要的目的（%）

网民比例有所减少；选择其他上网目的的网民比例变化不大（如图 4.55 所示）。网民上网目的的变化在一定程度上表明网民对互联网的使用更加多元化，不再只集中于某一项活动和功能。

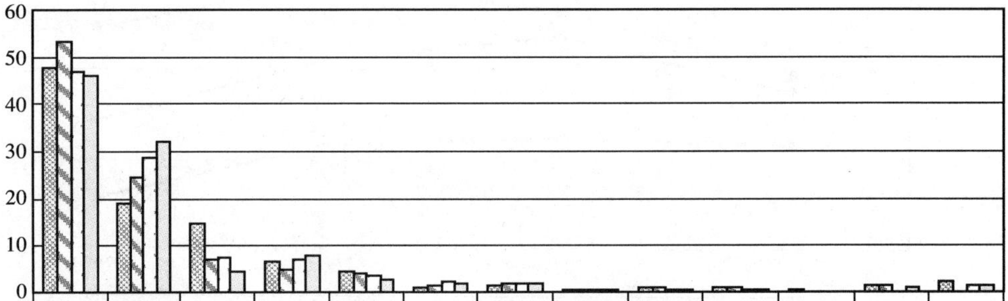

	获取信息	休闲娱乐	交友	学习	对外通信联络	炒股	获得免费资源	追崇时尚	商务活动	学术研究	网上购物	情感需要	其他
2002.7	47.6	18.9	14.9	6.6	4.4	0.9	1.2	0.3	0.8	0.8	0.3	1.2	2.1
2003.1	53.1	24.6	7.0	4.8	3.8	1.1	1.9	0.3	1.0	1.0	0.1	1.1	0.2
2003.7	46.9	28.6.	7.5	7.2	3.2	2.1	1.7	0.6	0.4	0.4	0.2	0.1	1.1
2004.1	46.2	32.2	4.4	7.9	2.7	1.5	1.8	0.3	0.3	0.5	0.1	0.8	1.3

图 4.55 近几次调查网民上网最主要的目的（%）

随着互联网与人们日常生活的关系日益密切，网民的上网行为习惯也发生了相应的变化，具体表现为：晚上八、九点钟仍然是网民上网的高峰期；网民每周上网 13.4 个小时和 4 天，每周上网小时数与半年前相比略有增加；与此相对应，网民每月花费的上网费用有所增加；网民人均 E-mail 账号数基本未变，但每周收发的电子邮件数均有减少；

获取信息仍然是网民上网最主要的目的，但所占比例继续下降，而以休闲娱乐及学习为目的的网民比例有了明显的增加，上网目的进一步多元化。从人们上网行为习惯的变化可以看出，人们对互联网的使用更加深入和广泛。

4.5 非网民状况

第十三次调查结果显示，我国网民人数从 2003 年 6 月的 6 800 万增长到目前的 7 950 万，半年时间增长 1 150 万，网民占我国人口的比例从半年前的 5.3%增长为 6.2%，但同时我国仍有超过 90%的人口没有上网。因此，对 2003 年年末没有上网的人群（称之为非网民）不上网的原因、预期上网的时间、预期可能上网的非网民的部分特征进行分析，将为政府、企业和社会各界更好地了解我国非网民状况、制定相关政策提供一些参考。

1．非网民不上网的原因与预期上网的时间

（1）非网民不上网的原因

第十三次中国互联网络信息中心（CNNIC）调查结果显示，非网民不上网的主要原因有：不懂电脑/网络，37.7%的非网民选择；没有上网设备，21.3%的非网民选择；觉得上网没用/不需要，14.8%的非网民选择；没时间上网，14.3%的非网民选择。此外，年龄太大/太小、上网费用贵、不感兴趣、担心孩子受到伤害或不好影响亦是妨碍非网民上网的原因，分别有 6.8%、5.6%、4.5%、1.7%的非网民选择（如图 4.56 所示）。可见，不懂电脑/网络是我国非网民不上网的最主要原因。

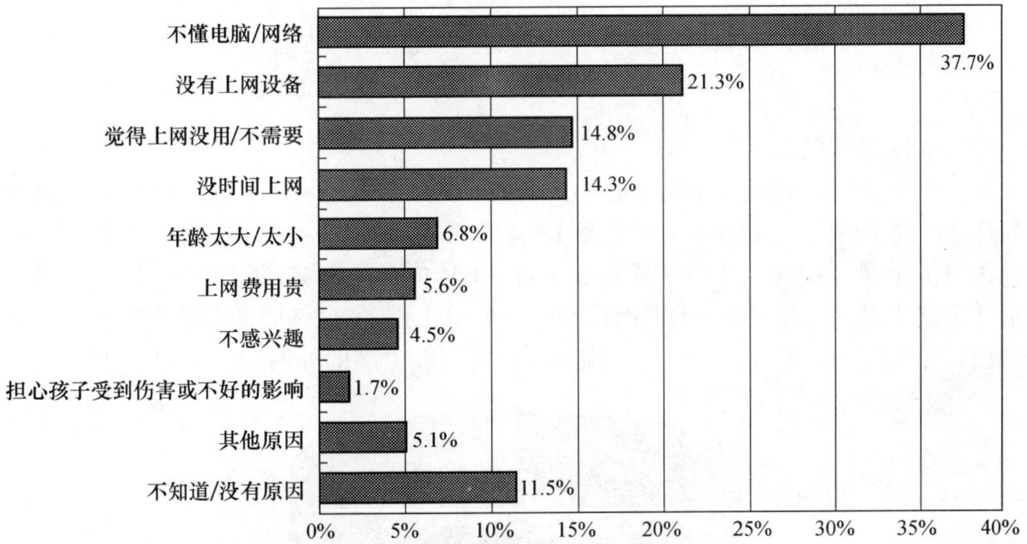

图 4.56 非网民不上网原因

与前两次调查结果相比，在不上网的原因中，选择不懂电脑/网络的非网民比例比半年前高 4.2%，比上年同期低 3.1%；选择没有上网设备的非网民比例比半年前高 6.3%，比上年同期低 6.4%；选择上网没用/不需要的非网民比例比半年前低 4.9%，比上年同期高 7.5%；选择没时间上网的非网民比例比半年前低 0.2%，比上年同期低 4.4%；选择年龄太大/太小的非网民比例比半年前高 0.5%，比上年同期低 3.2%；选择不感兴趣的非网民比例比半年前低 0.1%，比上年同期低 2.9%；选择上网费用贵的非网民比例比半年前高 3.3%，比上年同期低 0.3%（如图 4.57 所示）。不懂电脑/网络依旧是非网民不上网的最主要原因。

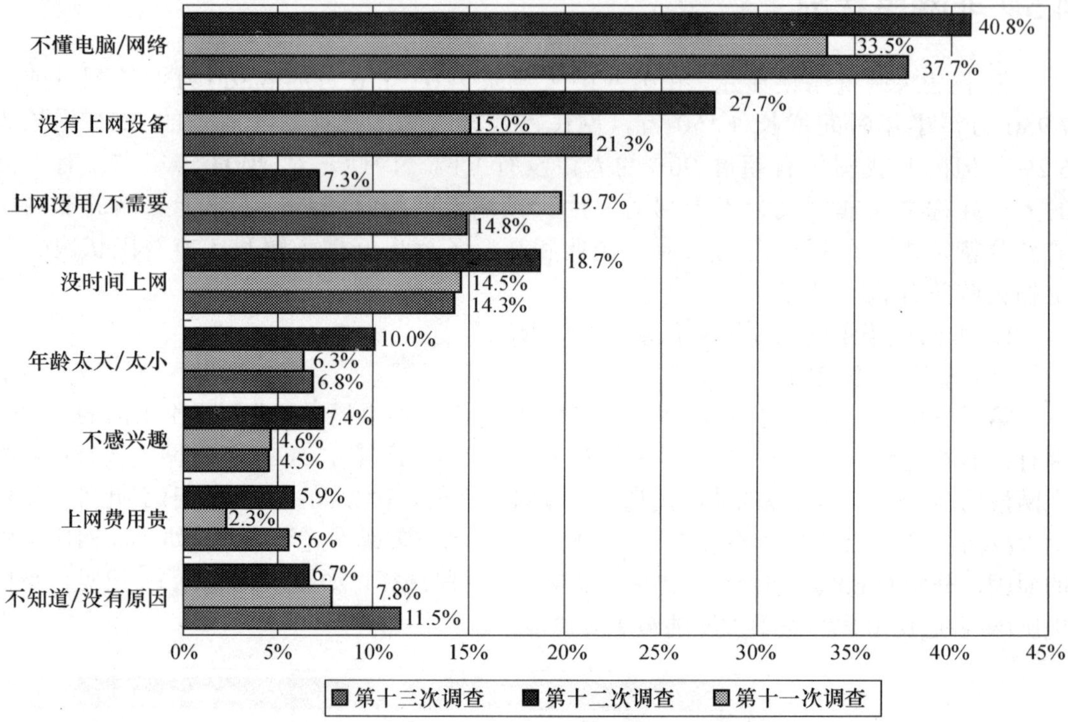

图 4.57 近 3 次调查中非网民不上网的原因

（2）非网民预期上网的时间

第十三次中国互联网络信息中心（CNNIC）调查结果显示，我国 2.7%的非网民预期 1 个月内可能上网，2.2%的非网民预期 1～3 个月内可能上网，1.0%的非网民预期 3～6 个月内可能上网，1.5%的非网民预期 6 个月～1 年内可能上网，6.3%的非网民预期一年以后才可能上网，另有 43.0%的非网民根本不打算上网，43.3%的非网民不知道或无法预计自己是否上网（如图 4.58 所示）。预期一年内可能上网的非网民比例为 7.4%。

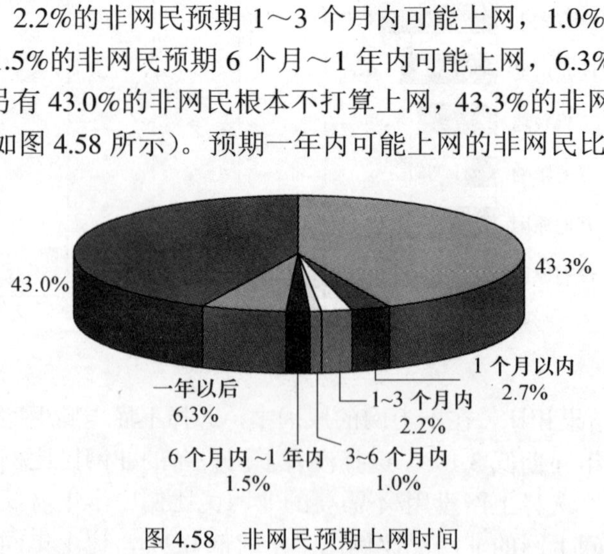

图 4.58 非网民预期上网时间

与前两次调查结果相比，预期未来 1 个月内可能上网的非网民比例比半年前低 3.2%，比上年同期高 1.0%；预期未来 1～3 个月内可能上网的非网民比例比半年前低 1.8%，比上年同期高 0.2%；预期未来 3～6 个月内可能上网的非网民比例比半年前低 1.2%，比上年同期高 0.1%；预期未来 6 个月～1 年内可能上网的非网民比例比半年前低 2.8%，比上年同期低 0.3%；预期未来 1 年以后可能上网的非网民比例比半年前低 6.4%，比上年同期低 1.8%（如图 4.59 所示）。预期未来 1 年内可能上网的非网民比例比半年前低 9.0%，比上年同期高 1.0%。

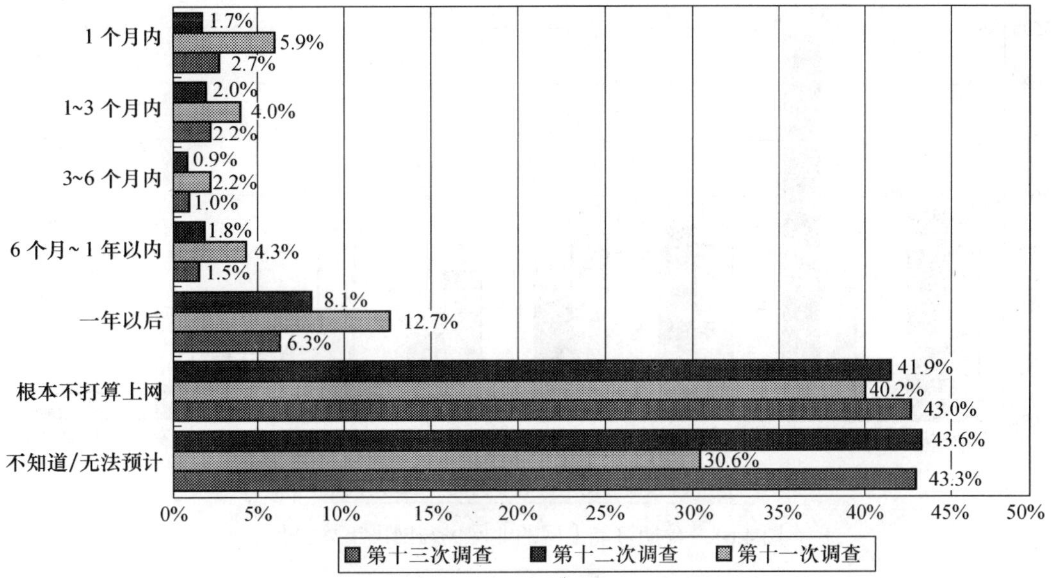

图 4.59　近 3 次调查中非网民预期上网时间对比

2．预期可能上网的非网民部分特征

（1）性别

第十三次中国互联网络信息中心（CNNIC）调查结果显示，预期可能上网的非网民中男性占 57.1%，女性占 42.9%；而网民中男性占 60.4%，女性占 39.6%（如图 4.60 所示）。预期可能上网的非网民中男性占多数，但其比例低于网民中男性网民的比例，这在一定程度上预示着近期内我国网民中男女网民之间的比例之差可能会有所减小。

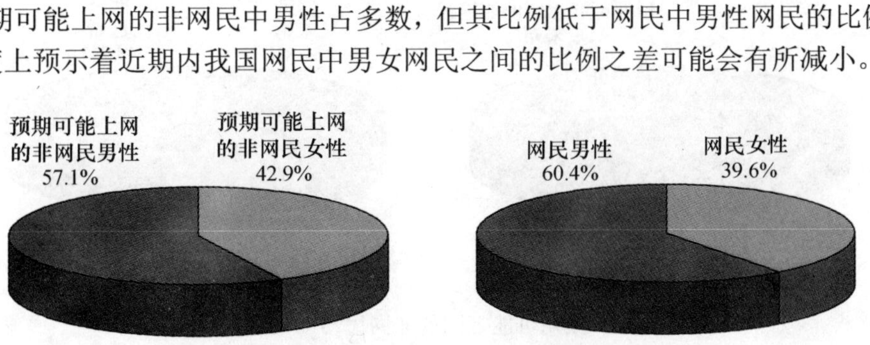

图 4.60　预期可能上网的非网民与网民性别状况

（2）年龄

第十三次中国互联网络信息中心（CNNIC）调查结果显示，预期可能上网的非网民中，18.1%的非网民年龄低于18岁，12.0%的非网民年龄在18～24岁之间，15.6%的非网民年龄为25～30岁，年龄在31～35岁、36～40岁、41～50岁的非网民分别为16.5%、13.3%、15.5%，年龄在51～60岁和超过60岁的非网民分别有6.6%和2.4%（如图4.61所示）。预期可能上网的非网民中年龄低于30岁的非网民为45.7%，年龄高于30岁的非网民达到54.3%，这在一定程度上表明未来我国网民中年龄高于30岁的网民比例可能会有一定的增长。

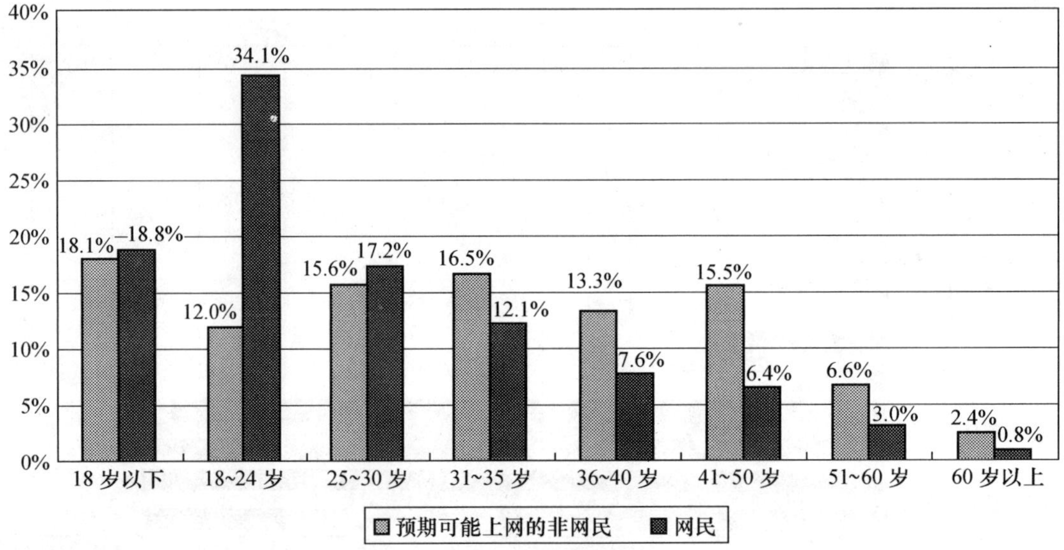

图4.61 预期可能上网的非网民与网民年龄状况

（3）婚姻状况

第十三次中国互联网络信息中心（CNNIC）调查结果显示，预期可能上网的非网民中已婚的比例为71.2%，未婚的比例为28.8%；我国网民中已婚的比例为43.2%，未婚的比例为56.8%（如图4.62所示）。预期可能上网的非网民中多数已婚，可以预见，未来我国网民中已婚网民的比例可能会有一定的增长。

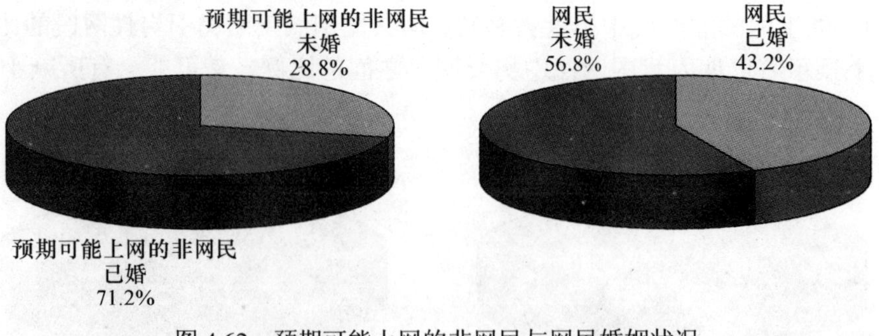

图4.62 预期可能上网的非网民与网民婚姻状况

综上所述，不懂电脑/网络是妨碍非网民上网的最主要原因；预期未来一年内可能上网的非网民比例达到7.4%；在预期可能会上网的非网民中，男性、已婚、年龄高于30岁的非网民为多数。可以预计，近期内我国网民人数的增长速度可能会有所放缓，网民中男性占多数的状况仍将继续，但网民中已婚、年龄高于 30 岁的网民所占比例将得到一定的增长。

4.6　网民和非网民对互联网的看法

随着互联网的普及和我国网民人数的增长，互联网对人们的生活、学习和工作等方面的影响日益增加。为进一步了解互联网的社会影响，从第十二次调查开始，在问卷中设置了一些要求网民和非网民都回答的、表达对互联网相关看法的观点问题，期望通过对这些数据的分析能部分地反映互联网的社会影响，从而为我国的政府和企业等社会各界更好地理解互联网在我国的发展状况提供一些参考。

1．关于“使用互联网可以提高工作/学习和生活的效率”

第十三次中国互联网络信息中心（CNNIC）调查结果显示，关于“使用互联网可以提高工作/学习和生活的效率”观点，31.9%的网民非常赞成，54.8%的网民比较赞成，9.5%的网民一半赞成一半反对，3.2%的网民不太赞成，0.6%的网民很不赞成；而在非网民中，50.3%的非网民非常赞成，37.2%的非网民比较赞成，8.5%的非网民一半赞成一半反对，2.6%的非网民不太赞成，1.4%的非网民很不赞成（如图 4.63 所示）。

总体而言，86.7%的网民赞成此观点，3.8%的网民不赞成此观点，非网民中 87.5%赞成此观点，4.0%反对此观点，这表明网民与非网民中绝大部分都认同“使用互联网可以提高工作/学习和生活的效率”的观点。相比而言，非网民中非常赞成此观点的比例比网民高 18.4%，比较赞成此观点的比例比网民低 17.6%，与网民相比非网民对互联网在工作/学习和生活上的作用有更高的评价。

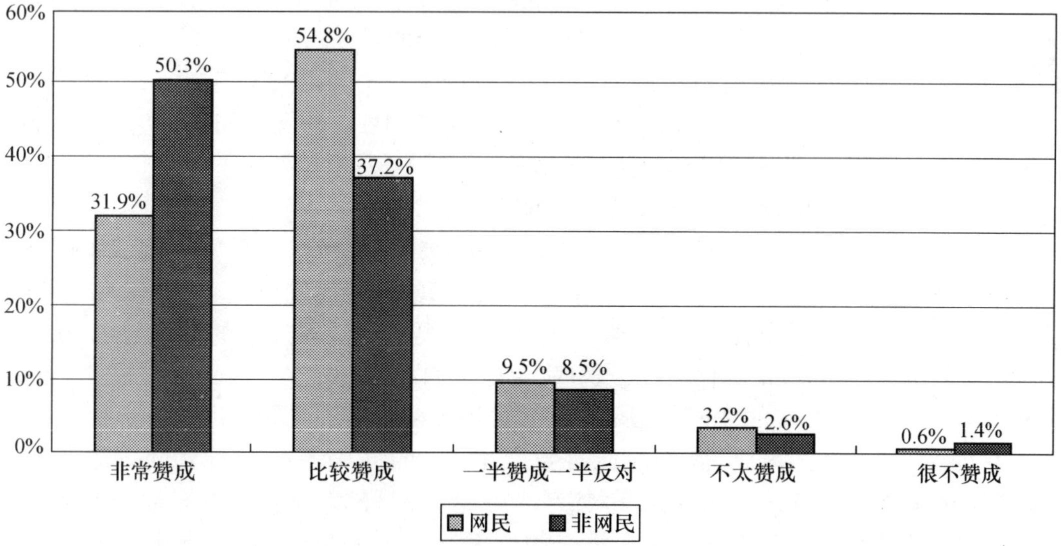

图 4.63　对“使用互联网可以提高工作/学习和生活的效率”观点的看法

2．关于“在单位/学校/邻里中会上网的人好像高人一等”

第十三次中国互联网络信息中心（CNNIC）调查结果显示，关于“在单位/学校/

邻里中，会上网的人好像高人一等”观点，3.8%的网民非常赞成，10.0%的网民比较赞成，10.3%的网民一半赞成一半反对，48.1%的网民不太赞成，27.8%的网民很不赞成；而在非网民中，23.6%的非网民非常赞成，21.6%的非网民比较赞成，13.1%的非网民一半赞成一半反对，27.0%的非网民不太赞成，14.7%的非网民很不赞成（如图 4.64 所示）。

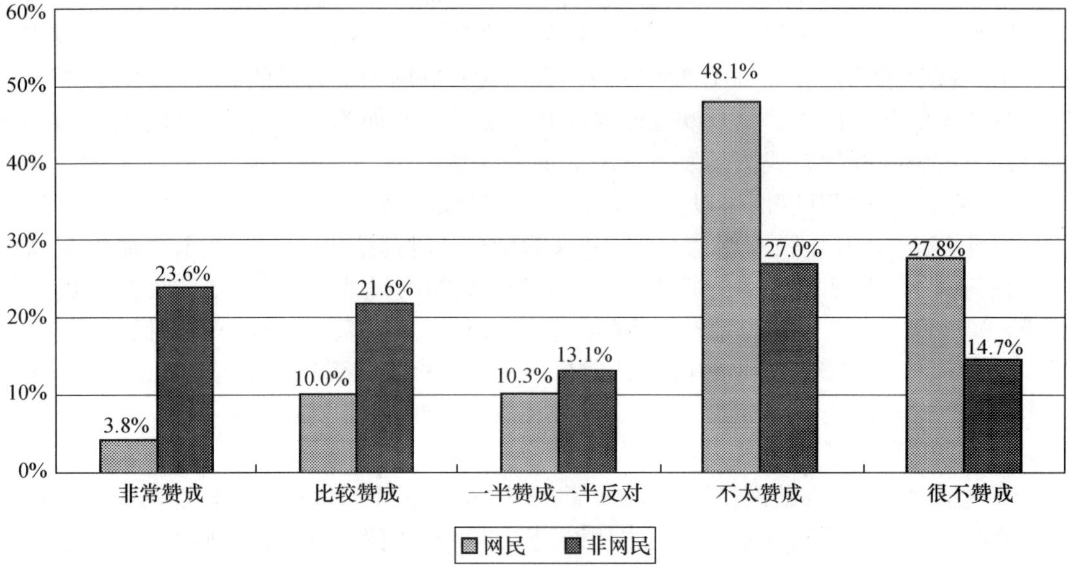

图 4.64　对“在单位/学校/邻里中会上网的人好像高人一等”观点的看法

总体而言，13.8%的网民赞成此观点，75.9%的网民不赞成此观点，非网民中 45.2%赞成此观点，41.7%不赞成此观点，网民赞成此观点的比例比非网民低 31.4%，不赞成的比例比非网民高 34.2%，可见，网民和非网民对此观点的看法有明显的差异。比较而言，非网民中非常赞成的比例比网民高 19.8%，比较赞成的比例比网民高 11.6%，不太赞成的比例比网民低 21.1%，很不赞成的比例比网民低 13.1%，与网民相比，更多的非网民认为上网有助于提高自己在别人心目中的地位。

3．关于“使用互联网容易结交不好的朋友”

第十三次中国互联网络信息中心（CNNIC）调查结果显示，关于“使用互联网容易结交不好的朋友”观点，4.4%的网民非常赞成，16.9%的网民比较赞成，19.5%的网民一半赞成一半反对，43.3%的网民不太赞成，15.9%的网民很不赞成；而在非网民中，9.7%的非网民非常赞成，16.4%的非网民比较赞成，21.2%的非网民一半赞成一半反对，30.2%的非网民不太赞成，22.5%的非网民很不赞成（如图 4.65 所示）。

总的来说，21.3%的网民赞成此观点，59.2%的网民不赞成此观点，非网民中 26.1%赞成此观点，52.7%不赞成此观点，可见，网民和非网民中不赞成此观点者均是多数。比较而言，网民中非常赞成的比例比非网民低 5.3%，比较赞成的比例比非网民高 0.5%，不太赞成的比例比非网民高 13.1%，很不赞成的比例比非网民低 6.6%，与非网民相比，更多的网民反对“使用互联网容易结交不好的朋友”这一观点。

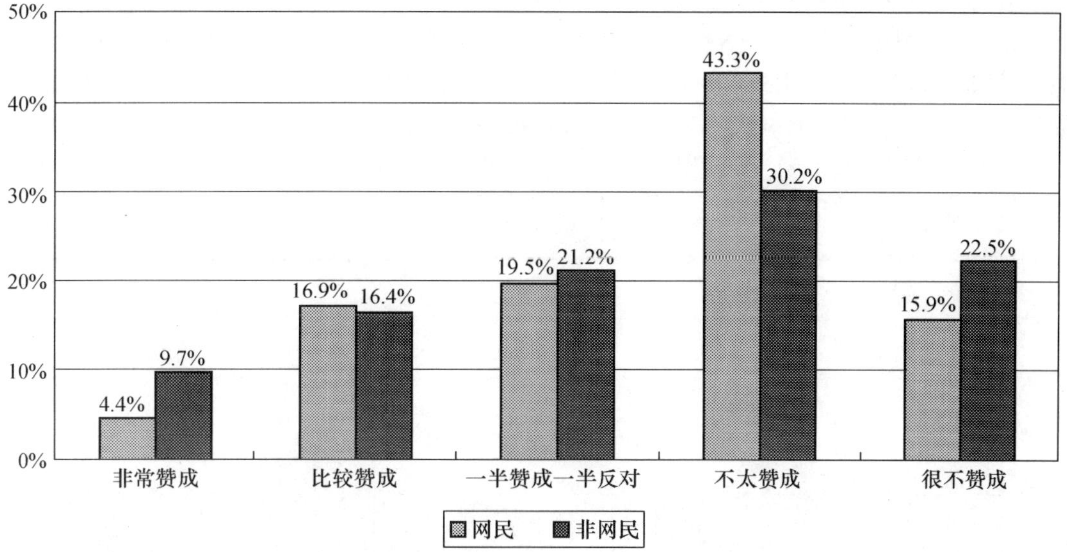

图 4.65　对“使用互联网容易结交不好的朋友”观点的看法

4．关于“使用互联网容易暴露隐私”

第十三次中国互联网络信息中心（CNNIC）调查结果显示，关于“使用互联网容易暴露隐私”观点，4.1%的网民非常赞成，17.1%的网民比较赞成，18.2%的网民一半赞成一半反对，46.8%的网民不太赞成，13.8%的网民很不赞成；而在非网民中，8.8%的非网民非常赞成，14.4%的非网民比较赞成，16.9%的非网民一半赞成一半反对，37.4%的非网民不太赞成，22.5%的非网民很不赞成（如图 4.66 所示）。

总体而言，21.2%的网民赞成此观点，60.6%的网民不赞成此观点，非网民中 23.2%赞成此观点，59.9%不赞成此观点，网民和非网民中不赞成此观点者均是多数。

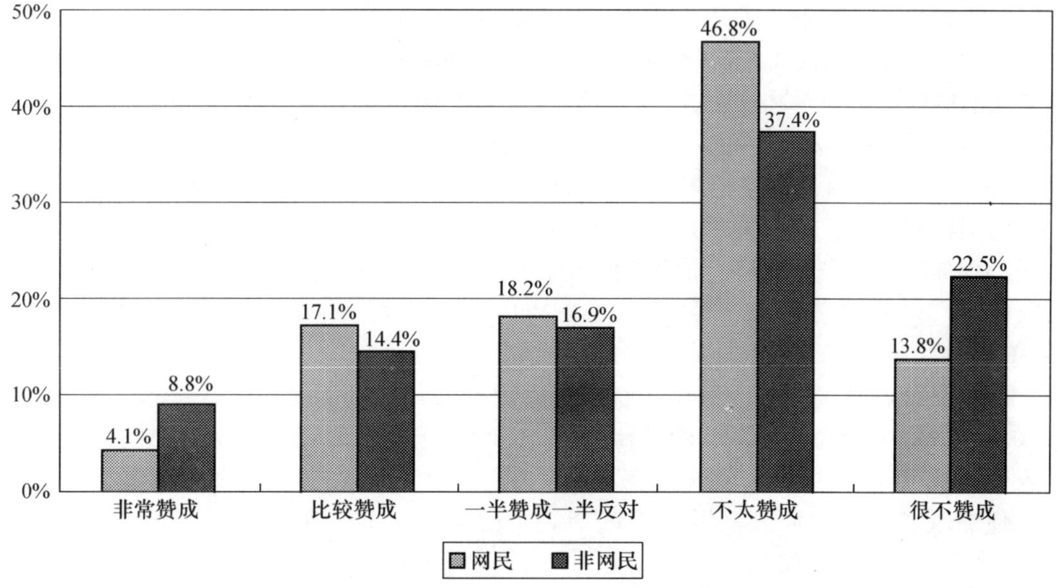

图 4.66　对“使用互联网容易暴露隐私”观点的看法

5．关于“使用互联网容易受不良信息影响”

第十三次中国互联网络信息中心（CNNIC）调查结果显示，关于“使用互联网容易受不良信息影响”观点，9.3%的网民非常赞成，28.6%的网民比较赞成，18.3%的网民一半赞成一半反对，32.8%的网民不太赞成，11.0%的网民很不赞成；而在非网民中，10.6%的非网民非常赞成，19.8%的非网民比较赞成，19.5%的非网民一半赞成一半反对，29.4%的非网民不太赞成，20.7%的非网民很不赞成（如图 4.67 所示）。

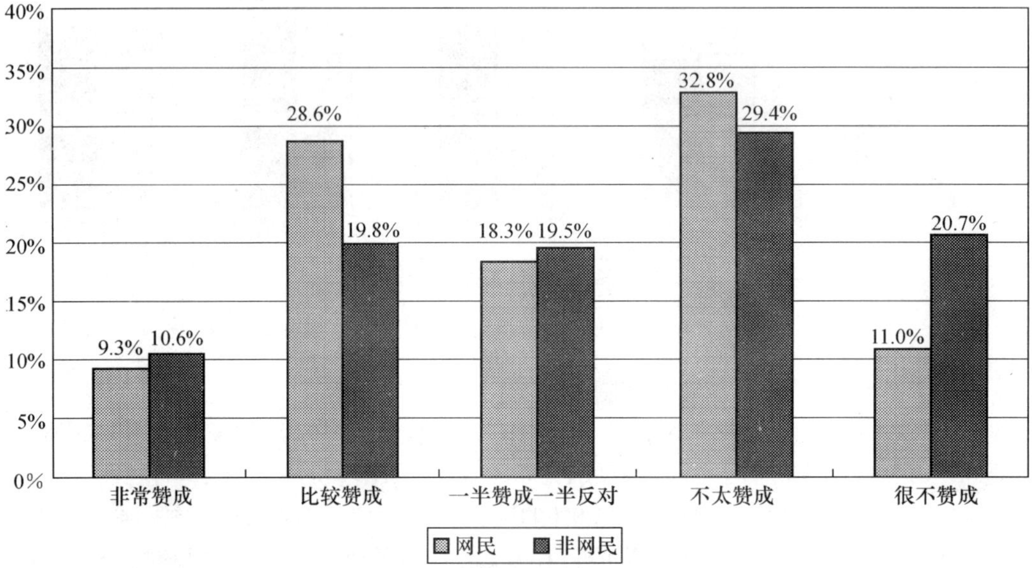

图 4.67　对“使用互联网容易受不良信息影响”观点的看法

总体而言，37.9%的网民赞成此观点，43.8%的网民不赞成此观点，非网民中 30.4%赞成此观点，50.1%不赞成此观点，网民中赞成的比例比非网民高 7.5%，不赞成的比例比非网民低 6.3%，网民和非网民对此观点的看法存在一定的差异。相比而言，网民中比较赞成的比例比非网民高 8.8%，很不赞成的比例比非网民低 9.7%，网民对“使用互联网容易受不良信息影响”这一观点的认同程度高于非网民。

6．对互联网的信任程度

第十三次中国互联网络信息中心（CNNIC）调查结果显示，对互联网的信任程度，4.1%的网民完全信任，51.7%的网民比较信任，37.2%的网民半信半疑，6.6%的网民不太信任，0.4%的网民完全不信；而在非网民中，18.6%的非网民完全信任，37.9%的非网民比较信任，32.3%的非网民半信半疑，8.6%的非网民不太信任，2.6%的非网民完全不信（如图 4.68 所示）。

总体而言，网民中选择信任互联网的比例为 55.8%，选择不信任互联网的比例为 7.0%，非网民中选择信任互联网的比例为 56.5%，选择不信任互联网的比例为 11.2%，这表明网民和非网民对互联网的信任程度较为一致，网民和非网民中多数对互联网持信任的观点。相比而言，网民中选择完全信任的比例比非网民低 14.5%，选择比较信任的比例比非网民高 13.8%，这在一定程度上表明非网民对互联网的信任程度高于网民。

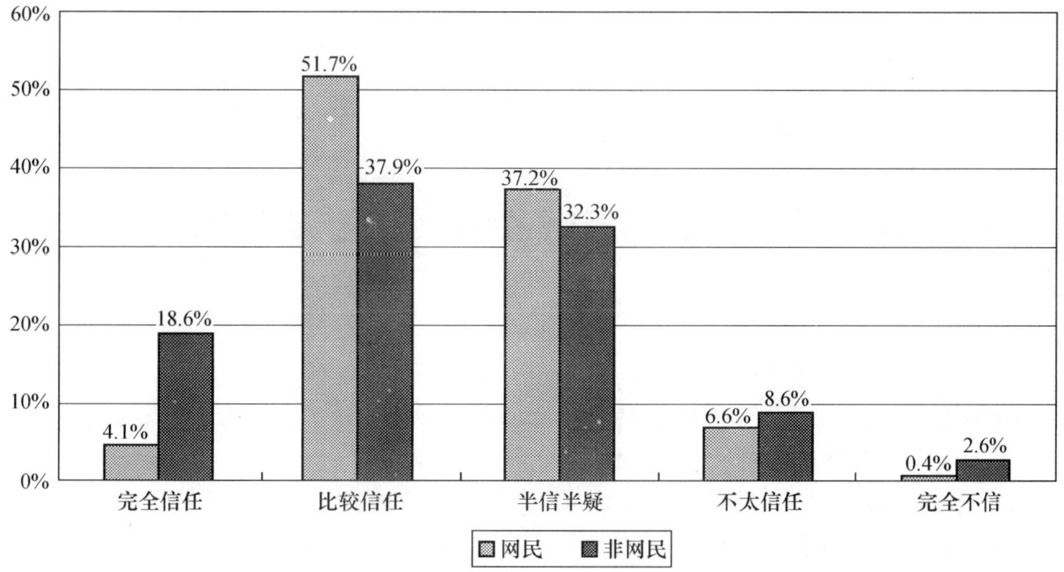

图 4.68　网民和非网民对互联网的信任程度

综上所述，对“使用互联网可以提高工作/生活和学习的效率”观点，网民和非网民中绝大部分都赞成；对“在单位/学校/邻里中会上网的人好像高人一等”、“使用互联网容易结交不好的朋友”、“使用互联网容易暴露隐私”等观点，网民和非网民中多数均不赞成；对“使用互联网容易受不良信息影响”观点，网民和非网民中不赞成的比例高于赞成的比例，但不赞成的比例与赞成的比例之间的差值较小；在对互联网的信任问题上，持信任态度的网民和非网民均是多数。

（中国互联网络信息中心（CNNIC））

第5章　互联网设备制造业发展情况

2003年，我国信息产业继续保持着良好的发展势头。信息产业实现增加值7 090亿元，占国内生产总值的6%，其中，电子信息产业4 000亿元，通信业3 090亿元。截止到2003年底，我国电话用户总数达到5.32亿户，居世界第一位，其中固定电话2.63亿户，移动电话2.69亿户；互联网上网人数达到7 950万人，居世界第二位。电子信息产业实现销售收入1.88万亿元，产业规模居世界第三位；程控交换机、手机、彩电、激光视盘机和显示器等电子信息产品的产量居世界第一位；电子信息产品出口额1 421亿美元，接近全国外贸出口总额的1/3。电信业的发展为电子信息产品制造业和软件产业的发展提供了广阔的市场空间，电子信息产品制造业和软件产业的发展为电信业的发展提供了有力的支撑，形成了互动的良性发展格局。

互联网设备制造业是我国信息产业的重要组成部分。随着我国通信产业的发展，互联网用户急剧增长，互联网应用规模不断扩大，有力地带动和促进了我国互联网设备制造业的迅速发展。多年来，我国互联网设备厂商经过不懈努力，已经取得了令世人瞩目的进步，在部分领域已经掌握了核心技术，并拥有了自主知识产权，我国互联网设备制造业正在不断发展壮大，为互联网建设、发展和应用提供了有力的支持与服务。

2003年，我国的互联网设备市场在电子商务、电子政务、远程医疗、远程教育和企业信息化建设等基于互联网的应用的强烈推动下，产业规模继续扩大，新产品、新设备不断涌现，整个产业呈现出快速增长的态势。

5.1　互联网设备研发、生产及技术水平

互联网设备主要包括服务器、高性能计算机、路由器、网络交换机等网络设备，以及计算机、多媒体移动终端等终端设备。互联网技术的出现和迅速发展使计算机应用产生了质的变化，计算机的处理模式已从过去的集中计算、个人计算，发展到今天以互联网为核心的普遍计算、移动计算。构建更多业务、更大、更快、更安全、更及时、更方便、更可管理和更有效的信息网络是当前一个重要的研究目标。同时，互联网从体系结构到实用技术也已逐步走向系统化、科学化和工程化。

随着国内互联网市场环境的日益成熟，国内互联网设备厂商具有的本地化生产优势日益凸显。通过本地化生产，互联网设备生产厂商一方面可以提供同等性能和品质但价格极具竞争力的产品；另一方面厂商也可以切实了解用户自身的需求，加强与用户的紧

密联系，从而充分体现了“地利”与“人和”的综合优势。近几年来，我国教育等行业已经大量采用了国产网络产品，此外在政府部门和金融行业全国性的二级网络规划中，也较多地认可了国产品牌。

国产网络产品依靠自身的技术进步，积累自主知识产权，并凭借本地化的解决方案和更具优势的性价比，在中、低端网络产品市场呈现出群体突破的态势。目前以华为、中兴、港湾、迈普、博达和清华比威等品牌为代表的国产网络设备厂商，已占据了国内市场 50%以上的份额。同时，民族品牌的崛起，迫使竞争对手产品价格大幅下降，从而又直接或间接地节省了用户的投资成本。

在技术含量较高的高端网络产品领域，国外品牌的网络设备曾经一度在中国市场呈垄断之势。然而，随着国产民族品牌逐渐兴起，这种状况正在逐渐变化。目前，国内厂商在巩固中、低端产品的同时，不断地开发出了一系列性能卓越的高端产品，使得国内高端市场上国产品牌的占有率已经接近 30%。可以说，国产互联网设备依靠高技术含量、性价比良好、更符合国情的产品和解决方案，以及本地化服务和强大渠道网络的支撑，已经开始在高端市场与国外产品展开了全面的较量。

众所周知，计算机网络将沿着开放、集成、高性能和智能化的基本方向发展。在前端产品研发方面，我国已经在 CPU 设计与工艺技术方面取得重大突破。而末端产品研发，我国已能与国际微机产品发展同步。我国在计算机体系结构、系统集成和并行系统软件等方面已经达到世界先进水平。

目前，采用我国自主研发的方舟 CPU 和 Linux 操作系统的网络计算机（NC）已经在学校和银行等单位得到应用。我国普通家用电脑（PC）的产品质量可与国外同类产品媲美，并已经大量出口海外。此外，在信息安全技术领域，我国研制成功的千兆级黑客入侵检测与预警系统已经进入世界先进水平行列；作为新一代互联网关键性技术的核心路由器技术我国也已基本掌握；具有自主知识产权的多级安全保密管理信息系统、密码与身份识别系统、系列防火墙产品、智能卡安全集成系统、高速安全路由器与服务器及保密网关等技术，已在国民经济和社会信息化建设中得到推广应用；CA 电子认证开始起步，并对保障国家信息安全发挥出了重要作用。

尤为值得一提的是，目前我国在高性能计算机的研制方面已经取得了很大进展，开发、生产水平已经进入国际前列。银河机、神州机、曙光机等高性能计算机的处理能力不断提高。曙光系列机在整体技术上达到了国际先进水平，在机群操作系统和并行编程环境等方面已进入国际领先行列。

但同时也应该看到，在更深层次的技术开发上我国与发达国家相比还存在着明显的差距。这主要表现在高新能计算机所使用的核心技术几乎全部源于国外，目前绝大多数国产计算机类产品附加值极低，整个产业处在世界计算机产业链的下游。此外，在网络和信息安全方面，我国还缺少网络核心技术和创新能力，而在网络传输速率、网络安全技术、网络服务质量、网络通信性能等方面与国外相比也存在一定差距。

5.1.1　服务器产品

2003 年是中国服务器产业发展的重要一年，国内企业通过自主创新与突破，以联想、浪潮为代表的国内一流品牌在技术上渐趋成熟，并开始在高端市场占据一定份额。由此也使得整个国内服务器市场开始出现新的变化，呈现出国内、国外产品两大阵营在高、中、低端市场全面竞争的局面。这种新的市场格局一方面表明了我国信息化程度正日益深化，而另一方面也表明国内服务器厂商在技术上已经取得了巨大的突破。

长期以来，价格上的优势以及本土化的服务一直是国内品牌服务器的传统强项。但是随着市场竞争的加剧以及国外品牌不断向中、低端服务器市场渗透，使得国内服务器生产企业仅仅采取降低价格的策略，已经不能应对日益严峻的市场挑战。国内服务器生产厂商也由此开始把关注的焦点投向产品技术升级，纷纷加大技术研发投入。并通过国际间合作的开展，促进技术交流，逐渐掌握服务器产品的关键技术，缩小了与国外厂商在技术上的差距。

另一方面，信息技术的日新月异使得高端计算能力已经与一个国家的科技进步和发展紧密联系起来。因此，依靠自己的力量研究开发高端服务器是我国服务器产业长期的追求目标和发展方向。目前，从技术角度来看，我国已经具有自主设计、生产多级别 CPU 高端服务器的能力，并成为继美国、日本之后的第 3 个能开发、研制高速服务器的国家。我国首台拥有自主知识产权的曙光四路服务器也已经于 2003 年 12 月成功推出。以浪潮、联想和曙光等为代表的国内服务器生产企业均纷纷在技术研发上加大投入力度，使得自身某些技术水平与国外厂商已经非常接近。总体上说，目前在低端服务器领域，国内厂商和国外厂商的技术差距已不明显。在高端产品领域，国外厂商 IBM、SUN 和 HP 等国外品牌还占有一定优势，但国产高端服务器的相继发布，表明在研制、产业化以及应用方面已经开始取得巨大的成就。

浪潮集团　“浪潮－英特尔技术实验室”通过开放 Intel 公司在高端服务器基础架构方面的技术资源，有力推动了浪潮高端服务器的应用与发展。2003 年，浪潮集团推出的浪潮英信 NC2000、浪潮超能 SP3000、浪潮天梭 TS10000 和浪潮天梭 TS20000 等高端服务器不仅在传统的政府和教育市场飞速发展，在电信增值领域特别是网络游戏市场更取得了突破性胜利。

联想集团　联想集团已经具备单路、双路服务器的主板研发能力，以及芯片底层的应用开发设计能力，并成功发布了多款服务器关键部件。其推出的万全 T200 2100 在双路 Intel Xeon 533MHz 服务器的平台上采用 SATA 技术与 RAID 相结合，大幅降低了拥有成本。目前，联想集团正在加大服务器的监控、管理和系统软件技术能力的配备等方面的技术能力。

曙光集团　2003 年，曙光集团在多项服务器核心技术上取得了突破，并成功开发出具备超强的处理能力和兼容能力的四路服务器曙光天阔 S4280 和曙光天阔 S4800。曙光四路服务器的诞生掀开了国产服务器发展史上的新篇章，为中国 IT 产业的自主发展打下了坚实的基础。

宝德科技　2003 年初，宝德科技率先推出了采用单颗支持超线程 P4 CPU 的工作组级服务器——Powtel600。该服务器可以用作网络架构中的前端应用，如数据备份及存储、域名服务器防火墙以及虚拟专用网等。

5.1.2　路由器产品

伴随着互联网普及程度的不断提升，路由器设备正在向速度更快、服务质量更好、安全性更高以及更易于管理的方向发展。而在这一领域，国内生产企业长期面临着国外成熟产品和不断提高的技术水平所带来的强大竞争压力。但近些年来，以华为和中兴等为代表的拥有强大研发能力、适应市场需求以及庞大分销渠道的国内企业正在迅速成长起来。国内各大路由器生产厂商为适应市场竞争的进一步加剧，正致力于开发高速、高性能、高吞吐量和低成本的新一代路由器。其特点发展趋势主要表现在以下方面。CMOS集成技术的提高使得越来越多的功能得以在ASIC芯片上实现，并可通过硬件速度更快、成本更低地实现以前必须由软件实现的功能，从而使得系统性能大为提升。并且逐渐采用交换背板解构代替易造成拥堵的共享式总线结构，从而向并行处理的方向发展。目前，我国路由器生产企业已经相继成功推出了电信级高端路由器。我国的首台万兆核心路由器也已经于2003年成功商用。可以看出，国内外路由器生产企业之间的竞争差距正在逐渐缩小。

在芯片研制方面，2003年11月30日南天之桥微电子有限公司成功推出了我国第一款拥有完全自主知识产权的高性能以太网路由器、交换机系统芯片——“华夏网芯”。结束了长期以来我国生产和使用的路由器、交换机芯片全部依靠进口的历史，受制于人的被动局面从而得到了根本改变。同时，“华夏网芯”的推出也将有力地带动民族路由器行业整体水平的提升，完善了产业链，并有助于实现完整的网络安全防御技术和符合国家安全需要的网络管理技术，从而确保网络安全、增强网络抗破坏能力，保障我国信息网络建设的健康发展。

此外，作为未来互联网主要和关键设备的IPv6路由器，其研究和开发工作一直备受业界关注。在这一领域，虽然国内厂商与国外厂商相比起步稍晚，但是却后发先至。当前，华为、中兴、佳讯飞鸿、清华比威以及国防科技大学等单位在IPv6产品研发都取得了较大进展。

华为公司　当前已经有一款低端IPv6路由器经过了入网检测，已得到入网试用批文。目前支持IPv6的产品包括NE80、NE40、 NE08和NE16等，其中NE80和NE40已完成开发，正在准备试验。NE05、NE08E和NE16E已经支持IPv6技术。

中兴公司　已推出支持IPv6的路由器GAR，该设备容量为8GB，转发速率24MppS，支持POS以及以太网接口，最高接口速率622Mbit/s，可以基于软件 / 硬件转发IPv6数据。

佳讯飞鸿　受国家支持研发IPv6路由器，目前已经有一款低端路由器在教育网中使用。

清华比威　受国家支持研发IPv6，已有一款高端路由器在做入网测试，（最高接口速率为2.5Gbit/s），目前尚未完成。此外清华比威还有1～2款低端路由器正在完善中。

国防科技大学　正在研发IPv6产品。银河玉衡9200，支持2.5Gbit/s接口速率，122GB容量。

天地互连（BII）作为我国最早进行IPv6技术研发的企业，也一直从事IPv6的研发和市场研究。由其推出的BII1122 IPv6过渡服务器已经在6NET、北京邮电大学IPv6实验网和湖南IPv6实验网方面得到应用。

总体上看，我国IPv6网络建设在技术上基本能与国际上最新的技术一致，但是在技术的产业化能力方面还稍显欠缺。而在大规模芯片设计、高速印制板设计和制造、大型软件开发、操作系统等核心技术上的不足也是我国网络产品发展的最大阻碍。另外，电信运营商未能大规模采用IPv6网络，也造成了许多设备厂商还在持观望态度，而不敢贸然加大投入进行设备研发。这些因素均在一定程度上对新一代路由技术的应用起到了阻碍作用

5.1.3 高性能计算机

高性能计算系统的研制水平、生产能力及应用程度已经成为当今衡量一个国家经济、军事实力和科技水平的重要标志之一，也是发达国家竞相争夺的战略制高点。从20世纪90年代开始，超级计算机的性能以超摩尔定律的速度发展，目前已经跨过每秒10万亿次门槛。美国国防部估计，可望在2007年能够完成持续速度达到1Petaflops（千万亿次浮点运算/秒）的系统。

我国已研制了多个具有国际先进水平的超级计算机系统，形成了自己的系列，并已研制成功超过Tflops（万亿次浮点运算/秒）级的超级计算机系统。在21世纪第一个10年内，我国瞄准了国际最先进的机型作为赶超目标，突破若干关键技术，力求研制出具有自主知识产权的先进高性能计算系统。从目前我国的技术水平来看，所需突破的关键技术主要有：高速向量处理单元；超结点的体系结构技术；超级计算机专用操作系统技术；基于交叉开关的可扩展高速宽带低延迟专用互联网技术及相关的路由算法和精简互连通信协议；高密度组装技术、冷却技术；并行程序开发环境及远程使用环境等技术；对计算网格的支持技术，为计算网格提供屏蔽异构性及资源、用户和作业管理方面的支撑。

2003年11月，由两院院士和专家组成的鉴定委员会对国家863计划和中国科学院知识创新工程的重大项目联想深腾6800超级计算机进行了鉴定，认为联想深腾6800在整机系统均衡设计和优化、机群平台上事务处理系统设计和优化、机群系统软件以及网格环境若干支撑技术等方面有重要创新，在LINPACK效率和组合数据查询方面达到了当前高端机群系统产品的国际领先水平。

深腾6800的主要技术特点如下所述。（1）实际计算速度高，整机效率高。 其峰值浮点运算速度为每秒5.324万亿次， Linpack测试结果为每秒4.183万亿次，列2003年11月世界TOP500第14名，整机效率为78.5%，居世界TOP500高端计算机第2位，通用高端计算机第1位。（2）在事务处理和信息服务方面也有很高的性能。严格的事务处理国际TPC标准认证测试表明，16个CPU 运行时，复杂事务处理TPC-H的性能值超过9950 QphH（每小时组合数据查询数），世界排名第4位，其性能价格比列世界该项排名的第3位。同时，这个TPC-H值创造了基于Linux系统平台的Oracle数据库查询的世界记录，深腾6800是中国做此项严格认证的第1台计算机。（3）系统I/O（输入/输出）能力强。基于多路交换的SAN结构和自主研发的机群并行文件系统对事务处理和信息服务等I/O数据密集型应用提供了强有力的支持。（4）自主开发的具有集中管理特点的机群系统软件，使系统的可管理性和可用性达到很高的水平。目前，联想深腾6800已在天气预报、石油地震资料处理、核能开发利用、计算流体力学以及SARS病毒分析和材料科学等领域成功应用，表现出了很高的应用性能和稳定性。

5.1.4 网格技术

网格技术是20世纪90年代中期开始发展的一种建立在分布式计算、互联网和中间

件之上的技术，可提供共享的计算、存储、软件、信息乃至仪器（传感器）等资源，目前其发展在国外处于成长期，在国内则刚刚起步。网格作为新一代信息基础设施，将对我国信息化的发展起重要作用。

我国于“九五”期间，在“863”计划的大力支持下，由中科院、国防科技大学、江南所、清华大学和西安交大等单位联合完成国家高性能计算环境的重点项目。6 个城市的 8 个高性能计算中心通过互联网连接起来，构成一个计算网格的试验系统，实现广域网上的资源共享。“十五”期间，科技部设立了“高性能计算机及其核心软件”（即中国国家网格）专项，力图在高性能计算机、网格软件、行业网格应用和网格环境等方面得到重大突破，推动网格产业化的发展，使中国国家网格向国家信息基础设施之一迈出坚实的一大步。此外，教育部计划连接 100 所高校的教育网格，为高校的科学研究、人才培训交流、数据和资源共享提供一个高性能的平台。

国内多个大学、科研单位已开始了网格计算技术的研究。中国科学院计算所提出研制 VEGA 网格，国防科技大学提出以专业化应用网格为重点的数据网格和空间信息网格的研究目标，清华大学、中国科技大学、北京航空航天大学、江南计算所、华中科技大学和西安交大等单位在网格技术研究中都取得了一定的成果。

国内企业也开始了网格方面的研究工作。如联想集团提出了 MicroGrid 计划。

目前我国的网格应用基本与国际同步，开展了许多研究，积极参与了国际标准的制定与国际合作，并以网格应用作为网格研究的推动力，在科学研究、资源环境、制造业及服务等方面进行了应用研究。目前国内正在进行的主要网格项目如下。

（1）中国地质调查局正在研制的资源环境应用网格，其典型成果包括提供华北地下水评价结果，提出国家地质调查领域应用网格建设的领域标准。

（2）由中国航空工业第二集团公司承担的航空制造网格，该项目以满足航空二集团内部对软件、数据和计算机资源共享的需求为目标。

（3）中国气象科学研究院承担的中国气象网格，将为行业内部的研究人员提供一个资源共享、远程高性能科学计算的数值气象预报技术研究和模拟环境，实现数值预报应用层的互联互通、资源共享和协同工作。逐步形成气象网格的技术标准。

（4）中国科学院计算机网络信息中心研制的科学数据网格，目标是在科学数据库数据资源的基础上，连接中国科学院分布在全国的 40 多个研究所，实现对科学数据库中大量分布式异构数据资源的有效共享，并在此基础上开发对科学研究有直接实用意义的应用系统。

（5）中国林业科学研究院等部门承担的建立面向森林资源与林业生态工程的应用网格——国家数字材业应用网格，将建成对我国森林资源动态变化和林业重点生态工程动态结果的监测与评价系统和技术平台。

（6）中国科学院上海药物研究所的新药研发网格，其目标是建立一个新药研究的应用网格环境，为发现研制具有自主知识产权的新药提供跨越性技术的平台，满足新药发现系统工程的高性能计算、多种资源利用和多实验室合作的需要。

（7）北京华大基因研究中心的生物信息应用网格，整合多种来源的生物学信息，建立信息中心；成为一个基因组学、生物信息学、蛋白质组学、药物设计等的知识管理、信息共享、科研协作的平台。

（8）教育部正在组织建设面向教育网上用户的计算与信息服务的国家科研与教育网格，提供高性能计算、资源共享和协同工作的服务平台。

（9）2003 年，北京标杆网络技术有限公司和中科院计算网络信息中心等多家单位在网络研究开发方面已开始取得成果。标杆公司研发的网格信息智能资讯平台，提供了信息资源共享标准的信息网格技术应用，其网络信息分类系统于 2002 年 5 月经信息产业部批准成为我国电子行业标准。标杆公司在信息网格的应用技术方面，具有自主知识产权的核心成果，包括中文信息处理（自动标引）技术、信息搜索技术和中文多功能信息平台等，解决了信息资源共享，能够避免因信息应用要求不断变化而进行重复建设所造成的巨大浪费。

5.1.5 中国下一代互联网 CNGI 及设备需求

为增强我国发展下一代互联网的核心竞争力，确立我国在下一代互联网标准制定、科学研究、技术开发和产业发展等方面的国际地位，在国家统一部署和规划下，由国家发改委主抓的我国下一代互联网（CNGI）示范工程于 2003 年正式启动。该计划分两期进行，第一期为 2003～2005 年，目标是建成下一代互联网示范网络，攻克一批关键技术，开发一批重大应用，在设备制造、软件开发和运营服务方面初步实现产业化。第二期为 2006～2010 年，目标是建成全球规模最大的下一代互联网，在设备制造、软件开发和运营服务方面形成较大规模产业。CNGI 项目将在充分利用我国现有通信基础设施的基础上，建立起国家创新能力信息基础设施平台，并推动我国信息化建设和应用，增强我国综合国力和可持续发展能力，实现我国国民经济和社会进步的跨越式发展。

自 2000 年起，国内的电信运营商就已经纷纷成立内部项目组，开展对下一代网络技术和业务能力的研究。根据 CNGI 项目的整体规划，到 2005 年，在政府指导下，中国 5 大电信运营商和学术科研网——CERNET 将构筑 6 个全国性的 IPv6 骨干网络（覆盖全国 39 个重要节点）和至少 2 个交换中心以实现各 IPv6 骨干网络的互连互通；基于这一全国性的大规模 IPv6 网络平台，各大运营商将配合各大部委的 IPv6 攻关课题，并根据各自的网络条件及业务发展需求进行 IPv6 关键技术试验、开发、重大应用示范以及应用推广。

此外，2003 年大唐电信依据软交换网络的体系框架以及各种相关标准的建议草案，研究开发了 OpenSP™ NGN/软交换平台，并开发完成了软交换设备、信令网关设备、中继网关设备、接入网关设备、驻地网关设备和统一网管系统等一系列设备。2003 年 9 月，信息产业部通信科技委专家完成了对电信研究院提出的有关下一代网络研究的初稿审议工作，并对国家发改委《关于推动我国下一代互联网发展有关建议的报告》及《下一代互联网发展战略研究报告》提出了修改意见。目前，有关下一代网络的研发工作正在各研究单位有序地展开。

5.2 中国网络设备的销售和市场

网络设备市场是信息产业的发展方向之一。2003 年，我国网络设备市场规模超过 170 亿元，同比增长达到了 23.9%。在电信行业需求增长放缓的情况下，网络设备市场仍然能够保持较高的增长速度，其中以教育行业为代表的强劲增长起到了重要贡献作用。西部高校工程、“校校通”工程，以及被看作网络设备下一个需求高潮的“远程教育”和“网络教育”，都为网络设备制造企业带来了巨大商机。

5.2.1　服务器产品

5.2.1.1　2003 年服务器市场概述

服务器产品作为计算机系统中的重要基础设备，正日益受到行业和企业用户的关注。随着中国服务器市场的不断成熟，2003 年在现有厂商不断推出新产品的同时，新的厂商相继加入到服务器产品的竞争行列，市场竞争更加激烈。

2003 年中国 IA 服务器市场销售额为 64.5 亿元，同比增长 7%，销售情况如图 5.1 及图 5.2 所示；RISC 服务器市场销售额为 88.8 亿元，同比增长 4.1%。凭借技术进步与标准开放性的优势，IA 服务器上升势头超过了 RISC 服务器。在中小企业等用户的需求驱动下，未来几年 IA 服务器市场份额将会进一步提高。但是另一个不容忽视的现象是产量增加，竞争加剧，2003 年中国 IA 服务器市场产品平均价格下降较快，降价速度明显大于 2002 年。

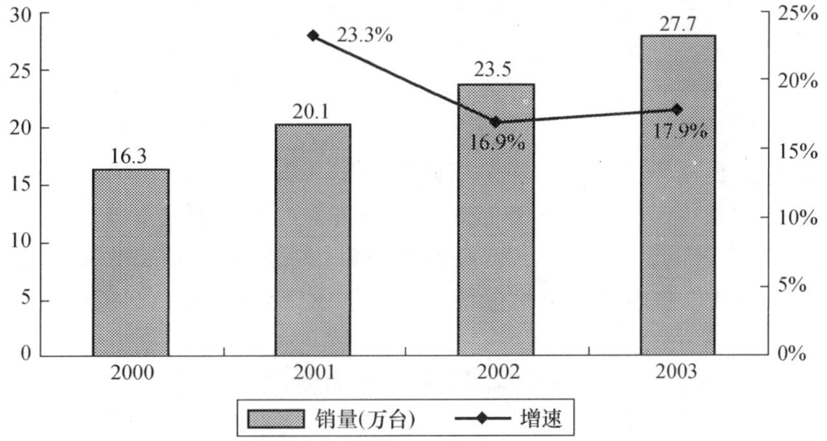

图 5.1　2000～2003 年 IA 服务器销量情况

数据来源：CCID

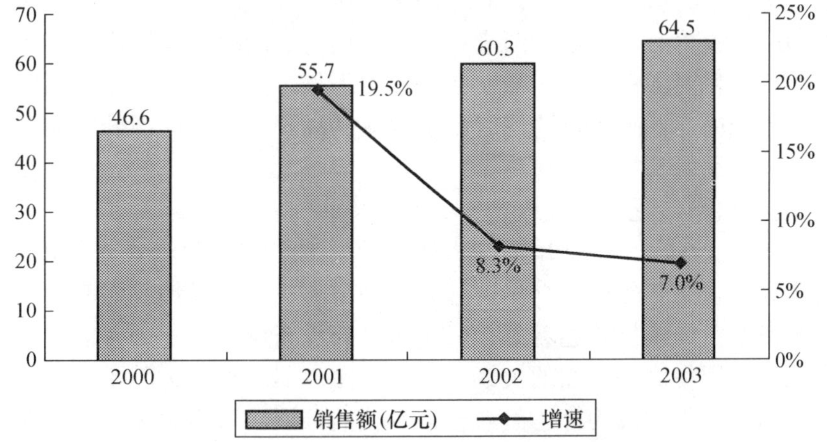

图 5.2　2000～2003 年 IA 服务器销售额情况

数据来源：CCID

从图 5.1 和图 5.2 可以看出，2003 年中国服务器市场增长趋缓，尤其销售额增长速度已经低于 2002 年 1.3 个百分点。其原因如下。首先在行业采购需求方面，由于传统重点行业用户在应用水平方面的消费日趋理性化，应用需求已经从硬件设备的大规模采购逐渐转为对现有系统应用水平的提高，用户更加注重与产品应用相配套的存储管理软件以及专业培训，而对硬件产品需求比例相对有所减少，这就造成了金融和电信等传统行业对服务器系统的采购需求增长进一步放缓。其次，虽然教育、政府和中小企业用户的服务器市场需求增长较为迅速。但是由于他们对服务器存储系统的需求以低端产品为主，尽管采购数量有较大幅度增长，但采购产品平均价格较低，因此对应销售额的提升作用有限。

5.2.1.2　2003 年中国服务器市场特点

1．由低端市场向高端市场进军

64 位架构给国内的服务器生产厂商提供了一个向服务器高端领域进军的绝好机会。2003 年 4 月，由 AMD 公司推出的 Opteron 64 位芯片，凭借其与 32 位很好的兼容性以及极佳的性价比，迅速在全球掀起了 64 位普及浪潮。短短几个月的时间，迅速得到了各大公司的响应和支持。在国内市场，AMD 与曙光集团的合作更是引起了业界多方面的关注。据统计，2003 年曙光集团配置有 AMD Opteron 芯片的曙光 A 系列服务器销售量接近 2 000 套。

随着国内信息化建设的深入，服务器数量的增多以及网络通信技术的不断发展，许多行业用户都迫切希望改变原有的分布式计算模式为大型集中计算模式，以方便数据的统计和设备的管理。因此，在近几年，高性能计算技术是服务器技术发展的热点。以 64 位计算技术和高速 I/O 技术代表高性能计算技术的发展方向将被看好。

2．市场竞争日趋激烈。

2003 年各厂商都加大了对服务器市场的投入力度，国内外厂商对中国服务器市场的争夺愈演愈烈，进行了一场从低端到高端全面竞争。尤其是在入门级和工作组级中、低端市场上竞争更为激烈。值得注意的是，国内品牌的市场占有率不再仅仅来自价格优势的推动，在技术、应用和服务等各个层面开始与国外品牌开展市场争斗。对于国内 IA 服务器市场，国外品牌所占据市场份额比例正呈逐年减少之势，而国内品牌在坚持了长时间的技术和产业积累后，已经逐渐进入到了飞速发展的阶段，其总体市场份额节节攀升。应该注意到，目前国外品牌正加快高端技术下移，开始致力开拓低端市场；而国产企业也在牢牢占据中、低端市场的同时积极实施其高端战略，向国外服务器厂商长期占据的高端服务器市场发起挑战。

3．行业应用日趋广泛

2003 年，传统行业如金融和电信等仍是服务器出货的重点市场，但这些传统 IT 采购行业市场需求在未来几年内不会出现强有力的增势，其市场增长还将持续低迷。而新兴的行业如中小企业等虽被普遍看好，但由于其自身资金技术实力、应用水平、对需求的把握能力以及应用集成等方面的欠缺，实际对服务器的市场贡献率仍然极为有限。但随着以“校校通”工程建设为标志的教育信息化的开展、政府电子政务以及工业信息化等信息化建设项目的正式启动，对服务器的强大需求都为服务器的销售提供了极大的市场空间，从而直接带动了国内服务器市场的快速增长。应该说这些行业已经成为国内外服务器制造厂商普遍关注的重点行业。

4．更加注重产品服务

浪潮服务器推出了360度专家服务；曙光提出三级服务体系；IBM公司在PC服务器市场则围绕“客户先导、技术先锋、方案先成、合作先达、服务先行”这5个方面来重点开展市场工作；HP公司也在完善其技术支持团队，为客户提供最优“全面客户体验”。在服务器产品日益同质化的今天，增强企业自身的技术实力和服务能力已经得到了广大服务器制造厂商致胜的普遍共识，紧跟客户的需求，量身定制个性化解决方案，提供完善的售后服务已经成为服务厂商的发展方向。

5．网络游戏异军突起

2003年中国网络游戏市场继续保持高速增长，由于网络游戏市场对服务器产品需求较大，网络游戏市场自然成为了服务器厂商们新的竞争领域。2003年，浪潮集团专门推出了“游侠”服务器，针对网游市场的私服等问题提供了量身定制的解决方案，其销售量已经接近2 000台。目前在国内市场上，由于服务器已经进入一个相对平稳的发展阶段，无论是技术还是市场渠道，都难以出现新的热点。网络游戏市场作为局部的亮点，可能会给厂商带来商机。

5.2.1.3 未来中国服务器市场发展趋势

1．销售渠道变化趋势

在未来的渠道建设中，服务器厂商将进一步对目前的营销渠道策略进行相应的调整，加强渠道的职能管理。服务器厂商未来的渠道策略是：在区域行业中扩大渠道覆盖的范围；通过向下的纵深发展，把渠道的渗透力从一、二级城市扩大到三、四级城市；同时，在此基础上对重点的行业客户以及零星的中小企业用户通过行业直销和网上直销等渠道直接覆盖，从而形成三位一体的渠道体系。在渠道商的选择上，设备厂商将更加倾向于与具有较强的行业背景和技术实力的系统集成商和独立软件开发商的合作。从而形成厂商、分销商、系统集成商、增值服务代理商和经销商等多元化的渠道队伍。

2．用户需求变化趋势

以往用户的应用水平普遍不高，需求比较单一，只是被动地接受设备厂商提供的产品。市场的决定权完全掌握在设备厂商手中，产品同质化趋势明显。近年来随着用户应用水平的逐步提升，用户开始逐渐对自身的应用需求有了一个较为明确的认识。而且随着市场竞争的日益加剧，市场的主导权正开始逐渐转移到用户的手中。用户对于产品的需求不再完全受厂商的影响，而开始根据自身的应用特点和投入情况做广泛的选择。个性化将成为未来中国服务器市场用户需求变化的集中表现。

3．技术发展趋势

根据目前服务器应用状况和用户需求的变化，高性能计算技术会有更大的增长，64位计算技术也会有更大的突破。但目前服务器I/O技术发展相对滞后，已经成为服务器产品发展的一个瓶颈，相信在今后会有较大发展。

4．产品服务趋势

服务一直是服务器厂商着重建设的，服务体系也在不断的完善中。服务也由传统意义上的售后服务转变成包括售前服务、实施中的服务、售后服务以及用户个性化服务等一系列服务的服务体系。以往那种仅仅包括售后服务的服务体系正逐步被淘汰，取而代之的是全新的包括从售前服务、实施中的服务以及售后服务一条龙的服务体系。厂商也在实现从以往单纯的卖产品逐渐转变到现在的卖服务、卖解决方案，从而带动服务器产品销售的新型服务体系。

5.2.2 路由器产品

5.2.2.1 2003 年中国路由器产品市场概述

由于 IP 业务迅速发展以及各电信运营商之间竞争的日趋激烈，国内电信运营市场对路由设备有持久不断的需求。在运营市场中，高端路由器设备仍以国外产品为主，如全国骨干网核心路由器仍是国外品牌路由器占据绝对优势。在省网骨干、城域网核心层或汇聚层才有可能采用国产设备。但是在中、低端路由器设备的选购方面，运营商已经开始普遍接受国内品牌。

2003 年，中国路由器市场销量超过 23.5 万台，销售额达到 54.1 亿元，与 2002 年相比，增长率分别达到了 26%和 17%，详细情况如图 5.3 及图 5.4 所示。

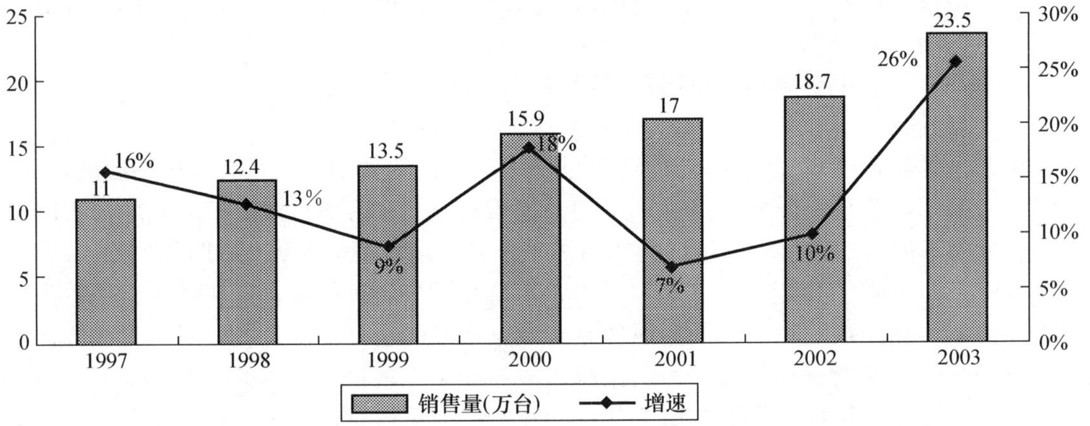

图 5.3 1997～2003 年中国路由器市场销售量情况

数据来源：CCID

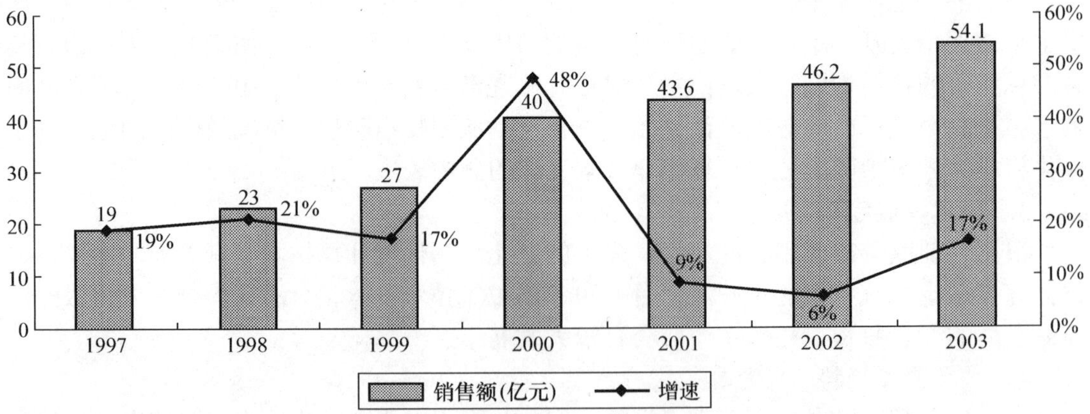

图 5.4 1997～2003 年中国路由器市场销售额情况

数据来源：CCID

在进出口方面，2003 年全年累计出口路由器 829 万台，出口金额达到 16 286 万美元，累进进口路由器 72 万台，进口金额达到 2 595 万美元。

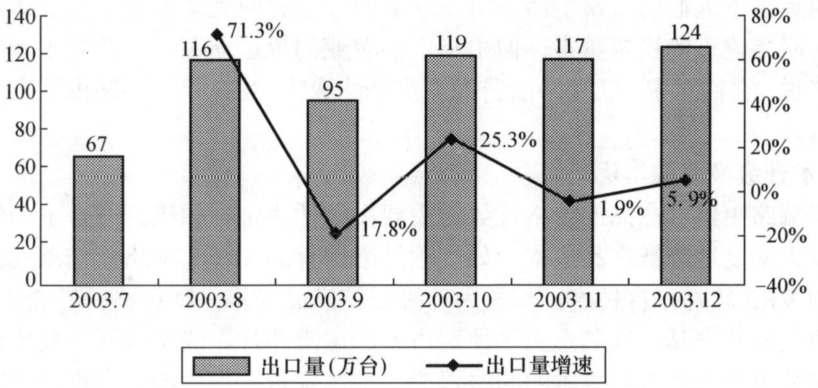

图 5.5　2003 年下半年我国路由器出口情况

数据来源：海关总署

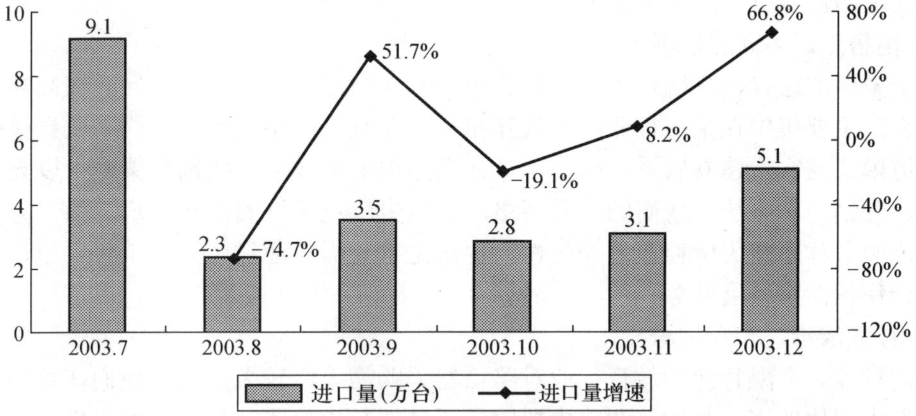

图 5.6　2003 年下半年我国路由器进口情况

数据来源：海关总署

在市场结构方面，高端市场上 Cisco 与 Juniper 牢牢占据了明显的优势。其中 Cisco 稳居高端市场主体地位。以华为和中兴为代表的国内厂商如今也已成功进入高端市场。其优质的产品质量和个性化的解决方案吸引了众多用户的关注。而在中、低端路由器市场，由于进入壁垒较低，厂商较为集中，市场的竞争也异常激烈。

5.2.2.2　2003 年中国路由器市场特点

1．整体市场趋于稳定

2003 年，在经历了电信分拆的震荡后，路由器市场相对沉寂，除价格总体下调外，市场基本恢复了以前的大格局。上半年出现的 SARS 疫情一度使行业用户的网络建设和升级计划延迟，但行业用户网络建设需求并没有改变，随着时间流逝，网络升级反而变得迫切。在 SARS 疫情之后，行业用户的网络投资计划得以启动，这在一定程度上成就了 2003 年第三季度路由器销售的显著增长。高端领域，Cisco 仍占据着统治地位；中、低端市场则是国内厂商的天下，国有品牌依托本地化优势在市场上占有较大比重。

2. 网络应用的拓展促进了中、低端市场的增长

网上购物、网上办公、电子商务和远程教育等促进了中国网络应用的迅速拓展，网络应用已经走进了人们的日常生活。对于众多的中小企业更是瞄准了这一市场。尽管这些企业对于网络建设的投资量小，但由于中小企业的数量众多，因此对于一度下滑的路由器市场来说，它们对中、低端路由器的大量采购成为2003年中国路由器市场出现增长的重要力量。

3. 技术升级换取成本优势

对于高端路由器，产品的价格优势将主要由硬件决定，如果拥有自主的知识产权技术，就可以大幅度地降低产品成本。如实达网络拥有的SROS网络操作系统技术，华为公司拥有的VRP软件平台技术，都极大地降低了产品成本，使价格弹性变大。

对于中、低端产品，其芯片大多使用成熟的通用芯片，成本较低。其增值部分在于软件，这部分投入大约占到成本的50%以上，成品定价有很大的灵活性，也就存在可以降价的空间。

另外，运用新技术来开发新产品，以此提高产品性能，往往有非常高的利润，因此，技术研发是路由器行业的关键能力。

4. 销售渠道多元化发展

对于渠道的选择，高端路由器产品和中、低端产品具有显著的差异。在高端路由器市场，客户主要集中在某些行业，并且互相存在关联，设备制造商一般采取直接销售产品的渠道模式与客户建立联系。而在中、低端路由器市场，间接销售渠道可以充分利用代理商、分销商和系统集成商的关系网络，找到更广泛区域的潜在客户。另一方面，厂商专业化服务体系能力所存在的局限性，也决定了其需要通过间接的销售渠道，紧密联合下游合作伙伴来开展业务。

5. 行业渗透，市场细分

电信行业、金融行业和教育行业对路由器采购需求比较大，而且他们在整体维护成本上也考虑得比较多，其他行业路由器服务还处在起步阶段。与占有市场份额较多的路由器厂商相比，一般厂商想要在竞争激烈的路由器市场立足，必须找准目标市场。借助于本地化优势以及对中国某些行业的深刻理解，大多数厂商继续加强行业渗透。厂商根据自身的技术优势和竞争力量，首先选定某些行业，在充分理解这些行业对网络的实际需求之后，再与研发部门共同进行分析，卓有成效地进行定制产品的研发与生产。这种做法既保证了厂商与路由器用户之间的良好关系，又有效地利用普通厂商自身的资源，从而节约了生产成本。

6. 区域性市场转变

国内路由器市场的区域差异性正在逐渐弱化。近些年，提出对路由器服务需求的企业主要集中在经济发达地区，其他的区域需求稍显微弱。但2003年是信息化工作深入开展的一年。国家在大力推动信息化的过程中，始终保持对西部地区及东北老工业区发展给予有力支持。2003年第二季度实施的西部大学校园网络建设工程，“西部开发”战略实施是国家支持西部发展的明确表现。事实上，除了这些支持倾向分外鲜明的措施之外，国家始终从政策上支持西部地区，鼓励支持西部地区信息化发展的企业行为。在大多数发达地区网络建设取得一定规模之后，开发边缘区域市场成为网络建设的另一热点，而

中国西部地区的长期发展，要求网络设备厂商持久地对其发展予以关注。不少路由器生产厂商已经开始考虑在保持与西部地区的经济发展水平相符，研发、生产可以满足西部地区网络建设需要的价格相对较低的路由器。进入西部地区，并长期为西部地区网络建设提供相应的设备，已经成为不少路由器厂商的长期目标。

5.2.2.3　未来中国路由器市场发展趋势

1．技术发展趋势

目前，网络通信呈现出来两个趋势：其一是数据业务的发展带来了数据流量的急剧增长；其二是宽带业务的开拓拉动了新的数据流产生。这两个趋势使得路由器的作用越来越突出。而以前只在骨干网中骨干节点上使用的核心路由器，已经有向骨干网络边缘和网络的汇聚层发展的势头。

随着宽带网络的普及和网络应用多业务需求的增加，特别是基于视频多媒体等的大流量网络业务的增多，传统的路由器越来越成为高速网络的瓶颈。由于路由器各个端口之间是通过共享总线相连，路由器的端口速率比较低，因而限制了转发 IP 分组的能力。传统的路由器在运行路由协议和维护路由表等方面都难以满足现代 IP 通信网络的要求。

交换式路由器是采用新型交换结构来实现分组路由转发功能的新一代路由器。交换式路由器可以增加链路带宽的利用率、简化协议的复杂度；同时，还可以减轻网管的负担。在采取一定的措施后，路由器也可以提供一定程度的服务质量保证。为提高路由器转发分组的速度和能力，路由器的各端口之间采用交换结构进行互连，这样路由器的端口速度大大提升，满足了日益增长的各种网络服务的要求。

2．产品结构发展趋势

国内高端路由器市场一直呈现出良性发展的态势，我国互联网应用发展十分迅速，但我国基础信息网络设备仍处在基础建设阶段，与国外发达国家相比仍然存在很大差距，因此迫切需要高性能的高端路由器。同时，我国的电信运营业市场正在逐步走向开放，由中国电信 1 家运营商到如今 6 家运营商的竞争格局。未来各家运营商都有望成为全业务运营商，IP 网建设将成为其下一代网络战略布局的核心，以此成为高端路由器设备强大的市场驱动力。

未来中、低端路由器市场仍将有一定程度的增长空间，但增长幅度将有所下降，逐渐进入饱和增长阶段。在这一领域，国产路由器厂商仍然会占据主要的市场份额。

国内宽带网络运营商不会放弃在宽带业务市场的既得用户，并继续对宽带网络进行扩容和宽带应用的开拓，从而使得宽带路由器仍将成为市场的热点。但是未来随着高端路由器技术的不断更新，高端路由器产品逐渐向多功能方向发展。可以同时支持 IP 路由、ATM 交换和 MPLS 等功能，可满足服务提供商在网络边缘和核心开展多种业务的需求，能融合语音、视频等功能的高端路由器，将很快成为市场的新宠。

3．销售渠道发展趋势

针对网络产品技术集成要求高，行业运用广泛，贴近用户的服务特点，今后最有效的渠道方式仍然是采用分销方式发展代理商作为设备厂商自己的战略合作伙伴，通过分销代理体系的建立以满足客户需求，形成市场渠道分销体系利益共同体。

对于未来分销体系发展的两个方向一是高效率的海量分销，一是专业的增值分销，分销企业会根据自己的核心竞争力和核心定位、核心价值，设计和发展自己最擅长的部分。

5.2.3 以太网交换机产品

5.2.3.1 2003 年中国以太网交换机市场概述

2003 年，以太网交换机作为网络组成的重要部分，其市场发展依然呈增长势头。2003 年国内以太网交换机市场共销售 1 789 万端口，销售额为 69.5 亿元。与 2002 年相比分别增长了 25%和 11%。1997～2003 年以太网交换机市场销售情况如图 5.7 和图 5.8 所示。

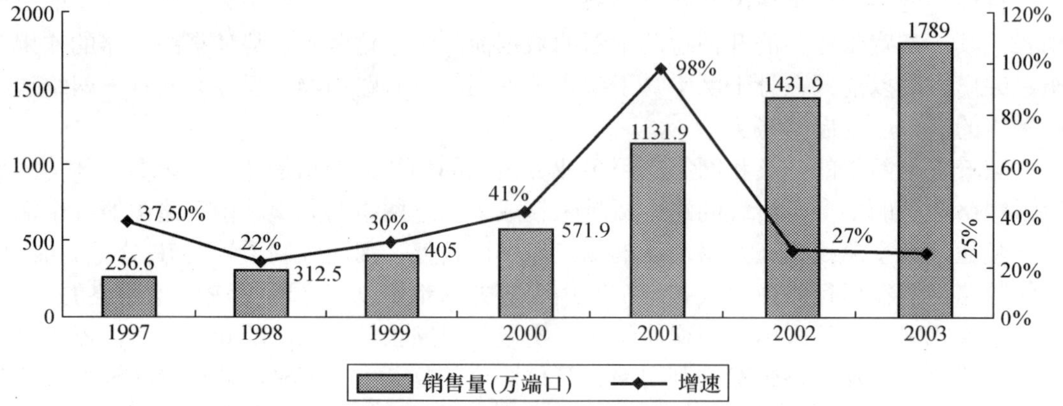

图 5.7 1997～2003 年以太网交换机市场销量情况

数据来源：CCID

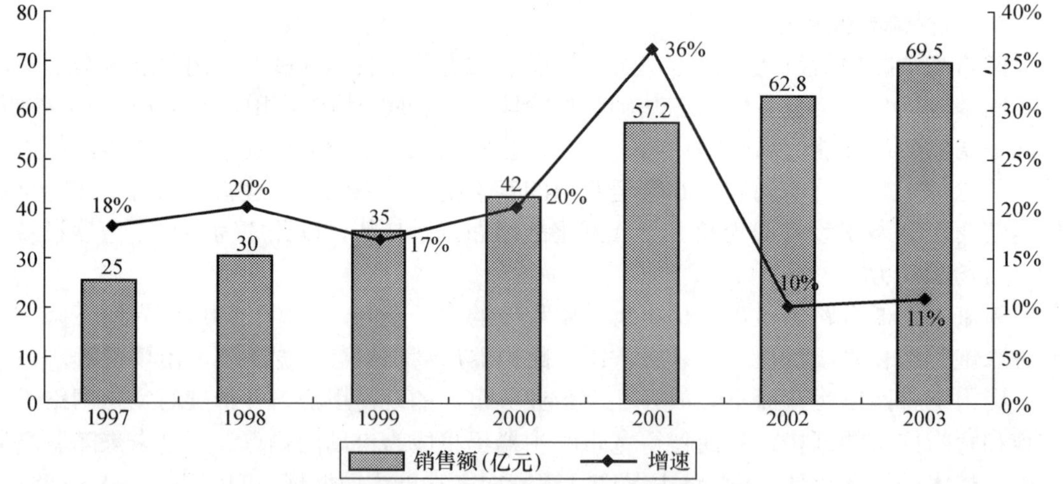

图 5.8 1997～2003 年以太网交换机市场销售额情况

数据来源：CCID

以太网交换机市场持续增长的原因是多方面的。首先，2003 年中国的宏观经济形势良好，处于稳定发展的态势，各行业对信息化、网络建设和升级的需求都居高不下，IP 网建设将成为下一代网络战略布局的核心，这显然构成了以太网交换机设备市场增长的驱动力；其次，电信、金融、政府和教育等大型行业信息化工程的开展、企业信息化工程的推进以及宽带城域网建设力度加大等因素，都有力地促进了以太网交换机市场快速增长。此外，随着网络技术的不断发展及电信运营服务水平的不断提高，同时承载语音、数据及视频等多种业务的统一网络平台逐渐开始普及。统一网络平台可以简化网络结构，避免重复建设，并有良好的性价比及可扩展性，因此已经成为行业用户组网的首选。网络平台的主体将是连接各种终端的局域网，因此有效地放大了交换机需求，从而使市场规模得到迅速扩张。

5.2.3.2　2003 年中国以太网交换机市场特点

1．市场结构以中低端产品为主流，高端市场开始撬动

2003 年中国中低端以太网交换机仍为市场主流，占据了市场销售的绝大部分比例。据统计，2003 年前三季度，以太网交换机销售中，高端销量占到总销售量的 14.9%，为 184.2 万端口，中低端产品销量占总销售量的 85.1%，端口数为 1 048.8 万。高端产品和中低端产品的销售额分别为 26.7 亿元和 21 亿元人民币，销售额分别占总销售额的 56% 和 44%。可以看出，目前出货量最多的交换机产品仍然集中在中低端。10/100Mbit/s 交换机仍为主流产品，1 000Mbit/s 交换机市场和高端交换机市场份额加大。但是，尽管中低端销量占到了 85.1%，但其销售额却只占到了 44%。此外，2002 以前，我国高端交换机市场还是国外厂商一统天下。然而进入 2003 年后，这一市场格局受到了前所未有的冲击，很多国内网络厂商开始进军具有高额利润的高端以太网交换机领域。Cisco 和 3Com 等少数老牌国外厂家垄断的局面已经瓦解，以实达和神州数码为代表的国产品牌高端交换机的市场份额逐渐扩大，锐捷网络在 2003 年中高端产品的销售额单月高达 5 千万元，由此可见在冲破了技术壁垒之后，国内网络厂商在高端市场上已经占据了一席之地。

2．行业需求逐渐上升

从行业需求来看，电信与金融行业在保持着稳步上升的同时，教育与政府行业需求呈现出快速增长的态势。“校校通”与电子政务工程在经历过前期的铺垫之后，开始走向深入应用。学校和政府这两个行业开始受到人们的关注，成为交换机厂商最为看重的市场。

从销售渠道来看，渠道分销与行业直销并存。市场细分和用户需求的细分，使得渠道的职能出现了更加细分的趋势。渠道扁平化趋势将更明显。以产品为中心搭建的销售渠道模式已经不再能适应新市场形势的要求，由于渠道级别设置过于繁多，使得渠道中的利润不断下滑，而扁平化是压缩渠道成本和提高渠道生存质量最为有效的方式之一。此外，服务能力大的加强既是渠道保持竞争力的基础，也是渠道赢利、实现增值的基础。

5.2.3.3　未来中国以太网交换机市场发展趋势

1．市场结构发展趋势

由于资金有限，国内用户对交换机的选择更多考虑价格因素，大多数仍停留在非网管、低端口密度的中低端产品。而且，中小型企业网络市场尚处于培育发展阶段，因此，未来中低端以太网交换机产品在国内有着不可忽视的市场份额。国内厂商大都抓住时机，推出针对中小型用户的交换机，并逐渐在中小型网络应用中扮演主角。

2．技术发展趋势

10Gbit/s 成为新的技术趋势，这是网络技术发展和市场成熟的必然结果。从技术的角度看，1 000Mbit/s 以太网已经有了非常成熟和完善的技术标准。国内网络建设的需求也为其提供了更大的市场发展空间。

3．销售渠道发展趋势

在销售渠道方面，电子化和混合化的发展趋势日趋明显。渠道电子化趋势主要是电

子商务介入了交换机的销售。越来越多的交换机经销企业在销售及推广业务方面正在向电子化方向发展。利用互联网的广告和电子邮件，促使客户访问公司的网站这种销售方式所占的销售比例正在上升。而参加各种展览会这个先前大行其道的方式已经居于次要地位。

渠道混合化趋势。所谓渠道混合化是指交换机的专业渠道和其他外设渠道有融合的趋势。2003 年一季度低端交换机的捆绑销售所占的比率比去年就有了明显的提高，在业内造成了较大的影响。但是这种销售方式难以取代专业的以太网交换机销售渠道，尤其是这种捆绑销售在解决产品的个性化及整体方案提供方面存在一定的劣势，它更多地是以较为低廉的整体价格吸引普通中小企业和家庭用户。

5.2.4 PC 机产品

5.2.4.1 2003 年中国 PC 机产品市场概述

2003 年，尽管突如其来的 SARS 在一定程度上对中国 PC 机产品市场产生了不良的影响，北京等一些主要城市 PC 机产品销售量出现了不同程度的下降，但随着 SARS 负面影响的消退，用户搁置的需求得到释放，2003 年下半年 PC 机市场开始显露出恢复性增长。此外，尽管台式 PC 机市场受传统重点行业用户需求低迷和教育、中小企业等用户采购价格偏低的影响，市场规模的增长速度趋于平缓，但笔记本电脑市场的高速发展有力地拉动了整体 PC 机市场增长。因此，总体上看，2003 年中国 PC 机产品市场依旧保持稳定增长的态势。2000～2003 年中国 PC 机市场销售情况如图 5.9 及图 5.10 所示。

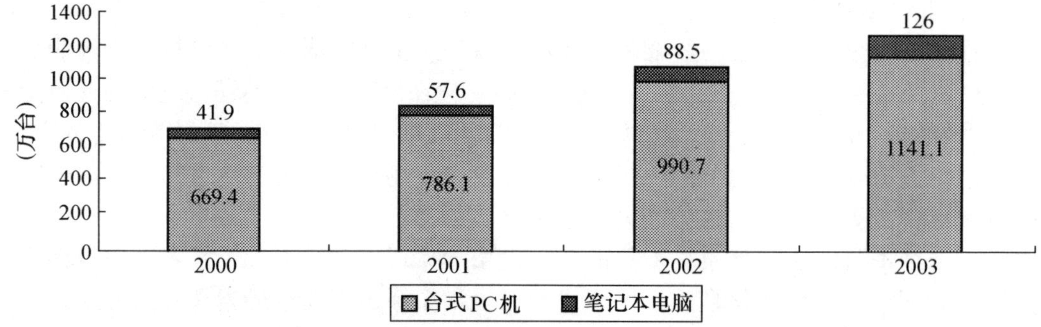

图 5.9　2002～2003 年中国 PC 机市场销售量情况
数据来源：CCID

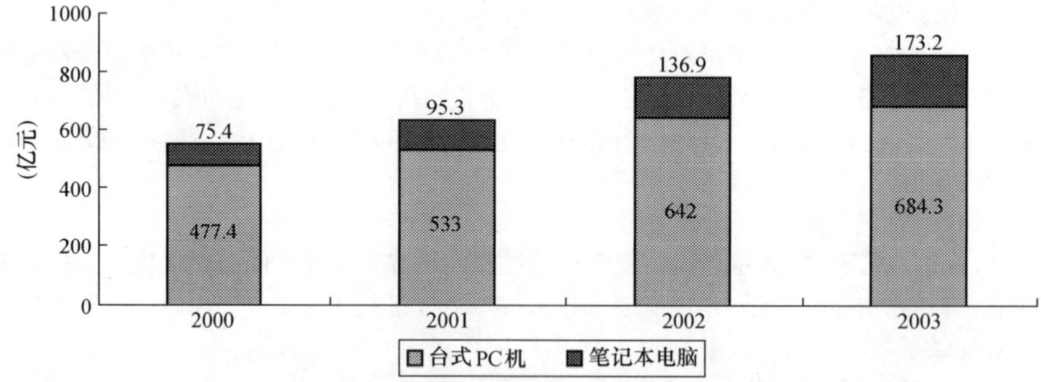

图 5.10　2000～2003 年中国 PC 机市场销售额情况
数据来源：CCID

2003 年中国消费类台式 PC 机市场显示出市场消费理性趋势，全年销量为 369.5 万台，全年销售额为 230.5 亿元，销售量和销售额分别增长了 20.5%和 11.3%，高于整体台式 PC 机市场的销量同比增长 15.2%和销售额同比增长 6.6%的水平。而商用台式 PC 机市场全年销量为 771.6 万台，销售额 453.8 亿元。相比 2002 年，销售量增长了 12.8%，销售额增长了 4.3%，低于整体台式 PC 机市场的增长水平。此外，2003 年，中国笔记本电脑市场销量达到 126.0 万台，销售额达到 173.2 亿元，较 2002 年增加了近 37.5 万台，销售额增加了 36.3 亿元。

5.2.4.2　2003 年中国 PC 机市场特点

1．台式 PC 机市场

中国台式 PC 机市场已然成熟，行业的平均利润有所下降，市场已经转向理性增长。

在消费类台式 PC 机市场，一些厂商尝试引入新的产品概念，意图提高技术壁垒以保持竞争优势。更多厂商则启动了相关的多元化战略，进入消费电子和信息家电等领域。而商用台式 PC 机产品同质化现象日益严重，随着新厂商介入台式 PC 机领域，激烈的价格竞争在所难免。

由于产品平均零售价格下滑迅速，中国台式 PC 机市场销售额与销售量增长不同步。价格下滑的原因一方面是产品创新不足，而新的竞争者不断涌入，从而导致竞争日益加剧；另一方面，由于笔记本电脑等替代产品价格继续下探，大大压缩了台式 PC 机产品的价格空间。

在垂直市场方面，2003 年大型商用市场相对萎缩，政府与教育行业采购比重放大，教育信息化成为推动市场增长的生力军。

在平行市场方面，金融、制造等行业企业信息化和部分 PC 机更新换代在台式 PC 机销售中所占份额提升。受外部环境变动影响，2003 年第二季度行业采购有所滞后，而下半年行业采购出现反弹。

在区域市场方面，东部地区市场潜力浮现，中西部增速加快。2003 年，中西部地区台式 PC 机市场增速明显快于东部 IT 应用较为成熟的地区，各主力厂商纷纷加强中西部地区的市场开拓和渠道建设力量。在华北、华东和华南等地区，部分厂商开始深度挖掘市场潜力，消费类台式 PC 机销售渠道已经渗透至三、四级市场。

在台式 PC 机的销售渠道体系中，传统的物流渠道正逐渐向功能渠道、专业化渠道转变，从而通过提升市场渠道反应能力，大大降低了渠道库存，加快了推出新产品的速度。2003 年，直销在台式 PC 机各销售渠道中的比例继续得到提高。

此外，在 2003 年台式 PC 机市场中，以联想、方正、Dell 和同方等为代表的一线厂商继续依靠规模优势，提高自身销量。国外品牌 PC 机在依靠技术和品牌优势，立足高端市场的同时，开始逐渐向低端市场渗透，而国内品牌则凭借自身的渠道和价格优势，在立足中低端市场的基础上向高端市场发起挑战。可以说，国内外品牌交错渗透形成了 2003 年中国台式 PC 机市场的主旋律。2002～2003 年台式 PC 销售情况如图 5.11 及 5.12 所示。

2．笔记本电脑市场

2003 年，笔记本电脑商用、消费阵营出现分裂现象。随着笔记本电脑厂商市场定位的进一步细化，笔记本电脑产品已逐渐形成商用和消费两个市场，其中消费笔记本电脑

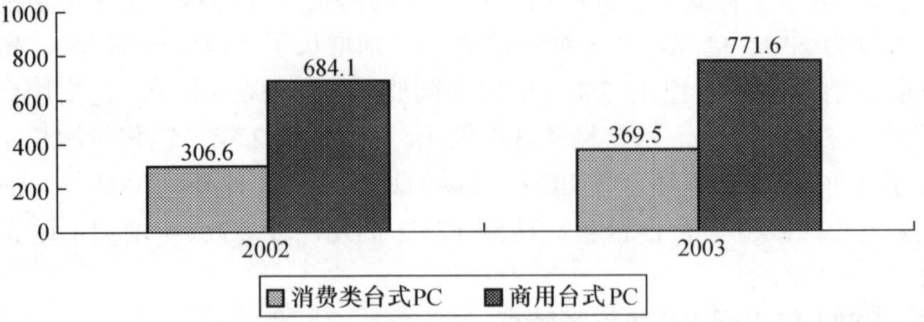

图 5.11　2002～2003 年台式 PC 销量情况（万台）

数据来源：CCID

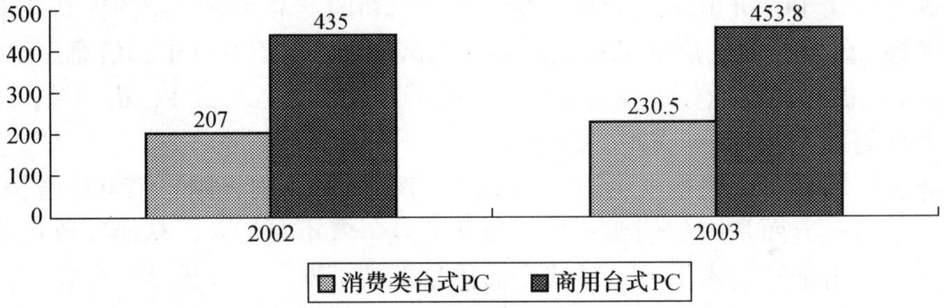

图 5.12　2002～2003 年台式 PC 销售额情况（亿元）

数据来源

开始逐渐强调产品的娱乐和外型。此外，迅驰技术替代原有奔腾处理器的效果开始逐步显现。但由于 2003 年基于迅驰应用的各种环境尚未成熟，运营商无线上网业务的推广和设备制造厂商的全面跟进以及用户认知程度的提高都还尚需时日。

2003 年，部分笔记本电脑厂商在宣传上积极求新求变，开始针对不同的用户群采取更加具有针对性的促销手段，特色化、人性化的特征更加明显，学生笔记本电脑、娱乐型笔记本电脑等概念相继出台，以此吸引用户消费。

此外，笔记本电脑销售渠道扁平化、多元化发展趋势显现。这主要是由于产品的种类、品牌越来越多，地方市场差异较大。因此，区域分销受到了更多的重视，以三、四级城市为中心的区域销售网络正成为厂商渠道建设的主战场。2003 年笔记本电脑市场渠道结构及销售结构如图 5.13 及图 5.14 所示。

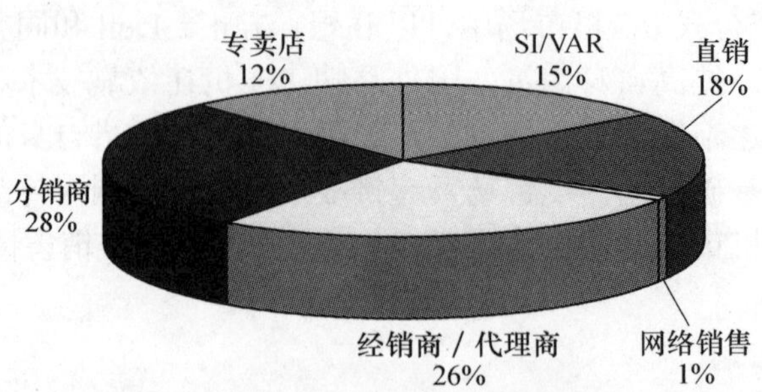

图 5.13　2003 年笔记本电脑市场渠道结构

数据来源：CCID

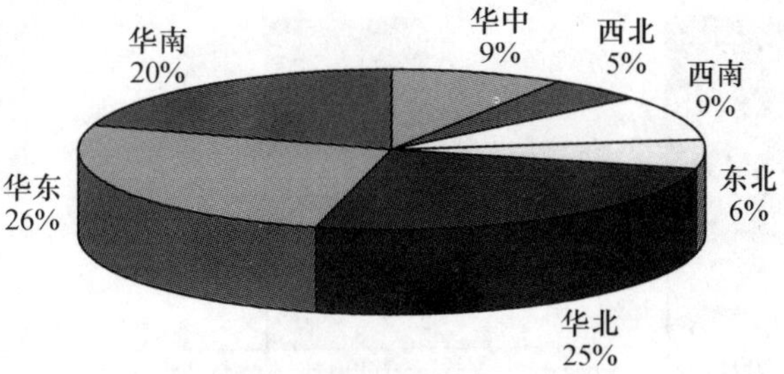

图 5.14　2003 年笔记本电脑区域市场销售结构

数据来源：CCID

5.2.4.3　未来中国 PC 机市场发展趋势

1．台式 PC 机发展趋势

进入数码时代，随着数码技术的不断进步，琳琅满目的数码产品和数码应用开始兴起。随着数码娱乐的平民化，更多普通家庭逐渐融入到数码大潮之中，而这些非专业用户希望能像享受家电一样轻松地体验数码生活。PC 机产品开始摆脱技术至上的传统束缚，汲取家电产品易用性方面的优势和需求，从而为与家电的融合注入了新鲜的强劲动力，可以看到，用户的需求进一步有力地推动了台式 PC 机与家电的融合趋势。

在销售渠道方面，核心能力的提高是企业长期竞争的有力保障。随着三、四级城市市场的开拓，为进一步提高覆盖率，PC 厂商渠道的深度与广度得到了全面的提升。出于对渠道运作效率的要求，厂商的渠道变革也在向扁平化方向发展。从而提升了企业对用户提供产品与服务的整体能力，同时也对自身业务的长期持续发展构成了核心竞争力。

2．笔记本电脑发展趋势

（1）显示器两极化发展趋势

由于笔记本消费市场需求日趋细化，笔记本电脑的 LCD 屏幕尺寸也将会随着笔记本电脑的职能不同而向大、小两个方向发展。主流的笔记本电脑继续需要能够支持更高分辨率、更高亮度和宽视角的大尺寸显示屏，而 10.4 英寸以下的小尺寸屏幕也会随着小型笔记本电脑市场的热销而逐渐盛行。

（2）无线连接成为主流

随着电信运营商无线接入业务的深入推广，未来传输速率更高的 IEEE 802.11a 将取代当前占有主流地位的 IEEE 802.11b，同时无线蓝牙技术以及 GPRS 业务也将逐步进入未来笔记本电脑选配功能之列。2003～2005 年 802.11a、802.11b 芯片市场占有率如图 5.15 所示。

（3）家庭用户需求转变

对于家庭和个人用户而言，笔记本电脑所体现的是用户的地位、荣誉和品位，因此消费类笔记本电脑需要更具个人身份与个性的象征。家庭需求将更体现易用性、个性化和多媒体应用能力以及轻薄、时尚的外观。

（4）商业用户注重增值服务，行业应用成为增长重点

分布在各行各业的广大商业用户在其发展的过程中具有各自的特点。针对这些特点，其需求的服务也不仅仅是简单的售后服务，而是需要完整的解决方案、咨询服务、“数字化”顾问以及提供高于产品使用价值的增值服务。制造业、政府和教育行业，将成为未来笔记本电脑的重要增长点。

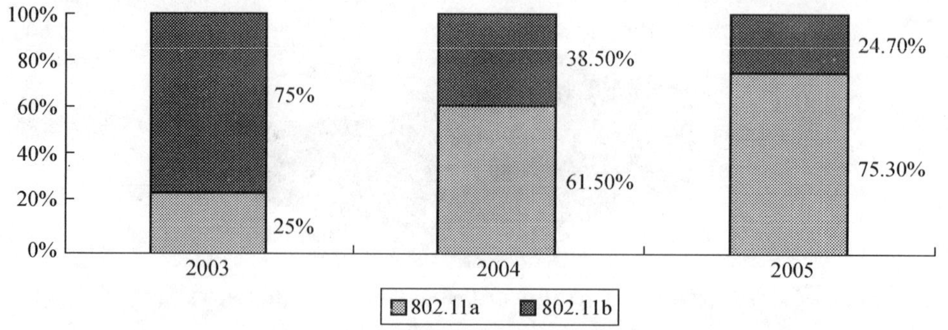

图 5.15　2003～2005 年 802.11a、802.11b 芯片市场占有率

数据来源：信息产业部电信研究院

（5）日益深化的渠道服务网络

近几年，我国笔记本电脑市场正以 40%左右的速度迅猛发展，因而拉动其服务市场迅速膨胀。由于服务具有一定的延续性，使得市场保有量成为决定服务市场的主要因素。随着笔记本电脑产品的日益普及以及向三、四级城市渗透，服务网络的覆盖也同样在向三、四级城市延伸。而且服务的个性化、专业化和规范化的趋势日益显著。

（6）区域性差异明显

国内笔记本电脑市场存在比较明显的地区差异性，华北、华南和华东地区普及程度相对较高，而华中、东北、西北和西南地区的发展则比较缓慢，并存在很大的市场潜力。但是由于笔记本电脑的销售情况与当地经济发展状况有着十分紧密的联系。因此，在 2004 年以及未来的 5 年中，笔记本电脑市场的区域差异会更加明显，两大阵营的差距也将加大。

5.2.5　手机产品

5.2.5.1　2003 年中国手机产品市场概述

2003 年，我国共生产手机 1.86 亿部，同比增长 54.8%，出口手机接近 1 亿部，同比增长 50%；出口金额达到 73.8 亿美元，同比增长 39%。我国移动通信产品以优良的性价比、个性化的设计赢得了世界的认可，目前我国手机产量已经占全球生产总量的 35%。国内主要生产企业有 TCL、波导、海信、海尔、普天首信和普天东信等。

2003 年我国国内手机市场实现销售量 7 379 万部，同比增长 18.1%；市场销售额为 1 189.3 亿元，同比增长 10.4%。2001～2003 年我国手机市场销售情况如图 5.16 所示。

5.2.5.2　2003 年中国手机市场特点

随着移动通信的迅猛发展，移动数据业务（或移动多媒体）不可置疑地成为未来移动业务的发展方向，具有极其诱人的发展潜力。“移动办公”作为未来手机终端最主要的发展方向之一，已经被越来越多的人所共识。因此，支持上网功能的手机得到了各手机制造厂商的重视。

2003 年我国手机市场上市的新款手机约有 380 款，其中具有上网功能的手机约有 260 款，接近总数的七成，这与前两年相比，无论在数量还是所占份额方面都有较为明显的提高，如图 5.17 所示。

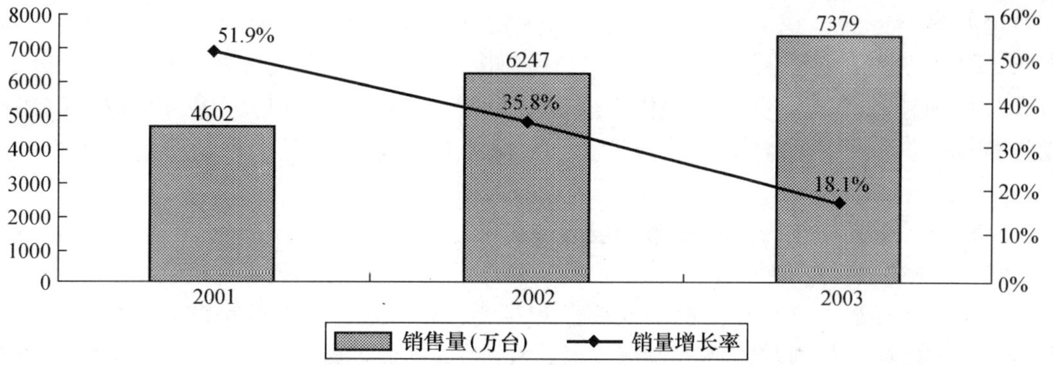

图 5.16　2001～2003 年我国手机市场销量情况

数据来源：CCID

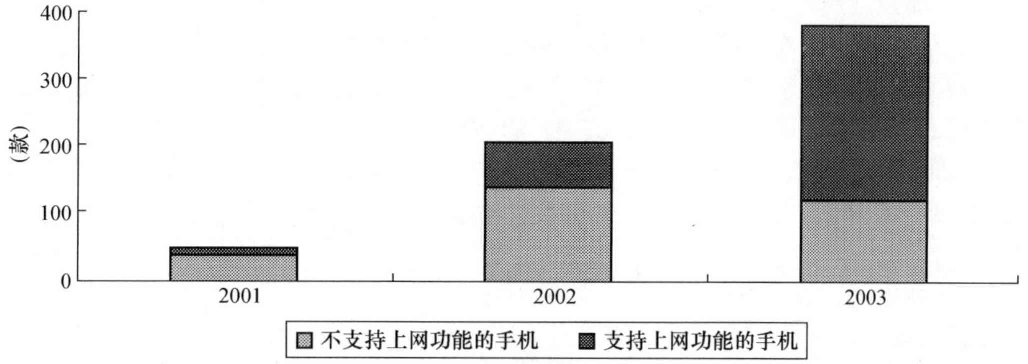

图 5.17　支持上网功能的手机市场发展情况

2003 年，支持上网功能的手机产品不断丰富的同时，通过分析其价格分布，发现具有上网功能的手机面向的主要为中高端市场消费者，特别是 1 000～3 000 元的手机市场，已经成为其竞争的主力战场，如图 5.18 所示。

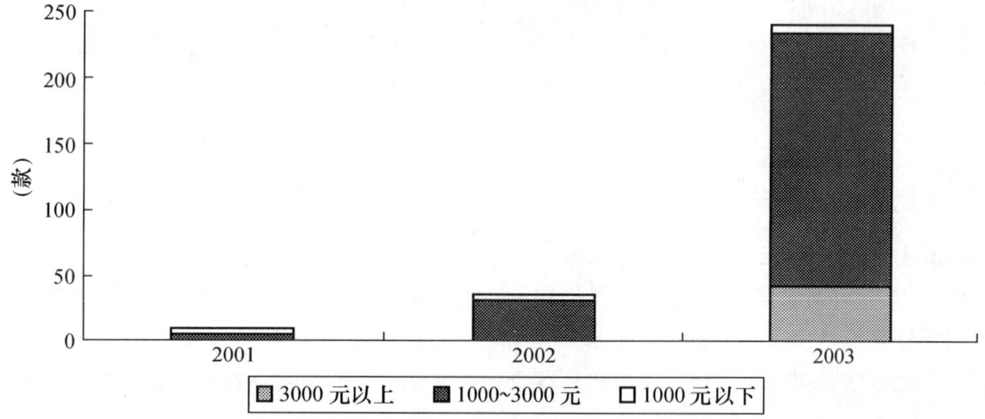

图 5.18　支持上网功能的手机价格分布情况

此外，2003 年我们还惊喜地发现，在上网手机市场上国产品牌并不逊色与国外品牌。以 GPRS 手机为例，市场上约有六成以上的 GPRS 手机出自国产品牌手机制造企业。但是另一方面，也应该看到国内手机关键元器件的研发与配套不能满足整机厂的需求，配套市场主要被国外企业所占据。目前国产手机配套用元器件60%在国内进行，但大都由国外独资或合资企业提供，且核心元器件主要依靠进口，国内企业目前还只能为整机提供低端产品。因此，打造上下游完整的产业链是我国移动通信产业的当务之急。

5.2.5.3 未来中国智能手机市场发展趋势

1．多网络融合趋势

随着全球经济、文化交流的日益广泛和频繁，用户对移动通信全球漫游的需求显著提高。而从目前移动通信市场的发展来看，3G的标准并不统一，再加之2G、2.5G也将与3G在较长的一段时间内共存发展，因此支持多频段、多模式、融合现有技术与网络、有效实现互通互联是移动通信终端发展必须着重考虑的问题。

2．终端设计更具针对性及突出个性化

细分市场，产品个性化，是全球手机业发展的一个重要趋势。商务手机、女性手机、游戏手机、娱乐手机、运动手机，以及老年手机、儿童手机等概念的不断推出使得个性已经成为商机的代名词。据CCID的调查显示，外观设计已经成为了影响人们购买手机的3大重要因素之一。因此，手机制造厂商在不断追求产品功能的强大的同时必须考虑用户的消费心理，力求实现手机的小型化、适应通信终端轻薄小巧的发展方向。

3．功耗更低、存储空间更大

手机在被赋予互联网接入能力的同时计算强度也将大为提高，使得功耗增加，从而对终端的小型化、通话时间的长短和功能的强弱等诸多方面带来负面影响。因此，降低功耗是对未来手机发展的必然要求。

移动通信终端除满足人们通话需求之外，作为未来个人信息处理设备所处理的数据量将大大高于现有的移动终端，因此自然需要大容量存储空间的支撑，这也是互联网应用中多媒体资源的大量出现和商务应用的必然结果。

4．手机软、硬件模块化发展趋势

由于手机作为信息处理终端所承载的功能不断增加，为减轻终端开发的负担和节省成本，手机设备已经出现了其硬件及软件架构向通用化发展的动向，即采用嵌入式操作系统与中间件软件。

5.2.6 其他网络产品

5.2.6.1 网卡市场

2003年，国内网卡市场总体销售情况较2002年有较大幅度的提高，销量达到了850万片，同比增长31%。但是由于网卡产品价格出现大幅下降，使得2003年国内网卡市场销售总额的增长并不明显，同比增长仅有1%左右。1999～2003年中国网卡市场销售情况如图5.19及图5.20所示。

在产品技术发展方面，网卡的速度从10Mbit/s上升到100Mbit/s经历了几年时间，但是从100Mbit/s到1 000Mbit/s却仅仅经历了不到一年。进入2003年以来，很多新投放市场的主板和笔记本电脑、品牌机都已经开始拥有速率达到千兆的网卡。

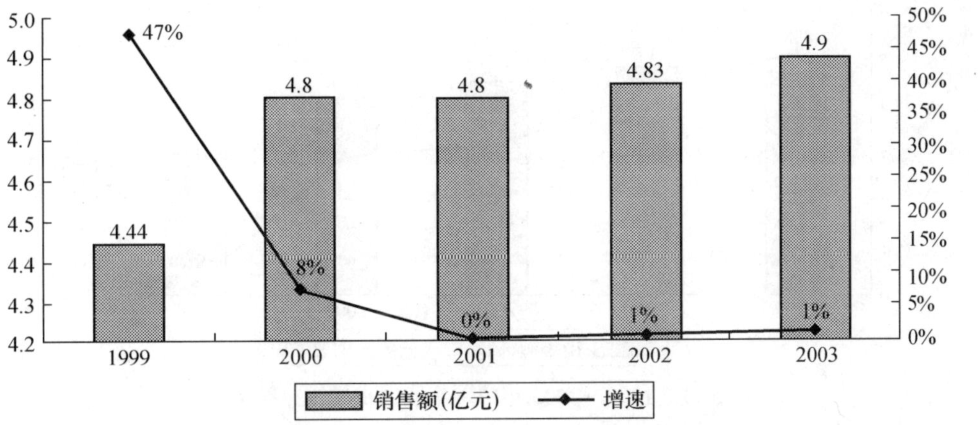

图 5.19　1999～2003 年中国网卡市场销售额情况

数据来源：CCID

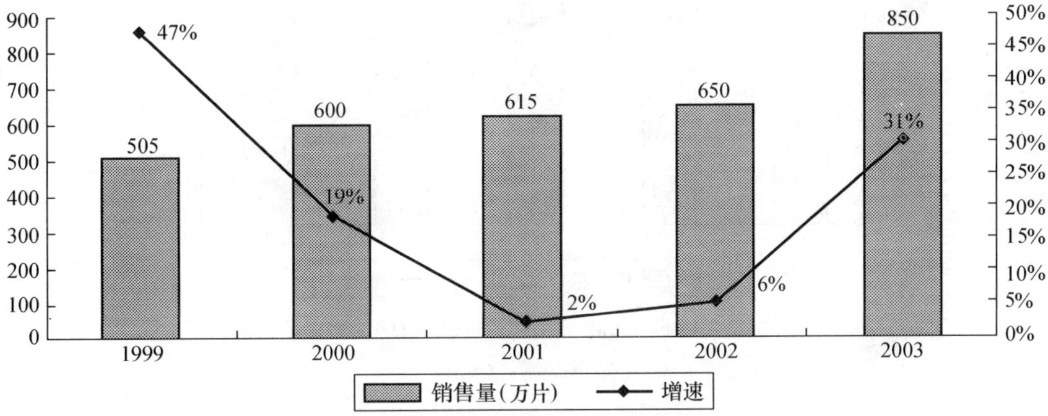

图 5.20　1999～2003 年中国网卡市场销售量情况

数据来源：CCID

5.2.6.2　集线器市场

2003 年中国集线器销售量为 480 万端口，低于 2002 年销售水平。而在市场销售收入方面，2003 年仅为 3 亿元，已经是自 2001 年以来连续 3 年出现负增长。其原因主要是由于国内网络规模和用户应用要求的不断提升，集线器所具有的简单连接功能已经不能满足用户的需要。另外，低端交换机在价格方面也在一定程度上挤压了集线器产品的市场空间。随着集线器被交换机的逐步替代，未来国内集线器市场将有可能继续萎缩。1999～2003 年中国集线器市场情况如图 5.21 及图 5.22 所示。

5.2.6.3　WLAN 市场

2001 年我国无线局域网网点只有 21 家，到 2002 年底中国网通将无线局域网网点发展到了 180 家，而签约的公众场所达到 300 多家。进入 2003 年，被称为“无限伴旅”的 WLAN 所覆盖的城市范围迅速发展到了 15 个，热点地区超过了 1 000 个。

2003 年，中国 WLAN 网络建设的兴起为网络设备的销售掀起了一个小高潮。国外的供应商由于在网络系统解决方案的提供方面具有一定的先发优势，目前已经可以为运

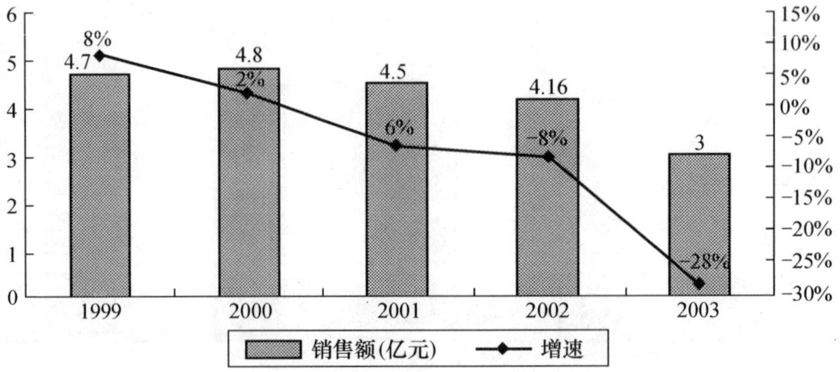

图 5.21　1999～2003 年中国集线器市场销售额情况

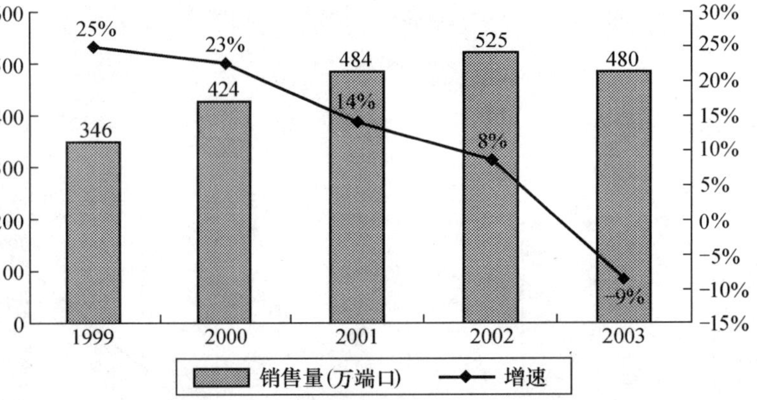

图 5.22　1999～2003 年中国集线器市场销售量情况

数据来源：CCID

营商提供全套无线访问接入点、无线路由器和无线网桥等系统设备，因此在目前国内 WLAN 设备市场中占有较大份额。而近些年，国内厂商也纷纷涌入 WLAN 领域，华为、中兴和大唐等设备厂商都陆续开发了相应的网络产品供用户选择。

目前，我国的 WLAN 主要是应用于公众服务、企业内部网、校园网及地理位置较特殊的政府机构等领域。从发展趋势来看，WLAN 技术和网络产品方面日渐成熟，金融、旅游、医护、库管和会展等领域都将为无线网络提供广阔的应用市场。此外，随着教育信息化的深入发展，校园内部网对 WLAN 应用将会大幅增长，尤其是高等教育和科研机构对 WLAN 的需求将不断增加。另外，各级政府部门正如火如荼地展开电子政务建设项目，从而为 WLAN 在政府的网络建设中提供了发展机遇。因此可以预见，未来推动国内 WLAN 市场迅速发展的主要动力除了传统的企业网应用市场外，还将来自广大公共接入和新兴消费电子这两个应用市场。2002～2005 年我国 WLAN 运营市场规模如图 5.23 所示。

5.2.6.4　Modem 市场

随着互联网应用的日益丰富、宽带接入的迅猛发展，用户对网速的要求越来越高，从而给生产传统的拨号上网设备的 Modem 厂商带来了巨大的冲击。尤其是内置 Modem 市场反应尤为明显。但是，从我国的互联网发展来看，上网人数及计算机数的增长远高于宽带网络的建设速度，这会使得简单易行的拨号上网仍然保持一定时间的主体地位。

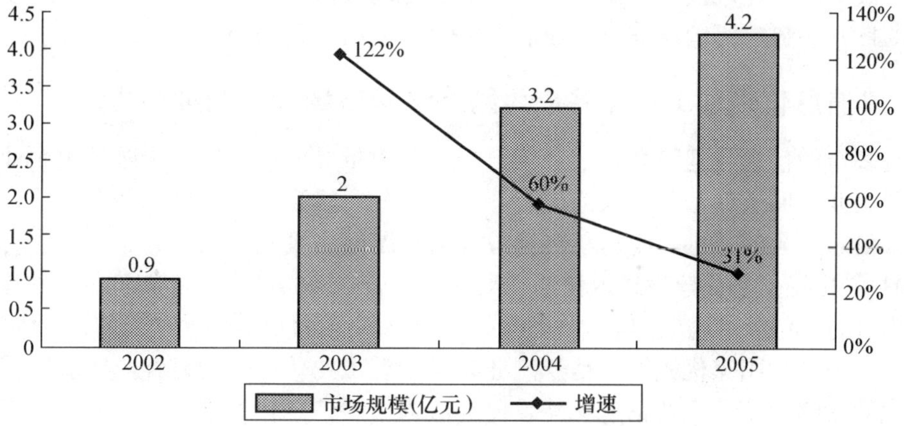

图 5.23　2002～2005 年我国 WLAN 运营市场规模

数据来源：信息产业部电信研究院

因此，对于一些产品价格相对较低，宣传力度较高的 Modem 厂商来说，仍会在未来保持一定的市场空间。

5.3　未来中国互联网设备产业发展趋势

5.3.1　宏观环境提供了良好的发展机会

2003 年我国国民经济仍然保持着较快的增长势头。全年国内生产总值 116 694 亿元，位居世界第六。按可比价格计算，比上年增长 9.1%，加快 1.1 个百分点。

2003 年中国电子信息产品制造业实现利润 700 亿元，税金总额 300 亿元，出口 1 410 亿美元，同比增长 52%。我国信息产业工业增加值已经位居世界第三。

2003 年电子信息产业的快速发展对全国 GDP 增长的拉动作用进一步增强。在国民经济增长中的贡献上升到了 0.64%，比 2000 年提高了 0.26 个百分点。1997 年以来，我国电子信息产业持续以 3 倍于全国 GDP 速度高速增长，呈现出快速、持续发展的态势。中国已经成为世界电子信息产品生产大国。这些在很大程度上为我国网络设备制造业的营造了良好的发展环境。2000～2003 年我国电子信息产业对 GDP 的贡献如图 5.24 所示。

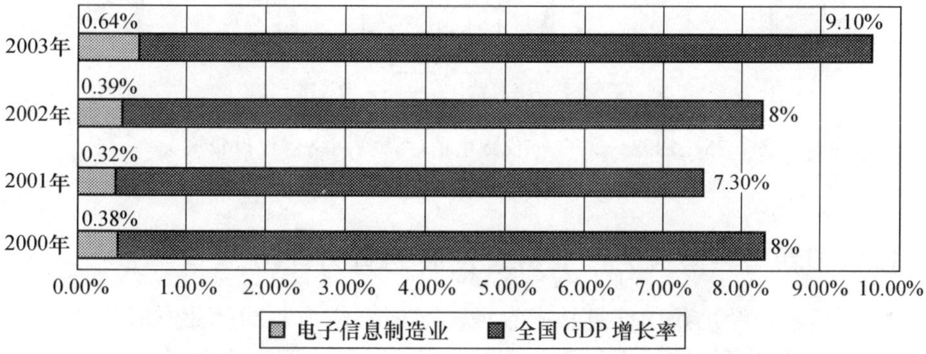

图 5.24　2000～2003 年我国电子信息产业对 GDP 的贡献

随着改革的深化以及经济结构的优化，宏观调控日益成熟，中国经济将继续保持稳步增长的良好态势，为国内信息产业的发展提供更加有利的宏观环境。

5.3.2 以信息化带动工业化将成为网络设备市场增长的推动力量

通过多年的信息化建设，目前我国已经有一大批 IT 厂商推出了服务于企业的新措施，使得企业上网条件和环境大为改善，绝大部分一级政府部门都已经充分认识到互联网是未来信息社会的基础，纷纷积极地筹建或扩展网络设施

2003 年中国信息化建设进入快速、高效、创新、务实的全面实施阶段。并逐渐成长为增长迅速的万亿级市场，也是未来几年中、低端网络设备市场快速增长的重要因素之一。

此外，为贯彻国家优先发展信息产业、走新型工业化道路的方针，实现以信息化带动工业化的战略国策，企业信息化建设已经成为中国信息化领域备受关注的发展重点，成为促进市场需求增长的重要力量。

5.3.3 电信行业仍将保持网络设备的投资主体

2003 年，电信运营商网络建设投资达到 2215 亿元，从而连续 4 年投资总体规模保持在 2 000 亿元以上。2003 年，在中国电信和中国网通两大电信运营商联手推动下，宽带互联网接入业务高潮迭起。通过电信设备供应商的合作中国宽带互联网用户数量迅猛增长，截至到 2003 年底宽带接入互联网用户总数已经突破 1 740 万，与 2002 年的 660 万户相比增幅达到 163.6%。据预测宽带用户数在未来几年还将持续增长，其中蕴蓄的无限商机不言而喻。而在移动通信领域，移动数据业务被越来越多的人们所青睐，未来以数据应用为亮点的 3G 业务的推出必将掀起移动多媒体应用高潮，从而为网络设备制造商带来更广阔的市场。1998～2003 年我国电信运营商网络建设投资情况如图 5.25 所示。

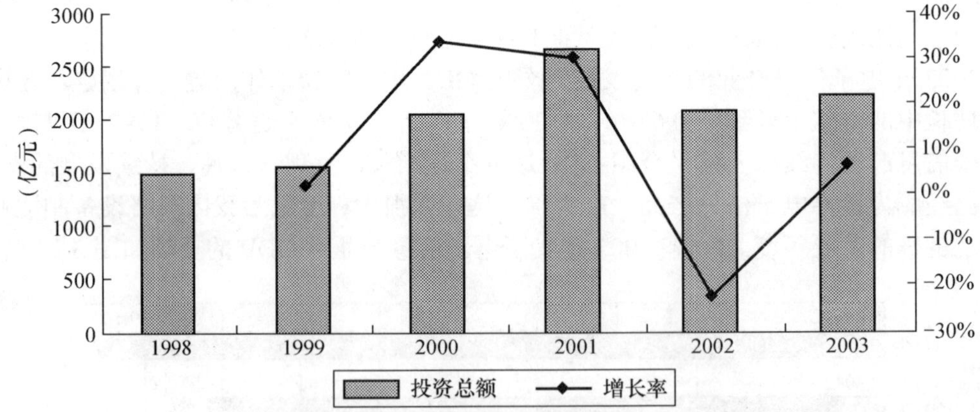

图 5.25 1998～2003 年我国电信运营商网络建设投资情况

数据来源 CCID

5.3.4 技术创新与突破成为产业持续发展的有力保障

缺乏核心技术曾经是我国信息技术领域的通病，成为制约产业发展的瓶颈。而互联网设备制造业在经过多年的技术积累与创新的基础上，目前已经基本掌握了包括核心芯

片设计在内的多项关键技术，从而打破了国外发达国家的技术垄断，使得国内网络设备产业链日趋完善，并有效地降低了设备制造的成本，保障了我国网络设备市场的健康发展。未来随着国内企业技术水平的进一步提升，国产网络设备将被赋予更强的竞争力，市场份额有望进一步扩大。

5.3.5　重点行业对网络设备市场的带动作用日益显著

未来中国网络设备市场的行业市场发展趋势将体现出以重点行业发展为主其他行业快速跟上的特点。目前，全国有近百万所学校，其中已经建成校园网的不过 6 000 所。各省、地市、区县教育主管部门纷纷出台政策、提供资金支持，推动各地的项目进程。因此，在未来几年中将是全国教育信息化建设的黄金年代，也是国产网络设备商的机遇所在。在金融行业，2003 年许多银行都进行了网络升级和改造，从而采购了大量的网络设备产品，而网上银行、网上证券这些业务创新模式正逐渐成为金融电子化的发展趋势，其潜在市场十分广阔。此外，电力部门拟投入 6 000 亿元改造电力网和电源建设，铁路部门投入 3 500 亿元改扩建铁道网。

由此可以预见，电信、金融、政府和教育等行业依然是未来我国网络设备的主要市场，而能源、交通和制造等行业也将快速跟上。

（中国电子信息产业发展研究院　林　松　王存肃）

第 6 章　互联网服务发展与管理状况

6.1　互联网服务基本类型

自 1996 年 1 月中国公用计算机互联网（CHINANET）全国骨干网络建成，并向社会各界提供服务以来，国内互联网在 8 年左右的时间里取得了飞速的发展。网民人数快速增长，互联网基础设施不断改善，网络带宽不断扩大，互联网政策法规逐步健全。在这样一个良好的发展环境中，基于互联网的服务类型不断丰富，呈现出欣欣向荣、百花齐放的喜人局面。

1．互联网数据传送服务

互联网数据传送服务是指利用 IP 技术，将用户产生的 IP 数据包从源网络或主机向目标网络或主机传送的服务，在 2003 年 4 月新颁布施行的《电信业务分类目录》（以下简称《电信业务分类目录》）中对应的业务名称为因特网数据传送业务。由于因特网数据传送业务的提供涉及国家网络安全和信息安全，且具有比较明显的规模经济性，因此在我国现行的电信业务分类管理体系中，该业务被作为第一类基础电信业务，电信主管部门对之进行比较严格和审慎的管理。

2．互联网虚拟专网服务

互联网虚拟专网服务（IP-VPN）是一种利用公网资源建立安全可靠的虚拟专用网络的互联网服务。互联网虚拟专网通常采用数据加密技术和访问控制技术在互联网上实现两个或多个安全可靠的内部通信网络之间的互联，利用具有加密功能的防火墙或者路由器实现可加密的透明分组传送。IP-VPN 服务在《电信业务分类目录》中对应的业务是国内因特网虚拟专用网业务。目前，该电信业务正处于商用试验阶段，还未正式发放经营许可。

3．互联网电子交易服务

互联网的出现为人类的商务活动提供了一个更广阔、更高效、更便捷的新的交易平台和商务空间。目前，互联网电子交易服务已成为 21 世纪最有发展潜力的互联网服务领域之一，越来越多的商务活动在互联网电子交易平台上开展，且随着网络安全、加密、电子支付等技术的不断完善，互联网电子交易服务将会得到更大的发展。在《电信业务分类目录》中，互联网电子交易服务对应的业务名称为在线数据处理与交易处理业务，该业务目前正处于商用试验阶段，还未正式发放经营许可。

4．互联网会议电视及图像服务

互联网会议电视及图像服务是一种正在迅速发展中的互联网服务。互联网会议电视及图像服务是利用互联网为用户提供两点或多点间的双向对称、交互式的多媒体应用或双向不对称、点播式图像的各种应用。互联网会议电视及图像服务根据应用地域范围不同对应着《电信业务分类目录》中的两个业务名称，其中国际互联网会议电视及图像服务对应的业务名称为因特网数据传送业务，属于第一类基础电信业务；国内互联网会议电视及图像服务对应的业务名称为国内多方通信服务业务，属于第一类增值电信业务，目前正处于商用试验阶段，还未正式发放经营许可。

5．互联网数据中心服务

互联网数据中心服务（IDC），指利用机房、电信设施，采取托管方式，为用户的服务器等通信设备提供放置场地、代管代维、系统配置等服务；另外，经营者还通过出租服务器存储空间、通信线路、出口带宽的代理租用，以及其他应用服务。目前，虚拟主机和主机托管是互联网数据中心服务提供的两大主要服务内容。在《电信业务分类目录》中，互联网数据中心服务对应的业务名称为因特网数据中心业务。

6．互联网呼叫中心服务

互联网呼叫中心服务是指与互联网相连接的呼叫中心系统，利用互联网、数据库、CTI 和 IVR 等技术，通过人工座席或自动语音系统，向用户提供业务咨询、数据查询和信息咨询等互联网服务。互联网呼叫中心的出现将比以往主要以固网电话为主要接入手段的传统呼叫中心的接入能力和事务处理能力大大提高。目前多数现代呼叫中心都将传统呼叫中心与互联网呼叫中心融为一体，用户可以通过多种通信终端，利用多种接入手段向呼叫中心提出服务要求，而呼叫中心则可通过固定网、移动网、互联网和智能网等公众通信网络，采用多种方式为用户提供服务。在《电信业务分类目录》中，互联网呼叫中心服务对应的业务名称为呼叫中心业务。

7．互联网接入服务

互联网接入服务，在《电信业务分类目录》中对应的业务名称为因特网接入服务业务。互联网接入服务运营商通常利用接入服务器等软硬件设备建立业务节点，通过租赁公用电信网络资源或基础设施将业务节点与互联网骨干网相连接。运营者一般采用两种方式为公众提供互联网接入服务，一种称之为拨号接入方式，即用户通过公用电话网络，利用拨号方式接入节点，通过节点与互联网骨干网相连接，从而获得接入互联网的服务；另一种称之为专线接入方式，即用户采用多种专线连接方式，通过各种接入网与互联网接入节点相连接，通过节点接入互联网骨干网，从而享受接入互联网的服务。

8．互联网信息服务

互联网信息服务应该是被最广泛使用的互联网服务类型。互联网信息服务业务运营商通常采用网站作为信息服务平台，通过信息采集、开发和处理，利用互联网作为传输通道，向社会公众提供搜索引擎、网页浏览、网络游戏和软件下载等互联网信息服务。在《电信业务分类目录》中，互联网信息服务对应的业务名称为信息服务业务。

（信息产业部电信管理局）

6.2　互联网内容服务市场准入与管理状况

为了有效地规范、监督和管理互联网信息服务市场，使之能够健康有序地发展，我国陆续出台了一系列针对互联网内容服务的管理政策，逐渐将我国互联网内容服务纳入了法制化、规范化的轨道。下面，主要介绍一下市场准入方面的情况。

1．互联网内容服务市场准入管理体制

《互联网信息服务管理办法》第四条规定“国家对经营性互联网信息服务实行许可制度；对非经营性互联网信息服务实行备案制度，未取得许可或者未履行备案手续的，不得从事互联网信息服务”；第五条规定“从事新闻、出版、教育、医疗保健、药品和医疗器械等互联网信息服务，依照法律、行政法规以及国家有关规定须经有关主管部门审核同意的，在申请经营许可或者履行备案手续前，应当依法经有关主管部门审核同意”。由此可见，《互联网信息服务管理办法》明确了我国对互联网信息服务的市场准入管理体制为：电信与新闻、出版、教育、卫生、药品等前置审批部门协同配合，共同做好互联网内容服务的市场准入管理工作。

2．互联网内容服务市场准入管理的有关规定

多部门协同配合的市场准入管理体制框架需要相应的监管法规体系来支撑。《互联网信息服务管理办法》就是这一法规体系的核心，规定了提供经营性互联网信息服务应取得经营许可，提供非经营性互联网信息服务应办理备案手续，其中从事新闻、出版、教育、医疗保健、药品和医疗器械等互联网信息服务的，还应办理前置审批手续；另外，拟开办电子公告服务的，还应提出专项申请或者专项备案。

《互联网电子公告服务管理规定》是对《互联网信息服务管理办法》第九条电子公告服务专项审批和专项备案制度的细化，明确了申请电子公告专项许可和专项备案的具体条件和要求，以及有关审批或备案程序。

《互联网出版管理暂行规定》、《互联网站从事登载新闻业务管理暂行规定》、《互联网医疗卫生信息服务管理办法》和《互联网药品信息服务管理暂行规定》等规章是对《互联网信息服务管理办法》第五条“前置审批制度”的具体落实，其中分别就从事新闻、出版、教育、医疗保健、药品和医疗器械等互联网信息服务的条件、审批机关和审批程序等问题予以了明确，并规定了相应的权利和义务。

3．互联网服务市场对外开放的监管体制及外商引入管理

根据信息产业部颁布的《电信业务分类目录》中的规定，互联网上提供的相关各类服务都属于增值服务的范畴，不属于电信基础业务。因此，在行业监管中，不按照基础电信业务进行监管。

中国加入WTO加快了互联网服务市场对外开放的脚步。2001年，国务院颁布了《外商投资电信企业管理规定》，并于2002年开始实施。在《规定》中明确对外商进入我国增值电信市场（含互联网增值服务市场）的相关事宜进行了限定：经营全国的或者跨省、自治区、直辖市范围的增值电信业务，其注册资本最低限额为1 000万元人民币；经营省、自治区、直辖市范围内的增值电信业务，其注册资本最低限额为100万元人民币；经营增值电信业务的外商投资电信企业的外方投资者在企业中的出资比例，最终不得超过50%。这一规定是符合我国对世贸组织的承诺，放宽了对外商进入互联网服务市场的限制，它的颁布，为互联网服务市场对外开放、引入外资提供了政策依据。

2003年，我国中央人民政府和香港、澳门特别行政区政府签署了《内地与香港（澳门）关于建立更紧密经贸关系的安排》的规定（简称CEPA）。根据CEPA的协定，我国

大陆将分别于 2003 年 10 月 1 日和 10 月 18 日起，允许香港和澳门服务提供者在内地设立合资企业，提供因特网数据中心业务、存储转发类业务、呼叫中心业务、因特网接入服务业务和信息服务业务等 5 项增值电信服务。CEPA 同时规定香港和澳门服务提供者在合资经营第一条增值电信服务业务的企业中拥有股权不得超过 50%，对香港和澳门服务提供者与内地合资经营第一条增值电信业务的企业无地域限制。CEPA 中所设计的 5 类增值电信服务均属互联网服务业务，因此它的实施，必将进一步扩大互联网服务市场的资本来源，促进互联网服务市场的健康发展。

（信息产业部电信研究院规划所　文　健）

6.3　互联网服务质量标准

2002 年以前，我国互联网用户大部分采用窄带拨号上网，存在着上网速度慢、业务较单一和多媒体应用受限等问题。2003 年以来宽带上网业务不断推出，宽带用户急剧增长，对窄带业务替代性明显，不但大大提高了上网接入速度和处理能力，也极大丰富了网络上的各类应用，互联网服务质量得到明显提高。信息产业部连续三年组织进行了全国范围互联网服务质量用户满意度测评。全国 ISP（窄带拨号上网）业务用户满意度测评结果分别为：2001 年度 64.1 分，2002 年度 69.2 分，2003 年度 63.3 分。

为了保障互联网服务质量，保证消费者合法权益，信息产业部制定了一系列互联网服务标准，形成了互联网服务质量的基本衡量基准和质量管理体系。现有互联网服务标准主要从终端使用者层面，设置了接入服务器忙时接通率、本地用户接入认证平均响应时间和接入服务器认证成功率 3 个基本指标。在此基础上，信息产业部即将颁发新的互联网服务标准，主要指标如下所述。

6.3.1　因特网拨号接入业务的服务标准

1．因特网拨号接入业务的服务质量指标

（1）注册账号方式的拨号接入网络开通时限。

平均≤12 小时，最长为 24 小时。

注册账号方式的拨号接入网络开通时限指注册用户办理入网手续，归属电信业务经营者收到有关费用时起，至拨号接入开通所需要的时间。

（2）注册账号方式的拨号接入业务变更时限。

平均≤12 小时，最长为 24 小时。

注册账号方式的拨号接入业务变更时限指用户办理更名及过户等服务项目，自办理登记手续且结清账务时起，至实际变更所需要的时间。

（3）记账卡式拨号接入业务在输入卡号和密码后应能按售卡时运营商承诺的条件正常使用，否则应给予更换。

（4）记账卡式拨号接入业务应提供余额查询等功能。

（5）拨号接入设备障碍修复时限。

平均≤8 小时，最长为 12 小时。

拨号接入设备障碍修复时限指自用户提出障碍申告时起，至障碍排除或采取其他方式恢复用户正常通信所需要的时间。

2．因特网拨号接入业务的通信质量指标

（1）接入服务器忙时接通率≥90%。

接入服务器忙时接通率指接入服务器忙时接通次数与忙时用户拨号总次数之比。

（2）本地用户接入认证响应时间。

平均响应时间≤8 秒，最大值为 11 秒。

本地用户接入认证平均响应时间是从用户提交完账号和口令起，至本地认证服务器完成认证并返回响应止的平均时间。

（3）接入认证成功率。

认证成功率≥99%。

接入认证成功率指在用户输入帐号、口令无误情况下的认证成功概率。

注：无线接入方式认证成功率与信号覆盖区，空中干扰有关，若低于 99%，由电信业务经营者向用户示明附加条件和指标。

6.3.2 因特网数据传送业务的服务标准

1．因特网数据传送业务的服务质量指标

（1）电信业务经营者应向用户说明本企业因特网数据传送业务的业务接入点，网络覆盖的范围以及与其他网络的互联情况。

（2）预受理时限。

平均≤3 工作日，最长为 5 工作日。

预受理时限指用户登记后电信业务经营者进行网络资源确认，答复用户能否安装所需要的时间。

（3）入网开通时限。

平均≤2 工作日，最长为 4 工作日。

入网开通时限指电信业务经营者自受理之日起，至为用户开通网络实际占用的时间（入网开通时限指标要求中不包括用户自有、自维及接入线路部分。下同）。

（4）通信设备障碍修复时限。

平均≤8 小时，最长为 12 小时。

通信设备障碍修复时限指自用户提出障碍申告时起，至障碍排除或采取其他方式恢复用户正常通信所需要的时间。

2．因特网数据传送业务的通信质量指标

本小节规定的通信质量指标，范围限定在两个业务接入点之间，即把公众用户产生的 IP 包，从运营商位于某个城市的业务接入点开始，跨越全国性骨干网，传送到该运营商在另外一个城市的业务接入点止（不含城域网部分）。考核这些业务指标时，两个业务接入点选择在不同省的两个城市，并且空中距离超过 1 000km。

（1）IP 包传输往返时延。

往返时延平均值≤200ms（毫秒）。

IP 包传输往返时延指从一个平均包长的 IP 包的最后一个比特进入因特网业务接入点（A 点），到达对端的业务接入点（B 点），再返回进入时的接入点（A 点）止的时间。

（2）IP 包时延变化。

时延变化平均值≤80 毫秒。

IP 包时延变化指在一段测量时间间隔内，IP 包最大传输时延与 IP 包最小传输时延的差值。

（3）IP 包丢失率。

包丢失率平均值≤2%。

IP 包丢失率指 IP 包在两点间传输时丢失的概率。

（4）IP 业务可用性。

IP 业务可用性≥99.9%。

IP 业务可用性指用户能够使用 IP 业务的时间占 IP 业务全部工作时间的百分数。在连续 5 分钟内，如果一个 IP 网络所提供业务的丢包率≤75%，则认为该时间段是可用的，否则是不可用的。

（信息产业部电信管理局）

第7章　互联网标准建设状况

7.1　国际互联网标准体系构架

国际互联网标准内容繁多，难以一一列举，但从主要的用途和功能上来看，可以划分为6个主要部分：IP网络基本协议、多媒体信息传送协议、安全协议、路由协议、网管协议和IPv6协议。

◆　IP网络基本协议

为了实现计算机之间的互连、完成彼此间基本的数据传送功能而形成的一系列协议。

◆　多媒体信息传送协议

为了利用IP网络传送多媒体信息而形成的一系列协议。

◆　安全协议

为了保证用户信息（包括数据、语音和图像）传送的可靠性、完整性和私密性而产生的一系列协议。

◆　路由协议

IP网络上的路由器彼此交换路由信息，以便完成路由表的维护，实现IP包的正常转发功能所使用的一系列协议。

◆　网管协议

对网络设备完成配置、性能监控、故障排查和计费等管理功能的一系列协议。

◆　IPv6协议

为解决IPv4网络的地址扩充问题及其他相关问题而产生的一套协议。

以上是IP网络上的几类基本标准，在IP网络基本协议、多媒体信息传送协议和安全协议的基础上，网络运营商和设备制造商可以增加特定的应用协议，以便集成各种应用系统和开展各种业务（例如Web服务、邮件服务、视频点播和电子商务等）。

7.2　国际互联网标准体系内容

下面仅就IP标准体系及主要标准内容做一简要介绍，不涉及各种应用系统。

7.2.1 IP 网络基本协议

国际互联网最初是为了在统一的数据传输平台上实现计算机信息资源共享而发展起来的，为此在网络层之上形成了一整套支持数据传送功能的基本协议，如图 7.1 所示。

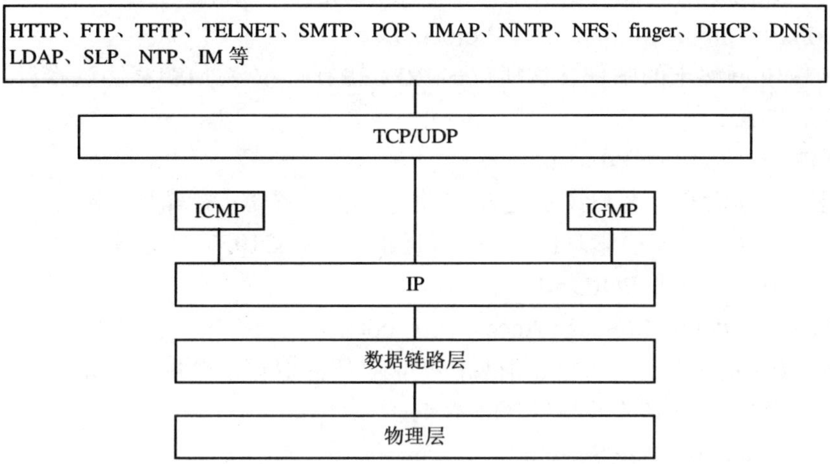

图 7.1 IP 网络基本协议

IP 层之上各个协议的基本内容及功能如下。

1．IP（Internet Protocol）

IP 是国际互联网上使用的 TCP/IP 协议簇的核心协议，其中规定了 IP 包的格式，RFC791 是 IP 协议的正式规范文件。

2．ICMP（Internet Control Message Protocol）

ICMP 通常被认为是 IP 协议的一个组成部分，主要用于报告 IP 包传送中出现的错误及其原因，还可用来检查网络路由是否通畅。RFC792 是 ICMP 的正式规范文件。

3．IGMP（Internet Group Management Protocol）

用于支持主机和路由器的组播功能，主要支持主机加入和离开一个组播组的功能。RFC1112 中定义了 IGMP。

4．TCP（Transmission Control Protocol）

TCP 为上层协议提供面向连接的、可靠的字节流传送服务，在数据传送过程中提供了流量控制、检纠错和超时重传机制。RFC793 定义了 TCP 协议。

5．UDP（User Datagram Protocol）

UDP 为上层协议提供简单的数据报传送服务，数据传送过程中不提供流量控制，也不保证可靠性。RFC768 中定义了 UDP 协议。

6．HTTP（Hypertext Transfer Protocol）

HTTP 是为传输超文本标记语言（HTML）而设计的协议，用于支持 IP 网络上的浏览器应用。RFC1945 和 RFC2616 中定义了 HTTP 协议。

7．FTP（File Transfer Protocol）

用于将文件从一台机器拷贝到另一台机器。RFC959 中定义了 FTP 协议。

8．TFTP（Trivial File Transfer Protocol）

提供一种磁盘到磁盘的文件数据传送功能，不具备 FTP 的很多特征，惟一能做的就是从服务器读取数据，或者把数据写入服务器。RFC1350 定义了 TFTP 版本 2。

9．Telnet

Telnet 是 IP 网上的远程登录协议，RFC854 中定义了 Telnet 协议。

10．SMTP（Simple Mail Tansfer Protocol）

SMTP 是 IP 网络上的邮件传送协议， RFC2821 定义了 MSTP 协议本身，RFC2822 定义了邮件的格式。

11．POP（Post Office Protocol）

POP 是一个同时具有客户（发送方/接收方）和服务器（存储器）功能的电子邮件协议，支持电子邮件的基本检索功能（下载和删除）。RFC1939 中定义了邮件系统通常使用的 POP 协议版本 3（即 POP3）。

12．IMAP（Internet Message Access Protocol）

基于客户机/服务器模式的电子消息协议，服务器保存多个用户的消息，供客户请求时检索用。RFC2060 中定义了 IMAP 版本 4。

13．NFS（Network File System）

NFS 协议用于支持一个网络上的文件系统共享功能，允许授权的用户如同访问本地文件一样访问远程主机上的文件系统。RFC1813 和 RFC3010 中定义了通常使用的 NFS 协议版本 3 和版本 4。

14．NNTP（Network News Transfer Protocol）

NNTP 协议用于网络新闻的发布和接收。RFC977 中定义了 NNTP。

15．Finger

用于显示远程主机上的用户信息。RFC1288 定义了 Finger 用户信息协议。

16．DHCP（Dynamic Host Configuration Protocol）

DHCP 协议提供了一个把配置信息传递到网络上的主机的框架，主要完成两种功能，其一是把特定主机的配置参数从 DHCP 服务器发送到主机，其二是把临时网络地址或永久网络地址分配给主机。RFC2131 中定义了 DHCP 协议。

17．DNS（Domain Name System）

域名系统（DNS）是一种分布式数据库，提供主机名字和 IP 地址之间的转换及有关电子邮件的选路信息。RFC1034 中定义了 DNS 的概念和功能，RFC1035 详细说明了 DNS 的规范和实现。

18．LDAP（Lightweight Directory Access Protocol）

LDAP 定义了一种目录访问的通信协议，规定了客户机请求的操作、服务器的响应以及消息携带的数据的格式。LDAP 目录中的对象类型可以是定制的，可以存储任何文本或二进制数据。RFC1777 定义了 LDAP 协议版本 2，RFC2251 定义了 LDAP 协议版本 3。

19．SLP（Service Location Protocol）

SLP 以与操作系统无关的方式用于 IP 网络中的发现服务，以便满足移动计算机和动态网络的需要。RFC2608 定义了 SLP 版本 2。

20．NTP（Network Time Protocol）

NTP 是一个跨越广域网和局域网的复杂的同步时间协议，用来为网络中各种具有固定 IP 地址的设备提供可靠而又准确的时间。RFC1305 定义了 NTP。

21．IM（Instant Messaging）

即时通信是指用户在联机时发送给同样处于联机状态的其他人的文本消息。即时通信的几种主流协议不统一，AOL、Yahoo 和 MSN 在自己的网络上使用各自的协议，中国用户大多使用腾讯 QQ。为了促成标准的统一，IETF 推出了 RFC2778 和 RFC2779。RFC 2778 定义现场和即时通信模型，RFC 2779 定义了即时通信/现场协议要求。

7.2.2　多媒体信息传送协议

随着国际互联网业务的发展，出现了多媒体通信的业务需求。多媒体信息在传送之前，用户之间往往要建立会话关系，通过会话交换通信过程中需要使用的参数，这个过程结束之后才将多媒体信息封装到 IP 包中传送。因此，IP 多媒体协议栈中既有音频、视频信息编码协议，又有 H.225、SIP 等建立会话关系并交换参数的协议，如图 7.2 所示。目前 IP 网络上很多多媒体应用都基于这样的协议栈进行开发。

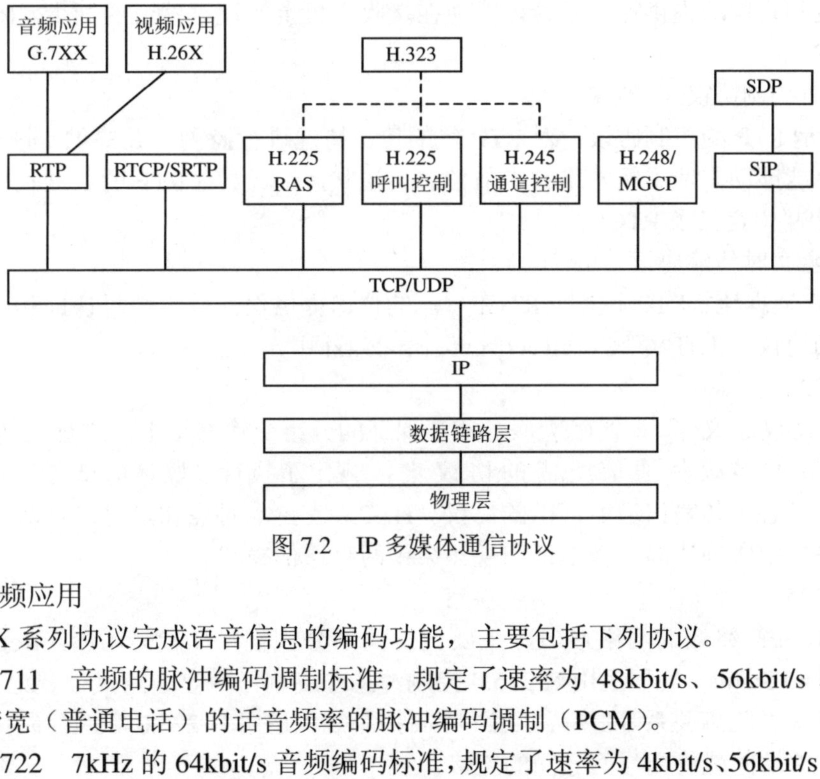

图 7.2　IP 多媒体通信协议

1．音频应用

G.7XX 系列协议完成语音信息的编码功能，主要包括下列协议。

◆ G.711　音频的脉冲编码调制标准，规定了速率为 48kbit/s、56kbit/s 和 64kbit/s 的 3kHz 带宽（普通电话）的话音频率的脉冲编码调制（PCM）。

◆ G.722　7kHz 的 64kbit/s 音频编码标准，规定了速率为 4kbit/s、56kbit/s 和 64kbit/s 的 7kHz 带宽的音频，采用自适应差分脉冲编码调制（ADPCM）编码。

◆ G.723.1　多媒体通信的双速率（5.3 和 6.3kbit/s）语音编码标准，其 5.3kbit/s 速率编码，语音质量优于 VCELP（8kbit/s）；其 6.3kbit/s 速率编码，语音质量等价于 32kbit/s 的 G.726 建议相应指标。

◆ G.728　16kbit/s 语音编码标准，规定了速率为 16kbit/s 的 3kHz 带宽的音频，采用低延迟的码激励线形预测（LD-CELP）。

◆ G.729　8kbit/s 语音编码标准，采用的算法是共轭结构代数码本激励线性预测编码（CS_ACELP），能达到 32kbit/s/sADPCM 语音质量。

目前通常使用的语音编码标准是 G.723.1 和 G.729，在会议系统中支持 G.711 常常是必备的功能。

2．视频应用

此类协议主要完成视频图像信息的编码功能，主要包括下列协议。

◆ H.261　P*64kbit/s 视听服务的视频编码标准，是一种运动图像编码算法，编码算法采用通用的中间格式（CIF），主要采用了 3 种技术来实现压缩，即预测编码、变换域编码和游程熵编码。

◆ H.263　低速率的视频编码标准。采用了运动补偿和 DCT 编码方法，同时参照 MPEG 标准引入以 I 帧、P 帧和 PB 帧（选项）3 种帧模式，以及 INTER（帧间编码）和 INTRA（帧内编码）两种编码模式，用三维哈夫曼编码和算术编码来进一步提高压缩比。

3．实时传输协议（RTP）

RTP 为交互式音频、视频等具有实时特征的数据提供端到端的传送服务，可以为不同的视频流和音频流提供标识功能，以便在接收主机上实现这些流的同步。RFC1889 中定义了 RTP。

4．实时控制协议（RTCP）

RTCP 是 RTP 的控制协议，对 RTP 包的传送情况进行监测，并提供反馈控制功能，使应用程序能够动态地了解网络的当前信息传送状态，以便对 RTP 的数据收发作相应调整。RFC1889 中定义了 RTCP。

5．安全实时传输协议（SRTP）

为 RTP 数据流、RTP 控制（RTCP）流的传送提供保密性、消息认证和应答保护等安全功能的协议。IETF 草案 draft-ietf-avt-srtp-09.txt 中定义了 SRTP。

6．H.323

H.323 协议定义了一个在无服务质量保证的分组交换网络上，进行灵活的、实时的和可交互的多媒体通信所需的协议集，规定了执行多媒体信息交互的终端的功能、结构以及各个传输信道所遵循的协议。H.323 支持点对点和点对多点两种模式，也就是视讯系统中所描述的可视电话和视频会议两种通信模式。

7．H.225

描述 H.323 终端的网络接口，主要包含两部分规程：H.225 RAS（Registration，Admission and Status）规程运用 H.225.0 控制消息在终端与网守之间执行登记、接纳、带宽改变和使二者脱离关系等过程；H.225 呼叫控制规程运用 H.225.0 呼叫控制信令来建立两个 H.323 终端间或终端与网守间的连接。

8．H.245

H.245 协议详细定义了应用于通信终端的控制消息的句法和语义，并给出了在通信初始化和通信过程中使用这些消息的操作规则。

9．H.248/MGCP

H.248/MGCP（Media Gataway Control Protocal，RFC2705）分别是 ITU-T 和 IETF

制定的媒体网关控制协议，用于媒体网关控制器和媒体网关之间的通信。

10．SIP

会话发起协议 SIP（Session Initiation Protocol）是 IETF 制定的多媒体通信系统框架协议之一，它是一个基于文本的应用层控制协议，用于建立、修改和终止 IP 网上的双方或多方多媒体会话。RFC3261 中定义了 SIP。

11．SDP

SDP 规定一种会话描述的格式，描述的信息包括会话名称和目的、会话活跃时间、组成会话的媒体、接收媒体的相关信息（地址、端口和格式）等。SDP 经常被用于描述多媒体会议，并通过 SIP 传送。RFC2327 中定义了 SDP。

7.2.3　安全协议

IP 网络不是一个安全的网络，IP 包在传送过程中有可能被监听、截获、修改和捏造，黑客可以通过多种手段攻击网络设备，使网络用户的利益受到损害。网络在安全方面的防护措施包括对用户身份进行认证、通过安全隧道传送信息、对所传信息进行加密以及为加密而进行密钥交换等。国际上标准机构为了保证信息传送的安全性推出了很多标准，以下是一些使用较广泛的协议。

1．IP 安全体系结构（简称 IPsec）

IPsec 为 IP 层及其上层协议提供安全保护，提供访问控制、信息完整性、保密性和密钥管理等安全服务。IPsec 包括 3 部分协议，即认证头（AH）、封装安全载荷（ESP）和互联网密钥交换（IKE）协议。IPsec 体系包含的主要 RFC 标准如下。

- RFC2401 规定了用于网际协议的安全系统结构（Security Architecture for the Internet Protocol），简单介绍了 IPSec 协议各文档之间的关系，概述了 IPSec 的作用及应用方式，定义了 IPSec 安全关联的基本概念，规定了信息流处理的基本方式。
- RFC2402（IP Authentication Header，AH）协议主要规定了 AH 的报头格式及入站和出站通信流处理方式。
- RFC2406（IP Encapsulation Security Payload，ESP）协议主要规定了 ESP 的报头格式及入站和出站通信流处理方式。
- RFC2409（Internet Key Exchange，IKE）协议规定了密钥交换规程，能够为 IPsec 的 AH 及 ESP 协议提供密钥与安全联合管理。

2．SSL/TLS

安全套接层协议（Secure Sockets Layer，SSL）是网景公司开发的，已经被广泛用于 WWW 的认证和加密通信。SSL 位于网络层协议和应用层协议之间，在客户机和服务器之间提供安全通信功能，允许双方互相认证、使用消息的数字签名来实现信息完整性、通过加密来保证信息的保密性。IETF 为 SSL 制定了一个传输层安全（Transport Layer Security ，TLS）协议标准，包括 rfc2246（The TLS Protocol Version 1.0）和 RFC3546（Transport Layer Security（TLS）Extensions）。

3．SSH

安全外壳（Secure Shell）协议体系是 IETF 推出的一簇协议，用于在不安全网络上提供安全的远程登录和其他安全网络服务。SSH 协议框架主要包括 3 个部分：传输层协议、用户认证协议和连接协议。传输层协议提供服务器认证、数据机密性和信息完整性等功能；用户认证协议支持服务器对客户机的身份认证功能；连接协议将加密的信息隧道复用成若干个逻辑通道，提供给更高层的协议使用，各种高层协议可以相对地独立于SSH协议体系之外，通过连接协议使用SSH安全机制。IETF设立了专门的SSH研究课题，推出的有关标准还处于草案阶段，主要包括：

- draft-ietf-secsh-architecture-15.txt　SSH 协议结构；
- draft-ietf-secsh-transport-17.txt　SSH 传输层协议；
- draft-ietf-secsh-userauth-18.txt　SSH 认证协议；
- draft-ietf-secsh-connect-18.txt　SSH 连接协议；
- 其他有关协议。

详细信息可在IETF安全工作组的网页中查找。

4. SOCKS

套接字安全（Socket Security，SOCKS）协议是一种基于传输层的网络代理协议，在TCP/UDP层面上为客户机/服务器应用程序提供服务，以便方便而安全地使用网络放火墙的服务。RFC1928中定义了SOCKS版本5。

5. PPP认证协议

包括在PPP连接建立阶段使用的认证协议，PAP、CHAP和EAP，具体如下。

- PAP（PPP Authentication Protocol，RFC1334）提供了一种简单的双向握手认证方法。
- CHAP（PPP Challenge Handshake Authentication Protocol，RFC1994）提供了一种通过三方握手来验证主机或最终用户身份的认证方法。
- EAP（PPP Extensible Authentication Protocol，RFC2284）是PPP认证的通用协议，支持多种认证机制。

6. RADIUS认证协议

RADIUS（Remote Authentication Dial in User Service，RFC2865）用于支持认证服务器对网络接入服务器的身份认证功能，在两者之间传送认证、授权和配置信息。

7. Kerberos认证协议

Kerberos（The Kerberos Network Authentication Service（V5），RFC1510）是一种秘密密钥网络认证协议，使用“数据加密标准”（DES）加密算法来进行加密和认证。

8. X.509认证协议

X.509（The Directory：Public-key and attribute certificate frameworks）协议是定义目录业务的ITU-T X.500系列标准中的一个，对认证推出了简单认证和强认证两种等级，规定了密钥及证书管理、证书扩充及证书吊销列表扩充等方面的内容。

9. L2F隧道协议

第二层转发（Layer Two Forwarding，L2F）协议支持多种链路层协议（如HDLC、SLIP和PPP等）的封装，使用L2F隧道，可以去除初始拨号服务器的位置与拨号协议连接终止位置之间的耦合，并支持拨号用户对网络的访问。RFC2341中定义了L2F协议。

10. PPTP隧道协议

点到点隧道协议（Point-to-Point Tunneling Protocol，PPTP）支持PPP协议通过IP

网络进行隧道封装传送，延伸 PPP NCP 会话的逻辑终止点。在一个隧道上可以实现会话的多路复用，运行于 TCP 之上的控制连接负责管理会话的建立、释放和维护以及隧道本身的建立、释放和维护。RFC2637 中定义了 PPTP。

11．L2TP 隧道协议

第二层隧道协议（Layer Two Tunneling Protocol ，L2TP）结合了 L2F 和 PPTP 的优点，定义了在包交换公共网络基础设施（如 IP 网、ATM 网和帧中继网等）上封装链路层 PPP 帧的方法，把 PPP 模型扩展到允许二层连接和 PPP 端点位于包交换网络连接起来的不同设备上。RFC2661 中定义了 L2TP。

7.2.4　路由协议

路由协议是路由器之间相互学习所连网络的信息，进行路由信息交换所要遵循的网络协议。国际互联网上常见的路由协议如下。

1．RIP

RIP 协议属于内部网关协议，在小型自治域系统内部使用。每个路由器建立并维护一个从自己到所有已知目的地的优选路径的距离向量表，定期将这个表公告给每个相邻路由器。同时通过处理接收到的这些公告来确定通过网络的最佳路径。RFC1058 中定义了 RIP 协议版本 1，RFC1723 中定义了 RIP 协议版本 2。

2．OSPF（Open Shortest Path First）

OSPF 在自治域系统内部使用，是一种链路状态路由协议。自治域内每个支持 OSPF 的路由器主动地测试链路状态，将这些信息发送给邻居路由器，并通过邻居路由器在自治域系统中传播。同时，每个路由器通过接收这种链路状态信息并进行计算，建立并维护关于整个自治域的完整的路由表。目前通常使用 OSPF 协议版本 2，在 RFC1247 中定义。

3．IS IS（Intermediate System-Intermediate System）

IS-IS 是 ISO 组织在 OSI 网络模型中建议的一种链接状态路由协议，有两个层面上的路由计算——SPF 和 PRC，SPF 计算由路由器为元素组成的网络的最短路径树，PRC 是在 SPF 计算结果的基础上计算叶节点的可达性信息。IETF 已经把 IS-IS 收录进 RFC-1195 等有关文档中。

4．BGP（Border Gateway Protocol）

BGP 是一种外部网关协议，用于在自治域之间交换路由信息。BGP 不需要根据网络拓扑进行路由的计算，只是将汇总的路由信息传送到对方，而且只对增量路由进行发送，而非周期性的广播所有路由信息。目前通常使用的 BGP 协议版本 4 在 RFC1771 中定义。

5．DVMRP

DVMRP 是一种组播路由协议。DVMRP 为每个发送源和目的主机组构建不同的分布树。并且动态地修剪和维护这个扩展分布树。RFC1075 中定义了 DVMRP 协议。

6．MOSPF（Multicast OSPF）

MOSPF 是对 OSPF 版本 2 的一种组播功能扩展，利用已有的 OSPF 拓扑结构数据库建立一棵以源为根的最短路径传送树。RFC1584 中有关于 MOSPF 的基本定义。

7．PIM

独立组播协议（PIM）有两种运行模式，密集分布组播组模式（PIM-DM）不尝试计算组播专用的路由，它假定单播路由表中的路由是对称的，路由器把数据报扩散到网络中的所有区域。稀疏分布组播组模式（PIM-SM）被设计成将组播限制在需要收发的路由器上。RFC2362 中定义了 PIM-SM。IETF 草案 draft-ietf-pim-dm-new-v2-04.txt 中定义了 PIM-DM。

8．LDP（Label Distribution Protocol）

LDP 协议用于支持 MPLS 系统中二层标记路由表的建立和维护，是 MPLS 的控制协议，负责转发等价类（FEC）的划分、标记的分配、分配结果的传输及标记交换路径（LSP）的建立和维护等。RFC3036 定义了 LDP。

7.2.5 网管协议

目前国际互联网上广泛使用的网络管理协议是简单网络管理协议（Simple Network Management Protocol，SNMP），主要用来监测和控制网络设备，由于实现方式简单而得到普遍使用，到目前为止几乎所有的网络产品都要为其提供支持，以方便管理员的管理和软件开发人员的开发。SNMP 网络管理系统的概念模型由管理器、管理代理和被管对象 MIB 库及其相互作用组成，涉及的协议主要包括以下 3 个部分。

◆ SMI（RFC1155，Structure and Identification of Management Information of TCP/IP-based internets）定义了如何描述被管理对象的规则，以及管理协议如何访问这些对象。

◆ MIB-II（RFC1213，Management Information Base for Network Management of TCP/IP-based Internets）描述 MIB 库中包含的被管理的对象。

◆ SNMP（RFC1157，Simple Network Management Protoco）用于支持网络管理工作站上的管理器软件与被管理设备中的代理软件进行通信。这种通信可以包括来自管理工作站的询问消息、来自代理的应答消息或者来自代理给管理工作站的自陷消息。

7.2.6 IPv6 协议族

目前，国际上主要是由 IETF 负责 IPv6 的标准制定工作。在 IETF 中，有两个工作组与制定 IPv6 标准有关：一个是 IPng（下一代互联网协议）工作组，或者 IPv6 工作组，主要负责 IPv6 有关的基础协议的制定；另一个是 Ngtrans（下一代网络演进）工作组，主要负责与下一代网络演进有关的标准制定。到目前为止制定的 IPv6 标准的分类和组成如下。

1．IPv6 规范类

✧ 互联网协议第六版规范，RFC2460

2．地址寻址类

✧ IPv6 寻址结构，RFC2373

✧ IPv6 寻址结构，互联网草案

✧ IPv6 地址分配管理，RFC1881

✧ IPv6 单播地址分配结构，RFC1887

✧ IPv6 聚类全球单播地址的格式，RFC2374
✧ 建议的 TLA 和 NLA 设置规则，RFC2450
✧ 初期 IP6Sub-TLA ID 设置，RFC2928
✧ IPv6 试验地址分配，RFC2471
✧ IPv6 中连接当地（Link-local）地址寻址和名字解析，互联网草案
✧ IPv6 组播地址设置，RFC2375
✧ 保留的 IPv6 子网任播地址，RFC2526
✧ 一种管理 IPv6 地址比特位设置的灵活方法，互联网草案
✧ 在 URL 中 IPv6 地址的语句格式，RFC2732
✧ IPv6 局部地址结构，互联网草案
✧ 基于单播前缀的 IPv6 组播地址，互联网草案

3．多穴查找（Multihoming）类

✧ IPv6 缺省地址选择，互联网草案
✧ 用路由聚类的 IPv6 多地穴查找，互联网草案
✧ IPv6 聚类方案的多地址路由域问题，互联网草案

4．互联网控制信息协议类

✧ IPv6 互联网控制信息协议，RFC2463

5．逐跳选项类

✧ IPv6 路由器报警选项，RFC2711
✧ IPv6 巨型数据包（Jumpograms），RFC2675

6．组播类

✧ IPv6 组播信息接收者发现，RFC2710

7．MTU 路径发现类

✧ IPv6MTU 路径发现，RFC1981

8．报头压缩类

✧ IPv6 报头压缩，RFC2507
✧ 在 PPP 上的 IP 报头压缩，RFC2509
✧ 低速串行连接的 IP/UDP/RTP 报头压缩，RFC2508

9．建隧道传送数据包类

✧ IPv6 规范中建隧道发送数据包的通用方法，RFC2473

10．域名系统类

✧ 支持 IPv6 的 DNS 扩展，RFC1886
✧ 支持 IPv6 地址聚类和重编号的 DNS 扩展，RFC2874
✧ IPv6 节点信息问题（Information queries），互联网草案
✧ 设计 IPv6 地址前缀的资源记录发现，互联网草案

11．演进机制类

✧ IPv6 主机和路由器的演进机制，RFC2893
✧ IPv6 演进的路由方面问题，RFC2185
✧ 不采用明显的隧道，在 IPv4 云中连接 IPv6 区域，RFC3056

12．路由类

✧ IPv6 路由协议 RIPng，RFC2080

✧ 支持 IPv6 的 OSPF，RFC2740

✧ BGP-4 的多协议扩展，RFC2283

✧ 支持 IPv6 的 IGRPng，互联网草案

13．重编号类（Renumbering）

✧ IPv6 的路由器重编号，RFC2894

14．安全性类

✧ 互联网协议的安全性结构，RFC2401

✧ IP 论证报头，RFC2402

✧ IP 封装安全性载荷（ESP），RFC2406

✧ 采用 MD5 密钥的 IP 论证，RFC1828

✧ ESP DES-CBC 转换，RFC1829

注：DES-CBC 是美国数据保密标准的一种算法

15．邻居发现类

✧ IPv6 邻居发现，RFC2461

✧ 对反向发现的 IPv6 邻居发现扩展，RFC3122

16．自动配置类

✧ IPv6 无状态地址自动配置，RFC2462

✧ IPv6 中对无状态地址自动配置的保密性扩展，RFC3041

✧ IPv6 动态主机配置协议（DHCPv6），互联网草案

✧ DHCPv6 的扩展，互联网草案

✧ IPv6 的 DNS 服务器发现机制分析，互联网草案

✧ 缺省路由器优先和更特殊的路由，互联网草案

17．程序接口类

✧ 为 IPv6 扩展的基本连接接口，RFC2553

✧ IPv6 的高级连接 API，互联网草案

18．OSI NSAP 映射类（OPEN SYSTEM INTERCONNECTION，NETWORK SERVICE ACCESS POINT ADDRESS）

✧ OSI NSAP 和 IPv6，RFC1888

19．移动性类

✧ IPv6 的移动性支持，互联网草案

20．基于不同媒体的 IPv6

✧ 在以太网上传输 IPv6 数据包的方法，RFC2464

✧ 在环形网上传输 IPv6 数据包的方法，RFC2470

✧ 没有明显隧道地在 IPv4 上传输 IPv6 数据包的方法，RFC2529

✧ 在 ARC 网上传输 IPv6 数据包的方法，RFC2497

✧ 在 PPP 上的 IPv6，RFC2472

✧ 非广播多接入（NBMA）网络上的 IPv6，RFC2491

✧ ATM 网络上 IPv6，RFC2492
✧ 帧中继网络上的 IPv6 数据包传输，RFC 2590
✧ IEEE1394 网络上的 IPv6 数据包传输，互联网草案

21．网络管理类

✧ 对组播接收者发现协议的 IPv6 管理信息库，RFC3019
✧ 互联网网络文本约定，RFC2851
✧ IPv6 管理信息库：文本约定和通用组，RFC2851
✧ IPv6 管理信息库：ICMPv6 组，RFC2466
✧ 传输控制协议的 IPv6 管理信息库，RFC2452
✧ 用户数据报协议的 IPv6 管理信息库，RFC2454

7.3　中国互联网标准体系建设现状

目前我国 IP 标准主要来自中国通信标准化协会下属的 IP 与多媒体通信工作组。中国通信标准化协会的主要任务是把通信运营企业、制造企业、研究单位和大学等关心标准的企事业单位组织起来，按照公平、公正、公开的原则制定标准，进行标准的协调和把关，把高技术、高水平和高质量的标准推荐给政府，把具有我国自主知识产权的标准推向世界。协会下设 8 个工作组，IP 与多媒体工作组是其中之一，工作内容主要包括下列方面。

- 组织开展多媒体业务及系统、IP 网络设备和 IP 业务应用技术标准的研究。
- 编制专业标准体系。
- 研究并提出近中期制/修订标准项目计划建议。
- 组织标准草案的起草、征求意见、审查，向政府标准管理部门推荐标准草案。
- 开展电联相应研究组及国际有关标准化组织国内对口研究，并推荐提交文稿。

IP 与多媒体通信研究组根据国内 IP 网络建设和业务开展的实际需要，有针对性地制定技术规范、设备规范和测试规范，目前已经发布了下列标准。

YD/T 1044-2000	IP 电话 / 传真业务总体技术要求
YD/T 1088-2000	IP 电话业务的编号
YD/T 1045-2000	网络接入服务器（NAS）技术规范
YD/T 1075-2000	网络接入服务器（NAS）测试方法
YD/T 1148-2000	网络接入服务器（NAS）技术规范——宽带网络接入服务器
YD/T 1046-2000	IP 电话网关设备互通技术规范
YD/T 1071-2000	IP 电话网关设备技术要求
YD/T 1072-2000	IP 电话网关设备测试方法
YD/T 1042-2000	IP 电话网守设备技术要求及测试方法
YD/T 1064-2000	IP 电话系统的管理信息库（MIB）技术要求
YD/T 1070-2000	IP 网络技术要求——网络总体
YD/T 1087-2000	ISDN 用户—网络接口技术规范（补充支持 IP）

YD/T 1061-2000	在同步数字体系（SDH）上传送IP的LAPS技术要求
YD/T 1071-2001	IP网络技术要求——网络性能参数与指标
YD/T 1049-2001	IP网络技术要求——计费
YD/T 1096-2001	路由器设备技术规范——低端路由器
YD/T 1097-2001	路由器设备技术规范——高端路由器
YD/T 1098-2001	路由器测试技术规范——低端路由器
YD/T 1156-2001	路由器测试规范——高端路由器
YD/T 1099-2001	千兆比以太网交换机设备技术规范
YD/T 1141-2001	千兆比以太网交换机测试方法
YD/T 1100-2001	在SDH上传送IP的LAPS测试规范
YD/T 1130-2001	基于IP网络的信息点播业务技术要求
YD/T 1131-2001	基于包的多媒体通信系统上的呼叫信令协议及媒体流打包技术
YD/T 1140-2001	基于IP网络的会议系统技术要求
YD/T 1162.1-2001	多协议标记交换（MPLS）总体技术要求
YD/T 1162.2-2001	在ATM上实现MPLS的技术要求
YD/T 1162.3-2001	在帧中继上实现MPLS的技术要求
YD/T 1161-2001	IP网络呼叫中心技术要求——基于IP Enabie技术部分
YD/T 1163-2001	IP网络安全技术要求——安全框架
YD/T 1127-2001	No.7信令与IP互通的技术要求
YD/T 1132-2001	防火墙设备技术要求
YD/T 1123-2001	综合交换机技术规范
YD/T 1243.1-2002	媒体网关设备技术要求——IP中继媒体网关
YD/T 1243.2-2002	媒体网关设备技术要求——ATM中继媒体网关
YD/T 1243.3-2002	媒体网关设备技术要求——综合接入媒体网关
YD/T 1245-2002	基于移动环境的电子商务应用层协议（非购物型）
YD/T 1246-2002	ATM交换设备测试方法
YD/T 1240-2002	接入网设备测试方法——基于以太网技术的宽带接入网设备
YD/T 1191-2002	No.7 信令与 IP 互通适配层技术规范——消息传递部分（MTP）第二级对等适配层（M2PA）
YD/T 1192-2002	No.7 信令与 IP 互通适配层技术规范——消息传递部分（MTP）第三级用户适配层（M3UA）
YD/T 1194-2002	流控制传送协议（SCTP）
YD/T 1196-2002	基于IP网络的远程教学技术要求
YD/T 1203-2002	No.7信令与IP的信令网关设备技术规范
YD/T 1190-2002	基于网络的虚拟IP专用网（IP-VPN）框架
YD/T 1177-2002	IP组播路由协议
YD/T 1178-2002	为IP用户提供智能网业务的技术要求

YD/T 1179-2002	在同步数字体系（SDH）上传送以太网帧的技术规范
YD/T 1286-2003	IP 电话补充业务技术要求
YD/T 1287-2003	具有路由功能的以太网交换机测试方法
YD/T 1263-2003	基于 IP 的网络与传统电信网互通的技术要求
YD/T 1264-2003	IP 电话/传真业务总体技术要求（第二阶段）
YD/T 1265-2003	网络接入服务器（NAS）测试方法——宽带网络接入服务器
YD/T 1255-2003	具有路由功能的以太网交换机技术要求
YD/T 1260-2003	基于端口的虚拟局域网（VLAN）技术要求和测试方法
YD/T 1061-2003	在同步数字体系（SDH）上传送 IP 的 LAPS 技术要求
YD/T 1251.1-2003	路由协议一致性测试方法——中间系统到中间系统路由交换协议（IS-IS）
YD/T 1251.2-2003	路由协议一致性测试方法——开放最短路径优先协议（OSPF）
YD/T 1251.3-2003	路由协议一致性测试方法——边界网关协议（BGP4）
YD/T 1288-2003	基于 H.323 和基于会话初始协议（SIP）的 IP 电话互通技术要求
YD/T 1292-2003	基于 H.248 的媒体网关控制协议技术要求
YD/T 1293-2003	IP over WDM 综合网络管理系统技术要求
YD/T 1295-2003	支持 IPv6 的路由协议技术要求——开放最短路径优先协议（OSPF）
YD/T 1296-2003	公用 IP 语音交换机设备技术要求
YD/T 1297-2003	IP 电话媒体网关控制器技术要求

IP 与多媒体通信工作组下一阶段的重点研究课题和研究方向如下，有关标准也正在制定或将要制定。

- IPv6 技术。
- MPLS 技术。
- VPN 技术。
- 移动 IP 技术。
- IP 网 QoS 技术。
- IP 网安全技术。
- 存储网络技术。
- 其他。

7.4　中国互联网标准体系建设面临的挑战

标准面临的挑战从本质上来说也是技术面临的挑战，IP 网络技术技术上存在的主要问题有 3 个，即服务质量（QoS）、安全和 IPv4 向 IPv6 的演进问题，与此相关的标准都有待进一步制定和完善。

1．QoS 问题

IP 网的 QoS 问题是一个极大的问题，也是至今 IP 网中解决得最不理想的问题，QoS 问题会阻碍网上多媒体业务的开展，必须尽快解决。从协议来说，IPv4 考虑到了 QoS 问题，它的 TOS 字段就是用于区分服务类型，并以此来提供不同的服务。遗憾的是，IP 网的设计者将 IP 网定义为是一个“尽力而为”地提供传输服务的网，因而 IP 网不能提供对不同类型的业务提供分类服务的手段。在实际网络中，网络设备甚至不对 TOS 作任何处理。当然，由于 TOS 字段是在 IP 报头之中，对 TOS 的处理亦是一个不小的开销。

在 IPv6 协议中，对 QoS 的考虑主要体现在设定了通信流类型（8bit）和数据流标号（20bit）。当然，这 28 bit 只是用来指示特定的数据流，真正 QoS 的实现还需要网络设备采用特定技术来实现。从本质上看，IPv6 的 28bit 与 IPv4 的 6bit 的 TOS 的用途是类似的。

总的来说，IP 协议本身不具备保障 QoS 的能力，只是为标识不同业务对 QoS 的不同需求提供了手段，QoS 要依靠网络设备处理能力的提高和技术的进步得到改善。目前 IP 网的网络节点设备（路由器）的性能有了很大的提高，高端路由器中包转发时延和节点设备的丢包率甚至与 ATM 交换机一样好，技术的进步，使得 IP 网络有能力保证在网上运行业务的服务质量。目前的关键问题是：如何来调配网络资源，以满足不同业务对网络资源的需求，进而满足不同业务的不同服务质量要求。这方面的技术有待研究，相关标准的研究和制定工作也要随着技术的发展而不断跟进。

2．安全问题

目前运营商的 IP 网只是简单地照搬基于互联网理念的 IP 网，除了为维持网络的生存收取一定的网络接入费，并为此具有一定的用户鉴权等管理机制外，其余的事情网络运营者一概不管。互联网的这种不管理和无序，导致了网络的不安全性和不可信任性。这种不管理和无序的网络显然不能成为下一代网络。下一代网应该是安全和可信任的，网络的安全性和可信任性问题可从以下 4 个方面来解决。

- 业务网之间的严格隔离，包括业务网之间的信息隔离和业务网使用资源的隔离。完全的物理隔离已经证明是有效的，并已经广泛使用。完全的逻辑隔离也是可以做到的。
- 业务网中用户之间的隔离，这可以通过业务层面的用户鉴权来保证业务层面用户之间的良好隔离。
- 节点之间建立必要的信任关系，包括网络节点之间建立必要的信任关系、业务网设备之间建立必要的信任关系和业务网用户层面与业务网管理和控制平面的良好隔离。
- 网络运营商负责网络的安全，而不是建立在用户自律基础上的安全，因此必须对用户主叫地址进行严格检查。

安全问题是 IP 网中永远存在的问题，安全的威胁会直接影响用户对网络业务的信任程度，降低用户使用网络的积极性，从而阻碍网络业务的健康发展。虽然目前已经有了防火墙、用户认证和信息加密等安全措施，但各种安全系统不可能十全十美，安全方面的隐患和漏洞总会存在，安全专家与黑客之间的较量总是道高一尺魔高一丈，安全技术会在不断的攻击和反攻击过程中逐步改进，与此相关的技术标准也会处于不断完善的过程中。

3．IPv4 向 IPv6 的过渡问题

IPv6 从提出至今已有 10 余年的历史。但是，迄今为止，IPv6 还是没有得到长足的发展。从国际上看，美国是 IP 网络大国，IP 网技术主要出自美国，IP 网络的设备供应商也主要在美国。在发展过程中，IP 地址（IPv4）的分配是极不均匀的，美国拥有绝大部分 IP 地址，每一个运营商拥有一个 A 类地址，甚至一个大学也拥有一个 A 类地址。由于 IPv4 地址对美国来说并不紧张，故美国的设备制造商并不热衷于开发 IPv6 产品。另外，从客观上说，互联网已经非常庞大，资金投入已经非常可观，并已进入大规模商用，对这样一个网络进行改造很不容易。实际上到目前为止并没有找到从 IPv4 到 IPv6 的平稳过渡策略，导致 IPv6 很难有长足的发展和进步。

互联网在我国的发展也已经 10 年，网络规模已相当可观，要将一个商用网由 IPv4 改造为 IPv6 也是困难的。但是，IPv4 地址的严重短缺问题在严重地威胁着我们，特别是严重影响 IP 网的持续发展。通过采取一系列技术性措施，IPv4 地址目前有所缓解。但是，我国的人口基数甚大，经济增长的势头良好，固定通信网的规模和移动通信网的规模已居世界第二位，数据网，特别是 IP 网的发展势头喜人，预料在一二年内，IP 网的规模也将达到世界第二位，甚至跃居世界第一位。由于固定通信网和移动通信网规划得好，号码资源问题不会影响到发展。但 IP 网的情况不同，IPv4 地址本来就短缺，无论如何也无法满足我国高速发展的需求。从技术上讲，尽管采用私有地址，通过 NAT 转换可以解决部分地址问题，但大量的实践已表明，这并非是好办法。采取临时性措施将后患无穷，最好的办法是及时采用 IPv6 技术。

当然，在我国发展 IPv6 并非易事。一般来说，运营商要顾及经济效益，总是采用目前技术成熟的产品组网，尽可能稳妥地获取利润。而设备制造商则盯着运营商，运营商要什么，他们就生产什么，于是二者之间就形成一个“死结”，从而导致 IPv6 的发展受限。对我国来说，通信主管部门是负有引导国内通信业发展的责任的。一般来说，他们不直接与短期经济挂钩，因而便于从长远利益考虑问题，以发展的眼光指导产业的发展和进步。

IP 网的高速发展已成为不可阻挡的趋势。从发展的眼光看，IPv6 势在必行。但目前从世界范围来看，IPv6 网络尚未形成规模。如何解决 IPv4 与 IPv6 网络和业务的互通、实现 IPv4 向 IPv6 平稳过渡的问题必然成为标准研究的重点课题和难题。要推进 IPv6 技术，必须首先制定解决这方面问题的切实可行的标准。

7.5 国外互联网标准体系建设状况

国际互联网标准主要来自互联网工程任务组（Internet Engineering Task Force，IETF）。IETF 的组织机构分为 3 个部分：互联网架构委员会（Internet Architecture Board，IAB）、互联网工程指导委员会（Internet Engineering Steering Group，IESG）和领域工作组（Areas and Working Group）。制定标准的具体工作由领域工作组负责。IESG 的主要职责是接收各个工作组的报告，对他们的工作进行审查，然后对他们提出的各种标准、建议给出指导性的意见，甚至从工作的方向上、质量上和程序上给予一定的指导。IAB 的主要作用是监管各个工作组的工作状况。

IETF 的领域工作组将标准体系划分为 8 个领域，但其中某些领域的研究范围并不十分明确，研究方向和内容上彼此之间也可能有交叉，这 8 个领域及下属的子课题如下。

1．应用领域

重要解决 IP 应用方面的问题，研究在网络提供的服务和安全服务基础上为终端用户提供的服务。包括下列子课题。

- 日历和时间表。
- 交叉注册信息业务协议。
- 电子数据互换－Internet 整体。
- Internet 传真。
- 地理位置 / 私密。
- Internet 消息访问协议扩展。
- 即时通信和现场协议。
- Internet 打印协议。
- LDAP（V3）修订。
- 拷贝/复制/更新协议。
- 支持不同业务环境的 Internet 电子邮件增强功能。
- 消息踪迹协议。
- NNTP 扩展。
- 开放式可插入边缘业务。
- 预备注册协议。
- 用于即时通信和现场支撑扩展的 SIP。
- Telnet TN3270 的加强。
- Internet 开放式贸易协议。
- Usenet 文章标准更新。
- 用于 Internet 邮件的语音框架。
- WWW 分布式写作和描述。
- 可扩展消息和提交协议。

2．通用领域（General Area）

主要研究 IETF 的工作方式及策略、各个工作组之间的关系、知识产权等涉及 IETF 自身运作和管理方面的问题，主要包括下列子课题。

- 改进的交叉域概况。
- 智能产权。
- IESG/IAB 命名和取消命名委员会的操作。
- 问题陈述。

3．互联网领域（Internet Area）。

研究与 IP 网络层协议关系比较密切的问题，包括下列子课题。

- 动态主机配置。
- 发现网络附加装置。
- DNS 扩展。
- 可扩展认证协议。
- DVB 上的 IP。

- InfiniBand 上的 IP。
- 弹性分组环上的 IP。
- IP 版本 6 工作组。
- 二层隧道协议扩展。
- 二层虚拟专用网。
- 三层虚拟专用网。
- 组播和泛播组成员资格。
- IPv4 移动性。
- IPv6 移动性。
- MIP 信令和移交优化。
- 网络移动性。
- 用于网络访问的承载认证的协议。
- 点到点协议扩展。
- 安全邻居发现。
- 零配置网络。

4．操作和管理领域（Operations and Management Area）

研究 IP 网络操作、维护和管理方面的问题，包括下列子课题。

- 认证、授权和计费。
- ADSL MIB。
- AToM MIB。
- 基准方法。
- 桥接 MIB。
- 无线访问点的控制和装备。
- 分布式管理。
- 域名系统操作。
- 实体 MIB。
- 全局路由操作。
- 以太网接口和 Hub MIB。
- Internet 与存储管理支持。
- 电缆数据网上的 IP。
- IP 流信息输出。
- MBONE 部署。
- IPv6 中的站点多穴。
- 网络配置。
- 策略框架。
- 包抽样。
- 前缀分类学进展衡量和网际试验。
- 资源分配协议。
- 远程网络监视。

- 用 SNMP 进行配置管理。
- IPv6 操作。

5．路由领域（Routing Area）

- 研究 IP 网络路由协议方面的问题，包括下列子课题。
- 边界网关组播协议。
- 通用控制和测量平面。
- 转发和控制要素分离。
- 域间组播路由。
- 域间路由。
- 用于 IP Internet 的 IS-IS。
- 移动 Ad-hoc 网络。
- 多协议标记交换。
- 开放式最短路径优先 IGP。
- 不依赖协议的组播。
- 路由协议安全要求。
- 源特定组播。
- 虚拟路由冗余协议。

6．安全领域（Security Area）

研究 IP 网络用户认证、加密和密钥交换等安全方面的问题，包括下列子课题。

- 证书和规定。
- 入侵发现交换格式。
- 扩展的事件处理。
- IP 安全协议。
- IPSEC 密钥信息资源记录。
- IP 安全策略。
- Kerberized Internet 密钥协商。
- Kerberos WG。
- 长期文档和公证人业务。
- 组播安全。
- 极佳私密性的开放规范。
- IPSEC 中 PKI 的整形使用。
- 公共密钥基础设施（X.509）。
- 安全可用证书。
- 简单证实和安全层。
- 安全外壳。
- S/MIME 邮件安全。
- 安全网络时间协议。
- 网络事件日志中的安全问题。
- 传输层安全。

7．IP 下属领域（Sub-IP Area）

研究如何有效地利用下层网络传送 IP 包的问题，目前的研究子课题只有一个，即 Internet 流量工程。

8．传输领域（Transport Area）

主要研究通过 IP 网络以点到点交互方式或点到多点组播方式传送多媒体信息方面的问题，包括下列研究课题。

- 音频 / 视频传送。
- 数据报拥塞控制协议。
- 电话号码映射。
- Internet 紧急事件准备。
- IP 性能权值。
- IP 存储。
- IP 电话。
- 媒体网关控制。
- 中间盒通信。
- 多方多媒体会话控制。
- 网络文件系统版本 4 。
- 信令的下一步。
- 路径 MTU 发现。
- 边缘到边缘伪线路仿真。
- 远程直接数据布局。
- 可靠组播传送。
- 强壮头压缩。
- 可靠服务器分担。
- 上下文传送、移交候选者发现和休眠模式主机告警。
- 信令传送。
- 会话发起协议。
- 会话发起提议调查。
- 演讲业务控制。
- PSTN/IN 请求 Internet 业务中的业务。
- TCP 维护和监视扩展。
- 传输领域工作组。
- 集中协商。

除 IETF 外，国内目前使用的一些 IP 网应用协议（如 H.323 系列建议）还来自国际电信联盟－电信标准化组（International Telecommunication Union-Telecom Standardization，ITU-T）。IP 方面的标准主要由 ITU-T 下属的 13 工作组负责研究，对于今后的 IP 标准，工作组确定了下列 12 个主要研究领域。

- 整体结构。
- 对访问 IP 应用的电信访问基础设施的影响。

- 基于 IP 的网络和电路交换网络（包括无线网络）的互通。
- IP 上的多媒体应用。
- 编码和寻址。
- IP 结构信息的传送。
- 基于 IP 网络业务的信令、IN 和路由。
- 性能。
- 电信和基于 IP 的网络的综合管理。
- 安全。
- 用于资源管理的网络能力包含要求。
- 用于 IP 的操作和维护（OAM）。

目前 ITU-T 在 IP 领域推出的受到普遍关注和应用的标准是 H.323 系列建议，其中包括 G.7XX 语音编码标准、H.26X 视频编码标准、H.225、H.245 和 H.248 等。IP 领域其他课题的研究（如 MPLS、IP-VPN 等）和标准的制定也在进行之中。

（信息产业部电信研究院　蒋林涛）

第 8 章　中国网络知识产权发展状况

8.1　中国网络知识产权政策发展

8.1.1　网络知识产权的产生背景

知识产权可定义为智力活动在工业（产业）、科学、文学和艺术领域所产生的合法权利。根据《建立世界知识产权组织公约》，知识产权包括以下创作和创新智力成果所获得的权利：①文学、艺术和科学作品；②表演艺术家的演出、录音制品和广播节目；③在人类一切活动领域内的发明；④科学发现；⑤工业品外观设计；⑥商标、服务标记、商号名称和标记；⑦禁止不正当竞争。

知识产权制度在西方发达国家的发展已经有 100 年以上的历史了，而在我国仅有 20 几年。随着信息技术革命的浪潮席卷全球，互联网的发展已经对世界各国的经济，社会及其他各方面都产生重要影响，同时对知识产权法律制度产生了重大的冲击。

一方面，随着数字化技术的发展，各种知识产权作品的文字、图片和声音可以被压缩成以 0 和 1 为代码的二进位信息储存形式，从而使得各种知识产权作品和信息能够在互联网上快速地向全世界各地传播。互联网流量每 6 个月增长 1 倍，从而带来了大量的网上知识产权问题。有知识产权专家曾感叹地指出，知识产权不仅在现实世界中无处不在，而且正日益向互联网上迁移。

另一方面，知识产权作为权利的本质特征，即权利人对其智力成果的控制和利用以及社会公众对智力成果的使用要求之间的矛盾并没有发生改变，而互联网的开放型特征及快速传播信息的特征使得两者的矛盾和冲突更加突出。因此，知识产权制度必须随着互联网的发展而在内容和形式上作出改变，以更好地调整知识产权权利人和社会公众对智力成果利用的利益平衡。

在这样的背景下，为适应信息技术的发展，同时也是对世界知识产权组织现有的关于版权和邻接权的主要条约（《伯尔尼公约》和《罗马公约》）进行更新和补充，世界知识产权组织于 1996 年组织制定了《世界知识产权组织版权条约》（以下称“WCT”）和《世界知识产权组织表演和录音制品条约》（以下称“WPPT”），就数字网络技术对知识产权的影响作出了相应的规定。知识产权界将这两个条约称之为网络条件下的知识产权条约。

8.1.2 中国网络知识产权政策发展

除了面临着在发达国家同样存在的如何解决网络知识产权相关问题，中国还要为满足世贸组织的《与贸易有关的知识产权协议》，即 TRIPS 协议（但该协议也没有直接涉及到网络知识产权）的要求，对中国知识产权制度（实际上 1979 年以后开始发展）进行完善。在这两股力量的推动下，尽管我国尚未签署 WCT 和 WPPT 两个条约，但体现这两个条约的基本原则已陆续被纳入从 2000 年起我国陆续出台的一系列法律、法规、规章和司法解释之中。这两个国际条约主要涉及著作权及其相关的权利，而与网络相关的专利权，商标权和反不正当竞争活动可能还更多地依据我国现有的有关专利权、商标权和反不正当竞争法律来进行解释。我国与网络知识产权相关的主要法律、法规、规章和司法解释如下。

1．法律、行政法规

①《中华人民共和国专利法》；修改日期：2000 年 8 月 25 日。

②《互联网信息服务管理办法》；生效日期：2000 年 9 月 25 日。

③《中华人民共和国专利法实施细则》；生效日期：2001 年 7 月 1 日。

④《中华人民共和国著作权法》；修改日期：2001 年 10 月 27 日。

⑤《中华人民共和国商标法》；修改日期：2001 年 10 月 27 日。

⑥《计算机软件保护条例》；生效日期：2002 年 1 月 1 日。

⑦《中华人民共和国著作权法实施条例》；生效日期：2002 年 9 月 15 日。

⑧《中华人民共和国商标法实施条例》；生效日期：2002 年 9 月 15 日。

2．行政规章

①《关于制作数字化制品的著作权规定》；国家版权局；生效日期：2000 年 3 月 1 日。

②《信息网络传播广播电影电视类节目监督管理暂行办法》；国家广播电影电视总局；颁布日期：2000 年 4 月 7 日。

③《互联网出版管理暂行规定》；新闻出版总署和信息产业部；生效日期：2002 年 8 月 1 日。

④《互联网等信息网络传播视听节目管理办法》；国家广播电影电视总局；颁布日期：2003 年 2 月 10 日。

3．司法解释

①《最高人民法院关于审理涉及计算机网络著作权纠纷案件适用法律若干问题的解释》；颁布日期：2000 年 11 月 22 日；生效日期：2000 年 12 月 21 日；修改日期：2003 年 12 月 23 日。

②《最高人民法院关于审理专利民事纠纷案件适用法律若干问题的解释》；最高人民法院；生效日期：2001 年 7 月 1 日。

③《最高人民法院关于审理涉及计算机网络域名民事纠纷案件适用法律若干问题的解释》；生效日期：2001 年 7 月 24 日。

④《最高人民法院关于审理著作权民事纠纷案件适用法律若干问题的解释》；生效 2002 年 10 月 15 日。

⑤《最高人民法院关于审理商标民事纠纷案件适用法律若干问题的解释》；生效

2002 年 10 月 16 日。

在《中华人民共和国著作权法》（以下称《著作权法》）修改以前，我国已经出现了一定数量的网络知识产权案件。最高人民法院为适应审判网络知识产权案件的迫切需要于 2000 年 12 月颁布了《关于审理涉及计算机网络著作权纠纷案件适用法律若干问题的解释》（以下称《网络司法解释》），就我国网络知识产权相关问题如管辖，数字化作品保护，作品网络上转载，以及网络服务提供商网络著作权侵权中的责任等问题作出了较明确的回答。

后来，在 2001 年的《著作权法》的修改中，除了为满足 TRIPS 协议的要求而增加关于如出租权、诉前禁令和诉前财产保全等规定以外，还就网络环境下的知识产权问题如网络传播权、故意避开著作权技术保护措施、删除和修改权利管理信息等作出了规定。另外，根据著作权法的规定，计算机软件和信息网络传播权由国务院另行规定。据此，国务院于 2002 年颁布的《计算机软件保护条例》也对网络传播权、故意避开软件著作权技术保护措施、删除和修改软件权利管理信息等网络著作权问题作出规定，但国务院对网络信息传播权的具体行政法规依然在制定中。2003 年 12 月最高人民法院修改了《网络司法解释》，如增加了网络服务提供者上载、传播、提供明知专门用于故意避开或者破坏他人著作权技术保护措施的方法、设备或者材料的法律责任。

8.2　中国网络知识产权现状和存在问题

由于互联网在我国的快速发展及知识产权在社会活动中扮演越来越重要的角色，各种类型的网络知识产权纠纷越来越多，无论是知识产权权利人还是社会公众都希望有越来越完善的网络知识产权法规。我国已经就网络知识产权主要问题制定和修改了相关法规，司法实践也进行了很多有益的实践和探索，但很多问题还需要进一步的研究。

8.2.1　与著作权相关的问题

1．数字化及相关著作权问题

互联网上的信息无论是图形、电影、录像、音乐、摄影、绘画、动画、文字、数据、电子游戏还是驱动程序都以数字化形式存储和传输。任何非数字化的信息在网上使用、传播前都必须先转化成数字化格式。因此，明确数字化形式作品的性质是认识和发展网络知识产权的一个前提条件。

（1）数字化属于复制作品的一种形式

我国《著作权法》第十条论述复制权是指印刷、复印、拓印、录音、录像、翻录、翻拍等方式将作品制作一份或多份的权利。2001 年修订的《著作权法》没有明确将“数字化”列为复制行为中的一种，但国家版权局颁布的《关于制作数字化制品的著作权规定》明确数字化形式是对作品的一种复制。另外最高人民法院在《网络司法解释》中规定受著作权法保护的作品，包括著作权法规定的各类作品的数字化形式。实际上，数字化作为作品复制的一种形式在司法实践中早已得到承认，如在 1999 年王蒙等 6 位作家诉世纪互联通讯公司著作权侵权案中，法院已经就此作出了认定。法院认为转化成数字化行为本身不具有著作权法意义上的独创性，因而只是对原有作品的一种复制。

（2）数据库保护

据统计，现在全球每年的信息增长量已经是50年前所有信息的总和。鉴于信息尤其是经济、技术和商业信息在现代社会中的重要性，从海量信息中筛选有益的信息已经成为企业作出正确决策的一个重要因素，因此制作便于检索的数据库及通过网络传播数据库中信息等相关信息中介产业具有巨大的发展潜力。同时，数据库制作人的利益要求与公众对数据库中信息的使用需求的矛盾也日益突出。目前，世界上对数据库的保护主要有两种方式：一种是著作权保护，另一种是数据库的特殊权利保护。

对于数据库的著作权保护，TRIPS协议已明确规定数据或者其他材料的汇编，不论采用机器可读形式还是其他形式，只要其内容的选择或安排构成智力创作，就应受著作权保护。根据我国《著作权法》第十四条，数据库制作人对数据库享有的著作权主要是体现独创性的内容选择和编排，而不是原作品本身；另一方面，数据库制作人在制作数据库时应依法取得原作品的著作权人的许可并支付报酬，不得侵犯原作品的著作权。

数据库的著作权保护需要内容选择或者编排体现独创性，然而现实中很多数据库可能很难达到这种独创性要求，但数据库制作人又确实付出了大量艰辛的劳动，所以在这种情况下不给予数据库制作人一定的保护，投资人投资数据库的积极性会受到挫伤。根据欧盟《数据库指令》，只要数据库的材料系统、有序的排列，尽管这种排列没有构成著作权法意义上的原创性，仍然可以得到数据库特殊权利保护（如享有复制和发行权利等）。目前，虽然我国《著作权法》对数据库可以进行著作权法保护，甚至《反不正当竞争法》也有可能对不享有著作权保护的数据库进行保护，但这些保护都是有限的。从信息中介产业对我国现有社会经济发展的作用看，我国有必要建立数据库特殊权利保护制度，以弥补《著作权法》和《反不正当竞争法》保护的不足，促进整个信息产业的投资。

（3）网站（网页）著作权保护

网站（网页）大都由文字、图画、录音和活动影像等多媒体的元素构成。一个网站（网页）能否获得著作权保护，取决于该网站（网页）是否构成著作权法第十四条规定的汇编作品，即判断构成网站（网页）内容的选择和编排是否体现著作权法上独创性。尽管独创性标准的主观性非常强，但若主页上的颜色、文字、图表是以特定方式加以组合的，给人以美感，而不是对客观事实简单的排列，这样的主页是有可能被认定为具有独创性，成为汇编作品。但一些通用的关于网站（网页）的栏目、标题和下拉菜单等的设计已经进入公用领域，不再能够体现设计者选择或者编排的独创性。

另外，如果网站（网页）不能构成《著作权法》上的汇编作品，但若相同领域其他经营者故意使用与之相同或相似的网站（网页），造成双方产品和服务的混淆，在这种情况下，抄袭使用该网页的经营者是有可能被认为违反了《反不正当竞争法》。

（4）数字化作品集体管理

由于网络环境中所需使用作品的数量很大、种类繁多，涉及的权利主体范围广及网络环境中使用人的身份难以确定等原因，为此为降低权利人获得报酬权的管理成本，扩大作品在网络环境中的利用范围，为权利人获得报酬提供强有力的保障，在网络环境下加强著作权的集体管理是非常必要的。根据《著作权法》第八条，著作权集体管理组织可以被授权行使著作权或著作权有关的权利，并可以作为当事人进行诉讼和仲裁活动。

中国音乐著作权协会成立于1992年12月17日，是由国家版权局和中国音乐家协会共同发起成立的目前我国大陆惟一的音乐著作权集体管理组织。目前，中国音乐著作权协会在网络音乐方面制定了相关收费标准，主要包括提供手机振铃下载和音乐作品下载两个方面。中国音乐著作权协会为维护作曲者、作词者和其他音乐著作权人的利益作出积极贡献，同时也推动了作品在公众中的传播。

目前，我国文字作品著作权协会和美术，摄影作品著作权集体管理机构仍然在筹建中。著作权集体管理机构的建立和完善会对作品在网络上的传播和对著作权权利人的利益保护起到有益的作用。但同时由于网络传播的全球性，著作权集体管理组织加强与国外同行的交流和合作也是非常必要的。

2．网络环境下著作权保护范围

（1）复制权和网络信息传播权的确定

对于大多数作品而言，复制权和发行权通常是影响一个作品经济利益获取的最重要的两种著作权权益。在我国《著作权法》修订以后，与互联网联系最密切的两种权益应该是复制权和信息网络传播权。

如前文所述，我国《著作权法》虽然没有明确将数字化列为复制行为的一种，但相关司法解释、行政规章和司法实践已经表明数字化是复制行为的一种。毫无疑问，网络上无处不在的复制是一种不折不扣的复制行为，但对那些暂时性的、间接的和计算机系统自动生成的存储等是否都应归结为著作权的复制呢？越来越多的学者认为这种暂时性复制也应该被包括在《著作权法》意义上的“复制”，但这种暂时性复制大多可以因为法定的对著作权人权利限制而免于承担侵权责任。

参照 WCT 第八条规定，我国《著作权法》在展览权、表演权、放映权和广播权等传播权之外，增加了信息网络传播权，即以有线或者无线方式向公众提供作品，使公众可以在其个人选定的时间和地点获得作品的权利。概括而言，信息网络传播权主要特征表现为互动性和交互性，很难概括为某一种传统的权利，它至少拥有传统的复制类权利和传播类权利两类权利特征（在传播之前肯定需要复制），另外还拥有用广播方式向公众传播的性质，但交互性比传统广播要强。

（2）对网络上常见使用作品行为的法律分析

① 上载、传播作品

将作品上载是作品在网络上传播的前提。上载是指将数字化作品从存储的计算机复制到供作品传播的服务器上，主要表现为一个复制行为（若作品为非数字化作品，在上载之前转化成数字化作品的过程已经是一个复制）。

根据《著作权法》，可以理解为只要使作品处于可供公众在其个人选择的时间和地点自由访问的状态，网络传播就已经发生。一般而言，上载行为直接使作品处于可供公众访问的状态，则上载行为与网络传播行为合为一体，那么这样的上载行为可能涉及了作品的复制权和信息网络传播权两种权利。

另外，就作品上载和传播问题上应该特别注意以下几点：A．即使没有任何人访问的作品被上载的网站，该上载行为仍然可能涉及到信息网络传播权，因为该作品已经处于可供公众访问的状态；B．若作品被上载到一个局域网服务器内（如企业、单位内部网），单位外部人并不能访问到，这种情况下，我们认为该上载行为可能还是一个复制、传播行为，其理由是一个企业、单位内部的员工应该也可以认定为信息网络传播权中提到的“公众”，只不过是特定多数人而已。

② 浏览、缓存和下载作品

虽然浏览作品可能会被认为是一种暂时性复制，但一般情况下是可以被认为是对著作权的合理使用，并不承担侵权责任。

一般浏览器都具有缓存功能。缓存也被认为是一种暂时性复制，但一般情况下是可以被认为是对著作权的合理使用，并不承担侵权责任。但对于网络服务提供者提供的代理缓存还是有可能侵犯他人著作权和违反《反不正当竞争法》的。例如，原网站曾经载有侵权作品，但已经移除，而缓存网站没有及时更新，却依然保留该侵权作品，则很可能侵犯他人著作权。

下载作品是指从所浏览的网站所在服务器上将作品复制到一台计算机上或者其他存储器上。下载作品无疑是一种复制。未经权利人许可，或没有法律规定豁免侵权责任的理由的，任意下载他人拥有著作权的作品的行为是侵犯他人作品复制权的行为。所以，互联网用户不要想当然地认为可以随意下载任何网上的作品。当然，《著作权法》第二十二条规定的著作权侵权例外情形特别是关于个人学习、研究和欣赏的例外规定使得从网络下载作品的很多行为并不构成侵权。

③ 转载作品

转载是指将某一载体（报刊，网络）上的作品复制到另一网络载体上的行为，如网络作品文件的传输、运行和存储等，转载本身无疑也是一种复制行为。

根据《网络司法解释》第三条，已在报刊上刊登或者网络上传播的作品，除著作权人声明或者报社、期刊社、网络服务提供者受著作权人委托声明不得转载、摘编的以外，在网络进行转载、摘编并按有关规定支付报酬、注明出处的，不构成侵权。但转载、摘编作品超过有关报刊转载作品范围的，应当认定为侵权。

因此，根据《网络司法解释》，网络的性质类似于报刊。网站在转载作品时应注意以下 4 点：A．仅转载报刊上刊登或者网络上传播的作品，而不能随意转载（需事先许可）一般出版的书籍上的文字和绘画等作品；B．注意著作权人和其委托人是否声明不得转载；C．转载作品须支付报酬、注明出处；D．转载作品不得超过原已刊登的作品的范围，否则有可能构成侵权。

④ 网络出版

《著作权法》修改之后，新闻出版总署和信息产业部联合颁布了《互联网出版管理暂行规定》，于 2002 年 8 月 1 日正式实施。这部规章是在《互联网信息管理规定》基础上对互联网规范管理的深化，将网络出版纳入规范有序的管理，对规范国内网站的建设和活动，监控互联网上的信息起到积极作用。

《互联网出版管理暂行规定》对网络出版的众多方面作了明确规定：国家新闻出版总署为全国互联网出版工作的主管机关；互联网出版实行编辑责任制度；互联网出版不得宣扬邪教、迷信；从事互联网出版活动须经批准，等等。

根据《互联网出版管理暂行规定》第五条，互联网出版，是指互联网信息服务提供者将自己创作或他人创作的作品经过选择和编辑加工，登载在互联网上或者通过互联网发送到用户端，供公众浏览、阅读、使用或者下载的在线传播行为。

目前，已经有一大批网络服务商和传统出版机构获得互联网出版机构资格。

3．网络服务提供商著作权责任

在我国现有法规中，比较详细地论述网络服务提供商在知识产权侵权中承担的责任的法规是《网络司法解释》。

（1）直接侵权责任

如果网络服务商没有法定的免除责任的情形下，擅自复制、上载、传播他人作品当然是侵犯著作权的行为。但是，当网络服务商因为作为网上传播信息的中介身份而难以避免的复制和传播行为是否属于侵权呢？目前，一般认为网络服务提供者作为“通道”而难以避免的暂时复制和传播行为不应该是侵权行为或根据合理使用的原则，免于承担侵权责任。但是网络服务提供者所提供的（特别是并不是应用户的要求而进行的）缓存服务是否构成侵权，是一个值得研究的问题。鉴于互联网的拥挤状况，鼓励一定程度的缓存是有利于互联网的发展的，因此给予网络服务提供商的缓存行为一定的责任限制看来是非常有必要的。

（2）共同侵权责任

《司法解释》第四条规定：网络服务提供者通过网络参与他人侵犯著作权行为，或者通过网络教唆、帮助他人实施侵犯著作权行为的，人民法院应当根据民法通则第一百三十条的规定，追究其与其他行为人或者直接实施侵权行为人的共同侵权责任。

由此可见，网络服务提供者承担共同侵权责任的条件是网络服务提供者是否知道他人侵权行为，即以过错责任为前提。另外，由于在这种情况下，网络服务提供者承担的是共同侵权责任，即承担连带责任。因此一般情况下，权利人肯定会选择向有更大的承担责任能力的网络服务提供商要求赔偿或承担其他责任。

（3）“警告+移除”安全港

鉴于网络服务商仅起“通道作用”，强加给网络服务商的事先审查义务是不公平的，也是难以实现的。因此，在无过错的情况下，网络服务商只有在权利人提供足够证据证明他人侵权行为存在的警告时，网络服务商才有义务移除侵权内容。另外，为限制网络服务提供商的侵权责任，《网络司法解释》第九条规定网络服务提供者经著作权人提出确有证据的警告而采取移除被控侵权内容等措施的条件下，仍要求网络服务提供者承担违约责任的，人民法院不予支持。《网络司法解释》第九条规定著作权人指控侵权不实，被控侵权人因网络服务提供者采取措施遭受损失而请求赔偿的，人民法院应当判令由提出警告的人承担赔偿责任。

考虑到提供内容服务的网络服务提供者对侵权内容有更好的控制能力，《网络司法解释》还对他们提出了特别的要求：《网络司法解释》第五条规定提供内容服务的网络服务提供者，明知网络用户通过网络实施侵犯他人著作权的行为，或者经著作权人提出确有证据的警告，但仍不采取移除侵权内容等措施以消除侵权后果的，人民法院应当根据《民法通则》第一百三十条的规定，追究其与该网络用户的共同侵权责任；《网络司法解释》第六条规定提供内容服务的网络服务提供者，对著作权人要求其提供侵权行为人在其网络的注册资料以追究行为人的侵权责任，无正当理由拒绝提供的，人民法院应当根据《民法通则》第一百零六条的规定，追究其相应的侵权责任。

从以上分析可以看出，著作权人警告是网络著作权侵权责任认定中有重要作用。但我国法律没有对警告的程序提出具体要求，因此权利人提出什么样的警告才能称为《网络司法解释》上具有法律意义的警告将是一个主观性很强的问题，有待我国有关法律明确。

4．链接的著作权问题

链接是互联网的最重要的技术特征之一，是信息共享理念的技术支持。链接一般可以分为外部链接（普通链接）、深度链接和加框链接。我国现有法律并没有具体条文直接涉及到链接问题。但根据法律有关规定，链接可能会引起侵犯相关著作权问题。

2000 年搜狐公司链接案的判决显示：一般链接通常并不侵犯他人的著作权，即使在不知情的情况下链接到侵权网站。但是，若在接到权利人的警告通知后，仍然不断开与侵权网站的链接，则可能会承担相应的侵权责任。

于 2000 年审结的北京金融城公司诉成都财智公司“外汇币种走势图”链接侵权案启示我们，深度链接是有可能违反《反不正当竞争法》的，特别是在深度链接能给链接者带来经济利益，而可能给被链接者带来损失时。

至于加框链接，由于改变了被链内容的观看顺序、效果和整体，很有可能被认为违反了《著作权法》中所规定的版权人的改编权和保护作品的完整权。

5．网络传播与邻接权、网络音乐、网络广播

（1）网络传播对著作权邻接权的影响

传统的邻接权是在原著作权的基础上延伸出来的相关权利，一般指表演者、录制者和广播组织者 3 个主体在演示原享有著作权的作品时得到一种特殊作品而享有的法定权利。随着现代计算机和互联网等信息技术的发展，邻接权的主体和内容等也发生了变化。邻接权的主体除表演者、录制者和广播组织者外，还应该包括网络服务提供商。另外，原来表演和录制节目大都通过作品发行或广播电视方式传播，现在却可以通过数字方式在网络上传播，使得邻接权更容易受到侵害。

我国《著作权法》第 37 条和第 41 条分别规定了表演者和录音录像制作者享有网络信息传播权。

（2）网络音乐传播

如果未经许可或未支付使用费，直接将他人音乐作品置于互联网供他人试听或下载，显然是侵犯他人著作权的。但目前出现了新的 P2P 技术改变了音乐传播方式。P2P 全称叫做“Peer-to-Peer”，即对等互联网络技术（点对点网络技术），它让用户可以直接连接到其他用户的计算机，进行文件共享与交换。所以，P2P 技术允许用户将个人计算机硬盘上存储的音乐作品与其他用户共享。

根据我国《著作权法》精神，对于使用 P2P 技术传播音乐作品，我们理解著作权人和著作权邻接权人可以追究 P2P 服务提供商和用户的侵权责任。首先，用户通过 P2P 技术上传或下载他人音乐作品的行为并不属于为个人学习、研究或者欣赏他人已发表作品的合理使用，而是侵犯了权利人的复制权和网络信息传播权，理由是这些用户的行为已经带有“以货易货”的性质，影响了著作权人的利益。其次，网络服务提供者在明知用户侵权的情况下，是应该承担连带责任的。在实践中，由于对高度分散的个人用户难以追求侵权责任，著作权人往往利用各种理由追究网络服务提供者的协同侵权责任。

（3）网络广播问题

2000 年 4 月 7 日，国家广播电影电视总局发布了《信息网络传播广播电影电视类节目监督管理暂行办法》，开始规范对信息网络传播广播电影电视类节目的管理。2003 年 2

月 10 日，国家广播电影电视总局发布了《互联网等信息网络传播视听节目管理办法》。根据该《管理办法》，信息网络传播视听节目是指通过包括互联网在内的各种信息网络，将视听节目登载在网络上或者通过网络发送到用户端，供公众在线收看或下载收看的活动，包括流媒体播放、互联网组播、数据广播、IP 广播和点播等。同时，国家广播电影电视总局对视听节目的网络传播业务实行许可管理。通过信息网络向公众传播视听节目必须持有《网上传播视听节目许可证》。

6．技术措施和著作权权利管理信息

（1）技术措施

与一般法律对著作权的保护相比较，技术措施更像是一种事先救济，私力救济。软件产品的权利人早就使用技术措施，防止他人任意破解、复制并传播其软件产品。随着互联网上传播的信息和作品的增加及破解技术的日益发展，仅靠权利人的技术措施已经无法有效地保护权利人的利益，从法律上作出相应规定已经非常必要。因此，很多国家根据 WCT 和 WPPT 两个国际条约的要求，在《著作权法》中规定了对技术措施的直接法律保护。

我国《著作权法》第 47 条规定：未经著作权人或者与著作权人有关的权利人许可，故意避开和破坏权利人为其作品、录音录像制品等采取的保护著作权或者与著作权有关的权利的技术措施的，除法律、行政法规另有规定外，应承担相应的民事责任，同时损害公共利益的，还应当被追究行政责任或者刑事责任。

根据上述法律，只要存在着故意避开和破坏技术措施的行为，即使没有进一步复制传播的行为，也是侵权行为。那么，什么样的技术措施受法律保护？破解技术措施的行为有没有侵权例外？是否任何一项避开和破坏他人技术措施的装置或设备的销售者和制造者均应承担责任呢？当然，破解技术措施的侵权行为应当有一定例外。例如，那些为分析研究软件思想而进行适当的反向工程行为是不应该列为侵权行为的。我国现有法律对这些问题还没有一个非常明确的答案，需要作进一步规定。

（2）权利管理信息

互联网技术为内容复制、修改提供了极其方便的条件，为使网络作品得到有效保护，保护权利管理信息十分必要。我国《著作权法》第 47 条规定：未经著作权人或者与著作权人有关的权利人许可，故意删除或者改变作品、录音录像制品等的权利管理电子信息的，除法律，行政法规另有规定外，应承担相应的民事责任，同时损害公共利益的，还应当被追究行政责任或者刑事责任。但目前我国法律对权利管理信息的内容，及权利管理信息法律保护的限制等都没有明确规定，需进一步明确。

权利管理信息对于权利人经济利益的实现非常重要，它不仅能标示权利人，甚至还能按预定条件许可用户使用，查找侵权行为，以及监控用户使用作品的行为。所以，权利管理信息一旦被修改，权利人就会遭受重大损失。

7．网络著作权司法管辖和证据取得

根据《网络司法解释》第一条，网络著作权侵权案件的司法管辖有以下两个层次：①网络著作权侵权纠纷案件由侵权行为地或者被告住所地人民法院管辖。侵权行为地包括实施被诉侵权行为的网络服务器、计算机终端等设备所在地。②对难以确定侵权行为地和被告住所地的，原告发现侵权内容的计算机终端等设备所在地可以视为侵权行为地。

考虑到法律对证据的客观性、关联性和合法性的要求及计算机上存储信息容易修改而不留痕迹的特点，目前对于网络著作权侵权证据的取得主要是通过公证方式实现。从法律角度来看，如果当事人确实无法取得证据，也有可能申请法院调取证据，在涉及刑事案件时当事人也可以向公安机关报案，由公安机关调查取证。

8.2.2 网络与商标

商标是用来区分商品或服务来源的标志。商标对于企业建立商誉及防止他人破坏商誉起到重要的作用。在互联网虚拟世界尤其是电子商务中，商标所起的作用甚至比在现实世界中更大。其原因是在现实世界中，买卖双方可能会面对面地交流，而在网络世界中，人们识别可靠买家或卖家则更多的要依靠双方的包括商标在内的商业标识。由于商标法一般没有涉及到网络问题，因此网络的发展也给商标带来新问题。其中比较明显的问题涉及到域名与商标权的冲突，埋置字符或网络实名与商标权的冲突及以他人商标作为标识非法链接的问题（域名与商标权的冲突问题将在第三编第 12 章论述）。

1．网络链接与商标侵权

本文前面已经讨论过链接与著作权侵权问题，但不当链接是否有侵犯他人商标权的问题呢？商标作为一种商业标识，是用来区分商品和服务来源的。因此如果一种行为使得消费者对商品和服务的来源产生混淆，则这种行为很可能会侵犯商标权或违反《反不正当竞争法》。

对于普通链接，如果将他人商标特别是驰名商标作为链接标志，且使得互联网用户误认为设置链接者与商标权利人之间有授权、许可的关系或其他联系，则这种链接有可能被认为是违反《商标法》或《反不正当竞争法》。

对于深度链接和加框链接，如果设置链接者故意将链接网站的商标或其他标志移去，仅保留链接网站的内容，并使用设置链接者自己的商标或商业标识，那么这种链接有可能违反我国《商标法》关于“反向假冒”的规定或《反不正当竞争法》。根据我国《商标法》第 52 条，未经商标注册人的同意，更换其注册商标并将更换商标的商品又投入市场的，属于侵犯注册商标专用权的行为。

2．关键词搜索服务问题

有些搜索引擎将按照用户出价多少决定某一关键词搜索结果的顺序，从而有可能使竞争对手通过购买关键词使自己在同类产品的厂商中在排名上取得优势。例如某驰名商标权利人的竞争对手将该驰名商标作为关键词购买，也就是说，当输入该驰名商标进行搜索后，首先出现的不是该驰名商标权利人的网站，而是其竞争对手的网站。虽然我国没有出现类似案例，法律也没有明确规定，但认为这种将他人（特别是竞争对手）商标（特别是驰名商标）购买为搜索关键词，并可能造成混淆的行为是有违诚实信用原则的，违反了《反不正当竞争法》。

另外，有些用户将他人（特别是竞争对手）商标购买为其广告关键词，也就是说，当输入该驰名商标进行搜索后，搜索引擎一侧上出现的广告却是该驰名商标权利人的竞争对手的广告。有学者认为这种情况不一定给互联网用户造成混淆，所以可能并不违反法律。

3．元标记

元标记是指位于源文件，即 HTML 文件头中一些特殊代码，它不仅提供附加信息，也帮助搜索引擎进行页面分析。有些人在其网页的元标记中埋置他人商标，从而使得互联网用户在使用搜索引擎寻找该商标时，就很容易找到埋置人的网站。这种不当使用元标记的行为可能会造成互联网用户对两家网站的混淆，因而也可能是违反《商标法》或《反不正当竞争法》的行为。

4．通用网址或网络实名

通用网址或网络实名技术提供了一种简便的方法：只需在地址栏中输入域名的实体部分，舍去前缀 www.和后缀.com 或.com.cn，即可达到访问该网站的目的。例如，中国互联网络信息中心（CNNIC）提供的“通用网址”、3721 提供的“网络实名”服务就是这样一种系统。为此，用户在一般情况下需在客户端免费下载一个专门软件，才能运转这类技术。有的服务商与微软公司合作，把该技术嵌入浏览器中，用户无需下载专门软件也能通过关键词进入相应网站。

由于这种系统已经具有了域名定位功能，具有商业标识作用，所以与商标权体系有着不可分割的联系。中国互联网络信息中心（CNNIC）也于 2001 年 8 月公布了《通用网址争议解决办法》（试行），并授权中国国际经济贸易仲裁委员会为争议解决机构。总之，通用网址、网络实名和有时也称为关键词的系统与其他民事权益（主要是商标）的冲突与域名和其他民事权益的冲突相类似。

5．商标在网络中的使用

由于商标有明显的地域性，即在某一特定国家或地区范围内被授权拥有专用权，但网络的使用却具有全球性。因此是否在网络上的有效使用会构成在所有国家的使用呢？如果这个答案是肯定的，那么一个商标在网络上的在先使用，可能会在很多普通法系国家产生法律效力，从而阻止其他人在这些国家使用和注册该商标，而这一点似乎也并不现实。另外，当数个在不同国家的厂商欲使用同一商标在网络上进行活动时，他们各自的商标权可能在网络发生严重的冲突。因此，国际上就商标在网络上的使用问题，世界知识产权组织有必要进行进一步协调。

8.2.3　网络与专利

1．计算机程序专利

随着网络的发展，仅用版权或者商业秘密的手段对软件和电子商务方法进行保护存在一定缺陷，如版权只保护软件的表现形式，而不保护软件的构思，而软件构思则是软件中最有价值的部分。所以专利法对软件的保护虽然刚刚起步，但其重要性已日益显示出来。

根据我国《专利法》第 25 条，智力活动的规则和方法不可以授予专利权。计算机程序就其程序本身而言，不论它以何种形式出现，都属于智力活动的规则和方法，在中国是不能获得发明专利的。与计算机程序有关的发明是指为解决技术问题，全部或部分以计算机程序处理流程为基础的技术方案。这些涉及计算机程序的发明，只要其符合专利法的三性（创造性、实用性和新颖性），都是有可能被授予专利权的。

涉及计算机程序的发明主要包括：①用于工业过程控制的；②涉及计算机内部运行性能改善的；③用于测量或测试过程控制的；④用于外部数据处理的；⑤涉及汉字编码法及计算机汉字输入方法的，其中第 5 种类型的涉及计算机程序的发明具有中国特色。

2．电子商务商业方法专利

根据《专利法》关于智力活动的规则和方法不可以授予专利权原理，一般而言，传统上组织、生产、商业实施和经济管理的方法及制度是不应当被授予发明专利权的。但目前借助于计算机系统和网络媒介实施的用于经营活动或处理财务信息的系统性技术方法是否被授予发明专利权在中国还有一定的争议。业界比较公认的意见是随着我国专利制度的发展，这种具有技术性并且具有一定高度创造性的商业方法在不久的将来是有可能获得发明专利权的。但是，仅仅将现有商业方法通过计算机软件来实现，由于缺乏新颖性和创造性是不能授予专利的。

3．网络与专利新颖性标准

我国《专利法》对专利新颖性的标准是一种混合标准，即没有在国内外出版物上公开发表过，也没有在国内公开使用过。如果在网络上发表，是否理解为在国内外公开发表，目前各国尚有不同意见。鉴于网络信息易变性，发表时间又难以查证，我国还未把网络公开作为一种正式发表的依据。但如果在我国互联网用户可以访问的网站上公开使用某项技术，是否可以理解为公开使用呢？如果使用的技术是他人的专利技术，是否构成侵权呢？看来，绝大多数人都会给以正面的答复。从这层意义上讲，只有同时承认网上公开也是一种公开更加符合逻辑。据了解，日本1999年修改的《专利法》规定网络上的公开构成新颖性的丧失。

8.2.4　网络与反不正当竞争

越来越多的学者认为，《反不正当竞争法》在一定程度上是对商标和著作权等知识产权法的有益补充。从前面相关章节中有关著作权和商标相关问题的分析可以看出，很多难以归结到侵犯商标权或者著作权的行为，如果违背诚实信用原则，是有可能违反《反不正当竞争法》的。

实际上，网络上不正当竞争行为的形式和数量越来越多。例如由于网络信息传播的简便性，商业秘密就可能更容易被泄露。网络黑客和企业内部员工都有可能利用网络泄露商业秘密，给企业造成巨大损失。

8.3　网络知识产权案例分析

虽然我国不是判例法国家，但法院的判例特别是在某一领域法规不够健全的情况下，在先的法院判例往往会对后来法院对类似案件的判决及对相关问题的法律研究都起到重要的参考作用。现将一部分中国法院已经判决的涉及网络知识产权的案例摘录如下。

8.3.1　瑞得（集团）公司诉宜宾市翠屏区东方信息服务有限公司著作权侵权纠纷案

原告：瑞得集团公司

被告：宜宾市翠屏区东方信息服务有限公司

案情简述：原告诉称被告的主页在整体板式、色彩、图案、栏目设置、栏目标题、方案、下拉菜单的运用等方面抄袭原告主页。而其栏目设置、栏目标题的实际链接指向又与原告的相去甚远，这些都严重的影响了原告的声誉和访问率，导致原告客户流失，给原告造成了损失，被告的行为侵犯了原告的著作权和商业信誉。原告提供了公证网页的证据。

判决概括：北京市海淀区法院于 1999 年 9 月 9 日作出判决。①原告的主页虽然所用颜色、文字及部分图标等已处于公有领域，但将该主页上的颜色、文字、图标以数字化的方式加以特定的组合，给人以美感，而不是依照客观规律对客观事实的简单排列，应是一种独特构思的体现，具备独创性；这一主页既可储存在 WWW 服务器的硬盘上，又可被打印在纸张上，说明该主页是可复制的；该主页能够被人通过 WWW 服务器上载到国际互联网上并保持稳定状态，可以被社会公众借助联网的计算机所接触，说明该主页具有可传播性，故该主页应视为受著作权法保护的作品，在没有相反证据的情况下，该作品的著作权应归其作者即本案原告所有。该主页首次上载到“瑞得在线”网站上的时间应确定为发表时间。②在庭审过程中被告并未举证证明原告指控侵权的内容由其独立创作完成或已处于公有领域，故应视为取自原告的主页。③被告并未取得原告的许可或向其付酬，而且出于商业目的，如设立了“征集广告”等栏目，故被告在该主页的发布过程中侵犯了原告的保护作品完整权、作品使用权和获得报酬权。④在国际互联网上，网页之间的链接是发布信息、提供服务的一种重要方式，而用于链接的独特的知名图标，体现了其权利人的商业信誉，依法应予以保护，但在追究他人侵权责任的过程中，权利人必须证明这种图标的知名度的真实存在和这种知名度被他人所假冒。在本案中原告虽提供了有关主页内容的新闻报道用以证明其所提供服务的知名性，但其并未举证证明被告使用相关栏目的图标进行了链接及链接网页的内容。

因此，最后，法院判决被告侵犯原告著作权，并赔偿 2000 元损失，但驳回了原告关于被告侵犯其商业信誉的请求。

简评：本案被很多人认为是大陆网页侵权第一案。本案也确实给人们很大的启示。①明确具有独创性的网页可以作为享有著作权的作品予以保护；②认定网页的著作权归属，并认为首次上载到网站上的时间应确定为该作品的发表时间；③将他人知名图标作为链接标志是有可能侵犯他人商誉权的或者违反《反不正当竞争法》的。

8.3.2　刘京胜诉搜狐爱特信信息技术（北京）有限公司侵犯著作权纠纷案

原告：刘京胜，中国国际广播电台西班牙语部翻译

被告：搜狐爱特信信息技术（北京）有限公司

案情简述：原告通过使用被告的分类搜索引擎链接服务，可以直接链接到未经原告许可而登载原告享有著作权的作品《唐·吉诃德》中文版的网页。原告认为被告侵犯其著作权，要求停止侵权，赔礼道歉并赔偿损失。

判决概括：2000 年 12 月 19 日，北京市第二中级人民法院作出判决。法院认为链接是在互联网上实现快捷的传递和获取各种信息的一种技术手段，是互联网的重要功能。被告提供的只是分类搜索引擎链接服务，被告网站仅是利用这种链接技术，将用户引导到提供信息内容服务的网站。从直观的表象上看，访问者是通过被告网站上网，并浏览到信息，被告是信息提供者。但是从技术角度讲，被告网站仅是提供了搜索服务的工具，

引导用户利用这个工具到其他网站或网页上去浏览相关的信息。此时这些信息并未存储在被告的服务器上，而是在上网用户自己的计算机内，临时生成被链接网站所载信息内容的临时复制件。因此，被告提供链接服务并不是将原告作品直接上载的复制的行为，也不是传播。此外，由于在互联网上网站之间具有互联性、开放性，网上的各类信息内容庞杂，数量巨大，要求网络服务提供者对所链接的全部信息和信息内容是否存在权利上的瑕疵先行作出判断和筛选是不客观的，网上信息内容有权利上的瑕疵时，主要应由信息提供者或传播者承担法律责任，仅提供网络技术或设施的服务商，一般不应承担赔偿责任。因此，本案被告设置链接的行为不侵害原告人的著作权。

本案原告在发现自己的作品被网站上载后，于2000年10月24日向被告提出侵权指控，被告理应在向原告作出解释的同时，积极采取措施停止与非法上载原告作品的网站链接，但被告却以法律并未规定链接是一种侵权行为为由，继续与上载原告作品的网站维持链接，直到11月30日才停止了链接。应指出，被告虽难以对其网站链接的信息内容加以控制，但完全有技术能力控制其网站与其他网站或网页的链接。在原告人提出其链接的网页上有未经权利人许可上载的作品的指控时，被告有责任及时地采取技术措施，停止链接，抑止侵权。但被告在得知原告的权利被侵害后，仍未积极地采取措施，致使侵权状态得以延续，这种结果对权利人是不公平的，有悖于民事主体的合法权利不受侵害的法律原则，被告应对其过错承担相应的法律责任。最后法院酌定判决赔礼道歉的方式和一定赔偿数额。

简评：有意思的是作出本判决的日期比最高人民法院颁布的《网络司法解释》生效日期（2000年12月21日）早两天，因此该判决也没有直接引用该《网络司法解释》，但显然该判决的精神和《网络司法解释》关于网络服务提供商在著作权侵权中的责任的规定是完全吻合的。

8.3.3 “safeguard.com.cn”域名纠纷案

上诉人（原审被告）：上海晨铉智能科技发展有限公司

被上诉人（原审原告）：P&G公司

案情简述：原审被告于1999年注册了“safeguard.com.cn”域名。而“舒肤佳”和“SAFEGUARD”是原审原告在中国的注册商标。

判决概括：2001年7月5日，上海市高级人民法院对此案作出终审判决：被上诉人使用在香皂商品上的safeguard\舒肤佳文字和图形组合商标系驰名商标。上诉人在注册域名前对safeguard本身不享有正当权利或合法利益。上诉人的域名注册行为不仅在主观上具有过错，而且在客观上足以导致公众对双方当事人关系的误认，使上诉人网站可以利用被上诉人的驰名商标及企业的商业信誉来提高其知名度，增加其点击率。因此，上诉人的域名注册行为违反了诚实信用的原则和公认的商业道德，不正当地利用了被上诉人的商业信誉，损害了被上诉人的商业利益，构成对被上诉人的不正当竞争，应承担相应的民事责任。

简评：本案被认为是首例法院终审判决的涉外商标和域名纠纷案；本案也是首例法院在处理纠纷案中确认一个商标为驰名商标的终审判决；本案还是首例法院确认不当域名注册为不正当竞争行为的终审判决。

8.4　国外网络知识产权管理状况

谈到国外网络知识产权的管理状况，我们认为除了世界知识产权组织的努力外，美国、欧盟和日本的立法对我们都有很重要的借鉴作用。

8.4.1　著作权

为迎接数字网络技术对著作权的挑战，世界知识产权组织于 1996 年组织制定了 WCT 和 WPPT。其中 WCT 主要是关于对书籍、计算机程序、电影、音乐以及美术作品等的文学和艺术作品的作者提供保护；WPPT 则保护一些“相关”权利，主要是表演者和录音制品制作者的权利。WCT 和 WPPT 分别于 2002 年 3 月 6 日和 2002 年 5 月 20 日正式生效。WCT 和 WPPT 对很多国家的版权立法产生一定影响，如 1998 年美国《数字千年版权法》，2001 年欧盟通过的《关于协调信息社会的版权和邻接权若干方面的指令》、日本的《著作权法》的修改和我国《著作权法》的修改等。一般认为，WCT 和 WPPT 对网络知识产权发展的贡献主要表现在复制权、网络传播权、技术措施和权利信息管理这几个方面，因此以下也主要是从这几个方面谈谈国外网络著作权的管理状况。

1．复制权

各国代表最后形成了关于复制权的“议定声明”，即《伯尔尼公约》第九条规定的复制权及其例外完全适用于数字化环境，尤其适用于数字化形式使用的作品。而《伯尔尼公约》第九条规定作者的复制权是以任何方式和形式复制其作品的权利。因此，复制应该包括网络上的各种暂时，自动生成的复制，但根据《世界知识产权组织议定的声明》即《伯尔尼公约》第九条第二款规定的关于权利限制的“三步法”原则，同样适用网络环境下的权利限制。“三步法”是指：对权利的限制应当属于特定情形；不能与作品、表演或录音制品的正常利用相抵触；不能不合理地损害作者、表演者和录制者的合法利益。因此，很多暂时自动生成的复制可能是因为合理使用或权利限制而免于侵权责任。

美国《数字千年版权法》针对网络传输中复制的特点对复制权进行了多方面的限制，具体包括：就网络服务提供者所作的特殊规定；就计算机维护及修理所作的特殊规定，就广播电台、电视台等传输组织的“暂时性复制”所作的进一步规定；就图书馆和档案馆所作的特殊规定。

欧盟的《关于协调信息社会的版权和邻接权若干方面的指令》对复制权的限制也非常具体，涉及到暂时的、随附的网络传播时的复制；个人使用；图书馆和档案馆等多个方面。

2．网络传播权

WCT 和 WPPT 的相关条款规定：在不损害《伯尔尼公约》赋予作者的各项传播权的情况下，文学和艺术作品的作者应享有专有权，以授权将其作品以有线或无线方式向公众传播，包括将其作品向公众提供，使公众中的成员在其个人选定的地点和时间获得这些作品。鉴于数字传输的复杂性难于定性为向公众的播放权（the right of communication to the public）或发行权（right of distribution），知识产权专家倾向采取较为中立的方法，而法律解释留给各国去解决，WCT 将这种解决办法称之为“保护伞解决方案”，中国为此在 2000 年修改著作权法时，专门引入了新的网络信息传播权。该专门权利即涵盖了播放权，也包括了复制权。

美国 1995 年公布的《知识产权和国家信息基础设施》的报告认为没有必要就作品在网络上的传播再另外规定一种权利，著作权人现有的发行权、公开表演权和公开展示权等传播权足以覆盖这种新的传播方式。因此，美国《数字千年版权法》也没有创设新的网络传播权。但美国法院已经通过判例扩大解释传统传播权。

与美国不同的是，欧盟选择了创设新的传播权，即《关于协调信息社会的版权和邻接权若干方面的指令》第三条规定的公众传播权：著作权人享有的授权或禁止以有线或无线方式向公众传播作品，包括让公众中的成员在其个人选定的地点、时间访问作品的方式以及获得这些作品的权利。所以可以看出，公众传播权包括了传统的各种广播行为。公众传播权的主体包括作者、表演者、唱片录制者、电影制片人和广播组织者等。另外，与发行权不同的是，任何向公众传播的行为不会使公众传播权的权利用尽。日本的《著作权法》作出了与欧盟类似的规定。

3．技术措施

根据 WCT 和 WPPT 的相关条款，缔约各方应规定适当的法律保护和有效的法律补救办法，制止规避由作者为行使本条约所规定的权利而使用的、对就其作品进行未经该有关作者许可或未由法律准许的行为加以约束的有效技术措施。因此，WCT 和 WPPT 实际上只是要求成员国给予技术措施提供适当的法律保护和有效的法律补救办法，至于具体的办法和程度由成员国自己规定。

由于美国认为没有必要创设新的传播权，所以美国认为，技术措施和权利管理信息的内容对网络著作权非常重要，因而也对这两个方面进行了详细的规定。美国《数字千年版权法》将技术措施划分为控制访问的技术措施和控制使用的技术措施，适用不同条款；另外该法还将破解技术措施的行为和制造、提供用于破解技术措施的装置或服务的行为区分开，以区别对待。

欧盟的技术措施保护立法也比较完善，其中包括《软件指令》、《关于信息社会的著作权和邻接权的绿皮书》、《关于协调信息社会的版权和邻接权若干方面的指令》、《著作权指令草案》和《有条件访问指令》等相关法规。

4．权利管理信息

WCT 和 WPPT 对权利管理信息进行了界定，指出“权利管理信息”系指识别作品、作品的作者、对作品拥有任何权利的所有人的信息，或有关作品使用的条款和条件的信息，以及代表此种信息的任何数字或代码，各该项信息均附于作品的每件复制品上或在作品向公众进行传播时出现。因此，WCT 也只是要求成员国给予适当和有效的法律补救办法，制止任何明知或应知的对权利管理信息进行破坏的行为。欧盟《关于协调信息社会的版权和邻接权若干方面的指令》进行了类似的规定。

美国《数字千年版权法》对权利管理信息的保护，不但禁止 WCT 和 WPPT 所禁止的故意去除或改变权利管理信息的行为，故意传播已被去除或改变权利管理信息的作品、表演或录音制品的行为，而且还禁止提供和传播虚假权利管理信息的行为。美国《数字千年版权法》还对权利管理信息进行了比 WCT 和 WPPT 的范围更广的界定。

8.4.2　专利权

由于美国专利法的保护范围非常广泛，所以经营方法也是在专利保护的范围内。特别是计算机程序获得了专利保护后，与计算机相关的电子商务方法的专利申请不断涌现。1999 年“T&T”案件中，美国法院认为虽然美国的专利法不保护抽象的算法，但将算法应用于新的和实用性的目的有获得专利保护的可能性。

《欧洲专利公约》第 52 条第 2 款规定，游戏规则、商业方法和计算机程序等不属于授予专利权的发明。欧洲专利局虽然也授予一些类似“商业方法”的专利，但授权的标准是这些发明，是使用特定技术手段，解决特定技术问题并具有技术效果的发明，此外这些发明还必须满足创造性的要求。

一般认为，目前日本对商业方法专利的态度是界于美国和欧洲之间的。但由于这 3 家专利局的研讨、交流，三地对商业方法的专利似乎有趋同的意向：只有具有技术性的通过计算机实施的商业方法才能受到专利保护，仅仅使用公知的自动化技术完成一项公知的人类交易活动不具有可专利性。

（中国互联网协会　高卢麟

东方亿思知识产权事务所　添先进）

第二篇

应 用 篇

第 9 章　中国企业信息化发展状况

经过近 30 年的探索，我国企业信息化从理论到实践都有了长足的进步。进入新世纪后，伴随信息技术的飞速发展和全球一体化进程加速，企业信息化加快发展的外在压力、内在动力、经济和技术基础均已具备。国家适时果断提出的“信息化带动工业化”战略，无疑为推动我国企业信息化注入了一副强心剂。围绕这一战略的实施，各级政府对企业信息化的重视程度明显增强，企业信息化的内外部环境显著改善。我国企业信息化已从 20 世纪 90 年代后期的逐步升温阶段进入到一个全面加速推进的新阶段。但从总体上看，由于我国工业化基础相对薄弱，信息化建设时间不长，与发达国家相比我国企业信息化建设的水平还有很大差距，距离信息化带动工业化战略任务的全面完成还有很长的路要走。

9.1　信息化带动工业化战略及其实施状况

信息化带动工业化战略的提出，既是应对全球信息技术革命的客观需要，也是解决我国现代化建设中诸多矛盾的内在要求，更是我国加速实现现代化的一次重大战略调整。这一战略提出后，立即在全国上下引起强烈反响，新闻界宣传力度很大，理论界加紧研究探讨，国家层面、行业层面、各级地方政府都逐步提出了相应的政策推动。从近年的执行情况看，这一战略已经深入人心，实际运作中也取得了局部成效。但从战略层面看，这一重大课题还没有真正破题，全面解题还需要一个过程。

在 2000 年 10 月召开的十五届五中全会上，国家第一次明确提出信息化带动工业化战略。10 月 9 日，朱镕基总理在向十五届五中全会所作的《关于制定国民经济和社会发展第十个五年计划建议的说明》中首次提出了以下战略命题。①信息化是覆盖现代化建设全局的战略举措。②信息化是最重要的战略机遇，抓住这个机遇就可以实现跨越式发展。③信息化与工业化要互相促进、共同发展。④提高信息化水平的重点是在全社会广泛应用信息技术。10 月 11 日，五中全会正式通过了《中共中央关于制定国民经济和社会发展第十个五年计划的建议》，信息化带动工业化的战略被正式确认下来。

《建议》指出：“大力推进国民经济和社会信息化，是覆盖现代化建设全局的战略举措。以信息化带动工业化，发挥后发优势，实现社会生产力的跨越式发展。”

从 2000 年 10 月首次提出“信息化带动工业化”战略理念至今，这一战略在我国取得了很大进展。部分地区实施“信息化带动工业化”战略的一些具体做法是很有成效的。

● 江苏 省政府在 2001 年就推出了《关于加快信息化带动工业化的意见》，并召开“全省信息化带动工业化会议”对《意见》进行贯彻落实。这次会议提出了江苏省在信息化带动工业化方面的主要目标。2003 年 11 月召开的江苏省信息化带动工业化工作会议提出，今后江苏省每年将组织实施 100 项重点信息化项目，引导和推动 120 家企业信息化和电子商务示范试点工作，开发 50 项重点数字化新产品，建设一批面向中小企业的信息化技术服务平台，把江苏省建设成为国内信息化带动工业化的先导和示范区。

● 重庆 市政府制定了《信息化带动工业化发展规划》，2002 年还确定了 400 个工业结构调整重点项目，并从中选择 80 个项目作为信息化带动工业化重点实施项目，进行重点的跟踪、考核、服务和支持。

● 河南 组织实施了制造业信息化关键技术研究及应用示范工程，加大对电子信息技术研究与开发的支持力度，到 2002 年底认定高新技术产业化重点项目 237 项，累计投入贴息资金 1.67 亿元。

● 辽宁 为了推进企业信息化专门成立了专门机构，建立了实质性的操作机制，选出 182 家企业作为首批试点，通过百家企业示范带动千家企业上信息化，拉动 100 亿元的信息投资，省政府还设立了信息化专项资金，支持传统企业实施信息化。

● 天津 瞄准高目标构建并运行电子政务平台、电子商务平台及社会信息资源共享平台，建设和启动十大信息应用工程，完善六大信息化保障体系。

● 湖南 2003 年一季度省委中心组学习的主题就是“信息化与新型工业化”。2003 年 11 月 27 日“2003 年湖南省信息化带动工业化高峰论坛”提出：2003 年至 2007 年，全省信息化和信息产业重点项目计划投资 470 亿元。到 2005 年，全省电子政务的框架基本形成；2007 年 “网上湖南”的框架基本形成，信息产业占全省 GDP 的比重由现在的 3%提高到 6%以上；2010～2015 年，全省国民经济和社会信息化框架基本形成，信息化达到全国中上水平。

● 上海 2004 年 2 月 17 日，上海市制造业信息化工程会议称，到 2005 年上海将有 80%的企业采用信息化工具进行产品开发和企业管理。上海市政府决定，在目前全市 150 家信息化示范企业的基础上扩大信息技术的推广应用。今后两年，市科委、市经委、市信息化委员会三家联合将为 1 000 家企业提供技术服务，使全市大型企业全部实现信息化。

总体上看，近几年“信息化带动工业化”实践在以下几个方面取得了成效。

一是理论研究蔚然成风，信息意识普遍提高。

二是信息化建设倍受关注，专项规划纷纷出台。

三是信息产业继续保持快速增长，对经济拉动作用明显增强。2003 年全行业实现销售收入 1.88 万亿元，增长 34%；完成工业增加值 4 000 亿元，增长 34%；全行业完成工业增加值占全国 GDP 的比重由 2002 年的 3%上升到 4%，在国民经济增长 9.1 个百分点中的贡献由 2002 年的 0.39%上升到 0.64%。

四是政府推动力度加大，政策措施导向明显。从国家层面看，原经贸委对 520 家重点企业的支持政策、科技部推出的“制造业信息化工程”以及信息产业部等提出的政策措施都发挥了较好的引导和支持作用。各地政府部门为推动本地“信息化带动工业化”战略的实施提出的措施更是多种多样，有些已取得了明显成效，创造和积累了一些经验。

五是试点示范工程加快推进，引领带动作用初步体现。除“制造业信息化工程”2 000多家示范企业外，各地也多以重点骨干企业为主题推出了多种示范工程。

六是企业信息化普遍升温，投资力度明显加大。

此外，全国范围内的信息基础设施建设、关键技术开发和公用平台建设等方面与前几年相比也取得了长足进步。

但从另一方面看，信息化带动工业化战略的实施也还存在一些问题，突出表现在以下方面。一是理论研究仍需加强，尤其是在信息化带动工业化的边界、内涵、目标设定、战略路径、统计指标体系和评价指标体系等方面。二是尽管行业上、地区层面上有了一些推进措施，但国家整体上推进战略实施的统一方案还不是太明晰。三是我国信息化总体水平尤其是企业信息化总体水平还不高，发展也不平衡，不同行业、不同地区、不同企业规模间的信息化水平存在很大差距。四是以传统工业化方法推进信息化建设的痕迹还比较明显，使信息化建设的风险加大。五是对中小企业的关注不够。六是相应的法律法规和标准体系建设跟不上形势发展需要。

9.2 企业信息化概述

近几年，我国企业信息化建设处于加快推进阶段，但总体水平与发达国家相比仍有很大差距。

9.2.1 中国企业信息化发展现状

9.2.1.1 中国企业信息化所处阶段的基本判断

大型企业信息化总体上跨入中级阶段门槛。企业内部信息资源整合达到了一定程度，内部网络建设水平较高。其中一部分（三成左右）企业跨入信息化高级阶段的门槛，即企业内外信息资源整合达到了一定程度，以 ERP 为代表的大型管理系统软件得到应用。当然，仍有极少部分企业（不足一成）处于信息化的初级阶段，即独立的业务应用系统建立并发挥了一定作用。全国制造业信息化工程协调领导小组的报告显示，制造业企业每百人计算机拥有量 2002 为 14.38 台，计算机联网率达到 57.05%。计世资讯（CCW Research）的调查表明，我国大型企业中 92.5%建设了企业内部网；76.3%使用了财务管理软件；73.8%建设了企业外部网站；36.5%建设了 ERP（企业资源规划）系统；28.8%建设了 Call Center（客服中心）系统；20%建设了制造管理系统；12.5%建设了 CRM（客户关系管理）系统；11.3%建设了 SCM（供应链管理系统）。

中小企业信息化水平还处在初级阶段。真正实现 CAD、OA、MIS 系统的企业在全国 1000 多万中小企业中所占的比例还不足 10%，ERP 实施率不足 3%，近一半的企业没有配备计算机。

与国外水平相比差距较大。我国企业在信息化方面的投资只占总资产的 0.3%，比发达国家的 8%～10%相差甚远。我国大中型企业目前仅有 15%基本实现了信息化，中小企业实现信息化的比例不足 5%。机床数控化率只有 5%，低于世界平均水平的 7%，与发达国家 50%的水平相差更远。

总体上处于初级阶段。综合对大型企业和中小型企业信息化发展的分析，目前我国企业信息化达到国外先进水平的不足 1%；进入高级阶段的不足一成；跨入中级阶段门槛的企业比例大致在三成左右；处于初级阶段水平的企业比例大致在 30%～40%；仍有 20%～30%的企业停留在单机应用的起步阶段。总体来看，目前我国企业信息化建设水平尚处于由初级阶段向中级水平的过渡阶段。

9.2.1.2 信息基础设施建设水平

外部网络环境不断改善。2003 年底，我国互联网国际出口带宽总量已达到 27 216Mbit/s，是上年末的 1.9 倍，是 1997 年的 1 000 多倍。这意味着我国互联网通信线路的更加畅通和上网速度的不断提高，企业信息化的外部网络环境不断改善。

大企业信息基础设施建设状况较好。有关调查资料显示，我国大型企业每百人计算机拥有率和入网率已接近国外先进水平。大多数企业建立了内部网、外部网、企业门户网站。各类网络的覆盖率和业务应用范围加大，已支持到企业的各个层面，尤其是企业的管理部门和核心业务。大多数企业的网络接入方式都达到了一定的水平，带宽加大，近 80%的企业内部网主干带宽在 100Mbit/s 至 1 000Mbit/s，多数企业桌面带宽达到 10Mbit/s 至 100Mbit/s。

中小企业信息基础设施建设存在比较大的差距。有关调查显示，中小企业没有建立内部局域网的在六成以上，接入互联网的企业不到一半，还当一批小企业还没有配备计算机。总体上看，中小企业由于资金和经营规模等因素的影响，信息基础设施建设水平不太高。

不同地区差别较大。在经济发达地区，如在东部沿海地区以及经济发达的城市（如北京、上海等大城市），企业的联网数大大超过全国平均水平，而西部不发达地区则差距明显。

9.2.1.3 企业信息化投入情况

投入力度不断加大。根据原国家经贸委经济信息中心第 4 次调查，570 户企业 2002 年计划投入比 2001 年增长 28.4%，2003 年计划投入比 2002 年增长 20%，年平均增长率 24.2%。2003 年 6 月全国制造业信息化工程协调领导小组的报告显示，企业信息化投入由 2001 年平均每家企业 177.9 万元增加到 2002 年的 219.4 万元，增长 23.28%。随着中小企业对信息化认识的提高，投入力度也在不断增大。

投入水平相对较低。从投入占总资产的比重看，我国大型企业不到 1%，发达国家约为 8%～10%。从信息化投入占全年总投入的比重看，我国大企业在 2%左右，发达国家在 10%～30%。根据上海企业信息技术应用调查报告（1 700 多个样本，50 万个数据），目前上海近半数企业的 IT 投资尚不足其销售额的 0.1%，与国际上发达国家企业平均水平的 2%～5%有明显的差距。

9.2.1.4 应用系统建设概况

CAD/CAM 推广应用情况良好。目前我国全国大中型建筑规划设计院已基本普及了 CAD 技术，在建材、冶金、化工和机械等行业大都实现了计算机辅助设计系统，全国已有 10 000 多家单位甩掉了图版，取得了良好的社会效益和经济效益。

财务管理软件应用较好。特别是大型企业在财务管理软件方面的投入较多，且普遍对财务管理软件持积极的认同。

客户关系管理系统有待进一步完善。造成目前中国企业在客户关系管理方面不足的主要原因一是企业在这方面资金投入不足；二是缺乏综合性人才和适合本企业特点的软件，系统维护与深度开发跟不上。目前一些企业仅仅保存了客户资料，但还未做到对于客户行为和需求动态数据库的实时分析。

CIMS 普及率不高。即使是大企业，普及率也不足 40%。原因一是对 CIMS 认识不足；二是无力承担高昂投入或企业在该方面资金投入不足；三是缺乏相应人才和适合本企业特点的软件，系统维护跟不上；四是新旧管理模式的转变存在较大困难。

MRP/MRPⅡ/ERP 有了长足进步。我国企业引入 MRP/MRPⅡ开始于 20 世纪 80 年代中期，目前约有上千家企业建立了自己的 MRPⅡ系统。近年来，国内一些行业领头企业多数建设或准备建设 ERP。随着本土化的推进，相当一批中小企业也开始实施 ERP 或准 ERP。随着投资理性趋强和技术不断成熟，建设效果也有了明显提高。

电子商务刚刚起步。我国电子商务目前还停留在对安全、保密、认证和法律等是否成熟可靠的讨论探索阶段，实际应用相对较少很少，总体上处于初级阶段。

9.2.2 中国企业信息化发展的经验与存在问题

9.2.2.1 我国企业信息化发展的成功经验

从大量案例分析看，一般来讲成功实施企业信息化都做到了以下几点。

- 统筹规划，分步实施。简言之就是要制定企业信息化的总体规划，对建设过程中可能出现的问题给予充分估计，然后分阶段逐步实施。

- 目标明确，重点突破。信息技术是手段，应服务于企业目标，如果目标不明确，宁可缓上或不上，否则即使勉强上了，也会产生一系列问题。明确目标后，还要选准突破口，从企业最急需解决的问题入手。

- 需求导向，重在实效。在全新管理思想的指导下，信息化方案的集成度越来越高，涉及到企业核心业务的内容越来越细化，在方案制订、实施的过程中，如果吃不透企业内部流程，不了解企业的真正需求，就谈不上流程的改造与实施，也难以真正达到企业信息化的目标。

- 一把手工程，领导带头。由于企业信息化不仅仅是计算机网络的建立和软件的开发，更重要的是新型管理制度的建立以及业务流程的重组，这一系列工作如果没有企业一把手的支持就很难开展。企业一把手的高度重视、直接决策、宣传推动和组织实施，对企业信息化建设至关重要。

- 全员参与，协调配合。与“一把手工程”相对应，全员参与也十分重要。企业信息化建设是一个系统工程，涉及到企业的方方面面，特别是对于大企业，信息资源的采集、处理、共享本身就要求全员参与。如果企业上下无法在“信息化能给企业带来怎样的价值”这个问题上达成一致，信息化建设和应用效果将大打折扣。

- 创新组织，创新流程。企业信息化是技术问题，更是管理问题，要推进企业信息化，就必须把企业的技术创新、管理创新和制度创新结合起来。现在越来越多的企业对信息化推广模式进行了转变，不是一味要求解决方案适应企业现有体制，而是针对实施目标主动率先改变管理模式和流程。

- 持续投入，不断提升。企业信息化是一个永无止境的技术提升过程，不能一蹴而就。企业信息化的投入具有多阶段持续投入和多方位投入等特点。企业信息化效用的发挥需要不断“养护”，企业信息化必须要有投入，并且要持续的和多方位的投入，不可能一劳永逸。

● 标准先行，规范运作。企业信息化建立在基础管理规范的基础上，才能保证信息数据的准确性、可靠性，从而为分析和利用数据、信息提供充分的依据，支持管理决策。

● 选好供应商，保障持续服务。IT 厂商不仅是软件提供商，更是软件服务商。初期建设完成后，后期服务质量是信息化成败的重要因素。

● 产品适用，技术适用。企业信息化能否成功或说信息系统能否发挥作用，并不完全取决于产品本身技术的先进性，而在于产品是否适用于企业的业务和管理，同时企业是否能承受实施软件系统时的资金、技术水平和产品应用等。

从外部而言，国家的重视程度、政府支持力度、外部基础环境的完善程度等也是影响企业信息化成败的重要因素。

9.2.2.2 中国企业信息化存在的主要问题

我国企业信息化也存在不少问题，主要有以下内容。

● 认识不足。对信息化作用和意义的认识不足，既可能造成不重视，也可能造成期望过高；对信息化艰巨性和复杂性的认识不足，既可能产生畏惧心理，也可能导致盲目冒进。这些都可能是企业信息化建设中的致命伤。

● 人才短缺。企业信息化人才短缺可能导致项目建设难以为继，也可能导致过分依赖合作伙伴。

● 重硬轻软。过多地重视硬件投入，对软件的投入不够，形象有了却运转不起来，发挥不了实际效用。

● 重建设轻应用。建设阶段投入充足，而运行维护和管理提升跟不上，相应的业务系统开发和资源开发不被重视。

● 标准滞后。没有标准规范导致大量信息孤岛存在，无法实现互联互通和资源共享。

● 培训力度不够。中高级领导理念、企业 IT 能力、管理流程、系统维护能力等培训方面的投入对企业信息化至关重要，许多企业因这方面的投入不够而事倍功半。

● 贪大求全求高。盲目追求“一步到位”，贪大求全，致使投入产出不成正比，大量功能闲置。

● 被动接受。对自身需求无清醒认识，受制于服务商。

● 缺乏统一领导。部门自行其事，造成大量“信息不对称”，既不利于信息共享，也浪费了大量资金。

● 简单引进。由于我国企业信息化水平与国外先进水平相比有比较大的差距，因此一些应用系统多为国外引进产品，本地化的水平还不够高，而由于中外企业管理理念的差别，往往会导致“消化不良”现象。

另外，企业本身的管理滞后，社会环境的不完善、信用制度的不健全等也是企业信息化过程中面临的突出问题。

9.2.3 国外企业信息化发展的现状与先进经验

发达国家企业信息化发展也大体上经历了单机应用（20 世纪 70 年代及以前）、集成应用（20 世纪 80 年代）、信息高度共享（20 世纪 90 年代）和电子商务（进入新世纪以来）几个阶段。总的来看，发达国家企业信息化水平要高得多，一直起着引领的作用。

从世界经济论坛最近几年发布的“网络化准备指数（Networked Readiness Index，简称 NRI）[1]”看，西方主要国家的企业信息化相关指标排名都在前列。在所有相关子指标的排名中，前 10 名都是发达国家，发展中国家没有一个单项能够进入前 10 名，只有个别发展中国家有个别单项进入前 20 名。

到上个世纪末叶，美国几乎所有大企业都实现了办公自动化，一些跨国公司还实现了虚拟办公室；在计算机辅助制造领域，已基本建成数字化和网络化系统，企业信息化单项应用领域已达较高水平。在 CIMS 应用领域，美国有 10 家企业实施，但日本在这方面通过消化吸收成为这一领域的最大赢家。20 世纪 90 年代后期以来，ERP 的网络功能增强使其成为企业信息化的明星，目前在世界 500 强企业中有近 80%的企业采用了 ERP 管理软件。

推广电子商务是进入新世纪后各国政府推动企业信息化的重心。目前美国企业信息化已进入比较高级的阶段，60%的小企业、80%的中型企业、90%以上的大企业已借助互联网广泛开展电子商务活动，其中 B2B 占电子商务总额的 80%以上。在亚洲，韩国完成了钢铁、船舶、电子、汽车、机械、电力、纤维、生物工程及流通等重点产业的电子交易平台建设，日本 B2B 和 B2C 交易都已达到相当规模。

集成化、网络化、智能化、虚拟化将是各国企业信息化发展的共同努力方向。

从发达国家推进企业信息化的实践看，其成功经验对发展中国家有很好的借鉴作用。

——政府大力推动。发达国家十分重视政府的推动并制定相应的政策给予大力支持。这方面的作用一般表现在规划计划、人才培训、政府投入等方面。如美国政府在 1997 年推出了“全球电子商务框架”文件，强调电子商务发展应政府引导，民间为主。美国商务部很早就组建了 CIMS 技术传播中心，对企业老板和员工进行必要的教育、培训和指导。法国政府在 1998 年拿出 5 000 万法郎用于帮助中小企业接入互联网，另外再拿出 2 000 万法郎专款资助法国外贸企业建设互联网站点，以引导企业广泛利用计算机和网络技术。日本、英国、韩国、芬兰等国家都制定了相应的发展规划和扶植政策。

——企业积极跟进。发达国家大企业信息化投入占总资产 8%～10%。美国企业信息设备占企业资本支出的比例从 1993 年的 33%快速增长到 1998 年的 58%，成为全美企业最大宗的资本支出。每年花费在员工培训上的经费达 2 100 亿美元，其中近 2/3 是各公司自己支付的。

——重视外部环境完善。从战略的高度推动信息化的基础设施建设，使得企业及社会成员能充分享受到信息技术的发展对人们所带来的好处。美国所有学校、医院、诊所和图书馆的实现了互联，建立了功能强大的数据通信骨干网，同时还在不断进行改造和提高。发达国家计算机普及率、上网人数等都名列前茅。法国在 1998 年就实现了所有政府表格均可以在互联网上得到，公民通过网络获得政府的电子服务。此外，各国还非常重视推进相关法律、法规及标准体系方面的工作，极大地推进信息技术的扩散及企业的信息化。

1 NRI 有三个方面的子指数构成，分别是环境（包括市场、政策和基础设施）、准备度（包括个人、企业和政府）、使用度（包括个人、企业和政府）。

——重视信息化机制建设。为推进企业信息化，发达国家的企业大都设立了首席信息主管（CIO）职位，专门负责企业的信息化管理工作。到上个世纪末，世界500强企业、美国所有大企业几乎都建立了CIO机制。

——重视对中心企业信息化建设的支持。关注中小企业，几乎是所有发达国家在推进信息化过程的共同做法，都有相应的政策和投入保障。

9.3 中国企业上网发展状况综述

企业上网是指企业利用互联网开展的各种经营活动的总称。按照这一定义，企业在企业内网、没有与互联网连通的行业专网等上面开展的活动均不属于企业上网范畴。

从形式上看，企业上网可分成连接互联网、设立网页、建立独立网站等多种模式。从目的上看，企业上网又可分成查询信息、对外宣传、加强联系、网络服务、网络营销、网络化管理和全面电子商务等多种。

我国企业上网几乎与互联网在我国的应用保持着同一进程，大致开始于20世纪90年代中期。在开始的几年里，大多数企业上网主要是完成两项任务，一是连上互联网并从网上查询有关信息，二是设立网页对本企业进行有限宣传。随着互联网用户的增加以及人们对互联网认识的加深，网络营销开始引入。2000年，经贸委、科技部、信息产业部等联合有关网络服务商共同发起“企业上网年”，企业上网的数量得到大幅提升，上网内容和用网程度也得到丰富和提升。部分信息化水平较高的企业开始利用互联网实施跨地域甚至全球性管理，网络化程度已达到国际先进水平。但对于大多数企业来说，还远没达到这个程度。总体上看，我国企业上网的规模、层次、水平与发达国家相比还有很大差距，对互联网的利用还有很大的潜力和空间。

9.3.1 2003年企业上网的特点

2003年，是国民经济快速发展的一年，也是全国人民全力以赴抗击“非典”的一年。从调查统计结果看，这两个因素都有力地促进了我国企业对信息网络的建设与应用，企业上网实现了快速发展，企业利用信息网络的总体水平提高了。

9.3.1.1 企业互联网站高速发展

根据中国互联网络信息中心（CNNIC）的统计报告[2]，截止2003年12月31日，全国企业互联网站数为411 185个，比2002年同期增加119 862个，增长41.14%（见图9.1）。企业网站占全国网站总数（595 550个）的比重为69%，这个数字基本上可以反映我国企业在互联网上建立网站的规模水平。为应对“非典”疫情的冲击，我国企业应用互联网的力度明显加大，企业对外网站数量在2002年底高速增长（25.51%）的基础上，2003年上半年增速仍达到13.31%，比2002年同期多出5.74个百分点（见图9.2）。据统计，全国纺织企业已经建立独立网站的有12 500家，增长15.6%。在有规模的纺织企业中（23 800户），约59%的企业建立了互联网站。

2 参见中国互联网络信息中心：“中国互联网络发展状况统计报告”（2004/1、2003/7、2003/1、2002/7、2002/1、2001/7），http//www.cnnic.com.cn。

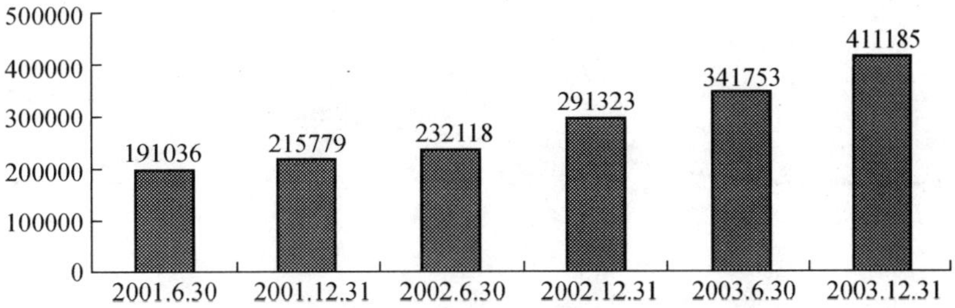

图 9.1 2001～2003 年企业网站数量增长情况

数据来源：中国互联网络信息中心（CNNIC）。

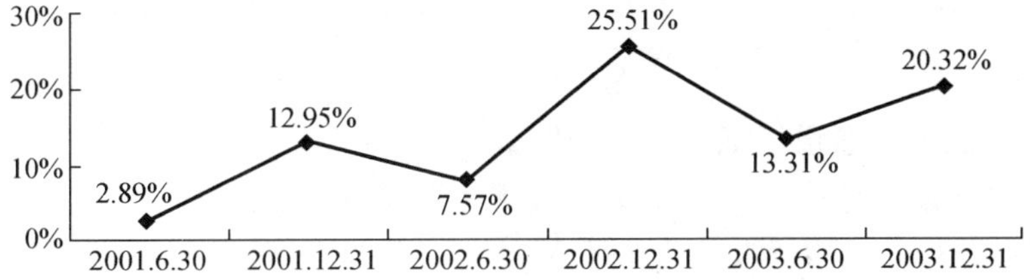

图 9.2 2001～2003 年企业网站数量增长速度

数据来源：中国互联网络信息中心（CNNIC）

9.3.1.2 制造业上网用户快速增长

2003 年，在上网用户总数中，制造业用户占 12.8%，比 2002 年增加 1.7 个百分点，增长 15.3%。从 2001～2003 年看（见图 9.3），三年来制造业上网用户所占比重不断增加，用户数快速增长，这说明企业信息化工程（2000/1）、企业上网工程（2000/7）、制造业信息化工程（2001/4）等政策措施对制造业信息化特别是企业上网产生了明显的推动效果，制造业对互联网的投入力度在加大，应用正在加强。

9.3.1.3 批发和零售业上网用户锐减

相比之下，2002～2003 年，批发和零售业上网用户占总数的比重却连连下降（如表 9.1 和图 9.3 所示），从 2002 年上半年的 14.6%一直下滑到 2003 年底的 7.9%，降幅高达 45.89%；上网用户从 2002 年的 697.38 万个减少到 2003 年的 628.05 万个，净减 69.33 万个用户，下降 9.94%。

表 9.1 2001～2003 年制造业、批发和零售业上网用户比例

时　　间	制造业上网用户比重	批发和零售业上网用户比重	当期上网用户总数（万）
2001.6.30	8.1%		2 650
2001.12.31	8.2%		3 370
2002.6.30	10.0%	14.6%	4 580
2002.12.31	11.1%	11.8%	5 910
2003.6.30	11.8%	9.6%	6 800
2003.12.31	12.8%	7.9%	7 950

数据来源：中国互联网络信息中心（CNNIC）

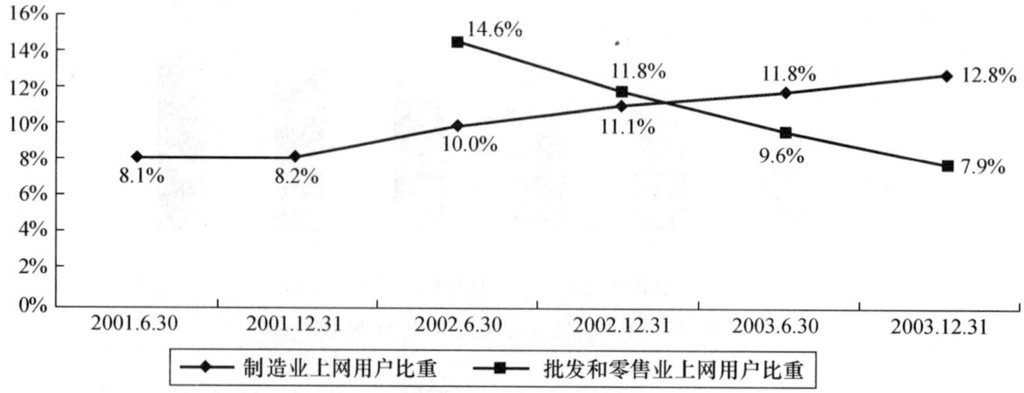

图 9.3　2001～2003 年制造、批发、零售业上网用户比重

9.3.1.4　企业上网增强了抵御“非典”能力

针对“非典”疫情造成的各种不确定因素，各级政府和各地企业迅速利用信息网络开展电子商务（EB），克服“非典”的不利影响。在 2003 年 4 月第 93 届广交会期间，商务部以中国对外贸易中心、中国国际电子商务中心和中国机电商会等三家单位主办的网站为基础，建立广交会电子商务平台，帮助国内外企业开展网上洽谈和网上成交。同时，通过网站提供信息发布、联系客商和组织洽谈等服务，使参展商和未到现场的客户保持沟通，建立联系，增加贸易机会。在 15 天的展会中，以上三家网站的访问量达到近 6 000 万次，比上一届广交会增长 48%，网上确认成交或网上意向成交超过 3 亿美元，成为现场广交会的有力补充。无锡市为支持中小企业应对“非典”冲击波，全力以赴提前建成中小企业信息化平台，首批 1 000 多家中小企业已登录该平台。

根据中国纺织工业协会的调查分析，在 SARS 疫情发生的情况下，企业应用信息网络的效果更为明显，调查的 55 个企业中，有 54 个企业有各种信息化建设项目，比如局域网、办公自动化、MIS、ERP 及电子商务等。在此期间，企业网站访问量增加的有 27 个，占 50%；通过 E-mail、网上访问获得业务的有 36 个，占 68%；网上电子商务量增加的有 22 个，占 42%；企业洞察力和迅速反应能力增强的有 20 个，占 38%；决策更及时准确的有 10 个，占 19%；管理更有效的有 16 个，占 30%；成本降低的有 18 个，占 34%；资源整合更为有利的有 10 个，占 19%；远程运作更有效的有 14 个，占 26%[3]。

9.3.1.5　企业电子商务（EC）成果显著

以石油、石化行业的企业电子商务为例。据统计，中国石油电子商务网 2002 年实现网上采购 106 亿元，销售 87 亿元，直接节约采购成本 6.7%；截止 2003 年 9 月底，网上采购 104 亿元，销售 30 多亿元。中国石化集团公司的物资采购、石化产品销售两个电子商务系统成绩斐然，截止 2003 年 9 月底，网上采购成交 373.55 亿元（节约近 10 亿元），网上销售成交 472.39 亿元。

3　参见杨纪朝：“在全国纺织行业信息化推进工作会议上的讲话”，2003 年 10 月。http://www.cntextile.com/htmlib/xinwen/yangjichao1030.htm。

9.3.2 企业上网规模状况

9.3.2.1 有多少企业利用互联网

由于相关统计资料的欠缺，目前尚不能准确判断到底有多少企业在利用互联网开始各项活动。从各方面的报道看，大型企业上网的比例和应用程度显然要比中小企业高得多。大型企业的上网率应该在80%以上，而中小企业的上网率有多大则要难判断得多。

我国中小企业数量大约在1 000万家左右。自2000年开展“企业上网年”以来，中小企业上网的速度有明显加速趋势。从专门为中小企业提供上网服务的有关商务网站发展情况，也许可以看出中小企业上网的一些情况。有关资料显示，中国万网一直专注于中国e网络体系（e-infrastructure）建设，是中国最大的域名和网站托管服务提供商之一，先后注册中英文域名近30万个，为6万家企业提供快速、稳定、安全的虚拟主机等网站托管服务。另有报道称，截至2003年底，阿里巴巴拥有的企业会员数量达到了300万家，现在每天新增会员数达到了6 000名。另有一些经济基础较好的城市、地区宣称本地企业上网率达到80%以上。

根据各方资料初步推算，目前我国1 000万家中小企业中，利用互联网开展各种活动的企业约有1/3左右，总量在350万家左右。

9.3.2.2 哪些企业建立了网站

据中国互联网络信息中心（CNNIC）有关调查数据，从企业网站的行业分布看，制造业比例最高，为58.8%；其次是邮电通信业，占8.38%；第三是公关、咨询、广告和市场研究等服务业，占6.58%；第四是零售批发贸易，占6.12%；第五是社会服务业，占5.84%。

在制造业中，电脑/通信设备/网络设备/软件所占份额最高，占51.5%；其次是机械及工业制品，占12.3%；第三是电子元器件/家用电器，占9.1%。

9.3.3 企业上网内容状况

关于企业上网的内容状况，中国互联网络信息中心（CNNIC）的调查仍是目前最权威的数据，基本情况如下。

信息服务情况。企业网站所提供的主要信息服务包括：企业介绍、产品/服务介绍、行业新闻、企业动态、售后服务/技术支持、在线招聘信息、用户在线咨询/投诉、网上采购招标、网上销售（针对最终用户，即B2C）、网上销售（针对代理商、经销商，即B2B）等。

绝大部分企业网站提供“企业介绍（98.3%）”和“产品/服务介绍（95.6%）”，超过半数的企业网站提供“企业动态（56.6%）”，接近半数的企业网站提供“在线招聘信息”，40%左右的企业网站提供“用户在线咨询/投诉（40.4%）”和“行业新闻（38.8%）”；而发生网上交易行为的网站比例很小，仅有8.1%的企业网站发生“网上采购招标”行为，7.5%的企业网站发生B2C行为，7.3%的企业网站发生B2B行为。

信息更新情况。除了“行业新闻”和“企业动态”以外，“企业介绍”、“产品/服务介绍”、“售后服务/技术支持”和“在线招聘信息”更新频率都很低，其更新周期在一个月（含一个月）以下的企业网站分别占了1.7%、5.6%、0.1%和1.1%。

“行业新闻”和“企业动态”更新频率较高，更新周期在一个月（含一个月）以下的企业网站分别占了51.2%和64.4%。

企业介绍：更新频率普遍低，87.9%的网站更新频率在六个月及以上。

产品/服务介绍：更新频率基本上都在三个月及以上，其网站占94.4%。

行业新闻：大部分网站更新频率在一个月至六个月之间，所占比例77.1%。

企业动态：约四成的网站更新频率在一个月，绝大部分网站更新频率集中在两周至六个月之间，比例为90.2%。

售后服务/技术支持：更新频率基本上都在三个月及以上，其网站占99.9%。

在线招聘信息：更新频率基本上都在三个月及以上，其网站占98.9%。

在线数据库情况。全国在线数据库的总量为82 929个，其中，企业网站拥有的数据库数量也最多，占全部数据库的61.08%。所有企业网站中，拥有在线数据库的网站比例为14.31%。以拥有数据库的网站为基数，平均每个企业网站为拥有1.12个数据库。

与查询信息、建立网页、建设网站相比，我国企业利用互联网实施电子商务、实现全面管理的数量和批例都要低得多。像海尔等在信息化水平、互联网应用方面能够步入国际先进行列的企业在我国还是凤毛麟角。中小企业无论在上网数量还是用网水平都还存在较大差距。但总的来看，我国企业上网推进速度很快，未来发展趋势良好。

（国家信息中心　张新红
国家经贸委经济信息中心　许丕盛）

9.4　2003年大型企业上网发展状况

2003年，国家经贸委经济信息中心对近3 000家大型企业的信息化建设与应用状况进行了问卷调查[4]。调查结果显示，大多数大型企业已经建立内联网，并基于内联网建立了财务管理信息系统和办公自动化系统，内联网应用水平较高。绝大多数已经接入互联网，七成以上的大型企业已建立互联网站。但是，大型企业对互联网的应用总体上还处于较低的发展阶段。

9.4.1　企业内联网（Intranet）

① 大多数大型企业已建立内联网。在接受调查的大型企业中，已建设企业内联网的有76.6%，正在建设的有18.2%，只有5.2%的企业尚未建设内联网（如图9.4）。

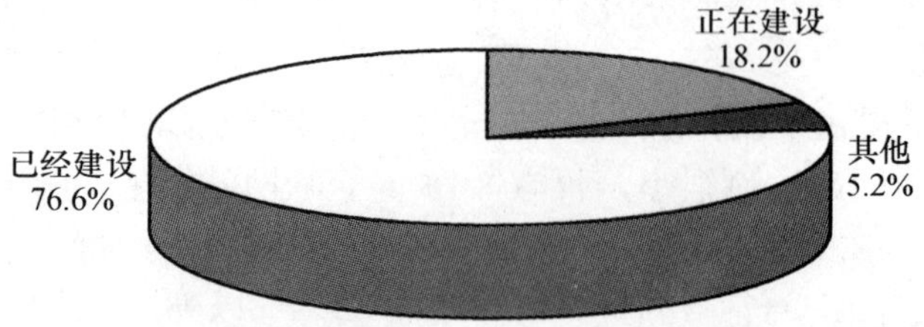

图9.4　大型企业内联网建设情况

4 本文的大型企业系指从业人员为2 000人以上，销售收入3亿元以上，资产总额4亿元以上的企业。数据来源：国家经贸委经济信息中心。

② 企业内联网带宽分布状况。从大型企业内联网的主干带宽看，有 46%的企业达到了 1 000Mbit/s，36.1%的企业达到 100Mbit/s，3.5%的企业达到 155Mbit/s。主干带宽为 1Mbit/s 的企业有 3%（见图 9.5）。从桌面带宽看，48.3%的企业内联网桌面带宽达到 100Mbit/s，27.1%的企业达到 10/100Mbit/s，23.2%的企业达到 10Mbit/s，说明绝大多数大型企业内联网的桌面带宽都在 10Mbit/s 以上（见图 9.6）。

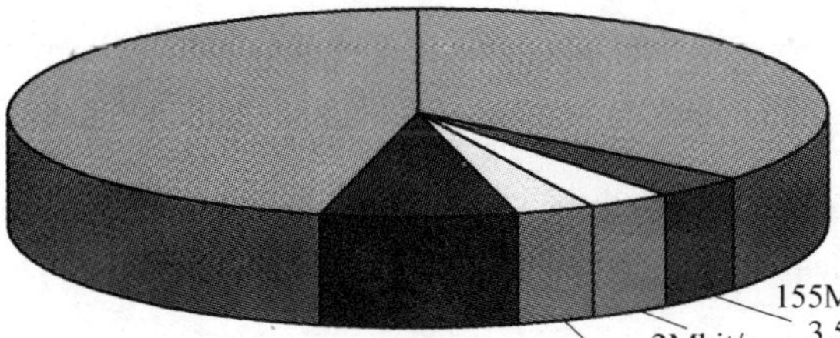

图 9.5　大型企业内联网主干带宽分布

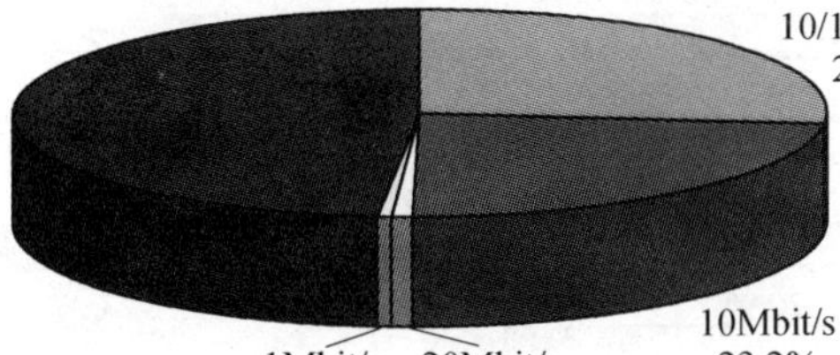

图 9.6　大型企业内联网桌面带宽分布

③ 企业内联网接入终端和接入访问方式分布。从接入终端看，内联网接入 200～500 台终端的企业居多，占 34.7%；其次是接入终端为 1 000 台以上的企业，占 19.7%；接入终端在 500～1 000 台和 100～200 台的企业比例都是 14%。总之，大多数企业（82.3%）的内联网接入终端数量在 100 台以上（见图 9.7）。从内联网接入访问方式看，89.5%的企业用的是内部专线，用公用电话拨号接入内联网的企业仅占 10.5%（见图 9.8）。

④ 基于内联网的管理信息系统建设状况。信息网络是企业实现管理信息化的重要基础，而管理信息系统则代表了企业对信息网络的利用水平。在参加调查的大型企业中，大多数企业已经建立财务管理信息系统（占 72%）和办公自动化系统（占 59.9%），

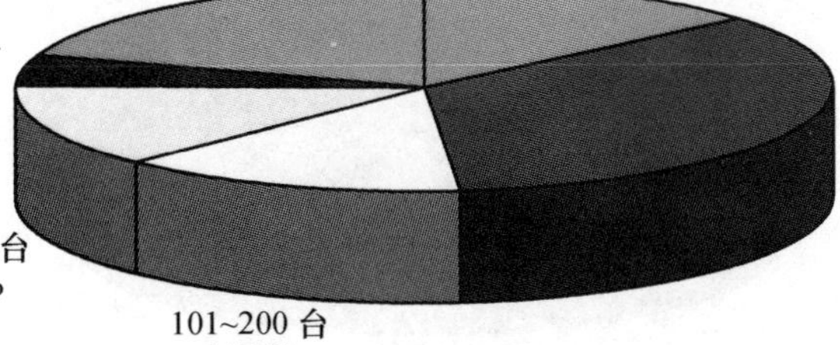

图 9.7　大型企业内联网接入终端分布

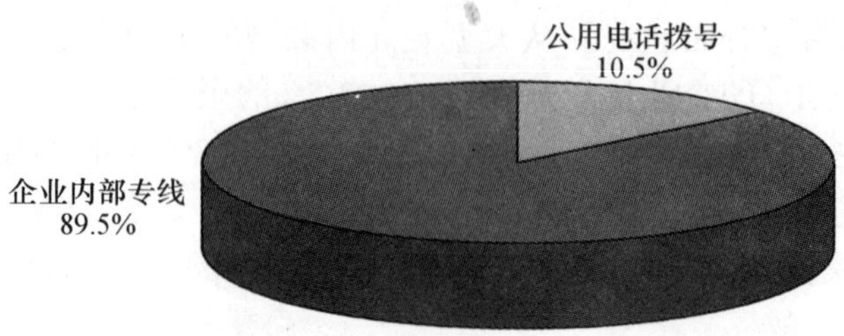

图 9.8　大型企业内联网接入访问方式

31.8%的企业已经建设生产计划与控制系统。此外，已经建立供应链管理系统、客户关系管理系统、电子商务系统的企业所占比例分别为 20.3%、14.3%、20.9%。对这些管理信息系统，一部分企业正在建设之中（见图 9.9）。

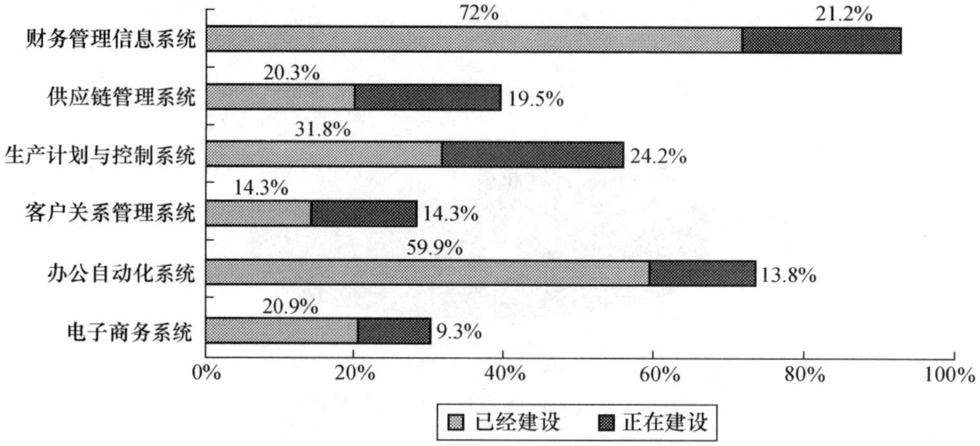

图 9.9　大型企业管理信息系统建设状况

9.4.2　互联网（Internet）接入与应用

① 大型企业接入互联网的总体水平和接入方式分布。调查结果表明，绝大多数大型企业已经接入互联网，只有 2.3%的企业尚未接入（见图 9.10）。从互联网接入方式来看，多数企业以数据专线（占 47.5%）或光纤宽带（13.4%）等高速方式接入互联网，两者合计占 60.9%。用 ADSL 的企业也较多，占 20.7%（见图 9.11）。

② 大型企业接入互联网的总体应用水平较低。从调查结果看，大多数大企业对互联网的应用主要在电子邮件（90.4%）、收集信息（76.1%）和开放企业网站（68.8%）方

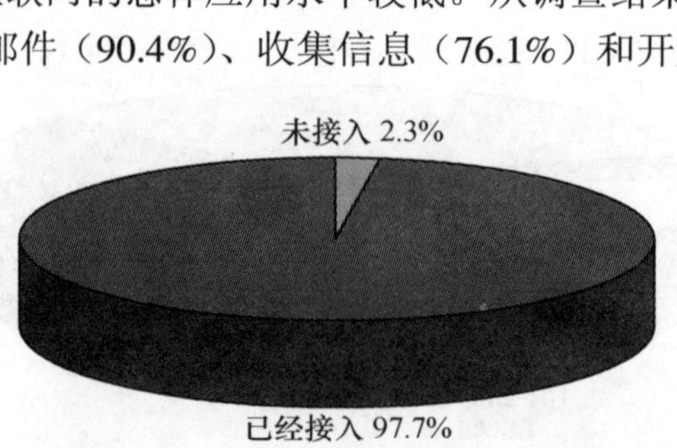

图 9.10　大型企业互联网接入水平

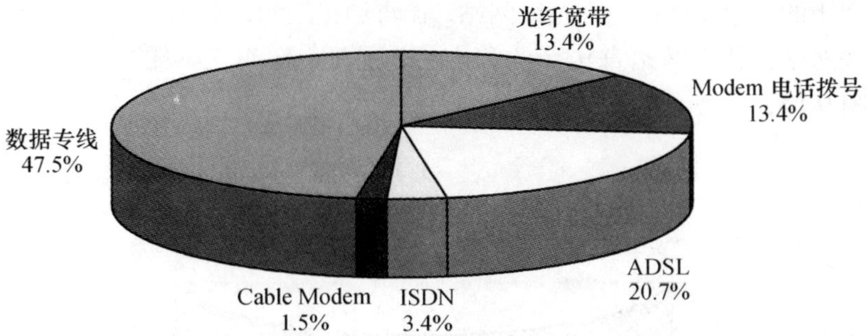

图 9.11　大型企业互联网接入方式分布

面。相比之下，利用互联网开展电子商务、视频会议、IP 电话的企业比较少，分别占 21.6%、17.9%、10.1%，表明大型企业对互联网的应用还处于较低的发展阶段（见图 9.12）。

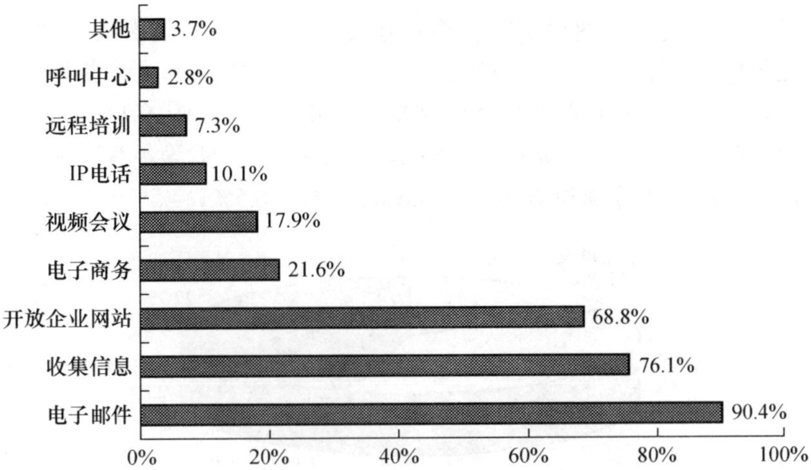

图 9.12　大型企业接入互联网的应用业务

③ 八成以上的大型企业采用宽带接入互联网。调查显示，大型企业中，有 88%的企业采用宽带接入互联网，宽带接入中又有 72%的企业采用光纤接入方式，亦即，大多数（63.36%）大型企业用光纤接入互联网。其中：23.5%的企业互联网带宽达 100Mbit/s，29.1%的企业互联网带宽达到 10Mbit/s，27.9%的企业互联网带宽为 2Mbit/s（见图 9.13）。

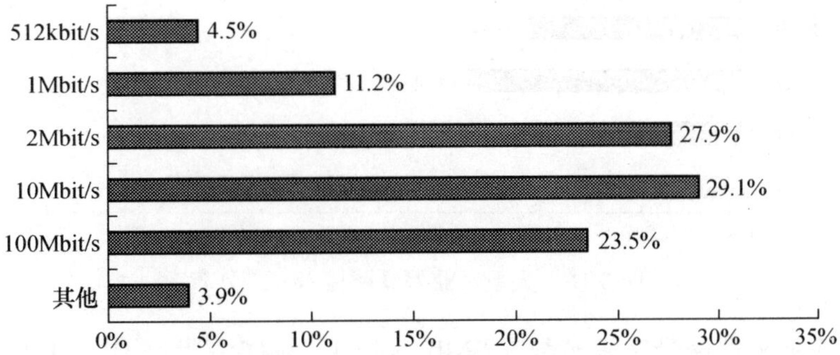

图 9.13　大型企业互联网接入带宽分布

④ 七成以上的大型企业已建立互联网站。调查结果表明，七成以上的大型企业（78.8%）已经建立互联网站，利用网站宣传企业和产品。另外，还有7.4%的大型企业正在建设互联网站（见图9.14）。

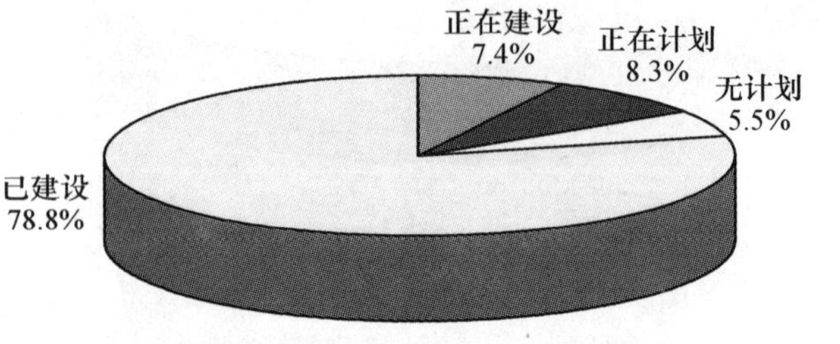

图9.14　大型企业互联网站建设状况

9.4.3　企业外联网（Extranet）建设与应用

① 大型企业企业外联网建设状况与接入方式分布。从调查情况看，超过一半的大型企业已经建立或正在建设信息企业外联网，其中已经建设企业外联网的比例为36.9%。另一方面，未建企业外联网的企业比例也比较大，占45.9%（见图9.15）。企业外联网接入方式中，DDN、SDH、ADSL、帧中继、ISDN、X.25和VPN等各有应用，DDN相对较多（占28.6%），其后依次分别为16.9%、13.6%、11%、6.5%、4.5%和3.2%（见图9.16）。

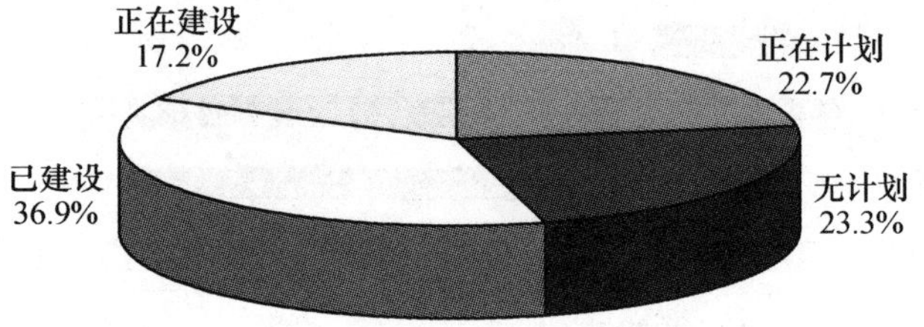

图9.15　大型企业外联网建设状况

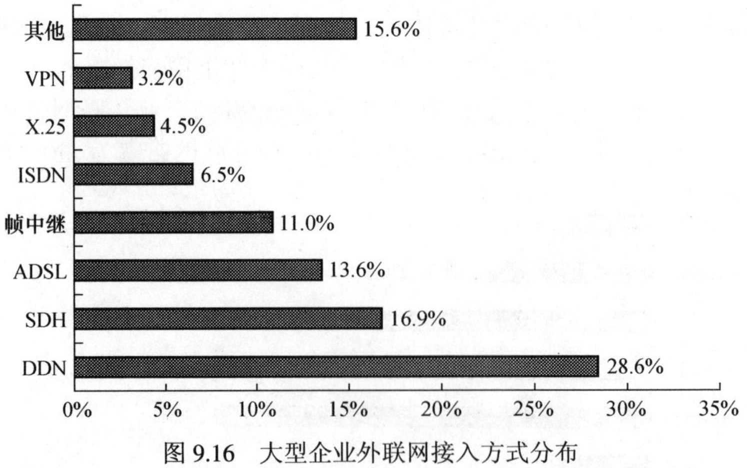

图9.16　大型企业外联网接入方式分布

② 大型企业外联网带宽大多数在2Mbit/s以上。调查结果表明，在大型企业的外联网中，带宽为2Mbit/s的企业居多（占28.1%），有15%的企业外联网带宽达到100Mbit/s，

外联网带宽达 10Mbit/s 的企业比例也是 15%，以上三者合计比例为 58.1%，说明大多数企业外联网带宽都在 2Mbit/s 以上（见图 9.17）。

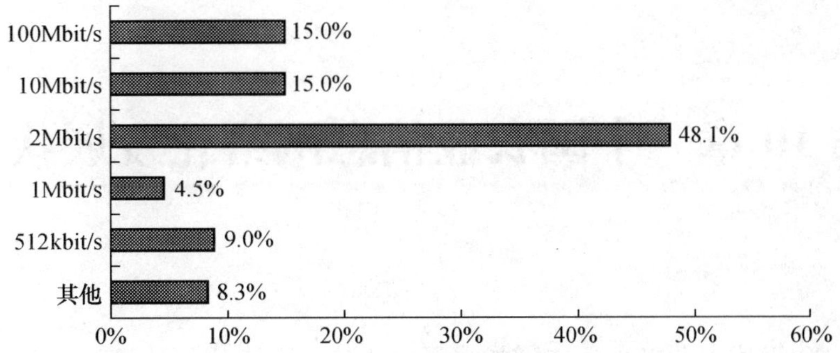

图 9.17　大型企业外联网带宽分布

总体上看，2003 年，我国企业互联网站高速发展，制造业上网用户快速增长。企业上网增强了企业抗击“非典”的能力，企业电子商务取得显著成果。大型企业内联网和外联网的建设与应用水平都在提高；互联网接入应用几近普及，但互联网应用水平还处于较低的发展阶段，仍有巨大的发展空间。

（国家经贸委经济信息中心　许丕盛）

第 10 章　中国农业信息网络化发展状况

20 世纪 90 年代中期以来，中国加快了农业信息网络化的建设。农业信息网络化是实现农业信息化的基础。从农业现代化走向农业信息化，是人类社会进步和农业发展的一个新的里程碑。发达国家正在力图保持当代农业信息科学技术的领先地位，发展中国家也力图在若干重要领域占领农业信息科学技术的前沿，中国已经意识到农业信息化对于中国的发展是一次历史的机遇。

10.1　农业信息网络的发展现状分析

农业信息科学技术是一门新兴的边缘应用学科，是农业科学和信息科学相互交叉渗透而产生的学科。信息技术已在农业中广泛应用，其发展历程大致可分为 4 个阶段：20 世纪 60 年代，计算机主要集中在计算机房，由专人操作使用；20 世纪 70 年代，计算机进入农场；20 世纪 80 年代开始出现联机服务；20 世纪 90 年代进入互联网网络化时代。

农业信息网络（Agricultural Information Network）的发展。全球性的农业科技文献信息网络是较早建立的农业信息网络系统，每年有 1 200 种期刊，30 多万篇文章入网。国际互联网（Internet）是在 20 世纪 90 年代初形成的。目前世界最大的农业中心网络系统是美国内布拉斯加大学的 AGNET 联机网络，美国 41.6%的家庭农场、46.8%的奶牛场和 52%的年轻农场主都装备有电子计算机，并进入各种农业网络。欧洲的农业网络已进入实用阶段。日本的农林信息是通过日本电信电话公司承办和借助多种公众通信网络传输的。在发达国家，信息网络正在迅速伸向农村，卫星数据传输系统已广泛被农业生产者应用。

中国农业信息网络的发展。中国是在 1994 年 4 月正式与国际互联网连接。1996 年在农业部建立了第一个国家级的“中国农业信息网”。1997 年在中国农业科学院建成了我国第一个国家级的“中国农业科技信息网”。到 2000 年底，国内有关农业信息网站达到 2 198 家，其中保持正常运行的 1 600 家，企业网站占 37%，集中分布正北京和沿海发达地区。到 2002 年 12 月底，涉农部门的信息网站增加到 4 800 多家，包括农林牧渔、水利气象农机、农垦乡镇企业及其他涉农部门，反映了农业网站迅速增加，并得到初步应用。我国农业网站从主办者角度进行分类，大体可以分为 3 个类型：一是各级政府部门农业信息网站，二是农业科研和教育信息网站，三是涉农企业和机构信息网站。中国农业网站的数量增长很快，到 2001 年已经超过了法国和加拿大等发达国家。如果加上我国台湾和我国香港的农业网站，中国农业网站在数量上可以排在世界前 5 名以内。据中国农业科学院文献信息中心调查统计，1998～2000 年中国农业信息网站发展速度较快，几乎每年翻一番，见表 10.1。

农业信息网络起步较晚，而相当一部分网站的设施起点高，但网上信息资源缺乏且利用率低，与其他行业相比还是比较落后的。

表 10.1　　1998～2000 年中国农业信息网络站点发展统计

网站类别	1998 年底	1999 年底	2000 年底	年均增长%
涉农站点	500	1 200	2 198	111
农业站点	150	539		259
农业政府机构	12	41		242
农业科研机构	22	87		295
农业院校	26	69		165
农业公司企业	90	163		81
其　他	200	301		51

“中国农业信息网”是以政务信息和经济信息为主的综合信息网站，是金农工程的骨干工程。建网以来，积极与地方农业部门联合，先后在 31 个省（区、市）建立了省级农业信息网络平台，全国已有 1 000 多个市县入网。全国各省都已建立了农业信息中心，县级农业信息中心也在逐步建立。农业部为 1 000 多个基层信息采集点、200 多个农产品批发市场信息采集点配备了计算机，同时与中国农业信息网联网。实现了与国际和国内各省、市的网上信息交换，每天向全国发布电子信息快讯、市场动态分析和农业气象通报等重要信息。中国农业信息网已成为政府部门农业综合信息发布的权威网站。各级政府不断加大农业网站投入力度，大多数网站建立了自己的信息资源系统和数据库，并积极开展各种服务。

“中国农业科技信息网”是“金农工程”的骨干工程，现在已经能够与全球的农业科技信息网联网，而且也实现了与国内各网络的联网。多年来，全国 30 多个省的绝大多数农业科学院陆续建立了院局域网，通过不同的广域网与互联网互连，45 所农业高校已经全部建立了自己的局域网，并通过地区主节点进入中国教育科研网（CERNET），大为方便了用户获取本地网和互联网上农业及其相关领域的信息资源。农业科研与高校系统已建成一批大型农业信息资源数据库、计算机网络系统的不断扩大应用在我国农业科研与教育系统已经发挥重要作用。

中国农业信息网络系统的发展虽然取得了很大成绩，但与发达国家及国内其他行业相比仍然存在较大差距。

从整体上看，中国农业信息网络系统建设一般落后于世界先进水平 10 年左右，部分领域达到或接近世界先进水平，在主要领域处于发展中国家的领先地位。

主要的差距表现在以下几个方面。

① 信息网络基础设施落后，网络化程度较低，信息的交流与共享不畅。

② 信息资源建设滞后，信息采集手段落后，数据库种类不全，规模小而分散，标准化程度低。

③ 信息网络技术和信息资源数据库技术在农业活动中应用水平低，农业信息网络技

术研究水平低而且重复。

④ 信息网络人才缺乏，特别是缺乏既懂信息网络又懂农业的复合型高级人才。

⑤ 农业信息网络电子商务、网络咨询服务业产业化水平低，不能满足农业生产、科研、教学、技术推广和管理等对信息网络的需求。

10.2 中国农业信息网络系统的结构和功能

经过近 10 年的快速建设，中国农业信息网络逐渐形成了一个庞大的网络系统，而且与国内外互联网互通互联，同时也逐渐形成了自己的特色，形成了自己的系统结构与功能。这个庞大的系统主要由以下子系统构成，见图 10.1。

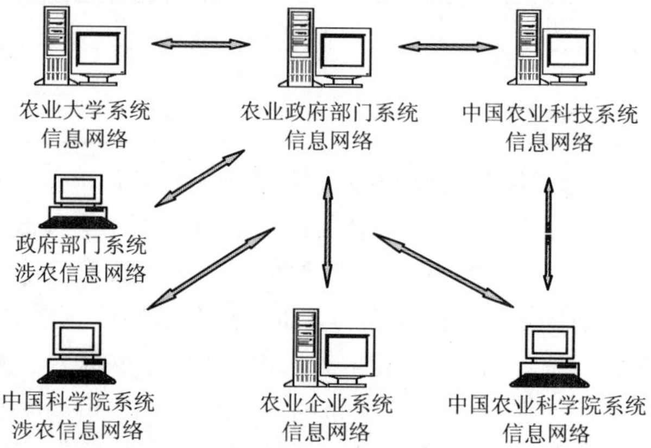

图 10.1　中国农业信息网络系统结构

① 政府农业管理部门信息网络系统。这是以农业部和 31 个省、市、自治区以及地、市和县、乡农业部门管理系统的信息网站构成的政府政务信息系统和业务管理信息网络系统。其主要功能是为电子政务和政府管理服务。

② 农业科技系统信息网络系统。这是以中国农业科学院和 31 个省、市、自治区农业科学院以及 300 多个地、市农业科学研究所的信息网站为主构成的农业科学技术研究信息网络系统。其主要功能是支持农业科学技术研究与开发。

③ 农业科技推广系统信息网络系统。这是以全国农业技术推广中心和 31 个省、市、自治区以及地、市和县、乡农业技术推广部门的信息网站构成的农业技术推广业务信息网络系统。其主要功能是为农业技术推广提供信息支持系统。

④ 农业教育系统信息网络系统。这是以 47 所农业高等院校为主体构成的教育信息网络系统。其主要功能是为农业教育事业提供信息支持系统。

⑤ 农业企业和电子商务信息网络系统。

⑥ 其他部门和系统涉农信息系统。

10.3 农业信息网络技术和信息资源的开发应用

农业信息网络的建设虽然起步晚于其他部门，但是它的技术水平和基础设施确是比较先进的。中国农业科技信息网络中心就拥有最新的技术装备而且使用资金也相对较少，工作效率也较高。该网络同时具有局域网和广域网络的功能。网络设计具有 8 项原则，即实用性、先进性、开放性、标准化、经济性、可靠性、安全性和可扩充性原则。

（1）“中国农业科技信息网”于 1997 年 11 月开通，当时处于 IT 产业前 10 名的各公司都来投标，经过广泛而深入的论证，选择了正确适当的技术路线。

一是选择了快速以太网（Fast Ethernet）。解决了网上设备拥挤问题，建立了高带宽的快速通道，解决了广域拥挤问题，采用了支持多协议的高性能中心路由器 Cisco 7505 来控制流量，保证网络畅通，优化网络性能，节省网络运行费用。

二是解决了主干网结构问题。采用了单星型网络结构，这种结构化布线既能满足目前通信技术要求，又能满足未来发展需要，实现数据通信和实时的语音通信和图象传输。

三是采用了新一代 Windows NT 操作系统。主要特点是：可运行在多种硬件平台之上；能根据需求建立集成式解决方案；先进的容错功能可保证信息的完整性、有效性和低成本。

四是选择了配套的 Microsoft SQL Server 作为网络中心的数据库系统。

五是解决了网络管理和安全措施问题，采用的系列安全机制包括：网管软件全面管理、网络设备动态管理、路由器过滤、防火墙网关隔离、传输数据压缩加密、操作系统级别的严格授权确认等，提高了管理和安全水平。

（2）网络信息资源和农业数据库系统的发展。

农业互联网的高速发展，为网络信息资源的建设和流动提供了一个巨大广阔的信息资源运行平台。但是网上信息资源目前仍然呈现出多、乱、杂和重复建设的发展态势，因而信息资源的利用效率低下。

建立数据库是促进网络信息资源有序化的一个基本途径，是发展农业信息网络事业的一项基本工程。目前还有大量信息资源未能建成系列化的网络数据库，不能在网络环境下实现资源共享，不能发挥资源的真正利用效益。

因此必须加快网络信息资源的系列化建设，充分发挥网络平台的潜在功能。

建设大量数据库是近 20 年来的一项重要成就。目前，农业系统开发应用的有代表性的数据库有：中国农业科技基础数据库、中国农林文献数据库、中国农业文摘数据库、中国农作物种质资源数据库、农副产品深加工题录数据库、植物检疫病虫草害名录数据库、农牧渔业科技成果数据库、中国畜牧业综合数据库、全国农业经济统计资料数据库、农产品集市贸易价格行情数据库、农业合作经济数据库等。部分数据库的功能经专家们鉴定已达到国际先进水平。这些数据库的运行和服务都取得了一定的社会效益和经济效益。随着数据库的大规模建设，建库的技术取得了明显的进步，数据库的性能得到了显著的改善。而且，大部分数据库已经可以在网络上开展服务。

与此同时，还引进了世界 4 个大型数据库，即联合国粮农组织的农业系统数据库（AGRIS）、国际食物信息数据库（IFIS）、美国农业部农业联机存取数据库（AGRICOLA）、国际农业生物中心数据库（CABI）。这 4 种大型农业数据库的引进，对于改进和发展我国的农业数据库建设，为我国广大农业工作者及时了解世界农业科学技术和生产动态，提供了大量的国际农业信息资源，也推动了我国数据库技术的进步。

数据库的建设有效地推动了数据库技术的发展和应用。从中国农业科技文献数据库的研制和建设过程，可以看出我国农业数据库技术的进步和应用。这是一个最大的中国农业科技文献信息数据库，从20世纪80年代末起步至今，已形成了一套成熟的建库技术。主要技术内容有：科技文献前处理技术、刊库一体化技术、自动标引计算机技术、研制光盘、建立局域网。直到1998年，转储于中国农业科技信息网，以及机检与检索途径和检索策略的设计与实现等项系列化技术。数据库的结构和功能得到了逐步的改善，并且使前处理技术实现了规范化和标准化；为了实现刊库一体化，研制了主题索引款目自动生成技术、计算机自动著录条目控制号技术、机编主题索引的汉字排序技术；进而改进了中文农业科技文献自动标引技术，构建了数据库并库及其数据查重去重技术；为了适应网络化需要，应用和改进了数据共享和转储技术，以及数据库光盘与网络技术，进而实现了全国范围的共享检索服务。

10.4　中国农业信息网络的发展目标分析

中国农业信息网络系统的研究和开发，受到农业大国和农业相对落后以及科技资金投入水平较低的大环境的制约，农业信息网络系统技术研究具有起步较晚但起点较高的特点，同时农业信息网络技术覆盖面广而且门类比较齐全。当今世界农业信息网络技术研究的主要领域中国几乎都已经涉及。

十五届五中全会的建议中，突出强调了“大力推进国民经济和社会信息化，是覆盖现代化全局的战略举措。以信息化带动工业化，发挥后发优势，实现社会生产力的跨越式发展。”我们必须把握住这次难得的历史机遇。

（1）中国农业信息网络化的发展目标定位。在农业现代化建设过程中，中国应当实施“信息跨越”战略，发挥农业信息化和农业现代化的“叠加效应”和“倍增效果”，这就要加快推进农业信息网络化，带动整个农业信息化，发挥后发优势，实现跨越式发展。

（2）总体发展目标。国家级农业部门和单位要用10年左右的时间在全国率先基本实现农业信息的网络化和数字化，用30年左右的时间在农业信息网络系统的主要领域率先达到世界先进水平，以农业信息网络化带动农业信息化，支持农业信息化带动农业现代化，为实现农业跨越式发展提供信息技术和信息系统的支撑。

（3）十五期间重点领域的战略目标。一是建成全球超大型的农业信息网络系统。二是建设发展中国家信息量最大的农业信息资源系统。

10.5　未来农业信息网络和信息资源的发展趋势

21世纪的前10年，农业信息网络建设的重点是解决5个方面的技术问题。

一是网络技术攻关的重点是优化基础设施的建设。尤其是合理布局，统一规划“信息高速公路”的技术路线选择，既要避免大量重复浪费，又要确保高效畅通。农业信息网络面向农村和进村入户是一项巨大的系统工程，由于需要投入巨额资金，因此必须攻克庞大的系统技术难题。

二是加快研究和建设第三代互联网，促进网格技术的开发和应用，推进网上可视技术的改进和扩大应用，促进现有网络系统向宽带网、数据网的平滑过渡，这将有利于提高各种通信交流的效率。

三是逐步扩大应用和建设移动网络系统，这是提高网络应用效率的一个重要领域，在中国移动通信系统高速发展的形势下，移动网络将会有很大的发展潜力。

四是加强网上安全技术的研究和开发，尽力减少网上不安全因素和可能造成的损失。

五是支持电子商务的发展，重点是有效地实现农产品和农业科技成果的网上交易，研究和开发高效的查询、订购、支付技术。

未来 10 年，网上信息资源和数据库系统的改进将是农业信息网络系统建设的一个优先领域。

一是重点推进网络数据的采集、加工、分析自动化系统的研制和推广应用。

二是加强数据仓库技术的研究和开发，提高其综合与分类性能。

三是为移动通信设备的用户，解决高效的查询技术，使其能够方便地查询到各种数据，这也提高信息资源利用效率的一个新途径。

四是研究和开发数据库标准化技术，逐步推进由单机版向网络版的转变。

建设网上中国农业信息资源库系统：组织全国各个单位和各个部门，分工协作，按照各单位的专业特点和业务优势，分别确定主题，全面推动网上信息资源库的建设。按照标准化要求，推动网上各种信息资源全面建设，有重点地推进农业经济、科技、教育、推广和市场信息数据库的建设。与此同时，积极创造条件，联合各省、市、区以及地区农业系统的力量，统一规划，分工协作，按照标准化体系，共同建设全国性的网上农业信息资源数据库系统。

10.6　“金农工程”与农业信息网络化发展

“金农工程”是 1994 年 12 月在“国家经济信息化联席会议”第三次会议上提出的，目的是加速和推进农业和农村信息化，建立农业综合管理和服务信息系统。金农工程系统结构的核心是金农工程的国家中心。其主要任务：一是网络的控制管理和信息交换服务，包括与其他涉农系统的信息交换与共享；二是建立和维护国家级农业数据库群及其应用系统；三是协调制定统一的信息采集、发布的标准规范，对区域中心、行业中心实施技术指导和管理；四是组织农业现代化信息服务及促进各类计算机应用系统，如专家系统、地理信息系统、卫星遥感信息系统的开发和应用。金农工程系统结构的基础是国家重点农业县、大中型农产品市场、主要的农业科研教育单位，各农业专业学会和协会。

金农工程的建设目标。建立信息应用系统，构筑农业信息网络，造就信息服务队伍。金农工程建设指导方针：统筹规划、国家主导，统一标准、联合建设，互联互通、资源共享。金农工程建设要遵循 4 个原则。第一，金农工程建设所需资金，以中央投入为引导，地方投入为基础，采用国家、部门、地方和社会等多条渠道筹集；以财政拨款为主，银行贷款为辅，利用外资为补充的多种方式解决。第二，金农工程不搞一切新建，坚持边建设边应用，以应用促建设，分阶段扩充、完善、整合、优化已有的信息基础结构和信息资源。第三，金农工程基础结构建设要注意当前与长远相结合，信息资源开发和服务要注意国内与国外相结合；要把社会效益放在第一位，同时重视经济效益和社会效益的统一。第四，金农工程采用国际、国内先进技术，同时充分考虑支持民族产业的问题。

核心软件必须由中国人自己来做。

金农工程建设的内容。建全国农业信息传输系统，建农业基本数据库群，研制开发软件系统和应用工具，建设金农工程国家中心和地方分中心、建立县级农村经济综合信息服务试点，建设遥感信息处理系统，建设农业科技教育信息网，建设农业信息服务台，培养信息服务人才。金农工程中信息网络建设是重点内容之一。信息传输主要依靠国家公共数据通信网，建设快速、便捷、通达全国、连通世界的农业信息网络系统。用户可以通过 PSTN、CHINANET、DDN、ISDN、VSAT 卫星小站以及广播电视网等多种方式进入金农信息网络，使用户之间能及时地传递和交换信息，共享信息资源。同时在农业部信息中心的基础上建立金农国家中心，实现与部属重点农业科研、教育、推广以及相关部门之间的网络互联和数据共享。另外，还要建立农业科技教育信息网，其中包括农业科技教育信息分中心。

农业部制定的《农村经济信息体系建设“九五”计划和 2010 年规划》中指出，“九五”期间应进一步健全和完善 10 个信息子系统的工作。10 个子系统中优先发展科技、教育信息系统。规划还明确提出：要建立包括中国农业科学院系统、中国水产科学院、部属农业院校和 33 个省农业科技部门的科技信息网络。

在中国信息产业“十五”发展规划中把农业信息化列为国民经济信息化 5 个发展重点之一。规划明确指出：“大力推动向新技术在农业领域的应用。逐步建立覆盖全国的农业综合信息系统和与现阶段农村生产力水平相适应的网络体系。建立分层、分类的农业管理信息系统、农业科技信息系统、专家系统、农副产品销售系统、动态决策和预警系统及相关数据库，为农业的宏观管理和生产经营提供信息服务和支撑。”

10.7 农业领域“三网”融合的发展趋势

中国农业领域“三网”融合的发展，首先在沿海发达地区开始启动。20 世纪 90 年代，江苏等省的发达地区的一些县、市，推动了农业信息网与电信网、电视网的联合与合并。这不仅在业务上联合或合并，而且在机构和人员方面进行了联合或合并，显示了三网融合的优势。

影响“三网”融合的主要因素至少有三个方面。

一是技术领域的进展为“三网”融合铺垫了基础。尽管各种网络仍有自己的特点，但技术特征正逐渐趋向一致，特别是逐渐向 IP 协议的汇聚已成为下一步发展的主导趋势。

二是市场需求是农业“三网”融合的主要推动因素。20 世纪 90 年代，随着计算机技术的发展成熟，互联网和移动通信业务迅速增长，用户不再满足于单一的业务，对业务的需求结构发生了重大变化，越来越多的用户提出了消费多样化、业务多样的要求，适应市场需要才能促进信息事业的发展。

三是管理体制的改革为农业领域“三网”融合创造了可能的条件。我国信息产业部的成立使“三网”统筹规划、管理成为可能，但是，由于我国目前正处于管理体制的重要变革时期，如何创造一个有利于网络融合及持续发展的管理体制环境，成为决策部门需认真加以研究的问题。

实践表明，“三网融合”要逐步实现。“三网”在短期内尚不可能由任何单一的网络所代替。同世界许多国家一样，现行结构的公用电信网和有线电视网分别与计算机网结合，是发展趋势。从长远看，三网融合的最终结果是产生下一代网，但它不是现有三网的简单延伸和叠加，而应是其各自优势的有机融合，实质上是一个类似于生物界的优胜劣汰的演化过程。“三网融合”将使人类能在任何时间和地点，以一种可以接受的费用和质量，安全的享受多种方式的信息应用。

10.8 未来农业信息网络应用网格技术的趋势

农业信息网络的第三次浪潮的实质，就是要将万维网（World Wide Web）升华为网格（Great Global Grid）。最终实现农业信息网络虚拟环境上的信息资源共享和协同工作，消除信息孤岛和资源孤岛。

我们目前正在建设国家农业科学数据共享平台，预期这个大平台将要逐步采用网格技术，以更为有效地推进信息资源的共建共享，主要原因如下。一是网格技术能够更好地支持资源共享，消除信息孤岛，实现应用程序的互连互通；网格与计算机网络不同，计算机网络实现的是硬件的联通，而网格能实现应用层面的连通。二是网格的特点是协同工作，多个网格节点可以共同处理和完成同一个项目。三是网格是基于国际的开放性技术标准，这与以前许多行业、部门或公司推出的软件产品不一样。四是网格可以提供动态服务，能够适应各种变化和多种需求。

国家农业科学数据共享平台的结构与网格系统构成有类似之处。一是平台系统的硬件基础层，它包括各种计算机、服务器、可视化设备、应用软件等，这些设备通过网络系统连接起来。但这仅仅实现了计算设备在物理上的连通，从逻辑上看，这些设置仍然是孤立的，不能解决资源共享问题。因此，必须在基础层上通过中间件层来完成广域设备资源和信息资源的有效共享。 中间件层是指一系列工具和协议软件，向应用层提供透明、一致的使用接口。这个间件层类似于网格操作系统（Grid Operating System），它同时需要提供用户编程接口和相应的环境，以支持网格应用的开发。最上部的应用层体现了用户需求。在网络操作系统支持下，用户可使用其提供的工具或环境开发各种应用系统，实现农业信息资源的广泛共享。

通观全局，中国农业信息网络系统的研究和开发，有自己的特色和优势，在总体上具有发展中国家的领先优势，但与发达国家比较仍然有很大的差距。我们必须选择适合中国国情的农业信息网络系统发展战略，制定中长期发展规划，采取积极进取和切实有效的政策措施，发挥后发优势，推进农业信息网络系统的跨越式发展，为中国的农业信息化和农业现代化提供先进高效的农业信息网络系统支撑。

（中国农业科学院　梅方权）

第11章 中国网上银行的建设与应用状况

网上银行是信息时代银行业开展业务创新、提高管理水平和参与全球竞争的必然选择。它作为银行信息化的一个高级阶段，具有无可比拟的成本优势、创新优势、渠道优势[1]和管理优势，为我国银行业缩短与发达国家的差距提供了一个难得的机遇。

规模经济是网上银行的一个显著特点。在较大的信息技术初始投入之后，网上银行能够以相当低的成本，大批量地迅速处理大量的银行业务，从而迅速降低运营成本，实现更大范围的规模收益。但是，规模经济的实现程度依赖于网上银行客户群的规模，而吸引潜在客户及防止客户流失则依赖于银行不断开展业务创新。所以，网上银行业务创新就成为商业银行提升其核心竞争力的关键和基础。

20世纪90年代中后期以来，我国银行业及时把握信息技术的发展及应用趋势，积极发展网上银行业务，拓展和延伸银行的服务空间。我国国有商业银行、股份制商业银行、大多数城市商业银行都拥有网址和主页，其中开展实质性网上银行业务的有50多家银行，截至2003年12月，我国网上银行个人客户超过4 000万户，企业客户超过6万户。我国网上银行业务覆盖了除少量现金业务和贷款业务以外的几乎所有传统银行业务。

11.1 网上银行的概念与类型

11.1.1 网上银行的概念

网上银行（Internet Banking），又称为网络银行、互联网银行、在线银行（Online Banking）、虚拟银行（Virtual Banking）等。由于网络银行发展的时间短、速度快，且其标准和发展模式还处于演变之中，因此很难给出网上银行规范的理论定义。

美联储（FRB—Federal Reserve Bank）对网上银行的定义为：网上银行是指利用互联网作为其产品、服务和信息的传输渠道，向其零售和公司客户提供服务的银行（FRB，2000）。美国财政部货币监理署（OCC）对网上银行的定义为：使银行客户能够通过个人电脑或其他智能设备来访问账户并获取银行有关产品和服务的系统（OCC，1999）。英国金融服务局（FSA—Financial Services Authority）对网上银行的定义为：通过网络设备和其他电子手段为客户提供产品和服务的银行。巴塞尔银行监管委员会（BCBS）认

1 指网上银行是传统分支机构、ATM、POS、电话银行等银行营销渠道中成本最低的渠道，且由于其具备最丰富的营销方式和有效的互动效果，是能对用户产生最大吸引力的渠道之一。

为，网上银行是电子银行的一种，是指通过电子渠道提供零售与小额银行产品和服务的银行。这些产品和服务包括：存贷款、账户管理、金融顾问和电子账务支付，以及其他一些诸如电子货币等电子支付的产品与服务（BCBS，1998）。

中国人民银行原行长戴相龙在“网络经济与经济治理”国际研讨会上指出，认识网上银行，不能局限于某一技术阶段形成的银行形式。网上银行包含着这样一些基本属性：电子虚拟的服务方式；业务运行环境的开放；业务时空界限的模糊；交易实时处理；交易费用与物理地点非相关等。这些属性表明，网上银行不只是将现有银行业务移植上网，它是金融创新与科技创新相结合的产物，是一种新的银行产业组织形式。

根据到目前为止人们对网上银行的认识，本文认为，网上银行是电子银行的一种，是指银行通过互联网向客户提供的各种金融服务。它不仅是一种全新的银行客户服务提交渠道，而且为银行服务创新开拓了广阔的发展前景。它使得客户可以不受时间和空间的限制，只要能够上网，无论在家或办公室，还是在旅途中，都能够安全便捷地管理自己的资产和享受银行的服务。可以说，网上银行是建立在互联网上的虚拟银行柜台。网上银行以经营机构虚拟化、经营方式网络化、经营手段电子化以及金融活动全球化为特色，为银行业务创新开拓了前景。

11.1.2　网上银行的类型

网上银行一般可以划分为两类：分支型网上银行和纯网上银行。分支型网上银行也称“水泥+鼠标”型网上银行，它是现有实体银行设立的网上银行。它类似于实体银行的其他物理分支机构或柜台。这类网上银行根据经营方式又可划分为独立的网上银行经营和作为发展战略的网上银行经营。纯网上银行（也叫虚拟银行）可以称为“只有一个站点的银行”，这类银行只有一个办公地址，不设分支机构，无实体营业网点的依托，几乎所有业务都通过网上进行。纯网上银行有其固有的缺陷，主要体现在：第一，资金运作渠道少，受营业网点、从业人员等的限制，很难像传统国际性大银行那样在国际金融市场上灵活运用各种金融工具获取利润；第二，业务发展完全依赖网络，网络安全、网上交易的法律制度、上网速度、客户结构等不确定因素多，风险比较大；第三，无法与客户进行充分交流，客户信息的真实性难以保证，客户在网上操作发生问题时联系困难；第四，给银行监管带来较大困难。安全第一网上银行（SFNB）是全球第一家完全意义上的纯网上银行，当时的创立费用约 100 万美元。然而，SFNB 在经历了初期的快速发展之后，逐渐陷入经营困境，1998 年终因巨额亏损被加拿大皇家银行（RBC——Royal Bank of Canada）以 2 000 多万美元收购，成为 RBC 的一个有机组成部分。SFNB 的命运说明，纯网上银行风险巨大，在当前的技术和监管条件下无法获得充分发展。由于纯网上银行的发展受到一定的限制，目前全球范围的网上银行主要是分支型网上银行。我国目前也没有纯网上银行，全是分支型网上银行。

11.2　国外网上银行的最新发展

近年来，网上银行已经成为全球银行业发展的重点领域之一。目前，全球网上银行业务量已占银行业务量的 10%。据世界银行预计，到 2005 年，这一比例将接近50%。据有关资料显示，发达国家有85%的主要银行已经或正在设立网站，在欧洲，已在互联网上建立网址的银行有150多家，美国到2005年网上银行业务量将占总业务量的50%左右[2]。

在美国，越来越多的商业银行提供网上银行业务。据统计，2003年资产在5 000万美元到20亿美元之间的美国商业银行中，有58%提供网上银行业务，2004年为64%，预计2005年将达到76%[3]。2004年1月网上银行资产比上年下半年增加16%，据Forrester预测2008年全美26%的家庭将使用网上银行[4]。

截止2003年10月，印度有超过50家的银行提供在线银行服务[5]。截至2003年年底，瑞典全国网上银行客户达到520万户，比2002年增加65万户，增幅为14%。其中，企业网上银行客户已超过50万户，比2002年增加14万户，增幅达40%；个人网上银行客户增至470万户，比2002年增加50多万户，超过全国890万人口的一半[6]。

国外银行业提供的网上银行服务主要有：①网上基本服务，包括查询账户余额和交易记录、转账、缴付信用卡结欠、开立定期存款及提供财经信息等；②网上股票买卖；③网上贷款，如网上按揭，包括物业估价、按揭申请、即时按揭批核；④网上保险；⑤网上基金销售；⑥网上理财，包括处理客户投资组合服务；⑦网上贸易融资；⑧网上购物等。各家银行根据自己的优势，采取相应的竞争策略，不断推出有特色的网上银行服务新品种[7]。

目前，国外网上银行的发展主要集中在以下几个方面。

（1）网上综合理财服务。指网上银行为客户提供理财的各种解决方案和咨询建议。银行以在线问答形式，分析客户的财务状况和理财需求，协助客户制定出最佳的理财计划。例如，美洲银行为客户提供一项存款目标服务，主要是协助客户对未来某项支出制定相应的储蓄计划。具体提供教育、购车、结婚、购房、度假和退休6项美国人主要支出的储蓄计划服务，很适合不善于储蓄的美国人。

（2）“一站式”网络金融服务超市。它包括银行、保险、信托、证券不同部门之间的交叉业务服务，使用户在同一站点享受多样化、综合化的服务。

（3）针对跨国企业提供网上全球性关系管理服务。这种服务根据跨国公司的特殊需求，向其提供多语种、多币种、全面的金融服务。主要包括网上国际收支申报、发放电子信用证和开展国际经贸信息的数据统计工作；在提供贸易融资、国际结算及丰富的信息服务的同时，还可提供金融专家服务，对时间、资金、人力进行优化管理等。目前，全球关系管理服务还未能在网上完全实现，但互联网的引入将带来效率的极大提高和成本的大幅度降低，这将是国外网上银行业务创新的新趋势。

（4）电子支票支付与呈现（EBPP）。消费者可以通过网络向银行或账单支付商发送电子指令，要求从自己的账户中提取资金支付给账单公司。电子账单呈现是指服务商通

2 中国金融电脑，2004.2

3 McLean，Va， More community banks offer Internet banking，USA Today Information Network ，2004.3

4 Daniel Wolfe，E-Banking for the Masses? Differing Expectations，American Banker，2004.2

5 Mu Yinbin，E-Banking：Status，Trends，Challenges and Policy Issues，paper presentes at CBRC Seminar，The Development and Supervision of E-banking，Shanghai，2003.10

6 市场报，2004.4.2

7 周涛，新经济时代网上银行发展趋势的探索和对策，中国金融电脑，2003.7

过电子方式向它的消费者发送电子账单。它可以使客户更容易对其账务信息进行控制，从而提供增值服务。

（5）电子支票（支付账单）影像。主要是指网上银行把客户支付的支票、账单等，用影像技术扫描成电子文档，然后保存在系统的数据仓库中，客户可以通过网上银行提供的影像服务，查询历史账单和历史支付等情况。

11.3　中国网上银行的现状

11.3.1　中国网上银行发展概况

根据中国互联网络信息中心（CNNIC）第十三次《中国互联网络发展状况统计报告》显示，截至 2004 年 1 月，国内互联网用户人数达 7950 万，上网计算机数为 3 089 万，网民男女比例为 6∶4，35 岁以下占 82.2%，未婚占 56.8%，已婚占 43.2%，经常使用网上银行的用户占 4.5%，经常网上购物的用户占 7.3%，网上炒股的占 3.7%，网上拍卖的占 0.8%，网上销售的占 1.2%。其中，11.8%的人非常满意网上银行，31.5%的人比较满意，41.2%的人认为一般，11.5%的人不太满意，4.0%很不满意。

我国国有商业银行、股份制商业银行、大多数城市商业银行拥有网址和主页，其中开展实质性网上银行业务的有 50 余家银行，截至 2003 年 12 月，我国网上银行个人客户超过 4 000 万户，企业客户超过 6 万户。

我国网上银行在发展过程中，存在很大的差异性，具体表现出以下几个方面的特点。

（1）主体差异性。目前，我国各家网上银行发展程度不一，具有一定的梯度性。从总体上来看，四大国有商业银行以及招商银行无论从技术、服务种类还是规模上，都走在了前列。股份制商业银行虽然规模较小，但发展很快，是网上银行发展的后起之秀。城市商业银行中，只有北京市商业银行、上海银行、石家庄市商业银行、深圳市商业银行等少数城市商业银行提供网上银行业务，其余大部分只是建立了银行网站，或正在计划开展网上银行业务。城市和农村信用社的网上银行发展最为落后，且大多数甚至没有自己的网页。

（2）区域差异性。目前国内网上银行消费群体的地域分布极不均衡，客户主要集中在一些经济比较发达的地区，如北京、上海、广州、深圳、江苏等。根据 2003 年的统计资料，北京市网上购物用户最多，达 12.9%，上海占 12.6%，广东以 9.2%列第三。中国工商银行网上银行仅北京一地的交易额就占全国交易总额的 15%，深圳、上海、北京、江苏四地的交易额占全国交易总额的 50%以上[8]。

（3）网上银行消费群体的差异性。从目前上网用户统计数据看，互联网使用者集中在 20～35 岁，平均年龄低于 30 岁，热衷于网络的男性是女性的 4 倍。这些都意味着今后网上银行的消费群体将是以收入较高、受过良好教育、乐于接受新事物的青年和壮年人为主，男性顾客多于女性顾客。国内网上购物用户基本受过高等教育，大专以上学历达到 81.6%。网龄基本是 2 年以上，其中 3～4 年网龄的最多，占 25.4%[9]。

8 周涛，新经济时代网上银行发展趋势的探索和对策，中国金融电脑，2003.7
9 文汇报，2003.12.9

11.3.2　中国网上银行的基本业务

目前国内各大银行也都开设了网上银行，服务项目主要有4大类。

（1）查询业务。包括个人综合账户余额、交易历史查询、企业综合账户余额查询、交易历史查询、支票情况查询、企业授信额度查询、企业往来信用证查询、客户贷款账户资料查询、汇兑状态查询及利率查询等。

（2）交易业务。包括网上转账、个人小额抵押贷款、个人外汇买卖、企业外汇买卖、换兑、代收和代付费业务，如代缴水、电、煤气及电话费等费用。

（3）扩展业务。包括证券、基金、债券、网上购物、网上支付、移动电子交易、个人理财、集团理财及企业银行服务等。

（4）信息服务。包括银行基本信息发布、业务品种介绍、账户临时挂失、个人密码修改及个人资料修改、国际收支申报、主页定制、客户数据管理、银行分行网点及自动柜员机的分布情况等。

11.3.3　国有商业银行的网上银行业务

（1）中国工商银行

2003年，工商银行已在全国300多个城市开展网上银行业务，网上银行交易16亿笔，交易额为19.4万亿元，比2002年的53 500亿元增加了260%以上。2004年2月份工商银行个人网上银行客户数新增了21.6万户，比1月份的12.4万增长了74.2%。进入3月份，个人网上银行客户数增加速度继续保持快速增长的势头，从3月初到3月11日的短短11天内就增加了97 310户，比2月同期增长35%。截至2004年3月11日，工商银行个人网上银行的客户数累计已达到809.73万户。工商银行网站被国际金融界权威杂志《环球金融》评为2003年度国内惟一的“最佳个人网上银行”。

中国工商银行网上银行业务相对齐全，包括了以上基本业务的所有情况。在2003年11月23日，工行推出其个人网上银行的品牌产品——“金融@家”。“金融@家”在国内率先实现了网上银行分层次、个性化服务，为其理财金账户客户及其他优质客户提供了智能芯片“个人客户证书”、大额转账、业务优惠及专业理财等多项特色服务。从功能上看，“金融@家”个人网上银行系统具有12类、58项功能，其中包括24小时无限额任意转账，B2C在线支付、实时跨行支付，专业化的外汇、证券和保险信息及交易等独具特色的服务。除了少量的现金业务外，“金融@家”已经具备了银行实体个人金融业务网点的全部功能。

企业网上银行产品——“理财e站通”是专门为企业打造的网上财务工具。它将工商银行遍布全国的资金网络和电子汇划网络整合在一起，通过网上银行主动将这些资源送到企业财务部门，帮助大集团将各地分支机构的银行存款实时归集到集团总部账户，将分散的小资金迅速集中成大资金，实现资金的统一管理调度。

（2）中国银行

截至2003年底，中国银行网上银行的对公账户已近10 000个，网银关联账户的日均存款余额已超过400亿元人民币。

该行对公网上银行推出了“汇划即时通”、“对公账户查询”、“报关即时通”、“期货

e 支付"、"网银汇入查询"、"定向账户支付"、"境外账户管理" 等多个具备商业化规模运行条件的全新网上银行产品，成功实现了全国乃至全球范围内资金的快捷划转和本、外币账户余额、交易信息的查询。另外，中国银行还提供国际收支申报业务、国际卡网上服务、网上外汇买卖服务等。

（3）中国建设银行

截至 2003 年底，建行系统已有 37 家一级分行开通了网上银行业务，网上银行客户达 91 万户，交易量为 1 156 万笔，交易额为 10 514 亿元。其中，个人客户达 89.2 万户，比 2002 年增长 300%；交易量 923 万笔，比 2002 年增长 317%；交易额 333 亿元，比 2002 年增长 612%；企业客户近 2.2 万户（包括中央和地方财政系统、中石化、中国移动、三峡总公司、海尔等一大批超大型客户[10]），比 2002 年增长 298%；交易量 233 万笔，比 2002 年增加 726%；交易额 10 181 亿元，比 2002 年增长 327%[11]。

建设银行网上银行业务涉及转账、缴费、挂失、网上速汇通、外汇买卖、银证转账、网上支付、网上购物和基金买卖等。现已开通的个人客户服务系统功能有：账户设置、账户查询转账、网上速汇通、账户挂失服务、银证转账、基金业务、外汇买卖、网上支付等。现已开通的企业客户服务系统功能有：查询、转账、代发工资、E 票通、网上支付、国际结算、集团理财、授权管理等。

2004 年 3 月北京建行新推出网上集团理财服务，这套系统可以为企业集团构建一个内部资金结算中心，使企业集团内部资金统一在一个平台上归集和流动。

（4）中国农业银行

中国农业银行在网上银行建设方面起步较晚，但经过近两年的发展，其网上银行业务已逐步完善。农行深圳分行的网上银行 4.0 版，适用于外汇汇款结算频繁及结售汇、国际收支申报工作量大的外汇结算客户，尤其是深圳特区的外商投资企业[12]。

在农行注册的个人客户和企业客户，可享受到农行网上银行所提供的全面服务。尤其是集团客户除可享有企业注册客户的全部功能外，经过子公司不同级别的授权后，还可享用各项集团理财服务，包括子公司账户余额查询、从子公司账户上划资金、向子公司下拨资金、在子公司间内部调拨资金、用子公司账户对外支付等。

11.3.4 中国股份制商业银行的网上银行业务

（1）交通银行

交通银行提供的个人网上银行业务有账户查询业务、缴纳费用、转账交易、个人抵押贷款、国债买卖、外汇宝、银证通、网上购物等。企业网上银行业务有查询业务、转账支付、集团企业服务等。

（2）招商银行

招商银行是我国最早开办网上银行业务的商业银行之一，其网上银行业务品种比较齐全。主要有"城际通"、"银企通"、"汇金通"、"易贷通"、"投资通" 系列。比较有特色的业务有"E 证通"，即网上信用证业务，是国内信用证业务的网络化运作的创新；"银

10 中国经济时报，2003.12.17
11 金融时报，2004.3.2
12 中国城乡金融报，2003.9.23

关通”，用于电子口岸网上支付业务，包括进出口关税、反倾销税、特别关税、进口增值税、进口消费税以及缓税利息，监管手续费等规定可以实行网上支付；“银税通”，即电子申报纳税业务。

2003年9月份，招商银行推出“一网通”网上企业银行4.0版。该版本具有以下特点：强大的集团资金管理中心，方便的网上自动贷款，快捷的网上委托贷款，覆盖全国的网上代理收付，全流程透视的交易追踪服务，智能化的操作向导，度身定制的银行信息主动通知，海量的商务信息传递，个性化的财务授权管理和严密的网上安全账户管理。可以为客户提供可增值的和个性化的网上企业银行服务。其中，网上自助贷款尚属国内商业银行首家推出。截至2003年9月招商银行网上企业银行拥有36 000家企业客户，业务笔数累计460万笔，业务金额累计3万亿元。

（3）其他股份制商业银行

其他股份制商业银行如光大银行、中信实业银行、民生银行、华夏银行、上海浦东发展银行、兴业银行、深圳发展银行、广东发展银行等，都开发了比较完善的网上银行系统。截至2003年9月末，光大银行网上银行当年累计交易金额达到639.96亿元，比上年同期增加170.97亿元。中信实业银行2003年前4个月的网上对公银行交易金额保持了持续稳定增长，达到547亿元，交易笔数超过40 000笔。2003年12月8日，民生银行推出个人理财产品——“民生网股汇理财通”。该产品在为客户提供民生“个人网上银行”投资渠道的同时，利用先进的科技平台为客户提供“个人外汇买卖”和“银证通”的综合理财套餐，首次将个人网上银行、炒股、炒汇三项不同的金融产品集合打包，打破了传统投资理财产品的时间限制、空间限制和方式限制，进一步帮助工薪阶层打理资金，提升生活品质。华夏银行在2003年12月推出其基于网络平台的数字证书跨行通用、电子保管箱、企业展示平台等公司金融业务新产品，并申请了国家专利。这些新产品都是华夏银行利用网络技术优势，根据企业客户的业务需求，在全国首家推出的增值服务。深圳发展银行对企业用户，可以采用多用户管理，企业使用该功能可根据自身需要灵活建立内部操作用户，赋予其不同操作权限，用户各司其职又能互相监督和制约。广东发展银行在2003年前4个月，网上银行业务同比增长140%；通过网上银行不但可以进行传统的存、贷、汇操作，还以“金融服务超市”的形式向客户提供综合、全面的金融服务。

11.3.5 城市商业银行的网上银行业务

我国城市商业银行大多建立了自己的网站，但开通网上银行业务比例还比较小，而且业务品种也相对少。开通网上银行业务的城市合作银行主要集中在北京、上海、广东、江苏、山东等经济相对发达地区。

北京市商业银行于2000年7月开通网上银行，2003年9月推出网上银行V2.0版。北京市商业银行的网上银行业务注重与本地机构合作，如北京市西城区教委与市商业银行在2004年2月份合作开展网上银行支付系统，开通了北京教育考试院网上即时缴费系统。

深圳市商业银行于2000年10月开通网上银行，也是惟一一家具有收发电子邮件功能的银行网站，同时推出了对公和对私网上银行系统，其品牌为18银网。18银网于2003

年 1 月 8 日正式向消费者推出 2003 版个人网上银行，针对国际化需求推出了英文版网上银行，体现了 18 银网个性化和人性化的特点。

石家庄市商业银行是较早推出网上银行的城市商业银行之一，通过互联网为客户提供查询、购物、缴费、炒股的服务，同时开办了国际业务，仅用半年时间就加入 SWIFT 组织，发展了花旗、渣打、德累斯登等国际大银行为该行外币清算和境外代理行[13]。

截止 2003 年 4 月，上海银行网上银行业务交易笔数达 3037 笔，交易金额为 64.46 亿元[14]。另外，发展网上银行的商业银行还有无锡市商业银行[15]、成都市商业银行[16]、辽宁省营口市商业银行[17]等。

11.3.6　城市和农村信用社的网上银行业务

我国只有少数城市和农村信用社建立了自己的网站，但提供网上银行业务的城市和农村信用社更少。据统计，广东省顺德市信用社、广东省佛山市南海农村信用合作社、河北省泊头市信用合作社、河北省武安市农村信用社开展了网上银行业务。还有一些信用社为国有和全国型股份制银行代理网上银行业务，如广东省珠海市信用社代理招商银行网上银行业务；河北省霸州市信用社借助工商银行的网络平台，开通网上银行；菏泽市信用社代办工商银行网上银行业务。

11.4　中国与发达国家网上银行的差距

虽然我国网上银行已经取得长足的进步和快速的发展，但与西方发达国家的网上银行相比，仍存在着较大的差距。

11.4.1　网上基础设施和系统建设仍待加强

与发达国家的网上银行相比，我国银行的网络基础设施方面存在二个方面的问题：一是虽然以中国工商银行和招商银行等为代表的一些银行的硬件设备已经达到或接近国际水平，但多数规模较小的银行，如城市商业银行、城市和农村信用合作社，由于受到资金、技术、人员等的限制，造成其相关硬件设备落后，缺乏相应的技术支持；二是我国大部分商业银行主要技术依赖国外厂商提供，维护成本相对较高。

从网站的建设情况来看，发达国家银行的网站设计更加侧重人性化、特色化，而我国银行的大部分网站设计僵化、单调、互动性差，难以给客户留下深刻的印象。另外，国外几乎所有银行都提供了网站隐私声明，而我国在这方面并没有引起足够的重视。

11.4.2　网上银行业务创新不足

从国外网上银行的发展来看，网上银行业务几乎包括了所有的传统银行业务，并且

---

13 金融时报，2003.5.9
14 华东新闻，2004.1.8
15 无锡日报，2002.12.14
16 经济参考报，2002.10.31
17 辽宁日报，2002.5.27

有许多的创新业务品种是传统银行业所没有或者说是传统银行无法实现的。而目前国内网上银行的业务品种匮乏，大部分是传统银行业务在网上的"翻版"，银行的网上产品及其组合与柜台业务品种大体上一一对应，创新产品较少，并没有发挥对银行业务的重组和再造功能，许多功能实际利用率低。国内网上银行的效益性差，大多是初级和低附加值的业务，很多服务是免费提供的，而增值服务种类较少。

国外网上银行大多借助虚拟银行的开放性和交互性，大力发展"一站式"的金融超市，以克服专业金融人才不足和其他政策限制。由于我国金融业实行严格的分业经营、分业监管制度，银行、证券和保险业之间完全分离，商业银行的业务被限制在一个相当狭窄的范围内，业务创新的空间受限，致使我国商业银行业务创新的品种较为单一。

11.4.3 网上银行的客户关系管理薄弱

在提倡"以人为本"的时代，越来越多的银行都提出了"以客户为中心"的经营理念。发达国家银行非常重视客户关系管理，他们根据客户档案建立专门的数据库，分析挖掘其中有价值的信息，从客户需求出发，确立"以质取胜"、"客户驱动"的服务理念，为客户提供"量身定做"的个性化金融产品和金融服务。

11.4.4 网上银行发展的相关配套体系不健全

业务创新的前提是制度创新。只有在一个相对完善的法制环境下，业务创新才能够得以开展。国外网上银行各个层次的法律都比较健全，能够及时应对网上银行发展过程中出现的问题。而我国目前这方面的法律法规不健全，存在诸如网上金融交易过程中，商业银行、网络服务商、网上商户和消费者之间的法律责任划分不清等很多问题，使得我国网上银行的发展不规范，面临着风险。

我国目前的网上认证系统不完善不统一。电子证书仍然是各自为政，造成身份认证系统不完善不统一，认证作用只是保证一对一的网上交易安全可信，而不能保证多家统一联网交易的便利。

目前我国统一的个人征信系统还没有建立，银行缺少足够的客户资信评估数据，很难对借款人进行准确的信用评估，无法满足网上银行发展的要求。

11.5 中国发展网上银行的对策

鉴于我国网上银行目前的基础还相对薄弱，网络用户占人口比重与发达国家相比仍有较大差距，应抓好以下几个方面的工作。

11.5.1 加强基础设施建设，丰富和完善网上银行功能

一是加强对网上银行的整体规划，加大网上银行基础设施建设的投入。二是加大宣传力度，树立企业形象，逐步培养人们的消费观念。三是完善网上银行系统的功能，提供丰富的信息和完善的功能。四是通过引进、联合培养等方式造就一批具有专业水准的复合性金融人才。

11.5.2　加强网上银行的业务创新

在充分考虑我国银行的实际和我国居民的消费习惯的基础上，借鉴发达国家网上银行业务的创新思路以及已经成熟的网上银行产品和服务，迅速缩小同发达国家银行的差距。

注重网上银行产品品牌的培养，品牌是产品创新和整合在系统层次上的体现，是银行产品、服务、科技、管理、制度和理念等要素的综合表现。在这一层面上，银行的名字本身就代表着与众不同的服务。

我国银行应该转变经营策略，通过向客户提供高附加值的个性化金融服务，开辟新的利润增长空间。另外，在我国分业经营的大环境下，网上银行应积极与证券公司、保险公司等其他金融机构展开合作，为客户提供更加广泛的优质服务。

11.5.3　注重客户关系管理

我国商业银行应该借助网上银行易于收集信息的优势，建立客户信息库，开发客户价值分析模型，利用数据挖掘技术，识别、追踪和记录客户的个性化需求，提升银行个性化服务的能力。从而达到吸引新客户，提高客户满意度，保持客户忠诚度的目的。

11.5.4　加快配套法律法规建设，建立统一的信用体系和认证体系

一是尽快制定网上银行相关的法律法规，减少网上银行经营的法律风险。二是建立全国统一的金融认证中心（CFCA），为电子商务的发展创造良好的环境，实现各家商业银行的网上银行联网交易。三是建立有效和完善的个人信用体系。

11.5.5　利用网上银行实现渠道的有效整合

网上银行具有成本最低、最丰富的营销方式、有效的互动效果、能对用户产生最大吸引力等优势。我国商业银行应该在深入分析银行各营销渠道的特点、成本和优势的基础上，通过网上银行对银行的各种渠道资源进行有效整合。在网上银行中，重点发展自助式的中间业务、资产业务和信息服务，而银行实体柜台则主要通过的人才优势，为优质客户提供咨询和个人理财等全方位服务，以此提高服务质量。

（中国人民银行科技司）

第 12 章　中国证券业信息化发展状况

12.1　中国证券信息化的发展历程

（1）起步

中国证券信息化历程始于上海、深圳证券交易所的电脑自动撮合竞价系统的建设。1990 年 5 月开始筹建上海证券交易所。上海证券交易所成立之初采用了当时已经成熟、在未来可以进行服务器叠加的内部局域网技术。这个体系最重要的是将业务规则固定在其中，为规范市场提供了重要保障。同时，这套系统可以自动撮合交易。1990 年 12 月 19 日，上海证券交易所开业的第一笔交易就是通过计算机自动撮合完成的。1992 年 2 月 28 日，深圳证券交易所电脑自动撮合竞价系统正式启用，实现了由手工竞价作业向电脑自动撮合运作的过渡。

与此同时，为了提高证券买卖报单和交易的效率，各证券营业部纷纷建设以局域网为基础的柜台交易系统。1991 年 11 月柜台交易系统正式投入运行，经过改进，基本上能够替代营业部的全部手工作业。

（2）无纸化

随着信息技术的运用，1991 年 4 月，取代实物股票的电子化股票账户在上海证券交易所诞生，1991 年底深圳证券交易所也完成了股票无纸化改革。股票无纸化交易促使了股票发行方式的变革，股票发行由原来的印刷纸质的票据变成了电子化的票据。股票交易和股票发行无纸化是中国证券信息化发展的重要里程碑，它极大地推动了证券市场的发展。

（3）创立无形席位

1992 年后，随着两个证券交易所和证券营业部信息化应用水平的不断提高，各证券营业部开始与交易所的计算机系统联网。联网后解决了交易所面临的打印大量票据和交割单的压力，此项工作由各证券营业部分别完成，从而大幅度提高了工作效率。同时，交易所与证券营业部的联网也为取消有形席位奠定了基础。通过建立网（交易所的计算机网络）到网（证券营业部的内部网络）的连接，交易所能够提供更加安全快捷的交易通道和及时公开的信息服务；证券营业部能够开发出功能复杂的柜台系统，并为客户提供更多类型的服务。

1992 年 5 月，深圳证券交易所的自动撮合系统和自动报盘系统上线，投资者的委托通过营业部的报盘系统，可以瞬间进入交易所的撮合系统。从此无形席位宣告诞生。1993年 4 月，上海证券交易所首先尝试采用卫星数字广播方式传送交易所行情，并获得成功。几乎在同时，1993 年 3 月，深圳证券交易所即决定成立专门的卫星通信公司，4 月份，筹备阶段的卫星公司解决了深圳证券市场向全国发布行情的问题。此后深圳交易所把工作重点放在发展无形席位上。

在经历 1996 年交易高峰的考验后，上海证券交易所认识到深圳证券交易所无形席位的优越性，于是下决心发展自己的无形席位，并成立了上海证券通信公司，构建自己的双向卫星网。

（4）扩容

快速发展的中国证券市场为中国证券信息化提出了大量迫切的需求。中国证券信息化的发展历程充分体现了业务对技术的巨大推动作用。从中国证券信息化起步开始，证券业服务信息系统一直存在“需求大于供给”的问题。

为了解决迅速增长的股票交易量给系统带来的压力，上海证券交易所于 1993 年 12 月 24 日起用新系统。新系统上线后，交易畅通无阻。席位从 200 多增加至 2 000 多个，在瞬时情况下，每秒钟能完成 3 000 笔交易。1996 年 12 月，上海证券交易所的交易系统通过了每天 360 万笔交易的峰值考验。

与此同时，深圳证券交易所也着手进行交易系统升级工作。1993 年 7 月 28 日，深圳证券交易所的新系统上线，当天深圳证券交易所成交 91 790 笔交易，创开市以来的最高记录。目前深圳证券交易所系统的日处理能力为 1 000 万笔，居世界证券交易所前列。

同期，证券公司柜台交易系统也面临升级改造的迫切需要。从 1995 年底开始，大部分券商的柜台交易系统纷纷采用 NT 平台上的 SQL Server。

中国证券信息化的发展历程，实际上是一个不断创新的过程。不断创新使年轻的中国证券行业充满旺盛的生命力。证券信息化推动了我国证券业的高速发展，并形成有中国特色的证券市场。

12.2　中国证券信息化的现状

通过十几年来的不懈努力，中国证券市场交易技术手段处于世界先进水平。

上海和深圳两个交易所的交易和结算网络覆盖了全国各地；交易所的交易席位由计算机系统中的席位代码取代了人工坐席的有形席位；交易撮合、价格的产生和发布完全自动化和集中化，所有证券交易成交过程都是在两交易所的核心交易撮合系统中完成的，并且已经完全实现自动化，深圳证券交易所已经撤掉了人工交易大厅；具有高效、可靠的交易通信网络，基本实现了卫星网和地面网的互备；具有实时的成交回报；能够提供及时准确的行情等信息发布。

与交易所同步发展，各证券公司也建立了比较完善的信息系统。大部分证券公司以证券公司总部和证券营业部原有的局域网系统为基础，利用先进的广域网技术实现全公司计算机网络的互联。并以此为基础，建立了证券公司信息管理应用系统，包括证券交易中央监管、实时监控、法人集中清算、财务核算分析、人事管理、资讯信息服务、电子邮件服务、数据中心、基于总部模式的互联网网上交易和 WWW 资讯信息服务等应用系统。在证券交易方面，大部分公司仍采用营业部模式。随着证券市场的发展，为了进一步降低经营成本、加强管理、有效控制风险，一些单位正在尝试建立统一的、集约化的集中交易系统。随着互联网的发展，大部分证券公司已开通网上交易。

证券营业部信息系统也不断发展完善，许多证券营业部可以提供 A 股、B 股、开放式基金和代办股份等多种证券品种的交易，可以提供现场热自助、小键盘、电话委托、可视电话、网上交易、手机和 PDA 等多种委托手段的交易服务方式。

我国证券市场能够在短时间内高速发展，一个重要因素是信息技术在证券行业的应用。我国证券市场无论从最初的发展时期，还是在具备一定规模的今天，都得益于信息技术的应用。中国证券信息化伴随着我国国民经济的高速发展，在未来我国证券市场的发展中必将发挥更大的作用。

12.3 中国证券信息化面临的问题

虽然我国证券信息化工作在过去的 10 多年中实现了起步阶段的跨越发展。但是由于我国证券行业发展的特点，在这一阶段的前一半时间，即于 1998 年中国证监会信息中心发布《证券经营机构营业部信息系统技术管理规范（试行）》之前，我国证券信息化工作基本呈现出各自独立进行状态，缺乏对行业信息化工作统一的引导、协调、监督以及推动机制。

可以说这种无为而治的信息化阶段，充分调动了证券行业与信息技术行业高效结合，达到实现创新动力最大化的目的。但是由于各自在信息化进程中所处的角度不同，因此其所关注的重点亦有着较大的差异，尤其是在对未来市场的发展变化趋势考虑欠缺，致使遗留下来一系列问题急需解决。

这些问题可概括如下。

（1）信息化建设缺乏统一规划

虽然相对其他行业而言，我国证券行业是市场化程度较高的一个行业，但由于国家整体环境还处于转型期间，市场化程度尚不均衡，导致各自为政现象较为严重，缺乏统一和全局的 IT 战略规划，由于没有统筹规划，目标不明确，标准不统一，一些环节处在混乱无序的状态，形成了很多在权力保护下的信息孤岛，缺乏共享的、网络化的信息资源，重复投资和资源浪费现象比较严重。这已成为制约我国证券市场发展的一个重要因素。

（2）缺乏统一的技术标准

信息化建设的目标之一就是充分利用信息资源，提高业务处理效率，降低成本，提高客户服务质量。

我国证券行业的发展，一直处于一种闭环状态下进行，主要的数据接口是由深沪两家交易所制定。而作为我国证券行业的信息系统的一个重要部分即交易系统，一直由国内几家软件公司开发，由于整体迁移成本不高。因此，技术标准一直未被重视。

但近年来，围绕着交易系统的其他应用系统的开发以及与银行之间的合作日趋加深，由于缺乏相应的技术标准支撑，因此使证券信息化的实施工作增加了许多额外的投入，在一定程度上阻碍了证券信息化的发展。

（3）对业务创新能力的支持潜力不足

信息技术的运用对证券业务的创新发挥了巨大作用。但从信息技术本身提供的技术手段来看，还有很大潜力可挖。之所以产生这种情况，原因是多方面的。一方面我国证券市场在很长的一个时间里是在单一品种的状况下高速发展的，因此，整个信息化过程中重点集中在对交易通道效率的提高。另一方面，由于我国的证券市场前期还处于探索阶段，这一阶段即是业务的磨合期，也是监管的磨合期，因此无论是业务模式还是人才培养都未渡过成熟期，从而导致一些在这方面的信息化尝试工作无功而返，影响了在这方面信息化工作的积极性以及必要的资金投入。

（4）仍然存在信息安全隐患

证券行业信息系统的安全和高效运行，一直是证券信息化的重点任务。但由于对信息安全认识不足，缺乏信息安全方面的知识和人才，投入也不够，所以，仍然存在信息安全隐患。

（5）自身开发能力退化，对外依赖性增强

在证券行业信息化过程中，通过直接采购和外包的形式来进行信息系统建设越来越普遍。而由于证券行业的业务特点和规模较小的原因，导致为证券行业的技术服务提供商大多呈现出规模小、技术实力薄弱等特点，缺乏技术实力和资金实力雄厚的技术服务提供商。

（6）对证券信息化关键技术缺乏基础研究

目前我国证券信息化关键技术的基础研究工作基本处于空白阶段，需要建立一批由国家立项或行业统一规划的基础项目来带动整个行业的信息化工作。

（7）证券行业信息化的基础环境问题

由于在我国证券市场诞生初期就采用电子化交易手段，其业务发展对信息化的程度要求极高，因此，证券行业对信息化工作一直高度重视，并进行了高投入，在 2002 年，证券行业 IT 投资就达 25.3 亿，2003 年证券行业 IT 投资达到 27.1 亿元，增幅达 7%。因此，就证券行业信息化基础设施的建设而言，是国内行业信息化建设中走在前端的行业。

但是，由于证券行业信息化建设起步早，有其特定的历史环境，并在缺乏总体规划，国家信息化基础设施未完善的情况下进行建设的，因此，遗留下来一系列问题。

（8）多网并存现象导致的重复投资、安全性差、行业运行成本高

其突出问题就是多网并存现象，目前证券行业使用的网络包括两个交易所的专有网络，沪深交易所投入巨资建立的两个卫星通信网，证券公司根据自身业务发展需要建立的企业广域网，服务于客户的电话网，用于登记结算公司的结算网，此外，还有用于银证业务与银行之间连接的专线等。由于业务的可靠性需要，每条网络链路都有相应的备份线路。

多网并存现象，不仅带来的是重复投资问题，同时增加了系统复杂度，降低了系统的稳定性和安全性，难于维护，不仅使得行业的运营成本大幅增长，同时也增大了行业的运营风险，仅由于通信故障导致的整个市场交易停市就发生多次，其带来的经济损失是难以估量的。

（9）缺乏标准导致的前后台业务自动化程度不均衡

证券行业信息化基础环境的另一个突出问题是，前台业务自动化程度高，而后台业务自动化程度低。证券行业中，在报价、下达交易指令、记账、撮合这一业务流程方面有着极高的自动化程度，但是在开户、清算、银行对帐等一系列其他频繁发生的业务中仍然需要大量的人工干预。而在业务管理、业务决策、风险控制和客户服务方面的信息化程度更低。这种严重不均衡现象，已影响了业务拓展、为客户提供个性化服务等创新工作的展开。

12.4 证券市场的发展对中国证券信息化提出的挑战

（1）市场监管提出的挑战

“公开、公平、公正”是我国证券市场发展的基本原则，保护投资者利益，特别是证券市场中的弱势群体——中小投资者的利益是监管者所面临的重要问题。一方面要规范上市公司的信息披露行为和证券公司的服务行为，细化相关法规，通过总体规划的制定和组织实施，完善证券行业信息网络基础设施建设，实现环境保障；另一方面，利用信息技术，提高自身透明度，强化对市场和信息的跟踪和监控能力，不断创新监管方式，通过一系列有应变能力的可操作规则，依靠政府监管和行业自律，把事前、事中和事后监管结合起来，提高监管工作的力度和效率。

（2）交易所提出的挑战

建立多层次资本市场体系，丰富交易产品，寻求国际发展并抢占全球资本市场份额的扩张性战略已成为证券交易所发展中不可逆变的潮流，证券交易所信息系统的完善和相互之间的互联性是实现这一发展目标的重要前提。这时，强化自身信息系统建设与通过上市筹集资金是其一个过程的两个必然选择。

（3）证券公司提出的挑战

我们面临的严峻问题是，如何与混业的外国同行竞争，并且，信息技术将使竞争白热化，它既可以使外国同行进入中国，迅速扩张，也可以使中国的小证券公司迅速变大，实现以小搏大。这里的关键是对客户良好的服务理念和服务产品,证券公司传统经营模式的转变和证券经营机构之间收购兼并、参与资本全球化提出的挑战等。

（4）上市公司提出的挑战

监管体系的完善，要求上市公司以更加迅速便捷的途径完成信息披露，增强上市公司的透明度，提高上市公司对市场的应变能力，强化上市公司法人治理结构的规范运作；同时市场监管者也不断加强对上市公司信息披露的强制性监督能力，对信息误导与欺诈行为发生的跟踪能力，以及对价格操纵和市场操纵的调查处理能力。

（5）投资者提出的挑战

投资者在要求提供便捷的个性化金融服务的同时，会对投资环境、投资方向及投资品种提出更高的需求。

（6）信息技术环境变化提出的挑战

信息技术的快速发展，为证券信息化工作提出了更高的挑战，如何将新技术有效的整合到当前的信息系统中是我们在信息化工作中始终要面对的问题。

12.5　中国证券行业标准化现状

目前我国证券行业的标准化工作才刚刚起步，处于标准空白状态现实状况给整个行业信息化工作带来了巨大的阻力。两家证券交易所、三家期货交易所、登记结算公司的数据交换格式不统一、编码方式不统一、接口不统一、重要数据过程流程不统一；各个交易所之间不能统一交换数据，对统一清算和结算造成了很大的障碍；各家交易系统软件商封闭独立，从系统开发到数据接口和通信接口，各产品互不兼容，严重阻碍了新技术的推广，也成为证券市场信息化向纵深发展的障碍。

行业非标准化的现状使许多应用业务上的简单升级变得相当繁复，许多新应用往往要通过加载应用系统补丁程序或以牺牲系统的应用性能为代价来实现，每遇到新增业务，往往牵一发而动全身。

这种现象不但造成交易系统的适应性差，效率低下，交易成本上升，交易风险增加，也给国家造成了大量的既成事实的损失。就最近两年系统改造与建设统计，仅由于深、沪两地区交易所在数据通信协议上的不统一，就造成约 6 000 万人民币的投资浪费；银行和证券在清算和资金转账上的经济损失更是高达上亿元人民币。

许多证券业务的创新从业务调整和改造的角度看难度并不大，可是要用 IT 技术来实现却非常困难。甚至可以这么说，证券信息标准化的问题不解决，一些创新业务的实现变得及其困难。

近年来，无论是证券公司、交易所和登记结算公司，还是软件开发厂商，均已逐步认识到行业标准化的意义。一些公司开始形成局域性的联盟，如在银证转帐上，几家公司共同遵循某一个由商业推动而形成的标准，也有公司对一些国际标准如 FIX 进行了深入研究，并推向了实际应用。

然而力度明显不够。有几个现实问题我们不能回避：第一，我们的市场机制尚不成熟，完全的商业化标准制定与推广机制不健全，环境尚需培养；第二，机会只对有准备的人，技术专利与产权在开放的市场等于控制权和利益，我们不能完全等待，要有自己的成体系的东西；第三，一些标准必须是强制性标准，不允许有选择余地的，这样才能达到标准化的目的，这样必须由主管部门来组织标准的制定，不能采用事实标准。

12.6　网上交易带动的服务创新热潮

在我国，网上交易已不仅仅是一种单纯的交易和服务渠道的拓展，而是成为学习国外同行业先进服务理念、营销方法的切入点和导火索，它引发了我国证券行业的一系列服务创新活动，继续大力推动网上交易的发展，可将服务创新工作进一步引向深化。

根据上报数据统计显示，2003 年，全国证券公司网上委托交易量约为 9 947 亿元，占沪、深证券交易所全年股票（A、B 股）、基金总交易量 66 755 亿元（双边计算）的 14.90%，比 2002 年上升 6 个百分点。网上交易委托的客户开户数达 527.84 万户，占沪、深交易所开户总数一半 3 512.71 万户的 15.03%，见表 12.1。

表 12.1　　2001 年、2002 年和 2003 年统计比较

年　度	网上交易量	沪深总交易量	网上交易量占比	网上交易开户数
2001 年	3 578 亿元	81 715 亿元	4.38%	332 万户
2002 年	5 230 亿元	58 191 亿元	8.99%	508.1 万户
2003 年	9 947 亿元	66 755 亿元	14.90%	527.84 万户

自我国网上交易发展以来，一系列基于互联网的服务创新顺势而生，如：

- E 对一个性化理财服务；
- 实时在线专家咨询服务；
- 理财顾问服务；
- 移动证券服务；
- 银证通服务；
- 基于互联网的信息披露服务。

这些创新服务已使证券行业建立起了"以客户为中心"的服务理念，不仅促使证券经营机构调整内部组织结构，以提高对客户的服务能力，同时带动了营销方法的科学化。

以客户为中心的服务创新活动，同时又向信息技术提出了新的需求，如：

- 基于 Call Center 的客户服务中心；
- 使用 CRM 细分客户市场、加强客户关系，加强销售过程；
- 采用数据仓库技术、知识管理技术提高客户服务质量。

这些从实际服务中引发的需求已经转化成为我国证券经营机构中每一个成员都在思考或实施的技术项目。

由此可见，我国网上交易的作用已远远超越了它在国外证券行业中的作用，它诱发了证券经营机构在日趋激烈的竞争环境下思变的内在动力，开始由"坐商"向"行商"转变，整个行业在向着良好的势态进行变革。

12.7　稳步促进集中交易

由于历史原因，长期以来我国证券行业经营的机制都是以不具备法人资格的营业部为独立核算单位来进行的，而交易所对市场的监管也是以营业部为单位来进行的。但是随着证券市场规模化的发展，集中资源优势、降低运营成本与风险、提高管理效率、提高服务水平等将成为证券公司的发展方向。从市场监管上，也开始向具备法人资格的证券公司为重点的方向进行调整。

因此，集中化将成为证券市场发展的趋势之一。集中化的趋势主要表现在两个方面：一方面，随着市场竞争的加剧，规模小、管理差的证券公司将被市场淘汰；实力雄厚的大证券公司的市场份额将逐步提高，证券产业集中度将不断提高。另一方面，业务的集中和管理的集中是今后几年我国证券公司发展的必然趋势。业务和管理的集中有利于证券公司降低经营成本，实现规模扩张；有利于证券公司的业务创新；有利于证券公司内部资源共享；有利于证券公司提高管理效率；有利于证券公司风险防范以及风险监控；

有利于客户服务质量的提升；有利于证券公司品牌和形象的提升。

证券公司的上述发展趋势对证券公司交易系统提出了全新的要求。现有的以营业部为中心的交易系统显然不能满足证券公司发展的需要。

12.7.1　建立新一代交易系统

交易所历来在国际金融体系中扮演着主要的角色，其所经营的市场规模已成长到难以想象的程度，从而成为世界经济的核心，扮演着极其重要的角色，承担着巨大的责任。

随着欧美市场交易所的整合风潮、证券市场国际化趋势、信息技术的高速发展，全球各大重要资本市场正经历着重大的变革，各主要资本市场正快速整合其组织架构并提升自身的信息技术能力以加强未来的竞争能力。由于电子交易网络的方兴未艾，致使全球的交易所面临强大的转型压力，不得不重新思考交易所的角色扮演及定位。

作为交易所的运营核心部分，即交易系统所提供的能力直接影响到交易所的市场竞争力。虽然我国交易所的交易系统多年来一直在封闭环境下运行，从内部看来相当合乎逻辑，但是，一旦面临外来的挑战时，这些系统就有可能显得十分脆弱。

资本市场与技术市场的全球化趋势无疑会摧毁这些独特的地方性结构，并且带来同质性较高的交易系统。现在几乎所有的交易系统都是建立在电子化委托的基础上，更容易建立，而且能够有较高的透明度。但是即使如此，不同系统之间的一些方面，如信息透明度和大额交易等仍然存在着重大差异。这些改变为证券交易所的交易业务带来了竞争，包括传统的交易所争取跨国委托业务及新竞争者加入而形成的竞争。而互联网的高速发展，已经为全球各个交易所实现连接提供了实现的最基本前提。

从我国证券市场的发展历史来看，所取得的跨越式发展与深、沪交易所能大胆采用电子化委托方式设计系统有着密切的关系。而今后证券市场能否再次经历跨越式发展，也直接与交易所的系统有着密切的联系。面对新世纪的全球化特征，对我国证券市场是机会，也是威胁，如不能掌握环境变化的趋势，我国证券市场的优势将丧失。

我国交易所虽然较早采用电子化交易手段，但交易品种只有股票、基金、债券三大种，与国际主要证券交易所相比差距甚大。因此，上海证券交易所已于 2000 年开始酝酿建立新一代的交易系统，计划在 2004 年完成完成项目的第一阶段功能并投入使用。该交易系统支持：多渠道交易（经纪商系统、场内交易、网上交易、交易联网交易、双边挂牌交易等）；多产品交易（股票和债券产品、权证、共同基金、ETF、指数产品、期货、期权等）；多机制交易（做市商、集合竞价、连续竞价、大宗交易等）；多订单交易（限价订单、市价订单、止损订单、各种时间和数量条件订单等）；多货币交易；灵活的交易时间（如延长交易时间、盘后报盘和交易等）。

交易所的信息化工作，还要重点研究以下问题：

- 如何提高交易系统的价值发现能力；
- 如何拟定国际化策略扩张全球交易；
- 如何降低交易成本；
- 如何使交易市场为证券公司提供更高竞争力的价值与服务；
- 如何更充分利用信息技术来实现有效的市场监督与管理；
- 如何适应交易所之间合并以提高竞争效益并降低成本。

12.7.2 建立新一代登记结算系统

中国登记结算技术系统起点较高，仅用几年时间就走过了西方发达国家上百年的路程。然而，由于在设计时市场的不确定性以及设计的局限性导致软件方面存在着许多不足：系统的模块化和扩展性差，支持的业务单一，特别是登记结算体制在抗风险能力以及结算效率及新产品的开拓等方面，仍亟待提高；数据接口缺乏标准化。

低效率是现行证券交易登记结算系统存在的主要问题，清算主体的多元化又是低效率的主要成因。目前，上海证券中央登记结算公司、深圳证券结算公司都在参与证券的登记清算。加大了证券交易清算的成本，降低了清算效率，增大了清算风险，增加了监管难度。

没有完善的代交收制度，没有实现 DVP（钱券两清），是现行结算系统中存在的另一类风险。由于证券资金结算是证券过户在先，资金交收在后，没有实现 DVP，登记结算公司作为市场所有交易的交收对手，集中了所有的交收风险。

滞后的登记结算体系已经制约了我国证券市场的发展。中国证券登记结算公司应逐渐统一协调我国证券市场交易的“后台”工作，包括深沪两市的运作方式和业务规则等；逐步承担起整个市场交易的登记、托管、清算、结算工作；统一的新的证券登记结算系统还将在防范风险和市场监控等方面发挥重要作用。新的结算信息体系还应成为市场监控的载体，反映每日各证券账户的交易情况、市场的资金总量和个人资金、法人资金、券商资金的流动情况。

12.8 丰富监管手段，提高监管效率

伴随着计算机和网络技术的发展，金融业高度发达的国家和地区十分重视金融监管信息系统的建设和发展，他们都建立了以计算机和网络技术作支撑的先进、高效、安全和功能完善的金融监管信息系统，并采用人工智能技术、金融工程技术和各种数学模型与统计方法对监管数据进行科学的分析和评价。证券监管工作从市场准入与退出、日常监管、风险评测，到监管报告的生成和信息披露、监管档案的管理等大多数环节和内容都有集成化的计算机信息系统进行辅助。因此极大地提高了金融监管的效率和准确性。

中国证监会及其派出机构根据国务院的授权负责对证券期货行业的监管，保护投资者的合法利益，维护市场的“公平、公正、公开”原则。

10 年来，证券市场快速发展，各类从业机构超常规发展，因此利用现代信息技术手段，加强监管工作，提高监管工作的质量和效率已成为必然。为此，证监会在信息化建设方面投入了大量的人力物力，建成了证监会机关连接 36 个派出机构和 5 个证券期货交易所的专用广域网络，建立了办公自动化系统、电子邮件系统、视频会议系统、资讯系统等公共电子应用系统，同时在监管业务信息电子化建设方面也开展了大量工作，根据各业务监管部门的业务需要进行了一定的电子化和网络化建设，以辅助完成审核和业务管理工作。

虽然证监会信息化建设有了一定的基础，但还落后于发达的国家和地区，与证券期

货监管的总体要求也存在一些差距，主要有以下几方面的差距。

（1）已有的业务系统无法满足证券期货监管全局要求，迫切需要统一规划、建立适应证券期货监管全局的业务应用系统，满足证监会各业务部门和各派出机构对全国性的和区域性的监管需求。

（2）尚未建立适合证券期货监管需要的监管信息资源体系。

（3）尚未建立统一的应用支撑平台。

（4）信息共享程度较低，互联互通不畅，业务协同困难。

（5）尚未建设证监会与银行、保险、工商、税务等之间的联合监管系统。

因此，证监会必须加大信息系统的建设和应用力度，进一步提高信息共享水平，努力优化业务流程，满足新形势下监管工作的需要。

12.9　小结

中国证券期货信息化发展战略是国家信息化发展战略的一个重要部分，它的实施对促进中国证券市场发展，推动整个国民经济的发展都具有重要意义。在实施信息化发展战略时，应围绕促进市场发展，规范市场行为，保护投资者利益，增加证券市场吸引力而展开。所以，应把重点放在以下方面。

（1）加强技术创新和管理创新，改进传统交易模式，丰富投资者的交易手段，千方百计提高信息系统的可靠性和降低投资者的交易成本；

（2）在市场监管、风险防范和公司治理中充分发挥信息技术的作用，努力提高市场监管效率和风险防范能力，切实保护投资者利益；

（3）积极推进适合我国金融环境的金融创新和多层次市场的建设，并做好相关信息技术的准备工作，为增加证券市场的吸引力发挥重要作用。

只要证券期货行业的各级信息化领导组织共同努力，积极推动，并采用“统筹规划，分步实施；集中领导，分工负责；发挥优势、兼收并蓄”的实施原则，中国证券行业信息化必将呈现一派生机，发展战略的目标也就一定能实现。

（中国证监会信息中心　刘　军）

第13章　互联网出版发展与管理状况

自1994年以来，我国互联网历经10年发展，为内容产业奠定了基于数字技术的传播平台。正是依托于这个平台，我国互联网出版业取得了长足发展。2000年后，特别是国务院《互联网信息服务管理办法》（以下简称《办法》）、新闻出版总署和信息产业部《互联网出版管理暂行规定》（以下简称《规定》）颁布后，互联网出版业发展进程显著提速。2003年，新闻出版总署批准设立了首批50家互联网出版机构，标志着我国互联网出版业步入健康有序的发展阶段。

13.1　互联网与互联网出版

13.1.1　互联网出版的概念

不同的国家和地区，对互联网出版的内涵给予的界定不尽相同，有时甚至等同于互联网信息服务（ICP）。Net Publishing（网络出版）、online publishing（在线出版）、electronic publishing（电子出版）、e-publishing（电子出版）也都是常用的概念。

由于海外大部分国家和地区，没有出版资格的认定，互联网出版和互联网信息发布常常是混合在一起的。

在我国，根据有关法规，互联网出版是指互联网信息服务提供者将自己创作或他人创作的作品经过选择和编辑加工，登载在互联网上或者通过互联网发送到网络用户端，供公众浏览、阅读、使用和下载的在线传播行为。其作品来源主要包括两个方面：一是已正式出版的图书、报纸、期刊、音像制品、电子出版物等出版物内容或者在其他媒体上公开发表的作品；二是经过编辑加工的文学、艺术（含动画）和自然科学、社会科学、工程技术等方面的作品。

互联网出版一般分为互联网社会科学出版、互联网科学技术出版、互联网文学出版、互联网艺术（含动画、图片）出版、互联网教育出版、互联网音像出版、互联网游戏出版等7个大的类别。

互联网出版有几种不同的服务形式，大致可以分为电子邮件订阅式、数据库下载式、网站浏览式、交互论坛式和即时通信工具式。

（1）电子邮件订阅式是指事先预订，由出版者定期或不定期地以电子邮件或类似方式将预订的内容传送给读者。一般适合消息和小短文之类的内容。

（2）数据库下载式是指用户根据目录选择，将相应的内容下载到本机上阅读和使用，学术文献和教育读物比较适合这种方式。

（3）网站浏览式是指用户直接在网页上浏览，在浏览过程中，根据提示进行跳转。

（4）交互论坛式是指在读者与出版者之间，根据读者的进度和要求对信息裁剪组合，对进度进行控制，这个过程中，读者也可以参与定制过程，甚至自己动手选择和组合信息。这种方式比较适合教育读物和网络游戏。

（5）即时通信工具式，比如 ICQ、MSN、AOL、雅虎通以及手机等。以私人之间实时传递讯息、电子文件（短信、聊天）为主，大多属于简单出版形式。随着通信工具功能的发展，多媒体出版形式（音频/视频文件在线传输、多媒体短信等）正在兴起。

13.1.2　互联网出版是传统出版的延伸和发展

与传统出版相比，互联网出版具有交互性、海量性和复杂性等特点。不过，就互联网出版的内容和功能而言，互联网出版是传统出版在互联网上的延伸和发展。

（1）互联网出版物传播的内容与传统出版物是一致的，主要还是文学、艺术（含动画）、娱乐内容和自然科学、社会科学、工程技术等方面的作品。

（2）互联网出版与传统出版一样，发挥着传播知识、促进科教兴国、丰富与满足人民群众生活的作用。

（3）互联网出版的核心工作是编辑工作，是信息与作品的编辑加工和组织。这与传统出版业是一致的。不同的是，互联网出版具有信息海量化和平台技术化等特点。

（4）与传统出版相比，互联网出版具有自身的优势。互联网出版实现无纸化出版，避免了消耗大量森林资源、造成环境污染；还可以避免传统出版出现绝版的问题，真正成为没有绝版的出版。互联网出版最为显著的优点就是检索方便。通过关键字词的查询，进行目录和全文检索，使阅读更加方便和快捷。

13.1.3　互联网出版是互联网信息服务的重要部分

在互联网信息服务活动中，最主要的、也是最重要的是互联网出版，主要体现在以下几个方面。

（1）属于互联网出版的信息量在互联网信息总量中占有很大比重。截止 2002 年底，全国网站数近 40 万个。互联网出版专业机构的网站数占 20%左右，但这些网站编辑的网页信息量占总的网页信息量 50%以上，网页信息质量远远高于个人网站和非专业出版网站。全国的数据库总数为约 8 万个，绝大部分是专业出版机构编辑制作和发布的。如表 13.1 所示。

表 13.1　　在线数据库内容分布情况

数据库内容	政策法规文献	金融股票信息	报刊新闻	科技文献	产品信息	企业名录	人物传记	其他
比例（%）	10.5	4.8	12.8	15	32	10	3.5	11

（2）互联网出版的信息质量比一般的互联网服务信息的质量要好，互联网出版发挥的作用显著。

（3）网络信息服务的专业队伍主要集中在互联网出版机构。我国目前的专业网络信息服务人员中，70%来自互联网出版机构。一个专业网络出版机构的专业人员数往往是个人网站和普通网站的几十倍甚至上百倍。

（4）互联网信息服务的产值主要来自互联网出版业。互联网信息服务领域形成产业的主要是电子商务服务、网络广告、在线注册服务、短信服务、电子书与学术出版、网络游戏出版、网络教育出版等等。

13.2 互联网出版产业的发展概况

13.2.1 互联网出版的基本状况

随着计算机应用水平、产业环境、文化消费习惯和法律法规等种因素的不断改善，我国互联网出版业已形成了一定的产业规模，2003 年我国互联网出版直接产值已经接近 24 亿元，并形成了以网易、新浪、搜狐三大门户网站，《中国期刊网》、金山公司、上海盛大网络、万方数据等为代表的一批互联网出版骨干企业。

首先，互联网出版的产值已初具规模，2002 年，全行业实现直接收入接近 16 亿元，而 2003 年则增加到 24 亿元，如表 13.2 所示，带动相关产业（如 IT、通信、媒体、教育等行业）估计达 200 多亿元。

表 13.2　近年来我国互联网出版直接产值概况

出版类型	2002 年	2003 年	2004 年（预测）
互联网游戏出版	9.1 亿元	14 亿元	22.4 亿元
互联网学术出版	1.5 亿元	2.0 亿元	2.5 亿元
互联网教育出版	1.1 亿元	1.5 亿元	2 亿元
互联网文学出版	0.7 亿元	1.0 亿元	1.2 亿元
互联网音像出版	0.5 亿元	1.2 亿元	2 亿元
其　他	3 亿元	4 亿元	5 亿元
合　计	15.9 亿元	23.7 亿元	35.1 亿元

注：上述数据不包括互联网广告和电子商务的营业额

其次，培育了一批互联网出版企业，建立了互联网出版队伍。2003 年，新闻出版总署正式批准 50 家单位具有互联网出版权。从实际情况看，互联网出版从业人员总数超过 3 万人，其中各类编辑人员超过 1 万人，一部分来自传统的编辑出版行业，大部分则是来自 IT 业及其他行业。

第三，互联网出版进入产业化发展阶段，产业链正在逐步形成。部分互联网出版领域，比如互联网游戏出版、互联网学术和互联网文献出版等方面，已经形成了较为完整的产业链。产业链上的各个环节正在形成一种有效的分工合作以及利益分配与再分配关系。

第四，互联网出版呈现不均衡发展的态势，不同的互联网出版领域，其发展规模和水平不同。虽然，就互联网信息服务和互联网出版全行业而言，还处在投入阶段，但是，有些领域，如互联网游戏出版，则取得可观的经济效益，进入了良性循环；在互联网学术文献出版方面，也已经形成了较成功的商业模式，取得较快的发展。

第五，在经营主体结构方面，互联网公司、电信公司和高新技术公司成为互联网出版的主要经营者，而传统出版单位从事互联网出版的虽然数量不少，但规模效益好的不多，大多数出版者主要扮演提供出版资源的角色。主要有两个方面原因：一是互联网出版要求出版资源相对集中，传统出版单位自身拥有的资源一般不足独立开展互联网出版业务；二是互联网出版投入大、周期长、风险大，传统出版单位受体制和机制的制约，难以驾驭。

13.2.2　互联网文献出版已具规模，逐步形成良性循环

我国的互联网学术文献出版（包括互联网社会科学和科学技术出版）始于 20 世纪 90 年代中期。1996 年我国开始出现了互联网学术文献全文电子版内容在互联网上传播。互联网学术出版主要采用全文数据库形式存放在网站上，用户和读者通过网站登录进行在线阅读或下载后使用。

截止到 2003 年初，通过互联网出版的学术文献，折合量达到 5800 万篇，约 3 000 亿字。如表 13.3 所示。

表 13.3　我国互联网学术文献出版分布概况

序　　号	内 容 类 型	互联网学术出版数量	折　合　量
1	期　刊	2 375 万篇	2 375 万篇
2	报　纸	445 万篇	445 万篇
3	图　书	233 万本	2 330 万篇
4	会议论文	156 万篇	350 万篇
5	博硕士论文	50 万本	250 万篇
6	互联网信息	100 多万篇	100 多万篇
	合　计	3 360 万篇/本	5 800 万篇

注：（1）上述数量为主要经营机构统计的叠加，存在一定的重复。

（2）图书每本按 10 篇论文计算，博硕论文每本按 5 篇计算。

我国 1994 年以来纸质学术期刊中，互联网出版相对覆盖率达到超过 90%。目前，实现了 4000 余种纸质科技学术期刊内容全文的互联网同步出版。以《博硕士论文全文数据库》、《中国优秀博硕士论文数据库》、《中国学术会议论文全文数据库》等为代表的互联网学术论文数据库的出版，形成了 115 万篇学术论文网上传播的规模。

2002 年我国互联网学术文献出版规模达到 1.5 亿元，2003 年达到 2.4 亿元，年增长速度为 40%，成为仅次于互联网游戏出版的第二大互联网出版领域。

互联网学术文献出版产业链正在形成。由传统学术出版、信息资源采集、信息资源建设、网上信息服务等环节构成的产业链保证了整个产业运行的良性循环。鉴于我国互联网基础设施和传输技术的局限，目前我国互联网学术出版仍以数据库产品和网上信息服务两种经营模式为主。此外，我国目前的互联网学术文献出版大多是将传统学术出版物整理后在互联网上出版，而首次以互联网为媒介发表的文献还不太多。

13.2.3 互联网游戏出版成为互联网出版业的“经济发动机”

互联网游戏出版业主要由互联网游戏开发、互联网游戏营运、电信支撑、销售推广几个环节组成。互联网游戏营运者负责将游戏作品装载在网站上发布，并负责游戏网站的营运和管理，因而也是互联网游戏的出版者。

互联网游戏出版作为一种新兴的出版领域，已成为互联网出版乃至互联网业的“经济发动机”，如表13.4所示。2002年，我国的网络游戏出版直接产值超过9.1亿元人民币，而2003年，由新闻出版总署主办的“2003年中国游戏产业调查”表明，网络游戏出版直接产值超过13.2亿元人民币，比2002年增长45.8%。给电信业务带来的直接收入达87.1亿元人民币，是网络游戏出版市场实际销售收入的6.6倍，而IT行业、传统出版和媒体行业由此而产生的直接收入分别是网络游戏出版市场实际销售收入的2.65倍和2倍，这还不包括有关游戏广告的相关收入。

表13.4 近年来我国互联网游戏出版发展简况

年　份	用 户 数	直 接 产 值	带动相关产业产值（估算）
2002	807.4万	9.1亿元	110亿元
2003	1 380万	13.2亿元	150亿元
增长率	63.8%	45.8%	
2004（预测）	2 400万	22.4亿元	220亿元

互联网游戏出版业的产业链日益明晰。互联网游戏出版产业链上的电信运营商、游戏开发商、游戏运营商和游戏销售商等已经形成了相互独立并互相支撑的产业链。

目前在中国市场上投入运营的互联网游戏有130多种。2003年，新闻出版管理部门新批准出版的单机版游戏为82种，网络版游戏为28种。这些游戏多数是从海外引进的，其中来自韩国的最多。有一批国内企业开发了一些有自主知识产权的互联网游戏，比较知名的有网易的《大话西游》、目标的《秦殇》和金山的《剑侠情缘互联网版》。这些国产游戏的推出，为游戏消费市场增添了中国文化的营养。

13.2.4 互联网教育出版正逐步走向规模化经营

我国的互联网教育出版是20世纪90年代末随互联网教育的发展而开始出现的，一直保持高速增长态势。

互联网教育出版是指在网上提供经过选择和编辑的教育内容读物。互联网教育出版物主要有电子教材教辅、电子教案课件和题库、学校数字图书馆等形式。互联网教育出版的来源主要有两个，一是传统纸质教育读物和教育音像读物，二是教育类电子出版物，包括多媒体课件和教学资源库。互联网教育出版主要经营模式为网上数字图书馆、捆绑销售（OEM）、会员制和下载收费等方式。

到2002年底，我国涉及互联网教育出版的网站超过3 000个，互联网教育出版规模达到1.1亿元，2003年达到1.8亿元，年增长速度超过50%。互联网教育出版在我国互联网出版市场中排名第三。

我国近几年以互联网为平台的远程教育飞速发展，目前我国从事各级各类远程教育的网站有 1 000 余家，作为直接为远程教育服务的互联网教育出版占我国互联网出版市场规模的 10%以上。

13.2.5　互联网音像出版在部分地区和领域有一定的发展

互联网音像出版是指通过互联网传播音乐、影视、动画作品。通过音像出版网站，网民不仅仅可以下载或者在线收听、收看音像作品，还可以阅读到很多有关艺术家创作、拍摄、开演唱会以及作品销售的信息。

由于受带宽的制约，目前互联网音像作品出版在我国尚不普及。2003 年宽带用户大约 1 740 万户，与 2002 年相比增加 163%。宽带用户主要分布在沿海城市和省会城市的机关和社区，而且这些用户分散成很小的用户群，每个区域的用户群不足于支撑互联网音像出版的整体运营。互联网音乐则既可以通过电脑下载播放，也可以通过手机下载播放。目前，手机下载音乐非常普及，已经成为互联网企业的主要收入来源之一。

2002 年我国互联网音像出版市场达到 5 000 万元，2003 年达到 1.2 亿元，年增长速度为 130%。目前我国网上音乐网站很多，也有一些经营比较成功的网站，但大部分网站仍停留在免费阶段，而且未经授权使用的问题非常严重。

13.3　互联网出版的社会效益和作用

我国的互联网出版不仅形成了一定的产业规模，拉动了相关产业特别是 IT 产业的发展。同时，在传播知识、丰富文化生活和思想教育宣传方面也发挥着重要的作用。

（1）互联网出版在传播知识、科教兴国方面发挥着国家知识基础设施的作用

在科学技术、社会科学、学术文献的出版方面，互联网出版量已经达到 5 800 万篇，实现当年学术期刊和重要会议文献 90%的同步互联网出版，与传统媒体一年出版的有效学术文献总量大致相当。过去，仅仅依靠学术期刊外加复印资料来传播学术文献，平均每种学术期刊的发行量大约 1 000 份左右，大多数是高校图书馆订阅，社会上一般人难于得到，因此科学文献的传播速度慢、覆盖面窄、使用效率低。而互联网出版的学术文献著作，传播速度快、覆盖面广、使用方便，大大提高了知识的传播、使用和创新的速度。据调查，高校毕业生在做毕业设计和论文时，80%以上的学生会查阅和利用互联网出版的学术文献。

（2）互联网出版逐步成为青少年思想教育的重要阵地、丰富文化生活的重要手段

在我国的互联网用户中，35 岁以下的青少年大约占 70%。互联网已成为他们工作、学习和生活的重要方式之一。

许多互联网出版网站为青少年的健康成长提供了很好的互联网读物。例如，网上《英语角》声文并茂，还可找到英语学习伙伴或笔友。在线简明百科全书则提供知识查询、检索服务，是内容最丰富的中文百科站点之一。而在网上的“儿童天地”，儿童们可以用自己的笔，写自己的事，读自己的书，体现儿童的思想和观点。

（3）互联网出版成为对外传播优秀文化、增进国际文化交流的的桥梁

互联网出版利用网站存储信息量大、传播快捷、便于跨境传播的优势，成为对外传播我国优秀文化、增进国际文化交流的桥梁。人民网、新华网、中国期刊网就是典型实例。

人民网和新华网已有中文、英文、日文、法文等多种文本。这些网站不仅有一般的新闻信息，有大量的图片作品，还有大量的专题。人民网拥有300多个、数据量上亿字的专题数据库。近3 000万人次访问了名栏目《强国论坛》，日访问量13万，有时高达30多万，是全球最大的中文论坛。有100多位专家、学者在《强国论坛》与网民交流。一位外国朋友发来电子邮件说："这些网站是中外人民直接互相了解和相互交流的桥梁。其效果是短期旅游参观和短期交流所不可比拟的。"

除此之外，利用互联网出版方式介绍我国的科技文化成果也是非常有效的。过去，我国对外科技文化成果交流主要依靠书刊，数量少、印制成本高、使用效果差、查找不方便。互联网出版大大加快了我国的科技文化成果在境外的传播。如《中国期刊网》已经成为众多海外学术机构首选的学术交流平台之一。

（4）互联网出版促进了社会信息资源的有效利用

互联网出版扩大了信息资源的使用范围，延长了信息资源的使用寿命。互联网出版能使具有重要学术价值和文化积累价值的作品出版更加容易，无论版本多么珍贵，都可能从网上阅读或下载。可以说，互联网出版使出版真正成为了没有绝版的出版。

互联网的另一个优势就是信息检索方便，提高信息使用效率。通过关键字词的查询，可迅速找到所需内容，可进行目录和全文检索，使阅读更加方便和快捷，这是互联网出版相对于纸质书刊出版最显著的优势之一。

13.4 互联网出版政策与法规建设

随着互联网发展，互联网出版由萌芽发展到初具规模，我国的互联网出版政策法规建设也经历了从起步到逐步完善的过程。

2000年9月，国务院颁布了《互联网信息服务管理办法》（简称《办法》），这是我国首次为规范我国互联网信息服务活动、促进互联网信息服务健康有序发展而制定的法规。明确了国务院出版行政部门负有对全国互联网出版单位资格审核、对互联网出版内容和活动进行监管的职责。

2001年2月，国务院修订了《出版管理条例》，授权国务院出版行政部门制定互联网出版管理办法。同年，全国人大修订了《著作权法》，国务院修订了《著作权法实施条例》和《软件保护条例》，对作品的互联网传播权作出了明确规定。这些法规的颁布，为依法管理我国互联网出版活动奠定了法规基础。

依据国务院颁布的《出版管理条例》和《互联网信息服务管理办法》，2002年8月，新闻出版总署和信息产业部联合颁布了《互联网出版管理暂行规定》（简称《规定》），这是第一部专门为规范互联网出版活动、促进互联网出版健康有序发展而制定的部门规章，标志着互联网出版开始步入规范化管理阶段。

该《规定》进一步明确了出版行政部门管理互联网出版工作的主要职责：（1）组织制定和实施互联网出版规划和结构布局；（2）制定互联网出版管理的方针、政策和规章；

（3）对互联网出版机构实行前置审批；（4）依法对互联网出版内容实施监管，对违反国家出版法规的行为实施处罚；（5）对涉及互联网的著作权行为进行监管。

同时，该《规定》对互联网出版活动及其作品、互联网出版机构和人员的要求和规范作出了相应的规定。

第一，对互联网出版活动作了进一步明确的界定。互联网出版是指互联网信息服务提供者将自己创作或他人创作的作品经过选择和编辑加工，登载在互联网上或者通过互联网发送到用户端，供公众浏览、阅读、使用或者下载的在线传播行为。

同时，明确了互联网出版的范围，主要包括两个方面，一是已出版的图书、报纸、期刊、音像制品、电子出版物等出版物内容或在其他媒体上公开发表的作品内容；二是未发表过的，经过编辑加工的文学、艺术和自然科学、社会科学、工程技术等方面的作品。

第二，对互联网出版单位的设立审批作出了明确的要求，任何单位或个人从事互联网出版活动，必须经过批准，否则，不得开展互联网出版活动。申请从事互联网出版业务，除符合《互联网信息服务管理办法》规定的条件以外，还应有确定的出版范围，有符合法律、法规规定的章程，有必要的编辑出版机构和专业人员以及有适应出版业务需要的资金、设备和场所。

第三，《规定》要求从事互联网出版活动的单位必须配有专门的编辑人员，并实行编辑责任制度。互联网出版机构的编辑出版人员应当接受上岗前的培训，实行持证上岗。

第四，在互联网出版内容的监管方面，《规定》要求互联网出版机构，要求有专门的编辑人员对出版内容进行审查，以保障互联网出版内容的合法性；从事互联网出版活动，应当遵守国家有关著作权的法律和法规，应当标明著作权记录；对于涉及国家安全和社会安定等方面的重大选题，要求履行备案手续；以未成年人为对象的互联网出版物不得含有诱发未成年人模仿违反社会公德的行为和违法犯罪的行为的内容，以及恐怖、残酷等妨害未成年人身心健康的内容；规定了 10 项禁载内容。

第五，对从境外引进的互联网游戏作品，按要求，对内容实行事先审查制度。对内容健康的作品，实施有计划地出版、总量调控和合理布局。

这些规定有利于保障互联网出版的质量，促进互联网出版的健康发展。

13.5　互联网出版的监管状况

由于互联网出版行业仍处于起步阶段，因此，互联网出版监管工作主要集中在进一步摸清行业情况、完善法规制度、发展基本队伍和改善监管条件等方面。

（1）初步建立了全国互联网出版监管体系

2001 年 12 月 20 日，国务院办公厅在《新闻出版总署（国家版权局）职能配置、内设机构和人员编制规定》中，进一步明确了新闻出版总署主要职责之一是“审核互联网从事出版信息服务的申请，对互联网出版信息内容实施监督管理”。

根据国务院“三定”方案，新闻出版总署于 2002 年成立了音像电子和网络出版管理司，并内设网络出版管理处。各省级新闻出版局也基本建立了互联网出版管理机构。这些机构的成立，为依法实施互联网出版管理提供了组织保证。

在依法实行行政监管的同时，充分发挥行业组织作用，成立了互联网出版行业性组织，如组建中国出版者协会电子与互联网出版工作委员会、游戏工作委员会。这些行业组织在互联网出版物内容审读、维护互联网出版企业效益、加强政府与企业联系、加强企业自律、促进我国网络出版业与海外交流、打击非法出版活动、维护行业有序竞争等方面发挥了重要作用。

（2）开展互联网出版调查研究

针对互联网出版发展速度快、行业状况复杂的特点，新闻出版总署开始有组织地进行产业发展调研。

2003 年初，新闻出版总署在以往调查的基础上，设立了《加强网络出版的监管》专项调研课题，组建了调研课题组，进行了大规模的全国性调查，同时，又委托各省新闻出版局分别进行区域性综合调查。提交了《加强互联网出版监管、促进产业健康发展》的调研报告。

同年，结合互联网出版单位审批工作的要求，新闻出版总署又专门组织调研小组对广东、上海、北京、湖北和四川等地区的 50 多家从事互联网信息服务的企业进行了实地考察。通过调研，基本摸清了国内互联网出版行业的产业规模、队伍结构、基本动向以及存在的主要问题，为制定互联网出版发展规划、产业政策和监管办法提供了基础信息。

（3）建设全国互联网出版的骨干单位和基本队伍

2002 年秋，新闻出版总署和信息产业部联合颁布《规定》后，在广泛调查研究、政策宣传和规范管理的基础上，新闻出版总署和各地新闻出版局开始着手互联网出版机构审批工作。

截至到 2003 年底，全国各地报送的设立互联网出版机构的申请单位共 180 家，其中出版单位 101 家，非出版单位 79 家。出版单位申请者中，图书出版单位 52 家，报纸出版单位 21 家，期刊杂志出版单位 14 家；音像电子出版单位 14 家；在非出版单位申请者中，新闻单位 3 家，综合网站 4 家，其他机构 72 家；出版行政部门对 180 家单位的申报材料认真地进行了复核，并对部分单位进行了实地考查，最后审批了 50 家互联网出版机构。如表 13.5 所示。

表 13.5　　首批互联网出版机构分布一览表

总　数	来自出版单位					来自非出版单位			
	图书出版	报纸出版	期刊出版	音像电子出版	合计	新闻单位	综合网站	其他机构	合计
50	22	6	5	5	38	3	6	3	12

（4）加强互联网出版监管，严肃查处非法互联网出版活动

为了互联网出版健康发展，新闻出版总署加强了对互联网出版的正面引导。

2003 年初，新闻出版总署成立了电子与网络出版审读专家委员会，建立专职和兼职相结合的审读队伍。新闻出版总署拨出专项资金支持审读工作。游戏产品的出版方面基本上达到了先审读再审批。目前，审读工作正步入制度化、规范化轨道。

2003 年 9 月，新闻出版总署发布了《健康游戏忠告》：抵制不良游戏，拒绝盗版游戏；注意自我保护，谨防受骗上当；适度游戏益脑，沉迷游戏伤身；合理安排时间，享

受健康生活。要求游戏出版物必须登载《健康游戏忠告》。这一规定受到了社会各界特别是教育界人士和青少年家长的欢迎。

2003 年年底新闻出版总署、国务院信息办和国家版权局等单位成功举办"首届中国国际数码互动娱乐产品及技术应用展览会"。达到了促进民族游戏产业发展、加强知识产权保护、促进国际交流合作、引导健康消费的目的。通过展览会进一步规范和引导游戏出版的健康发展。

与此同时，新闻出版总署加大对非法互联网出版活动的查处力度。一些没有得到许可的网站大量登载涉及政治等敏感内容的文章，造成不良社会影响，一些不法分子利用互联网大肆进行侵权盗版等非法出版活动。对这些违规行为，新闻出版总署与中宣部、国务院新闻办、信息产业部、公安部等部委密切合作，依据有关法规对违规行为及时进行了纠正和查处。

此外，针对互联网游戏出版活动中"私服"、"外挂"猖獗的新问题，2003 年 7 月开始，新闻出版总署联合相关政府部门加大了对"私服""外挂"行为的打击。在网络游戏营运过程中，一些非法经营者私设游戏服务器或者在正常游戏程序上外挂一个"作弊"的小程序，造成游戏经营者利益的损失、缩短游戏的生命周期。这种行为影响我国游戏产业的发展。对此，新闻出版总署及时作出了属于非法互联网游戏出版活动的认定，同时，会同信息产业部、国家工商行政总局、国家版权局、全国"扫黄""打非"工作小组办公室，开展了打击"私服"、"外挂"的专项整治联合行动。

13.6　互联网出版发展中存在的问题

在我国互联网出版业的快速发展过程中，存在不少困难和问题。这些困难和问题程度不同地影响着互联网出版业的健康、持续和快速的发展。

（1）互联网出版的基础条件薄弱

首先表现为互联网基础设施建设不平衡。东部地区，特别是经济发达的大中城市，互联网普及应用水平较高，但中西部地区，特别是广大的农村仍然是互联网发展的"盲点"，这种状况必将严重制约互联网出版的发展规模和速度。

其次是电子商务环境不完善。互联网出版不存在物流问题，最适合电子商务环境下运作。但是，目前的电子商务平台难于有效地支撑互联网出版的商务活动。目前，没有一个统一的、适合出版业务的电子商务平台，存在重复建设、上下游对接困难、商务安全难以保证等问题。

第三，汉字库容量不能满足互联网出版发展的要求。互联网出版需要大型汉字库的支持，但目前我国公布的计算机汉字库总共有 6 763 个汉字，加上扩展字库（GBK）收字也只有 20 000 字。若制作大型选题的电子网络版，目前使用的汉字库是不够的。

第四，缺乏行业标准。比如，我国互联网学术文献出版的信息存储格式多种多样，没有统一的行业标准；阅读工具软件种类多、功能差别大，增加了消费者的阅读和使用负担；缺乏严格规范的出版流程，技术方案的选择随意性大，导致了互联网出版质量不稳定。

（2）缺乏版权保护意识，严重制约产业发展

目前，著作权问题已经成为产业发展中无法回避的又一个瓶颈问题。比如，在传统出版资源利用方面，由于出版时间长，资源分布比较分散、版权归属比较复杂、著作权人联络较困难，对不利于传统出版资源在互联网上的加工整合和利用。而互联网上首次发表的作品，其著作权难于得到有效保护，随意转载和滥用现象非常普遍。忽视著作权的保护，不仅不利于文化的创新和繁荣，还将严重制约互联网出版产业的持久发展，但是，如何合法、合理地平衡著作权人与互联网出版者以及消费者的利益关系，目前还缺乏可操作的模式。互联网学术出版和互联网文学出版近几年“官司”不断，基本上都是因为著作权问题引起的。

（3）引进与自主开发比例失调，互联网出版专业人才严重缺乏

目前在国内出版运营的互联网游戏中，境外引进的占多数，自主版权的互联网游戏极少。境外互联网游戏作品大面积占领国内市场，使国产游戏的开发和出版受到了很大限制。外来游戏作品长期占据国内市场，不仅影响国产游戏开发制作技术的提高和开发制作企业的发展，也对民族文化产业和大众的文化价值观念构成冲击。

此外，互联网出版的快速发展与编辑出版专业人员缺乏的矛盾也日益明显。目前，从事互联网出版编辑工作的人员大多来自 IT 行业，缺乏必要的编辑出版经验，不熟悉国家有关出版的法规和政策，从而导致了互联网出版物的整体质量还不够高。

（4）重复交叉管理，影响了产业的快速健康发展

长期以来，我国在行政执法过程中，存在法规自相矛盾、职能交叉重复。一件事多个部门并管的状况一直没有从根本上解决。由于网络出版处于发展初期，社会各界包括政府有关部门对网络出版的理解不完全一致，导致在对互联网内容服务包括网络出版的管理主体方面认识不一致，管理主体不明确，相关部门规章互相冲突，跨部门多头管理现象突出，并引起了网络出版界不同程度的误解。

面对这种情况，基层的互联网出版企业和单位难于适从，不仅增加企业的经营风险和成本，而且严重削弱了本来就非常薄弱的监管工作，还势必造成市场混乱，给非法互联网出版经营者以可乘之机。

（国家新闻出版总署音像管理司　寇晓伟）

第 14 章　互联网内容服务管理状况

14.1　互联网内容服务业务类型

截至 2003 年 12 月底，我国的网民人数已达 7 950 万，WWW 站点总数为 595 550 个,政府主管部门颁发的互联网信息服务（ICP）许可证 3 900 多个。

从这些数据可以看到，我国互联网的使用已经具有一定的基础。目前，互联网上的内容比较丰富，逐渐形成一定的规模和体系。

综合我国 ICP 网站和其他各类网站（如企业网站、技术/论坛性网站、政府网站等）提供的各种内容信息，基本可以将这些内容服务分为 4 大类：信息提供类、通信联系类、娱乐互动类和商务交易类。

各类内容服务的含义及包括的具体服务种类列于表 14.1 中：

表 14.1　　互联网内容服务分类

分　类	具 体 内 容	简 要 描 述
信息提供类	新闻 计算机软硬件信息 休闲娱乐信息 个人主页信息 生活服务信息 社会文化信息 电子书籍 教育信息 科技信息 军事信息 体育信息 金融保险信息 房地产信息 汽车信息 求职招聘信息 商贸信息	指通过互联网向大众或局部用户提供电子信息。信息内容可包罗万象。突破了传统媒体的信息提供局限，具有开放性、及时性、便于查询性等特点。 信息提供类内容是互联网上最基本、最核心的内容种类。

续表

分　类	具体内容	简要描述
信息提供类	商贸信息 企业信息 旅游交通信息 医疗信息 交友征婚信息 法律法规政策信息 电子政务信息 各类广告信息 有奖活动信息 其他	
通信联系类	网上聊天（聊天室、QQ、ICQ 等） 电子信箱 视频会议 网络电话 BBS 论坛、社区、讨论组 同学录、校友录	指通过互联网实现双方或多方通信联系的服务，是逐渐在互联网上兴起的一类增值服务。某些服务属于互联网上的一种应用，如QQ、网络电话，不过从广义上讲该类服务也属于互联网内容服务的范畴。
娱乐互动类	网络游戏 互动/参与性娱乐节目 VOD 点播 FLASH 播放	指在互联网上实现单方、双方、多方的游戏服务和一些互动性的娱乐服务。 这类服务突破了传统单机游戏和互动节目的局限性，对学生、年轻人有很强的吸引力，有比较牢固的用户群。目前已成为宽带内容服务中的一大卖点。
商务交易类	网上购物 网上拍卖 网上炒股 网上银行 票务 旅店预定	即电子商务，是互联网上一种比较高层次的互联网应用，对网络安全、用户认证与授权等有很高的技术要求。 另外，由于我国的用户信用机制水平较低，很多机制还不健全，影响了这项服务在我国的广泛开展。

对互联网内容服务的接入手段可以有多种，既可以是固定方式的，也可以是移动方式的。最常用的固定接入终端是通过 PC 机接入，移动接入终端则主要是通过移动电话来实现。不同的终端又可以通过窄带和宽带两种方式接入互联网。

不同的终端通过不同的接入方式接入互联网，可访问的互联网内容种类基本上都是相同的。比如不论是 PC 机还是手机，不论是通过窄带还是宽带，都可以访问互联网上的新闻、邮件等各种信息，可以实现即时通信，可以玩网络游戏，可以实现电子商务。因此表 14.1 中的服务对不同的接入手段都是适用的。如图 14.1 所示。

内容种类	互联网内容			
接入带宽	窄带拨号	宽带 ADSL、LAN	窄带 GSM、PHS	宽带 3G、4G
终端	PC 机		手机	

图 14.1　互联网内容服务体系结构

但是由于不同的终端，不同接入带宽的功能和特性不同，所能享受的内容服务的档次和复杂程度各不相同。比如移动电话通过 GSM 网络接入互联网，通常只能使用文本式的应用，而通过 GPRS 乃至未来的 3G 网接入，则可以使用图形化甚至视频的应用。而 PC 机如果通过窄带上网，则很难使用 VOD、网络电话、视频通信等对带宽要求高的内容服务。手机与 PC 机相比，由于手机屏幕与 PC 机比小得多，因此在访问的内容种类上也存在众多限制。综上所述，不同的终端和接入带宽所能享受的服务特点也各不相同。因此，现在针对不同接入手段的互联网内容服务不断涌现出来，最为突出的就是手机短信服务和宽带内容服务，它们已经成为互联网内容领域的两条靓丽风景线。

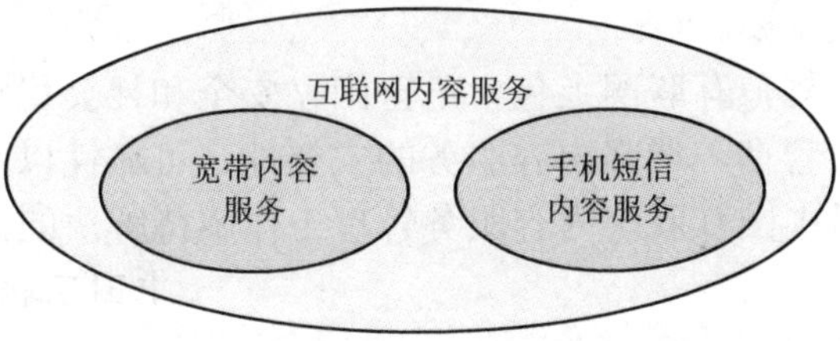

图 14.2　互联网内容服务中的两大亮点

（信息产业部电信研究院通信信息所　王雪飞）

14.2　2003 年互联网内容服务发展及管理的状况

2003 年，技术创新和服务创新方面取得的实质性进展，为我国互联网技术和应用水平的提高创造了有利条件。新一轮宽带网络建设和应用的兴起，为国内用户上网提供了更为便利的条件。与之相适应，中国互联网内容服务商依托日益壮大的用户资源优势，以网络短信、网络游戏、收费邮箱为切入点，推动了以收费的内容服务为代表的互联网内容服务的发展。“内容为王”正逐渐转化为互联网产业发展的现实推动力。

2003 年，互联网内容服务逐步形成了二元竞争的格局：以新浪、网易、搜狐、TOM 等为代表的互联网公司在注重新闻建设、培育和促进核心竞争力发展的同时，全面发展网络短信、网络游戏、网络广告、电子邮箱、企业服务等多项业务；以盛大网络、腾讯为代表的专业内容服务提供商则从自身优势出发，注重市场细分，致力于在某一领域提供丰富的内容和优质的服务。

从目前的需求发展状况来看，随着个人上网需求和网络使用率的持续发展，互联网内容服务正逐步成为个人或组织的基本需求。互联网用户的增多，上网变得越来越便捷，这都使得网络对日常生活的渗透加深，比如远程教育、电子商场、搜索引擎、在线音乐、电影、网上银行、电子邮箱、短信、聊天等，互联网内容服务正从深度和广度上不断扩展。

从目前中国互联网内容服务的发展来看，服务的质量还有待加强，服务的水平还有待提高，服务的品种还需要增加，相关配套的法律法规还需要完善，与内容服务相配套的诚信体系还有待建设。伴随相关技术的创新和应用，内容服务创新将是未来发展的一个主要趋势，网络教育、网上银行、在线交易、网络广告、网络新闻、网上视频服务、收费邮件服务、IP电话、短信服务、网上人才服务、网络资讯服务、网络游戏等互联网内容服务业务将进入一个迅速增长的时期。

在互联网内容服务管理方面，2003年，国家相继出台了一系列相关法律法规和行业规范，进一步规范了全国近60万互联网内容服务商（ICP）的行为，切实有效地防止了危害社会稳定、国家安全、公共秩序的不良信息在互联网上的传播。作为互联网全国性的行业自律组织，中国互联网协会则充分发挥了行业协会应有的职能，在解决垃圾邮件传播、黑客入侵、网络病毒等问题上，做了大量卓有成效的工作，在中国互联网内容服务管理领域的地位愈发重要。

目前，如何进一步规范互联网上包含危害国家安全和社会稳定，宣扬色情、暴力、邪教迷信等不良信息的管理，增强内容服务的安全性、可靠性以及提高内容服务提供商的诚信度等问题，都是中国互联网内容服务管理工作亟待解决的课题。

（中国互联网协会　程　工）

14.3 收费的互联网内容服务发展状况

目前国内互联网内容服务市场的总体情况是:（1）窄带内容服务的发展基本成熟，各ICP经历了网络泡沫的破灭后开始逐步走向理性，能够在残酷的市场竞争中生存下来的ICP已经基本形成了自己的赢利途径，并在资本市场得到了反映；（2）宽带内容市场开始启动，但尚处于不成熟期，存在的根本问题一是内容服务继续沿用窄带思路，同质化现象严重，缺少有效的市场需求；二是产业链不完善，缺少成熟的宽带内容提供商。

14.3.1 窄带收费内容服务状况

目前窄带ICP的主要收费服务包括三大类：（1）网站短信（SMS）；（2）网络广告；（3）收费邮箱。从运营的角度来看，ICP短信是目前网站摆脱生存危机并实现赢利的关键业务。在三大门户网站的收入中，短信、下载铃声和图片等和手机相关收入都占到相当大的比例，其中网易在该部分的收入已超过其整体收入的40%。而根据2003年11月中国互联网络信息中心（CNNIC）的统计数据，使用移动增值服务的应用需求中，有61.7%的用户使用网站提供的文字短信和用户自写短信的单纯通信类应用，以短信应用为代表的通信类增值应用是目前用户最主要的需求。另外，信息类的订阅短信服务占据了网站短信用户量的26.1%，娱乐类的铃声、图片下载分别得到20.8%和16.9%的用户，而使用短信交友、移动 QQ、点歌和彩信下载等其他娱乐类应用的用户非常少，最高使用比例依然低于 4%，这从一个侧面反映出娱乐类应用的用户相对比较集中于青少年，其他年龄段的用户则很少会选择娱乐类的应用服务。

另一与短信类似的应用就是即时通信，如 QQ 等。目前这类服务通过与手机短信的捆绑也从短信市场分到了一杯羹；同时，从另一方面看，即时通信平台本身也拥有庞大的用户基础，以 QQ 为例，截止 2003 年 10 月，其收费的 QQ 用户已达 300 万，再加上免费的用户，其总量是很大的。这些用户的加入使得短信业务本身也得到了促进，手机聊天可以加大短信系统的流量，增加 ICP 的收入。

短信的成功背后也存在着不少问题，最首要的便是市场规范问题，目前很多 ICP 无视市场规则，利用用户对短信服务的不了解、对各类内容识别存在一定困难的弱点，设置所谓的“短信陷阱”，如某些 ICP 给用户发所谓的服务短信，消费者只要确认便会成为注册用户并要月月交钱等。面对这些情况，国内的相关法制法规还是欠缺的，从长远来看，这种不诚信的市场将会从根本上影响自身的发展。

Yahoo 是最先通过网络广告赢利的公司，随后，网络广告成了“眼球”经济时代赢利的主要来源，从根本上说，广告业务是体现网络优势的业务，也是 ICP 在所谓后短信时代赢利的重要来源。

到 2003 年，国内的网络广告业务在中国门户巨头们的收入比例中，已经从 90%下降到不足 20%，但有趣的是伴随着这一历史性转变的却是在他们在 NASDAQ 股价的节节攀升。因此，从总量上来理解应该看到网络广告收入比例的降势是与短信收入成倍增长速度对应而言的，从三大门户的财务报告上不难看出，仅就绝对的营收额而言，三大门户的广告业务较上年同期都有了 100%的增长，只不过这种增长被短信业务增长的光芒所掩盖了而已。

在看到广告业务自身增长的同时，也应该看到目前国内网络广告业务所存在的问题，主要有以下两点。

双向互动性差。由于 ICP 对用户的控制能力弱这个问题始终没有很好的解决，很多 ICP 的用户是一种非会员制的分散的组织形式。因此，网络广告的投放大多很盲目，没有针对性，属于典型的“眼球经济”。一个典型的现象就是广告商通常将广告内容放在门户网站的第一级目录下没有针对性，很多网站首页繁琐，弹出广告内容很多，严重影响了客户的使用；

广告投放效果差。没有针对性的后果是广告面向的是普遍用户群体，不分职业、年龄、兴趣爱好等，这与电视广告相比就体现不出区别。

应该说，国内网络广告的增长根本原因还是互联网用户的快速增长使得企业客户开始逐步重视对网络广告的投放力度。但是，国内的网络广告还没有摆脱传统媒体网络化的特点，没有充分体现出网络双向和互动的优势，只有很好地解决了这一问题才能充分发挥出网络广告的潜力。

14.3.2　宽带收费内容服务状况

宽带内容市场在国内还处于起步阶段，从整个市场来看还很不成熟。主要体现在：（1）无法实现赢利，“内容为王”只是一个口号，能通过内容赢利的宽带运营商还没有；

（2）产业链不完善，缺乏有效的市场需求；（3）沿用窄带内容服务的思路运营宽带内容，没有充分体现宽带的优势。

目前国内已有的收费宽带内容服务以网络游戏、视频（音频）点播（下载）及交互类通信服务为主。

网络游戏是发展最好的宽带内容服务，目前国内的网游市场以代理韩日游戏厂商的游戏服务运营为主，目前这个市场处于快速增长阶段。2004 年 1 月 15 日公布的 2003 年度中国游戏产业报告说，中国网络游戏产业 2003 年的销售收入达到了 13.2 亿元，比 2002 年增长了 45.8%。中国出版工作者协会游戏工作委员会 15 日公布的这份报告显示，2003 年中国网络游戏用户的总数约有 1 380 万，比 2002 年增长了 63.8%，是互联网用户总数的 20.2%。

网络游戏市场存在的主要问题如下。

法制法规的不健全。缺少对网络游戏内容级别及使用游戏服务者的限制，由此引发的社会问题将制约这个市场的成长。

不注意自主产权游戏软件的开发及规范化管理，目前国内的厂家多以代理游戏软件为主，在游戏内容的管理、分成及售后服务的完善上均存在障碍（特别是随着用户规模的扩大），而这将是制约国内游戏产业未来发展的重要因素（国产 VCD 及手机的发展历程很类似网络游戏目前的状况）。

视频（音频）点播（下载）是一种传统的互联网内容服务，随着宽带的发展，这一业务越来越体现出使用价值，不仅窄带条件下的文字、图片，甚至电影、歌曲均可通过网络收看或高速下载。

从整体上看，这类宽带服务是一种典型的技术驱动型服务，大多数国内的运营者是从运营方式（包括用户管理计费等等环节）及音、视频的压缩质量等问题上去考虑的，但从赢利能力看，它并没有体现出自身的优势，其中最关键问题还是和传统媒体的同质化，从事这类服务运营的 ICP 大多处在一个分销商的地位。这类服务发展艰难的另一个主要问题是版权问题，分销模式想要赢利最基本的前提就是庞大的用户规模，以目前宽带内容付费用户的数量，想要赢利几乎是不可能的，但是随着相关法律法规的完善，数字制品的版权保护又是势在必行的。

以互联网视频会议为代表的交互式通信服务是宽带内容服务领域的一个新的热点，在 2003 年的非典期间，国内的视频会议应用得到了大量使用。

早期的视频会议系统还只是政府、金融、电信等行业的奢侈品。这些基于 H.320 构建的系统只能在专网中运行，造价不菲，预算往往上百万、千万，令绝大众多数企业和个人望而却步。1997 年 3 月，ITU-T(国际电联电信委员会)发布新的视频会议标准协议——H.323，为那些与 Internet 和内联网相连的视频会议系统提供了互通的标准，这标志着视频开始由专网进入 IP 宽带网络。之后，视频会议逐步成熟，功能完善、性能提高、造价下降，这些都为基数庞大的企业用户应用视频会议铺平了道路。基于 H.323 的视频会议系统是目前国内应用的重点，也是未来的发展方向，中国电信、中国联通、中国网通的运营商已经纷纷推出了自己的基于 IP 的视频会议系统。

（信息产业部电信研究院通信信息所　张炎滨）

14.4　互联网内容服务发展与管理趋势

（1）互联网内容服务将进一步丰富和多样化

中国的互联网内容市场发展已经具有了一定的规模，网上内容非常丰富，但是与发达国家的网上内容相比还有一定的差距。尤其是在电子商务和网络游戏方面，我国与日本、美国、韩国等相比差距还是很明显的。另外，我国疆域广阔、地区发展不平衡、人口众多、经济保持持续稳定快速发展，这些因素都将促进互联网内容市场的进一步丰富和扩大。

特别是随着接入技术和用户终端的不断演进，骨干网带宽增加，在技术基础上将为互联网内容的提供创造更多有利的条件。

互联网上的内容从最初的以文本信息为核心发展到以图形、动画、甚至包括视频在内的多媒体信息为核心，并将继续沿着这一路线演进。未来互联网内容服务将会更加丰富多彩。

（2）短信服务内容和宽带内容仍将是未来发展的两大热点

由于建立了合理的收入分成模式，ICP 终于可以通过短信增值服务获得收入。短信一时间几乎成了 ICP 们最佳的盈利途径。而移动短信市场的巨大成功，数以百亿计的市场容量，更让 ICP 们不顾一切的挤入这个市场。在利益的驱动下，短信内容服务以前所未有的速度蓬勃发展，目前大部分的商业性互联网站都开始提供与短信相关的内容服务。

对于用户来说，定制短信内容服务是要付费的，很少有用户对费用会不在意，因此用户对短信内容的选择是近乎苛刻的，这也对短信内容提供商来说需要提供更有针对性、更个性化、更有吸引力的内容。

与传统的互联网内容提供相比，短信内容还处于刚刚起步阶段，该市场还有很大的发展余地。另外，随着移动短消息业务向多媒体短消息业务的发展，可支持的内容服务将会越来越丰富和先进。总之，在未来几年，短信内容服务将依旧是互联网内容的一大热点。

宽带内容将是互联网内容发展的另一大热点。首先，宽带接入技术已成为互联网接入的必然发展趋势。中国电信和中国网通两大运营商近两年来采取各种手段大力发展宽带接入技术，宽带用户的普及率不断提高，用户对宽带内容的需求也随之与日俱升。另外，宽带内容是短信内容之外另一项内容提供商可期待收入的业务，因此对内容提供商也有较强的诱惑力。随着接入提供商和内容提供商建立起合理、有效、稳固的分成模式，将会大大刺激宽带内容市场的发展。

（3）娱乐类内容服务发展潜力巨大

随着宽带的不断普及，用户对宽带内容的需求会越来越强烈。国内外的发展现状均表明，VOD 和网络游戏等娱乐类服务是宽带内容中最有吸引力的业务，也是很多用户选择宽带上网的根本原因。

我国的 VOD 技术支撑，网络游戏的开发和制作等方面都还不是很成熟。和用户习惯比较接近的韩国和日本相比，我国在娱乐类内容服务提供方面的差距还很大。相信我国的娱乐类内容服务领域还有很大的发展潜力。

（4）个性化内容服务比重将越来越大

目前互联网上的内容大部分都是以内容提供商提供内容信息，用户在海量信息中通过大量搜索的方式获得信息的。未来的互联网发展要求内容提供商提供创新的、有差异性的内容服务，因此要求内容提供商能够根据用户的需求特点，为不同的用户提供不同的、有针对性的内容服务。尤其是短信内容和宽带内容的用户对个性化的需求更大。

（5）对色情内容的管理有待进一步加强

按照国际上互联网内容的发展情况，收入份额最高和流量最大的互联网内容通常是与色情有关的内容。我国在严格的控制和管理下，色情内容得到了一定的抑制，但随着互联网内容市场的不断扩大和开放，色情内容有可能会进一步滋长。因此，对色情内容的管理需要进一步加强。

14.5　互联网内容服务的管理发展趋势

一方面，未来互联网内容服务的管理难度将会进一步加大。随着互联网内容服务提供商数量的增加、互联网内容种类的不断丰富、互联网内容提供手段越来越多、我国增值业务市场的进一步开放，将对我国互联网内容服务的管理提出更高的要求。尤其是电子商务在我国的不断渗透，将会涉及更多行业内部的监管，如何面对和正确处理这样一个新生事物，如何协调行业内及行业间的管理职能都将是不小的挑战。另外，知识产权这个长期困扰我国软件和出版行业的顽疾，随着互联网内容的不断膨胀和对外开放程度的不断深化，其危害将会显得日益突出。总之，围绕在互联网内容服务周围的问题还有很多，而对互联网内容服务的管理则显得更为重要。

另一方面来看，随着电信法的出台和各项管理条例和办法的完善，我国互联网内容服务的管理必将会更加系统和规范。我国电信主管部门将继续完善配套的法规体系，出台进一步规范市场秩序的有关规定，细化管理规则，增强管理的可操作性和透明性；将改进监管方法、完善监管手段、提高监管水平，实现监管的有效性。建立一个进出有序、行为规范、运行良好、管理科学、监管有效的电信业务市场新秩序；及时研究市场发展的规律和特点，积极作好市场的政策和信息引导工作。

总之，互联网内容服务的管理任重而道远。

（信息产业部电信研究院通信信息所　王雪飞）

14.6　国外互联网信息内容服务发展与管理状况

国外互联网内容服务的发展在窄带市场的初期和国内的情况基本是类似的，但目前国外ICP的赢利方式和国内的短信方式不太相同，国外ICP的内容服务市场和国内的区别主要包括：（1）企业和个人市场并重，企业商务类应用发展成熟；（2）配套的法律法规比较完善，ICP的运营和传统媒体结合紧密。

14.6.1　主要的互联网服务内容

国外商务类应用发展比较成功的包括：（1）网络会议业务；（2）宽带广告业务。面向个人市场的服务主要包括网络游戏、远程教育。

网络会议在欧美市场是发展成熟的宽带内容服务之一，和国内的视频会议不同之处在于网络会议更注重远程的计算机交互处理能力，包括计算机文档共享、计算机远程程序共享，等等，视频及语音交互只是网络会议的一部分内容。网络会议和即时通信服务也是不同的，网络会议服务于商务市场，主要提供数据、语音、视频三位一体的协同处理能力，而即时通信则主要面向个人用户提供个人通信能力。

网络会议在国外的出现是在 20 世纪 90 年代早期，随着 911 事件的爆发，网络会议骤然升温，越来越多的企业客户通过网络实现远程办公和远程服务等商务操作，随着应用形式的不断完善，目前欧美的网络会议已逐渐形成了事实上的应用标准。

表 14.2 是 Forest&Sullivan 公司对 2001～2008 年网络会议市场的统计及预测。

表 14.2　　2001～2008 年网络会议市场的统计及预测

年　度	数量（万台）	收入（千万美元）	收入增长率（%）
2000	7.18	4.84	---
2001	4.13	2.61	（46.1）
2002	4.75	2.79	6.9
2003	5.84	3.09	10.7
2004	7.89	3.63	17.5
2005	11.20	4.33	19.3
2006	16.02	5.26	21.6
2007	22.75	6.39	21.4
2008	31.85	7.87	23.2

2001 年至 2008 年复合年增长率 CAGR：17.1%

国外网络广告在窄带条件下的发展并不是很成功，但是宽带的迅速普及却使网络广告产生了很多窄带条件下不具备的特性，企业客户开始对宽带网络广告的投放效果刮目相看。高盛的统计数字表明，美国市场 2003 年整个网络广告收入的增长率是 10%，达到 52 亿美元，比预测的整整超出一倍，10%的增长主要来源于宽带网络广告的投放量大增。

目前欧美国家的宽带网络广告逐渐形成了与窄带广告截然不同的运营模式，主要包括以下几点。

专业化。窄带的网络广告是 Web 站点的一个子系统，它和其他网页内容没有本质上的区别，都是通过网站统一发布出去的，其管理也不是单独的，站点管理员对待广告内容和对待其他网页内容的管理方式单一。而目前国外的宽带网络广告系统往往有单独的系统实现广告的管理、发布和更新，有专门的系统完成对广告业务的计费、收费及用户管理。

双向性及针对性。双向性不仅仅是指用户看广告的时候有更大的自主权（比如可以点击不同的流程产生不同的广告内容，可以主动点播广告服务而不是被动的接收等），而且指用户可以根据自己的爱好定义自己希望运营商提供的广告内容并提交给运营商的广告管理系统，广告管理系统按定制要求提供广告内容。针对性是指有了详细可靠的用户资料就可以实现有针对性的广告播放，这是对窄带的漫无目的的广告播放方式的一种革新。广告管理系统有详细的客户属性资料，通过自己或与OSS系统的结合，可以对这些属性信息（如年龄、职业、爱好、性别等）进行系统的分析，产生策略性的广告播放方式。

灵活的收费模式。国外宽带广告的收费不仅是针对企业客户的，也针对收看广告的用户。客户有针对性的选择自己希望看见的广告本身也是一种需要付费的服务，收费的基础是这部分客户是有目的性收看广告的用户群，他们希望通过收看广告解决自己的实际问题。以Yahoo为例，Yahoo 2003年的网络广告收入比2002年增长6%，达到3.46亿美元，其中付费搜索引擎（指客户定制自己希望看到的广告内容服务）占2.67亿美元。

14.6.2　内容服务的管理与政策

影响宽带内容服务发展的另一个重要因素是各国的政策制定。从接入市场的变化来看，欧洲、北美及日韩等国（甚至包括国内）宽带接入的迅速普及很大程度上得益于政府政策的“松绑”及由此产生的多元化的竞争局面。从所处的环境来看，国外成功的宽带内容运营商同样是宽松的，并且很大程度上得到了政府的扶持，如韩国游戏产业之所以能快速发展，很重要的一个因素便是韩国政府的大力扶持。

2003年各国互联网内容服务的政策包括相关法规的制定和扶持政策的出台等内容。以美国市场为例，美国各州政府在宽带内容服务的管理与政策扶持上扮演了协调者、供应者与需求者的身份。在宽带内容服务的协调措施上，通过开放传统媒体与宽带内容运营商之间的服务界限，使二者达到双向的进入，同时对宽带内容服务提供商提供传统媒体的数字化服务实行低税率政策以鼓励其发展；在供应者的身份上，州政府的供应是一种指导性的，它包括政策、资金、数据和内容服务的经营模式等诸多方面的建议及政策供应，包括对内容服务的直接投资、成立专门的组织知道宽带内容服务的发展等；在需求者的身份上，美国各州政府本身就是电子政务系统的最大需求者，通过电子政务的建设，政府向宽带运营商提出各自的需求，实际上扮演了在初期宽带内容需求不足的情况下，宽带内容服务使用示范者的作用。

在视频（音频）点播（下载）服务领域的版权保护问题上，目前国外对数字制品在宽带网上传播的法律限制从体系来说已经比较完备，但具体的实施上还没有达到传统媒体的管制效果。这一方面是因为这些法规的制定更多的是参考了传统媒体的管制内容，在某些环节上还不适应网络的特殊环境；另一方面是因为随着技术的发展，声音、图像、影视这些媒体内容数字化的程度越来越高，而宽带网的条件又给这些内容的广泛传播提供了便利的条件，使得法规的实施难度更高。除了版权问题外，在如网络会议服务的宽带通信市场，通信方的通信内容是受法律保护的，这和普通电话用户的情况是类似的。在国外，特别是欧美市场，这种模式的服务很多情况下是由专业的公司以ASP的模式提供的，国外在这方面的立法主要针对的还是传统电信服务领域内用户权利的保护，如通信用户资料的使用限制、通信内容的保密及通信双方的责权等。

在政府的协调作用中还有一点就是促进宽带业务和传统媒体业务的合作，如美国密歇根州政府倡导的宽带运营与有线电视的双向进入；另外，在与传统媒体的版权问题处理上，越来越多的做法是版权人对宽带数字产品版权问题的特殊处理，典型的如 Real Network 和有线电影频道公司 Starz Encore 合作播放在线电影模式，每 10 美金即可收视 100 部在线电影，实践证明这种模式是成功的，收费用户的增长远超 Starz Encore 的预期，Straz Encore 也认为，这样的用户增长速度完全可以在未来弥补收费低的问题，这个市场是值得培育的。国外的电影及唱片公司等传统媒体已经意识到：如果不向宽带运营者提供授权的影片及音乐，或者是版权费用过高，就等同于推动它们成为网络盗版的主要传播者，而单纯的依靠技术手段去防止，只能是治标不治本的做法。

（信息产业部电信研究院通信信息所　张炎滨）

第 15 章　中国网络媒体发展状况

互联网的迅速发展，不仅加速了经济全球化进程，而且引发了一场全球新闻传媒革命。互联网在我国的发展一直以新闻信息传播最为突出，中国网络媒体的成长也颇为迅速。2003 年，我国网络媒体的实力和影响力进一步增强，经营业绩好转。同时，网络媒体必须增强社会责任感成为行业共识，网络媒体的行业自律也开始取得实质性进展。

15.1　新闻网站的影响力和整体实力进一步增强

作为中国网络媒体的主干力量，新闻网站坚持正确舆论导向，积极探索互联网新闻传播规律，传播能力和影响力不断增强。特别是依托中央新闻单位建立的新闻网站，开始摸索出一整套组织网上新闻传播的有效做法，网上内容丰富，形式多样，特色鲜明，对重大事件和突发事件的报道有声有色，初步形成了中国新闻网站的独特风格。

根据 2003 年 1 月的调查统计，我国网民上网以获取新闻信息为最主要目的占 53.1%。在经济发达地区，互联网的影响力已接近印刷媒体。在有的地方，网民数量已超过报纸的发行总量。新华网、人民网等重点新闻网站的每日页面访问量都在 1 200 万以上。至 2003 年底，中央 8 家重点新闻网站的日均页面访问量近 7 000 万，日均总发稿量达到 17 200 条，成为我国网上新闻传播的主力军。

在重大事件和突发事件的新闻报道中，新闻网站的作用十分突出。在宣传的十六大和十六届三中全会，兴起学习贯彻“三个代表”重要思想新高潮，宣传“两会”、抗击“非典”、防治禽流感等重大事件和突发事件的报道中，网络媒体对社会舆论产生了重大影响，新闻网站起了引领网上舆论的作用。例如，在神舟五号成功发射的报道中，新华网充分发挥全社整体优势和实力，以文字、图片、音频、视频实时报道相结合，BBS 论坛与新闻留言板联动互动的多媒体报道手段，对神舟五号发射和回收进行了全方位、多角度、多媒体全程报道，访问量再创历史新高，比平时增长了 5.5 倍。

重点新闻网站的总体布局趋于更加合理。2003 年，中国经济网加入了中央重点新闻网站行列。该网以经济新闻、经济信息服务为特色，设有 20 个频道，开设有 CE 指数、CE 图表等特色栏目，日均更新新闻近 2 000 条。中国经济网的开通，标志着我国互联网新闻传播事业取得了新的进展，中央重点新闻网站建设取得了新的成果，网络新闻传播队伍增添了新的力量。

2003 年以来，各重点新闻网站更加注重依托母体资源，提升网站实力。2003 年 12 月 28 日，“国际在线”网站将中国国际广播电台广播的 38 种外语全面上网，加上中文，网站共拥有 39 种语言版本。从这一刻起，“国际在线”网站不仅成为中国语种最多的网站，而且成为世界上文种最多的互联网站。“央视国际网络”依托中央电视台的信息资源，每日发布央视独家信息 1 000 多条，每日网上同步全球直播 CCTV-新闻，CCTV-4，CCTV-9 等频道电视节目，中央电视台 400 个电视栏目主要内容及其主创人员信息已实现网上传播。2003 年，该网站日均点击量超过 1.6 亿次。充分发挥所依托传统媒体的优势办新闻网站，为重点新闻网站的发展提供了广阔的空间。

15.2　网络媒体的经营业绩进一步好转

2003 年以来，新闻网站积极进入手机短信息这一潜力广阔的信息服务领域，手机新闻短信息订户不断增长，既取得较好经济效益，又收到了很好的社会效果。各重点新闻网站还不断加大技术研发投入，提升服务水平。中国网开发的“中国搜索”联盟系统目前已有 1400 多家网站加入。

商业网站的经营状况进一步好转。新浪、搜狐、网易三家网站 2003 年财务报告显示，各网站在 2003 年均实现了全年赢利。从赢利模式看，各网站都在根据自己的优势开辟新的经营领域，不断推出收费业务，包括收费邮箱、短信、个性化服务等等。三大网站 2003 年的赢利方式主要集中于信息出售、网络广告、手机短信和电子商务 4 个大项上。其中广告赢利最引人注目，2003 年，三大门户网站在国内网站广告排行榜中处于前三强位置。其中搜狐广告收入由 2002 年的 1 390 万美元攀升到 2003 年的 2 950 万美元，上涨了 113%，新浪 2003 年广告营业收入达到 4 120 万美元，较 2002 年增长 67%，占营收总额的 36%。网易 2003 年总收入为 1.463 亿元人民币，广告收入 2 710 万元人民币。在广告大面积赢利的同时，结合手机短信发送信息始终是网站赢利的重要来源。

15.3　必须增强社会责任感成为网络媒体界共识

随着网络媒体影响力日益提高，网络信息传播中出现的一些令人堪忧的现象引起广泛关注。一些网站片面追求商业利益，传播不良信息。许多业内人士及专家纷纷指出，这些问题不仅严重危害社会，也损害网络媒体的公信力，已成为影响互联网健康发展的突出问题。

2003 年 10 月，“2003 中国网络媒体论坛”在北京举行。这是我国网络媒体界层次最高、规模最大的专业论坛。这次论坛将“中国网络媒体的社会责任”确定为论坛主题，得到与会人士与专家的一致赞同，认为这一主题切中要害，意义深远。

国务院新闻办副主任蔡名照在会上发表题为《中国网络媒体的社会责任》的主旨讲话中强调指出，无论是新闻网站还是商业网站，都必须增强社会责任感，用“三个代表”重要思想统领网上新闻宣传工作，自觉遵守国家的法律法规，自觉遵守社会主义道德规范，坚持正确的舆论导向，宣传科学理论，传播先进文化，弘扬社会正气，批驳歪理邪说，使互联网站真正成为传播先进文化的重要阵地。蔡名照倡议用一年左右的时间，在全国网络媒体中集中开展一次增强社会责任感的学习教育活动，切实落实党的十六大提出的“互联网站要成为传播先进文化的重要阵地”的要求。

蔡名照同志的倡议在论坛得到广泛响应。与会的中央与地方重点新闻网站负责人、网络媒体从业人员、专家学者、网友代表等300余人就增强网络媒体社会责任感这一主题进行了深入讨论，并共同签署了《中国网络媒体的社会责任——北京宣言》，号召中国网络媒体团结协作，开拓进取，切实承担起应尽的社会责任，积极推动中国网络媒体快速健康发展。

此后，新闻网站和商业网站普遍开展了以“三个代表”重要思想为指导，以学习国家的法律法规、建立和完善自律机制、提高从业人员素质为重点，以提高网络媒体的整体素质和社会公信力为目标的学习教育活动，努力增强从业人员的社会责任感。

网络媒体自觉认识到并承担起自己的社会责任，这是我国网络媒体开始走向成熟的重要标志，对网络媒体今后的发展将会产生巨大的推进作用。

15.4 互联网新闻信息服务行业的自律取得实质性进展

互联网的基本特性决定了互联网新闻信息管理的复杂性，仅靠政府管理和法律规范难以解决所有问题，2003年以来，我国互联网管理积极探索法律约束、行政管理和行业自律相结合的管理模式。特别是借鉴其他国家的经验，积极推动互联网新闻信息服务行业自律机制的建立。

2003年12月8日，在有关部门积极推动下,中国互联网协会互联网新闻信息服务工作委员会在北京成立。来自新闻网站、商业网站、网络运营公司以及政府部门等方面的代表参加了成立大会。国务院新闻办公室、信息产业部、中国互联网协会等有关方面领导出席大会。

按照大会通过的《中国互联网协会互联网新闻信息服务工作委员会章程》,该委员会作为中国互联网协会的工作机构，将组织制订和实施互联网新闻信息服务自律规范，开展自律教育活动。依法取得登载、传播新闻信息资格的互联网新闻信息服务单位以及其他相关互联网服务提供单位，均可申请加入。

与会人员就加强行业自律达成共识，一致认为，互联网正全面渗透到社会生活的方方面面，互联网的作用和影响越大，承载的社会责任就越重。所有互联网新闻信息服务提供单位都要切实履行社会责任，严格遵守有关法律法规和社会主义道德规范，加强自律，营造健康向上的网络环境。会上，人民网、新华网、中国网、新浪网、搜狐网、网易网等参加会议的30多家互联网新闻信息服务单位共同签署了《互联网新闻信息服务自律公约》，承诺自觉接受政府管理和公众监督，坚决抵制淫秽、色情、迷信等有害信息的网上传播，抵制与中华民族优秀文化传统和道德规范相违背的信息内容。

互联网新闻信息服务工作委员会的成立和自律公约的签署，标志着中国网络媒体行业自律机制开始建立，行业自律取得实质性进展。

（国务院新闻办网络局　梁立华）

第 16 章　中国域名服务与管理

16.1　域名基本知识

1．什么是域名

互联网域名（Domain Name）是在网上寻找网络对象时的根据，是人们在网络世界中的门牌号码和地址。域名服务把人们容易记忆的域名翻译成机器能识别的 IP 地址，反之也然。例如，如果有人要访问中国互联网络信息中心（CNNIC）的网站 (www.cnnic.cn)，经过域名解析之后，就把域名译为 IP 地址 159.226.1.19，这样用户的机器连接这个 IP 地址后，用户就能看到中国互联网络信息中心（CNNIC）的网站。

根据允许的字符范围不同，可以分为英文域名和多语种域名（对中文来说就是中文域名）。英文域名只包含英文字母、数字和连字符（如：a-b-c.net.cn）,或者给相应的人员发送电子邮件（如：wang@a-b-c.net.cn）等。中文域名在英文域名允许字符之外，可以包含中文字符。

从技术上讲，域名是一个互联网中用于解决地址对应问题的一种方法，域名是互联网的基础服务，是互联网各种应用的基石，从这个意义上讲，域名是一个技术名词。另一方面，由于互联网在全世界的普及及其对社会生活各方面产生的巨大影响，域名已成了一个社会科学的名词。

2．域名的结构

域名（DNS）是一个分布式层次结构系统。在这个体系下，没有存放全部域名信息的中心数据库，这些信息是分布在一个层次结构中的若干台域名服务器上。最高层次是根域（Root），根域的下一级称为顶级域（TLD，Top Level Domain），TLD 下可以又可以进一步分割子域，叫二级域名，以此类推。

DNS 中的域名（domain name）是一个以该域到根域的名字列表，中间以“.”隔开，如“www.cnnic.cn”。当然，DNS 中的一个域也可以相对其父域来指定名字，叫相对域名。需要指出的，相对于根域的域名称为全域名（FQDN），在 DNS 中，一个全域名记作一个标记序列，从目标域名开始，以根域名结束。例如 td.cnnic.cn 是子域 td 的一个全域名。

域名系统的层次化结构消除了名字冲突的问题。由于每个域被赋予惟一的域名。所以在该域内部就可以自由地选择主机和子域的名字。DNS 只要求兄弟节点（为同一个父节点的子节点）的命名具有惟一性，这一限制保证了域名可惟一地标识树中的每一个节点。

直接在根域下的顶级域，主要包括三类。

（1）国际顶级域名（iTLD），即.int，国际联盟、国际组织可以在.int 下注册，比如世界知识产权组织的域名为：wipo.int。

（2）通用顶级域名（gTLD），根据 94 年 3 月公布的 RFC1591 规定，通用顶级域名如.com（公司企业）、.net（网络服务机构）、.org（非赢利性组织）、.edu（教育机构）、.gov（政府部门）、.mil（军事部门）。由于历史原因，.edu、.gov、.mil 是特殊域名，为美国专用。

（3）国家或地区级顶级域名（ccTLD），这类代码由 ISO3166 规定，比如.cn 代表中国、.jp 代表日本等。注册国家代码顶级域名下的二级域名的规则和政策与不同的国家的政策有关。中国国家顶级域名（.cn 域名），是中国专用的顶级域名，其注册归中国互联网络信息中心（CNNIC）管理。

3．中文域名

中文是世界语言文字中使用人数最多的文字。随着互联网络的发展，习惯使用中文的互联网用户、中文网站和网上的中文信息资源也将占有越来越大的比重。因此使中文成为互联网域名的合法组成部分，或者说，要在域名中使用中文（如：中国互联网络信息中心.中国），成为中文网络用户强烈的需求。这就是所谓的中文域名。

2002 年 11 月 22 日，信息产业部签发《关于中国互联网络域名体系的公告》，公告首次明确规定，我国互联网络域名体系中在顶级域名“CN”之外暂设“中国”、“公司”和“网络”3 个中文顶级域名。

中文域名是含有中文的新一代域名，同英文域名一样，是互联网上的门牌号码。中文域名在技术上符合 2003 年 3 月份 IETF 发布的多语种域名国际标准(RFC3 454、RFC3 490、RFC3 491 和 RFC34 92)。中文域名属于互联网上的基础服务，注册后可以对外提供 WWW、E-mail、FTP 等应用服务。2003 年 5 月 8 日起，中国的中文域名解析体系已经全部兼容国际多语种域名技术标准。

正如英文域名推动互联网的发展一样，中文域名的研究也将极大地推动互联网络在中国的发展以及在全球范围更大范围的普及。毫不夸张地说，中文域名对于在信息时代中国文字以及中国文化的推广具有非同一般的意义。

4．域名相关组织与机构

（1）IETF （The Internet Engineering Task Force）互联网工程任务组

主要任务是负责互联网相关技术规范的研发和制定。IETF 是一个由为互联网技术工程及发展做出贡献的专家自发参与和管理的民间机构。它汇集了与互联网架构演化和互联网稳定运作等业务相关的网络设计者、运营者和研究人员，并向所有对该行业感兴趣的人士开放。目前，IETF 已成为全球互联网界最具权威的大型技术研究组织。

（2）IETF-IDN-WG（The Internet Engineering Task Force Internationalized Domain Name Work Group）互联网工程任务组 多语种域名工作组

互联网工程任务组（IETF），主要任务是负责互联网相关技术规范的研发和制定，于 1999 年底成立多语种域名工作组（IDN），2000 年 3 月 47 届 IETF 会议上召开了 IDN 第一次会议。该工作组专门负责处理从（ASCII 字符，数字和连接符构成的）英文域名到多语种域名转变期间面临的技术问题，主要包括：非英文域名字符的编码方法（例如，将中文“网络”表示为一串英文域名字符“iesg--abcdefg”）、字符过滤（例如，不可见的字符不能用于多语种域名）以及多语种域名应用体系结构方面的问题。

（3）CDNC（Chinese Domain Name Consortium）中文域名协调联合会

为有效推动我国大陆和港澳台地区在中文域名技术与服务方面的协调与合作，并在国际上共同争取和维护两岸四地互联网用户的利益，中国互联网络信息中心（CNNIC）、台湾地区网络信息中心（TWNIC）、香港地区网络信息中心（HKNIC）、澳门地区网络信息中心（MONIC）于 2000 年 5 月 20 日在北京共同倡议成立了中文域名协调联合会（简称 CDNC）。CDNC 的工作包括：按照国际惯例对各种中文域名实现方案进行评定，制定中文域名技术标准和注册管理规范，协调相关国家和地区中文域名系统的运行，并积极与国际互联网络组织开展交流与合作，以尽快制定和推出有关国际标准。

（4）JET (Joint Engineer Team) 多语种域名技术联合组

于 2000 年 7 月在日本成立，现有成员有中国 CNNIC、日本 JPNIC、韩国 KRNIC 等。JET 目标是实现多语种域名技术上的交流和共同发展，JET 在中日韩域名都用到的汉字处理方面的技术交流有比 IETF 独到的优势。截至到 2002 年 11 月，JET 已经召开了 11 次技术会议，并通过在 JET 的讨论和工作向 IETF 递交了 IDN-Admin-Guideline 等技术方案。

（5）ICANN IDN-committee ICANN 多语种域名工作委员会

ICANN 于 2001 年 9 月 9 日 ICANN 蒙得维的亚会议上提议成立 ICANN IDN-committee，设置目的是对 IDN 所涉及的政策问题进行总体协调。在有关多语种域名的技术、管理、政策以及法律事务等方面向 ICANN 理事会提出建议。CNNIC 工作委员会主任委员胡启恒院士是该委员会委员。

16.2 域名政策与法规建设

2003 年，是《中国互联网络域名管理办法》（以下简称《管理办法》）正式实施的第一年。这一办法是我国域名主管机关——信息产业部根据互联网在我国迅猛发展的实际形势和域名管理的需要，从 2000 年初就着手进行调研的工作。该办法参考了国际惯例，并结合国内的实际发展情况，广泛征求了我国互联网、法律界、知识产权界众多专家学者的意见，是多次讨论、反复修改完善的结果。新的《管理办法》以及由此带来的新体制，对我国国家顶级域名 CN 的发展起到了巨大的推动作用。

而在此之前，我国域名管理主要依照原国务院信息化工作领导小组办公室于 1997 年 5 月 30 日颁布的《中国互联网络域名注册暂行管理办法》（以下简称《暂行管理办法》）。《暂行管理办法》考虑到当时的国情和互联网发展的实际情况，采取了适度从紧的方针。在很长一段时间以来，《暂行管理办法》在促进我国互联网络有序发展等方面发挥了积极的建设性作用。

1.《管理办法》出台的必要性

进入 90 年代末，特别是从 1999 年开始，国内外的域名都有了迅猛的发展，同时国际上的域名注册环境也发生了很大变化。

国内CN域名从一开始注册时的1 000多个，发展到2002年的近13万个。但中国的个人或企业注册的国外顶级域名（如以.COM为后缀的域名）是CN域名的6倍以上。CN域名在发展的同时感受到了巨大的竞争压力。

从全球域名管理的角度看，国际域名管理组织为了促进公平竞争，于1999年重新修订了域名注册机制，设立了注册管理机构、注册服务商、代理商的分层体系，由一家权威机构管理中央数据库并提供日常域名解析服务，在注册服务领域则增加注册服务商展开竞争。

伴随着这种趋势，在国家和地区顶级域名方面，很多国家和地区为了促进各自顶级域名（如以.KR、.JP为后缀的域名）的发展，都积极修订国内的域名管理政策和注册体系，以适应国内互联网域名的发展。同时，技术上的突破，例如多语种域名（IDN）也开始不断涌现。1999年开始，很多组织和公司都开始研究多语种域名，并开展了注册服务，以适应互联网本地化的发展趋势。

这一切，都凸显出《暂行管理办法》的许多规定已不能适应当时我国互联网络发展的状况，有必要重新制订。

2.《管理办法》确立了我国互联网络域名的管理架构

根据国际通行的“逐级授权”的管理原则，同时依据信息产业部2000年11月8日发布的《关于互联网中文域名管理的通告》，《管理办法》将我国域名注册管理和服务体系设置为三层结构：域名管理机构、域名注册管理机构、域名注册服务机构，采取逐级管理的方式为用户提供注册服务。

处于第一层的是互联网域名管理机构。域名管理机构主要负责构建相应的域名体系、制定域名相关的各项政策等。对于具体的域名注册管理与服务事宜，则是通过认证和授权的方式，交给其他的机构负责。在我国，信息产业部是我国的域名管理机构，信息产业部负责制定互联网络域名管理的政策；制定我国的域名体系；管理我国顶级域名CN和中文域名的域名注册管理机构等等。

位于互联网域名管理与服务体系第二层的是域名注册管理机构（英文为Registry）。域名注册管理机构并不负责受理具体的域名注册申请。其主要职责是：负责运行和管理相应的域名系统，维护域名数据库，授权域名注册服务机构提供域名注册服务等。为了确保域名注册和解析途径的惟一性，避免发生域名冲突，通常每一个顶级域名只能有一个Registry。Registry必须经过域名管理机构的授权和认可。在国际域名体系中，顶级域名中的地理顶级域名，通常是由相应国家或者地区的互联网信息中心（NIC）负责。例如在我国，.CN 域名和中文域名就是在信息产业部的授权下由中国互联网络信息中心（CNNIC）具体负责的。顶级域名体系中的类别顶级域名（如.COM、.NET），是由ICANN授权给特定机构来负责其注册管理。

位于互联网域名管理与服务体系第三层的是域名注册服务机构（也称为域名注册商，英文为Registrar）。域名注册服务机构是由域名注册管理机构选择和授权的，负责受理审核用户的域名注册申请，并完成域名注册的机构。域名注册管理机构可以同时授权多家域名注册服务机构，以便在域名注册领域引入竞争体制，提高注册服务品质，降低注册费用。每个Registrar也可以根据实际情况，发展自己的代理。

以上介绍可参看图16.1。

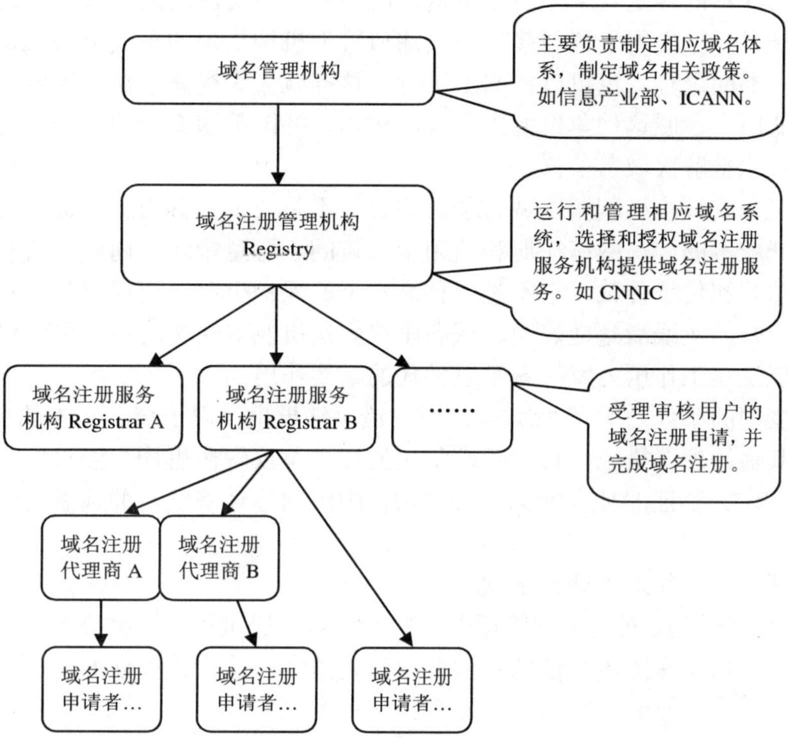

图 16.1　互联网域名注册管理与服务体系结构图

而此前，中国互联网络信息中心（CNNIC）是兼注册管理机构与注册服务机构于一身。应当说，新的域名管理和服务体系的构建有利于域名数据库更好地运行维护，而服务层面竞争的展开，有利于促进域名注册服务质量的改善和降低费用，提升用户体验，促进国家顶级域名的发展。在此之前，这一体制在中国互联网络信息中心（CNNIC）的中文域名服务体系中已采纳，经过了实践检验，效果良好。

3.《管理办法》建立了民间争议解决机制

]随着互联网的发展，域名与商标等知识产权的纠纷越来越多，急需一种方便、快捷、经济的争议解决机制。经 CNNIC 工作委员会专家及国内法律界、知识产权界专家的多次讨论，在本办法中增加了域名争议解决条款，提出了创建民间争议解决机制的概念。《域名管理办法》公布实施后，中国互联网络信息中心（CNNIC）组织专家开始制订具体的《域名争议解决办法》及《域名争议解决程序规则》，来解决 CN 下的有关争议问题。

该机制的产生背景是为了解决互联网上不断发生的域名纠纷，在司法诉讼途径之外寻求一种能够解决域名争议解的特殊机制，确保互联网的健康发展。世界知识产权组织 WIPO 于 1999 年推出其研究成果“WIPO 最终报告”。在 WIPO 研究的基础上，国际互联网名字与编号分配公司 ICANN（The Internet Corporation for Assigned Names and Numbers）于 1999 年 10 月 23 日批准并实施了“统一域名争议解决政策”（Uniform Domain Name Dispute Resolution Policy，简称 UDRP）。由于这种解决机制为解决域名纠纷提供了一种快速、便捷、低成本的机制，因此世界上各个国家和地区都纷纷采用并在此基础上根据本国实际的社会和法律环境做出相应调整，制定自己的域名争议解决机制。

该机制的基本内容是要求申请注册域名的用户与负责注册的机构签订协议，承诺自己所注册的域名一旦出现争议便接受域名注册管理机构指定的争议解决机构的裁决。争议的审理可以书面进行，也可以在网上进行，这样就大大提高了结案速度。这种程序的花费也非常低廉。参照这种争议解决方式，日本、韩国等国家或地区也都已经指定了域名争议解决机构来解决域名争议。

利用域名争议解决机制解决域名争议的目的不是要替代诉讼或仲裁方式。它的目的是先行快速低成本的解决网络注册和使用中大量的“恶意抢注”问题，将复杂的知识产权问题留给法院和传统仲裁。它不是一种高水平的保护机制，而仅仅是一种基本水平保护机制。国内外的实践清楚地表明，域名争议解决机制对快速解决域名纠纷，减少当事人讼累，降低法院工作压力发挥着难以替代的重要作用。

该机制受理的条件是所谓“恶意注册”。裁决结果也仅限于域名状态的变更，不涉及经济赔偿和其他的惩罚措施。目前受理争议的域名争议解决机构为经过中国互联网络信息中心（CNNIC）认证的独立的第三方机构，中国国际经济贸易仲裁委员会和香港国际仲裁中心。

4.《管理办法》加入了处罚条款

依照《电信条例》，对违反《管理办法》的域名注册机构、根服务器运行机构要予以相应的处罚，以切实保障本办法的管理要求得到落实。这也是以前的《暂行管理办法》所没有的。

5.《管理办法》的其他配套政策及法规

为了促进中国互联网络的发展，保障中国互联网络域名系统安全、可靠地运行，根据《管理办法》第六条“我国互联网络域名体系由信息产业部以公告形式予以发布”的规定，信息产业部于2002年11月公布了《中华人民共和国信息产业部关于中国互联网络域名体系的公告》。公告对我国域名体系中各级域名的组成方式、中文域名的体系、CN之下的二级域名设置以及用户可以直接在顶级域名下申请注册二级域名等作出了详细的规定。标志着用户盼望已久的CN二级域名正式开放，获得广泛好评。

由于在域名服务领域推行了新的模式和体制，为了规范CN域名注册服务秩序，对提供CN域名服务的经营者切实加强管理，维护用户利益，2003年11月，信息产业部分别公布了《信息产业部关于公布域名注册服务经营者应具备条件法律适用解释的通告》（信部电[2003]498号）和《信息产业部关于公布符合从事.cn域名注册服务条件的域名注册服务机构的通告》，前者对从事CN域名注册服务的机构应当具备的条件进行了规范，后者则公布了符合从事.CN域名注册服务条件且向信产部办理了备案手续的域名注册服务机构。这些都是CN域名构建科学管理和加强监督的重要举措，受到了业界和广大互联网用户的热烈欢迎。

与此同时，为配合新的《管理办法》的实施，中国互联网络信息中心（CNNIC）作为国家授权的域名注册管理机构，出台了《中国互联网络域名注册实施细则》、《中国互联网络信息中心域名争议解决办法》、《中国互联网络信息中心域名争议解决办法程序规则》、《中国互联网络信息中心域名注册服务机构认证办法》和《变更办法》等诸多办法。这些办法同《管理办法》一道明确了整个域名服务体系的具体操作流程，例如域名注册实现在线实时注册、域名如何转让、如何变更注册服务机构等用户关心的问题，构建了严格和规范的域名管理体制。

6．新旧办法的对比

综合起来看，新旧办法的主要不同点体现在表 16.1 中

表 16.1　新旧办法对比

	暂行管理办法	管 理 办 法
管理机构	原国务院信息化工作领导小组办公室	信息产业部
适用范围	域名注册	域名注册服务及相关活动
域名根服务器	无规定	由信息产业部授权设立
申请人资格	只允许国内法人注册	取消限制
域名范围	CN 域名	所有境内提供注册的域名： CN 域名 中文域名 国外顶级域名（如 “COM”） 新增国外顶级域名（如 “.BIZ”） 其他国家、地区顶级域名（如 “.CC”）
允许申请的域名级别	只允许注册三级域名	取消限制
域名命名限制	不得注册： 1. china、cn 等 2. 国外地理名称、国际组织名称 3. 我国县级以上地名 4. 行业、商品通用名称 5. 企业名称、商标名称 6. 损害国家、社会、公共利益的名称	取消原有限制，原则上规定不得注册损害国家、社会、公共利益的名称
注册管理和服务模式	注册管理和服务机构合一	注册管理和服务机构分离
注册服务机构管理	无规定	备案制，选择多家
我国域名体系	严格规定	由信息产业部以公告形式另行公布
域名预留	不受理	允许注册管理机构在开放注册之前采取预留措施
域名申请手续	书面申请，人工审核	由实施细则规定
域名转让	不允许	不禁止
域名争议	不负责争议处理	允许建立民间的域名争议解决机制
罚则	无	有

总体来看，2003年的政策与法规建设经历了巨大的变革，这一变革是国际惯例与中国实际结合的结果，即有足够的原则性，又充分考虑了网络自由、快速多变的特点。良好的政策与法规保证了CN域名具有良好的注册秩序，CN域名的优势和价值也得到了越来越广泛的认可。这一切都为中国互联网络域名的发展奠定了良好的基础。

16.3 域名的管理机构

无论从国际惯例看，还是我国的实际情况，域名的管理机构实际都分为域名管理机构和域名注册管理机构。

域名管理机构主要负责构建相应的域名体系和制定域名相关的各项政策或法规等。对于具体的域名注册管理与服务事宜，则是通过认证和授权的方式，交给其他的机构负责。

域名注册管理机构（其英文为Registry）的主要职责是：负责运行和管理相应的域名系统，维护域名数据库，授权域名注册服务机构提供域名注册服务等。为了确保域名注册和解析途径的惟一性，避免发生域名冲突，通常每一个顶级域名只能有一个Registry。Registry必须经过域名管理机构的授权和认可。需要注意的是：域名注册管理机构并不负责受理具体的域名注册申请。

在我国，国家顶级域名CN及中文域名的管理机构是信息产业部（英文缩写MII），而得到信息产业部授权的注册管理机构则是中国互联网络信息中心（英文缩写CNNIC）。与此同时，CNNIC作为一个非营利的、中立的管理与服务机构，为保证其忠实履行职责，还成立了一个代表广泛的CNNIC工作委员会，对CNNIC的具体工作进行监督和评定。下面对这些机构分别介绍。

（1）信息产业部（MII）

信息产业部负责制定互联网络域名管理的政策；制定我国的域名体系；管理我国顶级域名CN和中文域名的域名注册管理机构等。例如，现在注册CN域名需遵循的《中国互联网络域名管理办法》、《中国互联网络域名体系公告》以及《关于互联网中文域名管理的通告》等就是信息产业部制定的。

（2）中国互联网络信息中心工作委员会（CNNIC SC）

中国互联网络信息中心工作委员会(CNNIC Steering Committee，简称CNNIC SC)成立于1997年5月28日，是经原国务院信息化工作领导小组办公室研究决定，在中国互联网络信息中心专家组的基础上组建的。

组建CNNIC工作委员会的目的在于保证和促进我国互联网络的健康发展，加强我国互联网络域名系统的管理。根据国务院机构调整方案，互联网络域名及IP地址的管理工作具体由信息产业部承办。因此，CNNIC工作委员会的主要职责是协助信息产业部管理中国互联网络域名系统，并对CNNIC的日常具体工作进行 监督和评定。其职责具体包括：

① 负责制定和修改《中国互联网络信息中心工作委员会章程》，并报信息产业部批准；

② 制定和修订中国互联网络域名、地址的有关规定；

③ 对CNNIC的建设、运行和管理进行监督和评定；

④ 信息产业部授权和委托的其他职责。

CNNIC 工作委员会由 CNNIC 业务主管机构代表、行政主管机构代表、互联单位代表、相关领域的专家和学者，以及互联网络业界有关人士等成员组成。CNNIC 工作委员会设主任委员、常务副主任委员和副主任委员各一名。CNNIC 工作委员会主任委员负责召集 CNNIC 工作委员会会议，主持日常工作。CNNIC 工作委员会根据需要，每半年至少召开一次 CNNIC 工作委员会会议。

（3）中国互联网络信息中心（CNNIC）

中国互联网络信息中心(China Internet Network Information Center ，简称 CNNIC)是经国务院主管部门批准授权，于 1997 年 6 月 3 日组建的非营利性的管理和服务机构，行使国家互联网络信息中心的职责。

中国互联网络信息中心在业务上接受信息产业部领导，在行政上接受中国科学院领导。中国科学院计算机网络信息中心承担中国互联网络信息中心的运行和管理工作。由国内知名专家、各大互联网络单位代表组成的中国互联网络信息中心工作委员会，对中国互联网络信息中心的建设、运行和管理进行监督和评定。

根据信息产业部的授权，中国互联网络信息中心为中国国家顶级域名 CN 和中文域名体系注册管理机构和域名根服务器运行机构。主要职责包括：

① 运行、维护和管理我国国家顶级域名 CN 和中文域名系统，维护域名数据库，保证域名系统安全可靠地运行；

② 运行、维护和管理 CN 域名和中文域名根服务器；

③ 按照《中国互联网络域名管理办法》制定 CN 和中文域名注册管理实施细则，报我部备案后实施；

④ 制定具体的域名运行管理费用收费办法，报我部批准实施；

⑤ 根据域名管理工作的进展提出域名管理政策建议；

⑥ 按照非歧视原则选择域名注册服务机构，并对域名注册服务机构的域名注册服务进行监督管理；

⑦ 指定中立的第三方域名争议解决机构解决域名争议；

⑧ 信息产业部委托的其他职责。

另外，中国互联网络信息中心还承担如下职责。

① 互联网地址资源注册管理

中国互联网络信息中心（CNNIC）是亚太互联网络信息中心（APNIC）的国家级互联网络注册机构成员（NIR）。以中国互联网络信息中心（CNNIC）为召集单位的 IP 地址分配联盟，负责为我国的网络服务商（ISP）和网络用户提供 IP 地址和 AS 号码的分配管理服务。

② 互联网调查与相关信息服务

中国互联网络信息中心（CNNIC）负责开展中国互联网络发展状况等多项公益性互联网络统计调查工作。中国互联网络信息中心（CNNIC）的统计调查，权威性和客观性已被国内外广泛认可，部分指标已经纳入国家信息化指标体系。

③ 目录数据库服务

中国互联网络信息中心（CNNIC）负责建立并维护全国最高层次的网络目录数据库，提供对联网用户、网络地址、域名、自治系统号等方面信息的查询服务。

④ 互联网寻址技术研发

中国互联网络信息中心（CNNIC）基于自身网络服务的管理和研发经验，积极跟踪国际互联网技术的最新发展，承担相关研发工作和国家有关科研项目。

⑤ 国际交流与政策调研

作为国家级的互联网络信息中心，中国互联网络信息中心（CNNIC）与相关国际组织，以及其他国家和地区的互联网络信息中心进行业务协调与合作。

16.4 域名注册服务体系

2002 年 8 月 1 日，信息产业部部长签署第 24 号部令，发布《中国互联网络域名管理办法》，从 2003 年 9 月 30 日开始正式实施。该办法是我国域名注册服务体系重大变革的一个标志，依据新办法的有关规定，我国域名注册服务体系有了全新的变化。因此，2003 年也成为我国新的域名注册服务体系正式运作的第一年。

而在此之前，我国的域名服务体系遵守的是 1997 年 5 月原国务院信息化工作领导小组办公室发布的《中国互联网络域名注册暂行管理办法》（以下简称“暂行管理办法”）。受国务院信息化工作领导小组办公室的委托，中国科学院在中国科学院计算机网络信息中心正式组建中国互联网络信息中心（简称 CNNIC），行使国家互联网络信息中心的职责，具体承担我国域名系统的注册服务和管理工作。依照该“暂行管理办法”，对域名注册采取了适当从紧的原则，对注册服务机构也没有进行明确的规定。当时是由中国互联网络信息中心（CNNIC）兼注册管理机构与注册服务机构于一身。

《中国互联网络域名管理办法》对上述的“暂行管理办法”进行了重大调整，将我国域名注册管理和服务体系设置为三层结构：域名注册管理机构、注册服务机构、注册代理机构。在这个新体系中，中国互联网络信息中心（CNNIC）不再承担域名注册服务工作，只作为域名注册管理机构负责维护域名中央数据库、提供域名解析服务、开展有关技术和政策研究工作。同时依据信息产业部 2000 年 11 月发布的《关于互联网中文域名管理的通告》，中文域名的注册服务也依照这样的体系运行。

该体制参考了国际通行的惯例。由此，互联网域名注册服务体系成为一个层次化的结构，大致可以分为以下几层：域名管理机构、域名注册管理机构、域名注册服务机构和域名注册代理等。

这几个层次的机构各自的职责和任务前文已经有了介绍，这里不再赘述。下面图 16.2 表明了当前互联网域名注册管理与服务体系的结构。

根据《中国互联网络域名管理办法》的规定，中国互联网络信息中心（CNNIC）在 2002 年 12 月 16 日全面变革域名管理服务模式：中国互联网络信息中心（CNNIC）作为 CN 域名注册管理机构，不再直接面对最终用户提供 CN 域名注册相关服务，域名注册服务将转由中国互联网络信息中心（CNNIC）认证的域名注册服务机构提供。

其中：

中国互联网络信息中心(CNNIC)是 CN 域名注册管理机构，负责运行和管理相应的 CN 域名系统，维护中央数据库。主要职责包括：

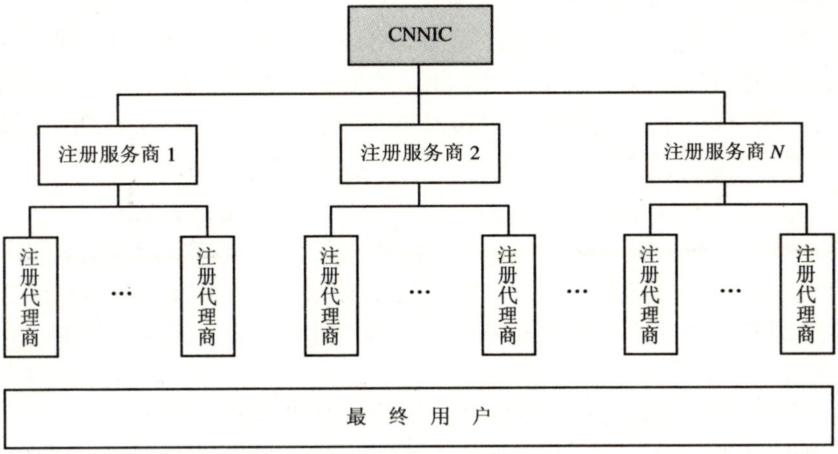

图 16.2 CN 域名注册服务体系说明

（一）运行、维护和管理 CN 域名服务器和相关资料，保证 CN 域名系统有效运行；

（二）授权 CN 域名注册服务机构提供 CN 域名注册服务。

注册服务机构应当按照公平原则和先申请先注册原则受理 CN 域名的注册申请，并根据国家有关法律、法规及本办法完成 CN 域名的注册。

注册代理机构负责在注册服务机构授权范围内接受域名注册申请。

2003 年认证的 CN 域名注册服务机构共 31 家，分别是:（排名不分先后）

北京万网新兴网络技术有限公司（中国万网）、北京信海科技发展公司、厦门精通科技实业有限公司（中国频道）、北京中企业动力数码科技有限公司（中国企业网）、厦门必信电脑网络有限公司（商务中国）、厦门中资源网络服务有限公司、北京新网互联科技有限公司、广东互易科技有限公司、环球互易资讯（控股）集团.香港有限公司、北京万维通港科技有限公司（你好万维网）、北京搜狐在线网络信息服务有限公司、北京中科三方网络技术有限公司、珠海天互科技有限公司(时代互联)、网通宽带网络有限责任公司、北京东方网景信息科技有限公司、北京首都在线科技发展有限公司、网路中文资讯股份有限公司、北京信诺立兴业网络通信技术有限公司、武汉市劲捷电子信息有限公司、中文域名有限公司、香港资讯联网有限公司、北京首信网创网络信息服务有限责任公司、北京国政网科技发展有限公司、赛尔网络有限公司、北京爱思美网科技发展有限公司、河南互易科技有限公司、合肥网讯数据通讯有限公司、四川省互易网络科技有限公司、上海互邮网络科技有限公司、北京中西泰安技术服务有限公司（中西域名）、苏州网路神电子商务技术有限责任公司。

在中国互联网络信息中心（CNNIC）新的域名系统中，将同时为用户提供“.中国”、“.公司”和“.网络”结尾的纯中文域名注册服务。其中注册“.CN”的用户将自动获得“.中国”的中文域名，如：注册“清华大学.CN”，将自动获得“清华大学.中国”。根据《中国互联网络域名管理办法》的规定，中国互联网络信息中心（CNNIC）作为中文域名注册管理机构，不直接面对最终用户提供中文域名注册相关服务，域名注册服务将转由 CNNIC 认证的域名注册服务机构提供。中文域名注册服务体系结构与 CN 域名注册服务体系结构相同。

2003 年认证的中文域名注册服务机构共 18 家，分别是：（排名不分先后）

广东互易科技有限公司、北京中科三方网络技术有限公司、北京新网互联科技有限公司、北京东方网景信息科技有限公司、北京信海科技发展公司、北京万维通港科技有限公司（你好万维网）、北京爱思美网科技发展有限公司、北京万网新兴网络技术有限公司（中国万网）、珠海天互科技有限公司（时创网络）、厦门精通科技实业有限公司、深圳华企网信息产业发展有限公司（中国企业网）、武汉市劲捷电子信息有限公司、中文域名有限公司、河南互易科技有限公司、环球互易资讯（控股）集团.香港有限公司、四川省互易网络科技有限公司、上海互邮网络科技有限公司、香港资讯联网有限公司。

通过注册服务机构认证，尚未提供中文域名注册的注册服务机构共 11 家，分别是：（排名不分先后）

厦门必信电脑网络有限公司（商务中国）、北京国政网科技发展有限公司、北京信诺立兴业网络通信技术有限公司、北京搜狐在线网络信息服务有限公司、赛尔网络有限公司、厦门中资源网络服务有限公司、北京首都在线科技发展有限公司、网通宽带网络有限责任公司、网络中文资讯股份有限公司、北京市电信公司营业局、北京首信网创网络信息服务有限责任公司。

16.5 域名发展和域名经济

一、中国域名发展

1．中国域名发展历史

1990 年 11 月 28 日，钱天白教授代表中国正式在 SRI-NIC（Stanford Research Institute's Network Information Center）注册登记了中国的顶级域名 CN，并且从此开通了使用中国顶级域名 CN 的国际电子邮件服务，从此中国的网络有了自己的身份标识。由于当时中国尚未实现与国际互联网的全功能联接，中国 CN 顶级域名服务器暂时建在了德国卡尔斯鲁厄大学。

1993 年 4 月，为尽快建立我国域名体系，中国科学院计算机网络信息中心召集在京部分网络专家调查了各国的域名体系，讨论并初步提出了我国的域名体系。

1994 年 5 月 21 日，在钱天白教授和德国卡尔斯鲁厄大学的协助下，中国科学院计算机网络信息中心完成了中国国家顶级域名（CN）服务器的设置，改变了中国的 CN 顶级域名服务器一直放在国外的历史。由钱天白、钱华林分别担任中国 CN 域名的行政联络员和技术联络员。

1997 年 5 月 30 日，国务院信息化工作领导小组办公室发布《中国互联网络域名注册暂行管理办法》，授权中国科学院组建和管理中国互联网络信息中心（CNNIC），授权中国教育和科研计算机网网络中心与 CNNIC 签约并管理二级域名.edu.cn。该管理办法规定，“在国务院信息办的授权和领导下，CNNIC 是 CNNIC 工作委员会的日常办事机构，根据本办法制定《中国互联网络域名注册实施细则》，并负责管理和运行中国顶级域名 CN”。

1997 年 6 月 3 日，受国务院信息化工作领导小组办公室的委托，中国科学院在中国科学院计算机网络信息中心组建了中国互联网络信息中心（CNNIC），行使国家互联网络信息中心的职责。同日，国务院信息化工作领导小组办公室宣布成立中国互联网络信息中心（CNNIC）工作委员会。《中国互联网络域名注册暂行管理办法》的颁布和CNNIC的成立，使CN域名的管理向着有法可依、有序管理的方向健康发展，标志着我国互联网络的发展、运行和服务进入了不断完善和规范的发展轨道，是我国互联网络发展中的一件大事。

2000年1月18日，经信息产业部批准，中国互联网络信息中心（CNNIC）推出中文域名试验系统。2000年11月7日，信息产业部发布《关于互联网中文域名管理的通告》，对境内中文域名注册服务和管理加以规范，并明确授权CNNIC为中文域名注册管理机构。2000年11月7日，中国互联网络信息中心（CNNIC）中文域名注册系统全面升级，推出“.CN”、“.中国”、“.公司”、“.网络”为后缀的中文域名服务。

2000年1月13日，CNNIC工作委员会建议信息产业部修订《中国互联网络域名注册暂行管理办法》，随后，中国互联网络信息中心（CNNIC）开展了修订调研工作。2000年7月6日，CNNIC工作委员会于原则通过了CNNIC提出的域名管理办法修订建议，并向信息产业部提交了一系列与国际接轨的重要改革建议。2002年8月1日，信息产业部吴基传部长签署第24号部令，发布《中国互联网络域名管理办法》，并于2002年9月30日开始实施。

2．中国互联网络域名体系结构

中国在国际互联网络信息中心（InterNIC）正式注册并运行的顶级域名是CN。在顶级域名CN下，采用层次结构设置各级域名。中国互联网络的二级域名分为“类别域名”和“行政区域名”两类。

“类别域名”6个，分别为：AC——适用于科研机构；COM——适用于工、商、金融等企业；EDU——适用于教育机构；GOV——适用于政府部门；NET——适用于互联网络、接入网络的信息中心（NIC）和运行中心（NOC）；ORG－适用于各种非盈利性的组织。

“行政区域名”34个，适用于我国的各省、自治区、直辖市，分别为：BJ——北京市；SH——上海市；TJ——天津市；CQ——重庆市；HE——河北省；SX——山西省；NM——内蒙古自治区；LN——辽宁省；JL——吉林省；HL——黑龙江省；JS——江苏省；ZJ——浙江省；AH——安徽省；FJ——福建省；JX——江西省；SD——山东省；HA——河南省；HB——湖北省；HN——湖南省；GD——广东省；GX——广西壮族自治区；HI——海南省；SC——四川省；GZ——贵州省；YN——云南省；XZ——西藏自治区；SN——陕西省；GS——甘肃省；QH——青海省；NX——宁夏回族自治区；XJ——新疆维吾尔自治区；TW——台湾；HK——香港；MO——澳门。

3．中国域名增长情况

据中国互联网络信息中心（CNNIC）在1997年11月发布的第一次《中国互联网络发展状况统计报告》显示：截止到1997年10月31日，中国共有CN下注册的域名4 066个。自此，我国CN开始了一个飞速发展的历程。截止到2004年3月31日，我国CN下注册的域名数为349 349个。从分类的角度来看，以com.cn结尾的英文域名总数为146 660个，占总数的42.0%；以edu.cn结尾的英文域名总数为1 977个，占总数的0.6%；以gov.cn结尾的英文域名总数为12 622个，占总数的3.6%；以net.cn结尾的英文域名总数为 16 909 个，占总数的 4.8%；以 org.cn 结尾的英文域名总数为 7 670 个，占总数的 2.2%；以行政区域名结尾的英文域名总数为 3 375 个，占总数的 1.0%；CN 二级域名数为 159 473 个，占总数的 45.6%；而以 ac.cn 结尾的英文域名总数为 663 个，占总数的 0.2%。如图 16.3 所示。

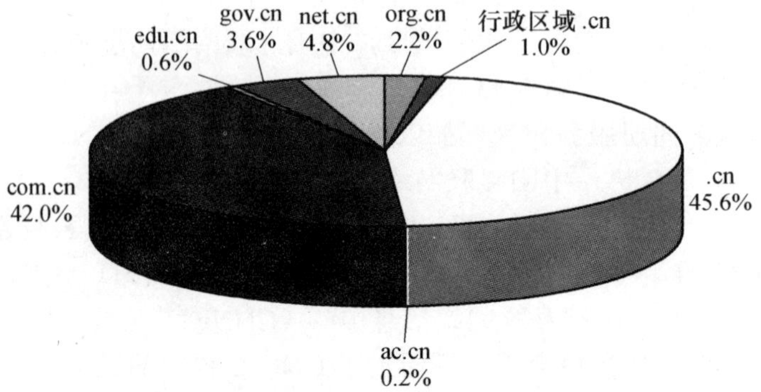

图 16.3　我国 CN 域名分类情况

从中国互联网络信息中心（CNNIC）的历次互联网统计报告中可以清晰地看出我国 CN 域名的增长情况，如图 16.4 所示。CN 下注册域名数的这种增长趋势一方面反映了国家主管部门调整域名管理政策对 CN 域名注册服务的巨大推动作用，另一方面也说明了 CN 域名的优势和价值已经得到我国各单位和互联网用户的广泛认可。

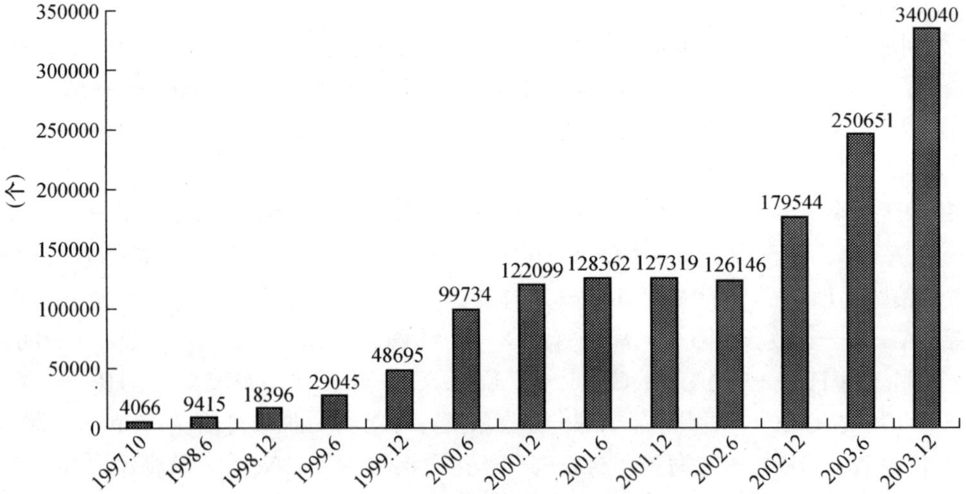

图 16.4　CN 域名增长态势图

二、CN 域名催生了域名经济

1．“域名经济”概论

“域名经济”是一个新的词汇，其准确含义、内涵以及外延等，还有待于诸位专家的论讨。但这个词在业界已经不胫而走，域名将成为一种经济现象、并带动起其后一个庞大的产业链，已经成为广泛的共识。

据了解，国内最早提出“域名经济”这个概念的是胡钢律师，他在 2000 年 3 月便从法律的角度认为：域名是一种资源，其配置自然遵从经济学的基本规律。域名经济可定义为基于域名的一切经济活动的总和。

有些记者认为："从狭义上说，域名经济是指域名交易、管理和协调过程所发生的经济服务行为，包括由域名服务延伸的邮箱出租、虚拟空间租赁、网址定位服务的经济活动。从广义上说，域名经济可以包括那些域名持有者所保有的域名的货币价值。对于一个成功企业来说，它注册的域名已经成为它自身资产的一部分，成为企业的一笔巨大的无形财富。从这个角度看，域名要简短，要容易记忆，最好与企业的名称和主要品牌相关联，最好能体现企业的地域、行业及其他特征，才能够最终成为广义的域名经济所物化、货币化"。

另有记者给"域名经济"下了一个定义："域名交易、管理、协调过程所发生的经济服务行为，及由域名服务延伸的邮箱出租、虚拟空间租赁、网址定位服务的经济活动"。

这些定义各有一定的道理，都从不同角度上力图让大家明白"域名经济"时代已经来到，经营者必须把握机会，投资者要看准风险，消费者（用户）要学会理智消费、保护自己的合法权益。因此，从某种意义上来讲，域名经济时代的到来是行业成熟的标志。

域名，本身是互联网上的一个标识性的符号，是为了便于大家记忆（相对于难以记忆的 IP 地址而言）而人工创设的产物，从技术的角度讲，实际上它只是一个技术参数，不是产生"价值"的具体商品。但是，域名又是互联网上的基础设施，正像道路是城市的基础设施一样。当基础设施完善以后，在基础设施之上从事的经济活动会越来越多。就互联网而言，注册了域名仅仅是上网的关键一步，紧随其后的还有网站建设、主机托管、E-mail 服务甚至开展电子商务等。而域名作为一个企业在互联网上的标识，随着网络在日常经济事务上愈发重要的作用，它本身也越来越成为广大商家争夺的对象，一个好的名字自身所具有的商业价值也越来越大。因此，域名作为上网的第一步，其实它背后连接着一个产业链，这个产业链的规模可能在 10 亿元左右。正是在这个意义上，使用"域名经济"的概念才是有意义的。

2．CN 域名的开放为注册服务机构创造了重大商机

.COM 域名的注册管理最早采用科学分工的模式。负责域名注册管理的机构并不直接提供域名注册服务，而是将域名的具体注册服务工作交给有经验的商业公司来负责，有经验的商业公司运用其娴熟的商业营销手段，把.COM 包装成"自己的产品"来进行市场推广，成功地树立了品牌影响，从而获得了巨大的"双赢"效益。

就我国而言，域名业务运行体制的分工细化，是产业发展的大势所趋，国内域名也只有进入商业化运行模式后才能发扬光大。应当说，CN 域名管理政策的改革，在给注册者们带来便利和实惠的同时，也给国内的域名服务商们创造了产业上的重大发展机遇。而 CN 作为一个新的资源，将给注册服务机构提供一个超越国外巨头的机会。

CN 域名注册服务机构中国万网的总裁张向东就认为：将域名的注册业务授权给域名注册服务机构来办理，域名注册服务机构由原来纯粹从属性质的代理角色上升为服务机构，这种地位上的转变等于提高了商家的利润空间，这必将刺激服务商们的业务推广热情。

与此同时，事实上，2002 年 8 月以来信息产业部颁发的一系列法规已从立法角度确保了"域名经济"运行有法可依，而中国互联网络信息中心（CNNIC）的配套制度方案

从技术（数据库）上、国际标准（IETF）上、争议仲裁方面为“域名经济”经营者及消费者（用户）这个经济链良性循环提供了全球首创的完整解决方案。因此，我们看到中国互联网络信息中心（CNNIC）授权的CN域名注册服务机构中有一些有外资背景也就不足为奇了，它证明中国的“域名经济”投资价值不是被人放弃，而是在逐渐升温。

一个域名到底能值多少钱？恐怕大多数人对这个问题都无法回答。而在中国，域名才刚刚开始显露它创造经济价值的能力，对于一个成功企业来说，它注册的域名已经成为它自身资产的一部分，成为企业的一笔巨大的无形财富。

在中国，随着新域名政策的推出和CN二级域名的开放，CN域名呈现爆炸式增长态势。在2003年3月17日CN二级域名开放的当天，CN二级域名注册量就突破10 000个。今后，伴随着个人域名的开放和域名交易的成熟，域名市场会直线上升。专家预测，未来3年，由域名引发的相关服务也会大行其道，域名经济规模将超过12亿元人民币，并将持续快速成长。

16.6 国外域名发展与管理现状

通常所说的“国外域名”，是一个很笼统的概念。仔细分析，其实可以发现，“国外域名”、“由通用顶级域名（gTLD）”、“新增顶级域名”和由各国（或地区）自己管理的国家或地区代码顶级域名（ccTLD）三部分构成。下面就对这三部分分别加以介绍。

一、通用顶级域（gTLD）

通用顶级域目前主要由美国负责管理，共有6个（根据RFC1591的规定为6个，但为区别于ICANN后来新增的顶级域，也有人把.int同这6个一起统称为“原有的通用顶级域”），分别是.com、.net、.org、.edu、.mil、.gov、和.int。.edu适用于美国的大学或学院，.gov适用于美国的联邦政府，.mil则适用于美国军方机构。这三个顶级域并不对一般公众开放，只能由相应的机构注册使用。

.int是International Top Level Domain的简称，即国际顶级域名，适用于国际化机构，国际联盟、国际组织可以在.int下注册。目前，这个域名使用得不是特别广泛。

.com、.net、.org域名则相对较为宽松，全世界的任何单位和个人均可注册。其中.com适用于商业公司，.net适用于网络中心，.org则适用于非营利机构。当然，这仅仅是一个建议性的分类，并不具有强制性。

这7个顶级域的注册管理机构（Registry）的角色是由不同的机构承担的。目前，com和net的注册管理机构是美国Verisign公司，它得到了ICANN的授权。

.com目前是全球注册量最大的域名，据估计其注册量在2 700万～3 000万之间，仅在中国就大概有100万的注册用户。Com由于是最早提供注册的顶级域，加之美国对互联网的管理相对较为宽松，com的注册制度非常灵活，基本上没有什么限制，因此，com无论是知名度上还是用户认可度都非常高。

.org的注册管理机构目前由ISOC担任。

二、新增顶级域

2001年3月13日，在澳大利亚召开的ICANN大会上，国际域名管理机构ICANN通过决议，将在以上传统的7个通用顶级域之外，增加7个新的通用顶级域：biz、info、 name、pro、aero、coop 和 museum。这 7 个新域在 2001 年底投入使用。

这 7 个类型的新增通用顶级域，分别由 ICANN 授权的 7 个 Registry 来运营管理。

（1）.biz

可以替代.com 的通用顶级域，适用于商业公司。biz 是 business 的习惯缩略语；

（2）.info

适用于提供信息服务的企业；

（3）name

适用于个人的通用顶级域；

（4）pro

适用于医生、律师、会计师等专业人员的通用顶级域。Pro 是 professional 的习惯缩略语；

（5）coop

适用于商业合作社的专用顶级域，coop 是 cooperation 的习惯缩略语；

（6）aero

适用于航空运输业的顶级域；

（7）museum

适用于博物馆的顶级域。

三、国家或地区代码顶级域（ccTLD）

国家或地区代码顶级域的代码由 ISO3 166 规定，比如.cn 代表中国、.jp 代表日本、.de 代表德国等。国家或地区代码顶级域由各国自己管理，因此其下的注册规则和政策因不同的国家而有所不同。

绝大多数国家的域名管理体系都遵循国际上通行的层级模式，即注册管理机构－注册服务机构－代理机构等。各国的 NIC 大部分都履行注册管理机构的职责。

德国国家域名.de 是目前全世界最大的 ccTLD，截至到 2004 年 2 月底的注册量已经超过 730 万，超过了.net 在全球的注册量。.uk 是第二大 ccTLD，截止到 2004 年 2 月底的注册量已经超过了 490 万。这两个国家的顶级域名是 ccTLD 超越通用顶级域的榜样。

纵观各 ccTLD 的发展历程和管理政策，大部分国家从开始都采用了跟 gTLD 类似的政策，即相对较为宽松、灵活的政策，以促进本国国家域名的发展。例如在是否允许自然人注册域名这一问题上，绝大多数国家都没有提出任何疑问，自始即允许自然人注册域名，而且基本上不加任何限制。

在发达国家中，只有日本对自然人注册域名施加了一定的限制，即在现行 JP 域名系统中，自然人仅能在被称为“泛用型”的.jp 下注册二级域名，而不能在“属性型”的分类二级域名下注册三级域名。

而与祖国大陆具有相同文化背景的我国台湾地区和香港特区最初也不允许自然人注册互联网域名。但随着互联网的普及，此种政策已经被改变。我国台湾自 2001 年起，我国香港则自 2003 年 2 月起开放自然人域名注册，并为自然人域名指定了单独的自然人域.idv.hk、.idv.tw，显示出向国际接轨的强烈趋势。

可以说，到目前为止，在互联网已经相当普及的国家和地区中，只有中国大陆尚未开放自然人域名注册。

又如深受用户喜爱的二级域名，有不少国家和地区都允许直接在顶级域下注册二级域名。根据 ICANN 公布的国家和地区顶级域名管理机构（ccTLD）名单，并由 IANA ROOT-Zone Whois 数据库中所提供的注册机构网址资料，查询统计显示，目前允许直接注册二级域名的 ccTLD 已超过 68 个，它们遍布欧亚非几大洲的不同国家和地区。可以说，世界上凡是互联网比较发达的国家和地区都允许注册二级域名，例如美国、俄罗斯、加拿大、德国、英国、法国、日本、印度等。二级域名越来越受到国际社会的欢迎。

四、国外域名发展与管理的启示

1. 国外相当多的 ccTLD 发展速度较快，具有国际竞争力，相比较而言，我国的发展速度还不够快、知名度还不够高；需要进一步采取措施。

2. 新增顶级域的开通使得全球互联网用户的选择面越来越宽，但无形中也增加了原有域的竞争压力。ccTLD 如何提升竞争力，CN 如何提升竞争力，是我们要认真面对的考验。

3. 国外域名的发展速度来源于较为灵活的注册政策和较为宽松的注册体制，限制较少，用户选择面广，比较而言，我国的限制还比较多；需要政策层面的进一步推动。

（中国互联网络信息中心　张建川　俞　阳　王艳峰　王恩海）

第 17 章　互联网应用服务与管理状况

本章内容包括：互联网应用服务、网络广告、网络教育、网上采购、网上人才中介服务、网络游戏、电子邮件及收费邮件服务、反垃圾邮件和 2003 年搜索引擎服务等多方面内容。

17.1　互联网应用服务（ASP）发展与管理状况

Application Service Provider（应用服务提供商，简称 ASP）成为一种新的网络经营模式。ASP 诞生于美国，继而在日本、欧洲等 IT 产业高度发达的国家和地区迅速发展。关于 ASP 的定义，一直存在很大争议。就目前而言，最简单的 ASP 是一种第三方服务公司，它以租赁方式，通过中央服务器实施、管理和远程托管套装应用软件。作为获得或使用该软件的代价，客户支付租用费用。ASPIC 的定义是："ASP 通过某种广域网，从数据中心为多个实体提供和管理应用服务"。

从 ASP 的定义可以看出，软件和 IT 基础设施（网络通信设施、计算平台等）汇合成的以网络为中心的计算环境成了 ASP 诞生的催化剂。软件和宽带技术的持续发展势必进一步促进 ASP 市场的成长。

从 ASP 应用服务渠道的角度，ASP 可以分为基础设施服务提供商、应用服务提供商和互联网业务服务提供商。

尽管 ASP 具有巨大的市场潜力，但目前实际采用 ASP 应用服务模式的仍属少数。ASP 目前仍处于发展初期，将有爆炸式的成长。AMR Research 公司最近发表的 ASP 调查报告预测，到 2004 年，企业级 ASP 市场（即提供企业级应用服务的 ASP）将达到 47 亿美元。目前，全球 ASP 市场由北美地区主导，但几年内该市场将大大全球化。目前欧洲和亚洲市场明显落后于美国，欧亚市场将比美国更面向移动 ASP 应用。

在国内市场，宣称自己是 ASP 或提供 ASP 服务或推出 ASP 战略的企业大约在 50 家左右，包括 ChinaASP.com、用友、世纪互联、通力公司、新网、安易、中软、中网、万网、瑞星、东方网景、上海互易、国信贝斯、上海富鑫、天津顺驰、联成互动、数码方舟、广州赛百威、深圳润讯、深圳金蝶、长城商网通、易建科技、中国教育热线（EOL）、国嘉实业、联想亿傲、中国网通、首都在线、中关村科技公司等。这些公司大多数是从 ISP，ISV 和 Dot Com 公司转型而来。

ISP，如世纪互联、中国网通、首都在线、中国联通，它们已开通或正在建设数据中心，为其他 ISP 或 ASP 提供网络基础设施服务。ISV，如用友（伟库网）、深圳金蝶等，它们提供应用软件租赁服务，但大多只租赁本公司的产品。.com 公司，这类 ASP 最多，如盛唐网络、上海寰亚、上海富鑫等，提供与网站建设、网页设计、内容提供、域名注册、虚拟主机、电子商务解决方案等业务相关的服务。

由于国内 ASP 大多采用升阳、戴尔和思科等国际知名品牌服务器和网络设施，使得国内硬件厂商（如联想、同方、长城）在 ASP 市场介入余地不大，因此国内硬件提供商在 ASP 市场尚无实质动作。

另外，电信公司作为带宽提供者，已经开始介入 ASP 市场，如北京电信为用友伟库网提供数据中心，中国联通已开通自己的数据中心。由于电信企业基本上垄断了带宽，没有它们的积极参与，ASP 的运营将十分困难。

从国际 ASP 市场的发展趋势看，目前国内 ASP 市场发展有失均衡，主要表现在缺乏 IT 大厂商（硬件、电信行业）的积极参与，新兴.com 公司服务范围过于集中，缺乏特色鲜明的服务提供商。造成这种现象的原因是多方面的。首先，目前大多数企业（主要是中小企业，尤其是乡镇企业）尚未上网，服务需求自然集中在提供上网服务上。第二，市场培育滞后，很多企业不了解或不很了解 ASP 概念。第三，由于企业管理制度落后，大多数企业尚无对企业级应用的迫切需求。第四，国内网络基础设施还不尽人意。第五，国内盗版市场猖獗。

ASP 的发展有 4 个基本前提，即高度发达的 IT 基础设施、具有迫切需求的庞大客户群、种类繁多的应用软件以及高度的服务意识和经验。就这几方面而言，国内的网络基础设施尚显不足，应用软件（尤其是具有知名品牌的软件）产品不够丰富，服务意识和经验差强人意。具体地说，我国 ASP 市场发展有以下几方面不利因素。

（1）企业文化因素。中国文化中不注重或不善于合作的传统对 ASP 并非没有影响。“万事不求人”的心理则可能是企业不愿意采用 ASP 服务的理由之一，它们讲究“小而全”的企业结构，不放心将企业的财务、人事、生产、销售等管理工作委托给外人。

（2）管理因素。我国中小企业管理水平大都非常落后，这种落后更重要的是观念的落后。在许多企业管理层眼里，拥有 IT 部门仅仅是一种时髦的象征，它在管理中所应起到的作用并没有得到充分的发挥。

（3）市场因素。在国际软件巨头和国内盗版软件的夹击下，国内软件厂商步履维艰，始终在为生存而战。盗版软件猖獗对中国软件产业为害尤甚，无疑也会损害 ASP 产业。国内知名软件品牌屈指可数，产品单一，能否满足数以百万计企业的不同需求还是一个未知数。

（4）基础设施因素。这是业界、媒体和企业一致认同的 ASP 市场发展的不利因素。但在以上诸因素中，这恰恰是最有望解决的问题。主干网带宽逐步增长、上网资费逐渐降低，国家在信息化建设上一直保持积极态度，因此，未来几年，这个问题将会大大缓解。

国内 ASP 市场发展虽有诸多不利因素，并不是说国内 ASP 市场没有作为。国家所倡导的信息化战略中，企业信息化是其中非常重要的一环，企业信息化建设是大势所趋。目前，企业级应用市场正稳步发展，占整个 IT 行业产值的 80%以上，企业级应用市场和以后的企业间电子商务市场将成为 IT 产业的支柱。

（信息产业部电信研究院规划所　文　健）

17.2　网络广告服务与管理状况

17.2.1　国内网络广告服务业发展概况

17.2.1.1　国内网络广告行业发展历程

1．国外网络广告行业的兴起，推动了国内网络广告的发展。

20 世纪 60 年代后形成的国际互联网络，使全球步入了网络时代，对人类社会产生了深刻影响。网络媒体的发展同样给广告行业带来巨大变化，继报纸广告、广播广告、电视广告出现之后，一种全新的广告传播方式——网络广告开始流行。1994 年 10 月美国“连线”网站发布了全球第一条网络广告，掀起网络广告行业的发展序幕，1996 年 IAB 即美国网络广告局（现改为互动广告局）正式成立，标志着网络广告行业初步形成。1996 年全球网络广告行业的收入为 3 亿美元，到 2003 年已达到 63 亿美元。在国外网络广告行业的影响下，国内网站开始引入国外网络广告理念和运作方式，网络广告开始在国内广告业的土壤中发芽。1997 年 3 月国内第一条网络广告出现在 Chinabyte 网站后，中国的网络广告行业开始崭露头脚，出现在中国广告界的舞台。

2．国内网络广告市场的扩大，带动了网络广告行业的成长。

1998 年国中网足球世界杯网站 200 百万元的网络广告收入使国内开始认识到网络广告市场所孕育的巨大商机。网络广告也最先成为网站盈利的主要模式，国内网络广告市场规模逐年扩大。1998 年全国网络广告收入为 3 000 万人民币，经过五六年时间的发展，到 2003 年已达到 10.8 亿人民币，增长速度非常迅猛。尤其是 2003 年，国内主要网站开始盈利，国内网民人数剧增，IT 和电信行业继续加大网络广告的投入，传统行业也开始重视网络广告，增加对网络广告的投放计划，国内网站还抓住 SARS 和美伊战争期间带来发展机遇，不断创新网络广告形式，提高网络广告效果，门户网站和专业网站网络广告收入大幅增长，网络广告行业又开始呈现出欣欣向荣的局面。

3．国内广告业的繁荣发展，促进了网络广告行业的壮大。

近几年，中国经济的高速腾飞，促进了国内广告业的发展。广告业作为最具活力和吸引力的朝阳产业，也为网络广告行业提供了舞台。尤其是中国“入世”后，进入国内市场的世界 500 强企业和大量国外产品，需要通过广告宣传扩大企业影响，提升产品在中国的知名度。而网络广告具有传统媒体广告所无法比拟的自身特点，正迎合了市场需求，使网络广告行业在广告业中扮演了重要角色，成为广告业新的增长点。国内广告业也为网络广告行业提供了强大支持，广告业属于知识、技术和人力资源密集型的高新技术行业，对科技含量较高的网络广告也是“慧眼识英雄”，积极推动网络广告的普及应用。中国广告业 20 多年培养和积累的专业广告人才基础，也为网络广告行业提供了人力资源和智力支持，专业广告公司与网络媒体间的合作，也加快了网络广告行业的发展步伐。

17.2.1.2　国内网络广告行业发展现状

1．网络广告行业飞速发展，成为广告业中引人瞩目的产业。

在国内第一条网络广告出现后的五六年时间内，国内网络广告市场虽然也受到网络经济低潮间的影响，经历了一段波动和低谷，但国内网络广告行业还是呈现出生机勃勃的发展趋势，与传统大众媒体广告一样成为中国广告业的重要组成部分。全国网络广告经营额稳定增长，每年的增长幅度均超过了传统媒体广告，网络广告从1997年实现零的突破后，2003年完成跳跃式发展，达到了10.8亿人民币，显示了网络广告行业强劲的发展势头。

2．网络广告市场需求日趋扩大，网络广告内容更加丰富。

随着国内网民人数的持续增加，广告主更加看重网络广告对网民所产生的影响。国内外众多广告主已经认可网络广告的效果，逐渐加大对网络广告的投放力度和比例，使国内网络广告市场需求旺盛。2003年的网络广告虽然仍以IT、通信等科技行业为主，但家电、汽车、医药、房地产等传统行业的网络广告投入增长很快，网络广告类别内容更加丰富，网上分类广告更受中小企业欢迎，网络广告中出现了更多的日用消费品广告。

3．网络广告技术不断革新，网络广告表现形式更加多样。

网络广告作为一种新的广告形式，经过几年的发展，其网络制作技术仍不断在创新，网络广告规格形式和表现方式更加多样。全屏广告、通栏广告、画中画广告以及特殊流媒体广告，在网络广告中占有绝对优势。2003年出现的类似电视广告的网络视频广告，广告效果更加显著，视觉冲击力更强，体现了网络广告较高的科技含量，也使国内网络广告形式有近20种之多，国内网络广告行业采用的技术也同步于甚至领先于国外网络广告行业。

4．网络广告市场竞争加剧，网络广告市场份额仍呈集中趋势。 随着网络经济的复苏和全球经济形势的好转，中国“入世”后广告市场的开放，国外网络媒体又开始进军国内网络广告市场，同时国内门户网站与专业网站间的竞争也日趋加剧，也影响着网络广告的流向与流量。2003年网络短信和网络游戏异军突起，网络广告也不再是“一枝独秀”，网络广告收入虽总量持续增加，但在网络媒体收入中的比例不断下降。目前国内网络广告市场仍是“三足鼎立”，以新浪、搜狐、网易为代表的三大网站网络广告收入仍占有近七成的国内市场份额。

17.2.1.3　国内网络广告行业发展前景

1．网络广告优势明显，还有发展空间。

网络广告作为一种新的广告形式，具有互动性强、准确性高、覆盖面广、发布成本低、效果易于统计、形式灵活多样等传统广告所无法比拟的优势。而相对于传统广告的发展历史，网络广告的发展时间还很短。目前网络广告互动性强的最大特点还未全面体现，其科技含量的优势还未完全发挥，但随着今后网络媒体的发展，网络广告会凭借其突出的特点和明显的优势，比传统广告有更为广阔的发展空间。

2．网络广告市场潜力巨大，还有待开发。国内网络媒体随着互联网的发展，已产生广泛影响，并为社会大众所接受。虽然网络媒体还不能取代传统媒体，但网络媒体所创造出的无限市场商机，也使网络环境下的广告市场发展潜力骤然增大，网络广告市场还有待进一步开发。今后网络广告形式还会不断创新，网络广告应用技术更加先进，网络广告效果更加明显，网络广告的影响可能仅次于电视广告，吸引更多广告主加大网络广告投入，网络广告市场份额还将继续扩大。

3．网络广告行业繁荣发展，还面临挑战。网络广告行业作为新兴的行业，还有很强生命力和发展动力，但从长远看，其发展道路不会一帆风顺。今后网络广告市场会逐渐成熟，广告商将更加注重广告的实际效果，投放网络广告会更加理性，市场多样化的需求对网络广告行业的服务质量和水平要求更高，国内网络广告行业还要面对国外同行业竞争的挑战，作为网络经济的“晴雨表”，网络广告行业还易受网络经济环境的变化而波动，网络广告行业的发展还任重道远。

17.2.2 国内网络广告服务业存在的问题

17.2.2.1 国内网络广告行业自身发展还不成熟

1. 网络广告内容还需要进一步规范。虽然网络广告刚刚发展，但一些问题也不能忽视。一些网络媒体由于经营压力和经济利益的驱使，不认真审查网络广告内容，致使虚假和违法内容出现在网络广告中，一些在传统媒体限制和禁止的广告内容，只要付费就可以“来稿照登”或链接在网络媒体上，欺骗和误导了消费者。近几年，网民和消费者对虚假网络广告投诉的比例不断上升，社会要求规范网络广告的呼声也越来越高。目前网络广告急需加强治理，虚假网络广告已使社会公众对网络广告产生了信任危机，最终会危害网络广告行业的健康发展。

2. 网络广告从业人员法律和专业知识还很欠缺。网络广告行业在中国广告界中还属年轻的行业，其人员构成年轻，大多是学技术出身，接触广告业务时间短，没有经过相关广告法律、法规和广告专业知识的系统业务培训，还不能全面理解和准确掌握广告管理法规，广告从业人员的社会责任意识不强，片面追求网络广告的轰动效应，故意使用一些隐晦或令人歧义的网络语言，吸引网民的注意力。因此与杜绝网络有害信息一样，网络广告从业人员需要提高自身素质，自觉抵制这类含有不良文化内容的广告。

3. 网络广告运作管理和创意制作水平还有待提高。网络广告在具体运作和执行上不同于传统广告，如何发挥网络广告的互动人际传播优势，提高网络广告营销效果还是网络广告行业面临的新课题。目前网络媒体上广告信息杂乱、分类不科学、目标群体定位不准，使网络广告效果大打折扣，过多的垃圾邮件广告和强迫式广告，引起网民反感，降低了网民对网络广告的认知度和忠诚度。网络广告还大多由网络技术人员创意制作，由于受本身专业限制，完成的网络广告作品在内容诉求上、产品行销上、信息传递等方面，还达不到专业广告要求。因此，国内网络广告专业制作人员整体水平还亟待提高。

4. 网络广告行业经营行为还要加强自律约束。目前网络广告仍是网络媒体的主要收入，网络广告行业内部竞争就不可避免，网络广告市场上不正当竞争的现象还大量存在。一些网络媒体自我宣称是“最大”、“最佳”、“第一”，夸大自己，贬低别人，给客户提供的数据、资料信息不准确、不真实，蒙骗广告客户，为抢占市场份额，争夺广告客户，低价竞争，高额折扣，形成恶性循环，破坏了公正、有序的广告市场环境，也给网络广告行业的发展带来负面影响。网络广告行业为获得良性发展，还需要加强行业自律，维护网络广告行业整体形象。

17.2.2.2 网络广告行业与国外相比还有一定的差距

1. 国内网络环境和电信基础制约着网络广告行业发展。目前国内电信设施和网络建设还不完善和配套，诸如接入带宽瓶颈、上网速度慢、上网成本高等问题还影响着国内互联网的广泛应用，国内网民比例、年龄性别构成、地域分布以及广告主对网络广告的态度等差异，影响网络广告行业在不同地区的发展水平。

2. 国内还缺少专业性和权威性的行业协会组织。国外网络广告行业的管理主要以行业协会规范和自律为主，且行业协会组织有很高的权威性，在指导和规范网络广告行业发展中发挥了举足轻重的作用。我国虽然有中国广告协会和中国互联网协会，但内部还未设立专门的委员会来组织和指导网络广告行业的发展，其他行业的行规更少涉及到网络广告行业规范的内容。而在美国除了网络广告局外，还有其他行业协会从不同的专业角度对网络广告进行规范，如美国互联网保健基金会推出的“8 条准则”，被许多著名的医学保健网站所认可，还有美国医学会制定的“15 项规定”，确定了对网上隐私权保护原则。

3. 国内网络广告行业还未形成规模，产业链条发展还不均衡。虽然全国每年网络广告经营额都有较大幅度的增长，2003 年达到 10.8 亿人民币。但在全国广告经营额中所占比例还很低，截止到 2003 年底所占比例才接近 1%，而在美国分别是 62 亿美元和 2.5%。国内与网络广告行业相关产业的发展还不平衡，国内为网络广告行业提供技术支持与评估监测的第三方服务商还很弱小，国产技术与软件还未被普遍采用，国外网络广告投放管理系统和监测技术在国内网络广告行业中还占有很大的市场。

4. 国内网络广告理论研究相对滞后，专业广告公司还未全面介入网络广告的代理服务。

网络媒体和网络广告都是近几年出现的新事物，国内对网络广告传播方式和效果的研究还不够系统和深入，不能为网络广告行业的发展提供有效支持。广告业中通行的代理制还未在网络行业内普遍推开，国内各大网站还要靠建立自己庞大的销售队伍来推销广告，与专业网络广告代理公司也未形成合理有效的分工协作。目前只有电通、盛世长城、精信等一些综合性的合资广告公司设立了互动媒体业务部，代理网络广告业务。国内还缺少能够为广告主和网络媒体提供全面的网络广告代理和销售服务，以及提供网络广告滞销解决方案的专业网络广告代理公司。

17.2.3 网络广告服务业管理现状

17.2.3.1 网络广告监管现状

1. 网络广告的特殊性带来了监管新课题。

网络广告是一种新的广告形式，给广告监管机关带来了新的挑战。监管网络广告不能完全沿用传统媒体广告监管模式，需要研究网络广告本质特点，把握网络广告内在规律，探索出网络环境下加强网络广告监管的新方式和新手段。

2. 网络广告法规的相对滞后增加了监管难度。 现行的《广告法》是 1994 年颁布和实施的，而 1994 年我国刚刚接入国际互联网，1997 年国内才出现第一条网络广告。当时的《广告法》不可能涉及到网络广告内容，所调整和规范的只能是已有广告形式。目前网络广告监管还缺乏明确具体的法律、法规依据，简单适用现有法规和规定还不能应对网络广告新情况，广告监管机关既不能突破现有法律框架，也不能放任网络广告市场的无序发展。

3. 网络广告的高科技含量提高了监管要求。高科技含量的网络广告，要求广告监管机关也要采用技术含量更高的监管方式，提高监管队伍素质，完善监管体系和基础配备，改进监测手段和建全广告监测机构与监管网站，借助先进的网络技术，以网络的手段和方式监管网络广告。

4. 网络广告行业的发展形势加大了监管需求。网络广告行业起步晚，但起点高，发展快，已成为广告业中重要的组成部分。网络广告虽然还处在发展成长阶段，但网络广告中的违法和虚假问题已经出现，网络广告行业要求规范网络广告市场秩序，加强网络广告监管的要求很强，需要广告监管机关及时介入和规范管理。

17.2.3.2　目前网络广告监管方式

1. 规范网络广告发布者经营行为。虽然有关网络广告的立法工作较为滞后，但并未影响广告监管机关对网络广告领域的监管。广告监管机关一直关注网络广告行业的发展动态，探索有效的网络广告监管切入点，通过规范和确认网络广告经营资格，介入网络广告监管。国家工商总局在 2000 年选择了 27 家著名网络公司进行网络广告经营试点，北京、上海、浙江、江苏、广东等地工商行政管理机关也根据各地网络广告发展情况，通过开展网站备案、核发电子版营业执照、核定网络广告经营范围等各种方式，规范网上经营和网络广告活动。

2. 加强日常的监管与违法网络广告的查处。

目前广告监管机关对网络广告监管的重点是广告内容，跟踪查处的目标是违法和虚假网络广告。由于目前网络广告的监测技术还未解决，日常监管方式主要是定期上网进行随机抽查和接受投诉后有目标的监测，发现违法网络广告及时进行查处。近几年各地广告监管机关都有查处虚假网络广告的典型案例，去年国家工商总局还重点查处一批利用抗“非典”名义发布的虚假网络广告。为适应今后开展网络广告监管工作需要，加强监管信息的沟通，国家工商总局在 2003 年底还正式开通了“中国广告监管网”（http://ggs.saic.gov.cn）。

3. 推动行业组织自律管理。由于网络传播的广泛性、虚拟性和无地域性，使网络广告监管成为广告监管工作中的一个新领域，应当借鉴国外管理经验，创新国内网络广告的监管机制和模式，既要加强政府管理职能，又要发挥行业组织指导和自律作用。广告监管机关不仅是广告市场的监督管理部门，还要通过指导广告协会的工作，促进网络广告业的规范发展。近几年，国家工商总局通过支持中国广告协会开展一系列有关网络广告的活动，扩大了广告协会行业组织的影响，中国广告协会也在国家工商总局指导下，正在酝酿成立网络广告专业委员会，协助广告监管部门规范和培育网络广告行业健康发展。

17.2.4　网络广告法律环境现状与展望

17.2.4.1　广告管理法律制度的框架

1. 现有广告管理法规体系与内容。中国的广告业经过 20 多年发展， 已基本形成多层次、多方位、多角度的广告管理法律制度体系。从效力上看，已形成以《广告法》为核心和主干，以《广告管理条例》、部门行政规章和地方规定为必要补充的多层次的广告法律规范；从范围上看，既到涵盖商业广告，又涉及公共类广告，范围广泛，20 多项法规从各个方面规范了广告活动；从内容上看，既有广告内容准则的原则性规定，又有广告经营登记、广告审查的程序性规定，从多角度促进和保障广告行业的健康发展。

2. 目前网络广告适用广告管理法规原则。网络广告既然是广告的一种形式，就具有传统广告所共有的本质特征，应该受《广告法》及广告管理法规、行政规章的调整与约束。但也应当承认网络广告与传统广告确有区别，考虑到网络媒体的特殊性及网络环境下网络广告的不断发展变化，按照“法无禁止既可行”的原则，在管理实践中可以在不违背《广告法》的立法宗旨和基本原则的前提下，与时俱进，灵活适用现有的广告法律、法规，给网络广告行业发展创造一个比较宽松的发展环境，在发展中加强规范，以规范促进发展。

17.2.4.2　网络广告法律规范的完善

1．完善现有广告管理法规。1994 年颁布实施的《广告法》，是我国广告业第一部较全面地规范广告内容及广告活动的法律，对促进和规范中国广告业健康发展发挥了重要作用。但由于当时立法的局限性，《广告法》在内容体系、具体操作上还有一些缺陷，加之广告业不断发展变化，也不可能对广告业今后出现的新问题、新情况做出规定，如网络广告的出现就对《广告法》适用提出新问题，有关广告的界定、广告活动主体的划分、广告经营资格的设定、广告内容的限制和禁止、广告与其他信息的认定识别、特殊商品的广告审查和广告审查义务以及发布责任等内容规定都要适用网络广告，才能规范和调整网络广告。因此修改《广告法》已势在必行，立法机关也加快了《广告法》修改的步伐。

2．制定网络广告专项法规。今后《广告法》包含范围将更加广泛，但作为行业大法，只宜对网络广告进行原则性规定，制定总的原则和基本准则。具体而详细的操作实施，还要靠制定网络广告专项法规来解决。考虑到网络环境下网络广告的特点，网络广告专项法规应包括网络广告的定义及形式、适用的范围、网络广告的管辖权限、网络广告经营与发布主体的市场准入资质、禁止发布的网络广告内容、网络广告与网上信息的识别标志、特殊商品网络广告审查程序和内容限制、广告链接后审查义务和法律责任认定以及处罚金额幅度等基本内容。目前广告监管机关正在加紧调查研究网络广告市场的发展规律、特点及监管对策，为早日制定有关网络广告管理规定做准备。

3．健全网络法制体系。网络广告是依附网络媒体的发展而存在，而网络媒体发展又依赖网络环境状况，网络环境良性循环需要健全的网络法制体系的保障。虽然有关部门从各自管理职能的角度出发，出台了网上医疗、药品、音像制品等有关规定，从某一方面对某类商品规定了网上服务与交易规则，但整体上我国有关网络与电子商务立法还属空白，有关网络法制体系也很不健全，使网上经营活动难以规范，遇到许多法律问题。因此仅靠一部《广告法》或网络广告专项规定还只能解决网络广告出现的表面问题，网络广告行业发展涉及到深层次问题还有待网络环境改善和网络法制体系保障。今后随着《电信法》、《电子商务法》等一系列网络法律的出台，中国的网络广告行业将随着国内网络经济发展获得更大的机遇。

（国家工商行政管理总局广告监管司　江雁明）

17.3　网络教育发展与管理状况

17.3.1　网络教育发展状况

1．网络教育发展的基本情况

近年来我国网络教育发展相当迅速，教育部在 2001 年发布了我国“教育事业十五规划”，明确提出了新世纪之初我国教育发展的目标和战略措施。其中一个重要的方面就是要在我国大力发展现代远程教育，发展职业教育，职业培训和继续教育，逐步形成大众化、社会化的终身教育体系。

2003 年教育部召开了“教育部现代远程教育试点经验交流会”，交流总结现代远程教育试点经验，利用国家构建的现代远程教育专业技术平台，重点支持一批著名高校进行网络教育建设，开展远程学历和非学历教育。同期，教育部召开了现代远程教育试点质量管理研讨会，以及随后召开的现代远程教育试点高校协作组会议，都标志着教育部从“积极发展，规范管理”入手，加大了对远程教育试点宏观调控和指导的力度。

目前全国试点院校已增至 67 所，规模近百万，覆盖面达到 31 个省、自治区和直辖市。实践证明现代远程教育试点工作对我国的高等教育的改革与发展产生了巨大的影响。

近两年来，我国中小学信息化建设的进程加快，中小学计算机已由 2000 年的 121 人/台，迅速发展到 35 人/台；校园网也由 2000 年的 3 000 多个，增加到 2003 年的 26 000 个。全国的高中已经全部开设了《信息技术》课程；一些发达地区的中小学也全部开设了《信息技术》课程。经过两年多的努力，在东部省份和中西部一些比较发达的地区，我国中小学已经具备了全面推进信息技术教育的基本硬件条件和环境。

“十五”期间，网络教育已经成为开展教育教学活动的重要方法和途径，包括网络技术在内的信息技术和学科建设逐步形成整合，逐步成为一个独立的学科；网络教育的服务领域已经逐步从高等学历教育过渡到为构建终身教育体系服务；信息技术的管理平台、应用平台、资源库、数据库在教育教学需求的驱动下正在逐步向标准化、实用化、智能化发展；网络教育在多元化与趋同交叉的过程中逐渐显示出个性化学习和协作性学习的特色；网络教育的决策将进一步依赖于教育专家逐步实现法制化和科学化；网络的硬件支撑体系在规范服务和特色服务的双重压力下正在向多元化和多功能化发展；同时网络教育也有率先实行市场化和产业化的趋势。

根据专家预测，我国远程教育在未来几年将会有持续的、迅速的发展，远程教育的市场总体规模的年增长率都会很高，远程教育市场的总投资将由 2001 年的 28.9 亿元达到 2004 年的 125.4 亿元。

2．网络教育政策方面的调整

在网络教育政策方面，近年来也作了重大调整，伴随着高校网络教育试点工作进一步深入和全国中小学“校校通”工程的全面开展，网络教育已经形成了一定的规模，并且使用了大量的多媒体教学资源，已经逐步形成了网络环境下的教学和管理方式，与此同时也吸引了大量社会资金投入到网络教育，促进了教育信息化的发展。网络教育经过初期快速的规模扩张，目前已经进入了讲求实效和质量阶段。

以互联网为教学工具的现代远程教育，主要有以学历教育为主的网络教育学院和以培训为主的网络学校两种形式。远程教育学生的主要来源是成年学习者，年龄范围一般在 20 岁～40 岁之间。由于成年人学习受时间限制，并与教师有空间上的距离，所以这种学习方式非常适宜这类群体，除此之外就是在校就读的学生。目前多数高校网络课程是以高中为起点本科、专升本和高中起点专科为主，分别占试点高校的 84%、80%和 41%，对学历教育的关注远远超过非学历教育的关注。

目前网络教育还存在着一些不容忽视的问题，教育手段先进，教育观念滞后，适应不了网络教育的发展；管理制度不够健全，缺乏优秀的教育教学资源，网络教育的实施过程中缺乏既精通教育又精通 IT 知识的复合型人才，这些因素依然制约着网络教育的发展。

为此，教育部在《关于加强高校网络教育学院管理提高教学质量的若干意见》中明确提出了“积极发展，规范管理，深化改革，提高质量”的发展思路。明确指出今后高校的网络教育要以在职人员的继续教育为主，要充分发挥网络教育的优势，为在职人员更新知识、增强技能、不断学习、不断提高提供良好的服务；要积极开展学历教育，同时也要积极开展职业资格认证教育、岗位培训和其他继续教育，在实践中积极探索和总结网络教育的基本规律，积极推进网络教育和成人高等教育、各级各类继续教育的结合，促进我国网络化、开放式终身教育体系的形成。

为了保证网络教育的质量，近年来网络教育减少并停止了招收全日制高中起点普通本专科网络教育学生，其目的就是要充分发挥网络教育应该是远程教育的特点，突破时空的限制，使人们能够随时随地地进行学习，使在职人员能够进一步接受继续教育；避免当前网络教育还不具备全日制普通高等教育的人才培养条件和育人环境，过度发展会直接影响教育质量的问题。

新政策的出台，目的就是要利用网络教育大力发展继续教育，构建终身学习体系，依照网络教育自身的发展规律，使网络教育回归到正确的办学方向上来，同时教育部还提出了一些保证网络教育的质量的新措施和新政策，为积极发展、规范管理网络教育奠定了基础。

当前无论是高等教育还是普通教育，都十分关注网络教育的质量管理，注重建立网络教育的质量标准，改进课程设置和教学内容，确保网络课程达到教学的基本要求；努力争取在网络教学中使用高质量的网络课件、资源库、试题库、教学平台和课件制作工具开展教学活动；采取措施保证教学中各个环节的质量。特别是在加强学生习过程的指导和服务方面都在进行积极的尝试，试图充分利用网络技术和专兼职教师逐步建立和实施导学制度，保证每位学生都有指导教师及时提供指导和服务；逐步向主要委托远程教育公共服务体系提供校外教学支持服务过渡，促进资源共享，提高服务水平。

3．加快《中国知识资源总库》的建设步伐

当前困扰网络教育发展的至关重要的因素依然是资源问题，为此 2003 年《中国知识资源总库》建设工程已经启动。

《中国知识资源总库》的建设是一项浩繁的系统工程，预计在未来三年内，专业人员要将我国 80%的知识资源和国内馆藏的 60%国外知识资源建成数据库，并抽取、提炼其中 80%的知识元建成知识元数据库，通过互联网面向国内外提供知识信息服务。建成“基于知识网络和知识服务网络”的数字图书馆，在知识资源社会共享的同时提供知识管理、互动式协作研究、网络教育、知识学习等网络平台。同时还要建成基于数字图书馆的互联网出版平台，在资源共享的市场环境下，实现各种载体和形态的知识信息的规模化网络出版。

《中国知识资源总库》分基本信息库、知识仓库和知识元库三部分。

基本信息库在内容上包括如下几部分。

① 《中国期刊全文数据库》：6 500 种期刊，10 年以来全部文献 1 000 万篇。

② 《中国优秀博硕士学位论文全文数据库》：320 多博士培养单位近 2 年来学位论文 11 万篇。

③ 《中国图书全文数据库》：500 万种图书的全文库，其中国内图书约 260 万种，国外图书约 230 万种。

④ 《中国重要会议论文全文数据库》：学术团体、政府、高校会议论文约 50 万篇。

⑤ 《中国重要报纸全文数据库》：500 种报纸，近 2 年 280 万篇文章。

⑥ 《中国年鉴全文数据库》：2 000 多种年鉴。

⑦ 《多媒体教育教学素材库》：建成供中学使用的多媒体资料 20 万条，同时采用只能采集编辑系统自动搜集建库。

知识仓库在内容上包括如下几部分。

① 《中国医院知识仓库》，已有 340 万篇文献。

② 《中国企业知识仓库》：包含 10 个行业的数据库，400 万篇文献。

③ 《中国基础教育知识仓库》：200 多万篇文献。

④ 《中国政府知识仓库》：文献约 500 万篇。

在知识元库当中，又分成数值型知识元库、理论与方法型知识元库和事实型知识元库，在内容上三项资源总量高达 1 800 万条。

基本信息库、知识仓库和知识元库所有信息资源量每年都在递增，不断满足信息资源的需求量。

《中国知识资源总库》的建设，是进一步推动网络教育发展的大事，其目的就是要利用现代信息技术和信息基础设施来进一步开发知识信息资源，使其实现资源的社会共享和增值利用，实现国家意志和社会的需求，实际上这是信息化的本质所在。当前知识信息资源增长迅速，但信息无序分散，质量良莠不齐，而且社会各个方面对知识的需求各异，《中国知识资源总库》的建设就是要对知识信息进行全面整合和筛选提炼，为社会广泛有效地利用提供便利条件。

《中国知识资源总库》的建设与完善，一定会使网络存储与传播实现低成本和高效率，必然使知识信息的传统出版走向网络出版。进而避免基础资源建设的重复投资，促进知识资源方面的增值化开发和利用，提高信息服务质量，降低使用资源的时间和成本。

4．全面开展基础教育资源库建设

网络教育的发展在基础教育方面的重要标志主要体现在：基础教育资源库建设及其在课程与信息技术整合中的应用研究方面。

第三次全国教育工作会议和《面向 21 世纪教育振兴行动计划》都明确规定：从 2001 年开始，用 5～10 年时间，在中小学普及信息技术教育，以教育信息化带动教育现代化，努力实现我国基础教育的跨越式发展。教育信息化的根本目标就是使广大教师和学生充分利用优秀的教育信息资源进行教学改革，提高现代教育水平，推进素质教育，实现培养创造性人才的目标，因此，近年来开发优秀的教育信息资源和普及应用已成为基础教育网络发展的重要任务。

2003 年伴随着高中新课标的推出，一套完整的基础教育课程标准正式形成。我国课程改革以“高中新课标”的发布为标志，也进入了实质性实施阶段。新课标以“知识与技能、过程与方法、情感态度价值观”为培养目标，以“时代性、基础性、选择性”为特征，以探究式学习为课程的主要组织模式，改革力度之大、影响之深、实施之艰巨都是空前的。未来教育改革和新课标的落实将很大程度上依赖于信息技术和现金的国家级教育资源库的有力支撑。

2003年，基础教育资源库建设及其在课程与信息技术整合中的应用研究正式开展，目标就是建成国家级基础教育资源库，并且在建设过程中探索和总结资源建设和信息技术与课程整合的规律与经验，为各地培养资源建设与管理以及整合、研究与应用的骨干人才，进而促进各地教育城域网、校园网、教育资源库、多媒体数字图书馆的建设，使优秀的教育资源能实现全国共享。

目前，CNKI中小学素材库数字图书馆和教育资源库工程已经启动，它们通过互联网资源整合、网络数据库的合作链接，精选基础教育相关内容，将与新课标相适应的基础教育类图书、期刊、报纸、论文等文献资源的数字化指标达到90%，并且规模化地研制支持中小学全部课程内容的多媒体资源。

教育资源库按照基础知识、扩展知识、选修知识、前沿知识等不同层次和学科对于基础教育相关的文本资源和音频、视频、图形图像以及公共性信息资源，按照新课标的要求进行大范围的整合，形成不同层次的学科知识库，与之并行的还有教学与学习工具库、经验交流库、教学评价库、探究课题库等。

教育资源库，包括已经大量出版的学科电子期刊，有力地帮助了学生在知识探究过程中重构基础知识体系；有利于学生的个性发展，有利于教师对教学内容的创造性组织；帮助教师和学生了解基础学科和各学科领域的最新发展及其社会价值取向，有利于学生从当代社会文明进步与经济发展的趋势和高度，审视、评价、认识基础知识和科学文化研究方法的意义和价值，形成先进的科学观和方法论。

5．深入进行信息技术与学科教学整合的应用性研究

在教学研究和实践中，广大教育工作者已经意识到以信息技术为基础的材料和现存课程之间相适应的重要性。学科课程应该是多样化载体，要尽可能多地提供教学、学习的资源，使它具有交互性、多样性、超文本特性和网络特性，能促进学生信息素养发展和研究性学习，有利于培养创新精神和实践能力。

信息技术与学科教学整合不应仅仅体现在课程实施方面，课程建设和开发首先需要“整合”的思想和具体的落实。现存课程标准和教材中，各学科很少涉及有关信息技术的教学目标和教学内容，教师和学生都缺乏有效的、系统的、明确的课程方面的指导和帮助，从而影响了信息技术与学科教学整合的顺利进行。

在教学实践中大家一致认为，现存学科课程教学大纲和教材中的确缺少有关信息技术的内容，而信息技术对教学改革的影响是刻不容缓的。因此，广大教师在使用现有教学大纲和教材时，已经注意将有关信息技术的教学要求制定在相适应的教学中，体现在某些具体的教学环节中。

以21世纪课程改革为契机，在认真分析信息技术与学科教学关系的基础上，广大教师已经尝试将“整合”的思想和做法渗透在相适应的教学部分当中。使学科课程目标提出了培养学生在学科学习中应用信息技术的能力；在学科教学要求中，每个学科要结合其特点明确提出教师和学生使用信息技术的要求；学科课程标准在制定教学评价方案时，也要做到提倡应用信息技术管理和统计，提供有关的软件和方案。

配合新的学科课程标准，新的学科教材正在引入有关信息技术的内容。首先，在新教材的开发上，除了传统的纸质教材，还开发了相适应的电子化教材和丰富的网络资源，使教材更具选择性和开放性。其次，在大部分学生都使用的纸质教材编写中，注意引入了信息技术的教学内容，把某些资料的查寻和与之相应的网址列在教材附录中，对学生作业的要求可以让学生使用某种信息技术完成等。同时建立学科教材资源库，由教材编写专家、教师和学生共同维护，保证教学内容的适时更新。

总之，2003 年我国在网络教育方面还是稳步推进的，网络教育政策的调整、《中国知识资源总库》的建设、基础教育资源库建设及其在课程与信息技术整合中的应用研究的深入开展，已成为过去一年网络教育发展的标志，这一切充分说明：当前网络教育已经进入了讲求实效和注重质量阶段。

17.3.2 网络教育管理状况

1．网络教育管理的基本模式

纵观网络教育的发展趋势，大众化、国际化、网络化、集团化已经和正在形成。当前网络教育的管理模式大致有两种：梯级管理模式和组织发散管理模式。

网络化条件下的远程教育如今已经走进了学校，而且在一些地区已经走进了家庭，这就必然带来管理模式的创新。当前正在构建一种梯级管理模式，是以主办院校网络（教育城域网）为载体，以二级教学网站（骨干站点）为中介，以学校为舞台，以家庭为阵地，真正做到社会、学校、家庭连为一体，尽可能实现资源配置的整体优化和实现最大程度的资源共享。目前主办院校和二级教学网站的载体运用和二级教学网站的中介作用还是有效的，问题在于虽然大部分中小学已经具备了校园网的条件，但目前还没有纳入远程教育体系，有些有条件的教师家庭，大都还需要解决计算机和网络技术为远程教育服务的问题，这就需要进一步明确网络教育中主办院校、教学网站、学校、教师家庭的分工与职责，使阶梯式管理模式成为网络技术条件下教师教育的一种基本模式。

组织发散式管理模式也是一种网络教育管理模式，阶梯式管理模式所指的是网络教育构成要素的纵向关系，组织发散式管理模式指的是网络教育构成要素的横向关系，阶梯式管理模式强调的是涉及网络教育自成系统的问题，而组织发散式管理模式强调的是管理模式内外互成系统的问题。随着网络教育的发展，学校与学校、学校与家庭、学校与社会、学校与教育行政单位的关系越来越密切，组织好网络教育信息发布的“元点”，是我们组织好发散式管理模式所必须考虑的。以 SARS 期间“空中课堂”为例，北京市就是以北京教育科学研究院基础教研中心为元点，通过各区县的二级网站，协调非常时期学生与学校、教师和家庭的关系，实现了中小学的“停课不停学、停课不停教”的既定目标。这是一次大胆的网络教育实践，为网络教育的管理提供了宝贵的经验。

2．“空中课堂”对教育教学研究的启示

SARS 期间“空中课堂”成功地创造了一种新型的网络教育和网络管理模式，为今后的网络教育提供了宝贵的经验。

2003 年 5 月 6 日在北京电视台和中国教育电视台成功开设“空中课堂”，深受师生欢迎和国内外的一致好评。而后华北地区一些省、自治区也陆续开设“空中课堂”，以适应当地学生学习的需要。中央电教馆联合全国电教馆提出了《全国电教馆系统支持抗“非典”时期“空中课堂”开设的方案》，按照要特别做好防疫任务繁重地区的服务工作的要求，动员地方结合本地情况做好开设“空中课堂”节目的选择和支持服务工作，集全国电教系统的优势，支持“空中课堂”开设。根据抗“非典”时期开办“空中课堂”教学的要求，遵循复习、巩固、深化和扩展的原则，教育部为“空中课堂”地区提供了丰富的教学内容，按照课堂教学和寓教于乐的要求，按年级、学科的分类，为开设“空中课堂”的省、自治区和直辖市提供了大量的节目源。

中央电教馆和北京电教馆、上海电教馆、天津电教馆、吉林电教馆、山西电教馆、四川电教馆、江苏电教馆、浙江电教馆、福建电教馆、广东电教馆等单位提供的 1 100 多节课堂教学节目、260 多小时寓教于乐的节目。

北京市教育科学研究院基教研中心自始至终参与了“空中课堂”的策划、组织、实施等工作，出色完成了 54 600 分钟的广播电台节目、780 分钟特级教师电视答疑、1 115 节的教学录像的录制任务。难能可贵的是，“空中课堂”多媒体、多方位、多角度地为学生提供了优质的学习资源和多种学习方式的学习平台，通过这个平台，实现了非常时期教学研究的创新，促进了北京市网络教育的飞速发展。

“空中课堂”给人们带来的认识是深刻的，首先是“空中课堂”实现了网络环境下学习方式的创新。在正常教学秩序受到冲击的情况下，学生不得不自主制定学习计划，自主选择学习方式，教师也不得不走下讲台采取辅导和咨询的方式，走上银屏，尝试没有学生的交流，在教与学的双方都带来了新的研究课题。由于“空中课堂”的开设、课程表和教学内容提前预报，这样就引导和促使学生制定适合自己的学习计划，创设符合自己需求的实践空间，带着学习问题进入特定的学习环境，随着学习方式的变化，客观上培养了学生的自学意识和自主学习能力。

空中课程的开设，客观上弥补了过去学习目的性不强的弱点，在不同程度上掌握了一定的学习方法和学习技能。在“空中课堂”的环境中，大家都在寻找学习和合作的伙伴，进行相互学习和帮助，使大家的交流和借鉴越来越多，越来越丰富，通过网络学习这个特殊平台，自由论坛的学习氛围日渐浓厚，学生在学习过程中学会了交流。

“空中课堂”的开设，使得新课程背景下教师培训模式有了新的创新，优质教育资源、特级教师、中青年骨干教师在关键时刻发挥了教学上的优势，利用“空中课堂”作为宣传学科教育教学改革，培养中青年骨干教师的有效平台，以自己的教学实力和人格魅力，带动了青年教师的成长，有效地发挥了优秀教师的引领和示范作用。

在“空中课堂”的实施过程中，北京市以“空中课堂”为契机，进行了新课程教材培训的大胆尝试，采取了“空中课堂”新课程教材培训的模式，特邀专家进行了新课程的通识培训，同时还进行了中学语文、数学、英语、物理、历史、地理；小学语文、数学、英语 9 个学科新教材的培训，在发挥远程教育巨大优势的同时使教师培训模式也发生了深刻的变化，有效地推进了新教材的实施，使新课程的培训更具有针对性、实效性和主动性，使校本培训成为了现实。

“空中课堂”的实施，无疑是对教育信息化建设、新课程条件下教与学方式转变的一次全面综合的检验，是对信息技术与教学整合研究实践进行了一次飞跃性的推进和超常的促进，有力地促进了教育科研成果的转化力度。

教育质量的提高关键在于教师，优质的师资力量是“空中课堂”成功的关键。在特殊时期开展的网络教育，成就了一批中青年骨干教师，使他们在信息技术应用方面有了不同程度的提高。在观念上实现了网络教育中教师作用和角色的转变，成为学生进行探索和发现的伙伴，获取知识的引导者；在信息素养的提高方面，教师在社会责任意识、教学设计组织能力、教育资源管理能力、网络文化判断选择能力、参与虚拟学习的意识、创造性思维和创新能力等方面都有了全面的提高。同时也进一步锻炼了学生在研究和交流学习成果、主动获取信息方面的能力。

“空中课堂”的实践使我们进一步认识到，加强课程教材建设，实现教材多媒体化已经成为推进信息技术与学科教学整合的物质条件，在课程设置中加强信息技术的渗透，已成为教育信息化的大趋势。同时要进一步构建基于网络的学习环境，实现教育的个性化、学习的自主化、活动的合作化和教学管理的自动化。只有这样才能完善以教师运用信息技术为主的演示型教学模式，并积极发展以学生使用信息技术为主的自主学习性教学设计。

（北京市网络教育研究会　段　炜　甄　浩）

17.4　网上采购的现状与发展趋势

一次成功的网上采购，10 家供应商，44 次报价只花了 28 分 25 秒，然而，传统的人工报价每次最少花费 5 分钟，44 次报价就需要 220 分钟。面对相差悬殊的采购效率，专家指出：“政府采购网上行”的美好前景尽现眼前。

近几年，随着网络技术的高速发展，网上采购工程在我国迅速发展起来。除了政府采购外，还发展了以企业为采购主体的企业采购。由于采购对于企业和政府而言是非常关键的一个环节，无论是生产资料的采购，还是非生产资料和服务的采购，都将直接影响到成本或利润的升降。而传统采购缺乏透明度和稳定性，且难于管理，因此网上采购正在被大型企业或政府接受成为主流。本文重点介绍国内政府网上采购的有关情况。

17.4.1　网上采购与传统采购方式的比较

网上采购其实质就是传统采购与电子商务的对接，即利用各种电子工具和电子技术在网上进行各种采购活动。网络采购既是电子商务的重要形式，也是其发展的必然趋势。

相对于传统采购手段来看，网络采购具有价格透明、效率高、竞争性强、节约成本等优势，是当前政府采购值得大力推广的主要采购方式，它能够极大提高采购效率和效益。

（1）信息公开化，传递电子化。在网上采购的过程中，相关信息在网上公布，获取信息的渠道方便快捷。报价、评标、公布中标结果以及支付款项主要采用电子传递方式，可以打破时空的阻碍，供应商、采购人、采购组织机构之间进行在线交流、竞价、询问等，采购效率得以较大提高。

（2）节省采购成本。传统的政府采购，一般需先制作一套纸质标书，供应商要参与招投标则须在一定时限内，上门购买标书，亲临开标现场，等待开标结果。从供应商方面来看，要花费的费用包括认购标书费用、往返交通费用（异地投标还要花费交通食宿费）；从采购管理机构看，租用场地费、制作标书费。在网上采购，标书往往可以通过网上下载即可获得，开标时供应商也不需亲临现场，只需通过计算机在线查询中标结果。

（3）便于收集、汇总、评估供应商投标信息。计算机在收到供应商的电子投标信息后，可以通过专门的软件系统自动将供应商的信息进行汇总存储，并进行分析，对中标单位的最终确定起了很好的决策辅助作用。

（4）支付手段电子化。实行网上采购，支付款项可以采用信用卡、电子银行、电子采购卡、电子智能卡等多种电子化支付形式，安全、快捷、方便。网上招标的节支率能达到20%～30%，并且能够保证招标过程的充分透明和公开。

当前政府日常采购常用的方式，如竞争性招标采购、选择性招标采购、谈判采购、征询建议采购、询价采购、单一来源采购等，都已经在企业网络采购中完美的得到实现，网上竞标采购的发展，直接推动采购活动进入到一个有利于采购方的新阶段。目前电子商务模型的创新，已经出现了许多种有利于买方的交易方式，如竞价（或反向竞价）采购就非常流行，而且事实证明，这是一种可行有效的方式。对购买方来看，竞价采购的最大优势就是可以最大限度的节省成本，它是网络采购用的最多的一种方式。

17.4.2 政府实施网络采购的意义

政府网络采购不仅是未来发展的必然趋势，而且在当前也具有非常现实的战略意义。

首先，网络采购可以降低采购成本，节约巨额开支。有研究表明，企业采购占了企业总开支的64%左右，而采用电子化采购解决方案，可以降低采购成本70%，降低产品成本的5%～15%。目前我国每年的政府采购资金已达到10 000亿元，如果平均节支率按 10%计算（通常的国际标准），可节约财政资金近千亿元。另外，如果通过网络进行采购，按照目前的平均节省规模（5%～20%），预计可节约的实际资金将达到1 500亿～2 500亿元左右。这些资金相当于我国国内生产总值的2%～3%。考虑到目前在全国各地（特别是边远地区和农村地区）的推广尚有困难，最保守估计，实施政府网络采购每年实际可以为国家节约资金在1 000亿元左右。除了节约财政资金以外，网络采购还将有力地改善中央和地方的财政支出状况，以北京为例，北京市近年来的政府采购额基本上在1 000亿元左右，如果网络采购节约的平均额度为15%的话，就可以节约150亿元。

其次，政府网络采购是实现“以信息化带动工业化”发展战略的重要举措，它有利于推动经济发展和产业结构调整，促进企业转型。实施“以信息化带动工业化”战略，关键在于企业的信息化，其中核心内容之一就是发展企业电子商务。但目前我国企业信息化和电子商务发展比较缓慢，原因很多，主要原因之一就是需求没有被激发，网络采购市场需求太狭小。由于政府采购对象数量和金额都十分巨大，实行网络采购有利于扩大网络市场需求，促进企业的信息化。

从更广的角度来说，政府网络采购还具有较强的社会意义。这主要体现在，政府对网络的认同、对发展网络经济的重视，会相应带动并促进全民信息化，弥补日益出现的严重的数字鸿沟。坦白说，我国绝大多数公民对网络还没有什么深刻的认识或者说是正确的认识，对网络给自己带来的影响还缺乏切身的感受。政府网络采购将有助于公民增强网络意识，减少由于日益严重的数字鸿沟所带来的社会问题。

17.4.3　国内网络采购的现状

随着信息化的快速发展，政府网上采购的需求和呼声日益增加，各级政府机关也已经开始顺应信息时代的发展趋势。

（1）网络采购数量多

目前，国内电子商务的发展已经经过了一个前期的普及过程，得到了大多数政府机关的认同，把电子商务作为政府采购的突破口，选择专业的电子商务网站作为自己的供货伙伴，利用互联网来完成任重量大的政府采购工作，建立专门的网站为买卖双方搭建沟通桥梁。据不完全统计，国内建立的政府采购网站的数量已 300 百多家，几乎所有省市一级的城市都已有相关网站，一些县乡级采购部门和第三方的机构也有不少的采购网站。由财政部主办开发的政府采购网站就达 126 个，其中中央级网站一个，省级、计划单列市级网站 37 个，地市级网站 88 个，最终将形成一个覆盖全国的政府采购网络系统，网上采购正成为政府采购改革的热点。

政府采购也为竞争激烈的电子商务行业带来了新的市场机会，越来越多的电子商务网站开始把政府采购当作自己最大的市场增长点。供应商开始逐渐熟悉和积极参与到政府采购中来，许多电子商务网站专门设立了政府采购部门，指派专门人员或销售团队负责政府采购工作。

（2）网上采购水平不一

虽然政府采购上网成为一个风潮，但是，国内政府网上采购的模式更不相同，每个网站之间的水平相差较大，总体上说，国内政府采购网站采购平台发展得还不尽如人意，有待完善。

综观国内政府采购网站，首先，绝大多数的网上采购只是在信息发布，事件通知等简单的信息披露层面，属于消息类的网站。

其次，一些采购网站可以通过电子邮件、聊天室等形式进行简单的询价和采购交易，国内不少城市已经对此有所考虑并在积极开拓这些功能。据悉，南宁市的政府采购网站已经可以进行一些询价等的商讨。

第三，具备了某种整个交易类型的网上采购模式的平台也有出现，这些平台把整个招标投标的规程更加严密地体现了出来，一些药品类的采购网站有了这些功能。珠海的政府采购整个过程都在网上体现，说明其网上采购的功能已经较为完整。南京市的政府采购网已经有了一整套的在线招投标的平台，青岛也在尝试利用网上竞价平台进行政府采购项目的运营。

（3）采购平台日趋规范

对于国内政府网上采购的现状，许多运营者和政府负责人对恰当的网上采购平台，并没有进行一定的咨询和研究，没有一个较为客观的评估，更没有一份适合长期发展的规划。据悉，上海、青岛、珠海等城市开始对此进行一定的规划和完善。

此外，由于没有建设的技术规范等基本标准，现在的政府网上采购出现了各自为政的局面，横向、纵向适度集中的问题需要立刻解决，这样才有利于政府采购的规范化发展。据调查，国内现有的绝大多数采购平台都不具备区域集中的功能，这个问题值得关注。

同时，国内不少 IT 企业逐步进入网上采购平台搭建的项目中，开通信息咨询、业务规划和结合各自特点进行的采购流程和模式的设计等，为相关部门和企业服务。

对于国内政府网上采购模式的发展，政府网上采购应该有多种形式，包括针对不同标的物、阶段等的招标平台；拍卖和反拍卖竞争性平台；单纯谈判平台和目录式采购等形式。据研究机构分析，更具竞争性的拍卖平台模式已经成为各国比较注重的政府采购的模式。

17.4.4 网络采购的“三大”难题

近几年，我国的网络采购建设虽取得了一些成就，但从总体上看，我国现今政府网络采购还处于初期的试运营阶段，不可避免地存在一些问题，网络采购平台建设盲目上马，重复建设等现象显得尤为突出。法律规章的缺乏、信息安全的保障和标准的不统一，更是亟待解决的三大难题。

首先，由于我国政府采购的法律规范正在逐步建设之中，互联网信息相关的立法比较滞后，采购网络化后，如何保障双方的利益，如何进行有效的监督，如何依法避免各机关重复建设的浪费等，成为重要的问题。目前，为了促进网络采购的规范化发展，确立政府网络采购的合法性，南京市政府已把网络采购写入管理条例，青岛也将出台网络采购的实施细则。

其次，没有了原来直接面对面，进行招标采购的场面，政府通过网上的信息确定中标方，供应商通过网上跳动的点来知道自己是否中标，网络可以说关系着每个人的信息安全和利益，自然网络平台的相关建设和安全性问题，成为人们关心的问题。在各地的试运营中，对供应商的前期网络培训，供应商资质的前期审核等相关工作，都对网络采购的正常运营起着重要作用，同时采购平台的相关软件的研发和更新也急需提上日程。

此外，我国政府网络采购处于发展的初期，缺乏一个基本的网络采购标准，而这正是政府采购规范化所必须的。国内一些企业开发了一些基于反拍卖采购技术的应用软件平台，但终究不能够统一标准。有关部门也正在着手从制度上、技术标准上建立一个统一的标准。

17.4.5 网上采购是大势所趋

由于网上采购具有透明度高、成本低廉和高效简便的优点，已经成为全球的发展趋势，发达的市场经济国家都制定出详细的时间表以推动网络招标工作，如欧盟计划在按期使公共采购实现电子化。我们的近邻韩国，自从 2002 年 10 月其“国家综合电子采购系统”运行以来，韩国政府机关 85%的招标是在网上进行的，由于该系统省去了许多人力奔波以及文件往来，每年节约的费用大约 34 亿美元，相当于 13 万名韩国普通公务员的年薪总和。

全球 500 强企业之一的美国五金采购供应商史丹利公司在与美商网合作前，曾用了 17 年在发展中国家建立采购体系，完成其年采购额的 17%。但它考虑到如能将这个在低人力成本国家的采购份额提高到 60%，则可将利润提高到一个新台阶。如果去发展中国家再采取传统的靠“铺人”的方式，成本就太高，而发展中国家供应商的规模又较小，靠中间商一家一家解决采购问题显然也达不到要求，于是，网上采购被摆到前台。

近年来，网络采购更是成了跨国采购的主流，跨国公司不仅直接在华建立采购中心，而更重要的是为了尽可能降低采购成本，主要通过网络采购的方式购买货物或服务。

中国是目前世界上最大的贸易伙伴市场，对于国际买家来说，网上采购可使供货商和采购商通过互联网直接“对话”，省去不必要的中间环节，降低采购成本；而且可以做到“以一点对多点”，提高效率，节省运营成本，因此，许多跨国采购集团纷纷把目光投向了中国这块市场。

政府采购在我国虽然起步较晚，但进展却相当迅速。特别是《政府采购法》颁布实施以来，大规模的政府采购进入具体实施阶段，据财政部国库司的统计数字，2002 年我国政府采购规模突破 1 000 亿元，2003 年达到 1 500 亿元，预计 2004 年采购规模要超过 2 000 亿元人民币。

扩大政府采购范围和规模将成为今后政府采购工作的重点，财政部多次提出要实现采购方法的创新，提高政府采购工作的效率，简化政府采购工作环节，缩短采购周期，及时满足最终用户的需求。

显然，单纯依靠传统的采购方法已不能适应政府采购工作的要求，在这种形势下，现代网上采购必将得到快速的发展，随着我国信息化建设的深入，特别是电子政务的发展，以及第三方信息服务商的成熟和服务不断完善，我国政府采购工作也将因为网络的应用而发生根本性的变化，采购越来越高效，信息越来越丰富，竞争越来越公平和透明，交易成本将越来越下降，是大供应商企业交易的最重要和最主要的平台，并发挥不可替代的作用。可以乐观地预料，政府网络采购将逐渐成为我国政府采购的主流形式。

（中国政府采购网　郭先旗　朱太明）

17.5　网上人才中介服务与管理状况

17.5.1　全球网上人才中介服务状况

全球网上招聘市场情况

在西方发达国家，通过互联网找工作和招聘人才已成为普通个人或企业经常采用的方式。网上招聘最早出现在美国。如今，根据不完全统计，全球每天约有 2 000 万条就业信息在网上发布，有 3 000 多万人在网上发出求职简历。在互联网的发源地美国，平均每年有 50%以上人次通过互联网更换工作，这为网上招聘的发展提供了肥沃的土壤。

据《互联网世界》调查，自从 1994 年 6 月全球第一家商业性招聘网站“就业马赛克”

成立至今，全球招聘网站从500家迅速膨胀到10万家，各网站经营规模大小不一，针对的目标市场也各有不同总体呈现百花齐放，争芳吐艳之势。

从2001年以来，网上招聘以其招聘范围广，招聘信息全面，招聘方式便捷等优点已经成为现代美国公司招聘的主流形式。这种招聘形式不仅在美国，在全球也起了广泛的影响，根据IDC调查表明，2001年全球网络招聘市场扩大了53%，达到28亿美元的规模。今后，“从2001年到2006年期间将以40.9%的年平均增长率继续发展，到了2006年将达到大约157亿美元”，如图17.1。

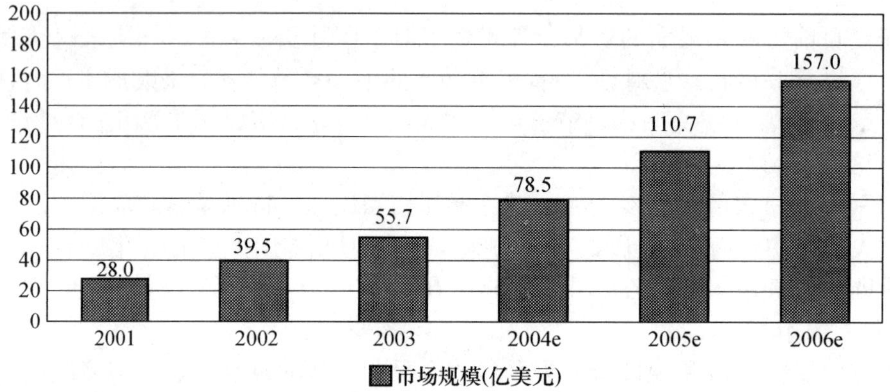

图17.1　2001～2006年全球网络市场招聘规模

从IDC的预测数据可以看到全球网上求职市场正在持续健康的发展，可以预见在未来的几年网上招聘市场也将有一个长足、稳定的增长。

17.5.2　中国网上人才中介服务状况

在人才交流会日趋火爆的今天，一种全新的求职方式——网上求职，也随着互联网在我国的急剧发展走进了国人的视线。中国各地经济发展的差别，人才素质的差别，人才观念的差别，使得中国人才市场对人才服务的需求很不相同，目前人才招聘的形式大致有：报纸、招聘会、网站和猎头以及人才中介等。中国人才市场的份额随着人才观念的不断开放在快速增长着，绝大部份企业都愿意花重金招聘贤才。

人才网站基于以下的优点理所当然地成为人才市场的新宠：发布招聘信息可以到达不同地域，让更多的人阅读；找到有专业技能和技术背景人才的命中率更高；接收在线简历，企业可以更方便地对简历保存、分类、建立企业的人才数据库；在工作网站上发布的招聘信息不受篇幅的限制，企业可以提供除职位以外包括企业介绍、发展业绩等丰富内容。

17.5.3　中国网上招聘市场整体规模

整个中国招聘市场，据业内人士估计，在2003年至少有近40亿元的市场容量，其中报纸上的招聘广告这几年约有20亿元人民币，收入占中国招聘市场的50%，其次是每年的招聘会约占37%，然后就是网上招聘2003年中占有市场份额的8%，最小是猎头服务。随着人才流动的加强及经济的不断发展，招聘市场的规模在日趋上升。中国网上招聘市场规模及预测，如图17.2所示。

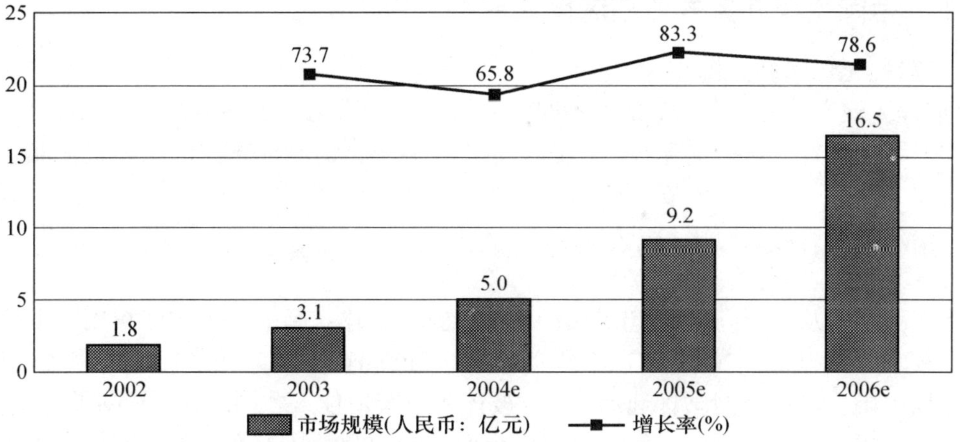

图 17.2　中国网上招聘市场规模及预测

17.5.4　中国网上人才招聘网站情况

目前国内已有 500 多家人才网站，绝大多数网站都是依附人才市场或从事人才经营的单位，其中拿到风险投资的网站有将近 10 个。它们运行的产业模式基本上都以招聘（报纸和网上）、猎头、培训测评和人事外包为主。其中大致分为以下几类：

综合性网站中的招聘频道：网易（jobs.163.com），搜狐（jobs.sohu.com）

专业类招聘网站：以中华英才网（www.chinahr.com），智联招聘网（www.zhaopin.com），前程无忧网（www.51job.com），中国人才热线（www.cjol.com）等为主，

服务于学生的招聘网站：中国高校毕业生就业服务信息网（www.myjob.edu.cn），中国国家人才网（www.newjobs.com.cn）等为主。

地方性招聘网站：如浙江人才网（www.91job.com），福州人才热线（www.work2008.com）

特色性招聘网站：中国女子人才网（www.cwmrc.com），退役军人择业网（www.8181.com.cn），外企人才在线（www.fescochina.com）

2003 年各类招聘网站网上招聘市场规模，如图 17.3 所示。

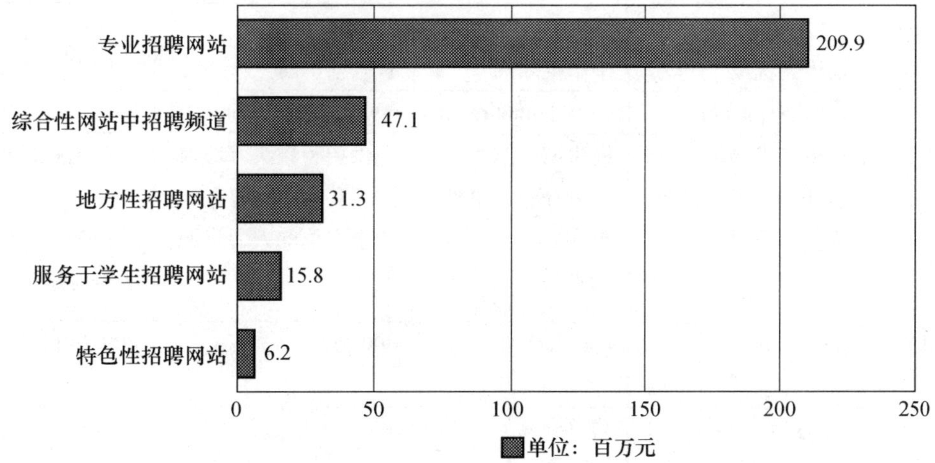

图 17.3　2003 年各类招聘网站网上招聘市场规模

17.5.5 中国主要几家专业招聘网站服务状况

1．前程无忧网站分析

“前程无忧”是国内第一个集多种媒介资源的专业人力资源服务系统。它集合了传统媒体、网络媒体及先进的信息技术，加上一支经验丰富的专业顾问队伍，现在北京、上海、广州、深圳、武汉、西安、杭州、成都、昆明、南京、济南、大连、沈阳、青岛、重庆、哈尔滨及香港设有服务机构。

2．中华英才网分析

中华英才网从94年开始初步做猎头服务到97年建立起中华英才网实施网上招聘以来，规模在不断发展，2000 年，中华英才网（ChinaHR.com）凭借优质的服务，在 21 世纪首届中国百佳品牌网站评选活动中，被评为中国最佳人才网站。它开创了几个第一，是第一家推出在线招聘系统，第一家提供全面校园招聘解决方案，第一家推出手机短信求职服务，以及第一家推出以互联网为数据收集平台的跨地区、多行业企业员工薪资报告及全国网民薪资晴雨表，并且第一家推出反映国内就业市场供求状况的指数。

3．智联招聘网分析

智联招聘网（www.zhaopin.com）创立于 1997 年，是中国大陆最早的网上招聘站点之一。目前在北京、上海、深圳等设有分公司，自 97 年已经为 3 万 7 千家公司招聘广告，每年平均发布近 20 多万个招聘职位。1999 年，在亚洲最佳 50 个网上招聘网站中名列第十，成为中国大陆最佳网上招聘站点。

4．中国人才热线网分析

成立于 1997 年，是中国最优秀的人力资源网站之一。2002 年 5 月，中国人才热线与 JobsDB.com 强强联合，使中国人才热线成为目前国内惟一业务范围覆盖亚太地区的专业人力资源网站，为企业及人才提供了一个真正跨国界的交流平台。

目前，中国人才热线除深圳总部外，在广州、上海及北京均设有分支机构，致力于为企业、个人提供求职、招聘、职业发展、HRM 咨询等专业人力资源服务，以及为大、中型企业提供全面的在线招聘管理软件。

表 17.1　四家专业招聘网站服务比较

类　别	详 细 介 绍			
网站名称	前程无忧网	中华英才网	智联招聘网	中国人才热线网
网址	www.51job.com	www.chinahr.com	www.zhaopin.com	www.cjol.com
网站服务模式	提供招聘猎头、培训测评和人事外包在内的全方位的人力资源服务	提供招聘猎头、培训测评和人事外包在内的全方位的人力资源服务	提供招聘猎头、培训测评和人事外包在内的全方位的人力资源服务	提供招聘猎头、培训测评和人事外包在内的全方位的人力资源服务
网站页面浏览量	500 万/日	450 万/日	400 万/日	400 万/日
网站企业客户数	17 万	17 万	10～15 万	14 万家企业会员

续表

类　别	详 细 介 绍			
网站个人会员数	200 万	180 万会员，其中个人简历 120 万	100 万	个人用户国内超过 90 万，国外超过 210 万
网站综合测评	目前是国内大型招聘网站之一，而且是几家出现盈利的网站之一，拥有企业及个人客户量是招聘网站中最多的一个	目前是国内大型招聘网站之一，创办了招聘类网站几个第一	目前是国内大型招聘网站之一	目前国内惟一业务范围覆盖亚太地区的专业人力资源网

（上海艾瑞市场咨询有限公司）

17.6　中国网络游戏发展状况

17.6.1　网络游戏相关定义

1．网络游戏及网络出版物

网络游戏是利用 TCP/IP 协议，以互联网为依托，可以多人同时参与的游戏项目。网络游戏有两种存在形式：一是必须连接到互联网才能玩，而单机状态则不能玩，这种形式有的游戏需要下载相关内容或软件到客户端，有的则不需要；第二种则必须在客户端安装软件，此软件能使游戏既可以通过互联网同其他人联机玩，也可以脱网单机玩。

互联网游戏出版物，是指将游戏内容经过选择、编辑和数字化制作加工，以互联网或局域网为载体，发送至电脑、电视、手机等用户终端，供公众浏览、阅读、使用或者下载的电子游戏软件作品。

2．网络游戏的分类

网络游戏的分类可从两个角度进行，一是游戏运行的平台，二是游戏的内容架构。

（1）按照游戏运行平台分类

① PC 网络游戏

以 PC 为硬件平台的网络游戏。可以是不安装任何游戏软件，直接上互联网玩的游戏。

② 视频控制台的网络游戏

以专门的视频控制台加上电视或显示器为平台玩的网络游戏。视频控制台如 Sony 的 PS/2 或微软的 Xbox 等。

③ 掌上网络游戏

在掌上电脑、手机等掌上设备玩的网络游戏。

④ 交互电视（iTV）网络游戏

在交互式电视上玩的网络游戏，交互式电视是具有上网及信息处理功能的电视，它也是信息家电的一种。

（2）按照游戏内容架构分类

① 角色扮演类（MMORPG）Role-playing Game

由玩家扮演游戏中的一个或数个角色，有完整的故事情节，强调的是剧情发展。用户通过在游戏中扮演虚拟社会中的角色的生存和成长，来体验现实生活中无法触及到的感受，缓解现实社会给予自身的压力，以满足自己的愿望、梦想或成就感。目前MMORPG游戏有《传奇》、魔力宝贝、决战、石器时代、精灵、金庸群侠传online、千年等。

② 策略类或战略类（MMOSLG）Strategy Game

用户运用策略与电脑或其他用户较量，以取得各种形式胜利的游戏。策略类的游戏多以历史题材为剧情，并且侧重于战略和战术的使用。如《命令与征服》系列、《魔兽争霸》系列、《帝国时代》系列、《星际争霸》、《三国志》系列、《幽浮》系列等。

③ 动作类（MMOACT）Action Game

用户控制游戏人物用各种武器战胜敌人以达到过关目的的游戏类型，几乎没有什么故事情节。设计的核心思想面向大多数用户，以纯粹的娱乐为主要目的，不强调剧情。如《魂斗罗》、《超级马里奥》等。

④ 冒险类（MMOAVG）Adventure Game

由用户控制游戏人物进行虚拟冒险的游戏，与RPG不同的是，AVG的故事情节往往是以完成一个任务或解开某些谜底的形式出现，而且在游戏过程中刻意强调谜底的重要性，使之成为一种专门考验大脑的活动。如《生化危机》系列、《古墓丽影》、《第七位访客》系列、《凯兰蒂亚传奇》系列、《猴岛小英雄》系列等均属于这类游戏。

⑤ 模拟类游戏（MMOSG）Simulation Game

模拟类游戏又可分为以下三种，一类是飞行模拟类游戏，由用户控制各种飞行物（主要是飞机）完成任务或过关的游戏，如《微软飞行模拟》系列、《苏-27》等。另一类是模拟经营类游戏，此类游戏给予用户一个特定的环境，并赋予其一定的权利与角色，让其对该环境予以改造，使该环境得以良性发展，如《模拟人生》、《过山车大亨》、《主题公园》等属于这类游戏。三是其他模拟类游戏，如《心跳回忆》、《青涩宝贝》、《世界足球经理》等。

⑥ 棋牌类休闲类

制作者将棋类和牌类线下娱乐活动移植到网络上，形成一种基于互联网的竞技活动，使参与者具有更广阔的地域性。

⑦ 运动类（MMOSPT）Sports Game

在电脑上模拟各类竞技体育运动的游戏，如《FIFA》系列、《NBA Live》系列、《实况足球》系列等。

⑧ 赛车类（MMORCG）Racing Game

在电脑上模拟各类赛车运动的游戏，没有什么剧情，但非常讲究图像音效技术，往往是同期电脑游戏技术的领先者。如《极品飞车》、《山脊赛车》、《摩托英豪》等属于这类游戏。

17.6.2 网络游戏市场现状

1．中国网络游戏产业发展状况

网络游戏产业化发展趋势。2003 年由于 SARS 肆虐，严重制约消费，中国网络游戏出版市场增长速度低于预期。

2003 年秋，新闻出版总署音像电子与网络出版管理司主持了“2003 年中国游戏产业调查”。经过 2 个多月的问卷发放、信息收集，共回收 18 万多份有效调查问卷。通过科学的分析，比较准确地了解了中国游戏市场的基本状况、政策环境、经营环境、用户环境以及产业发展趋势。并在此基础上起草了《2003 年度中国游戏产业报告》，该调查报告统计数据显示，2003 年中国网络游戏市场增长 45.8%，实际销售收入达到 13 亿多元，预计 2007 年将达到 67 亿元。调查还显示，网络游戏出版产业对通信业、IT 产业、传统出版传媒业以及国家税收都有较大的促进作用，2003 年网络游戏产业对相关产业的直接贡献达到 150 亿元。

2．中国网络游戏产业链结构

中国网络游戏产业的价值链如 17.4 图所示。价值链的主链条是：网络游戏用户、网络游戏出版运营商、数据中心、电信运营商、网络游戏软件开发商。价值链的辅助链条包括：计算机软硬件厂商、集成商与服务商、网络软硬件厂商、网络游戏零售渠道、媒体与传统出版业等。

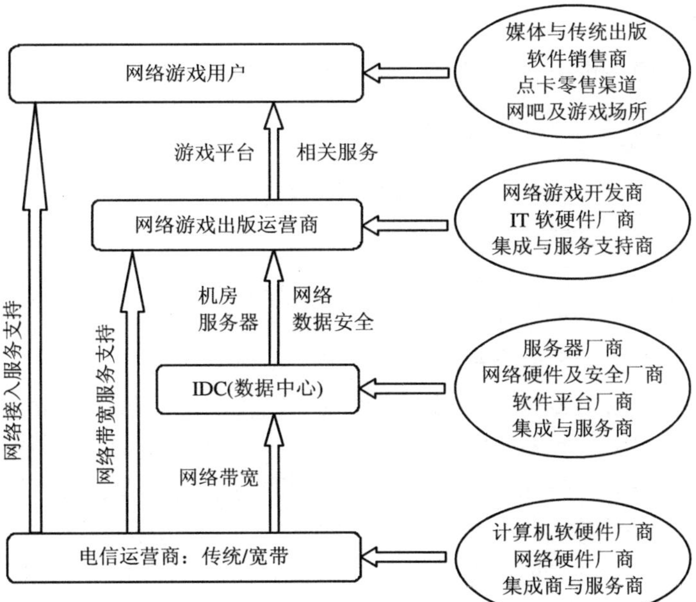

图 17.4　中国网络游戏产业链结构

资料来源：CGPA&IDC，2003

由此可以看出，网络游戏产业具有广泛的价值链，对相关产业的影响非常巨大，这也是此产业的魅力所在。

（1）网络游戏用户。网络游戏用户定义是在一年中每月至少玩一次网络游戏。网络游戏用户一定是互联网用户，网络游戏用户有些是付费用户，有些是免费用户。

（2）网络游戏运营商。他们是网络游戏市场上的主要参与者，如盛大、九城、光通等，目前他们也是网络游戏服务市场的核心。他们代理和运营网络游戏，给网络游戏用户提供游戏平台和服务，直接发行游戏收费的包月卡或计点卡。

在诸多网络游戏运营商中，盛大网络发展有限公司可谓是受到瞩目最多的企业。这不仅因为其做为中国第一网络游戏运营商的成功，还因为盛大网络身为行业领头羊所引发的各类业界思考和探讨。

盛大网络创业之初是从韩国引进游戏进行代理运营。在此之前，尚没有一款网络游戏的商业运营能够被用户所接受，网络游戏产业的价值链并未向单机版游戏那样获得市场的认可。在盛大成就了这一模式，获得丰厚的利润回报后，众多企业纷纷投入了网络游戏的运营。

2003 年 7 月 28 日，盛大网络自主研发的《传奇世界》正式面世。《传奇世界》的推出标志着“盛大模式”进入了又一个崭新的阶段。盛大的角色由单一的网络游戏运营商发展为集运营和研发于一身的网络游戏厂商。

（3）网络游戏平台及软件开发商。直接开发网络游戏软件的厂商，如韩国的许多网络游戏开发商等。也有些网络游戏软件开发商是网络游戏运营商，如联众等。

目前他们主要是市场的辅助参与者及市场的观望者，并且以外资公司为主，如韩国公司、日本公司、欧美公司等，他们主要有技术和资金优势，但他们没有渠道优势，所以一般会同主流游戏运营商合作。这里有两点需要提及：一是 Sony 的 PS2 及 Microsoft 的 Xbox 都将进入中国市场，这将对中国的网络游戏市场造成一定的冲击，这种冲击主要包括用户的分流；另一个是国内的公司如金山、盛大、网易等都在开发自主版权的游戏，这些游戏同中国传统文化的结合将更为紧密，对中国用户将会有较大的吸引力，但游戏的成熟性、复杂性、吸引力等将等待时间的考验。

（4）IDC 提供商。提供基础电信业务的公司，如中国电信、中国网通、中国移动、中国联通等及其各地分公司。他们为游戏运营商提供服务器托管、带宽租用、服务器租用等 IDC 服务，如天府热线、北京电报局、世纪互联等。

IDC 提供商既是市场上的支持者，部分又是市场的参与者与观望者。由于部分电信运营商不甘心只获取电信服务的收入，他们也不同程度的参与网络游戏运营市场，如直接运营网络游戏，参股其他网络游戏运营公司等，网络和带宽资源是电信运营商的砝码，其他方面则处于劣势。一些电信公司已经开始同网络游戏运营公司合作或单独成立公司运营网络游戏，如四川电信、上海热线、深圳电信、重庆电信等。

（5）主流门户网站。他们是市场的主要参与者，如新浪、搜狐、网易等。由于运营模式及其他业务的原因，除网易在网络游戏市场表现较好外，其他公司业绩一般，但由于这些门户网站综合实力很强，在未来的市场竞争中也是一支不可忽视的力量。

3．中国网络游戏市场现状

（1）中国网络游戏用户数及增长。根据《2003 年度中国游戏产业报告》，2003 年中国网络游戏用户数将达到 1 380 万，比 2002 年增长 63.8%，占同年互联网用户数的 20.2%。到 2007 年中国网络游戏用户数将达到 4 180 万，2002～2007 年的年复合增长率 CAGR 将会达到 37.8%，届时网络游戏用户将占到互联网用户的 29.5%，见图 17.5。

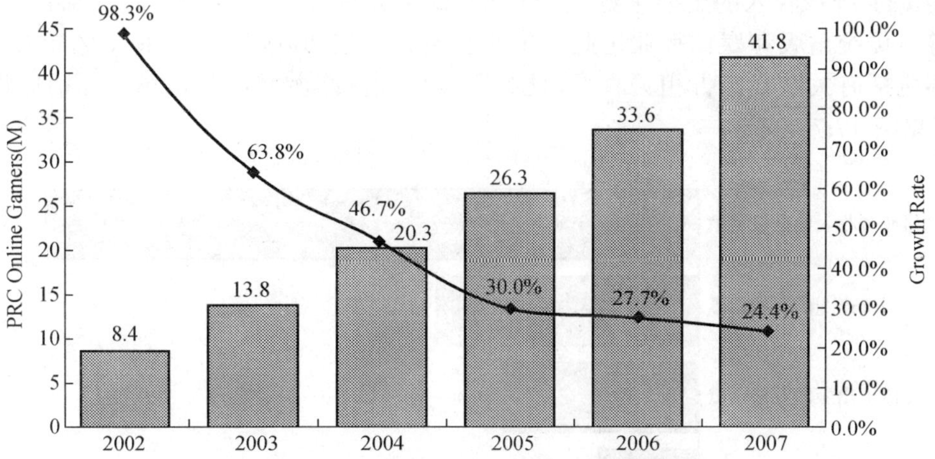

图 17.5　中国网络游戏用户数及增长 2002-2007

资料来源：CGPA&IDC，2003

（2）中国网络游戏市场实际销售收入。2002 年中国网络游戏市场实际销售收入为 9.1 亿元人民币，由于 SARS 及产业自身发展等原因，2003 年的网络游戏市场实际销售收入增长速度低于预期，增长率为 45.8%，达到 13.2 亿元人民币。预计到 2007 年，中国网络游戏出版市场实际销售收入将达到 67.0 亿人民币，2002～2007 年的年复合增长率 CAGR 将达到 49.2%，见图 17.6。

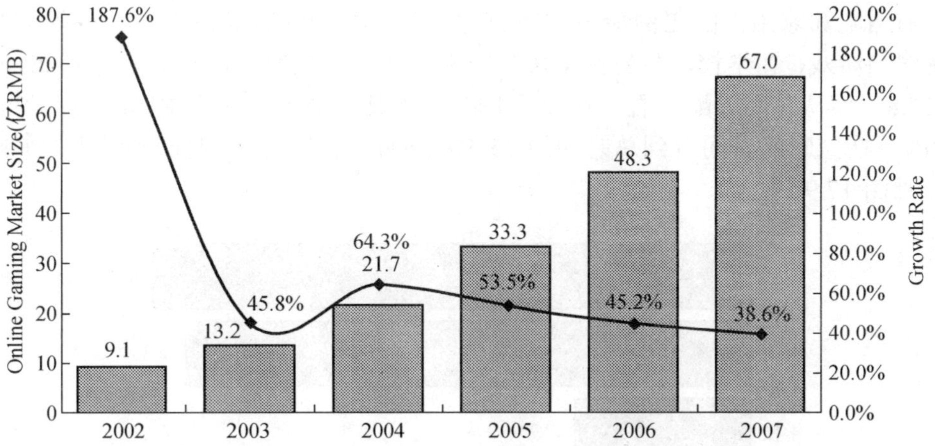

图 17.6　中国网络游戏出版市场实际销售收入及增长 2002-2007

资料来源：CGPA&IDC，2003

（3）网络游戏产业对相关产业的贡献。网络游戏产业的价值链非常广，它涉及到电信行业、IT 行业、媒体与传统出版行业、批发与零售行业等。根据 CGPA&IDC 的研究，2003 年中国网络游戏出版市场实际销售收入达到 13.2 亿元人民币，而电信业务由此产生的直接收入则达到 87.1 亿元人民币，此收入是网络游戏出版市场实际销售收入的 6.6 倍，当然这里有少量收入需要同网络游戏合作伙伴分成；IT 行业由此产生的直接收入会在 2003 年达到 35.0 亿人民币，是网络游戏出版市场实际销售收入的

2.65 倍，IT 产业收入的主要来源是 PC、网络游戏服务器、网络及存储产品、软件及服务等；传统出版和媒体行业由此产生的直接收入在 2003 年达到 26.4 亿元人民币，这还不包括有关游戏广告相关收入，此收入也达到网络游戏出版市场实际销售收入的 2 倍，见图 17.7。

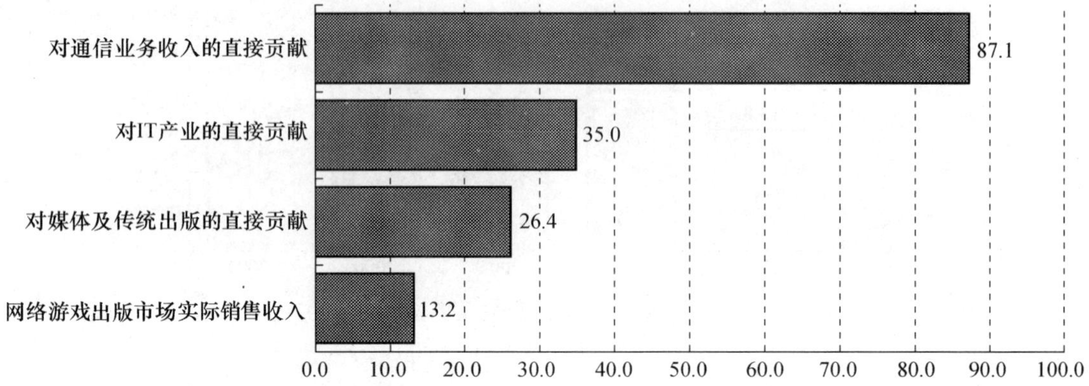

图 17.7　2003 年网络游戏产业对相关产业的贡献（亿人民币）

资料来源：CGPA&IDC，2003

另外，网络游戏产业还对批发和零售渠道、IT 及通信技术的发展、国家的税收的提高等都具有较大的促进作用。

（4）游戏消费者玩游戏的地点及时间分布。游戏消费者几乎在所有可能的场所玩游戏，但网吧和家中占的比例最多，76.5%的消费者在网吧玩游戏，72.1%的消费者在家中玩网络游戏，在学校、办公室及其他场所玩网络游戏的比例也分别占到 22%左右，见图 17.8。但从时间分配来看，在家中和网吧的时间最多。在家中的时间占到总时间的 34.4%，在网吧的时间占到总时间的 25.5%，而在公共场所的时间则最少，平均仅为 5.6%，见图 17.9。

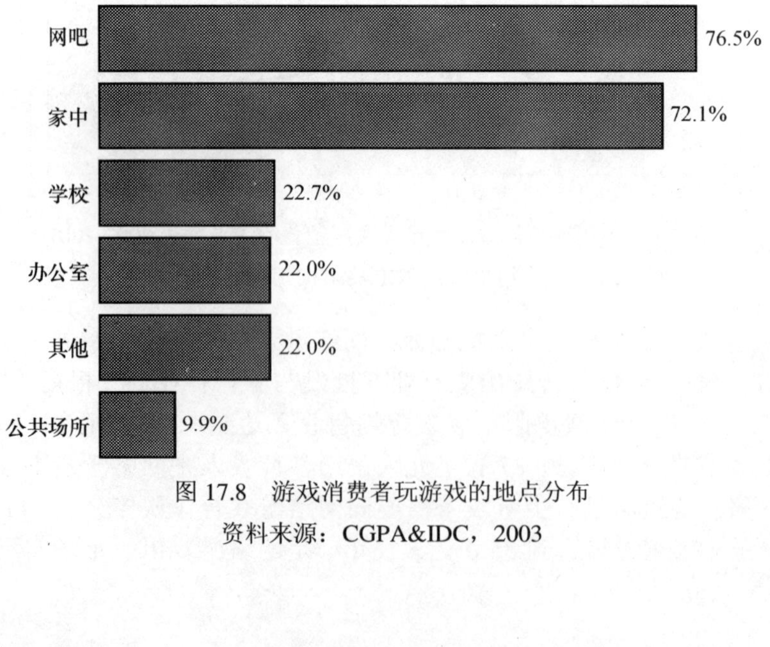

图 17.8　游戏消费者玩游戏的地点分布

资料来源：CGPA&IDC，2003

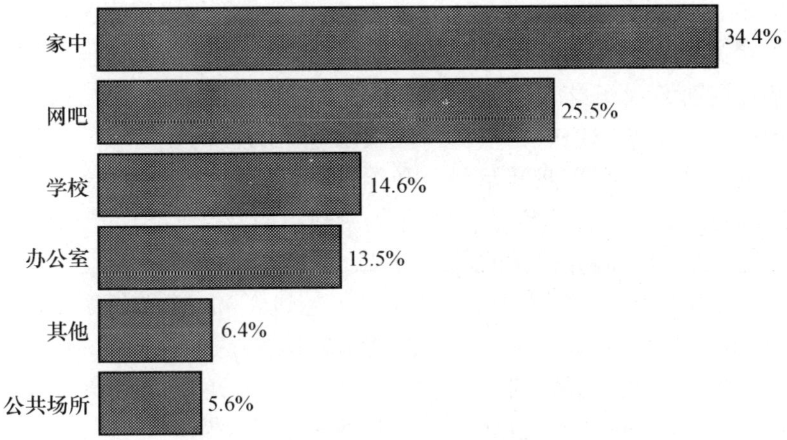

图 17.9　游戏消费者玩游戏的时间分布

资料来源：CGPA&IDC，2003

（5）游戏消费者的花费。在游戏消费者的花费中，有 3 个段的花费较为突出，一是 30 元以下的低位段，二是 91～120 元的中低位段，三是 151～200 元的中位段，见图 17.10。在此花费中包括了点卡、上网、游戏书籍等相关的花费，由调查统计得出：上网费约占到总体花费的 50%，游戏点卡费用占到总花费的 30%，其他费用占到 20%左右。

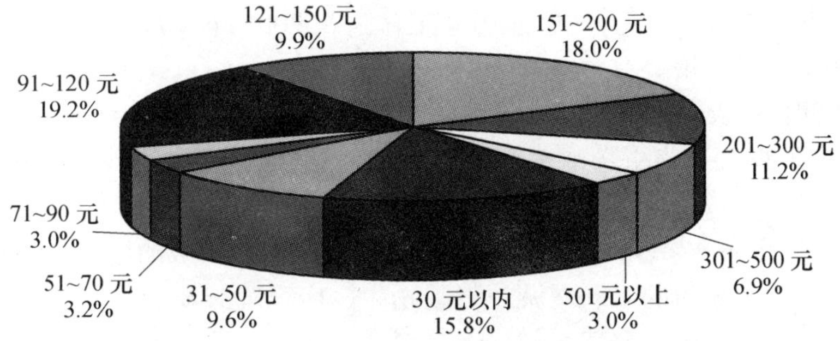

图 17.10　游戏消费者的每月花费状况

资料来源：CGPA&IDC，2003

17.6.3　网络游戏的规范管理

为促进电子和网络出版，包括游戏出版的规范与发展，国务院先后颁布了《出版管理条例》和《互联网信息服务管理办法》，授权新闻出版总署归口审批电子游戏和网络游戏出版机构，审查批准引进版游戏出版物内容，并对相关出版经营行为进行规范管理。

电子游戏软件不但是计算机软件，更是电子文学艺术作品，从 1995 年起，作为电子出版物纳入新闻出版总署的行政管理范围。1996 年，新闻出版总署发布了《电子出版物管理规定》。2002 年，按照《立法法》中“涉及两个以上国务院部门职权范围的事项，应当提请国务院制定行政法规或者由国务院有关部门联合制定规章”的原则，新闻出版总署与信息产业部联合颁布《互联网出版管理暂行规定》，加强对互联网出版经营活动的规范管理。

2003 年，新闻出版总署发布《关于在游戏出版物中登载〈健康游戏忠告〉的通知》，健康游戏忠告全文为“抵制不良游戏，拒绝盗版游戏。注意自我保护，谨防受骗上当。适度游戏益脑，沉迷游戏伤身。合理安排时间，享受健康生活”。以后所有电子出版物出版单位在新出版的电子游戏出版物中、互联网游戏出版机构在出版的互联网游戏出版物中，应设置必要的程序，在游戏开始前，必须在画面的显著位置全文登载《健康游戏忠告》。凡未按通知要求登载《健康游戏忠告》的游戏出版物，一律停止出版、运营和销售。以此提醒民众适度娱乐，倡导健康的游戏方式。

1995 年以来，新闻出版总署已经累计审批了超过 1 000 个单机游戏，在近 3 年中已经审批了超过 100 款网络游戏，大量优秀游戏的出版，促进了产业的健康发展，满足了广大的消费者对健康游戏出版物的需求。2003 年 7 月，新闻出版总署还推动下成立了游戏工作委员会，主办 ChinaJoy（首届中国国际数码互动娱乐产品及技术应用展览会）和 2003 年中国游戏产业报告，促进国际国内游戏行业的交流合作。对于目前普遍存在的私服外挂现象，新闻出版总署、信息产业部、国家工商行政管理总局、国家版权局、全国“扫黄”“打非”工作小组办公室联合进行的打击外挂私服的专项整治计划已经从 2004 年 1 月 1 日起开始行动。

为了改善游戏出版业的现状，规范游戏出版物市场，消除产业发展中的不良因素，加强企业与政府的联系，维护中国游戏出版经营企业的合法权益，促进中外游戏界的交流与合作，使中国游戏出版业更加健康和繁荣，中国出版工作者协会适时提出组建游戏工作委员会，并于 2002 年底开始酝酿组建工作。在 2003 年 3 月，游戏工作委员会筹备组成立。在新闻出版总署等有关主管部门的大力支持下，经过 4 个月积极准备，游戏工作委员会经新闻出版总署批准，报国家民政部备案后于 2003 年 7 月正式成立。

2003 年 8 月 27 日，为引导消费者特别是广大青少年合法、科学地使用游戏出版物，新闻出版总署发布了《关于在游戏出版物中登载〈健康游戏忠告〉的通知》。《通知》规定：自 2003 年 9 月 1 日起，所有电子出版物出版单位在新出版的电子游戏出版物中、互联网游戏出版机构在出版的互联网游戏出版物中，应设置必要的程序，在游戏开始前，必须在画面的显著位置全文登载《健康游戏忠告》。《健康游戏忠告》全文如下。抵制不良游戏，拒绝盗版游戏。注意自我保护，谨防受骗上当。适度游戏益脑，沉迷游戏伤身。合理安排时间，享受健康生活。

2003 年 9 月，科技部正式将“网络游戏通用引擎研究及示范产品开发”、“智能化人机交互网络示范应用”两个项目纳入国家 863 计划，这也是我国首次将网络游戏技术纳入国家科技计划，并向有关技术研发企业投入 500 万元科研资金，这将极大的促进中国民族网络游戏自主研发水平的提高。

2003 年 9 月底，上海盛大网络发展有限公司与韩国 ACTOZ 公司在长达一年多的纠纷之后宣布和解。此事件引发了中国游戏产业界围绕如何促进民族游戏产业自身发展、保护知识产权、维护消费者权益、解决中外企业平等合作等问题的思考和讨论。越来越多的中国企业已经意识到中国游戏产业要在国际竞争中占据主动，就必须掌握核心技术，提高自主研发能力，推出更多的民族游戏作品。

2003 年 10 月 25 日，高嘉科技有限公司官方向消费者发出公告，宣布从韩国引进的网络游戏《天使》停止运营。《天使》成为继《孔雀王》之后国内第二款宣布停止运营的韩国网络游戏。多起韩国网络游戏停止运营的事件，再次引起了中国游戏业界对完全依靠引进代理模式前景的疑问。

2003 年 12 月 18 日，新闻出版总署、信息产业部、国家工商行政管理总局、国家版权局、全国“扫黄”“打非”工作小组办公室联合发出了《关于开展对“私服”“外挂”专项治理的通知》。《通知》中明确了“私服”“外挂”这种违法行为是指未经许可或授权，破坏合法出版、他人享有著作权的互联网游戏作品的技术保护措施、修改作品数据、私自架设服务器、制作游戏充值卡（点卡），运营或挂接运营合法出版、他人享有著作权的互联网游戏作品，从而谋取利益、侵害他人利益。“私服”、“外挂”违法行为属于非法互联网出版活动，应依法予以严厉打击。近年来，“私服”“外挂”不仅成为了网络游戏运营商摆脱不了的噩梦，也成为困扰网络游戏产业发展的瓶颈。游戏产业的繁荣需要良好的产业环境，政府坚决打击“私服”“外挂”有利于促进产业健康有序发展。

17.6.4　网络游戏发展趋势

1．整体环境

（1）政府的产业政策正逐步清晰。产业政策正逐步的完整化、系统化，2003 年度出台的一系列产业政策，促进了产业的不断发展，游戏产业的政策前景和在政府决策中的地位逐步清晰化。

（2）负面舆论逐渐减少。公众舆论对于电子游戏的关注热点从青少年成长转移到了游戏产业发展的角度。对于游戏正面报道逐渐增多，客观评价了游戏产业对与国民经济的贡献，理智分析了正确的引导较游戏本身对青少年成长更为重要。

（3）宽带加速普及。网络游戏作为互联网应用，尤其是宽带应用的重要组成部分，促进了中国互联网整体带宽的发展，尤其是家庭宽带的发展。

（4）各种合作联盟不断出现。从产业链条的相对独立，到相互之间的紧密合作。运营商、电信公司、设备厂商、网吧等针对某一款游戏进行深入合作的形式不断涌现。

（5）网络游戏用户增长速度逐渐下降。由于网络游戏用户基数在变大，网络游戏用户的年龄和职业特征变化趋缓，因此中国网络游戏用户的增长速度将呈现下降趋势。

（6）网络游戏的用户年龄将向两端扩展。目前 16～30 岁的网络游戏用户占总用户的 90.2%，但随着互联网的发展、计算机的普及及人们对网络休闲方式的追求，网络游戏用户的年龄将向两端发展。

（7）家庭宽带网络游戏用户及高收入用户数将增加。目前有近 82.5%的网络游戏用户是通过宽带上网，但网吧又占了绝大多数，对于每个人而言又变成了窄带，随着 ADSL 小区光纤局域网的接入，人们收入的增加，在家中通过宽带玩网络游戏的比例将逐步增大，这也对网络游戏服务器及系统的可缩放性和稳定性提出了更高的挑战。

（8）二级或以下城市的用户是利润的重要来源。用户的大规模与相对集中，以及从战略方面的考虑，促成了重要城市内网络游戏的激烈竞争，导致了利润率的下降。二级及以下城市由于数量巨大，因此这些地区的总体用户规模所带来的收入将构成运营商的重要来源。

2．网络游戏运营商发展趋势

（1）行业竞争加剧，两极分化严重。个别领先企业由于占据用户和资金的优势，在发展过程中会更为凸显，他们对该产业的影响（资金、知名度、产品占有率等）致使该领域的进入壁垒的增加。而随着行业竞争的加剧，个别弱势企业也将退出这个市场。

（2）上下游企业寻求合作深化，合资成为重要的形式。由于产业链内不同环节的竞争加剧，不具备核心竞争力的企业开始在上下游企业中寻求优势的充分利用，以确保产品、服务、技术支持等三个方面的竞争力。合作形式多样化和深入化。

（3）中国本土游戏公司崛起，研发力度不断加强。本土企业的自主研发产品的成功，将会带动更多有实力的游戏厂商涉足游戏的自主研发，或增大产品研发的力度，更多自主研发产品将会在明年面试。

（4）以游戏为基础，开始渗透其他互动娱乐产品。目前盛大网络和第九城市已经开始了这方面的尝试。一部分网络游戏运营商在网络游戏领域站稳脚跟后，会向互联网其他的增值服务领域渗透。凭借其通过游戏运营获得的资金和运营经验，开拓新市场。

3．网络游戏产品发展趋势

产品系列化。国外网络游戏已经呈现出系列化的特点，例如《最终幻想》、《文明 III》等产品。而中国国内的游戏产品由于缺乏自主研究的能力，产品的生命力比较弱，到目前为止，还没有显现出系列化的特点。由于系列化产品所具有的品牌影响力大、延续产品的生命周期、缩短产品的研发周期、降低产品的设计难度的优势，系列化产品设计会逐渐被国内网络游戏开发商所重视。目前在市场上出现的盛大网游三部曲《传奇世界》、《英雄年代》、《梦幻国度》，以及金山的《剑侠情缘》、《剑侠情缘 2》等成功网络游戏都很好地说明了这一问题。

4．网络游戏渠道发展趋势

（1）网吧作为最稳固的销售渠道，继续发挥着重要的作用。网吧以其稳定的网络游戏用户群体的支撑，一直稳健地守护着网络游戏销售的半壁江山。随着连锁网吧的建立，网吧将承担更重要的角色。网吧之所以将在未来的网络游戏运营中起到非常重要的地位，主要原因之一是因为网络游戏的交互性决定了网吧是游戏重要的消费场所。

（2）传统渠道类型将更为广泛，区域将进一步扩大。传统的渠道类型包括网吧、报亭、书摊、软件专卖店等 IT 类、通信类产品的零售网点。而快速消费品零售渠道，例如大型超市、便利店涉足网游游戏销售渠道，则有利于网络游戏销售覆盖区域的进一步扩张和渗透。

（3）在线销售渠道发展迅速。随着中国互联网经济在 2002 年以后开始复苏，电子商务再一次进入人们的视线，电子支付手段的完善，使网络游戏在线销售发展迅速。

（4）手机、银行卡支付手段的成熟，将成为重要的销售渠道。手机和银行卡支付的方便性已经为广大用户所认识，这一方式的成熟需要随着安全性认识的提高而得到进一步发展。手机和银行卡支付方式的普遍应用，必定促进销售渠道扁平化的演变。

（新闻出版总署音像管理司　寇晓伟）

17.7　电子信箱及收费邮件服务

首先需要澄清的一个名词是电子信箱。由于各种原因，业界常常把电子邮件和电子信箱等同看待。实际上电子邮件是指通过互联网由信箱发出的具体的“电子”信件，而电子信箱，则是为某个人或某个单位所拥有的，承担发送电子信件的载体。

17.7.1　电子邮件的特质：互联网第一应用

世界上电子邮件出现在 1971 年 10 月，中国的第一个电子邮件出现在 1987 年 9 月 14 日：“Across the Great Wall we can reach every corner in the world”——跨越长城，走向世界。但是，严格地讲，这还不能算是中国电子信箱的出现。因为，第一，这是一种带有实验性质的；第二，不是通过中国的服务器发送的。到 1994 年 5 月 21 日，中国国家顶级域名（CN）服务器的出现，才标志着中国电子信箱的开始。

一直以来，电子邮件都被认为是互联网的“第一应用”。在中国互联网络信息中心（CNNIC）历次调查中，均有 90%以上网民将电子邮件作为最常用的互联网服务。因此有人预言：电子邮件将与姓名、电话号码一起，成为 21 世纪每个人的 3 个相对固定和常用的身份“指针”。

电子邮件之所以有这样的“地位”，主要源自于它独特的“通信”功能。从古至今，“信息”的传递和应用一直是人们最为基本和最为重要的需求之一。互联网之所以能够渗透到我们生活的方方面面，成为当今社会最为主要的一种应用工具，正是因为它所具有的无可比拟的“媒体”和“通信”两大功能。而作为互联网“通信”功能最主要载体的电子邮件，从它诞生的第一天起，便以其跨越时间、空间的优势，以及快速、方便的特点，成为上网人群沟通和交流的首选功能。

作为互联网的第一应用，电子邮件具有出色的“信息沟通”特质，极大的满足了现代人对于“信息”的追求与需要。在中国互联网用户人数爆炸式成长中，对电子邮件服务的经常使用率始终保持在 95%左右。同时值得注意的是，随着电子邮件服务的品质提升，电子邮件越发成为人们的理性选择和习惯性应用。来自中国互联网络信息中心（CNNIC）报告的数据显示，网民人均拥有的邮箱数在逐年递减，由 2000 年 7 月的 3.9 个，到 2002 年 7 月的 1.6 个，再到 2003 年 1 月的 1.5 个和 2003 年底的 1.4 个。这说明，人们对电子邮件的使用已经越来越趋于稳定，电子邮件在互联网整体应用中的地位也越来越不容忽视。

17.7.2　中国特色的电子信箱发展之路

中国互联网的发展，尤其是中国电子信箱的发展，不同于国内的其他行为，它不是由政府投资进行普及和推广的，这一本应由政府来完成的工作，是由一些民间的非公经济来完成的。这一高潮出现在 1998 年，当时，以“263”等为代表的电子信箱服务商，为了实现其市场推广工作，开始向社会，向网民提供免费电子信箱。这些单位之所以要这么做，是有其原因的。首先，从全球看，互联网初期都是免费的；从国内看，对于一个新生事物，当时称为“新经济”，如果不能被大众所了解，那么，就不会有自己的市场；从经济运作角度看，免费也是一种市场宣传。

到 2000 年，也就是在两年的时间内，263 网络集团已拥有自己的免费信箱用户 2 000 万。当然，在网民动员自己的亲朋好友使用信箱的同时，也促进了中国互联网的发展。

17.7.3 收费电子信箱出现的前提

在互联网发展初期，就有公司开设了收费信箱。比如，“263”在其创建初期，就拥有了自己的收费信箱，当时，他们针对的用户只是那些对信箱容量要求比较大，对稳定性要求比较高的用户。他们要求的是，在自己传送电子信件时，不能因各种原因导致对方收不到，一旦发生这种情况，其损失是非常大的。当时，一个收费信箱的年费用在180元以上，尽管有免费电子信箱竞争，但还是有近7万人从网络初起阶段，就购买了收费信箱。

免费信箱的特点是免费，这就使得很多网民可以无限制地申请信箱，有的人拥有十几个电子信箱，甚至在一家网络公司内申请多个信箱。这样就带来了副作用：（1）有不少信箱是睡眠信箱，也就是说长期不使用；（2）信箱太多，使用申请者都不知道有几个，甚至忘记了密码；（3）占用了服务商的大量资源。因为即使是睡眠信箱，也不等于邮件服务商就可以不提供服务，他们要为这些被服务者提供完全等同于使用者的服务，如空间、带宽等。这对服务者来说，是一种资源的严重浪费。

1．邮件服务商的分工

虽然几乎所有的网站都提供免费信箱，但是随着网络泡沫的破灭，服务商们开始关心自己的发展方向。为此，除了一些门户网站还在追求眼球经济，一些从事专业服务的公司，则希望给用户提供精品服务。从用户的角度看，很多人已开始不满FREEMAIL所存在的大量问题，其具体表现为：（1）容量太小；（2）免费信箱，表面看是免费，其实免费信箱服务提供商是其以向厂家收取广告费的筹码，换取浏览量，为此，他们要向免费用户大量发送广告；（3）用户的经济状况决定，网民需要高质量的服务——网络的发展使网民也出现细化，因收入、行业等不同，不同的人对信箱的品质要求是不同的。

2．收费信箱带来的变化

2002年5月263网络集团率先正式宣布：全面停止免费服务，进入收费阶段。其标志是：不再提供免费信箱服务，而改为收费信箱。此举引起国内外广泛观注。按常规理解，而对如此大的压力，以263一家公司是难以抗拒的，当时，有人断言：不出3个月，263还得回到免费信箱上来，其结果是，不仅是丢失了客户，还会受到更大的冲击。但3个月过去后，263的信箱使用者由2 000万变成了70万，虽然客户流失量非常大，但这70万是付费用户，也就是说，过去是每年付出2 800万后，是几乎无回报，现在付出非常小，但却可以得到3 000万的回报。

作为一种新的电子信箱运营模式，收费电子邮件尽管出现的时间并不长，但普及的速度却非常迅速。在短短二三年的时间里，收费电子邮件已经发展成为一种主要的网络应用，并且对整个互联网经济的发展也起到了至关重要的推动作用。

继263之后，新浪、21CN、163等超过90%的主要电子信箱服务商共同发力，一个专业电子邮件良性发展的产业氛围迅速形成。各个服务商加大投入力度，规范服务，提供了更适应用户需求的电子邮件功能，为用户带来更大的价值。高品质的专业电子信箱带来了不断创新、具有电信级品质保障的服务，在安全、快速、稳定的基本品质基础上，时尚化、个性化以及适应信息技术全新发展的电子信箱新功能和新应用不断实现。区别于仍然以广告和流量为目标的免费服务商，收费电子信箱已经不再是一种简单的吸引“眼球”的工具，而是具有了更大价值的产品与服务。按照经济学的发展规律，为享受到的产品和服务“买单”是天经地义的，于是，收费电子信箱的产生和产业化发展也成为顺理成章的事情。

17.7.4　收费电子信箱的发展方向

收费电子信箱的品质提升和功能丰富化、应用个性化发展，不仅使用户得到了更为全面的服务，同时在决定产业化的各个方向上，都起到了重要的促进作用。

1．电子信箱的商品化

电子信箱的产业化发展，一个重要的标志便是产品的商品化，只有这样，才能为企业带来利润，进而促进整个产业的发展。而收费信箱正是电子信箱商品化的最基本和初始表现，目前中国收费电子信箱的用户已超过 500 万，接近网民总数量的 10%。保守估计收费电子信箱的市场份额已达到 5 亿元。

2．技术创新

收费会为商家带来利润，而利润的刺激会促使商家对商品进行更为完善的改造。对于电子信箱这种技术性产品而言，技术创新改善，满足更多用户的需求。收费的历史虽然不长，但在互联网的发展过程中，前 8 年，虽然提供免费信箱的商家非常多，但产品几乎无差别，提供的服务也有限。而在收费信箱出现的两年里，各服务商在产品的功能多样化、安全可靠、运行便捷等方面都做出了非常大的改进。

3．网民得到了实惠

同任何领域一样，商家之间的竞争，最终使得用户受惠。

以往使用免费邮件，看似“免费”，可在实际应用中，一方面，服务不专业造成的邮件发送速度的降低会增加上网成本。另一方面，免费邮件常常依附在某种收费服务之上，其实是一种变相收费。更为重要的是，服务不完善会造成重要信件的丢失和中毒，这种无形的损失更是无法计算。

对收费信箱的用户来说，垃圾邮件减少，是他们节约费用，节约时间的有效途径。

4．分工的细化

收费信箱的出现，在促进电子信箱产业化的同时，必然也会对整个行业进行重新的整合与洗牌。那些有技术、有经验的服务商会更加专注于收费电子信箱的服务，提供质量更高，服务更为全面的专业产品。

从以上的分析不难看出，收费电子信箱已经成为未来发展的一个趋势。根据中国互联网络信息中心（CNNIC）调查显示，现有非收费电子信箱用户中有 36.4%的用户可能会在 1 年之内购买收费电子信箱。其中有 11.3%的用户表示可能在半年之内购买，而可能在 3 个月内购买收费电子邮箱的用户也占 6.7%。照此推算，1 年内将有至少 2 000 万网民即将成为收费信箱用户！2004 年收费电子信箱市场增长将达到 400%！市场份额将会超过 10 亿元。作为全球互联网用户发展最快的地区，中国也将成为世界收费邮件最成熟的市场之一！

（263 网络集团　卫亚军）

17.8　反垃圾邮件状况

电子邮件是互联网上应用最为广泛的业务之一，以其迅捷、低廉、高效、全球覆盖的服务成为广大网络用户进行私人和商业联系的手段。但是电子邮件的便利性和效率正受到数量急剧增加的垃圾邮件的威胁。

这里所指的垃圾邮件主要包括未经请求的商业电子邮件以及含有庸俗、色情和计算机病毒信息的电子邮件。大多数此类消息均在某一或某些方面具有欺诈性或欺骗性。在中国，一方面用户收到垃圾邮件的数量已经超过电子邮件总量的55%；另一方面，大量境外垃圾邮件发送者利用中国境内的邮件服务器转发垃圾邮件，造成大量中国的IP地址被国外网络服务商屏蔽，严重影响了正常的互联网业务，目前中国已经成为垃圾邮件的重灾区。

垃圾邮件是少数人利用了互联网的开放性、便宜性、业务的不规范性和网络安全管理机制存在的漏洞，未经授权无偿占用其他网络使用者和服务提供商的资源，以达到个人的私利，属于明显的滥用网络的行为。

中国互联网协会反垃圾邮件规范中对垃圾邮件作出如下界定：

（1）收件人事先没有提出要求或者同意接收的广告、电子刊物、各种形式的宣传品等宣传性的电子邮件；

（2）收件人无法拒收的电子邮件；

（3）隐藏发件人身份、地址、标题等信息的电子邮件；

（4）含有虚假的信息源、发件人、路由等信息的电子邮件。

垃圾邮件的危害主要有以下几个方面。①增加那些无法拒收此类邮件的收件人的支出。这些收件人或因储存此类邮件而支出费用，或因访问、阅读或者删除此类邮件而花费时间，或两者皆有。②降低了电子邮件的方便程度，即对那些人们需要的电子邮件来说，它们可能因置身于大量的垃圾邮件中而丢失、忽略或被删除，从而降低了电子邮件的可靠性和对收件人的有用性。③成为黑客攻击的工具和传播计算机病毒的重要途径。④因垃圾邮件中含有的色情、恶意代码等信息而对收件人产生网络与信息安全方面的威胁。⑤大大增加邮箱服务提供商和网络服务商以及非赢利机构的支出，这些组织处理邮件的能力有限，他们因网络资源被占用需要专门增加人员和设备用以防治垃圾邮件而被迫增加支出费用。⑥许多群发未经请求的商业电子邮件的发送者利用计算机程序从互联网的网站上或在线服务中自动收集了大量电子邮件地址，侵犯了这些地址所有者的权利。⑦发送或被利用转发垃圾邮件的服务器的地址及相连网段被列入国外反垃圾邮件黑名单，致使这个网段无法与国外进行正常通信。

17.8.1 各国对垃圾邮件的治理

2003年国际上的反垃圾邮件形势日趋严峻，全球垃圾邮件的数量占邮件总量的比例从年初的40%增长到58%；各国政府、企业尽管从立法、管理到技术上采取了多种治理垃圾邮件的措施，但是没有取得明显的效果。从整体上看，对于垃圾邮件没有形成统一的概念和标准，技术上没有有效的治理方法；在管理上处于各自为政，缺乏国际合作；在立法上由于技术支持有限导致法律实施困难；与此同时垃圾邮件发送者在技术上经常变换手法，并善于钻法律和管理的空子，致使垃圾邮件的治理非常困难。

1．对垃圾邮件的定义及立法状况

各国目前通行的对垃圾邮件的定义是未经请求的电子邮件（Unsolicited E-mail），但是在如何界定上存在分歧。一般说来，垃圾邮件通常具有如下属性：①未经接收者请求，主动发送；②以广而告之为目的，旨在宣传产品、服务、或者理念；③向大量包括不存在用户在内的不明地址发送；④隐藏发信人地址和姓名，或包含虚假标题、路由、发信件人等信息；⑤不提供有效的方式供接收者拒绝再次接收。

韩国《新法》规定，任何人都不许通过明确禁止使用的软件或通过提供自动搜集电子邮件地址服务的网页搜集电子邮件地址，而且不允许在违反该规定的情况下出售或传播电子邮件地址。美国、日本、韩国、丹麦和奥地利等国家在反垃圾邮件的行动中对垃圾邮件发送者采取了严厉的惩罚措施，包括对肇事者进行罚款和监禁。其中，日本和美国采取的惩罚措施比较严厉。例如，日本《反垃圾邮件法》规定，任何违反该法律的企业最高可罚款256万美元，个人则可判处最高为两年的有期徒刑。美国《2003反垃圾邮件法》中规定，凡是蓄意违反该法的垃圾邮件发送者将被处以最高达 300 万美元的罚款。

美国、日本、韩国、英国、法国、意大利、比利时、瑞典、芬兰、西班牙、挪威、丹麦，以及希腊和加拿大、印度等国家都已经制定了比较详细的反垃圾邮件法案。但是从法律的执行情况看目前不能令人满意，美国公布《2003 反垃圾邮件法》前后，垃圾邮件的比例持续每月攀升 1%；韩国目前的垃圾邮件数量也超过 60%。已经立法的国家的专家指出反垃圾邮件的法律效果不理想，主要是因为难以实现有效的取证，另一个原因是垃圾邮件的虚假信息大幅上涨，无法确认发送垃圾邮件用户的真实身份，还有大部分垃圾邮件发送者向没有制定法律的国家转移，致使法律实施困难。

2．世界各国加强政府和行业组织的管理，并得到企业和团体的支持

韩国。立法成立了一个隶属于情报通信部的事业单位“韩国信息安全院”，负责垃圾邮件的管理。韩国政府比较重在事后管理。在出现违反规定发送垃圾邮件的行为时，可由运营商代为处罚，罚金统一上交政府部门。为加强对网络的管理，韩国正在推行网络实名制度。韩国信息通信部近来通过各种形式协调并推动民间互联网企业引入实名制。目前，韩国 10 大门户网站中已经有 8 家在各自的论坛上引入了实名制。韩国有关部门希望，通过这一举措可以改善网络秩序，减少垃圾邮件的数量。

加拿大。专门成立了“反垃圾邮件联盟”，借鉴欧盟对滥用电子市场发送垃圾邮件的研究，制定个人信息保护和电子文档法案，倡导在电子市场营销中给与用户充分选择的机会。目前，加拿大政府主要致力于讨论设置用户确认接受邮件程序、过滤垃圾邮件技术、制定适当的政策和网络解决方法、研究政府应在反垃圾邮件行动中扮演什么样的角色，以及如何运用现有法律对付垃圾邮件等问题。

澳大利亚。专门成立了澳洲反垃圾邮件联盟。互联网工业协会等行业组织也都积极地进行反垃圾邮件的实践活动。

日本。立法要求 ISP 采取有效的措施制止垃圾邮件。NTT DoCoMo 公司为保证用户不受到广告邮件的骚扰，投资 300 亿日元在东京建设了一个大型的手机邮件处理中心。全日本的邮件均在这个邮件处理中心进行中转。该投资的 20%用于对垃圾邮件的处理。

英国。SurfControl 公司在 2003 年 2 月 12 日公布的一项调查结果中称，88%在工作场所使用互联网和电子邮件的英国人希望针对垃圾邮件立法，企业职员也都希望制订联邦法来限制垃圾邮件。

3．反垃圾邮件技术手段

目前尚没有特别有效的反垃圾邮件技术解决方案。各国反垃圾邮件专家一致认为目前只有“过滤”（Filtering）是对待垃圾邮件最有效的方式。且均认为垃圾邮件问题是错综复杂的，包括了社会问题、法律问题、政策问题、技术问题、管理问题、认证问题等一系列问题，不可能通过简单的一种方法完全处理。

E-mail 发明人 Dave crocker 认为要解决垃圾邮件首先应该有效控制 ISP，加强对 ISP 的管理；其次是通过对发送邮件的用户实行收费解决垃圾邮件；一旦发现发送垃圾邮件的用户，要立即拒绝为其服务，同时将发送垃圾邮件的用户定义为 Bad Man，在网上公开；最后应在网上清除群发垃圾邮件的工具软件。Dave crocker 还提出了一些新的模型，通过加强站点之间的信任关系，建立起所谓信任邮件传送通道，从而保证接收到的邮件有真实的发送者，减少虚假信头的邮件传送的情况。并提出如果需要进行电子邮件发送，必须到一个中立机构 MTA 进行登记，从而加强邮件的管理。但同时他也提出会出现因为过多的限制，对互联网发展造成阻碍。

新加坡的反垃圾邮件专家认为 DNS 注册也是一种很好的方法，即在 DNS 中添加 MTA IP 注册，通过 MTA IP 和互联网主机的绑定来标识发件人的真实性。还有一种思路是通过 DNS 与 RBL 的结合实现拒收垃圾邮件。另有一种思路是通过提高邮件发送者的费用，发送的邮件像信件一样按照每封进行计费，提高发送邮件的费用。

4．国际上垃圾邮件黑名单的制定

国际上制订垃圾邮件黑名单的通常办法是根据用户举报。www.spamhaus.org 制订垃圾邮件黑名单的规则是收到用户举报后，一旦确认就将地址或其地址所在的地址段放到他们的 SBL 名单中，当超过 3 次用户举报就将其地址用黄色标明，他们名单中大部分地址为业界共同认可的发送垃圾邮件的服务器地址（据介绍全球有 200 万 ISP 采用他们的黑名单）。其他国家黑名单也均是通过互联网用户举报或引用 Spamhaus 的列表实现。

5．加强行业联合与国际合作的重要性凸现

随着垃圾邮件的日趋泛滥，危害也日益突现，用户反应强烈，但由于互联自身的特点，各国逐步意识到遏制垃圾邮件不可能由一个国家或一个组织独立完成，必须加强行业联合以及国际上各国政府、管理组织与机构的共同努力。近年来各国相关组织间针对垃圾邮件的交流工作不断加强，合作日益密切。

17.8.2 中国垃圾邮件现状

中国拥有世界上第二大互联网络和超过 2 亿的注册电子邮件用户，在中国互联网协会的组织协调下，广大邮件服务提供商采取了大量的措施，制止垃圾邮件。2002 年初，根据中国互联网络信息中心（CNNIC）公布的第 11 次中国互联网络发展状况统计报告公布的数据，垃圾邮件的数量已经超过正常邮件的数量占用户收到电子邮件的 51.88%。其中超过半数以上的垃圾邮件是由于大量的中国境内的邮件服务器存在 OpenRelay 的问题，另外越来越多的人利用网上免费下载的软件收集邮件地址，网上存在大量免费和收费的群发软件，中国的垃圾邮件数量不断增长。中国互联网协会组织各省协会和协调小组成员单位清理了邮件服务器 OpenRelay 功能的开放问题，并过滤了大部分垃圾邮件，在一段时间内垃圾邮件的数量有所下降，一度降至用户收到邮件总量的 26.2%，但是在无法可依的情况下，垃圾邮件发送者采取了变换地址、大量利用动态 IP 地址发送、制造虚假信息等手段，很快垃圾邮件数量出现反弹并在年底达到 55%以上，这已经严重影响了国内广大互联网用户对电子邮件这一互联网最普及业务的正常使用，并给电子邮件的服务提供商带来沉重的经济负担和社会压力。

第十三次中国互联网络信息中心（CNNIC）调查结果显示，网民平均每周收到 5.8 封电子邮件（不包括垃圾邮件），收到垃圾邮件 7.9 封，每周发出电子邮件 4.1 封。网民每周收到的垃圾邮件仍然超过非垃圾邮件。与一年前相比，网民每周收到和发出的电子邮件数均有减少（如图 17.11 所示）。这可能与短信、聊天工具等其他通信联络方式的流行有一定关系；而垃圾邮件数的减少可能与相关部门对垃圾邮件的治理有一定关系。

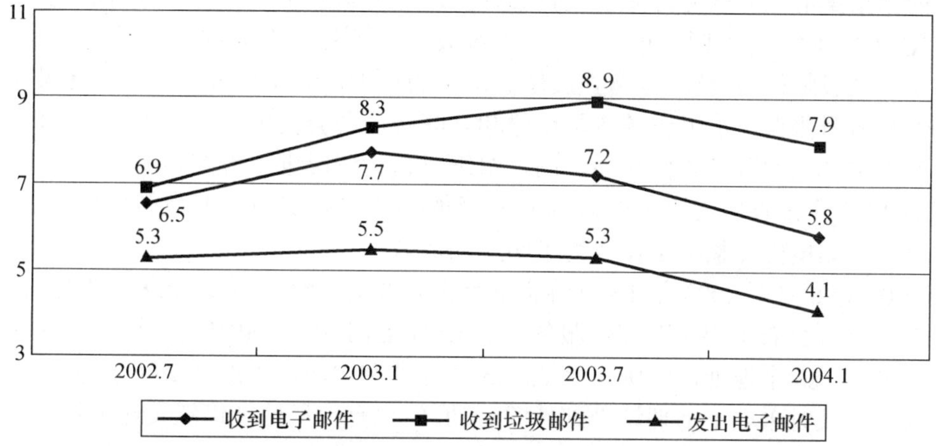

图 17.11　近几次调查网民每周收到和发出的电子邮件数（封）

各国针对垃圾邮件出台相应的法规，并通过大规模清理匿名转发功能和设置黑名单等技术管理措施来扼制垃圾邮件，致使境外不法用户转向我国境内利用我国电子邮件服务器发送传播大量垃圾电子邮件，甚至发送有害信息。根据 SPAMHAUS 12 月份的垃圾邮件数据统计，发送垃圾邮件前 10 名的国家和地区依次为：美国、中国、韩国、加拿大、中国台湾地区、巴西、阿根廷、俄罗斯、意大利、英国。而中国电信广东和中国电信重庆的提供商也分别位于发送垃圾邮件的服务提供商排名的第 4 位和第 6 位，通过分析发现，他们被公布的 IP 地址更多的是被国外垃圾邮件发送者所利用。美国、英国、韩国、俄罗斯、澳大利亚等国的垃圾邮件发送者纷纷将其垃圾邮件服务器转移到中国；由中国境内发送或转发的垃圾邮件数量居高不下，造成中国的大量 IP 地址被国外反垃圾邮件组织列入黑名单，大量的网段被国外的 ISP 封堵，致使与国外正常的互联网通信和交流受到严重影响。

2004 年初，电脑病毒的泛滥，造成了垃圾邮件数量猛增；导致现在垃圾邮件比例大幅上涨的状况。根据金山公司最近的统计，在我国邮件用户收到的垃圾邮件中病毒邮件所占比例超过 24.2%。病毒邮件的肆虐以垃圾邮件作为传播的主要载体，日趋呈现出传播速度快、影响范围广、“变种”频率高、破坏性强等特点，已成为目前社会各界广泛关注的一个突出问题。

17.8.3 我国反垃圾邮件行动与进展

2002 年 11 月 1 日中国互联网协会发起成立反垃圾邮件协调小组（以下简称“协调小组”），以行业自律的方式组织发起了一系列反垃圾邮件行动。“协调小组”现有成员单位 44 个。下设 3 个专门工作组：反垃圾邮件技术工作组、反垃圾邮件法律规范研究工作组、电子邮件服务标准工作组；它们分别组织开展反垃圾邮件技术、法律、标准方面的专项研究工作。

协调小组于 2003 年 2 月 25 日推出了《中国互联网协会反垃圾邮件规范》，明确了信息共享，行动一致原则。同时还组织了“反垃圾邮件举报处理平台”（一期）的开发试验，尝试分析使用技术手段掌握垃圾邮件的传播情况。此平台为互联网用户提供了垃圾邮件的举报渠道，并成为协调小组收集、整理和公布“垃圾邮件服务器地址名单”的技术依托。同时面向广大网民推出了《拒收垃圾邮件指南》。互联网用户通过学习、了解、掌握《拒收垃圾邮件指南》，可增强反垃圾邮件的意识，减少垃圾邮件的传播媒介。

2003 年 6 月协调小组组织各成员单位和互联网协会会员单位开展了关闭“开放转发”功能、清除网站上的群发软件活动，同时组织对执行情况进行检查和统计。结果表明，被检查的 4042 个邮件发送服务器只剩下 18 个邮件服务器具有“开放转发”功能，其中仅有 6 个在中国境内，整治工作取得了明显的成效。

自 2003 年 8 月至 2003 年 12 月协调小组先后推出了两期“发送垃圾邮件服务器地址名单”，共向社会公布了 397 个邮件服务器的 IP 地址，其中包括中国内陆地区 27 个地址，中国台湾地区 128 个地址，中国香港地区 5 个地址及中国以外地区 237 个地址。大多数被公布的单位及时采取了治理垃圾邮件的行动，但也有少量地址仍然发送大量垃圾邮件，因此随后协调小组全体成员单位统一采取了 3 次过滤措施，一致行动，对其中 154 个邮件服务器的 IP 地址实施过滤措施，拒收由这些邮件服务器发送的邮件。协调小组抵制垃圾邮件的行动经媒体报道后，引起社会各界高度关注。根据协调小组于 11 月组织的反垃圾邮件调查，整治行动取得明显成效，垃圾邮件占用户收到邮件的比例下降到 26.2%。

自 2003 年 8 月 15 日协调小组在北京召开“2003 中国反垃圾邮件研讨会”，组织业内人士共同探讨垃圾邮件的治理措施起，协调小组相继组织了第二届中国互联网大会反垃圾邮件论坛和中国互联网协会反垃圾邮件立法倡议研讨会等一系列研讨交流活动，从立法、管理、技术和国际合作等不同角度共同探讨解决反垃圾邮件的思路和办法。

协调小组在开展反垃圾邮件工作的同时还与国际和地区反垃圾邮件组织 ICAUCE、APCAUCE（The Asia Pacific Coalition Against Unsolicited Commercial E-mail）等建立了联系。国际社会也十分关注中国的反垃圾邮件工作，美国商务部国际贸易局负责信息技术的副部长助理专程拜会协会领导。双方交流了各自在反垃圾邮件方面的工作情况。美方对协调小组所做的工作给予高度评价，表示希望与互联网协会就反垃圾邮件领域建立双边合作关系。

社会各界要求采取“反垃圾邮件”行动的强烈呼声引起了政府相关部门的高度重视。2004 年 1 月，由公安部、教育部、信息产业部和国务院新闻办国家四部委，联合向全国各省的下属单位发出了《关于开展垃圾电子邮件专项治理工作的通知》做出部署，在全国范围开展垃圾电子邮件专项治理工作，净化互联网环境。信息产业部组织行业协会和业内专家正在研究起草《电子邮件管理办法》、《互联网广告电子邮件格式要求》、《防范互联网垃圾电子邮件技术要求》等文件，力图从管理和技术上规范电子邮件服务。

针对垃圾邮件，国内各大运营商从不同方面，利用不同的技术采取了很多措施。中国电信按照国际惯例，建立了 ABUSE 邮箱，每天会收到来自世界各地上万个投诉，系统进行自动识别，最后分发给各地进行处理。

中国教育和科研计算机网网络中心是国内最早开展反垃圾邮件的组织，从 1996 年起就有专人处理来自国外的垃圾邮件统计数，组织出版了《反垃圾邮件和反垃圾邮件技术》，并于 2002 年 5 月 20 日公布了《关于制止垃圾邮件的管理规定》。

中国移动的邮箱用户主要分为梦网邮箱、内部员工邮箱以及专线用户邮箱，公司专门设立了负责反垃圾邮件工作的安全管理委员会，各省公司也有同样的机构。

面对每天大量的邮件，263 网络集团、网易、新浪、搜狐、TOM 等国内邮箱服务提供商都在技术和管理上采取了多种手段和措施，根据调查，邮件服务商过滤的垃圾邮件占垃圾邮件总量的 70%以上，而且配合协调小组采取一致行动，真正做到全行业联合起来，携手治理垃圾邮件。

17.8.4　国内反垃圾邮件技术手段

1．过滤技术

目前国内反垃圾邮件普遍针对 IP 地址、域名、电子邮件地址、关键字、邮件内容等采用过滤技术。这种技术手段是最为传统的方式，主要是对发送垃圾邮件的 IP 地址或域名、电子邮件地址或相应的关键字等对垃圾邮件进行屏蔽过滤，以达到拒收垃圾邮件的目的。

对于采用静态 IP 地址或拥有合法域名并从事垃圾邮件转发的服务器或开放 OpenRelay 的邮件服务器，采用这种方式非常有效。但针对垃圾邮件发送者经常变换发信 IP、伪造发信地址、利用程序随机挑选变换邮件内容的情况，反垃圾邮件过滤技术效率相对低下。

2．RBL 黑名单技术

目前在黑名单技术上最流行的是实时黑名单（Realtime Blackhole List，简称 RBL）技术。该技术主要通过 DNS 方式（查询和区域传输）实现的。实时黑名单实际上是一个可供查询的 IP 地址列表，通过 DNS 的查询方式来查找一个 IP 地址的记录是否存在，来判断其是否被列入了该实时黑名单中。

3．白名单技术

白名单方式是针对反垃圾邮件技术手段产生的不良效果的一种补充措施，是垃圾邮件黑名单的辅助手段。为确保正常邮件的通信，可通过白名单技术对允许的邮件进行放行。

4．基于统计分析的贝叶斯算法

基于统计的原则，采用标记权重的方式，根据对用户认为的垃圾邮件和非垃圾邮件进行统计计算，生成过滤规则，具有学习渐进的功能，可以逐渐取得好的效果。这意味着垃圾邮件发送者根本无法猜测出你的过滤器的配置。尽管贝叶斯过滤器非常有效，但它主要是基于英文生成过滤规则，对于中文的处理能力仍需要进行补充优化才能真正完美。

5．基于连接频率的动态规则

正常用户发送邮件的数量和频率远远低于垃圾邮件发送者，因此可以根据垃圾邮件发送具有一定时间内邮件数量和邮件连接频率都非常大的情况，从频率和数量上对垃圾发送者的连接行为进行控制。此类技术目前在国内使用十分普遍。

6．行为模式

经过对上千万封垃圾邮件搜集和分类，对各种垃圾邮件的发送行为、方式、邮件内容、垃圾邮件特征等进行研究，总结和提取垃圾邮件发送者发送垃圾邮件的特征值，判断一封邮件是否为正常邮件后，对邮件采取接收或拒收方式，以提高电子邮件系统的稳定性和可靠性，并极大程度地提高电子邮件的信噪比。此类技术手段为垃圾邮件行为模式识别，这种方式可以较高识别阻断垃圾邮件。

17.8.5 反垃圾邮件工作中存在的问题

虽然中国互联网协会反垃圾邮件协调小组和各从业单位在反垃圾邮件工作上已经做出了很大的努力，也对制止垃圾邮件的泛滥起到了一定的作用，但是我国反垃圾邮件工作目前仍然存在很多困难和问题，这些问题导致很多反垃圾邮件工作难以开展。

1．我国目前尚无相应的法律法规。

垃圾邮件泛滥目前已经成为一个全球性的问题，而且由于互联网自身无国界的特点，因此，在加强技术和管理等措施的同时，必须依靠法律的支持才能真正有效地从根本上解决垃圾邮件问题。

很多国家已经在反垃圾邮件立法方面加强了力度，希望通过立法手段解决垃圾邮件不断增长的问题。与国外相比，我国在反垃圾邮件立法方面明显滞后。因此，国际上发送垃圾邮件的组织正在逐渐向中国转移，一些职业垃圾邮件发送者把大量服务器托管在中国，造成国际上60%的垃圾邮件来自中国的现状，排在前10名的国家中有很多垃圾邮件发送者都是通过中国的邮件服务器转发垃圾邮件。而且协调小组也经常接到其他国家的垃圾邮件发送者利用中国的邮件服务器转发垃圾邮件并从中获益的举报。因此，我国反垃圾邮件现状不容乐观。

2．动态IP地址加大反垃圾邮件难度。

垃圾邮件发送者大量使用动态IP地址或不断变换固定IP地址发送垃圾邮件，目前的技术手段无法解决通过动态地址发送垃圾邮件的问题，并且已经立法的国家对此类问题也没有较好的处理方法，增加了反垃圾邮件工作的难度。

3．反垃圾邮件技术和产品尚不成熟。

2003年以来越来越多的国内企业推出反垃圾邮件技术和产品，根据不同的功能，可以适用于运营商、单位用户和个人用户，同时传统的反病毒企业如金山、诺顿等也推出了具有反垃圾邮件功能的产品，这使得国内反垃圾邮件市场日渐丰富。整体上，在反垃圾邮件技术产品上仍处于研究、探索和实验阶段，反垃圾邮件技术手段不完备，通过图片等方式传播的垃圾邮件可以轻松地绕过反垃圾邮件过滤系统到达用户邮箱。

4．中外在反垃圾邮件方面仍需加强沟通。

与国际反垃圾邮件组织沟通不顺畅，形成国内主要致力于反互联网用户举报的垃圾邮件和邮件服务提供商收到的垃圾邮件，而国外主要也是反来自中国的垃圾邮件。且国外主要通过过滤 IP 地址段的方式避免垃圾邮件，这就形成即使同一网段中只有一个 IP 发送垃圾邮件，国外组织就将对于整个一个 IP 地址段进行封堵，造成国内很多地址没有发送垃圾邮件而被过滤的情况。

17.8.6 反垃圾邮件大事记

1971 年英国工程师 RAY TOMLINSON 发出了第一封电子邮件。

2000 年出现了黑客利用数以亿计的垃圾邮件猛烈袭击目标，造成被攻击网站网路堵塞，最终瘫痪。

2000 年 5 月北京市工商局发布《关于对利用电子邮件发布商业信息的行为进行规范的通告》。

2000 年 8 月，中国电信制订《垃圾邮件处理办法》。

2001 年 5 月，第 11 届国际互联网大会在瑞典召开，大会的主题是“互联网不是没有法律的真空地带”；在此之前，人们普遍对互联网的管理和立法呼声嗤之以鼻。

2001 年 8 月，英国网络公司 UXN.COM 宣布将屏蔽来自中国的绝大多数电子邮件。

2002 年 2 月 28 日，南方周末的文章《互联网分裂？》第一次引起国内公众对垃圾邮件的广泛关注。

2002 年 3 月 8 日，中国互联网协会发表声明，号召业内团结协作，共同反对和遏制垃圾邮件。

2002 年 4 月日本通过《反垃圾邮件法》并于同年 7 月开始实行，这是发达国家制订并执行的第一部专门反垃圾邮件的国家级法律。

2002 年 6 月 18 日，在第 12 届国际互联网大会全体大会上，全球网络专家共同研究反垃圾邮件问题，但是最终没有在垃圾邮件的定义上达成一致意见。

2002 年 11 月 1 日，中国互联网协会反垃圾邮件协调小组成立，公布反垃圾邮件规范、设立用户举报处理试验平台。

2003 年 8 月 8 日，中国互联网协会反垃圾邮件协调小组公布第一期大规模发送垃圾邮件地址名单。

2003 年 12 月初中国互联网协会公布对国内垃圾邮件状况的第一次调查报告，垃圾邮件占用户收到电子邮件比例从 6 月底的 55%下降到 11 月初的 26.2%。

2004 年 1 月 1 日，美国实施《2003 年控制未经请求的侵犯性色情与行销消息法》（简称“2003 反垃圾邮件法”）；美国和欧洲的 SPAMMER 开始向中国转移垃圾邮件服务器。

2004 年 1 月由公安部、教育部、信息产业部、国务院新闻办公室联合开展为期半年的垃圾邮件专项治理工作。

2004 年初病毒垃圾邮件开始肆虐，呈现出破坏性大和“变种”频率高的新特点，其在垃圾邮件中所占比例从小于 5%迅速增长到超过 24%。

2004 年 1 月 15 日中国互联网络信息中心（CNNIC）第 13 次统计报告公布，垃圾邮件占用户收到电子邮件比例又达到 55%以上。

17.8.7 小结

反垃圾邮件工作已经引起了相关政府主管部门、新闻媒体、互联网用户和社会各界的广泛关注。我们开展的各项反垃圾邮件工作，业界均给予了大力支持与帮助。但是反垃圾邮件工作任重道远，不仅需要业界的合作支持与理解，还需要电子邮件用户的支持与参与，与国际反垃圾邮件组织的密切合作，更需要政府部门的大力支持。只有各方力量相互配合，法律、管理、技术和用户等不同层面的共同努力，才能有效遏制垃圾邮件的泛滥，还互联网一片洁净的天空。

（中国互联网协会秘书处　李欲晓　陈　素）

17.9 2003 年搜索引擎服务

2003 年是互联网的第二个浪潮，而搜索引擎更是其中一个出色的亮点。从 Yahoo 用 2.35 亿美元收购搜索引擎 Inktomi 到著名的搜索引擎排名服务商 Overture 连续收购 AltaVista 和 Fast 两个搜索引擎；从微软宣布全面进入搜索领域到 Yahoo 继续收购 Overture 和中国实名公司 3721，全球和搜索有关的并购才告一段落。2003 年 3 月 Yahoo 宣布中止与 Google 的合作，正式登上与 Google 争夺搜索霸主的舞台。而另一个值得所有竞争者尊敬和畏惧的对手微软也即将登场。全球将形成 Google、Yahoo 和微软三国演义的态势。

互联网的存在已大大缩小了国际国内的差别，与全球市场一样 2003 年的中国搜索引擎市场也是竞争激烈、精彩纷呈。

Google 是最早进入中国也是影响最大的国外搜索厂商。在 IT 业以及科研人员中有良好的口碑和广泛的应用，也曾为国内的主要门户网站提供服务。但近两年随着国内搜索引擎厂家百度和中国搜索（原慧聪搜索）的快速崛起，市场份额逐年下降。百度是国内优秀的中文搜索厂商。其良好的中文搜索技术曾替代 Google 为众多门户网站提供搜索服务。2001 年百度推出搜索网站 www.baidu.com 后也赢得了越来越多的用户的认同，一度占有中国 80%的市场份额。中国搜索（原慧聪搜索）是 2003 年成长最快的搜索服务商之一。中国搜索与中国互联网新闻中心（中国网）联合发起的中国搜索联盟已成长为拥有包括新华网、千龙网、东方网、南方网等 1400 家成员的庞大组织。这些联盟成员共同使用中国搜索的搜索引擎，而中国搜索也成为目前最大的中文搜索技术提供商之一。3721 是一个网络实名公司，而非搜索引擎公司，但被 Yahoo 收购后，3721 很快将 Yahoo 搜索技术中文化并引入中国，成为另一个搜索引擎公司。据信，三大门户都在加强对搜索引擎的投入和开发。中国的搜索市场将形成百度、中国搜索、Google、3721（雅虎中国）和随时可能加入搜索大战的三大门户战国争雄的局面。

2003 年也是中文搜索技术快速发展的一年。中国搜索和百度都相继推出了中文的新闻搜索、区域搜索、MP3、Flash、图片等多项搜索功能。中国搜索还于近日推出了比较购物和游戏搜索，并推出了第三代智能搜索产品。比较而言，百度和中国搜索这两个国产软件厂商在中文搜索技术上走在了 Google 的前面。

搜索方式也在呈多样化的发展。有以新浪、搜狐、网易为代表的门户的搜索；有以Google、百度（www.baidu.com）、中国搜索（www.zhongsou.com）为代表的搜索门户；还有中国搜索最新推出以网络猪（Net Pig）命名的桌面搜索。多样化的搜索不仅可以使用户领略不同搜索产品的优点，更能使搜索本身变得更加简单快捷。

近年搜索引擎成为互联网新的热点，背后一个重要原因就是搜索有了一个快速成长的赢利模式，就是搜索排名。全球搜索排名市场每年以 35%的增长速度迅速成长，2003 年全球有 20 亿美元的排名收入。中国市场 2003 年超过 5 亿人民币，2004 年将在 10 亿人民币左右，到 2007 年将达到 70 亿美元。

国内开展搜索排名业务的主要有新浪、搜狐、网易三大门户网站，以及百度和中国搜索联盟（中国搜索）。2004 年，TOM 和 3721 可能会开展搜索排名的业务。

2003 年的排名市场依然是以固定排名为主，新浪、搜狐、网易和中国搜索联盟主要采用固定排名，百度采用竞价排名。但中国搜索目前宣布将在中国搜索联盟内开展竞价排名和竞价广告业务。3721 也宣称将开展竞价排名。未来几年竞价排名比例将呈上升趋势。

排名的销售依然是以渠道销售为主。各大门户和中国搜索联盟等都是以渠道为主，百度开始尝试部分的直销。Google 的排名没有真正进入中国市场，其在国内并无代理，在国外全部为直销。鉴于国内的企业对于搜索排名的认识普遍还不够强，2004 年应该仍是以渠道为主的销售方法，代理商点对点的向企业推荐排名产品依然是十分重要的。

搜索市场也将在各厂商和代理商的共同培养之下快速成长。

（中国搜索联盟　陈　沛）

第三篇

资 源 篇

第 18 章　互联网信息资源的开发、共享与管理状态

如果仅从量来看，过去十年全球发表在互联网上的文字总量已经大大超过了人类有史以来出版的所有书籍文字量的总和。可见互联网上“蕴藏”有无比丰富的信息资源。下列特点使得开发、共享互联网信息资源更具有独特的意义。

- 信息的发布者和享用者的数量差不多是同一个数量级的；这和诸如报纸、书籍、电视等传统媒体大大不同；
- 相当一部分内容的产生是比较随意的，没有经过专业的编辑，发布人员也不需要负什么责任；
- 因时间的流逝，网页的出现和消失是一个动态的过程。
- 网页和其他互联网信息是数字化、网络化的，因此极其便于访问、处理和二次增值开发。

对互联网上的资源可以从两个角度进行分类：一个是“一次资源”和“二次资源”；另一个是“单入口资源”和“多入口资源”。

以网站为单位，所谓“一次资源”，就是那些以提供原始网页内容为主的网站，大多数机关、学校、单位的网站就是如此。所谓“二次资源”，主要指在“一次资源”基础上经过开发整理形成的资源，主要代表是那些分类目录网站和搜索引擎；那些将一些有价值的数据库加工整理成网上可访问的形式也算“二次资源”。

所谓“单入口资源”指的是那些信息内容由专人负责安排的网站，其内容相对较为稳定；而“多入口资源”指的是各种论坛和 BBS 之类的网站，其内容的产生是由许多人随机完成的，其内容的动态性较强，更有“稍纵即逝”的特点。从互联网信息对社会进步的意义来看，这两类信息都很重要。

本章主要讨论的是上述“二次资源”及其后续的开发与利用问题。

18.1　互联网信息资源的开发与管理状态

对信息资源的开发有两种：一是对信息进行采集、处理、转化，使其数字化、网络化，成为互联网的“一次资源”；一是在“一次资源”的基础上进行重组、加工，使其增值，成为互联网的“二次资源”。“一次资源”的典型代表有以内容发布为主的政府、企业和个人网站，互联网上的电子出版物（电子书刊、用户手册等）。“二次资源”的典型代表是对信息进行整理分类的搜索引擎、目录导航站点及在线数据库等。

个人、企业、组织和政府机构都在参与对互联网信息资源的开发和利用。个人的开发具有很大的自发性和随意性，在开发数量和质量上受到很大的限制。企业对互联网信息资源的开发有最直接的经济利益，很多企业的公共关系部门都非常关注互联网对自身企业和对手的相关报道、客户对产品的评价等，并根据这些信息及时对自己的策略做出调整，并在自己的网站做出反应。所以一般来说，企业网站的更新速度是最快的。组织和政府机构利用互联网传播自己的理念观点和政策法规，吸引更多人的参与、监督和反馈。

有专门的企业和机构对互联网信息资源进行开发和利用。咨询机构专门采集、跟踪和分析互联网信息，为企业客户提供咨询意见。一些专门的机构为了方便互联网信息的组织、管理和交流，制定专门的元数据集（如 Dublin Core）对信息资源进行描述、定位、评估等。搜索引擎和分类目录网站帮助人们迅速定位到需要的信息。

互联网搜索引擎对互联网上的各种信息资源（主要是网页，也包括 FTP、新闻组等上面的资源）进行搜集，对搜集到的资源进行分析和索引，为用户提供主题浏览、关键词检索等服务。搜索引擎对用户快速查找信息提供了很大方便，迅速成为用户上网最经常使用的服务之一。从中国互联网络信息中心（CNNIC）对用户使用搜索引擎的满意度调查来看，搜索引擎大多数可以满足用户需求。当然搜索引擎也有它的局限性。一是搜索引擎的搜集范围有限，随着互联网信息的飞速增长，任何搜索引擎都没有能力覆盖整个互联网信息；二是各种搜索引擎间缺乏合作共享，各行其是，增加了网络和服务器的负担，造成重复抓取；三是目前的分析、检索技术还不能满足用户的深层需求。

互联网信息资源的产生、传播和利用具有很大的随意性，缺乏有效的管理和监督。互联网上存在大量色情、暴力和其他不良的信息，各种形式的虚假广告和非法窃取的用户信息，不断增长的垃圾邮件和不断跳出的广告信息，非法盗版和传播的各种资源等等，都影响了我们正常的生活、工作和学习。虽然国家针对互联网颁布了很多法律法规，但从目前来看，仍是不够的。如何对互联网进行有效的管理，是一个值得思考的问题。

18.2 互联网信息资源的交流与共享及其管理状态

互联网给人们之间的信息交流和共享带来了极大的方便。从最初的 E-mail、FTP 到 WWW（World Wide Web，万维网）、P2P、IM（Instant Messaging，即时通讯）等，信息传播和反馈的加快，改变了人们以前的生活和交流方式。本节对互联网上主要的信息交流和共享方式进行了考查，着重阐述它们各自在人们生活工作中扮演的角色和它们的优缺点。

1．E-mail

E-mail 是人们使用互联网最早的一种方式，直到现在仍是最广泛的互联网应用。在如今这种通信高度发达的社会，一个知识分子如果没有电子信箱是很难想象的。它已经像通信住址、电话号码一样成为人们普遍的联系方式。

中国互联网络信息中心（CNNIC）第十三次中国互联网络发展状况统计报告显示：互联网用户平均拥有 E-mail 帐号为 1.5 个，平均每周收到的电子邮件数为 7.7 个（不包括垃圾邮件），发出的电子邮件数为 5.5。但 E-mail 的缺点仍然很明显：垃圾邮件过多（用户平均每周收到垃圾邮件 8.3 封，高于有效的电子邮件数）、安全性和权威性不高、电子邮件产生的通信延时和交互性差等。

2．WWW

万维网（World Wide Web，简写为 WWW）1995 年进入中国后迅速得到发展，中国互联网络信息中心（CNNIC）第十三次中国互联网络发展状况统计报告显示，WWW 站点总数达到 595550 个。WWW 已成为人们获取互联网信息的主要工具。搜索引擎的发展使人们能更有效地使用 WWW 信息。

3．FTP

FTP 服务受到 WWW 的冲击相对缩小，目前仍是人们交流和共享资源的一种主要方式，从 FTP 搜索引擎查找 FTP 站点成为一种主要的 FTP 使用方式。

FTP 搜索引擎的功能是搜集匿名 FTP 服务器提供的目录列表以及向用户提供文件信息的查询服务。由于 FTP 搜索引擎专门针对各种文件，因而相对 WWW 搜索引擎，在寻找软件、图像、电影和音乐等文件时，使用 FTP 搜索引擎更加便捷。目前主要的 FTP 搜索引擎有天网 FTP 搜索（http://bingle.pku.edu.cn）、星空互联（http://www.sheenk.com）、百步梯 FTP 搜索引擎（http://www.100steps.net/ftpsearch/ftp.php）等，它们提供 FTP 资源搜索，并自发地组织各种形式的 FTP 联盟，以便更好地共享资源。

当然 FTP 的局限性很多，除了上面所说的缺乏 WWW 良好的用户界面和超级链接外，传统的集中式客户机－服务器方式在今天庞大的信息资源和用户群面前越来越有点力不从心，经常出现资源“相对”匮乏（即发现资源却无法下载）的问题。图 18.1 是天网 2002 年 10 月进行的调查的结果，题目是“您认为天网文件搜索引擎当前最需要改进的是什么”。当时共有 850 人参与了投票，从中可以看到“下载难”是用户遇到的最多的问题。

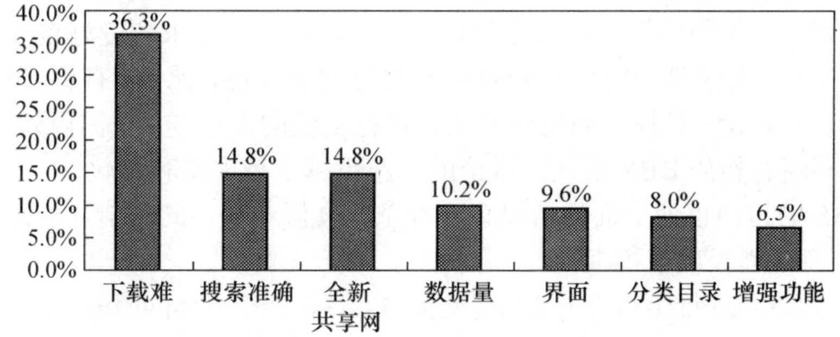

图 18.1　对天网文件搜索引擎的网上调查结果

基于此，天网 FTP 搜索开发了 Maze（http://maze.pku.edu.cn），以图形界面的方式提供了一种文件共享和下载的新途径。星空互联开发了自己的 UFTP 文件传输策略，希望改进排队算法以便让更多的用户可以访问资源。

4．P2P

P2P 是 Peer-to-Peer 的缩写，又称为对等网，它使得用户间可以直接通过网络连接而进行交流和共享，绕过了传统的服务器和中间商，改变了原来的高度集中的中心状态而成为分散的“非中心化”状态。

当人们认识到 P2P 相对于传统客户机－服务器模式的优势后，P2P 软件层出不穷，从早期的 Napster 到 Gnutella、eDonkey、eMule，到如今非常火热的 BitTorrent（简称 BT）。国产的 P2P 软件也非常丰富。目前国内有多家大的 BT 站点，维护着大量软件、音频、视频等文件的发布和共享。

P2P 不光在民间有着广泛的应用，它也吸引了商界的目光。很多软件商、游戏商甚至媒体运营商都在挖掘 P2P 的商业价值（例如用 P2P 技术分发软件和补丁，在传统的音频、视频系统中集成 P2P 技术等）。总之，P2P 的应用还有很大的空间。

5．IM

IM（Instant Messaging，又称即时通讯）已成为互联网通信一种主要方式，它比 E-mail 的即时性更强，因此其普及性比起 E-mail 来毫不逊色。最常见的 IM 应用是腾讯公司开发的网络寻呼工具 QQ，据统计，截至 2003 年底腾讯 QQ 的注册用户已近 2.6 亿人次。

IM 提供了全新的聊天方式，同时它的反应迅速和方便廉价，也引起企业的兴趣，并可能改变员工的工作方式。对此通常有两种截然相反的看法：一方认为 IM 窗口在工作的计算机界面上不断弹出和在办公时间与朋友聊天的诱惑会降低员工的工作效率；而另一方认为 IM 的低成本的即时沟通，比起 E-mail 和电话来更灵活方便，会使工作变得更加轻松和高效。但不管如何，IM 已经开始进入企业，目前最大的企业即时通信平台提供商是 IBM，它的 Lotus Sametime 占 70%的市场份额。国内腾讯公司已经成为亚洲最大的即时通信服务提供商，也推出了企业即时通信软件 RTX。

企业即时通信比起个人通信需要更好的安全性，需要更强大的功能和与企业流程更好的融合。总之，这还是一片有待挖掘的市场。

6．BBS

BBS（Bulletin Board Service，公告牌服务）是互联网上的一种电子信息服务系统。它提供一块公共电子白板，每个用户都可以在上面书写，可发布信息或提出看法。BBS 通常根据主题划分成不同的板块，每个板块大多是根据用户要求和爱好设立的，通常由用户选举的“版主”来管理。BBS 比 WWW 有更好的交互性，比 IM 有更好的讨论氛围。它是用户自由发表言论、寻找志同道合的朋友进行交流的理想场所。国内知名的 BBS 非常多，而且还不断有新的 BBS 出现，讨论的主题也越来越丰富和细化。

当然，BBS 的自由也使上面的信息鱼龙混杂、真假难辨，同时信息的流逝快，这些都对 BBS 的信息检索提出了挑战。

另外，人们现在也在推出综合上述信息交流与共享功能于一体的服务。前面提到的北大天网 Maze（http://maze.pku.edu.cn）就是一个实例，它用一种 P2P 的技术，集 Napster、QQ、BBS、BT 和搜索引擎的功能于一身，并借鉴社交网络自然形成的机制，很快受到网民的欢迎。

18.3 互联网信息资源库建设与管理状态

互联网为信息的发布、交流和共享提供有利的平台，但互联网上的信息具有很大的随意性、缺乏统一的管理和结构，如何更有效地组织和管理信息，去伪存真、去粗取精，为用户提供更具价值的信息，这就需要建立信息资源库。信息资源库是一种信息增值服务，它按一定的标准和组织方法收集互联网信息，并为用户提供方便的查询和咨询服务。

本节从公益性信息资源库建设、商业信息服务资源库建设和学术研究机构信息资源库建设三个方面分析目前互联网信息资源库的建设状况。这种划分并不是很严格，建设信息资源库既有其经济效益，又有其社会效益；同时又需要专业知识和信息技术的支持。

公益性互联网信息资源库的突出表现是在线数字图书馆。数字图书馆是融入人们社会生活、不局限于图书馆场所的社会化、专业化、个性化的信息提供基础设施，是以信息的有序组织为基础，通过网络技术、计算机技术和现代通信技术传播知识的一种新的服务方式。数字图书馆对于整个国家的信息化建设具有非常重要的意义，是国家信息基础设施的重要组成部分。数字图书馆以全民教育和学术研究作为建设的重要目标，主要的经费来源于政府，因此把它划分为公益性信息资源库。数字图书馆的建设基本是围绕国家及高校图书馆进行的。2003 年建成的中国期刊网 CNKI 数字图书馆（网址：http://www.edu.cnki.net/index.htm）。中国知识基础设施工程（China National Knowledge Infrastructure，简称 CNKI 工程），是以实现全社会知识信息资源共享为目标的国家信息化重点工程，涵盖了我国自然科学、工程技术、人文与社会科学期刊、博硕士论文、报纸、图书、会议论文等公共知识信息资源。广泛涉及全国传统出版物与非出版物、音像电子出版物资源的数字化建设与网络出版、全球互联网资源的专业化整合、多媒体教育教学资源库的研制、信息资源共享技术开发以及网络会议、网络教学等资源交互式应用系统的开发等有关产业、技术、经济、法律诸多领域。

学术研究机构在专业领域的研究中，建立相关的信息资源库，为学术机构间的知识交流共享提供了极大的便利。研究机构一方面将自己的学术成果和知识信息整理组织成信息库，方便自己的检索和使用；一方面将信息库放到互联网上，为其他用户提供访问服务，以加强学术机构间的互访来取长补短、集思广益，并扩大自己的影响。

信息资源同样具有商业价值。在如今社会，能否获得即时有价值的信息并作出迅速反应，决定了一个企业能否在激烈的竞争中生存下去。因此，涌现出一批信息服务企业，它们从各种渠道收集信息，通过过滤和统计等方法，建立信息资源库，以收费的形式向用户出售信息。如赛迪数据在线（http://www.cciddata.com）目前在线开放 7 大类的数据库，每个类别又分若干小类，部分数据免费开放。而万方数据（http://www.wanfangdata.com.cn/）有三个子系统：科技信息汇集科研机构、科技成果、科技名人、中外标准、政策法规等近百种数据库资源，信息总量达 1 500 万条；商务信息推出企业/产品信息、商务动态、政策法规、中外标准、成果专利等项服务内容；数字化期刊群已经集纳了 2 000 种科技期刊的全文内容上网，按理、工、农、医、人文排列，交叉入类、刊名查询。

不过，上述这些互联网信息资源库有一个较大的局限性，即它们的信息资源并没有覆盖通常意义上的互联网，不仅来源集中，而且其中大量的资源来源于传统媒介的数字化。因此更倾向于将它们看作是互联网上的专业性信息资源库，而不是针对互联网信息资源建立的库。

然而，互联网上的信息资源包罗万象，不仅数据量十分庞大，而且大多处于一种自发和无序的状态，通常需要搜集、鉴别、分类、整理等才能得到有意义的集合。由于许多方面的技术尚不实用，目前国内从事这类互联网信息资源建库工作的并不多见，当前最具有代表性是北京大学网络实验室开发的“中国 Web 信息博物馆”系统

（http://www.infomall.cn/），其英文名称为 Web InfoMall。

Web InfoMall 是一项公益事业，向公众免费开放。它对中国互联网上最主要的信息资源——网页进行了收集和归档，其目标是将今天中国 Web 上的网页资源相对完整地保存下来，使得将来（例如 20 年以后）的某一天还可以真实地再现这些网页。Web InfoMall 以公开许可证的方式对外免费开放网页数据，各研究机构和个人可以申请获取 Web 网页全文等数据，以作进一步的研究。目前 Web InfoMall 系统共收藏有自 2001 年以来收集的超过 5 亿个网页，并且可以真实地再现这些网页。人们可以输入 URL 查询网页的存档并浏览历史网页，还可以顺着超链接在历史网页中持续浏览。Web InfoMall 还针对一些重大历史事件将历史网页整理成专题展出，使得人们可以方便地回顾重大历史事件期间 Web 媒体的报道和反应。

从某种意义上来讲，Web InfoMall 承担了保存中国 Web 历史的责任。与 Web InfoMall 相应的，目前北大网络实验室还建设了“中文数字财富库”（CDAL，http://cdal.grids.cn/）系统，用于保存网页之外的各种数字资源以供将来的科学研究。

18.4 国外互联网信息资源开发、共享与管理状态

自 1996 年以来，国外相继有一些组织和政府机构开始对互联网上的信息资源进行有意识的收集和保存工作，如澳大利亚的 Pandora、美国的 Internet Archive 和 Minerva、瑞典的 Kulturarw、丹麦的 Netarchive、奥地利的 AOLA 等项目。这些项目多数是由国家的相关机构主导的，一般都有国家图书馆的参与。在许多项目的动机和目标上，都提到了一种相似的观点，即互联网上的信息资源是国家文化的一部分，是一种遗产。

其中，Internet Archive（http://www.archive.org/）的名气最大，被公认为是做得最好的。Internet Archive 是一个 1996 年成立的非赢利组织，其目标是建设一个 Internet 图书馆，为研究人员、历史学家和其他学者提供永久性的数字资源的历史存档。Internet Archive 采用接受捐献的方式来收集资源，至今已拥有高达 100TB 经过压缩的数字资源。其中最主要的数字资源是网页，Internet Archive 自 1996 年以来一直接受著名搜索引擎公司 Alexa Internet 捐献的其搜集的网页，目前保存有 300 亿个覆盖全世界范围的网页存档。Internet Archive 对这些网页进行索引，提供了一个称为“Way Back Machine”的 Web 服务，允许根据 URL 查询网页存档并浏览网页。从 1999 年开始，Internet Archive 开始收集其他类型的数字资源，包括视频、文本和音频。除了接受捐献之外，Internet Archive 还和各个图书馆合作，收集了包括“百万图书工程”在内的众多电子书籍和各种电影、录音。不过这些资源和网页相比，还相对较少。

在资源的访问方面，Internet Archive 允许研究人员经过申请，可以直接使用 UNIX 系统的文件装载来直接访问部分数据的原始记录，前提是研究人员必须具备较高的计算机技能。值得注意的是 Internet Archive 最近推出了一个称为“Recall”的全文检索服务，声称可对 110 亿个网页进行索引，但目前是测试版，效果并不理想。

相比于 Internet Archive，其他一些项目在资源的收集数量上要少得多，在收集的范围和策略上也有所区别。澳大利亚的 Pandora 项目是由澳大利亚国家图书馆组织的，只对国内一些网站进行有选择性的定期收集，大致收集有 1 千多个网站。其主要特点是对

收集的网站分类整理，由于其经过人工挑选，所以收集的网站具有很强的代表性，并提供友好的导航界面。瑞典的 Kulturarw、奥地利的 AOLA 也都只是对本国互联网数字资源进行收集和保存，其规模都比较小。丹麦的 Netarchive 则是对收集和保存的各种技术和策略做前期调研。

同时，一些政府机构也开始对保存和展示 Web 资源予以重视。例如，英国国家档案馆利用 Internet Archive 提供的服务，开发了“UK Central Government Web Archive”的网站，用来展示英国各政府机构网站历年的网页资料。另一个例子是美国国会图书馆的 Minerva 项目，它与 Internet Archive 和 WebArchivist.org 合作开发了“September 11 Web Archive”、“Election 2002 Web Archive”等专题性网站向公众开放，分别展示 9·11 恐怖袭击事件和 2002 年美国国会选举期间有关的 Web 档案。也许正是在这种需求的驱动下，开始出现了 WebArchivist.org 这样的组织，其使命是：开发用于大规模 Web 档案对象的提取、收集、分类和分析的系统。这可以看作是因大规模 Web 资源收集而产生的一项新事业。

而在德国海德堡大学汉学系，出现了另一种更加专业化的收集工作：DACHS（Digital Archive for Chinese Studies）。其目标是将互联网上的与中文研究相关的资源归档并对相关研究人员提供访问服务。

丹麦、芬兰、冰岛、挪威和瑞典的国家图书馆则联合启动了一项旨在开发相关软件工具的项目：Nordic Web Archive。其目标是开发一套称为“NWA toolset”的软件工具集，用于创建 Web 历史档案集，并支持档案集之间的互操作。该项目于 2003 年 3 月启动，并在 2003 年底推出了第一个版本。值得注意的是，该软件工具集以 GNU GPL 协议（该协议为自由软件的发行协议）对外开放源代码，或许是借鉴了自由软件蓬勃发展的经验。

2001 年 6 月在哥本哈根召开了一次国际会议，主题是：为了将来保存现在（Preserving the Present for the Future - Strategies for the Internet）。这句话大致可以概括这项工作的重要意义。

如果在这个方面对国内外作一个比较的话，应当认为，国内的 Web InfoMall 系统与国外最好的 Internet Archive 系统是存在一定差距的，主要体现在收集的范围和资源的量上，但是从技术上说，两者在完成的职责和功能上并没有明显的差距。考虑到 Web InfoMall 作为高校的一个科研项目，仅由几位学生维护，该系统的成功是值得肯定的。

（北京大学网络实验室 李晓明）

第 19 章　科技信息资源建设

科技信息资源是人类从其活动中所获得的一切与科技有关的信息的总称。按性质分，科技信息资源可以分为自然科学、社会科学、工程技术、法律法规和规范标准等。科学数据与科技文献、网络科技资源、科技标准、专利、科技管理信息以及以实物（种质资源、标本、样品等）为载体的相关信息等共同构成完整意义的科技信息资源。

随着人类社会现代化进程的加快，在世界范围内，信息已与物质、能量共同构成三大资源体系。科学数据、科技文献等科技信息资源正随着科学技术的迅猛发展而成为社会进步的最活跃的驱动力。有关资料显示，科学数据呈海量增加和积累的态势，近 30 年人类社会所获取的科学数据量是前 5000 年的总和，现在每天有 3×10^{18}bits 的数据产生。20 世纪后期以来，人类传播的信息总量正以每 10 年倍增的速度上升。以科技文献为例，现在每年全世界就要出版 70 万种科技图书，发表在期刊上的署名科技论文每年达 200 万篇以上，专利说明书每年递增 150 万件以上。而通过互联网发布和传播的信息资源更是数量巨大、更新频繁。

海量存储和逐日递增的科技信息资源，不仅具有内容丰富、数据量大的特点，而且还具备不同于其他资源的典型特征，比如它的可增值性、可复制和无损耗性、使用便捷性等。科技信息资源的自身特点显示了显著的科技创新基础能力，它能够从基础条件上为科技进步与创新提供有力的支撑。因而，要提高我国的科技创新能力和综合国力就必须重视和加强科技资源的建设。

19.1　中国科技信息资源建设现状

科技信息资源建设是一个复杂的系统工程，摸清家底是进一步整合、挖掘这一信息宝库的关键举措。下面分别介绍科学数据、科技文献、在线数据库、网络资源等方面的建设现状。

19.1.1　科学数据资源建设现状

科学数据作为信息的重要内容之一，不仅具有明显的潜在价值和可开发价值的资源属性，而且还具有不同于其他资源的特征。其一，是典型的科技信息资源。科学数据由人类社会科学和技术活动所产生和积累，它可以按照社会的多种需求提供系统的资源量。

其二，具有可增值性。其价值的实现与开发者的能力和方法密切相关，能够在广泛应用中增值。其三，具有可复制和无损耗性。科学数据是可共享的，可反复使用的、非排他的、可无限复制的，它不会因为满足某人某时的需求而影响任何时候其他人需求。其四，具有使用的便捷性。所提供的数量、质量、产品形态及其存储和传输方式，借助现代信息技术可以迅速、广泛传播和便捷使用。

半个多世纪来，我国在诸多科学技术领域组织了不同规模、历时不等的观测、探测、监测、调查（考察）和试验研究工作；通过诸如科技攻关、高技术研究及产业化、重大基础研究和自然科学基金等一系列国家重大科技计划，支持了各专业领域的科学研究；先后建设了一批大型科学设施和重大科学工程、重点实验室、工程中心及野外观测研究站网等等。这些科技活动积累了大批宝贵的基本科学技术数据、资料和基于这些数据所得出的大量综合性信息，构成了我国海量科学数据的大致轮廓。据不完全估计，仅“九五”期间，国家在资源环境领域直接投入（含科学事业费、国家各类科技计划和专项的投入）观测、探测、调查、试验的费用就不低于500亿元；同期，为实施国家级科技计划的经费投入也接近两千亿元，在国家科技计划的经费中，有30%～50%与科学数据的采集与整理有关。

近20年来，我国先后建设了5 000～6 000个规模不等、质量各异、应用程度迥别的科学数据库。这些数据库的数据量从几百kB到几十TB，覆盖了科学技术的各个领域。在科学数据采集和积累方面，初步形成了以部门为主体，与科研院所、高等院校互为补充的格局；先后建成了一批数据管理机构，负责收集和整理相关部门、单位所采集的各类数据资料，并通过建立数据库和产品加工，向用户提供信息服务；随着国家信息化进程加快，科学数据管理正朝着数字化、网络化、智能化方向发展；诸多数据机构（组织）开展了多方位的国际间数据合作与交流，参与了相应的国际科技数据交换组织，初步建立了稳定的交换渠道。

利用遥感技术获取地球系统方面的科学数据资源在过去几十年中受到明显重视，并取得了显著成效，拥有了大量的数据积累。从20世纪50年代开始，利用航空摄影，已积累了有效航片约500万景（全部数字化约1 750TB）；70年代末开始引进国外卫星遥感数据和地面接收设施，为各个领域提供卫星遥感数据，目前能够接收和处理包括光学和雷达遥感数据在内的国内外11颗遥感卫星数据。同时，我国先后发射了6颗太阳和地球同步轨道气象卫星，2颗以陆地资源和环境为主要观测目标的中巴地球资源卫星，1颗以海洋环境和资源监测为主要目标的海洋卫星。据统计，我国已经积累了20世纪70年代以来有效观测的国内外卫星影像近1 200TB，其中国外卫星基础数据300TB，国内遥感卫星基础数据900TB。近年来，随着城市地理信息系统发展和新一代高分辨率卫星系统相继投入应用，数据的年增量加速提高，每年递增30～50TB。

19.1.2 科技文献资源建设现状

我国科技文献资源的建设与服务经历了波折起伏、总体向上的历程。“文革”前尽管国家的经济基础薄弱，外汇奇缺，但全国科技文献资源建设与服务总体上令科技界满意，有力支持了“重点突破、迎头赶上”的12年科技规划目标的实现。“文革”十年，文献资源和服务体系遭到巨大的破坏。20世纪70年代末到80年代，科技信息系统、大学图书馆系统以及公共图书馆系统等在改革开放的形势下，科技文献资源建设与服务呈现上升趋势，并且提出了共建共享的初步设想。90年代由于科技信息、文献、图书馆等公益事业单位处于改革摸索阶段，加上文献价格上涨、汇率调整、投入不足等因素，我国科技文献资源建设与服务呈现下滑趋势。直至“九五”计划后期，科技部、教育部、文化部等有关部委积极推进信息资源与服务的建设，组建“国家科技图书文献中心”（NSTL）和“中国高等教育文献保障系统”（CALIS）等共建共享机制，文献资源总体采集量才有所回升，文献服务特别是网络文献提供服务取得了显著成绩。

从表19.1可以看出，全国科技信息系统、图书馆系统对国外资源的收藏中，科技图书仅占4%，科技期刊仅占2.5%，学术会议论文占33.3%强。科技报告除美国的四大系列报告（AD、PB、DOE、NASA）外，其他国家的报告收藏基本是空白。专利文献对我国科技、经济发展至关重要，但我国尚未建立完善方便的查询系统，开发利用不够。对国内资源的收藏总体较好，但最大的问题是科技报告、科技成果、技术方法与工艺文献等非公开出版物尚未建立起有效的管理体系，不仅未能充分开发利用，甚至有可能散失。

表19.1　　全国科技文献资源拥有与利用现状（2002年）

文献类型	国外总量	对国外资源的收藏	国内总量	国内资源的收藏状况
科技图书	70万种	2.78万种，4%	5万种	基本齐备
科技期刊	6.6万种	1.64万种，2.5%	0.47万种	基本齐备
科技报告	70万件	AD、PB、DOE、NASA		尚未建立国家科技报告管理体系
学术会议论文	会议录>0.6万种	1/3强	10万篇	不能广泛利用
学位论文	硕博论文>20万篇	基本无系统收藏	>6万篇	收藏较好，共享较差
科技成果文献			重要的超过30 000项	没有国家统一或较集中的收藏和服务
专利文献	4 000万件	基本齐备	150万件	开发利用不够
标准、计量文献	约150万件	ISO等标准收集齐全	35万件	开发利用不够
技术工艺、方法文献		难度较大	数百万件	散落在各部门、各单位，未集中收藏和服务
科技声像			数十万件	无国家集中收藏和广泛利用

19.1.3　数据库资源引进与开发现状

我国自80年代开始数据库建设，90年代数据库资源建设和服务业蓬勃发展，至2003年底，基于网络平台可使用的数据库总量已达169 867个，全国108 986个网站拥有在线数据库，这些网站平均每个拥有1.56个数据库。尽管科技文献数据库也有很大增长，但它在80年代和90年代初的“总量第一地位”已让位给经济、贸易、企业、产品数据库，这些已占全国数据库总量的68.4%，而科技文献信息数据库仅占6.6%。具体数据见表19.2。

表 19.2 在线数据库数量及分布情况

分布现状	政府网站	企业网站	商业网站	教育科研机构网站	个人网站	其他非赢利机构网站	其他类型网站	总 体
库（个）	9 099	92 302	23 951	11 241	11 541	15 846	5 887	169 867
比例	5.4%	54.3%	14.1%	6.6%	6.8%	9.3%	3.5%	100.0%

19.1.4 网络资源发展状况

我国以电子出版物为核心的网络资源建设主要始于 90 年代，目前发展速度很快，但与国外网络资源的建设规模和速度相比，仍处于起步阶段。目前全世界电子出版物已超过 1.5 万种，每年递增 10%，其中 2/3 已在网上流通。我国电子版图书很少，电子期刊数量呈上升趋势，但绝对量仍然很少，电子报纸也只有 237 种。

19.2 科学数据资源建设规划要点

科学数据资源建设是科技信息资源建设的重要内容之一，关系到国家科技创新和科学技术整体水平的提高。所以国家科技部从 2002 年开始，把科学数据共享建设纳入科技条件平台建设计划中，试图通过科学数据共享工程的实施，整合、集成已有的科学数据资源，有计划地进一步开发和建设新的数据资源，逐步利用互联网，为我国的科学研究和技术开发提供一个数据资源丰厚的网络数据资源平台。在 2003 年启动的科技中长期规划中也将科学数据资源建设纳入其中，经过各部门和多位科学家的研讨，目前已初步形成了一个框架。

19.2.1 科学数据资源建设目标

总体目标：用 10～15 年的时间完成结构合理、面向全社会、网络化、智能化的科学数据管理与共享服务体系的建设；完成共享政策、法规、标准体系的建设，建立健全共享机制；形成一支能适应社会信息化的、专业配置合理的技术服务型管理队伍。实现 80%以上的公益性、基础性数据资源面向全社会共享，使科学数据资源的积累与共享达到基本满足科技创新和国家发展的需求，提高国家科技创新能力和竞争力，最大限度地发挥国家科技投入的效益。

到 2010 年目标：通过试点示范，稳步推进，初步建成规范化、标准化、安全可靠的科学数据管理与共享服务体系的基本框架，构建 50 个左右的数据中心（网），约含 300 个规模化的主体数据库；实现 60%以上的资源环境、农业、人口与健康、基础科学等领域公益性、基础性数据和若干工程技术领域共性基础技术数据面向全社会共享。促进国家重大科技计划项目数据的有效管理和高效利用。提高对国外开放的数据资源利用率。

19.2.2 数据资源共享服务体系结构

由互联互通的门户网站、数据中心（群）、数据共享服务网及其主体数据库组成的三级结构的管理与服务体系，如图 19.1 所示。

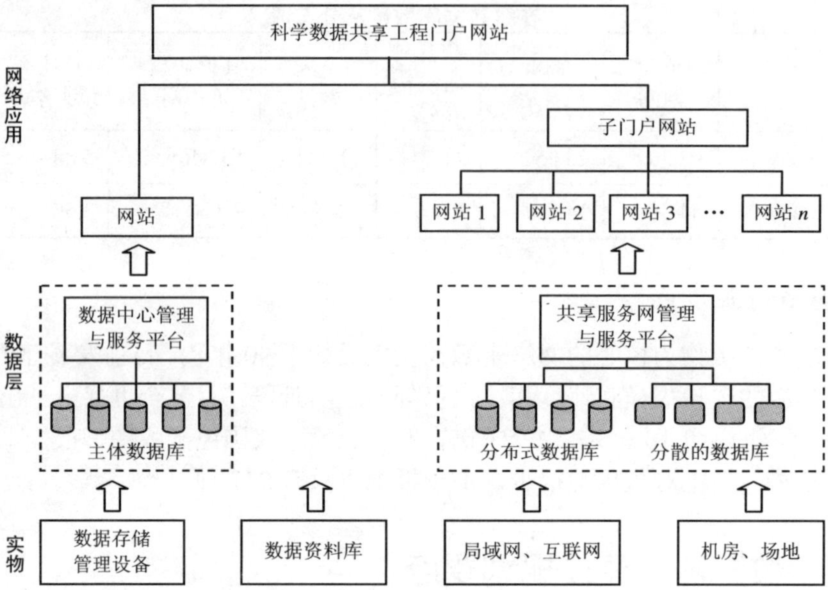

图 19.1　科学数据管理与服务体系

1．主体数据库是数据层建设的基本单元

主体数据库，是以学科或专业领域来设置的，能够刻画或反映本学科或本专业领域的数据特征，基本上满足相应学科或专业领域科技创新的需求。它是由相应专业领域的基础性科学技术数据所构成的规范化、集成化、体系化和规模化的数据库。

一般来讲，统计、加工的文本数据应达到 10MB 级；原始记录文本数据应达到 1GB 级；矢量数据为 10GB 级；人工描扫栅格数据应达到 100GB 级；而自动系统采集的栅格数应达到 TB 级。

2．服务功能

科学数据资源的服务功能体系包括数据管理、目录管理、数据服务和延伸服务等内容。该结构体系如图 19.2 所示。

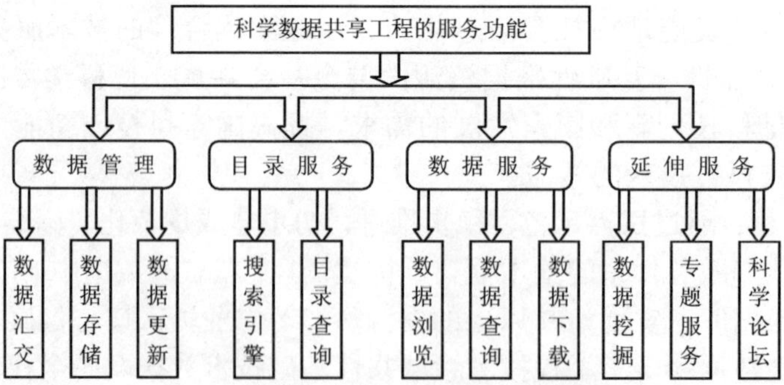

图 19.2　科学数据资源的服务功能体系

19.2.3　科学数据资源建设的主要任务

科学数据资源建设的重点是：整合集成相关业务部门（行业）长期布局持续积累、国家各类科技计划项目不断产生和重点地区拥有的数据资源，按领域分别构建科学数据中心或科学数据网，以及链接这些数据中心（网）的数据交换与共享服务体系，面向全社会提供一站式数据服务。在整合相关部门（单位）已有数据的同时，加强国家重大科技计划项目数据管理；抢救相关领域有科学价值的历史资料；加强国际合作，充分利用国际数据信息资源；开展高水平数据产品的增值与综合分析服务。研究开发数据管理、应用服务系统和分布式数据库网上管理与分发服务技术；建立科学数据共享标准体系和统一的技术规范；建设有利于科学数据共享的政策、法律环境。

1．数据共享服务体系建设

（1）构建科学数据中心。其任务包括：①整合已有数据资源以及珍贵历史资料的抢救，实现科学数据资源及其主体数据库建设的体系化；②完善科学数据管理与共享服务的规章制度、办法，开展本领域数据共享标准与规范的研制；③建立数据共享技术平台，面向政府、科技教育界和社会提供数据检索与分发服务。

（2）构建科学数据网。其主要任务是：①集成离散在各研究机构、高等院校、企业乃至科学家个人手中的数据资源上网服务；②国际科学数据资源的交换、收集引进与开发；③针对科技前沿研究，组织有关数据管理机构和专家共同加工数据产品；④组织或参与相关领域数据共享标准与规范的制定；⑤开发与推广适用本领域的网上数据服务系统；⑥促进各有关单位的数据服务网站建设。

（3）构造科学数据共享门户网站。在科学数据中心（网）的基础上，通过元数据技术有机链接各数据中心（网）的主体数据库，构建元数据目录总检索系统与科学数据共享信息发布系统（即以互联网为主要传播媒介，以数据信息发布、查询、导航引擎等服务为内涵）。

2．科学数据资源建设

科学数据资源建设包括以下五个方面：①对已有可共享资源的整合，提供高效的共享服务；②努力整理和抢救那些濒临损毁丢失的，具有科学价值的观测、探测、调查、试验和实验所获取系统的科学数据、资料；③实施国家重大科技计划项目数据的管理；④对国际科学数据信息资源的收集、引进与充分利用；⑤数据资源的二次开发，提高其附加值。

19.2.4 规范化、标准化建设

规范化、标准化建设包括两个方面的主要内容。

（1）以数据管理和服务为目的的共享技术平台建设。主要包括：科学数据中心（网）的共享技术平台框架；各中心（网）之间数据交换技术；数据导入、转换、存储、管理与输出于一体的综合管理信息系统；数据安全技术等。

（2）科学数据共享标准体系建设。主要包括：科学数据共享标准体系框架和参考模型的确立；元数据标准；数据分类标准；数据共享通用技术标准等。

19.2.5 政策、法规体系建设

政策、法规体系建设主要包括以下两个方面的内容：①制定立法规划，进而有序开展科学数据共享的政策、法规体系研究。②推动在国家层面上制定科学数据共享管理条例、修订《科技进步法》和相关法律以及信息共享的立法进程。

19.2.6 科学数据资源建设与服务体系布局

布局主要考虑的因素：①突出公益性、基础性科学数据资源的共享；②按部门、系统和科技计划管理体系、地区尺度构建中心（网），按学科或专业尺度构造主体数据库；③充分考虑现有数据资源分布的现实与发展需求；④以政府为主导，充分发挥各个方面的积极性。激活存量资源，合理调控增量资源。

按以下 6 个方面在全国设置 50 个左右的数据中心或数据网。

- 资源环境领域：14 个左右的数据中心或网。
- 农业领域：5 个左右的数据中心或网。
- 人口与健康领域：7 个左右的数据中心或网。
- 基础科学与科学前沿：6 个左右的数据中心或网
- 工程与技术科学领域：10 个左右的数据中心或网。
- 区域综合科技数据网：8 个左右的地区综合科技数据网或中心。

19.2.7 实施阶段与试点

1．2005 年之前规划与试点阶段

这个阶段的主要任务包括：

（1）数据资源的整合集成，构造重点领域的主体数据库及其相应的元数据库；

（2）完成共享技术平台的设计与构建，形成以中心建设单位（和网管单位）为中心的、网络化的数据管理与服务系统；

（3）做好数据资源的分级分类，提供数据服务；

（4）制定和执行部门规章制度；

（5）科学数据共享标准化工作；

（6）中心（网）技术服务型管理队伍的建设；

2．2006 年～2010 年全面推进阶段

包括继续进行共享技术开发、政策与法规体系建设，科学数据中心（网）的构建。即：试点中心（网）的完善与健康运行；试点经验推广，全面推开科学数据中心（网）的建设；加强各领域科学数据中心（网）之间的协作，提高数据产品的生产能力和产品质量；完善科学数据共享的政策、法规体系建设，形成国家科学数据共享管理、分发服务和有效应用的良性循环。

3．2011 年～2020 年提高阶段

通过上述两个阶段试点示范的实施，初步形成国家科学数据管理与共享服务体系的基本框架，各方面都取得丰厚的积累，步入更高层次的充实、完善和提高的发展阶段。

19.3 科技信息资源建设存在的问题分析

我国在科技信息资源建设方面的进步是有目共睹的，但与发达国家相比还存在很大差距。这些差距包括技术、体制、经济实力等诸多方面。在此列举和分析一些共性问题，以期对我国的科技信息资源建设起到帮助。

19.3.1 科技信息资源建设在国家信息基础设施中相对滞后

2000年我国计算机配置的增长量是528%，居世界首位；而1998年我国网上主机数仅占全球网上主机数的0.05%，1999年进一步下降到0.04%。网上的主机数量是代表信息资源增长量和提供量的一个侧面，这两个数字的反差，说明我国信息资源建设远远落后于信息化其他领域的发展速度。

国家信息化政策明确规定，信息资源开发利用是信息基础结构三个要素（计算机、通信和信息资源）中的核心要素。相对于计算机与通信，我国长期以来，对软件和信息资源开发利用的投入却极少。因此，我国信息高速公路"有路无车，有车无货"的顽症至今仍没消除，而且在新形势下更加突出。当今世界信息高速公路又进入了宽带时代，我国以文本为主的信息资源建设尚未形成规模，宽带内容的信息资源开发又将成为我国宽带网发展和普及的瓶颈。

19.3.2 科技信息资源总量仍然不高

我国科技信息资源在总量不高，人均资源量差距更少。以主要国外科技期刊和图书为例，2002年我国的收集量仅分别占国外出版总量的25%和4%。电子版网络信息资源的收集量差距更大。我国自己出版的科技图书、科技期刊等在质量和水平也存在明显的不足。

再从反映资源存量的数据库生产和加工能力方面来看，我国同国外相比差距也很大。这突出反映在以下三个方面。一是数据库产品数据量少、容量小。以1999年的数据为例，在世界各类数据库中，11.26%的数据库都拥有100多万条记录以上，超过一亿条记录的数据库占0.36%；而我国对29家142个数据库的调查显示，10万条以下的数据库占72.32%，尚没有超过1000万条记录的科技数据库。二是数据库覆盖年限短，更新慢，标引深度浅。1999年美、日、德三国共建的STN数据库系统，覆盖年限在20～30年的数据库已占30.43%，按周更新的数据库已占30.05%；而我国覆盖年限10年以下的数据库占49.4%，按年度更新的占60.9%。三是缺少高质量名牌数据库。例如Dialog系统，拥有450个数据库，3.3亿条记录；而我国最早建立的万方数据（ChinaInfo），仅拥有59个数据库，不足1 000万条记录。

19.3.3 科技信息资源采集、加工、服务技术落后

信息技术正在整体换代。内容开发已从传统的信息存储和检索向高精度检索、多媒体内容存储和检索、文本挖掘、知识发现、信息内容可视化、概念词库、知识搜索引擎、语音识别等领域发展。信息检索正在向以人为本、提供和挖掘知识的智能化、多媒体信息检索等新方向发展，信息检索同自动标引、自动摘要、自动分类、自动翻译等集成为整体系统，其应用已扩大到经济、金融、政务、文化、教育等领域。我国信息检索除个别先进系统外，多仍以文本信息为主，以简单语法结构和非结构信息为主，技术开发相对简单，同国外技术进展形成强烈反差。

19.3.4 科技信息产业化水平低

实现产业化应具体表现为生产过程的规模化、产业功能的社会化、生产分工的专

业化、产业结构的网络化、产品服务的商业化、生产手段的现代化、投入产出的增值化等。从实际情况看，我国科技信息服务业的发展规模小，速度较慢，商品化程度低。受计划经济的影响，数据库仅为领导和管理服务，而大量政府信息和公用资源不能为公众所利用，不能支持众多联机服务公司的商业化运作。同国外相比，我国缺乏类似 WorldCat、Dialog、Google、ISI、STN、Elsevier 等有权威性、具有世界市场竞争力的大型数据库和数据库服务提供商。清华同方、万方数据、重庆维普等国内知名数据库企业的服务，其规模、覆盖面、利用率等虽然发展迅速，但同国外比仍有很大差距。很多数据库生产单位仍然以自产自用为主，我国数据库生产分工的社会化和专业化尚未形成。

19.3.5 科技信息资源的共享程度低

诸多数据库往往局限于本部门、本单位使用，甚至小群体专用，缺乏部门间的交流和沟通，更没有形成面向社会共享服务的局面；国家各类科技计划项目所产生的科学数据，也没能得到有效的管理和利用。据统计，到 2002 年底全国在线服务的 8.3 万个各类数据库中，企业、商业数据库占 90%，与科技信息相关的数据库仅占 5%左右，而名义上能够提供科学数据服务的数据库也不及 1%，用户对所需的数据无从查找。这一事实充分表明，面向全社会的科学信息资源共享服务体系尚未形成。

这样就导致了一方面是已有数据资源存量欠丰，种类有限。另一方面是过去几十年所积累的科学数据，大多数仍储于资料堆、档案柜乃至流散在个人手中。再一方面是数字化程度差，各部门各单位已经建成的数据库，标准化、规范化、体系化程度低，更新维护能力低下，相当一部分数据库根本没有标准可循。

共享程度低的原因是多方面的，简单概括为以下三个方面：（1）缺乏国家层面的统筹规划和顶层设计，政府对公益性科学信息共享缺乏应有的、持续的投入与扶持，即使有所支持也只是停留在一般科研项目管理模式，重建设，轻运行；（2）受数据（信息）“占有”和“壁垒”观念的长期困扰，对科技信息的共享缺乏国家层次的全国性、跨行业、强有力的管理协调机构、政策调控和法律制度的规范；（3）没有形成完善的数据（信息）交换标准体系和强有力的共享服务技术支撑。

19.3.6 国家投入不足

在我国，对科技信息资源建设的投入一直不足，难与发达国家和一部分主要发展中国家相比。比如科技数据资源建设方面，USGS 每年有超过 10 亿美元的预算，USGS 协调超过 2 000 个州级机构、当地政府、学术团体和其他一些联盟、非政府组织以及私人机构。通过野外调查、直接对自然现象和过程进行科学观察、大量采集监测数据，从而为科学研究提供支持。在科技文献资源建设方面，美国国会图书馆 2001 年预算为 7 亿美元。韩国科技信息研究院（KISTI）2001 年预算为 6 亿美元。1994 年，美国国家科学基金会（NSF）、国防高级研究项目机构（ARPA）和美国航空航天局资助 6 个数字图书馆研究项目的投入为 2 440 万美元。这种支持，使美国在网络化和数字化时代，始终在全球保持优势。

19.3.7 网络环境不能满足信息资源开发利用的需求

国家的网络基础设施主要是针对社会公共信息的需求而建设的，并不能完全满足科技信息资源的建设和服务。科技信息资源的流通和开发应用需要更高速度和大容量的网络条件，某些应用领域的需求更高。比如地球系统科学中的遥感影像数据以GB为单位的数据传输在现有条件下很难为公众提供开放的服务。除了带宽以外，当前的网络环境也很难满足分布式科技信息资源共享、科技信息的协同工作，以及以可视化为主要方式的信息化科研环境的需求。

19.4 国外科技信息资源的建设现状

近20年来，从国际组织到单个国家特别是发达国家，在信息技术广泛应用与发展的基础上，不断加快科学数据、资料和相关信息的获取、管理与面向社会服务的步伐，积极推进科学数据的流动与低成本使用，并从政策、法律制度、技术规范、组织管理等各个方面保证科技信息资源管理与应用的正常秩序。

19.4.1 政府主导的科技信息资源建设

在许多发达国家，政府投入大量的资金支持大型科学数据中心（库）群或信息网的建设，促进科学数据的长期积累、高效流动和低成本使用。在美国，联邦政府投资建设国家级科学数据中心群，实现了公益性科学数据资源的长期积累、高效管理与广泛应用。1993年克林顿政府提出，政府要在促进科学数据共享中主动提供服务。诸如美国的国家航空航天局（NASA）、国家海洋与大气管理局（NOAA）、地质调查局（USGS）和国立卫生研究院（NIH），都是在政府政策支持和大量资金投入下，建成了一批规模化、影响度高的科学数据中心（库）群，不仅为美国的科技、经济、社会发展带来了显著的效益，而且面向全世界提供服务。仅美国国家航天航空局1990年开始构建的国家级分布式最活跃数据档案中心群（DAACS），2000年度预算经费就达2.6亿美元，是建设初期的一倍，具体数据见表19.3。

表19.3　[美]DAACS 1993～2001年度经费预算（单位：百万美元）

年度	1993	1994	1995	1996	1997	1998	1999	2000	2001
经费	130.7	188.2	230.6	240.9	248	237.7	261.7	261.9	252

在一些发达国家，如加拿大、澳大利亚、日本、韩国、新加坡等，政府同样重视自然科学技术数据的管理与共享。例如，日本1992年制定了大力加强科研数据库基础建设和构筑全国科研信息网络的规划，从1994年开始实施，政府投入巨资（5万亿日元）建设政府部门、大学、科研机构的数据库，构筑跨部门、跨地区、跨学科的全国科研信息网络。在数据库建设方针中确定重点完善有关生物、材料（或物质）、国土、地球、海洋和宇宙的数据库。

19.4.2 政策、体制保证的科技资源建设

1．法律制度的保障

在美国、加拿大、澳大利亚和少数欧洲国家，向公众传播政府采集的信息是政府部门的一项重要的法律义务，公众的这种权利和政府部门的义务主要由信息自由法来调整。如美国的《信息自由法》、加拿大联邦的《信息准入法》、澳大利亚的《信息自由法》、法国的《信息科学归档文件卡片》与《自由法》以及俄罗斯、日本、新加坡的信息法和欧盟委员会提出的《电子欧洲：为所有人建造的信息社会》等。基于各个国家的政策、法律环境的差异，具体法律内容和范围不尽相同。但是，这些国家针对信息共享而立法的出发点在于：承认公众参与国家事务的民主权利；政府部门采集信息花的是纳税人的钱，所以纳税人有权得到成果。例如，美国联邦 1967 年颁布实施并经过 4 次修改而完善的《信息自由法》规定：除了涉及国家安全、商业秘密、个人隐私等 9 类信息外，公众有权利得到所有的政府信息，无论是出于何种目的。

2. 数据共享政策

在美国，对政府生产、拥有和政府资助生产的科学数据实行“完全与开放”（full and open）共享政策。例如，NASA、NOAA、USGS、NIH 等联邦政府拥有和生产的数据以及大学、研究机构由政府资助项目产生的数据纳入“完全与开放”的共享政策管理。在这种管理机制保障下，科研人员和社会各阶层均可以以不高于工本的费用，以最方便的方式、无歧视地得到各自所需的数据。 在澳大利亚，制定了公益数据转换政策，规定公益数据以转换成本发布 ，而为满足特殊需求而升级加工数据需要支付额外的费用。在英国，各私人机构都可以访问数据，但需要支付一定的费用，试图通过出售的收入支付数据生产费用。

3. 免费交换

许多国际组织都采取无条件的免费交换方式，进行多边、双边的数据的交流和共享。例如，世界气象组织（WMO）一直遵循“无条件的、免费的交换气象资料和产品”。通过全球通信系统（GTS），各国可以每天、每时、每刻地相互交换气象资料，是一种免费、无限制交换资料的政策。我国与国际社会的气象及其有关资料和产品交换，是通过全球通信系统实时提供和交换（发送和接收）气象有关资料和产品；以及通过双边合作或资料交换协议，以特定的载体和方式提供或交换气象资料和产品。

4. 国家投资项目的管理

美国国立卫生研究院（NIH）数据共享政策认为，除了保护参加者（受试者）的隐私、保护机密和私有数据外，医学研究数据应尽可能得到广泛和自由地应用。其政策适用范围包括以共享终点数据为研究目的项目、以基础研究、临床研究、流行病调查和其他类型的 NIH 资助项目、每年科研经费超过 50 万美元的项目等。在实施细则中还规定：如果项目数据共享计划实施不好，NIH 可能采取各种行为（包括影响下一步的经费拨款）以保护联邦政府的利益，并要求研究者在发表文章时应注明数据的来源。

5. 合作项目的管理

科学数据资源的建设需要有政府各部门、地方政府和私营机构（企业）共同参与。在联邦制国家，联邦和省政府之间的数据共享主要靠数据共享方面的谅解备忘录，对共享各方的权利和义务进行约定。非官投资产生的数据，由于私人利益存在，一般是在保障私人财产权收益和商业秘密前提下，通过法律的手段和经济手段实现信息共享。

19.4.3 积极应用市场机制鼓励和扶植企业参与科技信息资源建设与服务

各发达国家在总体规划和政府主导的前提下，积极应用市场机制鼓励和扶植企业参与科技信息资源建设与服务。随数据加工服务业的兴起与市场的成熟，企业主导的商业性数据库不断增加。

在数据库建设中，参与的机构包括政府机构、企业、非营利组织和综合性组织。各国在数据库建设与发展的初期阶段，基本上都有国家政策扶持和政府资金的投入。政府的奖金投入不仅是针对政府生产和拥有的公益性科学数据，就是那些具有市场前景的或技术性强的数据库建设，在建设与运营中同样得到政府的扶植。其运行模式多样化，如以下几种便是。

1．政府授权

美国国防部国防技术信息中心（DTIC）是国防科技信息计划的重要组成部分。它提供给协议客户（包括国防部、企业界和科研机构）有关计划的、在研的和已完成的国防相关研究信息。DTIC 拥有 13 个与国防部签约的信息分析中心（IACs），其使命是通过在清晰定义的专业领域内收集、分析、合成、发布世界范围内的科技信息来改善研究员、工程师和管理者在国防研究、开发和成果交流中的效率。IACs 是一类由政府推动、资助、管理、兼有商业化运行的跨时间、跨地域的数据共享服务体系。

2．多元参与，共建共享

美国政府工业数据交换组织（GIDEP）是由联邦政府资助，海陆空三军、太空总署、航天航空管理局、能源部、国防合同管理局、加拿大国防部和美国国防部后勤总署支持。参加机构有劳工部、商务部、综合服务局、邮政服务、国家标准与技术研究院、国家安全局。还有数百个为政府服务的工业组织参与。任何向政府提供产品和服务的实体，或使用和生产 GIDEP 数据的机构都可以申请会员资格。GIDEP 由联邦政府管理，其中联合后勤司令为首席主管，代理执行官是国防部后勤司令，组织经理负责计划、指挥实施，各主管负责日常运行。

3．商业化运作

一些大型、高质量的文献数据库主体上是收费服务，有的还存在一些特定限制，例如，限于一个单位使用的美国化学文献数据库 CA 每年定价 3 万美元、Web of Science 每年 3 万美元、Cross Fire 每年 4 万美元。被公认功能最强、数据最全的美国文献社，每一个提问 25 美元，并且只供研究人员而使用不销售给图书馆。

19.5 小结

相对于物质资源、能源和人力资源等消耗性资源，信息资源属于非消耗性资源，具有快速增殖和增值的双增效应，并且是愈开发利用双增效果愈显著。在信息资源中，科技信息资源是最活跃、时效性最强和双增最快的。在 21 世纪科技信息资源无疑将成为国与国之间、企业与企业之间竞争的焦点。

正确、科学地审视我国科技信息资源的现状和问题，才有助于进一步地发展、改善这种局面，更好地发挥科技信息资源对我国科技创新能力和综合国力的提升作用。

（中国科学院地理科学与资源研究所 王卷乐 孙九林）

第 20 章　网上博物馆建设现状

20.1　网上博物馆发展状况

博物馆是为社会及其发展服务的、非赢利的永久性机构，并向大众开放。它通过征集、保护、研究、传播并展出人类及人类环境的物证达到研究、教育、欣赏的目的。

信息科技与网络技术的进步在逐渐改变人类的生活形态、社会结构和文明的内涵。在 21 世纪，全球正掀起一股“信息数字化”的热潮，尤其数字图书馆与数字博物馆的建设计划，世界各国都在积极进行之中，我国亦不例外。数字博物馆除了提供传统博物馆典藏、研究、展示及教育等功能外，并透过互联网络将其所累积的知识宝库及文化资产传送到世界各地，强化了传统博物馆知识分享及教育传播的功能。近几年来，国内在数字博物馆、数字图书馆的建设与发展已有长足的进步，大规模的数字图书馆、数字博物馆研究发展计划（如中国数字博物馆研究、文博信息化、大学数字博物馆建设工程）在如火如荼地推动之中。这些数字“急流”中的博物馆可能拥有不同的称呼，如电子博物馆、虚拟博物馆、无墙博物馆、网络博物馆、数字化博物馆、数码博物馆等，但都是致力于发展以互联网为载体的网上博物馆以传承文化和记忆。与国际水平相比，我国网上博物馆建设还处于学习探索的初级阶段。

博物馆是一面镜子，反映过去和现在社会的进步与发展以及和其他社会的关联，对整个世界有影响力。因此，在思索数字革命对人类生活的巨大冲击之时，不可小觑在数字“洪流”中博物馆的力量。网上博物馆不只在于丰富人们的生活内涵和提高民众的生活品质，也应该是藉信息技术提供真善美智的殿堂，网络博物馆的建设将为促进人类文化的发展提供重大的历史机遇。

20.1.1　网上博物馆发展意义

江泽民同志在党的十六大报告中指出,“互联网站要成为传播先进文化的重要阵地”。博物馆主要是收藏文化遗产中的有形部分，即文物。文物本质上是一种特殊的信息载体。博物馆陈列的物品须有一定的规模，或陈列的物品不多，但却蕴含大量的知识。所以博物馆的任务不仅是搜集与展示，也在对于收藏品加以保存、研究、诠释，以期让参观者获得一些知识。同样，网上博物馆至少应具备传统博物馆的功能：搜集、展示、保存、研究和教育。

网上博物馆采用计算机网络技术、数据库技术、多媒体技术、虚拟现实技术、人工智能技术、人机交互技术，构造出分布式的数字信息资源系统，为文物展品提供了永久的数字化保存，以及各种修复、管理和展示手段。因此，网上博物馆是超越时空限制、适于展品信息的保存、管理、修复和展示的超大规模的知识中心。

网上博物馆是以数字形式对可移动文物和不可移动文物的各方面信息进行收藏、管理、展示和处理，并可以通过互联网为用户提供数字化的展示、教育和研究等各种服务，是计算机科学、传播学以及博物馆学相结合的信息服务系统。网上博物馆摆脱了传统意义上博物馆所必需的建筑、陈列、参观时间等条件的束缚，打破了时间与空间的限制，使任何人在任何时间、任何地点都能够获取所需的可移动文物和不可移动文物信息。它将使传统博物馆的文物管理和信息查询发生巨大的、根本性的变革。

一般而言，要建立网上博物馆，需要进行传统博物馆数字化。博物馆数字化是过程，网上博物馆是博物馆数字化的结果。同时，一种不依托实体展品，而直接采掘现代知识体系及其有关平面和三维信息，或架设实时场景信息流的主题式虚拟博物馆正发展成为网上博物馆建设的重要组成部分。与传统博物馆相比较，网上博物馆有存储数字化、获取网络化、资源共享化、展示多样化、管理计算机化等特点。

当然，网上博物馆可能没有实体展示，观览者看的只是数字化的复制品，可能可以满足部分观众，但对于看门道者可能意犹未尽，而且浏览网上博物馆通常缺乏群体参观时常见的临场讨论与意见交换。此外，观览数字的博物馆需要可以上网的电脑以及一些软件，如Plug-in、QuickTime、RealPlayer等才能浏览图片、视频和音频，而且传输速度与画面品质受限于观览者的环境支持程度。虽然有这些缺点，但比起传统的实体博物馆，数字化的网上博物馆有下列优点：

1．扩大服务对象。传统博物馆提供的是与观众面对面的直接服务，服务对象的数量很有限。藉由互联网络，观览者可随时造访，省去舟车劳顿之苦，跳脱时空限制，改变了博物馆的服务模式；

2．提高文物的展出率。传统博物馆的可移动文物主要存放、展示在库房和展厅中，“展什么，看什么”是其真实写照。网上博物馆则可以将可移动文物和不可移动文物全部数字化的信息内容，提供给观众自由参与。

3．提高服务质量。网上博物馆使得观众行为由被动转变为主动，可以在网络上随时查看，改变了传统博物馆的展出时空局限性。

4．改善了展示效果。运用数码摄像、3D 建模、扫描等技术对展品进行数字化，对观众提供3D、互动式的全方位的信息展示。特别是虚拟现实技术，缩短了展示的距离感。

5．延伸了展示主题。由于没有空间的限制，展览可以就以架构好的主题资源扩充延伸，以满足不同族群的需求，较具扩展性与延伸性。

6．提高了对展品文物的保护。将年代久远的收藏品以及易受时间摧残的文物做数字化的永久保存，利用仿真的绘制技术可以预先展示文物修复的影像，检验修复技术的可行性。利用虚拟现实技术更多的展示文物，有效保存文物实体，延长展品传承文化的寿命。

此外，文博事业是我国社会主义文化事业的重要组成部分，作为知识经济的主要载体的互联网络，发展网上博物馆对建设和宣扬先进文化具有战略意义。网上博物馆事业对我国社会持续稳定发展、竞争全球文化、传承优良文化遗产、拓展国际文化交流、实践科教兴国起到了多方面的作用。

20.1.2　国外网上博物馆建设计划与经验

网上博物馆在 20 世纪 90 年代开始兴起，世界各国特别是信息大国与重视文化传统的国家都非常重视网上博物馆的建设工作，以下是美加、欧洲各国、日本目前网上博物馆发展的概况。

美国国会图书馆自 1990 年开始推动“American Memory 计划”，进行图书馆内文献、手稿、照片、录音、影片等收藏品的数字化并编辑成历史文化传承的主题产品。1995 年美国国家科学基金会（NSF）与国防部高等研究计划机构（DARPA）、宇航局（NASA）合资赞助的“数字图书馆先导研究计划（DLI）”（1995～1999），此计划由六所大学主导六个跨领域计划，重视信息科技运用于数字博物馆的研发，例如影音数据库的应用、智能信息搜寻技术、整合机制等等。1999 年开始“数字图书馆先导计划—第二阶段”（Digital Library Initiative—Phase 2, DLI2），重点在延续并扩大 DLI 的研究与应用领域。

加拿大也有一些较著名的数字计划，如“魁北克 CHIN 项目计划”与文化团体及相关组织合作，藉由网络化环境提供民众文化资产的服务。该计划提供馆藏管理与网际网络的训练，计划目标为大众教育与欣赏之用途，并为加拿大各博物馆之整体利益，CHIN 应成为促成加拿大与国际人文资产的有效利用的管道。

欧洲著名的博物馆如卢浮宫以及大英博物馆已挑选精美藏品进行数字化甚至搭配运用多媒体展现技术。另有些中小型博物馆则多依赖产业、研究机构与大学支持；例如欧洲联盟（EU）就赞助法国信息与自动化研究院（INRIA）进行一项“Aquarelle 计划”，支持欧洲各国博物馆与相关机构在网络上能共同分享各自的数字收藏，而主要的目的是作文化传承的工作。

日本最知名的数字博物馆计划是由 IBM 东京研究所与日本民族学博物馆合作的“全球数字的博物馆（GDM）计划”，参与的机构还有大英博物馆与康奈尔大学，计划的内容主要是支持网络上检索不同的数字藏品资料，同时支持交互式的网络浏览、编辑，以支持博物馆教育为重点。日本政府贸工部（MITI）也自 1996 年支持信息技术促进局（IPA）及信息处理与发展中心（JIPDEC）等单位进行一项为期五年的“次世代数字保存系统研究与发展项目”，以数字存取相关科技与雏形系统为研发核心。

上述网上博物馆不仅包含丰富的数字化数据库，而且利用地图、动画、器物图像、视迅、甚至声音，设计出易学易用且具高度亲和力的用户接口。同时，也开启了跨越学科、跨越实体机构合作的模式，促进国内甚至国际间资源整合与技术交流。产官学研或博物馆本身所主导的网上博物馆，重视技术应用研发，主题都反映了社会人文艺术科学的主流信息。

以下是国外一些著名网上博物馆的概要情况。

1．美国自然历史博物馆

http://www.amnh.org/

位于美国纽约中央公园，已经有129年历史的自然历史博物馆一向颇负盛名，网络上的信息相当丰富，全年开展各种活动，每个月还有不同主题或者文化的课程。这里的展览单元分成先前的、永久性的展览、现在的展览、以及即将举行的展览介绍。

2．加拿大安大略皇家博物馆

http://www.rom.on.ca/

这个网站有许多不错的展览，目前的展出为动态恐龙展、东罗马帝国时期的艺术特展等，有过去的展览介绍。另外在有趣的主题中有专门针对儿童的主题、互动区、虚拟实境浏览等，其中虚拟实境目前有古埃及与希腊的线上虚拟实境电影。而深度主题单元则有馆藏介绍、出版物与学术研究状况等。

3．英国大英博物馆

http://www.british-museum.ac.uk/

大英博物馆创立于1753年，搜集了世界各地数量庞大的珍贵藏品，博物馆的藏品及目前陈列各展览室的作品图文并茂。每个作品都附有这些稀世珍宝的典故渊源，并可以网上看到博物馆的各楼室平面图及展览活动节目表。同时针对8到15岁的年轻朋友，网站特别设计适龄的资料内容与益智游游戏。最新展览有：古埃及陵墓、神秘古中国之旅、钱币演进史、希腊特展等。

4．法国卢浮宫

http://mistral.culture.fr/louvre/

举世闻名的卢浮宫在网上陈列其最有代表性的珍贵作品并有专文介绍，像蒙娜丽莎的微笑及各时代画作、雕刻、古文物等各类作品，提供高品质的视觉享受及丰富的文化信息。最值得一看的是超炫虚拟博物馆导览：你的视野可以任意调整上下左右的角度还可任意放大缩小，甚至365°旋转，仿佛真正置身罗浮宫，看遍著名的卢浮宫广场及金字塔，各楼层展览室及环视展览品，让你一览无遗。

5．美国纽约大都会博物馆

http://www.metmuseum.org/

美国纽约大都会网站上可依各楼层各展览室，一一点入欣赏，网络展示各室的代表作品，并有作品说明。大都会博物馆的馆藏包罗万象，包括有：现代艺术，非洲艺术、大洋洲艺术、古希腊、古罗马雕塑及壁画、欧洲绘画、雕刻，东亚、中亚艺术，中国、日本艺术，还有4 000多件来自六大洲的各种乐器，您还可听到各种乐器实际奏出的音乐。网站上同时提供到纽约的旅游指南及参观路线规划。

6．悉尼当代艺术博物馆

http://www.mca.com.au/

现代艺术博物馆澳洲最有名的现代艺术馆。网站包含了博物馆简介、加入博物馆基金会的方法、网上书店、展览日程表、利用指导、博物馆相关报导等。网站首页会不定期更换展示的绘画作品，并告诉现在展览的作品简介。可以直接网上订购他们所卖的书籍。展览日程表列出展览日期。利用指导方面，则介绍博物馆举办的演讲、导览、座谈等项目，可选择不同的活动参加。

7．芝加哥博物馆

http://www.fmnh.org/

想探索野生动物在大自然中如何生活？为什么自然界会有濒临绝种的危机？走在森林、海岸、湿地有哪些令人惊奇的发现呢？芝加哥博物馆给出所有的答案。芝加哥博物馆的收藏主题偏重动、植物及考古人类学，是一座结合自然及人文历史的博物馆。网站上有展览主题活动介绍及参观的行前建议，而且各推广活动也在网上有详细内容。还可以在网站上订购纪念品。

8．美国国家艺术博物馆

http://www.nmaa.si.edu/

美国国家艺术博物馆是全世界收藏美国绘画及雕塑等作品最丰富的博物馆，有超过 37 000 件以上的作品，还有来自全球各地的艺术品。作品充分反映出美国种族、地理、文化及宗教的多元化。在网站上可观看超过 3 000 件作品（包括照片雕塑绘画等），并介绍作品名称、年代、尺寸大小及作品之材质及主题之关键词，使您对作品有更多的认识。如果看完了博物馆的画作之后仍意犹未尽，还有网上纪念品店可以选购喜欢的纪念品，如图书、童书、明信片和光盘片等。

9．美国波士顿科学博物馆

http://www.mos.org/

位于波士顿的科学博物馆，成立于 1830 年，1999 年 4 月合并了 The Computer Museum 成为首屈一指的信息科学教育博物馆，每年吸引超过 1 900 万名访客。本站除了提供各项展览信息与介绍、博物馆的平面图、设施与网上购物之外，网上展览的单元还可让你身历其境地攀登 Everest 峰、参与实验等等。

10．加拿大文明博物馆

http://www.cmcc.muse.digital.ca/

博物馆中有 275 万件以上的收藏品，十足展现了加拿大原住民族的历史及文化之美。其中有珍贵的史前文明的考古文物照片及介绍，也有加拿大的各原住民族之传统生活及器具展览，包括丰富的衣物、家具、农作用具、食器容器、游戏用品及乐器等，网站陈列的作品数量十分可观，且图片色彩鲜艳，令人大开眼界。

11．东京国立博物馆

http://www.tnm.go.jp/

东京国立博物馆收藏的范围包括日本与亚洲的文化财产及美术品。网站提供了该馆藏品的介绍、展览会与演讲会信息、人员组织、开放时间、平面图和馆内各项设备。目前网上放置约 500 件著名藏品，可按类或地区查询；首页每日更换一种藏品供联机者欣赏。

12．纽约现代艺术博物馆

http://www.moma.org/

提供最新展览信息、展览回顾及该馆的出版品。按建筑与设计、绘画、影片、雕塑、摄影、印刷与绘本图书等主题在线展示具代表性的藏品。最特别的是它提供了一个生动活泼的艺术探险互动教学，藉以启发孩童及成人对艺术的认识，可网络画图、看图说故事。此外，还可以申请加入会员进行网上购物。

13．圣彼得堡冬宫博物馆

http://www.hermitage.ru/

圣彼得堡冬宫博物馆是俄国著名的博物馆之一，博物馆是由六栋皇宫建筑所构成。收藏类型有：雕塑（石雕、陶瓷等）、绘画、工艺、兵器、古币、珠宝装饰品等超过300万件以上，文物的年代自旧石器时代至20世纪，横跨了世界各地，其中，东方部门收藏文物包含古埃及、美索不达米亚、日本、印度、拜占庭艺术，以及中国的佛教艺术的作品，占了50间展览室。线上数字搜寻技术除了有一般文字检索外，目前正发展研究QBIC（Query By Image Content ）之影像色彩搜寻技术。

20.2　中国网上博物馆建设状况

新世纪全面建设小康社会为文物博物馆事业提供了良好的发展机遇。为了进一步推进我国博物馆数字化建设，为我国博物馆数字化建设做出科学、系统规划，中国博物馆学会经过长期酝酿，2003年11月26日，中国文物学会信息化专业委员会筹备会在北京举行，2003年11月28日成立了数字化专业委员会。中国文物学会信息化专业委员会是由文物行业有关企事业单位、科研机构和相关企业参加的专业性组织，由国家文物局和中国文物学会领导。该专委会将根据国家文物信息化发展总体规划，就中国文物行业信息化的发展战略、方针政策、法律法规、管理体质等方面的有关问题进行调研，向政府有关部门提出建议。还将参与文物信息化有关立法、信息标准化、信息安全、信息网络资源平台、公共数据库建设等方面的活动，为加强文物信息基础性工作服务。在该次筹备会上，代表们审议论证《国家文物信息基础数据库总体规划》（草案）、《国家文物局基础数据库信息资源管理办法》等文件。此外，国家文物局已于2003年9月正式立项数字博物馆的研究建设。我国博物馆早在20年前就已经开始了博物馆的信息化管理探索。经过20年的实验阶段，我国数字化博物馆的发展将逐步进入应用阶段。搞好信息化建设，发展网上博物馆，提高文博事业的管理服务水平，是今后博物馆发展的必然选择。

国家文物局为提高博物馆陈列设计和展览水平，从1997年开始实施“精品战略部署”，博物馆的陈列技术和材料将会不断进展。博物馆陈列设计将电脑化、自动化，全国博物馆的文物数据有可能进入国家文博数据库，实现资源共享，文物保护手段也将更科学、完善。同时，各地的文博信息化建设不断推进，紧抓网络技术宣传文化资源优势，形成了一条博物馆上网、博物馆数字化、网上虚拟博物馆建设的发展轨迹。

20.2.1　传统博物馆信息化建设

博物馆的信息化建设分为两个方面，一方面是实体博物馆的信息化建设，另一方面是虚拟博物馆的建设。实体博物馆的信息工作，主要着重点在于利用计算机、通信等技术，收集、整理、保存、加工、展示、研究各类文物信息。实体博物馆的信息化建设的基础工作在于藏品管理信息系统的建设，还包括博物馆建筑本身的各个方面，如安全监控系统、楼宇自控系统和计算机网络系统。虚拟博物馆建设则是利用计算机和网络技术建立的博物馆，是实体博物馆在网络上的代言人，即“离岸博物馆”。它可以没有固定的专有建筑、人员和实体藏品，但具备了博物馆的其他一些特征，如有一定数量的藏品、有展出等。虚拟博物馆是博物馆的发展方向之一，但并不能代替实体博物馆的存在。实体博物馆的信息化建设最终将打破博物馆之间的壁垒，实现文物资源的全人类共享。

我国博物馆建设的“十五”规划目标是：建立和发展以国家级博物馆为龙头，省级博物馆为骨干，以国有博物馆为主体，民办博物馆为补充，各地方、各行业和各种所有制博物馆协调发展的博物馆体系。完善现有博物馆的社会功能，重点发展各具特色的专题博物馆，加大扶持中西部博物馆建设，突出精品意识和服务意识，提高博物馆基础设施、藏品保护、陈列展示和社会教育的现代化水平。

根据《全国文物、博物馆事业信息化“十五”规划》和《全国文物资料普查和文物保护项目管理系统总体方案》、《中国博物馆藏品信息暂行规范》、《中国文物保护单位信息暂行规范》，以及故宫博物院（www.dpm.org.cn）、上海博物馆（www.shanghaimuseum.net）为代表的馆藏管理信息系统的开发应用，全国文博信息化工作正在深入。“十五”期间，全国文博信息化建设主要开展两个方面的工作：一是网络体系基础设施的搭建，二是各类应用系统的研发于推广。全国文博系统的网络体系，横向由“国家文物局机关网”、“全国文物、博物馆系统网”和“中国文博网站”三位一体组成，纵向包括“国家－省（自治区、直辖市）－地（市）－文博单位”四级节点，覆盖全国文物博物馆单位并与相关部分与机构链接。应用系统包括“文物保护项目管理系统”、“文物资料信息数据库”、“中国数字博物馆”、“全国文物安全监控系统”等内容。

我国博物馆信息化建设工作融合在地方建设工程中，总体水平比较落后。几个代表性的博物馆是上海博物馆、南京博物院（www.njmuseum.com）、故宫博物院、河南博物院（www.chnmus.net）、陕西历史博物馆（www.sxhm.com）、首都博物馆（www.beijingmuseum.org. cn）、中国历史博物馆（www.nmch.gov.cn）等。

上博信息化工程是上海市政重点建设项目，一期工程和二期工程分别于 2001 年和 2002 年通过。目前，上海博物馆信息化三期工程正在实施之中，建设成功之后将成为上海对外文化宣传的窗口。

上博信息化工程采用海量多媒体信息的发现、获取、组织、加工、存储、检索、发布、自治数据资源的互操作等技术，同时着重开展数字博物馆元数据标准研究，构筑了以藏品信息管理系统、国际文博专题系统、文博信息门户系统、多媒体发布系统、报告厅信息系统为核心的数字博物馆平台。

图 20.1　上海数字博物馆主页

南京博物院网站开通于2000年7月，先后经过多次扩容和改版，到目前为止累计浏览量已达1 200多万人次，居于全国文博行业前列，并于2002年9月获得由全国网络文明工程组委会授予的第三届中国优秀文化网站称号。2003年夏天南京博物院正式推出了英文网站，到目前为止浏览量也已过百万。南京博物院网站内容广泛，涉及博物馆、文物保护、考古发掘、艺术品收藏、民俗文化等各方面，含有大量文史资料，并配备强大的后台管理和搜索引擎，注册用户遍及全球，为各地专家学者提供良好的专业技术平台。全站累计页面近三万页。

南京博物院信息中心还全新制作了南京博物院艺术陈列馆的虚拟现实影片，实现了场景和文物的连接，使观众能通过互联网参观南博时具有一定的“临场”效果，所有虚拟功能只通过浏览器就可以观看、操作，大大降低了观众参观网上虚拟博物馆的技术门坎。另外专门设计开发了“个人博物馆”程序，通过下载这个程序，读取网站中相关的数据和利用自己收集的数据来建立完全属于自己的虚拟博物馆。这些技术手段的利用，增强了网站和观众的互动，在全国文博网站中是一个首创。南京博物院网站数据实现了全面的分布式数据库管理，所有的文物资源全部来自于接口开放的数据库系统之中，利用后台管理程序，能够快速而有序地调用今后进入数据库的全院以至全省的文物资源，为网站的及时更新和全面的检索打下了坚实的基础。

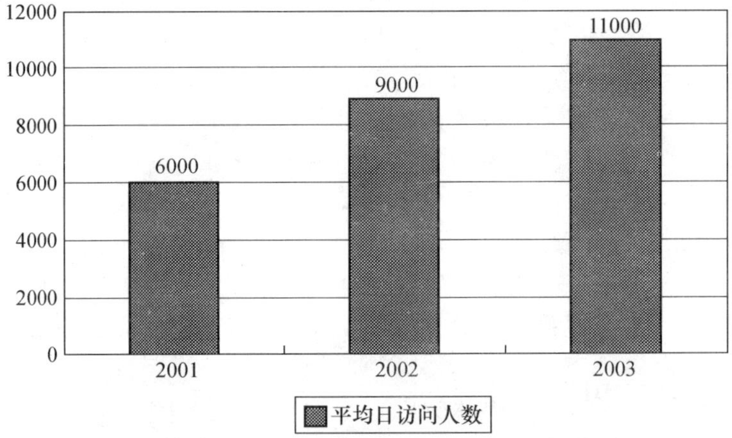

图20.2　网上南京博物院平均日访问人数

故宫博物院网站的建设是从1998年开始的，历时3年多，耗资1 200万元人民币。此期间，完成了光纤线路的综合布线，建成了院内千兆局域网，进行了文物底账和文物影像的数字化工作，开发研制并开通运行了文物管理系统软件，建立了存有50 000余张影像数据的数据库。组建了专司互联网内容编辑制作的行政机构，组织了有院领导集体参与、包括院内各学科带头人参加的网页编辑委员会，保障信息经常得到更新，以全方位地展示故宫博物院丰厚的文化底蕴。

2000年6月，故宫博物院提出了建立“数字故宫”的设想。“数字故宫”共设14个栏目，包括故宫博物院总说、紫禁城快讯、紫禁城游览、藏品精粹、网上博物苑、紫禁城宫殿、明清五百年、学术论坛、故宫藏书、故宫出版物、文物保护等。网上博物苑内容包括馆藏文物、宫廷生活、宫殿建筑等各个方面，其丰富新颖的展览题材均采自故宫各专业的研究成果。作为"数字故宫"的重要组成部分，技术人员将利用计算机三维图形技术，对故宫主要古代建筑和珍藏文物的形式、结构特征、表面装饰、乃至建筑技术和建筑艺术等基本元素进行准确、系统、综合性的采集和再现，建立完整的古建筑和古文物三维数学模型及数据库。可以说，这项工程的完成将在"数字化"层面上永久保留故宫的辉煌。

图 20.3　网上故宫博物院主页

2003 年 9 月启动了中国数字博物馆工程，该工程实质上是我国文化遗产全部内容在网络时代虚拟空间的一个展示平台，它是国家规划的全国惟一性的数字博物馆建设计划。中国数字博物馆建设不同于博物馆的数字化，博物馆的数字化是个体，中国数字博物馆是一个大的展示平台。中国数字博物馆建设与我们现在开展的整个文物保护事业信息化工作的"两库一平台"有着密切的关系。"两库"指可移动文物数据库和不可移动文物数据库，"一平台"指搭建综合信息系统平台，开展这项工作有摸清家底、加强管理的性质。在拥有这些资源的基础上，在"两库一平台"上构建中国数字博物馆实现更好地利用。中国数字博物馆既来源于信息化建设的基础性工作，同时又是面向社会、面向全世界展示中国文化遗产的非常重要的宣传阵地，也是在文化战线真正实践"三个代表"重要思想和体现"三贴近"的重要举措，意义十分重大。

我国高等学校经过几代人的研究积累已经建立了相当数量不同规模、不同层次、各具特色的地质地理类、考古类、人文历史类、航空类和电子类博物馆或陈列馆。这些博物馆集标本收集、研究、保存、保护、共享、展出于一身，在推动大学生素质教育、教学科研，培养创新人才方面发挥了重要作用。

2001 年国家教育部在"现代远程教育网上公共资源建设——大学数字博物馆建设工程"项目中，首批资助了 18 所高校博物馆建设，表现出对高校数字化博物馆的特别关注。目前工程进展的情况是，大部分网上博物馆已开通，实现了网络资源共享和用户信息服务。

已开通的大学网上博物馆名单如下。

1. 昆明理工大学矿物数字博物馆 http://www.kmust.edu.cn/dm/index.htm
2. 南开大学古代社会生活数字博物馆 http://museum.nankai.edu.cn/
3. 中山大学生物数字博物馆 http://biomuseum.zsu.edu.cn/index2.htm
4. 南京大学地球科学数字博物馆 http://202.119.49.29/museum/index.htm

5．北京大学地质数字博物馆 http://museum.pku.edu.cn/index.asp
6．西安建筑科技大学建筑博物馆 http://202.200.144.15/
7．清华大学美术学院数字博物馆 http://166.111.109.2/dm/
8．贵州工业大学古生物博物馆 http://www.gzit.edu.cn/mem/index.htm
9．四川大学人文数字博物馆 http://www.scu.edu.cn/dwg/bwg.htm
10．湖南大学岳麓书院数字博物馆 http://www.hunu.edu.cn/ylsy/ylsy.htm
11．山东大学考古数字博物馆 http://museum.sdu.edu.cn/
12．北京航空航天大学航空航天数字博物馆 http://digitalmuseum.buaa.edu.cn/
13．上海交通大学船舶数字博物馆 http://www2.sjtu.edu.cn/dagwebbuf/index.htm
14．中国农业大学农业博物馆 http://soil-water.cau.edu.cn/
15．成都理工大学恐龙数字博物馆 http://www.museum.cdut.edu.cn/
16．复旦大学文化人类学数字博物馆 http://www.digmus.fudan.edu.cn/
17．中国地质大学地学数字博物馆 http://202.114.200.190/bwg/
18．西北大学考古数字博物馆 http://dmuseum.nwu.edu.cn/

暂未开通的大学网上博物馆是北京中医药大学中医博物馆（http://www.bjucmp.edu.cn/zcy/bowg.htm）。

目前我国台湾地区也已有类似规模、深度或特色的数字博物馆，例如“中研院”建设的二十五史等汉籍、古文书、主题研究多种数据库，“台湾大学”建设的平埔族探源、岸里大社古文书，台湾省的“清华大学”清蔚园科学馆、历史馆、以及“国科会数字博物馆项目”所建设的不同主题博物馆等等。

我国台湾地区的“中央研究院”于1984年开发汉籍全文数据库以来，在档案文献、文物数字化、语料库及空间信息系统的发展上累积了相当成果。1996年开始“台湾研究网络化”主题计划（http://ultra.iis.sinica.edu.tw/），结合院内社会、考古、民族、传统艺术、历史、植物、动物、以及信息学者，共同将台湾当地信息数字化整合呈现于网际网络中。1997年，计算中心借鉴美国数字典藏构想，征得院内民族、动物、植物专家支持，进行了兰屿数字典藏先导计划。于1998年开始，由本院信息所谢清俊教授负责规划并成立“国科会数字博物馆先导计划”（http://dlib1.sinica.edu.tw/）。从2000年起我国台湾的“行政院国家科学委员会”结合研究单位与收藏单位，开始一项“数字博物馆项目计划”，参与单位包括“台湾大学”、“中央研究院”、“台湾清华大学”、暨南大学、自然科学博物馆，建立7个包括生物、人文、科技等主题的数字博物馆，以充实中文网络资源，加速资源共享。

该项目进行了主题计划（淡水河溯源、蝴蝶生态面面观、台湾的本土植物和鱼类、台湾原住民－平埔族群、不朽的殿堂－汉代的墓葬与文化、搜文解字－语文知识网络、火器与明清战争等七项）、技术支持（资源组织与检索之规范、人文与自然资源地图、数字典藏系统技术研发、系统评估－以“淡水河溯源”为例等四项）以及推广三类计划。整体而言，初步建立了以“时间－空间－语文”为基础的信息空间，确立以元数据（metadata）为信息内涵架构基础的分析方法。台湾省数字博物馆项目的部分成果如图20.4所示。

我国香港澳门地区的博物馆一直有较好的管理维护，在有关部门的主导下，大部分

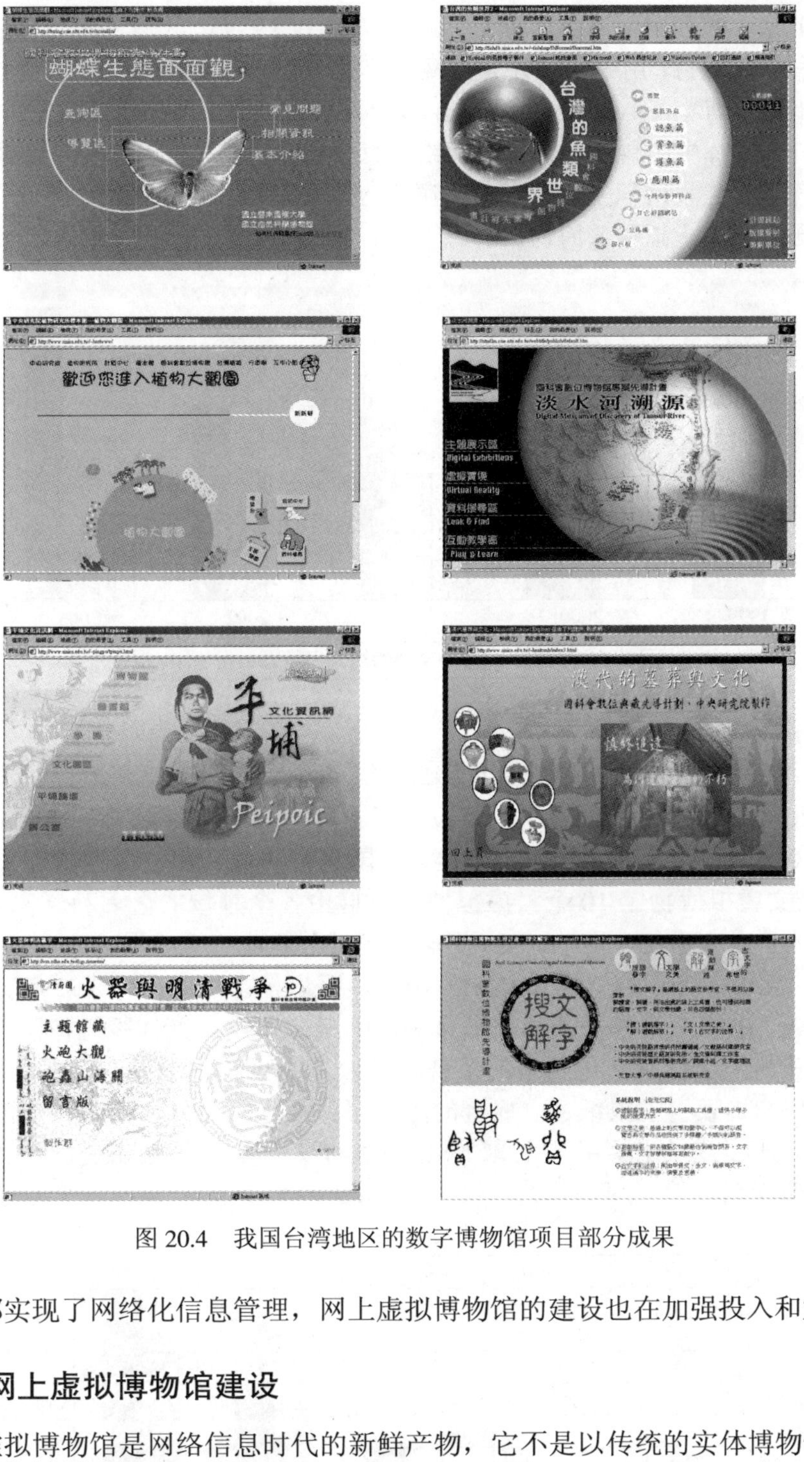

图 20.4　我国台湾地区的数字博物馆项目部分成果

的博物馆都实现了网络化信息管理，网上虚拟博物馆的建设也在加强投入和宣传。

20.2.2　网上虚拟博物馆建设

网上虚拟博物馆是网络信息时代的新鲜产物，它不是以传统的实体博物馆、实体展品为依托，而是直接采掘现代知识体系，辅以相关资料、平面设计、三维映像或流式媒体等多媒体、交互、虚拟等 IT 技术，以主题内容的形式在 WWW 媒介上创建的网上博物馆。目前，这类博物馆由于不受实体物体的限制，在网络上正在迅速增加，成为网上博物馆的重要组成部分。国内代表性的虚拟网上博物馆有中国科普博览、清蔚园网络虚拟博物馆、北京中医药网上博物馆等。

受中国科学院支持，由中科院计算机网络信息中心主办的中国科普博览创办于 1999 年 9 月。中国科普博览（www.kepu.com.cn）项目是以中国科学院的人才、技术与信息资源优势为依托，发挥中国科学院计算机网络信息中心在运营中国科技网（CSTNet）和承担科学数据库项目建设所积累的技术与资源优势，共享与共建各类网络资源，利用网络技术创建的国内一流虚拟科普博物馆群。

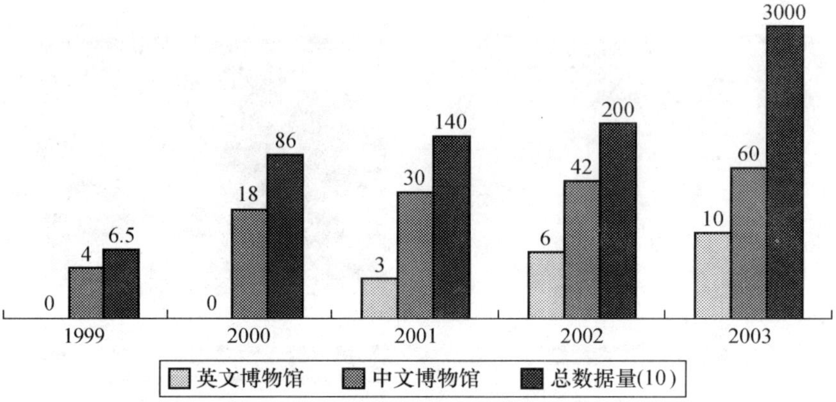

图 20.5　中国科普博览资源增量示意图

2001 年 12 月 1 日，中国科普博览完成第二次改版，新视觉形象更加突出，内容结构实现从博物馆向展区的跃迁。主要设立了万物之理、文明星火、星宇迷尘、地球故事、生命奥秘和科技之光六个虚拟展区。中国科普博览目前已经建成中文虚拟博物馆 60 个，英文虚拟博物馆 10 个。虚拟博物馆群由各个领域的著名科学家热情参与、亲自编写脚本，内容系统、科学、权威，融知识性与趣味性为一体，内容涵盖天、地、生、数、理、化等多个学科，网站从创办至今，用户量直线上升，先后在美国德克萨斯建立英文版、中国南京和兰州建立简体版、中国台北建立繁体版镜像网站。中国科普博览多次获得中国优秀文化网站的荣誉称号，是中科院“十五”建设的重点项目，赢得了广泛用户，吸引了报纸、电视台的大量跟踪报道。此外，中国科普博览和国内 50 多家单位展开业务合作，并与美国 NSF、A&M 大学等机构紧密交流，进行了技术与资源的合作规划。

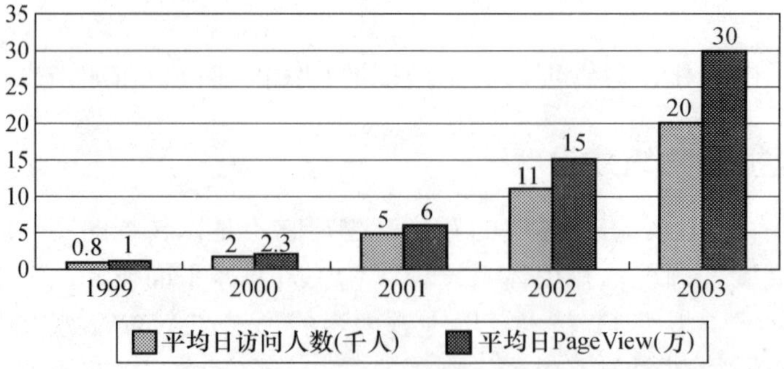

图 20.6　中国科普博览用户增量示意图

图 20.7　中国科普博览首页

图 20.8　中国科普博览的虚拟磁都

北京中医药网上博物馆（http://www.tcm-china.info）由北京中医药管理局和北京市科协共同主办，是以《20 世纪北京中医药发展史略研究》课题的成果为基础，借鉴国内外网上博物馆的经验，汇集多学科专家搭起了一座基于互联网的中医药知识平台、教育平台和服务平台，其内容包括：中药馆、名医馆、宫廷医学馆、医疗馆、教育馆、科研馆、养生保健馆、典藏馆等 10 部分。

台湾清蔚园网络虚拟博物馆（http://vm.nthu.edu.tw/）是一个网络虚拟博物馆，目前有近百个展览。这里搜集制作了许多精致的网络展览，现有科学馆、艺文馆、历史馆、生活馆等分馆。生活馆还在筹划中，未来还会有钱币博物馆、酒馆等。清蔚园一方面保留了网络使用者最需要以及最喜爱的元素，例如辅助教学的理化大公国、古典文学馆、科学点子图书馆、马路客、英语教室、虚拟法学院等；另一方面又根据网友的反应与意见，将以往清蔚园繁多的各项展览作品仔细分类整理，将多层面的信息关联起来。

国内著名网上博物馆概要情况如下。

1．故宫博物院（http://www.dpm.org.cn/）

除了利用图文介绍北京故宫博物院的藏品外，还有数据库提供查询、名词解释等功能，也可以细部（Zoom In）浏览图片（需下载 MGI Viewer Plugin），并有如何修护文物的相关资料。

2．中国国家博物馆（http://www.nmch.gov.cn/default.asp）

中国国家博物馆于 2003 年 2 月 28 日正式挂牌成立，直属文化部。中国国家博物馆在原中国历史博物馆和中国革命博物馆的基础上建成，是一座以历史与艺术为主、系统展示中华民族悠久文化历史的综合性博物馆。

3．秦始皇兵马俑博物馆（http://www.bmy.com.cn）

秦始皇兵马俑博物馆，是建立在兵马俑坑原址上的遗址性博物馆，1979 年 10 月 1 日开馆，现在已是举世闻名大型遗址性博物馆。兵马俑已被誉为世界第八大奇迹，是全人类珍贵的文化财富。网站中有非常多关于墓坑内文物的图片与详尽的介绍，包括了各式的陶俑，兵器。亦可以选择放大的图片，除外其中一、二、三号坑可参观始皇墓部分实景。网站也详尽介绍了秦代整个历史背景并放置了有关研究秦陵论文集。

4．陕西历史博物馆（http://www.sxhm.com/index.htm）

陕西历史博物馆位于西安大雁塔西北侧，是中国第一座拥有现代化设施的大型国家级博物馆。历史上先后有周、秦、汉、唐等十三个封建王朝在此建都，文物非常丰富。馆内分为三厅，包括基本陈列厅、东展馆、专题陈列厅，文物储藏量位居全中国之最。其中在网站中，有其藏品的数字化图档，附有简单的介绍。

5．南京博物院（http://www.njmuseum.com/）

南京博物院前身是由蔡元培先生所提议创建，也是当时的国立中央博物院筹备处，在当时为全中国惟一仿照欧美第一流博物馆建馆的现代综合性大型博物馆。1950 年 3 月正式更名为南京博物院，属性仍是全国综合性历史艺术博物馆，为国家级重点博物馆。院内搜藏品丰富，包括了漆、瓷、陶、青铜器，另外还有民俗类、锦织类与书画类，网站中数字化藏品极多，不但可以提供检索，还能以 3D 虚拟实境的方式观看藏品。

6．上海美术馆（http://www.cnarts.net/shanghaiart/）

上海美术馆创建于 1956 年，这是一个公益性社会文化事业机构，除了收藏美术精品，陈列展览外并积极地促进中外文化艺术交流，是中国地区具有一定影响力的一座近现代艺术博物馆。网站中有许多当地的艺文消息。除了美术馆本身的收藏品的数字化图档，也有类似网上展览区的功能。在网上即可以看到相当知名的画作，亦可以简单的了解创作人的背景资料。

7．河南博物院（http://www.chnmus.net/index.htm）

河南博物院是中国历史上创建较早的博物馆之一。1928 年 5 月，原河南省政府为表现各民族的历史和现状，遂将河南博物馆改名为“民族博物院”。1930 年 12 月 1 日，河南省政府将“民族博物院”恢复为“河南博物馆”，并确定为社会教育机关。1991 年秋改建新馆，位于郑州市农业路中段。1997 年 7 月，河南省政府决定，将中原石刻艺术馆与河南省博物馆合并，成立河南博物院。网站中有其院内典藏品的数字化图档，不但有藏品的简介、对象详细的大小尺寸，还有其历史背景的介绍。在许多博物馆网站里，其数字化图档属非常丰富。

中国票证博物馆（http://www.1-10-100.com/）

有关中国所有钱币、邮票、粮票等收藏，收藏历年中国所发行的各式各样票证，配合着数字化的影像介绍，内容丰富详尽。

“国立故宫博物院”（http://www.npm.gov.tw/）

博物馆实体位于我国台湾地区的台北市，除了有展场展览的信息外，还有以多媒体展示故宫器物及书画方面的收藏品。

国立历史博物馆（http://www.nmns.edu.tw）

位于台北市南海路，创立于 1955 年，馆内收藏以中原文物为主，地方文物为辅，大部分系 1956 年 7 月至 1957 年春接收原河南博物馆迁台及战后日本归还古物。史博馆分为中原文物馆、地方文物馆及海外文物馆三大部份。史博馆网站除了丰富的馆藏之外，目前还设有远程教学课程。而“终身学习系列”里更有古文物的线上影片播放，让您亲炙文物之美。

20.3　网上博物馆的关键技术

网上博物馆的展示主要是利用网络的特性进行设计，除了在内容选材上要精练主题，加强博物馆内容的整合，实现不同博物馆内涵的有机联系之外，还需要利用最先进的网络技术、多媒体技术，加强网站互动性，建立更好的虚拟环境。提供优质的网络服务。因此，建设网上博物馆必须应用和关注 IT 领域的关键技术。

20.3.1　数据标准规范

藏品定名，藏品的分类，藏品数据采集标准、操作规范、元数据描述标准以及系统实现的技术标准是数字博物馆建设面临的三大问题，建立数据标准规范也是实现资源共享的基础。

目前，在国际博物馆界还没有制订出文物资料元数据描述的统一标准。因此，我国可以进行顶层规划投入研究，发展适合我国国情的网上博物馆相关标准和规范。国际上一些组织机构也出现了数字博物馆技术标准的研究热潮。

（1）The CIDOC Information Categories 由国际博物馆协会（International Council of Museums，ICOM）下的国际资料委员会（CIDOM）所发展的国际标准。本标准的主要目标有在于提供博物馆典藏对象的所有权管理、历史背景信息以及检索对象的机制，总共有 22 个信息群组。CIMI 下的文化遗产信息网上服务 （CHIO）即应用本标准而发展。

（2）艺术博物馆影像协会（The Art Museum Image Consortium, AMICO，AMICO）是一个促进多媒体博物馆教育应用的非营利性组织，其博物馆 （AMICO Library）内总共收藏七万多件艺术品的多媒体档案，档案类型除了文本文件，还包括影 音檔，内容除了艺术品描述外，还包括学术评论、保存史、来源、展览和出版史等信息；收藏品范围横跨全世界，时间则从史前到现代。这些艺术品数字档案皆存放在一个标准化的数据库中，以 AMICO 资料需求规格书规范所有的资料内容与格式。

（3）CDWA（Categories for the Description of Works of Art），CDWA 是由 AITF 所发展的元数据，其主要的描述目标是艺术品、建筑、对象群组以及可视化或文本的代理物（surrogates）。主要类目总共有 26 个。其设计理念主要是从艺术史研究的角度出发，其字段希望可以满足艺术史研究的需求，提供给研究者一致、可信的内容。另一方面，CDWA 所定义的架构也提供共享和交换的功能，使各地的典藏机构可以交换共享收藏品信息。

（4）Computer Interchange of Museum Information（CIMI，http://www.cimi.org/）是由 Museum Computer Network（MCN）所发起的标准计划。Museum Computer Network（MCN）总部在美国，希望藉由发展和使用信息系统自动化的机制，促使博物馆发展达到完美。1990 年成立 CIMI 委员会以发展标准架构（standards framework），促进博物馆间资料的交流与分享，建立数据库和信息系统间的转换。

（5）Network of Art Research Computer Image Systems in Europe （NARCISSE）隶属

于 European Commission's DG XIII 之下的一个欧洲研究与发展计划。主要是在建立一个高分辨率的影像库和多语环境的存取系统。档案记录包含了有关绘画、原始影像和作品保存的信息。NARCISSE 采用了 CIDOC 和术语工作小组所发展出标准作为文件信息的分析。

由于目前国际上还没有统一的网络博物馆数据标准的规范，为加快我国的网络博物馆建设，促进资源的共享和拓展，从实际出发，我国可以在参考借鉴国外标准的基础上，制定出中国网上博物馆的数据标准和规范。这样，才能将技术、内容、组织管理等各方面有机联系起来，形成统一的整体，保证网络博物馆有条不紊、稳定地运行，提高网络博物馆建设与运作的效率。参考国外的建设标准，才能够促进与国际虚拟博物馆的交流，实现更广范围的资源共享，只有与国际标准兼容才能更好保证基于互联网的网络博物馆在世界范围内的交流。网络博物馆数据标准规范的制定是强化传统博物馆知识分享及教育传播功能的重要条件。

20.3.2　数据描述语言

对文物资料进行描述，需要使用数据描述语言。几种常用的数据描述语言是 SGML、HTML、XML。

SGML（Standard General Markup Language，标准通用标记语言）是一种通用的文档结构描述标记语言，用于定义文献模型的逻辑结构和物理结构，在 1986 年成为 ISO 国际标准。一个 SGML 文档包括三个部分。SGML 是一种元语言，在实际应用中可以派生出其他的语言。即每个特定 DID 都定义了一类文档。通常把具有某一特定 DTD 的 SGML 语言，成为某某标记语言。

SGML 标准十分庞大，功能很强，除了可以作为一种元标记语言外，还可以作为一种大型复杂文档交换的标准，并广泛应用于需要处理大量高度结构化数据的领域。SGML 结构相当复杂，而且价格昂贵，SGML 文档管理软件一般价值数万美元。因此，SGML 问世时间不短，但很多人对它还不是很熟悉。

HTML（Hyper Text Markup Language，超文本标记语言）是一种用来制作超文本文档的简单标记语言。自 1990 年以来 HTML 就一直被用作 World Wide Web 上的信息表示语言，用于描述 Homepage 的格式设计和它与 WWW 上其他 Homepage 的连接信息。它是基于 SGML 中的一个子集演变而来的，它的 DTD 是固定的。随着 Web 的不断发展，HTML 也暴露出内在的缺点，主要是标记不代表内容、语法结构没有严格的 DTD 定义、有限的标记符不能满足需要，其规则易遭到冲击等。

XML（eXtensible Markup Language，可扩展置标语言）是由 W3C（World Wide Web Consortium，互联网联盟组织）于 1998 年 2 月发布的一种标准，是 SGML（Standard Generalized Markup Language，标准通用置标语言）的一个简化子集。由于它将 SGML 的丰富功能与 HTML 的易用性结合到了 Web 的应用中，以一种开放的自我描述方式定义了数据结构，在描述数据内容的同时能突出对结构的描述，从而体现出数据之间的关系。这样所组织的数据对于应用程序和用户都是友好的、可操作的。XML 的诞生为电子数据交换提供了新的思路，EDI 的缺陷正是 XML 应用的长处，XML 充分利用了现有的网络资源，通过定制 DTD/Schema 可以方便灵活地体现新的数据规则，无论从技术还是成本上，XML 都更容易流行。许多基于 XML 的 Web 服务的最初都被应用在十分基础的数据交换上。同时，XML 也应用在本地计算、数据的多种显示和网络出版、支持 Web 应用的互操作和集成等领域。

自 XML 推出以来，迅速得到软件开发商的支持和程序开发人员的喜爱，显示出强大的生命力，许多厂商加强了对它的支持力度，包括 Microsoft、IBM、Oracle、Sun 等，这些厂商都推出了支持 XML 的产品或改造原有的产品支持 XML。W3C 也一直在致力于完善 XML 的标准体系。

XML 用于文物数据描述的最大优势是可以定义语义标签、数据可交换和结合元数据模型应用性能强。

根据所制定的数据标准规范，以 XML 为基础建设的网络博物馆将极具发展前景。由于数据可被 XML 惟一标识，通过 XML，网络博物馆就可以很容易以标准的方式按照文物资料的名称、特性、用途、来源或其他的标准分类，搜索就变得十分方便，更有意义。网络博物馆的数据通过 XML 建立之后，可以开发灵活的 Web 应用软件。XML 能够使不同来源的结构化数据很容易地结合在一起，这使得来源于不同网络博物馆的数据能够进行进一步的集成和处理。XML 描述数据本身，数据显示与内容分开，XML 定义的数据允许指定不同的显示方式，可以使网络博物馆数据更合理地表现出来，下到本地的数据能够以客户配置、使用者选择或其他标准决定的方式动态地表现出来。同时，XML 语言能够使网页进行粒状更新，大大增强服务器的升级性能。

20.3.3　人机交互技术

文字编码是文物资料数字化的基本问题，而如何将有关文物信息表现出来，也就是所说的内容表现，是网上博物馆建设的重要问题。内容表现以多媒体（文字、图形、图像、音频、视频等）形式进行。人机交互 CHI（Computer Human Interaction），国际上也称 HCI（Human Computer Interaction），是一门跨学科的研究，它的研究内容很广，包括心理学领域的认知科学、软件工程领域的系统构架技术、信息处理领域的语音处理技术和图像处理技术；人工智能领域的智能控制技术等。总的来说，人机交互本质上是认知过程，人机交互理论是以认知科学为理论基础；人机交互系统是一个闭环系统，人机交互研究是以系统科学作为人机交互研究的框架的方法学；同时，人机交互是以信息技术作为用户界面的技术基础，通过信息系统的建模、形式化描述、整合算法、评估方法以及软件框架等信息技术最终实现和应用人机交互理论 。

人机交互技术研究内容包括多通道用户界面、笔式用户界面、智能用户界面和三维交互中的多种关键技术，需要采用多学科交叉的研究方法，特别是对人机交互中的用户模型、用户界面模型、多通道交互信息整合、笔式交互技术、三维交互技术、创新概念设计技术、人机交互软件体系结构等多个研究方向上进行了深入的研究。例如，20 世纪 90 年代前期，许多著名的大公司如 IBM、苹果、AT&T 和 NTT 都对语音识别系统的实用化研究投入了巨资，目前已有部分商用化的产品，代表性有 IBM 公司的 Via Voice 和 DRAGON 公司的 Naturally Speaking。

无论从何种角度看，人机交互技术的发展体现了对人的因素的不断重视，使人机交互更接近于自然的形式，使用户能利用日常的自然技能，不需要经过特别的努力和学习，认知负荷降低，工作效率提高。人机交互技术发展带来的便利将会使人们有更大的热情和动力到网络博物馆中参观。网络博物馆除了在内容的丰富程度、内容的关联程度、信息获取的方便性等方面较传统博物馆有不可比拟的优势之外，人机交互技术可以使得人们在某种程度上，在网络博物馆中的参观能模拟现实博物馆的参观，甚至于可以多方位、更近距离、更多方式地参观和感受文物。

20.3.4 虚拟现实技术

虚拟现实（Virtual Reality，VR）是一种可以创建和体验虚拟世界的计算机系统。在网上博物馆中，可以利用虚拟现实技术展现与文物有关的场所，再现历史、以及让用户直接参与，“亲自体验”历史事件。虚拟现实系统的主要功能是把各种文物制作成可在网上播放的 VR 影片，观众可以 360° 观看虚拟出来的文物实景，有身临其境的感觉。另外还可以把整个博物馆做成一个虚拟实景，让观众能对博物馆有一个整体了解。

虚拟现实三个重要特点是所谓的 I3，即临境感（Immersion）、交互性（Interaction）、构想性（Imagination），这决定了虚拟现实技术比以前任何人机交互形式都有希望彻底实现和谐的、“以人为中心”的人机界面。一般来说，一个完整的虚拟现实系统由虚拟环境，以高性能计算机为核心的虚拟环境处理器，以头盔显示器为核心的视觉系统，以语音识别、声音合成与声音定位为核心的听觉系统，以方位跟踪器、数据手套和数据衣为主体的身体方位姿态跟踪设备，以及味觉、嗅觉、触觉与力觉反馈系统等功能单元构成。虚拟现实是多种重要技术的综合，包括实时三维计算机图形技术，广角（宽视野）立体显示技术，对观察者头、眼和手的跟踪技术，以及触觉/力觉反馈、立体声、语音输入输出技术等。

在 VR 系统中，已经产生了一些代表性的设备，如 BOOM 可移动式显示器、TELETACT 手套、数据衣等。

有赖于博物馆天然的参观、感触性质，虚拟现实技术在网络博物馆的建设中的应用必不可少。虚拟现实技术是一种以集成多通道和多媒体技术为主的技术，其人机界面可以分解为多媒体多通道界面。多媒体用户界面技术侧重解决计算机信息表现及输出的自然性和多样性问题，这可以为用户提供多种博物馆文物的呈现形式，从而加深“参观”的印象；多通道技术侧重解决计算机信息输入及识别的自然性和多样性问题，这可给参观者多种刺激，更好地进行自然的互动。多媒体技术和多通道技术二者结合的虚拟现实技术在网络博物馆中的应用，不仅可以提供用户博物馆中参观的体验，更可以弥补传统博物馆中参观的不足。

20.3.5 多媒体数据管理

与文物有关的资料相当多，只有通过对它们加工和合理有效地信息组织，才能成为永久、有序的知识源泉。多媒体数据管理系统是文物信息的管理框架，多媒体数据库管理包括海量多媒体信息管理和分布式多媒体数据库。目前，广泛使用的多媒体数据库有 DB2、Oracle 9i 等数据库管理系统。多媒体数据管理涉及以下几个方面的关键技术。

1. 数据模型。建立数据模型是实现多媒体数据库的关键。目前实现多媒体数据管理的主要有 4 种数据模型。（1）基于关系的模型。属于扩充关系数据模型，在传统关系数据库的基础上加以扩充，使之支持多媒体数据类型，如 INFORMIX、Oracle、INGRES 等。（2）基于面向对象的模型。在面向对象语言中嵌入数据库功能而形成多媒体数据库的关键是如何在面向对象语言中增加对持久性对象的存储管理。（3）基于超文本（Hypertext）模型或超媒体方法如 KMS、INTERMEDIA 等。（4）开发全新的数据模型，从底层实现多媒体数据库系统。该方法首先建立一个包含面向对象数据库核心概念的数据模型，设计相应的语言和相应的面向对象数据库管理系统的核心。

2. 数据的压缩与还原。在计算机中，结构化数据如文字、数值都是编码后进行存放，非结构化数据如图形、图像和声音也必须转化成计算机可以识别和处理的编码。

3. 存储管理和存取方法：动态声音和图像形成的大对象（文件）即使进行了压缩，存储量也十分惊人。大对象一般是分页面进行管理的。目前比较可取的存取方法是 b+树和 HASH 方法。

4. 用户界面。由于在多媒体计算机中增加了声音和图像接口，所以多媒体数据库应提供更加友好的用户界面。

5. 分布式工程技术。除了在局部库中必须考虑上述的数据模型和数据压缩等问题外，在全局管理中还必须解决多媒体数据集成和异构全局多媒体数据语言查询等问题。多媒体数据对带宽也有新的要求，需要与之相适应的高速网络。

网络博物馆的一个突出特点是信息量大，先进的多媒体数据管理技术为网络博物馆的建设、管理和发展奠定良好的基础。选择合理的数据模型，搭建网络博物馆的多媒体数据库，才能够保证网络博物馆良性的资源运作与管理。数据压缩与还原技术不仅关系到网络博物馆所需内存空间的大小，还关系到信息最终的呈现效果；存储管理和存取方法影响到网络博物馆发挥的效率。作为典型的多媒体应用，网络博物馆的多媒体数据管理显得尤为重要。

20.3.6　内容采编检索管理

内容管理是网上博物馆系统的重要功能，主要是指内容的采编和检索功能。内容检索包括文本、音频、图像和视频信息内容的检索。信息内容的检索又分为文本内容检索和图像与视频检索。而基于人工智能的信息内容的自动分类、聚类和文摘以及基于深层次的自然语言理解的语义检索是文本检索的重要发展方向。

90 年代以后，出现了对图像的内容语义，如图像的颜色、纹理、布局等进行分析和检索的图像检索技术，即基于内容的图像检索（Content-based Image Retrieval，简称 CBIR）技术。CBIR 属于基于内容检索（Content-based Retrieval，简称 CBR）的一种，CBR 中还包括对动态视频、音频等其他形式多媒体信息的检索技术。因为图像的规模一般要大于纯粹的文本信息，因此，基于内容的图像检索在检索的速度和效率上要求更高。目前已有不少应用于实践环境的基于内容图像检索系统，如由 IBM 公司开发的最早的商业化 QBIC 系统，以及由哥伦比亚大学研发的 Web Seek 系统、麻省理工学院研发的 Photo book 系统等。

基于内容的图像检索系统一般包括图像处理模块、查询模块、对象库和特征库和知识库。一般图像检索系统提供给用户的查询方法主要包括下列几种形式。（1）关键词查询。输入关键词对查找图像进行描述，大多数网络搜索引擎提供的是关键词检索方式。

（2）浏览查询。指通过等级式类目组织的图像检索入口，图像按照不同的主题进行归类，用户在查找自己希望的图像时，通过点击层层类目的链接，到达自己所希望的类目下的图像。（3）特征输入查询。对图像的特征参数进行设置，如设定希望图像中的色彩比例，或者图像的明亮度等。（4）草图查询。用户亲自动手绘制希望查找的图像特征，以用户描绘的草图为训练样本，查找与之相似的其他图像。（5）示例查询。包括系统随机给出样本和用户提交样本两种，由系统随机给出一组图像训练样本时，让用户对这组图像进行评价，选择与自己的检索需求相似的图像，然后根据用户选择的图像进行分析，检出与之相似的其他图像。另外，也可以由用户提供一副图像的地址信息，由图像检索系统即时抓取、即时分析。

视频检索的重要方向是关键帧的提取研究。通过比较捕获镜头的过渡、切变，研究关键帧的快速提取和索引，实现对视频内容的快速的完整紧缩和检索。

基于内容的图像检索技术除了利用传统数据库对图像的文字信息进行存储管理外，还利用图像的颜色特征、形状特征、纹理特征等对图像进行查询。这种查询过程融传统模式的识别技术与良好的多媒体人机交互技术为一体，是多种高技术的合成技术。网络博物馆收藏的信息本身决定了需要利用基于内容的图像检索技术，它针对文物的颜色、纹理、形状等特征着手进行检索，会帮助用户更加迅速、准确地定位到索要查询的资料上来。建设大量的基础多媒体数据库，使基于内容的图像检索技术达到实用的水平，是我国网络博物馆以后发展的方向。随着信息网络化和资源媒体化的日趋深入，基于内容的图像检索技术必将迅速发展与普及。

20.3.7 网上数据版权保护

随着计算机和网络技术的飞速发展，数字图像、音频和视频等多媒体数字产品越来越需要一种有效的版权保护方法。技术措施可以分为两类：一类是控制访问的技术措施，另一类是控制作品使用的技术措施。目前技术性的保护措施主要包括以下几种。

1. 反复制设备。也就是阻止数字产品被复制的设备，在它的支持下系统可以阻止用户的复制行为，其中最有代表性的就是“SCMS”系统（Serial Copy Management Systems），其作用为防止复制与再复制。

2. 控制进入受保护作品的技术保护措施。此措施包括要求登记、加密、密码系统或顶置盒，可以用数字化手段对作品进行加密，并且可以装载归纳作品内容、识别作者身份的信息以及与作品使用相关的信息，以及利用数字信封封存内容摘要、权利人信息和使用作品条件等。

3. 追踪系统。即确保数字化作品始终处于版权人控制之下，并且只有在版权人授权后方可以使用的软件。

4. 数字水印、数字签名或数字指纹技术，以识别作品及版权人，鉴定作品的真伪。

5. 标准系统。即按地区划分，设定不同的标准以避免对版权作品的侵权行为。

6. 电子版权管理系统。即 ECMS 系统，可以识别作者的身份，通过加密保护作品，同时又可以像电子契约那样与使用者进行交易，收取使用费。

在 2003 年的中国网络媒体论坛上，中国专家学者及政府官员联合呼吁，进一步保护规范网络版权，入世协定的“商品贸易、服务贸易、知识产权保护”三大支柱都交叉在网络这一点上。只有综合利用各种网络数据版权保护方法，才能够保证网络博物馆提供传统博物馆典藏、研究、展示及教育等功能，才能够保证网络博物馆通过互联网络将其所累积的知识宝库及文化资产传送到世界各地，强化传统博物馆知识分享及教育传播的功能。

20.4　网上博物馆应用与运营

博物馆的管理模式，是随着博物馆性质的定位而演变的，也深受政治与社会经济的影响。近 20 年来，国际上许多公办博物馆的公费条件萎缩，私立博物馆为增加营运经费，力谋资源开发，加上博物馆保守的经营模式受到商业社会的挑战，使得原本单纯以保存文物、宣称以教育大众为主要目的功能的博物馆界，不得不面对社会的转型、企业团体以及传播媒体的投资参与等因素，积极改变管理模式，由内部独立作业转向吸收外力参与，以增加人力、财力以及社区的活力。博物馆的经营增加了“名牌式”企业管理、结合传播产业行销、委外经营、结合社区产业、创造文化休闲产业、创造博物馆产业等产业化方式经营，以谋求生存发展之道、使博物馆与文化产业产生密切关系，也使博物馆的展示及活动产生变化。

当前全国性博物馆建设、信息化建设的热潮已经形成。博物馆工作者承担着保护祖国文物、传承中华文明、弘扬先进文化的神圣使命。网上博物馆的应用与运营同样离不开必要的投入以及适当的资金回笼措施，沟通无限的网络技术对传承文明、宣扬传统文化的网上博物馆无疑是历史性机遇，但是需要强调几个运营中的重大问题。

1. 要解决好全球化与本土化的问题。全球化是关系到每个人、每个机构的重大问题，它不仅带来经济上的发展与变化，同时也带来文化、心理以及日常生活的冲击，作为“文化基因”的博物馆，既要与国际接轨，使自己具备全球性的竞争力，同时还要在“全球化”的背景下保持中华文化的自主性，而不是被强行纳入一种“世界文明主流”（西方文明）的话语和价值系统中去，这是包括博物馆文化在内的中国文化定位问题。这就要求每个网上博物馆在定位时都要扎根于所在地区文化的多样性上，解决好全球化与本土化的关系。

2000 年 6 月，故宫博物院提出了建立“数字故宫”的构想，故宫博物院国际网站的开通势在必行。在故宫院内大多数人不知互联网是何物的情况下，故宫全体领导、各学科带头人集体参与成立了“故宫博物院网页编辑指导委员会”，先后编制了 3 个试验版本在院内网上发布，起到了网络扫盲和规范稿件写作体例的作用，完成了网站开通的前期筹备。

此时，一家国外的大公司进入，他们竭力要求向故宫博物院提供免费的先进网络技术支持和其他优惠条件，且只需要和故宫资源共享。

考虑到资源是国家的，故宫最终找来了中科软件集团，“民族产业支持发展民族文化”才应该是最好的模式。

2. 坚持博物馆的使命与目标，解决资金短缺。面对世界性的政府拨款日益减少，全世界的博物馆都在思考如何解决公益性、非盈利的机构与市场经济的矛盾。一般可分为主要依靠内部管理机制的改革或依靠外部企业的介入的办法加以解决。但不管何种模式，网上博物馆的经营非同一般商业，自有其文化的特性，若不能固守博物馆的性质与使命，则会失去存在的社会意义。

（中国科学院计算机网络信息中心　阎保平　肖　云　虞路清　黎　文）

第21章　信息网络专门人才的培养和管理状况

21.1　信息网络人才需求变化趋势

2001年，伴随着互联网泡沫的破灭，中国信息网络业进入相对寒冬期，各类网站纷纷瘦身和兼并重组，全国约有2万多网络从业人员失去了工作。另一方面，随着信息化建设向深层次的扩展，许多企业成为吸纳信息网络人才的主力，网络管理人员、电子商务策划管理人员、网站技术主管、软件人员、硬件维修维护人员、网络游戏设计人员和各类高层复合型人才等成为市场的新宠。

进入2003年，随着互联网业新的增长点——网络游戏、电信增值业务、电子政务、电子商务、物流和企业信息化的升温，互联网的理性回归，信息网络人才迎来新的需求，特别是高层次复合型管理人才相当匮乏。从长远看，信息网络人才的需求前景广阔。在日本，今后10年科技人才短缺将达160万到445万，其中最为紧缺的是信息技术人才。在欧洲，2002年仅网络人才就短缺60万人。全球人才危机已引起世界各国的高度警觉，许多国家采取了中长期人才培养和短期人才争夺两种齐头并进的措施。德国总理施罗德2000年3月曾宣布，德国将“尽快”招聘2万名外国信息技术人才。日本则计划采取各种措施，使外籍科研人员占科研人员总数的比例在今后几年内达到30%。这场全球人才竞争必将对世界各国在21世纪的发展产生深远影响。

网络业的暂时休眠，是以互联网为代表的IT业在经过较长时间对人才市场的拉动以后，一次正常的人才结构调整。同时也是信息网络业的理性回归。在2001年信息网络人才结构大调整中，网络公司对一般人员的需求量大大减少，但随着我国信息化建设向纵深发展，互联网在更高层次上的回暖，主要门户网站盈利的出现，政府、企业等各个单位对中高级信息网络管理人才的需求却仍在增加。由于我国信息产业的高速增长和信息化建设的持续升温，推动了信息网络人才需求进一步扩大，经济成分多元化使人才需求多样化。现实信息网络人才呈现新的需求特点：一方面虚位以待；另一方面，供过于求，人才结构性矛盾突出。虽然信息网络和信息化建设外沿和内涵不断扩充，但信息网络人才的需求绝非简单的扩大化，而是更高层次的需求。随着信息技术对国民经济各个领域渗透的加强，区域、领域、企业信息化的加速发展，既懂信息技术，又具备行业背景的复合型信息网络人才将成为人才需求热点。而复合型和创新型人才的缺乏制约了应用的创新和扩展。

21.2 中国信息网络人才需求变化状况

信息化建设向深度和广度扩展，使人才需求呈多样化、综合化和纵深化。单纯简单了解计算机的人员已经处于相对饱和状态，而既了解计算机专业知识，又精通某一行业的人才，市场前景广阔。在更高层次上思考，信息化绝非是形式，而是要利用信息技术创造效益和效率。政府、企业、机构和个人都要充分利用信息技术提高竞争力。一方面信息技术的广泛运用衍生出新的产业形态；网络技术与游戏的结合形成网络游戏业；网络与媒体的结合形成网络媒体业；信息技术与金融结合形成电子金融（网络金融）；汽车与信息技术结合形成汽车电子业；信息技术与机床行业结合形成数控机床业等。另一方面，传统产业的结构调整和产业升级同样需要信息技术的深层应用。两者都需要综合性、高素质、复合型人才。

从图 21.1 可以看出计算机相关人才供、需两方都很旺盛。

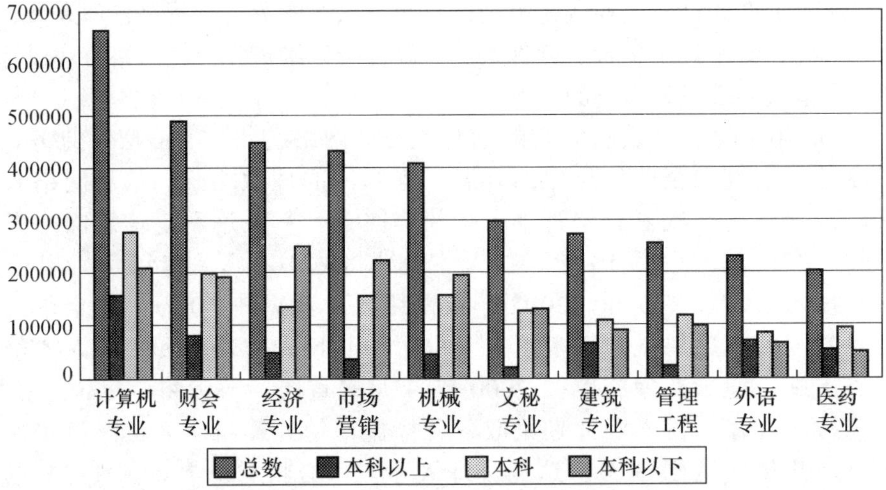

资料来源：CCW-RESEARCH 根据有关资料整理。

图 21.1　全国人才专业需求状况

随着我国信息化向纵深的发展，信息化建设逐渐成为提高区域、领域、企业竞争力的重要手段。各个方面都在计算机或互联网等与计算机相关的领域里拓展事业，或充分利用计算机来提高企业的运作效率。从而凸现信息网络人才的紧俏，这促使计算机网络知识的学习成为社会热点，各种相关 IT 培训、考级、取证成为部分人追逐的目标。然而，信息网络业是一个实践性和变化都很强的专业，单纯的理论教育培养并不能完全适应市场的需求。社会需要的信息网络人才，应该是高端的信息网络人才，而不仅仅是简单的操作或资格。所以，在未来信息时代，社会需要的是高级的网络人才，是理论与实践密切结合，真正能应用到实际工作中的信息网络人才。

总体而言，信息网络人才，如计算机、微电子、通信等信息网络专业人才在今后相当长时期，依然是需求热点。但结构上看，差异化明显：高级复合型、应用人才供不应求；而中低端人才将受需求制约，相对饱和。

进入 2002 年，网络游戏已成为信息网络界的新的增长点。据文化部相关预测，中国网络游戏是一个极具潜力的巨大市场，未来几年内将会形成几十亿元的市场规模。

但是，与国外相比，我国的游戏产业无论是技术开发，还是内容开发都存在明显差距。目前我国流行的主要网络游戏大部分来源于韩国、日本等地，完全适合中国国情的网络游戏产品严重缺乏。据有关调查，2002 年国内运营的网络游戏主要有 74 款，我国内地制作的游戏有 16 款，仅占 21.63%。

中国网络游戏产业面临的一个突出问题，就是网络游戏开发人员与用户量的比例严重失调，国内游戏开发专业人才严重缺乏。根据北京市软件行业协会的统计，国内网络游戏玩家有 1 000 多万，但包括美编在内的专业网络游戏技术人员仅有 3 000 人左右，这一数字与日韩等网络游戏发达国家比起来相差甚远，人才培养是目前国内网络游戏行业的当务之急。

目前，北京市政府已经开始大力扶持游戏产业，并已着手建立游戏人才培养体系，实施游戏人才开发工程。

同时，两个网络游戏相关项目已被正式纳入国家 863 计划，这是我国首次将网络游戏技术研发这类文化产业纳入国家科技计划。据了解，这两个项目总投资 500 万元人民币，项目将以企业已有的游戏引擎及国家 863 计划中文处理、人机交互和数字媒体等技术成果为基础，研究一套具有自主知识产权、可供第三方使用的二维及三维双应用的网络游戏通用引擎，并在此基础上开发一个具有示范性的商业化网络游戏。

可以预见，我国网络游戏相关人才将得到迅速的充实和发展。

21.3　信息网络人才现状及其结构状况

我国信息网络人才主要分布在：信息产业内企业、科研机构、高等院校和其他传统行业，总量约 400 多万人。其中大部分是近年培养的高等院校毕业生，普遍是缺乏实践经验的中低端人才。从信息网络事业的发展看，信息网络人才即 IT 人才。目前 IT 企业和相关行业 IT 需求人才的重点已发生了改变。由于信息化建设的深层化，中、低端人才相对过剩，而高端人才持续紧缺，人才结构性矛盾突出，呈结构性紧缺状态。

对于中低端人才需求，由于互联网的暂时性盘整而缩减，但业务能力和技术能力非常突出的高层次人才却仍是众企业争相延揽的对象。以软件人才为例，成熟的软件产业人力资源结构应该呈“金字塔”型，顶端是高级管理和技术人才，中层是一大批技术业务骨干，处于金字塔底层的从事用编码写程序、数据录入等基础性操作的一般人员，是实现产品价值的主力军。然而现阶段我国软件人才却呈两头小、中间大的“橄榄”型。目前，我国软件行业十分缺乏高端人才，人才结构性矛盾很突出，不利于软件产业的发展。具体数据参见图 21.2 和图 21.3。

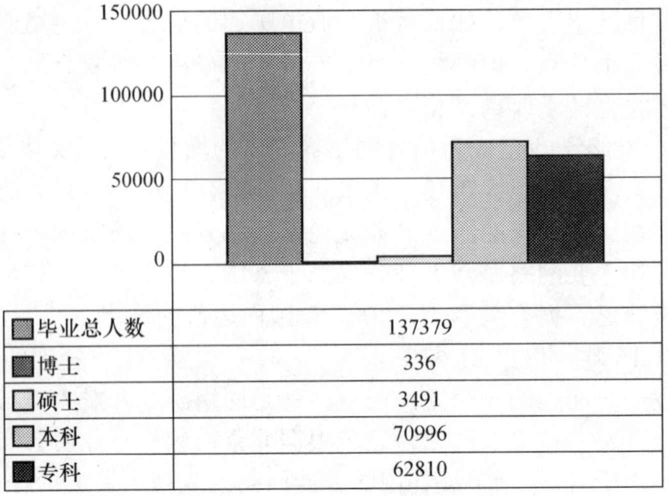

资料来源：CCW-RESEARCH 根据有关资料整理。

图 21.2　2000 年普通高校信息网络相关专业毕业生结构

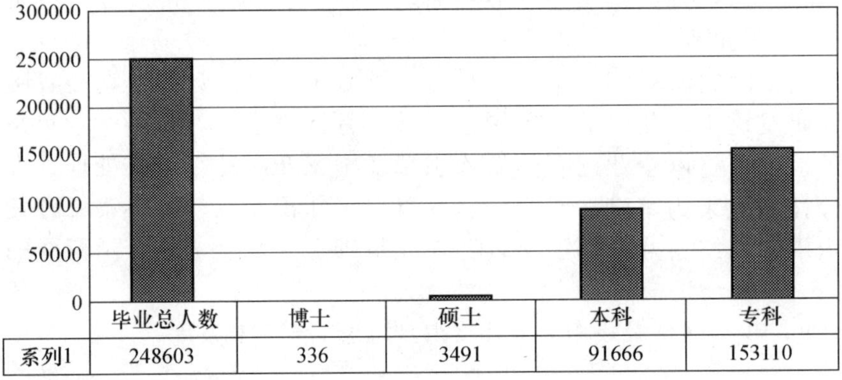

资料来源：CCW-RESEARCH 根据有关资料整理

图 21.3　2002 年各类高校毕业生汇总

同样，国内游戏开发人员与用户量的比例严重失调。2001 年全国游戏行业从业人员共有近 3 000 人，其中游戏技术开发人员（含美工）仅有 1 000 多人。

网络存储技术人才紧缺。一个新的技术和市场在诞生、发展之后，最缺少的往往是人才。在网络存储的需求不断扩大后，网络存储技术人才开始紧缺。

据统计，每 100 万元的存储设备就需要 4 个人来维护。而 2002 年中国存储系统市场规模就已经达到了 56 个亿，据业内人士预测至少在五年内存储市场会以 10%～20%的年增长率递增。在未来的五年内我国至少会有 20 万的人才缺口。据权威部门统计，国内现在能达到存储工程师资格的技术人员不到 500 人。存储人才的需求上可分为两类。一是存储企业的技术人才需求。随着近年存储市场的快速增长，各类存储代理商、存储集成商也在不停的成长壮大，急需的是一批掌握存储知识的技术人才。二是存储用户中应用型技术人才需求。由于存储技术不断发展成熟，国内信息化建设中，网络存储的应用已经势在必行，但是由于存储产品和方案的普及与用户需求和认知水平存在着较大的偏离，用户在规划和实施项目的过程中，普遍缺乏相应的专业知识和专业人才。

同样，我国 IT 人才普遍存在结构性失调的情况，中低端人才与现阶段需求相比过剩，而高层次复合型和创新型应用人才缺乏。

21.4　中国信息网络人才培养体系建设状况

我国信息网络人才的培养体系主要由高等院校、社会培训机构、职业资格认证和厂商认证组织等构成。我国信息网络人才的培养基本有以下方式。

- 高等院校和科研机构：以学历教育为主。高等院校依然是我国信息网络人才培养的主要方式，为我国信息网络的发展输送了大量人才，但缺乏网络技术的实践知识和职业技能，不能完全解决行业快速发展对 IT 专业人才的需求。
- 在职培训：主要针对现实的工作岗位进行培训。在职培训主要针对岗位运用信息技术的现实问题，进行有针对的培训，以适应岗位运用信息技术的实际需要。
- 职业资格培训：主要以获取职业资格证书为培养目标。针对我国今后劳动就业职业细分制度的建立，由劳动人事部联合有关部委和机构建立的人才培训体系。其师资主要依托我国的高等院校和各类成人高校，但目前针对性依然不强，仅限于少数几个专业适应就业资格要求。
- 厂商认证培训：如微软、思科、华为等是目前网络专业人才培养的重要渠道，具有较强的实践性和实用性。
- 其他培训：如职称要求或对技能型要求的培训等，以适应就业、各类评审等市场多样化需求。

改革开放以来，我国高等教育有了长足的发展，高等院校的招生人数持续攀升，预计 2004 年高校招生将达 400 万人，是我国信息网络人才培养的主渠道。但缺点是针对性和实战性不强，不能完全适应信息网络快速发展形势的需要。

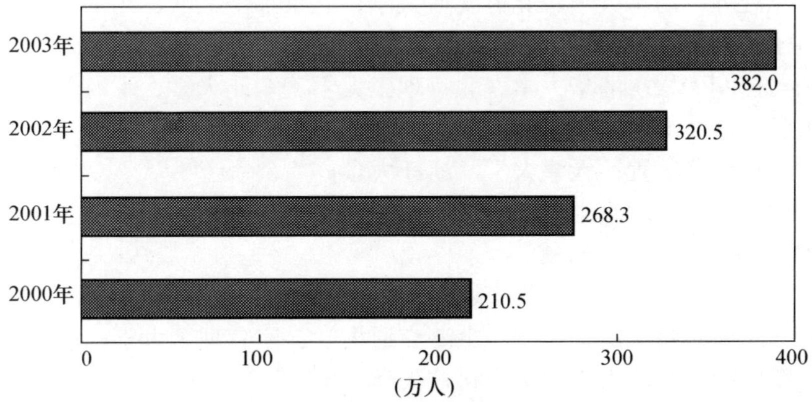

图 21.4　中国普通高等教育历年招生情况

根据人才在信息网络中的作用，狭义的网络人才大致可以分为三层：网络工程师、网络数据库工程师和网络开发工程师。网络工程师又分为网络系统工程师和网络支持工程师。广义而言，信息网络人才涉及 IT 相关领域和信息化建设的各个方面。包括计算机、网络、电子商务、通信、软件等专业。

到2002年底，我国普通高等院校共计1396所，其中本科院校629所，专科院校767所。全国共设有计算机科学与技术、计算机软件、软件工程专业的院校有982所，其中本科院校有484所,专科院校498所；设置的计算机专业约有400多个，电子信息工程专业约有350多个，通信工程专业有250多个，还有信息管理专业等。

2002年普通高等院校在校生总数为903.36万人（本科生657.54万人，专科生193.41万人），其中计算机及软件专业在校生71.85万人。此外，相关专业（信息与计算科学、地理信息系统、电子信息科学与技术、电子信息科学与技术类新专业、自动化、电子信息工程、网络工程、信息对抗技术、信息安全等9个专业）的在校生有48.26万人。所有信息网络相关专业在校生约120万人，每年毕业生约15万人。并且由于高校的扩招，信息网络相关专业的增设，毕业生人数还会逐年扩大。但我国高等院校培养模式单一，专业设置缺乏灵活和随需而变，教材陈旧，缺乏与实践和人才市场的密切结合，加大了信息网络人才的供需矛盾。使一方面高校供给人才源源不断，另一方面市场缺乏适用人才，处于“无人可用”的状态。

我国高等院校信息网络人才的培养主要涉及如下专业：计算机科学与技术、计算机软件与理论、计算机应用技术、信息与计算机科学、计算机系统结构、信息与计算科学、通信与信息系统、信息安全、电子信息工程、通信工程、电子科学与技术、电气工程与自动化、信息工程、软件工程、网络工程、电子商务、控制理论与控制工程、数学与应用数学、电磁场与微波技术、检测技术与自动化装置、信号与信息处理、模式识别与智能系统、交通信息工程及控制等。

教育部公布高等学校重点学科名单（主要涉及信息网络人才培养的相关专业）如下。

通信与信息系统：北京大学、清华大学、北方交通大学、北京理工大学、北京邮电大学、哈尔滨工业大学、上海交通大学、东南大学、浙江大学、中国科学技术大学、华南理工大学、电子科技大学、西安电子科技大学。

信号与信息处理：清华大学、北方交通大学、北京邮电大学、东南大学、电子科技大学、西安电子科技大学。

控制理论与控制工程：清华大学、北京理工大学、东北大学、上海交通大学、东南大学、浙江大学、西北工业大学。

检测技术与自动化装置：天津大学、浙江大学。

电磁场与微波技术：北京邮电大学、上海交通大学、东南大学、电子科技大学、西安电子科技大学。

系统工程：华中科技大学、西安交通大学。

模式识别与智能系统：清华大学、上海交通大学、南京理工大学、西安交通大学。

计算机系统结构：清华大学、华中科技大学。

计算机软件与理论：北京大学、北京航空航天大学、吉林大学、上海交通大学、南京大学。

计算机应用技术：北京大学、清华大学、东北大学、哈尔滨工业大学、东南大学、浙江大学、安徽大学、西北工业大学。

交通信息工程及控制：北方交通大学、大连海事大学、西南交通大学。

除原部属重点高等院校外，教育部批准设立的高校本科专业（主要涉及信息网络人才培养的相关专业）名单如下。

数学与应用数学（070101）：石油大学、石家庄铁道学院、河北职业技术师范学院、长春大学、东北电力学院、牡丹江师范学院、江苏大学、南京气象学院、南京经济学院、嘉兴学院、中国计量学院、合肥工业大学、焦作工学院、郑州工程学院、江汉大学、西南科技大学、宜宾学院、西南财经大学、楚雄师范学院、西安科技学院、河西学院、昌吉学院。

信息与计算科学（070102）：北方工业大学、北京石油化工学院、北京信息工程学院、北京广播学院、天津工业大学、天津轻工业学院、河北科技大学、河北建筑工程学院、河北农业大学、内蒙古工业大学、沈阳航空工业学院、沈阳工业学院、大连铁道学院、东北林业大学、河海大学、华东船舶工业学院、南通工学院、苏州科技学院、淮阴工学院、淮海工学院、南京农业大学、南京林业大学、南通师范学院、浙江海洋学院、绍兴文理学院、温州师范学院、安徽农业大学、淮北煤炭师范学院、安徽财贸学院、华侨大学、漳州师范学院、宜春学院、南昌航空工业学院、赣南师范学院、潍坊学院、青岛化工学院、山东建筑工程学院、山东轻工业学院、山东师范大学、曲阜师范大学、山东经济学院、洛阳工学院、信阳师范学院、中国地质大学、华中农业大学、湖北农学院、湖北师范学院、吉首大学、南华大学、湖南农业大学、湖南商学院、暨南大学、肇庆学院、华南理工大学、佛山科学技术学院、华南农业大学、华南师范大学、广东职业技术师范学院、海南师范学院、重庆交通学院、重庆工学院、重庆师范学院、渝西学院、攀枝花学院、四川轻化工学院、乐山师范学院、黔南民族师范学院、延安大学、宝鸡文理学院、兰州商学院、青海民族学院。

信息安全（071205W）：北京邮电大学、中国刑事警察学院、哈尔滨工业大学、同济大学、上海交通大学、南京航空航天大学、南京邮电学院、中国科学技术大学、合肥工业大学、山东大学、湖南大学、中南大学、重庆邮电学院、四川大学、西南交通大学、电子科技大学、云南大学、西安电子科技大学。

电子信息工程（080603）：北京服装学院、天津城市建设学院、石家庄铁道学院、河北经贸大学、吉林建筑工程学院、长春工程学院、哈尔滨学院、黑龙江工程学院、常州工学院、徐州师范大学、湖州师范学院、华东交通大学、江西农业大学、烟台大学、郑州轻工业学院、河南农业大学、安阳师范学院、商丘师范学院、武汉工业学院、黄冈师范学院、江汉大学、湖南工程学院、惠州学院、重庆交通学院、西南农业大学、攀枝花学院、四川师范学院、内江师范学院、云南农业大学、西安建筑科技大学。

通信工程（080604）：北方工业大学、北京化工大学、中国农业大学、中央民族大学、天津商学院、河北建筑科技学院、石家庄经济学院、内蒙古工业大学、内蒙古师范大学、大连民族学院、四平师范学院、齐齐哈尔大学、黑龙江科技学院、华东师范大学、南京工业大学、淮阴工学院、淮海工学院、常州技术师范学院、淮南工业学院、安徽农业大学、安徽师范大学、青岛海洋大学、山东师范大学、聊城师范学院、河南大学、江汉大学、吉首大学、株洲工学院、汕头大学、广东职业技术师范学院、广西工学院、广西师范学院、海南大学、西南科技大学、西南石油学院、四川师范学院、延安大学、西安工业学院、西北民族学院。

计算机科学与技术（080605）：北京建筑工程学院、天津农学院、廊坊师范学院、河北职业技术师范学院、内蒙古财经学院、牡丹江师范学院、南京审计学院、皖西学院、泉州师范学院、泰山医学院、山东经济学院、江汉大学、肇庆学院、茂名学院、仲恺农业技术学院、广州中医药大学、玉林师范学院、涪陵师范学院、攀枝花学院、宜宾学院、黔南民族师范学院、曲靖师范学院、玉溪师范学院、咸阳师范学院、渭南师范学院、甘肃农业大学、河西学院、甘肃政法学院、昌吉学院。

电子科学与技术（080606）：华北电力大学、河北科技大学、河北理工学院、沈阳工业学院、沈阳化工学院、同济大学、中国矿业大学、南京气象学院、南通工学院、安徽工程科技学院、淮南师范学院、福建农林大学、长沙交通学院、西北工业大学。

电气工程与自动化（080608Y）：北京理工大学、宁波大学、杭州电子工业学院、攀枝花学院。

信息工程（080609Y）：北京航空航天大学、吉林大学、南京邮电学院、洛阳工学院、广州大学。

软件工程（080611W）：北京理工大学、华北电力大学、上海交通大学、华东师范大学、武汉理工大学、中山大学、华南理工大学、广东工业大学、华南师范大学、西南交通大学、西南科技大学、成都信息工程学院、云南大学、西北大学。

网络工程（080613W）：华北电力大学、鞍山钢铁学院、湘潭工学院、中山大学、华南理工大学、广东工业大学、重庆大学、电子科技大学、成都信息工程学院、云南大学、西安理工大学。

电子商务（110209W）：石油大学、中国农业大学、北京外国语大学、中央财经大学、北京工商大学、南开大学、天津大学、天津职业技术师范学院、天津财经学院、华北电力大学、河北经贸大学、石家庄经济学院、山西大学、山西财经大学、内蒙古农业大学、沈阳工业大学、辽宁工学院、辽宁师范大学、东北财经大学、吉林大学、吉林工学院、哈尔滨商业大学、上海理工大学、东华大学、上海财经大学、上海对外贸易学院、南京大学、苏州大学、东南大学、中国矿业大学、河海大学、南京邮电学院、南京农业大学、南京经济学院、杭州商学院、浙江财经学院、合肥工业大学、淮南工业学院、淮北煤炭师范学院、福州大学、南昌大学、南方冶金学院、江西师范大学、江西财经大学、山东大学、山东科技大学、山东建筑工程学院、郑州工程学院、武汉大学、武汉理工大学、中南财经政法大学、中南民族大学、湘潭大学、湖南大学、中南大学、中山大学、暨南大学、汕头大学、深圳大学、华南理工大学、广东工业大学、广东外语外贸大学、广东商学院、桂林电子工业学院、重庆大学、重庆邮电学院、西南师范大学、重庆师范学院、四川大学、西南交通大学、电子科技大学、西南科技大学、成都信息工程学院、四川农业大学、西南财经大学、云南财贸学院、西北工业大学、西安理工大学、西安电子科技大学、长安大学、西安石油学院、陕西师范大学、兰州大学。

由于高等院校培养方式的局限性，其所培养的人才距离实际岗位工作的要求有一定的偏差，厂商各种认证培训成为我国信息网络人才培训的又一途径。如 MCSE（微软认证系统工程师）、MCP（微软认证网络专家）、MCSD（微软认证开发专家）、CNE（Novell 认证网络工程师）、CNA（Novell 认证网络管理师）、CCNA（思科认证网络支持工程师）、AS/400（IBM 认证工程师）、SCJP（Sun 认证 Java 程序员）、DBA（Oracle 数据库工程师）、

SNIA（网络存储认证）、ACCP（北大青鸟认证）等，其中大部是国外厂商的认证。这种培训大都主要针对厂商自己的技术和产品推广使用。虽然这种培训对于现行高校的培养方式而言针对性较强，也在某种程度上推动了我国信息网络事业的发展，但易于形成使用上的习惯，缺乏广泛的适用性，很大程度上助长了国外厂商在信息产品市场垄断地位的形成和延续，具有潜在的影响，不利于我国信息化的自主建设和发展。近年工厂培训的市场规模情况如图 21.5 所示。

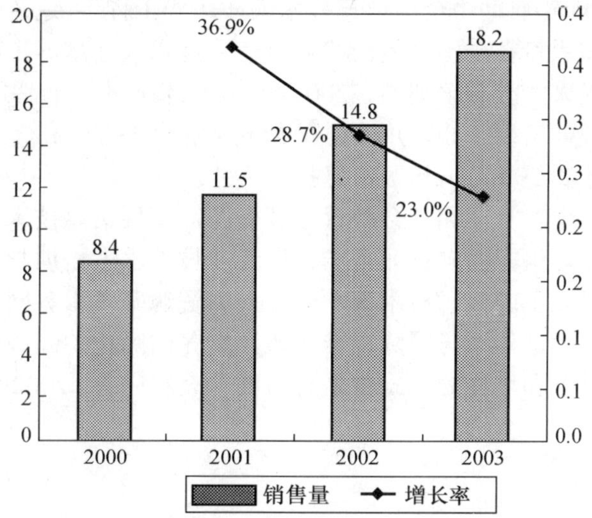

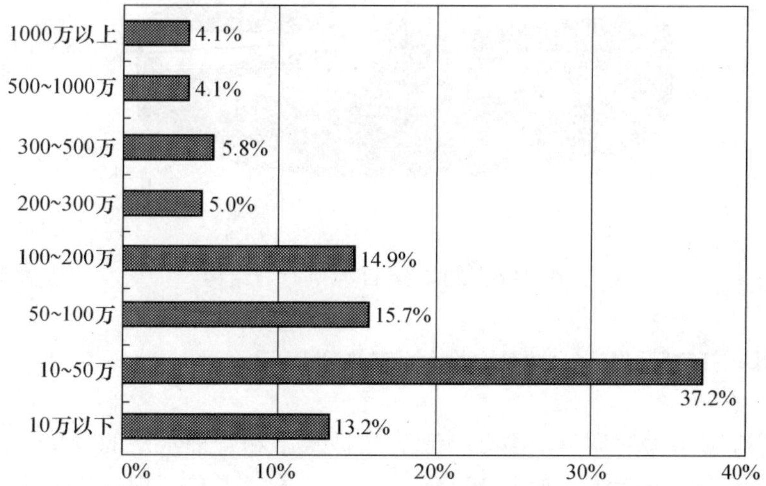

数据来源：CCW Research 2003

图 21.5　近年 IT 培训的市场规模增长情况

与此同时，2003 年，4 月 10 日，华为网络学院（Huawei Network College）教育计划发布，对打破国外厂商垄断网络技术教育的现状，推动国家信息化建设也有着一定意义。

在少数国外厂商垄断局面下，无论从培训内容、培训质量和规模上都无法满足国内网络人才培养的实际需求，社会呼唤着本土化、实战型的网络技术培训的大规模推出。作为完全拥有自主知识产权的数据通信主导设备厂商以及全球范围内少数能提供完整网络技术培训认证体系的企业之一，华为公司依托其技术实力，在国内高校网络技术教育现状和实际需求的基础上，大规模推出了网络学院教育计划，在全国范围内与高校广泛合作，开展实用、高效的网络技术教育，培养国家信息化建设的本土人才。北京、上海、天津、重庆、黑龙江、吉林、辽宁、甘肃、四川、广西、海南、江西、云南、湖北、新疆、河南、河北、江苏、浙江等地的多所高校都已经成立或正在筹建华为网络学院。

信息产业部是我国信息产业的政府主管机构，对于信息化人才的培养体系建设非常重视。预期将在 2004 年启动“全国信息技术人才培养工程”，这意味规范的信息技术教育培训认证和服务体系将在全国范围内建立。信息技术人才培养工程将在全国范围内建立 2 000 个信息技术人才教育培训站、200 个信息技术人才培训基地、20 个信息技术教育资源研发中心和教师培训中心，并计划在 5 年内培训 5 万名高级信息技术人才、50 万名中级信息技术人才和 500 万名初级信息技术人才。

这一工程将优化组合行业和社会教育培训资源，开展信息技术相关领域的职业资格培训和考试认证工作，组织面向就业市场、以专业技术水平培训与测试为重点的全国信息技术水平考试，建立全国信息技术人才库及人力资源开发服务网络，并加强国际合作交流，逐步使培训、考试体系与国际标准接轨，培养国际化的高级信息技术人才。这对于我国现行的培养体系和培养的方式将是有力的补充和完善。2002 年工厂培训行业结构如图 21.6 所示。

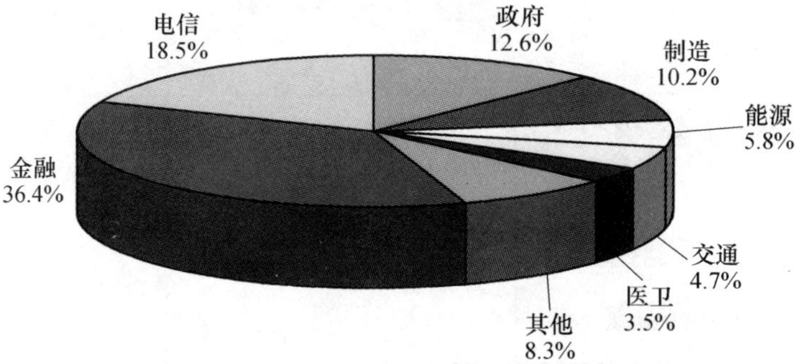

图 21.6　2002 年 IT 培训行业结构

21.5　国外信息网络人才供求与培养状况

当今世界综合国力的竞争，主要体现为科技水平和管理水平的竞争，而最终体现为人才的竞争。一些专家指出，加入 WTO 之后，竞争将不单表现在产品市场上，更多地将表现在要素市场上，特别是人力资源的竞争上。加入 WTO 之后，中国将面临全方位的人才竞争。随着服务业市场的开放，以人才争夺为核心的国际竞争会进一步加剧。有关资料显示，在美国新创造的 160 万个技术岗位中，有一半的岗位空缺；整个欧洲大约缺 120 多万名信息网络人才。欧盟 2000 年度研究报告指出，该地区在 2000 年仅信息技术人才就缺员 123 万人，2002 年仅网络人才就短缺 60 万人。而加拿大尚有 2 万个信息技术工作岗位仍然空缺。

针对 IT 人才的短缺现象，各国均加强了人才培养措施和力度。下面以美国软件专业人才培养为例说明。

在美国，软件教育和培养主要分三个层次：基础教育，几乎所有的高等院校和社区学院的计算机科学、电子工程、信息技术和有关的继续教育都设有软件工程、网络设计等软件基础课，为本科生提供软件理论与工程方面的入门知识，为软件公司培养从事软件开发与设计方面的人才；研究生教育，高等院校中的研究生教育侧重系统软件理论的教育，为高校的教学和研究以及大公司输送从事软件研究的人才；企业培养，一般大的软件公司都设有自己的培训部门或中心，它们主要是根据市场和公司的需求培养各个层面的动手能力强的操作和编程人员，不仅可以获得专业证书，而且可以获得学位。此外，还有“公司＋高校”的培养、私人机构培训等方式。

此外，美国的见习生制度是高校与公司的桥梁。高校学生可以利用假期把所学知识应用于实践，培养自己的动手能力、协调能力及团队精神，奠定自己的就业基础；公司可以通过见习生的才能、人品和工作表现来选拔人才和拓展公司的实力。

从高校、社区学院、公司到社会构成了全方位的教育和培训网，它们都是由市场所驱动，为社会发展提供就业和服务。虽然高等院校、社区学院和大的软件公司都提供学历和非学历的软件教育和培训。但相比之下，高校提供的软件教育更宽泛、更具理论性；培训机构或中心提供的软件教育则更实际、更新颖。他们各有侧重、各有所长，同时又相互补充、完善。

软件产业所需的技术人才大体处于三个不同层次：（1）系统规划层次，其任务是提出软件系统设计的思路和项目；（2）设计层次，其任务是根据思路和项目将其细化成各个子系统；（3）编程层次，其任务是将各个子系统编写为相应的程序并通过调试合成为一项软件产品。同时软件产业还需要相应的管理及营销人才。由于软件产业人才层次的需求不同，所以软件产业人才的培养不可能在高校某一个专业范围内一次完成，而是根据不同的人才培养目标由不同层次、不同专业的学校和培养机构去各自承担。

目前，在软件人才培养过程中，学校培养只是基础和初步环节，更重要的是在实践中培养。因此，美国软件人才的继续教育发展很快，成为软件人才培养的一个重要发展趋势。

软件产业虽已属成熟的产业，但软件产业或信息产业的人才仍然相当缺乏，就业前景相当乐观。美国劳动部的统计数据显示，美国每年增加 17.5 万到 25 万个信息技术就业岗位，到 2005 年从事信息技术的服务机构和人员将翻一番。

大学生选择专业和在职人员培训主要是根据市场导向。就业市场不仅决定其专业的选择而且主宰他们的学业。不少软件产业或信息产业的学生为获取较好的岗位不惜中断学业去工作，也有不少软件就业人员为了谋求更合适的岗位或更高的职务去接受各种相关的培训。当然，也不乏已获得其他专业的硕士和博士学位的人员，为了寻找工作再修计算机课程或获取计算机专业证书和学位。

总之，美国高等院校中软件专业的招生与其他专业类似。本科生源主要来自高中毕业生，但来自公司或企业的人员也有上升的趋势。而在研究生教育方面，约有 50%的生源来自产业，他们主要是到大学进行深造和继续教育或为改换职业做准备。在博士生教育方面，约有 50%的生源来自国外。一些大的私人培训公司如美国技术学院也提供学历和非学历的培训。此外，继续教育、职业教育、成人教育和虚拟教育是软件教育中必不可缺的一部分，美国的大学、社区学院和公司都在进行，有些不仅面向美国，而且面向世界。

美国本科生和硕士生的培养主要实行学分制，一般大学或大公司的学位授予权或培训项目都得到州教育委员会的批准和权威认证部门的认证。

在美国，高等教育属于产业，社会上以赢利为目的的培训机构和项目很多。由于它们面向市场，目的明确——找工作、掌握某项知识和技术、根据某种特殊需要而设计以及追求课程的新颖、实用和独创，因而有些项目办得很成功。

美国从事软件教育的教授大多都有丰富的教学经验。此外，高等院校也聘用一些公司的高级技术人员来校执教。在大的软件公司和培训中心执教的多为富有实践经验的高级职员和从大学聘任的专家学者。

美国没有统一的软件教材，各高校根据自己的需要选择教材，各高校的书店也根据需求采购有关软件方面的各科书籍供教师和学生选用。研究生使用的教材由知名或资深教授和专家编写，偏重理论，较为深奥，知识易于老化；本科生使用的教材也是由富有教学经验的教授和专家编写，但内容大多是一般基础性理论知识；培训公司使用的教材一般由公司高级职员或聘请教授专家们编写，内容实用性强、知识更新较快。

由于计算机软件的日新月异，教材很难固定。许多软件辅助教材甚至教材都是由授课教师根据实际教学需要自己编写，教材更新很快。

与此同时，由于经济全球化的迅速发展和科学技术的突飞猛进，使得人才在经济和社会发展中的作用日益突出，人才成为决定一个国家竞争力强弱和发展潜力大小的关键因素。人才的争夺也呈现出全球化的特点，人才危机已成为世界性的普遍现象。美国、欧洲等发达国家纷纷制定或调整了抢夺人才的政策和策略，日本、韩国、澳大利亚等国家也已启动新世纪人才战略计划，而且许多发达国家把挖掘人才的目标瞄准了中国的人才市场。据对北京多家高新技术企业的调查，人才外流、人才缺乏、特别是高层次人才奇缺是国内企业面临的普遍现象和最大压力。人才竞争将是入世后受到的最直接的冲击。

美国政府出台的《加强21世纪美国竞争力法》，其核心就是要吸纳世界各国的优秀科技人才，并计划在3年内，每年从国外吸收19.5万名技术人员。加拿大准备进一步扩大招募各种人才的途径，并废除了1998年在招募人才方面的限制。英国则考虑大力放宽对人才及其家属永久居留权的条件。

发展中国家和地区，尤其是亚洲，也逐步意识到人才流失给本国带来的巨大损失，纷纷采取各种措施以防止本国人才的流失，并且尽可能地吸收外国人才。以印度为例，印度政府集中国家资源建立了印度的"硅谷"——班加罗尔，足以与美国硅谷以及欧洲、日本的科技中心匹敌。但联合国公布的《2001年人类发展报告》称，未来3年，印度每年约有10万名专业人才获美国移民签证，以每人教育经费1.5万美元至2万美元计算，印度每年由此造成的资源损失高达20亿美元。

（信息产业部信息化推进司　洪斌一）

第四篇

技术篇

第 22 章　计算机网络与信息安全管理现状

22.1　2003 年计算机网络与信息安全发展概况

22.1.1　国外发展概况

2003 年，世界范围内的网络安全问题更为突出，垃圾邮件（包括带病毒的邮件）泛滥的趋势继续上升，病毒带来的破坏不断在升级。随着互联网应用的推广和普及，从年初的求职信病毒到轰动全球的冲击波蠕虫病毒，世界上 80%的个人计算机与服务器都受到感染。各种操作系统和应用软件漏洞带来的更严重的威胁，从公布漏洞到出现利用漏洞进行攻击的代码的时间越来越短。一年一度的黑客大会受到媒体的广泛关注，更是刺激一些头脑灵活的黑客，激发了他们攻击的欲望。2003 年的安全市场发展平稳，防火墙、网络防毒软件、入侵检测系统、加密系统等安全设备的销量都有较大的提升。特别是防火墙和网络防毒软件，在 2003 年大量的病毒与安全漏洞的影响下，一些企业已经开始转向整体的安全解决方案，而一些安全服务已经慢慢开始如雨后春笋般崭露头角。安全服务从一开始就贯穿在整个的安全体系中，从售前的安全咨询、安全风险评估，到安全产品项目实施，一直延续到售后的安全培训、技术支持、系统维护、产品更新等项目周期的全过程。国内的金融行业、电信行业与政府部门开始逐步成为网络安全机构的服务对象。

2003 年网络安全、漏洞与病毒事件的不断发生再一次考验了互联网的安全性。网络安全不但对于每一个 IT 人士，甚至对各大公司、企业都有较深的影响，所以每一个网络人士都应认识到加强网络安全防范意识，提早做到系统的升级、安全设置以及服务的重要性。世界各国积极从法律、技术、标准、培训、国际合作等多个方面探索和努力，加强对网络与信息安全管理；各国对网络与信息安全投资呈不断增长。

22.1.2　国内发展概况

2003 年，我国互联网用户已达近 7 950 万人，全球每 9 个互联网用户中就有 1 个来自中国。中国的互联网事业飞速发展，随之而来的网络安全问题也更加突出。随着国际上很多国家对互联网安全管理方面工作的加强，利用互联网进行各种非法活动的行为，开始更多地寻找那些管理还比较薄弱而又拥有丰富网络资源的地方进行。我国的互联网飞速发展，无疑成为国内外各种网络攻击和其他非法活动者关注的目标。

近年来，在党中央、国务院的领导下，我国信息安全保障工作取得了明显成效，建设了一批信息安全基础设施，加强了互联网信息安全管理，为维护国家安全与社会稳定、保障和促进信息化建设健康发展发挥了重要作用。

特别值得指出的是，2003 年 7 月国家信息化领导小组第三次会议在北京召开，会议讨论了《关于加强信息安全保障工作的意见》，意见提出的加强信息安全保障工作的总体要求是：坚持积极防御、综合防范；全面提高信息安全防护能力；重点保障信息网络和重要信息系统安全；创建安全健康的网络环境；保障和促进信息化发展，保护公众利益，维护国家安全；立足国情、以我为主、管理与技术并重、统筹规划、突出重点；发挥各界积极性，共同构筑国家信息安全保障体系。这为我国未来几年的计算机网络与信息安全管理工作指明了方向；同时，也充分显示出计算机网络与信息安全管理工作得到不断加强。

22.2　2003 年网络与信息安全的主要事件

22.2.1　2003 年网络安全的主要事件

2003 年是网络安全事件最多发的一年，在这一年中连续发现了数个影响广泛的 Windows 和 Linux 漏洞，3 月份最早出现的 RPC 漏洞，直接危害 Windows NT/2000/XP/2003。5 月，著名的邮件服务器 SendMail 被发现存在严重安全漏洞，这已经不是第一次了；广泛使用的安全套接字 SSL 被发现存在安全缺陷。6 月，Windows 操作系统默认的 WEB 服务器 IIS 被发现存在 4 个严重漏洞。7 月，网络上公开针对 Cisco 路由设备的攻击漏洞。8 月，自由软件基金会发现有黑客入侵了保存 Linux 源代码的服务器，并在代码中添加后门；最早利用 windows RPC 漏洞的蠕虫病毒“冲击波”开始大范围爆发。10 月，Windows 操作系统默认打开的 Message 服务被发现存在严重漏洞。11 月，微软公开 7 个 Windows 安全漏洞，其中风险级别为危急的 5 个，风险级别为重要的 1 个，中等级别的 1 个；微软邮件服务器软件 Exchange 也发现严重漏洞；著名的 Linux 衍生操作系统 Debian 被发现存在数个严重的、从未公开的漏洞。12 月，Windows 操作系统被发现存在 Workstation Service 漏洞，影响 Windows 2000/XP；再次发现保存 Linux 源代码的服务器被入侵，代码遭修改；同时 Linux 2.4 内核被发现存在重大安全漏洞。

在病毒方面：1 月爆发的 SQL 蠕虫病毒，导致全球多个互联网骨干网瘫痪；3 月爆发的口令蠕虫病毒，同时爆发了红色代码蠕虫的 F 变种；6 月爆发了妖怪蠕虫病毒；8 月爆发的冲击波病毒和大无极（冲击波变种）病毒引起国际安全界的轰动，病毒攻击直指微软站点，至今还未完全根除。9 月爆发利用 QQ 传播的“QQ 尾巴”病毒。

2003 年的针对漏洞的病毒呈高速发展中，无论是病毒的编写技术、传播速度、影响范围都达到了一个历史新高度。无论是在国际互联网中造成大规模危害的 SQL 蠕虫王，还是仅国内感染超过 200 万的冲击波病毒，在病毒史上都是绝无仅有的。通过针对网络攻击行为的分析发现，2003 年黑客的主要攻击目标转移到了 Web 应用上，针对各类 ASP、CGI、PHP、JSP 脚本的攻击呈持续上升趋势。造成这样局势的原因一方面是因为用户安全意识的提高，防火墙、隔离系统等安全设备成为安全标配产品，另一方面是黑客整体水平下降的体现。通过针对网络攻击目标分析发现，2003 年黑客的攻击目标主要转移到一些商业站点、网络游戏服务器和中小型数据库，攻击者对具备商业价值的目标更有兴趣，盗取和贩卖被入侵公司的商业机密或程序代码的行为呈上升趋势。

22.2.2　个人计算机安全越发依赖终端安全防护工具

随着越来越多的个人计算机接入互联网，计算机用户不得不直接面对来自互联网的安全威胁，这主要包括三方面。

1. 计算机病毒的攻击。计算机病毒经过不断的发展，一方面在寄生形式上更加复杂，一方面传播渠道更加多种多样，如附着在邮件附件上传播、通过聊天工具传播等。但是其传播途径绝大多数都要通过计算机的网络接口，而不是传统的软盘、光盘。

2．恶意代码的侵扰。由于个人计算机大都安装 Windows 操作系统，而 Windows 操作系统本身提供了一些自动执行网络脚本程序的功能在给用户带来方便的同时也带来了严重的安全隐患，越来越多的用户在访问某些带有恶意代码的页面时都遭到了侵扰，结果较轻的会被修改浏览器的缺省网页，严重的则会被植入后门程序，所有数据甚至控制权都对被开放到网络上。

3．针对计算机系统漏洞的攻击。越来越多的计算机操作系统的漏洞被发现和公布，导致黑客们有更多的机会入侵个人计算机，某些攻击方法被做成简单易用的攻击工具，供那些不具备高深技术的人使用，甚至某些攻击方法被做成网络蠕虫，可以自动在网络上搜寻和攻击个人计算机。

面对以上问题，网络用户们越来越意识到在终端计算机上采取安全保护措施的重要性，但是网络与系统安全知识的匮乏给用户们设置了几乎不可逾越的障碍。在这种形式下，各种用于个人计算机的安全防护产品大量涌现。

其中最传统的产品就是防病毒软件。防病毒软件在我国已经发展了近十年，产生了一批具有民族产业特征的本土防病毒软件厂商。在技术和市场两方面都趋向成熟时，越来越多的用户都选择安装了防病毒软件。目前的防病毒软件已经从最初的检测文件系统的病毒发展到监测网络传输中的病毒，并在数据保存在计算机内部之前将其清除干净，从而起到十分重要的保护作用。

此外，另一类重要的防护产品就是个人网络防火墙。这类产品可以通过帮助用户隔绝陌生的网络访问来阻断可能的外部攻击，对于具有一定网络安全知识的用户来说，还可以自行配置安全策略，从而更好地保护自己。

在 2003 年这一网络病毒、黑客攻击多发的年份中，安装了防病毒软件和个人防火墙产品的计算机用户基本上都没有遭到侵害。但是，由于我国网络用户的整体安全意识和水平还处于较低水平，因此，仍然有很多用户没有选择用于终端的安全保护产品。

22.2.3　2003 年 CNCERT/CC 处理的主要安全事件

对各类网络安全事件的处理，一方面是需要在各个应急组织采取相应的技术措施解决，然而在新的形势下，更为重要的是一个国家需要从维护国家的整体利益出发，宏观指挥和协调各个应急小组采取措施。这种宏观指挥的重要作用突出体现在公共基础网络资源成为攻击对象的事件中，涉及对国家政府机关、军事单位、金融机构、通信企业等重要部门进行攻击的事件中，以及产生很大的社会影响的事件中。

在我国，网络与信息安全已经纳入到国家整体公共安全管理体制中，以 CNCERT/CC

（国家计算机网络应急技术处理协调中心）为中心的应急处理体系承担着技术处理协调的核心角色。该体系在接连发生的红色代码、尼姆达、SQL 杀手、冲击波等蠕虫事件中不断经受锻炼和考验。

到目前为止，我国的应急处理体系已经处理多起重要的大规模网络安全事件。在处理过程中，CNCERT/CC 统一协调各个部门采取一致的措施应对突发的事件，并汇总获得了反映全局情况的权威数据，为运营商或者国家其他重要部门的决策提供了依据。

1．SQL 杀手蠕虫事件

2003 年 1 月爆发，波及我国所有运营商的互联网骨干网，导致部分网络瘫痪。CNCERT/CC 协调我国计算机网络应急处理体系下的各个单位密切合作，互相配合，做到了及时发现、准确判断和快速恢复，事件在当天就在我国得到全面有效的控制。

2．口令蠕虫事件

2003 年 3 月爆发，波及我国绝大部分骨干互联网，2 天的时间内发现近 4 万台主机被感染。该蠕虫利用弱口令的管理缺陷而不是技术漏洞发起攻击，使得防范更加困难。我国的应急处理体系成员及时发现并向 CNCERT/CC 报告了该蠕虫的活动，CNCERT/CC 通过整个应急处理体系的合作，快速有效地控制了该蠕虫的蔓延，避免了对互联网的严重冲击，如图 22.1 所示。

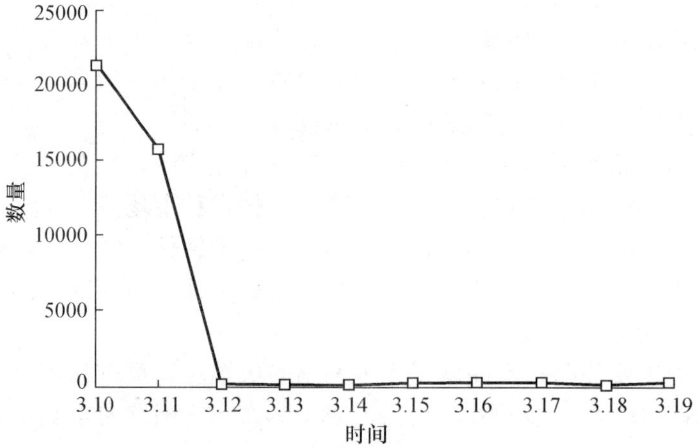

图 22.1　感染口令蠕虫机器数目随时间变化的曲线

3．冲击波和冲击波清除者蠕虫事件

2003 年中，持续时间最长、传播范围最广的是“冲击波”及其变种“冲击波清除者”蠕虫。8 月 11 日，“冲击波”蠕虫一出现就在全球迅速传播，并且由于遭受该蠕虫感染会严重影响用户的一些基本应用，所以产生了很大的社会影响。该蠕虫设定于 8 月 16 日对微软的一个网站发动拒绝服务攻击，但是由于微软撤销该网站的域名解析，加上该蠕虫程序设计上的问题，使得攻击不但不成功，蔓延速度反而受到影响。但是，8 月 18 日爆发的“冲击波清除者”蠕虫，却给互联网带来更大的冲击。“冲击波清除者”利用和“冲击波”同样的方式入侵网络中存在特定漏洞的主机，因此在技术上相当于原来“冲击波”蠕虫的一个变种。虽然该变种主要的动作是给感染冲击波的主机下载补丁程序，但它的探测和蔓延方式，却导致了网络带宽的严重消耗，事实上造成了部分区域网速的大幅下降。

根据 CNCERT/CC 对采样数据的分析，全世界至少有 2 000 多万台主机感染“冲击波”或“冲击波清除者”蠕虫，其中我国至少有 600 多万台，世界各国和地区受感染的分布情况如图 22.2 所示：

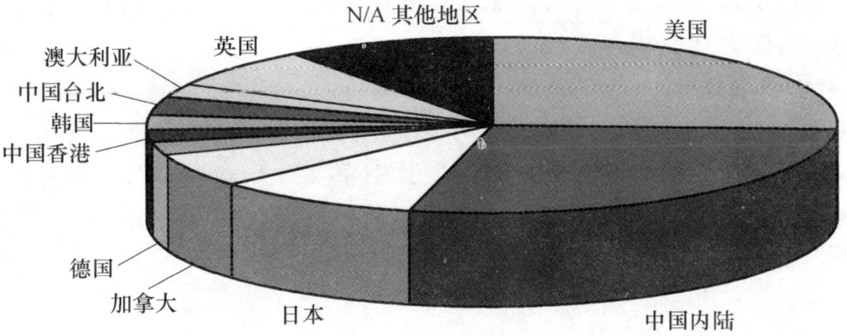

图 22.2　冲击波和冲击波清除者感染情况

4．其他病毒事件

2003 年，通过电子邮件传播的蠕虫病毒大行其道，并呈现家族化趋势。造成较大影响的有三、四个，其中“老板公司”（Worm_Sobig.A）及其先后出现的五个变种都在病毒发作的期限内形成了较大的影响，尤其是 Worm_Sobig.F 利用自身的 SMTP 引擎大量向外发送病毒邮件，与“冲击波”病毒在同一时期对网络形成较大的影响。另外，“小邮差”病毒自 8 月 1 日出现以来，先后出现数个变种，大范围传播持续了几个月的时间。其他传播较为广泛的此类病毒还有“爱之门”及其变种，以及“垃圾桶”及其变种。

此外，在 2003 年还出现通过 QQ 传播的病毒。此类病毒的共同特征在于，都是通过聊天软件 QQ 进行传播，它们通过 QQ 的发送信息窗口发送信息，多利用用户的好奇心和对网友的信任骗取用户点击链接，登陆网站，感染病毒。

5．拒绝服务攻击事件

分布式拒绝服务攻击日益猖獗，2003 年仅 CNCERT/CC 就处理了多起涉及政府信息港、大型互联网企业、重要网站的拒绝服务攻击事件。在这些事件的处理过程中，应急体系下各成员在全国范围内展开密切合作，追踪、定位并最终处理攻击源。然而由于分布式拒绝服务攻击常常采用伪造地址并且涉及多个攻击源，所以这种追踪定位是非常困难的，它需要及时得到各网络运营商网管人员的直接支持与配合。更好的办法是推动源路由验证功能的启用，如果国内各个网络全部启用源路由验证功能，黑客利用假地址发起攻击的行为将能得到有效的控制；同时，用真实地址进行攻击的行为，也能够被快速定位。

6．木马事件

木马的种类非常多，大致可分为远程控制木马、密码发送木马、键盘记录木马、破坏性质木马、DOS 攻击木马、代理木马、FTP 木马、程序杀手木马、反弹端口木马等类型，但大多数的木马都不是单一功能的木马，它们往往是很多种功能的集成品。比较常见的木马有 BO2000、冰河、NetSpy、Glacier、网络神偷等，甚至还有一些正常的远程控制程序也成为“木马”被人恶意利用，而且通常防病毒系统不去检测这类程序的存在。

2003 年，曾发生过一起涉密计算机因安置了 Remote Administrator 程序而导致信息泄露的事件。Remote Administrator 是一个远程控制软件，它通常被用于远程教育、网络管理、远程技术支持等方面，虽然本身并不是黑客编制的恶意木马程序，但是由于该程序具有强大的远程控制功能，容易被恶意利用，通过网络对计算机系统进行监视、文件窃取、甚至完全控制。2003 年 5～12 月期间我国共发现有 2 000 多台主机因安装 Remote Administrator 而处于开放状态。

7．网页篡改事件

2003 年我国的应急体系发现并处理了多起网页被篡改事件。据统计核查，2003 年我国大陆至少有 1 157 个网站的网页被篡改，其中有 228 个政府网站。被篡改的网页在全国各省的分布图及被篡改网页涉及主机的数量随时间变化的情况分别（如图 22.3、图 22.4 所示）：

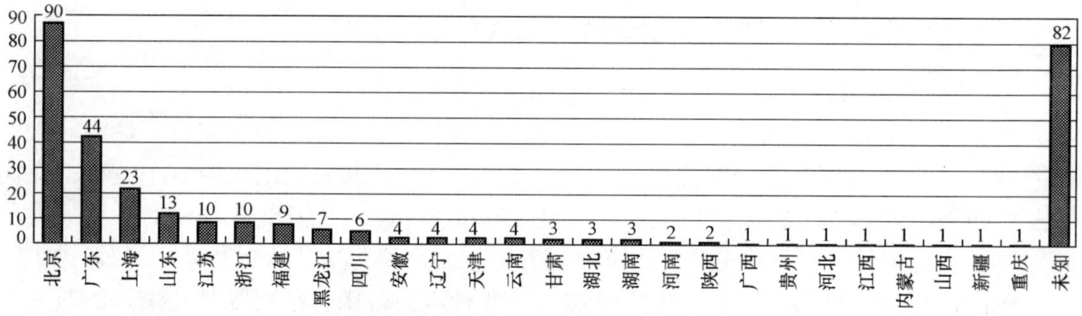

图 22.3　被篡改的网页在全国各省的分布图

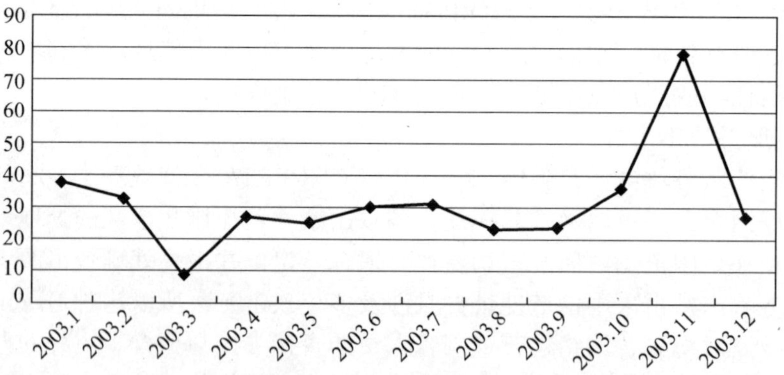

图 22.4　全国各省的分布图及被篡改网页涉及主机数量随时间变化的曲线

2003 年，发生了一次比较大规模的“黑客攻击”网站事件。

7 月 6 日黑客竞赛：国际互联网部分黑客于 7 月 6 日至 7 日举行了一次以篡改网站数目多少为标准的“黑客大赛”。从 CNCERT/CC 获得的信息看，全球 6 日至 7 日约有 2 600 多个网页被篡改，但大部分是缺少安全措施的小型网站，没有形成大规模的网络攻击事件。我国互联网既没有发现遭到大规模攻击的迹象，也没有网站被篡改的消息。

8．互联网诈骗

CNCERRT/CC 注意到互联网欺诈类事件，特别是冒充网上银行、网上商店的事件数量正呈现越来越多的趋势。2003 年 12 月 8 日，CNCERRT/CC 收到澳大利亚应急小组 AusCERT 的来信，投诉有不法分子通过邮件散布我国两个网站的网址，这两个网站冒充澳大利亚某银行的网上业务系统从事非法欺诈活动。CNCERT/CC 在调查核实后，认为是网站主机遭受攻击后被人恶意利用所至，于是立即协调有关运营商和分中心通知了机房管理员，并在其协助下取得部分被泄漏的银行用户信息。该事件的处理得到了 AusCERT 的高度评价，在 APCERT 各成员经济体中产生了积极的影响。

9．其他一般安全事件

2003 年，CNCERT/CC 接到国内外一般性安全事件的投诉 13 000 多起（详细统计如图 22.5 所示），其中 134 起是国内用户受到各类一般性攻击后的投诉，其余投诉均来自境外。CNCERT/CC 按照国际惯例，协调各有关应急组织处理了这些事件。

应急事件								非应急事件
	事件分类							咨询
	病毒		网络攻击		垃圾邮件		总计	
月份	国内	国外	国内	国外	国内	国外		
1 月		2		342	2	129	475	13
2 月	10	2		482		172	666	5
3 月	15	2	1	724		135	877	7
4 月	4	1		383		156	544	2
5 月	3	11	5	980	2	168	1 169	9
6 月	1	50	3	753		137	944	13
7 月	6	35	3	881	3	173	1 101	21
8 月	16	11	4	1 509	1	153	1 694	3
9 月	20			1 542		277	1 839	2
10 月	10		1	1 067	5	248	1 331	15
11 月	9	3	2	1 032	2	160	1 208	23
12 月	3	6	1	1 178	2	276	1 466	3
合计	97	123	20	10 873	17	2 184	13 314	116

图 22.5　2003 年一般性投诉事件统计

22.3　我国信息安全标准化状况

我国政府有关主管部门十分重视信息安全标准化工作，早在 1984 年 7 月就组建了数据加密技术委员会，并于 1997 年 8 月改组成全国信息技术标准化委员会的信息安全技术分委员会，负责制定信息安全的国家标准。从 1999 年起，我国又先后成立了三个专业性信息安全标准化组织：公安部信息系统安全标准化技术委员会、全国信息安全标准化技术委员会、中国通信标准化协会网络与信息安全技术工作委员会等。

1．1999 年 3 月，经公安部科技局批准，正式成立了公安部信息系统安全标准化技术委员会。该技术委员会主要任务是负责规划和制定我国信息安全标准和技术规范，监督技术标准的实施。制定标准的工作范围包括：计算机信息系统安全保护等级标准、应用系统安全等级评估检测标准、计算机信息系统安全产品标准、计算机信息系统安全管理标准等。

目前，公安部发布了如下14个标准。

（1）GA 135-1996 DOS 操作环境中计算机病毒防治产品测试方法；
（2）GA 163-1997 计算机信息系统安全专用产品分类原则；
（3）GA 173-2002 计算机信息系统防雷保安器；
（4）GA 174-1998 基于DOS的信息安全产品评级准则；
（5）GA/T 367-2001 视频安防监控系统技术要求；
（6）GA/T 368-2001 入侵报警系统技术要求；
（7）GA/T 387-2002 计算机信息系统安全等级保护网络技术要求；
（8）GA/T 388-2002 计算机信息系统安全等级保护操作系统技术要求；
（9）GA/T 389-2002 计算机信息系统安全等级保护数据库管理系统技术要求；
（10）GA/T 390-2002 计算机信息系统安全等级保护通用技术要求。
（11）GA/T 391-2002 计算机信息系统安全等级保护管理要求；
（12）GA/T 403.1-2002 信息技术 入侵检测产品技术要求 第1部分：网络型产品；
（13）GA/T 403.2-2002 信息技术 入侵检测产品技术要求 第1部分：主机型产品；
（14）GA/T 404-2002 信息技术 网络安全漏洞扫描产品技术要求。

正在制定的标准如下。

- 信息系统安全保护等级评估准则
- 操作系统安全保护等级评估准则
- 数据库管理系统安全保护等级评估准则
- 路由器安全保护等级评估准则
- 防火墙安全保护等级评估准则
- web 服务系统安全保护等级评估准则
- 电子政务系统安全保护等级评估准则
- 网络安全保护等级评估准则
- PKI 安全保护等级评估准则
- VPN 安全保护等级评估准则
- 网关安全保护等级评估准则
- 信息系统安全保护体系结构
- 信息系统安全保护等级工程管理要求

2．为加强全国信息安全标准化工作的组织协调力度，2002年4月，经国家标准化管理委员会批准，正式成立了全国信息安全标准化技术委员会（简称信息安全标委会，委员会编号为TC260）。C260是我国在信息安全的专业领域内，从事信息安全标准化工作的技术工作组织，它的工作任务是向国家标准化管理委员会提出本专业标准化工作的方针、政策和技术措施的建议。TC260的标准研究工作采用工作组的方式进行，工作组由国内信息安全技术领域的有关部门、研究机构、企业事业及高等院校等代表组成。截至 2003 年底，我国正式颁布的信息安全相关国家标准有 47 项。

3．2002 年国家计算机网络与信息安全管理中心联合中国电信集团公司、中国移动通信集团公司等 10 个单位联合发起组织成立通信安全标准研究组，旨在积极推动我国通信行业安全标准化工作。2003 年 12 月，根据信息产业部科技司和中国通信标准化协会（CC2SA）的有关决定，将通信安全研究组直接纳入了中国通信标准化协会，成立了网络与信息安全技术工作委员会（TC8）。

CCSA TC8 主要负责研究涉及国家安全利益和社会稳定的有关通信安全技术和管理标准，其研究领域包括面向公众服务的互联网的网络与信息安全标准、电信网与互联网结合中的网络与信息安全标准、特殊通信领域中的网络与信息安全标准。TC8 设置有线网络安全工作组（WG1）、无线网络安全工作组（WG2）、安全管理工作组（WG3）和安全基础设施工作组（WG4）等四个工作组。

目前为止，TC8 已拥有涵盖国内有关运营商、设备制造商、大学和科研院所的全权会员单位 23 家，列席会员单位 2 家。TC8 拟在 2004 年开展《高端路由器安全技术要求》、《中低端路由器安全技术要求》、《电信网管安全技术规范》、《移动通信智能卡安全技术要求》、《信息安全服务资质评估准则》等近 20 项标准项目研究。

除上述 3 个专业性信息安全标准化组织外，我国其他有关主管部门和地方政府也发布了部分信息安全行业标准或地方标准。

这些标准主要包括：国家技术监督局和建设部 1993 年联合发布的《电子计算机机房设计规范》（GB 50174－93），电子工业部 1993 年发布的《电子计算机机房施工及验收规范》（SJ/T30003－93），中国证监会 1998 年颁布的《中国证券经营机构营业部信息系统技术管理规范（试行）》和《证券经营机构营业部信息系统技术管理规范（试行）》，中国人民银行 2001 年发布的金融行业标准《银行卡联网联合安全技术要求》（JR/T 0003-2001），北京市 2002 年发布的《党政机关信息系统安全测评规范》（DB11/T 171-2002），上海市发布的《计算机信息系统安全测评通用技术规范》（DB31/T 272-2002），山东省发布的《计算机信息网络安全管理要求》（DB37/T 313-2002）等。

22.4　保障网络与信息安全的措施

22.4.1　国外采取的主要措施

互联网是一个完全开放的系统，是一个全球一体化的环境，仅靠一个国家难以有效完成应急处理工作，需要一个全球相互协作的体系。我国公共互联网应急体系的建立和应急处理能力的提高，并不能仅仅依靠自己的力量，而且需要与世界各国相关组织在技术、资源、经验方面共同合作，在统一的标准、一致的应急处理方法下共同应对。

1．成立应急组织

1988 年，美国成立了全球最早的计算机应急响应组织（以下简称应急组织，其英文的写法是 Computer Emergency Response Team，缩写 CERT）。到 2003 年底，全球已有近 200 个正式注册的应急组织，分布在欧洲、北美、亚太和拉丁美洲等地区的多个国家和地区。这些应急组织不仅为各自地区和所属行业提供计算机和互联网安全事件的紧急响应处理服务，还经常互相沟通和交流，形成了一个专业领域。

1990 年 11 月，在美国等国家应急组织的发起下，一些国家的 CERT 组织参与成立了“计算机事件响应与安全工作组论坛”，简称 *FIRST*，即 *F*orum of *I*ncident *R*esponse and *S*ecurity *T*eam。FIRST 各成员之间通过保密通信就安全漏洞、安全技术、安全管理等方面进行交流，FIRST 组织每季度开一次内部技术交流会议，每年开一次开放型会议，为各成员组织提供技术交流和合作的机会。截止到 2003 年 8 月，FIRST 的正式成员达到 151 个。

2002 年由澳大利亚（AusCERT）、中国（CNCERT/CC）、日本（JPCERT/CC）、韩国（KRCERT/CC）等的 CERT 组织发起成立的 APCERT（Asia Pacific Computer Emergency Response Team，亚太地区计算机应急响应组）是亚太地区最有影响力的应急响应联合组织，目前拥有来自亚太地区 12 个经济体的 15 个应急组织作为正式成员。2003 年，APCERT 成员组织之间建立了稳定高效的信息交流、安全事件通报和事件处理配合机制，在处理大规模网络安全事件时互通信息互相配合，初步形成了亚太地区计算机网络安全事件应急处理体系。此外，APCERT 每年还定期举办全体会议，研究网络安全应急处理领域的体系发展、技术热点等问题，对各成员组织的应急处理工作的开展具有重要的指导意义。由于 APCERT 逐渐发挥重要的作用，目前吸引了欧洲学术、政府等应急组织，以及 FIRST 组织的重视，纷纷开始寻求与 APCERT 建立合作。同时，APCERT 也开始逐渐受到亚太经合组织（APEC）的重视，参与 APEC 中有关网络与信息安全方面的活动。

2．加强网络与信息安全立法

网络安全管理工作需要有适用的法律法规作为依据，因此，日本、韩国等国家一直将立法作为工作重点；在 APEC 内部，美国等国家也一直在推动反数字犯罪的立法工作。

韩国信息通信部在 2003 年颁布的一条法规，直接推动了其网络安全监测平台的建设。该法规要求，所有运营商必须按照政府的要求建立骨干网络的监测系统，并且使用专线将经过处理的数据传送到 KRCERT/CC 进行汇总。从而强有力地解决了其他国家级 CERT 组织在建设过程中普遍面临的难题——如何获得 ISP 的支持而获得足够多的网络运行数据。

新加坡国会通过了《防止滥用电脑法》修正案，授权安全执法机构在对付电脑黑客时采取“先发制人”行动，以此加强打击信息犯罪的力度。2003 年 9 月，美众议院政府改革委员会通过了“2003 年政府网络安全法案”，要求政府机构制定计算机系统保护政策，以减少 P2P 网络带来的威胁。

3．采取技术监测手段

红色代码蠕虫等大规模网络安全事件的爆发给全球互联网造成前所未有的灾难，也极大推动了各经济体互联网安全监测平台的建设。各经济体的平台均是由该地区的国家级 CERT 组织负责建设的。

美国是最早建设网络安全监测平台的国家，共建设了两套监测系统，分别名为 SiLK 和 AirCERT。其中，SiLK 是在骨干网络上建设的分布式监测系统，从分布广泛的探测器中搜集、整理、分析流量数据；而 AirCERT 则是将网络中已有的防火墙和 IDS 的数据进行汇总分析。这两大系统相辅相成，可以有效地掌握全国全网的安全状况。

韩国在经历了 2003 年 1 月“SQL 杀手蠕虫”事件后，立即启动了监测平台建设工程，并在当年 12 月份投入试运行，该平台包括网络异常流量监测和安全设备日志汇总分析两大功能，让数据采集、专家分析、信息发布三个环节紧密联系，使从发现异常到发布预警信息的时间由 2～3 个小时缩短到 20～30 分钟，大大减少了事件响应时间和提高了事件响应质量。

日本建设了名为 ISDAS（Internet Scan Data Acquisition System）的互联网扫描数据获取系统。该系统通过汇总分布在各地的近 50 个探测器（Sensor）采集的信息，得到端口扫描的趋势变化从而预告网络安全状况。

马来西亚建立了基于蜜罐技术的网络安全监测系统，通过在互联网上安放若干蜜罐来观察攻击事件，研究攻击原理、模式和趋势。

澳大利亚在最近一年启动了 NMAC（Network Monitoring and Analysis Capability）流量异常监测项目。该项目计划分为四个阶段实施，第一阶段主要在该国第 17 大网络——昆士兰大学网试点，对路由器的 Netflow 数据进行分析；第二阶段将该系统扩展到前 5 大 ISP；第三阶段将汇总入侵监测系统和防火墙的数据进行综合分析；第四阶段将对应用数据进行分析。

22.4.2 国内采取的主要措施

1．历史回顾

计算机网络安全保障的核心是应急响应，因为应急响应可以通过专业人员的专门工作将安全保障的各个环节连成一个整体，让静态的安全产品、方案、策略和管理制度变成一个能够适应不断变化的网络安全形势的、动态的过程，使得从最初的风险分析到最后的恢复总结的每一个阶段的工作都能够真正实现互相的衔接，发挥应有的作用。但是在 20 世纪 90 年代末期，当时我国各互联网运营单位几乎都没有专门的网络安全技术人员，各互联网运营单位和安全企业都各自为政，没有互相协同处理的机制。在这样的情况下，面对大规模网络安全事件，我国仅有几个力量薄弱的应急组织几乎是束手无策。

2000 年 10 月，在信息产业部的领导下，我国正式组建了应急处理体系的一个重要环节——中国计算机网络应急处理协调中心（CNCERT/CC）。在此之前，我国一些互联网运营单位已经自发成立了负责本网内安全事件处理的应急组织，例如中国教育和科研计算机网（CERTNET）成立的 CCERT 等，但是还没有事件处理的协调中心。

2001 年 8 月“红色代码蠕虫”爆发，该蠕虫集传统的蠕虫、病毒和木马等攻击手段于一身，利用 Windows 操作系统一个公开的漏洞作为突破口，几乎是畅通无阻地在互联网上疯狂地传播，并很快渗透到金融、交通、公安、教育等专用网络中，导致互联网运行速度急剧下降甚至瘫痪。面对现实的追切要求，在 CNCERT/CC 的建议下，信息产业部组织各个互联网单位和网络安全企业召开了应急响应协调会，汇总全国当时受影响的情况，约定了协调处理的临时机制，确定联系方式，并组成了一个针对红色代码蠕虫的网络安全应急处理联盟。

2001 年 10 月，信息产业部总结红色代码蠕虫事件的处理经验和教训，“要求各互联网运营单位成立应急响应组织，能够加强合作、统一协调、互相配合”，我国的互联网安全应急处理体系自此诞生，这标志着我国互联网安全管理体系框架初步形成。

2．2003年初步建立了中国互联网应急体系

2003年3月18日，为便于开展计算机网络应急处理方面的协调工作，经信息产业部批准，成立于1999年9月的因特网应急小组协调办公室正式更名为“信息产业部互联网应急处理协调办公室”。同时指定该协调办公室为APEC要求的网络反恐的高技术协作单位。

2003年7月，中编办批复同意CNCERT/CC的正式名称为“国家计算机网络应急技术处理协调中心”，英文名称为National Computer network Emergency Response technical Team / Coordination Center of China，英文缩写CNCERT/CC。

在信息产业部互联网应急协调办公室的指导下，CNCERT/CC作为我国计算机应急体系的核心技术协调机构，发挥着协调我国各计算机网络安全事件应急小组（CERT）共同处理国家公共互联网上的安全紧急事件的重要作用。2003年，CNCERT/CC在全国31个省成立分中心，形成了全国互联网的信息共享、技术协同，完成了我国互联网安全管理体系跨网、跨系统、跨地域的建设阶段。我国互联网安全管理体系经历了从点状到树状的发展过程，正在朝向网状发展完善，最终要建设成一个覆盖全国全网的应急体系。

我国已经基本建立了一个在国家网络与信息安全协调小组及其办公室领导下的“国家公共互联网安全事件应急处理体系”，分为国家级政府层次、国家级非政府层次和地方级非政府层次等三个层面。

国家级政府层次由信息产业部互联网应急处理协调办公室为中心，向下领导国家级非政府层次的工作，横向与我国其他部委之间进行协调联系，同时负责与国外相关的政府合作组织（如APEC经济体）之间进行交流和联系。

国家级非政府层次以国家计算机网络应急技术处理协调中心（CNCERT/CC）为中心，向上接受信息产业部的领导，向下领导其遍布全国各省的分中心的工作，协调各个骨干互联网单位的CERT小组的应急处理工作，协调和指导国家计算机病毒应急处理中心、国家计算机网络入侵防范中心和国家863计划反计算机入侵和防病毒研究中心等三个专业应急组织的工作，指导公共互联网应急处理服务国家级试点单位的应急处理工作；CNCERT/CC同时还负责与国际CERT组织之间的交流和联系，负责利用自身的网络安全监测平台对全国互联网的安全状况进行实时监测。在这个层次中，还有信息产业部网络安全、信息安全和应急处理等三个专业的重点实验室，其任务是进行专门的技术研究，为CNCERT/CC开展应急处理协调工作提供必要的技术支持。

地方级非政府层次主要以CNCERT/CC各省分中心为中心，协调当地的ISP、IDC应急组织、指导公共互联网应急处理服务省级试点单位开展面向地方的应急处理工作。

整个体系由国家网络与信息安全协调小组、信息产业部、CNCERT/CC及其各省分中心构成核心框架，协调和指导各互联网单位应急组织、专业应急组织、安全服务试点单位和地方IDC应急组织共同开展工作，各自明确职责和工作流程，形成了一个有机的整体。

3．积极建设网络安全监测技术平台

随着黑客技术的发展，漏洞发布与出现攻击代码的时间间隔越来越短，攻击代码从发作到形成很大规模以至影响整个互联网运行所需要的时间也越来越短。因此，缩短网络安全事件的响应时间，尽早采取相应的处置措施已成为应急处理亟待解决的重要问题。事实上，目前很多国家都已开始建设或准备建设可提早发现网络异常的监测系统。

我国对网络安全监测与预警技术研究也给予了支持，目前已经完成了基于互联网国际出入口的网络安全监测平台建设。国家 863 项目的 917 监测平台是在国家层面上建立起的试点性的网络安全监测项目。它由 CNCERT/CC 负责建设并运行，通过自愿加入的原则吸收成员单位，及时发现网络中的异常流量情况以及互联网上的攻击行为、病毒蠕虫等恶意代码的爆发情况等。通过实时的信息收集、快速的综合分析、成员单位之间的高效率信息与资源共享等，重点实现对大规模网络安全事件的快速响应能力，以满足新的网络安全形势的需要。该平台目前已经试点接入中国多个互联网运营单位的网络，并且在一些重要的网络安全事件的处置过程中开始发挥作用。

4．国际交流与合作

CNCERT/CC 积极与国外应急小组和其他相关组织进行交流与合作，是中国处理网络安全事件的对外窗口，实现了国际间安全事件信息的互通。CNCERT/CC 分别与韩国应急组织 KRCERT、中国香港特别行政区应急组织 HKCERT/CC 签署了谅解备忘录，2003 年通过日常联系和会议交流不断扩大合作领域，目前的合作领域包括：互派技术人员进行交流与学习、建立双方信息交流和安全事件通报机制、双方定期互访等。

CNCERT/CC 积极参与 FIRST 和 APCERT 举办的学术交流活动和技术会议，与多个国家及地区的应急组织建立了长期密切的合作关系。2002 年 8 月，CNCERT/CC 成为国际权威组织“事件响应与安全组织论坛（FIRST）”的正式成员。作为创始人之一，CNCERT/CC 是亚太地区专门组织 APCERT 的指导委员会成员，参与 APCERT 组织的决策工作。CNCERT/CC 处理了大量来自国外的投诉和预警事件，2003 年全年已经接到来自世界各地的有关安全事件的投诉报告 13 000 多起。在红色代码蠕虫、口令蠕虫、SQL 杀手蠕虫、冲击波蠕虫等全球范围的事件发生时，为国内外合作应急小组提供可靠数据信息和应急策略，在国际性的紧急事件处理中发挥了重要的作用。CNCERT/CC 跟踪计算机安全领域动态和新技术，在政策、程序、安全机构、配合协调等方面吸收国际先进经验，不断完善我国互联网安全管理体系的处理流程。

22.4.3　政策措施

网络与信息安全保障工作是一项关系国民经济和社会信息化全局的长期任务。只有各级政府充分认识加强信息安全保障工作的重要性和紧迫性，高度重视信息安全保障工作，切实加强对信息安全保障工作的领导，才能保证全面提高我国计算机网络与信息安全管理水平。因此，在推进信息化的过程中，必须始终坚持一手抓信息化发展，一手抓信息安全保障工作。抓紧建立健全信息安全管理体制，明确主管领导，落实部门责任，各尽其职，常抓不懈。

计算机网络与信息安全管理工作必须在国家信息化领导小组的领导下和国家网络与信息安全协调小组的综合协调下，明确国家、企业、个人的责任和义务，充分发挥各方面的作用。“居安思危，思而有备，有备则无患”，只有全社会都充分树立起信息安全保护的意识，才能够实现构筑国家信息安全保障体系的宏伟目标。

22.4.4　今后的工作重点

处于起步阶段的我国应急体系急需在实践中迅速成熟和完善起来，以便适应我国互联网进一步发展的需求。在目前的工作基础上，我国应急体系还应该重点做好如下工作。

1．加强制度和流程的建设，制定和完善应急处理预案，保证整个应急体系的高效运行；

2．加强体系内各部门之间的沟通，及时交流最新情况和处理经验；

3．加强安全技术宣传、培训和教育工作，提高我国网络用户的整体安全防护意识和专业人员的应急处理服务质量；

4．积极开展网络安全事件的演练，及时发现和改进存在的问题和不足；

5．加强国际合作，建立畅通和可信的沟通渠道，促进技术和经验交流，开展联合处理行动。

（国家计算机网络应急技术处理协调中心 周勇林 纪玉春
何　松 焦绪录 崔　翔 张　冰 杜跃进 黄元飞）

第 23 章　互联网新技术研发状况

23.1　中国互联网新技术最新进展综述

我国互联网的建设、应用和关键技术研究从 20 世纪末 21 世纪初开始进入高速发展时期，在高性能路由器研制开发、移动 IP 技术研究、网络管理技术研究和系统开发、网络安全、大规模组播视频技术研究和应用以及下一代互联试验网的建设等方面取得了一系列成果。其中，网络安全、下一代互联试验网的建设等章节在本书中另有详细介绍，此处不再赘述。下面对其他相关技术的进展情况进行简要论述。

23.1.1　高性能路由器技术

随着互联网的迅猛发展，路由技术在网络技术中已逐渐成为关键部分，路由器也随之成为最重要的网络设备。用户的需求推动着路由技术的发展和路由器的普及，近年来芯片速度每 18 个月翻一番，而互联网的流量是每 6 个月翻一番。作为互联网的枢纽，路由器正在朝速度更快、服务质量更好和更易于综合化管理的三个方向发展。同时以 IPv6 为代表的新一代互联网技术对路由器提出了新的要求。

路由器是可执行网络 TCP/IP 协议，进行网络路由可达性传送，实现网络资源管理，并能有效地进行 IP 分组转发的网络节点设备。路由器按照在网络中的地位和作用主要分为核心路由器（Core Router）、边缘路由器（Edge Router）和接入路由器（Access Router）。按照功能性能主要分为高端路由器、中端路由器和低端路由器。按照路由器技术的体系结构，主要分为第一代路由器（共享总线集中式处理）、第二代路由器（共享总线分布式处理）、第三代路由器（交换式结构和分布式处理）。目前，随着网络技术的发展，正在向第四代路由器即大容量高可扩展的多机箱交换式路由器发展。路由器的主要性能指标包括：背板能力、吞吐量、全双工线速转发能力、路由表容量及查找速度、端口类型及数量、对服务质量的支持、所支持的路由协议及其一致性和互操作性、可靠性与可用性、安全性和网管能力等。

目前，我国的中、低端路由器产品的功能性能基本达到了国外同等产品的水平，代表厂商是华为、中兴、港湾和比威等高技术公司。在高端路由器领域，我国近年通过国家“863”计划项目和国家科技攻关项目的支持，攻克了无阻塞高速交换网络、转发引擎和线速查表算法和 IPv4/IPv6 双栈路由协议等一些高性能路由器的关键技术，与国际先进水平的差距不断缩小。目前，我国自主研发的高端设备是以清华比威BE12416等产品为代表的高性能双栈路由器。2002年清华大学和清华比威公司承接863项目课题“高性能IPv6路由器协议栈软件”、“新一代互联网综合试验环境”子专题“高性能双栈路由器”和国家信息产业部电子信息产业发展基金项目“高性能IPv6路由器研制”。2003年12月，国家863高技术重大项目“新一代互联网综合试验环境”通过了国家验收，其中清华大学和比威公司共同研制的BE12400双栈核心路由器被用作该网络的核心节点，与国际IPv6主干网进行了互联（如图23.1所示）。作为我国第一个可以支持IPv4/IPv6双栈的高性能核心路由器，清华比威BE12400系列路由器采用模块化结构设计和全分布式路由器体系结构，背板带宽达到320Gbit/s，支持16个业务扩展槽，支持OC48POS的2.5Gbit/s IPv4/IPv6全线速转发，系统主控CPU板、交换板、电源和风扇系统等核心硬件采用冗余备份，所有线卡、交换板、主控CPU板都支持热拔插功能，保证系统具有高可靠性，采用独有的路由协议高可用设计，保证不间断路由，极大地提高路由器的高可用性。BitEngine 12400系列核心路由器支持IPv4/v6双栈协议和多种IPv4/IPv6互通技术，既可以广泛应用于当前IPv4网络，又可以平滑地过渡到下一代IPv6互联网络。

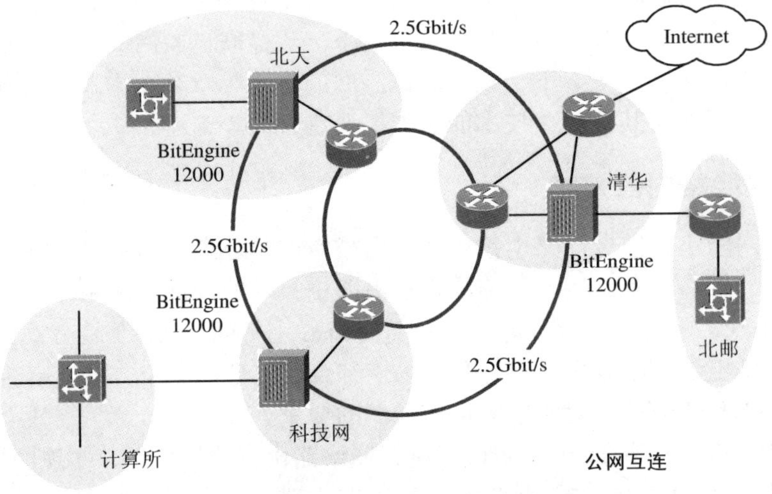

图23.1　国家863高技术重大项目“新一代互联网综合试验环境”

华为公司在路由器的自主研发和产品化方面取得了显著成绩。主要产品是交换能力达到256G的NE80高端路由器，此路由器支持OC48POS接口，对MPLS等技术进行了支持。一些有技术实力的公司如中兴通信等也都在积极投入研发力量进行高端路由器的研发工作。

23.1.2　移动IP技术

随着信息技术的发展，互联网和移动通信已经成为两个引人瞩目的技术和IT产业。特别是近几年，互联网和移动通信深入到人们生活和工作的各个方面，给人们的工作和生活带来了巨大的变化，电子政务、电子商务、Hot Spot （WLAN）、 GPRS等成为当今的热门话题。随着移动通信技术的迅猛发展，手机、掌上电脑、PDA、笔记本电脑等移动终端大量涌现和应用，它们需要在任何地点任何时候都能获得互联网服务。但是现在的互联网协议（IPv4）本身并不提供任何移动性支持，为了解决这一矛盾，互联网工程任务组 IETF 下属的移动工作组在 1992 年制定了移动 IP 的最初标准草案，该草案于 1996 年 6 月获得 IESG 的通过，并在同年 11 月成为建议标准（Proposed Standard），这对移动 IP 的发展起了关键性的作用。

移动 IP 是一个在互联网上基于网络层提供移动支持功能的解决方案。它使移动主机可以通过一个“永久”的 IP 地址连接到任何链路上，并在不同网络间不断移动的过程中仍能保持通信。

移动 IP 协议有两个版本：移动 IPv4 和移动 IPv6。移动 IPv6 的设计吸取了移动 IPv4 的经验，继承了移动 IPv4 协议的众多特性。在移动 IPv6 中也有移动节点（Mobile Node，MN）、通信对端（Corresponding Node，CN）、家乡代理（Home Agent，HA）、家乡地址（Home Address）和转交地址（Care-Of Address，COA）等概念。在移动 IPv6 中，移动节点可以同时拥有多个转交地址；解决移动 IPv4 中三角路由问题的路由优化技术是移动 IPv6 协议的基本部分，而在移动 IPv4 中是作为扩展部分；移动 IPv6 还支持动态家乡代理发现；移动 IPv6 定义了新的目的地扩展报头和路由报头，解决了入境过滤（Ingress Filtering）问题；移动 IPv6 的安全性也得到了增强。

我国多所高等院校和科研机构，如北京邮电大学、中国科学院计算技术研究所、解放军理工大学、中国科学院软件技术研究所、清华大学、北京大学、西安电子科技大学、解放军信息工程大学等，都展开了对移动 IP 技术的跟踪、研究和开发。国家 863 高科技发展计划和自然科学基金委也设立了专项资金来资助对移动 IP 技术研究。我国目前除跟踪实现移动 IPv4 和移动 IPv6 的基本协议外，还对移动 IP 中的关键技术进行了深入研究。

1．路由优化

移动 IPv4 中存在三角路由问题，即当通信对端发送数据包到移动节点时，首先要到达家乡代理，而后由家乡代理通过隧道转发给移动节点，而移动节点可以直接向通信对端发送数据包。三角路由问题会增加数据包传输的时延，占用网络资源并且加重家乡代理的处理负担。采用路由优化技术可以解决这一问题，即移动节点将其转交地址通知通信对端，使通信对端可以通过隧道直接发送数据包到移动节点。但是为了加强安全性能，移动节点必须和通信对端相互认证。当移动节点和通信对端数目较多时，为每一个移动节点和通信对端分配一对认证密钥是不可行的，而为每个移动节点和其家乡代理配置一对密钥则是可行的。另外，只有当移动节点与家乡代理比较远而与通信对端较近时采用路由优化才有较大意义。因此，在移动 IPv4 中应根据实际的网络拓扑结构并在考虑安全性的前提下来决定是否采用路由优化。在移动 IPv6 中，路由优化是基本部分，所有实现移动 IPv6 的协议栈都必须实现路由优化。移动 IPv6 通过返回路径可达过程（Return Routebility Procedure）保证了移动节点和通信对端绑定更新的安全性。

2．切换技术

当移动节点离开本地链路进入外地链路时，或者从一个外地链路移动到另一个外地链路时，就需要进行切换。切换可能导致移动节点在一定时间内不能发送和接收数据分组，引起通信对端和移动节点之间的通信暂时中断，影响连接的服务质量。切换技术是移动 IP 有待解决和改进的关键技术，也是国内外研究的热点。

（1）低延迟切换

低延迟切换（Low Latency Handover）是为使移动节点在切换过程中通信连接中断的时间达到最小，在移动 IPv4 基础上提出的。它定义了预先注册、过后注册和联合切换三种切换方法。预先注册允许移动节点参与即将发生的第三层切换。在网络支持下，移动节点在没有完成二层切换时，就启动三层切换的部分操作。三层切换可以是移动节点发起的，也可以是网络发起的。在过后注册中，移动节点在新的外地网络上正式注册过程完成之前，新旧外地代理利用二层触发建立双向隧道，移动节点继续使用前一个外地网络上的转交地址，通过前一个外地网络的外地代理维持已有通信连接，减小对高层协议性能的影响。联合切换方法在运行预先注册方法时，在新旧外地代理间交换过后注册消息，同时使用预先注册和过后注册。如果在移动节点的二层切换完成前，预先注册切换成功，联合切换就等价于预先切换。如果在移动节点的二层切换完成前预先注册没有完成，则过后注册将被使用。

（2）快速切换

快速切换（Fast Handover）技术是对移动 IPv6 协议的改进，它可以加快移动节点的切换过程，减少已有通信连接的中断时间，保证通信流的实时传输。根据切换机制的不同，快速切换可以分为两种：预先切换和基于隧道的切换。预先切换是指当移动节点和旧接入路由器（Old Access Router）还保持着二层连接时就发起第三层切换。按照切换预测信息的来源不同，预先快速切换又分为网络发起的快速切换和移动发起的快速切换。在基于隧道的快速切换中，移动主机移动到了新的网络并且建立了第二层的连接后，并不发起三层切换，而是在两个网络的接入路由器之间建立双向隧道，通过隧道转发数据分组。这对于实时应用非常有用，因为转交地址不用改变就能继续保持与通信对端的通信，减少了数据分组的丢失。如果移动主机快速移动，使用基于隧道的快速切换能够减少移动 IP 的信令操作而实现在多个网络之间移动。

（3）平滑切换

平滑切换（Smooth Handover）是在切换过程中，不仅要使切换速度快，还要切换尽量平滑，这就需要考虑状态信息的转移等问题。它使用移动 IPv6 中的绑定更新（Binding Update）消息携带转移的状态信息。平滑切换可分为两种：网络控制移动协助（Network-Controlled，Mobile-Assisted，NCMA）和移动控制网络协助/不协助（Mobile-Controlled，Network-（un）Assisted，MCNA）。在 NCMA 情况下，网络能够知道移动节点将要切换到哪个路由器，旧接入路由器提前与新接入路由器通信，并在其上建立请求状态。在 MCNA 情况下，移动节点的 IP 层能够收到切换即将发生的通知，收到通知后可以立刻发送移动 IPv6 的相关消息。

（4）分级移动 IPv6

分级移动 IPv6 的主要思想是在移动主机和家乡代理之间增加若干不同级别的位置代理。当移动主机从一个子网移动到另一个子网时，只是更新相关级别的位置代理，而不总是更新家乡代理和相应的通信主机。这样，主干网络中冗余的绑定更新报文大大减少，从而减少了网络冲突，提高了切换速度和有效信息的发送。

这种方式增加了网络改造的复杂性，主要体现在要对网络中位置代理的位置和层次进行规划，并且为了使不同级别的代理之间要能够协同工作，还需要增加相应的管理机制。

3．移动 IP 的安全性

移动 IP 潜在的安全问题主要来源于移动环境和移动 IP 协议两个方面。虽然移动 IP 技术独立于二层技术，但在许多情况下移动主机是通过无线链路接入到互联网，无线链路是开放的链路，容易受到窃听、重放及其他主动攻击。在移动 IP 协议中，移动主机不断切换到不同的外地网络，通过新外地网络与家乡网络和通信对端通信，外地网络的安全性和可信赖度都影响通信的安全性。移动 IP 采用的隧道机制，使用的代理/路由器通告、绑定更新、绑定请求/应答、家乡代理发现等信令消息，如果不采用适当的安全措施，也容易受到攻击。

移动 IP 协议和 IPsec 协议结合起来可以提高移动 IP 协议的安全性。移动 IPv6 还定义了返回路径可达过程用以保护移动节点发往通信对端的绑定更新。需要注意的是，虽然移动 IP 协议本身提供了一些安全机制，但并不能解决移动 IP 中的所有安全问题。

国内研究人员目前主要从如下几个方面保证移动 IP 的安全性：移动 IP 的机密性，包括移动用户信息（用户 ID，卡号，口令等）的机密性、移动用户位置的机密性、呼叫模式的机密性等；移动 IP 的访问控制、认证、授权和计费；移动 IP 协议实体的安全性，包括当移动节点访问外地网络时，要能获得相应的网络服务并能保护通信过程，当移动节点访问外地代理和外地子网时，要能保护网络资源和本地通信流，当移动节点离开家乡网络和家乡代理时，移动节点要能穿越家乡网络的防火墙，要防止恶意节点通过假冒移动节点入侵家乡网络，对于通信对端要防止恶意节点假冒移动节点进行会话窃取攻击。

4．移动 IP 的服务质量

由于移动终端计算能力大多较差，无线信道通信质量差，误码和丢包率高，移动节点切换频繁，移动 IP 对服务质量有很大的影响。在固网环境中，现有的 QoS 体系结构包括集成服务模型和差分服务模型，它们都没有考虑移动环境下的 QoS 保证，必须进行适当修改。当移动节点从一个接入路由器切换到另一个路由器时，移动节点的数据流在网络中经过的传输路径可能发生变化，这种变化可能出现在端到端路径中靠近终端的一小部分路径上，也有可能对整个路径产生影响。另一方面，切换后移动节点转交地址的变化也会引起传输路径上的某些节点无法正确识别/转发带有与 IP 地址有关的 QoS 参数的数据流，并且切换可能在不同管理域的子网间进行，不同域之间可能采用不同的 QoS 机制。为了在移动 IP 上提供 QoS 保证，网络中的中间节点需要为移动节点的数据流进行正确的 QoS 转发处理。

目前国内跟踪研究的移动 IP 服务质量技术包括移动 RSVP、基于移动 IPv6 移动管理信令的 QoS 信令，以及对移动 IP 网络服务质量框架结构的研究等。

5．移动 IP 组播技术

在主机移动环境下，移动组播协议不仅要处理组播组中动态变化的组成员关系，还要处理移动主机位置的动态改变。固网中的组播协议如 DVMRP、MOSPF、CBT、PIM 等，在构建组播传输树时都假设主机的位置是固定的，没有考虑组成员位置动态改变的情况。因此，这些协议并不适合移动 IP 环境。在移动 IPv4 和移动 IPv6 中都提出了两个基本的支持主机移动的组播机制：Remote Subscription（RS）和 Bi-directional Tunneling（BT）。

目前对移动 IP 组播技术的研究主要是对 RS 和 BT 的优化改进。如基于移动 IPv4 提出的 Mobile Multicast Protocol、Range-based Mobile Multicast、Multicast Agent 和 Mobile Multicast Agent 等，以及基于移动 IPv6 提出的 First Home-agent Second Remote-subscription 等。

6．移动 IP 对上层协议性能的影响

移动 IP 中的移动性和使用的无线媒介对 TCP 的性能造成了很大影响。TCP 协议认为几乎所有的数据包丢失都是由于拥塞而引起的，当数据包发生错误或丢失时，TCP 就认为网络发生了拥塞，从而调整发送窗口来降低数据的发送速率。但这种假设对移动 IP 中的 TCP 协议并不成立。误码率较高的无线链路经常会引起数据传输错误，并且频繁变动的移动节点可能在数据包到达前就离开了原来的位置，从而引起数据包的丢失。因此 TCP 错误地将这些数据丢失归咎于网络拥塞，从而降低发送数据的速率，使得 TCP 的性能在移动 IP 环境下变得很差。为解决这个问题，必须对 TCP 进行改进。

目前提出的方法有：运动中的快速重发机制、分段连接方法、传输和超时冻结机制、有选择的确认机制、随路 TCP、对上层协议进行改进等。

23.1.3　网络管理技术

随着网络规模的不断扩大，及其发展日益呈现出的异构性、动态性、服务层次多样性的特点，对网络管理的分布性、网络管理规模的可伸缩性、网络管理系统间的互操作性、网络管理方式的动态性和开放性提出了更高的要求。为此，国内外电信网络技术、网络管理技术和分布对象技术等诸多领域的学者和网络管理系统开发厂商从不同角度、不同的技术层面对网络管理展开了大量的研究。

目前互联网络管理技术呈现分布式、智能化和综合化的趋势，本节拟从基于 Web 的网络管理、基于 CORBA 的网络管理、基于策略的网络管理和基于 XML 的网络管理解决方案等方面分析网络管理的发展趋势。

1．基于 Web 的网络管理技术

作为一种全新的网络管理模式，基于 Web 的网络管理（Web-Based Management，WBM）模式从出现伊始就表现出强大的生命力，它以其特有的灵活性、易操作性等特点赢得了许多技术专家和用户的青睐，被誉为是“将改变用户网络管理方式的革命性网络管理解决方案”。

WBM 的出现是 Intranet 广为流行的必然趋势。一般 Intranet 都运行于 TCP/IP 协议之上并且由防火墙将其从外部互联网隔离。网络内部都建有 Web 服务器，它们通过与 HTML 有关的协议与其他用户通信。Intranet 用户可以在任何一个网络节点或是网络平台上使用友好的、易操作的 Web 浏览器与服务器进行通信。

有两种基本方法可以实现 WBM。一种是代理的解决方案，即将一个基于 Web 的服务器加载到中间工作站（代理服务器）上，网络用户使用 Web 的超文本传输协议 HTTP、通过 Web 浏览器和代理工作站通信，而代理工作站使用 SNMP 协议和终端网络设备通信。开发商提供代理的解决方案一般都通过在现成的管理产品中加载一个 Web 服务器，如 3Com 公司的 Transcend Entep rise Manager 网络管理产品。主要的好处是在诸如数据库访问、SNMP 轮询方面增强了产品的性能。

第二种是嵌入法，Web 服务器事实上已经嵌入到终端网络设备内部。每一个设备都有自己的 Web 地址，这样网络管理员就可以通过用 Web 浏览器访问设备的地址来管理这些设备。

代理的解决方案继承了当今传统的基于工作站的管理系统的所有优点。此外，它还具有访问灵活的特点。因为代理服务器和所有的网络终端设备仍然通过 SNMP 协议通信，因而这种解决方法可以和只支持 SNMP 协议的设备协同工作。而内嵌服务器的方法则可以让管理员采用单独的设备、以图形化的方式管理网络。这提供了比命令行和基于菜单的 Telnet 接口更简单易用的接口，简化了管理操作。

将来采用 WBM 实现网络管理时，基于代理服务器和内嵌 Web 服务器的方案都可能被采用。大型企业将使用基于代理服务器的管理方案实现对整个企业网络的监控和管理，而内嵌 Web 服务器的管理方式由于管理接口好，因而更易于企业安装网络和管理新设备。

内嵌 Web 服务器的方式则是小型网络理想的管理方式。小型网络比较简单，也不需要强大的管理系统和整个企业的网络视图。由于小型网络经常缺乏网络管理和设备控制人员，而内嵌 Web 服务器的管理方式则可以把用户从复杂的管理中解脱出来了。

为了降低网络管理的复杂性、减少网络管理的成本，WBM 管理的开放式标准必不可少。有两个 WBM 的标准目前正在考虑之中，一个是基于 Web 的企业管理（Web-Based Enterprise Management，简称 WBEM）标准，已于 1996 年 7 月公布。WBEM 是由微软公司最初提议的，已经得到了多家网络厂商的支持。

该标准是一个面向对象的工具，各种抽象的管理数据对象通过多种协议（如 SNMP、CMIP 等）从多种资源（如设备、系统、应用程序等）中收集。WBEM 能够通过单一的协议来管理这些对象，被定位成“兼容和扩展”的当前标准（如 SNMP 协议、DMI 协议和 CMIP 协议等），而不是替代它们。

尽管 WBEM 事实上是一个 Web 应用，但它的真正目标是对所有网络元素和系统进行管理。这包括网络设备、服务器、工作平台和应用程序。WBEM 的关键要素是一个全新的协议——超媒体管理协议（Hypermedia Management Protocol）。

另一个提议的 WBM 标准是 Java 管理应用程序接口（Java-Management Application Prog ramming Interface，简称 JMAPI），是 Sun 公司作为它的 Java 标准扩展 API 结构而提出的。JMAPI 是一个完全的网络管理应用程序开发环境，它提供了一张功能齐全的特性表，包括创建特性表、图表的用户接口类；基于 SNMP 的网络 API；远程过程调用的结构数据访问方式和类型向导等。

WBEM 和 JMAPI 之类的技术可以满足未来十年的产品的需求，因为它们可以在合成和分布式技术中担当重要的角色。

2．基于 XML 的网络管理技术

互联网络管理是一项复杂而又繁重的工作，它需要大量的信息并运用操作者的判断与技能。由于产品厂商不同而导致的异种网络环境以及高质量的用户服务需求，使这种网络管理的复杂性还在不断增加。为了方便网络运营商对互联网进行管理，基于 XML 的网络管理技术就应运而生，它对于保障网络正常运行和提高网管效率具有重要意义。

（1）技术背景

目前 WWW 技术发展很快，在整个互联网通信量中所占的份额越来越大。HTML 标准、HTTP 协议和 URL 地址标识构成了 WWW 的基础，使 WWW 成为全球接入的、独立平台的客户/服务器型的信息访问技术。而众多的浏览器，如 Netscape、Hotjava 和 Explorer 等使 WWW 为人广泛接受和熟识。随着一些独立于软硬件平台的计算机语言，如 Java、Perl、TCL/TK 等的出现，WWW 对等实体对话的能力得到加强，弥补了客户/服务器模式的不足，这使得 WWW 支持双向交互应用成为可能。可扩展的标记语言 XML 的出现更是给 WWW 技术带来了新的活力，通过将结构、内容和表现分离，XML 给开发人员提供了更大的自由度。本章所说的 WWW 技术包括 HTML、HTTP、URL、支持 applet 的浏览器、CGI、Java 和 XML 等技术。

XML（eXtensible Markup Language）是一套定义语义标记的规则，这些标记将文档分成许多部件并对这些部件加以标识。它也是元标记语言，即定义了用于定义其他与特定领域有关的、语义的、结构化的标记语言的句法语言。

XML 与 HTML 有格式化的程序不同，后者定义了一套固定的标记，用来描述一定数目的元素，如果标记语言中没有所需的标记，用户也就没有办法了，这时只好等待标记语言的下一个版本，希望在新版本中能够包括所需的标记，但是这样一来就得依赖于软件开发商的选择了。但是，XML 是一种元标记语言，用户可以定义自己需要的标记。这些标记必须根据某些通用的原理来创建，但是在标记的意义上，也具有相当的灵活性。新创建的标记可在文档类型定义（Document Type Definition，DTD）中加以描述。可以简单地把 DTD 看作是一本词汇表和某类文档的句法。

XML 中内容与表现形式是分开的，这就使得不同的用户可以根据自己的需要来定义数据的表现形式。在一个 XML 的源文件中并没有关于它表现形式的信息，XML 文件的所有表现信息放在了 stylesheet 文件当中。stylesheet 文件全权负责 XML 源文件的表现形式。因此，如果一个 XML 源文件对应不同的 stylesheet 文件，它就会有不同的表现形式。目前主要的两种 stylesheet 语言为：CSS（Cascading Style Sheets）和 XSL（XML Style Language）。它们是互相补充、各有特色的。

（2）实现方式

XML 技术与网管技术相结合时应注意以下几点。

第一，网管中心采集到的各种网管数据应以标准的 XML 格式存储在数据库中。将网管数据以标准的 XML 格式存储的原因主要有以下 3 点。

a．XML 是未来 Web 平台中的关键技术，只有以 XML 格式存储网管数据才能做到网管技术与 WWW 技术的真正融合。

b．以 XML 格式存储的数据不仅有良好的内在结构，而且由于它是 W3C 提出的国际标准，因而受到广大软件提供商的支持，易于进行数据交流和开发。

c．现有网管标准如 TMN、SNMP 等的管理信息库规范决定了网管数据符合层次结构和面向对象原则，在这两点上与 XML 标准不谋而合，这使得以 XML 格式存储网管数据非常自然，易于实现。

要以 XML 格式存储网管数据，首先应定义好网管专用的 DTD。由于各种网管标准的发展很快，使得管理信息库规范也随之不断扩充和改变，因此制定较为完善和相对固定的 DTD 有很大困难。我们建议不要直接定义 DTD 标准，而是依据简单规则由 MIB 规范向 DTD 标准进行对应转换即可。

第二，CGI 或 ASP 技术可以使 Web 服务器一侧成为网管控制节点或中心，存放和处理各种网管信息，并完成将网管数据发送到客户端浏览器进行显示的工作。

第三，静态的 Web 界面可以用来作为用户业务申请及资源分布情况查询的电子公告牌，因为 HTML 2.0 以上版本的表格属性和 HTTP 协议本身的 GET/POST 命令支持半双工交互，用户可以通过填写表格页申请业务，当然也可以用交互式页面（如 Java、ActiveX）完成以上功能。

第四，HTML 标准和 HTTP 协议能使多媒体文件在不同环境进行传送和处理，这可以帮助处理网管系统本身产生的各种多媒体信息。各种独立于机器的网管功能程序可借助于 HTTP 协议下载到具有不同软硬件平台的用户节点，动态构筑网管工作环境。

第五，良好的用户界面是计算机应用系统成功的关键，目前各种浏览器的界面已众所周知，镶嵌在 Web 页面的网管页面保持与 Browser 一致的风格，易被用户接受。

第六，目前 Browser 与 Web 服务器提供了一定的安全机制，但对于网管远远不够，可以考虑在 Web 交互式页面中加入身份鉴别等安全机制。

第七，由于 Java 的 PUSH 技术尚未成熟，即 Agent 还无法主动向 Manager 发通知，所以现在独立使用 Java 语言开发网管系统还有一定难度，但引入 Java 技术是一个发展的方向。

3．基于策略的网络管理技术

传统的网络管理没有统一的标准和模式，主要依靠管理员的经验或根据某些简单的管理协议来实现，而且各种管理机制间缺乏互操作性；同时，通信技术的飞速发展和广泛应用使得网络规模更加庞大，系统的复杂性和异构性更加突出，传统的网络管理面临着更多的问题，基于策略的网络管理技术就是在这一背景下涌现出来的技术，它成了解决网络管理所面临的困境的又一种方案。

基于策略的网络管理通过策略（Policy）机制将网络中的管理（Management）和执行（Enforcement）分开，管理员负责定义好策略存放到策略仓库中，网络实体可以根据这些策略自动地执行预设置好的任务。和传统的网络管理相比，基于策略的网络管理具有以下优势。

- 管理员不必为每一个网络应用或网络的每一次变化制定一套管理方案，而是根据所有的情况进行统一制定，这样能够保持网络状态的一致性，对采用不同网络技术的异构网实现统一管理；
- 管理员可以从网络的整体出发，用抽象的策略的语言对网络功能进行描述，不必拘泥于具体的网络设备和技术细节；减轻工作负担，提高运营效率；
- 网管系统能较好地适应网络的动态变化，当网络结构发生变化时，管理员不需要进行复杂的配置，只需对相应的策略进行增、删、改，即可在保证网络继续运行的情况下实现网络功能的重构。

基于策略的网络管理既反映了用户对网络应用的需求，同时也体现了网络管理员制定的管理目标，显示了能反映上述特点的金字塔模型。顶端的策略决策者根据用户的需求和管理者的目标用抽象的策略语言对策略进行描述。从管理层开始，模型被分为两部分：面向网络应用的系统管理和面向策略执行的网络管理。从用户的角度看，网络应用最终通过策略机制被实现，而从管理员的角度看，管理目标最终通过策略机制被相应的网络实体执行。

IETF 和 DMTF 对基于策略的网络管理系统的结构进行了定义。该系统包含了四种基本功能模块，这些模块的组合就是一个策略管理域。

（1）策略管理工具（Management Tools）是供管理员编辑策略和监控策略的应用系统。它可以为管理员提供一个易于使用的编辑界面（如 GUI）来编辑策略，并将编辑好的策略转成一定格式，存于策略仓库中。同时它还可以对策略进行检查和确认，以确保在整合策略的构成时不会发生冲突。

（2）策略仓库（Repository）用于存储策略信息，能对系统中的策略进行汇总。它可以是目录服务器或数据库服务器，除了储存管理员已经编辑好的策略信息，还可以存储其他的网络信息和系统参数。

（3）策略决策点（Policy Decision Point，PDP）通常也被称为策略服务器，是整个系统的决策中心。它负责存取策略仓库中的策略，并根据策略信息做出决策，然后将相应的策略分配至策略执行点。策略决策点还能检测策略的变化和冲突，从而采取应对措施。

（4）策略执行点（Policy Enforcement Point，PEP）是接受策略管理的网络实体，通常也被称作策略客户端。它可以是路由器、交换机、防火墙等网络设备，负责执行由策略决策点分配来的策略。同时它还向策略决策点发送信息，使策略决策点知道网络的变化以及策略的执行情况。

以上各个模块都是一个独立的子系统，为了实现模块间的策略信息交换，IETF 定义了一些协议来实现模块间的通信。LDAP（Lightweight Directory Access Protocol）协议用于策略仓库和其他子系统之间策略信息的传输；COPS（Common Open Policy Service）协议用于 PDP、PEP 和策略管理工具之间策略信息的传输。

基于策略的网络管理作为一种新的管理理念和管理技术得到了业界广泛关注。为了将该技术扩展到不同的应用领域，IETF 和 DMTF 制定了相关的扩展标准，一些知名通信设备生产商也纷纷推出了自己的产品和解决方案。目前这些标准和产品主要集中在 QoS 管理和安全管理领域。

4．基于 CORBA 的网络管理技术

对象管理组 OMG（Object Management Group）的公共对象请求代理体系 CORBA（Common Object Request Broker Architecture），是一个开放的、面向对象的分布式计算规范。其基本目标是基于对象技术及客户/服务器计算模式，为用户提供分布计算环境中的封装对象服务，其最终目标是实现分布对象计算的标准化和分布对象之间互操作。CORBA 以其固有的分布性、面向对象等特性已成为新一代网络管理体系的技术支撑。如对于 OSI 系统管理不能解决的 TMN 业务层和商务层的对象管理和控制，CORBA 可以替代 OSI 系统管理。

（1）优点

CORBA 作为一种分布计算框架，基于 CORBA 平台的管理功能比 SNMP 强，同时实现上又没有 CMIP 复杂。与微软的 DCOM 相比，CORBA 具有与厂商和平台无关性的优点，而与目前的基于 Web 的网络管理相比，它则没有 Web 所要求的必须采用 Java 语言以及必须运行于 Java 虚拟机上的限制。因此，基于 CORBA 的网络管理正日益引起国内外网络管理领域、电信领域和分布计算领域学者的密切关注和研究。

CORBA 具有面向对象、分布式、跨平台、可伸缩性等特点，不仅可以满足现代网络管理的需求，也可以实现异构网管系统的集成化管理。具体而言，它有以下的优势。

- CORBA 作为一种分布技术可以大大减少分布式网管系统实现的复杂性。
- 可以采用 CORBA 的与编程语言无关的描述性语言 IDL（Interface Definition Language，接口定义语言）定义被管对象，也可以用 IDL 封装系统中的遗留应用使之可以被网络内的其他应用通过 ORB（Object Request Broker，对象请求代理）访问。
- CORBA 简化了分布式和异构的处理，用户通过 ORB 透明地发送或接收网管信息，而不必关心信息驻留于何种软硬件系统的什么位置，这大大改进了 OSI 或 SNMP 网络管理中 Manager 必须事先通过目录服务得到 Agent 的 IP 地址才可实现管理功能的“半分布性”。
- 由于 CORBA 支持在应用层的互操作，因此，可借助于 CORBA 实现 TMN 的较高层，如服务管理层和事务管理层的智能管理。
- 由于目前的 CORBA 规范中定义了 IDL 到 Java 的映射，以及用于互联网中的访问协议 IIOP（Internet Inter-Operability Protocol），因此，CORBA 与 Java 可以无缝地集成在一起，提供浏览器方式的网管交互界面。

因此，CORBA 的优点在于增强了管理应用软件的可移植性，为编程人员提供了与协议无关的 API。相对于 OSI 系统管理模式而言，在分布式处理方面，具有更强的灵活性，它将 Manager 和 Agent 都视为对象，即管理者对象和被管对象，使面向对象技术的应用更加深入；在管理模式方面，它变传统的“异构的方式管理异构网络”方式为“同构的方式管理异构网络”方式。

（2）体系结构

基于 CORBA 的管理将管理者和被管实体都视为对象，即管理者对象和被管对象。每一个被管对象由 CORBA 服务器创建和维护，运行在被管理的结点上。管理者按照被管对象公布的操作接口通过 ORB 对被管对象实施管理。与管理有关的设施包括系统管理设施和针对电信网络管理的专用管理设施，与管理有关的服务有名字服务（Naming）、交易服务（Trader）、关系服务（Relationship）及事件服务（Event）等。按照 CORBA 的概念，管理者是被管对象服务器的客户。当一些管理者要使用其他管理者的管理信息时，其他管理者成为新的被管对象。

5．综合网络管理技术

新一代的互联网网管应该在传统网管与 TMN 标准之间寻找最佳的结合点，并且应该采用当前流行的 WWW 技术，从而满足不同阶层客户的需求，使网管系统具有长足的生命力，这也是网络管理的多技术融合的大趋势。

- 网络管理协议应该在 SNMP 中引入 TMN 的管理思想。SNMP 虽然使用广泛，但功能有限，不适于长期的网管目标；而 CMIP 协议虽然符合国际标准，但实现困难，支持厂家很少。因此，如何将二者进行良好融合是一个值得思考的问题。
- 分布式管理概念的引入使 TMN 体系结构更加健全。引入 ODP 与 CORBA 将使 TMN 的体系结构由集中过渡到分布，从而更加适应互联网网管的需求。
- 在用户接入网管系统及数据存取方面，应该采用当今流行的 Web 技术，即将采集到的各种网管数据以标准的XML形式存储在数据库中，用户通过WWW浏览器实现对网管数据的存取，从而达到用互联网来实现对互联网自身进行管理的目的。

- 在网管系统的研发方面，应该开发IP网络和光网络一体化的管理系统。
- 在技术路线方面，应该立足于现有的网络管理体系结构，面向基于IP v6的下一代互联网的管理。

近年来，在广大科研人员的努力下，我国在互联网关键技术的研发方面取得了相当大的进展，并且在有些方面已经赶上了发达国家的水平，以此为基础，我国在网络管理领域也取得了一定的成果。

- 在网络管理关键技术方面。我国目前相继研发出了具有自主版权的网管系统，并且在企业网络或大型骨干网络中发挥着作用，如中国教育和科研计算机网网络中心开发的面向大规模网络管理的、基于Web的网管系统Aladdin，就已大量应用于CERNET主干网络中心、各地区网络中心、以及城域网/校园网的故障、监视和计费等管理。
- 在网络管理体系结构方面。我国在基于XML的网络管理、基于CORBA的网络管理和计算机网与光网络的综合网络管理等体系结构方面也取得了一定的进展。如北邮正在研发基于 XML 的网络管理系统，国防科技大学研制出了具有自主版权的、基于CORBA 3.0标准的系统集成中间件StarBus，并且已应用于电信网络的计费管理和金融系统的数据事务处理。

23.1.4 大规模组播视频技术

组播技术是一种能使数据流高效地从一点传输至多点的IP网络技术。对于将同样内容的信息同时传送至多个接收者来说，组播是一种十分高效的网络传输方法。近年来，随着互联网上多媒体应用迅速增长，组播技术的研究和试验成为下一代互联网络理论和技术的研究热点之一。除了视/音频传输，如文件传送、网络管理、股票行情发布和其他一对多的应用模式，组播技术是其理想的网络支持技术。

随着新的支持非隧道（Native Multicast）组播的路由协议的产生、已有协议的标准化及路由器的支持，组播技术发展逐步成熟，并进入大规模的应用试验阶段。2001年，由国家自然科学基金委员会投资建设的中国第一个下一代高速互联网络试验床——中国高速互联研究试验网NSFCNET开始提供支持非隧道组播技术（native multicast）的全网组播服务。

2001年底，中国教育和科研计算机网CERNET完成高速主干网的全面升级。到2003年底，CERNET设计并实现了我国第一个大型组播网络服务平台，开通了38个地区主节点及省主节点的组播服务。实现了与国内NSFCNET、国际Internet2主干网（Abliene）、亚太地区高速网络（APAN）、英国教育科研网JANET及香港教育科研网HARNET等组播服务平台互通。

23.2 中国信息网络技术与发达国家的主要差距分析

尽管近年来我国在信息网络技术领域取得了长足的进步，但是应该看到，和发达国家相比，我国在信息网络技术的许多领域仍然存在一定差距。

23.2.1　路由器技术方面的差距

我国在高性能路由器技术领域和国外的差距主要表现在以下 5 点。

1．第四代路由器体系结构

路由器体系结构的核心是交换容量的可扩展性。如何将多个单机箱交换容量组合成大容量交换，使整机达到 Tb 以上的交换容量是第四代路由器研制需要解决的问题。目前我国产品最高可以提供 320G 的交换能力，而国外 Avici、Juniper 等产商的产品都能提供 Tb 以上的系统交换能力。这主要需要解决的关键技术包括多机箱互联技术、高可扩展的交换结构、系统的高可靠性等关键技术。

2．高速接口技术

目前我国高性能路由器最高可以提供 OC48 2.5Gbit/s 的接口，而国外的 Cisco、Juniper 等主流产商的产品都能提供 OC192 10Gbit/s 和 10G 以太网的接口，国外某些高技术新兴公司甚至可以提供 OC-768 40Gbit/s 的接口的原型产品。

3．高性能协议软件技术

这主要包括分布式实时操作系统平台、高性能和高可扩展性的分布式协议软件技术、软件的高可靠性（主备任务热切换技术、热重启、热升级等）和对不断涌现的新协议新标准的支持。

4．高性能网络处理芯片

目前我国路由器研制中的主要网络处理芯片和交换芯片主要采用国外成熟芯片。国内芯片厂商需要在这个领域与路由器厂商紧密合作。

5．没有提出与路由器相关的协议标准

近年来国际上与路由器相关的协议标准不断制订。我国目前还没有一项自主提出的与路由器相关的 RFC 标准。我国政府需要高度重视这个问题。

23.2.2　移动 IP 技术方面的差距

在移动 IP 研究方面，我国主要是跟踪改进外国的技术，缺乏原始性创新，没能提出自己的标准。关于移动 IP 的 RFC 和 Draft 目前全部由国外提出。

在移动 IP 开发方面，我国缺乏完全拥有自主知识产权的软硬件产品。而国外公司如 NOKIA 已经开发出支持移动 IPv6 的手机。

在移动 IP 产业化应用方面，我国还没有正式投入运营的商业移动 IP 网络，基于移动 IP 的关键应用（Killer Application）也没有出现。而国外正在将移动 IP 应用于移动通信（包括 WLAN 和 3G）、信息家电等领域。

总的来说，我国在移动 IP 方面同发达国家的差距是很明显的，除了技术上的差距外，更重要的是应用上的差距。

23.2.3　网络管理技术方面的差距

我国的网络管理技术与发达国家相比也存在着很大的差距，主要体现在以下几个方面。

关键技术方面。我国目前的网管系统的研发基本还是在走一种“按国外的技术思路”

的模式，在核心技术，如管理协议、信息建模、管理体系结构等方面没有自主的技术。

标准和规范方面。在网络管理领域我国提出的 RFC 几乎为零。

在应用方面。大多数的企业或国家的大型网络，基本上还是选择了国外比较成熟的网管产品，如 HP 的 OpenView、Sun 的 Soltice Enterprise Manager。

因此我国网管技术的研发任务相当艰巨，一方面要掌握国外的新技术，为我所用，并要有所创新；一方面要尽快研发出运行稳定的自主的网管系统，并且还要与国外的网管系统抢中国的市场。目前，我国正在建设基于 IPv6 协议的下一代互联网，这对网络管理研发人员而言是一个难得的机遇，可以争取在大规模网络管理体系结构、新型智能网络管理协议和各种网络管理单元技术等研究方面取得突破。

（中国教育和科研计算机网　李 星）

第五篇

统 计 篇

第五卷

第 24 章　中国互联网络发展状况统计报告

24.1　调查背景

我国互联网络上网计算机数、用户人数、用户分布、信息流量分布、域名注册等方面情况的统计信息，对国家和企业动态掌握互联网络在我国的发展情况、提供决策依据有着十分重要的意义。1997 年，经国家主管部门研究，决定由中国互联网络信息中心（CNNIC）联合互联网络单位来实施这项统计工作。为了使这项工作制度化、正规化，从 1998 年起 CNNIC 决定于每年 1 月和 7 月发布“中国互联网络发展状况统计报告”。统计报告发表后，受到各个方面的重视，被国内外用户广泛引用。本次为 CNNIC 第十三次调查。

值得说明的是，该项工作得到了信息产业部电信管理局等国家主管部门的大力支持，各互联网单位、调查支持网站以及媒体等也对中国互联网络信息中心（CNNIC）给予了支持与配合，使得中国互联网络发展状况统计调查工作得以顺利进行。

24.2　相关说明

1．**网民（互联网用户）**。CNNIC 对网民的定义为：平均每周使用互联网至少 1 小时的中国公民。

2．**网站**。指有独立域名的 Web 站点，其中包括 CN 和通用顶级域名（gTLD）下的 Web 站点。此处的独立域名指的是每个域名最多只对应一个网站“WWW.+域名”。如：对域名 cnnic.net.cn 来说，它只有一个网站 www.cnnic.net.cn，并非有 whois.cnnic.net.cn、dns2.cnnic.net.cn 等多个网站，它们只被视为网站 www.cnnic.net.cn 的不同频道。

3．**上网计算机**：指至少有一人通过该台计算机连入互联网络。

4．除非明确指出，本报告中的数据均不包括香港特别行政区、澳门特别行政区和我国台湾地区。

5．本次调查统计数据的截止日期为 2003 年 12 月 31 日。

24.3 调查结果

24.3.1 中国互联网络发展的宏观概况

（一）我国上网用户人数

1. 上网用户总人数为7 950万，95%置信度下的置信区间为【7 704万，8 196万】。
2. 按上网方式划分，通过各种方式上网的用户数如表24.1所示。

表24.1 通过各种方式上网的用户数

专线上网用户数	拨号上网用户数	ISDN上网用户数	宽带上网用户数
2 660万	4 916万	552万	1 740万

注1：通过多种方式上网的用户被重复计入各种上网方式中，故各种方式上网用户数之和大于上网用户总数；

注2：专线上网用户指通过以太网方式接入局域网，然后再通过专线的方式接入互联网的用户；

注3：宽带上网用户指使用xDSL、CABLE MODEM等方式上网的用户。

3. 按地域划分，我用网民的分布情况如表24.2所示。

表24.2 我国网民的地域分布

	北　京	上　海	天　津	重　庆	河　北	山　西	内　蒙
网民数（万）	398.0	431.6	144.6	176.6	289.1	148.8	74.9
占全国网民比例	5.0%	5.4%	1.8%	2.2%	3.6%	1.9%	1.0%
占本省（直辖市、自治区）人口比例	28.0%	26.6%	14.4%	5.7%	4.3%	4.5%	3.1%
	辽　宁	吉　林	黑龙江	江　苏	浙　江	安　徽	福　建
网民数（万）	291.5	146.5	226.0	610.9	451.2	183.5	318.2
占全国网民比例	3.7%	1.8%	2.8%	7.7%	5.7%	2.3%	4.0%
占本省（直辖市、自治区）人口比例	6.9%	5.4%	5.9%	8.3%	9.7%	2.9%	9.2%
	江　西	山　东	河　南	湖　北	湖　南	广　东	广　西
网民数（万）	169.4	626.6	225.7	380.9	265.4	950.2	228.6
占全国网民比例	2.1%	7.9%	2.8%	4.8%	3.3%	12.0%	2.9%
占本省（直辖市、自治区）人口比例	4.0%	6.9%	2.3%	6.4%	4.0%	12.1%	4.7%
	海　南	四　川	贵　州	云　南	西　藏	陕　西	甘　肃
网民数（万）	39.7	424.3	83.1	166.4	8.6	196.7	122.4
占全国网民比例	0.5%	5.3%	1.1%	2.1%	0.1%	2.5%	1.5%
占本省（直辖市、自治区）人口比例	4.9%	4.9%	2.2%	3.8%	3.2%	5.4%	4.7%

续表

	青　海	宁　夏	新　疆				
网民数（万）	19.5	33.3	117.8				
占全国网民比例	0.3%	0.4%	1.5%				
占本省（直辖市、自治区）人口比例	3.7%	5.8%	6.2%				

注：计算中所用的各省总人口数为《中国统计摘要》公布的 2002 年底数据。

4．除计算机外同时使用其他设备（移动终端、信息家电）上网的用户人数为 214 万。

（二）我国上网计算机数

1．上网计算机总数为 3089 万。

2．按上网方式划分，我国的上网计算机情况如表 24.3 所示。

表 24.3　　通过不同方式上网的计算机数

专线上网计算机数	拨号上网计算机数	其他方式上网计算机数
595 万	1 945 万	549 万

（三）CN 下注册的域名数

1．域名总数为 340040 个。

2．按域名类别划分，我国的域名分布情况如表 24.4 所示。

表 24.4　　我国的域名类别分布情况

	AC	COM	EDU	GOV	NET	ORG	行政区域名	二级域名（.CN）
数量	666	140 779	1 915	11 764	16 189	7 369	3 286	158 072
百分比	0.2%	41.4%	0.5%	3.5%	4.7%	2.2%	1.0%	46.5%

各类域名所占的比例如图 24.1 所示。

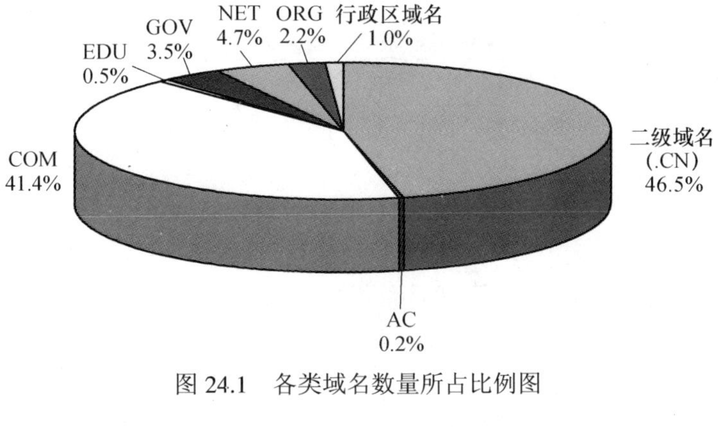

图 24.1　各类域名数量所占比例图

3．按地域划分（不含 EDU），我国的域名数量如表 24.5 所示。

表 24.5　　我国域名数量的地域分布

	北　京	上　海	天　津	重　庆	河　北	山　西	内　蒙
域名数量	84 144	28 940	5 366	3 651	6 135	1 684	1 942
百分比	24.9%	8.5%	1.6%	1.1%	1.8%	0.5%	0.6%
	辽　宁	吉　林	黑龙江	江　苏	浙　江	安　徽	福　建
域名数量	9 793	3 659	3 332	20 587	19 780	3 649	11 395
百分比	2.9%	1.1%	1.0%	6.1%	5.8%	1.1%	3.4%
	江　西	山　东	河　南	湖　北	湖　南	广　东	广　西
域名数量	2 311	13 429	4 898	6 131	3 216	47 322	2 751
百分比	0.7%	4.0%	1.4%	1.8%	0.9%	14.0%	0.8%
	海　南	四　川	贵　州	云　南	西　藏	陕　西	甘　肃
域名数量	1 150	7 380	1 269	3 539	624	4 030	1 274
百分比	0.3%	2.2%	0.4%	1.0%	0.2%	1.2%	0.4%
	青　海	宁　夏	新　疆	海　外			
域名数量	348	1 022	2 579	30 795			
百分比	0.1%	0.3%	0.8%	9.1%			

（四）WWW 站点数（包括.CN、.COM、.NET、.ORG 下的网站）

1．WWW 站点总数为 595 550 个。

2．按所属域名类别划分，WWW 站点数量分布如表 24.6 所示。

表 24.6　　WWW 站点数按域名类别划分的公布情况

	AC .CN	COM （.CN）	EDU .CN	GOV .CN	NET （.CN）	ORG （.CN）	行政区域名.CN	.CN
数量	467	411 185	略	10 051	77 692	33 913	2 096	60 146
百分比	0.1%	69.0%		1.7%	13.1%	5.7%	0.3%	10.1%

3．按地域划分，WWW 站点数分布如表 24.7 所示。

表 24.7　　WWW 站点数按地域划分的分布情况

	北　京	上　海	天　津	重　庆	河　北	山　西	内　蒙
数量	123 110	52 600	9 010	7 458	15 510	3 364	2 859
百分比	20.7%	8.8%	1.5%	1.3%	2.6%	0.6%	0.5%
	辽　宁	吉　林	黑龙江	江　苏	浙　江	安　徽	福　建
数量	20 446	3 789	5 919	40 258	57 948	10 261	28 813
百分比	3.4%	0.6%	1.0%	6.8%	9.7%	1.7%	4.8%
	江　西	山　东	河　南	湖　北	湖　南	广　东	广　西
数量	6 010	25 152	10 818	13 445	7 061	104 645	7 420
百分比	1.0%	4.2%	1.8%	2.3%	1.2%	17.6%	1.2%

续表

	海　南	四　川	贵　州	云　南	西　藏	陕　西	甘　肃
数量	2 587	13 697	2 320	5 165	1 677	5 704	3 369
百分比	0.4%	2.3%	0.4%	0.9%	0.3%	1.0%	0.6%
	青　海	宁　夏	新　疆				
数量	710	1 369	3 056				
百分比	0.1%	0.2%	0.5%				

（五）我国网络国际出口带宽数

1．国际出口带宽总量为 27 216M，连接的国家有美国、加拿大、澳大利亚、英国、德国、法国、日本、韩国等。

2．按运营商划分：

- 中国科技网（CSTNET）：155M。
- 中国公用计算机互联网（CHINANET）：16 500M。
- 中国教育和科研计算机网（CERNET）：447M。
- 中国联通互联网（UNINET）：1 490M。
- 中国网通公用互联网（网通控股）（CNCNET）：3 592M。
- 宽带中国 CHINA169 网（网通集团）：4 475M。
- 中国国际经济贸易互联网（CIETNET）：2M。
- 中国移动互联网（CMNET）：555M。
- 中国长城互联网（CGWNET）：建设中。
- 中国卫星集团互联网（CSNET）：建设中。

（六）我国 IP 地址数

1．我国大陆 IPv4 地址总数为：41 456 128 个，折合 2A+120B+146C。
台湾地区 IPv4 地址总数为：13 033 216 个，折合 198B+223C。
香港特区 IPv4 地址总数为：5 037 312 个，折合 76B+221CC。
澳门特区 IPv4 地址总数为：45 056 个，折合 176C。

2．我国大陆 IPv4 地址按分配单位划分的情况见表 24.8。

表 24.8　　中国大陆地区 IPv4 地址分配表

单位名称	地　址　数	折　合　数
中国电信集团公司	13 107 200	200B
中国网络通信集团公司	8 273 920	126B
中国教育和科研计算机网	7 448 576	113B+168C
铁道通信信息有限责任公司	2 818 048	43B
中国联合通信有限公司	1 875 968	28B+160C
中国移动通信集团公司	1 736 704	26B+128C
中国网络通信（控股）有限公司	1 048 576	16B
北京市电信通网络技术有限公司	430 080	6B+144C

续表

单位名称	地址数	折合数
长城宽带网络服务有限公司	393 216	6B
上海市有线网络有限公司	221 184	3B+96C
北京神州长城通信技术发展中心	204 800	3B+32C
中电华通通信有限公司	159 744	2B+112C
北京歌华有线电视网络股份有限公司	147 456	2B+64C
首都在线科技发展有限公司	147 456	2B+64C
首创网络有限公司	139 264	2B+32C
中广影视传输网络有限责任公司	139 264	2B+32C
北京世纪互联网络公司	126 976	1B+240C
吉通网络通信股份有限公司	98 304	1B+128C
中企网络通信技术有限公司	98 304	1B+128C
金汉王系统工程有限公司	90 112	1B+96C
北京畅捷网络通讯有限公司	81 920	1B+64C
北京中电飞华通信有限公司	81 920	1B+64C
北京博升拓网络技术有限责任公司	73 728	1B+32C
山东百灵科技信息有限公司	73 728	1B+32C
天津广播电视网络有限公司	73 728	1B+32C
中国国际电子商务中心	73 728	1B+32C
中国科技网	73 728	1B+32C
北京教育网	65 536	1B
中广亚广播信息网络有限公司	65 536	1B
中信网络管理有限公司	65 536	1B
北京首信网创网络信息服务有限责任公司	49 152	192C
广东国讯互联网信息产业发展有限公司	49 152	192C
中国经济信息网	49 152	192C
北京飞华通信技术有限公司	40 960	160C
大庆中基石油通信建设有限公司	36 864	144C
北京国研信息科技有限公司	32 768	128C
广东盈通网络投资有限公司	32 768	128C
重庆网通信息港宽带网络有限公司	32 768	128C
北京安莱信息通信技术有限公司	24 576	96C
北京国都天信应用技术有限责任公司	24 576	96C
北京通科信息技术开发公司	24 576	96C
广东有线广播电视网络股份有限公司	24 576	96C

续表

单 位 名 称	地 址 数	折 合 数
上海环球信息网络有限公司	24 576	96C
深圳市天威数据网络股份有限公司	24 576	96C
北京电信发展总公司	16 384	64C
北京瑞通通信工程有限公司	16 384	64C
创联万网国际信息技术（北京）有限公司	16 384	64C
广东恒敦技术开发有限公司	16 384	64C
广东金科信息网络中心	16 384	64C
航天通信中心	16 384	64C
江苏信息网络中心	16 384	64C
上海广电（集团）有限公司	16 384	64C
上海市互联网络交换中心	16 384	64C
深圳市南凌科技发展有限公司	16 384	64C
太原有线电视网络有限公司	16 384	64C
中国航天工业总公司通信中心	16 384	64C
北京互联通网络技术有限公司	12 288	48C
广东金万邦科技投资有限公司	12 288	48C
广西柳州市视通网络信息有限责任公司	12 288	48C
网宿科技发展有限公司	12 288	48C
湛江市万通电讯有限公司	12 288	48C
北京北大方正宽带网络科技有限公司	8 192	32C
北京电视事业开发集团	8 192	32C
北京软件产业促进中心	8 192	32C
北京时代网星科技有限公司	8 192	32C
北京数据在线网络技术有限公司	8 192	32C
北京天广信息通信公司	8 192	32C
北京英纳特网络研究所	8 192	32C
北京中关村数据科技有限公司	8 192	32C
北京中科互联优势数据有限公司	8 192	32C
北京中软英特信息技术有限责任公司	8 192	32C
成都信息港有限责任公司	8 192	32C
东莞市路路通数码科技有限公司	8 192	32C
东莞市网通联合信息港有限公司	8 192	32C
福建省亿力电力通信公司	8 192	32C
福建讯通电信有限公司	8 192	32C

续表

单位名称	地址数	折合数
广东盈信信息投资有限公司	8 192	32C
广西玉林视通网络信息有限责任公司	8 192	32C
广州光通通信发展有限公司	8 192	32C
国家统计局	8 192	32C
国家邮政局	8 192	32C
黑龙江省科技信息中心	8 192	32C
济南广电宽带网络公司	8 192	32C
济南广电宽带网络公司	8 192	32C
辽河石油勘探局通讯公司	8 192	32C
辽宁外贸国际信息中心	8 192	32C
南京苏天广播电视网络数据有限公司	8 192	32C
平顶山煤业（集团）计算机通讯分公司	8 192	32C
上海国通网络数据中心有限责任公司	8 192	32C
上海聚友网络信息服务有限公司	8 192	32C
上海数讯信息技术有限公司	8 192	32C
上海通用汽车有限公司	8 192	32C
上海信天通信有限公司	8 192	32C
深圳润迅通信发展公司	8 192	32C
深圳市信息网络中心	8 192	32C
网络神，创联，夸克	8 192	32C
厦门市金桥网络有限公司	8 192	32C
湛江金视网上推广中心	8 192	32C
中国工程技术信息网	8 192	32C
中国国际信托投资公司管理信息中心	8 192	32C
中国航空信息中心	8 192	32C
中国通信广播卫星公司	8 192	32C
中元金融数据网络公司	8 192	32C
重庆广播电视网络传输有限责任公司	8 192	32C
其他	940 544	14B+90C
总计	41 456 128	2A+120B+146C

注 1：数据来源：APNIC、CNNIC。APNIC 是亚太互联网络信息中心的简称，负责亚太地区 IP 地址的分配与管理，在亚太地区许多国家拥有成员单位，网址是：http://www.apnic.net/；CNNIC 作为经 APNIC 认定并由信息产业部认可的中国国家互联网注册机构（NIR），召集国内有一定规模和影响力的 ISP，组成 IP 地址分配联盟，目前 CNNIC 分配联盟共有 119 家成员，IP 地址持有量为 9 035 776 个，合 137.875B。上表中大部分都是 CNNIC 分配联盟成员单位；

注 2：IPv4 地址分配表只列出拥有 IPv4 地址数大于或等于 32C 的单位；

3. 我国大陆 IPv6 地址总数为：9/32+/48。

台湾地区 IPv6 地址总数为：13/32+/48。

香港特区 IPv6 地址总数为：/32+/33+/34+2/35+/64。

4. 我国大陆 IPv6 地址按分配单位划分的情况见表 24.9。

表 24.9　　中国大陆地区 **IPv6** 地址分配表

单 位 名 称	IPv6 地址数
中国教育和科研计算机网	3/32+/48
北京英纳特网络研究所	2/32
中国科技网	/32
中国电信集团公司	/32
铁道通信信息有限责任公司	/32
中国网络通信集团公司	/32

注 1：表 24.9 的数据来源为 APNIC、CNNIC。

注 2：IPv6 地址分配表中的/32 是 IPv6 的地址表示方法，对应的地址数量是 $2^{(128-32)}=2^{96}$ 个，同样，/48 对应的地址数量是 $2^{(128-48)}=2^{80}$ 个。

24.3.2　互联网用户行为意识调查结果

（一）用户个人信息

*1. 用户的性别：男性占 60.4%，女性占 39.6%，如图 24.2 所示。

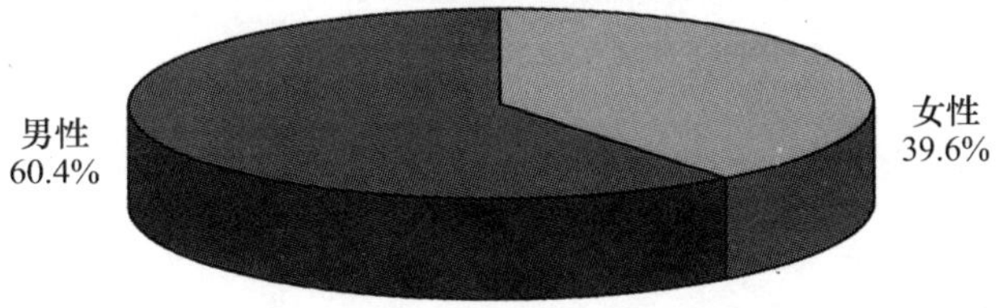

图 24.2　用户的性别比例

*2. 用户的年龄分布：情况如表 24.10 和图 24.3 所示。

表 24.10　　我国互联网用户的年龄分布

18 岁以下	18～24 岁	25～30 岁	31～35 岁	36～40 岁	41～50 岁	51～60 岁	60 岁以上
18.8%	34.1%	17.2%	12.1%	7.6%	6.4%	3.0%	0.8%

*3. 用户的婚姻状况：未婚占 56.8%，已婚占 43.2%，如图 24.4 所示。

*4. 用户的文化程度如表 24.11 和图 24.5 所示。

表 24.11　　我国互联网用户的文化程度

高中（中专）以下	高中（中专）	大 专	本 科	硕 士	博 士
13.5%	29.3%	27.4%	27.1%	2.2%	0.5%

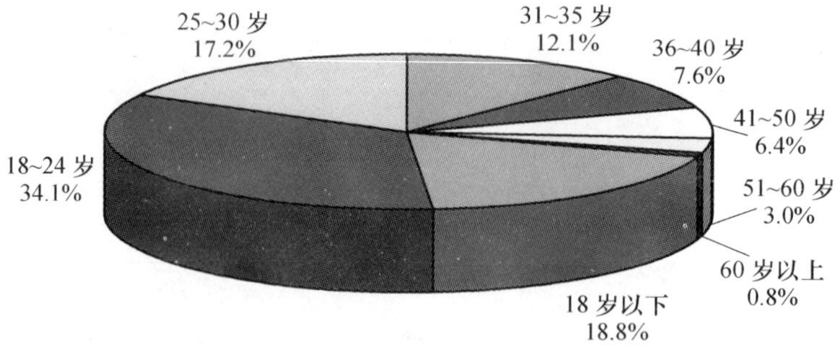

图 24.3　我国互联网用户的年龄分布图

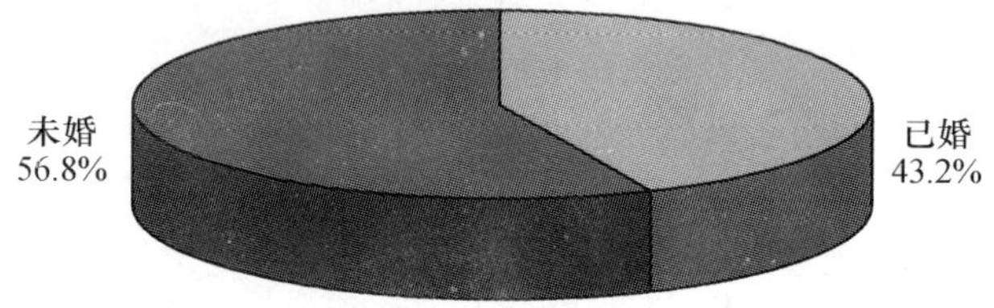

图 24.4　我国互联网用户的婚姻状况图

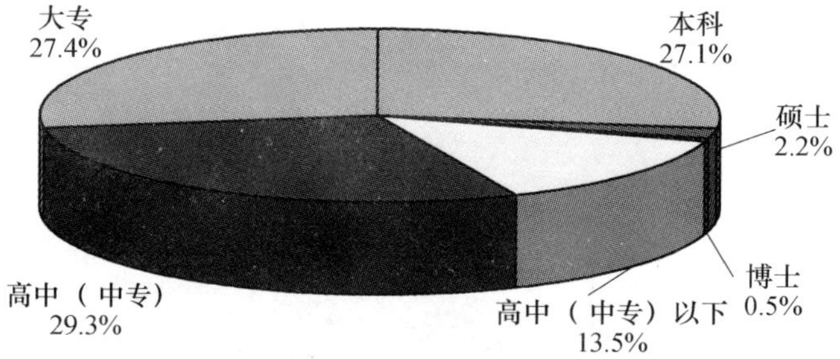

图 24.5　我国互联网用户的文化程度分布

*5. 用户的行业分布（不包括军人、学生和无业人员）情况如表 24.12 所示。

表 24.12　　我国互联网用户的行业分布情况

公共管理和社会组织	交通运输、仓储业	邮政业	IT 业
12.4%	4.6%	0.7%	10.2%
批发和零售业	餐饮业	金融业	房地产业
7.9%	1.9%	5.5%	1.3%
居民服务业	旅游、旅馆业	娱乐业	咨询服务业
3.2%	1.6%	0.8%	1.8%
广告业	租赁等其他商务服务业	卫生、社会保障和社会福利业	文化艺术业
1.6%	1.2%	4.5%	0.8%
体育业	新闻、出版、广播、电视、电影和音像业	教育行业	科学研究
0.1%	1.1%	12.7%	0.8%

续表

专业技术服务业	制造业	建筑业	环境和公共设施管理业
1.4%	12.8%	4.6%	0.5%
农、林、牧、渔业	采矿业	电力、燃气及水的生产和供应业	地质勘察业
1.4%	1.4%	2.1%	0.1%
水利管理业	国际组织	其他	
0.3%	0.1%	0.6%	

*6．用户的职业分布情况如表 24.13 所示。

表 24.13　　我国互联网用户的职业分布情况

国家机关、党群组织工作人员	企事业单位管理人员	专业技术人员	教　师
8.4%	8.9%	13.7%	7.5%
办事员等协助人员	商业、服务业人员	农、林、牧、渔工作人员	生产、运输设备操作人员及有关人员
8.1%	10.1%	0.8%	5.7%
军人	学生	无业	其他
0.7%	29.2%	5.4%	1.5%

*7．用户的个人月收入情况如表 24.14 所示。

表 24.14　　我国互联网用户的个人月收入情况

500 元以下	501～1 000 元	1 001～1 500 元	1 501～2 000 元	2 001～2 500 元	2 501～3 000 元
23.8%	15.6%	16.5%	11.3%	6.2%	5.7%
3 001～4 000 元	4 001～5 000 元	5 001～6 000 元	6 001～10 000 元	10 000 元以上	无收入
4.9%	2.4%	1.2%	1.1%	0.9%	10.4%

（二）用户对互联网的使用情况及满意度

*1．用户上网的主要地点（多选题）的情况如表 24.15 和图 24.6 所示。

表 24.15　　我国互联网用户的主要上网地点情况

家　中	单　位	学　校	网吧、网校、网络咖啡厅	公共图书馆	移动上网，地点不固定	其　他
66.1%	43.6%	18.4%	20.3%	0.5%	0.6%	0.1%

*2．用户每月实际花费的上网费用情况如表 24.16 和图 24.7 所示。

表 24.16　　我国互联网用户的月上网费用情况

低于 50 元	51～100 元	101～200 元	201～300 元	301～400 元	401～500 元	500 元以上
30.7%	33.9%	27.4%	4.0%	1.8%	0.7%	1.5%

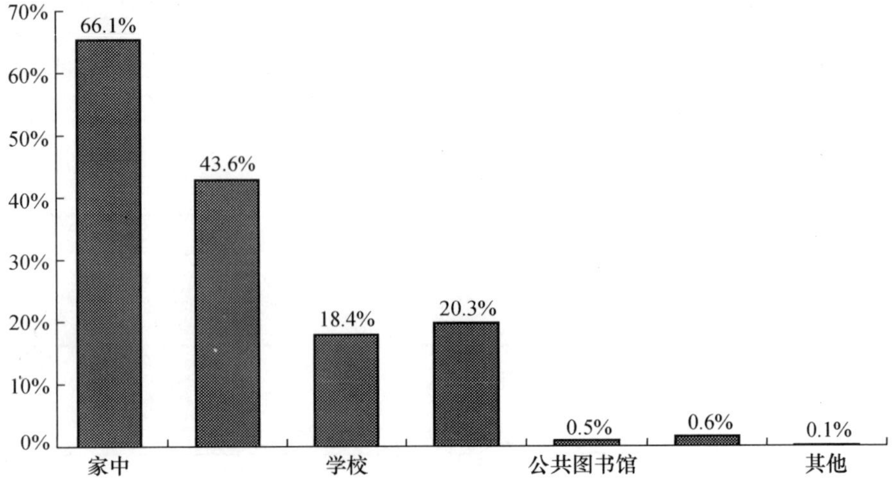

图 24.6　我国互联网用户的主要上网地点

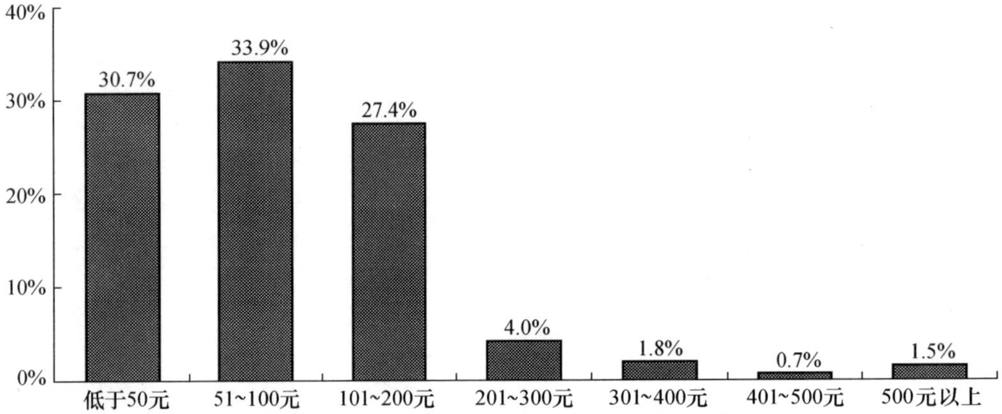

注：此费用指的是上网费和用于上网的电话费，不包括其他的日常电话费用。

图 24.7　我国互联网用户的月均上网费用分布

*3．用户平均每周上网时间

13.4 小时。

*4．用户平均每周上网天数

4.0 天。

*5．用户通常上网的时刻（多选题）分布情况见表 24.17。

表 24.17　　我国互联网用户通常上网时刻的分布

0 点	1 点	2 点	3 点
16.2%	5.6%	4.2%	2.9%
4 点	5 点	6 点	7 点
2.2%	1.8%	1.9%	3.2%
8 点	9 点	10 点	11 点
12.1%	20.4%	22.8%	20.4%

续表

12 点	13 点	14 点	15 点
22.9%	24.7%	28.2%	28.2%
16 点	17 点	18 点	19 点
27.3%	24.3%	21.4%	34.4%
20 点	21 点	22 点	23 点
48.6%	47.8%	40.4%	25.6%

*6. 用户拥有 E-mail 帐号的平均值：1.4。

其中免费 E-mail 帐号的平均值：1.3。

*7. 用户平均每周收到电子邮件数（不包括垃圾邮件）：5.8。

收到垃圾邮件数：7.9。

发出电子邮件数：4.1。

*8. 用户上网最主要的目的

- 获取信息： 46.2%
- 学习： 7.9%
- 学术研究： 0.5%
- 休闲娱乐： 32.2%
- 情感需要： 0.8%
- 交友： 4.4%
- 获得各种免费资源（如免费邮箱、个人主页空间、各种免费资源下载等）： 1.8%
- 对外通讯、联络（如收发邮件、短信息、传真等）： 2.7%
- 炒股： 1.5%
- 网上购物： 0.1%
- 商务活动： 0.3%
- 追崇时尚、赶时髦、好奇： 0.3%
- 其他： 1.3%

9. 用户经常使用的网络服务/功能（多选题）

- 电子邮箱： 88.4%
- 看新闻： 59.2%
- 搜索引擎： 61.6%
- 软件上传或下载服务： 38.7%
- 浏览网站/网页： 47.2%
- 网上聊天（聊天室、QQ、ICQ 等）： 39.1%
- BBS 论坛、社区、讨论组等： 18.8%
- 个人主页空间： 5.0%
- 电子政务： 2.0%
- 网络游戏： 14.7%

- 网络购物： 7.3%
- 短信服务： 3.8%
- 网上教育： 6.2%
- 电子杂志： 3.9%
- 网络电话： 0.8%
- 网上医院： 0.5%
- 网上银行： 4.5%
- 网上炒股： 3.7%
- 网上拍卖： 0.8%
- 票务、旅店预定： 0.4%
- 视频会议： 0.4%
- VOD 点播： 3.5%
- 网上直播： 2.2%
- 多媒体娱乐（MP3、FLASH 欣赏等）： 7.8%
- 远程登录： 0.6%
- 信息发布： 2.0%
- 网上推广： 0.9%
- 网上销售： 1.2%
- 信息化系统（ERP、CRM、SCM）： 0.8%
- 网上招聘： 4.7%
- 网络数据库： 0.9%
- 同学录、校友录： 15.7%
- 其他： 0.2%

10．用户得知新网站的主要途径（多选题）

- 搜索引擎： 83.4%
- 其他网站上的链接： 65.5%
- 电子邮件： 32.0%
- 朋友、同学、同事的介绍： 52.8%
- 网友介绍： 27.5%
- 网址大全之类的书籍： 17.4%
- 报刊杂志： 30.1%
- 广播电视： 11.6%
- 黄页： 3.5%
- 户外广告： 10.0%
- 其他： 0.5%

11．用户对下列名词术语的了解程度

	没有听说过	听说过但是不了解	有一点了解	非常了解
■ 电子政务	12.7%	36.5%	35.8%	15.0%
■ 电子图书馆	2.3%	19.2%	51.1%	27.4%

■ ERP	36.4%	30.7%	23.7%	9.2%
■ CRM	49.7%	29.8%	14.4%	6.1%
■ SCM	53.8%	30.3%	11.8%	4.1%

12．用户对其使用的如下互联网络服务的满意程度

	非常满意	比较满意	一般	不太满意	很不满意
■ 传统接入服务	4.1%	14.0%	39.8%	27.2%	14.9%
■ 宽带接入服务	16.9%	48.7%	25.9%	6.3%	2.2%
■ 搜索引擎	27.4%	49.3%	18.8%	3.2%	1.3%
■ 免费电子邮箱	22.1%	42.0%	26.2%	7.3%	2.4%
■ 收费电子邮箱	7.7%	25.5%	41.0%	18.6%	7.2%
■ 网络购物	6.2%	25.9%	45.1%	17.0%	5.8%
■ 网络游戏	26.0%	22.4%	37.9%	10.0%	3.7%
■ 网站短信息	9.3%	30.4%	45.8%	13.0%	1.5%
■ 网上教育	9.2%	28.2%	46.0%	12.9%	3.7%
■ 网上银行	11.8%	31.5%	41.2%	11.5%	4.0%
■ 网上聊天	15.1%	40.3%	33.5%	9.0%	2.1%

13．用户对当前互联网在如下几方面表现的满意程度及总体满意度

	非常满意	比较满意	一般	不太满意	很不满意
■ 网络速度	5.7%	35.1%	36.2%	17.3%	5.7%
■ 费用	3.1%	17.6%	40.5%	29.2%	9.6%
■ 安全性	3.0%	17.7%	44.4%	27.3%	7.6%
■ 中文信息的丰富性	8.2%	42.2%	37.1%	10.0%	2.5%
■ 操作简便	10.7%	43.0%	37.5%	7.1%	1.7%
■ 总体满意度	3.7%	35.2%	51.9%	7.9%	1.3%

（三）用户对互联网热点问题的回答

1．用户是否利用互联网获取信息

■ 是：99.8%

■ 否：0.2%

2．用户在互联网上获取信息最常用的方法

■ 通过搜索引擎查找相关的网站：69.6%

■ 直接访问已知的网站：24.9%

■ 随意浏览网站/网页：2.9%

■ 通过网站的相关链接：2.5%

■ 其他：0.1%

3．用户在网上经常查询哪方面的信息（多选题）：

■ 新闻：70.9%

■ 计算机软硬件信息：44.7%

■ 休闲娱乐信息：41.7%

■ 生活服务信息：34.1%

- 社会文化信息：18.2%
- 电子书籍：28.8%
- 教育信息：22.9%
- 科技信息：18.9%
- 军事信息：8.1%
- 体育信息：12.8%
- 金融、保险信息：8.5%
- 房地产信息：4.7%
- 汽车信息：7.4%
- 求职招聘信息：20.5%
- 商贸信息：8.4%
- 企业信息：9.1%
- 旅游、交通信息：7.5%
- 医疗信息：5.7%
- 交友征婚信息：1.9%
- 法律、法规、政策信息：7.7%
- 电子政务信息：3.6%
- 各类广告信息：3.8%
- 有奖活动信息：17.6%
- 其他：0.8%

4．用户获取、浏览的大陆中文网站信息占所有信息的比例：81.6%
用户获取、浏览的大陆英文网站信息占所有信息的比例：4.9%
用户获取、浏览的大陆以外的中文网站信息占所有信息的比例：7.5%
用户获取、浏览的大陆以外的英文网站信息占所有信息的比例：5.7%

5．下列网上信息中哪些还不能满足用户的需要（多选题）

- 新闻：25.2%
- 计算机软硬件信息：22.5%
- 休闲娱乐信息：17.0%
- 生活服务信息：23.4%
- 社会文化信息：12.3%
- 电子书籍：31.1%
- 教育信息：21.0%
- 科技信息：13.3%
- 军事信息：7.9%
- 体育信息：4.4%
- 金融、保险信息：8.4%
- 房地产信息：7.0%
- 汽车信息：5.6%
- 求职招聘信息：18.3%

- 商贸信息： 9.1%
- 企业信息： 9.8%
- 旅游、交通信息： 10.2%
- 医疗信息： 14.8%
- 交友征婚信息： 3.5%
- 法律、法规、政策信息： 10.7%
- 电子政务信息： 9.0%
- 各类广告信息： 3.8%
- 有奖活动信息： 11.6%
- 其他： 0.3%

6．用户选择信息服务网站时最看重的因素

- 提供内容全面丰富： 39.7%
- 提供内容真实权威： 37.7%
- 访问速度快： 10.5%
- 页面简洁易查： 3.4%
- 网络广告少： 2.1%
- 网站知名度高： 5.3%
- 有其他服务（例如邮件、聊天）： 1.0%
- 其他： 0.3%

7．用户最常使用的电子邮箱帐号

- 工作单位提供的帐号： 10.9%
- 个人申请的免费帐号： 74.6%
- 个人申请的收费帐号： 12.7%
- 赠送的帐号： 1.2%
- 没有电子邮箱帐号： 0.6%

8．用户通常使用电子邮件联络的对象（多选题）

- 家人： 22.1%
- 亲戚： 17.3%
- 朋友： 79.9%
- 同学： 60.1%
- 同事或有工作关系的人： 62.0%
- 其他： 4.1%

9．使用收费邮箱的用户申请收费邮箱时最为看重的功能

- 可靠性高： 35.5%
- 速度快： 5.6%
- 安全稳定： 28.9%
- 容量大： 13.5%
- 多种接收方式（如 POP3、手机）： 3.9%
- 防病毒： 2.9%

- 过滤垃圾邮件：　5.1%
- 无所谓，能用就行：　3.2%
- 其他：　1.4%

10．无收费邮箱的用户未来一年内是否打算申请收费邮箱

- 肯定会申请：　4.4%
- 可能会申请：　26.0%
- 不好说：　24.5%
- 不太可能申请：　27.9%
- 肯定不申请：　17.2%

11．用户能够接受的邮箱收费标准（每月）

- 低于 5 元：　64.6%
- 6～10 元：　27.3%
- 11～30 元：　6.2%
- 31～50 元：　1.5%
- 51～70 元：　0.1%
- 71～100 元：　0.2%
- 100 元以上：　0.1%

12．用户是否经常浏览网络广告

- 经常浏览：　12.4%
- 有时浏览：　46.9%
- 很少浏览：　34.7%
- 从来不浏览：　6.0%

13．用户是否经常点击网络广告

- 经常点击：　8.8%
- 有时点击：　45.5%
- 很少点击：　37.8%
- 从来不点击：　7.9%

14．用户最能接受的网络广告形式

- 横幅式广告（又名“旗帜广告”）：　35.6%
- 按钮式广告：　26.7%
- 游动式广告：　9.0%
- 弹出式广告：　6.2%
- 文字式广告：　9.8%
- 电子邮件式广告：　7.0%
- 收放式广告：　3.7%
- 全屏式广告：　1.3%
- 其他：　0.7%

15．用户最能接受的网络广告内容（多选题）

- 公益性活动：　62.2%

- 新闻信息：40.8%
- 商业公司：11.9%
- 商品信息：32.6%
- 有奖促销活动：59.1%
- 新站发布：16.2%
- 学术活动：24.0%
- 娱乐活动：31.0%
- 形象广告：14.1%
- 其他：0.2%

16．用户是否经常以网络广告作为自己选购物品或服务的参考

- 经常：9.8%
- 偶尔：68.7%
- 不会：21.5%

17．用户认为对其选购物品或服务最有影响的广告类别

- 电视广告：56.1%
- 电台广告：1.5%
- 报纸广告：12.3%
- 杂志广告：7.8%
- 网络广告：18.1%
- 户外广告：3.2%
- 其他：1.0%

18．用户对目前网络广告最不满意的是

- 广告数量太多：18.0%
- 广告内容缺乏创意和特色：8.2%
- 广告的真实性无法保证：35.7%
- 广告出现的方式影响了网民正常的网上活动：36.8%
- 其他：0.3%
- 没有不满意的地方：1.0%

19．用户是否经常访问购物网站（包括“网上商城”、“网上商店”等）

- 经常访问：16.5%
- 有时访问：44.3%
- 很少访问：31.2%
- 从来不访问：8.0%

20．用户在最近一年内是否通过购物网站（包括“网上商城”、“网上商店”等）购买过商品或服务

- 是：40.7%
- 否：59.3%

21～26 为有网上购物经历的用户的情况。

21．用户由于何种原因进行网络购物（多选题）

- 节省时间：47.2%
- 节约费用：42.7%
- 操作方便：44.4%
- 寻找稀有商品：32.6%
- 出于好奇，有趣：22.1%
- 其他：1.6%

22．用户在最近一年内在网上实际购买过哪些产品或服务（多选题）

- 书刊：61.7%
- 电脑及相关产品：32.4%
- 照相器材：9.0%
- 通讯产品：13.9%
- 音像器材及制品：27.9%
- 家电产品：6.3%
- 服装：9.4%
- 体育用品：6.3%
- 生活、家居用品及服务：12.6%
- 医疗保健用品及服务：3.1%
- 礼品服务：12.3%
- 金融、保险服务：2.3%
- 教育学习服务：8.6%
- 票务服务：6.6%
- 旅店预定服务：3.4%
- 食品：1.6%
- 办公用品：3.1%
- 化妆用品：6.4%
- 其他：2.4%

23．用户认为网上哪些产品或服务还不能满足需求（多选题）

- 书刊：38.7%
- 电脑及相关产品：26.5%
- 照相器材：12.3%
- 通讯产品：19.0%
- 音像器材及制品：15.5%
- 家电产品：15.5%
- 服装：18.9%
- 体育用品：8.7%
- 生活、家居用品及服务：14.0%
- 医疗保健用品及服务：12.1%
- 礼品服务：12.6%
- 金融、保险服务：10.3%

■	教育学习服务：	14.5%
■	票务服务：	12.9%
■	旅店预定服务：	6.7%
■	食品：	10.6%
■	办公用品：	4.4%
■	化妆用品：	4.7%
■	其他：	0.3%

24．用户一般采取哪种付款方式

■	货到付款（现金结算）：	27.9%
■	网上支付（信用卡或储蓄卡）：	36.0%
■	邮局汇款：	22.7%
■	银行汇款：	13.2%
■	其他：	0.2%

25．用户一般选择什么送货方式：

■	EMS：	20.1%
■	其他快递：	9.8%
■	普通邮寄：	38.1%
■	送货上门：	29.9%
■	航空、铁路发运：	1.5%
■	其他：	0.6%

26．用户认为目前网上交易存在的最大问题

■	安全性得不到保障：	28.1%
■	付款不方便：	7.4%
■	产品质量、售后服务及厂商信用得不到保障：	42.1%
■	送货不及时：	7.5%
■	价格不够诱人：	7.5%
■	网上提供的信息不可靠：	6.7%
■	其他：	0.7%

27．用户未来一年内是否会进行网络购物

■	肯定会：	30.4%
■	可能会：	36.1%
■	不好说：	20.7%
■	可能不会：	8.5%
■	肯定不会：	4.3%

28～31 为经常和有时玩网络游戏的用户的情况。

28．用户平均每周上网玩网络游戏的时间

11.3 小时。

29．用户玩网络游戏的主要目的（多选题）

■	休闲娱乐：	88.8%

- 锻炼智力：31.6%
- 结交朋友：28.7%
- 成为游戏高手，获得满足感：19.7%
- 获得奖品、奖金等收益：10.8%
- 追求时尚：6.9%
- 工作需要：1.8%
- 其他：0.5%

30．用户喜欢的网络游戏的类型（多选题）

- 角色扮演：50.4%
- 即时战略：17.1%
- 模拟经营：11.8%
- 休闲对战（包括棋牌、益智游戏等）：66.0%
- 其他：2.7%

31．用户选择网络游戏时最看重的因素（多选题）

- 网络速度：69.5%
- 游戏费用：42.2%
- 操作的难易程度：35.7%
- 故事情节：34.3%
- 画面：30.7%
- 音乐：16.8%
- 游戏相关活动：13.5%
- 客户服务质量：21.1%
- 其他：2.0%

32．用户认为玩网络游戏对其学习/工作/生活的影响

- 非常大的正面影响：2.4%
- 较大的正面影响：6.7%
- 较少的的正面影响：15.9%
- 没有影响：32.3%
- 较少的负面影响：20.6%
- 较大的负面影响：16.0%
- 非常大的的负面影响：6.1%

33．在过去一年内用户计算机被入侵的情况

- 被入侵过：72.7%
- 没有被入侵过：19.4%
- 不知道：7.9%

34．在网上用户主要采取什么安全措施（多选题）

- 密码加密：22.3%
- 防病毒软件：80.5%
- 防火墙：69.6%

- 电子签名：4.6%
- 不清楚，由系统管理员负责：6.6%
- 什么措施都不采取 ：2.3%

35．对于用户帐号（包括电子邮件帐号、FTP 帐号等），用户多久换一次密码

- 1 个月以内：6.4%
- 1～3 个月：13.9%
- 3 个月～半年：13.5%
- 半年～1 年：14.8%
- 1 年以上：14.6%
- 一直不换：36.8%

36．用户多久对所用的计算机系统查/杀一次病毒：

- 每天：9.5%
- 2～7 天：26.8%
- 8～14 天：11.3%
- 15 天～1 个月：17.6%
- 1～3 个月：11.1%
- 3～6 个月：3.7%
- 6 个月～1 年：2.0%
- 1 年以上：1.0%
- 中毒后再查/杀：17.0%

（以上结果中加注*者为网下抽样调查结果）

（中国互联网络信息中心 （CNNIC））

第 25 章　2003 年中国互联网络信息资源数量调查报告

25.1　调查背景

信息资源是国家的战略资源，它在国民经济信息化中位于核心的地位。正确开发、利用信息资源对促进我国信息化的快速发展，导正我国信息化的发展方向，拉动国民经济和社会发展，提高全民族的文化素质和创新能力，促进社会进步和繁荣，实施西部大开发战略等方面有着十分重要的意义。

互联网络信息资源是信息资源的重要组成部分，从 20 世纪 90 年代中期开始，互联网在我国迅猛发展，网上中文信息资源快速增长，到 2002 年 12 月 31 日，全国在线数据库达到 82 929 个，共 15 709 万个网页，2 744G 数据量。网上政府信息、行业和企业信息、科技教育信息、文化娱乐信息、新闻信息、旅游信息、区域特色信息等均已形成一定规模。

随着互联网络的飞速发展，我国互联网络信息资源得到了很大的发展，但是我国互联网络信息资源不断进展的同时，存在一些问题需要重视。例如，网络和数据库存在大量低水平重复建设，难以实现互联共享；信息资源的开发滞后于应用，存在大量信息孤岛现象等。因此，加大对我国互联网络信息资源开发和利用的引导力度，迫在眉睫。

为加深政府对我国互联网络信息资源开发和利用情况的把握，包括信息资源的存量、增量以及地区和行业分类特征等；为加快制定有关信息资源发展政策和措施提供重要参考依据，促进政府对信息资源开发的有力引导，促进我国互联网络信息资源的充分利用，国务院信息化工作办公室决定对我国各行、各业、各地区互联网络信息资源数量情况进行全面调查。

本次调查是我国互联网络信息资源的第三次数量调查，开始于 2003 年 12 月，结束于 2004 年 2 月，历时 3 个月。在保持与前两次调查有一定连续性、借鉴前两次调查成功经验的基础上，在调查方法、调查深度、结果分析等方面有所创新。本次调查初步探索了我国互联网络信息资源发展中的问题和规律，为我国政府进一步正确引导互联网络信息资源的开发利用提供了重要参考。

25.2　调查说明

1. 在本次调查中，中国互联网络信息资源定义为：中国互联网络上公开发布的网页和在线数据库的总和。

2．中国互联网络是指所有域名注册单位属于中国大陆的网站总和。

3．在线数据库是指以 WEB 为界面，提供公共检索的收费或免费的数据库。

4．网站是指有独立域名的 WEB 站点，其中包括 CN 和通用顶级域名（gTLD）下的 WEB 站点。此处的独立域名指的是每个域名最多只对应一个网站“WWW.+域名”，如对域名 sina.com.cn 来说，它只有一个网站 www.sina.com.cn，并非有 news.sina.com.cn、mail.sina.com.cn 等多个网站。

5．商业网站指业务主要在网上进行的网站，如新浪、搜狐、网易等网站；企业网站是相对于商业网站而言，指业务主要在网下进行的企业所建立的网站，如联想集团的网站 www.lenovo.com.cn。

6．网页搜索是指对抽取的网站从其首页（WWW+域名）开始搜索，通过网页上的层层链接，抓取所有属于该网站的网页的特征及其文本内容。

7．静态网页是指 URL 中不含？和输入参数的网页，包括：*.htm、*.html、*.shtml、*.txt、*.xml 等。

8．动态网页是指 URL 中含？或输入参数的网页，包括：ASP、PHP、PERL、CGI 等在 Server 方进行处理的网页。

9．网页的编码形式：是根据网页本身的信息通过分析得到的，不是通过一篇网页在 HTML 中的声明来判断的。因为大量国内的英文网页在其 HTML 声明中都是简体中文。

10．网页的内容形式：是通过文件后缀获得的。关于图像、音频、视频的文件后缀定义标准参考 MIME 标准。

11．网页的更新情况：网页的更新时间是指搜索到该网页的当日日期与该网页的最后更新日期之间的时间段。

25.3　调查结果

（以下调查结果截止到 2003 年 12 月 31 日）

25.3.1　域名、网站数及地区分布

一、域名数

1．全国域名数为 1187380 个。

注：包括 CN 域名和通用顶级域名（gTLD），不含中文域名。

2．分地区域名数比例如表 25.1 和图 25.1 所示。

表 25.1　　地区域名数量分布

北　京	天　津	上　海	重　庆	安　徽
15.2%	1.6%	11.8%	1.1%	1.3%
福　建	甘　肃	广　东	广　西	贵　州
6.7%	0.4%	16.2%	1.0%	0.3%

续表

海　南	河　北	河　南	黑 龙 江	湖　北
0.4%	1.9%	1.9%	1.4%	2.5%
湖　南	吉　林	江　苏	江　西	辽　宁
1.9%	0.9%	7.2%	0.7%	3.6%
内 蒙 古	宁　夏	青　海	山　东	山　西
0.4%	0.2%	0.1%	4.5%	0.6%
陕　西	四　川	西　藏	新　疆	云　南
1.5%	5.2%	0.4%	0.6%	1.1%
浙　江				
7.4%				

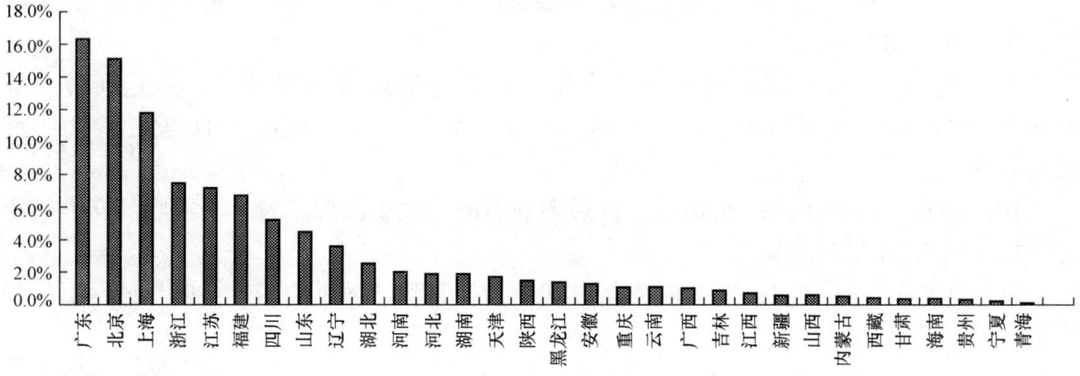

图 25.1　地区域名数量分布

二、网站数

1．全国网站数（包括.CN、.COM、.NET、.ORG 下的网站）约 595 550 个[1]。

2．WWW 站点分类状况，如表 25.2 和图 25.2 所示。

表 25.2　　WWW 站点性质分类

	AC .cn	COM （.cn）	EDU .cn	GOV .cn	NET （.cn）	ORG （.cn）	行政区域名.cn	.CN
百分比	0.1%	69.0%	略	1.7%	13.1%	5.7%	0.3%	10.1%

1 由于此次对网站的定义是指“WWW.+域名”有 Web 服务，而有的网站的主机名并不是“WWW”，故这类网站虽然存在，却不在我们的统计之列。

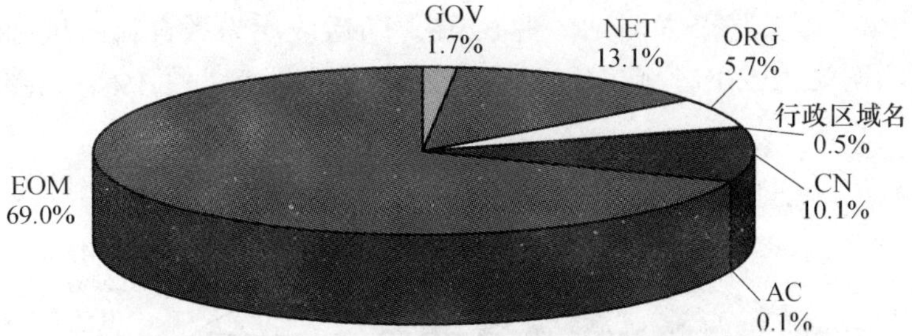

图 25.2 WWW 站点性质分类

3. 地区网站的比例如表 25.3 和图 25.3 所示。

表 25.3 地区网站数量分布

	北 京	天 津	上 海	重 庆	河 北	山 西	内蒙古
百分比	20.7%	1.5%	8.8%	1.3%	2.6%	0.6%	0.5%
	辽 宁	吉 林	黑龙江	江 苏	浙 江	安 徽	福 建
百分比	3.4%	0.6%	1.0%	6.8%	9.7%	1.7%	4.8%
	江 西	山 东	河 南	湖 北	湖 南	广 东	广 西
百分比	1.0%	4.2%	1.8%	2.3%	1.2%	17.6%	1.2%
	海 南	四 川	贵 州	云 南	西 藏	陕 西	甘 肃
百分比	0.4%	2.3%	0.4%	0.9%	0.3%	1.0%	0.6%
	青 海	宁 夏	新 疆				
百分比	0.1%	0.2%	0.5%				

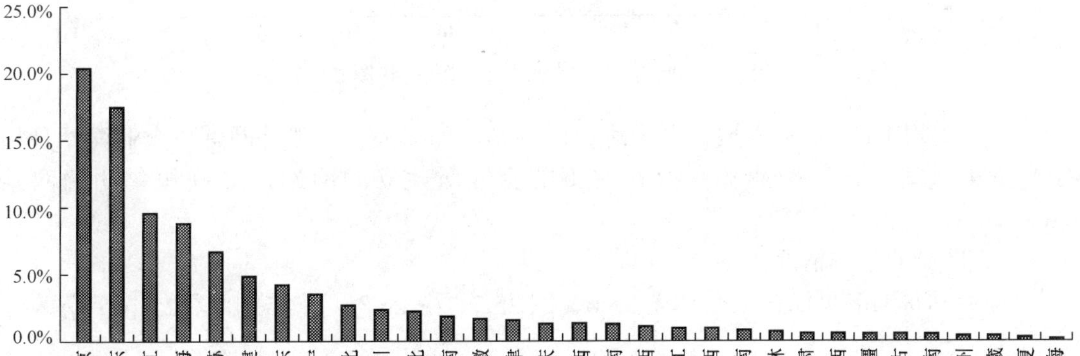

图 25.3 地区网站数量分布

25.3.2 网站性质及服务内容

一、网站按性质分类

将网站按照主体性质的不同分为政府网站、企业网站、商业网站、教育科研机构网站、个人网站、其他非盈利机构网站以及其他类型等。

本次调查结果显示，企业网站所占比例最大，为整个网站总体的 70.9%；其次为商业网站，占 8.2%；第三是个人网站，占 6.5%。随后依次为教育科研机构网站占 5.1%，其他非盈利机构网站占 5.0%，政府网站占 3.2%，其他类型占 1.1%。如图 25.4 和图 25.5 所示。

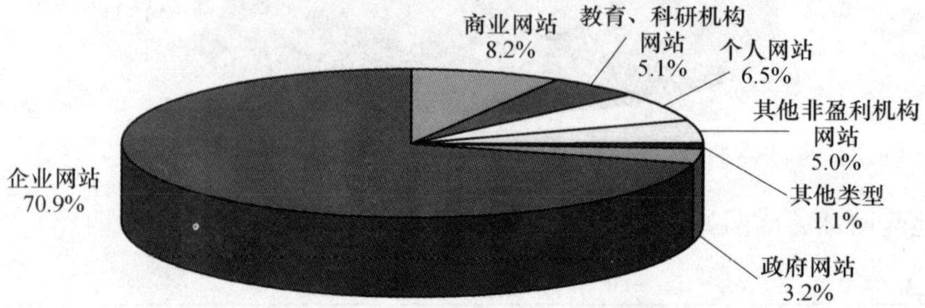

图 25.4　不同性质类型网站分布图-饼状图

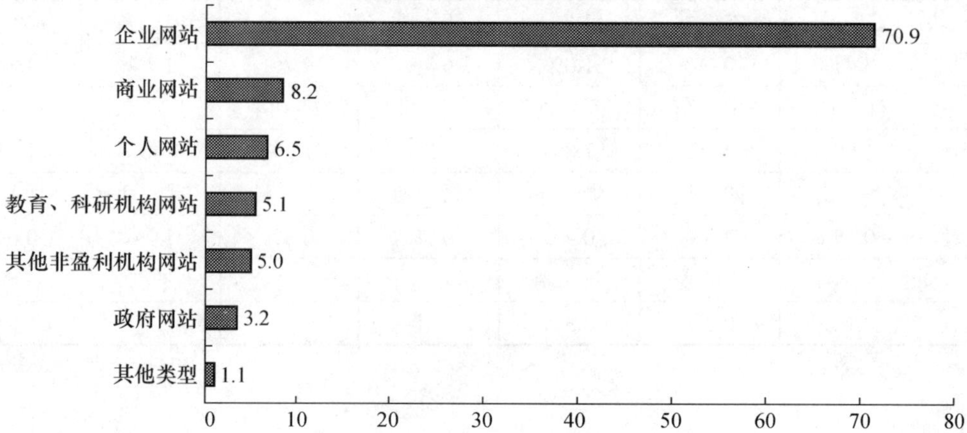

图 25.5　不同性质类型网站分布图-柱状图（%）

注：商业网站指业务主要在网上进行的网站，如新浪、搜狐等网站；企业网站是相对于商业网站而言，指业务主要在网下的企业所建立的网站，如联想集团的网站 www.lenovo.com。

二、网站的基本情况

1．网站每天的页面访问数如图 25.6、图 25.7、图 25.8、图 25.9、图 25.10 所示。

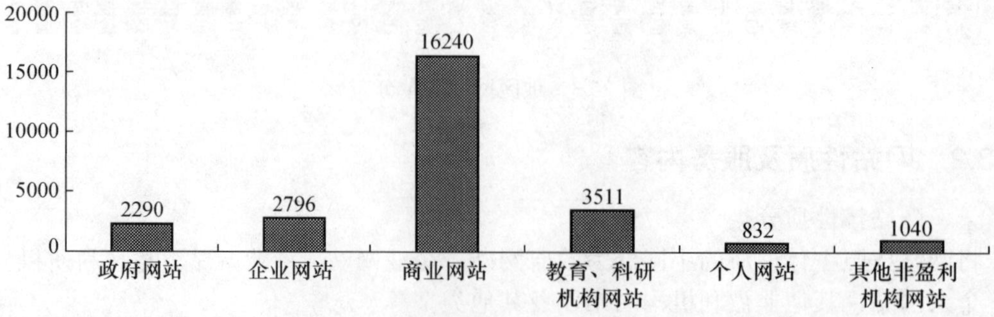

图 25.6　平均每个网站每天的页面访问数

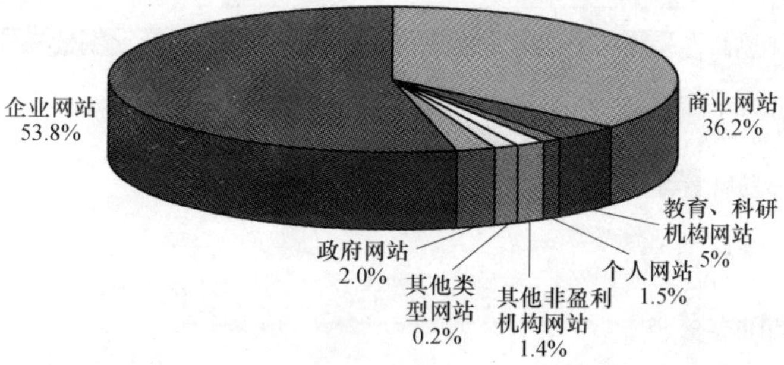

图 25.7　网站每天的页面访问数——按类型分布

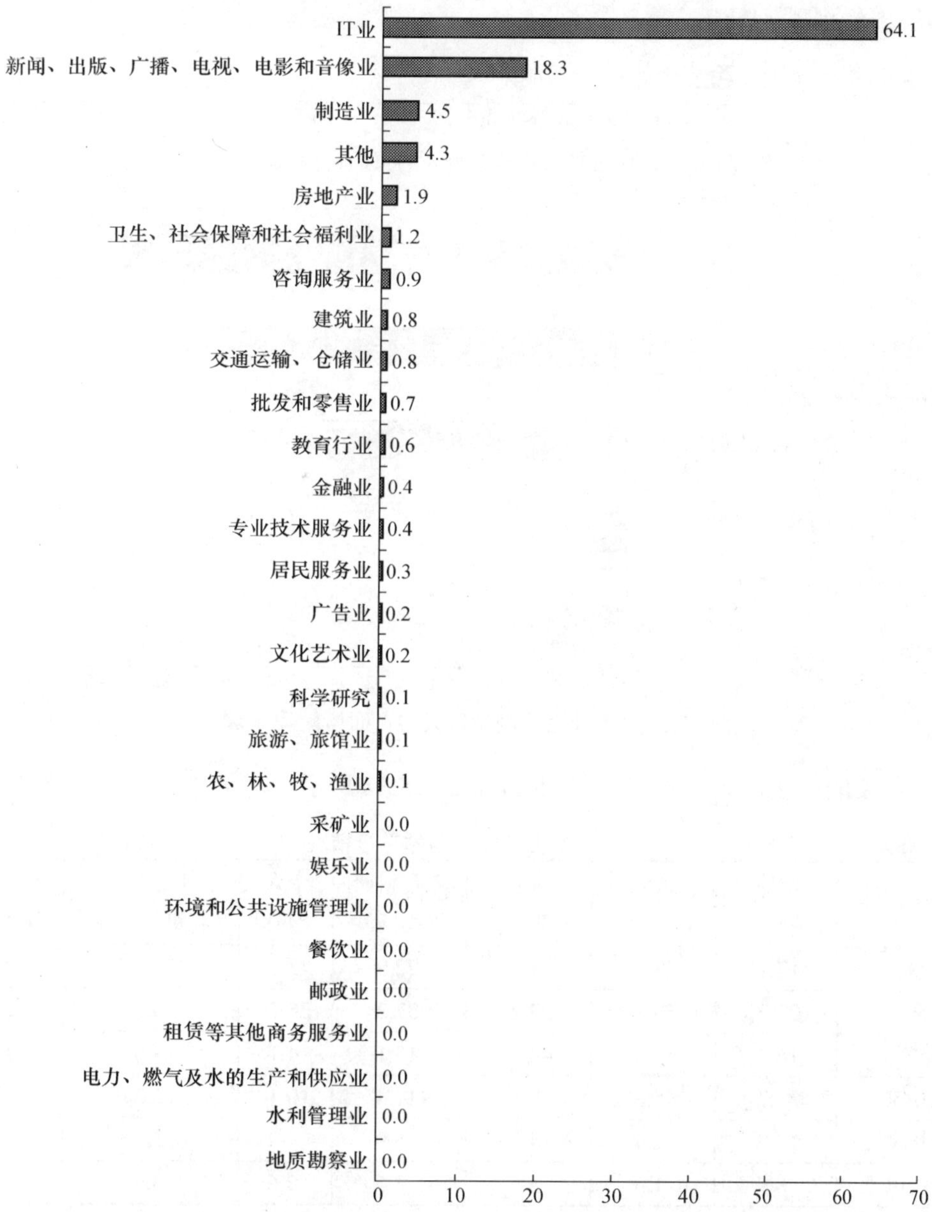

图 25.8　企业网站每天的页面访问数-按行业分布（%）

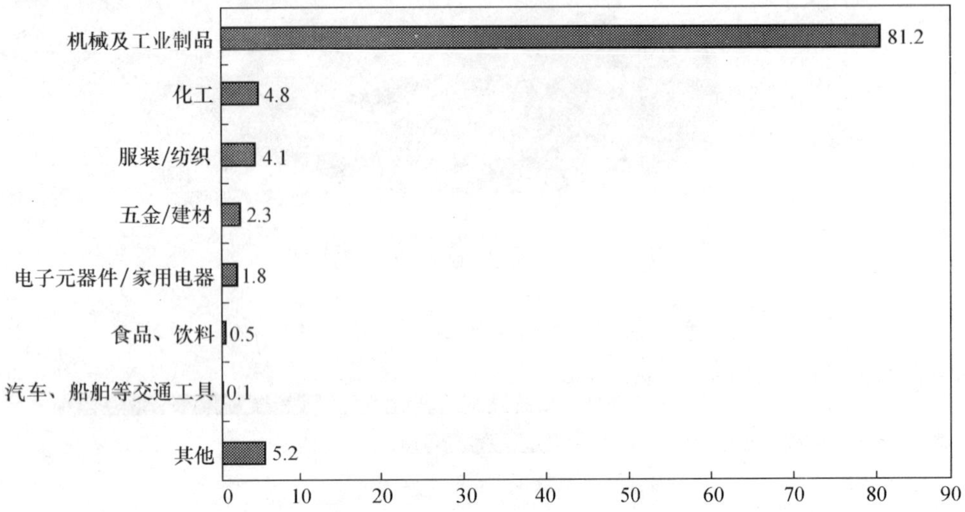

图 25.9　制造业企业网站每天的页面访问数（%）

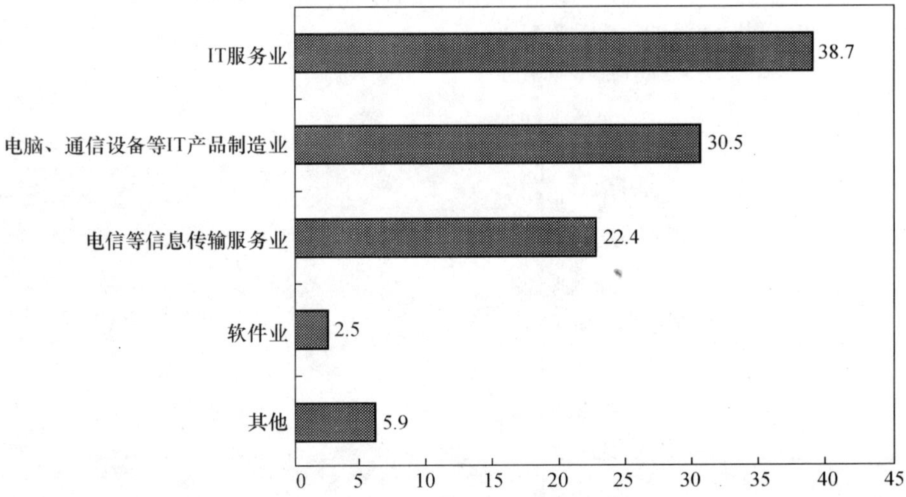

图 25.10　IT 业企业网站每天的页面访问数（%）

2．网站的链接数如表 25.4、图 25.11 和图 25.12 所示。

表 25.4　　各类网站的网站链接情况

（%）	政府网站	企业网站	商业网站	教育科研机构网站	个人网站	其他非盈利机构网站	总体（加权）
没有链接	17.1	48.5	15.2	22.9	43.1	24.5	41.4
1～5 家	22.2	30.8	23.2	37.2	25.2	30.9	29.9
6～10 家	16.3	11.2	42.4	13.1	14.1	23.8	15.0
11～20 家	22.2	5.6	9.1	12.4	10.1	12.2	7.4
21～50 家	13.3	2.4	4.5	5.9	4.9	5.0	3.6
51 家及以上	8.9	1.5	5.6	8.5	2.6	3.6	2.7

备注：网站总体情况为各类网站加权平均所得，“权数”为各类网站占总网站的比例。

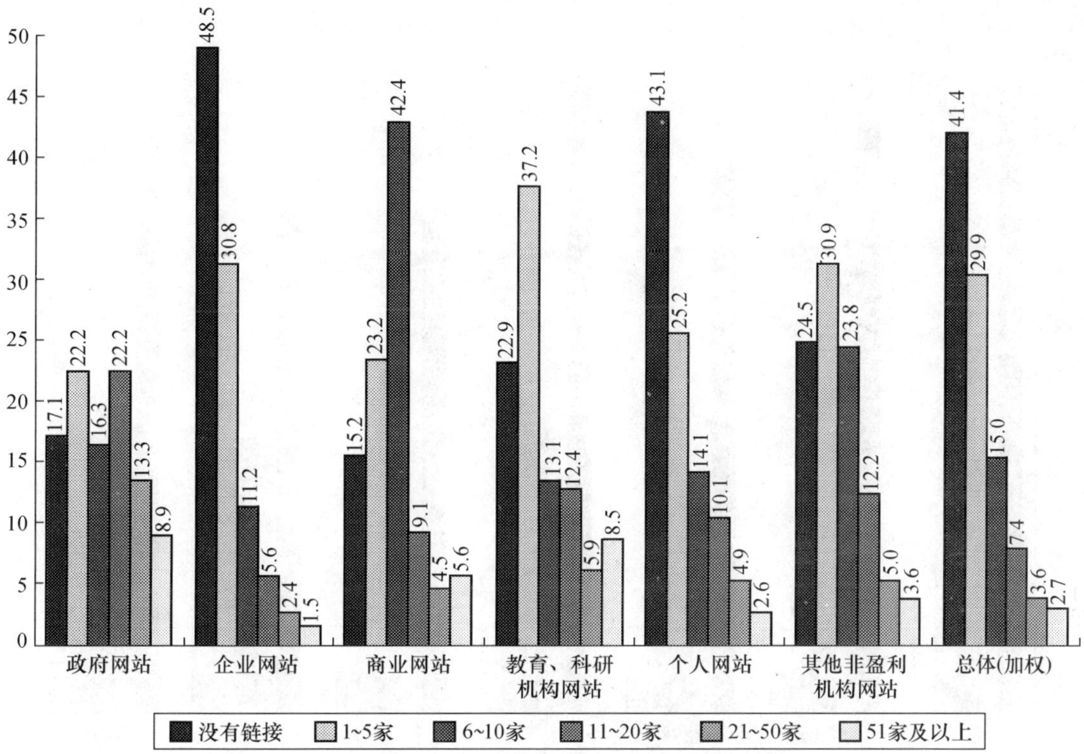

图 25.11　各类网站的网站链接情况

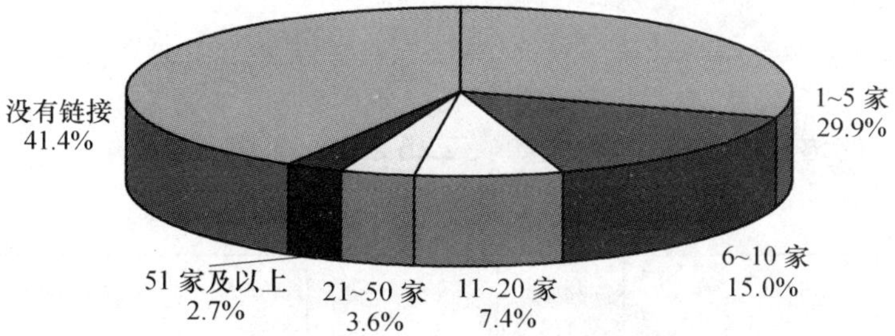

图 25.12　各网站链接的网站数比例

3．网站信息的主要来源情况如表 25.5 和图 25.13 所示。

表 25.5　各类网站的信息主要来源情况

（%）	政府网站	企业网站	商业网站	教育科研机构网站	个人网站	其他非盈利机构网站	总体（加权）
自己采集	92.6	90.5	83.8	94.1	76.1	81.3	88.8
传统媒体	32.6	18.5	24.2	24.8	20.9	30.9	20.6
其他网站	38.5	24.8	37.9	44.4	51.6	41.7	30.1
商业企业提供	30.4	19.0	40.4	11.1	10.5	23.0	20.4
其他	11.9	5.8	9.1	11.1	11.1	20.1	7.6

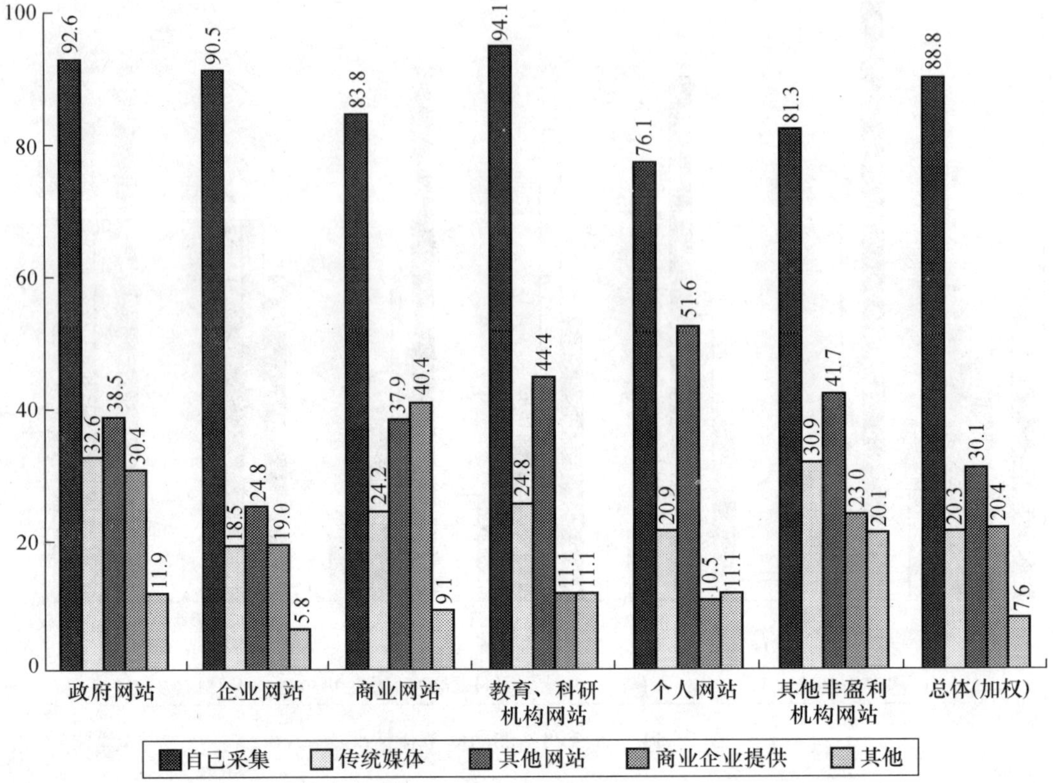

图 25.13　各类网站的信息主要来源情况（%）

4. 网站提供的语种/文字阅读情况如表 25.6 和图 25.14 所示。

表 25.6　　各类网站提供的语种/文字阅读情况

（%）	政府网站	企业网站	商业网站	教育科研机构网站	个人网站	其他非盈利机构网站	总体（加权）
简体中文阅读	100.0	94.8	96.0	99.3	93.1	98.6	95.4
繁体中文阅读	3.7	4.6	5.1	0.7	3.6	7.2	4.4
英文语种阅读	14.8	40.2	25.8	24.2	15.7	13.7	34.4
日文语种阅读	3.0	1.3	2.0	0.0	1.0	2.2	1.4
其他	3.7	1.3	3.0	2.0	1.6	0.7	1.5

5. 网站提供全站信息搜索的情况如图 25.15 所示。

6. 网站的网页上提供网站地图的情况如图 25.16 所示。

7. 网站的网页上提供联系方式的情况如图 25.17 所示。

8. 网站的服务器拥有情况如图 25.18、表 25.7、图 25.19 和图 25.20 所示。

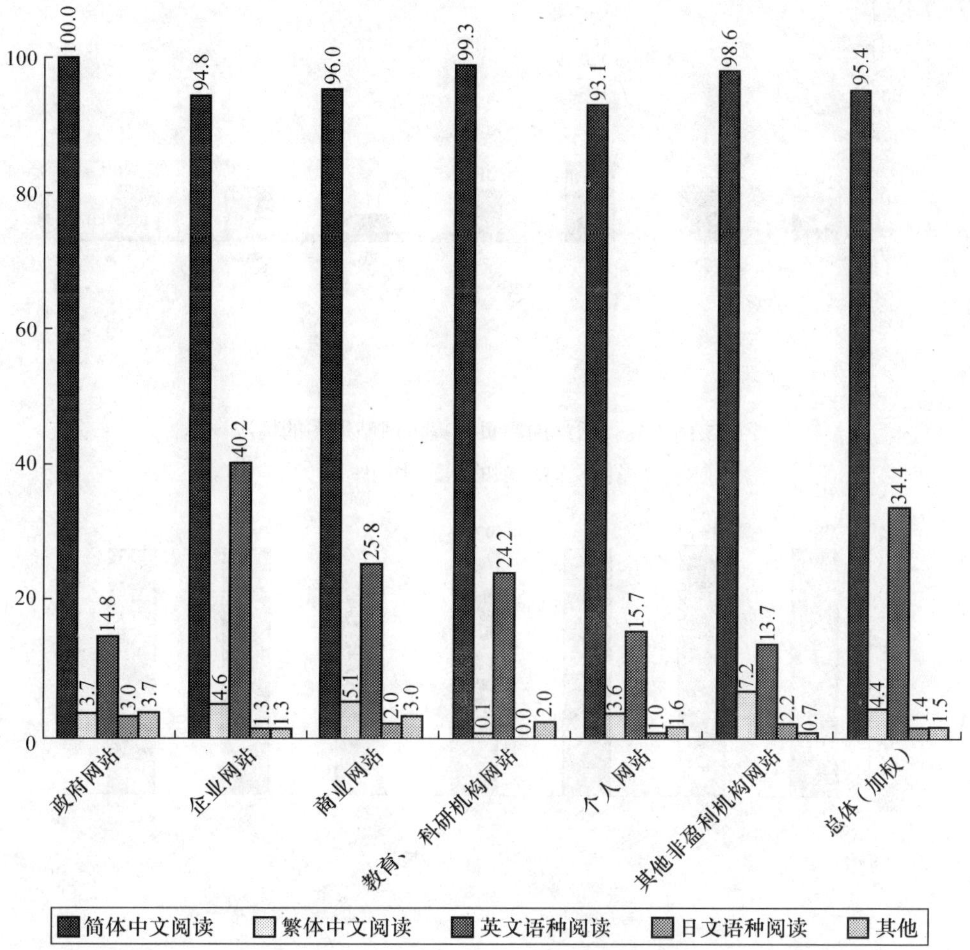

图 25.14　各类网站提供的语种/文字阅读情况（%）

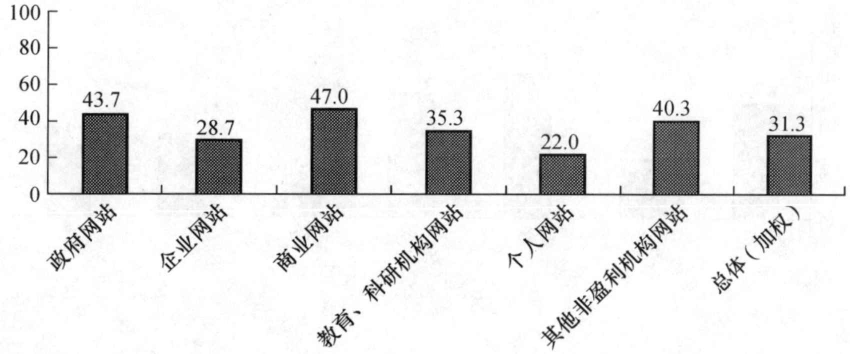

图 25.15　各类网站提供全站信息搜索的情况

（提供全站信息搜索的网站比例%）

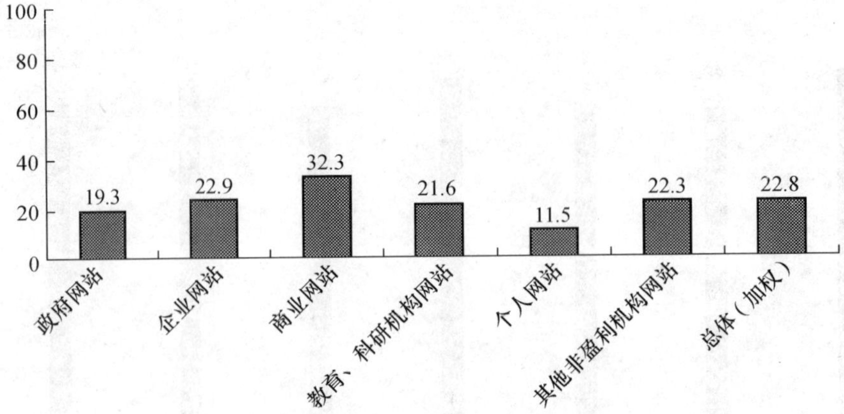

图 25.16　各类网站的网页上提供网站地图的情况
（提供网站地图的网站比例%）

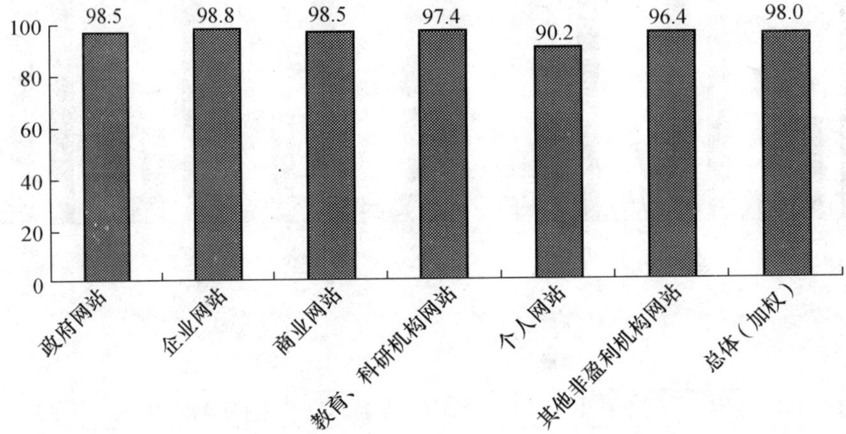

图 25.17　各类网站的网页上提供联系方式的情况
（提供联系方式的网站比例%）

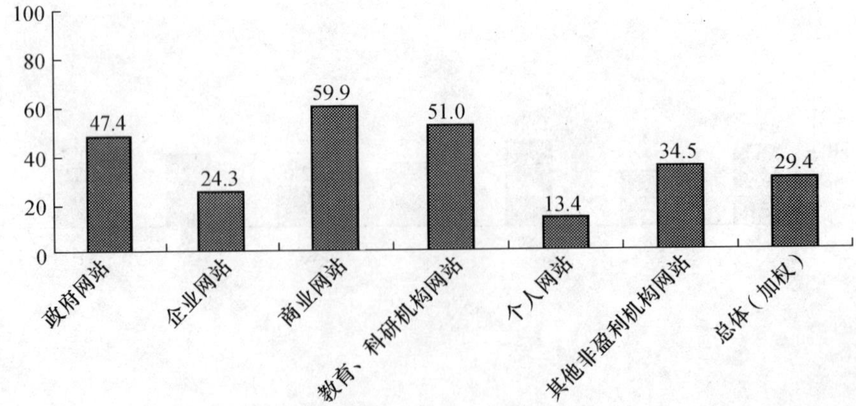

图 25.18　各类网站服务器拥有情况
（拥有服务器的网站比例%）

表 25.7　　各类网站拥有服务器情况

（%）	政府网站	企业网站	商业网站	教育科研机构网站	个人网站	其他非盈利机构网站	总体（加权）
有服务器的网站比例	47.4	24.3	59.9	51.0	13.4	34.5	29.4
一台	48.4	68.4	32.7	53.8	78.0	56.5	64.0
二台	24.2	20.9	26.9	21.8	17.6	23.9	21.5
三台	16.1	7.1	5.1	6.4	4.4	4.4	6.9
四台	1.6	0.8	3.9	1.3	0.0	8.7	1.5
五台及五台以上	9.7	2.8	31.4	16.7	0.0	6.5	6.1

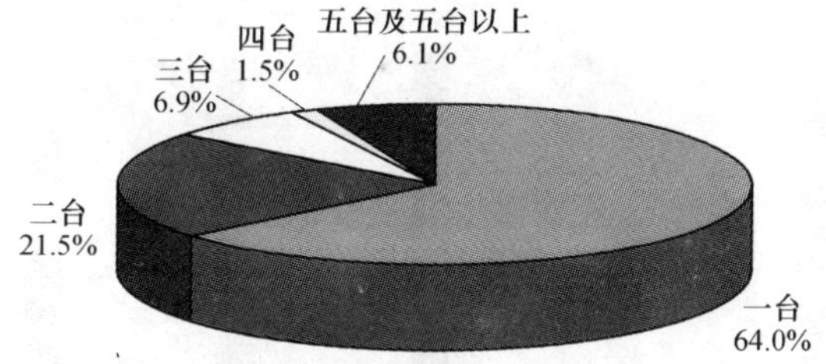

图 25.19　拥有服务器的网站比例（%）

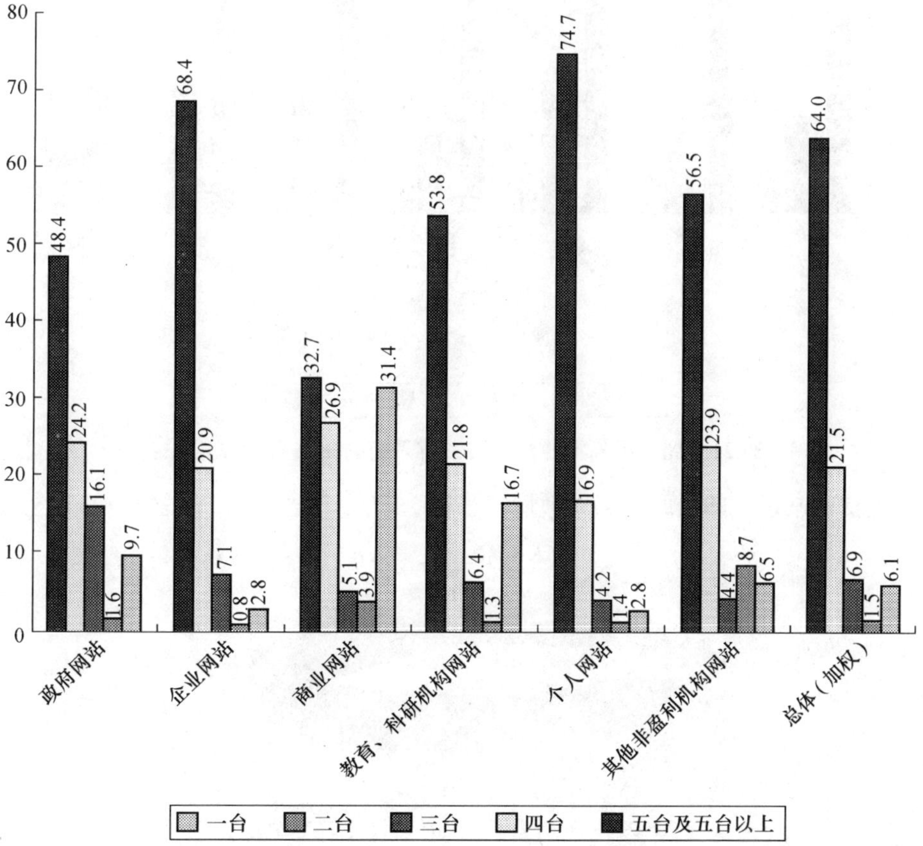

图 25.20　各类网站拥有服务器情况（%）

9．拥有服务器的网站所采用的操作系统情况如表 25.8 和图 25.21 所示。

表 25.8　　拥有服务器的各类网站所采用的操作系统情况

（%）	政府网站	企业网站	商业网站	教育科研机构网站	个人网站	其他非盈利机构网站	总体（加权）
Windows	81.3	79.9	67.1	88.5	80.3	79.2	79.5
UNIX	9.4	8.0	13.9	16.7	4.2	4.2	8.7
Linux	15.6	11.3	24.1	14.1	21.1	18.8	13.6
其他	4.7	7.2	8.9	1.3	1.4	2.1	6.3

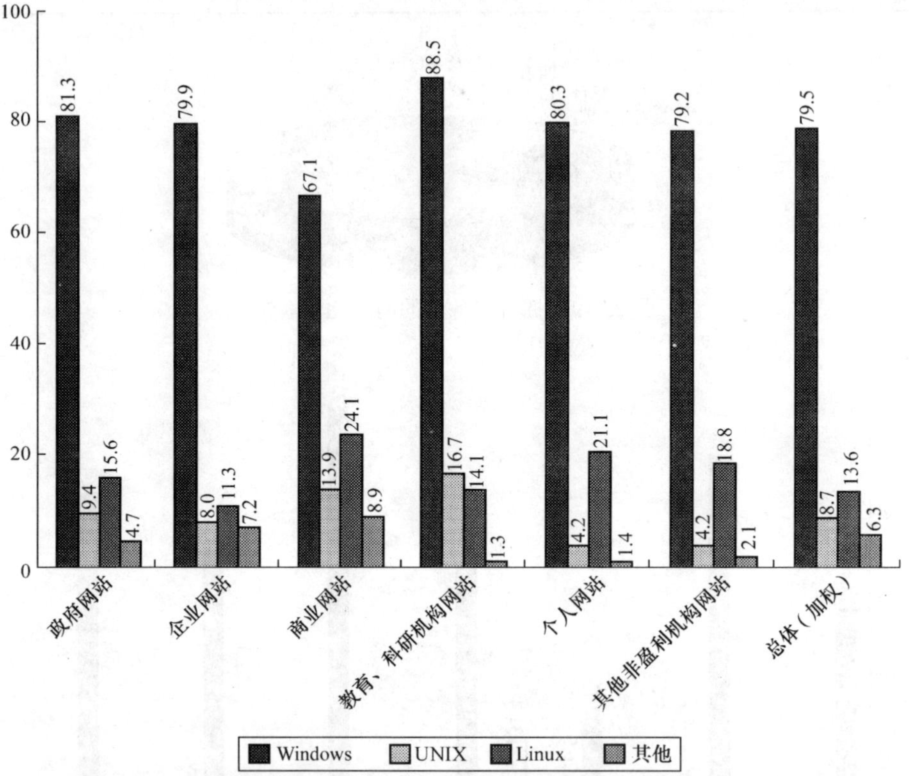

图 25.21　拥有服务器的各类网站所采用的操作系统情况（%）

10．负责网站运营的全职员工人数情况如图 25.22、图 25.23、表 25.9 和图 25.24 所示。

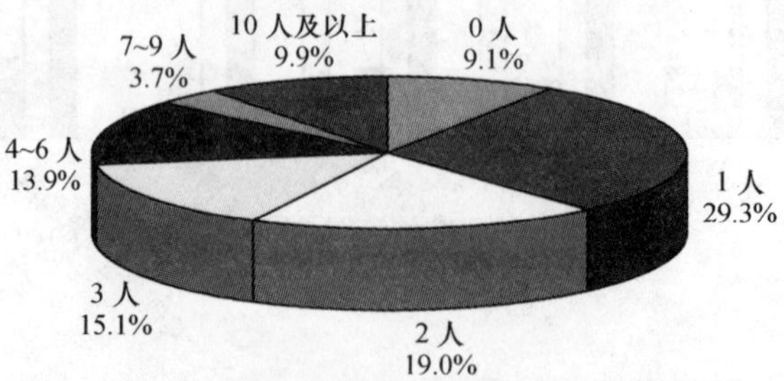

图 25.22　负责网站运营的全职员工人数情况

（网站比例%）

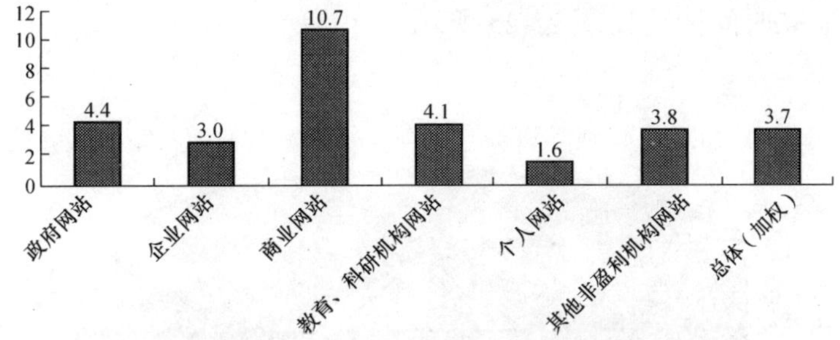

图 25.23　各类网站负责运营的平均全职员工人数（单位：人）

表 25.9　　**各类网站负责运营的平均全职员工人数拥有情况**

（%）	政府网站	企业网站	商业网站	教育、科研机构网站	个人网站	其他非盈利机构网站	总体（加权）
0 人	6.3	10.6	4.0	7.4	3.5	7.7	9.1
1 人	18.7	30.4	4.0	25.5	63.6	23.1	29.3
2 人	20.3	21.0	11.5	16.8	13.4	14.6	19.0
3 人	16.4	15.7	9.8	16.8	10.3	16.2	15.1
4～6 人	20.3	12.5	15.8	20.8	9.2	24.5	13.9
7～9 人	4.7	2.7	14.0	2.0	0.0	6.2	3.7
10 人及以上	13.3	7.1	40.9	10.7	0.0	7.7	9.9

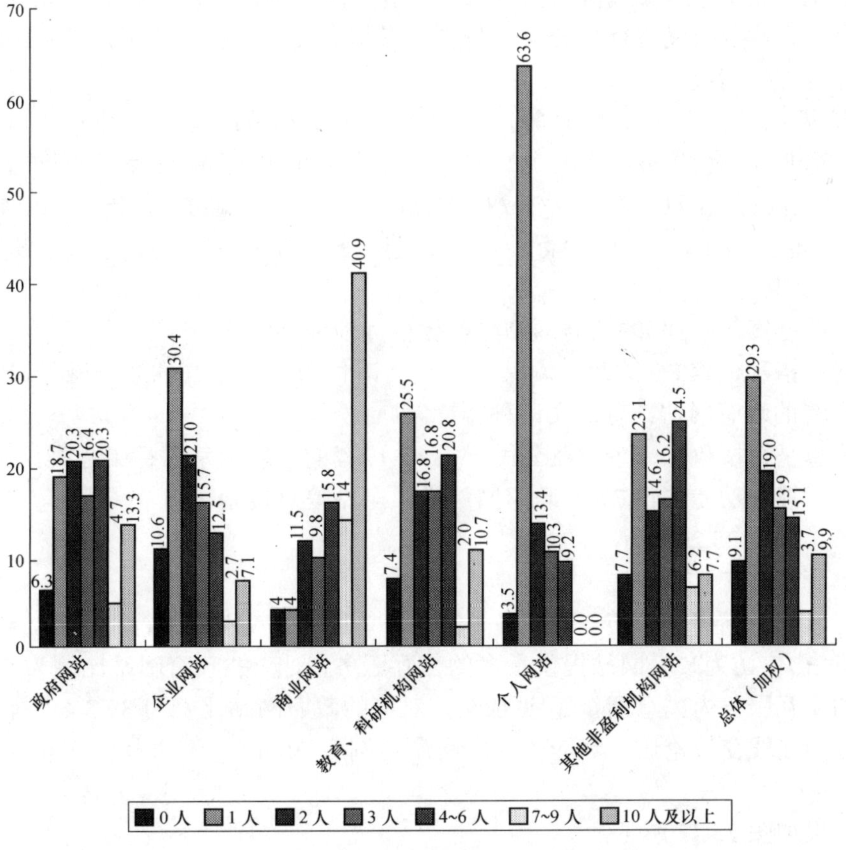

图 25.24　各类网站负责运营的全职员工人数拥有情况（%）

11．网站的成立时间情况如图 25.25 所示。

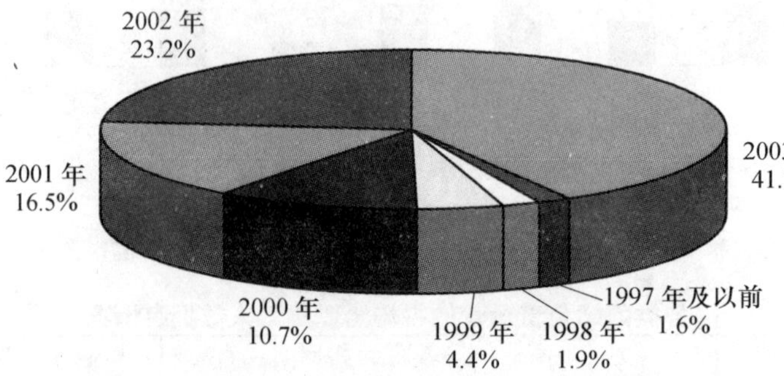

图 25.25　网站的成立时间饼图

三、各类型网站信息服务内容及信息更新情况

1．政府网站

（1）政府网站信息内容提供情况

政府网站所提供的主要信息服务包括：政府新闻、政府职能/业务介绍、统计数据/资料查询、法律法规/政策/文件、办事指南/说明、办公/业务咨询、政府通知/公告、办事进程状态查询、企业/行业经济信息、便民生活/住行信息、表格下载等。此外还对信息是否按政府、企业及公民进行了分类、是否具有信息搜索功能、是否提供网站链接、以及阅读语种等进行调查。

调查结果显示：关于信息服务，绝大多数的政府网站提供法律法规/政策/文件（83.7%）、政府职能/业务介绍（82.2%），大多数的政府网站提供办事指南/说明（74.8%）、政府新闻（71.1%）、办公/业务咨询（68.1%）、通知/公告（63.0%）、统计数据/资料查询（54.1%）、企业/行业经济信息（50.4%）。提供其他信息服务的政府网站比例则较少。

关于网站链接，83.0%的政府网站能够提供其他网站链接。

关于网站语种，14.8%的政府网站具有英文语种阅读，3.7%的政府网站具有繁体中文阅读，3.0%的政府网站具有日文语种阅读。

关于信息是否按政府、企业及公民分类，41.5%的政府网站进行了分类。

关于信息搜索功能，43.7%的政府网站提供全站信息搜索。

具体结果如图 25.26 所示。

（2）政府网站交互服务提供情况

本次对政府网站提供的交互性服务（包括简单的单向交互）进行了调查，结果显示，在线投诉/举报/信访为政府网站提供最多的交互服务，对应的政府网站比例为 54.1%；排在第二位的交互服务为民意调查/意见征集，对应的政府网站比例为 39.3%；排在第三位的交互服务为在线交流论坛，对应的政府网站比例为 35.6%，提供其他交互服务的网站则较少。

具体结果如图 25.27 所示。

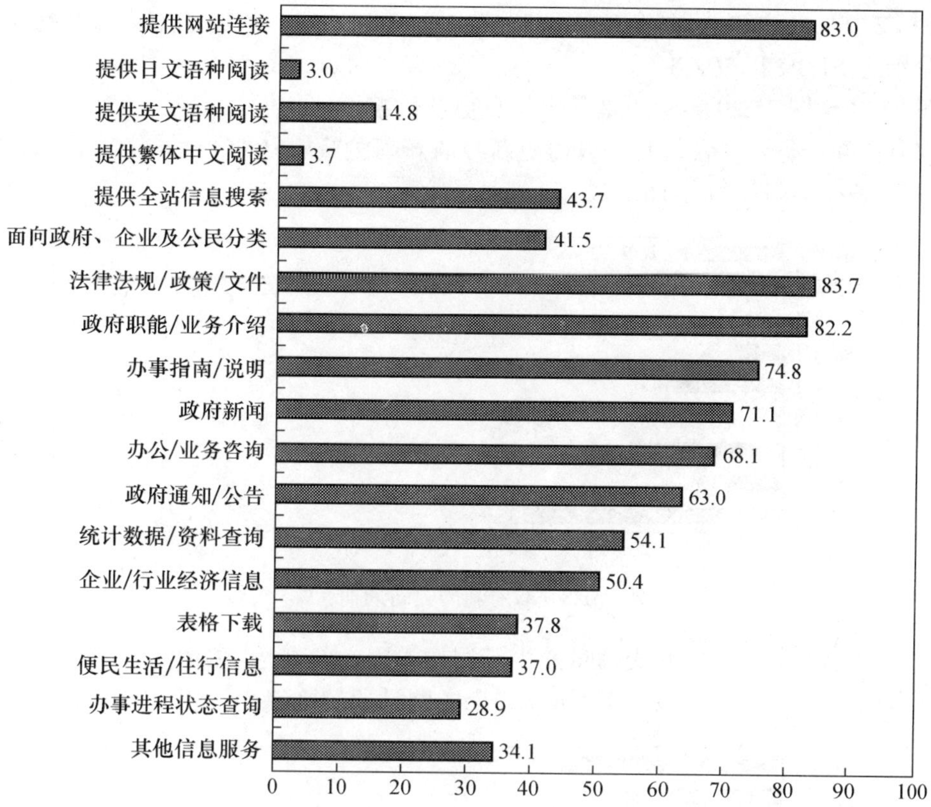

图 25.26 提供各类信息服务的政府网站的比例（%）

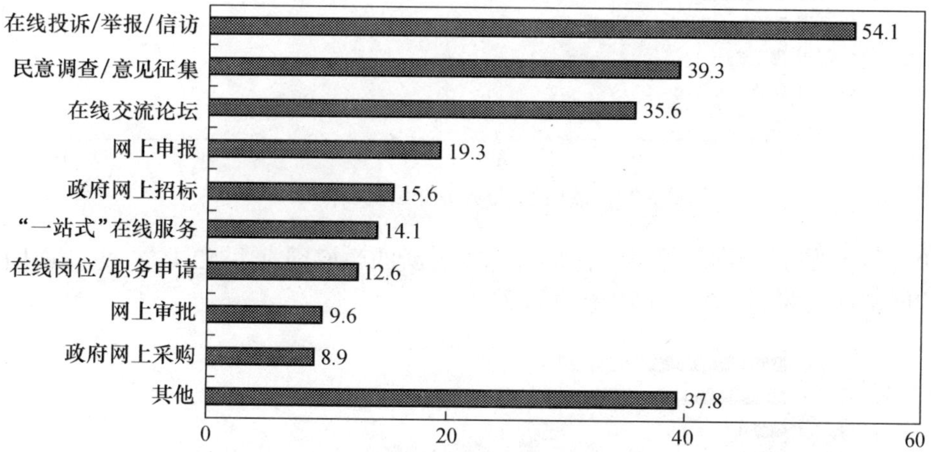

图 25.27 政府网站交互性服务（%）

（3）政府网站信息更新情况

由于没有调查各类信息量占总信息量的比例，所以无法精确地计算政府网站信息总体更新情况。从所调查的几项信息来看，政府新闻和统计数据/资料查询的更新频率最高，每月（含每月）以内更新的政府网站比例分别为 76.0%和 52.1%；办事指南/说明和政府职能/业务介绍的更新频率最慢，六个月以上更新的政府网站比例分别为的

22.7%和 22.5%；法律法规/政策/文件和政府通知/公告的更新周期不固定的最多，网站比例分别为 51.3%和 50.6%。

图 25.28～图 25.29 显示的是各类信息更新情况。

政府新闻：每月（含每月）以内更新政府新闻的政府网站占 76.0%；超过一个月更新的占 7.3%；不固定的占 16.7%。

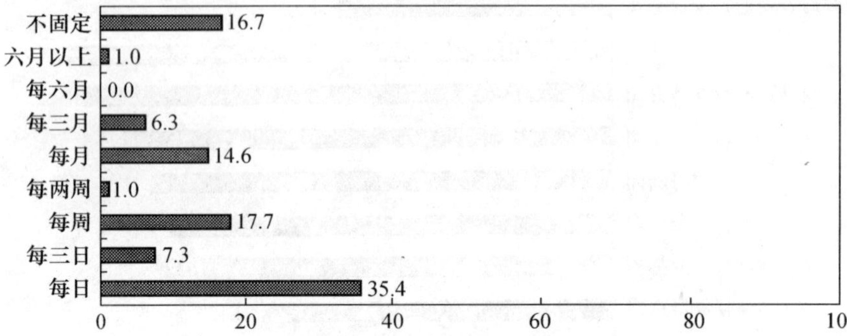

图 25.28 政府新闻更新周期（%）

政府职能/业务介绍：此类信息的更新周期不固定的网站比例最多，为 30.7%；其次是六个月以上的，占 22.5%；其他更新周期的网站比例则很少。

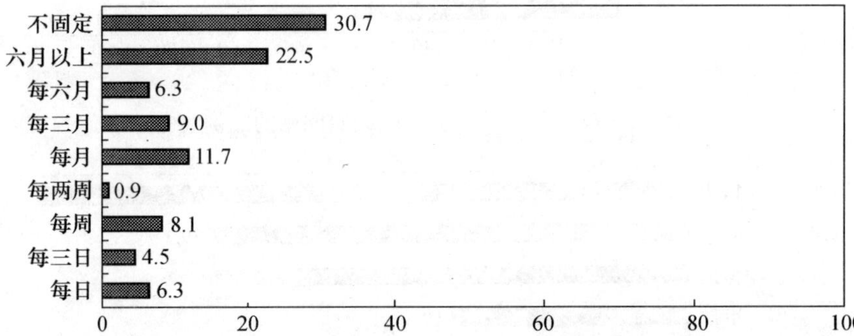

图 25.29 政府职能/业务介绍更新周期（%）

统计数据/资料查询：每月（含每月）内更新的政府网站占 52.1%；更新周期超过一个月的网站比例为 20.5%；不固定的为 27.4%。

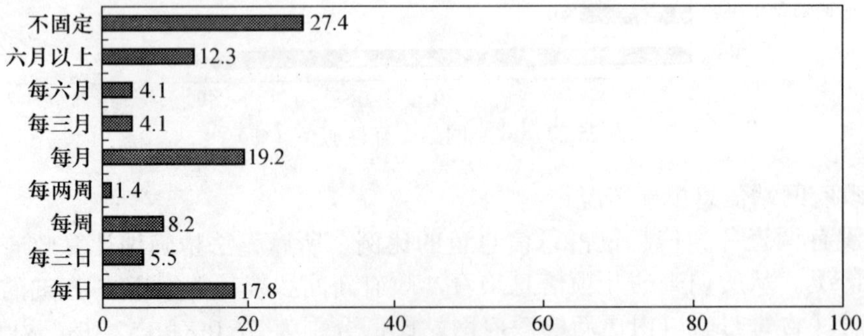

图 25.30 统计数据/资料查询更新周期（%）

法律法规/政策/文件：每月（含每月）内更新的政府网站占 27.4%；更新周期超过一个月的网站比例为 21.3%；不固定的占 51.3%。

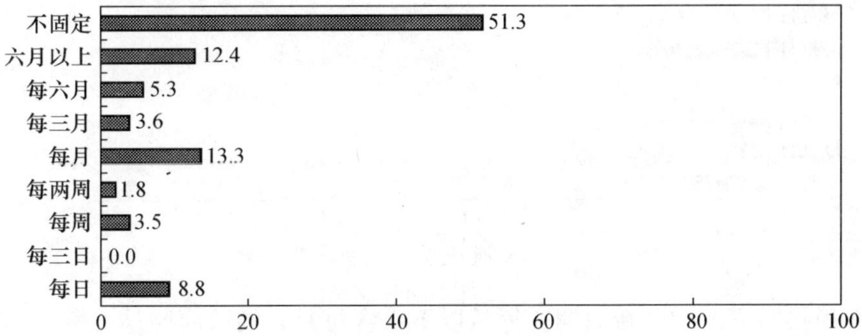

图 25.31　法律法规/政策/文件更新周期（%）

办事指南/说明：每月（含每月）内更新的政府网站占 21.9%；更新周期超过一个月的网站比例为 35.6%；不固定的占 42.5%。

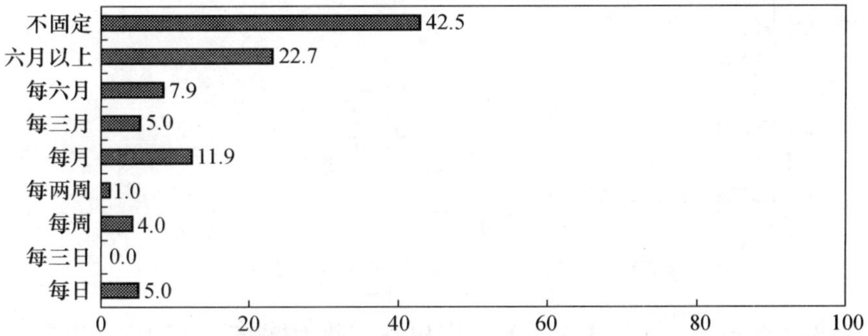

图 25.32　办事指南/说明更新周期（%）

办公/业务咨询信息：每月（含每月）内更新的政府网站占 27.2%；更新周期超过一个月的网站比例为 31.5%；不固定的占 41.3%。

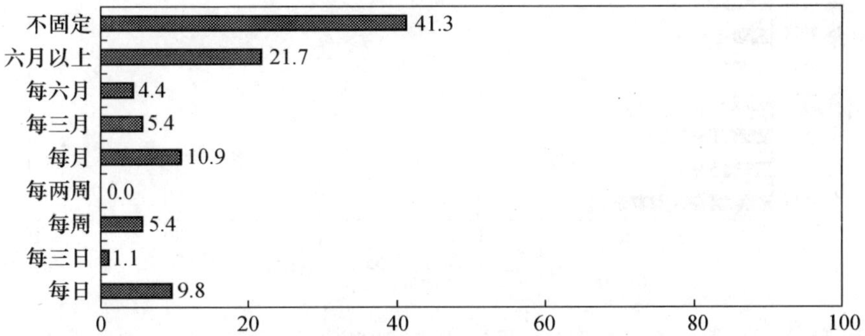

图 25.33　办公/业务咨询信息更新周期（%）

政府通知/公告：每月（含每月）内更新的政府网站占 38.7%；更新周期超过一个月的网站比例为 10.7%；不固定的占 50.6%。

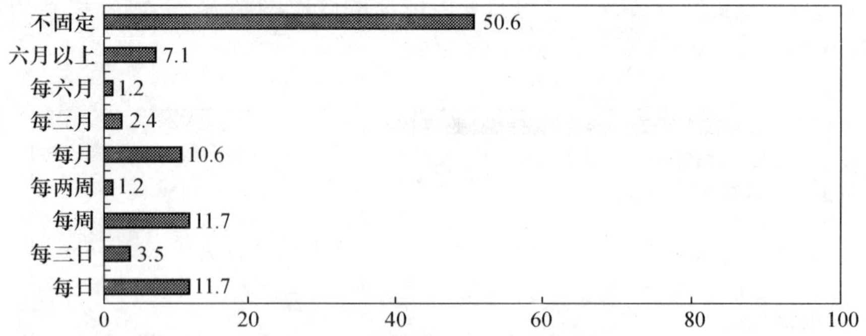

图 25.34　政府通知/公告更新周期（%）

办事进程状态查询：更新周期在每月以下（含每月）的政府网站比例为 38.5%；更新周期超过一个月的网站比例为 12.8%；不固定的占 48.7%。

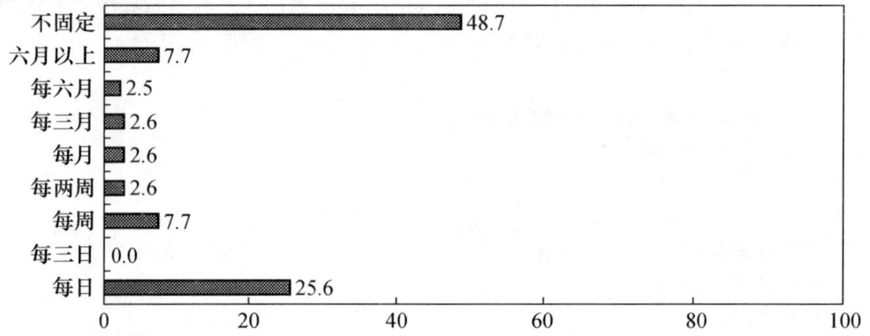

图 25.35　办事进程状态查询更新周期（%）

企业/行业经济信息：每月（含每月）内更新的政府网站占 47.1%；更新周期超过一个月的网站比例为 29.4%；不固定的占 23.5%。

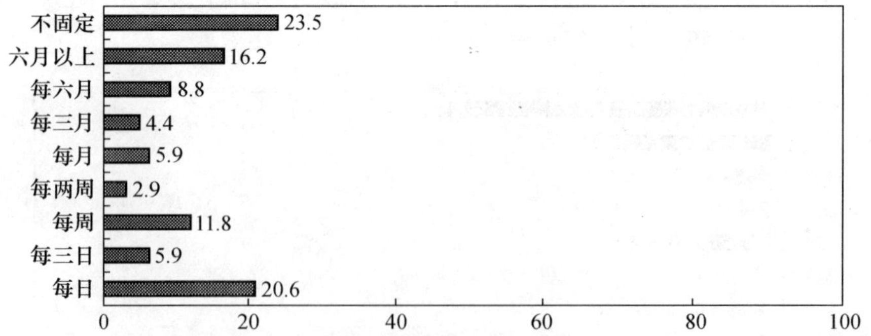

图 25.36　企业/行业经济信息更新周期（%）

便民生活/住行信息：每月（含每月）内更新的政府网站占 38.0%；更新周期超过一个月的网站比例为 22.0%；不固定的占 40.0%。

表格下载：每月（含每月）内更新的政府网站占 31.4%；更新周期超过一个月的网站比例为 23.5%；不固定的占 45.1%。

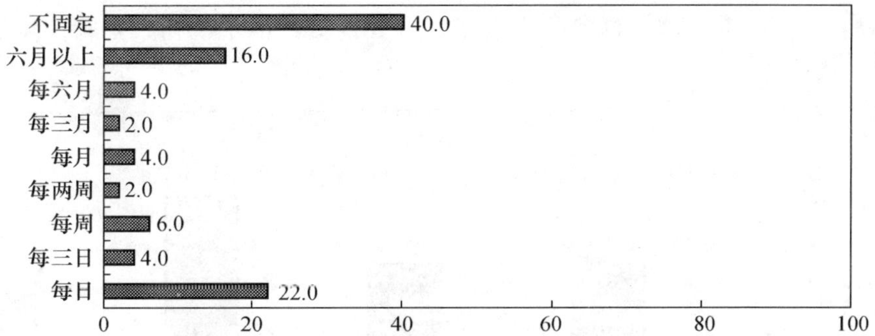

图 25.37　便民生活/住行信息更新周期（%）

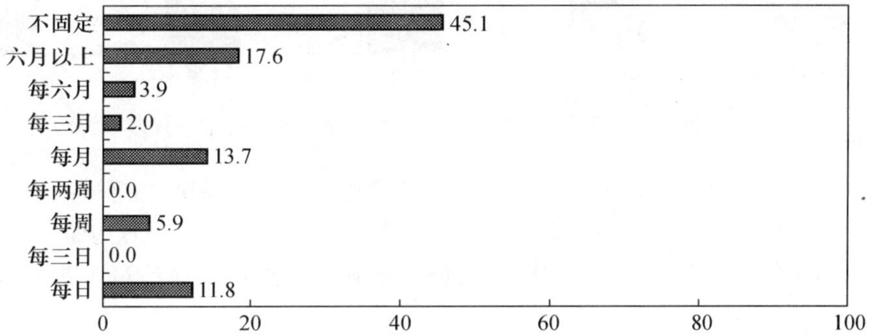

图 25.38　表格下载更新周期（%）

（4）政府网站效果

政府公告、新闻、政策等信息通过网站发布情况：调查结果显示，一半及以上（包括全部）的信息通过网站进行了发布的政府网站比例为 57.1%；几乎没有信息通过网站发布的政府网站比例为 22.2%，如图 25.39 所示。

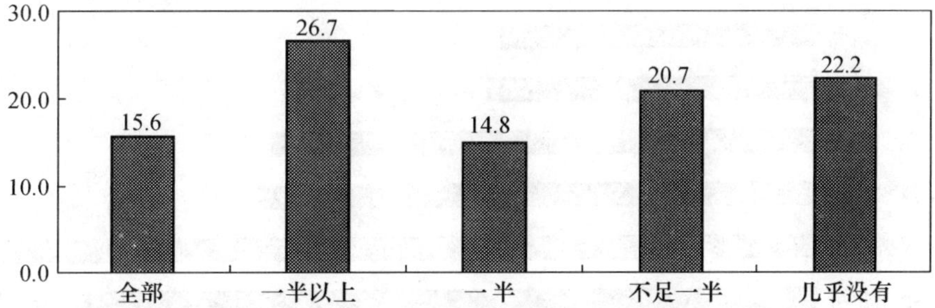

图 25.39　政府公告、新闻、政策等信息通过网站发布情况（%）

政府日常办公事务与网站相关服务的结合程度：调查结果显示，政府日常办公事务与网站相关服务结合比较紧密和非常紧密的政府网站比例为 28.2%；政府日常办公事务与网站相关服务结合不太紧密的政府网站比例为 30.3%；政府日常办公事务与网站相关服务基本没有结合的政府网站比例为 19.3%，如图 25.40 所示。

2．企业网站

（1）企业网站信息内容提供情况

企业网站所提供的主要信息服务包括：企业介绍、产品/服务介绍、行业新闻、企业动态、售后服务/技术支持、行业解决方案、行业报告、电子期刊、招聘信息等。

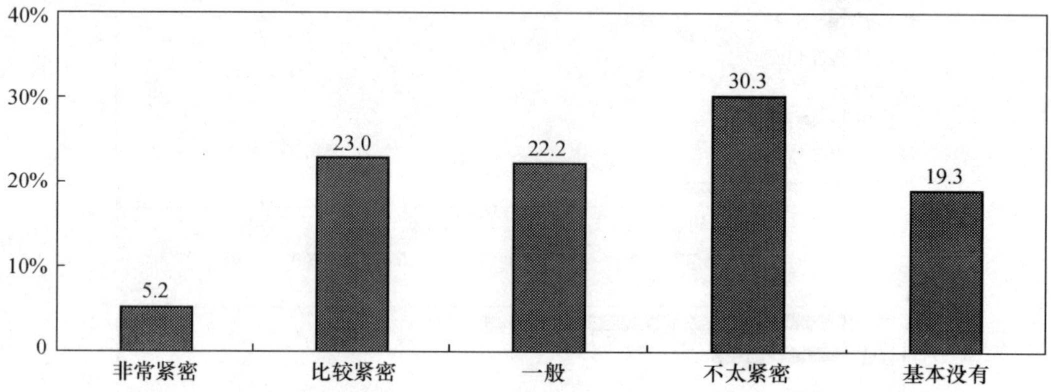

图 25.40 政府日常办公事务与网站相关服务的结合程度

调查结果显示，绝大部分企业网站提供企业介绍（95.6%）和产品/服务介绍（94.5%），超过半数的企业网站提供售后服务/技术支持（62.3%）和企业动态（60.9%），36.9%的企业网站提供招聘信息，35.3%的企业网站提供行业新闻，提供其他信息服务的网站比例则较小。

具体如图 25.41 所示。

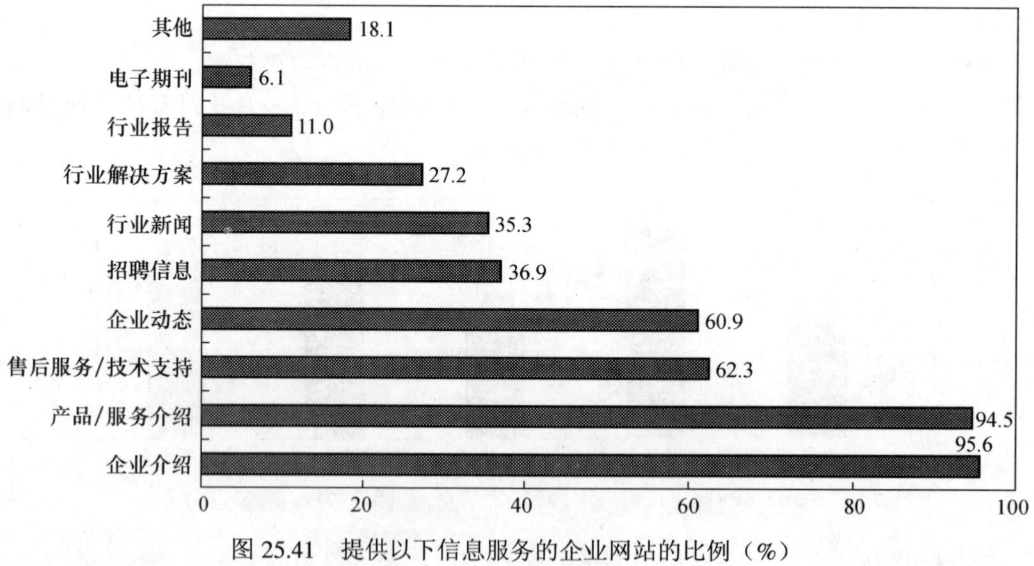

图 25.41 提供以下信息服务的企业网站的比例（%）

（2）企业网站交互服务提供情况

企业网站所提供的主要交互服务包括：民意调查/在线征集、在线咨询/投诉、网上采购招标、针对最终用户的网上销售、针对代理商、经销商的网上销售、虚拟社区/BBS论坛等。

调查结果显示，31.6%的企业网站提供在线咨询/投诉；23.2%的企业网站提供针对最终用户的网上销售；19.2%的企业网站提供虚拟社区/BBS 论坛；15.5%的企业网站提供针对代理商、经销商的网上销售；12.8%的企业网站提供民意调查/在线征集；10.2%的企业网站提供网上采购招标。

具体如图25.42所示。

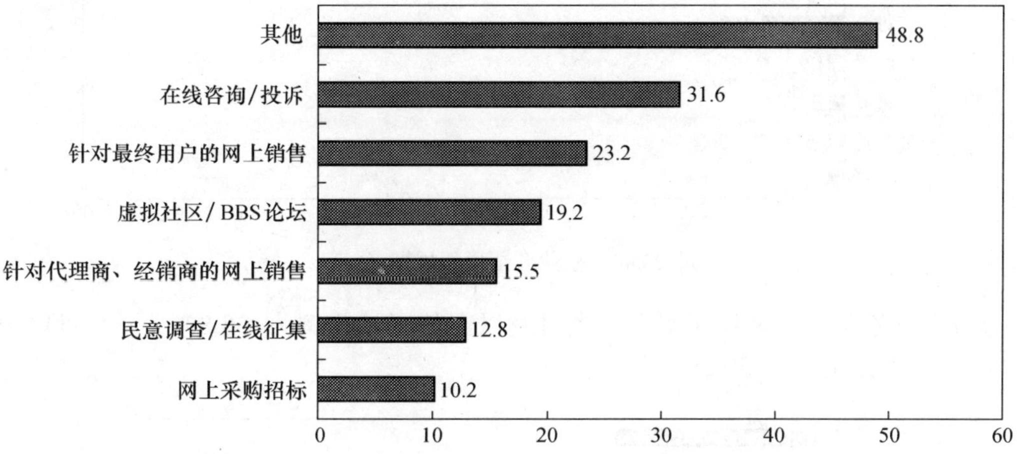

图25.42　提供以下交互服务的企业网站的比例（%）

（3）企业网站信息更新情况

同政府网站一样，由于没有调查各类信息量占总信息量的比例，故也无法精确计算企业网站信息总体的更新情况。但从所调查的这几项信息更新情况来看，企业网站的总体更新情况不是很好。

从所调查的几项信息来看，电子期刊和行业新闻的更新频率最高，每月（含每月）以内更新的企业网站比例分别为53.8%和52.9%；企业介绍和售后服务/技术支持的更新频率最慢，更新频率在六个月及以上的网站比例分别为44.4%和36.7%；招聘信息和产品/服务介绍的更新周期不固定的最多，网站比例分别为48.0%和30.2%。

具体如图25.43所示。

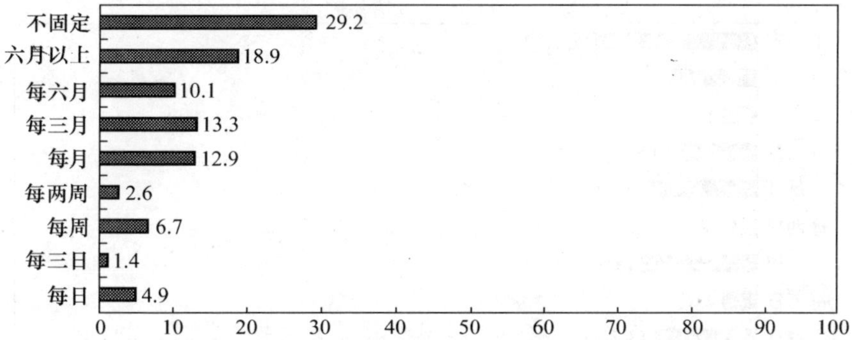

图25.43　企业网站信息总体更新情况（%）

图25.44～图25.52显示的是各类信息的更新情况。

企业介绍：更新频率在六个月及以上的网站比例为44.4%；六个月以内的为32.9%；不固定的为22.7%。

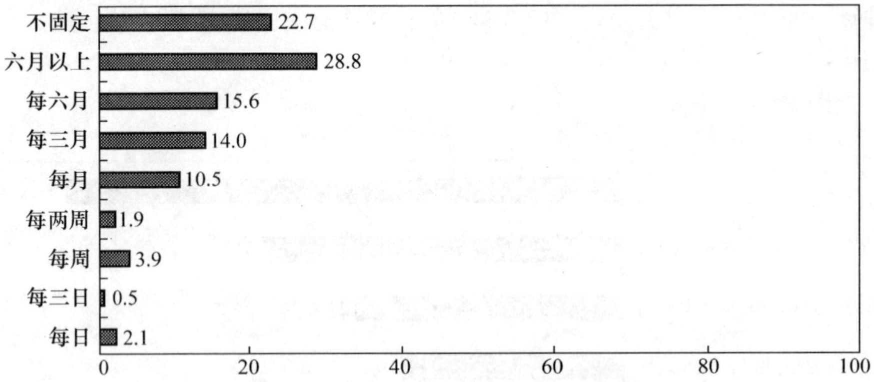

图 25.44　企业介绍更新周期（%）

产品/服务介绍：更新频率在一个月及以上的网站比例为 58.8%；一个月以内的占 11.0%；不固定的占 30.2%。

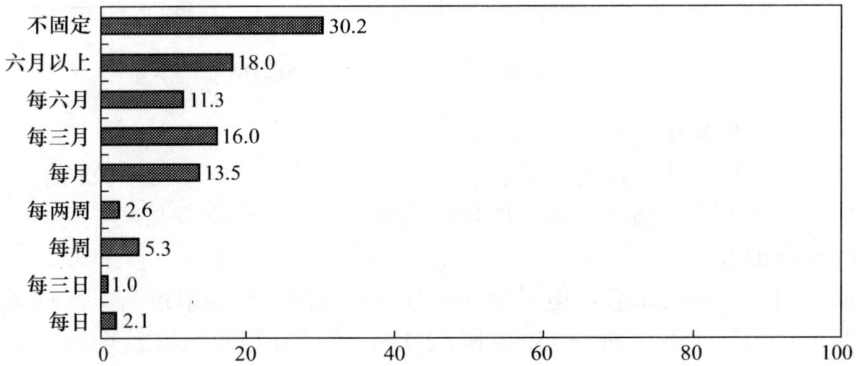

图 25.45　产品/服务介绍更新周期（%）

行业新闻：更新频率在六个月及以内的网站比例为 67.8%；六个月以上的为 7.0%；不固定的为 25.2%。

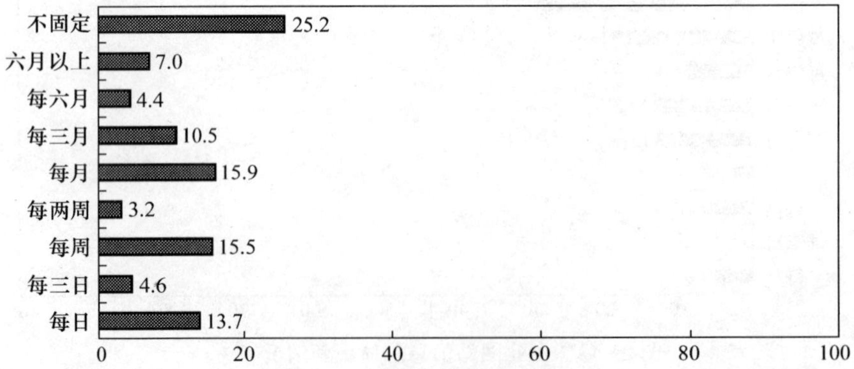

图 25.46　行业新闻更新周期（%）

企业动态：更新频率在一个月及以内的网站比例为 41.1%；一个月以上的为 29.0%；不固定的为 29.9%。

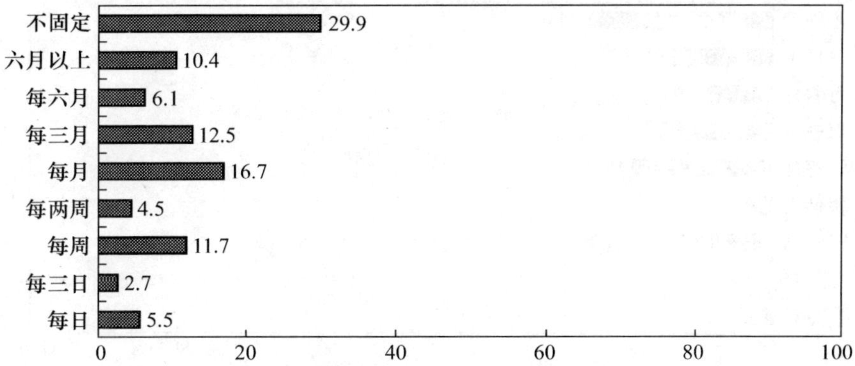

图 25.47　企业动态更新周期（%）

售后服务/技术支持：更新频率在六个月及以上的网站比例为 36.7%；六个月以下的占 34.9%；不固定的有 28.4%。

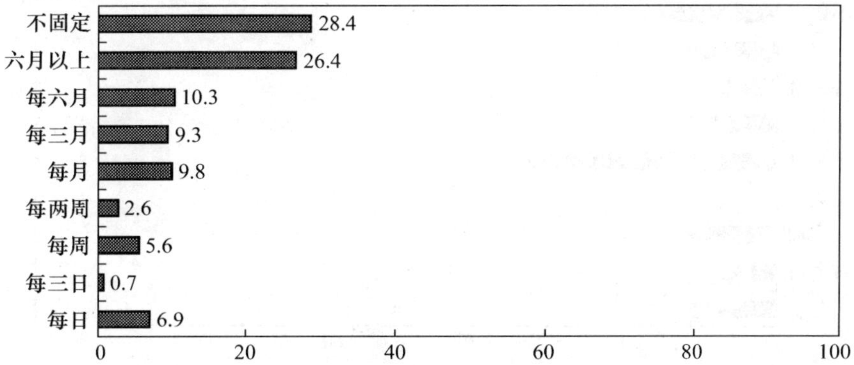

图 25.48　售后服务/技术支持更新周期（%）

行业解决方案：更新频率在一个月及以上的网站比例为 61.8%；一个月以下的 10.6%；不固定的为 27.6%。

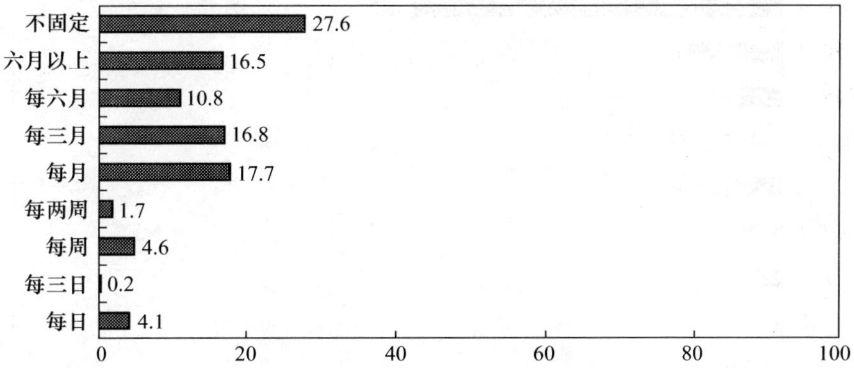

图 25.49　行业解决方案更新周期（%）

行业报告：更新频率在一个月及以上的网站较多，所占比例为 57.1%；一个月以下的为 17.9%；不固定的为 25.0%。

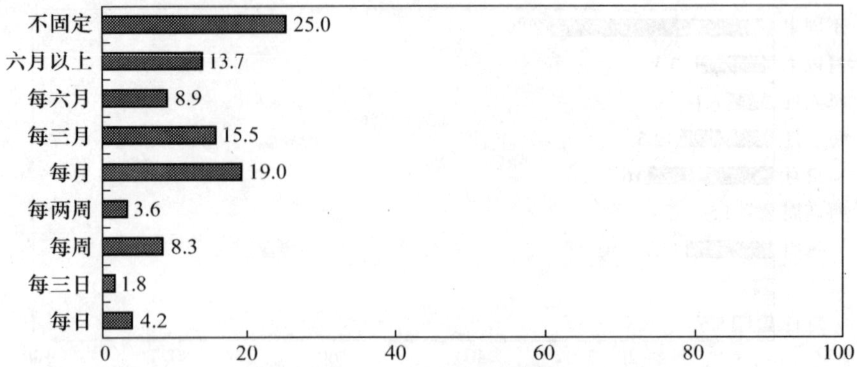

图 25.50　行业报告更新周期（%）

电子期刊：更新频率在一个月及以内的网站比例为 53.7%；一个月以上的为 30.1%；不固定的为 16.2%。

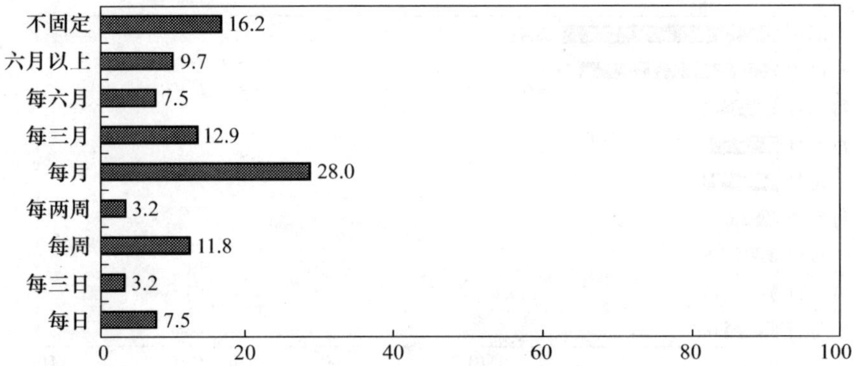

图 25.51　电子期刊更新周期（%）

招聘信息：更新频率基本上都在一个月及以上，其网站占 43.9%；一个月以下的为 8.1%；不固定的为 48.0%。

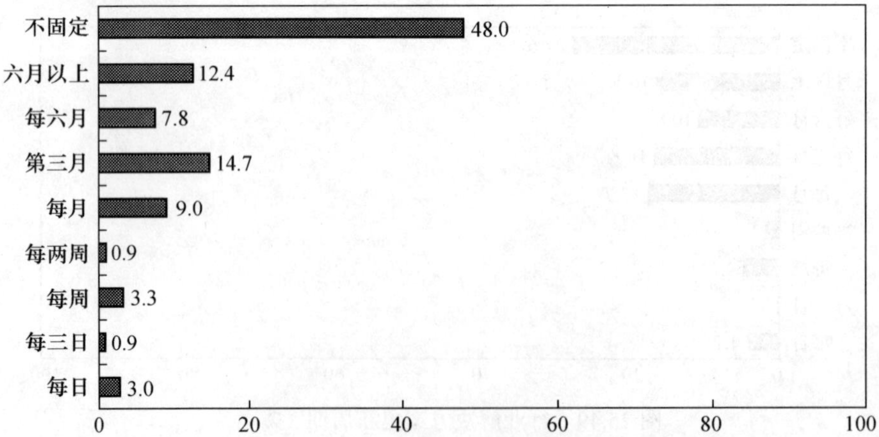

图 25.52　招聘信息更新周期（%）

（4）企业网站的行业分布情况

调查结果显示，企业网站的行业分布中，制造业比例最高，为 35.3%；其次是 IT 业，占 18.5%；第三是批发零售业，占 6.8%；第四是建筑业，占 3.5%；第五是咨询服务业，占 3.1%；其他行业所占比例较小，如图 25.53 所示。

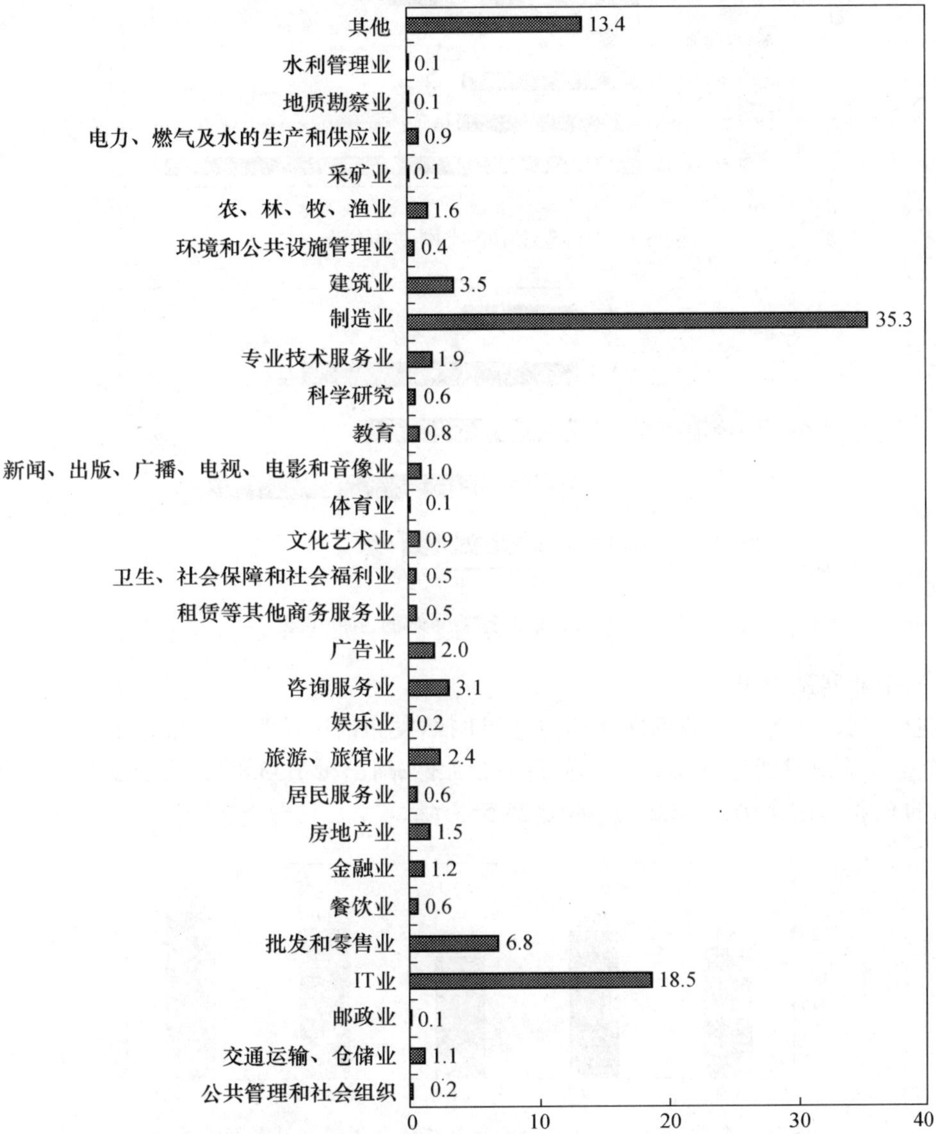

图 25.53　企业网站的行业分布比例（%）

在制造业中，机械及工业制品所占份额最高，占 27.5%；其次是电子元器件/家用电器，占 14.4%；第三是服装、纺织，占 12.0%；其他行业所占比例较小，如图 25.54 所示。

在 IT 业中，软件业所占份额最高，占 32.0%；其次是 IT 服务业，占 23.9%；第三是电脑、通信设备等 IT 产品制造业，占 19.0%；其他行业所占比例较小，如图 25.55 所示。

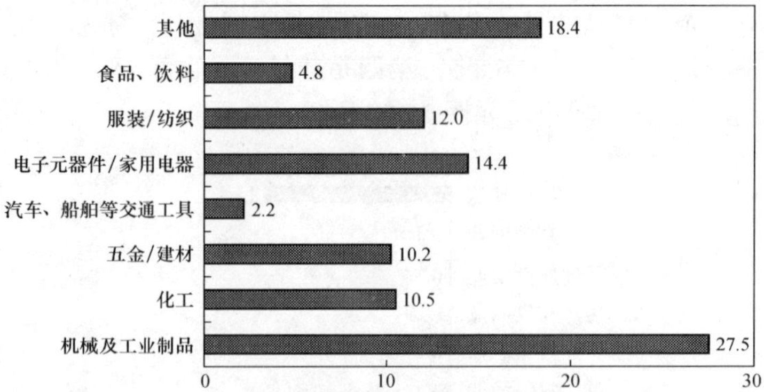

图 25.54 制造业中各类网站的分布（%）

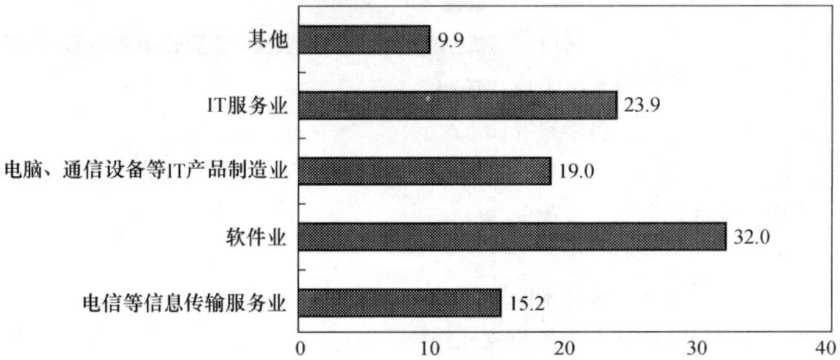

图 25.55 IT 业中各类网站的分布（%）

（5）企业网站效果

企业产品、服务、企业新闻等信息通过网站发布情况：调查结果显示，一半及以上（包括全部）的信息通过网站进行了发布的企业网站比例为 55.8%；几乎没有信息通过网站发布的企业网站比例为 23.2%，如图 25.56 所示。

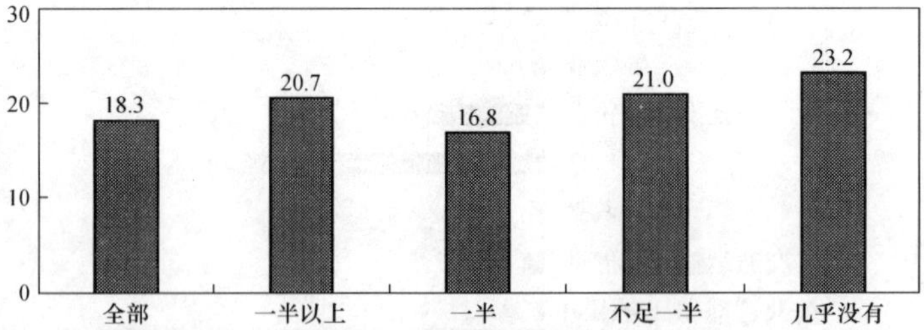

图 25.56 企业产品、服务、企业新闻等信息通过网站发布情况（%）

企业业务与网站的结合程度：调查结果显示，企业业务与网站结合比较紧密和非常紧密的企业网站比例为 26.4%；企业业务与网站结合不太紧密的企业网站比例为 28.9%；企业业务与网站基本没有结合的企业网站比例为 14.5%，如图 25.57 所示。

3．商业网站

（1）商业网站信息服务提供情况

商业网站提供的主要服务包括：新闻、搜索引擎（不含在线数据库）、网站/网页浏览（不含新闻）、免费电子信箱、收费电子信箱、软件上传或下载、邮件/电子杂志订阅、网络游戏、网络聊天、BBS 论坛/网上社区/讨论组等、网站短信、免费主页空间、收费主页空间、网上购物（B2C 电子商业）、域名注册、B2B 电子商业服务、拍卖/集体议价、网上股票交易、网上订票、网上酒店预定、网上教育、网上医院、在线求职招聘、在线数据库服务、VOD 点播、多媒体娱乐（MP3/FLASH 欣赏）、网上直播等。

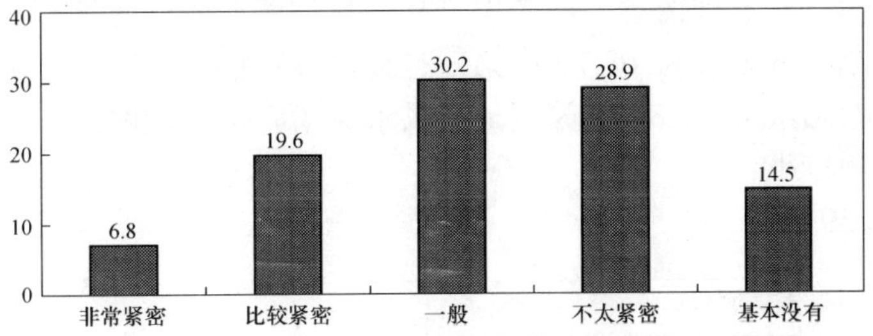

图 25.57 企业业务与网站的结合程度（%）

调查结果显示，网站/网页浏览（不含新闻）是所有商业网站中提供最多的服务，在所调查的所有商业网站中，有 36.9%的网站提供此服务；其次是 B2C 电子商业，有 25.3%的网站提供；提供其他服务的网站比例较小。

具体如图 25.58 所示。

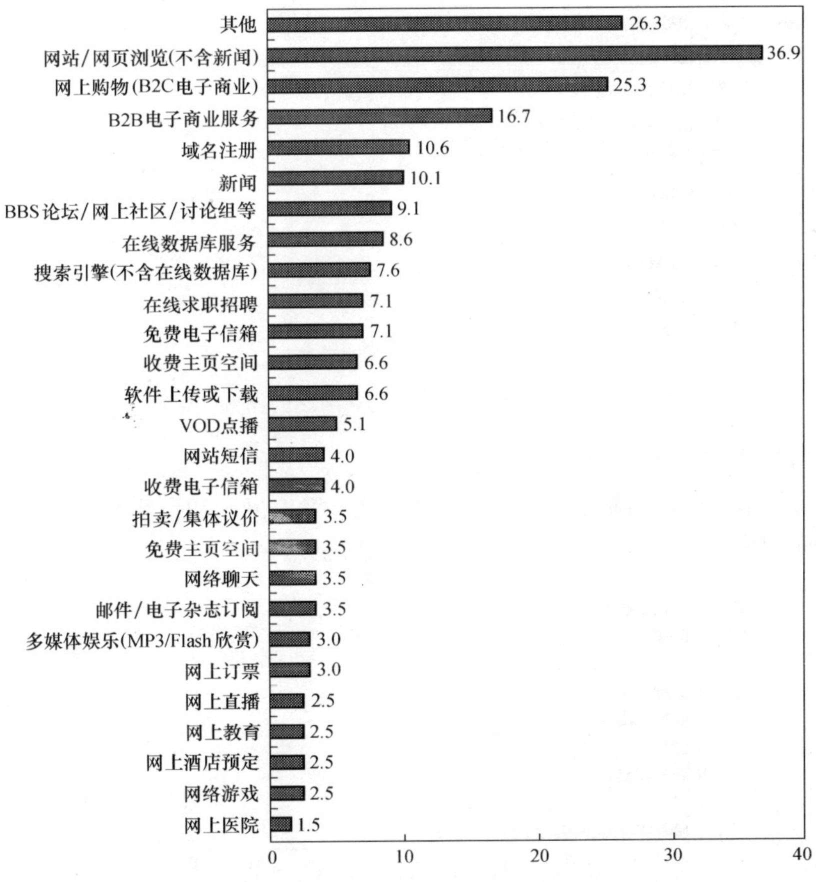

图 25.58 提供各类服务的商业网站的比例（%）

商业网站提供的主要信息包括新闻、产品信息、商贸信息、企业信息、科技信息、教育信息、军事信息、求职招聘信息、金融财经信息、房地产信息、汽车信息、休闲娱乐信息、生活服务信息、体育信息、医疗保健信息、文学艺术信息、旅游交通信息、交友征婚信息等。

调查结果显示，在各种信息中，提供产品信息的商业网站比例最高，为 78.8%；其次是提供企业信息的网站，为 68.7%；第三是提供商贸信息的网站，为 49.5%；第四是提供科技信息的网站，为 32.8%；第五是提供求职招聘信息的网站，为 29.3%；提供其他信息的网站比例较小。

具体如图 25.59 所示。

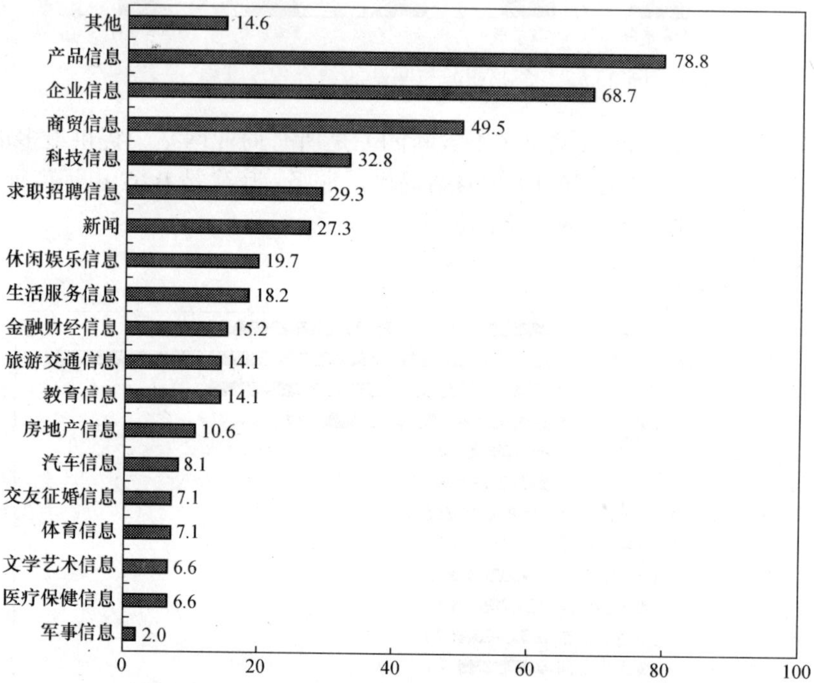

图 25.59　提供各类信息的商业网站的比例（%）

（2）商业网站信息更新情况

调查结果显示，商业网站信息更新频率普遍高于政府网站和企业网站的信息更新频率。图 25.60～图 25.77 显示的是各类信息更新情况。

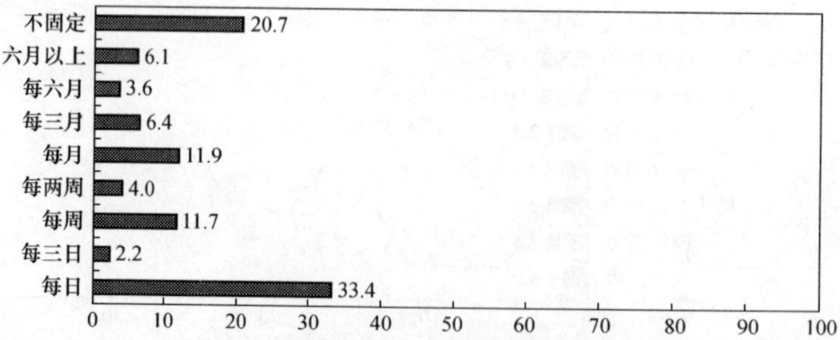

图 25.60　商业网站总体信息更新情况（%）

新闻：92.7%的商业网站新闻更新周期为一个月及以下；更新周期超过一个月的较少。

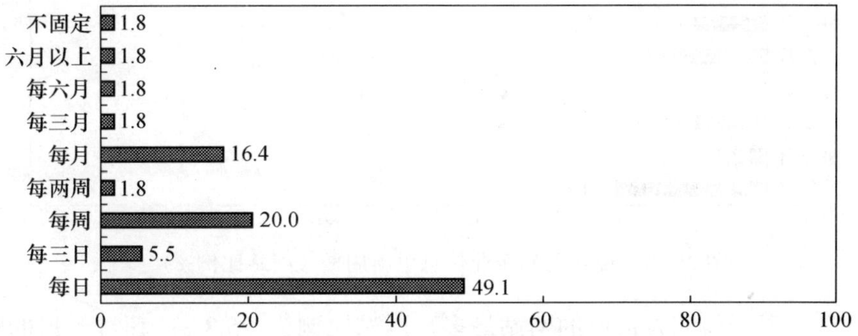

图 25.61　商业网站新闻更新周期（网站比例%）

产品信息：54.5%的商业网站产品信息更新周期为一个月及以下；更新周期超过一个月的较少。

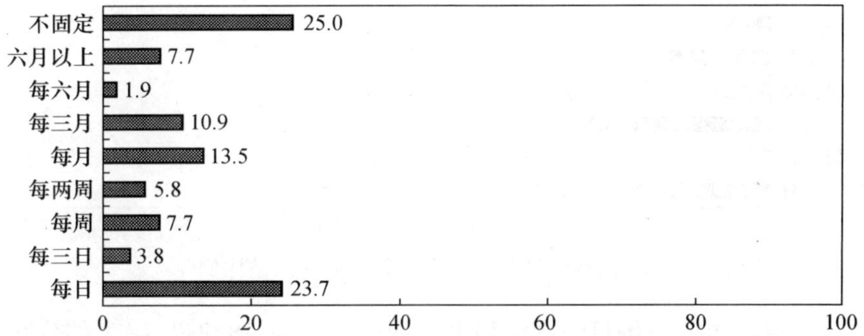

图 25.62　商业网站产品信息更新周期（网站比例%）

商贸信息：67.3%的商业网站更新周期为一个月及以下；更新周期超过一个月的较少。

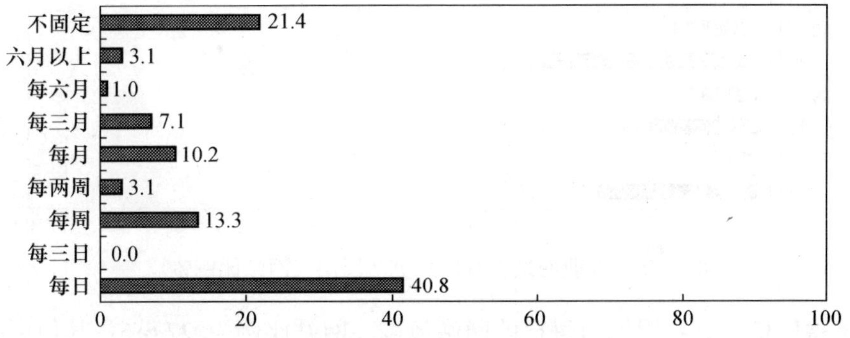

图 25.63　商业网站贸易信息更新周期（网站比例%）

企业信息：46.0%的商业网站更新周期为一个月及以下；更新周期超过一个月的较少。

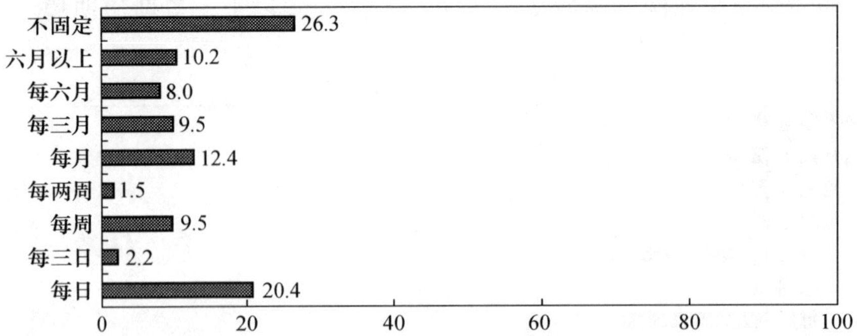

图 25.64　商业网站企业信息更新周期（网站比例%）

科技信息：更新周期为每日的网站最多，网站比例为 25.8%；超过一日的较少；不固定的为 24.3%。

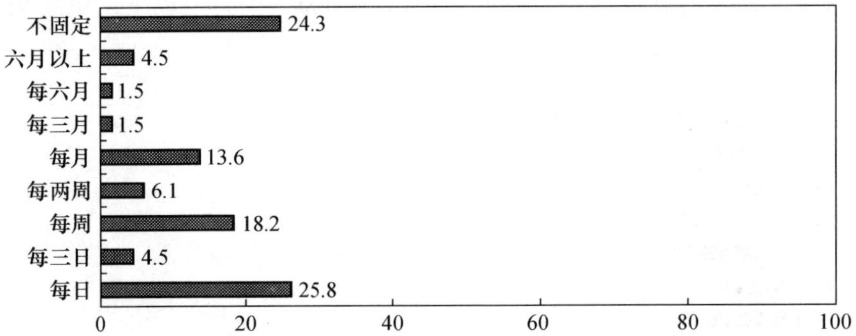

图 25.65　商业网站科技信息更新周期（网站比例%）

教育信息：更新周期为每月的网站最多，网站比例为 28.6%。绝大部分网站更新周期在每三月及以下，占 82.1%。

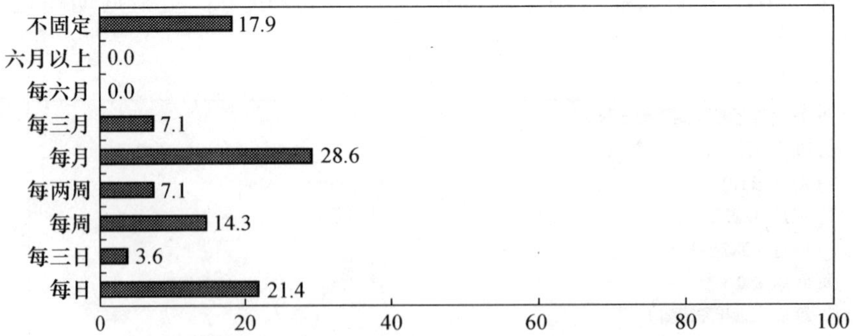

图 25.66　商业网站教育信息更新周期（网站比例%）

求职招聘信息：更新周期为每日的网站最多，网站比例为 27.6%；其他更新周期的网站比例较小。

金融财经信息：更新周期为每日的网站最多，网站比例为 43.3%；其他更新周期的网站比例较小。

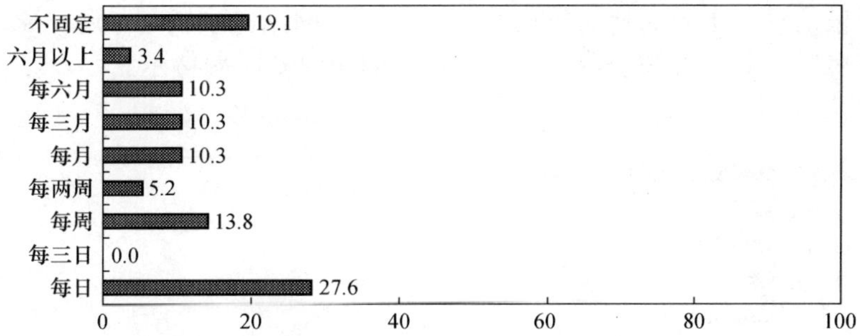

图 25.67　商业网站招聘信息更新周期（网站比例%）

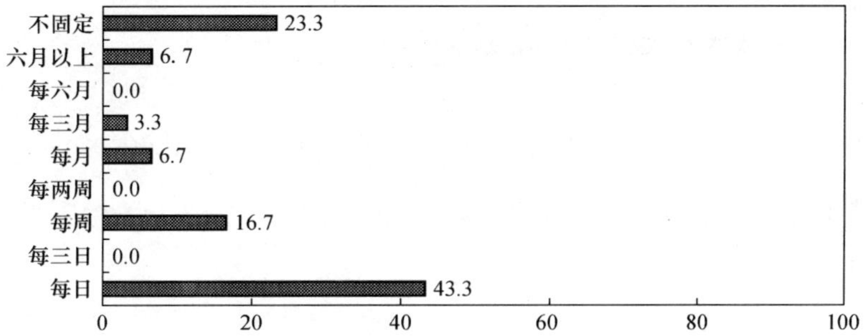

图 25.68　商业网站金融财经信息更新周期（网站比例%）

房地产信息：更新周期为每日的网站最多，网站比例为 52.4%；其他更新周期的网站比例较小。

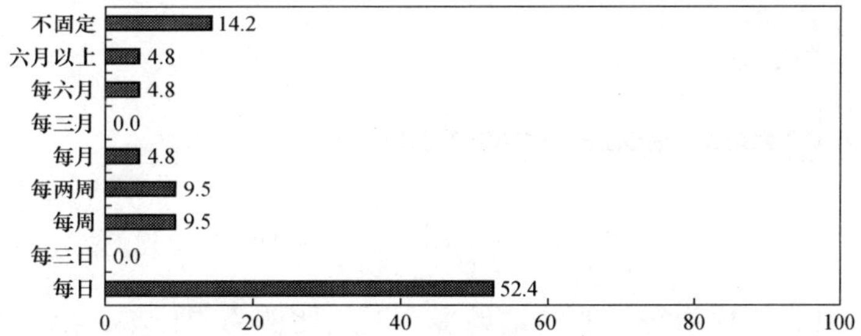

图 25.69　商业网站房地产信息更新周期（网站比例%）

汽车信息：更新周期为每日的网站最多，网站比例为 50.0%；其他更新周期的网站比例较小。

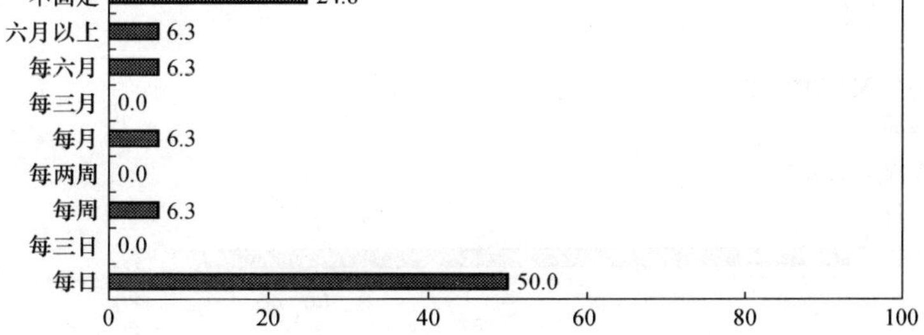

图 25.70　商业网站汽车信息更新周期（网站比例%）

休闲娱乐信息：更新周期为每日的网站最多，网站比例为 41.0%；多数网站更新周期在每周至每月之间，占 28.3%；其他更新周期的网站比例较小。

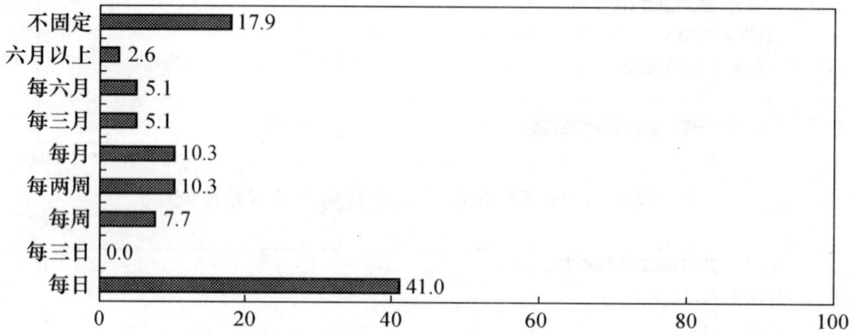

图 25.71　商业网站休闲娱乐信息更新周期（网站比例%）

生活服务信息：更新周期为每日的网站最多，网站比例为 47.2%；其他更新周期的网站比例较小。

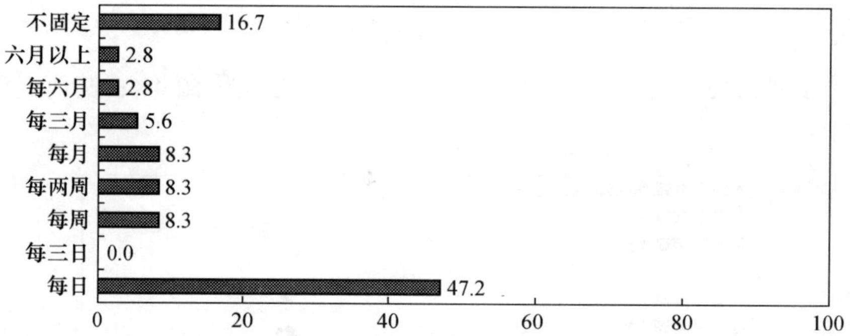

图 25.72　商业网站生活服务信息更新周期（网站比例%）

体育信息：更新周期为每日的网站最多，网站比例为 71.5%；其他更新周期的网站比例较小。

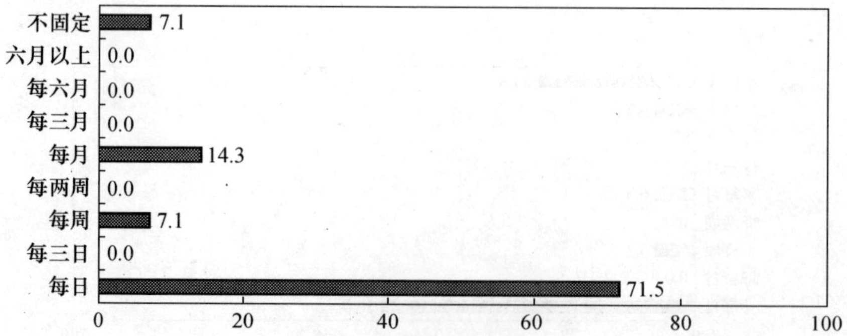

图 25.73　商业网站体育信息更新周期（网站比例%）

医疗健康/保健信息：更新周期为每日的网站最多，网站比例为 30.8%；其他更新周期的网站比例较小。

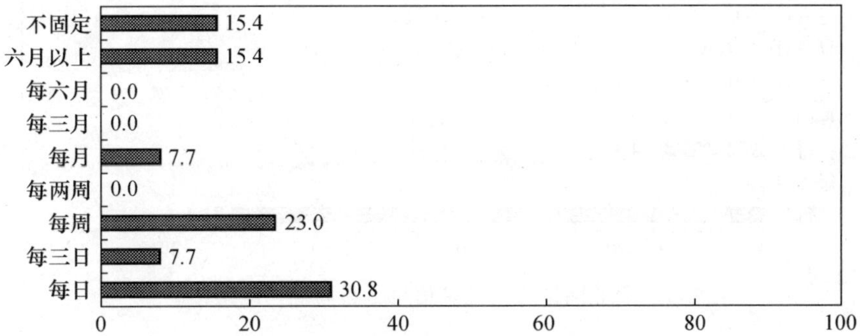

图 25.74　商业网站医疗健康/保健信息更新周期（网站比例%）

文学艺术信息：更新周期为每日的网站最多，网站比例为 53.8%；其他更新周期的网站比例较小。

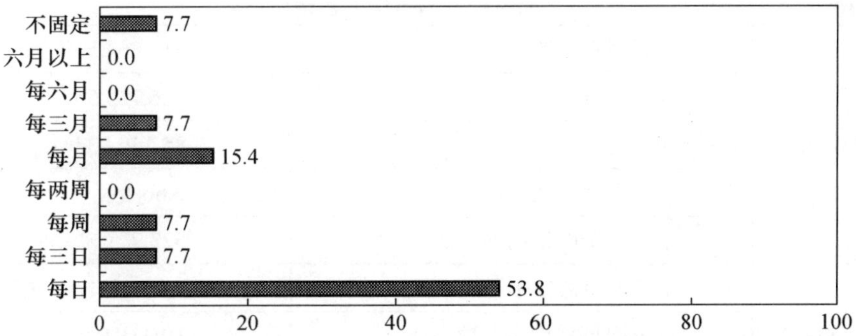

图 25.75　商业网站文学艺术信息更新周期（网站比例%）

旅游交通信息：更新周期为每日的网站最多，网站比例为 32.1%；其他更新周期的网站比例较小。

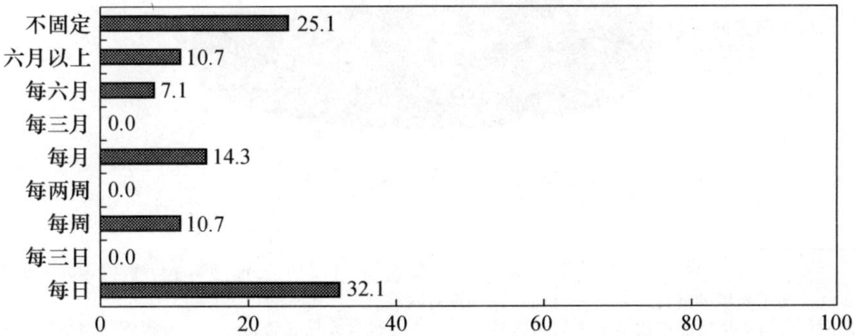

图 25.76　商业网站旅游交通信息更新周期（网站比例%）

交友征婚信息：更新周期为每日的网站最多，网站比例为 71.4%；其他更新周期的网站比例较小。

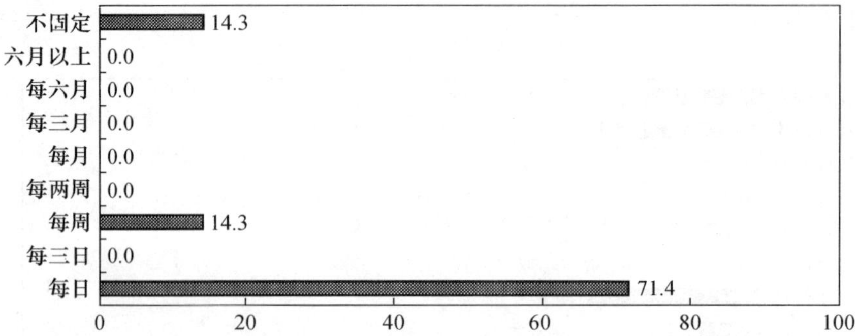

图 25.77　商业网站交友征婚信息更新周期（网站比例%）

25.3.3　网页数量及性质特征

一、全国网站的网页情况

1．网页数及网页字节数如表 25.10 和图 25.78 所示。

表 25.10　　**网页数及网页字节数情况**

网页数	全国网页总数	311,864,590 个[2]
	静态网页数	226,725,557 个
	动态网页数	85,139,033 个[3]
	静动态网页数比例	2.66:1
	平均每个网站的网页数	523.7 个
网页字节数	全国网页总字节数	6,059,431,526KB
	每个网页平均字节数	19.43KB
	平均每个网站的网页字节数	10,174.51KB

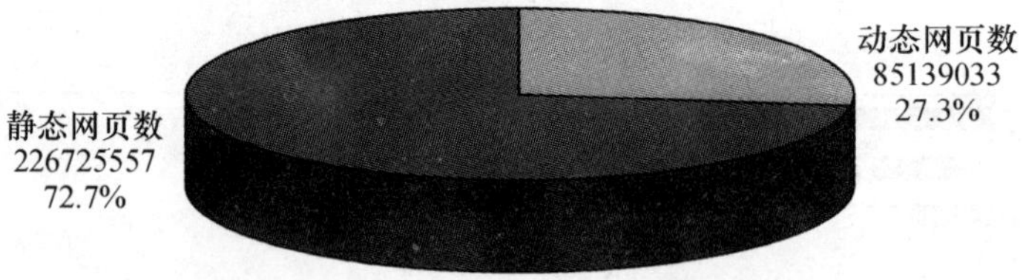

图 25.78　全国网站的静动态网页数

2 本次统计与上次统计一样，已经先行剔除了重复网页，网页总数为 3.118 亿。目前，中国互联网中网页的重复率比较高，估计有 25%～40%，为了数据的准确，我们没有计入这些重复网页。

3 该比例中动态网页数与实际情况相比是偏小的，这是由于：网上包含大量的动态网页，搜集到的网页只是网上动态网页的一部分。

动态网页按照访问的方式可以分为两种：（1）通过点击超链，无需额外输入即可访问的网页；（2）必须通过输入内容才可以访问的网页。

搜集到的动态网页不是全部，因为：（1）搜索引擎一般只搜集第一种动态网页；（2）各包含动态网页的站点上一般会有大量的动态网页，且动态网页的内容质量相对静态网页低得多，因此搜索引擎一般只搜集有限的动态网页以保证其数据的质量。

2．网页的编码分类如表 25.11 所示。

表 25.11　网页的编码情况

简体比例（GB）	繁体比例（BIG5）	英文比例	其他比例
93.1%	3.7%	3.2%	0.0%

3．网页的内容分类情况（按多媒体形式）如表 25.12 所示。

表 25.12　网页的内容分类情况（按多媒体形式）

图　像	97.9%
音　频	0.5%
视　频	1.6%

4．网页的更新周期如表 25.13 和图 25.79 所示。

表 25.13　网页的更新周期情况

一周以内	2.8%
一周至一月	5.7%
一月至三月	13.8%
三月至六月	9.3%
六个月以上	68.4%

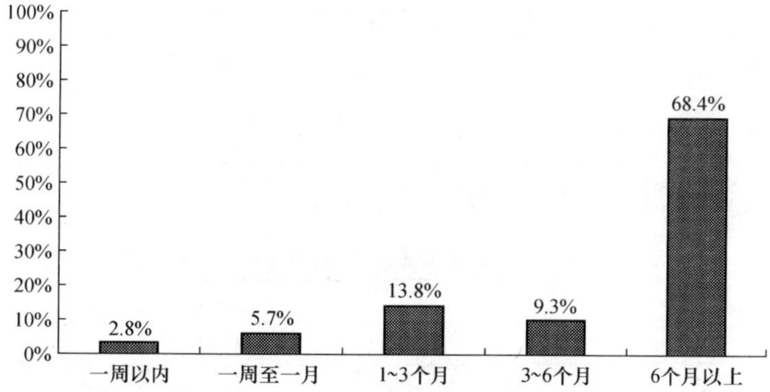

图 25.79　网页的更新周期（不同更新周期的网页比例%）

二、国内前 100 家大型网站的网页情况[4]

1．网页数及网页字节数如表 25.14 和图 25.80 所示。

表 25.14　前 100 家网站的网页数及网页字节数情况

网页数	网页总数	34,332,005 个
	静态网页数	30,452,488 个
	动态网页数	3,879,517 个
	静动态网页数比例	7.85:1
	平均每个网站的网页数	343,320 个

4 100 家大型网站指网页数量最多的前 100 家网站。

续表

网页字节数	网页总字节数	806,533,899KB
	每个网页平均字节数	23.49KB
	平均每个网站的网页字节数	8,065,339KB

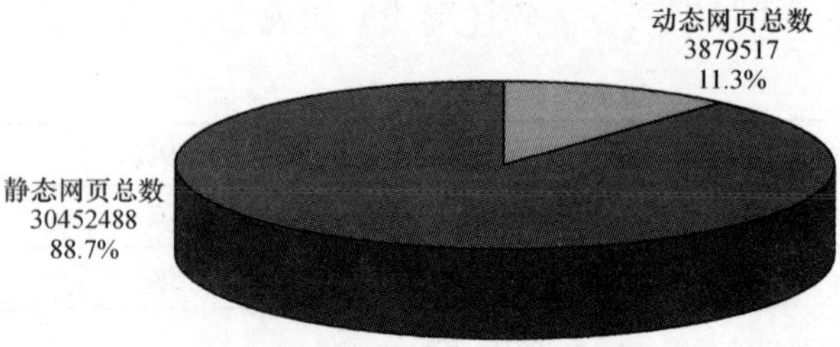

图 25.80　全国前 100 家大型网站的动静态网页数

2．网页的编码分类情况如表 25.15 所示。

表 25.15　　**前 100 家网站的网页编码情况**

简体比例（GB）	繁体比例（BIG5）	英文比例	其他比例
91.1%	5.0%	3.9%	0.0%

3．网页的内容分类情况（按多媒体形式）如表 25.16 所示。

表 25.16　　**前 100 家网站的网页内容分类情况（按多媒体形式）**

图　　像	97.6%
音　　频	0.3%
视　　频	2.1%

4．网页的更新周期如表 25.17 和图 25.81 所示。

表 25.17　　**前 100 家网站的网页更新周期**

一周以内	2.5%
一周至一月	4.9%
一月至三月	16.9%
三月至六月	13.8%
六个月以上	61.9%

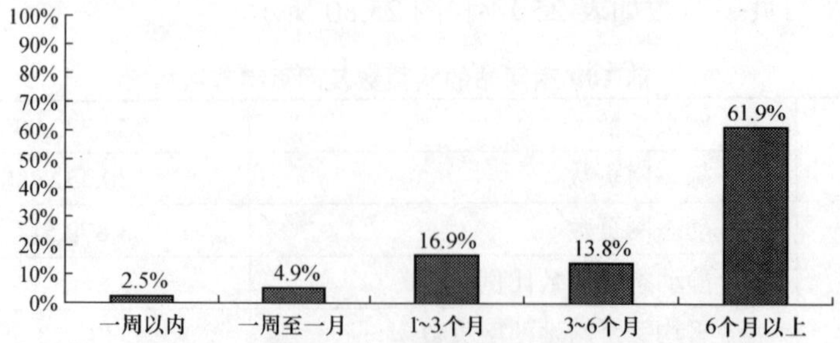

图 25.81　全国前 100 家网站的网页更新周期

（不同更新周期的网页比例）

三、全国网站的网页与国内前 100 家大型网站的网页情况比较

1．网页数及总字节数

✧　国内前 100 家大型网站的网页总数和网页总字节数与全国其他网站的网页数和网页总字节数比例悬殊，约 1/6 000 的网站占了约 1/10 的网页总数和网页总字节数。全国网站总数为 595 550 个，前 100 家大型网站占全国网站总数 0.017%，但其网页总数占全国网页总数的 11.0%，网页总字节数占全国网页总字节数的 13.3%。100 家网站平均每个网站的网页数为 34.3 万个，而全国网站平均每个网站的网页数为 523.7 个。

✧　国内前 100 家大型网站的静动态网页比例大于全国网站的静动态网页比例。前 100 家网站的静动态网页的比例为 7.85:1，全国网站静动态网页比例 2.66:1。前者约为后者的 3 倍左右[5]。

2．网页的编码分类

✧　国内前 100 家大型网站中使用简体中文编码的网页比例低于全国网站中使用简体中文编码的网页比例。国内前 100 家网站中使用简体中文编码的网页占 91.1%，而全国网站中使用简体中文编码的网页所占比例为 93.1%。

3．网页的内容分类（按多媒体形式）

✧　国内前 100 家大型网站与全国网站的网页内容在多媒体形式基本一致，图像占据绝大多数。国内前 100 家大型网站的网页中图像的比例为 97.6%，全国网站中相应的比例为 97.9%。

4．网页的更新周期

✧　国内前 100 家大型网站网页的更新周期略优于全国网站。国内前 100 家大型网站中，30.7%的网页更新周期为 1～6 月，全国网站中相应的比例为 23.1%；国内前 100 家大型网站中 61.9%的网页更新周期在 6 个月以上，全国网站中相应的比例为 68.4%。

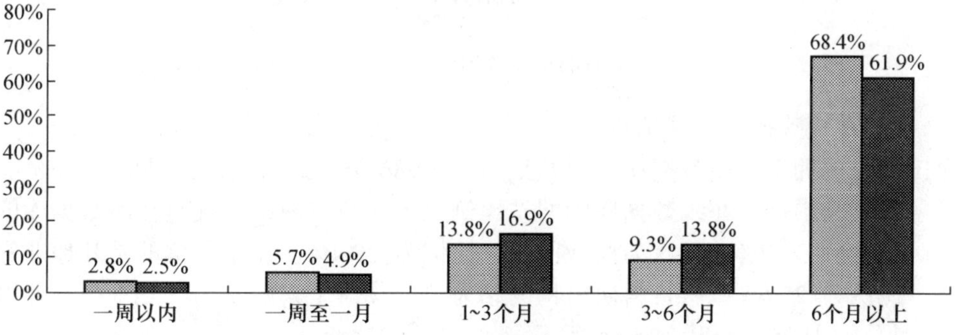

图 25.82　前 100 家大型网站与全国网站的网页更新周期

25.3.4　在线数据库数量及性质

一、在线数据库数量及各类网站拥有在线数据库情况

5 大型网站的静态网页数量明显多于动态网页数量，是因为对网站来说，支持动态网页的访问要比静态网页耗费更多资源。大型网站的数据量和访问量大，通常采用了静态网页作为表现方式，以提高访问的效率，减轻服务器负载。而小型网站访问量小，没有这方面的限制。

1．全国在线数据库数量

全国在线数据库的总量为 169 867 个。

其中，企业网站拥有的在线数据库数最多，占全部在线数据库的 54.3%；其次是商业网站拥有的在线数据库，占全部在线数据库的 14.1%；其他非赢利机构网站拥有的在线数据库排第三位，占全部在线数据库的 9.3%；个人网站的在线数据库占 6.8%；教育科研机构网站的在线数据库占 6.6%；政府网站拥有的在线数据库占 5.4%；其他类型网站的在线数据库占 3.5%。具体如表 25.18 和图 25.83 所示。

表 25.18　在线数据库数量及分布情况

网站类型	总　体	政府网站	企业网站	商业网站	教育科研机构网站	个人网站	其他非赢利机构网站	其他类型网站
在线数据库数量（个）	169 867	9 099	92 302	23 951	1 1241	1 1541	15 846	5 887
所占比例	100.0%	5.4%	54.3%	14.1%	6.6%	6.8%	9.3%	3.5%

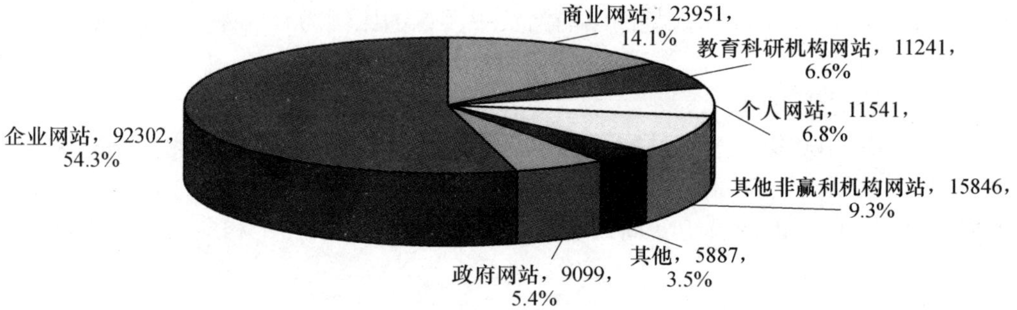

图 25.83　各类网站拥有的在线数据库数和占全部在线数据库的比例

2．拥有在线数据库的网站数量

全国网站中拥有在线数据库的网站数为 108 986 个，约占全部网站的 18.3%。

从各类网站中拥有在线数据库的网站比例来看，政府网站中拥有在线数据库的网站比例最高，达到 33.2%；其次为商业网站，比例为 29.4%；排第三位的是其他非赢利机构网站，比例为 25.6%；教育科研机构网站为 21.5%；个人网站为 16.1%；企业网站为 15.5%。具体如表 25.19 和图 25.84 所示。

表 25.19　各类网站拥有在线数据库情况

网 站 类 型	总　体	政府网站	企业网站	商业网站	教育科研机构网站	个人网站	其他非赢利机构网站
拥有在线数据库的网站数（个）	108 986	6 317	65 447	14 338	6 533	6 235	7 616
拥有在线数据库的网站比例	18.3%	33.2%	15.5%	29.4%	21.5%	16.1%	25.6%

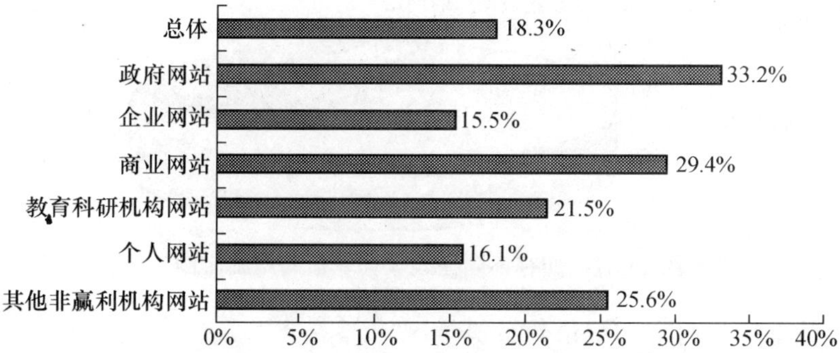

图 25.84　各类网站拥有在线数据库的比例

3．各类网站平均每个网站拥有在线数据库数量情况

（1）以拥有在线数据库的网站为基数，全国平均每个网站拥有 1.56 个数据库，如图 25.85 所示。

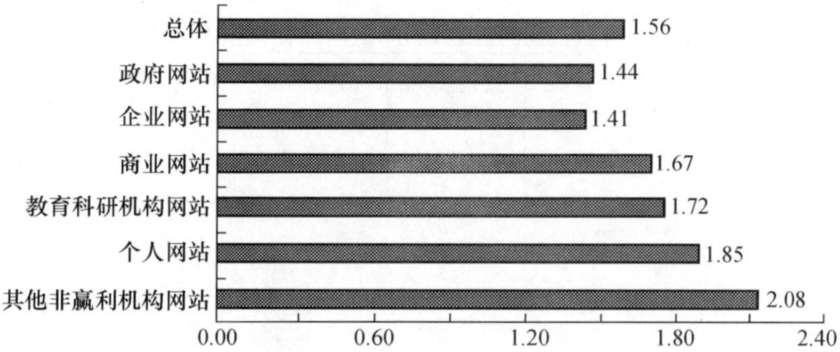

图 25.85　各类网站/平均每个网站拥有数据库数量情况

（2）以所有网站为基数，全国平均每个网站拥有 0.29 个在线数据库，如图 25.86 所示。

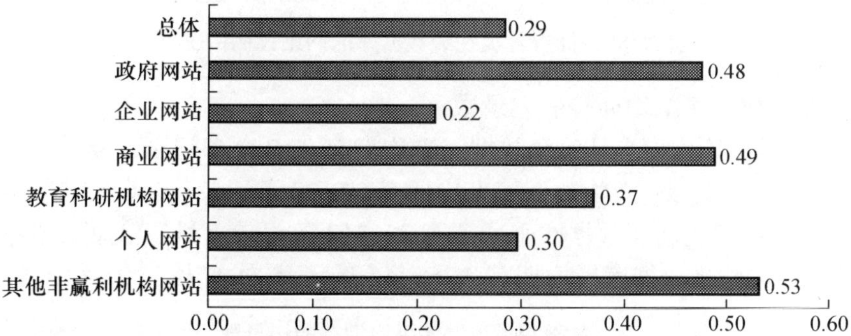

图 25.86　各类网站平均拥有在线数据库数量情况

4．各类网站拥有不同数量在线数据库的情况（基数为拥有在线数据库的网站）

在拥有在线数据库的网站中，66.7%的网站只拥有一个在线数据库；19.7%的网站拥有 2 个在线数据库；13.6%的网站拥有 3 个及以上的在线数据库。具体如图 25.87 所示。

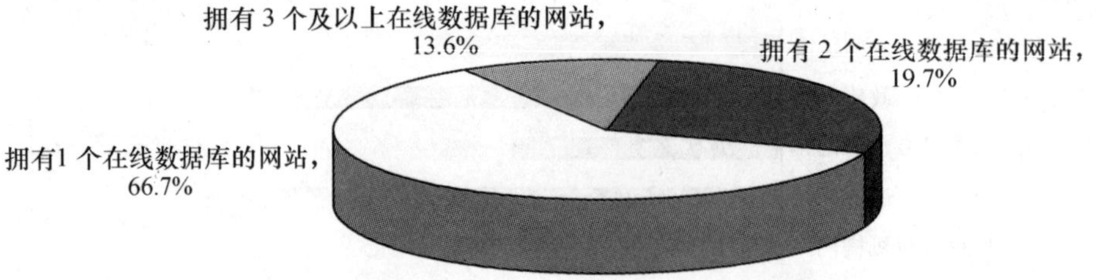

图 25.87　拥有不同在线数据库数的网站比例

二、在线数据库按内容和记录数分类情况

1．拥有各类在线数据库的网站比例

在拥有在线数据库的网站中，56.7%的网站拥有产品信息数据库；16.5%的网站拥有报刊新闻数据库；14.2%的网站拥有企业名录数据库；14.0%的网站拥有科技信息数据库；8.2%的网站拥有政策法规数据库；8.1%的网站拥有人物数据库；2.2%的网站拥有金融股票信息数据库。具体如表 25.20 和图 25.88 所示。

表 25.20　　拥有各类在线数据库的网站比例情况

在线数据库类型	政策法规	金融股票	报刊新闻	科技信息	产品信息	企业名录	人　物
拥有该类数据库的网站比例	8.2%	2.2%	16.5%	14.0%	56.7%	14.2%	8.1%

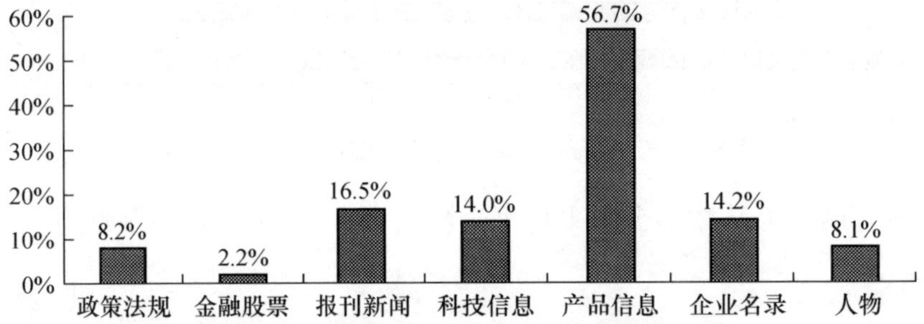

图 25.88　拥有各类在线数据库的网站比例情况

2．各类在线数据库平均拥有的记录数

在各类在线数据库中，产品信息数据库平均拥有 82 729 条记录；金融股票信息数据库平均拥有 70 060 条记录；人物数据库平均拥有 59 122 条记录；企业名录数据库平均拥有 47 081 条记录；报刊新闻数据库平均拥有 29 212 条记录；科技信息数据库平均拥有 9831 条记录；政策法规数据库平均拥有 7 768 条记录。具体如表 25.21 和图 25.89 所示。

表 25.21　　各类在线数据库平均拥有的记录数

在线数据库类型	政策法规	金融股票	报刊新闻	科技信息	产品信息	企业名录	人　物
平均拥有的记录数（条）	7 768	70 060	29 212	9 831	82 729	47 081	59 122

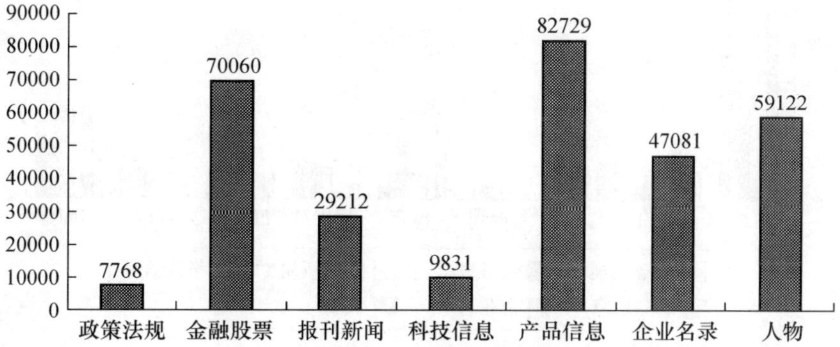

图 25.89　各类在线数据库平均拥有的记录数

3．各类在线数据库的更新周期

从各类在线数据库的更新周期看，政策法规数据库中，21.4%的数据库每月更新一次，20.2%的数据库每日更新，13.3%的数据库每周更新，其他更新周期的数据库所占比例相对较少；金融股票信息数据库中，52.0%的数据库每日更新，24.0%的数据库每周更新，其他更新周期的数据库所占比例相对较少；报刊新闻数据库中，45.5%的数据库每日更新，20.1%的数据库每周更新，13.2%的数据库每三日更新，其他更新周期的数据库所占比例相对较少；科技信息数据库中，26.4%的数据库每日更新，20.2%的数据库每周更新，8.1%的数据库每三日更新，其他更新周期的数据库所占比例相对较少；产品信息数据库中，19.2%的数据库每日更新，16.3%的数据库每月更新，11.7%的数据库每周更新，其他更新周期的数据库所占比例相对较少；企业名录数据库中，31.5%的数据库每日更新，10.5%的数据库每周更新,10.1%的数据库每月更新，其他更新周期的数据库所占比例相对较少；人物数据库中，50.3%的数据库每日更新，9.8%的数据库每三月更新，6.6%的数据库更新周期超过六个月，其他更新周期的数据库所占比例相对较少。具体如表 25.22 和图 25.90 所示。

表 25.22　　　　各类在线数据库的更新周期情况

	每日	每三日	每周	每两周	每月	每三月	每六月	六个月以上	不固定
政策法规	20.2%	7.0%	13.3%	0.0%	21.4%	3.5%	6.6%	3.3%	24.7%
金融股票	52.0%	0.0%	24.0%	0.0%	0.0%	0.0%	0.0%	0.0%	24.0%
报刊新闻	45.5%	13.2%	20.1%	2.1%	5.7%	1.6%	0.0%	0.0%	11.8%
科技信息	26.4%	8.1%	20.2%	1.9%	6.0%	7.6%	3.8%	3.8%	22.2%
产品信息	19.2%	4.1%	11.7%	3.4%	16.3%	8.6%	6.1%	7.8%	22.8%
企业名录	31.5%	6.0%	10.5%	2.6%	10.1%	9.4%	7.5%	8.0%	14.5%
人物	50.3%	3.3%	1.2%	0.0%	3.3%	9.8%	6.5%	6.6%	19.0%

4．各类在线数据库每次更新的记录所占比率

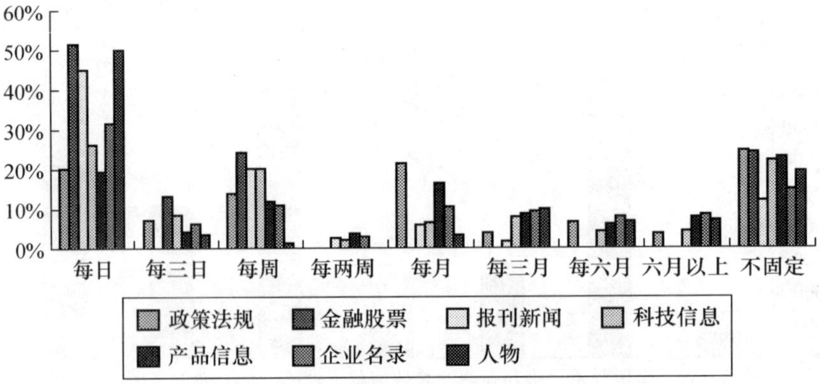

图 25.90　各类在线数据库的更新周期情况

从各类在线数据库每次更新记录所占比率看，政策法规数据库中 28.6%的数据库每次更新比率为 5%～10%（含 10%），25.7%的数据库低于及等于 1%，24.5%的数据库每次更新比率为 1%～5%（含 5%），13.1%的数据库每次更新比率超过 20%,8.1%的数据库每次更新比率为 10%～20%（含 20%）；金融股票数据库中 48.8%的数据库每次更新比率超过 20%，18.6%的数据库每次更新比率低于及等于 1%，各有 16.3%的数据库每次更新比率为 1%～5%（含 5%）和 5%～10%（含 10%）；报刊新闻数据库中 40.2%的数据库每次更新比率低于及等于 1%，23.1%的数据库每次更新比率为 1%～5%（含 5%），18.7%的数据库每次更新比率超过 20%，11.8%的数据库每次更新比率为 5%～10%（含 10%），6.2%的数据库每次更新比率为 10%～20%（含 20%）；科技信息数据库中 28.8%的数据库每次更新比率为 1%～5%（含 5%），21.2%的数据库每次更新比率为 10%～20%（含 20%），21.0%的数据库每次更新比率低于及等于 1%，17.4%的数据库每次更新比率超过 20%，11.6%的数据库每次更新比率为 5%～10%（含 10%）；产品信息数据库中 29.2%的数据库每次更新比率为 5%～10%（含 10%），27.9%的数据库每次更新比率低于及等于 1%，18.2%的数据库每次更新比率超过 20%，17.7%的数据库更新比率为 1%～5%（含 5%），7.0%的数据库每次更新比率为 10%～20%（含 20%）；企业名录数据库中 34.7%的数据库每次更新比率低于及等于 1%，23.3%的数据库每次更新比率为 1%～5%（含 5%），21.0%的数据库每次更新比率为 5%～10%（含 10%），各有 10.5%的数据库每次更新比率为 10%～20%（含 20%）和超过 20%；人物数据库中 34.4%的数据库每次更新比率低于及等于 1%，20.8%的数据库每次更新比率为 1%～5%（含 5%），20.1%的数据库每次更新比率超过 20%，15.1%的数据库每次更新比率为 10%～20%（含 20%），9.6%的数据库每次更新比率为 5%～10%（含 10%）。具体如表 25.23 和图 25.91 所示。

表 25.23　在线数据库的每次更新记录比率情况

	≤1%	1%～5%（含 5%）	5%～10%（含 10%）	10%～20%（含 20%）	<20%
政策法规	25.7%	24.5%	28.6%	8.1%	13.1%
金融股票	18.6%	16.3%	16.3%	0.0%	48.8%

续表

	≤1%	1%～5%（含 5%）	5%～10%（含 10%）	10%～20%（含 20%）	＜20%
报刊新闻	40.2%	23.1%	11.8%	6.2%	18.7%
科技信息	21.0%	28.8%	11.6%	21.2%	17.4%
产品信息	27.9%	17.7%	29.2%	7.0%	18.2%
企业名录	34.7%	23.3%	21.0%	10.5%	10.5%
人物	34.4%	20.8%	9.6%	15.1%	20.1%

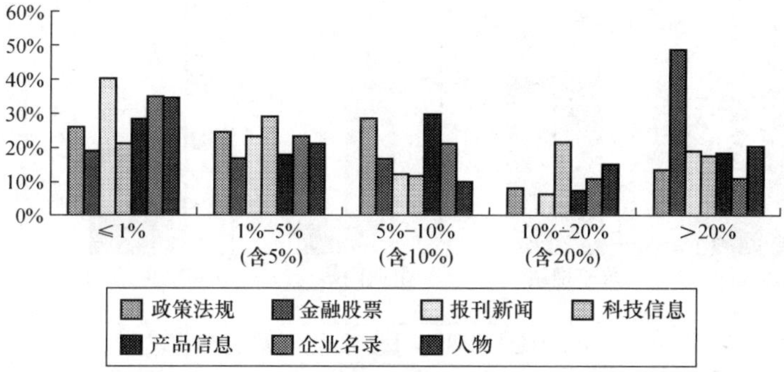

图 25.91　各类在线数据库的每次更新比率情况

5．在线数据库同时具有其他载体情况

在拥有在线数据库的网站中，11.4%的网站拥有在线数据库的其他载体。其中，18.6%的教育科研机构网站拥有在线数据库的其他载体，14.6%的商业网站拥有在线数据库的其他载体，11.5%的企业网站拥有在线数据库的其他载体，9.3%政府网站拥有在线数据库的其他载体。具体如表 25.24 和图 25.92 所示。

表 25.24　在线数据库的载体情况

网 站 类 型	总 体	政府网站	企业网站	商业网站	教育科研机构网站
在线数据库拥有其他载体的网站比例	11.4%	9.3%	11.5%	14.6%	18.6%

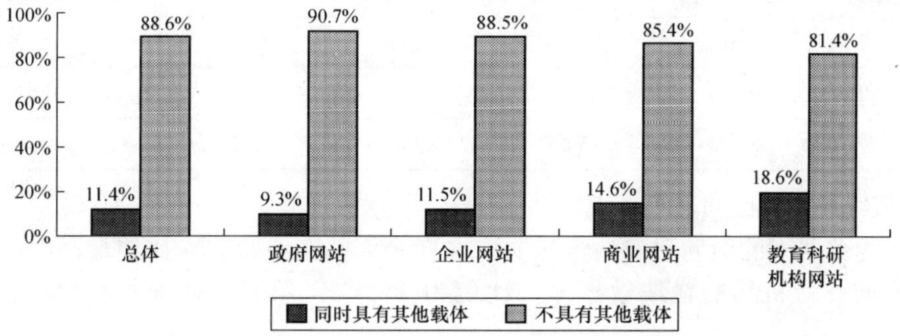

图 25.92　各类网站在线数据库具有其他载体情况

各类网站在线数据库的具体载体形式分布情况如表 25.25 和图 25.93 所示。

表 25.25　各类网站在线数据库具体载体形式

载体形式	总体	政府网站	企业网站	商业网站	教育科研机构网站
光盘	56.5%	2.4%	63.9%	72.2%	52.2%
纸质	43.2%	50.0%	51.8%	13.9%	23.8%
其他	19.0%	48.8%	9.0%	27.8%	24.0%

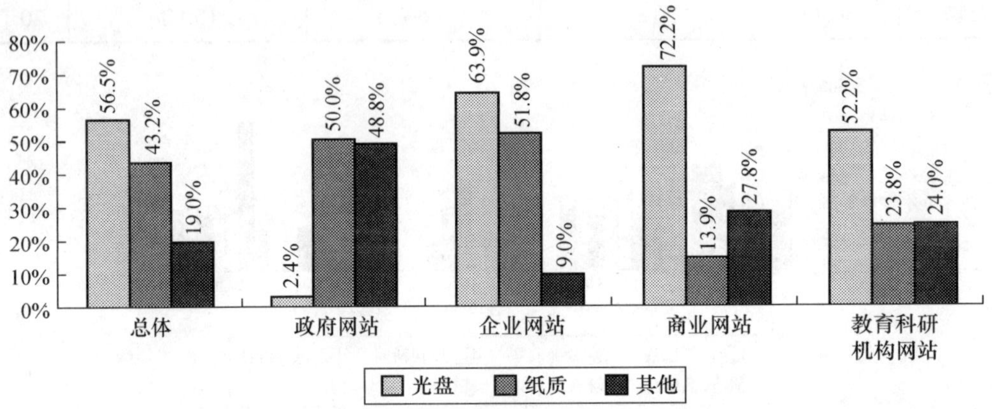

图 25.93　各类网站在线数据库具体载体形式

6．在线数据库收费情况

在拥有在线数据库的网站中，13.9%的网站对其在线数据库收费，其中 3.6%的网站对拥有的在线数据库全部收费[6]，10.3%网站部分收费。从各类网站的情况看，商业网站中 6.1%的网站对拥有的在线数据库全部收费，33.5%的网站部分收费；政府网站中 0.9%的网站对拥有的在线数据库全部收费，13.7%的网站部分收费；企业网站中 4.4%的网站对拥有的在线数据库全部收费，5.8%的网站部分收费；教育科研机构机构网站中 0.8%的网站对拥有的在线数据库全部收费，4.4%的网站部分收费。具体如表 25.26 和图 25.94 所示。

表 25.26　在线数据库收费情况

网站类型	总体	政府网站	企业网站	商业网站	教育科研机构网站
全部收费	3.6%	0.9%	4.4%	6.1%	0.8%
部分收费	10.3%	13.7%	5.8%	33.5%	4.4%
全部免费	86.1%	85.4%	89.8%	60.4%	94.8%

7．在线数据库面向对象情况

从在线数据库的面向对象情况来看，面向个人的在线数据库比例最高，占 60.1%；其次是面向商业机构的在线数据库，比例为 55.9%；第三是面向教育机构的在线数

6 对只有一个在线数据库且该在线数据库收费的网站，我们归入全部收费。

据库，所占比例为 16.3%；面向科研机构的在线数据库占 14.3%；面向政府部门的在线数据库占 14.1%；面向图书馆的在线数据库占 6.1%。具体如表 25.27 和图 25.95 所示。

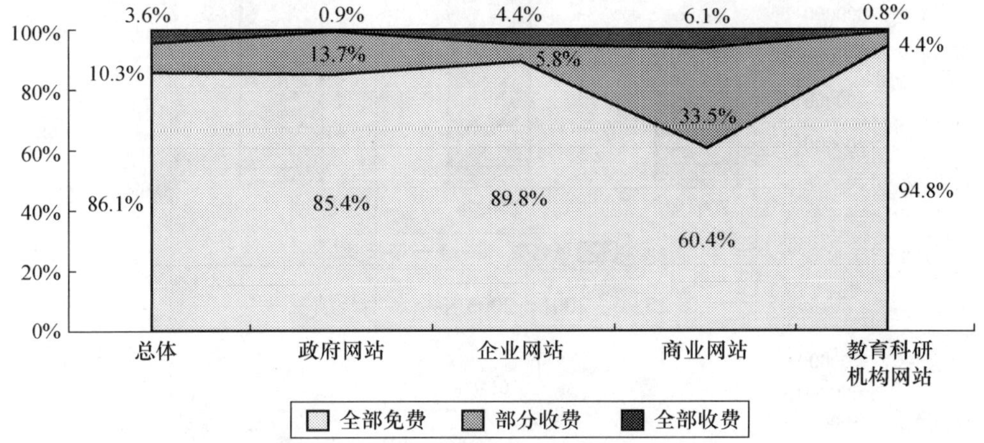

图 25.94　在线数据库收费情况

表 25.27　　在线数据库面向对象情况

面向对象	政府部门	图书馆	教育机构	科研机构	商业机构	个　　人
比例	14.1%	6.1%	16.3%	14.3%	55.9%	60.1%

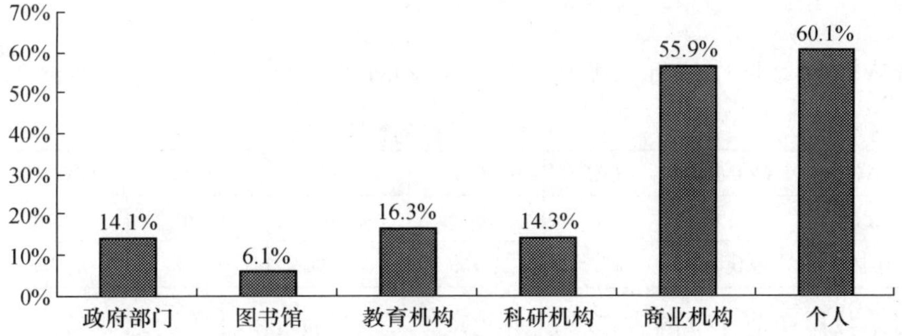

图 25.95　在线数据库面向对象情况

25.3.5　小结

一、域名统计

截止到 2003 年 12 月 31 日，全国域名数为 1 187 380 个，如图 25.96 所示。

1．域名数排在前 4 位的省市依次是广东、北京、上海和浙江，这 4 省的域名总数占全国域名总数的 50.6%；

2．华东地区的域名数占全国总量的 39.6%，华东、华北、华南三地区的域名数总和占全国总量的 83.2%。

二、网站统计

截止到 2003 年 12 月 31 日，全国网站数为 595 550 个，如图 25.97 所示。

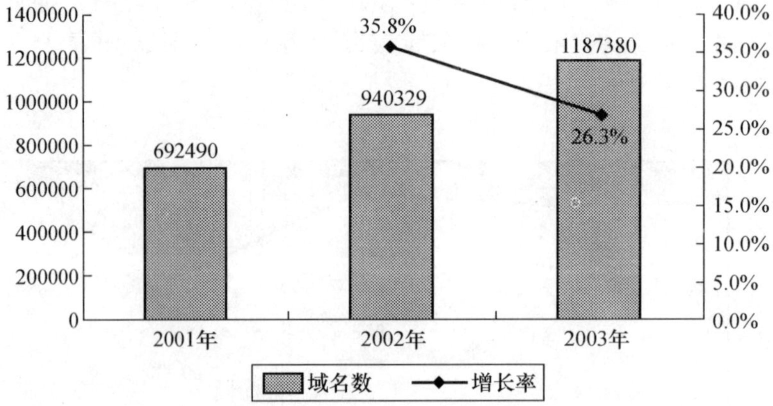

图 25.96　2001～2003 年域名增长情况

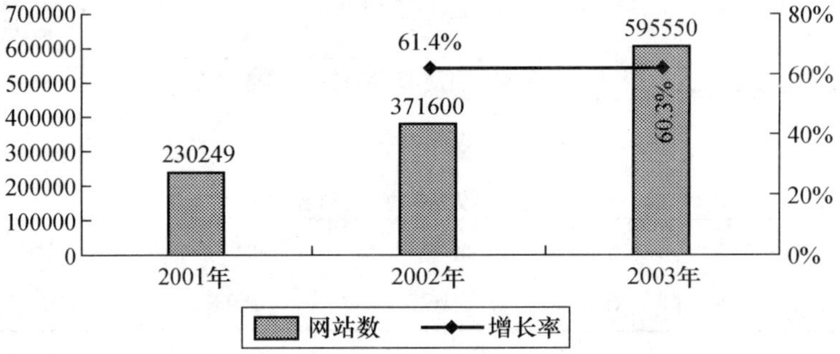

图 25.97　近三年全国网站数对比

1．WWW 网站性质分布，其中 COM 和 COM.CN 比例最高。具体见表 25.28。

表 25.28　　WWW 网站的性质分布

	AC	COM	EDU	GOV	NET	ORG	行政区域	.CN
	.cn	(.cn)	.cn	.cn	(.cn)	(.cn)	名.cn	
百分比	0.1%	69.0%	略	1.7%	13.1%	5.7%	0.3%	10.1%

2．网站数排在前 4 位的省市依次是北京、广东、浙江和上海，这 4 省的网站总数占全国总数的 56.8%。

3．华东地区的网站数占全国总量的 37.0%，华东、华北、华南三地区的网站数总和占全国总量的 87.4%。

4．各类网站中，企业网站数的比例最大，占整个网站总体的 70.9%，其次为商业网站，占 8.2%，第三是个人网站，占 6.5%，随后依次为教育科研机构网站占 5.1%，其他非盈利机构网站占 5.0%，政府网站占 3.2%，其他类型占 1.1%。

5．关于平均每个网站每天的页面访问数（页面个数），调查结果显示，商业网站最多，为 16 240 个；第二为教育、科研机构网站，3 511 个；第三为企业网站，2 796 个；第四为政府网站，2 290 个；第五为其他非盈利机构网站，1 040 个；第六为个人网站，832 个。关于全国总页面访问数在不同类型网站中的分布，调查结果显示，企业网站的页面访问数最高，占全部页面访问数的 53.8%；其次为商业网站，占全部页面访问数的 36.2%；第三为教育科研机构网站，占全部页面访问数的 5%；其他网站所占比例很少。

6．关于网站链接情况，见表 25.29。

表 25.29　　网站链接情况

（%）	政府网站	企业网站	商业网站	教育科研机构网站	个人网站	其他非盈利机构网站	总体（加权）
没有链接	17.1	48.5	15.2	22.9	43.1	24.5	41.4
1～5 家	22.2	30.8	23.2	37.2	25.2	30.9	29.9
6～10 家	16.3	11.2	42.4	13.1	14.1	23.8	15.0
11～20 家	22.2	5.6	9.1	12.4	10.1	12.2	7.4
21～50 家	13.3	2.4	4.5	5.9	4.9	5.0	3.6
51 家及以上	8.9	1.5	5.6	8.5	2.6	3.6	2.7

7．网站信息最主要的来源是自己采集，比例高达 88.8%；30.1%的网站从其他网站处获取信息；各有 20%左右的网站信息来源于传统媒体和商业企业提供。

8．关于网站提供的语种/文字阅读情况，调查显示，95.4%的网站提供简体中文阅读，34.4%的网站提供英文语种阅读。

9．全部网站中，31.3%的网站提供全站信息搜索；22.8%的网站网页上有网站地图；98%的网站网页上有联系方式。

10．网站的服务器拥有情况见表 25.30。

表 25.30　　网站的服务器拥有情况

（%）	政府网站	企业网站	商业网站	教育科研机构网站	个人网站	其他非盈利机构网站	总体（加权）
有服务器的网站比例	47.4	24.3	59.9	51.0	13.4	34.5	29.4
一台	48.4	68.4	32.7	53.8	78.0	56.5	64.0
二台	24.2	20.9	26.9	21.8	17.6	23.9	21.5
三台	16.1	7.1	5.1	6.4	4.4	4.4	6.9
四台	1.6	0.8	3.9	1.3	0.0	8.7	1.5
五台及五台以上	9.7	2.8	31.4	16.7	0.0	6.5	6.1

11．拥有服务器的各类网站主要采用的操作系统以 Windows 为最多，有 79.5%的网站选择；其次是 Linux，有 13.6%的网站选择；还有 8.7%的网站使用 UNIX。

12．关于负责网站运营的全职员工人数，见表 25.31。

表 25.31　　负责网站运营的全职员工人数

（%）	政府网站	企业网站	商业网站	教育、科研机构网站	个人网站	其他非盈利机构网站	总体（加权）
0 人	6.3	10.6	4.0	7.4	3.5	7.7	9.1
1 人	18.7	30.4	4.0	25.5	63.6	23.1	29.3

续表

（%）	政府网站	企业网站	商业网站	教育、科研机构网站	个人网站	其他非盈利机构网站	总体（加权）
2人	20.3	21.0	11.5	16.8	13.4	14.6	19.0
3人	16.4	15.7	9.8	16.8	10.3	16.2	15.1
4－6人	20.3	12.5	15.8	20.8	9.2	24.5	13.9
7－9人	4.7	2.7	14.0	2.0	0.0	6.2	3.7
10人及以上	13.3	7.1	40.9	10.7	0.0	7.7	9.9

13．关于网站的成立时间，如图25.98所示。

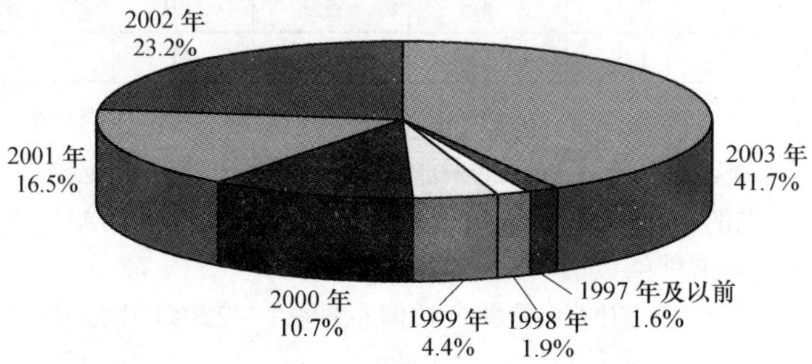

图25.98　网站成立时间比例图

14．企业网站的行业分布中，制造业比例最高，为35.3%；其次是IT业，占18.5%；第三是批发零售业，占6.8%；第四是建筑业，占3.5%；第五是咨询服务业，占3.1%。在制造业中，机械及工业制品所占份额最高，占27.5%；其次是电子元器件/家用电器，占14.4%；第三是服装、纺织，占12.0%。在IT业中，软件业所占份额最高，占32.0%；其次是IT服务业，占23.9%；第三是电脑、通信设备等IT产品制造业，占19.0%。

15．关于政府网站提供的信息服务，绝大多数的政府网站提供法律法规/政策/文件（83.7%）、政府职能/业务介绍（82.2%），大多数的政府网站提供办事指南/说明（74.8%）、政府新闻（71.1%）、办公/业务咨询（68.1%）、通知/公告（63.0%）、统计数据/资料查询（54.1%）、企业/行业经济信息（50.4%）。关于网站链接，83.0%的政府网站能够提供其他网站链接。关于网站语种，14.8%的政府网站具有英文语种阅读，3.7%的政府网站具有繁体中文阅读，3.0%的政府网站具有日文语种阅读。关于信息是否按政府、企业及公民分类，41.5%的政府网站进行了分类。关于信息搜索功能，43.7%的政府网站提供全站信息搜索。

16．关于政府网站提供的交互性服务，调查结果显示，在线投诉/举报/信访为政府网站提供最多的交互服务，对应的政府网站比例为54.1%；排在第二位的交互服务为民意调查/意见征集，对应的政府网站比例为39.3%；排在第三位的交互服务为在线交流论坛，对应的政府网站比例为35.6%。

17．关于企业网站所提供的主要信息服务，调查结果显示，绝大部分企业网站提供企业介绍（95.6%）和产品/服务介绍（94.5%），超过半数的企业网站提供售后服务/技术支持（62.3%）和企业动态（60.9%）。

18．关于企业网站所提供的主要交互服务，调查结果显示，31.6%的企业网站提供在线咨询/投诉；23.2%的企业网站提供针对最终用户的网上销售；19.2%的企业网站提供虚拟社区/BBS 论坛；15.5%的企业网站提供针对代理商、经销商的网上销售；12.8%的企业网站提供民意调查/在线征集；10.2%的企业网站提供网上采购招标。

19．关于商业网站提供的服务，调查结果显示，网站/网页浏览（不含新闻）是所有商业网站中提供最多的服务，在所调查的所有商业网站中，有 36.9%的网站提供此服务；其次是 B2C 电子商业，有 25.3%的网站提供。

20．关于商业网站提供的信息，调查结果显示，在各种信息中，提供产品信息的商业网站比例最高，为 78.8%；其次是提供企业信息的网站，为 68.7%；第三是提供商贸信息的网站，为 49.5%；第四是提供科技信息的网站，为 32.8%；第五是提供求职招聘信息的网站，为 29.3%；

21．关于政府网站信息更新情况，从所调查的几项信息来看，政府新闻和统计数据/资料查询的更新频率最高，每月（含每月）以内更新的政府网站比例分别为 76.0%和 52.1%；办事指南/说明和政府职能/业务介绍的更新频率最慢，六个月以上更新的政府网站比例分别为的 22.7%和 22.5%；法律法规/政策/文件和政府通知/公告的更新周期不固定的最多，网站比例分别为 51.3%和 50.6%

22．关于企业网站信息更新情况，从所调查的几项信息来看，电子期刊和行业新闻的更新频率最高，每月（含每月）以内更新的企业网站比例分别为 53.8%和 52.9%；企业介绍和售后服务/技术支持的更新频率最慢，更新频率在六个月及以上的网站比例分别为 44.4%和 36.7%；招聘信息和产品/服务介绍的更新周期不固定的最多，网站比例分别为 48.0%和 30.2%。

23．商业网站信息更新频率普遍高于政府网站和企业网站的信息更新频率。

24．关于政府公告、新闻、政策等信息通过网站发布情况，调查结果显示，一半及以上（包括全部）的信息通过网站进行了发布的政府网站比例为 57.1%；几乎没有信息通过网站发布的政府网站比例为 22.2%。

25．关于政府日常办公事务与网站相关服务的结合程度，调查结果显示，政府日常办公事务与网站相关服务结合比较紧密和非常紧密的政府网站比例为 28.2%；政府日常办公事务与网站相关服务结合不太紧密的政府网站比例为 30.3%；政府日常办公事务与网站相关服务基本没有结合的政府网站比例为 19.3%。

26．关于企业产品、服务、企业新闻等信息通过网站发布情况，调查结果显示，一半及以上（包括全部）的信息通过网站进行了发布的企业网站比例为 55.8%；几乎没有信息通过网站发布的企业网站比例为 23.2%。

27．关于企业业务与网站的结合程度，调查结果显示，企业业务与网站结合比较紧密和非常紧密的企业网站比例为 26.4%；企业业务与网站结合不太紧密的企业网站比例为 28.9%；企业业务与网站基本没有结合的企业网站比例为 14.5%。

三、网页统计

1．网页数及字节数见表 25.32，其近三年的数据对比如图 25.99 和图 25.100 所示。

表 25.32　网页数及字节数情况

网页数	全国网页总数	311,864,590 个
	静态网页数	226,725,557 个
	动态网页数	85,139,033 个
	静动态网页数比例	2.66:1
	平均每个网站的网页数	523.7 个
网页字节数	全国网页总字节数	6,059,431,526KB
	每个网页平均字节数	19.43KB
	平均每个网站的网页字节数	10,174.51KB

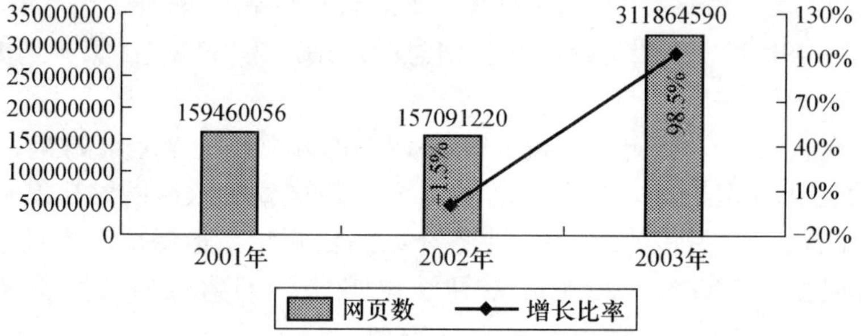

图 25.99　近三年中国网页数对比

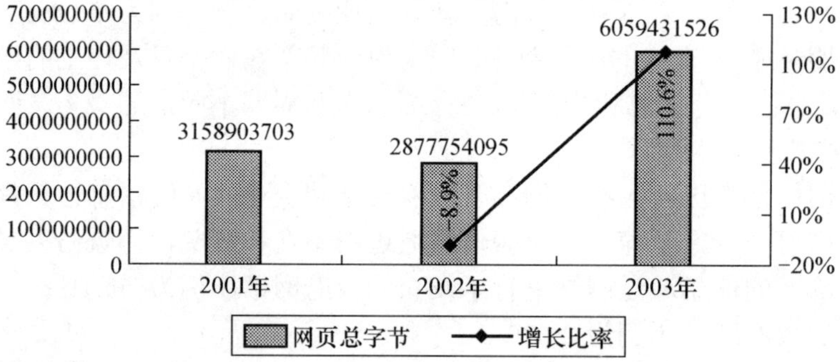

图 25.100　近三年中国网页总字节数对比

2．网页编码情况见表 25.33。

表 25.33　网页编码情况

简体比例（GB）	繁体比例（BIG5）	英文比例	其他比例
93.1%	3.7%	3.2%	0.0%

3．网页的内容分类情况（按多媒体形式）见表 25.34。

表 25.34　网页的内容分类情况

图像	97.9%
音频	0.5%
视频	1.6%

4．网页的更新周期情况见 25.35。

表 25.35　　网页的更新周期情况

一周以内	2.8%
一周至一月	5.7%
一月至三月	13.8%
三月至六月	9.3%
六个月以上	68.4%

四、在线数据库统计

截止到 2004 年 2 月，全国在线数据库的总量为 169 867 个，如图 25.101 所示。

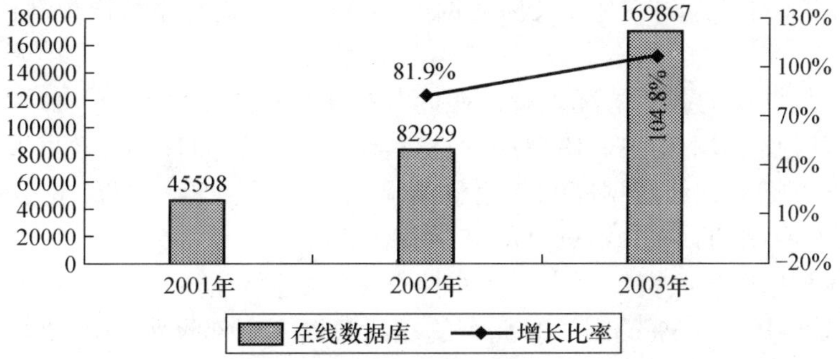

图 25.101　近三年中国在线数据库数对比

1．在所有在线数据库中，企业网站拥有的在线数据库数量最多，占全部在线数据库的 54.3%；其次是商业网站拥有的在线数据库，占全部在线数据库的 14.1%；其他非赢利机构网站拥有的在线数据库排第三位，占全部在线数据库的 9.3%。

2．本次调查结果显示，全国网站中拥有在线数据库的网站数为 108 986 个，约占全部网站的 18.3%。从各类网站中拥有在线数据库的网站比例来看，政府网站中拥有在线数据库的网站比例最高，达到 33.2%；其次为商业网站，比例为 29.4%；排第三位的是其他非赢利机构网站，比例为 25.6%。

3．在拥有在线数据库的网站中，56.7%的网站拥有产品信息数据库；16.5%的网站拥有报刊新闻数据库；14.2%的网站拥有企业名录数据库；14.0%的网站拥有科技信息数据库；8.2%的网站拥有政策法规数据库；8.1%的网站拥有人物数据库；2.2%的网站拥有金融股票信息数据库。

4．在各类在线数据库中，产品信息数据库平均拥有 82 729 条记录；金融股票信息数据库平均拥有 70 060 条记录；人物数据库平均拥有 59 122 条记录；企业名录数据库平均拥有 47 081 条记录；报刊新闻数据库平均拥有 29 212 条记录；科技信息数据库平均拥有 9 831 条记录；政策法规数据库平均拥有 7 768 条记录。

5．从各类在线数据库的更新周期看，政策法规数据库中，21.4%的数据库每月更新一次，20.2%的数据库每日更新，13.3%的数据库每周更新；金融股票信息数据库中，52.0%的数据库每日更新，24.0%的数据库每周更新；报刊新闻数据库中，45.5%的数据库每日更新，20.1%的数据库每周更新，13.2%的数据库每三日更新；科技信息数据库中，26.4%的数据库每日更新，20.2%的数据库每周更新，8.1%的数据库每三日更新；产品信息数据库中，19.2%的数据库每日更新，16.3%的数据库每月更新，11.7%的数据库每周更新；企业名录数据库中，31.5%的数据库每日更新，10.5%的数据库每周更新，10.1%的数据库每月更新；人物数据库中，50.3%的数据库每日更新，9.8%的数据库每三月更新，6.6%的数据库更新周期超过六个月。

6．从各类在线数据库每次更新记录所占比率看，政策法规数据库中28.6%的数据库每次更新比率为5%～10%（含10%）；金融股票数据库中48.8%的数据库每次更新比率超过20%；报刊新闻数据库中40.2%的数据库每次更新比率低于及等于1%；科技信息数据库中28.8%的数据库每次更新比率为1%～5%（含5%）；产品信息数据库中29.2%的数据库每次更新比率为5%～10%（含10%）；企业名录数据库中34.7%的数据库每次更新比率低于及等于1%；人物数据库中34.4%的数据库每次更新比率低于及等于1%。

7．从在线数据库的载体情况来看，在拥有在线数据库的网站中，11.4%的网站拥有在线数据库的其他载体。其中，18.6%的教育科研机构网站拥有在线数据库的其他载体，14.6%的商业网站拥有在线数据库的其他载体，11.5%的企业网站拥有在线数据库的其他载体，9.3%政府网站拥有在线数据库的其他载体。

8．从在线数据库的收费情况来看，在拥有在线数据库的网站中，13.9%的网站对其在线数据库收费，其中3.6%的网站对拥有的在线数据库全部收费，10.3%网站部分收费。从各类网站的情况看，商业网站中6.1%的网站对拥有的在线数据库全部收费，33.5%的网站部分收费；政府网站中0.9%的网站对拥有的在线数据库全部收费，13.7%的网站部分收费；企业网站中4.4%的网站对拥有的在线数据库全部收费，5.8%的网站部分收费；教育科研机构网站中0.8%的网站对拥有的在线数据库全部收费，4.4%的网站部分收费。

9．从在线数据库的面向对象情况来看，面向个人的在线数据库比例最高，占60.1%；其次是面向商业机构的在线数据库，比例为55.9%；第三是面向教育机构的在线数据库，所占比例为16.3%。

（国务院信息化工作办公室　中国互联网络信息中心）

第 26 章　中国区域互联网络发展状况分析报告

26.1　分析背景

1997 年经国家主管部门研究，决定由中国互联网络信息中心（CNNIC）联合各互联网络单位来实施互联网络发展状况统计工作。为了使统计工作制度化、正规化，从 1998 年起中国互联网络信息中心（CNNIC）决定于每年 1 月和 7 月发布“中国互联网络发展状况统计报告”。在信息产业部等国家主管部门的大力支持下,在各互联网单位、调查支持网站以及媒体等对中国互联网络信息中心（CNNIC）支持与配合下，中国互联网络信息中心（CNNIC）迄今为止已发布了 13 次统计报告。

统计报告中全国互联网络上网计算机数、用户人数、信息流量分布、域名注册、用户分布、用户上网行为等方面情况的统计信息，可使我们了解互联网络在我国整体上的发展状况。这些信息对于国家和企业动态掌握互联网络在我国的发展情况，提供决策依据都有着十分重要的意义。发布后的统计报告受到各个方面的重视，被国内外用户广泛引用。

近期，不断有用户希望能了解我国各省/市/区互联网相关情况的统计信息，以更深入、更细节的了解、掌握互联网在我国的发展状况。基于此，在已发布的第 13 次中国互联网络发展状况统计报告的基础上，对第 13 次调查数据进行了进一步的分析、研究，并首次推出了中国区域互联网络发展状况分析报告。

26.2　相关说明

1．网民（互联网用户）。CNNIC 对网民的定义为：平均每周使用互联网至少 1 小时的中国公民。

2．网站：指有独立域名的 web 站点，其中包括 CN 和通用顶级域名（gTLD）下的 web 站点。此处的独立域名指的是每个域名最多只对应一个网站“WWW.+域名”。比如对域名 cnnic.net.cn 来说，它只有一个网站 www.cnnic.net.cn，并非它有 whois.cnnic.net.cn、dns2.cnnic.net.cn 等多个网站，它们只被视为网站 www.cnnic.net.cn 的不同频道。

3．上网计算机：指至少有一人通过该台计算机连入互联网络。

4．除宏观概况外，本报告中的数据均为非住校大学生用户的抽样调查结果。

5．本次调查统计数据截止日期为 2003 年 12 月 31 日。

26.3 分析结果

26.3.1 北京市互联网络发展状况

（一）宏观概况

1．上网用户人数

北京市上网用户人数为 398 万，占全国上网用户总人数的比例为 5%，是北京市总人口的 28%。

2．上网计算机数

北京市上网计算机数为 198 万台，占全国上网计算机总数的比例为 6.4%。

3．CN 下注册域名数（不含 EDU）

北京市 CN 下注册域名数量为 84144 个，占全国 CN 下注册域名总数的比例为 24.9%。

4．WWW 站点数（包括.CN、.COM、.NET 和.ORG 下的网站）

北京市 WWW 站点数为 123110 个，占全国 WWW 站点数的比例为 20.7%。

（二）互联网用户行为意识调查结果

1．用户个人信息

（1）用户的性别

北京市上网用户中，男性占 54.8%，女性占 45.2%（如图 26.1 所示）。男性占据上网用户主体。

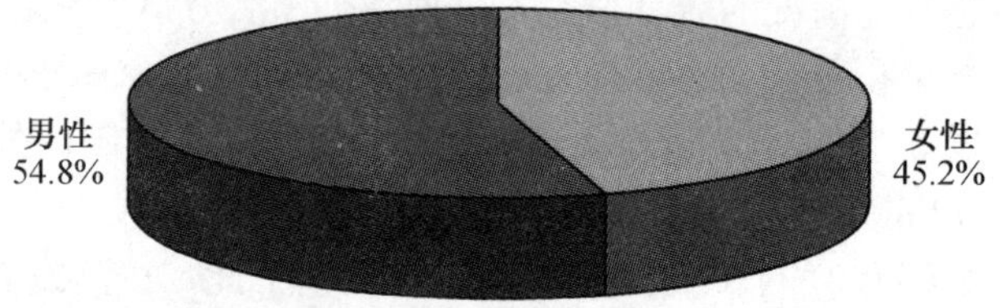

图 26.1　用户性别分布

（2）用户的年龄分布

北京市上网用户中，18～24 岁的用户所占比例最高，达到 26.3%；其次是 18 岁以下的用户，所占比例为 21.5%；25～30 岁的用户所占比例为 17.9%；31～35 岁的用户所占比例为 12.3%；35 岁以上用户所占比例为 22.0%（如图 26.2 所示）。

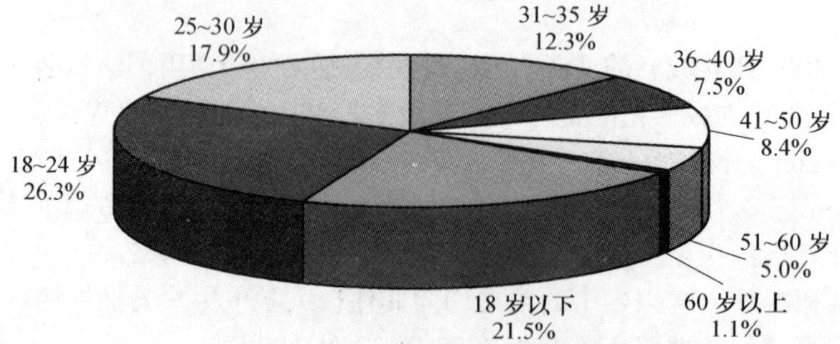

图 26.2　用户年龄分布

（3）用户的婚姻状况

北京市上网用户中，已婚者占 45.2%，未婚者占 54.8%（如图 26.3 所示）。未婚者占上网用户主体。

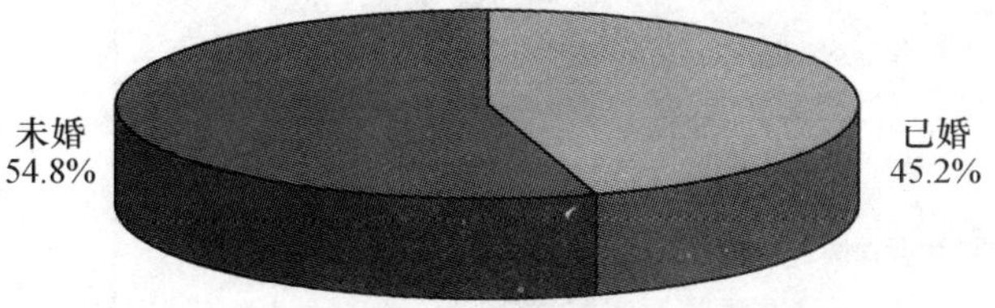

图 26.3　用户婚姻状况分布

（4）用户的受教育程度

北京市上网用户中，受教育程度为本科的最多，达到 33.1%；其次是受教育程度为高中（中专）和大专的用户，所占比例分别为 29.9%和 24.7%；高中以下和本科以上的用户相对较少，分别只有 7.3%和 5.0%（如图 26.4 所示）。

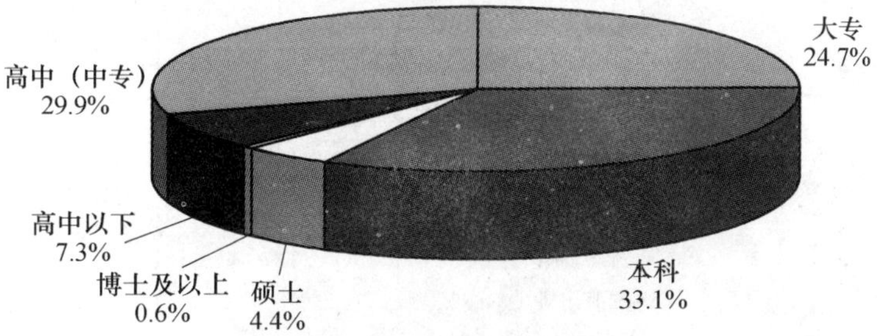

图 26.4　用户受教育程度分布

（5）用户的行业分布（不包括军人、学生和无业人员）

北京市上网用户中，从事 IT 业的人最多，占 19.8%；其次是从事制造业和批发零售业的用户，所占比例分别为 12.1%和 10.1%；排在第四位的是教育业，所占比例为 7.3%；从事公共管理和社会组织的用户所占比例为 6.9%；从事建筑业的用户所占比例为 6.5%；从事金融业的用户所占比例为 6.0%；从事其他行业的上网用户则较少（如图 26.5 所示）。

（6）用户的职业分布

北京市上网用户中，学生所占的比例最多，达到 29.5%；专业技术人员所占比例位居第二，达到 22.5%；其次是企事业单位管理人员和办事员等协助人员，所占比例分别为 10.9%和 10.1%；商业、服务业人员所占比例也较多，为 8.3%；其他职业的上网用户则较少（如图 26.6 所示）。

（7）用户的个人月收入

北京市上网用户中，个人月收入在 500 元以下的最多，为 19.8%；其次是无收入的用户，所占比例为 11.8%；排在第三位的是个人月收入为 1 501～2 000 元和 2 501～3 000 元的用户，所占比例皆为 11.5%；个人月收入为 1 001～1 500 元的用户所占比例为 10.9%；个人月收入为 3 001～4 000 元的用户所占比例为 9.7%；个人月收入为 2 001～2 500 元的用户所占比例为 7.1%；个人月收入为 501～1 000 元的用户所占比例为 6.5%；个人月收入超过 4 000 元的用户所占比例为 11.2%（如图 26.7 所示）。

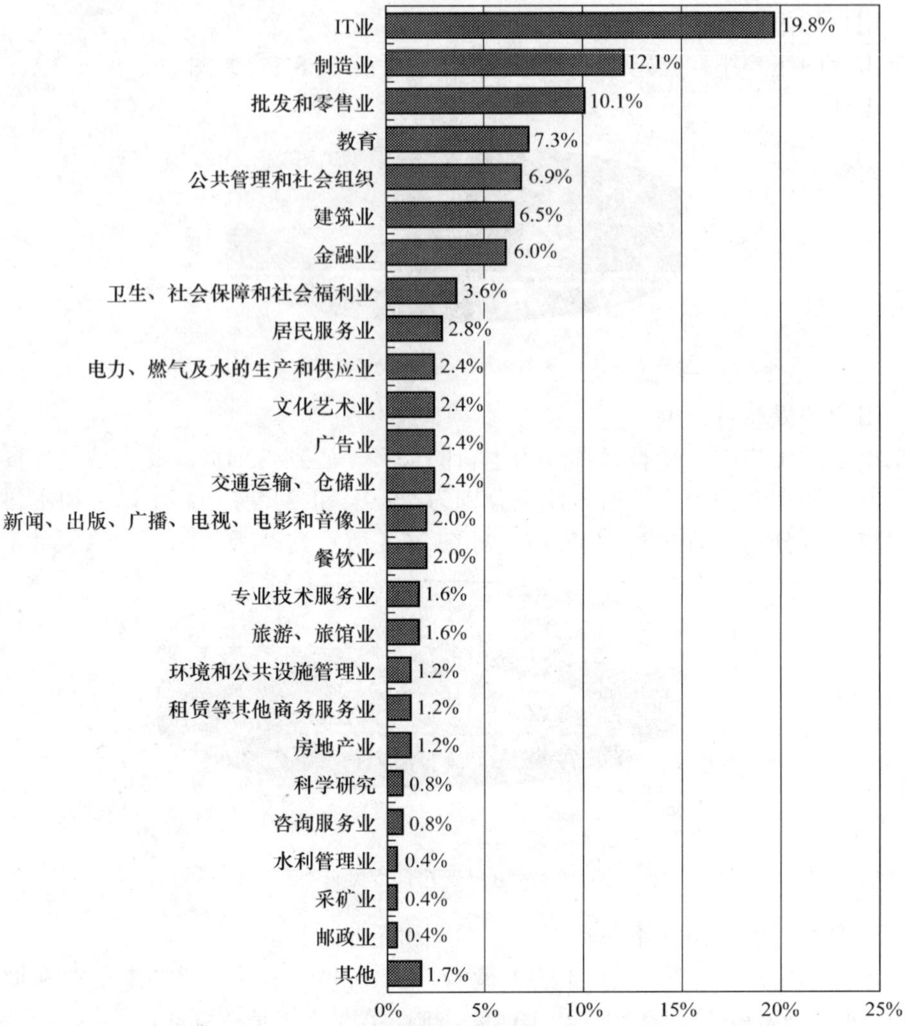

图 26.5　用户的行业分布

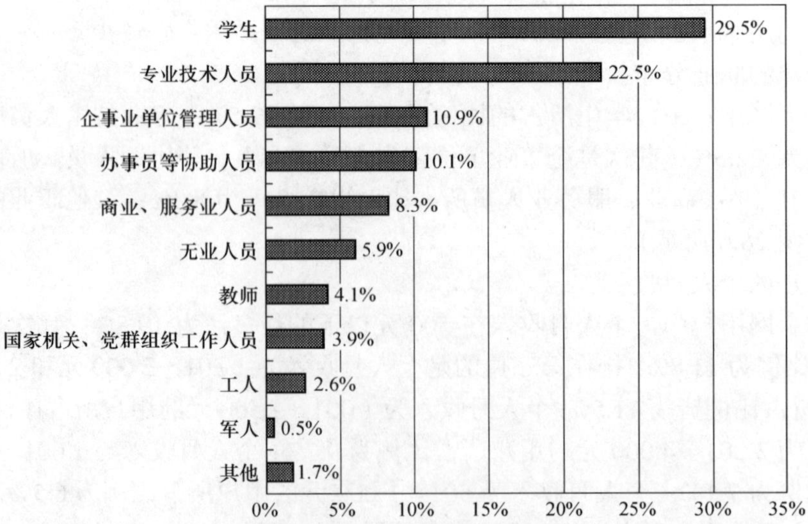

图 26.6　用户的职业分布

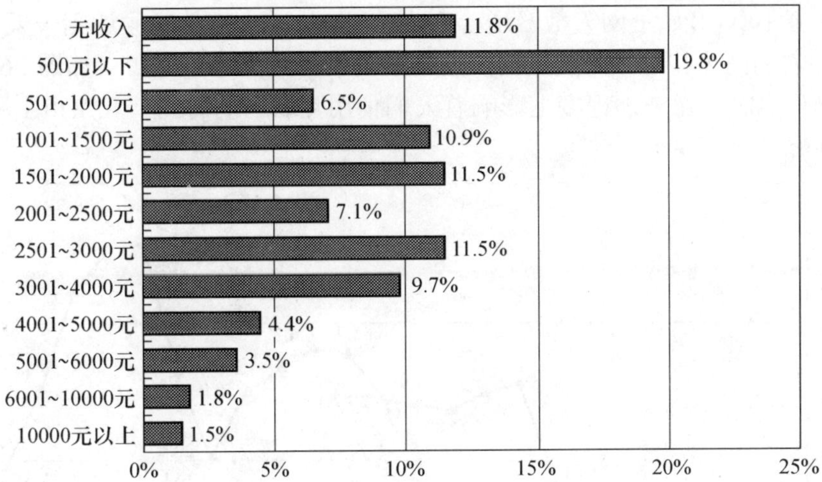

图 26.7 用户的个人月收入分布

2．用户对互联网的使用情况

（1）用户每月实际花费的上网费用

北京市上网用户每月实际花费的上网费用以低于 50 元的居多，占 31.7%；其次是每月实际花费的上网费用在 101～150 元和 51～100 元的用户，所占比例分别为 30.9%和 20.9%；每月实际花费的上网费用在 150 元以上的用户较少，只占 16.5%（如图 26.8 所示）。北京市上网用户每月实际花费的上网费用集中在 150 元及以下。

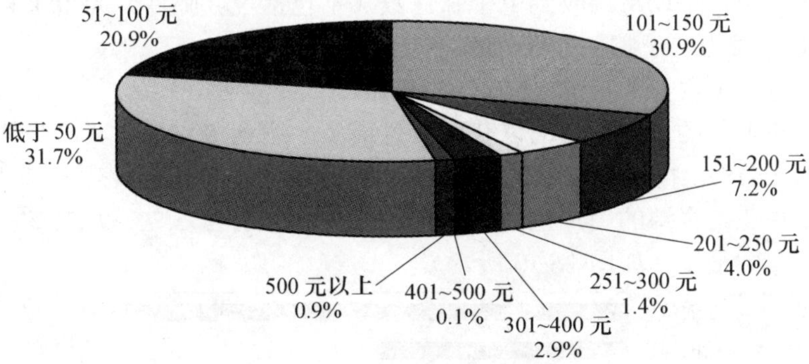

图 26.8 用户的上网费用分布

（2）用户平均每周上网时间

北京市上网用户平均每周上网时间为 14.7 小时。

（3）用户平均每周上网天数

北京市上网用户平均每周上网天数为 4.5 天。

（4）用户通常上网时间

北京市上网用户的上网时间在一天中波动较大：凌晨 1 点至早上 7 点钟是网民最少上网的时间，从早上 8 点钟起上网的人逐渐增加，到上午 9 点达到一天当中的第一个高峰，有 31.5%的网民在这一时间上网；上午 10 点略有回落，从 12 点开始回升，到下午 15 点达到一天当中的第二个高峰，有 36.2%的网民在这一时间上网，此后上网人数开始下降；从晚上 19 点开始上网人数激增，到晚上 20 点、21 点的时候达到一天中的顶峰，各有 51%左右的网民在这一时间上网，这之后上网人数又急剧减少（如图 26.9 所示）。日常生活的作息时间在一定程度上影响着人们使用互联网的时间。北京市上网用户使用互联网的高峰时间在晚上。

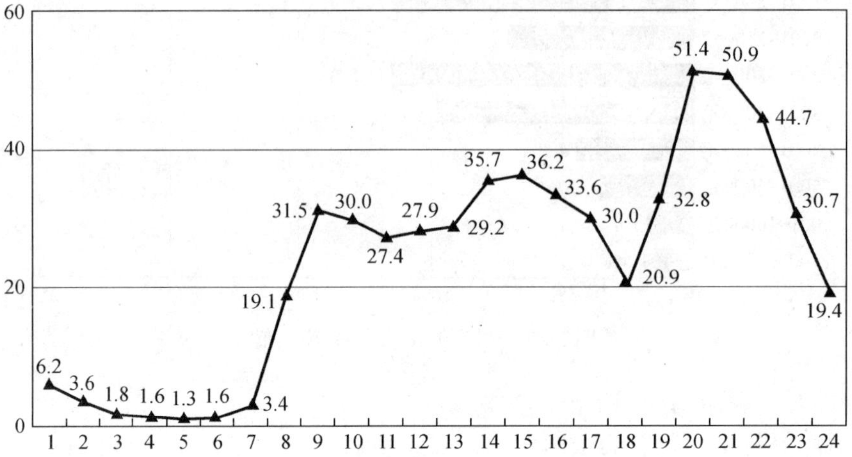

图 26.9 用户的上网时间分布（%）

（5）用户拥有 E-mail 账号数

北京市上网用户拥有 E-mail 账号平均值为 1.6，其中免费 E-mail 账号平均值为 1.4。

（6）用户平均每周收发的电子邮件数

北京市上网用户平均每周收到电子邮件数（不包括垃圾邮件）为 9.3 封，收到垃圾邮件数 13.1 封，发出电子邮件数 5.8 封。

（7）用户上网最主要的目的

北京市用户上网的最主要目的以获取信息最多，达到 50.2%；其次是休闲娱乐，所占比例分别为 25.1%；排在第三位的是学习，有 9.6%的用户选择此项；选择对外通信、联络和获得各种免费资源的用户也占有一定的比例，分别为 5.7%和 5.2%；而选择其他上网目的的用户则很少（如图 26.10 所示）。

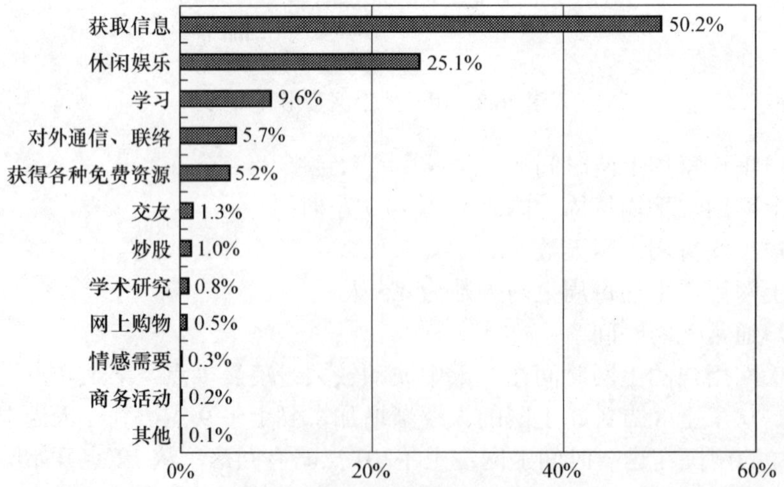

图 26.10 用户的上网目的

3．用户对互联网的看法

（1）关于“使用互联网可以提高工作/学习和生活的效率”

关于“使用互联网可以提高工作/学习和生活的效率”的观点，北京市上网用户表示比较赞成的最多，达到 51.6%；其次是表示非常赞成的，所占比例为 35.4%；表示一半赞成一半不赞成的用户所占比例为 10.8%；表示不赞成的用户所占比例非常小，只有 2.2%（如图 26.11 所示）。北京市上网用户对“使用互联网可以提高工作/学习和生活的效率”的观点表示赞成的占绝大多数。

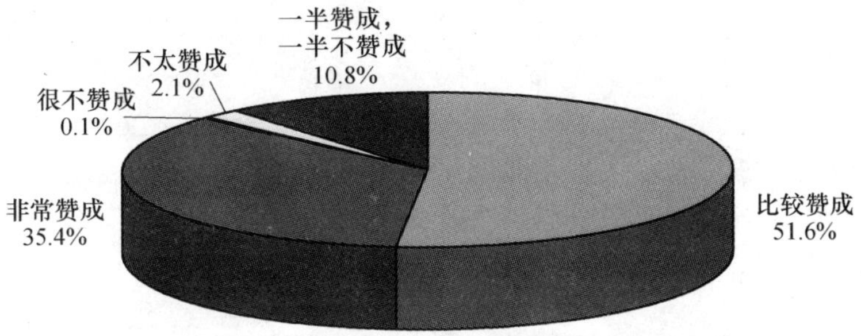

图 26.11　对“使用互联网可以提高工作/学习和生活的效率”观点的看法

（2）关于“在单位/学校/邻里中，会上网的人好像高人一等”

关于“在单位/学校/邻里中，会上网的人好像高人一等”的观点，北京市上网用户表示不太赞成的最多，达到 48.0%；其次是表示很不赞成的，所占比例为 32.3%；表示一半赞成一半不赞成的用户所占比例为 11.4%；表示赞成的用户所占比例相对较小，有 8.3%（如图 26.12 所示）。北京市上网用户对“在单位/学校/邻里中，会上网的人好像高人一等”的观点表示不赞成的占多数。

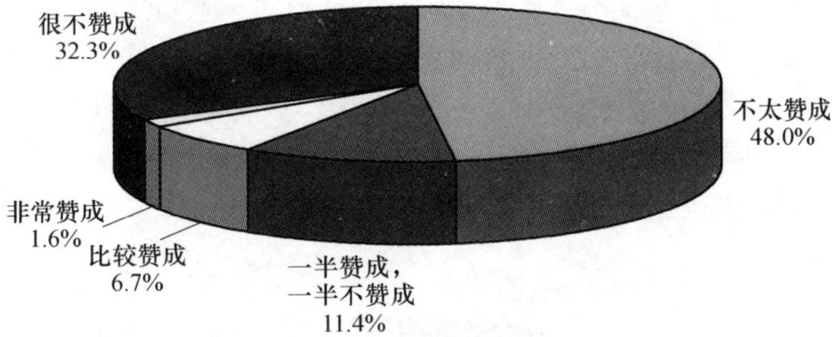

图 26.12　对“在单位/学校/邻里中，会上网的人好像高人一等”观点的看法

（3）关于“使用互联网容易结交不好的朋友”

关于“使用互联网容易结交不好的朋友”的观点，北京市上网用户表示不太赞成的最多，达到 39.8%；其次是表示一半赞成一半不赞成的，所占比例为 29.8%；表示比较赞成的用户所占比例为 14.1%；表示很不赞成的用户所占比例为 12.7%；表示非常赞成的用户最少，只有 3.6%（如图 26.13 所示）。北京市上网用户对“使用互联网容易结交不好的朋友”的观点表示不赞成的居多。

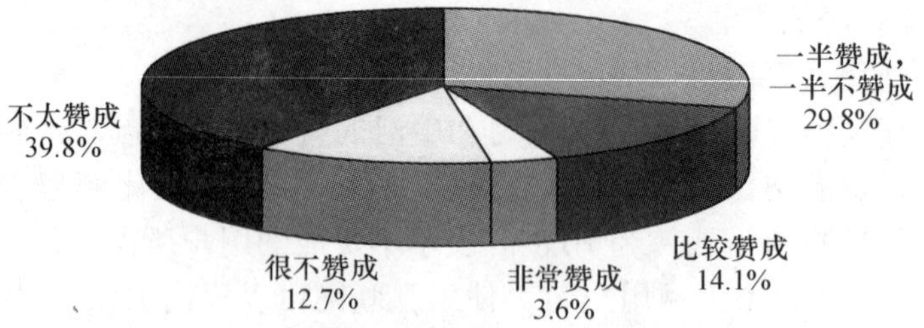

图 26.13　对"使用互联网容易结交不好的朋友"观点的看法

（4）关于"使用互联网容易暴露隐私"

关于"使用互联网容易暴露隐私"的观点，北京市上网用户表示不太赞成的最多，达到 39.3%；其次是表示一半赞成一半不赞成的，所占比例为 26.9%；表示比较赞成的用户所占比例为 20.8%；表示很不赞成的用户所占比例为 7.8%；表示非常赞成的用户最少，占 5.2%（如图 26.14 所示）。北京市上网用户对"使用互联网容易暴露隐私"的观点表示不赞成的居多。

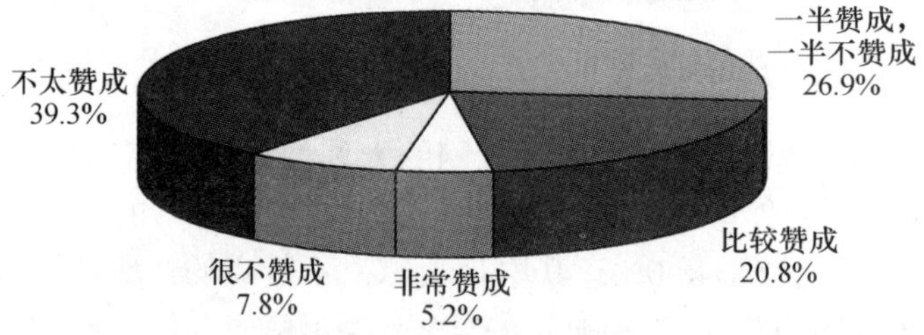

图 26.14　对"使用互联网容易暴露隐私"观点的看法

（5）关于"使用互联网容易受不良信息影响"

关于"使用互联网容易受不良信息影响"的观点，北京市上网用户表示比较赞成的最多，达到 32.5%；其次是表示一半赞成一半不赞成的，所占比例为 24.7%；表示不太赞成的用户所占比例为 23.6%；表示非常赞成的用户所占比例为 10.0%；表示很不赞成的用户所占比例为 9.2%（如图 26.15 所示）。北京市上网用户对"使用互联网容易受不良信息影响"的观点表示赞成的居多。

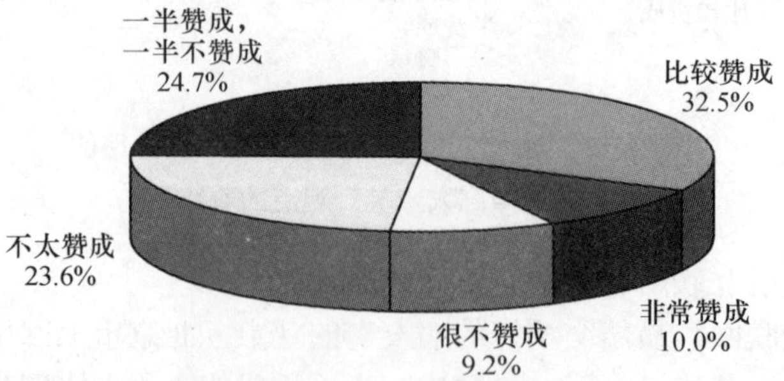

图 26.15　对"使用互联网容易受不良信息影响"观点的看法

（6）对互联网的信任程度

北京市上网用户对互联网表示比较信任的最多，所占比例为 51.7%；其次是对互联网表示半信半疑的，所占比例为 40.7%；对互联网表示不太信任的占 5.5%；对互联网表示完全信任和完全不信的用户则非常少，分别只有 1.8%和 0.3%（如图 26.16 所示）。北京市上网用户对互联网表示比较信任的占一半以上。

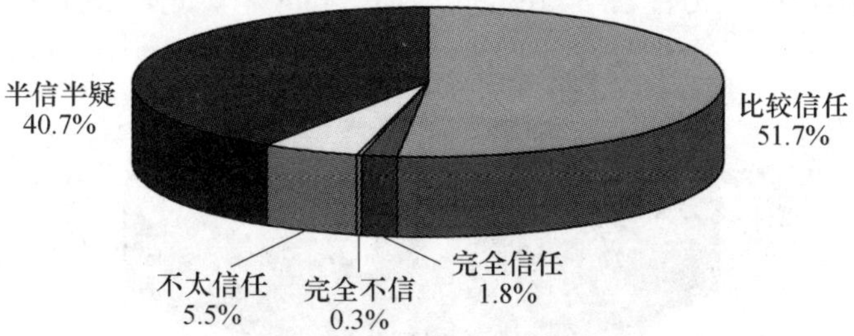

图 26.16　用户对互联网的信任程度

综上所述，北京市上网用户数为 398 万人，上网计算机数为 198 万台，CN 下注册域名数量为 84 144 个，WWW 站点数为 123 110 个。

其中住宅电话覆盖的上网用户（不包括住校大学生）中以男性、未婚者占主体，年龄在 18～24 岁的所占比例最高，受教育程度为本科的最多，职业为学生和专业技术人员的所占的比例最多，从事行业为 IT 业的人最多，个人月收入在 500 元以下的最多。

用户每月实际花费的上网费用集中在 150 元及以下，平均每周上网时间为 14.7 小时，平均每周上网天数为 4.5 天，使用互联网的高峰时间在晚上。用户拥有 E-mail 账号平均值为 1.6，其中免费 E-mail 账号平均值为 1.4，平均每周收到电子邮件数（不包括垃圾邮件）为 9.3 封，收到垃圾邮件数 13.1 封，发出电子邮件数 5.8 封。用户上网的最主要目的为获取信息。

北京市上网用户对“使用互联网可以提高工作/学习和生活的效率”的观点表示赞成的占绝大多数，对“在单位/学校/邻里中，会上网的人好像高人一等”的观点表示不赞成的占多数，对“使用互联网容易结交不好的朋友”的观点表示不赞成的居多，对“使用互联网容易暴露隐私”的观点表示不赞成的居多，对“使用互联网容易受不良信息影响”的观点表示赞成的居多。对互联网表示比较信任的占一半以上。

26.3.2　天津市互联网络发展状况

（一）宏观概况

1．上网用户人数

天津市上网用户人数为 144.6 万，占全国上网用户总人数的比例为 1.8%，是天津市总人口的 14.4%。

2．上网计算机数

天津市上网计算机数为 56 万台，占全国上网计算机总数的比例为 1.8%。

3．CN 下注册域名数（不含 EDU）

天津市 CN 下注册域名数量为 5366 个，占全国 CN 下注册域名总数的比例为 1.6%。

4．WWW 站点数（包括.CN、.COM、.NET、.ORG 下的网站）

天津市 WWW 站点数为 9010 个，占全国 WWW 站点数的比例为 1.5%。

（二）互联网用户行为意识调查结果

1．用户个人信息

（1）用户的性别

天津市上网用户中，男性占54.6%，女性占45.4%（如图26.17所示）。男性占据上网用户主体。

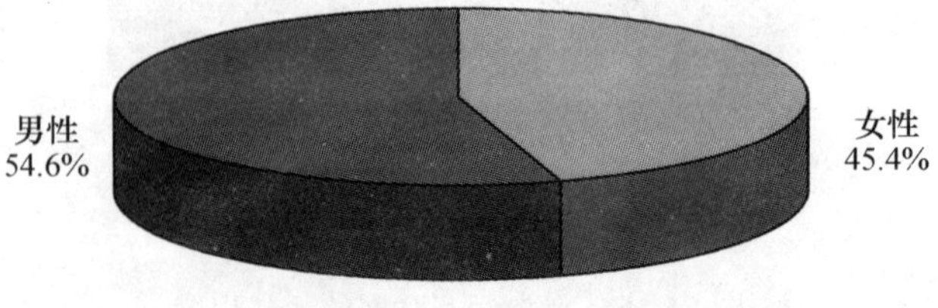

图26.17　用户性别分布

（2）用户的年龄分布

天津市上网用户中，18～24岁的用户所占比例最高，达到32.4%；其次是25～30岁和18岁以下的用户，所占比例分别为17.9%和16.0%；31～35岁的用户占11.5%；35岁以上用户所占比例为18.2%（如图26.18所示）。

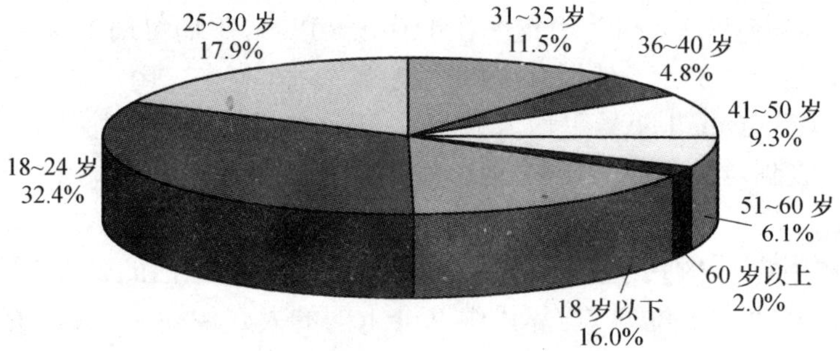

图26.18　用户年龄分布

（3）用户的婚姻状况

天津市上网用户中，已婚者占46.7%，未婚者占53.3%（如图26.19所示）。未婚者占上网用户主体。

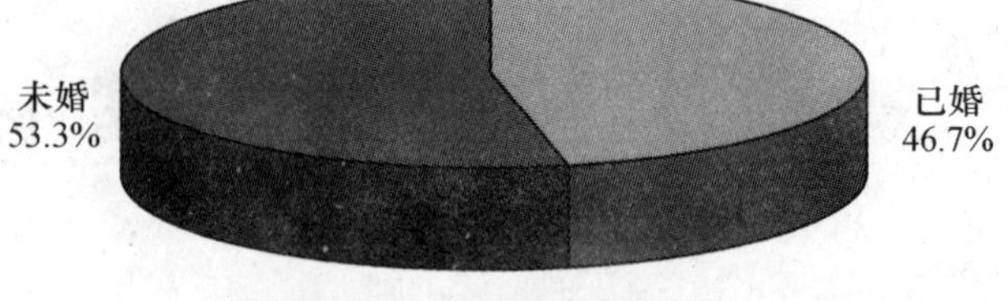

图26.19　用户婚姻状况分布

（4）用户的受教育程度

天津市上网用户中，受教育程度为大专的最多，达到35.1%；其次是受教育程度为高中（中专）和本科的用户，所占比例分别为30.4%和25.7%；高中以下和本科以上的用户则较少，分别只有7.1%和1.7%（如图26.20所示）。

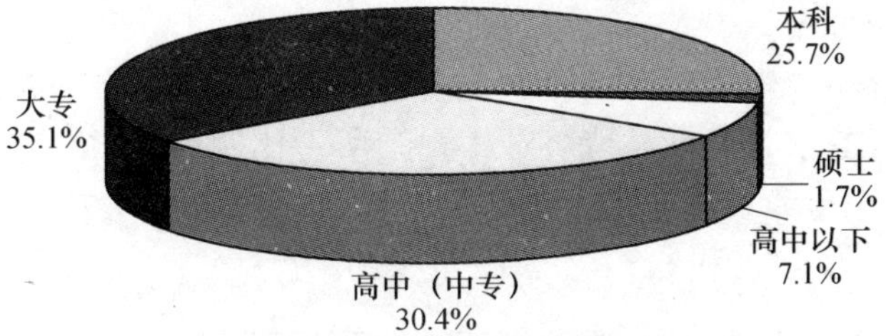

图 26.20　用户受教育程度分布

（5）用户的行业分布（不包括军人、学生和无业人员）

天津市上网用户中，从事制造业的人最多，占 18.4%；其次是从事教育业、公共管理和社会组织的用户，所占比例分别为 13.8%和 11.1%；排在第四位的是 IT 业和批发零售业，所占比例皆为 8.3%；从事金融业、建筑业的用户所占比例皆为 5.5%；从事交通运输、仓储业的用户所占比例为 5.1%；从事其他行业的上网用户则较少（如图 26.21 所示）。

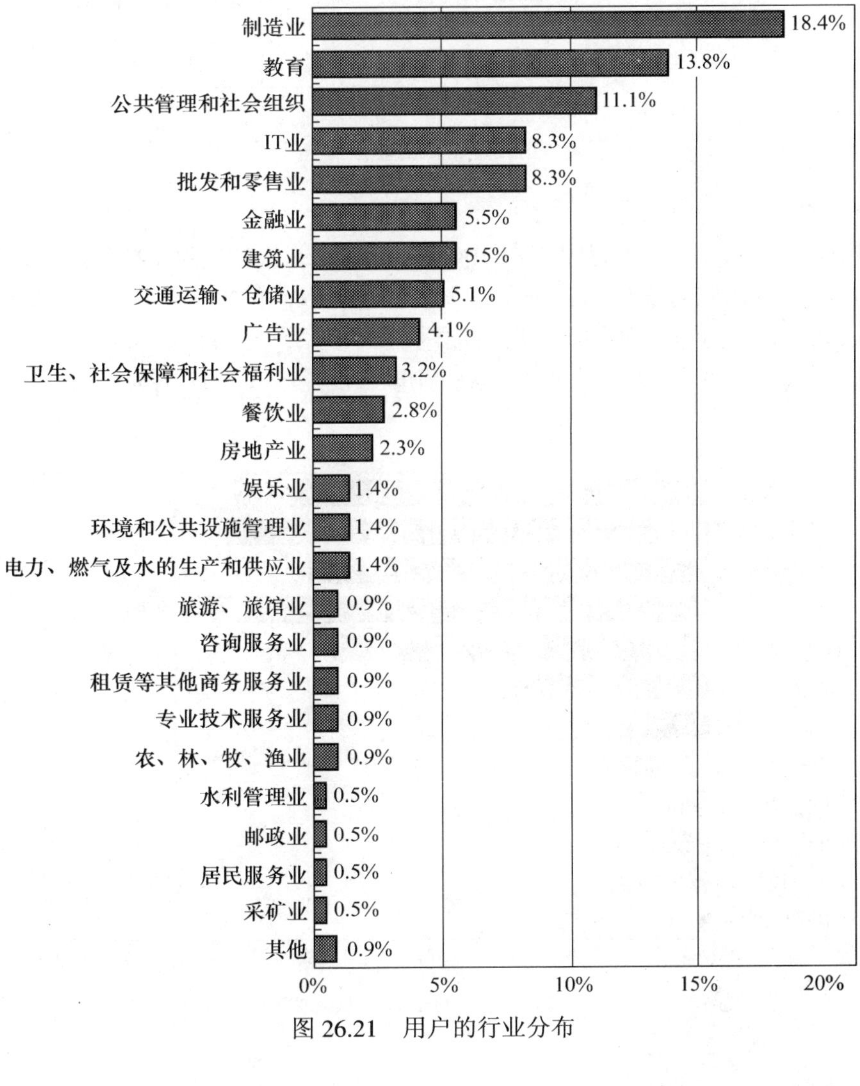

图 26.21　用户的行业分布

（6）用户的职业分布

天津市上网用户中，学生所占的比例最多，达到 28.6%；专业技术人员所占比例位居第二，为 13.0%；其次是商业、服务业人员，所占比例为 11.8%；办事员等协助人员所占比例为 8.3%；企事业单位管理人员和教师所占比例皆为 7.7%；无业人员和工人也占一定的比例，分别为 6.8%和 6.5%（如图 26.22 所示）。

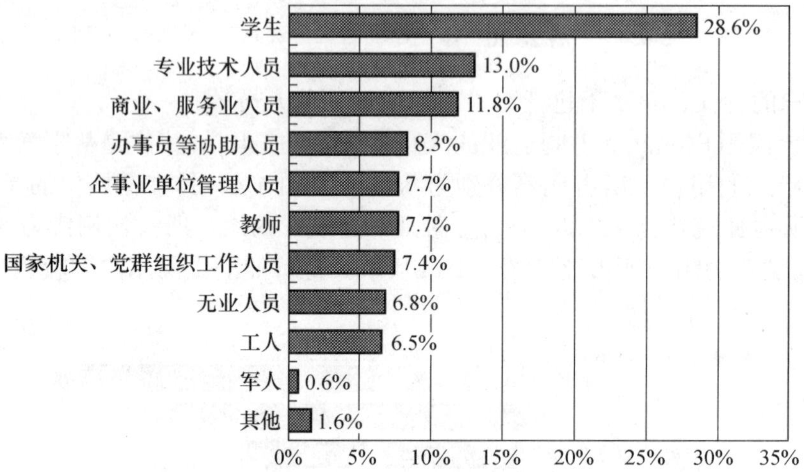

图 26.22　用户的职业分布

（7）用户的个人月收入

天津市上网用户中，个人月收入在 1001～1500 元的最多，为 19.7%；其次是 500 元以下的用户，所占比例为 18.0%；排在第三位的是无收入的用户，所占比例为 15.5%；个人月收入为 501～1000 元的用户，所占比例为 15.0%；个人月收入为 1501～2000 元的用户所占比例为 13.9%；个人月收入在 2000 元以上的用户所占比例为 17.9%（如图 26.23 所示）。

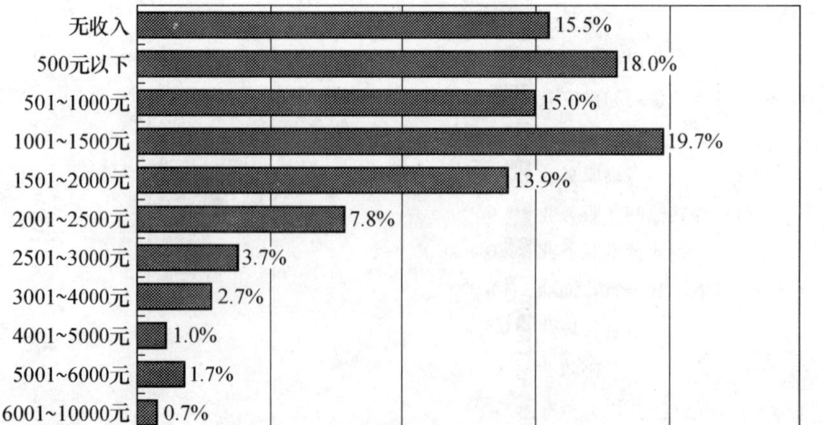

图 26.23　用户的个人月收入分布

2．用户对互联网的使用情况

（1）用户每月实际花费的上网费用

天津市上网用户每月实际花费的上网费用以 51～100 元的居多，占 39.6%；其次是每月实际花费的上网费用低于 50 元的用户，所占比例为 33.0%；排在第三位的是每月实际花费的上网费用在 101～150 元的用户，所占比例为 19.8%；每月实际花费的上网费用在 150 元以上的用户很少，只占 7.6%（如图 26.24 所示）。天津市上网用户每月实际花费的上网费用集中在 150 元及以下。

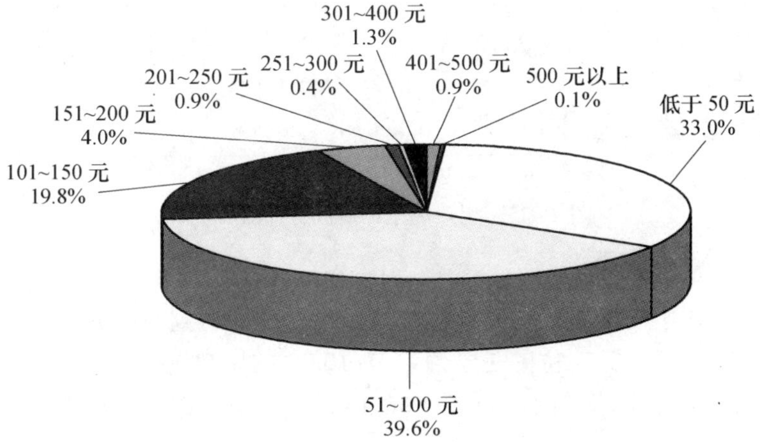

图 26.24 用户的上网费用分布

（2）用户平均每周上网时间

天津市上网用户平均每周上网时间为 12.0 小时。

（3）用户平均每周上网天数

天津市上网用户平均每周上网天数为 4.0 天。

（4）用户通常上网时间

天津市上网用户的上网时间在一天中波动较大：凌晨 1 点至早上 7 点钟是网民最少上网的时间，从早上 8 点钟起上网的人逐渐增加，到上午 10 点达到一天当中的第一个高峰，有 27.7%的网民在这一时间上网；11 点略有回落，12 点达到第二个高峰，有 28.3%的网民在这一时间上网；13 点又略有回落，14 点开始回升，到 15 点达到一天当中的第三个高峰，有 32.4%的网民在这一时间上网，此后上网人数开始下降；从晚上 19 点开始上网人数激增，到晚上 20 点、21 点的时候达到一天中的顶峰，分别有 46.0%和 49.3%的网民在这一时间上网，这之后上网人数又急剧减少（如图 26.25 所示）。日常生活的作息时间在一定程度上影响着人们使用互联网的时间。天津市上网用户使用互联网的高峰时间在晚上。

（5）用户拥有 E-mail 账号数

天津市上网用户拥有 E-mail 账号平均值为 1.3，其中免费 E-mail 账号平均值为 1.1。

（6）用户平均每周收发的电子邮件数

天津市上网用户平均每周收到电子邮件数（不包括垃圾邮件）为 6.3 封，收到垃圾邮件数 7.9 封，发出电子邮件数 4.2 封。

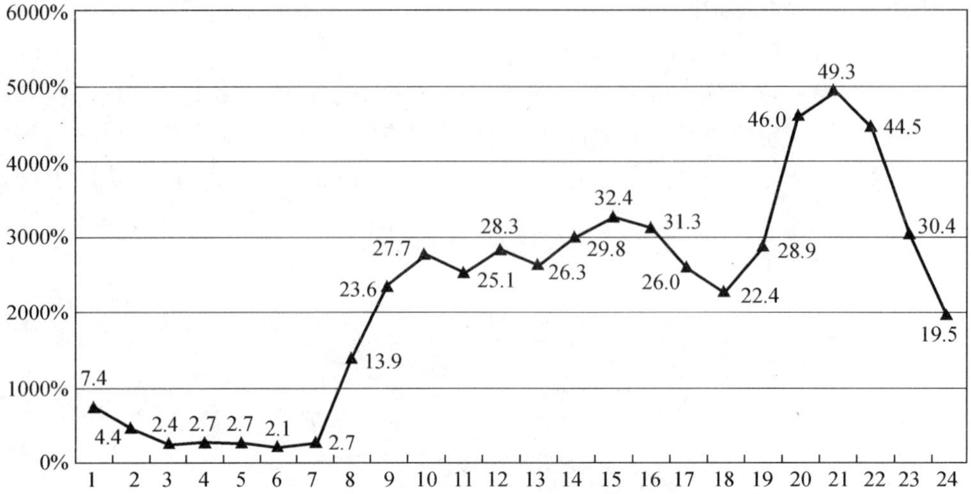

图 26.25　用户的上网时间分布（%）

（7）用户上网最主要的目的

天津市上网用户上网最主要的目的以获取信息最多，达到 50.7%；其次是休闲娱乐，所占比例为 23.9%；排在第三位的是学习，有 10.9%的用户选择此项；选择获得各种免费资源的用户也占有一定的比例，为 5.0%；而选择其他上网目的的用户则很少（如图 26.26 所示）。

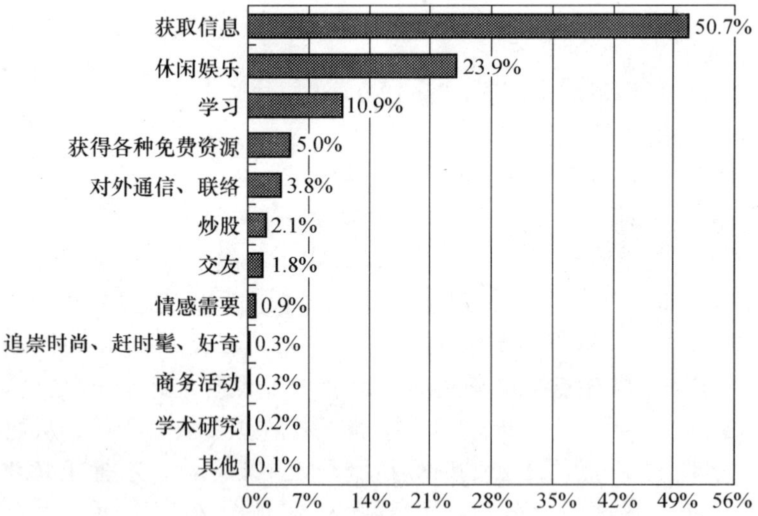

图 26.26　用户的上网目的

3．用户对互联网的看法

（1）关于“使用互联网可以提高工作/学习和生活的效率”

关于“使用互联网可以提高工作/学习和生活的效率”的观点，天津市上网用户表示比较赞成的最多，达到 57.9%；其次是表示非常赞成的，所占比例为 30.9%；表示一半赞成一半不赞成的用户所占比例为 9.1%；表示不赞成的用户所占比例非常小，只有 2.1%（如图 26.27 所示）。天津市上网用户对“使用互联网可以提高工作/学习和生活的效率”

的观点表示赞成的占绝大多数。

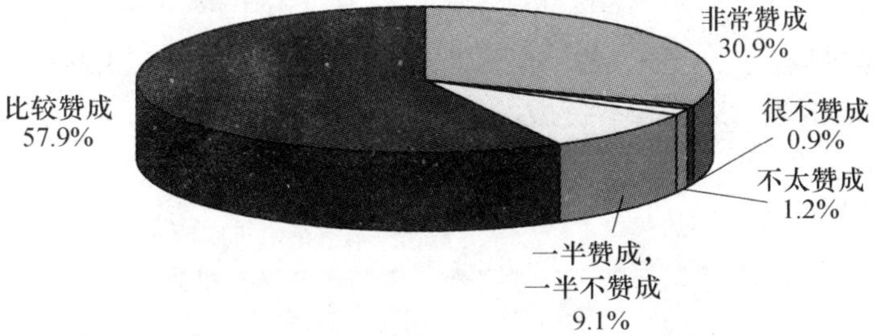

图 26.27 对“使用互联网可以提高工作/学习和生活的效率”观点的看法

（2）关于“在单位/学校/邻里中，会上网的人好像高人一等”

关于“在单位/学校/邻里中，会上网的人好像高人一等”的观点，天津市上网用户表示不太赞成的最多，达到 53.6%；其次是表示很不赞成的，所占比例为 24.3%；表示一半赞成一半不赞成的用户所占比例为 11.6%；表示赞成的用户所占比例相对较小，有 10.5%（如图 26.28 所示）。天津市上网用户对“在单位/学校/邻里中，会上网的人好像高人一等”的观点表示不赞成的占多数。

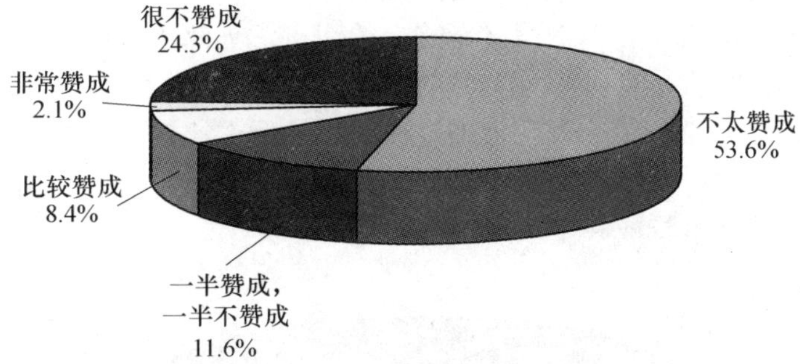

图 26.28 对“在单位/学校/邻里中，会上网的人好像高人一等”观点的看法

（3）关于“使用互联网容易结交不好的朋友”

关于“使用互联网容易结交不好的朋友”的观点，天津市上网用户表示不太赞成的最多，达到 39.9%；其次是表示一半赞成一半不赞成的，所占比例为 24.6%；表示很不赞成的用户所占比例为 17.6%；表示比较赞成的用户所占比例为 13.5%；表示非常赞成的用户最少，只有 4.4%（如图 26.29 所示）。天津市上网用户对“使用互联网容易结交不好的朋友”的观点表示不赞成的居多。

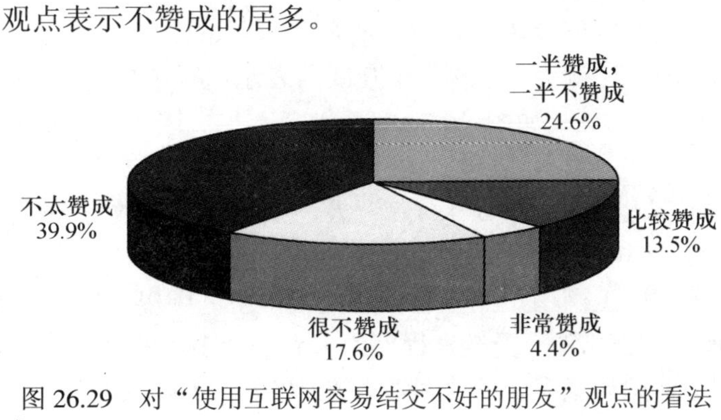

图 26.29 对“使用互联网容易结交不好的朋友”观点的看法

（4）关于“使用互联网容易暴露隐私”

关于“使用互联网容易暴露隐私”的观点，天津市上网用户表示不太赞成的最多，达到 43.5%；其次是表示一半赞成一半不赞成的，所占比例为 23.2%；表示比较赞成的用户所占比例为 20.8%；表示很不赞成的用户所占比例为 9.6%；表示非常赞成的用户最少，占 2.9%（如图 26.30 所示）。天津市上网用户对“使用互联网容易暴露隐私”的观点表示不赞成的居多。

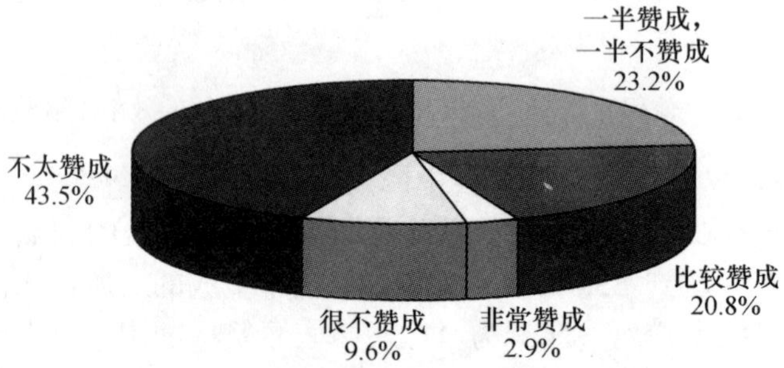

图 26.30　对“使用互联网容易暴露隐私”观点的看法

（5）关于“使用互联网容易受不良信息影响”

关于“使用互联网容易受不良信息影响”的观点，天津市上网用户表示比较赞成的最多，达到 30.2%；其次是表示不太赞成的，所占比例为 27.1%；表示一半赞成一半不赞成的用户所占比例为 25.6%；表示很不赞成的用户所占比例为 10.1%；表示非常赞成的用户所占比例为 7.0%（如图 26.31 所示）。天津市上网用户对“使用互联网容易受不良信息影响”的观点表示赞成和不赞成的一样多。

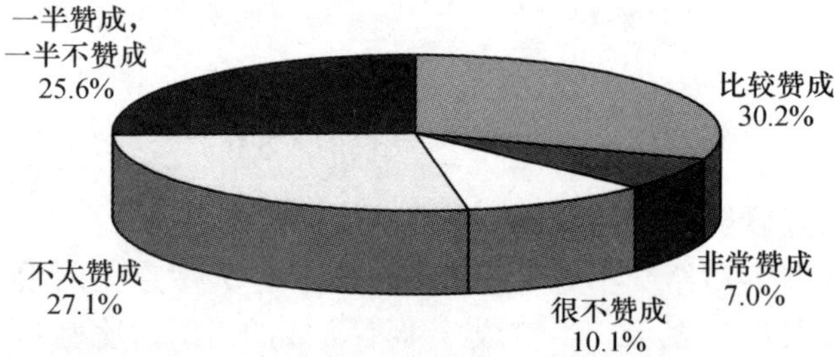

图 26.31　对“使用互联网容易受不良信息影响”观点的看法

（6）对互联网的信任程度

天津市上网用户对互联网表示比较信任的最多，所占比例为 59.1%；其次是对互联网表示半信半疑的，所占比例为 35.2%；对互联网表示完全信任的占 3.0%；对互联网表示不太信任的用户只有 2.7%（如图 26.32 所示）。天津市上网用户对互联网表示比较信任的占一半以上。

综上所述，天津市上网用户数为 144.6 万人，上网计算机数为 56 万台，CN 下注册域名数量为 5366 个，WWW 站点数为 9010 个。

其中住宅电话覆盖的上网用户（不包括住校大学生）中以男性、未婚者占主体，年龄在 18～24 岁的所占比例最高，受教育程度为大专的最多，职业为学生的所占的比例最多，从事行业为制造业的人最多，个人月收入在 1001～1500 元的最多。

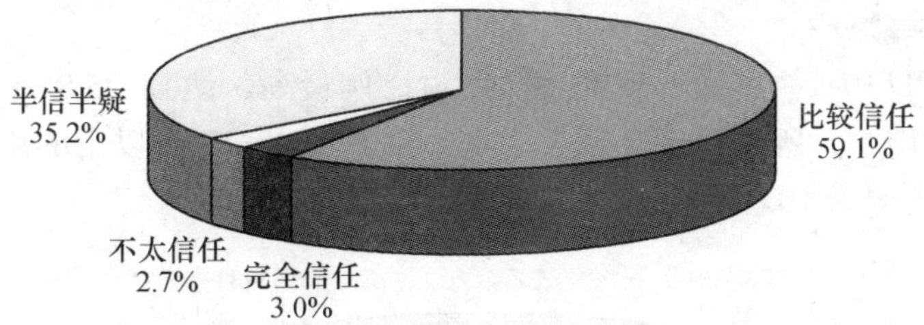

图 26.32 用户对互联网的信任程度

用户每月实际花费的上网费用集中在 150 元及以下，平均每周上网时间为 12.0 小时，平均每周上网天数为 4.0 天，使用互联网的高峰时间在晚上。用户拥有 E-mail 账号平均值为 1.3，其中免费 E-mail 账号平均值为 1.1，平均每周收到电子邮件数（不包括垃圾邮件）为 6.3 封，收到垃圾邮件数 7.9 封，发出电子邮件数 4.2 封。用户上网的最主要目的为获取信息。

天津市上网用户对“使用互联网可以提高工作/学习和生活的效率”的观点表示赞成的占绝大多数，对“在单位/学校/邻里中，会上网的人好像高人一等”的观点表示不赞成的占多数，对“使用互联网容易结交不好的朋友”的观点表示不赞成的居多，对“使用互联网容易暴露隐私”的观点表示不赞成的居多，对“使用互联网容易受不良信息影响”的观点表示赞成和不赞成的一样多。对互联网表示比较信任的占一半以上。

26.3.3 河北省互联网络发展状况

（一）宏观概况

1．上网用户人数

河北省上网用户人数为 289.1 万，占全国上网用户总人数的比例为 3.6%，是河北省总人口的 4.3%。

2．上网计算机数

河北省上网计算机数为 126 万台，占全国上网计算机总数的比例为 4.1%。

3．CN 下注册域名数（不含 EDU）

河北省 CN 下注册域名数量为 6135 个，占全国 CN 下注册域名总数的比例为 1.8%。

4．WWW 站点数（包括.CN、.COM、.NET、.ORG 下的网站）

河北省 WWW 站点数为 15510 个，占全国 WWW 站点数的比例为 2.6%。

（二）互联网用户行为意识调查结果

1．用户个人信息

（1）用户的性别

河北省上网用户中，男性占 67.9%，女性占 32.1%（如图 26.33 所示）。男性占据上网用户主体。

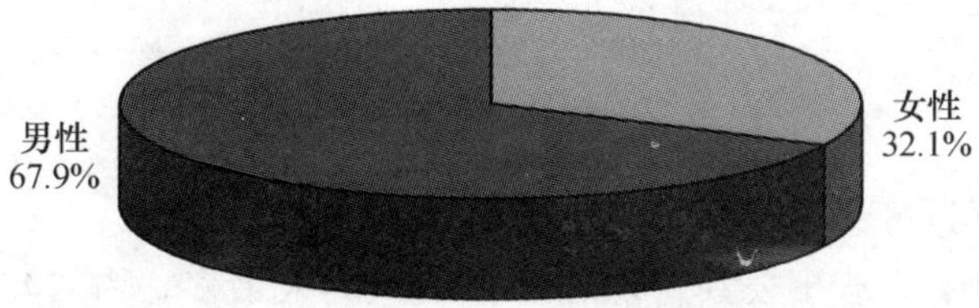

图 26.33 用户性别分布

（2）用户的年龄分布

河北省上网用户中，18～24 岁的用户所占比例最高，达到 25.8%；其次是 31～35 岁和 25～30 岁的用户，所占比例分别为 20.6%和 19.6%；18 岁以下的用户占 14.4%；35 岁以上用户所占比例为 19.6%（如图 26.34 所示）。

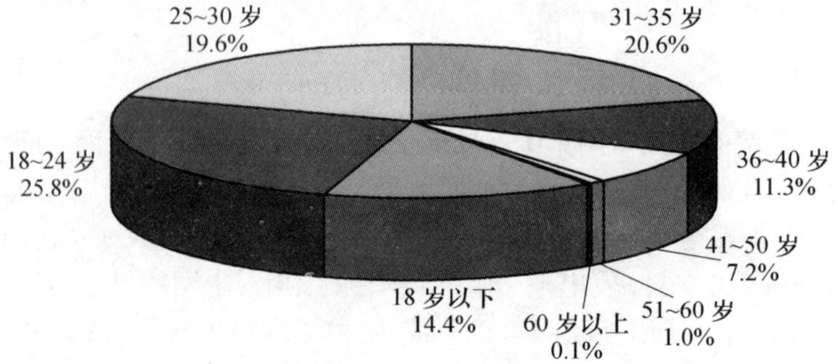

图 26.34　用户年龄分布

（3）用户的婚姻状况

河北省上网用户中，已婚者占 58.7%，未婚者占 41.3%（如图 26.35 所示）。已婚者占上网用户主体。

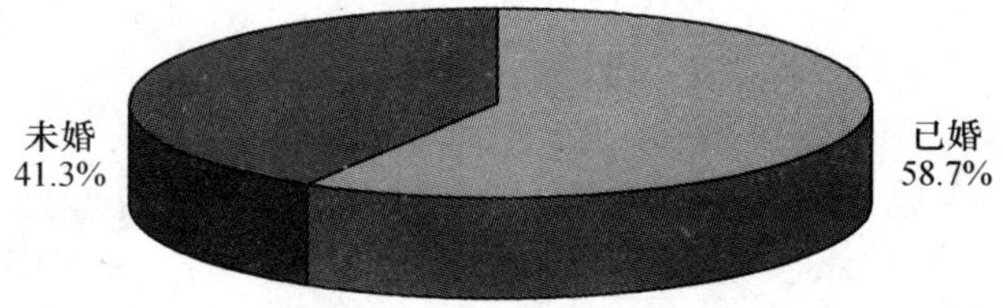

图 26.35　用户婚姻状况分布

（4）用户的受教育程度

河北省上网用户中，受教育程度为大专的最多，达到 34.0%；其次是受教育程度为高中（中专）和本科的用户，所占比例分别为 23.6%和 21.7%；高中以下受教育程度的用户所占比例为 17.0%；硕士则只有 3.7%（如图 26.36 所示）。

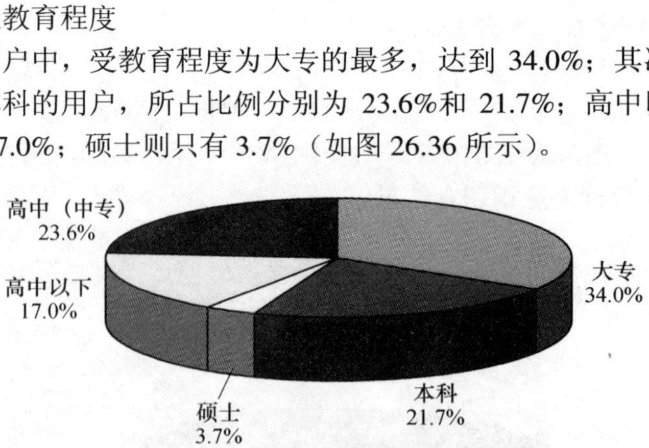

图 26.36　用户受教育程度分布

（5）用户的行业分布（不包括军人、学生和无业人员）

河北省上网用户中，从事公共管理和社会组织的人最多，占 24.7%；其次是从事制造业和教育业的用户，所占比例分别为 17.3%和 13.6%；排在第四位的是采矿业，所占比例为 6.2%；从事卫生、社会保障和福利业、专业技术服务业、建筑业、电力、燃气及水的生产和供应业的用户也占一定的比例，皆为 4.9%；从事其他行业的上网用户则较少（如图 26.37 所示）。

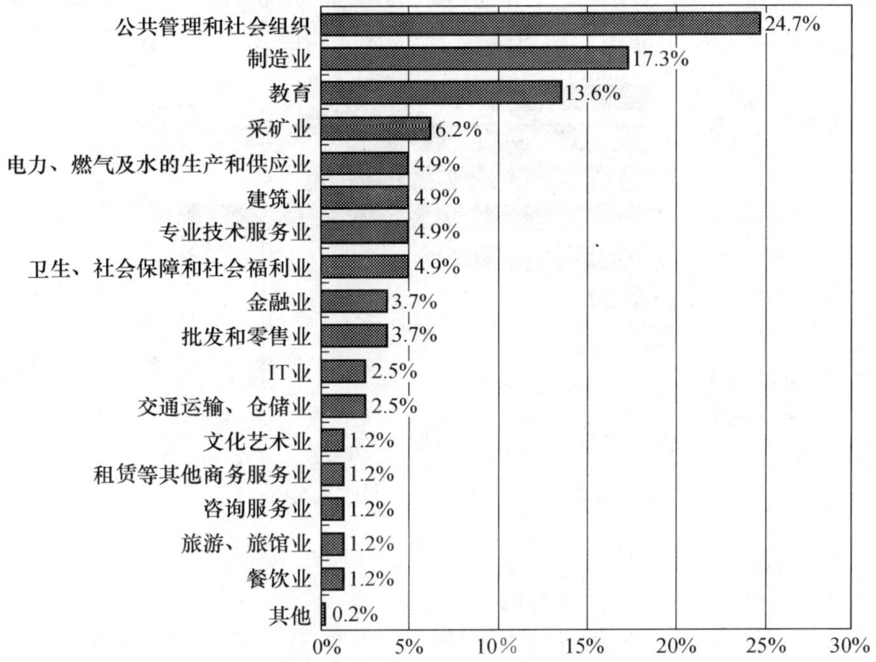

图 26.37　用户的行业分布

（6）用户的职业分布

河北省上网用户中，专业技术人员所占的比例最多，达到 21.7%；学生所占比例位居第二，为 16.0%；其次是国家机关、党群组织工作人员，所占比例为 11.3%；商业、服务业人员和教师所占比例各为 10.4%；工人所占比例为 8.5%；企事业单位管理人员所占比例为 7.5%；无业人员和办事员等协助人员也占一定的比例，皆为 5.7%（如图 26.38 所示）。

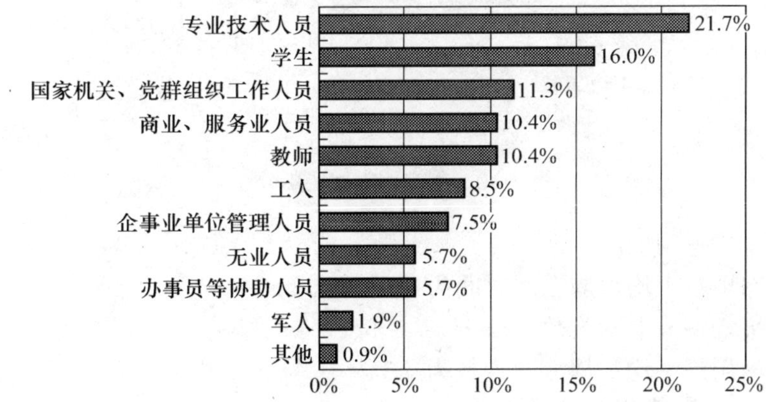

图 26.38　用户的职业分布

（7）用户的个人月收入

河北省上网用户中，个人月收入在1001～1500元的最多，达到29.6%；其次是501～1000元的用户，所占比例为22.4%；排在第三位的是500元以下的用户，所占比例为15.3%；个人月收入为1501～2000元和无收入的用户，所占比例分别为12.2%和11.2%；个人月收入在2000元以上的用户所占比例为9.3%（如图26.39所示）。

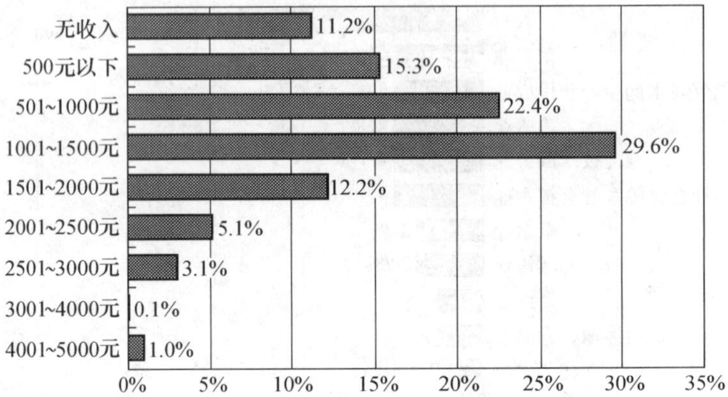

图26.39　用户的个人月收入分布

2．用户对互联网的使用情况

（1）用户每月实际花费的上网费用

河北省上网用户每月实际花费的上网费用以低于50元的居多，占44.9%；其次是每月实际花费的上网费用在51～100元的用户，所占比例为38.5%；每月实际花费的上网费用在100元以上的用户很少，只占16.6%（如图26.40所示）。河北省上网用户每月实际花费的上网费用集中在100元及以下。

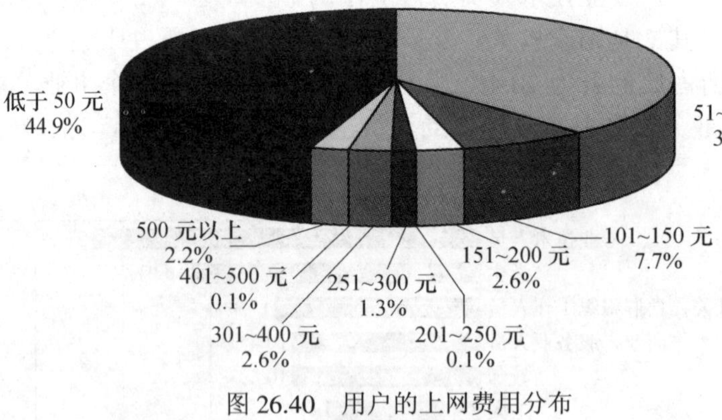

图26.40　用户的上网费用分布

（2）用户平均每周上网时间

河北省上网用户平均每周上网时间为12.6小时。

（3）用户平均每周上网天数

河北省上网用户平均每周上网天数为4.3天。

（4）用户通常上网时间

河北省上网用户的上网时间在一天中波动较大：凌晨1点至早上7点钟是网民最少

上网的时间，从早上 8 点钟起上网的人逐渐增加，到上午 9 点达到一天当中的第一个高峰，有 18.9%的网民在这一时间上网；10 点略有回落，11 点达到第二个高峰，有 20.8%的网民在这一时间上网；12 点又略有回落，14 点开始回升，到 15 点、16 点、17 点达到一天当中的第三个高峰，皆有 30.2%的网民在这一时间上网，此后上网人数开始下降；从晚上 19 点开始上网人数激增，到晚上 20 点的时候达到一天中的顶峰，有 59.4%的网民在这一时间上网，这之后上网人数又急剧减少（如图 26.41 所示）。日常生活的作息时间在一定程度上影响着人们使用互联网的时间。河北省上网用户使用互联网的高峰时间在晚上。

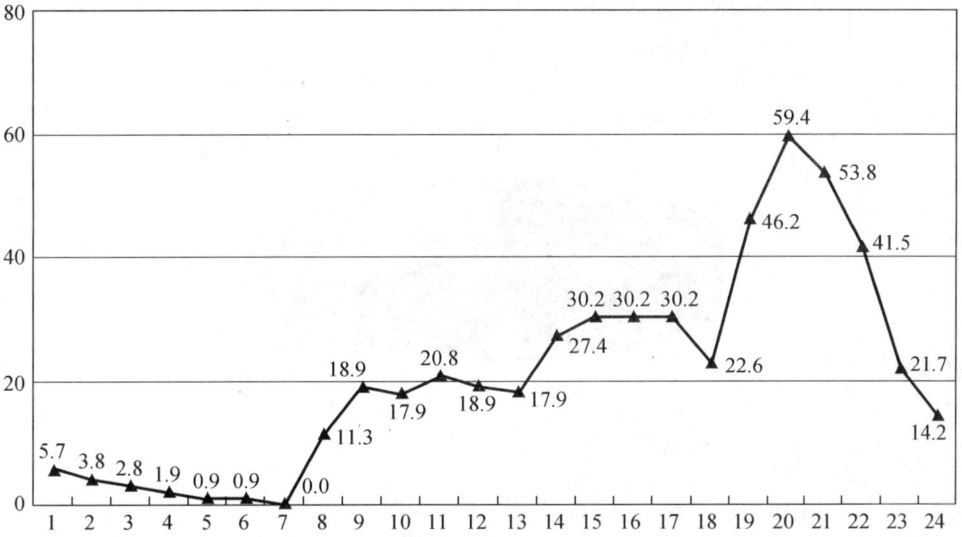

图 26.41　用户的上网时间分布（%）

（5）用户拥有 E-mail 账号数

河北省上网用户拥有 E-mail 账号平均值为 1.1，其中免费 E-mail 账号平均值为 1.0。

（6）用户平均每周收发的电子邮件数

河北省上网用户平均每周收到电子邮件数（不包括垃圾邮件）为 2.3 封，收到垃圾邮件数 2.6 封，发出电子邮件数 2.1 封。

（7）用户上网最主要的目的

河北省上网用户上网的最主要目的以获取信息最多，达到 46.2%；其次是休闲娱乐，所占比例为 32.1%；排在第三位的是学习和交友，皆有 6.6%的用户选择此项；而选择其他上网目的的用户则很少（如图 26.42 所示）。

3．用户对互联网的看法

（1）关于“使用互联网可以提高工作/学习和生活的效率”

关于“使用互联网可以提高工作/学习和生活的效率”的观点，河北省上网用户表示比较赞成的最多，达到 60.4%；其次是表示非常赞成的，所占比例为 26.4%；表示一半赞成一半不赞成的用户所占比例为 9.5%；表示不赞成的用户所占比例非常小，只有 3.7%（如图 26.43 所示）。河北省上网用户对“使用互联网可以提高工作/学习和生活的效率”的观点表示赞成的占绝大多数。

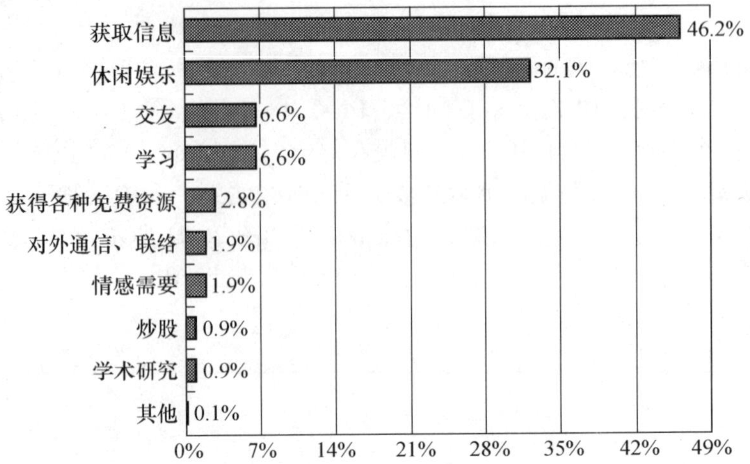

图 26.42 用户的上网目的

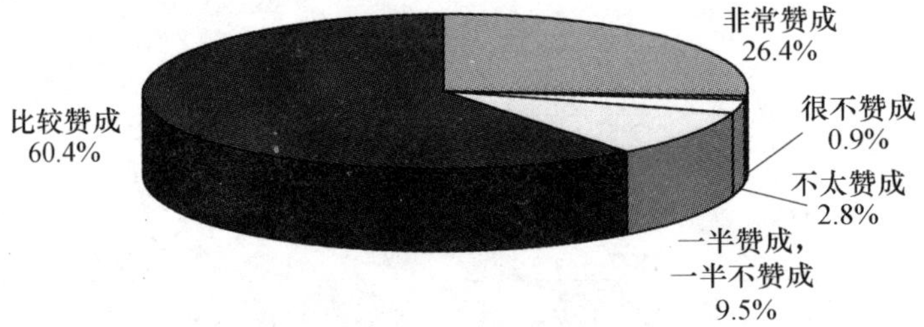

图 26.43 对“使用互联网可以提高工作/学习和生活的效率”观点的看法

（2）关于“在单位/学校/邻里中，会上网的人好像高人一等”

关于“在单位/学校/邻里中，会上网的人好像高人一等”的观点，河北省上网用户表示不太赞成的最多，达到 40.4%；其次是表示很不赞成的，所占比例为 37.5%；表示比较赞成的用户所占比例为 11.5%；表示一半赞成一半不赞成的用户所占比例为 7.7%；表示非常赞成的用户所占比例只有 2.9%（如图 26.44 所示）。河北省上网用户对“在单位/学校/邻里中，会上网的人好像高人一等”的观点表示不赞成的占多数。

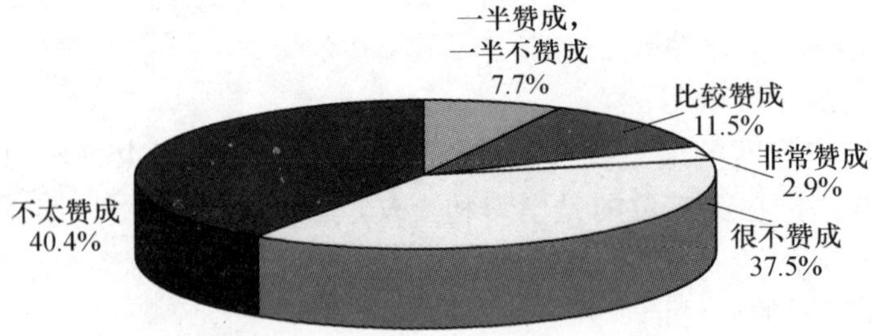

图 26.44 对“在单位/学校/邻里中，会上网的人好像高人一等”观点的看法

（3）关于“使用互联网容易结交不好的朋友”

关于“使用互联网容易结交不好的朋友”的观点，河北省上网用户表示不太赞成的最多，达到 38.5%；其次是表示很不赞成的用户，所占比例为 25.0%；表示一半赞成一半不赞成的，所占比例为 19.2%；表示比较赞成的用户所占比例为 14.4%；表示非常赞成的用户最少，只有 2.9%（如图 26.45 所示）。河北省上网用户对“使用互联网容易结交不好的朋友”的观点表示不赞成的居多。

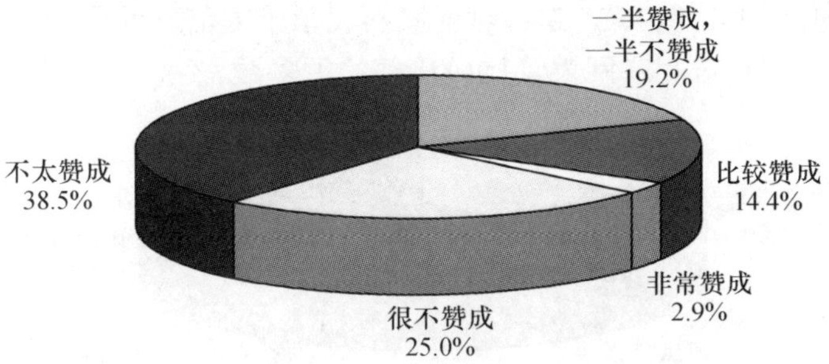

图 26.45　对“使用互联网容易结交不好的朋友”观点的看法

（4）关于“使用互联网容易暴露隐私”

关于“使用互联网容易暴露隐私”的观点，河北省上网用户表示不太赞成的最多，达到 43.9%；其次是表示一半赞成一半不赞成的，所占比例为 21.4%；表示很不赞成的用户所占比例为 15.3%；表示比较赞成的用户所占比例为 13.3%；表示非常赞成的用户最少，占 6.1%（如图 26.46 所示）。河北省上网用户对“使用互联网容易暴露隐私”的观点表示不赞成的居多。

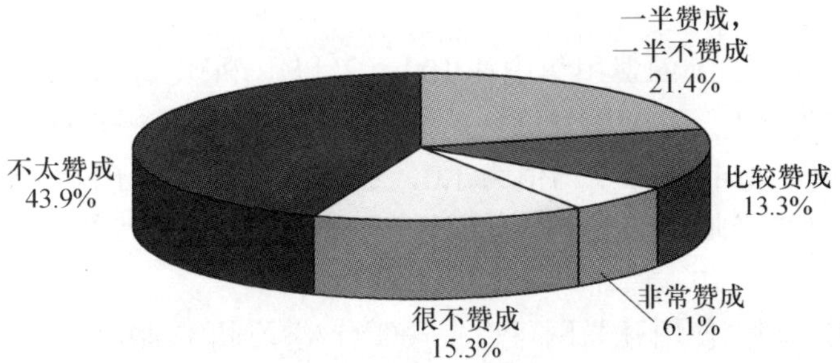

图 26.46　对“使用互联网容易暴露隐私”观点的看法

（5）关于“使用互联网容易受不良信息影响”

关于“使用互联网容易受不良信息影响”的观点，河北省上网用户表示不太赞成的最多，达到 29.4%；其次是表示一半赞成一半不赞成的用户，所占比例为 27.5%；表示比较赞成的用户所占比例为 17.6%；表示很不赞成的用户所占比例为 16.7%；表示非常赞成的用户所占比例为 8.8%（如图 26.47 所示）。河北省上网用户对“使用互联网容易受不良信息影响”的观点表示不赞成的略多于表示赞成的。

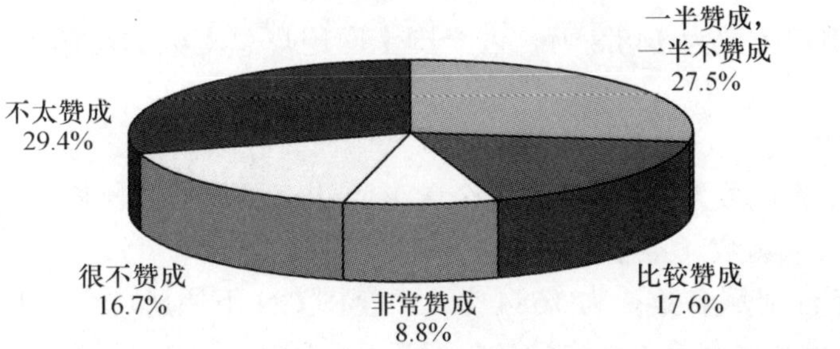

图 26.47　对“使用互联网容易受不良信息影响”观点的看法

（6）对互联网的信任程度

河北省上网用户对互联网表示比较信任的最多，所占比例为 60.0%；其次是对互联网表示半信半疑的，所占比例为 36.2%；对互联网表示不太信任的用户有 3.8%（如图 26.48 所示）。河北省上网用户对互联网表示比较信任的占多数。

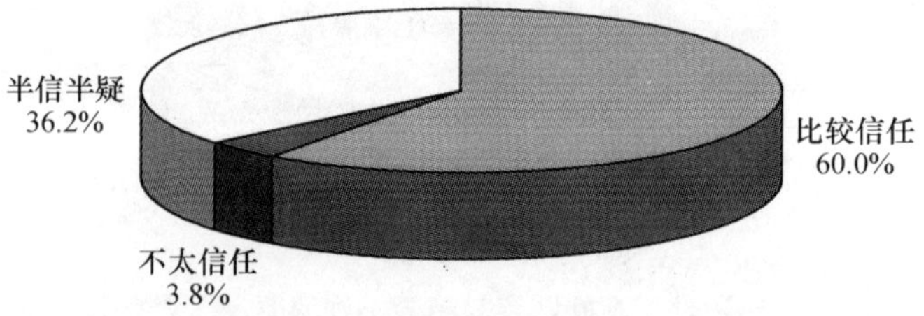

图 26.48　用户对互联网的信任程度

综上所述，河北省上网用户数为 289.1 万人，上网计算机数为 126 万台，CN 下注册域名数量为 6135 个，WWW 站点数为 15510 个。

其中住宅电话覆盖的上网用户（不包括住校大学生）中以男性、已婚者占主体，年龄在 18～24 岁的所占比例最高，受教育程度为大专的最多，职业为专业技术人员的所占的比例最多，从事的行业为公共管理和社会组织的人最多，个人月收入在 1001～1500 元的最多。

用户每月实际花费的上网费用集中在 100 元及以下，平均每周上网时间为 12.6 小时，平均每周上网天数为 4.3 天，使用互联网的高峰时间在晚上。用户拥有 E-mail 账号平均值为 1.1，其中免费 E-mail 账号平均值为 1.0，平均每周收到电子邮件数（不包括垃圾邮件）为 2.3 封，收到垃圾邮件数 2.6 封，发出电子邮件数 2.1 封。用户上网的最主要目的为获取信息。

河北省上网用户对“使用互联网可以提高工作/学习和生活的效率”的观点表示赞成的占绝大多数，对“在单位/学校/邻里中，会上网的人好像高人一等”的观点表示不赞成的占多数，对“使用互联网容易结交不好的朋友”的观点表示不赞成的居多，对“使用互联网容易暴露隐私”的观点表示不赞成的居多，对“使用互联网容易受不良信息影响”的观点表示不赞成的略多于表示赞成的。对互联网表示比较信任的占多数。

26.3.4　山西省互联网络发展状况

（一）宏观概况

1．上网用户人数

山西省上网用户人数为 148.8 万，占全国上网用户总人数的比例为 1.9%，是山西省总人口的 4.5%。

2．上网计算机数

山西省上网计算机数为 43 万台，占全国上网计算机总数的比例为 1.4%。

3．CN 下注册域名数（不含 EDU）

山西省 CN 下注册域名数量为 1684 个，占全国 CN 下注册域名总数的比例为 0.5%。

4．WWW 站点数（包括.CN、.COM、.NET、.ORG 下的网站）

山西省 WWW 站点数为 3364 个，占全国 WWW 站点数的比例为 0.6%。

（二）互联网用户行为意识调查结果

1．用户个人信息

（1）用户的性别

山西省上网用户中，男性占 70.5%，女性占 29.5%（如图 26.49 所示）。男性占据上网用户主体。

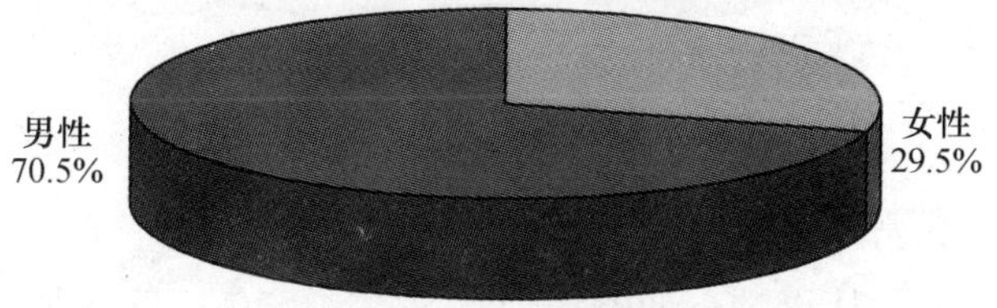

图 26.49　用户性别分布

（2）用户的年龄分布

山西省上网用户中，18～24 岁的用户所占比例最高，达到 33.7%；其次是 31～35 岁和 25～30 岁的用户，所占比例分别为 15.4%和 14.4%；18 岁以下的用户占 11.5%；35 岁以上用户所占比例为 26.0%（如图 26.50 所示）。

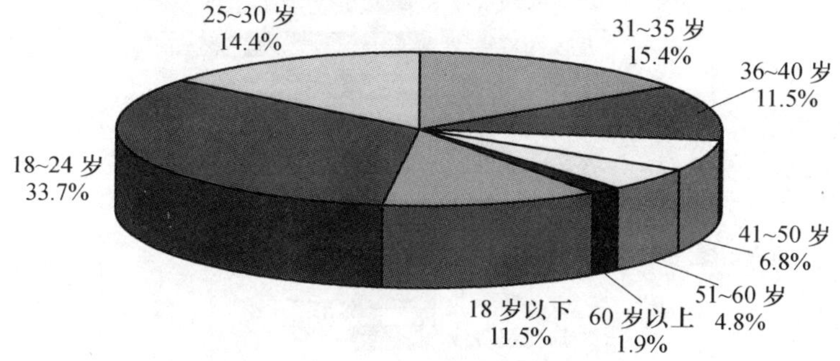

图 26.50　用户年龄分布

（3）用户的婚姻状况

山西省上网用户中，已婚者占 58.0%，未婚者占 42.0%（如图 26.51 所示）。已婚者占上网用户主体。

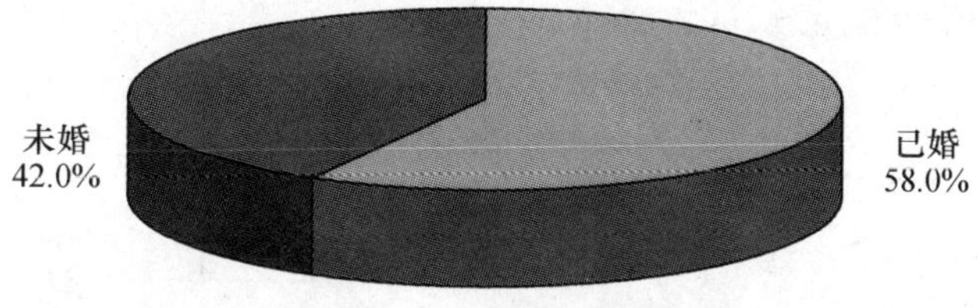

图 26.51　用户婚姻状况分布

（4）用户的受教育程度

山西省上网用户中，受教育程度为高中（中专）的最多，达到 33.0%；其次是受教育程度为大专和本科的用户，所占比例分别为 27.7%和 25.0%；高中以下受教育程度的用户所占比例为 14.3%（如图 26.52 所示）。

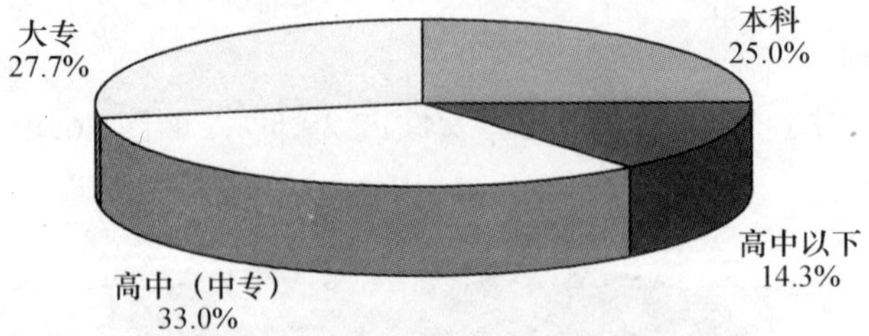

图 26.52　用户受教育程度分布

（5）用户的行业分布（不包括军人、学生和无业人员）

山西省上网用户中，从事教育业的人最多，占 18.3%；其次是从事公共管理和社会组织的用户，所占比例为 13.4%；排在第三位的是制造业，所占比例为 9.8%；从事批发零售业的用户所占比例为 8.5%；从事卫生、社会保障和福利业的用户所占比例为 7.3%；从事 IT 业的用户所占比例为 6.1%；从事其他行业的上网用户则较少（如图 26.53 所示）。

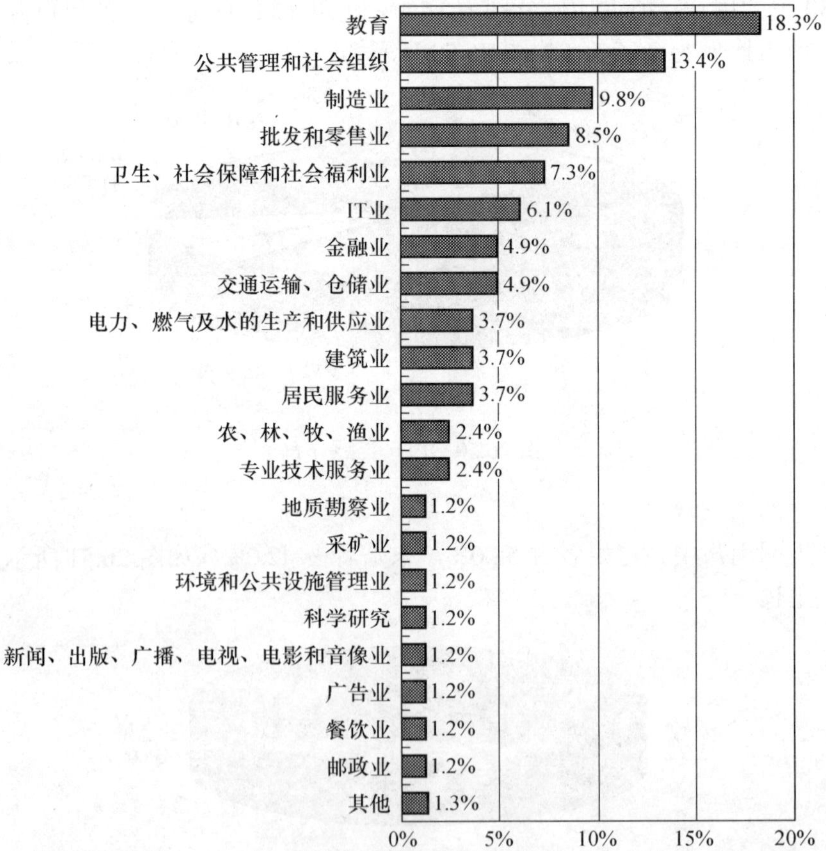

图 26.53　用户的行业分布

（6）用户的职业分布

山西省上网用户中，专业技术人员所占的比例最多，达到 16.1%；其次是学生，所占比例为 15.2%；排在第三位的是教师，所占比例为 13.4%；工人和无业人员所占比例皆为 11.6%；商业、服务业人员所占比例为 10.7%；国家机关、党群组织工作人员和企事业单位管理人员所占比例皆为 9.8%；办事员等协助人员所占比例为 1.7%；其他职业用户所占比例较小（如图 26.54 所示）。

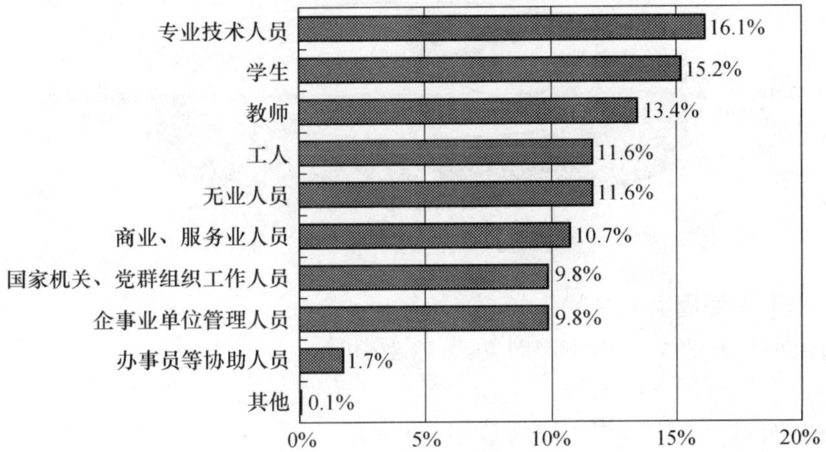

图 26.54　用户的职业分布

（7）用户的个人月收入

山西省上网用户中，个人月收入在 501～1000 元的最多，达到 33.3%；其次是 1001～1500 元的用户，所占比例为 20.0%；排在第三位的是 500 元以下的用户，所占比例为 19.0%；个人月收入为 1501～2000 元的用户所占比例为 10.5%；无收入的用户所占比例为 7.6%；个人月收入在 2000 元以上的用户所占比例为 9.6%（如图 26.55 所示）。

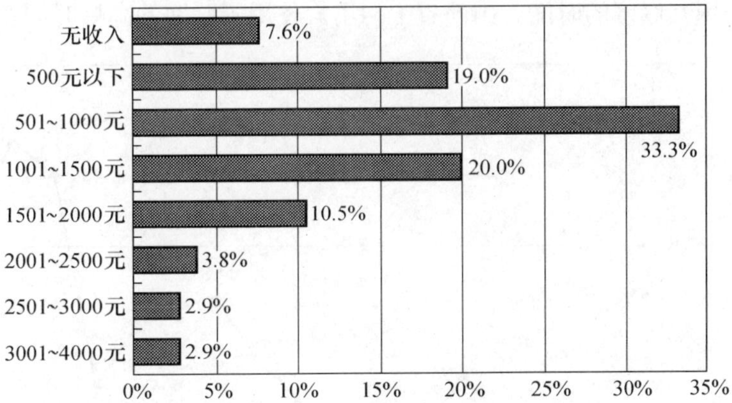

图 26.55　用户的个人月收入分布

2．用户对互联网的使用情况

（1）用户每月实际花费的上网费用

山西省上网用户每月实际花费的上网费用以低于 50 元的最多，占 58.7%；其次是每月实际花费的上网费用在 51～100 元的用户，所占比例为 28.0%；每月实际花费的上网费用在 100 元以上的用户很少，只占 13.3%（如图 26.56 所示）。山西省上网用户每月实际花费的上网费用集中在 100 元及以下。

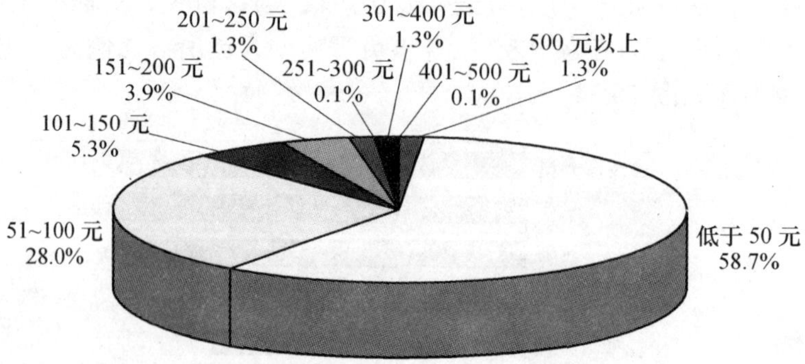

图 26.56 用户的上网费用分布

（2）用户平均每周上网时间

山西省上网用户平均每周上网时间为 12.4 小时。

（3）用户平均每周上网天数

山西省上网用户平均每周上网天数为 3.5 天。

（4）用户通常上网时间

山西省上网用户的上网时间在一天中波动较大：凌晨 1 点至早上 7 点钟是网民最少上网的时间，从早上 8 点钟起上网的人逐渐增加，到上午 10 点达到一天当中的第一个高峰，有 25.9%的网民在这一时间上网；11 点略有回落，14 点开始回升，到 16 点达到一天当中的第二个高峰，有 34.8%的网民在这一时间上网，此后上网人数开始下降；从晚上 20 点开始上网人数激增，到晚上 21 点的时候达到一天中的顶峰，有 51.8%的网民在这一时间上网，这之后上网人数又急剧减少（如图 26.57 所示）。日常生活的作息时间在一定程度上影响着人们使用互联网的时间。山西省上网用户使用互联网的高峰时间在晚上。

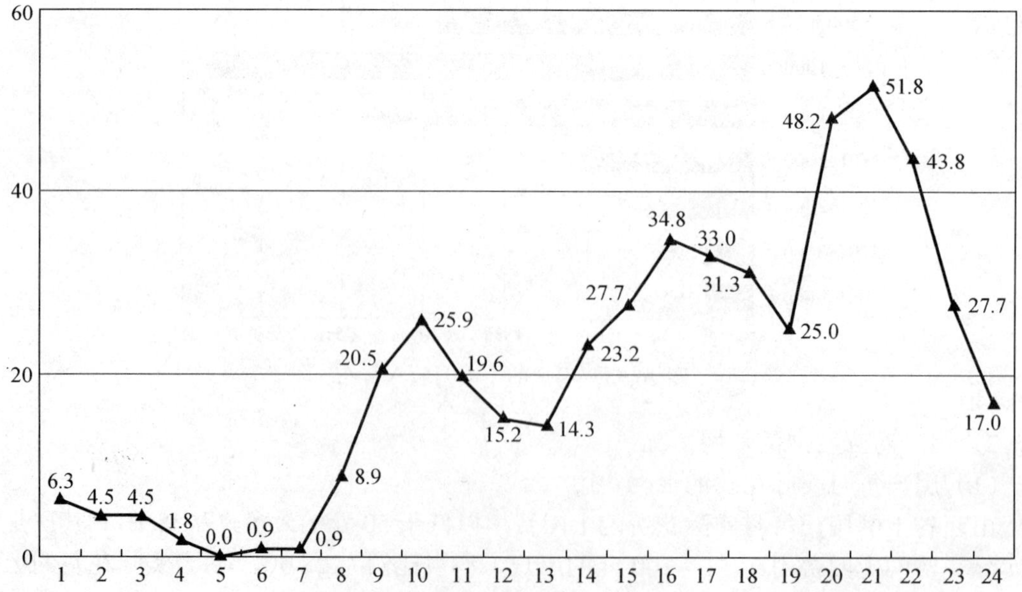

图 26.57 用户的上网时间分布（%）

（5）用户拥有 E-mail 账号数

山西省上网用户拥有 E-mail 账号平均值为 0.9，其中免费 E-mail 账号平均值为 0.8。

（6）用户平均每周收发的电子邮件数

山西省上网用户平均每周收到电子邮件数（不包括垃圾邮件）为 3.5 封，收到垃圾邮件数 5.1 封，发出电子邮件数 2.8 封。

（7）用户上网最主要的目的

山西省上网用户上网的最主要目的以获取信息最多，达到 46.4%；其次是休闲娱乐，所占比例为 31.3%；排在第三位的是学习和交友，皆有 7.1%的用户选择此项；而选择其他上网目的的用户则很少（如图 26.58 所示）。

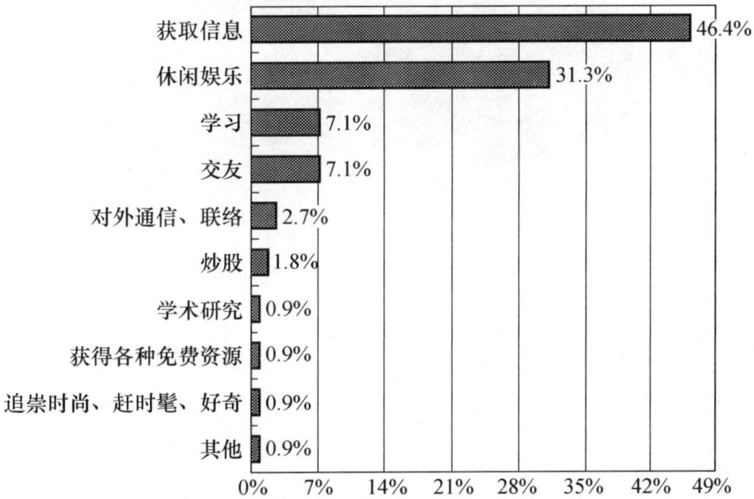

图 26.58　用户上网最主要的目的

3．用户对互联网的看法

（1）关于“使用互联网可以提高工作/学习和生活的效率”

关于“使用互联网可以提高工作/学习和生活的效率”的观点，山西省上网用户表示比较赞成的最多，达到 55.4%；其次是表示非常赞成的，所占比例为 38.4%；表示一半赞成一半不赞成的用户所占比例为 3.5%；表示不赞成的用户所占比例非常小，只有 2.7%（如图 26.59 所示）。山西省上网用户对“使用互联网可以提高工作/学习和生活的效率”的观点表示赞成的占绝大多数。

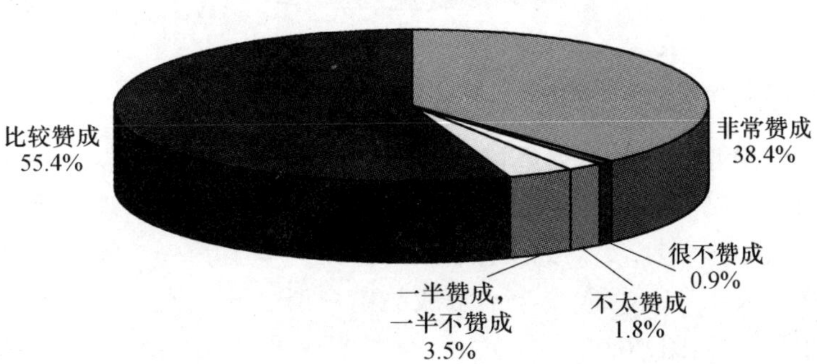

图 26.59　对“使用互联网可以提高工作/学习和生活的效率”观点的看法

（2）关于“在单位/学校/邻里中，会上网的人好像高人一等”

关于“在单位/学校/邻里中，会上网的人好像高人一等”的观点，山西省上网用户表示不太赞成的最多，达到 47.3%；其次是表示很不赞成的，所占比例为 26.4%；表示非常赞成的用户所占比例为 10.9%；表示比较赞成的用户所占比例为 10.0%；表示一半赞成一半不赞成的用户所占比例为 5.4%（如图 26.60 所示）。山西省上网用户对“在单位/学校/邻里中，会上网的人好像高人一等”的观点表示不赞成的占多数。

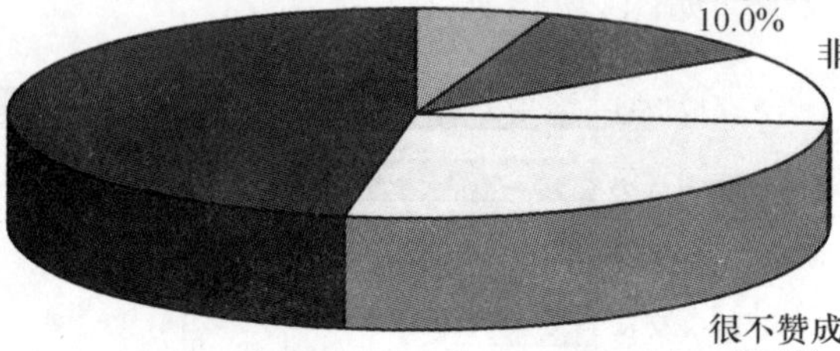

图 26.60　对“在单位/学校/邻里中，会上网的人好像高人一等”观点的看法

（3）关于“使用互联网容易结交不好的朋友”

关于“使用互联网容易结交不好的朋友”的观点，山西省上网用户表示不太赞成的最多，达到 50.0%；其次是表示很不赞成的用户，所占比例为 19.2%；表示比较赞成的用户所占比例为 16.3%；表示一半赞成一半不赞成的用户所占比例为 9.7%；表示非常赞成的用户最少，只有 4.8%（如图 26.61 所示）。山西省上网用户对“使用互联网容易结交不好的朋友”的观点表示不赞成的居多。

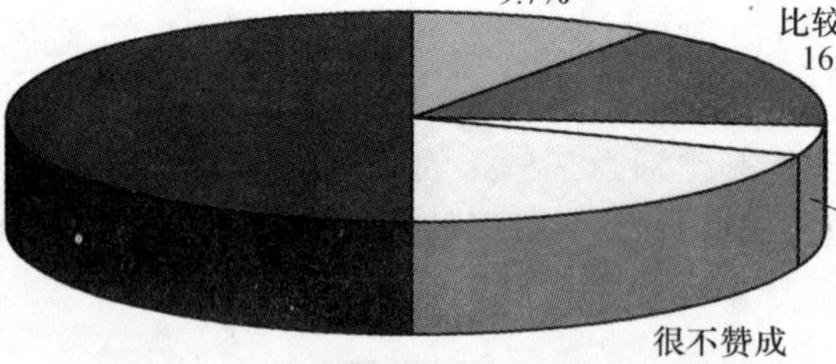

图 26.61　对“使用互联网容易结交不好的朋友”观点的看法

（4）关于“使用互联网容易暴露隐私”

关于“使用互联网容易暴露隐私”的观点，山西省上网用户表示不太赞成的最多，达到 52.0%；其次是表示比较赞成的用户，所占比例为 20.6%；表示很不赞成的用户所占比例为 13.7%；表示一半赞成一半不赞成的用户所占比例为 10.8%；表示非常赞成的用户最少，占 2.9%（如图 26.62 所示）。山西省上网用户对“使用互联网容易暴露隐私”的观点表示不赞成的居多。

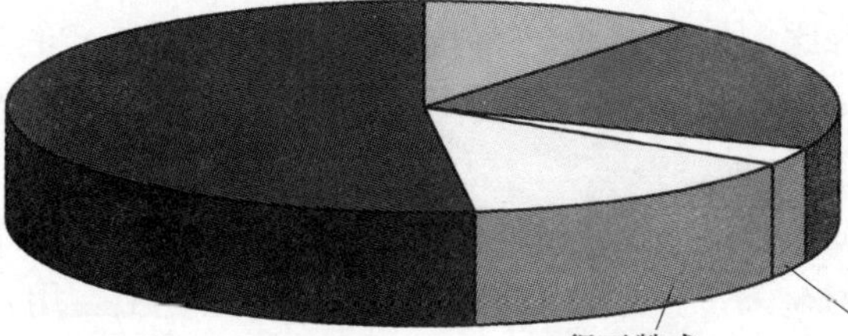

图 26.62　对“使用互联网容易暴露隐私”观点的看法

（5）关于“使用互联网容易受不良信息影响”

关于“使用互联网容易受不良信息影响”的观点，山西省上网用户表示不太赞成的最多，达到 37.3%；其次是表示比较赞成的用户，所占比例为 32.7%；表示很不赞成的用户所占比例为 11.8%；表示一半赞成一半不赞成的用户所占比例为 10.9%；表示非常赞成的用户所占比例为 7.3%（如图 26.63 所示）。山西省上网用户对“使用互联网容易受不良信息影响”的观点表示不赞成的略多于表示赞成的。

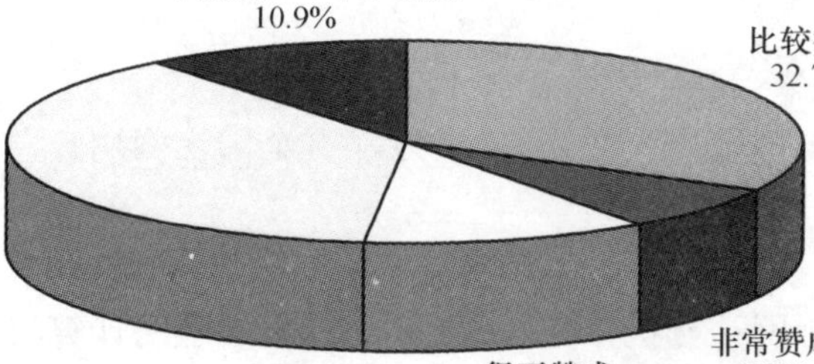

图 26.63　对“使用互联网容易受不良信息影响”观点的看法

（6）对互联网的信任程度

山西省上网用户对互联网表示比较信任的最多，所占比例为 45.1%；其次是对互联网表示半信半疑的，所占比例为 44.1%；对互联网表示不太信任和完全信任的用户皆有 5.4%（如图 26.64 所示）。山西省上网用户对互联网表示信任的占多数。

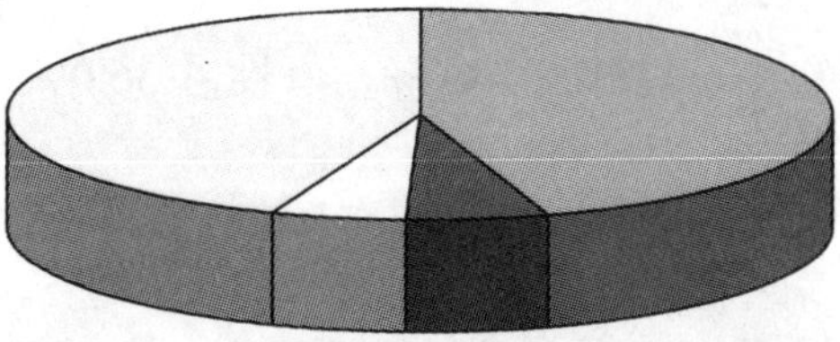

图 26.64　用户对互联网的信任程度

综上所述，山西省上网用户数为 148.8 万人，上网计算机数为 43 万台，CN 下注册域名数量为 1684 个，WWW 站点数为 3364 个。

其中住宅电话覆盖的上网用户（不包括住校大学生）中以男性、已婚者占主体，年龄在 18～24 岁的所占比例最高，受教育程度为高中（中专）的最多，职业以专业技术人员所占的比例最多，从事的行业以教育行业的人最多，个人月收入在 501～1000 元的最多。

用户每月实际花费的上网费用集中在 100 元及以下，平均每周上网时间为 12.4 小时，平均每周上网天数为 3.5 天，使用互联网的高峰时间在晚上。用户拥有 E-mail 账号平均值为 0.9，其中免费 E-mail 账号平均值为 0.8，平均每周收到电子邮件数（不包括垃圾邮件）为 3.5 封，收到垃圾邮件数 5.1 封，发出电子邮件数 2.8 封。用户上网的最主要目的为获取信息。

山西省上网用户对“使用互联网可以提高工作/学习和生活的效率”的观点表示赞成的占绝大多数，对“在单位/学校/邻里中，会上网的人好像高人一等”的观点表示不赞成的占多数，对“使用互联网容易结交不好的朋友”的观点表示不赞成的居多，对“使用互联网容易暴露隐私”的观点表示不赞成的居多，对“使用互联网容易受不良信息影响”的观点表示不赞成的略多于表示赞成的。对互联网表示信任的占多数。

26.3.5　内蒙古自治区互联网络发展状况

（一）宏观概况

1．上网用户人数

内蒙古自治区上网用户人数为 74.9 万，占全国上网用户总人数的比例为 1.0%，是内蒙古自治区总人口的 3.1%。

2．上网计算机数

内蒙古自治区上网计算机数为 31 万台，占全国上网计算机总数的比例为 1.0%。

3．CN 下注册域名数（不含 EDU）

内蒙古自治区 CN 下注册域名数量为 1942 个，占全国 CN 下注册域名总数的比例为 0.6%。

4．WWW 站点数（包括.CN、.COM、.NET、.ORG 下的网站）

内蒙古自治区 WWW 站点数为 2859 个，占全国 WWW 站点数的比例为 0.5%。

（二）互联网用户行为意识调查结果

1．用户个人信息

（1）用户的性别

内蒙古自治区上网用户中，男性占 64.0%，女性占 36.0%（如图 26.65 所示）。男性占据上网用户主体。

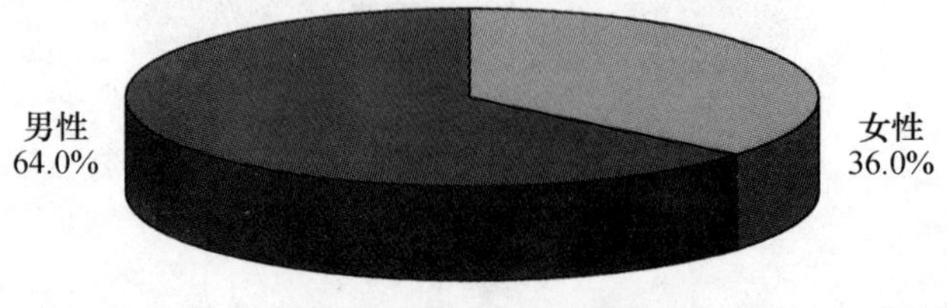

图 26.65　用户性别分布

（2）用户的年龄分布

内蒙古自治区上网用户中，18～24 岁的用户所占比例最高，达到 28.1%；其次是 18 岁以下的用户，所占比例为 22.3%；25～30 岁的用户占 16.5%；31～35 岁的用户占 14.1%；35 岁以上用户所占比例为 19.0%（如图 26.66 所示）。

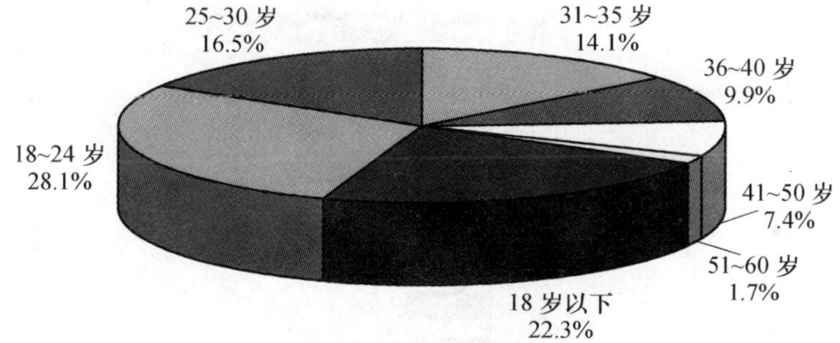

图 26.66　用户年龄分布

（3）用户的婚姻状况

内蒙古自治区上网用户中，已婚者占 44.0%，未婚者占 56.0%（如图 26.67 所示）。未婚者占据上网用户主体。

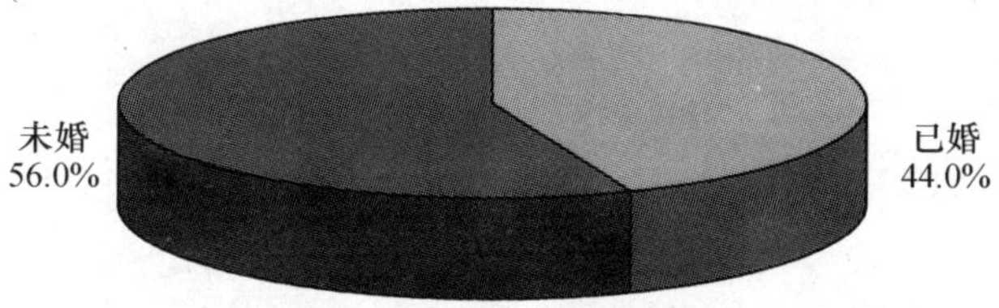

图 26.67　用户婚姻状况分布

（4）用户的受教育程度

内蒙古自治区上网用户中，受教育程度为高中（中专）的最多，达到 33.6%；其次是受教育程度为大专的用户，所占比例为 31.2%；受教育程度为本科的用户所占比例为 19.2%；高中以下受教育程度的用户所占比例为 15.2%；硕士所占比例只有 0.8%（如图 26.68 所示）。

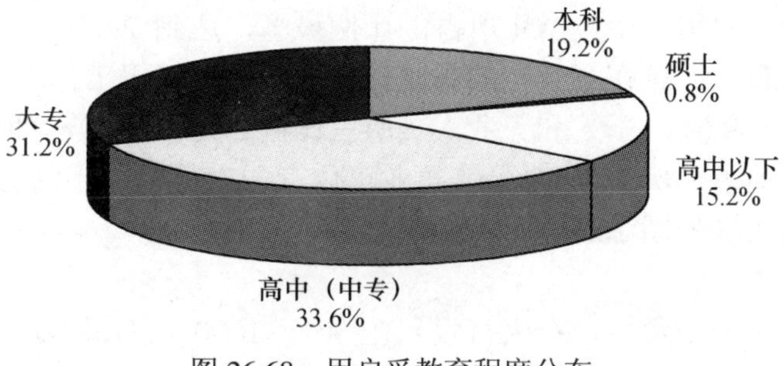

图 26.68　用户受教育程度分布

（5）用户的行业分布（不包括军人、学生和无业人员）

内蒙古自治区上网用户中，从事公共管理和社会组织的人最多，占 21.3%；其次是从事教育业的用户，所占比例为 12.5%；排在第三位的是从事批发零售业和制造业的用户，所占比例各为 8.8%；从事 IT 业的用户所占比例为 7.5%；从事卫生、社会保障和福利业的用户所占比例为 5.0%；从事其他行业的上网用户则较少（如图 26.69 所示）。

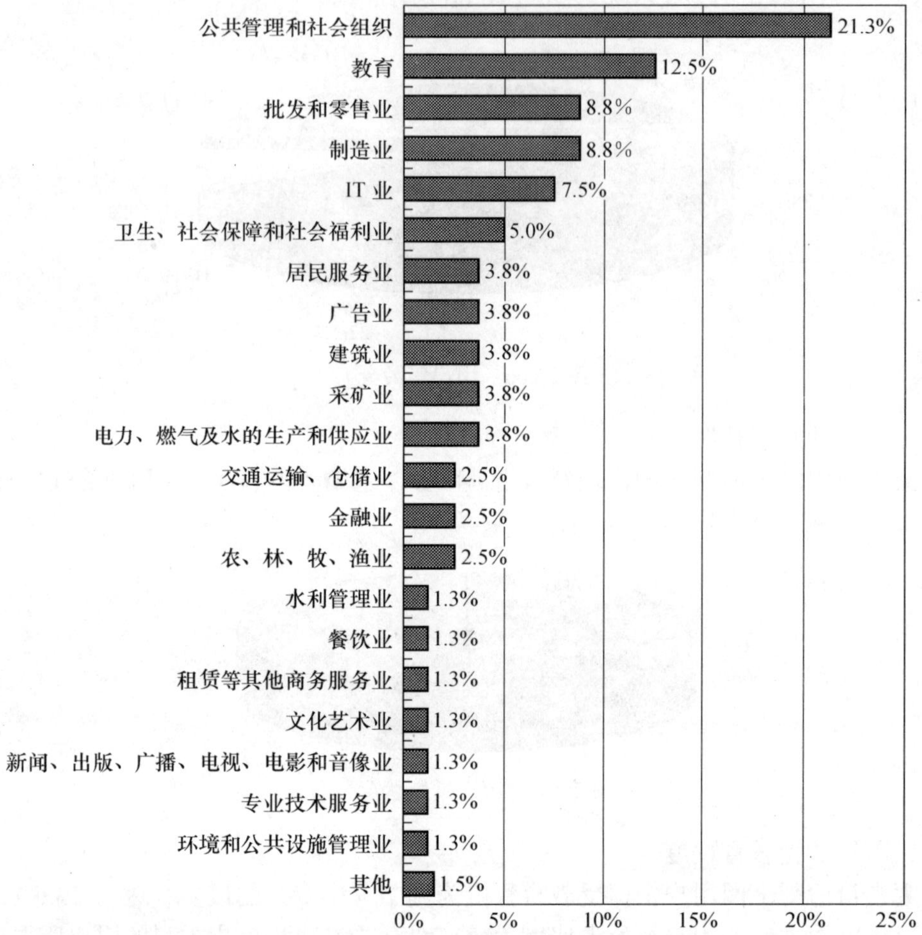

图 26.69　用户的行业分布

（6）用户的职业分布

内蒙古自治区上网用户中，学生所占的比例最多，达到 27.2%；其次是专业技术人员，所占比例为 13.6%；排在第三位的是国家机关、党群组织工作人员和商业、服务业人员，所占比例皆为 9.6%；工人和无业人员所占比例皆为 8.8%；教师所占比例为 8.0%；办事员等协助人员所占比例为 6.4%；企事业单位管理人员所占比例为 5.6%；其他职业的用户所占比例较少（如图 26.70 所示）。

（7）用户的个人月收入

内蒙古自治区上网用户中，个人月收入在 501～1000 元的最多，达到 25.9%；其次是 1001～1500 元的用户，所占比例为 25.0%；排在第三位的是 500 元以下的用户，所占比例为 19.6%；无收入的用户所占比例为 15.2%；个人月收入为 1501～2000 元的用户所占比例为 6.2%；个人月收入在 2000 元以上的用户所占比例为 8.1%（如图 26.71 所示）。

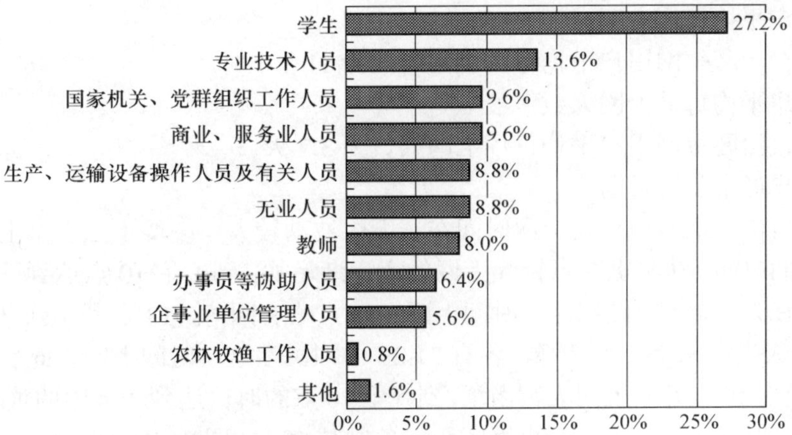

图 26.70　用户的职业分布

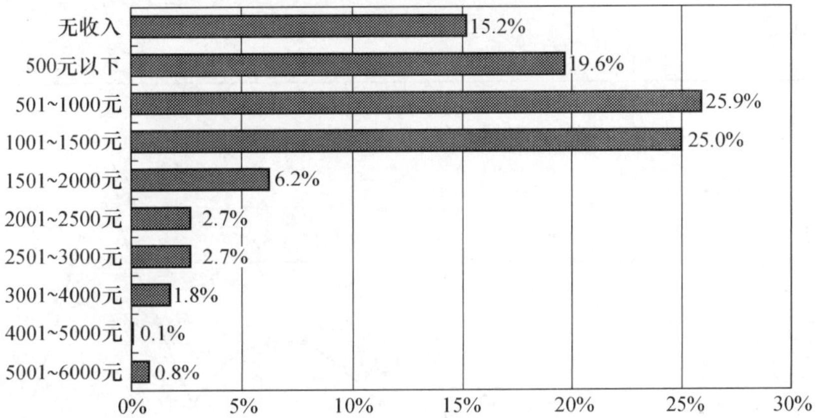

图 26.71　用户的个人月收入分布

2．用户对互联网的使用情况

（1）用户每月实际花费的上网费用

内蒙古自治区上网用户每月实际花费的上网费用以低于 50 元的最多，占 43.7%；其次是每月实际花费的上网费用在 51～100 元的用户，所占比例为 34.5%；每月实际花费的上网费用在 101～150 元的用户，所占比例为 10.3%；每月实际花费的上网费用在 150 元以上的用户很少，只占 11.5%（如图 26.72 所示）。内蒙古自治区上网用户每月实际花费的上网费用集中在 150 元及以下。

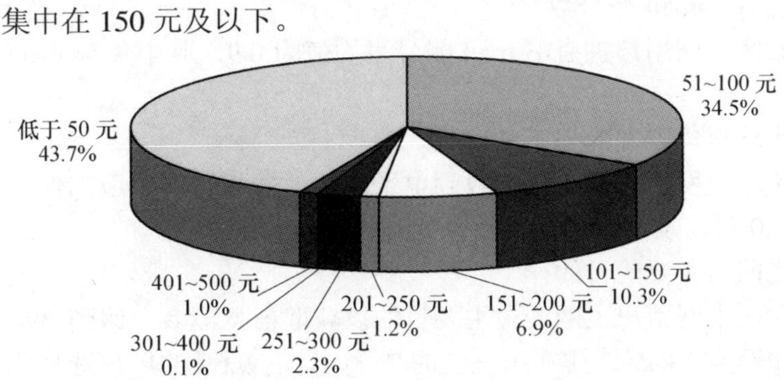

图 26.72　用户的上网费用分布

（2）用户平均每周上网时间

内蒙古自治区上网用户平均每周上网时间为 11.2 小时。

（3）用户平均每周上网天数

内蒙古自治区上网用户平均每周上网天数为 3.7 天。

（4）用户通常上网时间

内蒙古自治区上网用户的上网时间在一天中波动较大：凌晨 1 点至早上 7 点钟是网民最少上网的时间，从早上 8 点钟起上网的人逐渐增加，到上午 10 点达到一天当中的第一个高峰，有 24.0%的网民在这一时间上网；11 点略有回落，13 点开始回升，到 15 点、16 点达到一天当中的第二个高峰，各有 31.2%的网民在这一时间上网，此后上网人数开始下降；从晚上 19 点开始上网人数激增，到晚上 20 点的时候达到一天中的顶峰，有 44.8%的网民在这一时间上网，这之后上网人数又急剧减少（如图 26.73 所示）。日常生活的作息时间在一定程度上影响着人们使用互联网的时间。内蒙古自治区上网用户使用互联网的高峰时间在晚上。

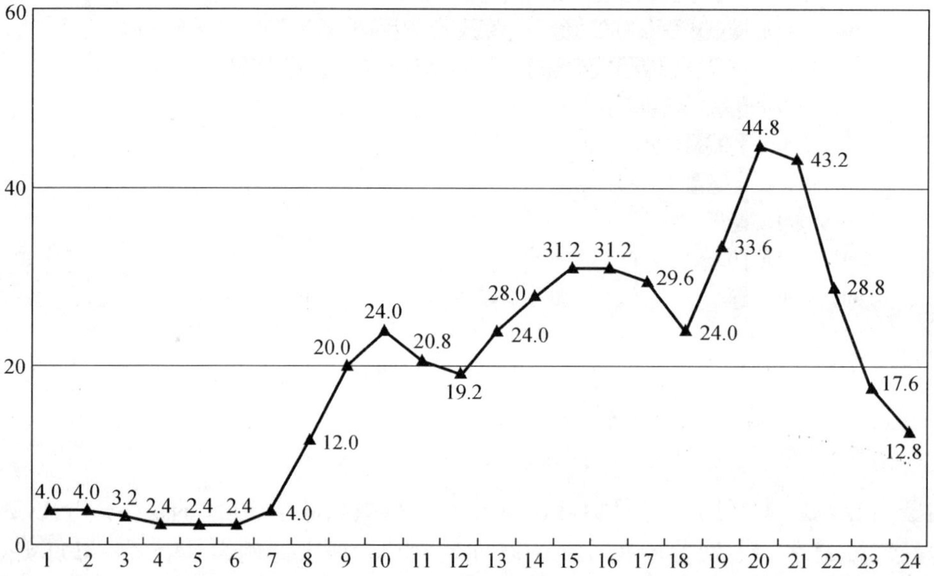

图 26.73　用户的上网时间分布（%）

（5）用户拥有 E-mail 账号数

内蒙古自治区上网用户拥有 E-mail 账号平均值为 0.9，其中免费 E-mail 账号平均值为 0.7。

（6）用户平均每周收发的电子邮件数

内蒙古自治区上网用户平均每周收到电子邮件数（不包括垃圾邮件）为 3.2 封，收到垃圾邮件数 6.0 封，发出电子邮件数 4.9 封。

（7）用户上网最主要的目的

内蒙古自治区上网用户上网的最主要目的以获取信息最多，达到 39.2%；其次是休闲娱乐，所占比例为 38.4%；排在第三位的是学习，有 9.6%的用户选择此项；选择交友的用户有 5.6%；而选择其他上网目的的用户则很少（如图 26.74 所示）。

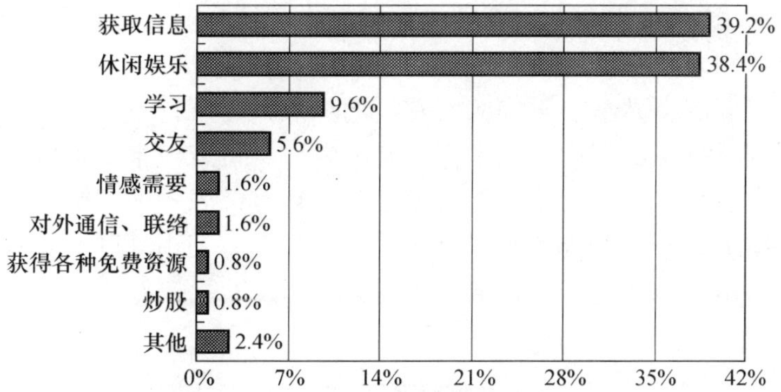

图 26.74 用户上网最主要的目的

3．用户对互联网的看法

（1）关于“使用互联网可以提高工作/学习和生活的效率”

关于“使用互联网可以提高工作/学习和生活的效率”的观点，内蒙古自治区上网用户表示比较赞成的最多，达到 48.0%；其次是表示非常赞成的，所占比例为 34.1%；表示一半赞成一半不赞成的用户所占比例为 14.6%；表示不赞成的用户所占比例非常小，只有 3.3%（如图 26.75 所示）。内蒙古自治区上网用户对“使用互联网可以提高工作/学习和生活的效率”的观点表示赞成的占绝大多数。

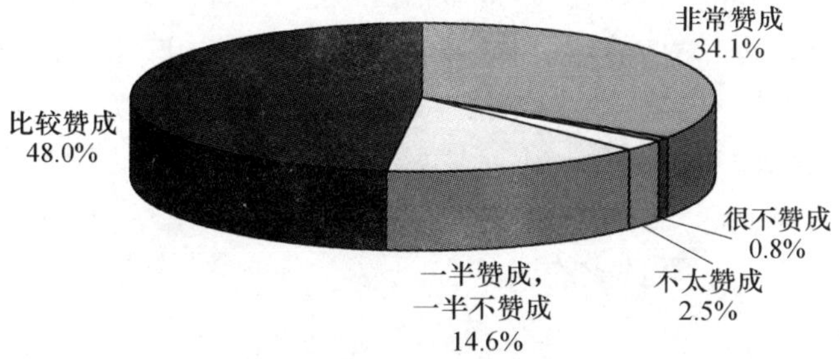

图 26.75 对“使用互联网可以提高工作/学习和生活的效率”观点的看法

（2）关于“在单位/学校/邻里中，会上网的人好像高人一等”

关于“在单位/学校/邻里中，会上网的人好像高人一等”的观点，内蒙古自治区上网用户表示不太赞成的最多，达到 43.9%；其次是表示很不赞成的，所占比例为 23.6%；表示比较赞成的用户所占比例为 13.8%；表示一半赞成一半不赞成的用户所占比例为 13.0%；表示非常赞成的用户所占比例为 5.7%；（如图 26.76 所示）。内蒙古自治区上网

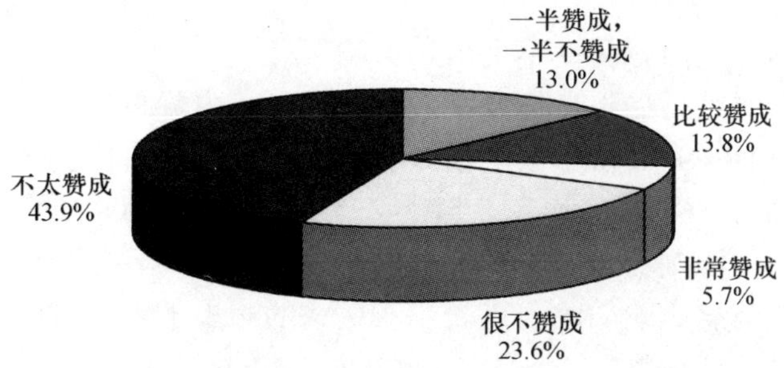

图 26.76 对“在单位/学校/邻里中，会上网的人好像高人一等”观点的看法

用户对“在单位/学校/邻里中，会上网的人好像高人一等”的观点表示不赞成的占多数。

（3）关于“使用互联网容易结交不好的朋友”

关于“使用互联网容易结交不好的朋友”的观点，内蒙古自治区上网用户表示不太赞成的最多，达到 43.0%；其次是表示很不赞成和一半赞成一半不赞成的用户，所占比例皆为 18.2%；表示比较赞成的用户所占比例为 14.8%；表示非常赞成的用户最少，只有 5.8%（如图 26.77 所示）。内蒙古自治区上网用户对“使用互联网容易结交不好的朋友”的观点表示不赞成的居多。

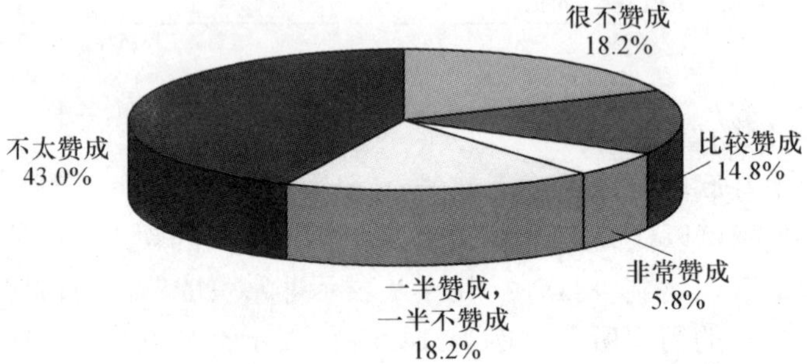

图 26.77　对“使用互联网容易结交不好的朋友”观点的看法

（4）关于“使用互联网容易暴露隐私”

关于“使用互联网容易暴露隐私”的观点，内蒙古自治区上网用户表示不太赞成的最多，达到 48.7%；其次是表示一半赞成一半不赞成的用户，所占比例为 18.3%；表示很不赞成的用户所占比例为 16.5%；表示比较赞成的用户所占比例为 12.2%；表示非常赞成的用户最少，占 4.3%（如图 26.78 所示）。内蒙古自治区上网用户对“使用互联网容易暴露隐私”的观点表示不赞成的居多。

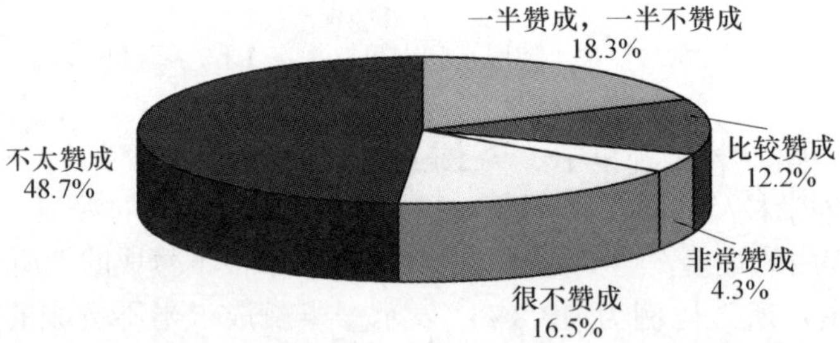

图 26.78　对“使用互联网容易暴露隐私”观点的看法

（5）关于“使用互联网容易受不良信息影响”

关于“使用互联网容易受不良信息影响”的观点，内蒙古自治区上网用户表示比较赞成的最多，达到 30.8%；其次是表示不太赞成的用户，所占比例为 30.0%；表示很不赞成的用户所占比例为 16.7%；表示一半赞成一半不赞成的用户所占比例为 12.5%；表示非常赞成的用户所占比例为 10.0%（如图 26.79 所示）。内蒙古自治区上网用户对“使用互联网容易受不良信息影响”的观点表示不赞成的略多于表示赞成的。

（6）对互联网的信任程度

内蒙古自治区上网用户对互联网表示比较信任的最多，所占比例为 60.5%；其次是

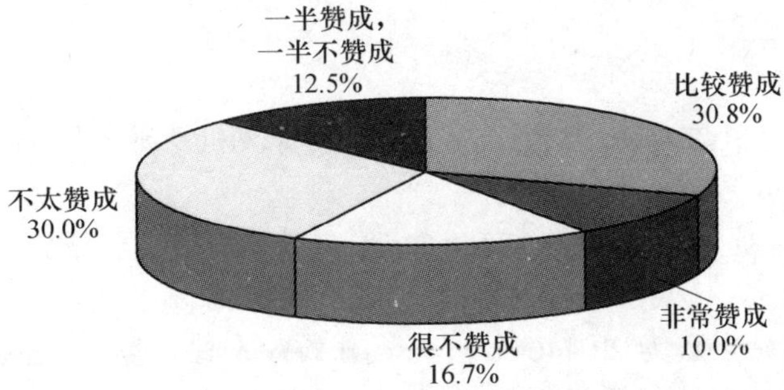

图 26.79　对“使用互联网容易受不良信息影响”观点的看法

对互联网表示半信半疑的，所占比例为 27.4%；对互联网表示完全信任的用户有 7.3%；对互联网表示不太信任的用户有 4.8%（如图 26.80 所示）。内蒙古自治区上网用户对互联网表示比较信任的占多数。

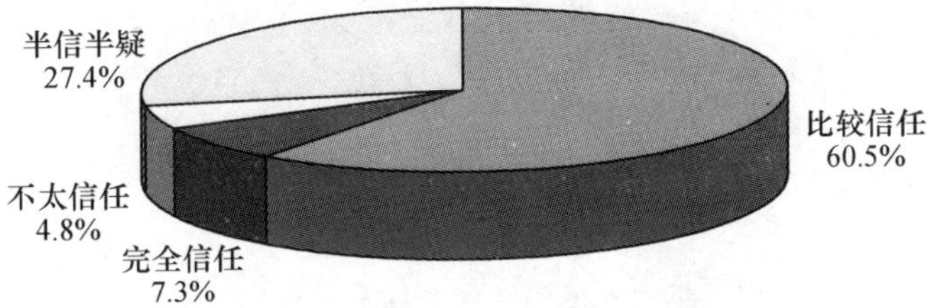

图 26.80　用户对互联网的信任程度

综上所述，内蒙古自治区上网用户数为 74.9 万人，上网计算机数为 31 万台，CN 下注册域名数量为 1942 个，WWW 站点数为 2859 个。

其中住宅电话覆盖的上网用户（不包括住校大学生）中以男性、未婚者占主体，年龄在 18～24 岁的所占比例最高，受教育程度为高中（中专）的最多，职业为学生的所占的比例最多，从事行业为公共管理和社会组织的人最多，个人月收入在 501～1000 元的最多。

用户每月实际花费的上网费用集中在 150 元及以下，平均每周上网时间为 11.2 小时，平均每周上网天数为 3.7 天，使用互联网的高峰时间在晚上。用户拥有 E-mail 账号平均值为 0.9，其中免费 E-mail 账号平均值为 0.7，平均每周收到电子邮件数（不包括垃圾邮件）为 3.2 封，收到垃圾邮件数 6.0 封，发出电子邮件数 2.9 封。用户上网的最主要目的为获取信息。

内蒙古自治区上网用户对“使用互联网可以提高工作/学习和生活的效率”的观点表示赞成的占绝大多数，对“在单位/学校/邻里中，会上网的人好像高人一等”的观点表示不赞成的占多数，对“使用互联网容易结交不好的朋友”的观点表示不赞成的居多，对“使用互联网容易暴露隐私”的观点表示不赞成的居多，对“使用互联网容易受不良信息影响”的观点表示不赞成的略多于表示赞成的。对互联网表示比较信任的占多数。

26.3.6　辽宁省互联网络发展状况

（一）宏观概况

1．上网用户人数

辽宁省上网用户人数为 291.5 万，占全国上网用户总人数的比例为 3.7%，是辽宁省总人口的 6.9%。

2．上网计算机数

辽宁省上网计算机数为 96 万台，占全国上网计算机总数的比例为 3.1%。

3．CN 下注册域名数（不含 EDU）

辽宁省 CN 下注册域名数量为 9 793 个，占全国 CN 下注册域名总数的比例为 2.9%。

4．WWW 站点数（包括.CN、.COM、.NET、.ORG 下的网站）

辽宁省 WWW 站点数为 20 446 个，占全国 WWW 站点数的比例为 3.4%。

（二）互联网用户行为意识调查结果

1．用户个人信息

（1）用户的性别

辽宁省上网用户中，男性占 65.2%，女性占 34.8%（如图 26.81 所示）。男性占据上网用户主体。

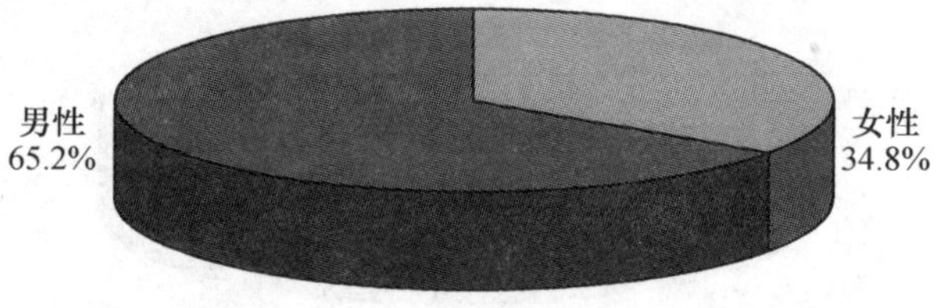

图 26.81　用户性别分布

（2）用户的年龄分布

辽宁省上网用户中，18～24 岁的用户所占比例最高，达到 31.5%；其次是 25～30 岁的用户，所占比例为 20.4%；18 岁以下的用户占 19.4%；41～50 岁的用户占 10.2%；31～35 岁的用户占 7.4%；36～40 岁的用户占 6.5%；50 岁以上用户所占比例较小，为 4.6%（如图 26.82 所示）。

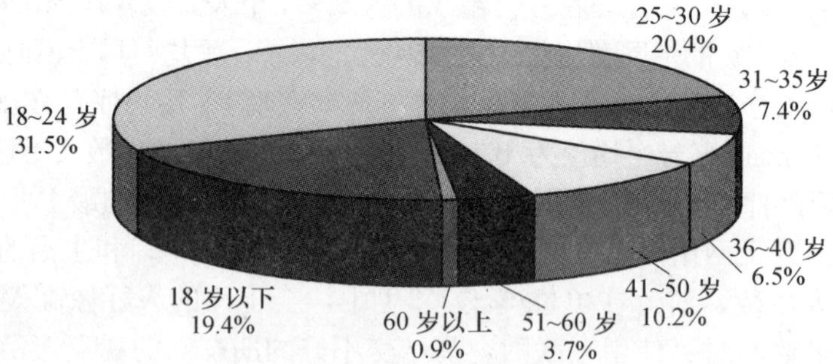

图 26.82　用户年龄分布

（3）用户的婚姻状况

辽宁省上网用户中，已婚者占 43.5%，未婚者占 56.5%（如图 26.83 所示）。未婚者占上网用户主体。

（4）用户的受教育程度

辽宁省上网用户中，受教育程度为本科的最多，达到 26.3%；其次是受教育程度为高中以下的用户，所占比例为 25.4%；受教育程度为高中（中专）的用户所占比例为 22.8%；

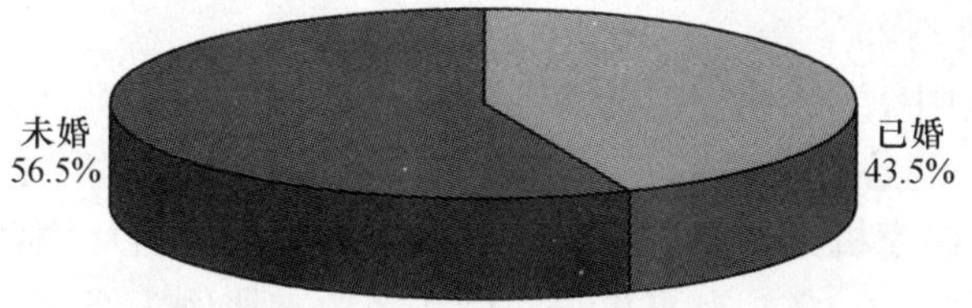

图 26.83　用户婚姻状况分布

受教育程度为大专的用户所占比例为 21.1%；硕士以上受教育程度的用户所占比例较小，只有 4.4%（如图 26.84 所示）。

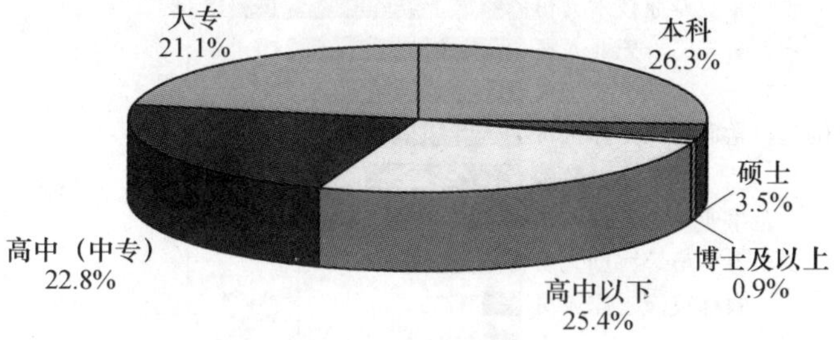

图 26.84　用户受教育程度分布

（5）用户的行业分布（不包括军人、学生和无业人员）

辽宁省上网用户中，从事交通运输、仓储业和教育业的人最多，各占 14.3%；其次是从事公共管理和社会组织的用户，所占比例为 9.1%；排在第三位的是从事 IT 业和建筑业的用户，所占比例皆为 7.8%；从事批发零售业和金融业的用户所占比例各为 6.5%；从事居民服务业和制造业的用户所占比例各为 5.2%；从事其他行业的上网用户则较少（如图 26.85 所示）。

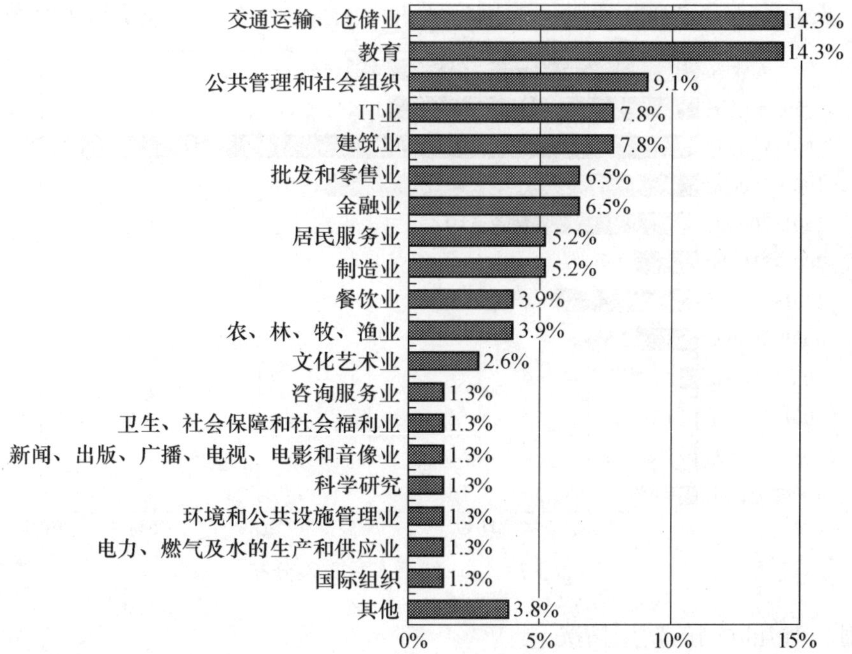

图 26.85　用户的行业分布

（6）用户的职业分布

辽宁省上网用户中，学生所占的比例最多，达到20.9%；其次是商业、服务业人员，所占比例为14.8%；排在第三位的是专业技术人员，所占比例为13.0%；无业人员工人所占比例为8.7%；国家机关、党群组织工作人员和教师所占比例各为7.0%；企事业单位管理人员所占比例为6.1%；办事员等协助人员所占比例为5.2%；其他职业的用户所占比例较少（如图26.86所示）。

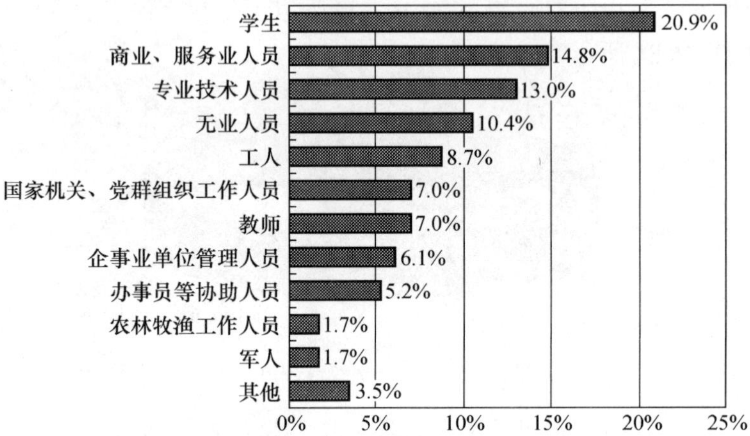

图26.86　用户的职业分布

（7）用户的个人月收入

辽宁省上网用户中，个人月收入在501～1 000元的最多，达到28.3%；其次是1 001～1 500元的用户，所占比例为17.0%；排在第三位的是无收入的用户，所占比例为16.0%；500元以下的用户所占比例为14.2%；个人月收入为1 501～2 000元的用户所占比例为10.4%；个人月收入在2 000元以上的用户所占比例为14.1%（如图26.87所示）。

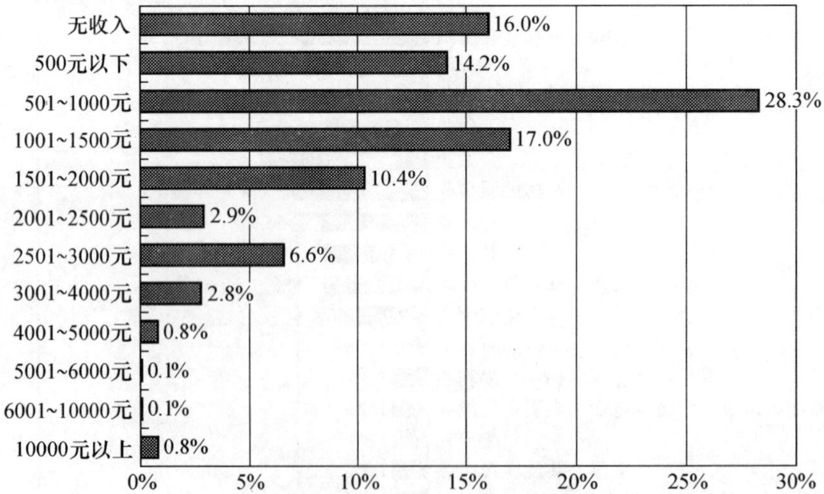

图26.87　用户的个人月收入分布

2．用户对互联网的使用情况

（1）用户每月实际花费的上网费用

辽宁省上网用户每月实际花费的上网费用以低于 50 元的最多，占 43.8%；其次是每月实际花费的上网费用在 51～100 元的用户，所占比例为 34.3%；每月实际花费的上网费用在 101～150 元的用户，所占比例为 15.1%；每月实际花费的上网费用在 150 元以上的用户很少，只占 6.8%（如图 26.88 所示）。辽宁省上网用户每月实际花费的上网费用集中在 150 元及以下。

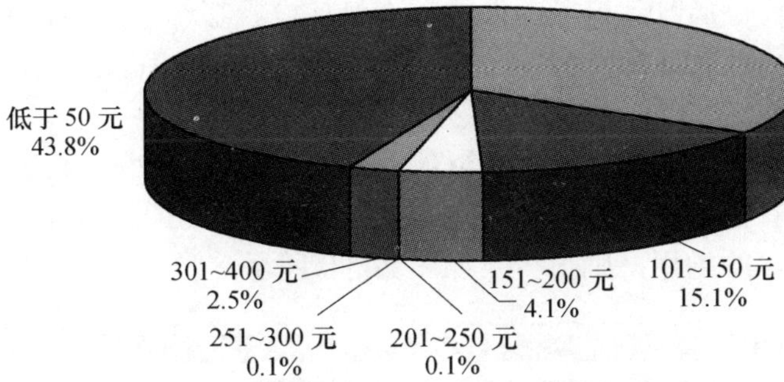

图 26.88　用户的上网费用分布

（2）用户平均每周上网时间

辽宁省上网用户平均每周上网时间为 11.8 小时。

（3）用户平均每周上网天数

辽宁省上网用户平均每周上网天数为 4.0 天。

（4）用户通常上网时间

辽宁省上网用户的上网时间在一天中波动较大：凌晨 1 点至早上 7 点钟是网民最少上网的时间，从早上 8 点钟起上网的人逐渐增加，到上午 10 点达到一天当中的第一个高峰，有 28.7%的网民在这一时间上网；11 点略有回落，12 点又达到一天当中的第二个高峰，有 31.3%的网民在这一时间上网；13 点略有回落，14 点开始回升，到 15 点、16 点达到一天当中的第三个高峰，各有 33.9%的网民在这一时间上网，此后上网人数开始下降；从晚上 18 点开始上网人数激增，到晚上 20 点的时候达到一天中的顶峰，有 52.2%的网民在这一时间上网，这之后上网人数又急剧减少（如图 26.89 所示）。日常生活的作

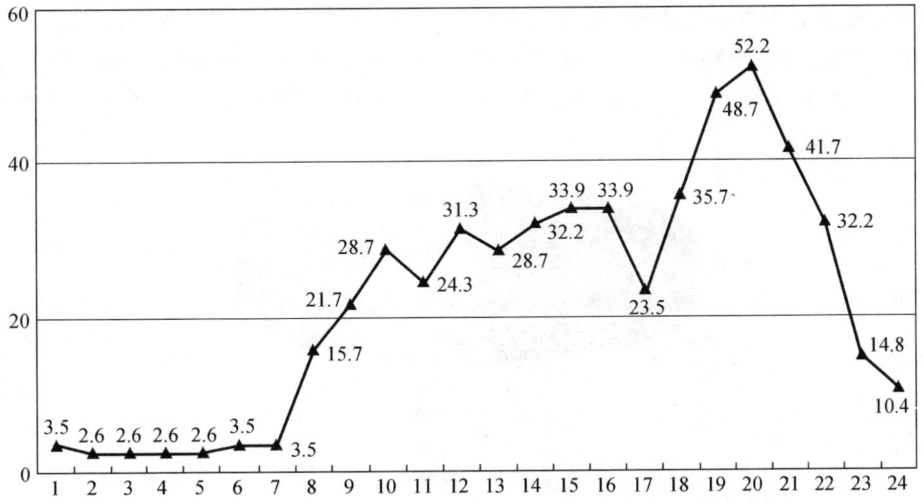

图 26.89　用户的上网时间分布（%）

息时间在一定程度上影响着人们使用互联网的时间。辽宁省上网用户使用互联网的高峰时间在晚上。

（5）用户拥有E-mail账号数

辽宁省上网用户拥有E-mail账号平均值为1.1，其中免费E-mail账号平均值为0.9。

（6）用户平均每周收发的电子邮件数

辽宁省上网用户平均每周收到电子邮件数（不包括垃圾邮件）为4.2封，收到垃圾邮件数9.3封，发出电子邮件数3.3封。

（7）用户上网最主要的目的

辽宁省上网用户上网的最主要目的以获取信息最多，达到45.2%；其次是休闲娱乐，所占比例为35.7%；排在第三位的是交友，有7.0%的用户选择此项；选择学习的用户有5.2%；而选择其他上网目的的用户则很少（如图26.90所示）。

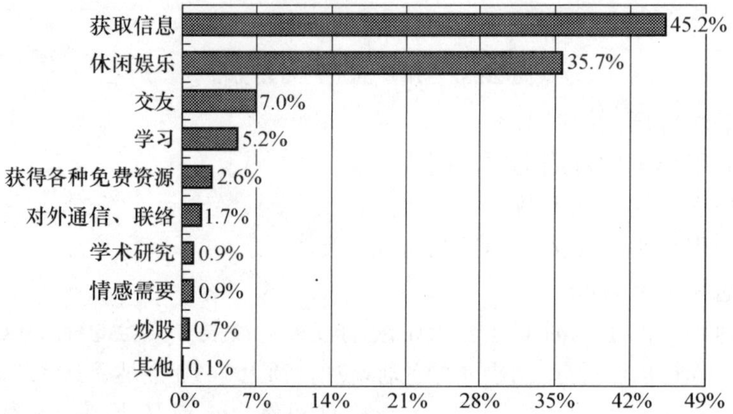

图26.90　用户上网最主要的目的

3. 用户对互联网的看法

（1）关于"使用互联网可以提高工作/学习和生活的效率"

关于"使用互联网可以提高工作/学习和生活的效率"的观点，辽宁省上网用户表示比较赞成的最多，达到48.2%；其次是表示非常赞成的，所占比例为37.7%；表示一半赞成一半不赞成的用户所占比例为9.7%；表示不赞成的用户所占比例为4.4%（如图26.91所示）。辽宁省上网用户对"使用互联网可以提高工作/学习和生活的效率"的观点表示赞成的占绝大多数。

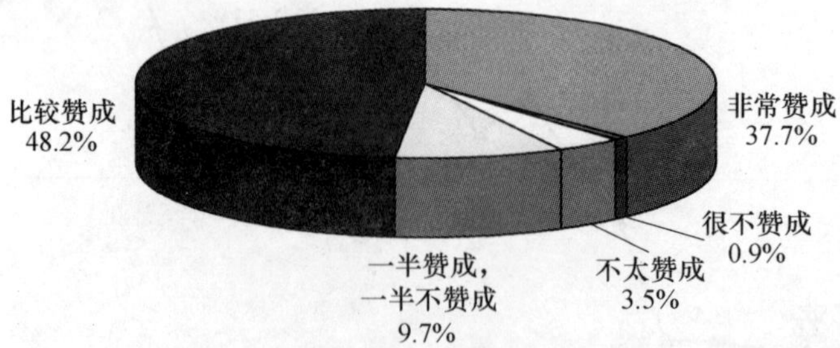

图26.91　对"使用互联网可以提高工作/学习和生活的效率"观点的看法

（2）关于“在单位/学校/邻里中，会上网的人好像高人一等”

关于“在单位/学校/邻里中，会上网的人好像高人一等”的观点，辽宁省上网用户表示不太赞成的最多，达到 39.1%；其次是表示很不赞成的，所占比例为 28.7%；表示一半赞成一半不赞成的用户所占比例为 15.7%；表示比较赞成的用户所占比例为 11.3%；表示非常赞成的用户所占比例为 5.2%；（如图 26.92 所示）。辽宁省上网用户对“在单位/学校/邻里中，会上网的人好像高人一等”的观点表示不赞成的占多数。

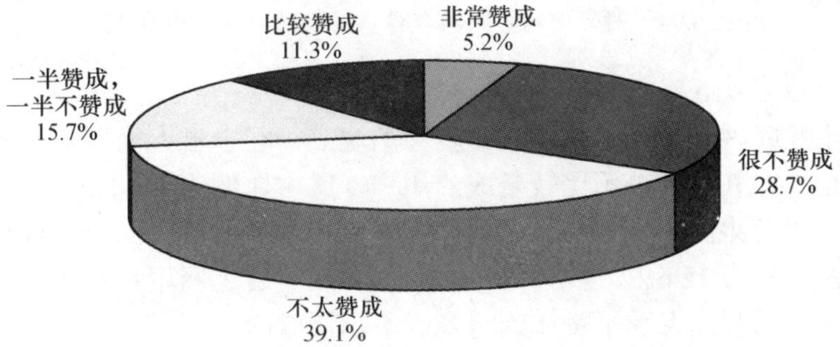

图 26.92　对“在单位/学校/邻里中，会上网的人好像高人一等”观点的看法

（3）关于“使用互联网容易结交不好的朋友”

关于“使用互联网容易结交不好的朋友”的观点，辽宁省上网用户表示不太赞成的最多，达到 37.2%；其次是表示一半赞成一半不赞成的用户，所占比例为 25.5%；表示比较赞成的用户所占比例为 16.4%；表示很不赞成的用户所占比例为 15.5%；表示非常赞成的用户最少，只有 5.4%（如图 26.93 所示）。辽宁省上网用户对“使用互联网容易结交不好的朋友”的观点表示不赞成的居多。

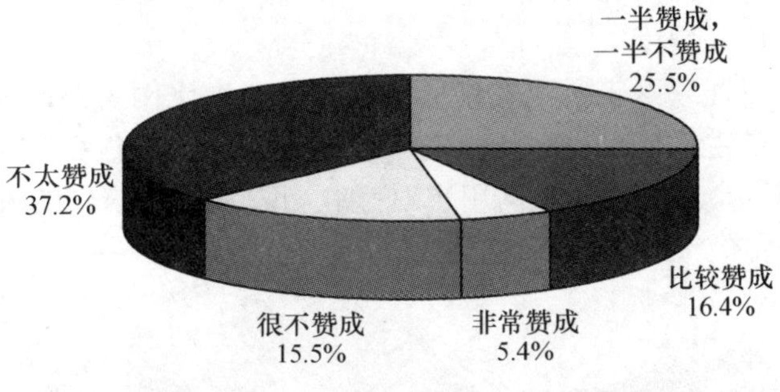

图 26.93　对“使用互联网容易结交不好的朋友”观点的看法

（4）关于“使用互联网容易暴露隐私”

关于“使用互联网容易暴露隐私”的观点，辽宁省上网用户表示不太赞成的最多，达到 41.1%；其次是表示比较赞成的用户，所占比例为 22.4%；表示一半赞成一半不赞成的用户，所占比例为 16.8%；表示很不赞成的用户所占比例为 13.1%；表示表示非常赞成的用户最少，占 6.6%（如图 26.94 所示）。辽宁省上网用户对“使用互联网容易暴露隐私”的观点表示不赞成的居多。

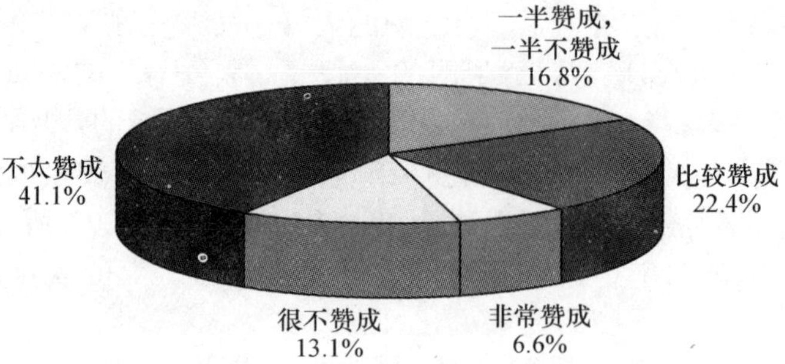

图 26.94　对“使用互联网容易暴露隐私”观点的看法

（5）关于“使用互联网容易受不良信息影响”

关于“使用互联网容易受不良信息影响”的观点，辽宁省上网用户表示不太赞成的最多，达到 33.3%；其次是表示比较赞成的用户，所占比例为 23.4%；表示一半赞成一半不赞成的用户所占比例为 16.3%；表示非常赞成的用户所占比例为 14.4%；表示很不赞成的用户所占比例为 12.6%（如图 26.95 所示）。辽宁省上网用户对“使用互联网容易受不良信息影响”的观点表示不赞成的略多于表示赞成的。

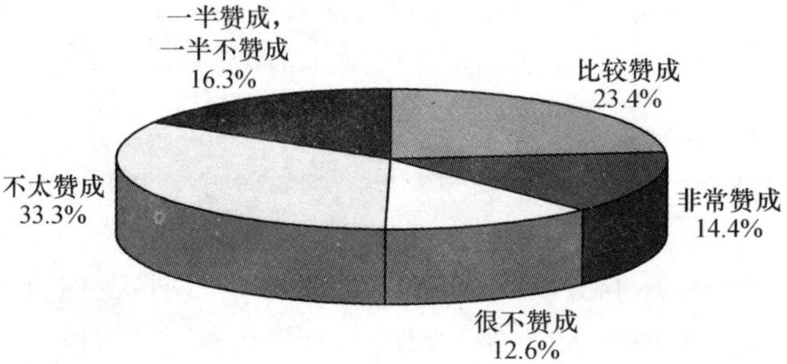

图 26.95　对“使用互联网容易受不良信息影响”观点的看法

（6）对互联网的信任程度

辽宁省上网用户对互联网表示比较信任的最多，所占比例为 61.4%；其次是对互联网表示半信半疑的，所占比例为 35.0%；对互联网表示不太信任和完全信任的用户各有 1.8%；（如图 26.96 所示）。辽宁省上网用户对互联网表示比较信任的占多数。

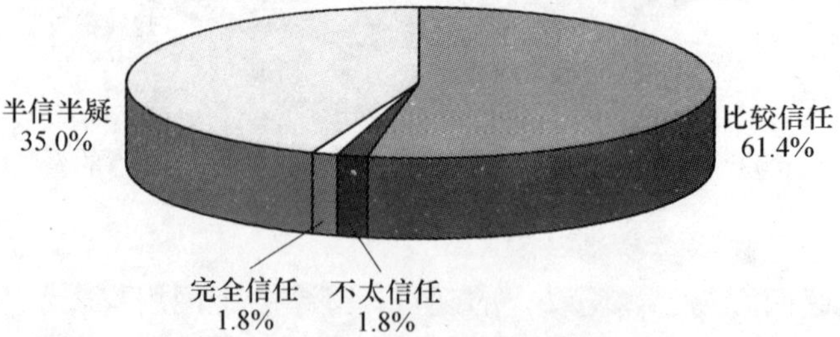

图 26.96　用户对互联网的信任程度

综上所述，辽宁省上网用户数为 291.5 万人，上网计算机数为 96 万台，CN 下注册域名数量为 9793 个，WWW 站点数为 20446 个。

其中住宅电话覆盖的上网用户（不包括住校大学生）中以男性、未婚者占主体，年龄在 18～24 岁的所占比例最高，受教育程度为本科的最多，职业为学生的所占的比例最多，从事行业为交通运输、仓储业和教育业的人最多，个人月收入在 501～1000 元的最多。

用户每月实际花费的上网费用集中在 150 元及以下，平均每周上网时间为 11.8 小时，平均每周上网天数为 4.0 天，使用互联网的高峰时间在晚上。用户拥有 E-mail 账号平均值为 1.1，其中免费 E-mail 账号平均值为 0.9，平均每周收到电子邮件数（不包括垃圾邮件）为 4.2 封，收到垃圾邮件数 9.3 封，发出电子邮件数 3.3 封。用户上网的最主要目的为获取信息。

辽宁省上网用户对“使用互联网可以提高工作/学习和生活的效率”的观点表示赞成的占绝大多数，对“在单位/学校/邻里中，会上网的人好像高人一等”的观点表示不赞成的占多数，对“使用互联网容易结交不好的朋友”的观点表示不赞成的居多，对“使用互联网容易暴露隐私”的观点表示不赞成的居多，对“使用互联网容易受不良信息影响”的观点表示不赞成的略多于表示赞成的。对互联网表示比较信任的占多数。

26.3.7　吉林省互联网络发展状况

（一）宏观概况

1．上网用户人数

吉林省上网用户人数为 146.5 万，占全国上网用户总人数的比例为 1.8%，是吉林省总人口的 5.4%。

2．上网计算机数

吉林省上网计算机数为 49 万台，占全国上网计算机总数的比例为 1.6%。

3．CN 下注册域名数（不含 EDU）

吉林省 CN 下注册域名数量为 3659 个，占全国 CN 下注册域名总数的比例为 1.1%。

4．WWW 站点数（包括.CN、.COM、.NET、.ORG 下的网站）

吉林省 WWW 站点数为 3789 个，占全国 WWW 站点数的比例为 0.6%。

（二）互联网用户行为意识调查结果

1．用户个人信息

（1）用户的性别

吉林省上网用户中，男性占 62.2%，女性占 37.8%（如图 26.97 所示）。男性占据上网用户主体。

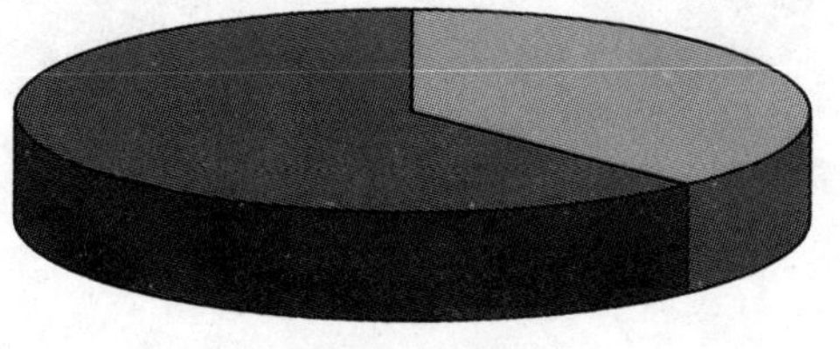

图 26.97　用户性别分布

（2）用户的年龄分布

吉林省上网用户中，18～24 岁的用户所占比例最高，达到 28.1%；其次是 25～30 岁和 18 岁以下的用户，所占比例各为 18.2%；31～35 岁的用户占 17.4%；35 岁以上用户所占比为 18.1%（如图 26.98 所示）。

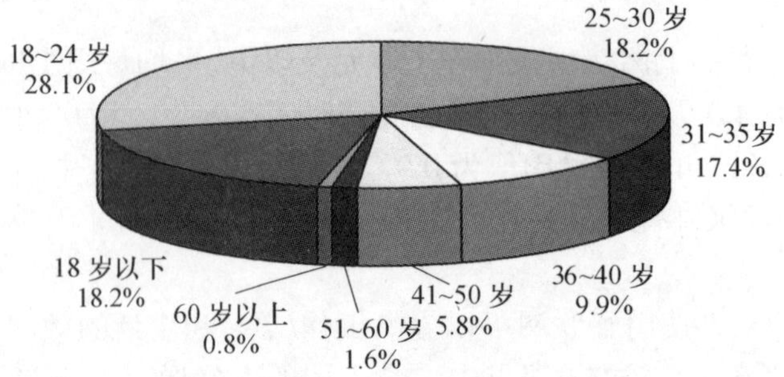

图 26.98　用户年龄分布

（3）用户的婚姻状况

吉林省上网用户中，已婚者占 48.8%，未婚者占 51.2%（如图 26.99 所示）。未婚者占上网用户主体。

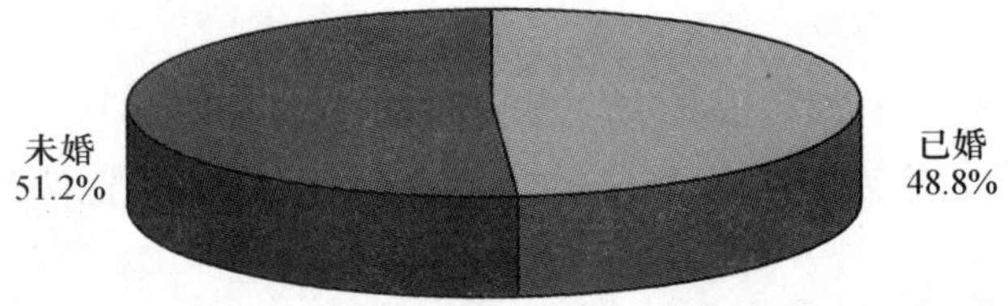

图 26.99　用户婚姻状况分布

（4）用户的受教育程度

吉林省上网用户中，受教育程度为本科的最多，达到 31.0%；其次是受教育程度为大专的用户，所占比例为 23.8%；受教育程度为高中（中专）和高中以下的用户所占比例各为 20.6%；硕士以上受教育程度的用户所占比例较小，只有 4.0%（如图 26.100 所示）。

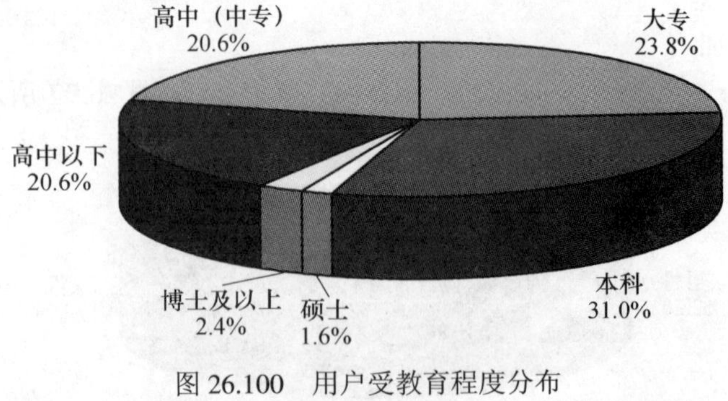

图 26.100　用户受教育程度分布

（5）用户的行业分布（不包括军人、学生和无业人员）

吉林省上网用户中，从事教育业的人最多，达到 21.3%；其次是从事制造业的用户，所占比例为 13.8%；排在第三位的是从事 IT 业的用户，所占比例为 12.8%；从事公共管理和社会组织的用户所占比例为 9.6%；从事批发零售业的用户所占比例为 7.4%；从事交通运输、仓储业、金融业、卫生、社会保障和社会福利业、建筑业的用户所占比例各为 3.2%；从事其他行业的上网用户则较少（如图 26.101 所示）。

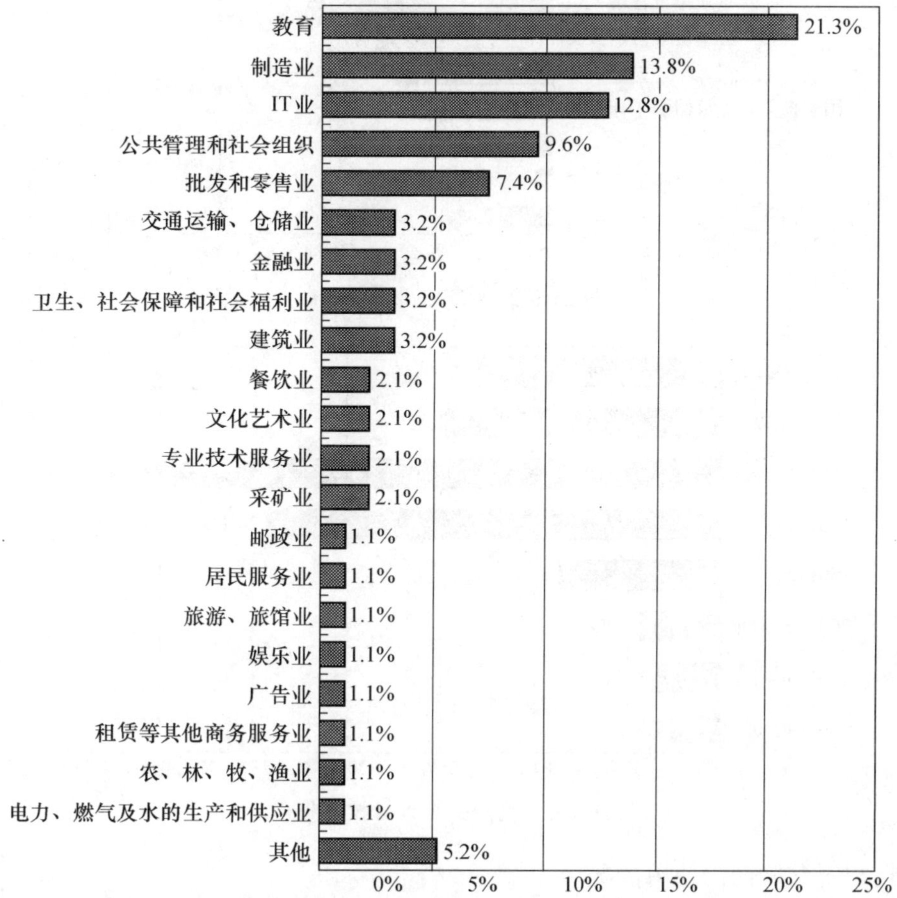

图 26.101 用户的行业分布

（6）用户的职业分布

吉林省上网用户中，学生所占的比例最多，达到 18.9%；其次是专业技术人员，所占比例为 16.5%；排在第三位的是教师，所占比例为 15.7%；商业、服务业人员所占比例为 10.2%；企事业单位管理人员所占比例为 8.7%；办事员等协助人员所占比例为 7.9%；无业人员所占比例为 7.1%；国家机关、党群组织工作人员所占比例为 6.3%；工人所占比例为 5.5%；其他职业的用户所占比例较少（如图 26.102 所示）。

（7）用户的个人月收入

吉林省上网用户中，个人月收入在 501～1000 元的最多，达到 29.3%；其次是 1001～1 500 元的用户，所占比例为 24.1%；排在第三位的是 500 元以下的用户，所占比例为 14.7%；无收入的用户所占比例为 12.9%；个人月收入为 1501～2000 元的用户所占比例为 8.6%；个人月收入在 2000 元以上的用户所占比例为 10.4%（如图 26.103 所示）。

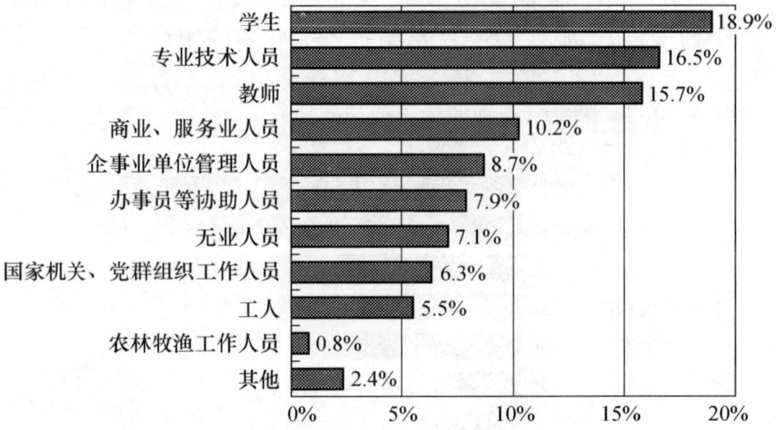

图 26.102 用户的职业分布

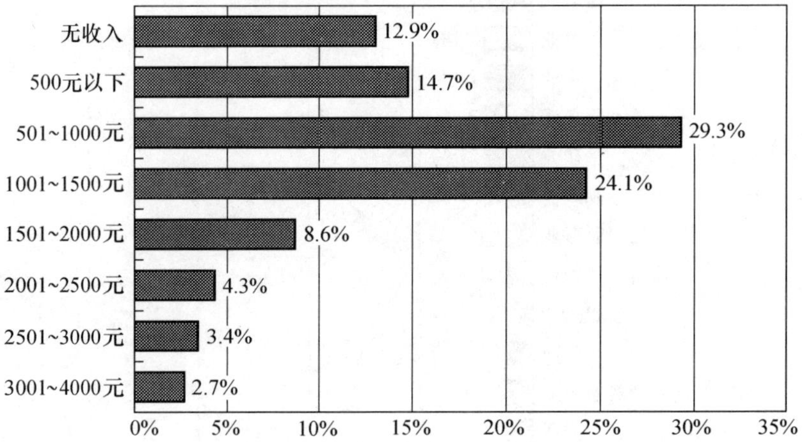

图 26.103 用户的个人月收入分布

2．用户对互联网的使用情况

（1）用户每月实际花费的上网费用

吉林省上网用户每月实际花费的上网费用以低于 50 元的最多，占 46.9%；其次是每月实际花费的上网费用在 51～100 元的用户，所占比例为 19.8%；每月实际花费的上网费用在 101～150 元的用户，所占比例为 14.8%；每月实际花费的上网费用在 151～200 元的用户，所占比例为 8.7%；每月实际花费的上网费用在 201～250 元的用户，所占比例为 3.7%；每月实际花费的上网费用在 301～400 元的用户，所占比例为 2.5%；每月实际花费的上网费用在 251～300 元、401～500 元、500 元以上的用户很少，各占 1.2%（如图 26.104 所示）。吉林省上网用户每月实际花费的上网费用在 150 元及以下的较多。

（2）用户平均每周上网时间

吉林省上网用户平均每周上网时间为 11.3 小时。

（3）用户平均每周上网天数

吉林省上网用户平均每周上网天数为 4.2 天。

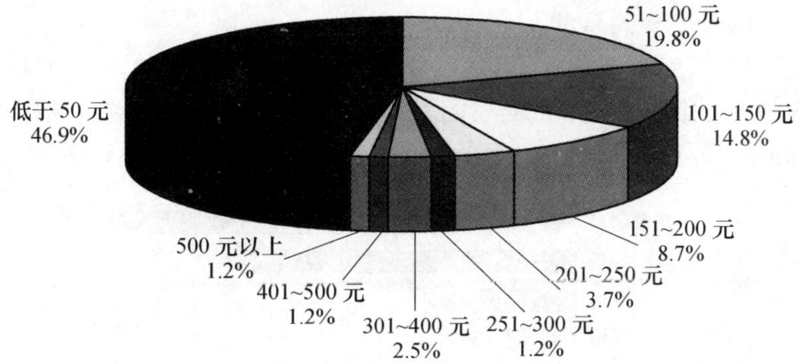

图 26.104　用户的上网费用分布

（4）用户通常上网时间

吉林省上网用户的上网时间在一天中波动较大：凌晨 1 点至早上 7 点钟是网民最少上网的时间，从早上 8 点钟起上网的人逐渐增加，到上午 10 点达到一天当中的第一个高峰，有 31.5%的网民在这一时间上网；11 点略有回落，13 点又达到一天当中的第二个高峰，有 34.6%的网民在这一时间上网；14 点略有回落，到 15 点达到一天当中的第三个高峰，有 36.2%的网民在这一时间上网，此后上网人数开始下降；从晚上 18 点开始上网人数激增，到晚上 20 点的时候达到一天中的顶峰，有 40.9%的网民在这一时间上网，这之后上网人数又急剧减少（如图 26.105 所示）。日常生活的作息时间在一定程度上影响着人们使用互联网的时间。吉林省上网用户使用互联网的高峰时间在晚上。

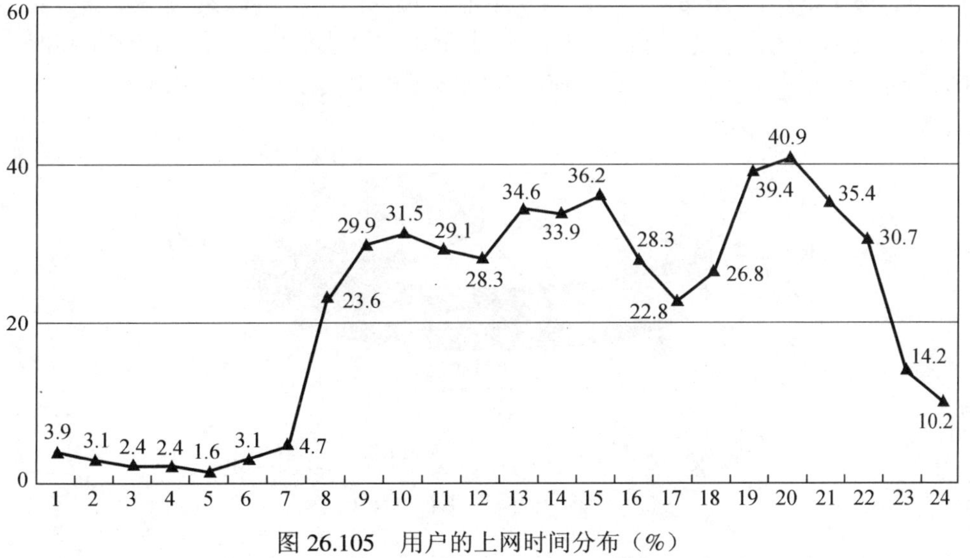

图 26.105　用户的上网时间分布（%）

（5）用户拥有 E-mail 账号数

吉林省上网用户拥有 E-mail 账号平均值为 1.4，其中免费 E-mail 账号平均值为 1.1。

（6）用户平均每周收发的电子邮件数

吉林省上网用户平均每周收到电子邮件数（不包括垃圾邮件）为 5.0 封，收到垃圾邮件数 5.2 封，发出电子邮件数 2.3 封。

（7）用户上网最主要的目的

吉林省上网用户上网的最主要目的以获取信息最多，达到43.3%；其次是休闲娱乐，所占比例为30.7%；排在第三位的是学习，有8.7%的用户选择此项；选择对外通信、联络的用户有6.3%；而选择其他上网目的的用户则很少（如图26.106所示）。

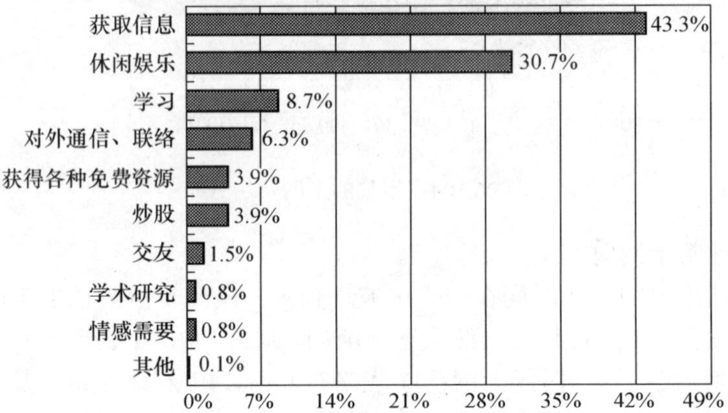

图 26.106　用户上网最主要的目的

3．用户对互联网的看法

（1）关于“使用互联网可以提高工作/学习和生活的效率”

关于“使用互联网可以提高工作/学习和生活的效率”的观点，吉林省上网用户表示比较赞成的最多，达到46.8%；其次是表示非常赞成的，所占比例为37.3%；表示一半赞成一半不赞成的用户所占比例为11.1%；表示不太赞成的用户所占比例为4.8%（如图26.107所示）。吉林省上网用户对“使用互联网可以提高工作/学习和生活的效率”的观点表示赞成的占绝大多数。

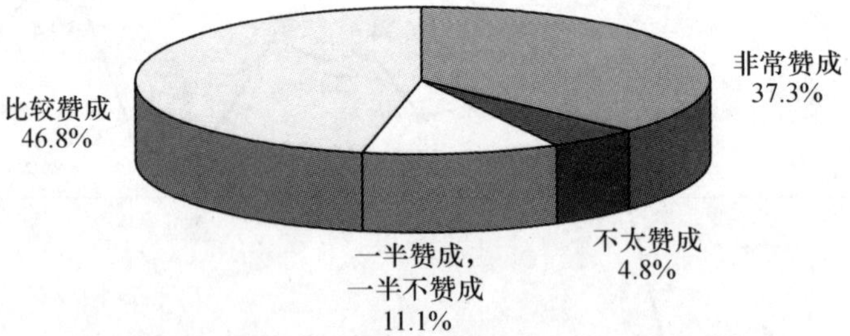

图 26.107　对“使用互联网可以提高工作/学习和生活的效率”观点的看法

（2）关于“在单位/学校/邻里中，会上网的人好像高人一等”

关于“在单位/学校/邻里中，会上网的人好像高人一等”的观点，吉林省上网用户表示不太赞成的最多，达到40.8%；其次是表示很不赞成的，所占比例为26.4%；表示一半赞成一半不赞成的用户所占比例为20.0%；表示比较赞成的用户所占比例为12.0%；表示非常赞成的用户所占比例为0.8%（如图26.108所示）。吉林省上网用户对“在单位/学校/邻里中，会上网的人好像高人一等”的观点表示不赞成的占多数。

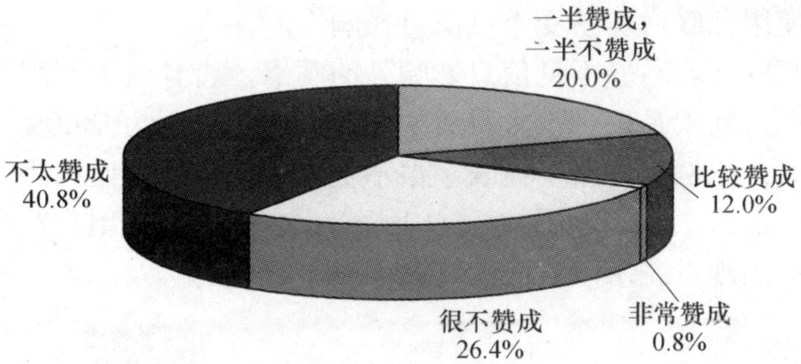

图 26.108　对“在单位/学校/邻里中，会上网的人好像高人一等”观点的看法

（3）关于“使用互联网容易结交不好的朋友”

关于“使用互联网容易结交不好的朋友”的观点，吉林省上网用户表示不太赞成的最多，达到 36.3%；其次是表示一半赞成一半不赞成的用户，所占比例为 25.8%；表示很不赞成的用户所占比例为 22.6%；表示比较赞成的用户所占比例为 10.5%；表示非常赞成的用户最少，只有 4.8%（如图 26.109 所示）。吉林省上网用户对“使用互联网容易结交不好的朋友”的观点表示不赞成的居多。

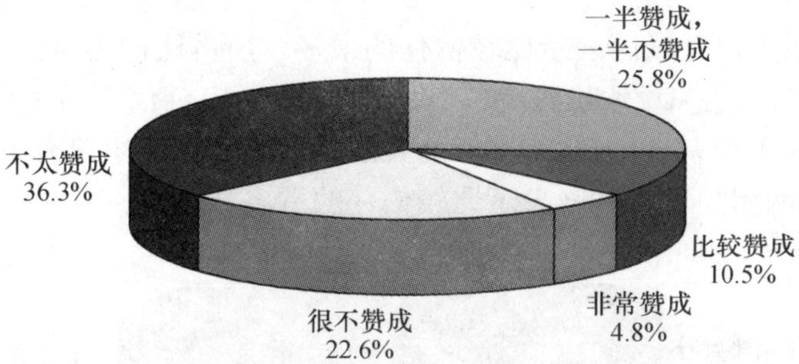

图 26.109　对“使用互联网容易结交不好的朋友”观点的看法

（4）关于“使用互联网容易暴露隐私”

关于“使用互联网容易暴露隐私”的观点，吉林省上网用户表示不太赞成的最多，达到 36.1%；其次是一半赞成一半不赞成的用户，所占比例为 23.8%；表示很不赞成的用户所占比例为 19.7%；表示比较赞成的用户，所占比例为 18.8%；表示非常赞成的用户最少，占 1.6%（如图 26.110 所示）。吉林省上网用户对“使用互联网容易暴露隐私”的观点表示不赞成的居多。

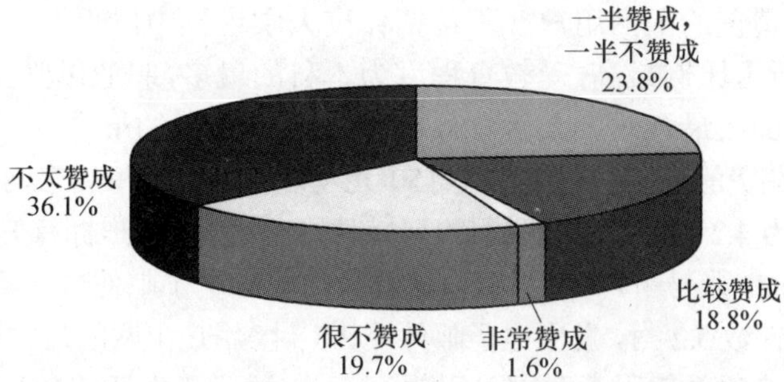

图 26.110　对“使用互联网容易暴露隐私”观点的看法

（5）关于“使用互联网容易受不良信息影响”

关于“使用互联网容易受不良信息影响”的观点，吉林省上网用户表示比较赞成的最多，达到 29.6%；其次是表示不太赞成的用户，所占比例为 28.0%；表示一半赞成一半不赞成的用户所占比例为 21.6%；表示很不赞成的用户所占比例为 13.6%；表示非常赞成的用户所占比例为 7.2%（如图 26.111 所示）。吉林省上网用户对“使用互联网容易受不良信息影响”的观点表示不赞成的略多于表示赞成的。

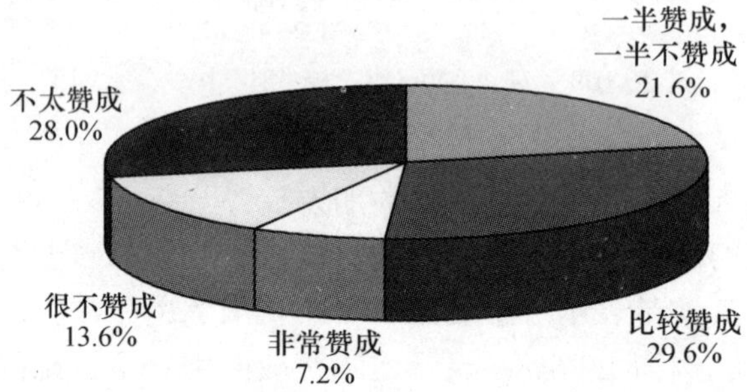

图 26.111　对“使用互联网容易受不良信息影响”观点的看法

（6）对互联网的信任程度

吉林省上网用户对互联网表示比较信任的最多，所占比例为 48.8%；其次是对互联网表示半信半疑的，所占比例为 41.7%；对互联网表示完全信任的用户有 4.8%；对互联网表示不太信任的用户有 3.9%；对互联网表示完全不信任的用户有 0.8%（如图 26.112 所示）。吉林省上网用户对互联网表示比较信任的占多数。

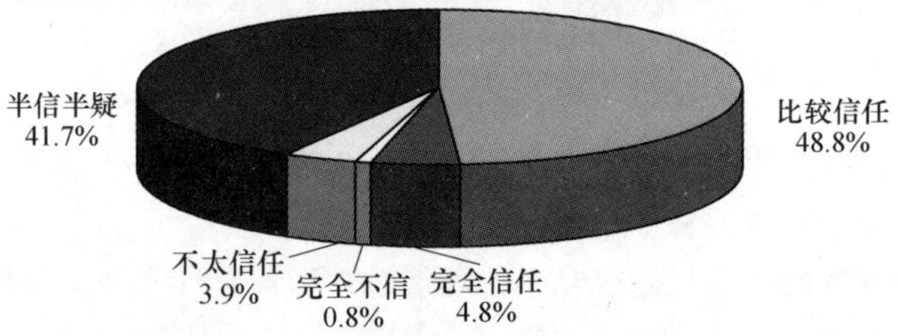

图 26.112　用户对互联网的信任程度

综上所述，吉林省上网用户数为 146.5 万人，上网计算机数为 49 万台，CN 下注册域名数量为 3 659 个，WWW 站点数为 3 789 个。

其中住宅电话覆盖的上网用户（不包括住校大学生）中以男性、未婚者占主体，年龄在 18～24 岁的所占比例最高，受教育程度为本科的最多，职业以学生所占的比例最多，从事行业为教育业的人最多，个人月收入在 501～1 000 元的最多。

用户每月实际花费的上网费用集中在 150 元及以下，平均每周上网时间为 11.3 小时，平均每周上网天数为 4.2 天，使用互联网的高峰时间在晚上。用户拥有 E-mail 账号平均值为 1.4，其中免费 E-mail 账号平均值为 1.1，平均每周收到电子邮件数（不包括垃圾邮件）为 4.0 封，收到垃圾邮件数 5.2 封，发出电子邮件数 2.3 封。用户上网的最主要目的为获取信息。

吉林省上网用户对“使用互联网可以提高工作/学习和生活的效率”的观点表示赞成

的占绝大多数，对“在单位/学校/邻里中，会上网的人好像高人一等”的观点表示不赞成的占多数，对“使用互联网容易结交不好的朋友”的观点表示不赞成的居多，对“使用互联网容易暴露隐私”的观点表示不赞成的居多，对“使用互联网容易受不良信息影响”的观点表示不赞成的略多于表示赞成的。对互联网表示比较信任的占多数。

26.3.8 黑龙江省互联网络发展状况

（一）宏观概况

1．上网用户人数

黑龙江省上网用户人数为 226.0 万，占全国上网用户总人数的比例为 2.8%，是黑龙江省总人口的 5.9%。

2．上网计算机数

黑龙江省上网计算机数为 77 万台，占全国上网计算机总数的比例为 2.4%。

3．CN 下注册域名数（不含 EDU）

黑龙江省 CN 下注册域名数量为 3 332 个，占全国 CN 下注册域名总数的比例为 1.0%。

4．WWW 站点数（包括.CN、.COM、.NET、.ORG 下的网站）

黑龙江省 WWW 站点数为 5 919 个，占全国 WWW 站点数的比例为 1.0%。

（二）互联网用户行为意识调查结果

1．用户个人信息

（1）用户的性别

黑龙江省上网用户中，男性占 63.0%，女性占 37.0%（如图 26.113 所示）。男性占据上网用户主体。

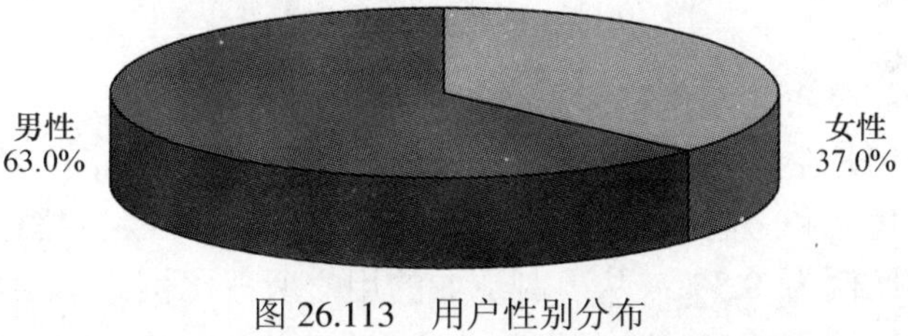

图 26.113 用户性别分布

（2）用户的年龄分布

黑龙江省上网用户中，18～24 岁的用户所占比例最高，达到 34.4%；其次是 25～30 岁的用户，所占比例为 20.0%；31～35 岁的用户占 15.2%；18 岁以下的用户占 10.4%；35 岁以上用户所占比例为 20.0%（如图 26.114 所示）。

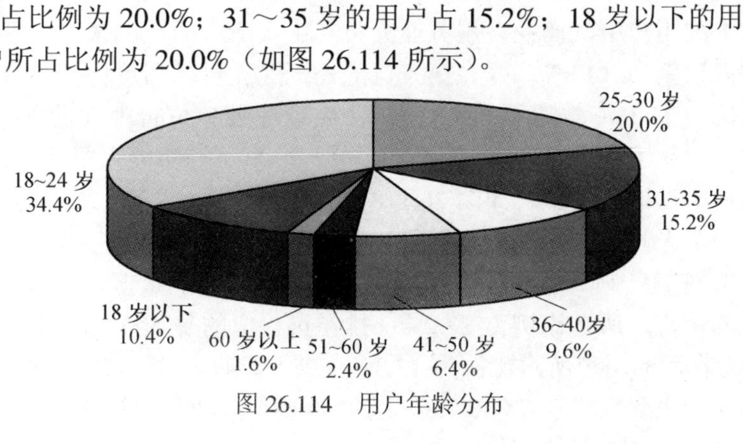

图 26.114 用户年龄分布

（3）用户的婚姻状况

黑龙江省上网用户中，已婚者占 51.1%，未婚者占 48.9%（如图 26.115 所示）。已婚者占上网用户主体。

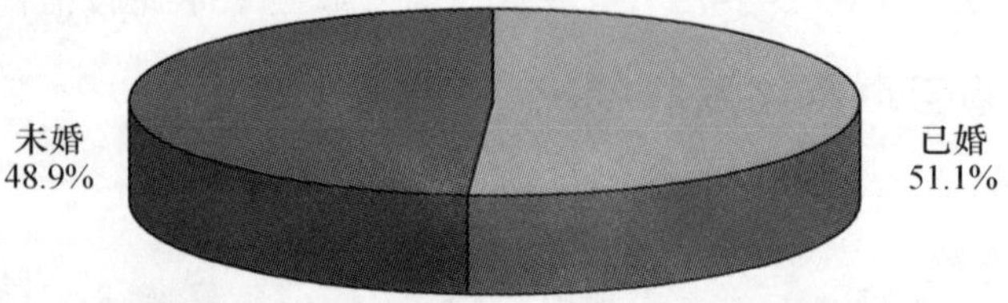

图 26.115　用户婚姻状况分布

（4）用户的受教育程度

黑龙江省上网用户中，受教育程度为高中（中专）的最多，达到 38.9%；其次是受教育程度为大专的用户，所占比例为 27.5%；受教育程度为本科和高中以下的用户所占比例各为 15.3%；硕士以上受教育程度的用户所占比例较小，只有 3.0%（如图 26.116 所示）。

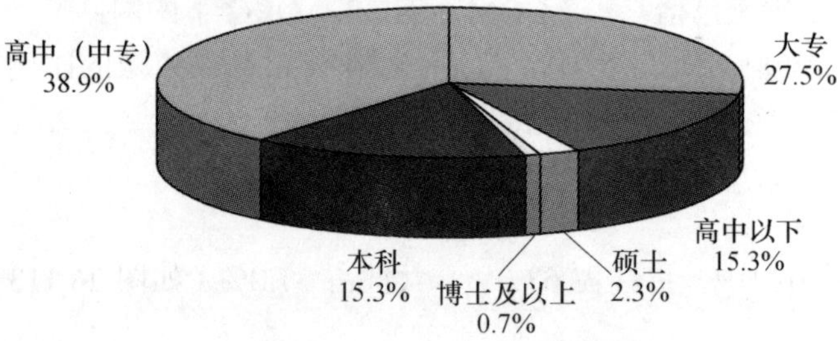

图 26.116　用户受教育程度分布

（5）用户的行业分布（不包括军人、学生和无业人员）

黑龙江省上网用户中，从事公共管理、社会组织和教育业的人最多，各占 12.4%；其次是从事批发零售业和金融业的用户，所占比例各为 10.3%；排在第三位的是从事采矿业的用户，所占比例为 9.3%；从事制造业的用户所占比例为 8.2%；从事交通运输、仓储业的用户所占比例为 6.2%；从事 IT 业和卫生、社会保障和社会福利业的用户所占比例各为 5.2%；从事其他行业的上网用户则较少（如图 26.117 所示）。

（6）用户的职业分布

黑龙江省上网用户中，商业、服务业人员和工人所占的比例最多，各为 15.6%；其次是学生，所占比例为 14.8%；排在第三位的是无业人员，所占比例为 12.6%；专业技术人员所占比例为 11.1%；教师所占比例为 8.1%；企事业单位管理人员所占比例为 7.4%；国家机关、党群组织工作人员所占比例为 6.7%；办事员等协助人员所占比例为 5.9%；其他职业的用户所占比例较少（如图 26.118 所示）。

（7）用户的个人月收入

黑龙江省上网用户中，个人月收入在 1 001～1 500 元的最多，达到 30.3%；其次是 501～1 000 元的用户，所占比例为 23.0%；排在第三位的是 500 元以下的用户，所占比例为 17.3%；无收入的用户所占比例为 12.3%；个人月收入为 1 501～2 000 元的用户所占比例为 9.0%；个人月收入在 2 000 元以上的用户所占比例为 8.1%（如图 26.119 所示）。

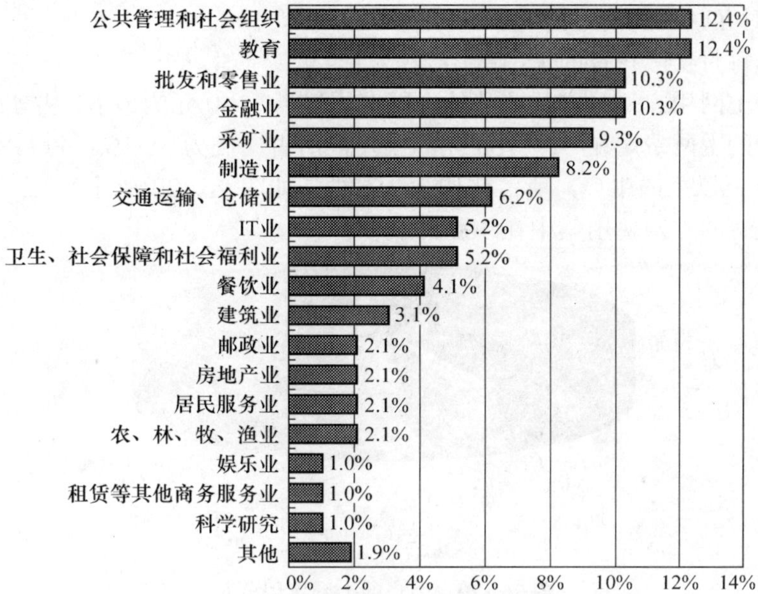

图 26.117　用户的行业分布

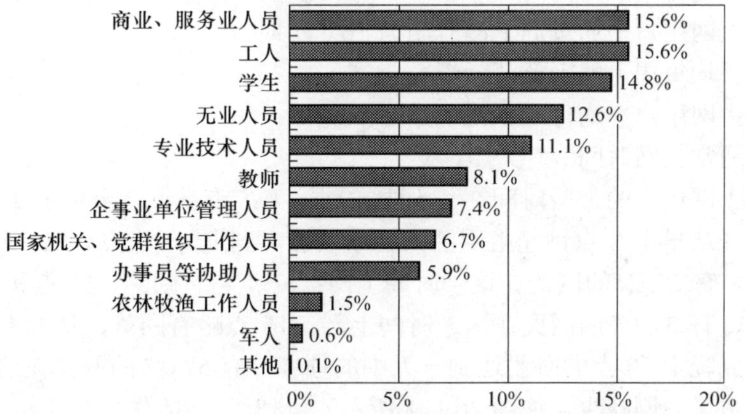

图 26.118　用户的职业分布

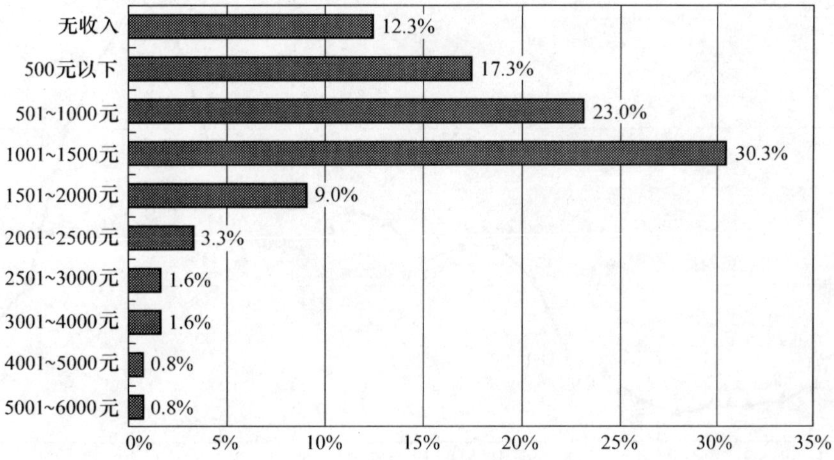

图 26.119　用户的个人月收入分布

2．用户对互联网的使用情况

（1）用户每月实际花费的上网费用

黑龙江省上网用户每月实际花费的上网费用以低于 50 元的最多，占 42.4%；其次是每月实际花费的上网费用在 51～100 元的用户，所占比例为 38.4%；每月实际花费的上网费用在 100 元以上的用户，所占比例为 19.2%（如图 26.120 所示）。黑龙江省上网用户每月实际花费的上网费用集中在 100 元及以下。

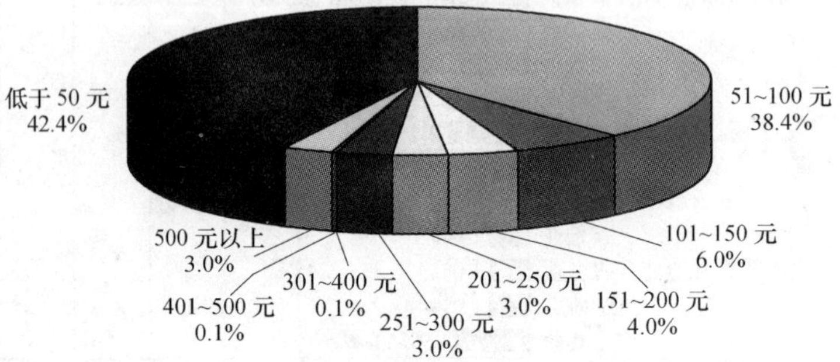

图 26.120　用户的上网费用分布

（2）用户平均每周上网时间

黑龙江省上网用户平均每周上网时间为 16.4 小时。

（3）用户平均每周上网天数

黑龙江省上网用户平均每周上网天数为 4.1 天。

（4）用户通常上网时间

黑龙江省上网用户的上网时间在一天中波动较大：凌晨 1 点至早上 7 点钟是网民最少上网的时间，从早上 8 点钟起上网的人逐渐增加，到上午 10 点、11 点达到一天当中的第一个高峰，有 25.2%的网民在这一时间上网；12 点略有回落，15 点又达到一天当中的第二个高峰，有 31.1%的网民在这一时间上网；16 点略有回落，从晚上 18 点开始上网人数激增，到晚上 20 点的时候达到一天中的顶峰，有 57.0%的网民在这一时间上网，这之后上网人数又急剧减少（如图 26.121 所示）。日常生活的作息时间在一定程度上影

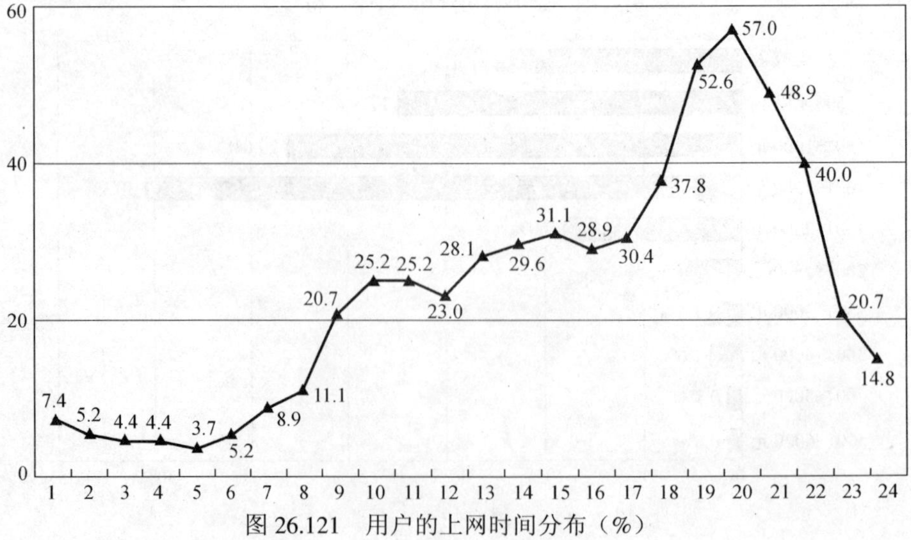

图 26.121　用户的上网时间分布（%）

响着人们使用互联网的时间。黑龙江省上网用户使用互联网的高峰时间在晚上。

（5）用户拥有 E-mail 账号数

黑龙江省上网用户拥有 E-mail 账号平均值为 1.1，其中免费 E-mail 账号平均值为 1.0。

（6）用户平均每周收发的电子邮件数

黑龙江省上网用户平均每周收到电子邮件数（不包括垃圾邮件）为 2.5 封，收到垃圾邮件数 4.3 封，发出电子邮件数 2.2 封。

（7）用户上网最主要的目的

黑龙江省上网用户上网的最主要目的以休闲娱乐最多，达到 47.4%；其次是获取信息，所占比例为 34.1%；排在第三位的是学习，有 5.9%的用户选择此项；选择交友的用户有 4.4%；而选择其他上网目的的用户则很少（如图 26.122 所示）。

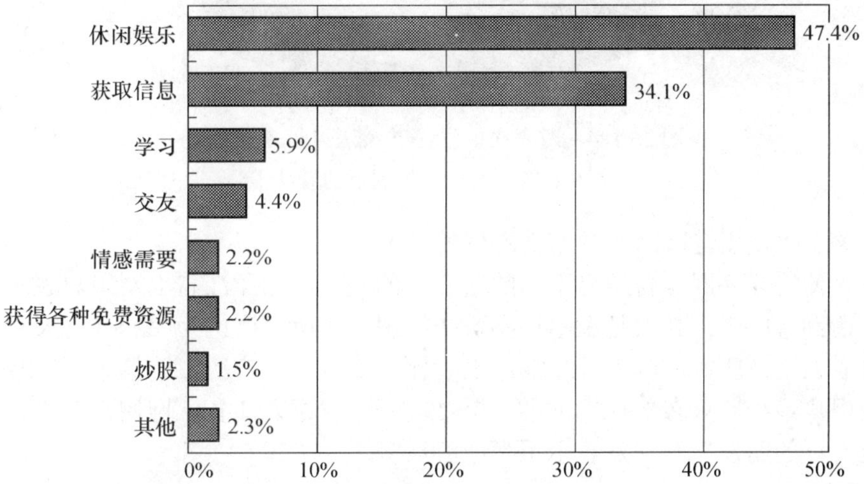

图 26.122　用户上网最主要的目的

3．用户对互联网的看法

（1）关于“使用互联网可以提高工作/学习和生活的效率”

关于“使用互联网可以提高工作/学习和生活的效率”的观点，黑龙江省上网用户表示比较赞成的最多，达到 48.1%；其次是表示非常赞成的，所占比例为 40.0%；表示一半赞成一半不赞成的用户所占比例为 8.2%；表示不赞成的用户所占比例为 3.7%（如图 26.123 所示）。黑龙江省上网用户对“使用互联网可以提高工作/学习和生活的效率”的观点表示赞成的占绝大多数。

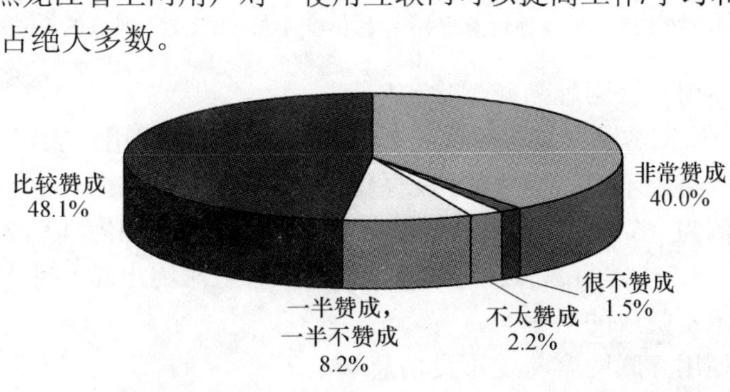

图 26.123　对“使用互联网可以提高工作/学习和生活的效率”观点的看法

（2）关于“在单位/学校/邻里中，会上网的人好像高人一等”

关于“在单位/学校/邻里中，会上网的人好像高人一等”的观点，黑龙江省上网用户表示不太赞成的最多，达到 48.5%；其次是表示很不赞成的，所占比例为 26.1%；表示比较赞成的用户所占比例为13.1%；表示一半赞成一半不赞成的用户所占比例为6.9%；表示非常赞成的用户所占比例为 5.4%（如图 26.124 所示）。黑龙江省上网用户对“在单位/学校/邻里中，会上网的人好像高人一等”的观点表示不赞成的占多数。

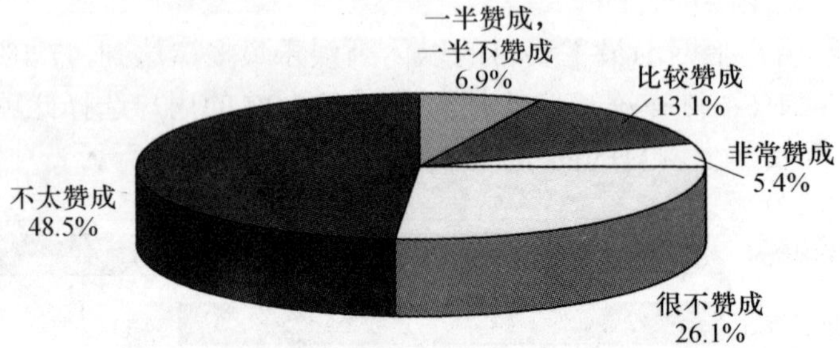

图 26.124　对“在单位/学校/邻里中，会上网的人好像高人一等”观点的看法

（3）关于“使用互联网容易结交不好的朋友”

关于“使用互联网容易结交不好的朋友”的观点，黑龙江省上网用户表示不太赞成的最多，达到 41.7%；其次是表示很不赞成的用户，所占比例为 22.8%；表示一半赞成一半不赞成的用户所占比例为 15.0%；表示比较赞成的用户所占比例为 13.4%；表示非常赞成的用户最少，只有 7.1%（如图 26.125 所示）。黑龙江省上网用户对“使用互联网容易结交不好的朋友”的观点表示不赞成的居多。

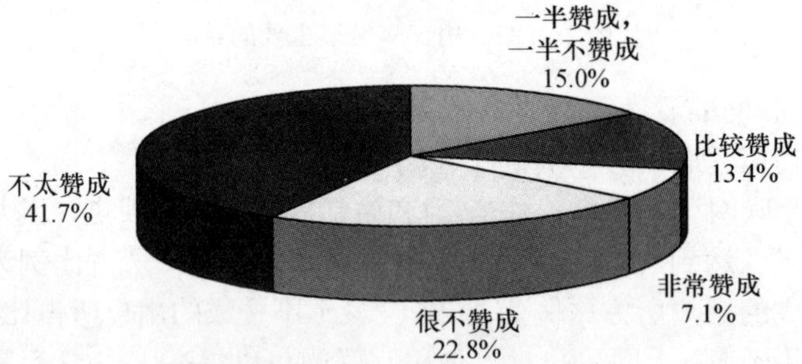

图 26.125　对“使用互联网容易结交不好的朋友”观点的看法

（4）关于“使用互联网容易暴露隐私”

关于“使用互联网容易暴露隐私”的观点，黑龙江省上网用户表示不太赞成的最多，达到 43.4%；其次是表示很不赞成的用户，所占比例为 23.8%；表示一半赞成一半不赞成的用户所占比例为 16.4%；表示比较赞成的用户，所占比例为 13.1%；表示非常赞成的用户最少，占 3.3%（如图 26.126 所示）。黑龙江省上网用户对“使用互联网容易暴露隐私”的观点表示不赞成的居多。

（5）关于“使用互联网容易受不良信息影响”

关于“使用互联网容易受不良信息影响”的观点，黑龙江省上网用户表示比较赞成

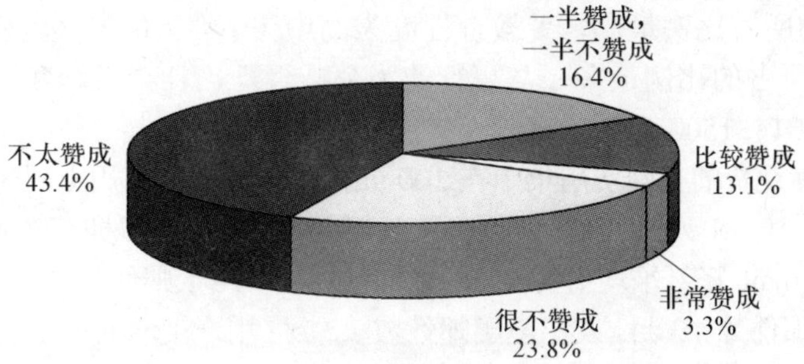

图 26.126 对“使用互联网容易暴露隐私”观点的看法

的最多，达到 31.0%；其次是表示不太赞成的用户，所占比例为 27.9%；表示很不赞成的用户所占比例为 14.7%；表示一半赞成一半不赞成的用户所占比例为 14.0%；表示非常赞成的用户所占比例为 12.4%（如图 26.127 所示）。黑龙江省上网用户对“使用互联网容易受不良信息影响”的观点表示赞成的略多于表示不赞成的。

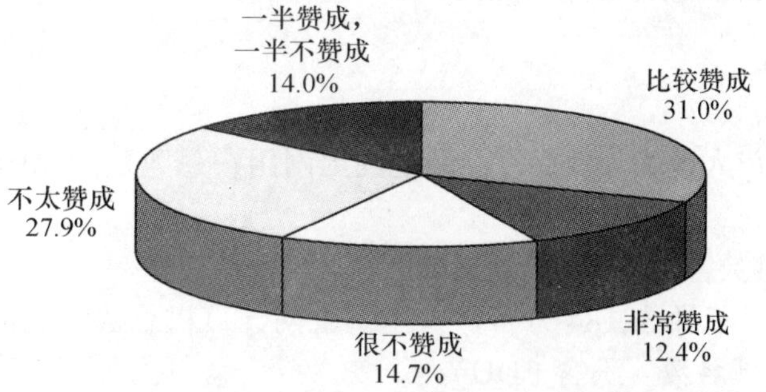

图 26.127 对“使用互联网容易受不良信息影响”观点的看法

（6）对互联网的信任程度

黑龙江省上网用户对互联网表示比较信任的最多，所占比例为 50.4%；其次是对互联网表示半信半疑的，所占比例为 30.4%；对互联网表示不太信任的用户有 10.4%；对互联网表示完全信任的用户有 6.6%；对互联网表示完全不信任的用户有 2.2%（如图 26.128 所示）。黑龙江省上网用户对互联网表示比较信任的占多数。

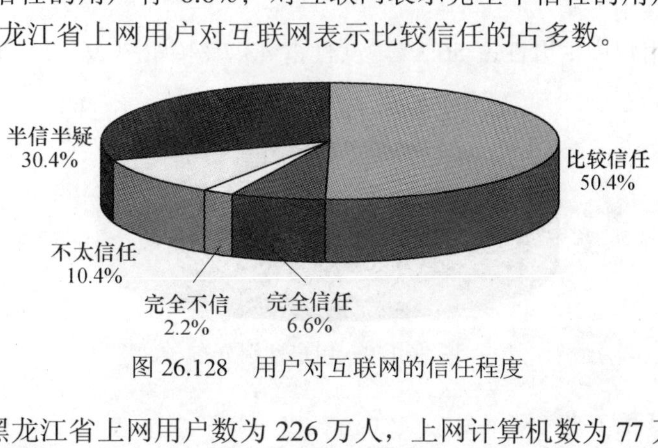

图 26.128 用户对互联网的信任程度

综上所述，黑龙江省上网用户数为 226 万人，上网计算机数为 77 万台，CN 下注册域名数量为 3 332 个，WWW 站点数为 5 919 个。

其中住宅电话覆盖的上网用户（不包括住校大学生）中以男性、已婚者占主体，年龄在 18～24 岁的所占比例最高，受教育程度为高中（中专）的最多，职业为商业、服务业人员和工人的所占的比例最多，从事行业为公共管理、社会组织和教育业的人最多，个人月收入在 1001～1500 元的最多。

用户每月实际花费的上网费用集中在 100 元及以下，平均每周上网时间为 16.4 小时，平均每周上网天数为 4.1 天，使用互联网的高峰时间在晚上。用户拥有 E-mail 账号平均值为 1.1，其中免费 E-mail 账号平均值为 1.0，平均每周收到电子邮件数（不包括垃圾邮件）为 2.5 封，收到垃圾邮件数 4.3 封，发出电子邮件数 2.2 封。用户上网的最主要目的为休闲娱乐。

黑龙江省上网用户对“使用互联网可以提高工作/学习和生活的效率”的观点表示赞成的占绝大多数，对“在单位/学校/邻里中，会上网的人好像高人一等”的观点表示不赞成的占多数，对“使用互联网容易结交不好的朋友”的观点表示不赞成的居多，对“使用互联网容易暴露隐私”的观点表示不赞成的居多，对“使用互联网容易受不良信息影响”的观点表示赞成的略多于表示不赞成的。对互联网表示比较信任的占多数。

26.3.9 上海市互联网络发展状况

（一）宏观概况

1．上网用户人数

上海市上网用户人数为 431.6 万，占全国上网用户总人数的比例为 5.4%，是上海市总人口的 26.6%。

2．上网计算机数

上海市上网计算机数为 184 万台，占全国上网计算机总数的比例为 6.0%。

3．CN 下注册域名数（不含 EDU）

上海市 CN 下注册域名数量为 28940 个，占全国 CN 下注册域名总数的比例为 8.5%。

4．WWW 站点数（包括.CN、.COM、.NET、.ORG 下的网站）

上海市 WWW 站点数为 52600 个，占全国 WWW 站点数的比例为 8.8%。

（二）互联网用户行为意识调查结果

1．用户个人信息

（1）用户的性别

上海市上网用户中，男性占 56.3%，女性占 43.7%（如图 26.129 所示）。男性占据上网用户主体。

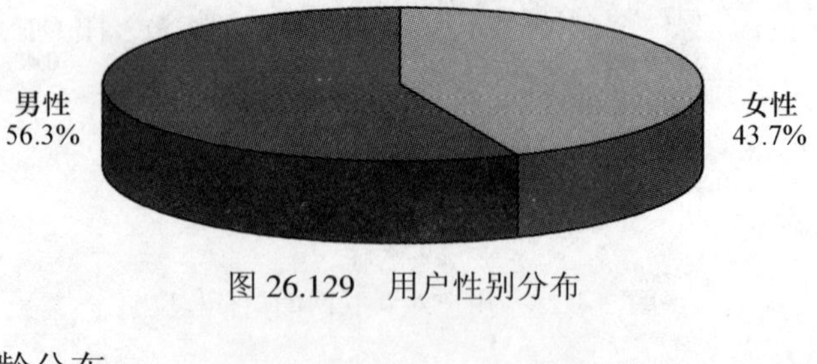

图 26.129 用户性别分布

（2）用户的年龄分布

上海市上网用户中，18～24 岁的用户所占比例最高，达到 33.2%；其次是 18 岁以下的用户，所占比例为 23.3%；25～30 岁的用户占 17.7%；31～35 岁的用户占 8.5%；35

岁以上用户所占比例为 17.3%（如图 26.130 所示）。

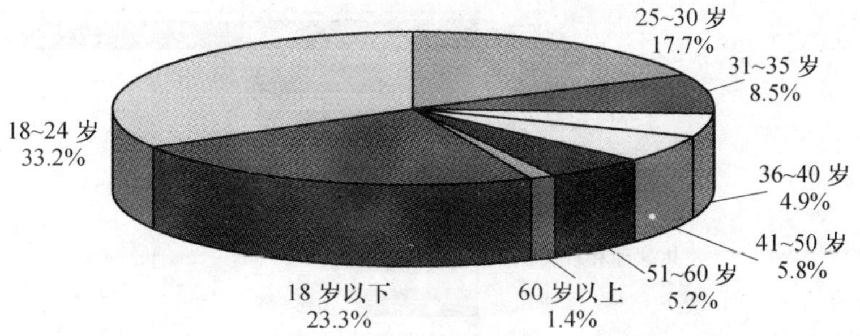

图 26.130 用户年龄分布

（3）用户的婚姻状况

上海市上网用户中，已婚者占 37.7%，未婚者占 62.3%（如图 26.131 所示）。未婚者占上网用户主体。

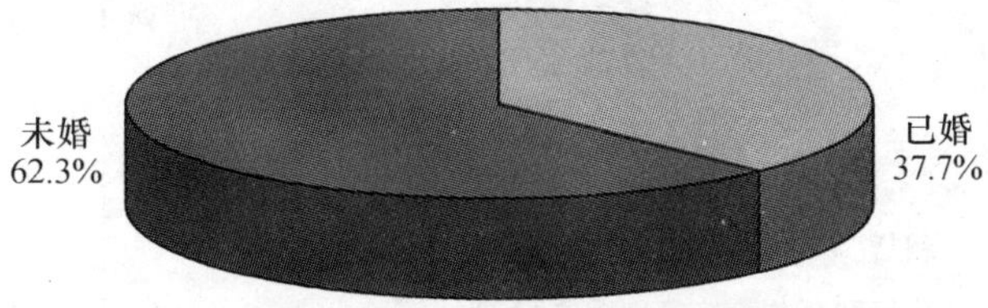

图 26.131 用户婚姻状况分布

（4）用户的受教育程度

上海市上网用户中，受教育程度为高中（中专）的最多，达到 32.3%；其次是受教育程度为大专的用户，所占比例为 28.3%；受教育程度为本科的用户所占比例为 26.5%；受教育程度为高中以下的用户所占比例为 9.9%；硕士及以上受教育程度的用户所占比例较小，只有 3.0%（如图 26.132 所示）。

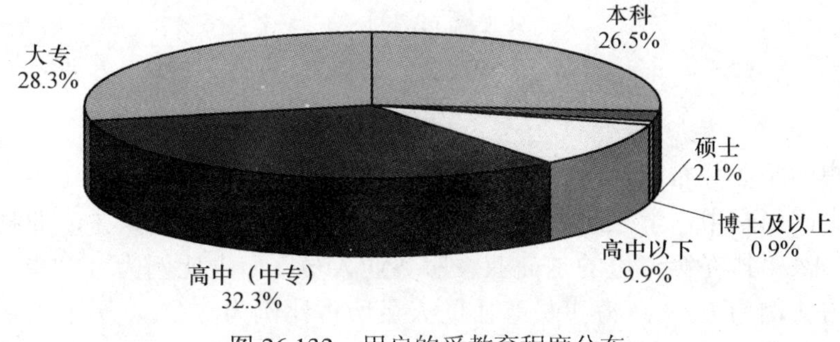

图 26.132 用户的受教育程度分布

（5）用户的行业分布（不包括军人、学生和无业人员）

上海市上网用户中，从事制造业的人最多，达到 21.3%；其次是从事 IT 业和批发零售业的用户，所占比例分别为 10.8%和 10.1%；排在第三位的是从事教育业的用户，所占比例为 8.7%；从事金融业的用户所占比例为 6.6%；从事公共管理、社会组织的用户所占比例为 5.9%；从事建筑业的用户所占比例为 5.6%；从事卫生、社会保障和社会福利业的用户所占比例为 4.5%；从事其他行业的上网用户则较少（如图 26.133 所示）。

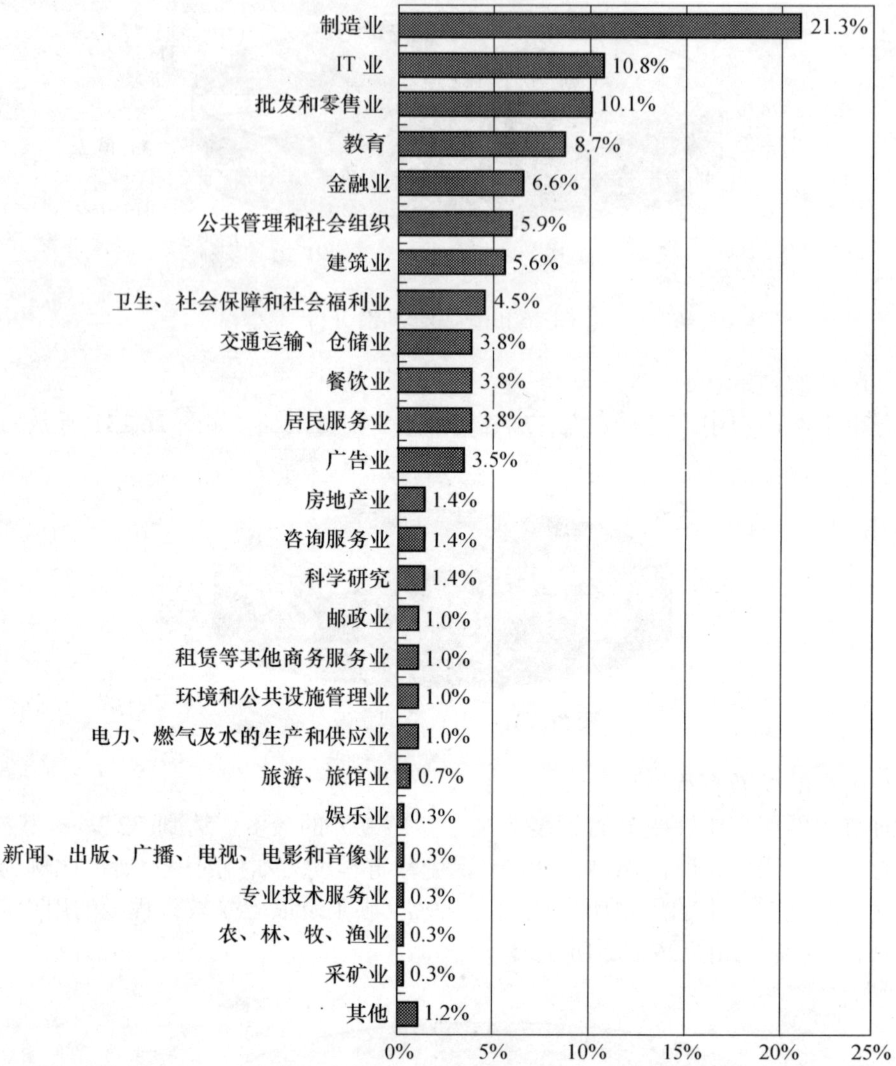

图 26.133　用户的行业分布

（6）用户的职业分布

上海市上网用户中，学生所占的比例最多，达到 33.1%；其次是专业技术人员，所占比例为 20.4%；排在第三位的是商业、服务业人员，所占比例为 11.7%；企事业单位管理人员所占比例为 9.3%；办事员等协助人员所占比例为 7.0%；无业人员所占比例为 5.7%；工人和教师所占比例分别为 4.7%和 4.5%；国家机关、党群组织工作人员所占比例为 1.9%；其他职业的用户所占比例较少（如图 26.134 所示）。

（7）用户的个人月收入

上海市上网用户中，个人月收入在 500 元以下的最多，达到 22.5%；其次是无收入的用户，所占比例为 13.1%；排在第三位的是 1 501～2 000 元的用户，所占比例为 11.9%；个人月收入为 1001～1500 元的用户所占比例为 8.9%；个人月收入为 2501～3000 元的用

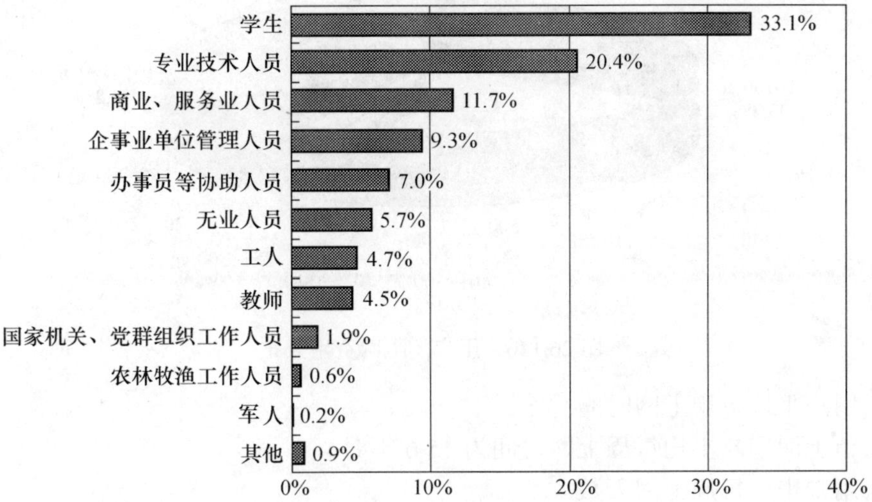

图 26.134　用户的职业分布

户所占比例为 8.1%；个人月收入为 3001～4000 元的用户所占比例为 7.9%；个人月收入为 2001～2500 元的用户所占比例为 7.7%；个人月收入为 501～1000 元的用户所占比例为 6.4%；个人月收入在 4000 元以上的用户所占比例为 13.5%（如图 26.135 所示）。

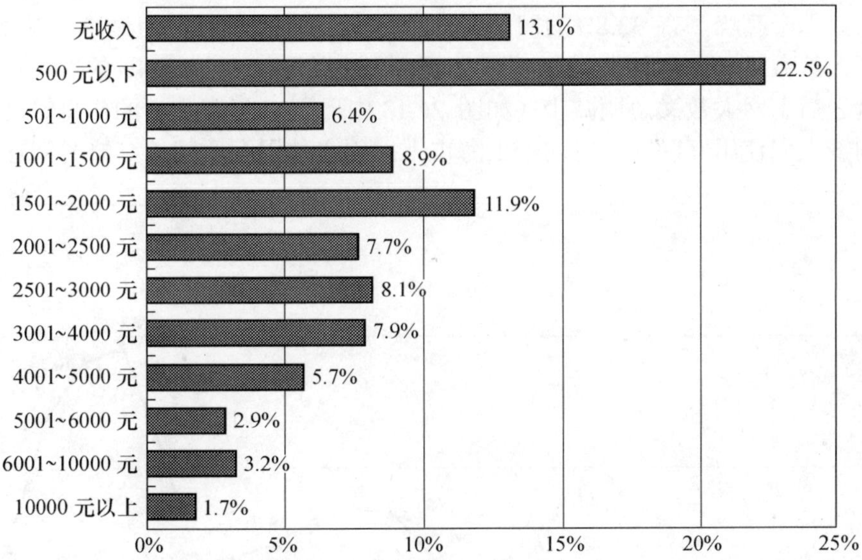

图 26.135　用户的个人月收入分布

2．用户对互联网的使用情况

（1）用户每月实际花费的上网费用

上海市上网用户每月实际花费的上网费用以 101～150 元的最多，占 34.2%；其次是每月实际花费的上网费用在 51～100 元的用户，所占比例为 33.3%；每月实际花费的上网费用低于 50 元的用户所占比例为 18.5%；每月实际花费的上网费用在 100 元以上的用户，所占比例为 14.0%（如图 26.136 所示）。上海市上网用户每月实际花费的上网费用集中在 100 元及以下。

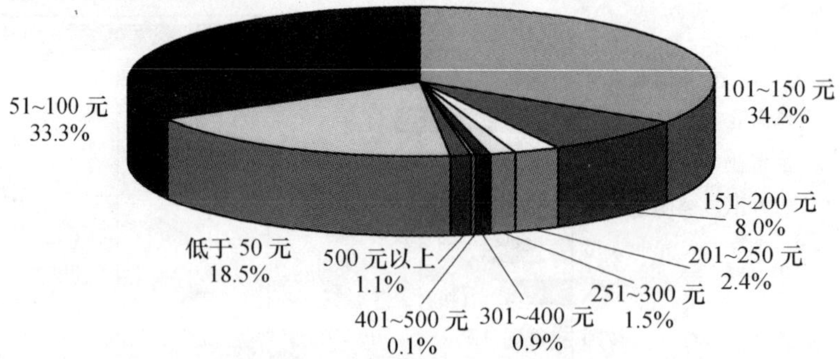

图 26.136　用户的上网费用分布

（2）用户平均每周上网时间

上海市上网用户平均每周上网时间为 15.6 小时。

（3）用户平均每周上网天数

上海市上网用户平均每周上网天数为 4.6 天。

（4）用户通常上网时间

上海市上网用户的上网时间在一天中波动较大：凌晨 1 点至早上 7 点钟是网民最少上网的时间，从早上 8 点钟起上网的人逐渐增加，到上午 10 点达到一天当中的第一个高峰，有 26.1%的网民在这一时间上网；11 点略有回落，12 点开始回升，14 点又达到一天当中的第二个高峰，有 33.8%的网民在这一时间上网；15 点略有回落，从晚上 19 点开始上网人数激增，到晚上 20 点的时候达到一天中的顶峰，有 58.4%的网民在这一时间上网，这之后上网人数又急剧减少（如图 26.137 所示）。日常生活的作息时间在一定程度上影响着人们使用互联网的时间。上海市上网用户使用互联网的高峰时间在晚上。

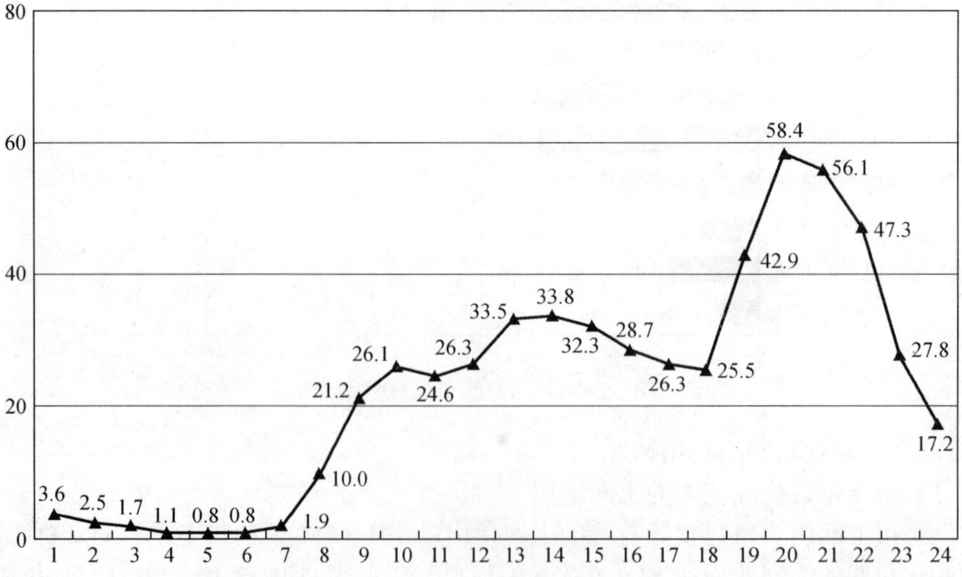

图 26.137　用户的上网时间分布（%）

（5）用户拥有 E-mail 账号数

上海市上网用户拥有 E-mail 账号平均值为 1.8，其中免费 E-mail 账号平均值为 1.5。

（6）用户平均每周收发的电子邮件数

上海市上网用户平均每周收到电子邮件数（不包括垃圾邮件）为 11.7 封，收到垃圾邮件数 12.9 封，发出电子邮件数 6.7 封。

（7）用户上网最主要的目的

上海市上网用户上网的最主要目的以获取信息最多，达到 47.3%；其次是休闲娱乐，所占比例为 34.2%；排在第三位的是学习，有 6.6%的用户选择此项；选择对外通信、联络的用户有 3.8%；选择交友和获得各种免费资源的用户各有 2.3%；而选择其他上网目的的用户则很少（如图 26.138 所示）。

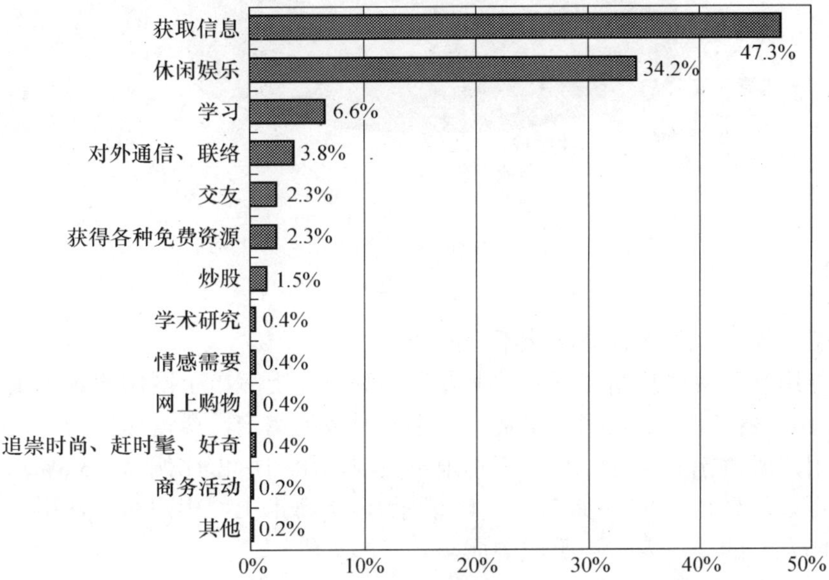

图 26.138　用户上网最主要的目的

3．用户对互联网的看法

（1）关于“使用互联网可以提高工作/学习和生活的效率”

关于“使用互联网可以提高工作/学习和生活的效率”的观点，上海市上网用户表示比较赞成的最多，达到 57.2%；其次是表示非常赞成的，所占比例为 29.6%；表示一半赞成一半不赞成的用户所占比例为 8.8%；表示不赞成的用户所占比例为 4.4%（如图 26.139 所示）。上海市上网用户对“使用互联网可以提高工作/学习和生活的效率”的观点表示赞成的占绝大多数。

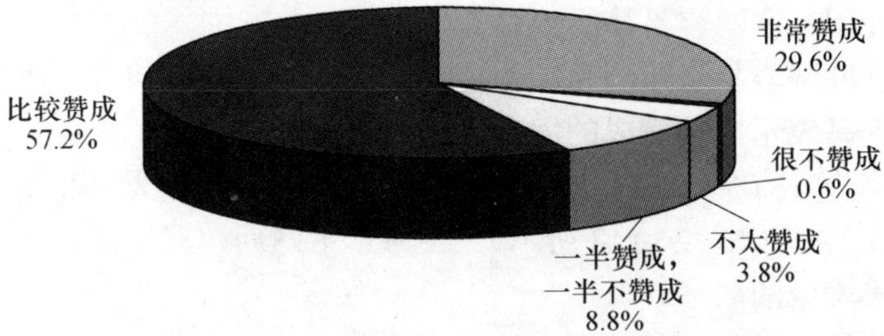

图 26.139　对“使用互联网可以提高工作/学习和生活的效率”观点的看法

（2）关于“在单位/学校/邻里中，会上网的人好像高人一等”

关于“在单位/学校/邻里中，会上网的人好像高人一等”的观点，上海市上网用户表示不太赞成的最多，达到 51.5%；其次是表示很不赞成的，所占比例为 29.5%；表示一半赞成一半不赞成的用户所占比例为 11.1%；表示比较赞成的用户所占比例为 5.8%；表示非常赞成的用户所占比例为 2.1%（如图 26.140 所示）。上海市上网用户对“在单位/学校/邻里中，会上网的人好像高人一等”的观点表示不赞成的占多数。

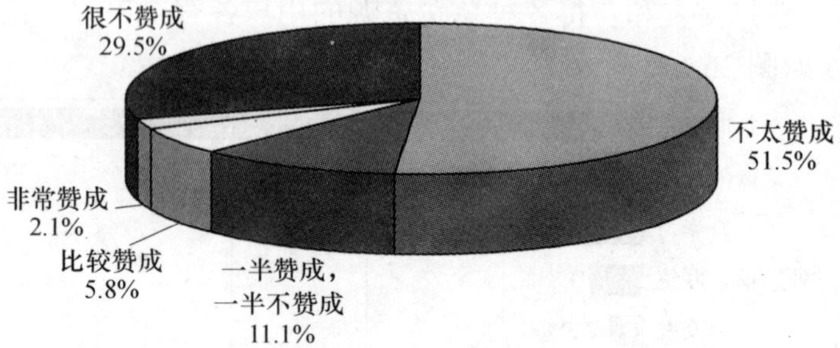

图 26.140　对“在单位/学校/邻里中，会上网的人好像高人一等”观点的看法

（3）关于“使用互联网容易结交不好的朋友”

关于“使用互联网容易结交不好的朋友”的观点，上海市上网用户表示不太赞成的最多，达到 46.0%；其次是表示一半赞成一半不赞成的用户，所占比例为 21.9%；表示比较赞成的用户所占比例为 15.4%；表示很不赞成的用户所占比例为 13.8%；表示非常赞成的用户最少，只有 2.9%（如图 26.141 所示）。上海市上网用户对“使用互联网容易结交不好的朋友”的观点表示不赞成的居多。

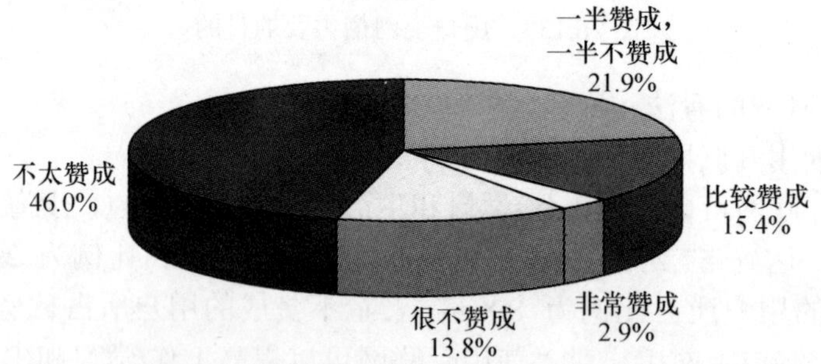

图 26.141　对“使用互联网容易结交不好的朋友”观点的看法

（4）关于“使用互联网容易暴露隐私”

关于“使用互联网容易暴露隐私”的观点，上海市上网用户表示不太赞成的最多，达到 41.6%；其次是表示比较赞成的用户，所占比例为 23.7%；表示一半赞成一半不赞成的用户所占比例为 18.6%；表示很不赞成的用户，所占比例为 12.4%；表示非常赞成的用户最少，占 3.7%（如图 26.142 所示）。上海市上网用户对“使用互联网容易暴露隐私”的观点表示不赞成的居多。

（5）关于“使用互联网容易受不良信息影响”

关于“使用互联网容易受不良信息影响”的观点，上海市上网用户表示不太赞成的

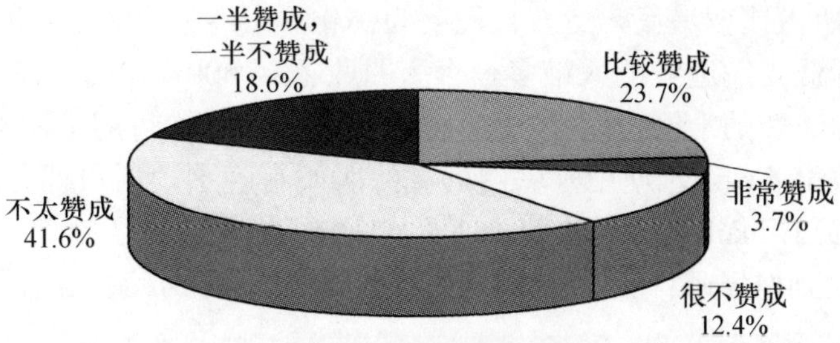

图 26.142 对“使用互联网容易暴露隐私”观点的看法

最多，达到 34.8%；其次是表示比较赞成的用户，所占比例为 29.0%；表示一半赞成一半不赞成的用户所占比例为 18.5%；表示非常赞成的用户所占比例为 9.7%；表示很不赞成的用户所占比例为 8.0%；（如图 26.143 所示）。上海市上网用户对“使用互联网容易受不良信息影响”的观点表示赞成的略多于表示不赞成的。

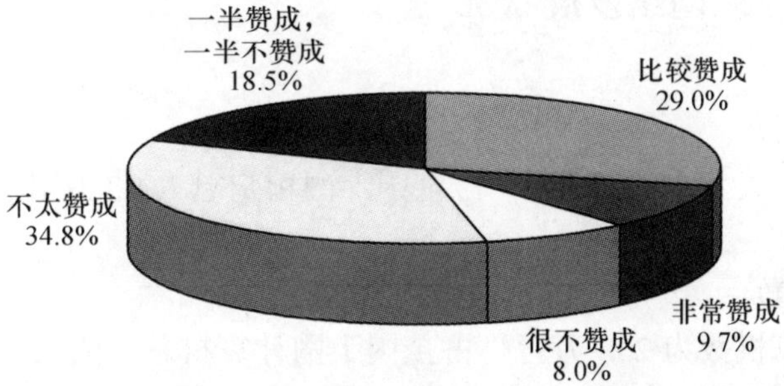

图 26.143 对“使用互联网容易受不良信息影响”观点的看法

（6）对互联网的信任程度

上海市上网用户对互联网表示比较信任的最多，所占比例为 54.3%；其次是对互联网表示半信半疑的，所占比例为 37.4%；对互联网表示完全信任的用户有 2.5%；对互联网表示不太信任的用户有 4.9%；对互联网表示完全不信任的用户有 0.9%（如图 26.144 所示）。上海市上网用户对互联网表示比较信任的占多数。

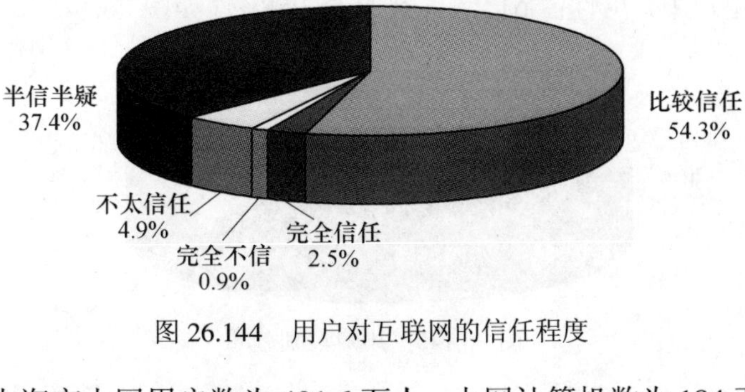

图 26.144 用户对互联网的信任程度

综上所述，上海市上网用户数为 431.6 万人，上网计算机数为 184 万台，CN 下注册域名数量为 28 940 个，WWW 站点数为 52 600 个。

其中住宅电话覆盖的上网用户（不包括住校大学生）中以男性、已婚者占主体，年龄在18～24岁的所占比例最高，受教育程度为高中（中专）的最多，职业以学生所占的比例最多，从事行业为制造业的人最多，个人月收入在500元以下的最多。

用户每月实际花费的上网费用集中在100元及以下，平均每周上网时间为15.6小时，平均每周上网天数为4.6天，使用互联网的高峰时间在晚上。用户拥有E-mail账号平均值为1.8，其中免费E-mail账号平均值为1.5，平均每周收到电子邮件数（不包括垃圾邮件）为11.7封，收到垃圾邮件数12.9封，发出电子邮件数6.7封。用户上网的最主要目的为获取信息。

上海市上网用户对“使用互联网可以提高工作/学习和生活的效率”的观点表示赞成的占绝大多数，对“在单位/学校/邻里中，会上网的人好像高人一等”的观点表示不赞成的占多数，对“使用互联网容易结交不好的朋友”的观点表示不赞成的居多，对“使用互联网容易暴露隐私”的观点表示不赞成的居多，对“使用互联网容易受不良信息影响”的观点表示赞成的略多于表示不赞成的。对互联网表示比较信任的占多数。

26.3.10 江苏省互联网络发展状况

（一）宏观概况

1．上网用户人数

江苏省上网用户人数为610.9万，占全国上网用户总人数的比例为7.7%，是江苏省总人口的8.3%。

2．上网计算机数

江苏省上网计算机数为252万台，占全国上网计算机总数的比例为8.1%。

3．CN下注册域名数（不含EDU）

江苏省CN下注册域名数量为20587个，占全国CN下注册域名总数的比例为6.1%。

4．WWW站点数（包括.CN、.COM、.NET、.ORG下的网站）

江苏省WWW站点数为40258个，占全国WWW站点数的比例为6.8%。

（二）互联网用户行为意识调查结果

1．用户个人信息

（1）用户的性别

江苏省上网用户中，男性占61.2%，女性占38.8%（如图26.145所示）。男性占据上网用户主体。

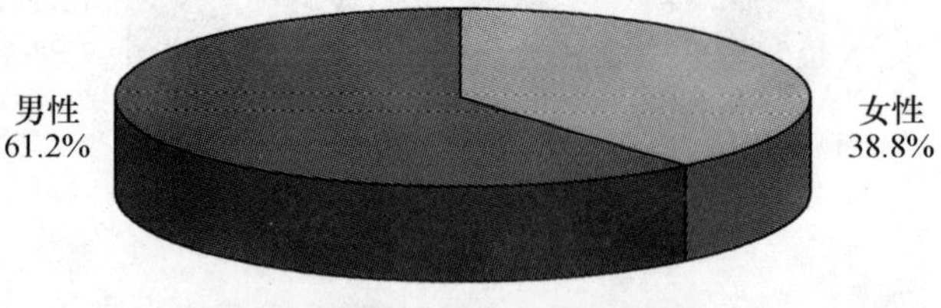

图26.145　用户性别分布

（2）用户的年龄分布

江苏省上网用户中，25～30岁的用户所占比例最高，达到24.7%；其次是18～24岁的用户，所占比例为24.2%；18岁以下的用户占16.8%；31～35岁的用户占13.2%；

35 岁以上用户所占比例为 21.1%（如图 26.146 所示）。

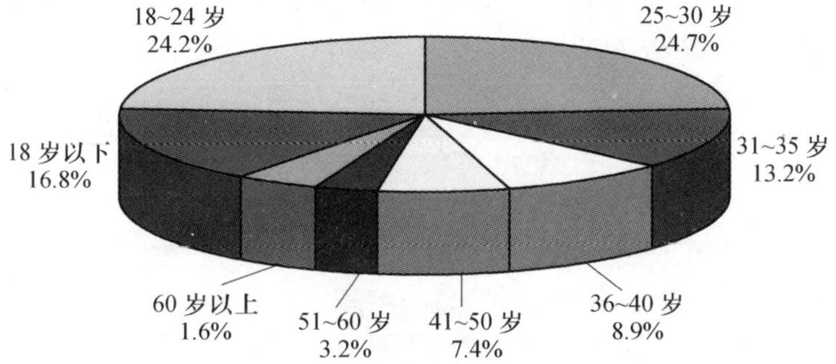

图 26.146　用户年龄分布

（3）用户的婚姻状况

江苏省上网用户中，已婚者占 55.6%，未婚者占 44.4%（如图 26.147 所示）。已婚者占上网用户主体。

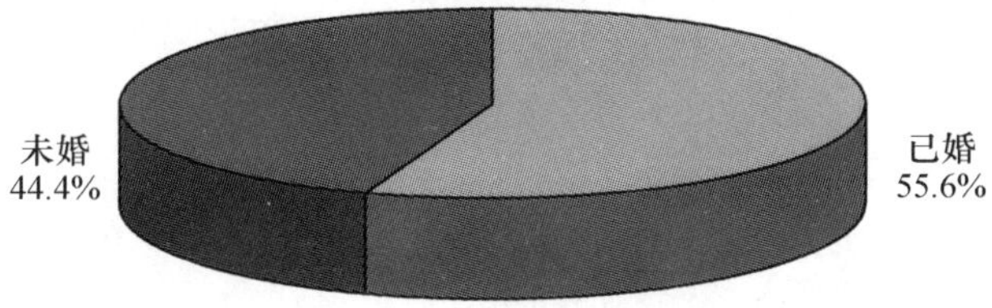

图 26.147　用户婚姻状况分布

（4）用户的受教育程度

江苏省上网用户中，受教育程度为高中（中专）的最多，达到 35.2%；其次是受教育程度为大专的用户，所占比例为 28.6%；受教育程度为本科的用户所占比例为 23.5%；受教育程度为高中以下的用户所占比例为 10.2%；硕士及以上受教育程度的用户所占比例较小，只有 2.5%（如图 26.148 所示）。

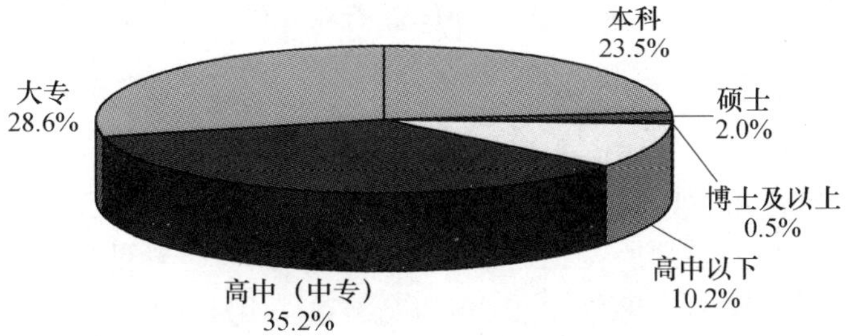

图 26.148　用户受教育程度分布

（5）用户的行业分布（不包括军人、学生和无业人员）

江苏省上网用户中，从事制造业的人最多，达到 21.1%；其次是从事教育业和 IT 业的用户，所占比例分别为 12.7%和 12.0%；排在第四位的是从事公共管理、社会组织的用户，所占比例为 7.7%；从事卫生、社会保障和社会福利业的用户所占比例为 6.3%；

从事批发零售业和金融业的用户所占比例各为 4.9%；从事交通运输、仓储业的用户所占比例为 4.2%；从事居民服务业和建筑业的用户所占比例为 3.5%；从事其他行业的上网用户则较少（如图 26.149 所示）。

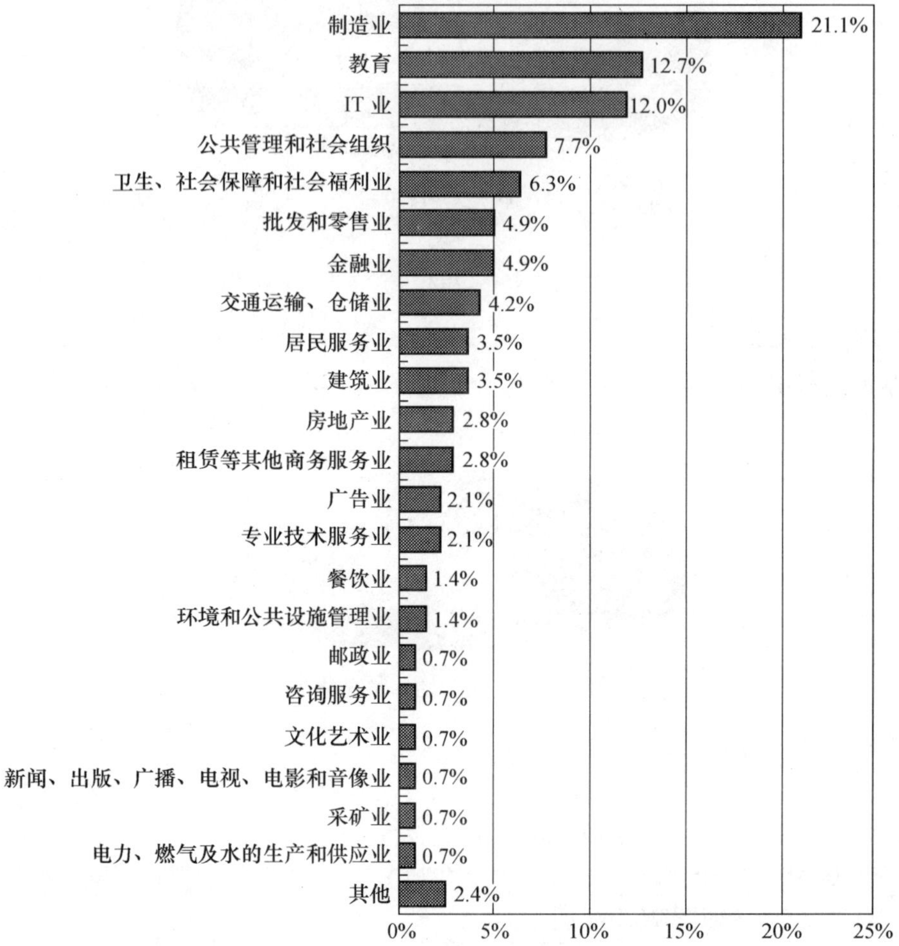

图 26.149　用户的行业分布

（6）用户的职业分布

江苏省上网用户中，学生所占的比例最多，达到 19.4%；其次是专业技术人员，所占比例为 15.9%；排在第三位的是工人，所占比例为 10.9%；办事员等协助人员和无业人员所占比例各为 9.9%；教师所占比例为 9.5%；企事业单位管理人员所占比例为 9.0%；商业、服务业人员所占比例为 8.5%；国家机关、党群组织工作人员所占比例为 6.0%；其他职业的用户所占比例较少（如图 26.150 所示）。

（7）用户的个人月收入

江苏省上网用户中，个人月收入在 1 501～2 000 元的最多，达到 19.9%；其次是 1 001～1 500 元的用户，所占比例为 15.9%；排在第三位的是无收入的用户，所占比例为 13.6%；个人月收入为 501～1 000 元和 500 元以下的用户所占比例各为 13.1%；个人月收入为 2 001～2 500 元的用户所占比例为 8.5%；个人月收入为 2 501～3 000 元的用户所占比例为 6.3%；个人月收入为 3 001～4 000 元的用户所占比例为 5.1%；个人月收入在 4000 元以上的用户所占比例为 4.5%（如图 26.151 所示）。

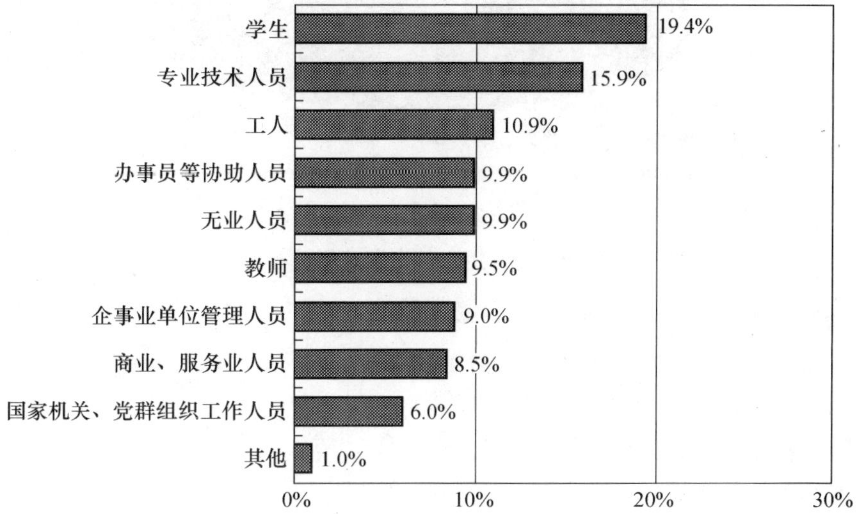

图 26.150　用户的职业分布

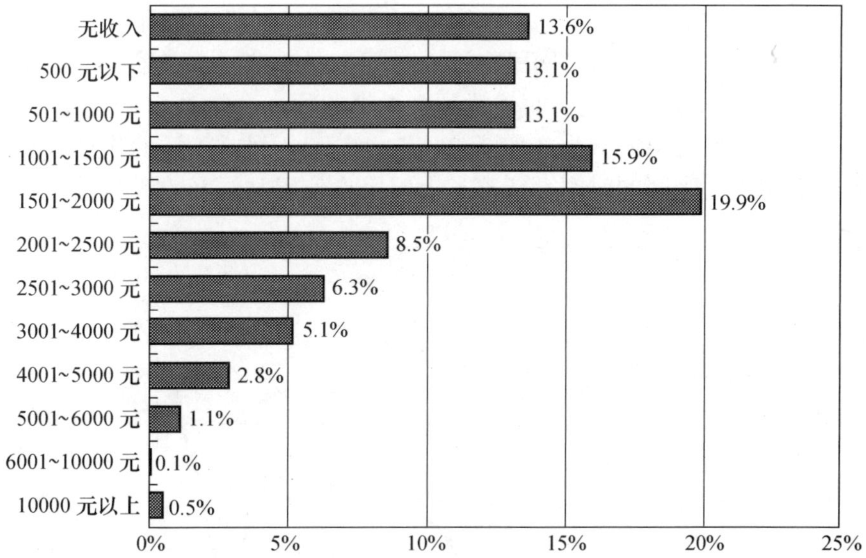

图 26.151　用户的个人月收入分布

2．用户对互联网的使用情况

（1）用户每月实际花费的上网费用

江苏省上网用户每月实际花费的上网费用以低于 50 元的最多，占 38.9%；其次是每月实际花费的上网费用为 51～100 元的用户，所占比例为 27.5%；每月实际花费的上网费用为 101～150 元的用户所占比例为 20.6%；每月实际花费的上网费用在 150 元以上的用户，所占比例为 13.0%（如图 26.152 所示）。江苏省上网用户每月实际花费的上网费用集中在 150 元及以下。

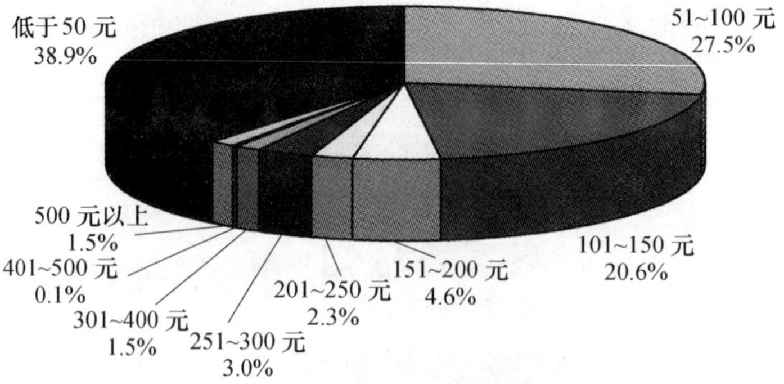

图26.152　用户的上网费用分布

（2）用户平均每周上网时间

江苏省上网用户平均每周上网时间为13.0小时。

（3）用户平均每周上网天数

江苏省上网用户平均每周上网天数为4.4天。

（4）用户通常上网时间

江苏省上网用户的上网时间在一天中波动较大：凌晨1点至早上7点钟是网民最少上网的时间，从早上8点钟起上网的人逐渐增加，到上午9点达到一天当中的第一个高峰，有21.9%的网民在这一时间上网；10点略有回落，12点开始回升，14点又达到一天当中的第二个高峰，有34.3%的网民在这一时间上网；15点略有回落，从晚上19点开始上网人数激增，到晚上20点的时候达到一天中的顶峰，有51.7%的网民在这一时间上网，这之后上网人数又急剧减少（如图26.153所示）。日常生活的作息时间在一定程度上影响着人们使用互联网的时间。江苏省上网用户使用互联网的高峰时间在晚上。

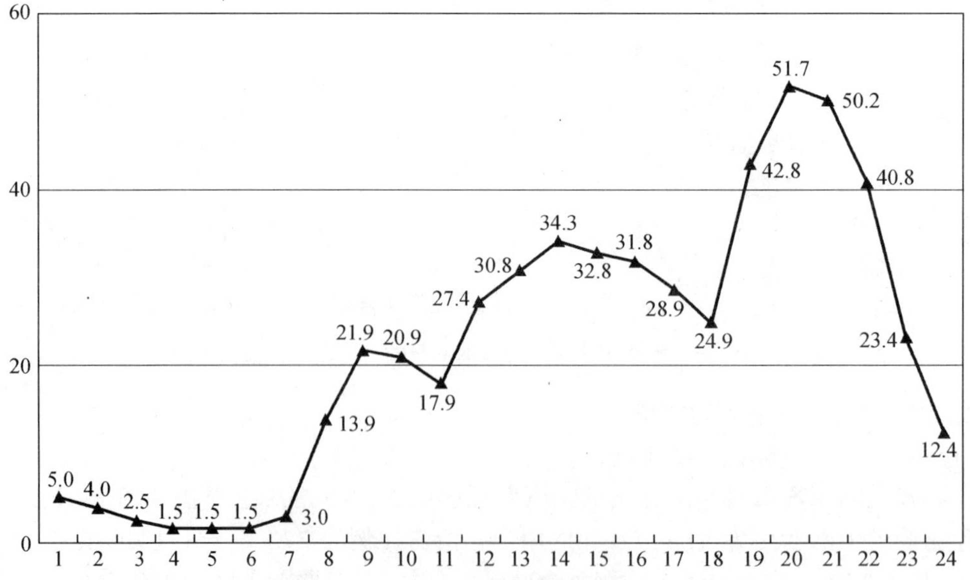

图26.153　用户的上网时间分布（%）

（5）用户拥有E-mail账号数

江苏省上网用户拥有 E-mail 账号平均值为 1.2，其中免费 E-mail 账号平均值为 1.0。

（6）用户平均每周收发的电子邮件数

江苏省上网用户平均每周收到电子邮件数（不包括垃圾邮件）为 4.3 封，收到垃圾邮件数 10.1 封，发出电子邮件数 4.3 封。

（7）用户上网最主要的目的

江苏省上网用户上网的最主要目的以获取信息最多，达到 50.7%；其次是休闲娱乐，所占比例为 31.3%；排在第三位的是学习，有 5.5%的用户选择此项；选择对外通信、联络的用户有 4.5%；选择炒股的用户有 4.0%；选择交友的用户有 2.5%；而选择其他上网目的的用户则很少（如图 26.154 所示）。

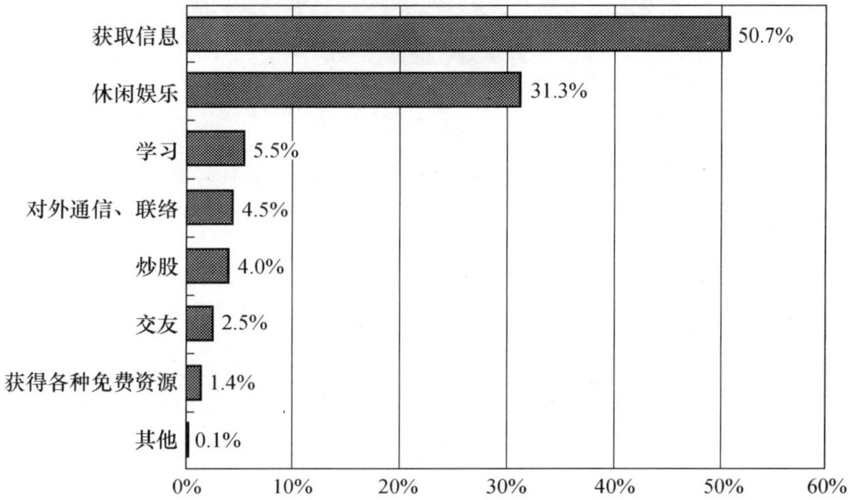

图 26.154　用户上网最主要的目的

3．用户对互联网的看法

（1）关于“使用互联网可以提高工作/学习和生活的效率”

关于“使用互联网可以提高工作/学习和生活的效率”的观点，江苏省上网用户表示比较赞成的最多，达到 58.1%；其次是表示非常赞成的，所占比例为 31.8%；表示一半赞成一半不赞成的用户所占比例为 5.1%；表示不赞成的用户所占比例为 5.0%（如图 26.155 所示）。江苏省上网用户对“使用互联网可以提高工作/学习和生活的效率”的观点表示赞成的占绝大多数。

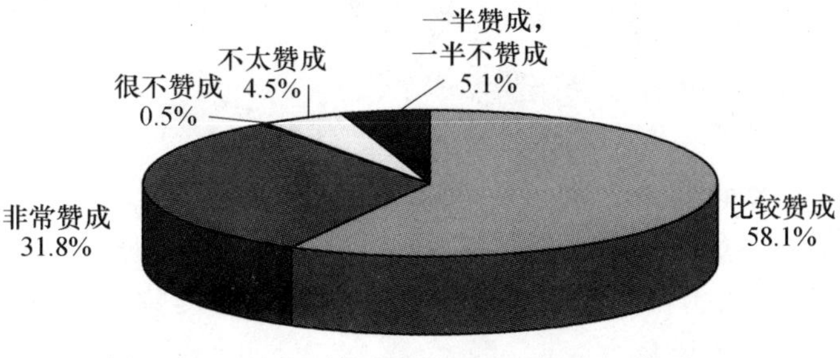

图 26.155　对“使用互联网可以提高工作/学习和生活的效率”观点的看法

（2）关于“在单位/学校/邻里中，会上网的人好像高人一等”

关于“在单位/学校/邻里中，会上网的人好像高人一等”的观点，江苏省上网用户表示不太赞成的最多，达到 47.5%；其次是表示很不赞成的，所占比例为 32.3%；表示比较赞成的用户所占比例为 9.6%；表示一半赞成一半不赞成的用户所占比例为 9.1%；表示非常赞成的用户所占比例为 1.5%（如图 26.156 所示）。江苏省上网用户对“在单位/学校/邻里中，会上网的人好像高人一等”的观点表示不赞成的占多数。

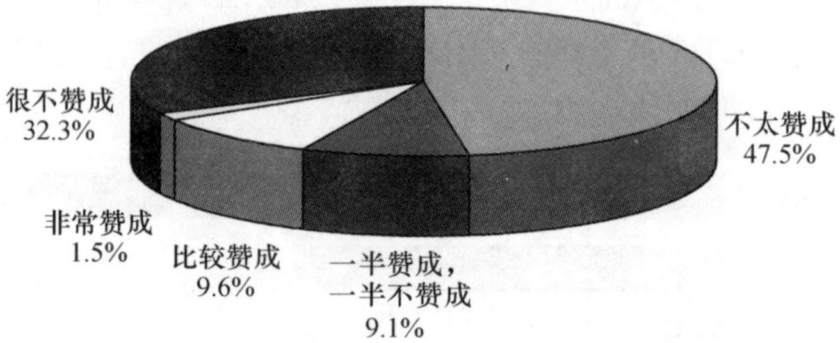

图 26.156　对“在单位/学校/邻里中，会上网的人好像高人一等”观点的看法

（3）关于“使用互联网容易结交不好的朋友”

关于“使用互联网容易结交不好的朋友”的观点，江苏省上网用户表示不太赞成的最多，达到 39.7%；其次是表示比较赞成的用户，所占比例为 20.6%；表示一半赞成一半不赞成的用户所占比例为 20.1%；表示很不赞成的用户所占比例为 17.5%；表示非常赞成的用户最少，只有 2.1%（如图 26.157 所示）。江苏省上网用户对“使用互联网容易结交不好的朋友”的观点表示不赞成的居多。

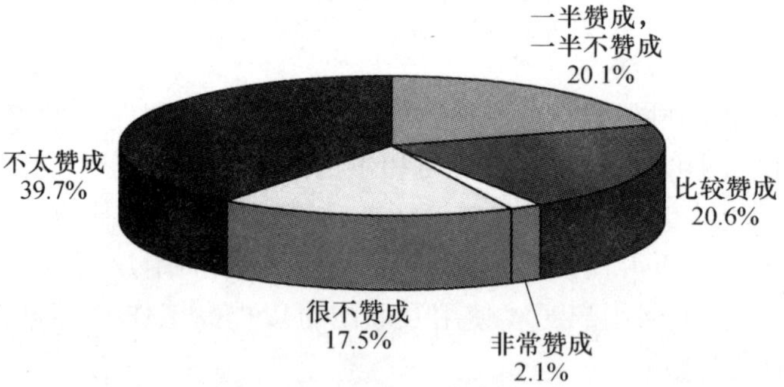

图 26.157　对“使用互联网容易结交不好的朋友”观点的看法

（4）关于“使用互联网容易暴露隐私”

关于“使用互联网容易暴露隐私”的观点，江苏省上网用户表示不太赞成的最多，达到 46.2%；其次是表示一半赞成一半不赞成的用户，所占比例为 18.8%；表示比较赞成和很不赞成的用户，所占比例各为 15.1%；表示非常赞成的用户最少，占 4.8%（如图 26.158 所示）。江苏省上网用户对“使用互联网容易暴露隐私”的观点表示不赞成的居多。

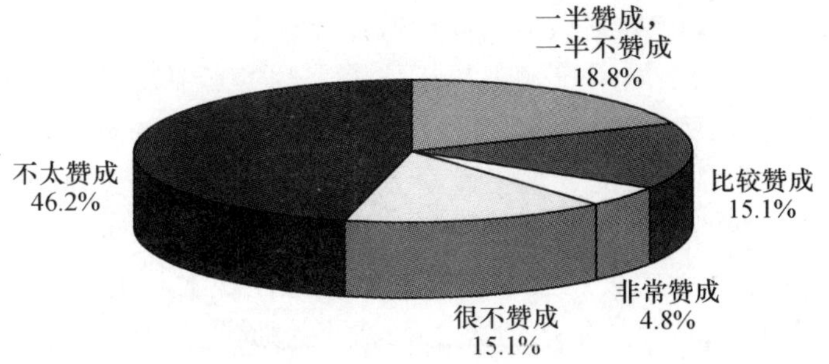

图 26.158　对“使用互联网容易暴露隐私”观点的看法

（5）关于“使用互联网容易受不良信息影响”

关于“使用互联网容易受不良信息影响”的观点，江苏省上网用户表示不太赞成和比较赞成的最多，各为 30.4%；其次是表示一半赞成一半不赞成的用户，所占比例为 21.2%；表示很不赞成的用户所占比例为 10.8%；表示非常赞成的用户所占比例为 7.2%（如图 26.159 所示）。江苏省上网用户对“使用互联网容易受不良信息影响”的观点表示不赞成的略多于表示赞成的。

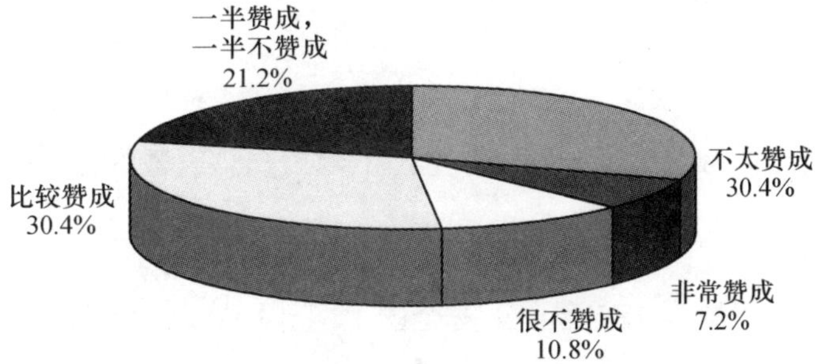

图 26.159　对“使用互联网容易受不良信息影响”观点的看法

（6）对互联网的信任程度

江苏省上网用户对互联网表示比较信任的最多，所占比例为 57.3%；其次是对互联网表示半信半疑的，所占比例为 32.2%；对互联网表示不太信任的用户有 7.5%；对互联网表示完全信任的用户有 3.0%（如图 26.160 所示）。江苏省上网用户对互联网表示比较信任的占多数。

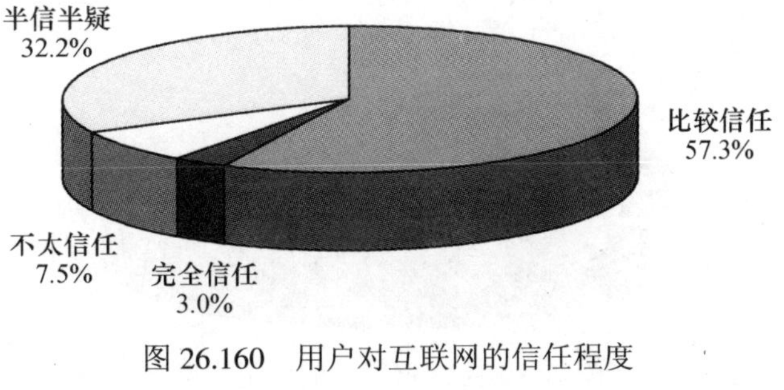

图 26.160　用户对互联网的信任程度

综上所述，江苏省上网用户数为 610.9 万人，上网计算机数为 252 万台；CN 下注册域名数量为 20587 个，WWW 站点数为 40258 个。

其中住宅电话覆盖的上网用户（不包括住校大学生）中以男性、已婚者占主体，年龄在 25～30 岁的所占比例最高，受教育程度为高中（中专）的最多，职业以学生所占的比例最多，从事行业为制造业的人最多，个人月收入为 1501～2000 元的最多。

用户每月实际花费的上网费用集中在 150 元及以下，平均每周上网时间为 13.0 小时，平均每周上网天数为 4.4 天，使用互联网的高峰时间在晚上。用户拥有 E-mail 账号平均值为 1.2，其中免费 E-mail 账号平均值为 1.0，平均每周收到电子邮件数（不包括垃圾邮件）为 4.3 封，收到垃圾邮件数 10.1 封，发出电子邮件数 4.3 封。用户上网的最主要目的为获取信息。

江苏省上网用户对“使用互联网可以提高工作/学习和生活的效率”的观点表示赞成的占绝大多数，对“在单位/学校/邻里中，会上网的人好像高人一等”的观点表示不赞成的占多数，对“使用互联网容易结交不好的朋友”的观点表示不赞成的居多，对“使用互联网容易暴露隐私”的观点表示不赞成的居多，对“使用互联网容易受不良信息影响”的观点表示不赞成的略多于表示赞成的。对互联网表示比较信任的占多数。

26.3.11 浙江省互联网络发展状况

（一）宏观概况

1．上网用户人数

浙江省上网用户人数为 451.2 万，占全国上网用户总人数的比例为 5.7%，是浙江省总人口的 9.7%。

2．上网计算机数

浙江省上网计算机数为 187 万台，占全国上网计算机总数的比例为 6.1%。

3．CN 下注册域名数（不含 EDU）

浙江省 CN 下注册域名数量为 19780 个，占全国 CN 下注册域名总数的比例为 5.8%。

4．WWW 站点数（包括.CN、.COM、.NET、.ORG 下的网站）

浙江省 WWW 站点数为 57948 个，占全国 WWW 站点数的比例为 9.7%。

（二）互联网用户行为意识调查结果

1．用户个人信息

（1）用户的性别

浙江省上网用户中，男性占 59.8%，女性占 40.2%（如图 26.161 所示）。男性占据上网用户主体。

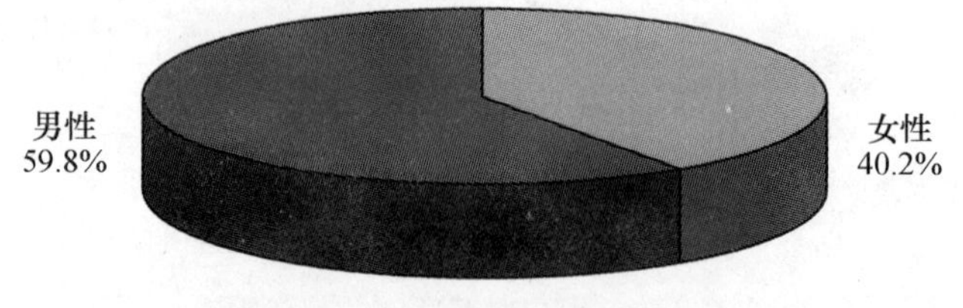

图 26.161　上网用户的性别分布

（2）用户的年龄分布

浙江省上网用户中，18～24 岁的用户所占比例最高，达到 29.5%；其次是 18 岁以下的用户，所占比例为 21.9%；25～30 岁的用户占 18.6%；31～35 岁的用户占 13.8%；36～40 岁的用户所占比例为 10.5%；40 岁以上用户所占比例为 5.7%（如图 26.162 所示）。

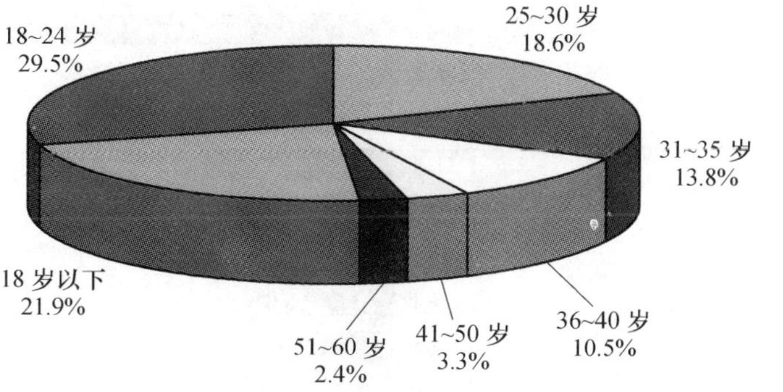

图 26.162　上网用户的年龄分布

（3）用户的婚姻状况

浙江省上网用户中，已婚者占 49.4%，未婚者占 50.6%（如图 26.163 所示）。上网用户中未婚者略占多数。

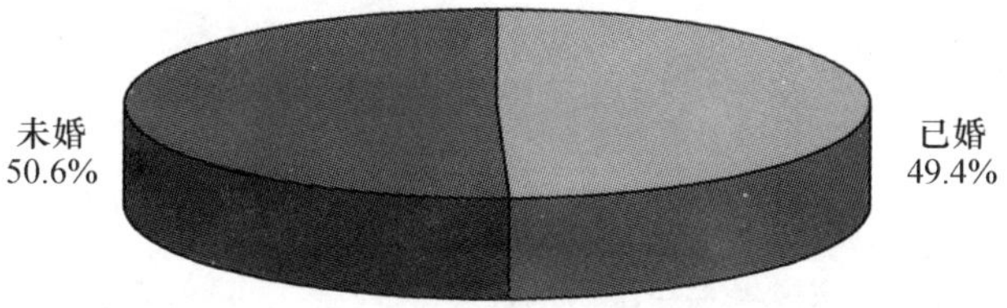

图 26.163　上网用户的婚姻状况分布

（4）用户的受教育程度

浙江省上网用户中，受教育程度为高中（中专）的用户最多，达到 33.8%；其次是受教育程度为大专的用户，所占比例为 28.3%；受教育程度为高中（中专）以下的用户所占比例为 20.1%；本科受教育程度的用户占 17.3%；硕士的用户所占比例只有 0.5%（如图 26.164 所示）。

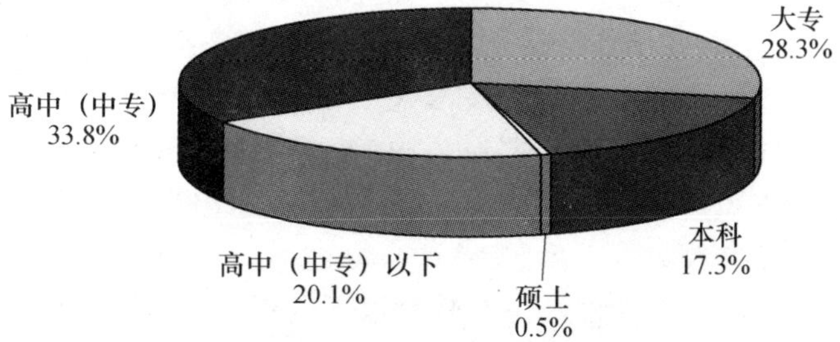

图 26.164　上网用户的受教育程度分布

（5）用户的行业分布（不包括军人、学生和无业人员）

浙江省上网用户中，从事制造业的人最多，占 18.9%；其次是从事教育业的用户，所占比例为 13.2%；排在第三位的是从事公共管理和社会组织的用户，所占比例为 11.3%；从事 IT 业的用户占 10.7%；从事金融业的用户占 8.8%；从事批发零售业的用户占 8.2%；从事居民服务业的用户占 5.0%；从事其他行业的上网用户则较少（如图 26.165 所示）。

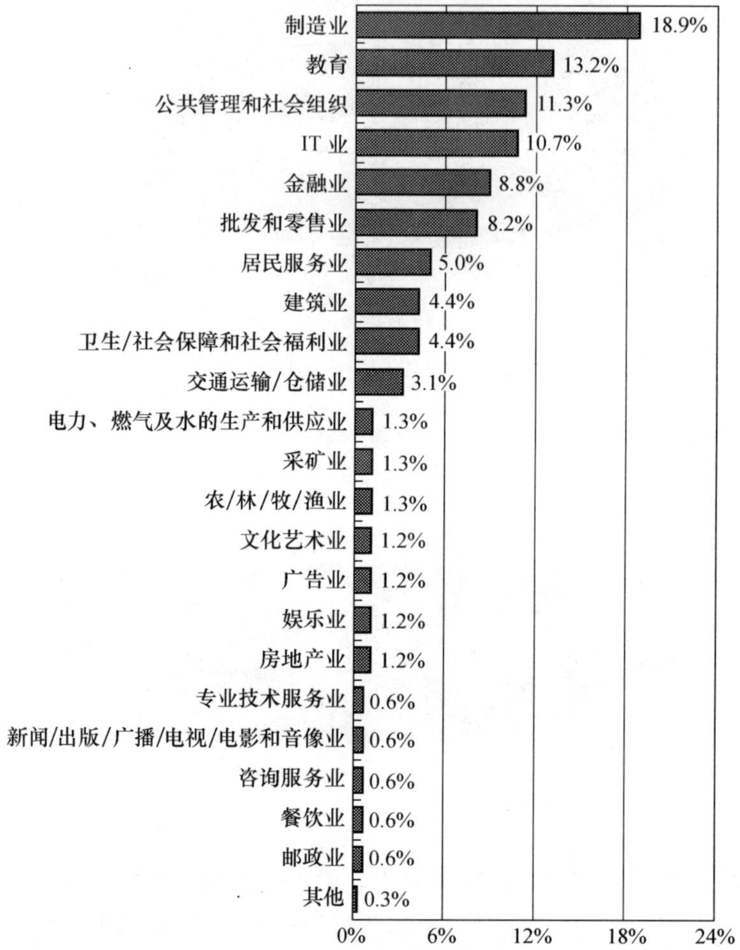

图 26.165　上网用户的行业分布

（6）用户的职业分布

浙江省上网用户中，学生所占的比例最多，达到 23.3%；其次是商业/服务业人员，所占比例为 16.4%；排在第三位的是专业技术人员和企事业单位管理人员，所占比例皆为 11.4%；办事员等协助人员占 10.5%；教师占 9.1%；工人占 6.4%；国家机关/党群组织工作人员占 5.5%；无业人员占 4.1%；其他职业的用户所占比例较少（如图 26.166 所示）。

（7）用户的个人月收入

浙江省上网用户中，个人月收入在 500 元以下的最多，达到 18.1%；其次是 1 001～1 500 元的用户，所占比例为 17.1%；排在第三位的是 1 501～2 000 元的用户，所占比例为 14.6%；个人月收入为 501～1 000 元的用户所占比例 10.6%；个人月收入为 2 001～2 500 元和 3 001～4 000 元的用户所占比例均为 9.5%；无收入的用户所占比例为 9.1%；个人月收入为 2 501～3 000 元的用户所占比例为 6.0%；个人月收入超过 4 000 元的用户所占比例为 5.5%（如图 26.167 所示）。

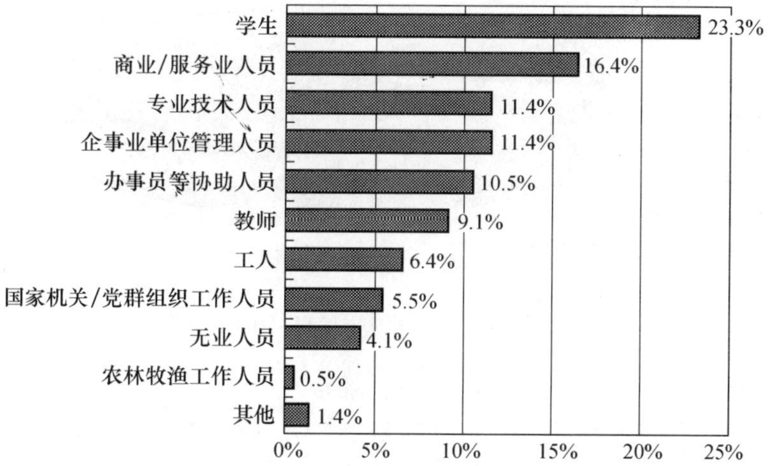

图 26.166　上网用户的职业分布

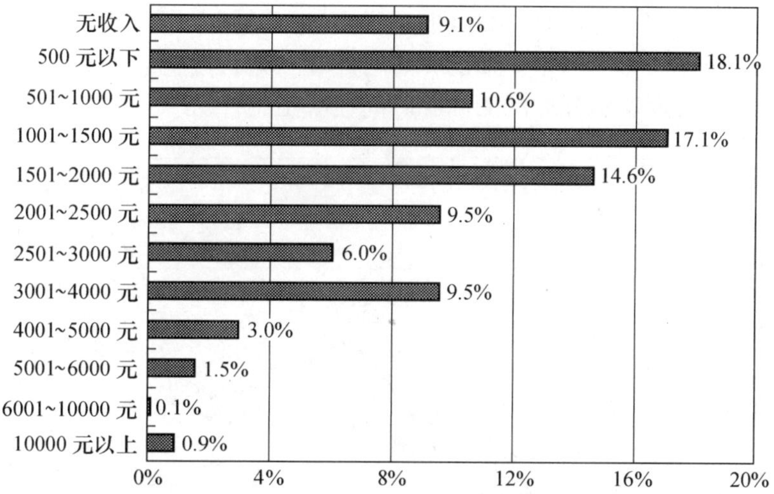

图 26.167　上网用户的个人月均收入分布

2．用户对互联网的使用情况

（1）用户每月实际花费的上网费用

浙江省上网用户每月实际花费的上网费用以 51～100 元的最多，占 60.4%；其次是每月实际花费的上网费用低于 50 元的用户，所占比例为 22.4%；每月实际花费的上网费用在 101～150 元的用户，所占比例为 7.5%；每月实际花费的上网费用在 150 元以上的用户很少，只占 9.7%（如图 26.168 所示）。浙江省上网用户每月实际花费的上网费用集中在 100 元及以下。

（2）用户平均每周上网时间

浙江省上网用户平均每周上网时间为 14.9 小时。

（3）用户平均每周上网天数

浙江省上网用户平均每周上网天数为 4.6 天。

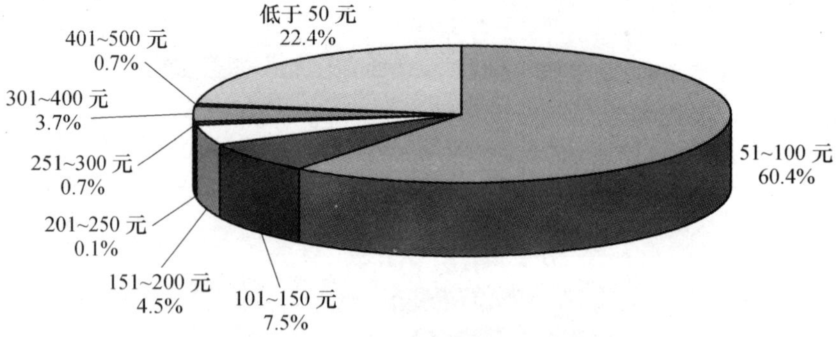

图 26.168　上网用户平均每月上网费用

（4）用户通常上网时间

浙江省上网用户的上网时间在一天中波动较大：凌晨 1 点至早上 7 点钟是网民最少上网的时间，从早上 8 点钟起上网的人逐渐增加，到下午 13 点达到一天当中的第一个高峰，有 32.9%的网民在这一时间上网；14 点开始有所回落，18 点开始回升，到晚上 20 点的时候达到一天中的顶峰，有 58.0%的网民在这一时间上网，这之后上网人数又急剧减少（如图 26.169 所示）。日常生活的作息时间在一定程度上影响着人们使用互联网的时间，浙江省上网用户使用互联网的高峰时间在晚上。

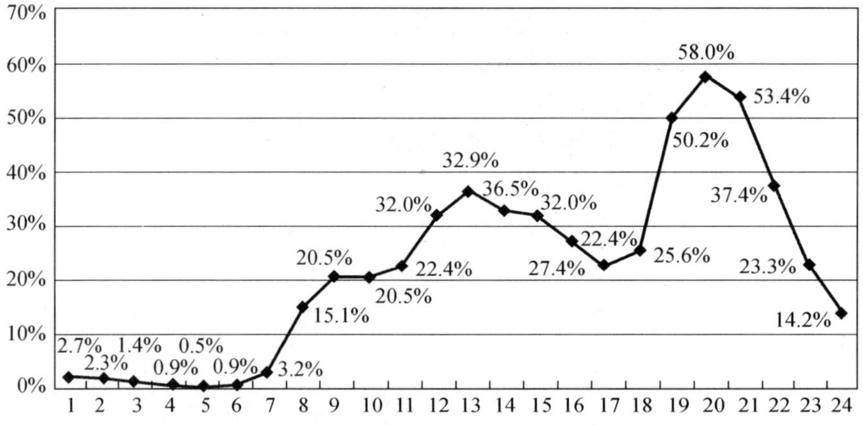

图 26.169　上网用户的上网时间分布

（5）用户拥有的 E-mail 账号平均值

浙江省上网用户拥有 E-mail 账号平均值为 1.4，其中免费 E-mail 账号平均值为 1.2。

（6）用户平均每周收发的电子邮件数

浙江省上网用户平均每周收到电子邮件数（不包括垃圾邮件）为 4.9 封，收到垃圾邮件数 8.7 封，发出电子邮件数 3.1 封。

（7）用户上网最主要的目的

浙江省上网用户上网的主要目的以休闲娱乐最多，达到 43.8%；其次是获取信息，所占比例为 41.1%；排在第三位的是学习，有 6.8%的用户选择此项；选择其他上网目的的用户相对很少（如图 26.170 所示）。

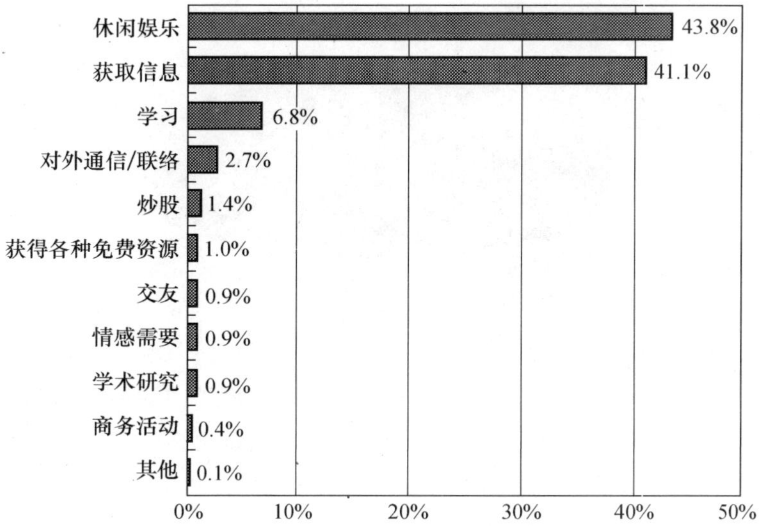

图 26.170 上网用户上网最主要的目的

3．用户对互联网的观点

（1）关于“使用互联网可以提高工作/学习和生活的效率”

关于“使用互联网可以提高工作/学习和生活的效率”的观点，浙江省上网用户表示比较赞成的最多，达到 54.1%；其次是表示非常赞成的，所占比例为 31.7%；表示一半赞成一半不赞成的用户所占比例为 8.3%；表示不赞成的用户所占比例较小，只有 5.9%（如图 26.171 所示）。浙江省上网用户对“使用互联网可以提高工作/学习和生活的效率”的观点表示赞成的占绝大多数。

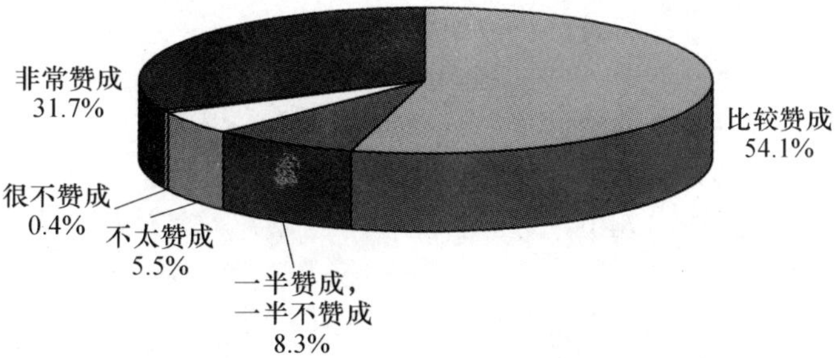

图 26.171 对“使用互联网可以提高工作/学习和生活的效率”观点的看法

（2）关于“在单位/学校/邻里中，会上网的人好像高人一等”

关于“在单位/学校/邻里中，会上网的人好像高人一等”的观点，浙江省上网用户表示不太赞成的最多，达到 49.5%；其次是表示很不赞成的，所占比例为 26.4%；表示比较赞成的用户所占比例为 12.0%；表示一半赞成一半不赞成的用户所占比例为 9.3%；表示非常赞成的用户所占比例为 2.8%；（如图 26.172 所示）。浙江省上网用户对“在单位/学校/邻里中，会上网的人好像高人一等”的观点表示不赞成的占多数。

（3）关于“使用互联网容易结交不好的朋友”

关于“使用互联网容易结交不好的朋友”的观点，浙江省上网用户表示不太赞成的最多，达到 51.2%；其次是表示一半赞成一半不赞成的用户，所占比例为 18.4%；表示

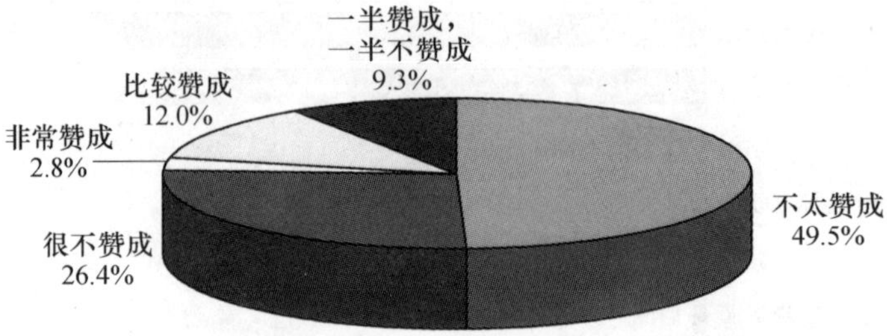

图 26.172　对“在单位/学校/邻里中，会上网的人好像高人一等”观点的看法

很不赞成的用户所占比例为 17.9%；表示比较赞成的用户所占比例为 10.6%；表示非常赞成的用户最少，只有 1.9%（如图 26.173 所示）。浙江省上网用户对“使用互联网容易结交不好的朋友”的观点表示不赞成的居多。

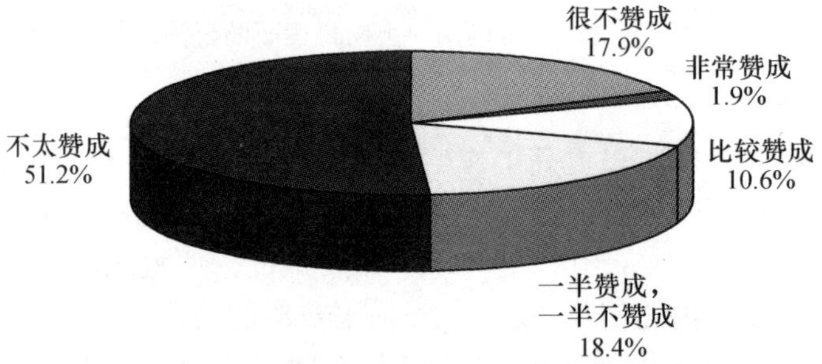

图 26.173　对“使用互联网容易结交不好的朋友”观点的看法

（4）关于“使用互联网容易暴露隐私”

关于“使用互联网容易暴露隐私”的观点，浙江省上网用户表示不太赞成的最多，达到 54.2%；其次是表示很不赞成的用户，所占比例为 20.4%；表示一半赞成一半不赞成的用户所占比例为 12.5%；表示比较赞成的用户所占比例为 10.4%；表示非常赞成的用户最少，占 2.5%（如图 26.174 所示）。浙江省上网用户对“使用互联网容易暴露隐私”的观点表示不赞成的居多。

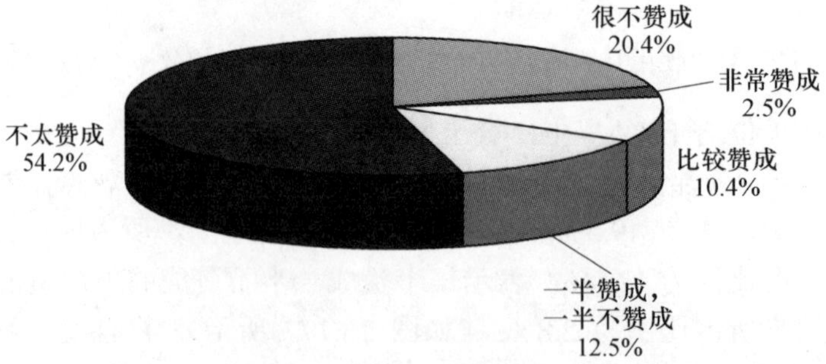

图 26.174　对“使用互联网容易暴露隐私”观点的看法

（5）关于“使用互联网容易受不良信息影响”

关于“使用互联网容易受不良信息影响”的观点，浙江省上网用户表示不太赞成的最多，达到 37.8%；其次是表示比较赞成的用户，所占比例为 28.8%；表示一半赞成一半不赞成的用户所占比例为 17.9%；表示很不赞成的用户所占比例为 11.3%；表示非常赞成的用户所占比例为 4.2%（如图 26.175 所示）。浙江省上网用户对“使用互联网容易受不良信息影响”的观点表示不赞成的多于表示赞成的。

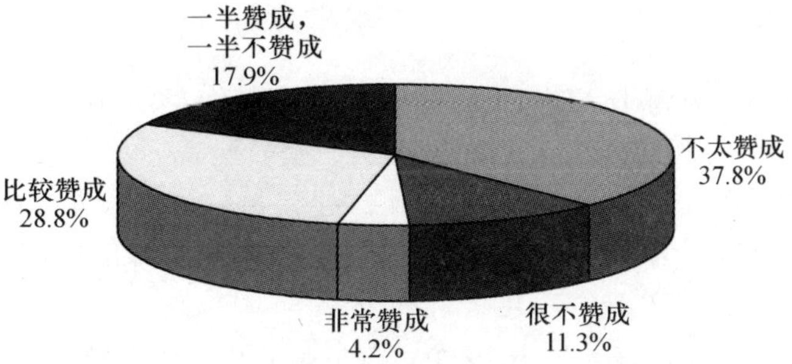

图 26.175　对“使用互联网容易受不良信息影响”观点的看法

（6）对互联网的信任程度

浙江省上网用户对互联网表示比较信任的最多，所占比例为 57.9%；其次是对互联网表示半信半疑的，所占比例为 32.4%；对互联网表示完全信任的用户有 5.6%；对互联网表示不太信任的用户有 4.1%（如图 26.176 所示）。浙江省上网用户对互联网表示比较信任的占多数。

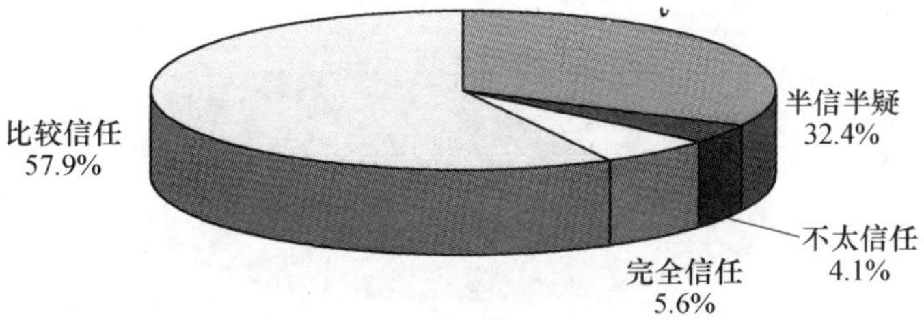

图 26.176　上网用户对互联网的信任程度

综上所述，浙江省上网用户数为 451.2 万人，上网计算机数为 187 万台，CN 下注册域名数量为 19 780 个，WWW 站点数为 57 948 个。

其中住宅电话覆盖的上网用户（不包括住校大学生）中以男性占主体，未婚者略占多数，年龄在 18～24 岁的所占比例最高，受教育程度为高中（中专）的最多，职业上学生所占的比例最多，行业上从事制造业的人最多，个人月收入在 500 元以下的最多。

用户每月实际花费的上网费用集中在 100 元及以下，平均每周上网时间为 14.9 小时，平均每周上网天数为 4.6 天，使用互联网的高峰时间在晚上。用户拥有 E-mail 账号平均值为 1.4，其中免费 E-mail 账号平均值为 1.2，平均每周收到电子邮件数（不包括垃圾邮件）为 4.9 封，收到垃圾邮件数 8.7 封，发出电子邮件数 3.1 封。用户上网的最主要目的为休闲娱乐。

浙江省上网用户对“使用互联网可以提高工作/学习和生活的效率”的观点表示赞成的占绝大多数，对“在单位/学校/邻里中，会上网的人好像高人一等”的观点表示不赞成的占多数，对“使用互联网容易结交不好的朋友”的观点表示不赞成的居多，对“使用互联网容易暴露隐私”的观点表示不赞成的居多，对“使用互联网容易受不良信息影响”的观点表示不赞成的多于表示赞成的。对互联网表示比较信任的占多数。

26.3.12 安徽省互联网络发展状况

（一）宏观概况

1．上网用户人数

安徽省上网用户人数为183.5万，占全国上网用户总人数的比例为2.3%，是安徽省总人口的2.9%。

2．上网计算机数

安徽省上网计算机数为101万台，占全国上网计算机总数的比例为3.3%。

3．CN下注册域名数（不含EDU）

安徽省CN下注册域名数量为3649个，占全国CN下注册域名总数的比例为1.1%。

4．WWW站点数（包括.CN、.COM、.NET、.ORG下的网站）

安徽省WWW站点数为10261个，占全国WWW站点数的比例为1.7%。

（二）互联网用户行为意识调查结果

1．用户个人信息

（1）用户的性别

安徽省上网用户中，男性占76.7%，女性占23.3%（如图26.177所示）。男性占据上网用户主体。

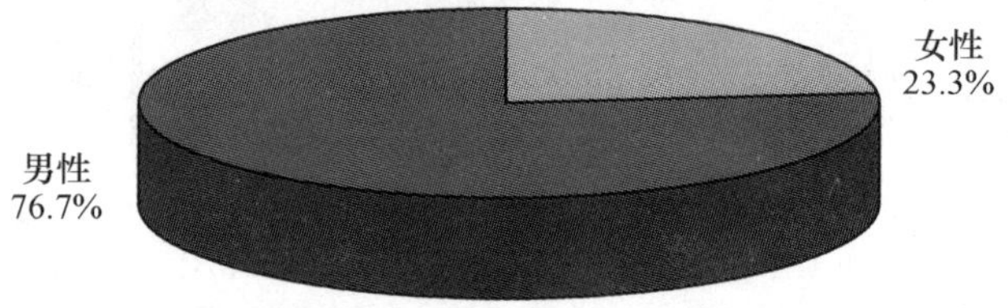

图26.177 上网用户的性别分布

（2）用户的年龄分布

安徽省上网用户中，18～24岁的用户所占比例最高，达到25.7%；其次是25～30岁的用户，所占比例为16.2%；18岁以下的用户占14.9%；36～40岁和41～50岁的用户均占13.5%；31～35岁的用户占12.2%；50岁以上用户所占比例为4.0%（如图26.178所示）。

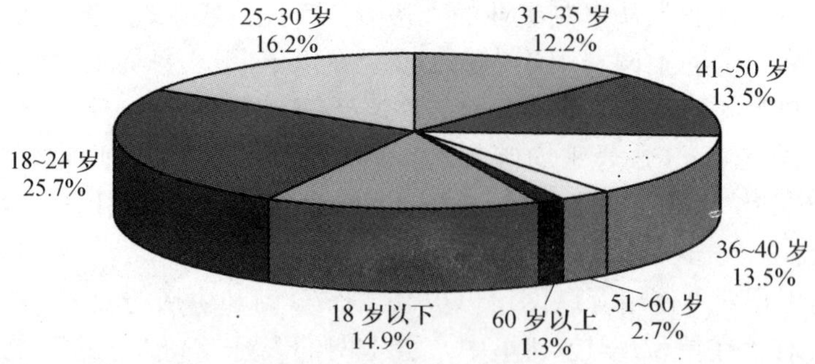

图26.178 上网用户的年龄分布

（3）用户的婚姻状况

安徽省上网用户中，已婚者占 61.2%，未婚者占 38.8%（如图 26.179 所示）。已婚者占据上网用户主体。

图 26.179 上网用户的婚姻状况分布

（4）用户的受教育程度

安徽省上网用户中，受教育程度为高中（中专）的用户最多，达到 31.8%；其次是受教育程度为大专的用户，所占比例为 23.5%；受教育程度为本科的用户所占比例为 23.4%；高中（中专）以下受教育程度的用户占 21.2%；硕士的用户所占比例只有 0.1%（如图 26.180 所示）。

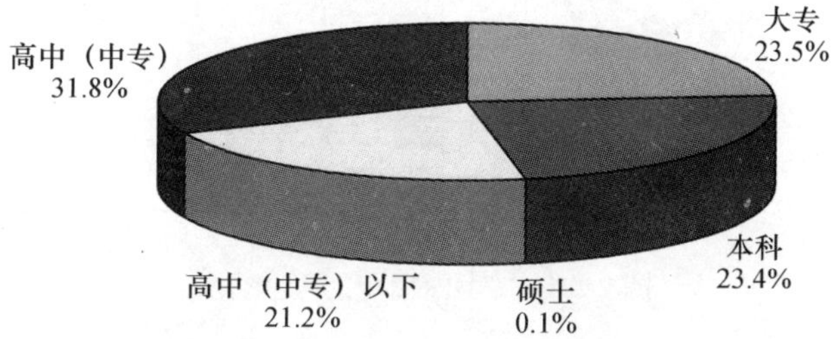

图 26.180 上网用户的受教育程度分布

（5）用户的行业分布（不包括军人、学生和无业人员）

安徽省上网用户中，从事公共管理/社会组织和教育业的用户最多，所占比例均为 13.6%；其次是从事采矿业和 IT 业的用户，所占比例均为 9.1%；排在第三位的是从事居民服务业、金融业和批发零售业的用户，所占比例皆为 7.6%；从事交通运输/仓储业的用户所占比例为 6.1%；从事其他行业的上网用户则较少（如图 26.181 所示）。

（6）用户的职业分布

安徽省上网用户中，学生和商业服务业人员所占的比例最多，二者均达到 16.2%；其次是国家机关/党群组织工作人员，所占比例为 14.0%；排在第三位的是工人、专业技术人员和企事业单位管理人员，所占比例皆为 10.5%；教师占 9.3%；无业人员占 7.0%；其他职业的用户所占比例较少（如图 26.182 所示）。

（7）用户的个人月收入

安徽省上网用户中，个人月收入在 500 元以下的最多，达到 19.8%；其次是无收入的用户，所占比例为 11.8%；排在第三位的是 1501～2000 元和 2501～3000 元的用户，所占比例皆为 11.5%；个人月收入为 1001～1500 元的用户所占比例为 10.9%；个人月收入为 3001～4000 元的用户所占比例 9.7%；个人月收入为 2001～2500 元的用户所占比例

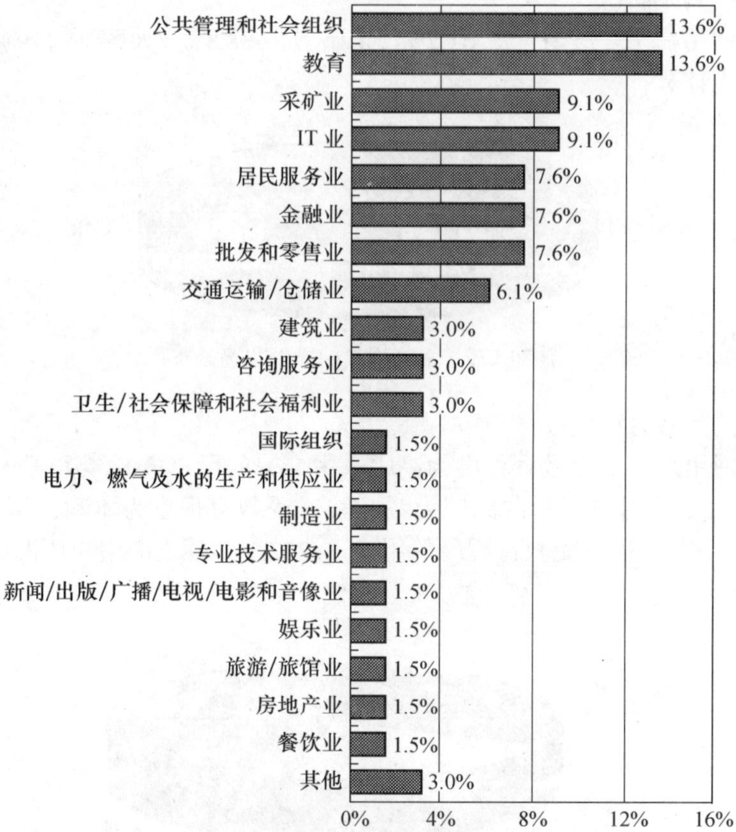

图 26.181　上网用户的行业分布

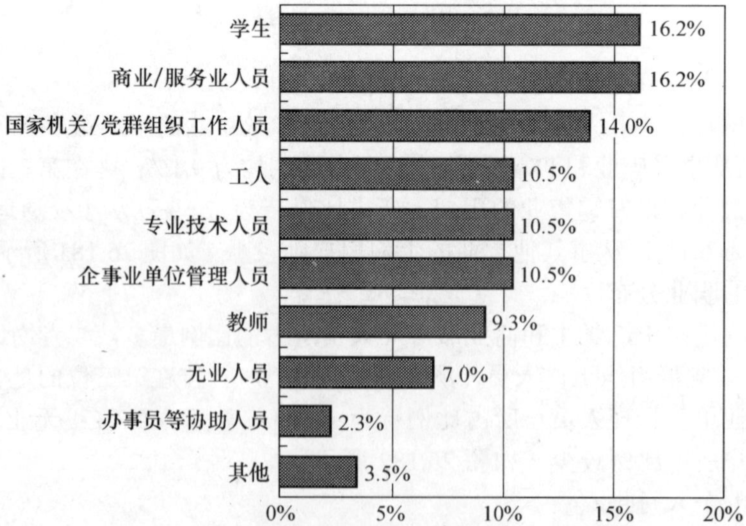

图 26.182　上网用户的职业分布

为 7.1%；个人月收入为 501～1000 元的用户所占比例为 6.5%；个人月收入超过 4000 元的用户所占比例为 11.2%（如图 26.183 所示）。

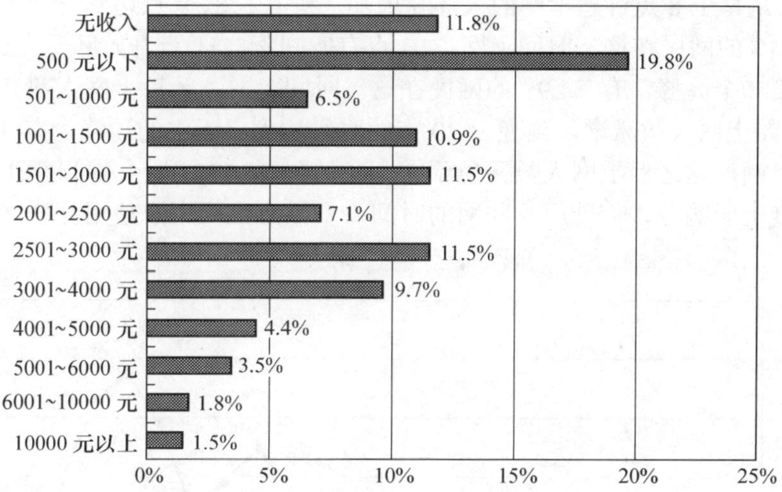

图 26.183　上网用户的个人月均收入分布

2．用户对互联网的使用情况

（1）用户每月实际花费的上网费用

安徽省上网用户每月实际花费的上网费用以低于 50 元的最多，占 47.3%；其次是每月实际花费的上网费用为 51～100 元的用户，所占比例为 25.5%；每月实际花费的上网费用在 101～150 元的用户所占比例为 10.9%；每月实际花费的上网费用在 151～200 元的用户所占比例为 9.1%；每月实际花费的上网费用在 200 元以上的用户占 7.2%（如图 26.184 所示）。安徽省上网用户每月实际花费的上网费用集中在 100 元及以下。

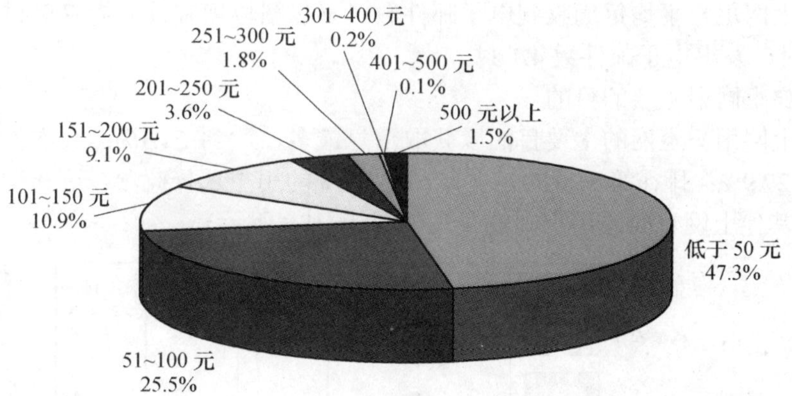

图 26.184　上网用户平均每月上网费用

（2）用户平均每周上网时间

安徽省上网用户平均每周上网时间为 10.8 小时。

（3）用户平均每周上网天数

安徽省上网用户平均每周上网天数为 3.6 天。

（4）用户通常上网时间

安徽省上网用户的上网时间在一天中波动较大：凌晨 1 点至早上 7 点钟是网民最少

上网的时间，从早上 8 点钟起上网的人逐渐增加，到上午 8、9 点达到一天当中的第一个高峰，有 17.4%的网民在这一时间上网；10 点有所回落，11 点开始回升，到 16 点达到一天当中的第二个高峰，有 34.9%的网民在这一时间上网，此后上网人数开始下降；从晚上 19 点开始上网人数激增，到晚上 20 点的时候达到一天中的顶峰，有 47.7%的网民在这一时间上网，这之后上网人数又急剧减少（如图 26.185 所示）。日常生活的作息时间在一定程度上影响着人们使用互联网的时间，安徽省上网用户使用互联网的高峰时间在晚上。

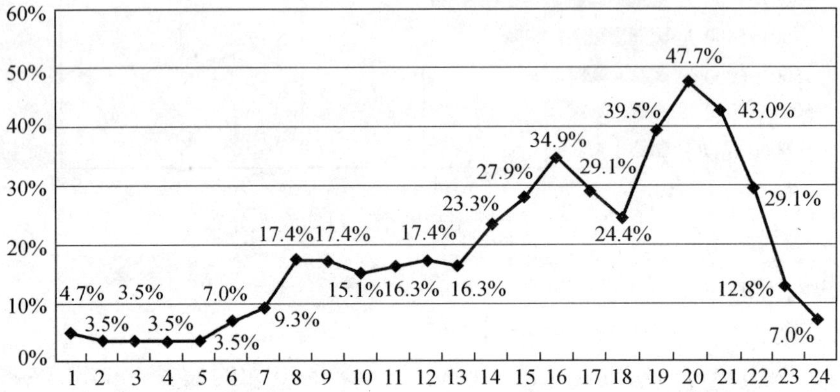

图 26.185　上网用户的上网时间分布

（5）用户拥有的 E-mail 账号平均值

安徽省上网用户拥有 E-mail 账号平均值为 1.1，其中免费 E-mail 账号平均值为 0.9。

（6）用户平均每周收发的电子邮件数

安徽省上网用户平均每周收到电子邮件数（不包括垃圾邮件）为 7.9 封，收到垃圾邮件数 4.4 封，发出电子邮件数 4.1 封。

（7）用户上网最主要的目的

安徽省上网用户上网的主要目的以获取信息最多，达到 51.1%；其次是休闲娱乐，所占比例为 27.9%；排在第三位的是交友，有 8.1%的用户选择此项；选择学习的用户占 7.0%；选择其他上网目的的用户则较少（如图 26.186 所示）。

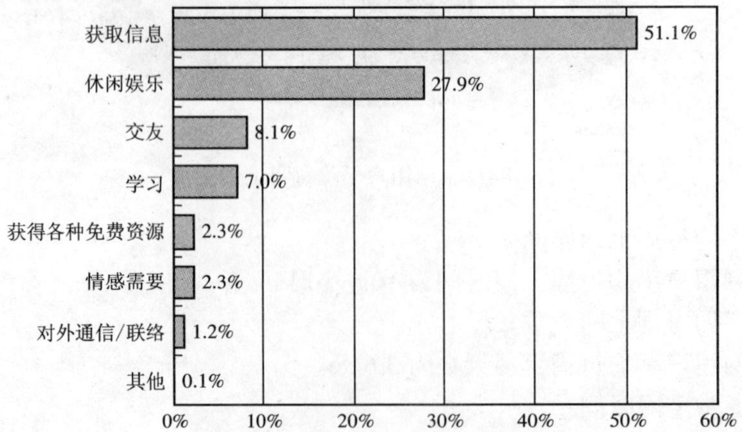

图 26.186　上网用户上网最主要的目的

3．用户对互联网的观点

（1）关于“使用互联网可以提高工作/学习和生活的效率”

关于“使用互联网可以提高工作/学习和生活的效率”的观点，安徽省上网用户表示比较赞成的最多，达到 57.0%；其次是表示非常赞成的，所占比例为 34.9%；表示一半赞成一半不赞成的用户所占比例为 5.8%；表示不赞成的用户所占比例较小，只有 2.3%（如图 26.187 所示）。安徽省上网用户对“使用互联网可以提高工作/学习和生活的效率”的观点表示赞成的占绝大多数。

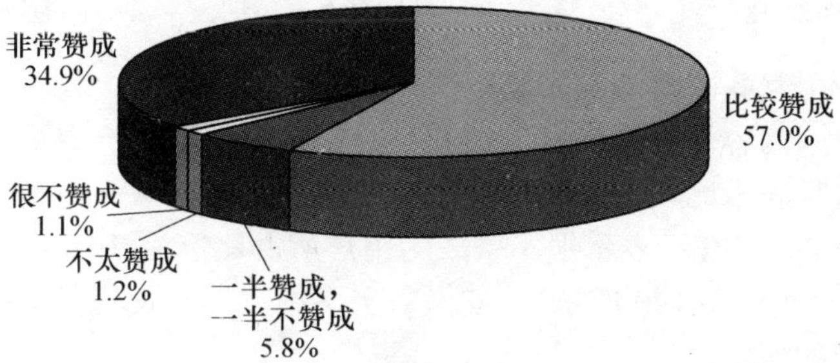

图 26.187　对“使用互联网可以提高工作/学习和生活的效率”观点的看法

（2）关于“在单位/学校/邻里中，会上网的人好像高人一等”

关于“在单位/学校/邻里中，会上网的人好像高人一等”的观点，安徽省上网用户表示不太赞成的最多，达到 51.2%；其次是表示很不赞成的，所占比例为 26.8%；表示比较赞成的用户所占比例为 12.2%；表示一半赞成一半不赞成和非常赞成的用户所占比例皆为 4.9%；（如图 26.188 所示）。安徽省上网用户对“在单位/学校/邻里中，会上网的人好像高人一等”的观点表示不赞成的占多数。

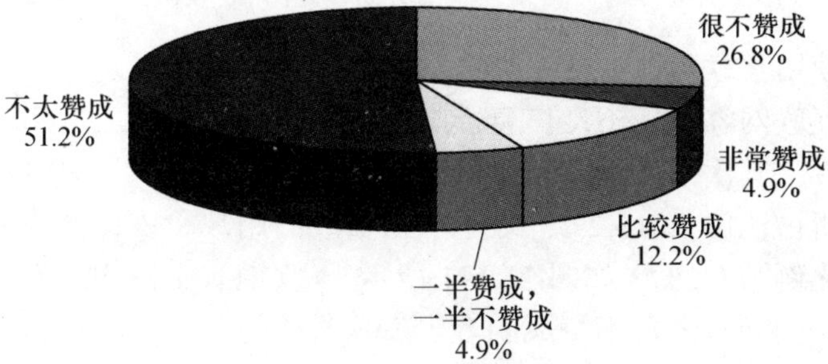

图 26.188　对“在单位/学校/邻里中，会上网的人好像高人一等”观点的看法

（3）关于“使用互联网容易结交不好的朋友”

关于“使用互联网容易结交不好的朋友”的观点，安徽省上网用户表示不太赞成的最多，达到 34.7%；其次是表示很不赞成的用户，所占比例为 26.7%；表示比较赞成的用户所占比例为 17.3%；表示一半赞成一半不赞成的用户所占比例为 14.6%；表示非常赞成的用户最少，只有 6.7%（如图 26.189 所示）。安徽省上网用户对“使用互联网容易结交不好的朋友”的观点表示不赞成的居多。

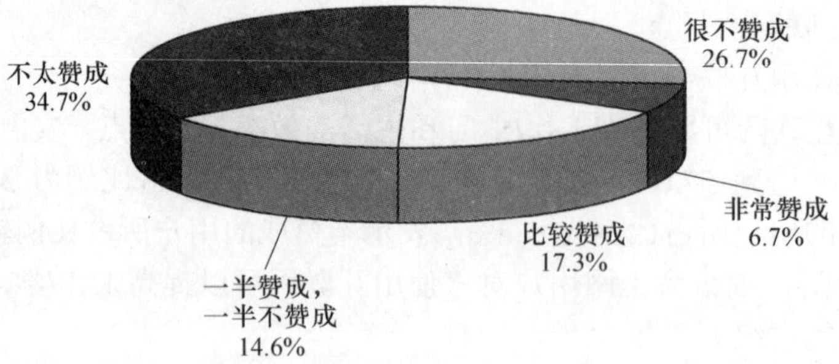

图 26.189　对“使用互联网容易结交不好的朋友”观点的看法

（4）关于“使用互联网容易暴露隐私”

关于“使用互联网容易暴露隐私”的观点，安徽省上网用户表示不太赞成的最多，达到 59.7%；其次是表示比较赞成的用户，所占比例为 15.6%；表示一半赞成一半不赞成的用户所占比例为 11.7%；表示很不赞成的用户所占比例为 9.1%；表示非常赞成的用户最少，占 3.9%（如图 26.190 所示）。安徽省上网用户对“使用互联网容易暴露隐私”的观点表示不赞成的居多。

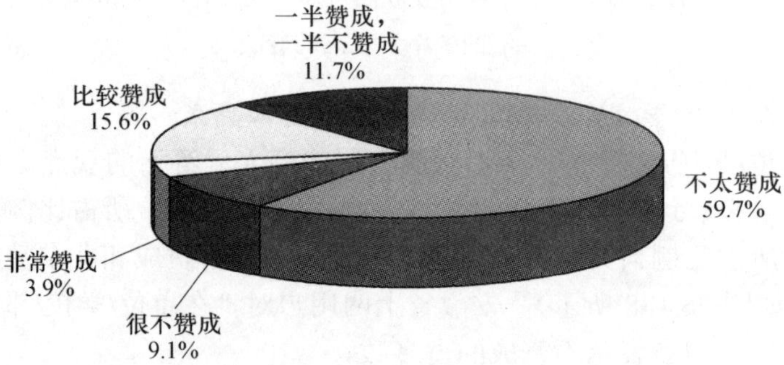

图 26.190　对“使用互联网容易暴露隐私”观点的看法

（5）关于“使用互联网容易受不良信息影响”

关于“使用互联网容易受不良信息影响”的观点，安徽省上网用户表示不太赞成的最多，达到 38.2%；其次是表示比较赞成的用户，所占比例为 28.9%；表示一半赞成一半不赞成的用户所占比例为 13.2%；表示非常赞成的用户所占比例为 10.5%；表示很不赞成的用户所占比例为 9.2%（如图 26.191 所示）。安徽省上网用户对“使用互联网容易受不良信息影响”的观点表示不赞成的多于表示赞成的。

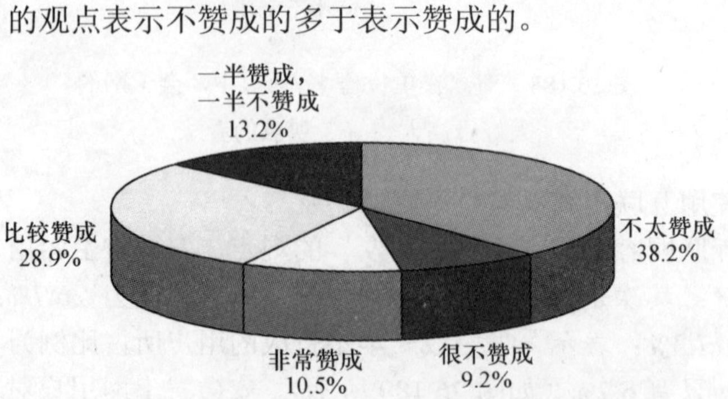

图 26.191　对“使用互联网容易受不良信息影响”观点的看法

（6）对互联网的信任程度

安徽省上网用户对互联网表示比较信任的最多，所占比例为 55.8%；其次是对互联网表示半信半疑的，所占比例为 30.2%；对互联网表示不太信任的用户有 7.0%；对互联网表示完全信任的用户有 5.8%；对互联网表示完全不信的用户有 1.2%（如图 26.192 所示）。安徽省上网用户对互联网表示比较信任的占多数。

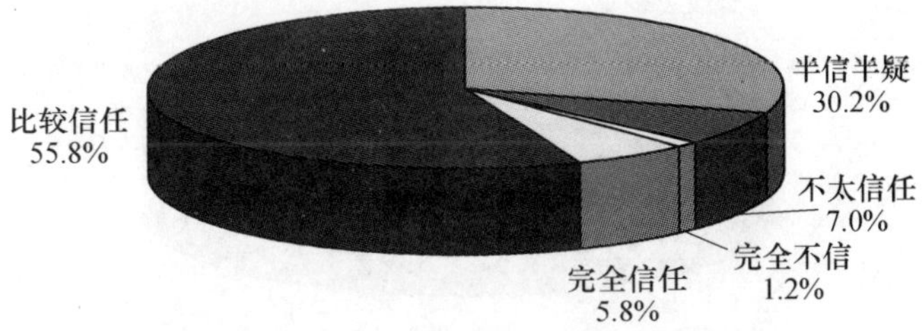

图 26.192　上网用户对互联网的信任程度

综上所述，安徽省上网用户数为 183.5 万人，上网计算机数为 101 万台，CN 下注册域名数量为 3649 个，WWW 站点数为 10261 个。

其中住宅电话覆盖的上网用户（不包括住校大学生）中以男性、已婚者占主体，年龄在 18～24 岁的所占比例最高，受教育程度为高中（中专）的最多，职业上学生和商业服务业人员所占的比例最多，行业上从事公共管理/社会组织和教育业的人最多，个人月收入在 500 元以下的最多。

用户每月实际花费的上网费用集中在 100 元及以下，平均每周上网时间为 10.8 小时，平均每周上网天数为 3.6 天，使用互联网的高峰时间在晚上。用户拥有 E-mail 账号平均值为 1.1，其中免费 E-mail 账号平均值为 0.9，平均每周收到电子邮件数（不包括垃圾邮件）为 7.9 封，收到垃圾邮件数 4.4 封，发出电子邮件数 4.1 封。用户上网的最主要目的为获取信息。

安徽省上网用户对“使用互联网可以提高工作/学习和生活的效率”的观点表示赞成的占绝大多数，对“在单位/学校/邻里中，会上网的人好像高人一等”的观点表示不赞成的占多数，对“使用互联网容易结交不好的朋友”的观点表示不赞成的居多，对“使用互联网容易暴露隐私”的观点表示不赞成的居多，对“使用互联网容易受不良信息影响”的观点表示不赞成的多于表示赞成的。对互联网表示比较信任的占多数。

26.3.13　福建省互联网络发展状况

（一）宏观概况

1．上网用户人数

福建省上网用户人数为 318.2 万，占全国上网用户总人数的比例为 4.0%，是福建省总人口的 9.2%。

2．上网计算机数

福建省上网计算机数为 120 万台，占全国上网计算机总数的比例为 3.9%。

3．CN 下注册域名数（不含 EDU）

福建省 CN 下注册域名数量为 11395 个，占全国 CN 下注册域名总数的比例为 3.4%。

4．WWW 站点数（包括.CN、.COM、.NET、.ORG 下的网站）

福建省 WWW 站点数为 28813 个，占全国 WWW 站点数的比例为 4.8%。

（二）互联网用户行为意识调查结果

1．用户个人信息

（1）用户的性别

福建省上网用户中，男性占 62.3%，女性占 37.7%（如图 26.193 所示）。男性占据上网用户主体。

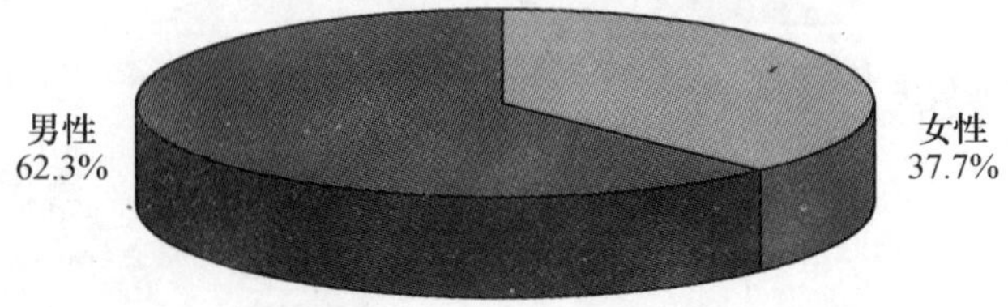

图 26.193　上网用户的性别分布

（2）用户的年龄分布

福建省上网用户中，18～24 岁的用户所占比例最高，达到 25.3%；其次是 18 岁以下的用户，所占比例为 24.7%；25～30 岁的用户占 18.0%；31～35 岁的用户占 13.3%；36～40 岁的用户占 11.3%；40 岁以上用户所占比例为 7.4%（如图 26.194 所示）。

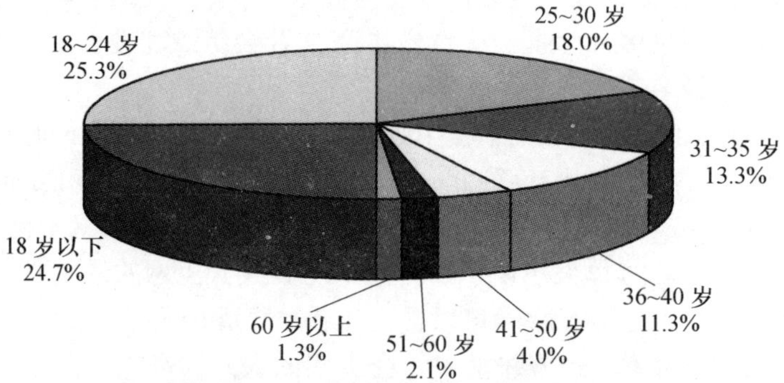

图 26.194　上网用户的年龄分布

（3）用户的婚姻状况

福建省上网用户中，已婚者占 45.3%，未婚者占 54.7%（如图 26.195 所示）。未婚者占据上网用户主体。

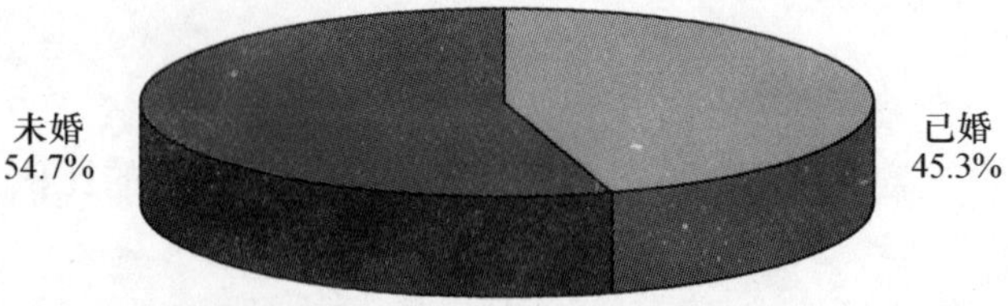

图 26.195　上网用户的婚姻状况分布

（4）用户的受教育程度

福建省上网用户中，受教育程度为高中（中专）的用户最多，达到 42.0%；其次是受教育程度为大专的用户，所占比例为 25.9%；受教育程度为本科的用户所占比例为

16.7%；高中（中专）以下受教育程度的用户占 14.2%；硕士的用户所占比例只有 1.2%（如图 26.196 所示）。

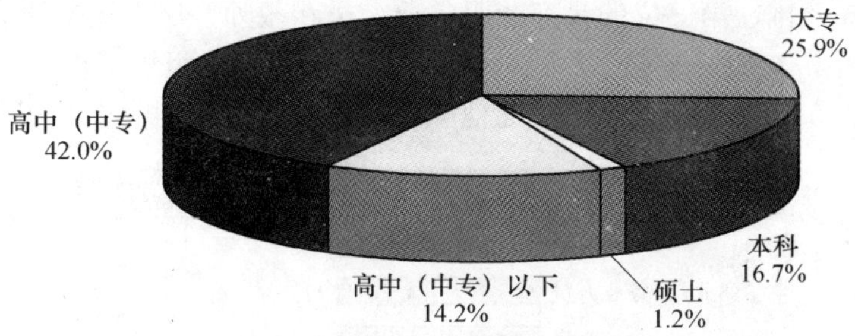

图 26.196　上网用户的受教育程度分布

（5）用户的行业分布（不包括军人、学生和无业人员）

福建省上网用户中，从事公共管理/社会组织的用户最多，所占比例为 17.3%；其次是从事教育业的用户，所占比例为 16.4%；排在第三位的是从事 IT 业的用户，所占比例为 12.7%；从事制造业的用户所占比例为 7.3%；从事批发零售业的用户所占比例为 6.4%；从事建筑业的用户所占比例为 5.5%；从事农林牧渔业和交通运输仓储业的用户所占比例皆为 4.5%；从事其他行业的上网用户则较少（如图 26.197 所示）。

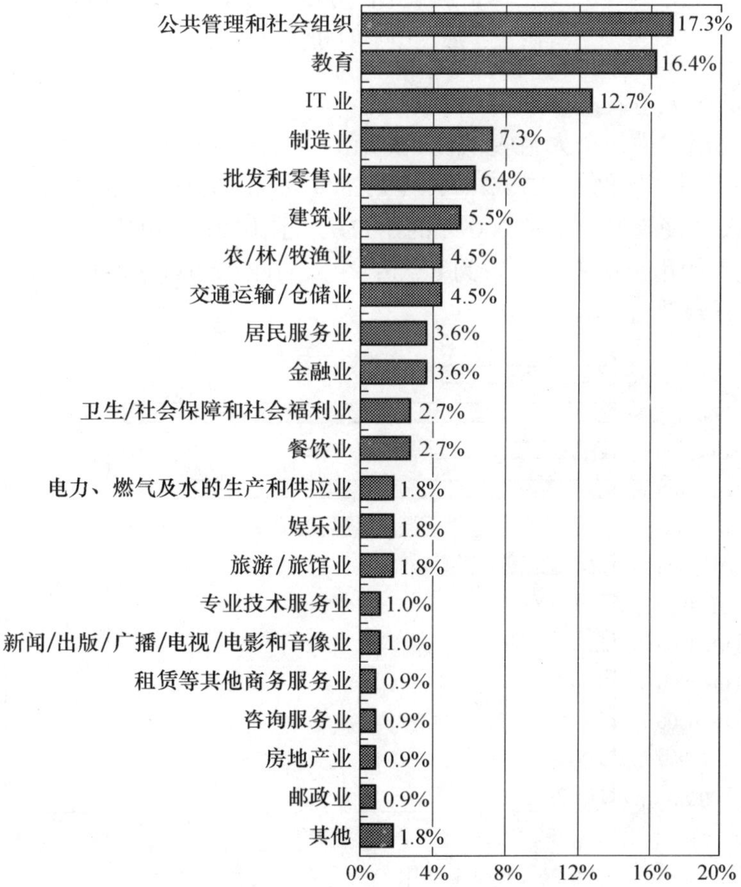

图 26.197　上网用户的行业分布

（6）用户的职业分布

福建省上网用户中，学生所占的比例最多，达到 26.9%；其次是专业技术人员，所占比例为 12.0%；排在第三位的是商业服务业人员和教师，所占比例皆为 11.4%；企事业单位管理人员占 7.8%；无业人员占 7.2%；国家机关/党群组织工作人员占 6.6%；办事员等协助人员占 6.5%；工人占 6.0%；其他职业的用户所占比例较少（如图 26.198 所示）。

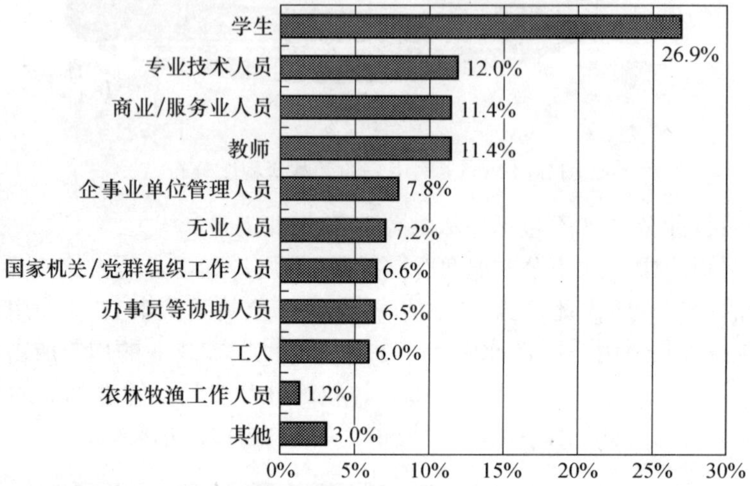

图 26.198　上网用户的职业分布

（7）用户的个人月收入

福建省上网用户中，个人月收入在 500 元以下的最多，达到 24.2%；其次是 1001～1500 元的用户，所占比例为 22.2%；排在第三位的是 1501～2000 元的用户，所占比例为 15.7%；个人月收入为 501～1000 元的用户所占比例为 12.4%；个人月收入为 2001～2500 元和无收入的用户所占比例皆为 8.5%；个人月收入超过 2500 元的用户所占比例为 8.5%（如图 26.199 所示）。

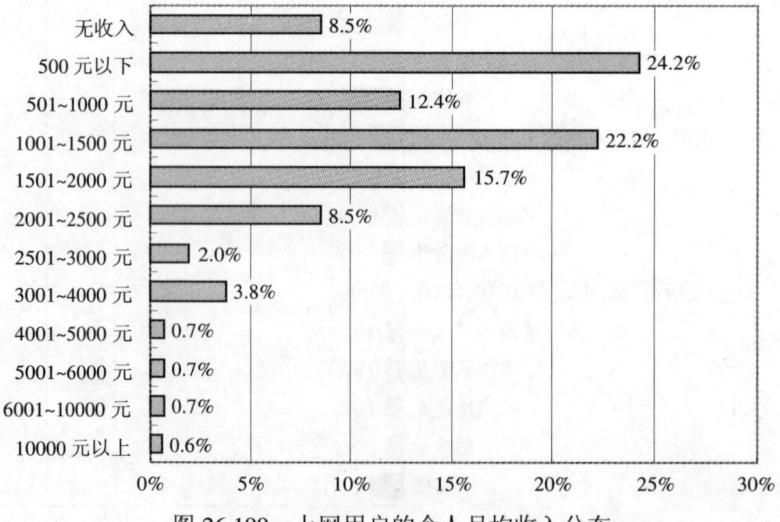

图 26.199　上网用户的个人月均收入分布

2．用户对互联网的使用情况

（1）用户每月实际花费的上网费用

福建省上网用户每月实际花费的上网费用以 51～100 元的最多，占 47.1%；其次是每月实际花费的上网费用低于 50 元的用户，所占比例为 30.6%；每月实际花费的上网费用在 151～200 元的用户所占比例为 9.1%；每月实际花费的上网费用在 101～150 元的用户所占比例为 7.4%；每月实际花费的上网费用在 200 元以上的用户占 5.8%（如图 26.200 所示）。福建省上网用户每月实际花费的上网费用集中在 100 元及以下。

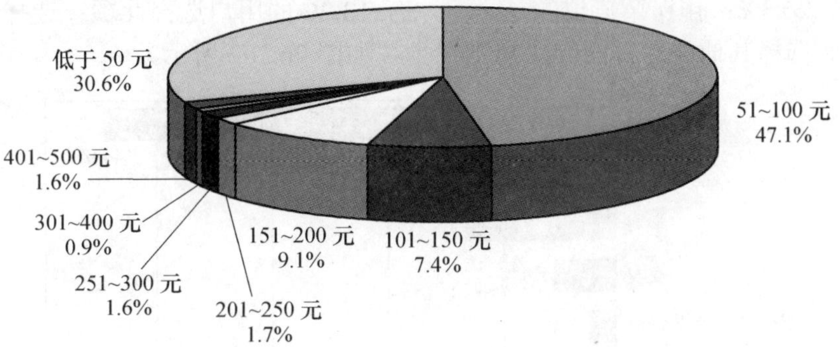

图 26.200　上网用户平均每月上网费用

（2）用户平均每周上网时间

福建省上网用户平均每周上网时间为 13.4 小时。

（3）用户平均每周上网天数

福建省上网用户平均每周上网天数为 4.3 天。

（4）用户通常上网时间

福建省上网用户的上网时间在一天中波动较大：凌晨 1 点至早上 7 点钟是网民最少上网的时间，从早上 8 点钟起上网的人逐渐增加，到上午 10 点达到一天当中的第一个高峰，有 18.6%的网民在这一时间上网；11 点有所回落，12 点开始回升，到 13 点达到一天当中的第二个高峰，有 29.3%的网民在这一时间上网，此后上网人数开始下降；从晚上 19 点开始上网人数激增，到晚上 20 点的时候达到一天中的顶峰，有 55.1%的网民在这一时间上网，这之后上网人数又急剧减少（如图 26.201 所示）。日常生活的作息时间在一定程度上影响着人们使用互联网的时间，福建省上网用户使用互联网的高峰时间在晚上。

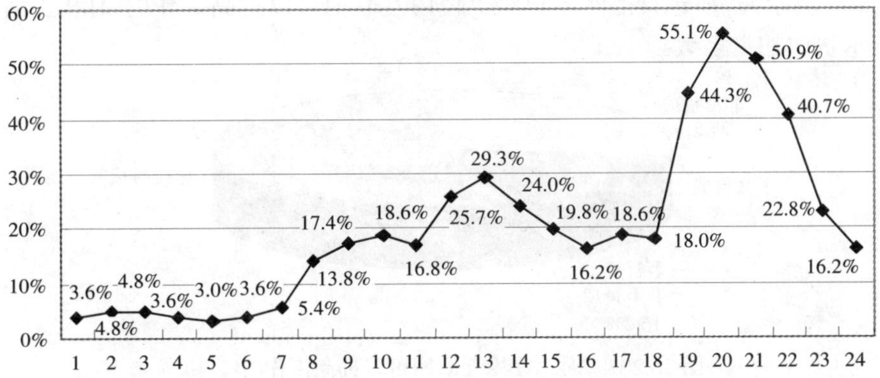

图 26.201　上网用户的上网时间分布

（5）用户拥有的E-mail账号平均值

福建省上网用户拥有E-mail账号平均值为1.3，其中免费E-mail账号平均值为1.1。

（6）用户平均每周收发的电子邮件数

福建省上网用户平均每周收到电子邮件数（不包括垃圾邮件）为5.0封，收到垃圾邮件数9.6封，发出电子邮件数3.9封。

（7）用户上网最主要的目的

福建省上网用户上网的主要目的以获取信息最多，达到44.9%；其次是休闲娱乐，所占比例为26.3%；排在第三位的是学习，有13.2%的用户选择此项；选择交友的用户占5.4%；而选择其他上网目的的用户则很少（如图26.202所示）。

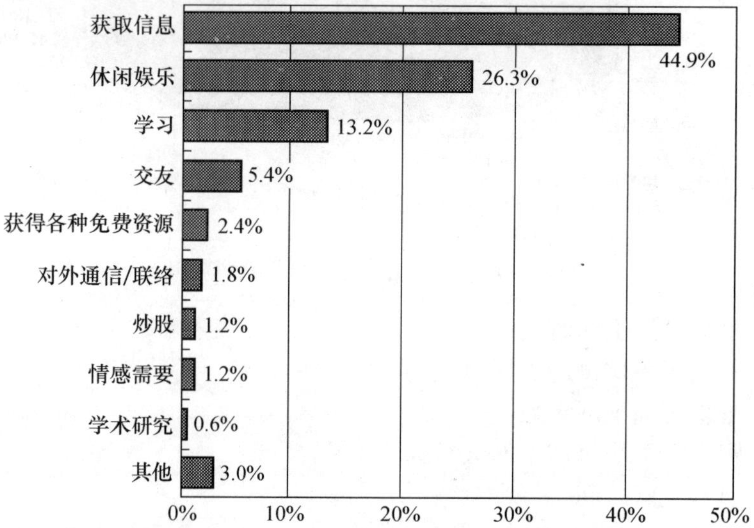

图26.202　上网用户上网最主要的目的

3．用户对互联网的观点

（1）关于"使用互联网可以提高工作/学习和生活的效率"

关于"使用互联网可以提高工作/学习和生活的效率"的观点，福建省上网用户表示比较赞成的最多，达到55.1%；其次是表示非常赞成的，所占比例为27.5%；表示一半赞成一半不赞成的用户所占比例为16.2%；表示不太赞成的用户所占比例较小，只有1.2%（如图26.203所示）。福建省上网用户对"使用互联网可以提高工作/学习和生活的效率"的观点表示赞成的占多数。

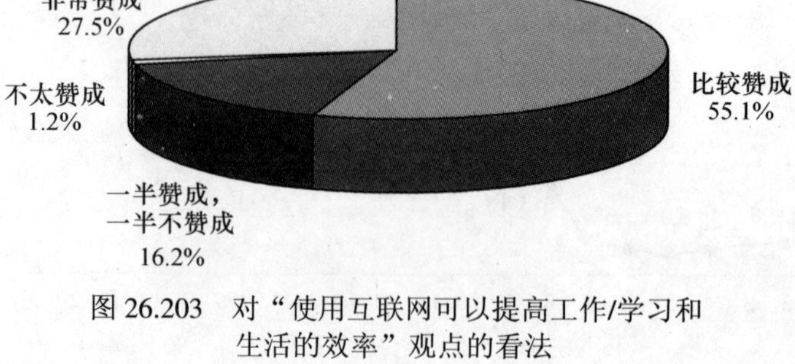

图26.203　对"使用互联网可以提高工作/学习和生活的效率"观点的看法

（2）关于“在单位/学校/邻里中，会上网的人好像高人一等”

关于“在单位/学校/邻里中，会上网的人好像高人一等”的观点，福建省上网用户表示不太赞成的最多，达到 51.8%；其次是表示很不赞成的，所占比例为 27.2%；表示一半赞成一半不赞成的用户所占比例为 10.5%；表示比较赞成的用户所占比例为 8.6%；表示非常赞成的用户所占比例为 1.9%；（如图 26.204 所示）。福建省上网用户对“在单位/学校/邻里中，会上网的人好像高人一等”的观点表示不赞成的占多数。

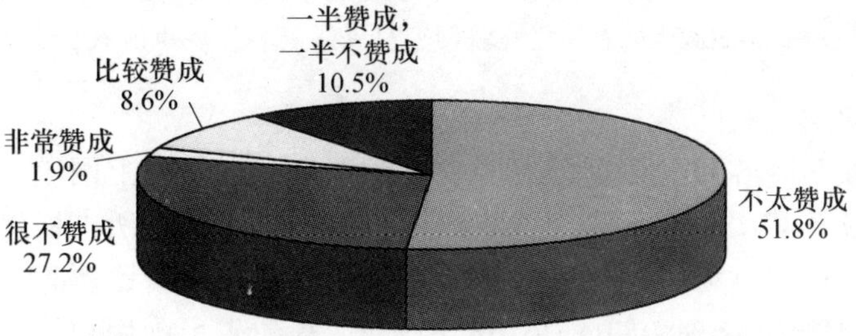

图 26.204　对“在单位/学校/邻里中，会上网的人好像高人一等”观点的看法

（3）关于“使用互联网容易结交不好的朋友”

关于“使用互联网容易结交不好的朋友”的观点，福建省上网用户表示不太赞成的最多，达到 44.1%；其次是表示一半赞成一半不赞成的用户，所占比例为 21.8%；表示比较赞成的用户所占比例为 16.1%；表示很不赞成的用户所占比例为 14.9%；表示非常赞成的用户最少，只有 3.1%（如图 26.205 所示）。福建省上网用户对“使用互联网容易结交不好的朋友”的观点表示不赞成的居多。

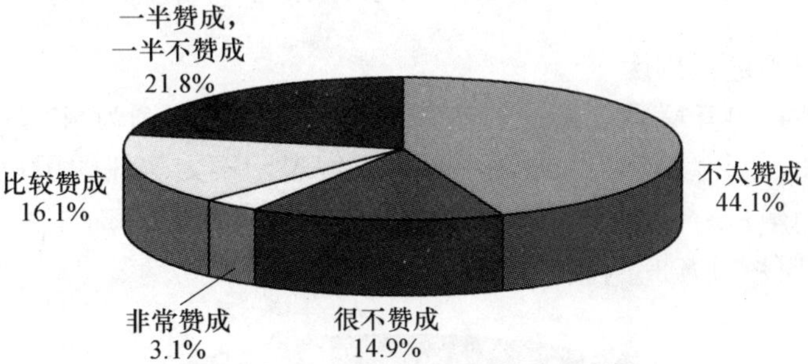

图 26.205　对“使用互联网容易结交不好的朋友”观点的看法

（4）关于“使用互联网容易暴露隐私”

关于“使用互联网容易暴露隐私”的观点，福建省上网用户表示不太赞成的最多，达到 51.9%；其次是表示一半赞成一半不赞成的用户，所占比例为 23.7%；表示很不赞成的用户所占比例为 13.5%；表示比较赞成的用户所占比例为 9.6%；表示非常赞成的用户最少，占 1.3%（如图 26.206 所示）。福建省上网用户对“使用互联网容易暴露隐私”的观点表示不赞成的居多。

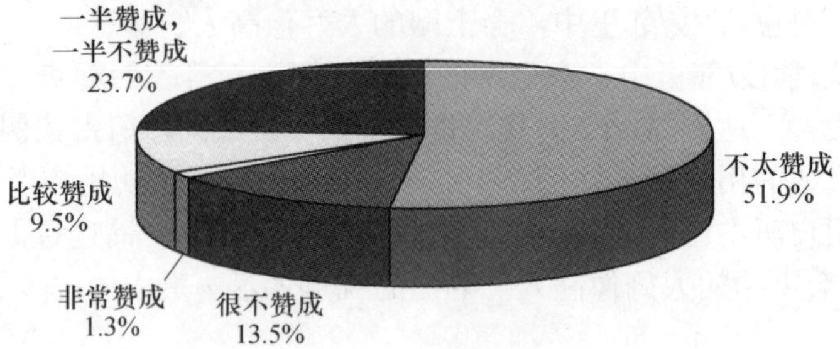

图 26.206　对“使用互联网容易暴露隐私”观点的看法

（5）关于“使用互联网容易受不良信息影响”

关于“使用互联网容易受不良信息影响”的观点，福建省上网用户表示不太赞成的最多，达到 41.0%；其次是表示一半赞成一半不赞成的用户，所占比例为 22.4%；表示比较赞成的用户所占比例为 16.1%；表示很不赞成的用户所占比例为 14.9%；表示非常赞成的用户所占比例为 5.6%（如图 26.207 所示）。福建省上网用户对“使用互联网容易受不良信息影响”的观点表示不赞成的多于表示赞成的。

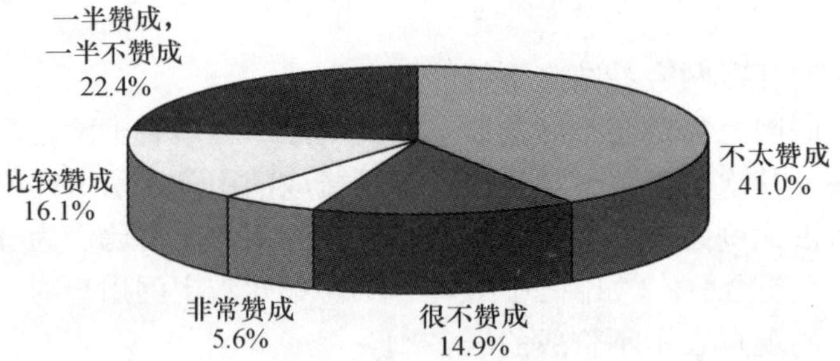

图 26.207　对“使用互联网容易受不良信息影响”观点的看法

（6）对互联网的信任程度

福建省上网用户对互联网表示比较信任的最多，所占比例为 47.9%；其次是对互联网表示半信半疑的，所占比例为 40.0%；对互联网表示不太信任的用户有 7.3%；对互联网表示完全信任的用户有 3.6%；对互联网表示完全不信的用户有 1.2%（如图 26.208 所示）。福建省上网用户对互联网表示信任的稍占多数。

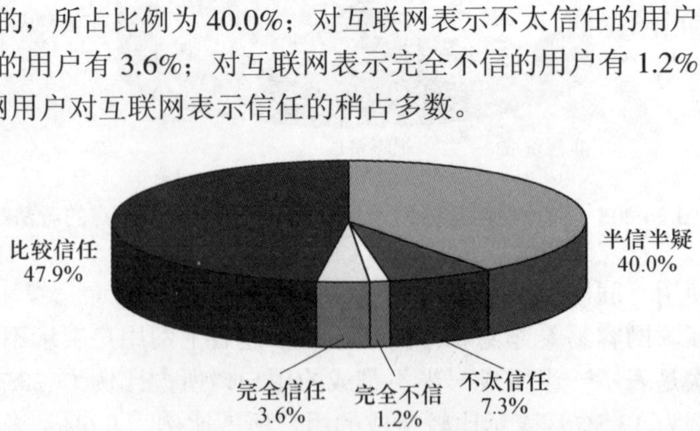

图 26.208　上网用户对互联网的信任程度

综上所述，福建省上网用户数为 318.2 万人，上网计算机数为 120 万台，CN 下注册域名数量为 11 395 个，WWW 站点数为 28 813 个。

其中住宅电话覆盖的上网用户（不包括住校大学生）中以男性、未婚者占主体，年龄在 18～24 岁的所占比例最高，受教育程度为高中（中专）的最多，职业上学生所占的比例最多，行业上从事公共管理/社会组织的人最多，个人月收入在 500 元以下的最多。

用户每月实际花费的上网费用集中在 100 元及以下，平均每周上网时间为 13.4 小时，平均每周上网天数为 4.3 天，使用互联网的高峰时间在晚上。用户拥有 E-mail 账号平均值为 1.3，其中免费 E-mail 账号平均值为 1.1，平均每周收到电子邮件数（不包括垃圾邮件）为 5.0 封，收到垃圾邮件数 9.6 封，发出电子邮件数 3.9 封。用户上网的最主要目的为获取信息。

福建省上网用户对“使用互联网可以提高工作/学习和生活的效率”的观点表示赞成的占多数，对“在单位/学校/邻里中，会上网的人好像高人一等”的观点表示不赞成的占多数，对“使用互联网容易结交不好的朋友”的观点表示不赞成的居多，对“使用互联网容易暴露隐私”的观点表示不赞成的居多，对“使用互联网容易受不良信息影响”的观点表示不赞成的多于表示赞成的。对互联网表示信任的稍占多数。

26.3.14 江西省互联网络发展状况

（一）宏观概况

1．上网用户人数

江西省上网用户人数为 169.4 万，占全国上网用户总人数的比例为 2.1%，是江西省总人口的 4.0%。

2．上网计算机数

江西省上网计算机数为 55 万台，占全国上网计算机总数的比例为 1.8%。

3．CN 下注册域名数（不含 EDU）

江西省 CN 下注册域名数量为 2 311 个，占全国 CN 下注册域名总数的比例为 0.7%。

4．WWW 站点数（包括.CN、.COM、.NET、.ORG 下的网站）

江西省 WWW 站点数为 6 010 个，占全国 WWW 站点数的比例为 1.0%。

（二）互联网用户行为意识调查结果

1．用户个人信息

（1）用户的性别

江西省上网用户中，男性占 64.2%，女性占 35.8%（如图 26.209 所示）。男性占据上网用户主体。

图 26.209 上网用户的性别分布

（2）用户的年龄分布

江西省上网用户中，18～24 岁的用户所占比例最高，达到 22.0%；其次是 31～35 岁的用户，所占比例为 19.5%；18 岁以下的用户占 16.1%；25～30 岁的用户占 13.6%；36～40 岁的用户占 11.9%；41～50 岁的用户占 11.0%；51～60 岁的用户所占比例为 5.9%（如图 26.210 所示）。

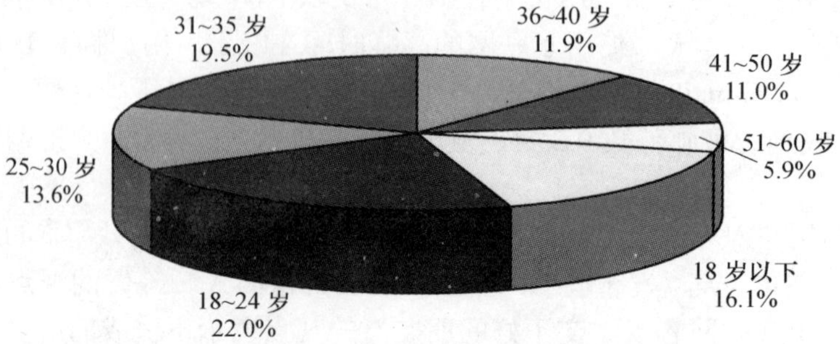

图 26.210　上网用户的年龄分布

（3）用户的婚姻状况

江西省上网用户中，已婚者占 60.6%，未婚者占 39.4%（如图 26.211 所示）。已婚者占据上网用户主体。

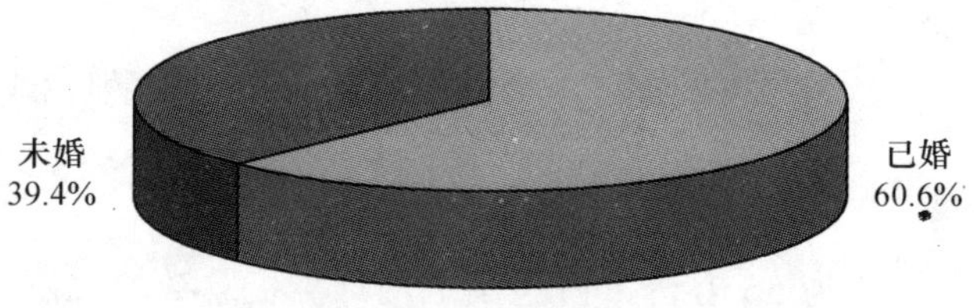

图 26.211　上网用户的婚姻状况分布

（4）用户的受教育程度

江西省上网用户中，受教育程度为高中（中专）的用户最多，达到 35.0%；其次是受教育程度为大专的用户，所占比例为 31.4%；受教育程度为本科的用户所占比例为 24.8%；高中（中专）以下受教育程度的用户占 8.7%；硕士的用户只占 0.1%（如图 26.212 所示）。

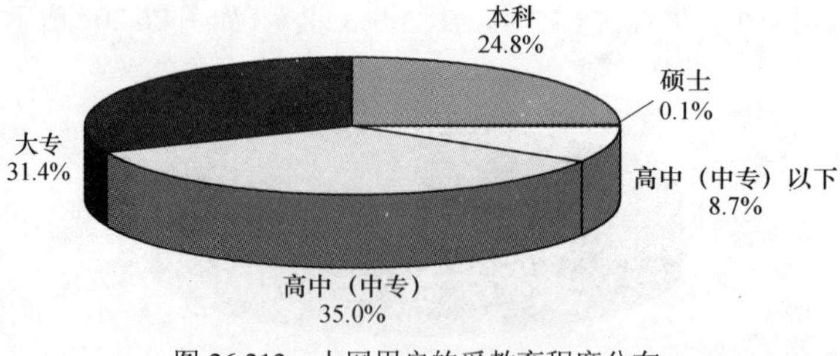

图 26.212　上网用户的受教育程度分布

（5）用户的行业分布（不包括军人、学生和无业人员）

江西省上网用户中，从事公共管理/社会组织的用户最多，所占比例为 25.0%；其次是从事教育业的用户，所占比例为 15.6%；排在第三位的是从事制造业的用户，所占比例为 14.6%；从事批发零售业的用户所占比例为 9.4%；从事建筑业的用户所占比例为 6.3%；从事金融业的用户所占比例为 5.2%；从事其他行业的上网用户则较少（如图 26.213 所示）。

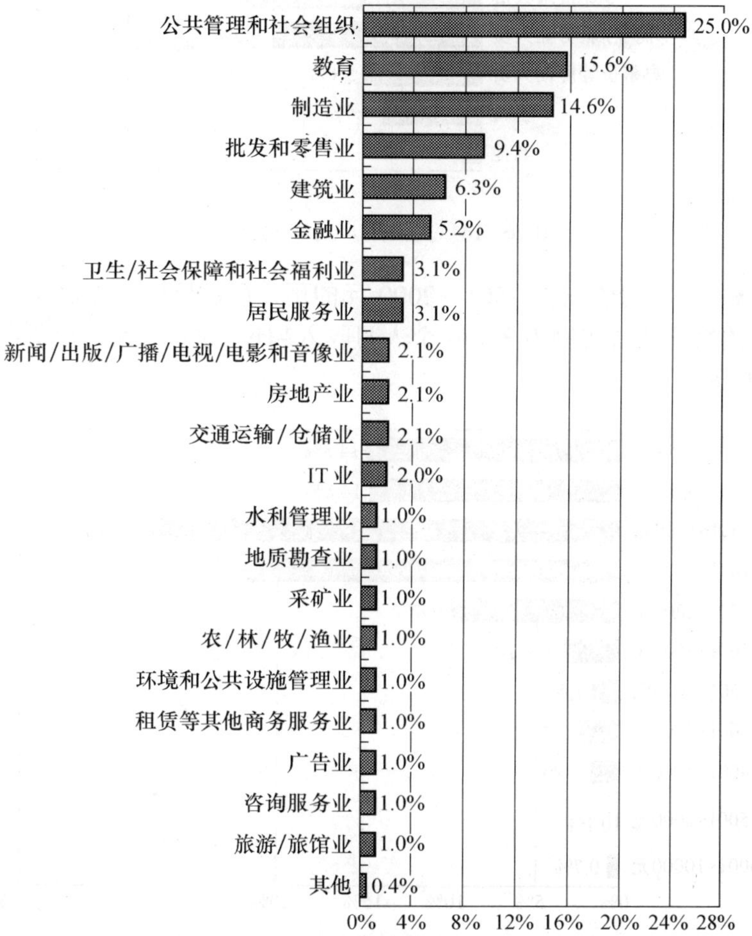

图 26.213　上网用户的行业分布

（6）用户的职业分布

江西省上网用户中，学生所占的比例最多，达到 18.2%；其次是国家机关/党群组织工作人员，所占比例为 17.5%；排在第三位的是企事业单位管理人员和无业人员，所占比例皆为 11.7%；教师占 10.9%；专业技术人员占 10.2%；商业服务业人员占 9.5%；办事员等协助人员占 5.1%；工人占 4.4%；其他职业的用户所占比例较少（如图 26.214 所示）。

（7）用户的个人月收入

江西省上网用户中，个人月收入为 501～1000 元的最多，达到 28.7%；其次是 1001～1500 元的用户，所占比例为 22.1%；排在第三位的是无收入和 500 元以下的用户，所占

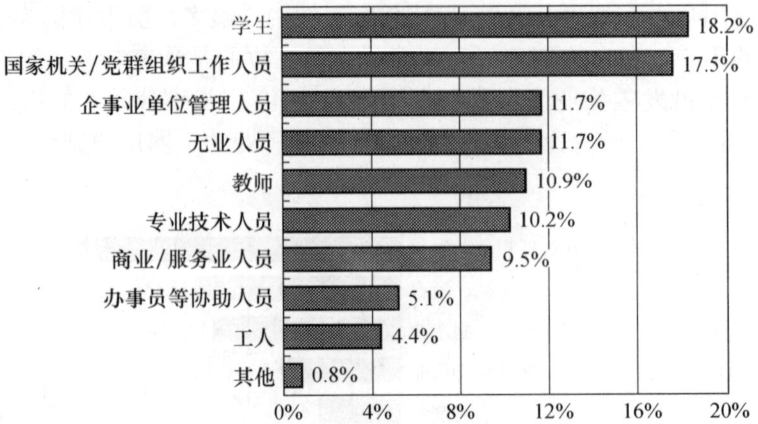

图 26.214　上网用户的职业分布

比例皆为 14.8%；个人月收入为 1501～2000 元的用户所占比例为 9.8%；个人月收入为 2001～2500 元的用户所占比例为 3.3%；个人月收入超过 2500 元的用户所占比例为 6.5%（如图 26.215 所示）。

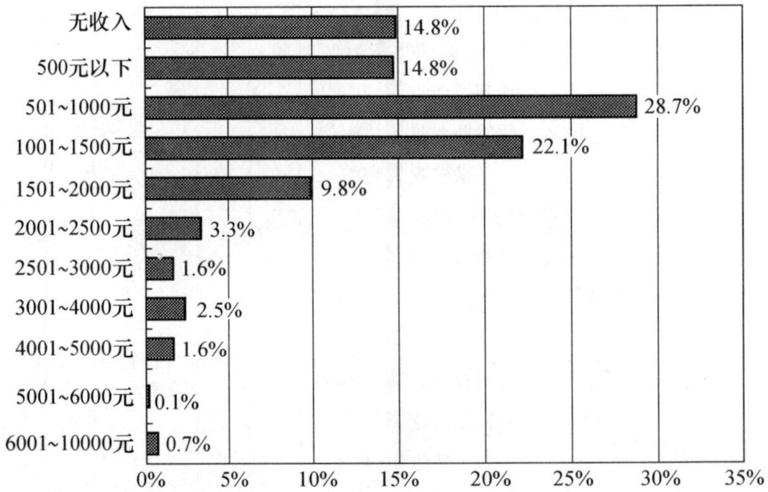

图 26.215　上网用户的个人月均收入分布

2．用户对互联网的使用情况

（1）用户每月实际花费的上网费用

江西省上网用户每月实际花费的上网费用以 51～100 元的最多，占 44.8%；其次是每月实际花费的上网费用为低于 50 元的用户，所占比例为 35.4%；每月实际花费的上网费用在 101～150 元的用户所占比例为 7.3%；每月实际花费的上网费用在 151～200 元的用户所占比例为 5.2%；每月实际花费的上网费用在 200 元以上的用户所占比例皆为 7.3%（如图 26.216 所示）。江西省上网用户每月实际花费的上网费用集中在 100 元及以下。

（2）用户平均每周上网时间

江西省上网用户平均每周上网时间为 13.5 小时。

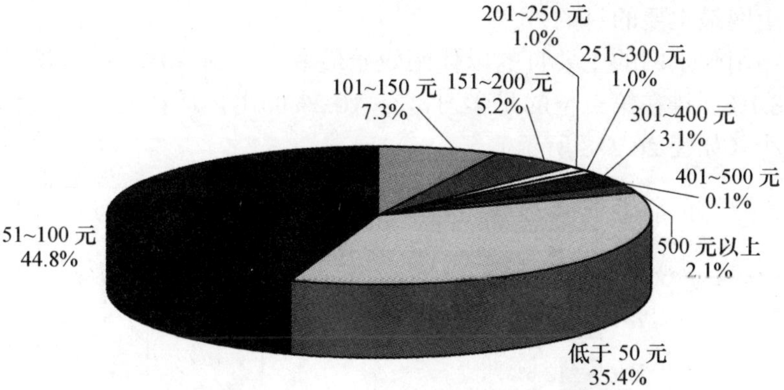

图 26.216　上网用户平均每月上网费用

（3）用户平均每周上网天数

江西省上网用户平均每周上网天数为 4.5 天。

（4）用户通常上网时间

江西省上网用户的上网时间在一天中波动较大：凌晨 1 点至早上 7 点钟是网民最少上网的时间，从早上 8 点钟起上网的人逐渐增加，到上午 10 点达到一天当中的第一个高峰，有 24.1%的网民在这一时间上网；11 点有所回落，12 点开始回升，到 14 点达到一天当中的第二个高峰，有 24.1%的网民在这一时间上网，此后上网人数开始下降；从晚上 19 点开始上网人数激增，到晚上 20 点的时候达到一天中的顶峰，有 61.3%的网民在这一时间上网，这之后上网人数又急剧减少（如图 26.217 所示）。日常生活的作息时间在一定程度上影响着人们使用互联网的时间，江西省上网用户使用互联网的高峰时间在晚上。

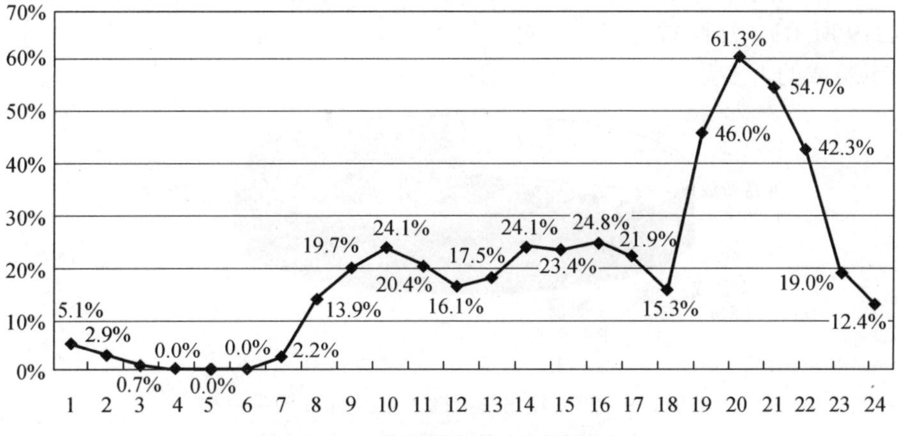

图 26.217　上网用户的上网时间分布

（5）用户拥有的 E-mail 账号平均值

江西省上网用户拥有 E-mail 账号平均值为 1.1，其中免费 E-mail 账号平均值为 0.9。

（6）用户平均每周收发的电子邮件数

江西省上网用户平均每周收到电子邮件数（不包括垃圾邮件）为 1.9 封，收到垃圾邮件数 7.0 封，发出电子邮件数 1.6 封。

（7）用户上网最主要的目的

江西省上网用户上网的主要目的以休闲娱乐最多，达到 40.9%；其次是获取信息，所占比例为 38.7%；排在第三位的是学习，有 10.2%的用户选择此项；选择其他上网目的的用户则很少（如图 26.218 所示）。

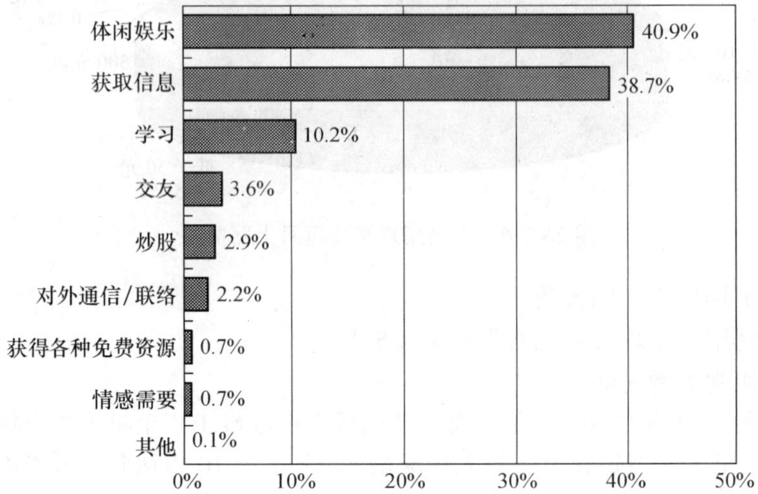

图 26.218　上网用户上网最主要的目的

3. 用户对互联网的观点

（1）关于“使用互联网可以提高工作/学习和生活的效率”

关于“使用互联网可以提高工作/学习和生活的效率”的观点，江西省上网用户表示比较赞成的最多，达到 52.2%；其次是表示非常赞成的，所占比例为 30.6%；表示一半赞成一半不赞成的用户所占比例为 13.4%；表示不太赞成的用户所占比例最少，只有 3.8%（如图 26.219 所示）。江西省上网用户对“使用互联网可以提高工作/学习和生活的效率”的观点表示赞成的占多数。

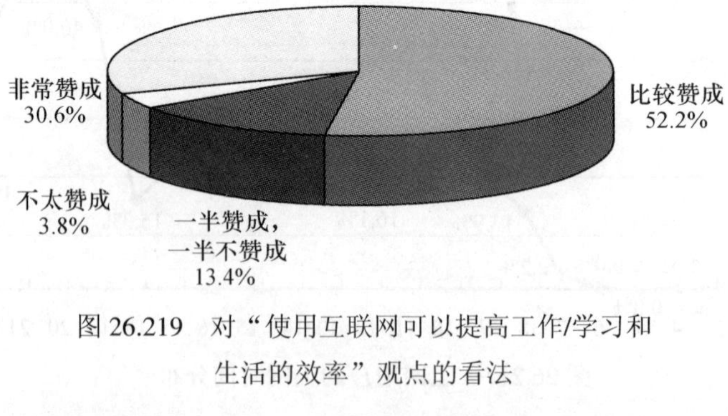

图 26.219　对“使用互联网可以提高工作/学习和生活的效率”观点的看法

（2）关于“在单位/学校/邻里中，会上网的人好像高人一等”

关于“在单位/学校/邻里中，会上网的人好像高人一等”的观点，江西省上网用户表示不太赞成的最多，达到 50.0%；其次是表示很不赞成的，所占比例为 32.1%；表示一半赞成一半不赞成的用户所占比例为 9.7%；表示比较赞成的用户所占比例为 6.7%；表示非常赞成的用户所占比例为 1.5%；（如图 26.220 所示）。江西省上网用户对“在单位/学校/邻里中，会上网的人好像高人一等”的观点表示不赞成的占多数。

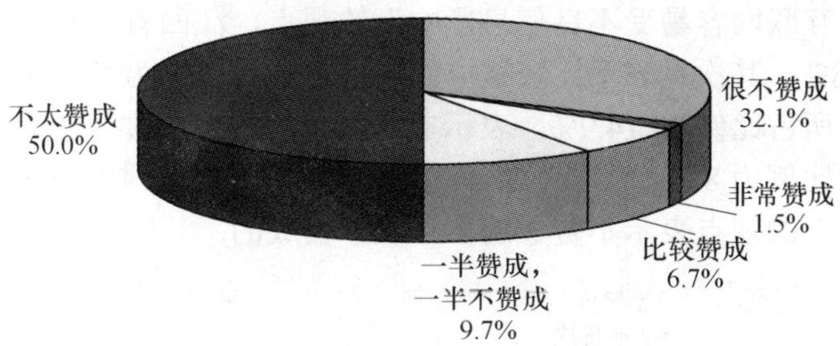

图 26.220　对“在单位/学校/邻里中，会上网的人好像高人一等”观点的看法

（3）关于“使用互联网容易结交不好的朋友”

关于“使用互联网容易结交不好的朋友”的观点，江西省上网用户表示不太赞成的最多，达到 41.1%；其次是表示一半赞成一半不赞成的用户，所占比例为 22.5%；表示很不赞成的用户所占比例为 17.8%；表示比较赞成的用户所占比例为 15.5%；表示非常赞成的用户最少，只有 3.1%（如图 26.221 所示）。江西省上网用户对“使用互联网容易结交不好的朋友”的观点表示不赞成的居多。

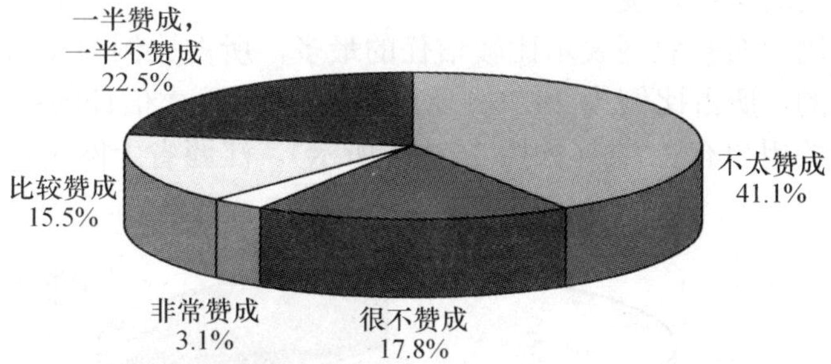

图 26.221　对“使用互联网容易结交不好的朋友”观点的看法

（4）关于“使用互联网容易暴露隐私”

关于“使用互联网容易暴露隐私”的观点，江西省上网用户表示不太赞成的最多，达到 46.5%；其次是表示一半赞成一半不赞成的用户，所占比例为 18.6%；表示很不赞成的用户所占比例为 17.1%；表示比较赞成的用户所占比例为 16.3%；表示非常赞成的用户最少，占 1.5%（如图 26.222 所示）。江西省上网用户对“使用互联网容易暴露隐私”的观点表示不赞成的居多。

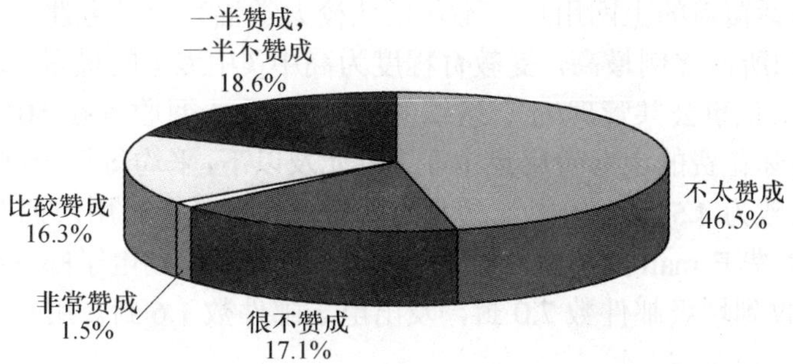

图 26.222　对“使用互联网容易暴露隐私”观点的看法

（5）关于“使用互联网容易受不良信息影响”

关于“使用互联网容易受不良信息影响”的观点，江西省上网用户表示不太赞成的最多，达到 35.8%；其次是表示比较赞成的用户，所占比例为 29.9%；表示一半赞成一半不赞成的用户所占比例为 14.9%；表示非常赞成的用户所占比例为 11.2%；表示很不赞成的用户所占比例为 8.2%（如图 26.223 所示）。江西省上网用户对“使用互联网容易受不良信息影响”的观点表示不赞成的多于表示赞成的。

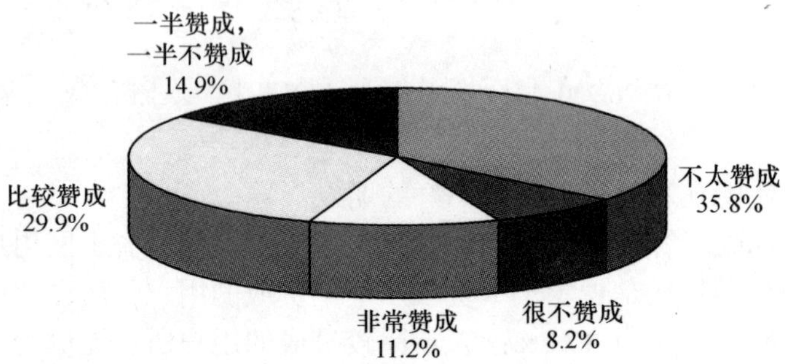

图 26.223　对“使用互联网容易受不良信息影响”观点的看法

（6）对互联网的信任程度

江西省上网用户对互联网表示比较信任的最多，所占比例为 61.0%；其次是对互联网表示半信半疑的，所占比例为 28.7%；对互联网表示不太信任的用户有 6.6%；对互联网表示完全信任的用户有 3.7%（如图 26.224 所示）。江西省上网用户对互联网表示比较信任的占多数。

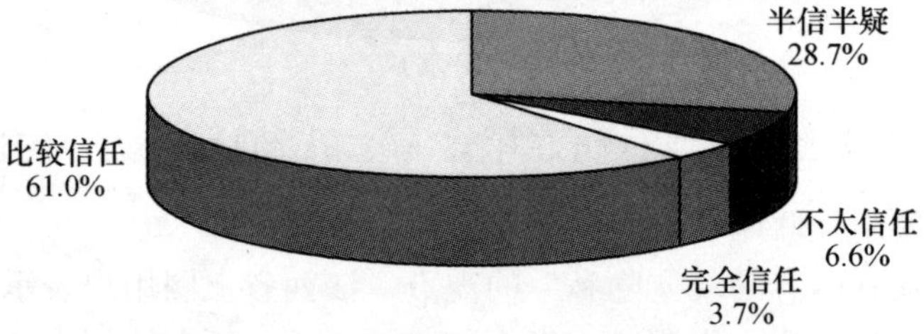

图 26.224　上网用户对互联网的信任程度

综上所述，江西省上网用户数为 169.4 万人，上网计算机数为 55 万台，CN 下注册域名数量为 2311 个，WWW 站点数为 6010 个。

其中住宅电话覆盖的上网用户（不包括住校大学生）中以男性、已婚者占主体，年龄在 18～24 岁的所占比例最高，受教育程度为高中（中专）的最多，职业上学生所占的比例最多，行业上从事公共管理/社会组织的人最多，个人月收入在 501～1000 元的最多。

用户每月实际花费的上网费用集中在 100 元及以下，平均每周上网时间为 13.5 小时，平均每周上网天数为 4.5 天，使用互联网的高峰时间在晚上。用户拥有 E-mail 账号平均值为 1.1，其中免费 E-mail 账号平均值为 0.9，平均每周收到电子邮件数（不包括垃圾邮件）为 1.9 封，收到垃圾邮件数 7.0 封，发出电子邮件数 1.6 封。用户上网的最主要目的为休闲娱乐。

江西省上网用户对“使用互联网可以提高工作/学习和生活的效率”的观点表示赞成的占多数，对“在单位/学校/邻里中，会上网的人好像高人一等”的观点表示不赞成的占多数，对“使用互联网容易结交不好的朋友”的观点表示不赞成的居多，对“使用互联网容易暴露隐私”的观点表示不赞成的居多，对“使用互联网容易受不良信息影响”的观点表示不赞成的多于表示赞成的。对互联网表示比较信任的占多数。

26.3.15　山东省互联网络发展状况

（一）宏观概况

1．上网用户人数

山东省上网用户人数为 626.6 万，占全国上网用户总人数的比例为 7.9%，是山东省总人口的 6.9%。

2．上网计算机数

山东省上网计算机数为 208 万台，占全国上网计算机总数的比例为 6.7%。

3．CN 下注册域名数（不含 EDU）

山东省 CN 下注册域名数量为 13 429 个，占全国 CN 下注册域名总数的比例为 4.0%。

4．WWW 站点数（包括.CN、.COM、.NET、.ORG 下的网站）

山东省 WWW 站点数为 25 152 个，占全国 WWW 站点数的比例为 4.2%。

（二）互联网用户行为意识调查结果

1．用户个人信息

（1）用户的性别

山东省上网用户中，男性占 61.4%，女性占 38.6%（如图 26.225 所示）。男性占据上网用户主体。

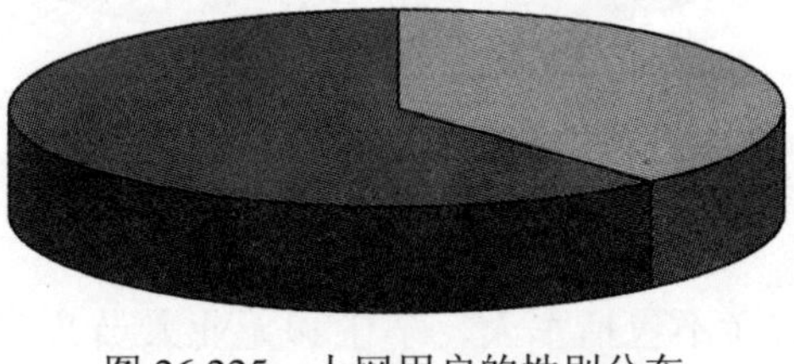

图 26.225　上网用户的性别分布

（2）用户的年龄分布

山东省上网用户中，18～24 岁和 25～30 岁的用户所占比例最高，二者皆为 21.7%；其次是 18 岁以下的用户，所占比例为 14.6%；31～35 岁的用户占 13.4%；36～40 岁的用户占 12.1%；41～50 岁的用户占 9.5%；51～60 岁的用户占 5.7%；60 岁以上用户所占比例为 1.3%（如图 26.226 所示）。

（3）用户的婚姻状况

山东省上网用户中，已婚者占 64.9%，未婚者占 35.1%（如图 26.227 所示）。已婚者占据上网用户主体。

（4）用户的受教育程度

山东省上网用户中，受教育程度为本科的用户最多，达到 34.5%；其次是受教育程

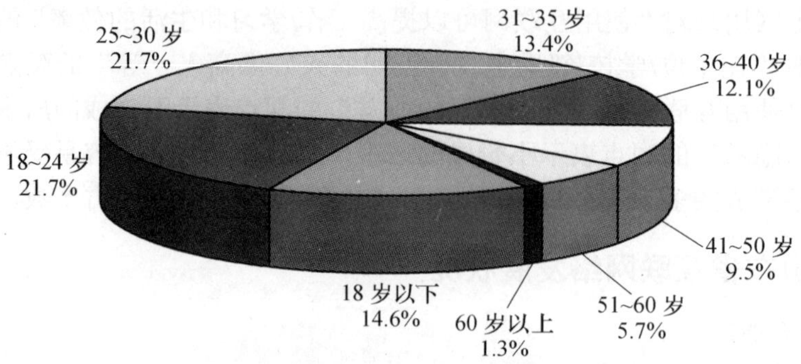

图 26.226　上网用户的年龄分布

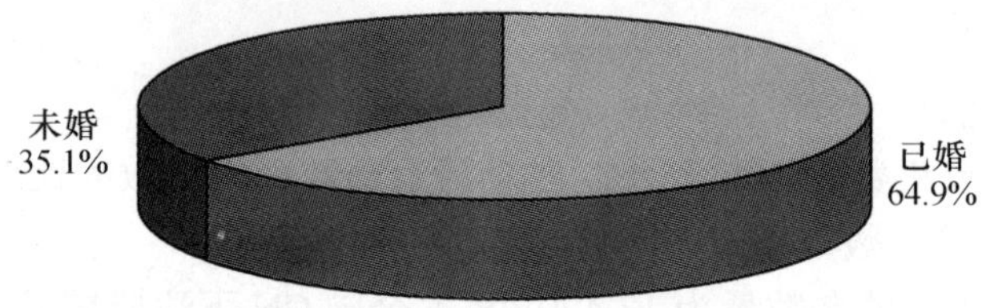

图 26.227　上网用户的婚姻状况分布

度为大专的用户，所占比例为32.2%；受教育程度为高中（中专）的用户所占比例为21.8%；高中（中专）以下受教育程度的用户占9.8%；硕士的用户占1.7%（如图26.228所示）。

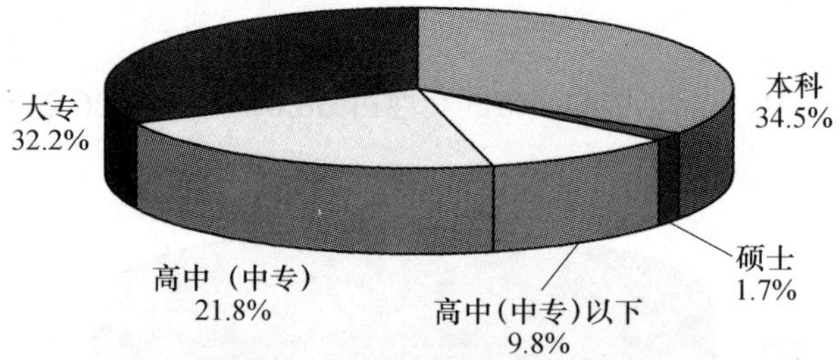

图 26.228　上网用户的受教育程度分布

（5）用户的行业分布（不包括军人、学生和无业人员）

山东省上网用户中，从事公共管理/社会组织的用户最多，所占比例为18.7%；其次是从事教育业的用户，所占比例为15.7%；排在第三位的是从事制造业的用户，所占比例为10.4%；从事批发零售业的用户所占比例为9.7%；从事IT业的用户所占比例为9.0%；从事卫生/社会保障和社会福利业的用户所占比例为6.7%；从事金融业的用户所占比例为6.0%；从事建筑业的用户所占比例为4.5%；从事居民服务业的用户所占比例为3.7%；从事其他行业的上网用户则较少（如图26.229所示）。

（6）用户的职业分布

山东省上网用户中，学生所占的比例最多，达到19.3%；其次是专业技术人员，所占比例为13.6%；排在第三位的是商业服务业人员和企事业单位管理人员，所占比例皆为12.5%；教师和国家机关/党群组织工作人员皆占11.9%；工人占10.2%；办事员等协助人员占5.7%；无业人员占4.4%；其他职业的用户所占比例较少（如图26.230所示）。

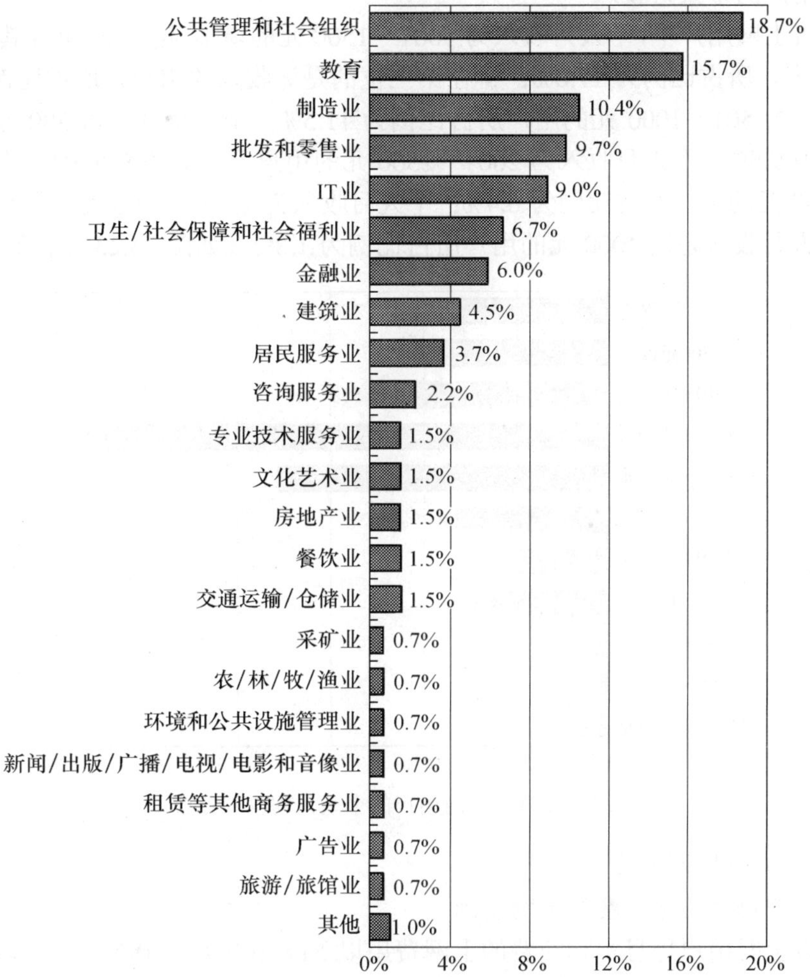

图 26.229　上网用户的行业分布

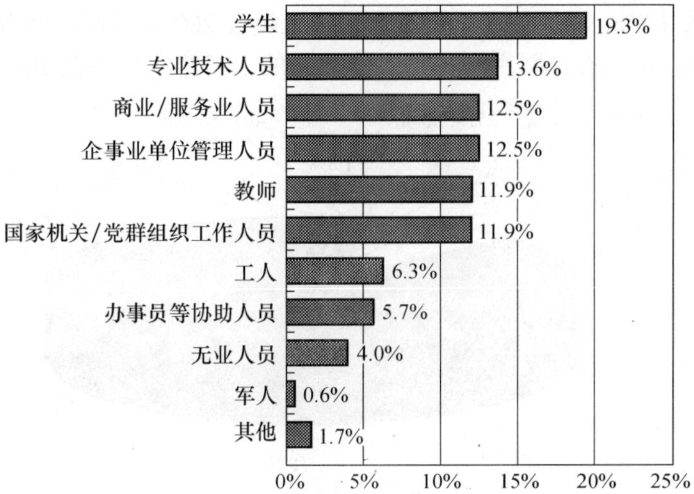

图 26.230　上网用户的职业分布

（7）用户的个人月收入

山东省上网用户中，个人月收入为1001～1500元的最多，达到27.4%；其次是1501～2000的用户，所占比例为17.8%；排在第三位的是无收入的用户，所占比例为12.1%；个人月收入为501～1000元的用户所占比例为11.5%；个人月收入为500元以下的用户所占比例为9.6%；个人月收入为2001～2500元的用户所占比例为8.3%；个人月收入为3001～4000元的用户所占比例为6.4%；个人月收入为2501～3000元的用户所占比例为5.1%；个人月收入超过4000元的用户所占比例为1.8%（如图26.231所示）。

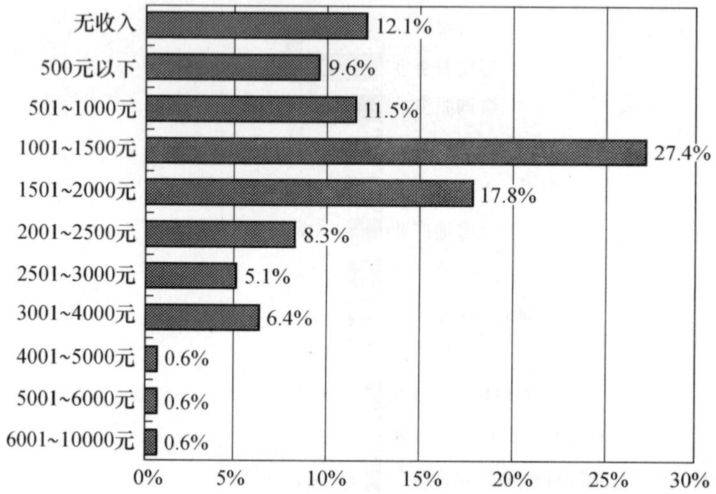

图26.231 上网用户的个人月均收入分布

2．用户对互联网的使用情况

（1）用户每月实际花费的上网费用

山东省上网用户每月实际花费的上网费用以51～100元的最多，占54.4%；其次是每月实际花费的上网费用为低于50元的用户，所占比例为32.4%；每月实际花费的上网费用在101～150元的用户所占比例为6.1%；每月实际花费的上网费用在151～200元的用户所占比例为1.8%；每月实际花费的上网费用超过200元的用户所占比例为5.3%（如图26.232所示）。山东省上网用户每月实际花费的上网费用集中在100元及以下。

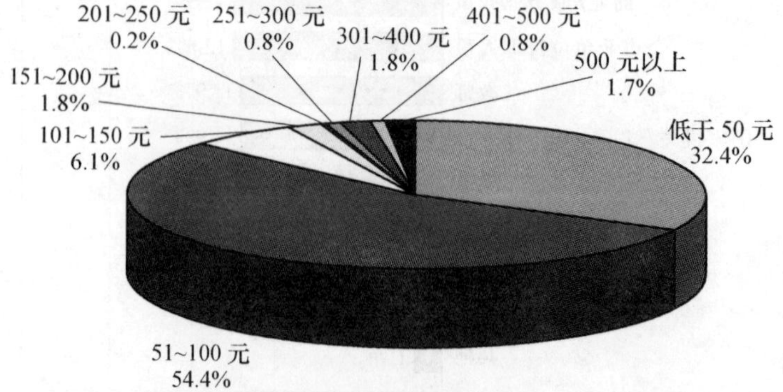

图26.232 上网用户平均每月上网费用

（2）用户平均每周上网时间

山东省上网用户平均每周上网时间为 13.4 小时。

（3）用户平均每周上网天数

山东省上网用户平均每周上网天数为 4.4 天。

（4）用户通常上网时间

山东省上网用户的上网时间在一天中波动较大：凌晨 1 点至早上 6 点钟是网民最少上网的时间，从早上 7 点钟起上网的人逐渐增加，到上午 9 点达到一天当中的第一个高峰，有 36.4%的网民在这一时间上网；10 点开始回落回落，13 点开始回升，到 16 点达到一天当中的第二个高峰，有 36.9%的网民在这一时间上网；从晚上 19 点开始上网人数激增，到晚上 20 点的时候达到一天中的顶峰，有 50.6%的网民在这一时间上网，这之后上网人数又急剧减少（如图 26.233 所示）。日常生活的作息时间在一定程度上影响着人们使用互联网的时间，山东省上网用户使用互联网的高峰时间在晚上。

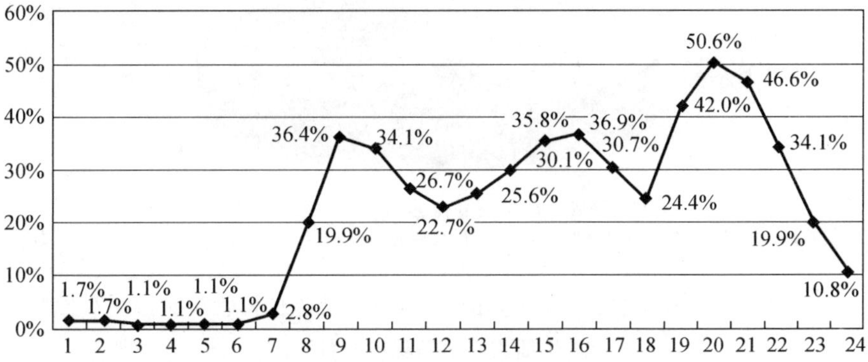

图 26.233　上网用户的上网时间分布

（5）用户拥有的 E-mail 账号平均值

山东省上网用户拥有 E-mail 账号平均值为 1.1，其中免费 E-mail 账号平均值为 1.0。

（6）用户平均每周收发的电子邮件数

山东省上网用户平均每周收到电子邮件数（不包括垃圾邮件）为 4.3 封，收到垃圾邮件数 3.8 封，发出电子邮件数 4.4 封。

（7）用户上网最主要的目的

山东省上网用户上网的主要目的以获取信息最多，达到 53.5%；其次是休闲娱乐，所占比例为 29.5%；排在第三位的是学习，有 9.1%的用户选择此项；选择对外通信/联络的用户占 4.0%；选择其他上网目的的用户则很少（如图 26.234 所示）。

3．用户对互联网的观点

（1）关于“使用互联网可以提高工作/学习和生活的效率”

关于“使用互联网可以提高工作/学习和生活的效率”的观点，山东省上网用户表示比较赞成的最多，达到 51.7%；其次是表示非常赞成的，所占比例为 39.1%；表示一半赞成一半不赞成的用户所占比例为 6.3%；表示不太赞成的用户所占比例较小，只有 2.9%（如图 26.235 所示）。山东省上网用户对“使用互联网可以提高工作/学习和生活的效率”的观点表示赞成的占多数。

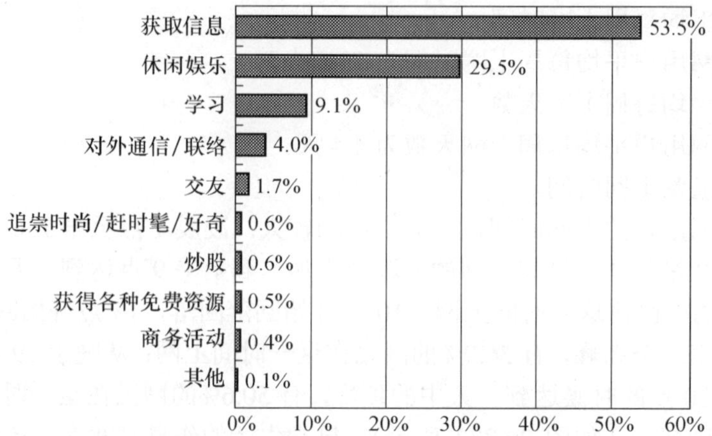

图 26.234　上网用户上网最主要的目的

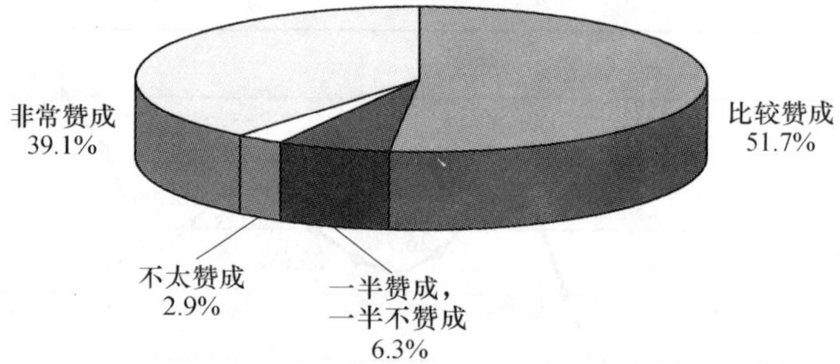

图 26.235　对“使用互联网可以提高工作/学习和生活的效率”观点的看法

（2）关于“在单位/学校/邻里中，会上网的人好像高人一等”

关于“在单位/学校/邻里中，会上网的人好像高人一等”的观点，山东省上网用户表示不太赞成的最多，达到 53.2%；其次是表示很不赞成的，所占比例为 25.7%；表示一半赞成一半不赞成的用户所占比例为 9.4%；表示比较赞成的用户所占比例为 8.2%；表示非常赞成的用户所占比例为 3.5%；（如图 26.236 所示）。山东省上网用户对“在单位/学校/邻里中，会上网的人好像高人一等”的观点表示不赞成的占多数。

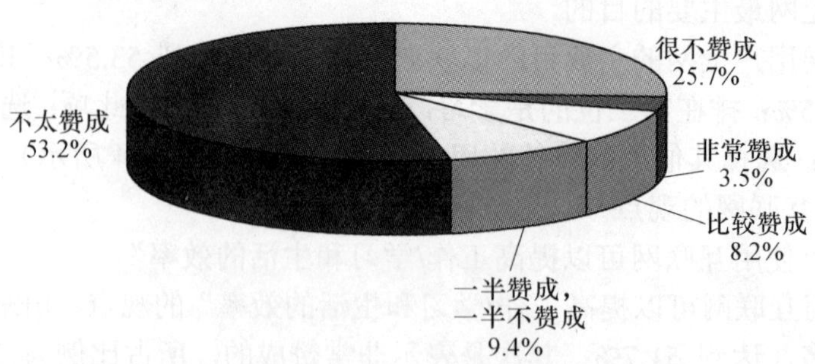

图 26.236　对“在单位/学校/邻里中，会上网的人好像高人一等”观点的看法

（3）关于“使用互联网容易结交不好的朋友”

关于“使用互联网容易结交不好的朋友”的观点，山东省上网用户表示不太赞成的最多，达到 41.7%；其次是表示很不赞成的用户，所占比例为 21.5%；表示一半赞成一半不赞成的用户所占比例为 18.4%；表示比较赞成的用户所占比例为 13.5%；表示非常赞成的用户最少，只有 4.9%（如图 26.237 所示）。山东省上网用户对“使用互联网容易结交不好的朋友”的观点表示不赞成的居多。

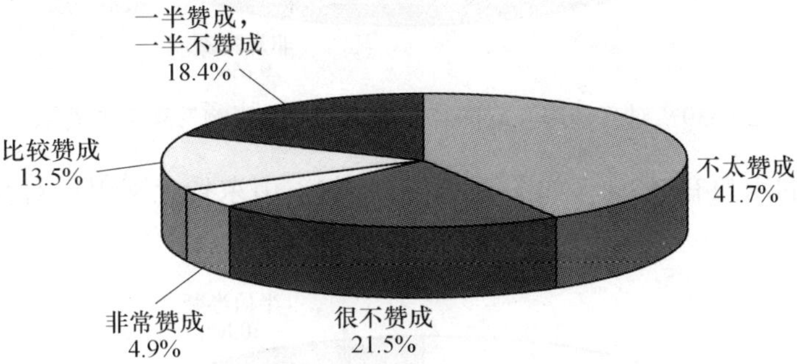

图 26.237　对“使用互联网容易结交不好的朋友”观点的看法

（4）关于“使用互联网容易暴露隐私”

关于“使用互联网容易暴露隐私”的观点，山东省上网用户表示不太赞成的最多，达到 52.3%；其次是表示比较赞成的用户所占比例为 16.4%；表示一半赞成一半不赞成的用户，所占比例为 16.3%；表示很不赞成的用户所占比例为 9.8%；表示非常赞成的用户最少，占 5.2%（如图 26.238 所示）。山东省上网用户对“使用互联网容易暴露隐私”的观点表示不赞成的居多。

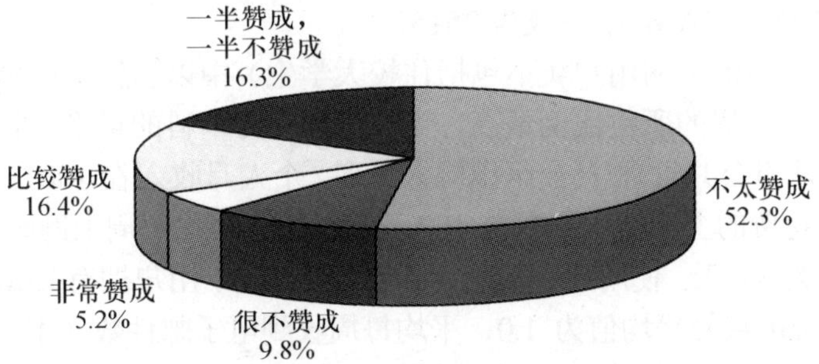

图 26.238　对“使用互联网容易暴露隐私”观点的看法

（5）关于“使用互联网容易受不良信息影响”

关于“使用互联网容易受不良信息影响”的观点，山东省上网用户表示比较赞成的最多，达到 29.9%；其次是表示不太赞成的用户，所占比例为 28.1%；表示一半赞成一半不赞成的用户所占比例为 22.8%；表示非常赞成和很不赞成的用户所占比例皆为 9.6%（如图 26.239 所示）。山东省上网用户对“使用互联网容易受不良信息影响”的观点表示赞成的略多于表示不赞成的。

（6）对互联网的信任程度

山东省上网用户对互联网表示比较信任的最多，所占比例为 62.3%；其次是对互联网表示半信半疑的，所占比例为 30.8%；对互联网表示不太信任的用户有 4.6%；对互联

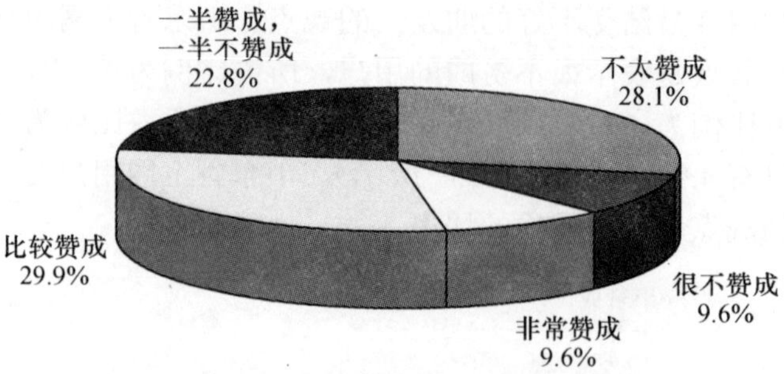

图 26.239　对“使用互联网容易受不良信息影响”观点的看法

网表示完全信任的用户有 2.3%（如图 26.240 所示）。山东省上网用户对互联网表示比较信任的占多数。

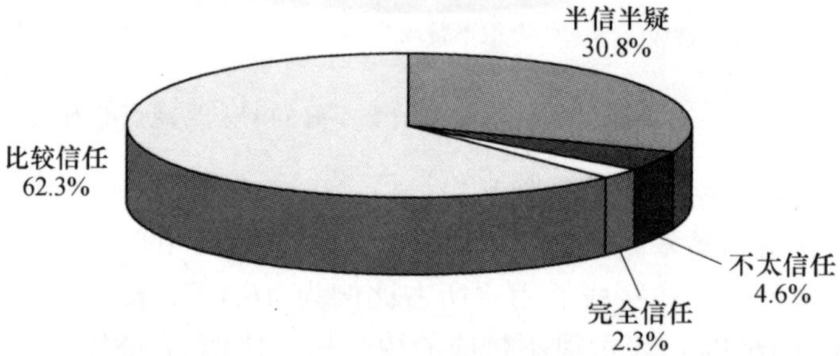

图 26.240　上网用户对互联网的信任程度

综上所述，山东省上网用户数为 626.6 万人，上网计算机数为 208 万台，CN 下注册域名数量为 13429 个，WWW 站点数为 25152 个。

其中住宅电话覆盖的上网用户（不包括住校大学生）中以男性、已婚者占主体，年龄在 18～24 岁和 25～30 岁的所占比例最高，受教育程度为本科的最多，职业上学生所占的比例最多，行业上从事公共管理/社会组织的人最多，个人月收入在 1001～1500 元的最多。

用户每月实际花费的上网费用集中在 100 元及以下，平均每周上网时间为 13.4 小时，平均每周上网天数为 4.4 天，使用互联网的高峰时间在晚上。用户拥有 E-mail 账号平均值为 1.1，其中免费 E-mail 账号平均值为 1.0，平均每周收到电子邮件数（不包括垃圾邮件）为 4.3 封，收到垃圾邮件数 3.8 封，发出电子邮件数 4.4 封。用户上网的最主要目的为获取信息。

山东省上网用户对“使用互联网可以提高工作/学习和生活的效率”的观点表示赞成的占多数，对“在单位/学校/邻里中，会上网的人好像高人一等”的观点表示不赞成的占多数，对“使用互联网容易结交不好的朋友”的观点表示不赞成的居多，对“使用互联网容易暴露隐私”的观点表示不赞成的居多，对“使用互联网容易受不良信息影响”的观点表示赞成的略多于表示不赞成的。对互联网表示比较信任的占多数。

26.3.16　河南省互联网络发展状况

（一）宏观概况

1．上网用户人数

河南省上网用户人数为 225.7 万，占全国上网用户总人数的比例为 2.8%，是河南省总人口的 2.3%。

2．上网计算机数

河南省上网计算机数为 89 万台，占全国上网计算机总数的比例为 2.9%。

3．CN 下注册域名数（不含 EDU）

河南省 CN 下注册域名数量为 4 898 个，占全国 CN 下注册域名总数的比例为 1.4%。

4．WWW 站点数（包括.CN、.COM、.NET、.ORG 下的网站）

河南省 WWW 站点数为 10 818 个，占全国 WWW 站点数的比例为 1.8%。

（二）互联网用户行为意识调查结果

1．用户个人信息

（1）用户的性别

河南省上网用户中，男性占 69.3%，女性占 30.7%（如图 26.241 所示）。男性占据上网用户主体。

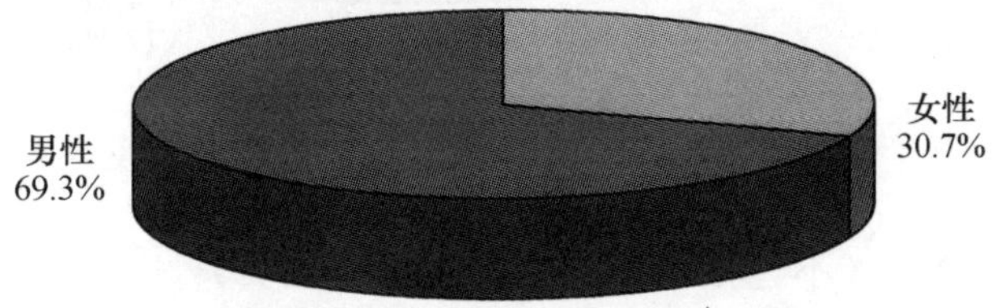

图 26.241　上网用户的性别分布

（2）用户的年龄分布

河南省上网用户中，18～24 岁的用户所占比例最高，达到 29.3%；其次是 18 岁以下的用户，所占比例为 19.5%；25～30 岁的用户占 15.9%；31～35 岁的用户占 15.8%；41～50 岁的用户占 12.2%；36～40 岁的用户占 6.1%；51～60 岁的用户所占比例为 1.2%（如图 26.242 所示）。

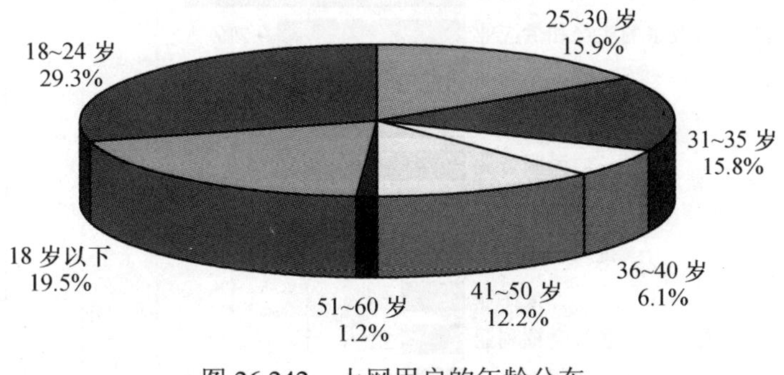

图 26.242　上网用户的年龄分布

（3）用户的婚姻状况

河南省上网用户中，已婚者占 49.4%，未婚者占 50.6%（如图 26.243 所示）。上网用户中未婚者略占多数。

（4）用户的受教育程度

河南省上网用户中，受教育程度为高中（中专）的用户最多，达到 37.9%；其次是受教育程度为大专的用户，所占比例为 29.9%；受教育程度为本科的用户所占比例为 17.2%；

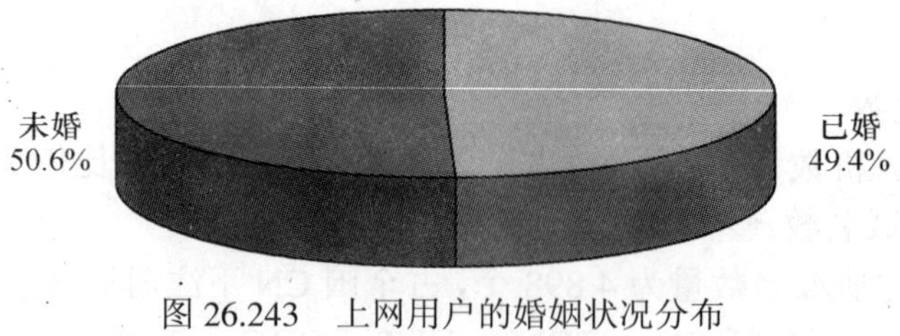

图 26.243　上网用户的婚姻状况分布

高中（中专）以下受教育程度的用户占 14.9%，硕士的用户占 0.1%（如图 26.244 所示）。

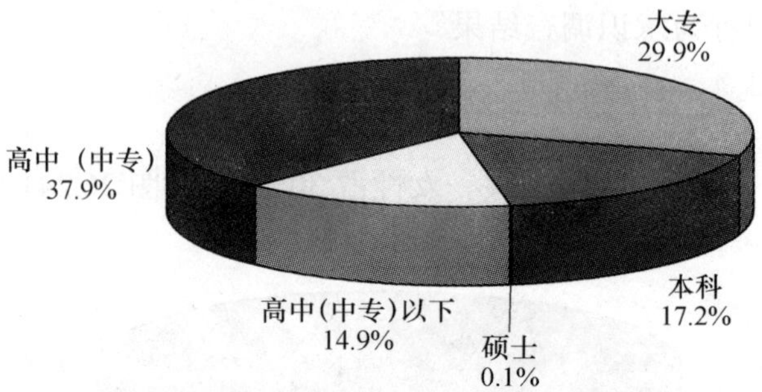

图 26.244　上网用户的受教育程度分布

（5）用户的行业分布（不包括军人、学生和无业人员）

河南省上网用户中，从事公共管理/社会组织的用户最多，所占比例为 21.0%；其次是从事教育业的用户，所占比例为 14.5%；排在第三位的是从事电力/燃气及水的生产供应业和金融业的用户，所占比例皆为 9.7%；从事建筑业和居民服务业的用户所占比例皆为 8.1%；从事制造业和批发零售业的用户所占比例皆为 6.5%；从事其他行业的上网用户则较少（如图 26.245 所示）。

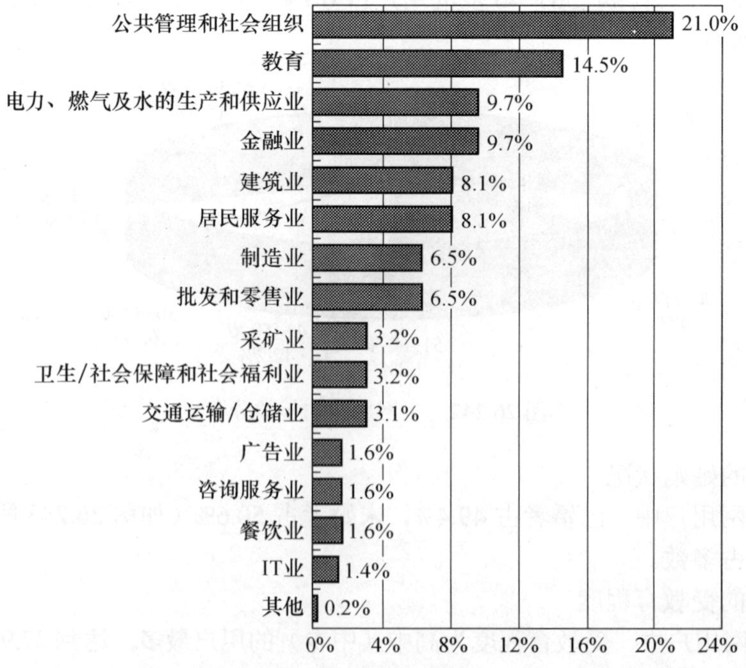

图 26.245　上网用户的行业分布

（6）用户的职业分布

河南省上网用户中，学生所占的比例最多，达到 20.4%；其次是专业技术人员，所占比例为 14.8%；排在第三位的是商业服务业人员，所占比例为 11.4%；教师和国家机关/党群组织工作人员均占 10.2%；企事业单位管理人员和无业人员占 9.1%；工人占 8.8%；办事员等协助人员占 5.7%；其他职业的用户所占比例较少（如图 26.246 所示）。

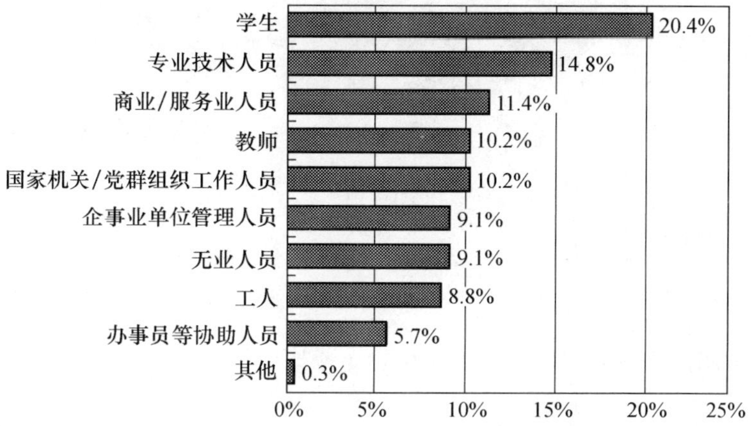

图 26.246　上网用户的职业分布

（7）用户的个人月收入

河南省上网用户中，个人月收入为 501～1000 元的最多，达到 36.2%；其次是 1001～1500 的用户，所占比例为 26.1%；排在第三位的是 500 元以下的用户，所占比例为 20.0%；无收入的用户所占比例为 12.5%；个人月收入为 1501～2000 元的用户所占比例为 3.8%；个人月收入超过 2000 元的用户所占比例为 1.4%（如图 26.247 所示）。

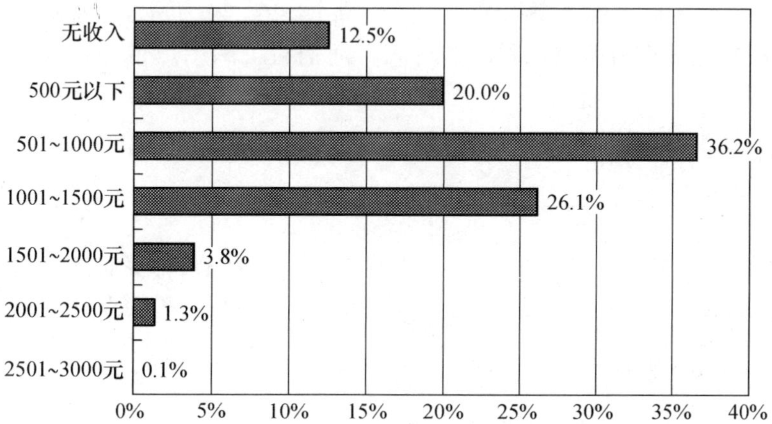

图 26.247　上网用户的个人月均收入分布

2．用户对互联网的使用情况

（1）用户每月实际花费的上网费用

河南省上网用户每月实际花费的上网费用以 51～100 元的最多，占 43.9%；其次是每月实际花费的上网费用为低于 50 元的用户，所占比例为 42.4%；每月实际花费的上网费用在 101～150 元的用户所占比例为 10.6%；每月实际花费的上网费用在 151～200 元的用户所占比例为 1.4%；每月实际花费的上网费用超过 200 元的用户占 1.7%（如图 26.248 所示）。河南省上网用户每月实际花费的上网费用集中在 100 元及以下。

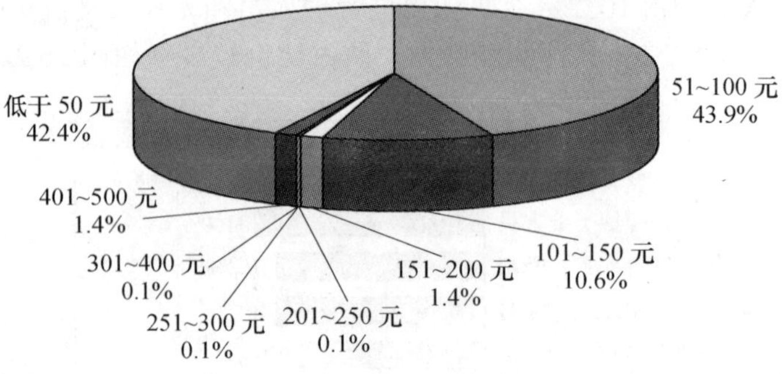

图 26.248　上网用户平均每月上网费用

（2）用户平均每周上网时间

河南省上网用户平均每周上网时间为 14.1 小时。

（3）用户平均每周上网天数

河南省上网用户平均每周上网天数为 3.9 天。

（4）用户通常上网时间

河南省上网用户的上网时间在一天中波动较大：凌晨 1 点至早上 7 点钟是网民最少上网的时间，从早上 8 点钟起上网的人逐渐增加，到上午 10 点达到一天当中的第一个高峰，有 25.0%的网民在这一时间上网；11 点有所回落，12 点开始回升，到 14 点达到一天当中的第二个高峰，有 37.5%的网民在这一时间上网，此后上网人数开始下降；从晚上 19 点开始上网人数激增，到晚上 20 点的时候达到一天中的顶峰，有 51.1%的网民在这一时间上网，这之后上网人数又急剧减少（如图 26.249 所示）。日常生活的作息时间在一定程度上影响着人们使用互联网的时间，河南省上网用户使用互联网的高峰时间在晚上。

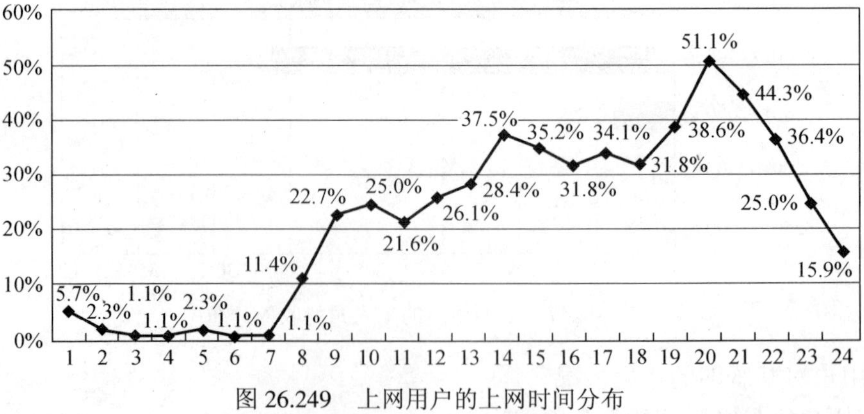

图 26.249　上网用户的上网时间分布

（5）用户拥有的 E-mail 账号平均值

河南省上网用户拥有 E-mail 账号平均值为 1.2，其中免费 E-mail 账号平均值为 1.0。

（6）用户平均每周收发的电子邮件数

河南省上网用户平均每周收到电子邮件数（不包括垃圾邮件）为 4.3 封，收到垃圾邮件数 6.8 封，发出电子邮件数 3.7 封。

（7）用户上网最主要的目的

河南省上网用户上网的主要目的以休闲娱乐最多，达到 40.9%；其次是获取信息，所占比例为 38.6%；排在第三位的是学习，有 9.1%的用户选择此项；选择炒股的用户占 5.7%,选择交友的用户占 3.4%；选择其他上网目的的用户则很少（如图 26.250 所示）。

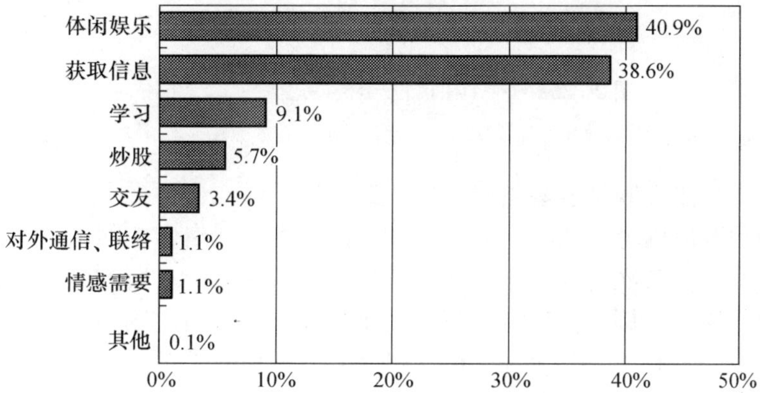

图 26.250　上网用户上网最主要的目的

3．用户对互联网的观点

（1）关于“使用互联网可以提高工作/学习和生活的效率”

关于“使用互联网可以提高工作/学习和生活的效率”的观点，河南省上网用户表示比较赞成的最多，达到 52.3%；其次是表示非常赞成的，所占比例为 31.4%；表示一半赞成一半不赞成的用户所占比例为 14.0%；表示不太赞成的用户所占比例较小，只有 2.3%（如图 26.251 所示）。河南省上网用户对“使用互联网可以提高工作/学习和生活的效率”的观点表示赞成的占多数。

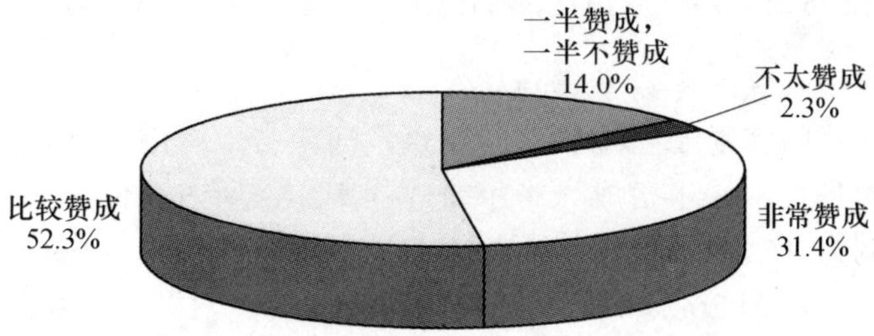

图 26.251　对“使用互联网可以提高工作/学习和生活的效率”观点的看法

（2）关于“在单位/学校/邻里中，会上网的人好像高人一等”

关于“在单位/学校/邻里中，会上网的人好像高人一等”的观点，河南省上网用户表示不太赞成的最多，达到 43.7%；其次是表示很不赞成的，所占比例为 31.0%；表示一半赞成一半不赞成的用户所占比例为 13.8%；表示比较赞成的用户所占比例为 9.2%；

表示非常赞成的用户所占比例为 2.3%；（如图 26.252 所示）。河南省上网用户对“在单位/学校/邻里中，会上网的人好像高人一等”的观点表示不赞成的占多数。

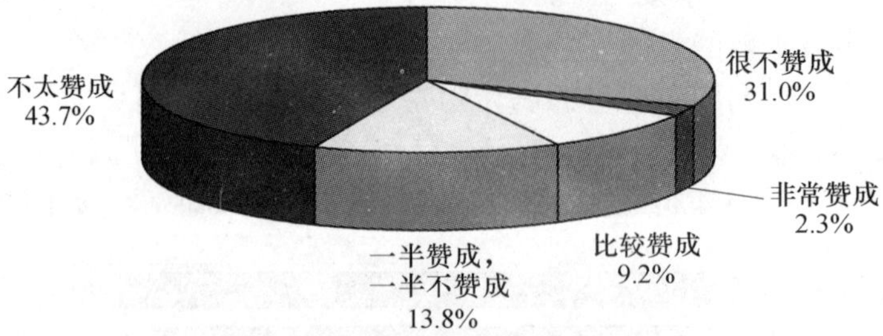

图 26.252　对“在单位/学校/邻里中，会上网的人好像高人一等”观点的看法

（3）关于“使用互联网容易结交不好的朋友”

关于“使用互联网容易结交不好的朋友”的观点，河南省上网用户表示不太赞成的最多，达到 39.1%；其次是表示一半赞成一半不赞成的用户，所占比例为 23.0%；表示比较赞成的用户所占比例为 17.2%；表示很不赞成的用户所占比例为 16.1%；表示非常赞成的用户最少，只有 4.6%（如图 26.253 所示）。河南省上网用户对“使用互联网容易结交不好的朋友”的观点表示不赞成的居多。

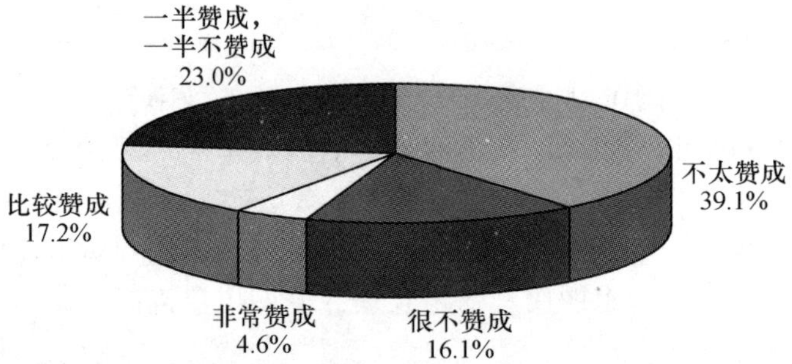

图 26.253　对“使用互联网容易结交不好的朋友”观点的看法

（4）关于“使用互联网容易暴露隐私”

关于“使用互联网容易暴露隐私”的观点，河南省上网用户表示不太赞成的最多，达到 41.7%；其次是表示一半赞成一半不赞成的用户，所占比例为 21.4%；表示比较赞成的用户所占比例为 15.5%；表示很不赞成的用户所占比例为 14.3%；表示非常赞成的用户最少，占 7.1%（如图 26.254 所示）。河南省上网用户对“使用互联网容易暴露隐私”的观点表示不赞成的居多。

（5）关于“使用互联网容易受不良信息影响”

关于“使用互联网容易受不良信息影响”的观点，河南省上网用户表示比较赞成的最多，达到 32.6%；其次是表示一半赞成一半不赞成的用户，所占比例为 23.3%；表示不太赞成的用户所占比例为 22.1%；表示非常赞成的用户所占比例为 11.6%；表示很不赞成的用户所占比例为 10.4%（如图 26.255 所示）。河南省上网用户对“使用互联网容易受不良信息影响”的观点表示赞成的多于表示不赞成的。

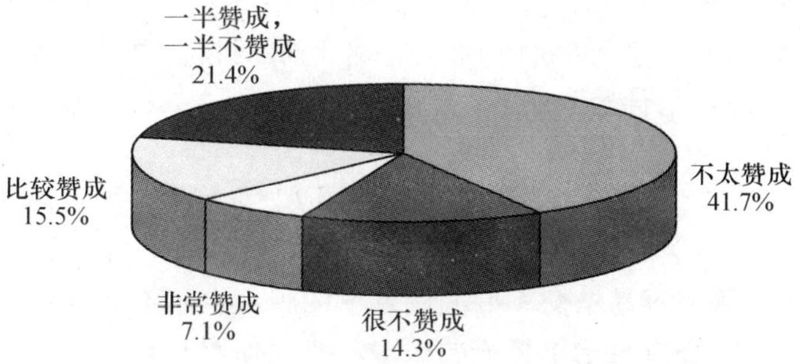

图 26.254　对“使用互联网容易暴露隐私”观点的看法

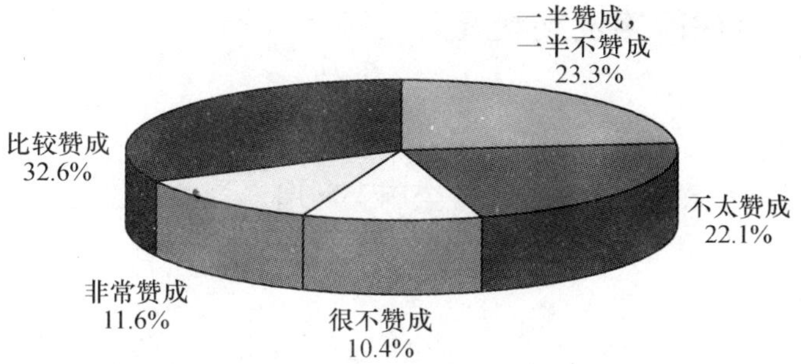

图 26.255　对“使用互联网容易受不良信息影响”观点的看法

（6）对互联网的信任程度

河南省上网用户对互联网表示比较信任的最多，所占比例为 51.1%；其次是对互联网表示半信半疑的，所占比例为 35.2%；对互联网表示不太信任的用户有 8.0%；对互联网表示完全信任的用户有 5.7%（如图 26.256 所示）。河南省上网用户对互联网表示信任的占多数。

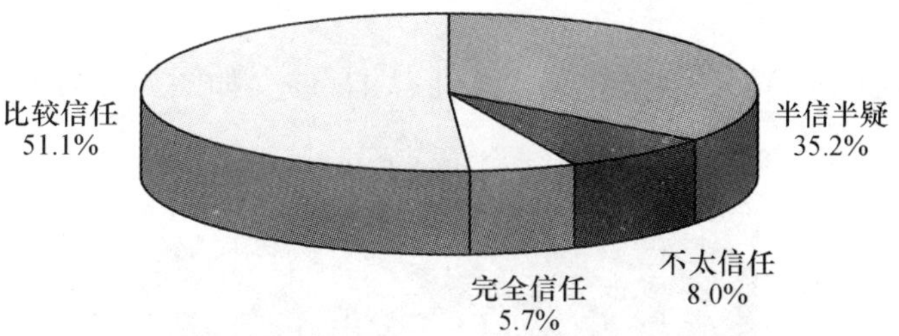

图 26.256　上网用户对互联网的信任程度

综上所述，河南省上网用户数为 225.7 万人，上网计算机数为 89 万台，CN 下注册域名数量为 4898 个，WWW 站点数为 10818 个。

其中住宅电话覆盖的上网用户（不包括住校大学生）中以男性占主体，未婚者略占多数，年龄在 18～24 岁的所占比例最高，受教育程度为高中（中专）的最多，职业上学生所占的比例最多，行业上从事公共管理/社会组织的人最多，个人月收入在 501～1000 元的最多。

用户每月实际花费的上网费用集中在 100 元及以下，平均每周上网时间为 14.1 小时，平均每周上网天数为 3.9 天，使用互联网的高峰时间在晚上。用户拥有 E-mail 账号平均值为 1.2，其中免费 E-mail 账号平均值为 1.0，平均每周收到电子邮件数（不包括垃圾邮件）为 4.3 封，收到垃圾邮件数 6.8 封，发出电子邮件数 3.7 封。用户上网的最主要目的为休闲娱乐。

河南省上网用户对“使用互联网可以提高工作/学习和生活的效率”的观点表示赞成的占多数，对“在单位/学校/邻里中，会上网的人好像高人一等”的观点表示不赞成的占多数，对“使用互联网容易结交不好的朋友”的观点表示不赞成的居多，对“使用互联网容易暴露隐私”的观点表示不赞成的居多，对“使用互联网容易受不良信息影响”的观点表示赞成的多于表示不赞成的。对互联网表示信任的占多数。

26.3.17 湖北省互联网络发展状况

（一）宏观概况

1．上网用户人数

湖北省上网用户人数为 380.9 万，占全国上网用户总人数的比例为 4.8%，是湖北省总人口的 6.4%。

2．上网计算机数

湖北省上网计算机数为 147 万台，占全国上网计算机总数的比例为 4.8%。

3．CN 下注册域名数（不含 EDU）

湖北省 CN 下注册域名数量为 6131 个，占全国 CN 下注册域名总数的比例为 1.8%。

4．WWW 站点数（包括.CN、.COM、.NET、.ORG 下的网站）

湖北省 WWW 站点数为 13445 个，占全国 WWW 站点数的比例为 2.3%。

（二）互联网用户行为意识调查结果

1．用户个人信息

（1）用户的性别

湖北省上网用户中，男性占 58.7%，女性占 41.3%（如图 26.257 所示）。男性占据上网用户主体。

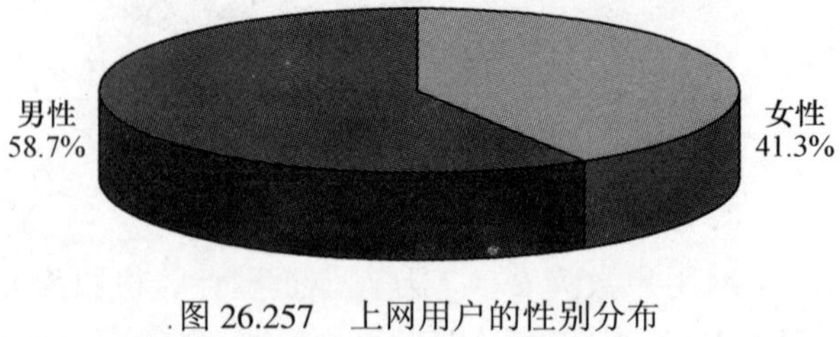

图 26.257 上网用户的性别分布

（2）用户的年龄分布

湖北省上网用户中，18～24 岁的用户所占比例最高，达到 25.9%；其次是 18 岁以下的用户，所占比例为 20.0%；31～35 岁的用户占 16.6%；25～30 岁的用户占 15.6%；41～50 岁的用户占 9.3%；36～40 岁的用户占 7.3%；50 岁以上用户所占比例为 5.3%（如图 26.258 所示）。

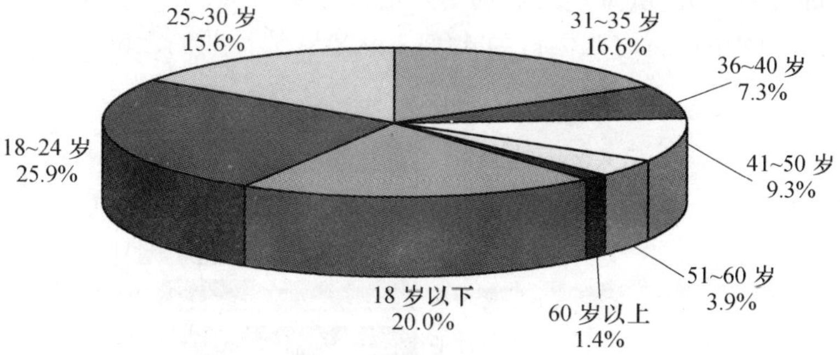

图 26.258　上网用户的年龄分布

（3）用户的婚姻状况

湖北省上网用户中，已婚者占 50.5%，未婚者占 49.5%（如图 26.259 所示）。上网用户中已婚者略占多数。

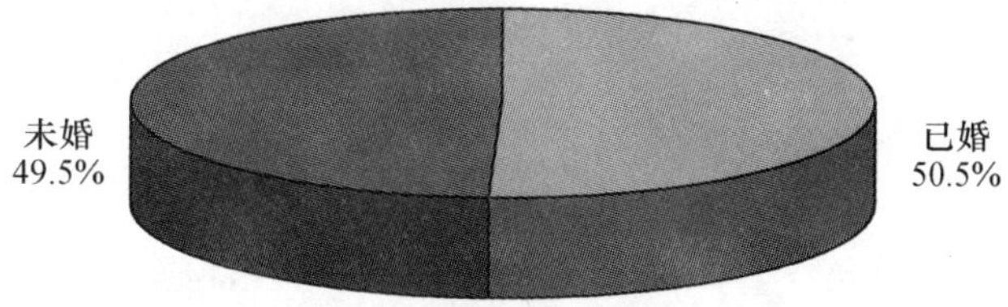

图 26.259　上网用户的婚姻状况分布

（4）用户的受教育程度

湖北省上网用户中，受教育程度为大专的用户最多，达到 33.3%；其次是受教育程度为高中（中专）的用户，所占比例为 32.0%；受教育程度为本科的用户所占比例为 20.5%；高中（中专）以下受教育程度的用户占 12.3%,硕士的用户占 1.8%（如图 26.260 所示）。

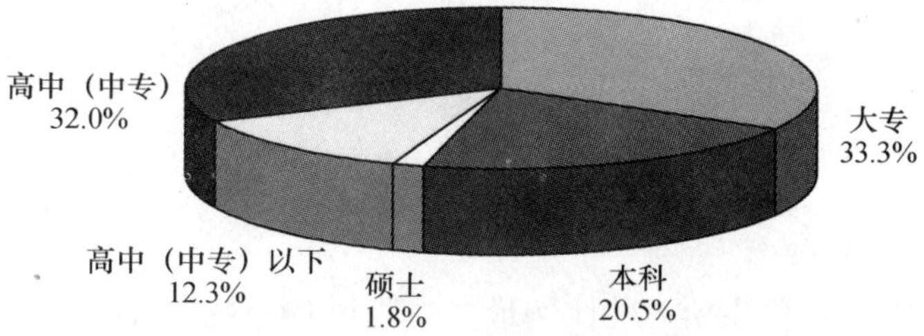

图 26.260　上网用户的受教育程度分布

（5）用户的行业分布（不包括军人、学生和无业人员）

湖北省上网用户中，从事公共管理/社会组织的用户最多，所占比例为 13.2%；其次是从事教育业的用户，所占比例为 12.6%；排在第三位的是从事批发零售业的用户，所占比例为 11.3%；从事制造业的用户所占比例为 10.6%；从事 IT 业的用户所占比例为 9.9%；从事交通运输/仓储业的用户所占比例为 6.6%；从事卫生/社会保障和社会福利业的用户所占比例为 5.3%；从事建筑业的用户所占比例为 4.6%；从事金融业和电力燃气及水的生产供应业的用户所占比例皆为 4.0%；从事其他行业的上网用户相对较少（如图 26.261 所示）。

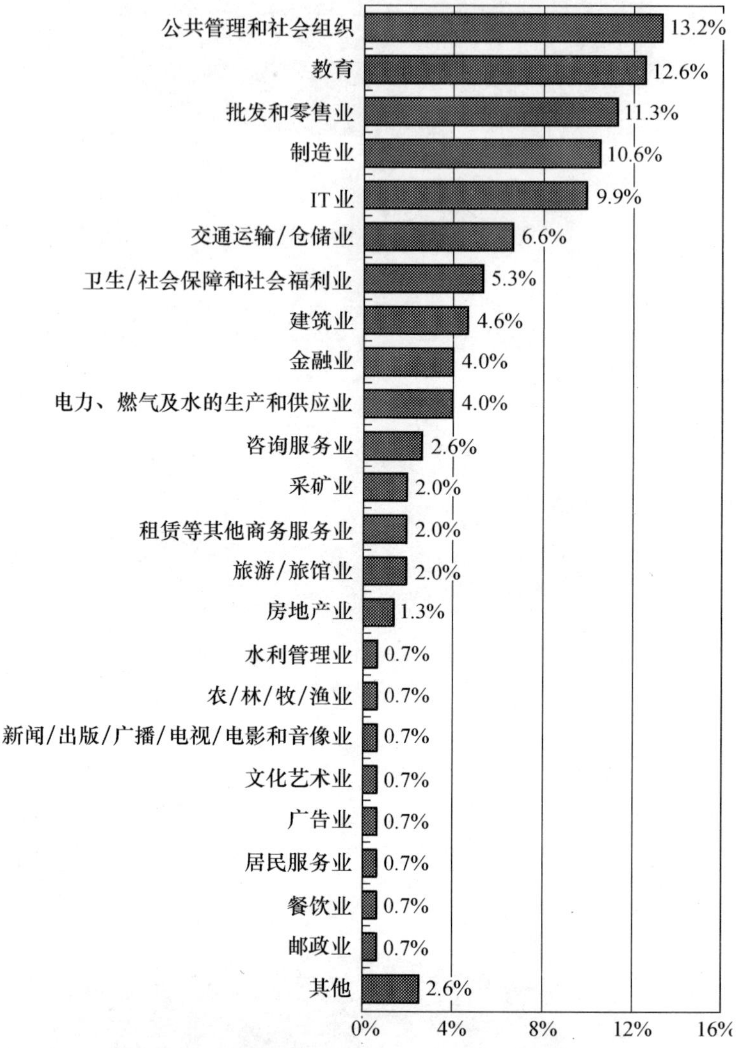

图 26.261　上网用户的行业分布

（6）用户的职业分布

湖北省上网用户中，学生所占的比例最多，达到 19.6%；其次是专业技术人员，所占比例为 13.3%；排在第三位的是无业人员，所占比例为 12.9%；商业服务业人员占 11.6%；企事业单位管理人员占 9.8%；办事员等协助人员占 8.9%；教师和国家机关/党群组织工作人员分别占 8.0%；工人占 6.2%；其他职业的用户所占比例较少（如图 26.262 所示）。

（7）用户的个人月收入

湖北省上网用户中，个人月收入为 501～1000 元的最多，达到 22.0%；其次是 1001～1500 元的用户，所占比例为 21.5%；排在第三位的是 500 元以下的用户，所占比例为 20.4%；无收入的用户所占比例为 11.0%；个人月收入为 1501～2000 元的用户所占比例为 10.5%；个人月收入为 2001～2500 元的用户所占比例为 6.8%；个人月收入为 2501～3000 元的用户所占比例为 4.7%；个人月收入超过 3000 元的用户所占比例为 3.1%（如图 26.263 所示）。

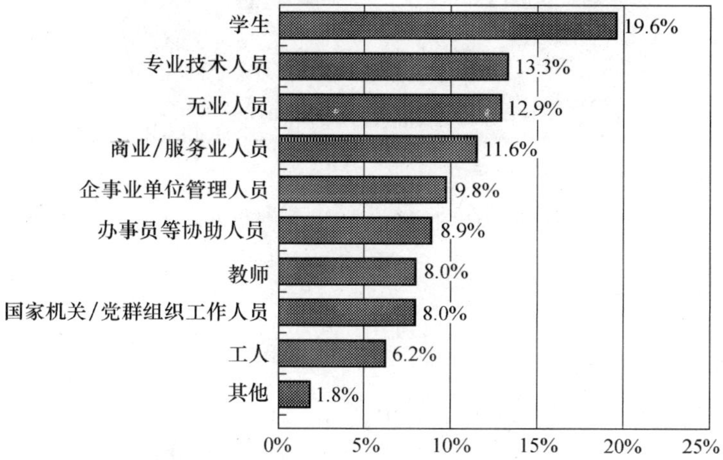

图 26.262　上网用户的职业分布

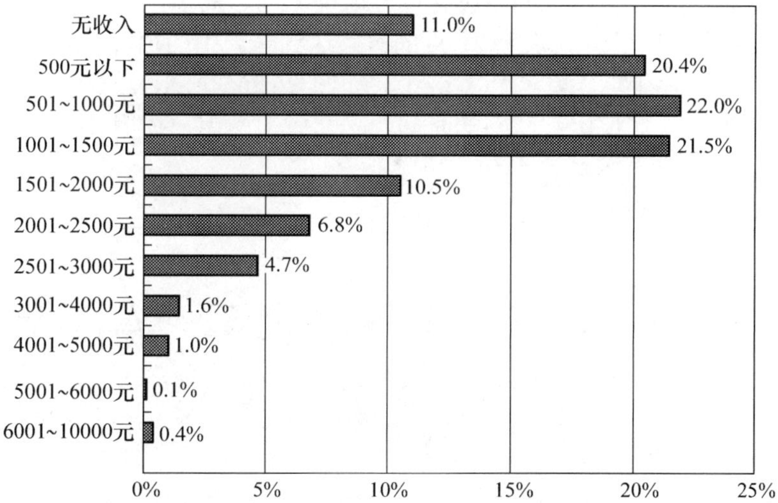

图 26.263　上网用户的个人月均收入分布

2．用户对互联网的使用情况

（1）用户每月实际花费的上网费用

湖北省上网用户每月实际花费的上网费用以 51～100 元的最多，占 33.6%；其次是每月实际花费的上网费用为低于 50 元的用户，所占比例为 31.5%；每月实际花费的上网费用在 101～150 元的用户所占比例为 22.3%；每月实际花费的上网费用在 151～200 元的用户所占比例为 8.4%；每月实际花费的上网费用超过 200 元的用户占 4.2%（如图 26.264 所示）。湖北省上网用户每月实际花费的上网费用集中在 100 元及以下。

（2）用户平均每周上网时间

湖北省上网用户平均每周上网时间为 13.3 小时。

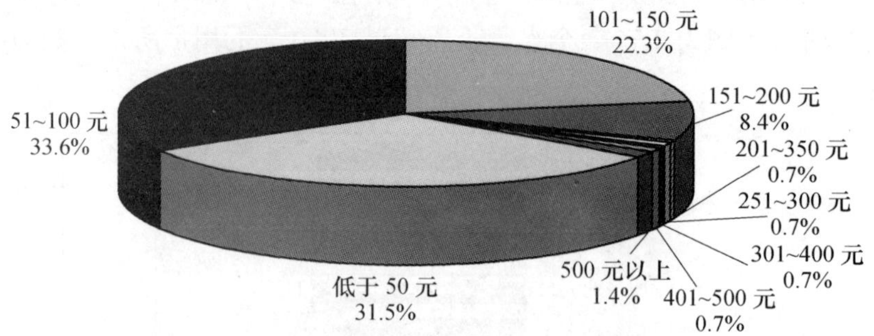

图 26.264　上网用户平均每月上网费用

（3）用户平均每周上网天数

湖北省上网用户平均每周上网天数为 4.1 天。

（4）用户通常上网时间

湖北省上网用户的上网时间在一天中波动较大：凌晨 1 点至早上 7 点钟是网民最少上网的时间，从早上 8 点钟起上网的人逐渐增加，到上午 10 点达到一天当中的第一个高峰，有 25.8%的网民在这一时间上网；11 点有所回落，12 点开始回升，到 16 点达到一天当中的第二个高峰，有 39.1%的网民在这一时间上网，此后上网人数开始下降；从晚上 19 点开始上网人数激增，到晚上 21 点的时候达到一天中的顶峰，有 54.7%的网民在这一时间上网，这之后上网人数又急剧减少（如图 26.265 所示）。日常生活的作息时间在一定程度上影响着人们使用互联网的时间，湖北省上网用户使用互联网的高峰时间在晚上。

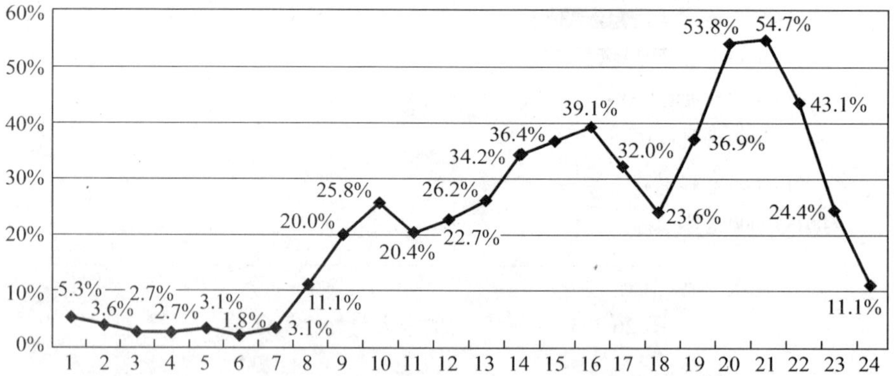

图 26.265　上网用户的上网时间分布

（5）用户拥有的 E-mail 账号平均值

湖北省上网用户拥有 E-mail 账号平均值为 1.3，其中免费 E-mail 账号平均值为 1.1。

（6）用户平均每周收发的电子邮件数

湖北省上网用户平均每周收到电子邮件数（不包括垃圾邮件）为 6.7 封，收到垃圾邮件数 6.2 封，发出电子邮件数 3.5 封。

（7）用户上网最主要的目的

湖北省上网用户上网的主要目的以获取信息最多，达到 42.7%；其次是休闲娱乐，所占比例为 31.1%；排在第三位的是交友，有 9.8%的用户选择此项；选择学习的用户占 8.4%；选择其他上网目的的用户则很少（如图 26.266 所示）。

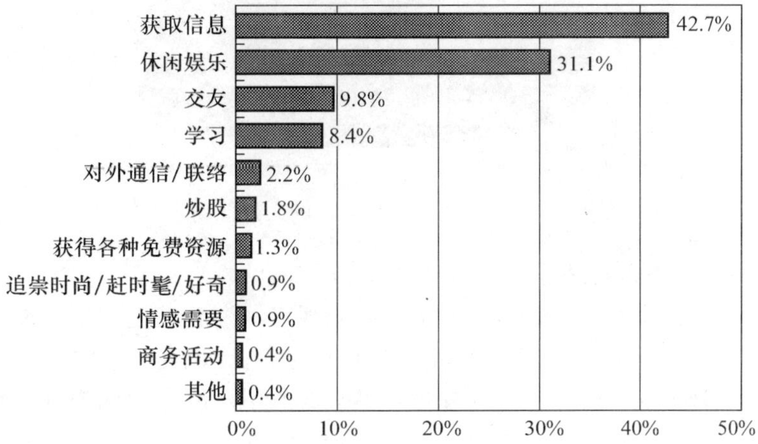

图 26.266　上网用户上网最主要的目的

3．用户对互联网的观点

（1）关于“使用互联网可以提高工作/学习和生活的效率”

关于“使用互联网可以提高工作/学习和生活的效率”的观点，湖北省上网用户表示比较赞成的最多，达到 58.0%；其次是表示非常赞成的，所占比例为 30.4%；表示一半赞成一半不赞成的用户所占比例为 8.0%；表示不太赞成的用户所占比例为 2.7%；表示很不赞成的用户所占比例较小，只有 0.9%（如图 26.267 所示）。湖北省上网用户对“使用互联网可以提高工作/学习和生活的效率”的观点表示赞成的占多数。

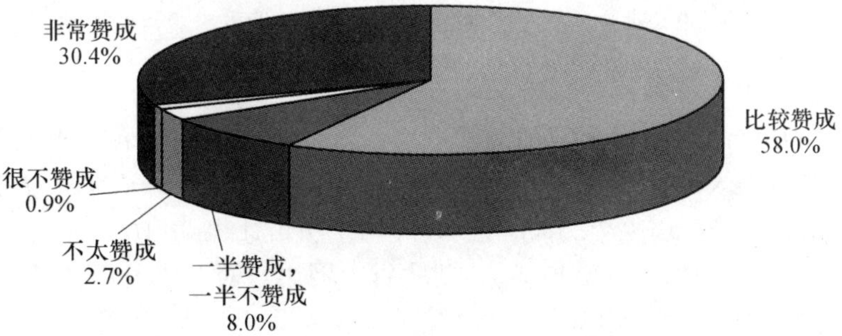

图 26.267　对“使用互联网可以提高工作/学习和生活的效率”观点的看法

（2）关于“在单位/学校/邻里中，会上网的人好像高人一等”

关于“在单位/学校/邻里中，会上网的人好像高人一等”的观点，湖北省上网用户表示不太赞成的最多，达到 48.2%；其次是表示很不赞成的，所占比例为 23.0%；表示比较赞成的用户所占比例为 13.1%；表示一半赞成一半不赞成的用户所占比例为 10.3%；表示非常赞成的用户所占比例为 5.4%；（如图 26.268 所示）。湖北省上网用户对“在单位/学校/邻里中，会上网的人好像高人一等”的观点表示不赞成的占多数。

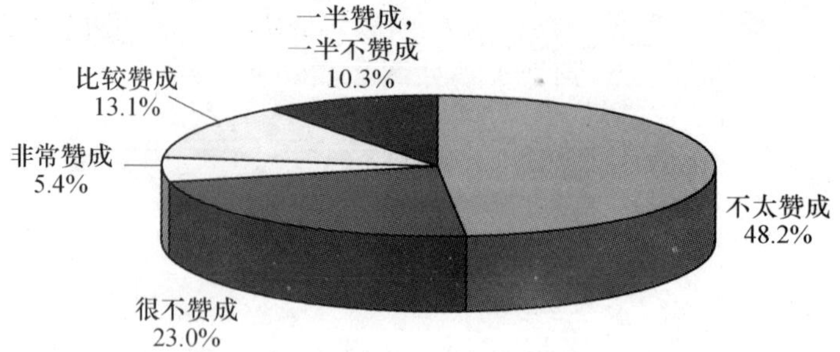

图 26.268　对“在单位/学校/邻里中，会上网的人好像高人一等”观点的看法

（3）关于“使用互联网容易结交不好的朋友”

关于“使用互联网容易结交不好的朋友”的观点，湖北省上网用户表示不太赞成的最多，达到 47.6%；其次是表示比较赞成的用户，所占比例为 17.0%；表示很不赞成的用户所占比例为 16.0%；表示一半赞成一半不赞成的用户所占比例为 15.0%；表示非常赞成的用户最少，只有 4.4%（如图 26.269 所示）。湖北省上网用户对“使用互联网容易结交不好的朋友”的观点表示不赞成的居多。

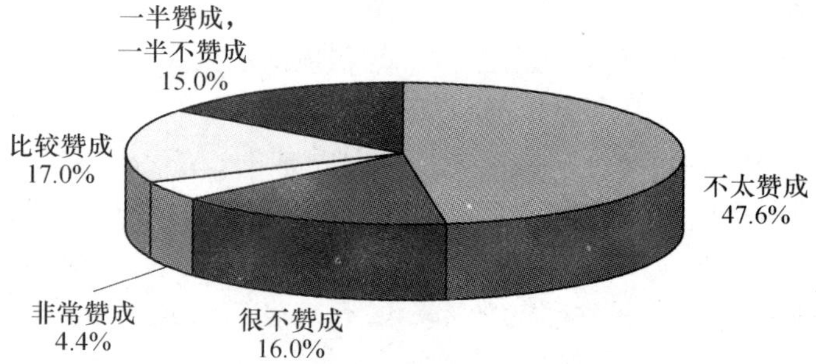

图 26.269　对“使用互联网容易结交不好的朋友”观点的看法

（4）关于“使用互联网容易暴露隐私”

关于“使用互联网容易暴露隐私”的观点，湖北省上网用户表示不太赞成的最多，达到 41.0%；其次是表示比较赞成的用户，所占比例为 22.0%；表示一半赞成一半不赞成的用户所占比例为 18.5%；表示很不赞成的用户所占比例为 16.1%；表示非常赞成的用户最少，占 2.2%（如图 26.270 所示）。湖北省上网用户对“使用互联网容易暴露隐私”的观点表示不赞成的居多。

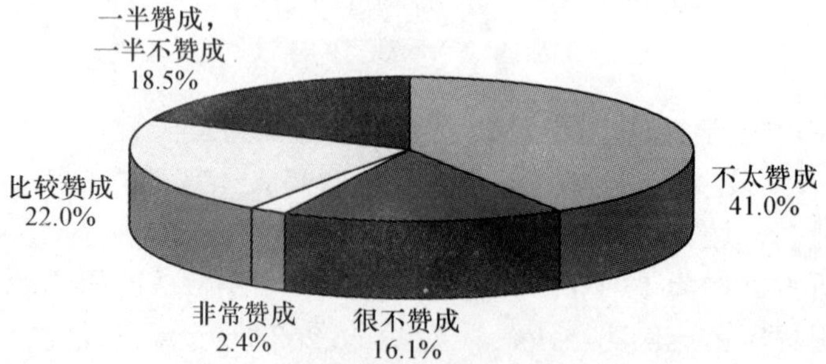

图 26.270　对“使用互联网容易暴露隐私”观点的看法

（5）关于“使用互联网容易受不良信息影响”

关于“使用互联网容易受不良信息影响”的观点，湖北省上网用户表示不太赞成的最多，达到 32.4%；其次是表示比较赞成的用户，所占比例为 31.5%；表示一半赞成一半不赞成的用户所占比例为 17.3%；表示非常赞成和很不赞成的用户所占比例皆为 9.4%；（如图 26.271 所示）。湖北省上网用户对“使用互联网容易受不良信息影响”的观点表示不赞成的略多于表示赞成的。

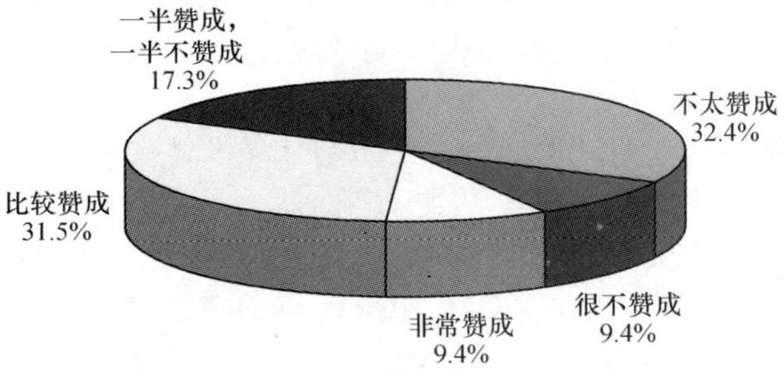

图 26.271　对“使用互联网容易受不良信息影响”观点的看法

（6）对互联网的信任程度

湖北省上网用户对互联网表示比较信任的最多，所占比例为 51.4%；其次是对互联网表示半信半疑的，所占比例为 40.0%；对互联网表示完全信任的用户有 5.4%；对互联网表示不太信任的用户有 3.2%（如图 26.272 所示）。湖北省上网用户对互联网表示信任的占多数。

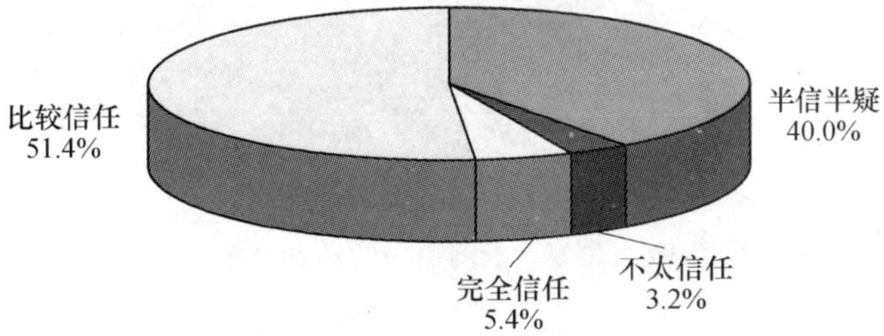

图 26.272　上网用户对互联网的信任程度

综上所述，湖北省上网用户数为 380.9 万人，上网计算机数为 147 万台，CN 下注册域名数量为 6131 个，WWW 站点数为 13445 个。

其中住宅电话覆盖的上网用户（不包括住校大学生）中以男性占主体，已婚者略占多数，年龄在 18～24 岁的所占比例最高，受教育程度为大专的最多，职业上学生所占的比例最多，行业上从事公共管理/社会组织的人最多，个人月收入在 501～1000 元的最多。

用户每月实际花费的上网费用集中在 100 元及以下，平均每周上网时间为 13.3 小时，平均每周上网天数为 4.1 天，使用互联网的高峰时间在晚上。用户拥有 E-mail 账号平均值为 1.3，其中免费 E-mail 账号平均值为 1.1，平均每周收到电子邮件数（不包括垃圾邮件）为 6.7 封，收到垃圾邮件数 6.2 封，发出电子邮件数 3.5 封。用户上网的最主要目的为获取信息。

湖北省上网用户对“使用互联网可以提高工作/学习和生活的效率”的观点表示赞成的占多数，对“在单位/学校/邻里中，会上网的人好像高人一等”的观点表示不赞成的占多数，对“使用互联网容易结交不好的朋友”的观点表示不赞成的居多，对“使用互联网容易暴露隐私”的观点表示不赞成的居多，对“使用互联网容易受不良信息影响”的观点表示不赞成的略多于表示赞成的。对互联网表示信任的占多数。

26.3.18 湖南省互联网络发展状况

（一）宏观概况

1．上网用户人数

湖南省上网用户人数为265.4万，占全国上网用户总人数的比例为3.3%，是湖南省总人口的4.0%。

2．上网计算机数

湖南省上网计算机数为71万台，占全国上网计算机总数的比例为2.3%。

3．CN下注册域名数（不含EDU）

湖南省CN下注册域名数量为3214个，占全国CN下注册域名总数的比例为0.9%。

4．WWW站点数（包括.CN、.COM、.NET、.ORG下的网站）

湖南省WWW站点数为7061个，占全国WWW站点数的比例为1.2%。

（二）互联网用户行为意识调查结果

1．用户个人信息

（1）用户的性别

湖南省上网用户中，男性占71.1%，女性占28.9%（如图26.273所示）。男性占据上网用户主体。

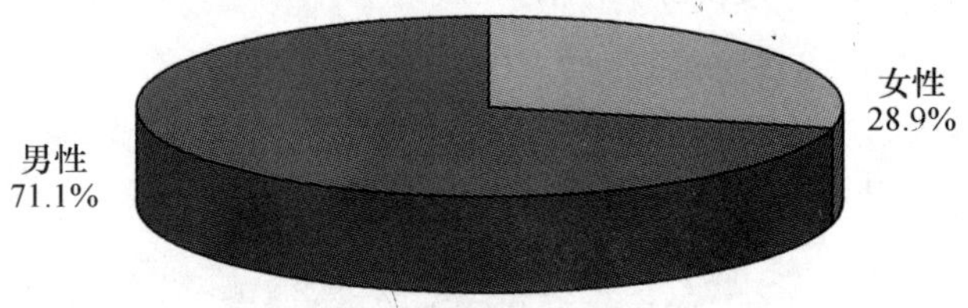

图26.273 上网用户的性别分布

（2）用户的年龄分布

湖南省上网用户中，18岁以下的用户所占比例最高，达到30.3%；其次是18～24岁的用户，所占比例为26.2%；25～30岁的用户占13.1%；31～35岁的用户占10.7%；41～50岁的用户所占比例为9.8%；36～40岁的用户所占比例为7.4%；51～60岁用户所占比例为2.5%（如图26.274所示）。

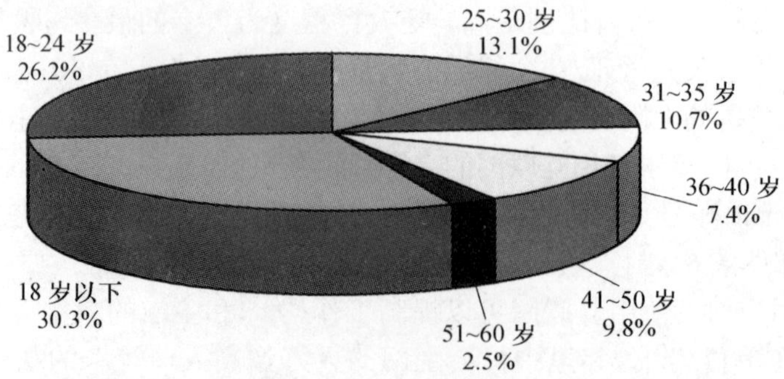

图26.274 上网用户的年龄分布

（3）用户的婚姻状况

湖南省上网用户中，已婚者占 45.9%，未婚者占 54.1%（如图 26.275 所示）。未婚者占据上网用户主体。

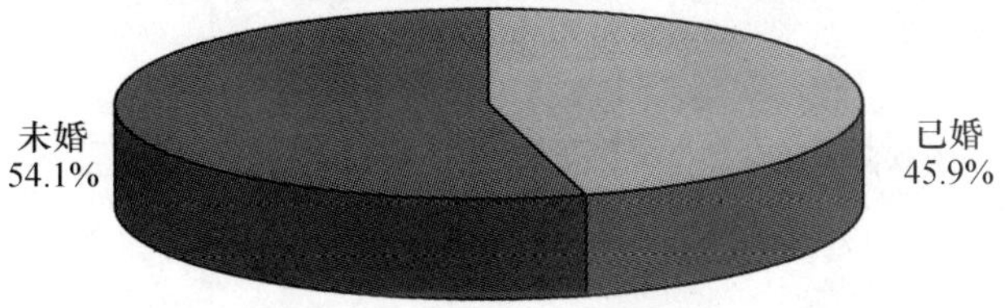

图 26.275　上网用户的婚姻状况分布

（4）用户的受教育程度

湖南省上网用户中，受教育程度为高中（中专）的用户最多，达到 40.6%；其次是受教育程度为高中（中专）以下的用户，所占比例为 23.3%；受教育程度为大专的用户所占比例为 20.3%；本科受教育程度的用户占 15.7%；硕士只占 0.1%（如图 26.276 所示）。

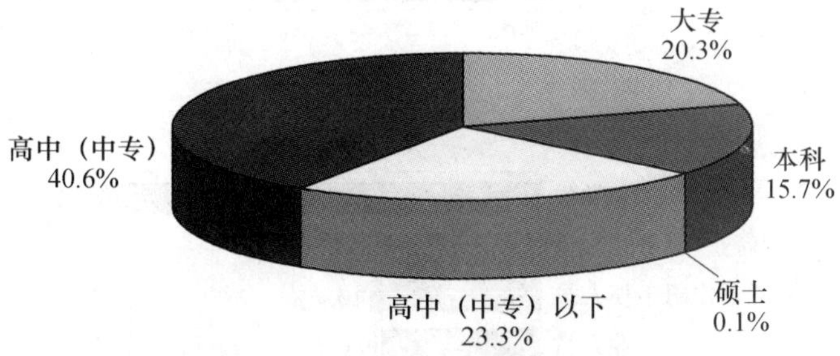

图 26.276　上网用户的受教育程度分布

（5）用户的行业分布（不包括军人、学生和无业人员）

湖南省上网用户中，从事公共管理和社会组织的人最多，占 18.8%；其次是从事批发零售业的用户，所占比例为 13.8%；排在第三位的是从事教育业的用户，所占比例为 11.3%；从事制造业的用户占 8.8%；从事交通运输/仓储业的用户占 6.3%；从事 IT 业、卫生/社会保障社会福利业和居民服务业的用户皆占 5.0%；从事建筑业和金融业的用户皆占 3.8%；从事其他行业的上网用户则较少（如图 26.277 所示）。

（6）用户的职业分布

湖南省上网用户中，学生所占的比例最多，达到 31.1%；其次是商业/服务业人员，所占比例为 13.3%；排在第三位的是国家机关/党群组织工作人员，所占比例为 10.4%；无业人员占 9.6%；企事业单位管理人员占 8.9%；专业技术人员占 8.1%；教师占 6.7%；工人和办事员等协助人员皆占 5.2%；其他职业的用户所占比例较少（如图 26.278 所示）。

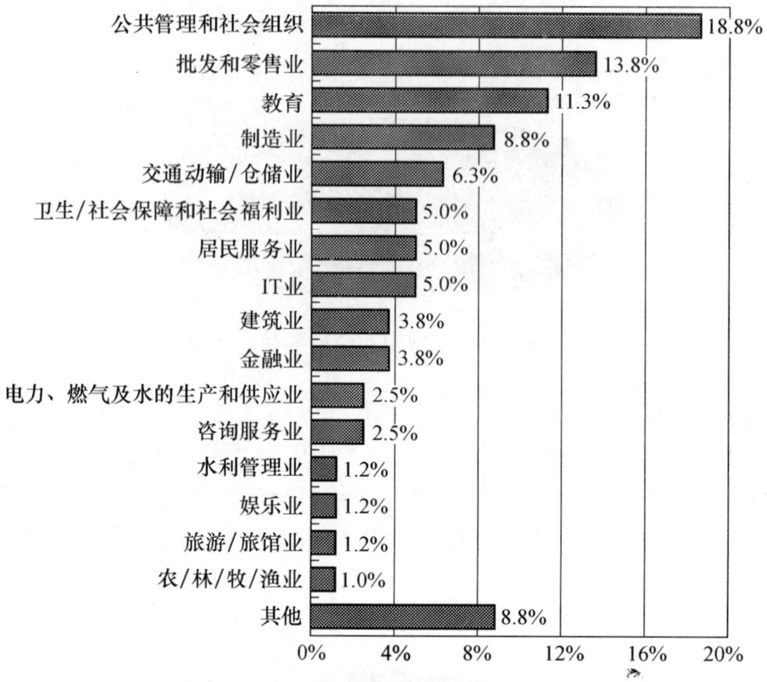

图 26.277　上网用户的行业分布

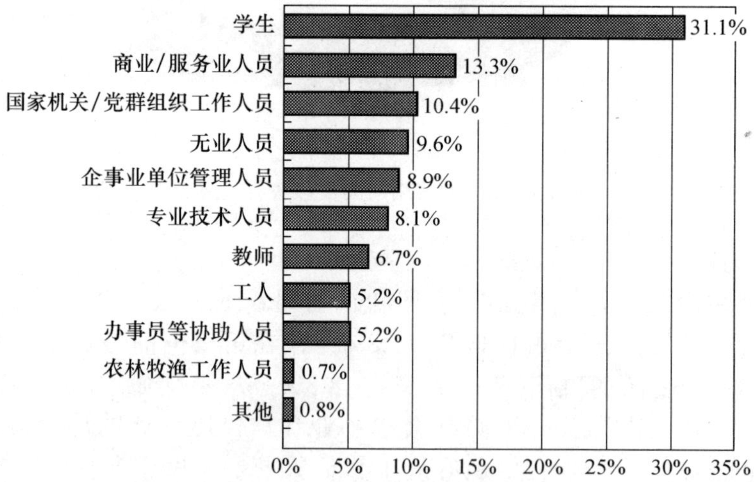

图 26.278　上网用户的职业分布

（7）用户的个人月收入

湖南省上网用户中，个人月收入在 500 元以下和 501～1 000 元的用户，所占比例皆为 25.2%；其次是 1001～1500 元的用户，所占比例为 21.1%；排在第三位的是无收入的用户，所占比例为 12.2%；个人月收入为 1501～2 000 元和 2 501～3 000 元的用户所占比例皆为 4.9%；个人月收入为 2 001～2 500 元的用户所占比例均为 3.3%；个人月收入超过 3000 元的用户所占比例为 3.2%（如图 26.279 所示）。

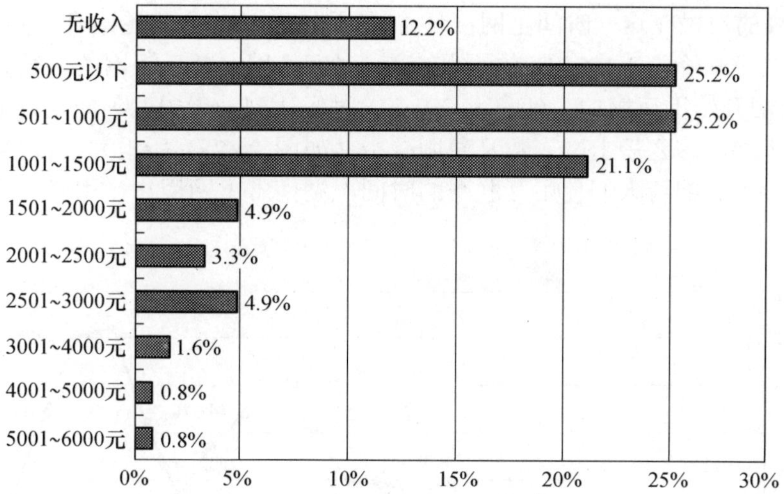

图 26.279　上网用户的个人月均收入分布

2．用户对互联网的使用情况

（1）用户每月实际花费的上网费用

湖南省上网用户每月实际花费的上网费用以 51～100 元的最多，占 39.8%；其次是每月实际花费的上网费用低于 50 元的用户，所占比例为 35.5%；每月实际花费的上网费用在 101～150 元的用户所占比例为 11.8%；每月实际花费的上网费用在 151～200 元的用户所占比例为 4.3%；每月实际花费的上网费用在 200 元以上的用户只占 8.6%（如图 26.280 所示）。湖南省上网用户每月实际花费的上网费用集中在 100 元及以下。

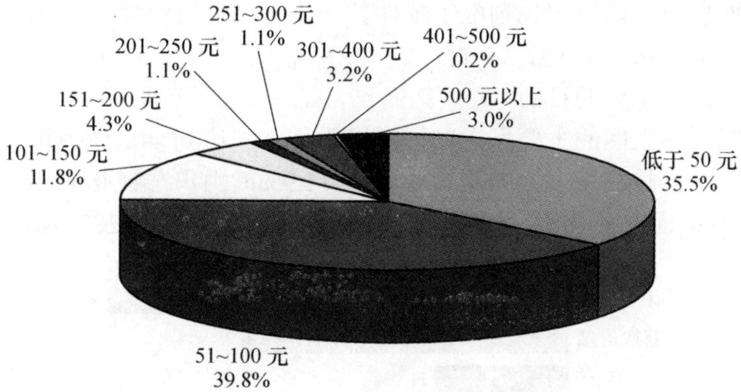

图 26.280　上网用户平均每月上网费用

（2）用户平均每周上网时间

湖南省上网用户平均每周上网时间为 12.7 小时。

（3）用户平均每周上网天数

湖南省上网用户平均每周上网天数为 3.7 天。

（4）用户通常上网时间

湖南省上网用户的上网时间在一天中波动较大：凌晨 1 点至早上 7 点钟是网民最少上网的时间，从早上 8 点钟起上网的人逐渐增加，到上午 10 点达到一天当中的第一个高峰，有 28.9%的网民在这一时间上网；11 点有所回落，12 点开始回升，到 15 点达到一天当中的第二个高峰，有 46.7%的网民在这一时间上网；随后上网的人数开始下降，从 18 点开始上网开始迅速增加，到晚上 20 点的时候达到一天中的顶峰，有 62.2%的网民在这一时间上网，这之后上网人数又急剧减少（如图 26.281 所示）。日常生活的作息时间在一定程度上影响着人们使用互联网的时间，湖南省上网用户使用互联网的高峰时间在晚上。

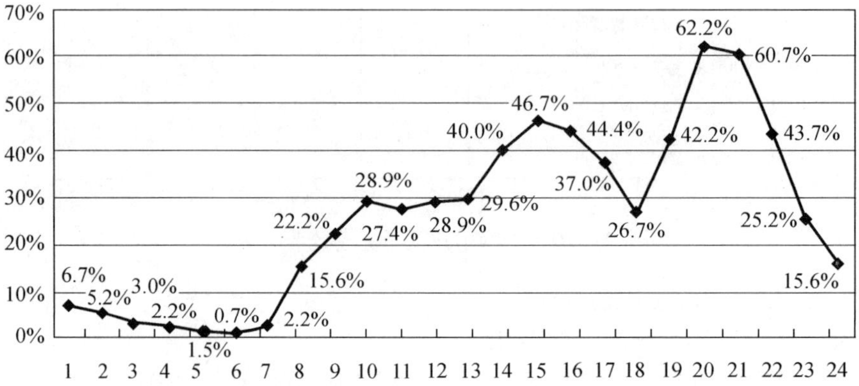

图 26.281　上网用户的上网时间分布

（5）用户拥有的 E-mail 账号平均值

湖南省上网用户拥有 E-mail 账号平均值为 1.2，其中免费 E-mail 账号平均值为 1.0。

（6）用户平均每周收发的电子邮件数

湖南省上网用户平均每周收到电子邮件数（不包括垃圾邮件）为 2.8 封，收到垃圾邮件数 6.0 封，发出电子邮件数 2.9 封。

（7）用户上网最主要的目的

湖南省上网用户上网的主要目的以休闲娱乐最多，达到 40.7%；其次是获取信息，所占比例为 28.9%；排在第三位的是学习，有 11.9%的用户选择此项；选择学习的用户所占比例为 8.1%；而选择其他上网目的的用户则很少（如图 26.282 所示）。

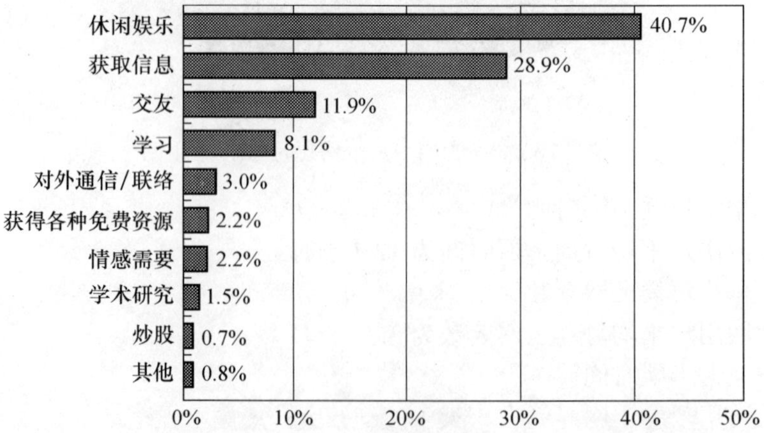

图 26.282　上网用户上网最主要的目的

3．用户对互联网的观点

（1）关于“使用互联网可以提高工作/学习和生活的效率”

关于“使用互联网可以提高工作/学习和生活的效率”的观点，湖南省上网用户表示比较赞成的最多，达到 57.0%；其次是表示非常赞成的，所占比例为 31.1%；表示一半赞成一半不赞成的用户所占比例为 8.9%；表示不赞成的用户所占比例较小，只有 3.0%（如图 26.283 所示）。湖南省上网用户对“使用互联网可以提高工作/学习和生活的效率”的观点表示赞成的占绝大多数。

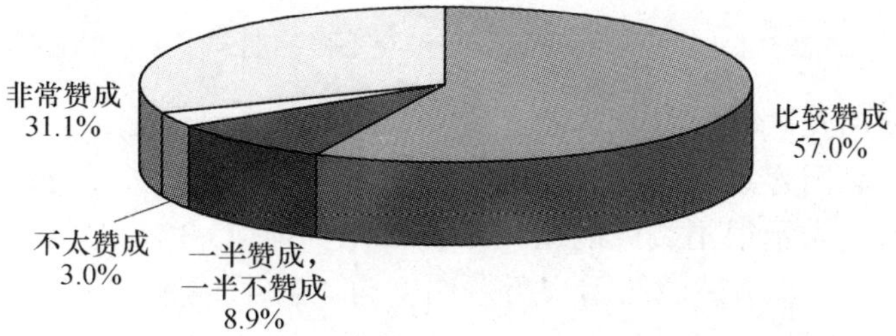

图 26.283　对“使用互联网可以提高工作/学习和生活的效率”观点的看法

（2）关于“在单位/学校/邻里中，会上网的人好像高人一等”

关于“在单位/学校/邻里中，会上网的人好像高人一等”的观点，湖南省上网用户表示不太赞成的最多，达到 47.4%；其次是表示很不赞成的，所占比例为 25.9%；表示比较赞成的用户所占比例为 12.6%；表示一半赞成一半不赞成的用户所占比例为 7.4%；表示非常赞成的用户所占比例为 6.7%；（如图 26.284 所示）。湖南省上网用户对“在单位/学校/邻里中，会上网的人好像高人一等”的观点表示不赞成的占多数。

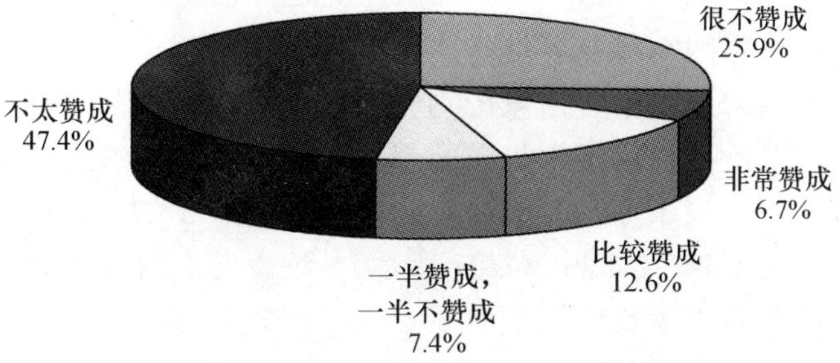

图 26.284　对“在单位/学校/邻里中，会上网的人好像高人一等”观点的看法

（3）关于“使用互联网容易结交不好的朋友”

关于“使用互联网容易结交不好的朋友”的观点，湖南省上网用户表示不太赞成的最多，达到 49.2%；其次是表示比较赞成的用户，所占比例为 19.7%；表示很不赞成的用户所占比例为 15.2%；表示一半赞成一半不赞成的用户所占比例为 8.3%；表示非常赞成的用户最少，只有 7.6%（如图 26.285 所示）。湖南省上网用户对“使用互联网容易结交不好的朋友”的观点表示不赞成的居多。

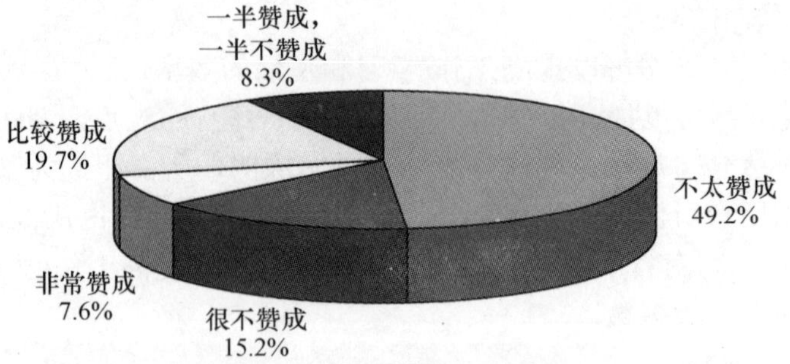

图 26.285　对“使用互联网容易结交不好的朋友”观点的看法

（4）关于“使用互联网容易暴露隐私”

关于“使用互联网容易暴露隐私”的观点，湖南省上网用户表示不太赞成的最多，达到 49.6%；其次是表示很不赞成的用户，所占比例为 23.3%；表示比较赞成的用户所占比例为 19.4%；表示非常赞成的用户所占比例为 4.6%；表示一半赞成一半不赞成的用户最少，占 3.1%（如图 26.286 所示）。湖南省上网用户对“使用互联网容易暴露隐私”的观点表示不赞成的居多。

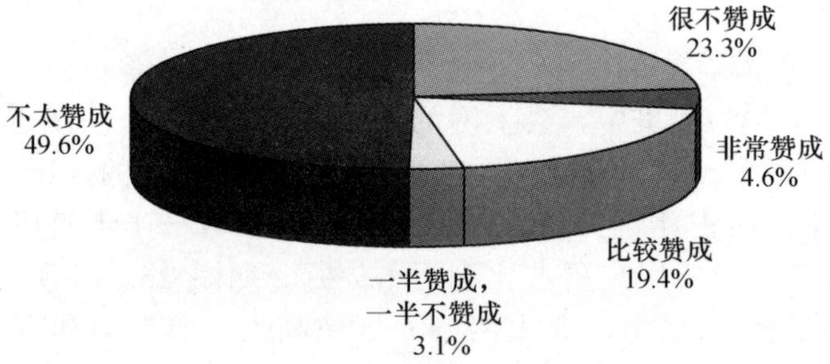

图 26.286　对“使用互联网容易暴露隐私”观点的看法

（5）关于“使用互联网容易受不良信息影响”

关于“使用互联网容易受不良信息影响”的观点，湖南省上网用户表示比较赞成的最多，达到 33.6%；其次是表示不太赞成的用户，所占比例为 31.3%；表示很不赞成的用户所占比例为 15.3%；表示非常赞成的用户所占比例为 13.7%；表示一半赞成一半不赞成的用户所占比例为 6.1%（如图 26.287 所示）。湖南省上网用户对“使用互联网容易受不良信息影响”的观点表示赞成的略微多于表示不赞成的。

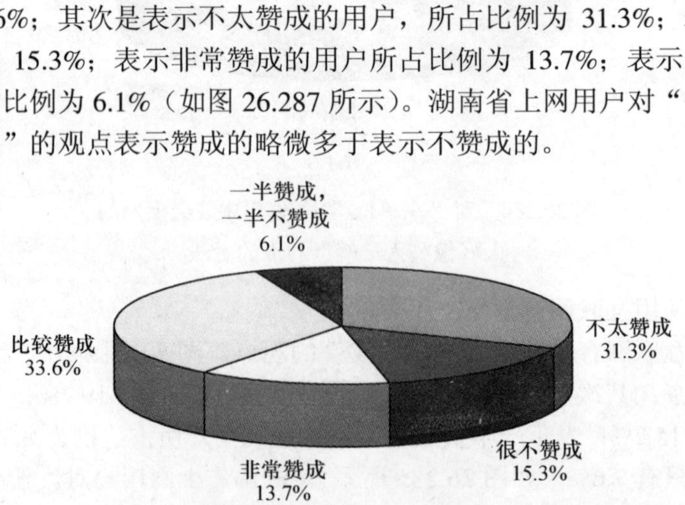

图 26.287　对“使用互联网容易受不良信息影响”观点的看法

（6）对互联网的信任程度

湖南省上网用户对互联网表示比较信任的最多，所占比例为 42.9%；其次是对互联网表示半信半疑的，所占比例为 40.6%；对互联网表示不太信任的用户有 11.3%；对互联网表示完全信任的用户有 4.5%；对互联网表示完全不信的用户最少，只有 0.8%（如图 26.288 所示）。湖南省上网用户对互联网表示信任的多于表示不信任的。

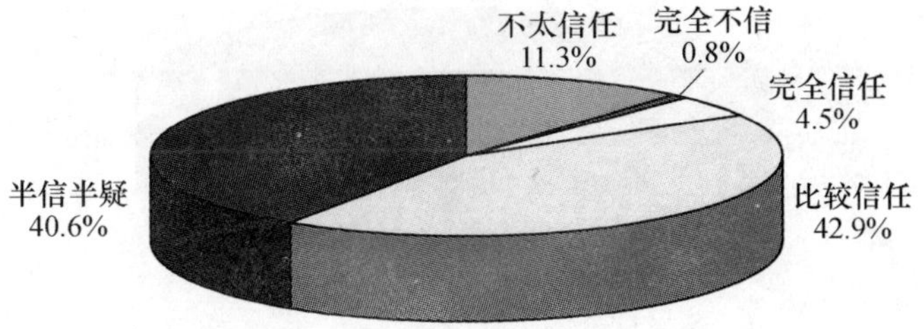

图 26.288　上网用户对互联网的信任程度

综上所述，湖南省上网用户数为 265.4 万人，上网计算机数为 71 万台，CN 下注册域名数量为 3214 个，WWW 站点数为 7061 个。

其中住宅电话覆盖的上网用户（不包括住校大学生）中以男性、未婚者占主体，年龄在 18 岁以下的所占比例最高，受教育程度为高中（中专）的最多，职业上学生所占的比例最多，行业上从事公共管理和社会组织的人最多，个人月收入在 500 元以下和 501～1000 元的最多。

用户每月实际花费的上网费用集中在 100 元及以下，平均每周上网时间为 12.7 小时，平均每周上网天数为 3.7 天，使用互联网的高峰时间在晚上。用户拥有 E-mail 账号平均值为 1.2，其中免费 E-mail 账号平均值为 1.0，平均每周收到电子邮件数（不包括垃圾邮件）为 2.8 封，收到垃圾邮件数 6.0 封，发出电子邮件数 2.9 封。用户上网的最主要目的为休闲娱乐。

湖南省上网用户对“使用互联网可以提高工作/学习和生活的效率”的观点表示赞成的占绝大多数，对“在单位/学校/邻里中，会上网的人好像高人一等”的观点表示不赞成的占多数，对“使用互联网容易结交不好的朋友”的观点表示不赞成的居多，对“使用互联网容易暴露隐私”的观点表示不赞成的居多，对“使用互联网容易受不良信息影响”的观点表示赞成的略微多于表示不赞成的。对互联网表示信任的多于表示不信任的。

26.3.19　广东省互联网络发展状况

（一）宏观概况

1．上网用户人数

广东省上网用户人数为 950.2 万，占全国上网用户总人数的比例为 12.0%，是广东省总人口的 12.1%。

2．上网计算机数

广东省上网计算机数为 438 万台，占全国上网计算机总数的比例为 14.1%。

3．CN 下注册域名数（不含 EDU）

广东省 CN 下注册域名数为 47322 个，占全国 CN 下注册域名总数的比例为 14.0%。

4．WWW 站点数（包括.CN、.COM、.NET、.ORG 下的网站）

广东省 WWW 站点数为 104645 个，占全国 WWW 站点数的比例为 17.6%。

（二）互联网用户行为意识调查结果

1．用户个人信息

（1）用户的性别

广东省上网用户中，男性占 59.6%，女性占 40.4%（如图 26.289 所示）。男性占据上网用户主体。

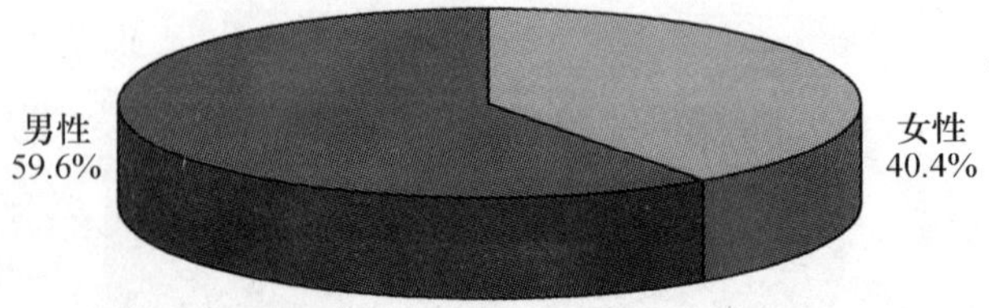

图 26.289　用户性别分布

（2）用户的年龄分布

广东省上网用户中，18～24 岁的年轻人所占比例最高，达到 31.8%；其次是 18 岁以下的用户（21.4%）和 25～30 岁的用户（19.8%），30 岁以上的用户随着年龄的增加所占比例相应减少：31～35 岁的用户占到 14.9%，36～40 岁的用户占到 6.9%，41～50 岁的用户为 4.0%，还有 1.2%的用户在 50 岁以上（如图 26.290 所示）。广东网民在结构上呈现低龄化。

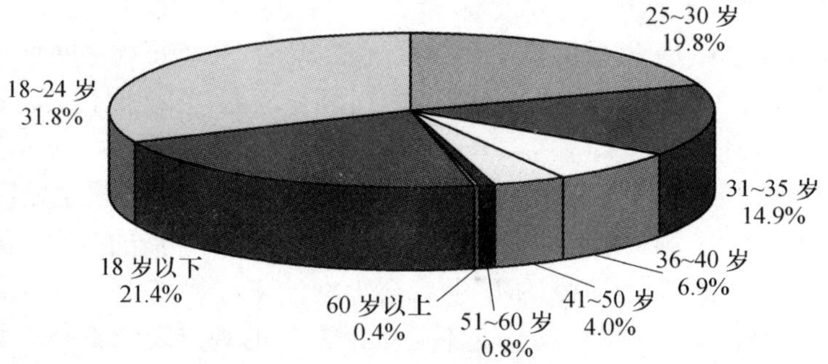

图 26.290　用户年龄分布

（3）用户的婚姻状况

广东省上网用户中，未婚者占 59.9%，已婚者占 40.1%（如图 26.291 所示）。未婚者占据上网用户主体。

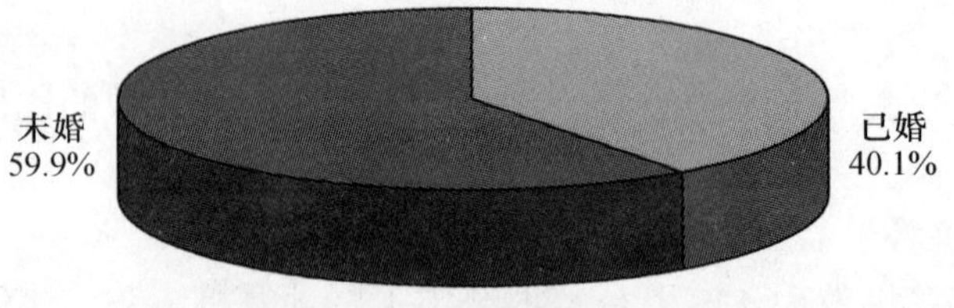

图 26.291　用户婚姻状况分布

（4）用户的受教育程度

广东省上网用户中，受教育程度为高中（中专）的比例最高，占到 32.1%；其次是大专（23.6%）和本科（22.5%）；还有 20.0%的用户受教育程度在高中（中专）以下（如

图 26.292 所示）。本科以下受教育程度的用户占据大多数。

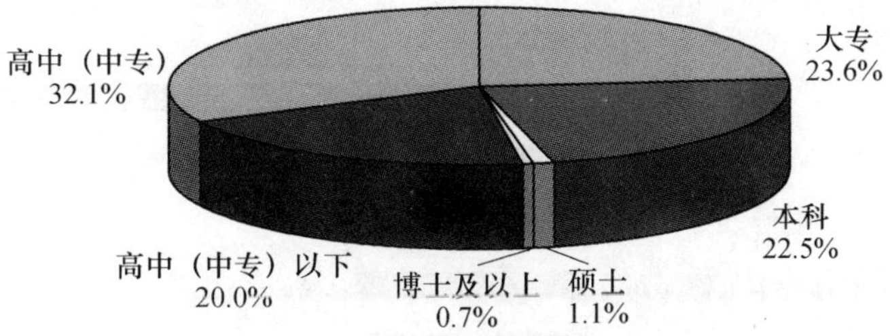

图 26.292　用户受教育程度分布

（5）用户的行业分布（不包括军人、学生和无业人员）

广东省上网用户中，从事 IT 业和公共管理和社会组织的人最多，各占 14.4%；其次是教育业（12.4%）和制造业（10.8%）；从事其他行业的用户相对较少（如图 26.293 所示）。

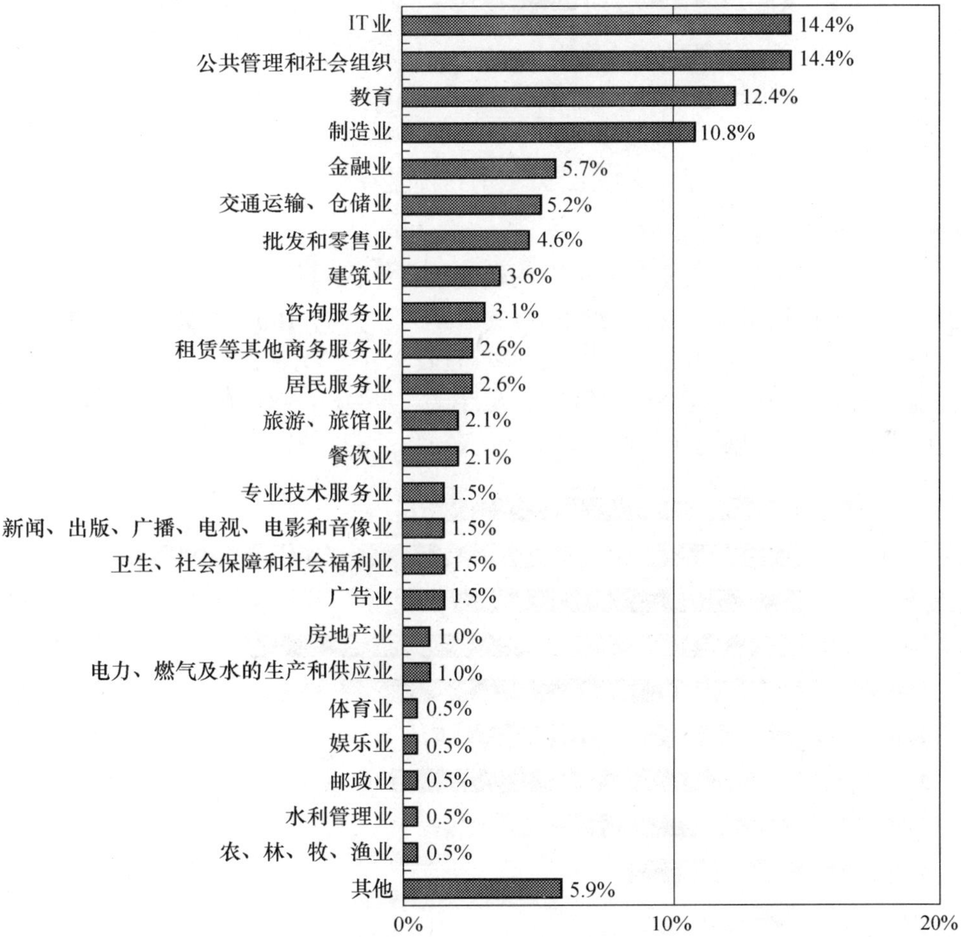

图 26.293　用户的行业分布

（6）用户的职业分布

广东省上网用户中，学生所占比例最多，达到了 24.8%；其次是专业技术人员，占总数的 13.1%；排在其后的是商业/服务业人员，所占比例为 11.0%；企事业单位管理人员、教师、国家机关/党群组织工作人员、办事员等协助人员所占比例也较多，分别为 9.6%、9.2%、9.2%和 8.9%（如图 26.294 所示）。

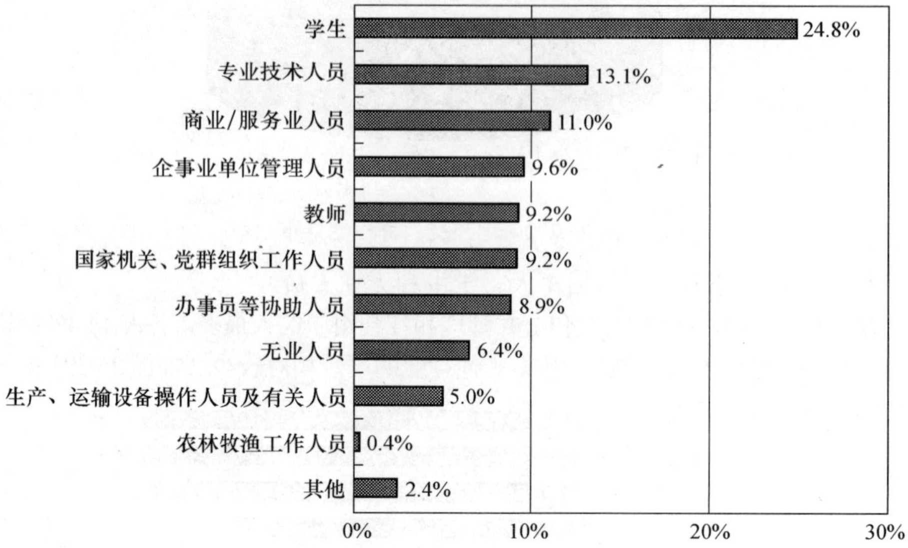

图 26.294　用户的职业分布

（7）用户的个人月收入

广东省上网用户的个人月收入分布比较均匀：个人月收入在 500 元以下（包括无收入）的用户所占比例最高，达到 27.4%；其次是月收入为 1001～1500 元和 1501～2000 元的用户，所占比例分别为 14.3%和 11.9%；月收入在 2001～2500 元、2501～3000 元的用户分别占 8.6%、10.7%；7.8%的用户个人月收入在 3001～4000 元，还有 10.3%的用户个人月收入在 4000 元以上（如图 26.295 所示）。

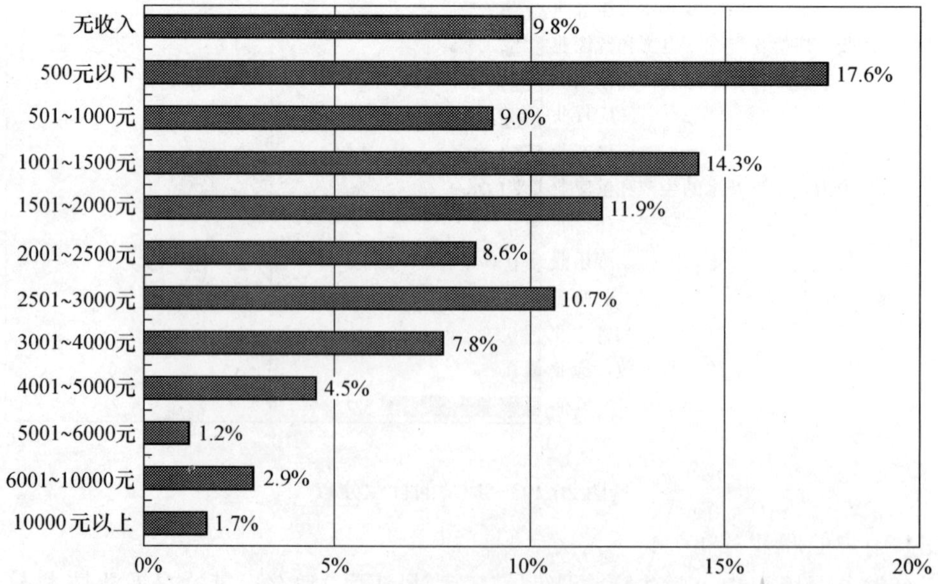

图 26.295　用户的个人月收入分布

2．用户对互联网的使用情况

（1）用户每月实际花费的上网费用

广东省上网用户中，每月实际花费的上网费用（仅限于上网费及上网电话费，不包括使用网络服务的费用）在 101～150 元的用户最多，为 24.5%；其次是花费在 51～100 元的用户和低于 50 元的用户，分别占 23.1%和 22.1%；17.3%的用户每月花费在 151～200 元；每月花费超过 200 元的用户占 13.0%（如图 26.296 所示）。广东省上网用户每月实际花费的上网费用主要集中在 150 元及以下。

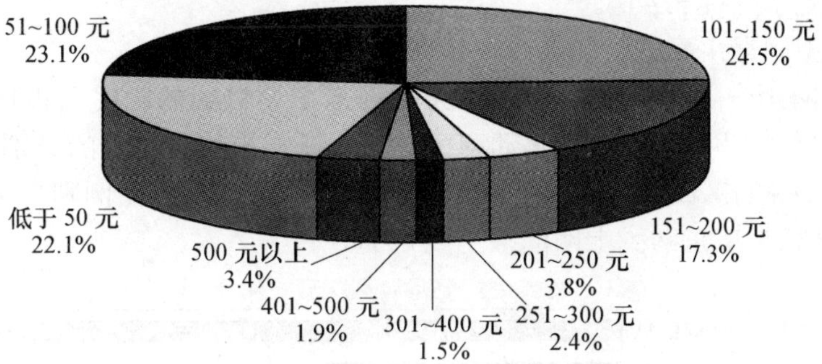

图 26.296　用户每月实际花费的上网费用分布

（2）用户通常上网时间

广东省上网用户一天中使用互联网的时间波动非常大：凌晨 1 点至早上 7 点钟是用户最少上网的时间，从早上 8 点钟起上网的人逐渐增加；上午 10 点至下午 17 点上网人数比较均匀，一直在 25%左右波动，傍晚的 18 点上网人数降至 20.6%；从晚上 19 点开始上网人数回升，到晚上 21、22 点的时候达到一天中的顶峰，各有 52.5%的用户在这一时间上网，这之后上网人数开始回落（如图 26.297 所示）。可以看出，人们日常生活的作息时间在一定程度上影响着人们使用互联网的时间。广东网民使用互联网的高峰时间在晚上，但由于生活习惯的差异，广东网民在晚上 20 点至凌晨 2 点上网的网民比例要明显高于网民总体。

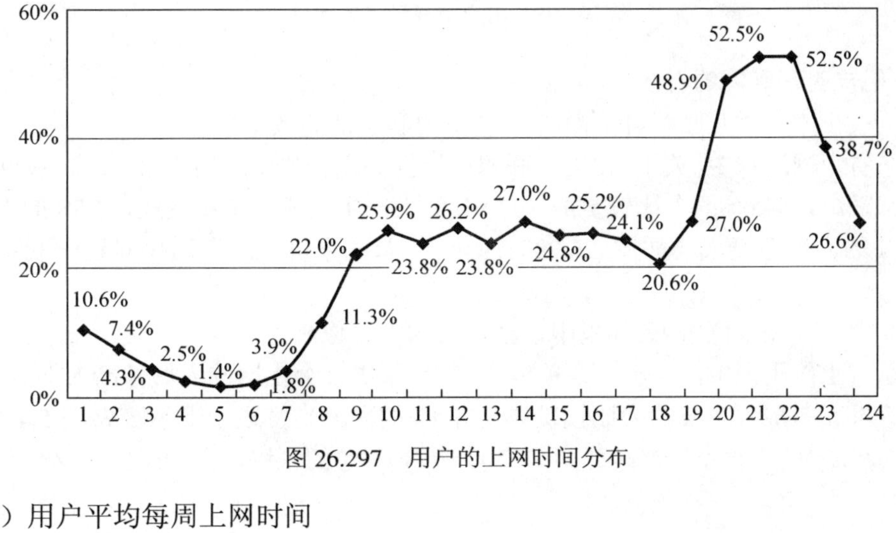

图 26.297　用户的上网时间分布

（3）用户平均每周上网时间

广东省上网用户平均每周上网时间为 13.8 小时。

（4）用户平均每周上网天数

广东省上网用户平均每周上网天数为 4.2 天。

（5）用户拥有 E-mail 账号数

广东省上网用户人均拥有 1.5 个 E-mail 账号，其中免费的 E-mail 账号为 1.4 个。

（6）用户平均每周收发的电子邮件数

广东省上网用户平均每周收到 6.1 封电子邮件（不包括垃圾邮件），收到垃圾邮件 11.5 封，每周发出电子邮件 5.2 封。

（7）用户上网最主要的目的

广东省上网用户中，将获取信息作为上网最主要目的的网民所占比例最多，达到 49.6%；其次是休闲娱乐，有 26.2%的网民选择；排在第三、第四的分别是学习和交友，各有 7.1%和 6.7%的网民选择；选择其他上网目的的用户所占比例则很小（如图 26.298 所示）。获取信息是广东网民上网的最主要目的。

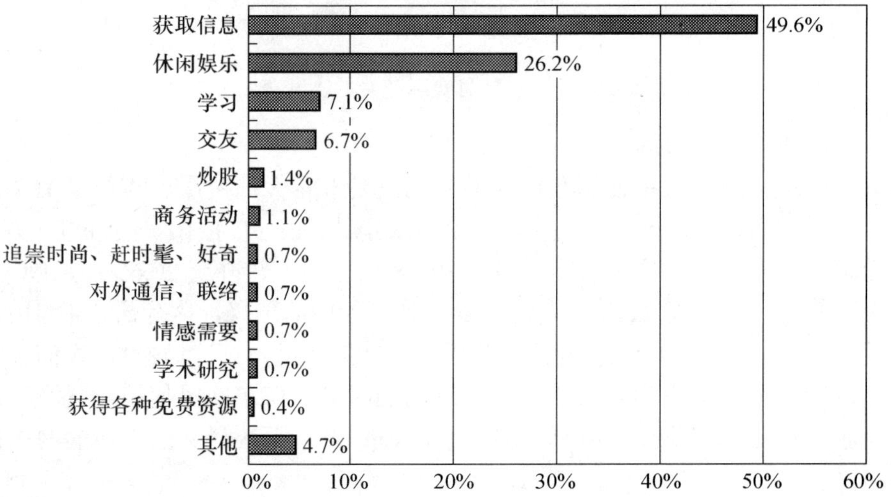

图 26.298　用户上网最主要的目的

3．用户对互联网的看法

（1）关于“使用互联网可以提高工作/学习和生活的效率”

广东省上网用户中，关于“使用互联网可以提高工作/学习和生活的效率”观点，29.6%的人非常赞成，54.6%的人比较赞成，11.9%的人一半赞成一半不赞成，2.5%的人不太赞成，1.4%的人很不赞成（如图 26.299 所示）。总的来讲，广东网民对这一观点持赞成态度。

（2）关于“在单位/学校/邻里中，会上网的人好像高人一等”

广东省上网用户中，关于“在单位/学校/邻里中，会上网的人好像高人一等”观点，4.3%的人非常赞成，9.6%的人比较赞成，11.4%的人一半赞成一半不赞成，45.4%的人不太赞成，29.3%的人很不赞成（如图 26.300 所示）。总的来讲，广东网民对这一观点持不赞成态度。

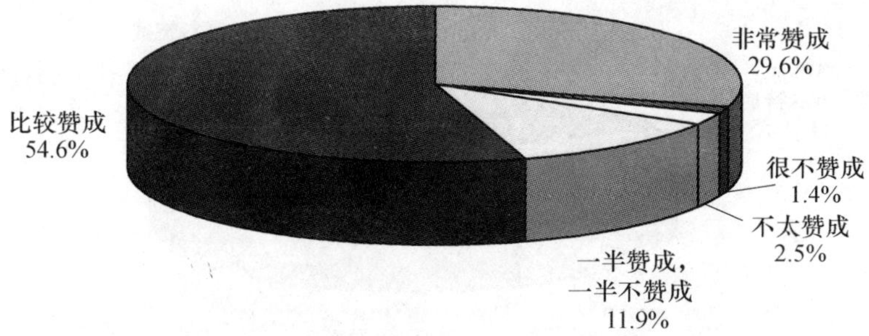

图 26.299　用户对“使用互联网可以提高工作/学习和生活的效率”观点的看法

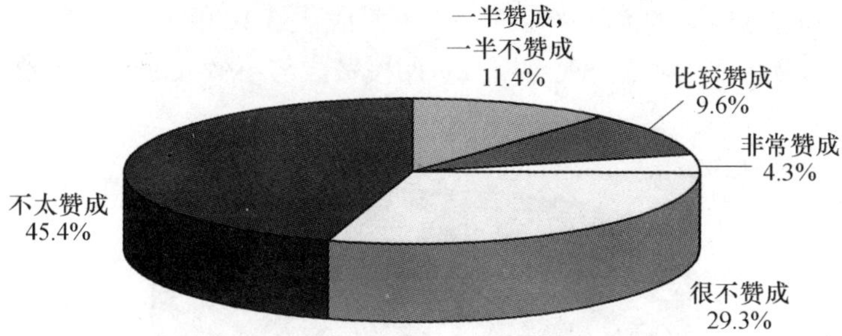

图 26.300　用户对“在单位/学校/邻里中，会上网的人好像高人一等”观点的看法

（3）关于“使用互联网容易结交不好的朋友”

广东省上网用户中，关于“使用互联网容易结交不好的朋友”观点，4.7%的人非常赞成，17.9%的人比较赞成，19.7%的人一半赞成一半不赞成，45.3%的人不太赞成，12.4%的人很不赞成（如图 26.301 所示）。总的来讲，广东网民对这一观点持不赞成态度。

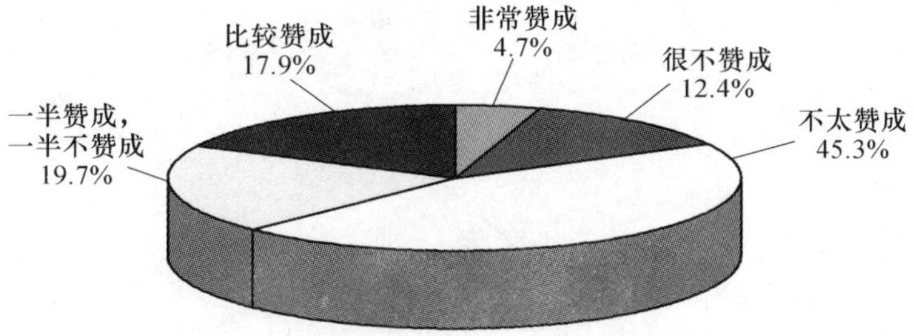

图 26.301　用户对“使用互联网容易结交不好的朋友”观点的看法

（4）关于“使用互联网容易暴露隐私”

广东省上网用户中，关于“使用互联网容易暴露隐私”观点，4.5%的人非常赞成，18.9%的人比较赞成，24.7%的人一半赞成一半不赞成，42.4%的人不太赞成，9.5%的人很不赞成（如图 26.302 所示）。总的来讲，广东网民对这一观点持不赞成态度。

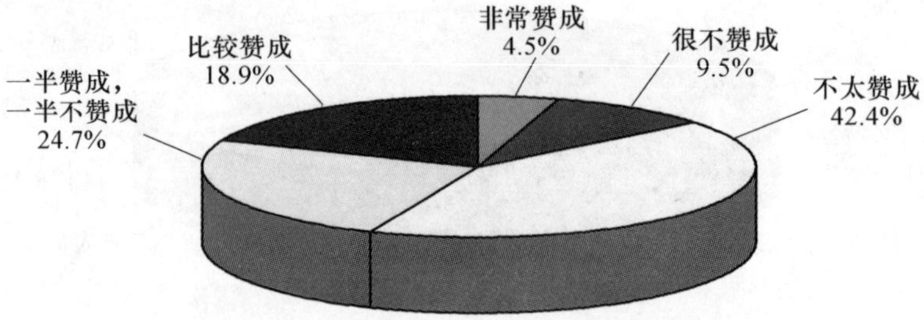

图 26.302　用户对“使用互联网容易暴露隐私”观点的看法

（5）关于“使用互联网容易受不良信息影响”

广东省上网用户中，关于“使用互联网容易受不良信息影响”观点，9.5%的人非常赞成，31.5%的人比较赞成，15.4%的人一半赞成一半不赞成，33.3%的人不太赞成，10.3%的人很不赞成（如图 26.303 所示）。对这一观点，广东网民赞成与不赞成的比例大致相当。

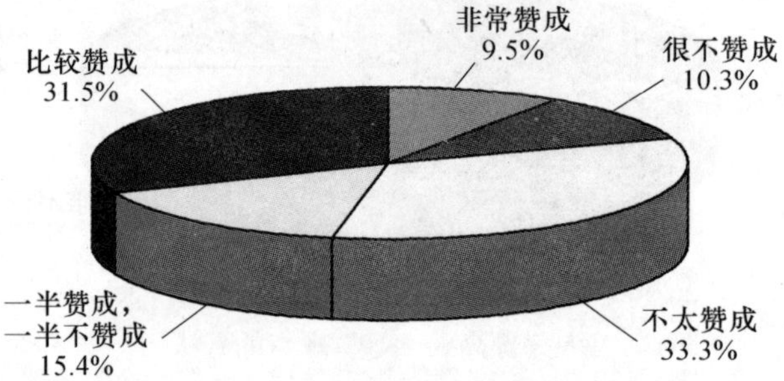

图 26.303　用户对“使用互联网容易受不良信息影响”观点的看法

（6）对互联网的信任程度

广东省上网用户中，2.5%的人对互联网完全信任，43.1%的人比较信任，45.1%的人半信半疑，8.9%的人不太信任，0.4%的人完全不信。广东网民对互联网持半信半疑态度的人最多（如图 26.304 所示）。

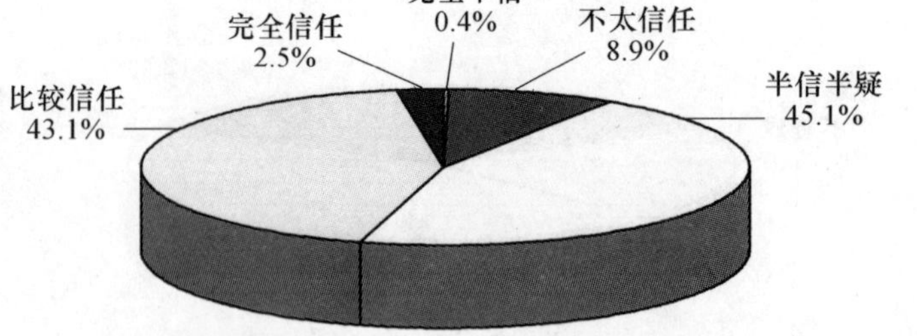

图 26.304　用户对互联网的信任程度

综上所述，广东省上网用户数为 950.2 万，上网计算机为 438 万台，CN 下注册域名数为 47 322 个，WWW 站点数为 104 645 个。

其中住宅电话覆盖的上网用户（不包括住校大学生）中以男性、未婚者、35 岁以下的年轻人为主体，大学本科以下受教育程度的人占据大多数，个人月收入在 500 元以下的用户最多。在职业分布上以学生为最多，其次是专业技术人员；从行业分布上来看，IT 业、公共管理和社会组织、教育业以及制造业是用户相对比较集中的行业。

用户每月花费的上网费用主要集中在 150 元及以下，平均每周上网 4.2 天，13.8 个小时，晚上九、十点钟是用户上网的高峰时间。用户人均拥有 1.5 个 E-mail 账号，其中免费的 E-mail 账号为 1.4 个，平均每周收到 6.1 封电子邮件（不包括垃圾邮件），收到垃圾邮件 11.5 封，每周发出电子邮件 5.2 封。用户上网最主要的目的是获取信息。

在对互联网的看法上，广东网民对"使用互联网可以提高工作/学习和生活的效率"观点持赞成态度，对"在单位/学校/邻里中，会上网的人好像高人一等"、"使用互联网容易结交不好的朋友"、"使用互联网容易暴露隐私"等观点持不赞成态度，对"使用互联网容易受不良信息影响"观点赞成与不赞成的比例大致相当。广东网民对互联网表示半信半疑和比较信任的人较多。

26.3.20　广西壮族自治区互联网络发展状况

（一）宏观概况

1．上网用户人数

广西壮族自治区上网用户人数为 228.6 万，占全国上网用户总人数的比例为 2.9%，是广西壮族自治区总人口的 4.7%。

2．上网计算机数

广西壮族自治区上网计算机数为 59 万台，占全国上网计算机总数的比例为 1.9%。

3．CN 下注册域名数（不含 EDU）

广西壮族自治区 CN 下注册域名数量为 2751 个，占全国 CN 下注册域名总数的比例为 0.8%。

4．WWW 站点数（包括.CN、.COM、.NET、.ORG 下的网站）

广西壮族自治区 WWW 站点数为 7420 个，占全国 WWW 站点数的比例为 1.2%。

（二）互联网用户行为意识调查结果

1．用户个人信息

（1）用户的性别

广西壮族自治区上网用户中，男性占 63.1%，女性占 36.9%（如图 26.305 所示）。男性占据上网用户主体。

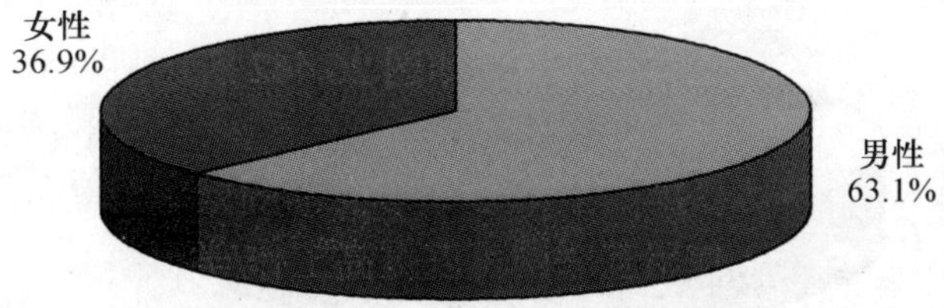

图 26.305　上网用户的性别分布

（2）用户的年龄分布

广西壮族自治区上网用户中，18～24 岁的用户所占比例最高，达到 26.5%；其次是 25～30 岁的用户，所占比例为 24.0%；18 岁以下的用户占 17.9%；31～35 岁的用户占 14.3%；41～50 岁的用户占 8.2%；36～40 岁的用户占 6.6%；50 岁以上用户所占比例为 2.5%（如图 26.306 所示）。

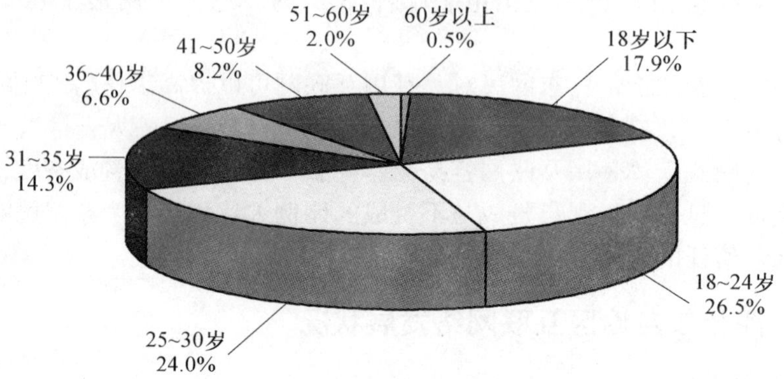

图 26.306 上网用户的年龄分布

（3）用户的婚姻状况

广西壮族自治区上网用户中，已婚者占 45.5%，未婚者占 54.5%（如图 26.307 所示）。未婚者占据上网用户主体。

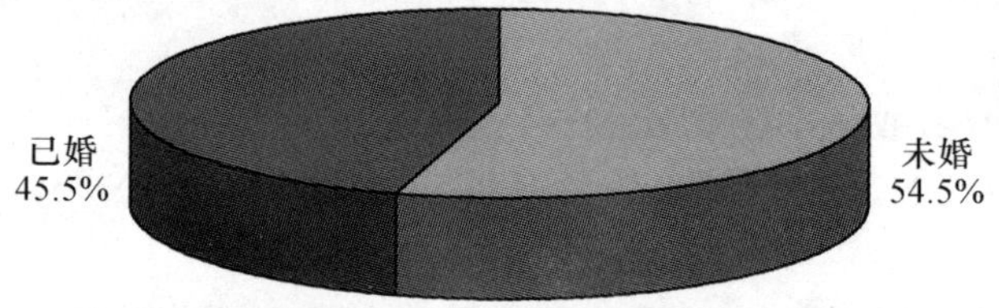

图 26.307 上网用户的婚姻状况分布

（4）用户的受教育程度

广西壮族自治区上网用户中，受教育程度为高中（中专）的用户最多，达到 41.5%；其次是受教育程度为大专的用户，所占比例为 23.6%；受教育程度为本科的用户所占比例为 17.5%；高中（中专）以下受教育程度的用户占 16.5%，硕士的用户占 0.9%（如图 26.308 所示）。

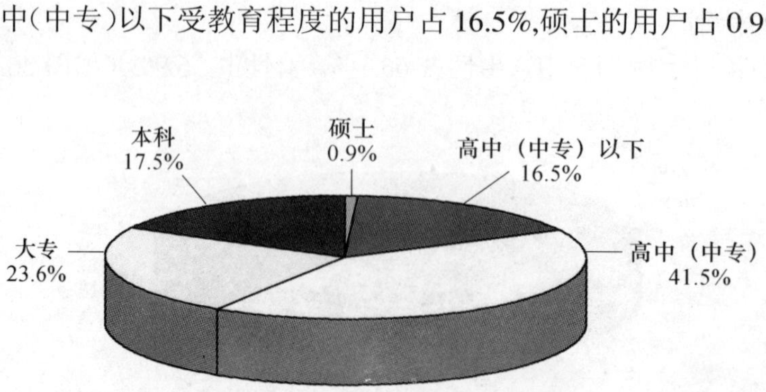

图 26.308 上网用户的受教育程度分布

（5）用户的行业分布（不包括军人、学生和无业人员）

广西壮族自治区上网用户中，从事公共管理/社会组织的用户最多，所占比例为 13.4%；其次是从事制造业的用户，所占比例为 12.1%；排在第三位的是从事教育业的用户，所占比例为 10.7%；从事卫生/社会保障社会福利业和交通运输/仓储业的用户所占比例皆为 8.7%；从事 IT 业的用户所占比例为 6.7%；从事建筑业和批发零售业的用户所占比例皆为 6.0%；从事餐饮业的用户所占比例为 4.0%；从事其他行业的上网用户则相对较少（如图 26.309 所示）。

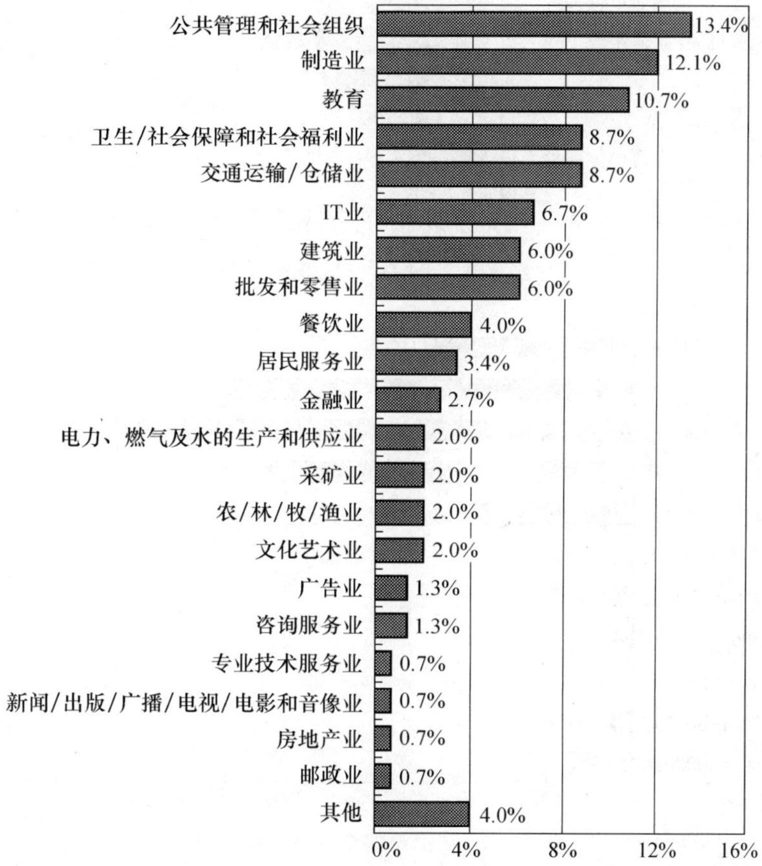

图 26.309　上网用户的行业分布

（6）用户的职业分布

广西壮族自治区上网用户中，学生所占的比例最多，达到 21.7%；其次是专业技术人员，所占比例为 15.2%；排在第三位的是商业/服务业人员，所占比例为 13.8%；无业人员占 9.7%；企事业单位管理人员和国家机关/党群组织工作人员皆占 9.2%；工人占 8.3%；教师占 7.4%；办事员等协助人员占 4.1%；其他职业的用户所占比例较少（如图 26.310 所示）。

（7）用户的个人月收入

广西壮族自治区上网用户中，个人月收入为 501～1000 元的最多，达到 30.1%；其次是 500 元以下的用户，所占比例为 23.3%；排在第三位的是 1001～1500 元的用户，所占比例为 20.7%；无收入的用户所占比例为 11.4%；个人月收入为 1501～2000 元的用户所占比例为 8.8%；个人月收入超过 2000 元的用户所占比例为 5.7%（如图 26.311 所示）。

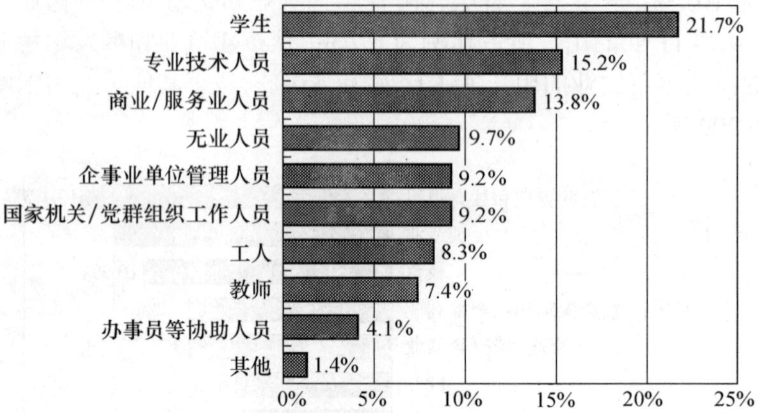

图 26.310　上网用户的职业分布

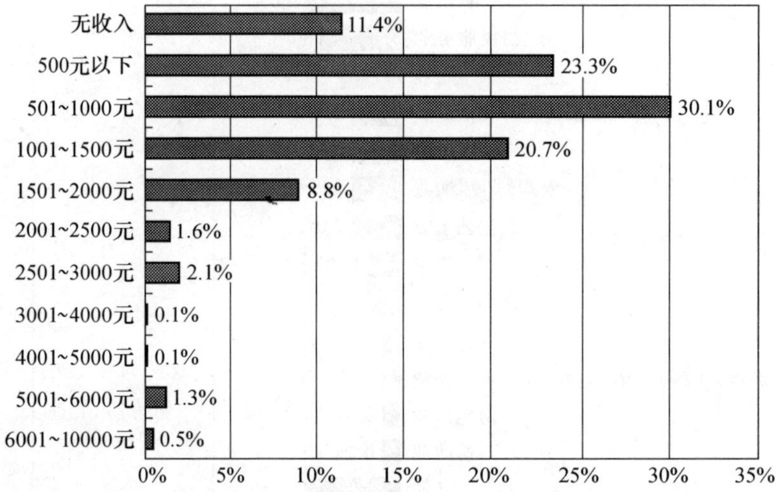

图 26.311　上网用户的个人月均收入分布

2．用户对互联网的使用情况

（1）用户每月实际花费的上网费用

广西壮族自治区上网用户每月实际花费的上网费用以低于 50 元的最多，占 40.0%；其次是每月实际花费的上网费用为 51～100 元的用户，所占比例为 27.6%；每月实际花费的上网费用在 101～150 元的用户所占比例为 17.2%；每月实际花费的上网费用在 151～200 元的用户所占比例为 7.6%；每月实际花费的上网费用超过 200 元的用户占 7.8%（如图 26.312 所示）。广西壮族自治区上网用户每月实际花费的上网费用集中在 100 元及以下。

（2）用户平均每周上网时间

广西壮族自治区上网用户平均每周上网时间为 10.7 小时。

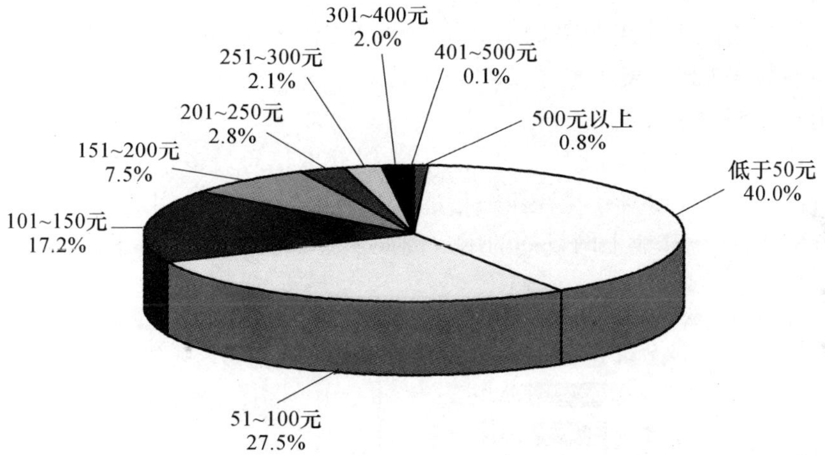

图 26.312　上网用户平均每月上网费用

（3）用户平均每周上网天数

广西壮族自治区上网用户平均每周上网天数为 4.2 天。

（4）用户通常上网时间

广西壮族自治区上网用户的上网时间在一天中波动较大：凌晨 1 点至早上 7 点钟是网民最少上网的时间，从早上 8 点钟起上网的人逐渐增加，到上午 10 点达到一天当中的第一个高峰，有 21.2%的网民在这一时间上网；11 点有所回落，12 点开始回升，到 14 点达到一天当中的第二个高峰，有 27.2%的网民在这一时间上网，此后上网人数开始下降；从晚上 19 点开始上网人数激增，到晚上 21 点的时候达到一天中的顶峰，有 59.9%的网民在这一时间上网，这之后上网人数又急剧减少（如图 26.313 所示）。日常生活的作息时间在一定程度上影响着人们使用互联网的时间，广西壮族自治区上网用户使用互联网的高峰时间在晚上。

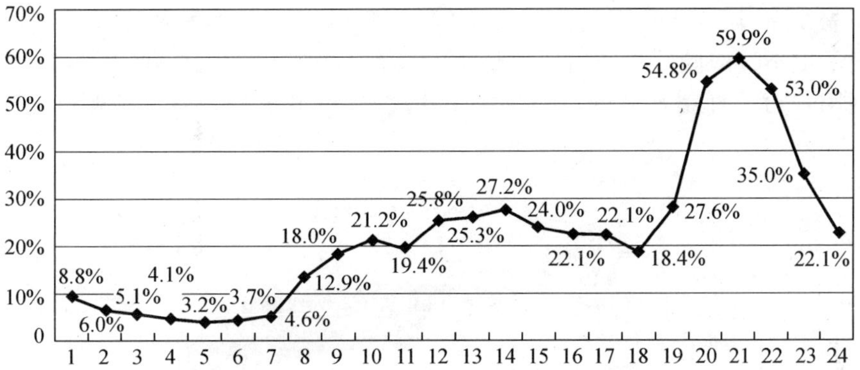

图 26.313　上网用户的上网时间分布

（5）用户拥有的 E-mail 账号平均值

广西壮族自治区上网用户拥有 E-mail 账号平均值为 1.1，其中免费 E-mail 账号平均值为 1.0。

（6）用户平均每周收发的电子邮件数

广西壮族自治区上网用户平均每周收到电子邮件数（不包括垃圾邮件）为 4.0 封，收到垃圾邮件数 5.7 封，发出电子邮件数 3.0 封。

（7）用户上网最主要的目的

广西壮族自治区上网用户上网的主要目的以获取信息最多，达到 44.2%；其次是休闲娱乐，所占比例为 31.8%；排在第三位的是交友，有 6.9%的用户选择此项；选择学习的用户占 6.5%；选择其他上网目的的用户则很少（如图 26.314 所示）。

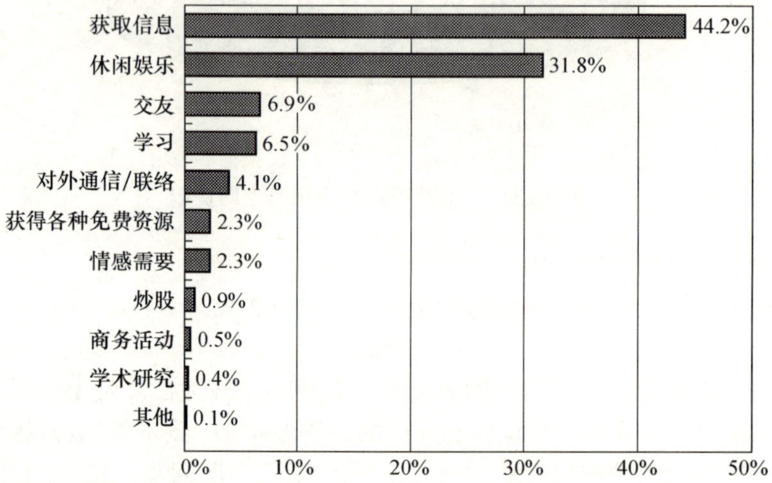

图 26.314　上网用户上网最主要的目的

3．用户对互联网的观点

（1）关于“使用互联网可以提高工作/学习和生活的效率”

关于“使用互联网可以提高工作/学习和生活的效率”的观点，广西壮族自治区上网用户表示比较赞成的最多，达到 58.8%；其次是表示非常赞成的，所占比例为 31.5%；表示一半赞成一半不赞成的用户所占比例为 5.1%；表示不太赞成的用户所占比例为 3.2%；表示很不赞成的用户所占比例最少，只有 1.4%（如图 26.315 所示）。广西壮族自治区上网用户对“使用互联网可以提高工作/学习和生活的效率”的观点表示赞成的占多数。

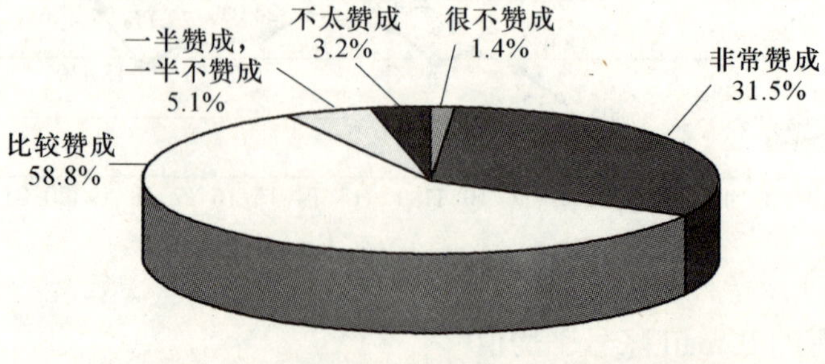

图 26.315　对“使用互联网可以提高工作/学习和生活的效率”观点的看法

（2）关于“在单位/学校/邻里中，会上网的人好像高人一等”

关于“在单位/学校/邻里中，会上网的人好像高人一等”的观点，广西壮族自治区上网用户表示不太赞成的最多，达到 49.5%；其次是表示很不赞成的，所占比例为 23.6%；表示比较赞成的用户所占比例为 12.8%；表示一半赞成一半不赞成的用户所占比例为 9.9%；表示非常赞成的用户所占比例为 4.2%；（如图 26.316 所示）。广西壮族自治区上网用户对“在单位/学校/邻里中，会上网的人好像高人一等”的观点表示不赞成的占多数。

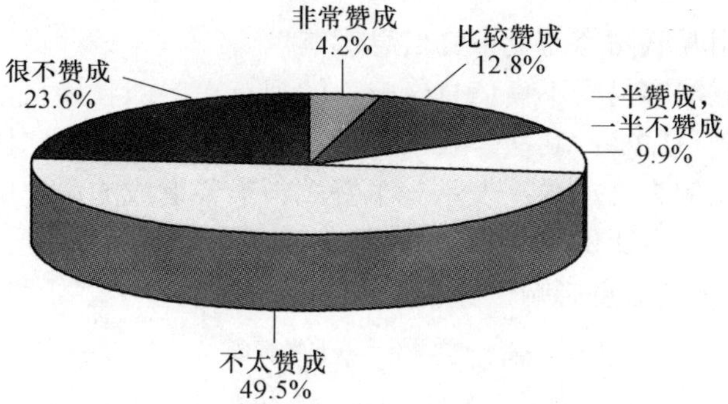

图 26.316　对“在单位/学校/邻里中，会上网的人好像高人一等”观点的看法

（3）关于“使用互联网容易结交不好的朋友”

关于“使用互联网容易结交不好的朋友”的观点，广西壮族自治区上网用户表示不太赞成的最多，达到 44.2%；其次是表示比较赞成的用户，所占比例为 19.9%；表示很不赞成的用户所占比例为 16.0%；表示一半赞成一半不赞成的用户所占比例为 15.0%；表示非常赞成的用户最少，只有 4.9%（如图 26.317 所示）。广西壮族自治区上网用户对“使用互联网容易结交不好的朋友”的观点表示不赞成的居多。

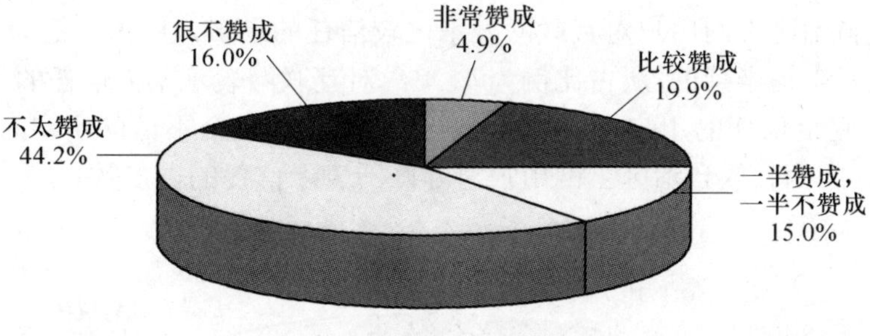

图 26.317　对“使用互联网容易结交不好的朋友”观点的看法

（4）关于“使用互联网容易暴露隐私”

关于“使用互联网容易暴露隐私”的观点，广西壮族自治区上网用户表示不太赞成的最多，达到 43.1%；其次是表示很不赞成的用户，所占比例为 21.3%；表示比较赞成的用户所占比例为 17.3%；表示一半赞成一半不赞成的用户所占比例为 13.9%；表示非常赞成的用户最少，占 4.4%（如图 26.318 所示）。广西壮族自治区上网用户对“使用互联网容易暴露隐私”的观点表示不赞成的居多。

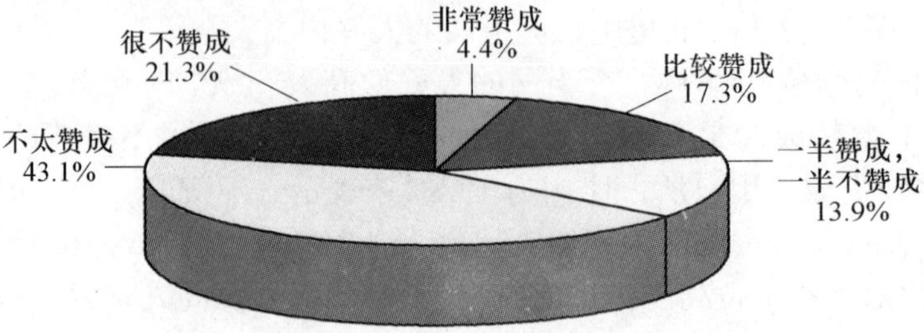

图 26.318　对“使用互联网容易暴露隐私”观点的看法

（5）关于“使用互联网容易受不良信息影响”

关于“使用互联网容易受不良信息影响”的观点，广西壮族自治区上网用户表示不太赞成的最多，达到 31.3%；其次是表示比较赞成的用户，所占比例为 28.4%；表示很不赞成的用户所占比例为 17.5%；表示一半赞成一半不赞成的用户所占比例为 13.3%；表示非常赞成的用户所占比例为 9.5%（如图 26.319 所示）。广西壮族自治区上网用户对“使用互联网容易受不良信息影响”的观点表示不赞成的多于表示赞成的。

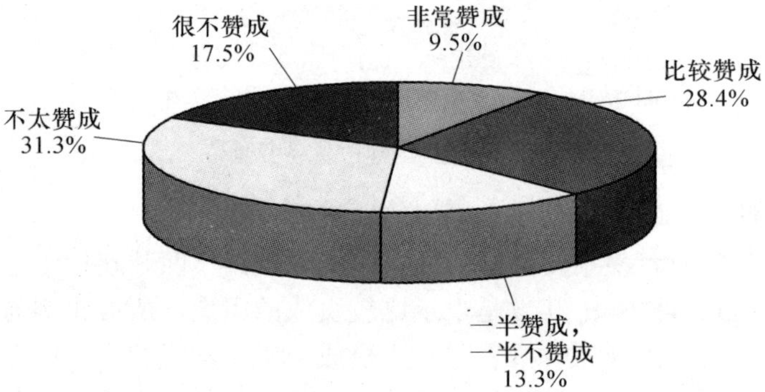

图 26.319　对“使用互联网容易受不良信息影响”观点的看法

（6）对互联网的信任程度

广西壮族自治区上网用户对互联网表示比较信任的最多，所占比例为 43.3%；其次是对互联网表示半信半疑的，所占比例为 41.4%；对互联网表示不太信任的用户有 10.7%；对互联网表示完全信任的用户有 3.7%；对互联网表示完全不信的用户有 0.9%（如图 26.320 所示）。广西壮族自治区上网用户对互联网表示信任的占多数。

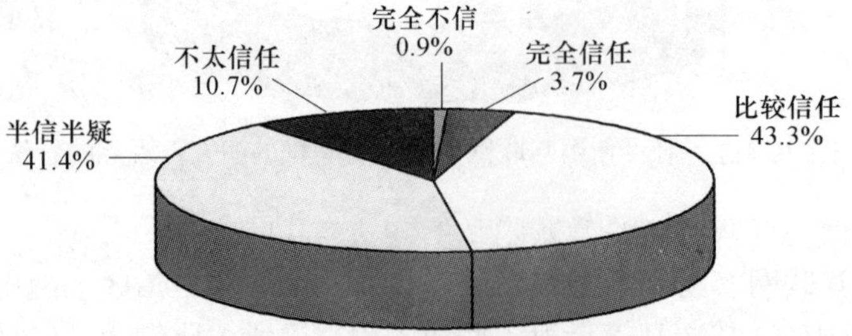

图 26.320　上网用户对互联网的信任程度

综上所述，广西壮族自治区上网用户数为 228.6 万人，上网计算机数为 59 万台，CN 下注册域名数量为 2751 个，WWW 站点数为 7420 个。

其中住宅电话覆盖的上网用户（不包括住校大学生）中以男性、未婚占主体，年龄在 18～24 岁的所占比例最高，受教育程度为高中（中专）的最多，职业上学生所占的比例最多，行业上从事公共管理/社会组织的人最多，个人月收入在 501～1000 元的最多。

用户每月实际花费的上网费用集中在 100 元及以下，平均每周上网时间为 10.7 小时，平均每周上网天数为 4.2 天，使用互联网的高峰时间在晚上。用户拥有 E-mail 账号平均值为 1.1，其中免费 E-mail 账号平均值为 1.0，平均每周收到电子邮件数（不包括垃圾邮件）为 4.0 封，收到垃圾邮件数 5.7 封，发出电子邮件数 3.0 封。用户上网的最主要目的为获取信息。

广西壮族自治区上网用户对“使用互联网可以提高工作/学习和生活的效率”的观点表示赞成的占多数，对“在单位/学校/邻里中，会上网的人好像高人一等”的观点表示不赞成的占多数，对“使用互联网容易结交不好的朋友”的观点表示不赞成的居多，对“使用互联网容易暴露隐私”的观点表示不赞成的居多，对“使用互联网容易受不良信息影响”的观点表示不赞成的多于表示赞成的。对互联网表示信任的占多数。

26.3.21　海南省互联网络发展状况

（一）宏观概况

1．上网用户人数

海南省上网用户人数为 39.7 万，占全国上网用户总人数的比例为 0.5%，是海南省总人口的 4.9%。

2．上网计算机数

海南省上网计算机数为 17 万台，占全国上网计算机总数的比例为 0.6%。

3．CN 下注册域名数（不含 EDU）

海南省 CN 下注册域名数量为 1150 个，占全国 CN 下注册域名总数的比例为 0.3%。

4．WWW 站点数（包括.CN、.COM、.NET、.ORG 下的网站）

海南省 WWW 站点数为 2587 个，占全国 WWW 站点数的比例为 0.4%。

（二）互联网用户行为意识调查结果

1．用户个人信息

（1）用户的性别

海南省上网用户中，男性占 79.2%，女性占 20.8%（如图 26.321 所示）。男性占据上网用户主体。

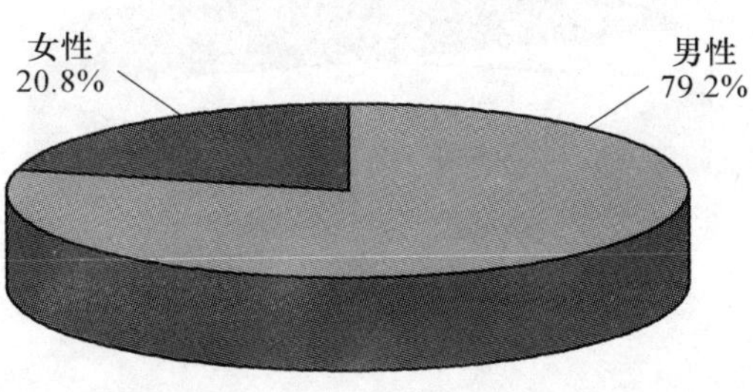

图 26.321　上网用户的性别分布

（2）用户的年龄分布

海南省上网用户中，18 岁以下的用户所占比例最高，达到 33.0%；其次是 18～24 岁的用户，所占比例为 28.7%；25～30 岁的用户占 17.0%；31～35 岁和 41～50 岁的用户所占比例皆为 14.3%；36～40 岁的用户占 2.2%；51～60 岁的用户所占比例为 2.1%（如图 26.322 所示）。

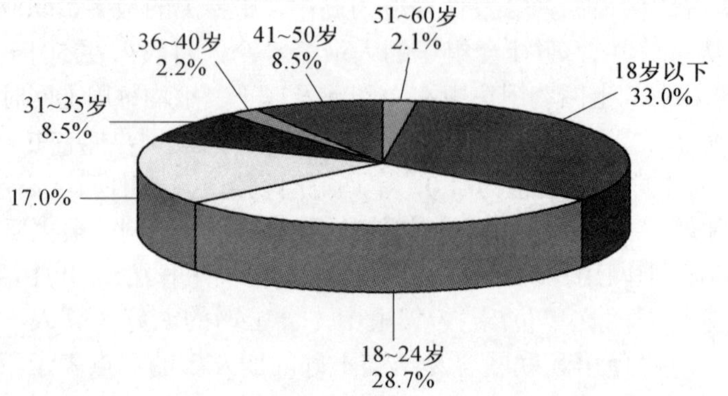

图 26.322 上网用户的年龄分布

（3）用户的婚姻状况

海南省上网用户中，已婚者占 31.0%，未婚者占 69.0%（如图 26.323 所示）。未婚者占据上网用户主体。

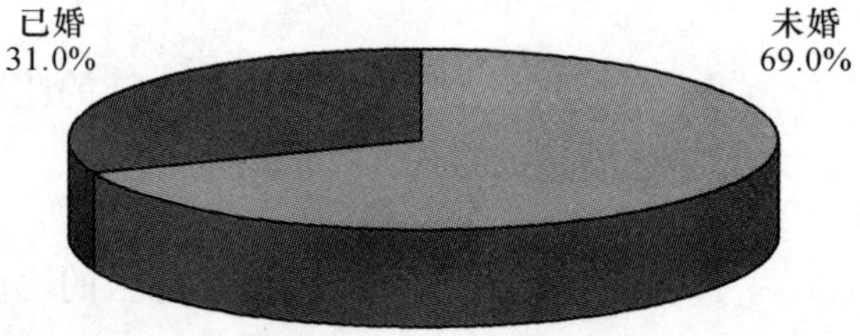

图 26.323 上网用户的婚姻状况分布

（4）用户的受教育程度

海南省上网用户中，受教育程度为高中（中专）的用户最多，达到 41.5%；其次是受教育程度为高中（中专）以下的用户，所占比例为 29.7%；受教育程度为本科的用户所占比例为 18.8%；受教育程度为大专的用户占 9.9%；硕士只占 0.1%（如图 26.324 所示）。

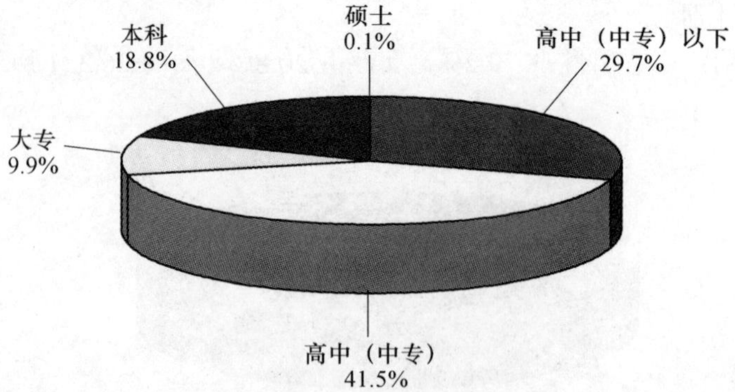

图 26.324 上网用户的受教育程度分布

（5）用户的行业分布（不包括军人、学生和无业人员）

海南省上网用户中，从事教育业的用户最多，所占比例为 18.4%；其次是从事 IT 业的用户，所占比例为 12.2%；排在第三位的是从事公共管理社会组织和农/林/牧/渔业的用户，所占比例皆为 10.2%；从事批发零售业的用户所占比例为 8.2%；从事卫生/社会保障社会福利业、餐饮业和交通运输/仓储业的用户所占比例皆为 6.1%；从事金融业和邮政业的用户所占比例皆为 4.1%；从事其他行业的上网用户则相对较少（如图 26.325 所示）。

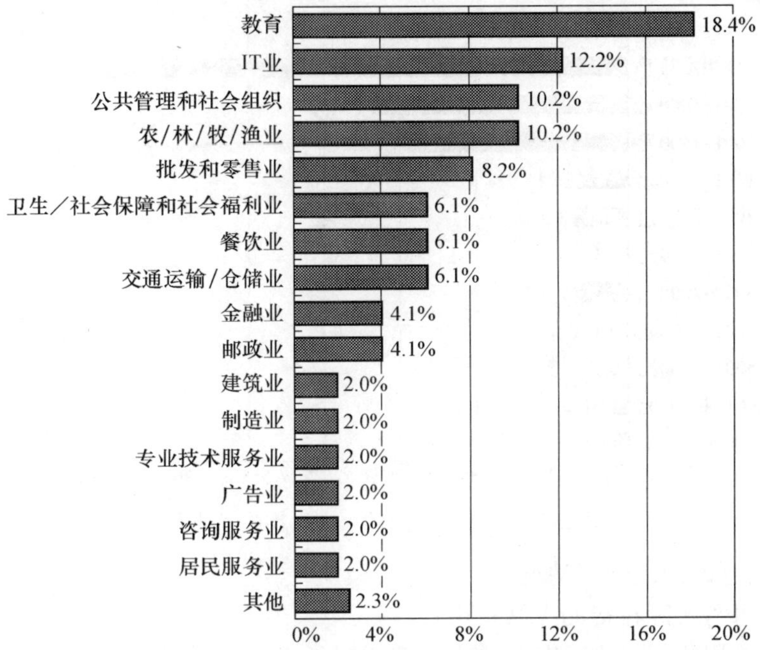

图 26.325　上网用户的行业分布

（6）用户的职业分布

海南省上网用户中，学生所占的比例最多，达到 42.6%；其次是专业技术人员，所占比例为 11.8%；排在第三位的是教师，所占比例为 9.9%；无业人员占 8.9%；商业/服务业人员占 7.9%；企事业单位管理人员占 4.9%；国家机关/党群组织工作人员和工人均占 4.0%；其他职业的用户所占比例较少（如图 26.326 所示）。

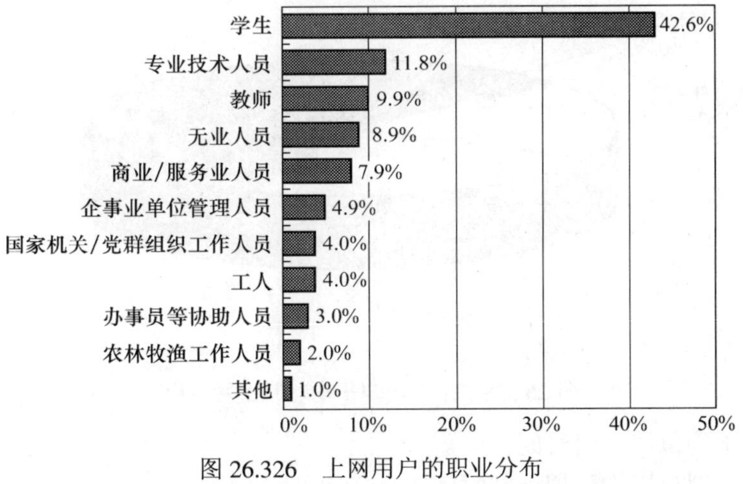

图 26.326　上网用户的职业分布

（7）用户的个人月收入

海南省上网用户中，个人月收入为 500 元以下的最多，达到 36.9%；其次是 501～

1 000 元和无收入的用户，所占比例皆为 16.7%；排在第三位的是 1 001～1 500 元的用户，所占比例为 14.3%；个人月收入为 1 501～2 000 元的用户所占比例为 5.9%；个人月收入超过 2 000 元的用户所占比例为 9.5%（如图 26.327 所示）。

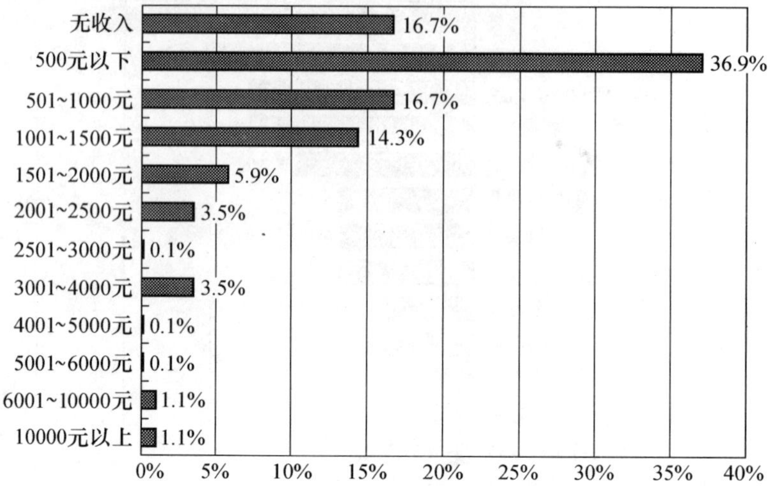

图 26.327　上网用户的个人月均收入分布

2．用户对互联网的使用情况

（1）用户每月实际花费的上网费用

海南省上网用户每月实际花费的上网费用以低于 50 元的最多，占 42.9%；其次是每月实际花费的上网费用为 51～100 元的用户，所占比例为 22.9%；每月实际花费的上网费用在 101～150 元的用户所占比例为 18.6%；每月实际花费的上网费用在 151～200 元的用户所占比例为 7.1%；每月实际花费的上网费用超过 200 元的用户占 8.5%（如图 26.328 所示）。海南省上网用户每月实际花费的上网费用集中在 100 元及以下。

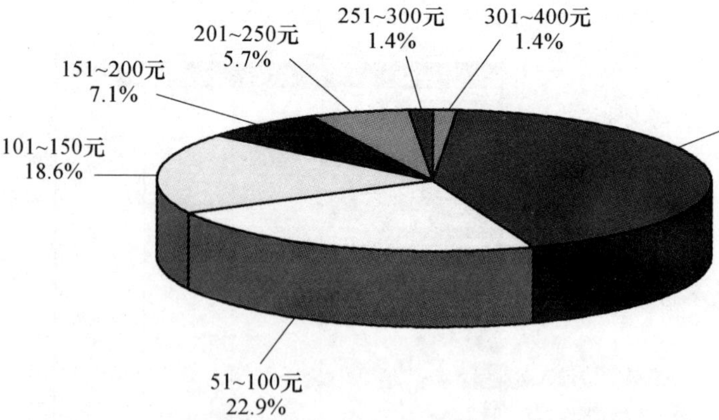

图 26.328　上网用户平均每月上网费用

（2）用户平均每周上网时间

海南省上网用户平均每周上网时间为 11.9 小时。

（3）用户平均每周上网天数

海南省上网用户平均每周上网天数为 3.4 天。

（4）用户通常上网时间

海南省上网用户的上网时间在一天中波动较大：凌晨 1 点至早上 7 点钟是网民最少上网的时间，从早上 8 点钟起上网的人逐渐增加，到上午 9 点达到一天当中的第一个高峰，有 20.8%的网民在这一时间上网，随后 10 点至 13 点间的上网网民持续保持在 20.8%；14、15 点有所回落，到 16 点达到一天当中的第二个高峰，有 23.8%的网民在这一时间上网，此后上网人数开始下降；从晚上 19 点开始上网人数激增，到晚上 21 点的时候达到一天中的顶峰，有 57.4%的网民在这一时间上网，这之后上网人数又急剧减少（如图 26.329 所示）。日常生活的作息时间在一定程度上影响着人们使用互联网的时间，海南省上网用户使用互联网的高峰时间在晚上。

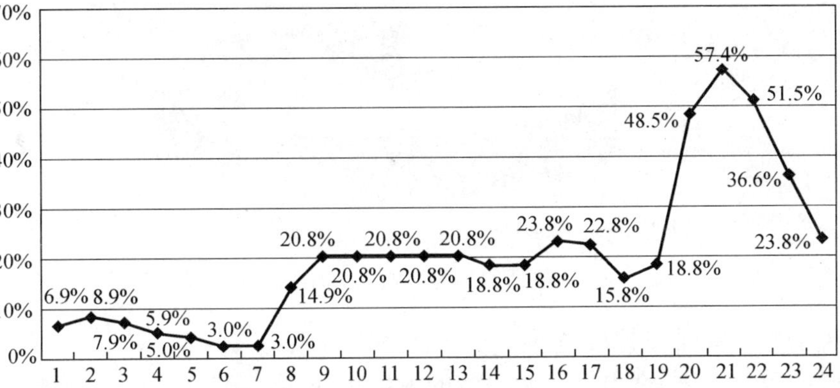

图 26.329 上网用户的上网时间分布

（5）用户拥有的 E-mail 账号平均值

海南省上网用户拥有 E-mail 账号平均值为 1.2，其中免费 E-mail 账号平均值为 1.2。

（6）用户平均每周收发的电子邮件数

海南省上网用户平均每周收到电子邮件数（不包括垃圾邮件）为 2.5 封，收到垃圾邮件数为 4.7 封，发出电子邮件数为 1.7 封。

（7）用户上网最主要的目的

海南省上网用户上网的主要目的以休闲娱乐最多，达到 34.6%；其次是获取信息，所占比例为 27.7%；排在第三位的是交友，有 17.8%的用户选择此项；选择学习的用户占 6.9%；选择其他上网目的的用户则很少（如图 26.330 所示）。

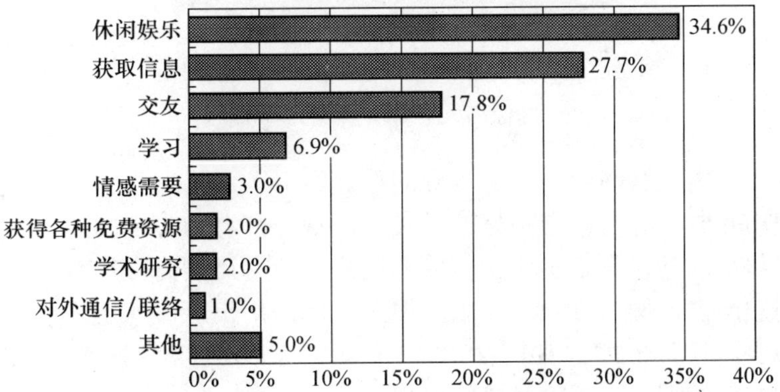

图 26.330 上网用户上网最主要的目的

3．用户对互联网的观点

（1）关于“使用互联网可以提高工作/学习和生活的效率”

关于“使用互联网可以提高工作/学习和生活的效率”的观点，海南省上网用户表示比较赞成的最多，达到 49.5%；其次是表示非常赞成的，所占比例为 33.4%；表示一半赞成一半不赞成的用户所占比例为 12.1%；表示不太赞成的用户所占比例为 3.0%；表示很不赞成的用户所占比例较小，只有 2.0%（如图 26.331 所示）。海南省上网用户对“使用互联网可以提高工作/学习和生活的效率”的观点表示赞成的占多数。

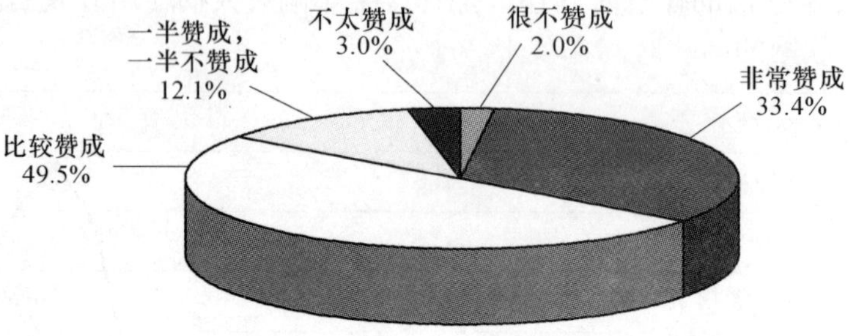

图 26.331　对“使用互联网可以提高工作/学习和生活的效率”观点的看法

（2）关于“在单位/学校/邻里中，会上网的人好像高人一等”

关于“在单位/学校/邻里中，会上网的人好像高人一等”的观点，海南省上网用户表示不太赞成的最多，达到 47.4%；其次是表示比较赞成的，所占比例为 19.0%；表示很不赞成的用户所占比例为 18.9%；表示非常赞成的用户所占比例为 8.4%；表示一半赞成一半不赞成的用户所占比例为 6.3%（如图 26.332 所示）。海南省上网用户对“在单位/学校/邻里中，会上网的人好像高人一等”的观点表示不赞成的占多数。

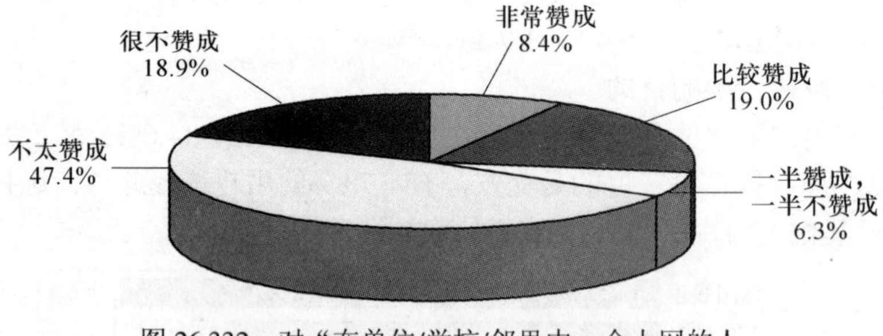

图 26.332　对“在单位/学校/邻里中，会上网的人好像高人一等”观点的看法

（3）关于“使用互联网容易结交不好的朋友”

关于“使用互联网容易结交不好的朋友”的观点，海南省上网用户表示不太赞成的最多，达到 44.8%；其次是表示比较赞成的用户，所占比例为 17.7%；表示一半赞成一半不赞成的用户所占比例为 15.6%；表示很不赞成的用户所占比例为 14.6%；表示非常赞成的用户最少，只有 7.3%（如图 26.333 所示）。海南省上网用户对“使用互联网容易结交不好的朋友”的观点表示不赞成的居多。

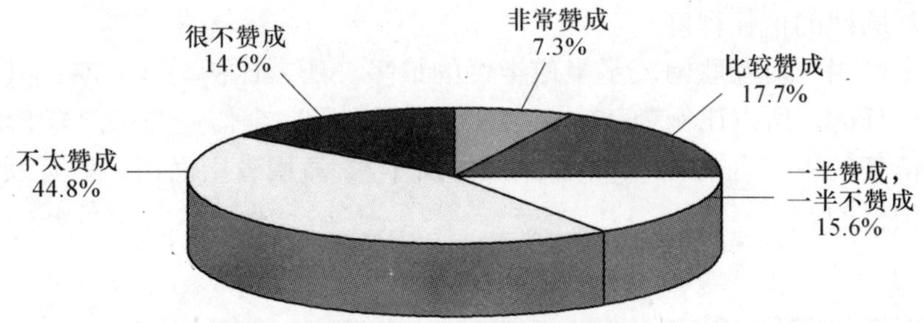

图 26.333　对“使用互联网容易结交不好的朋友”观点的看法

（4）关于“使用互联网容易暴露隐私”

关于“使用互联网容易暴露隐私”的观点，海南省上网用户表示不太赞成的最多，达到 45.3%；其次是表示很不赞成的用户，所占比例为 17.9%；表示比较赞成的用户所占比例为 16.8%；表示一半赞成一半不赞成的用户所占比例为 14.7%；表示非常赞成的用户最少，占 5.3%（如图 26.334 所示）。海南省上网用户对“使用互联网容易暴露隐私”的观点表示不赞成的居多。

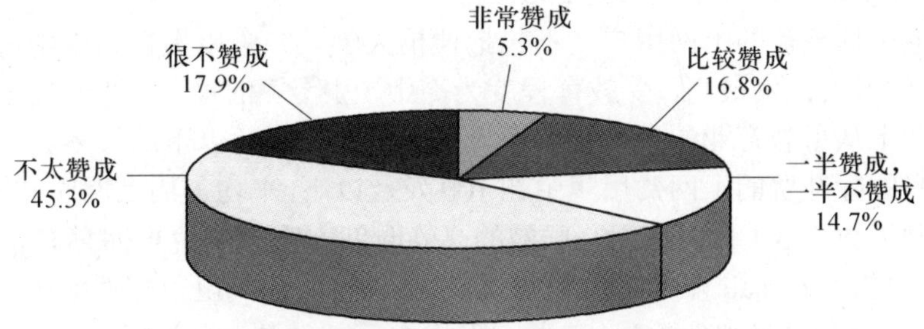

图 26.334　对“使用互联网容易暴露隐私”观点的看法

（5）关于“使用互联网容易受不良信息影响”

关于“使用互联网容易受不良信息影响”的观点，海南省上网用户表示比较赞成的最多，达到 28.1%；其次是表示不太赞成的用户，所占比例为 25.0%；表示很不赞成的用户所占比例为 18.8%；表示一半赞成一半不赞成的用户所占比例为 18.7%；表示非常赞成的用户所占比例为 9.4%（如图 26.335 所示）。海南省上网用户对“使用互联网容易受不良信息影响”的观点表示不赞成的多于表示赞成的。

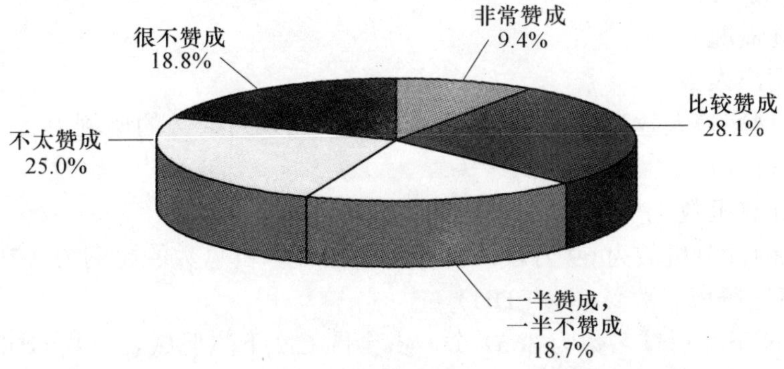

图 26.335　对“使用互联网容易受不良信息影响”观点的看法

（6）对互联网的信任程度

海南省上网用户对互联网表示半信半疑的最多，所占比例为 46.3%；其次是对互联网表示比较信任的，所占比例为 37.9%；对互联网表示完全信任的用户有 8.4%；对互联网表示不太信任的用户有 7.4%（如图 26.336 所示）。海南省上网用户对互联网表示信任多于表示不信任的。

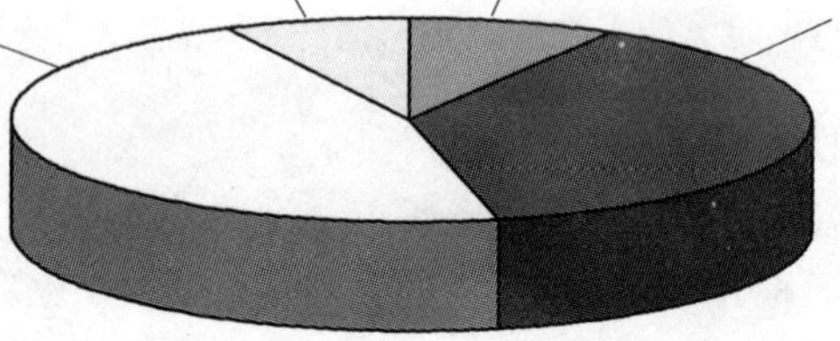

图 26.336　上网用户对互联网的信任程度

综上所述，海南省上网用户数为 39.7 万人，上网计算机数为 17 万台，CN 下注册域名数量为 1150 个，WWW 站点数为 2587 个。

其中住宅电话覆盖的上网用户（不包括住校大学生）中以男性、未婚占主体，年龄在 18 岁以下的所占比例最高，受教育程度为高中（中专）的最多，职业上学生所占的比例最多，行业上从事教育业的人最多，个人月收入在 500 元以下的最多。

用户每月实际花费的上网费用集中在 100 元及以下，平均每周上网时间为 11.9 小时，平均每周上网天数为 3.4 天，使用互联网的高峰时间在晚上。用户拥有 E-mail 账号平均值为 1.2，其中免费 E-mail 账号平均值为 1.2，平均每周收到电子邮件数（不包括垃圾邮件）为 2.5 封，收到垃圾邮件数为 4.7 封，发出电子邮件数为 1.7 封。用户上网的最主要目的为休闲娱乐。

海南省上网用户对“使用互联网可以提高工作/学习和生活的效率”的观点表示赞成的占多数，对“在单位/学校/邻里中，会上网的人好像高人一等”的观点表示不赞成的占多数，对“使用互联网容易结交不好的朋友”的观点表示不赞成的居多，对“使用互联网容易暴露隐私”的观点表示不赞成的居多，对“使用互联网容易受不良信息影响”的观点表示不赞成的多于表示赞成的。对互联网表示信任的多于表示不信任的。

26.3.22　重庆市互联网络发展状况

（一）宏观概况

1．上网用户人数

重庆市上网用户人数为 176.6 万，占全国上网用户总人数的比例为 2.2%，是重庆市总人口的 5.7%。

2．上网计算机数

重庆市上网计算机数为 69 万台，占全国上网计算机总数的比例为 2.2%。

3．CN 下注册域名数（不含 EDU）

重庆市 CN 下注册域名数为 3651 个，占全国 CN 下注册域名总数的比例为 1.1%。

4．WWW 站点数（包括.CN、.COM、.NET、.ORG 下的网站）

重庆市 WWW 站点数为 7458 个，占全国 WWW 站点数的比例为 1.3%。

（二）互联网用户行为意识调查结果

1．用户个人信息

（1）用户的性别

重庆市上网用户中，男性占 60.7%，女性占 39.3%（如图 26.337 所示）。男性占据上网用户主体。

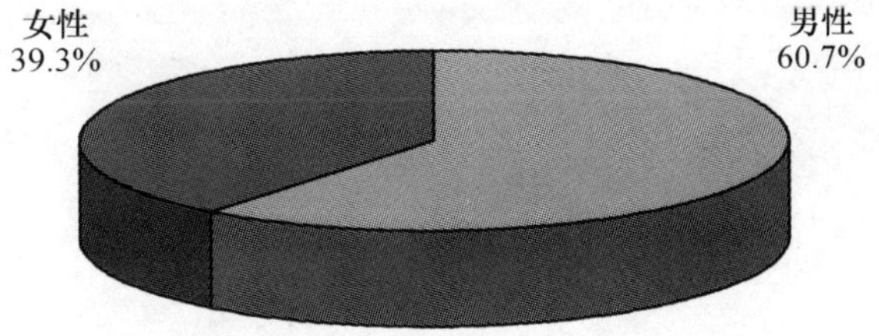

图 26.337　用户性别分布

（2）用户的年龄分布

重庆市上网用户中，18～24 岁的年轻人所占比例最高，为 24.8%；其次是 18 岁以下的用户和 25～30 岁的用户，各占 22.4%；31～35 岁的用户占到 14.9%；还有 15.5%的用户在 35 岁以上（如图 26.338 所示）。重庆上网用户在结构上呈现低龄化。

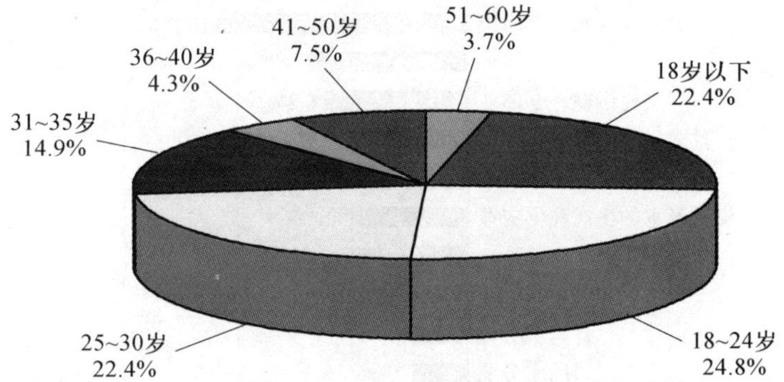

图 26.338　用户年龄分布

（3）用户的婚姻状况

重庆市上网用户中，未婚者占 45.8%，已婚者占 54.2%（如图 26.339 所示）。已婚者占据上网用户主体。

图 26.339　用户婚姻状况分布

（4）用户的受教育程度

重庆市上网用户中，受教育程度为大专的最高，占到 29.7%；其次是高中（中专）

（27.6%）和本科（23.8%），16.6%的用户受教育程度在高中（中专）以下，还有2.3%的用户受教育程度在本科以上（如图26.340所示）。本科以下受教育程度的用户占据大多数。

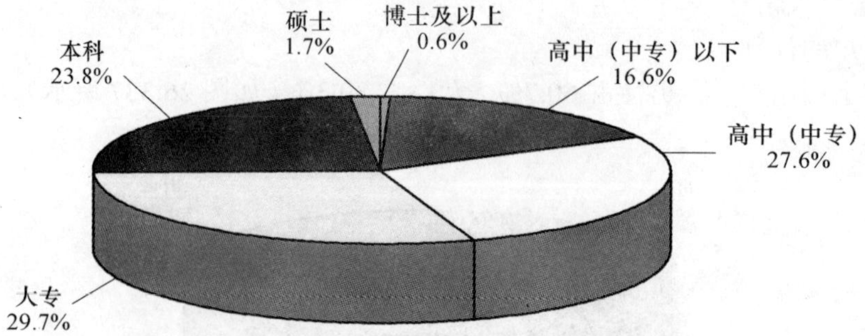

图26.340　用户受教育程度分布

（5）用户的行业分布（不包括军人、学生和无业人员）

重庆市上网用户中，从事教育业的人最多，占到20.8%；其次是制造业，所占比例为13.8%；排在第三的是公共管理和社会组织，占10.8%。从事其他行业的用户相对较少（如图26.341所示）。

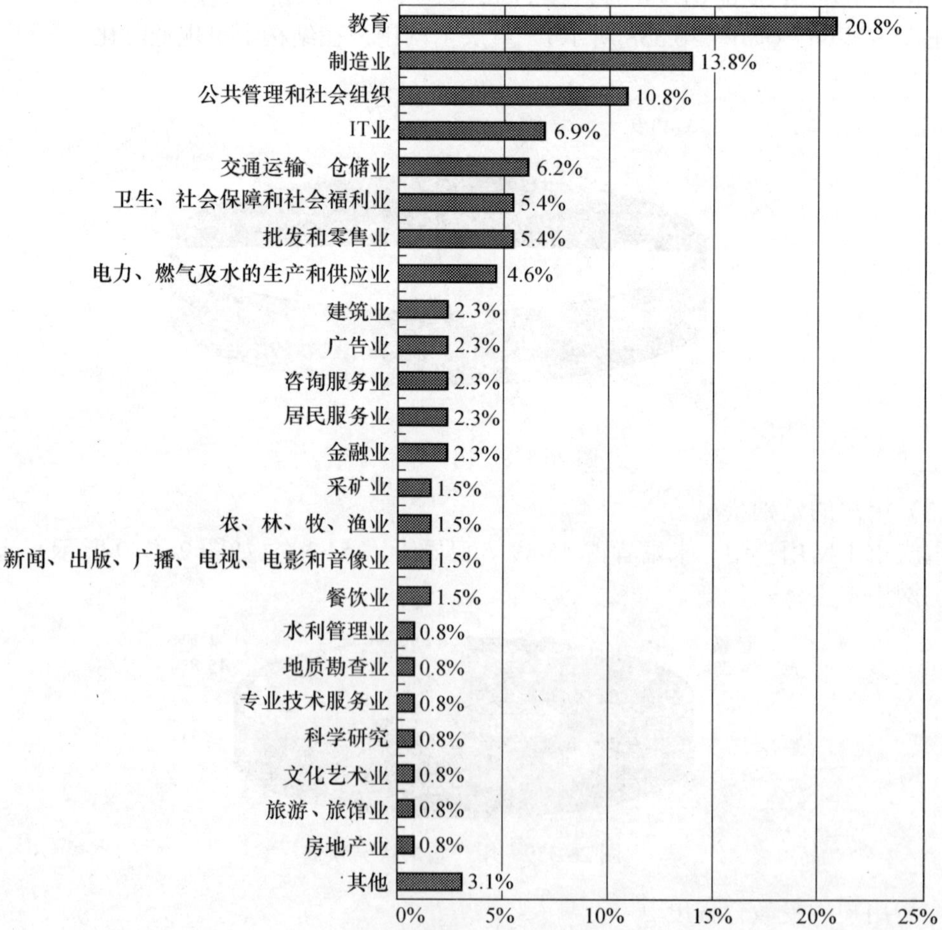

图26.341　用户的行业分布

（6）用户的职业分布

重庆市上网用户中，学生所占比例最多，达到 23.0%；其次是教师和专业技术人员，各占 14.8%；企事业单位管理人员、商业/服务业人员、国家机关/党群组织工作人员所占比例也较多，分别为 10.9%、8.7%和 8.7%；其他职业的上网用户所占比例相对较少（如图 26.342 所示）。

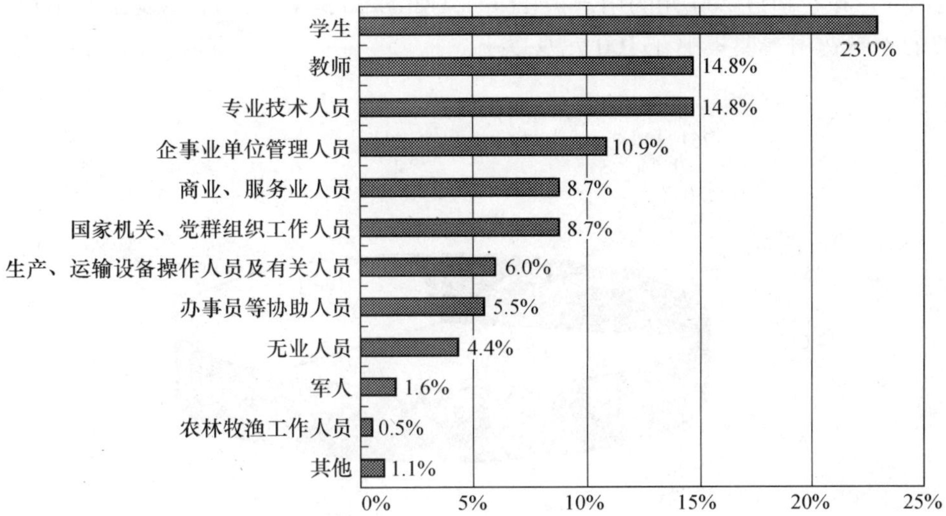

图 26.342　用户的职业分布

（7）用户的个人月收入

重庆市上网用户中，个人月收入主要集中在 2000 元及以下，其中 7.9%的用户无收入，19.0%的用户收入在 500 元以下，20.9%的用户收入在 501～1000 元，21.5%的用户收入在 1001～1500 元，收入在 1501～2000 元的用户占 12.9%；17.8%的用户月收入在 2000 元以上（如图 26.343 所示）。

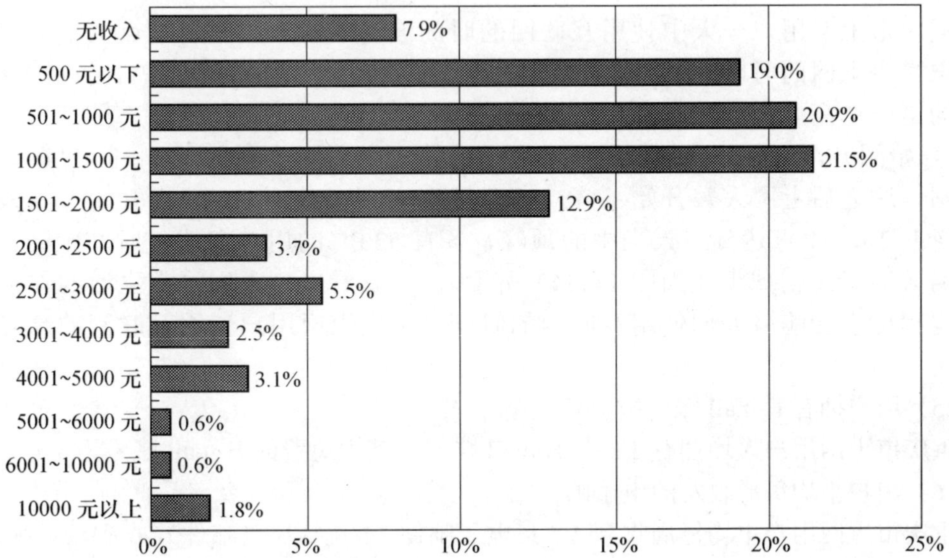

图 26.343　用户的个人月收入分布

2．用户对互联网的使用情况

（1）用户每月实际花费的上网费用

重庆市上网用户中，每月实际花费的上网费用（仅限于上网费及上网电话费，不包括使用网络服务的费用）以低于50元为最多，达到37.2%；其次是花费在51～100元的用户，占32.2%；每月花费在101～150元的用户占19.0%；5.0%的用户每月花费在151～200元；每月花费超过200元的用户占11.6%（如图26.344所示）。重庆上网用户每月实际花费的上网费用主要集中在100元及以下。

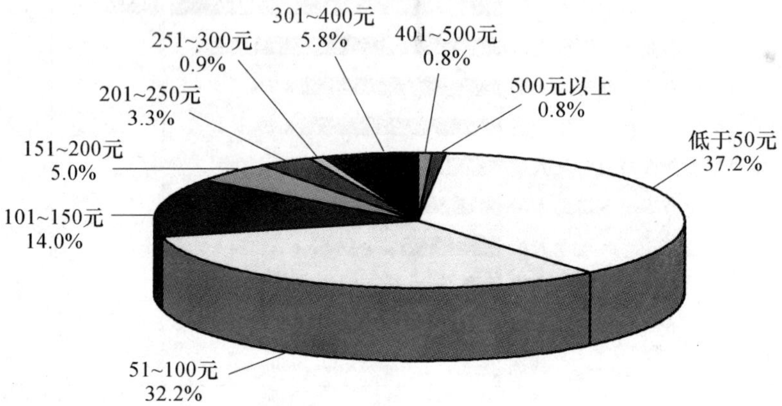

图26.344　用户每月实际花费的上网费用分布

（2）用户平均每周上网时间

重庆市上网用户平均每周上网时间为13.6个小时。

（3）用户平均每周上网天数

重庆市上网用户平均每周上网天数为4.2天.

（4）用户通常上网时间

重庆市上网用户一天中使用互联网的时间波动非常大：凌晨1点至早上7点钟是用户最少上网的时间，从早上8点钟起上网的人逐渐增加，上午10点达到一天当中的第一个高峰，有23.5%的用户在这一时间上网；中午11点略有回落，从中午13点开始回升，下午15点达到一天当中的第二个高峰，有32.2%的用户在这一时间上网，这之后上网人数开始下降，直至傍晚18点；从晚上19点开始上网人数激增，晚上20、21点达到一天当中的顶峰，各有53.0%的用户在这一时间上网，这之后上网人数又急剧减少（如图26.345所示）。可以看出，人们日常生活的作息时间在一定程度上影响着人们使用互联网的时间。重庆上网用户使用互联网的高峰时间在晚上。

（5）用户拥有E-mail账号数

重庆市上网用户人均拥有1.3个E-mail账号，其中免费的E-mail账号为1.1个。

（6）用户平均每周收发的电子邮件数

重庆市上网用户平均每周收到4.7封电子邮件（不包括垃圾邮件），收到垃圾邮件5.2封，每周发出电子邮件3.5封。

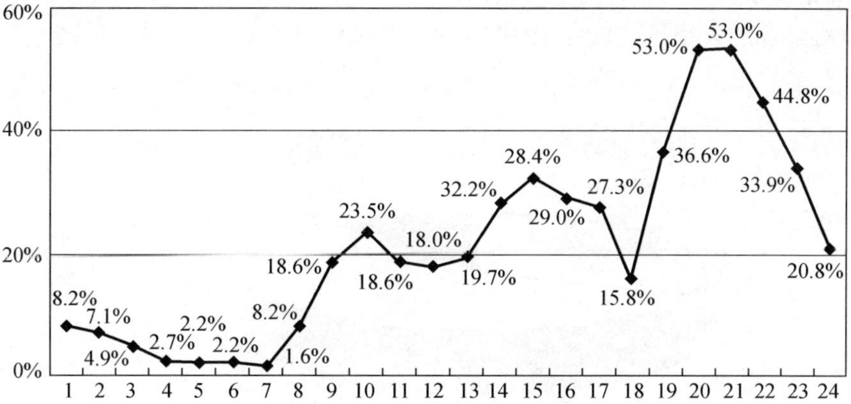

图 26.345　用户的上网时间分布

（7）用户上网最主要的目的

重庆市上网用户中，将获取信息作为上网最主要目的的用户所占比例最多，达到 44.8%；其次是休闲娱乐，有 31.7%的网民选择；排在第三位的是学习，占 9.8%；选择其他上网目的的用户所占比例则很小（如图 26.346 所示）。获取信息是重庆网民上网的最主要目的。

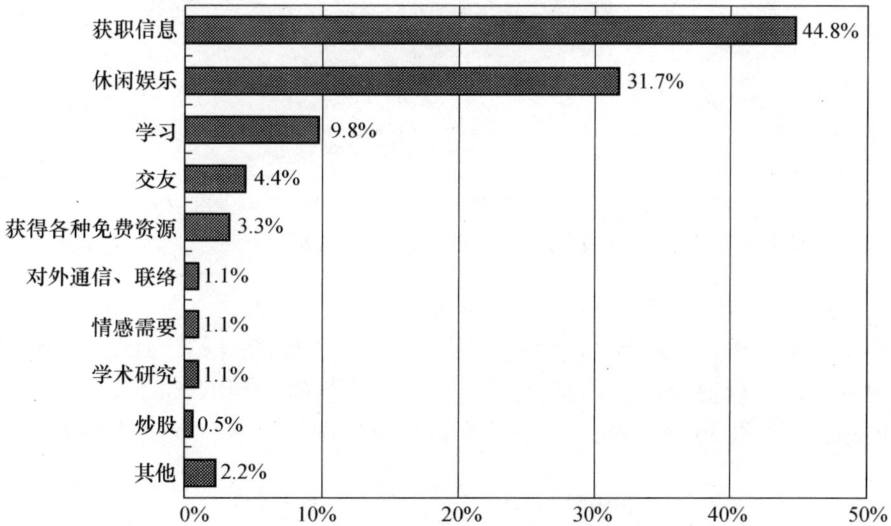

图 26.346　用户上网最主要的目的

3．用户对互联网的看法

（1）关于“使用互联网可以提高工作/学习和生活的效率”

重庆市上网用户中，关于“使用互联网可以提高工作/学习和生活的效率”观点，31.3%的人非常赞成，58.3%的人比较赞成，9.9%的人一半赞成一半不赞成，0.5%的人不太赞成（如图 26.347 所示）。绝大多数重庆网民对这一观点持赞成态度。

（2）关于“在单位/学校/邻里中，会上网的人好像高人一等”

重庆市上网用户中，关于“在单位/学校/邻里中，会上网的人好像高人一等”观点，

2.8%的人非常赞成，12.8%的人比较赞成，12.8%的人一半赞成一半不赞成，47.7%的人不太赞成，23.9%的人很不赞成（如图 26.348 所示）。大多数重庆网民对这一观点持不赞成态度。

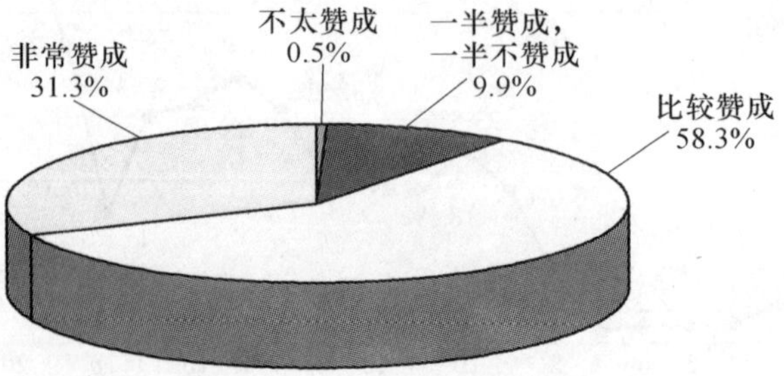

图 26.347　用户对“使用互联网可以提高工作/学习和生活的效率”观点的看法

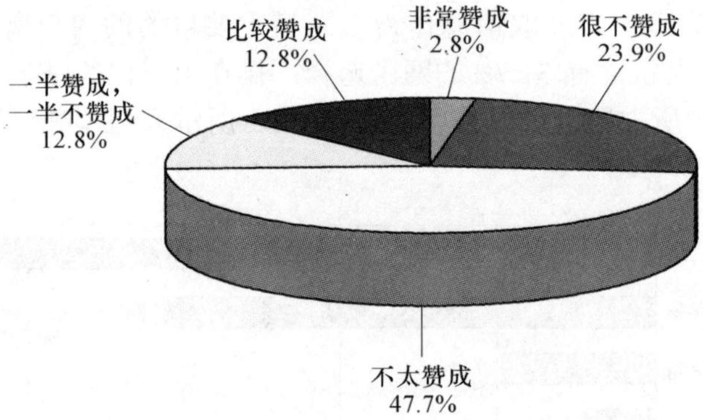

图 26.348　用户对“在单位/学校/邻里中，会上网的人好像高人一等”观点的看法

（3）关于“使用互联网容易结交不好的朋友”

重庆市上网用户中，关于“使用互联网容易结交不好的朋友”观点，4.1%的人非常赞成，13.6%的人比较赞成，28.4%的人一半赞成一半不赞成，40.3%的人不太赞成，13.6%的人很不赞成（如图 26.349 所示）。总的来讲，重庆网民对这一观点持不赞成态度。

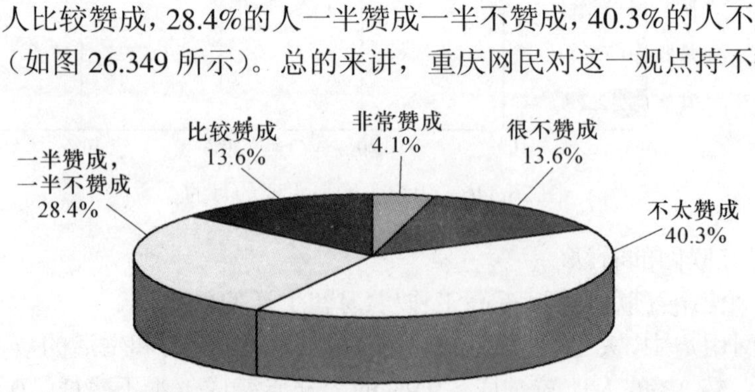

图 26.349　用户对“使用互联网容易结交不好的朋友”观点的看法

（4）关于“使用互联网容易暴露隐私”

重庆市上网用户中，关于“使用互联网容易暴露隐私”观点，3.0%的人非常赞成，

13.9%的人比较赞成，24.1%的人一半赞成一半不赞成，45.7%的人不太赞成，13.3%的人很不赞成（如图 26.350 所示）。总的来讲，重庆网民对这一观点持不赞成态度。

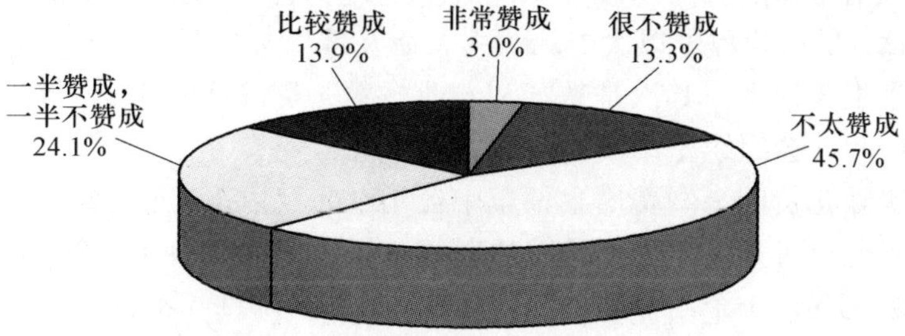

图 26.350　用户对“使用互联网容易暴露隐私”观点的看法

（5）关于“使用互联网容易受不良信息影响”

重庆市上网用户中，关于“使用互联网容易受不良信息影响”观点，8.0%的人非常赞成，26.1%的人比较赞成，20.5%的人一半赞成一半不赞成，35.2%的人不太赞成，10.2%的人很不赞成（如图 26.351 所示）。总的来讲，重庆网民对这一观点持不赞成态度。

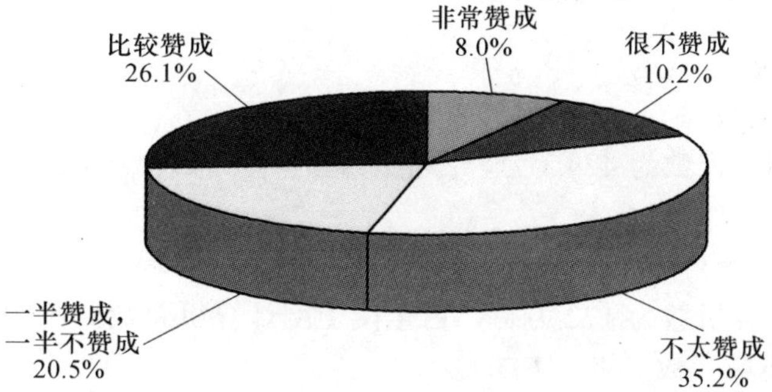

图 26.351　用户对“使用互联网容易受不良信息影响”观点的看法

（6）对互联网的信任程度

重庆市上网用户中，6.0%的人对互联网完全信任，52.5%的人比较信任，36.1%的人半信半疑，4.9%的人不太信任，0.5%的人完全不信。总的来讲，重庆网民对互联网持信任态度（如图 26.352 所示）。

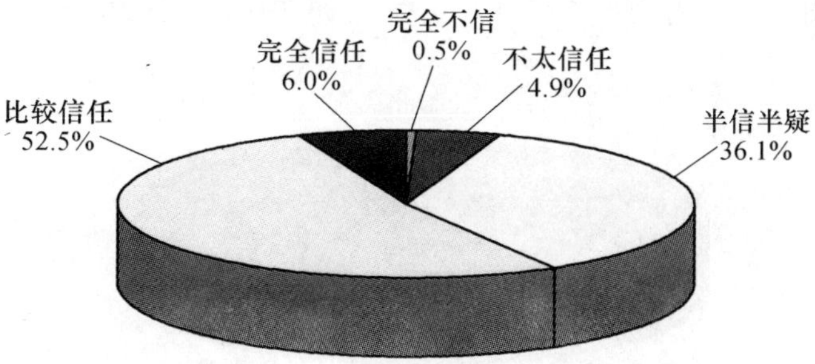

图 26.352　用户对互联网的信任程度

综上所述，重庆市上网用户数为 176.6 万人，上网计算机数为 69 万台，CN 下注册域名数为 3651 个，WWW 站点数为 7458 个。

其中住宅电话覆盖的上网用户（不包括住校大学生）中以男性、已婚者、35 岁以下的年轻人为主体，受教育程度以大专为最多，个人月收入主要集中在 2000 元及以下。在职业分布上以学生为最多，其次是教师和专业技术人员；从行业上来看，教育业、制造业以及公共管理和社会组织是用户相对比较集中的行业。

用户每月实际花费的上网费用主要集中在 100 元及以下，平均每周上网 4.2 天，13.6 个小时，晚上八九点钟是用户上网的高峰时间。用户人均拥有 1.3 个 E-mail 账号，其中免费的 E-mail 账号为 1.1 个，平均每周收到 4.7 封电子邮件（不包括垃圾邮件），收到垃圾邮件 5.2 封，每周发出电子邮件 3.5 封。用户上网最主要的目的是获取信息，其次是休闲娱乐。

在对互联网的看法上，重庆市上网用户对"使用互联网可以提高工作/学习和生活的效率"观点持赞成态度，对"在单位/学校/邻里中，会上网的人好像高人一等"、"使用互联网容易结交不好的朋友"、"使用互联网容易暴露隐私"和"使用互联网容易受不良信息影响"等观点持不赞成态度。一半以上的重庆市上网用户对互联网表示比较信任。

26.3.23　四川省互联网络发展状况

（一）宏观概况

1．上网用户人数

四川省上网用户人数为 424.3 万，占全国上网用户总人数的比例为 5.3%，是四川省总人口的 4.9%。

2．上网计算机数

四川省上网计算机数为 172 万台，占全国上网计算机总数的比例为 5.6%。

3．CN 下注册域名数（不含 EDU）

四川省 CN 下注册域名数为 7380 个，占全国 CN 下注册域名总数的比例为 2.2%。

4．WWW 站点数（包括.CN、.COM、.NET、.ORG 下的网站）

四川省 WWW 站点数为 13697 个，占全国 WWW 站点数的比例为 2.3%。

（二）互联网用户行为意识调查结果

1．用户个人信息

（1）用户的性别

四川省上网用户中，男性占 63.7%，女性占 36.3%（如图 26.353 所示）。男性占据上网用户主体。

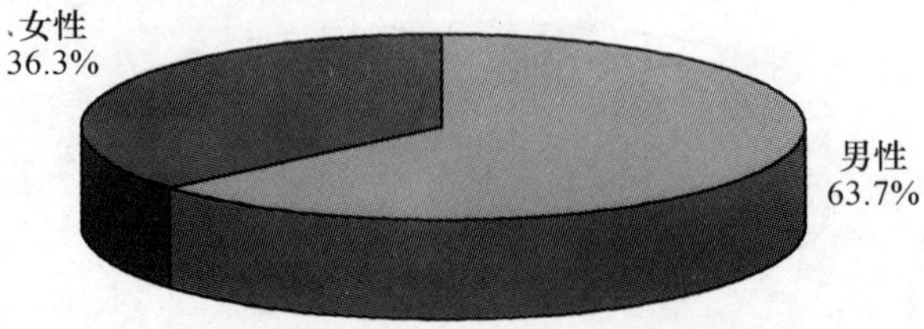

图 26.353　用户性别分布

（2）用户的年龄分布

四川省上网用户在年龄分布上基本上是随着年龄的增加所占比例逐渐减少：18 岁以下的年轻人所占比例最多，为 24.4%；其次是 18～24 岁的用户，占 31.7%；25～30 岁的用户占 15.5%；31～35 岁的用户占 14.7%；36～40 岁的用户占 12.2%；41～50 岁的用户占 8.4%；还有 4.7%的用户在 50 岁以上（如图 26.354 所示）。四川省上网用户在结构上呈现低龄化。

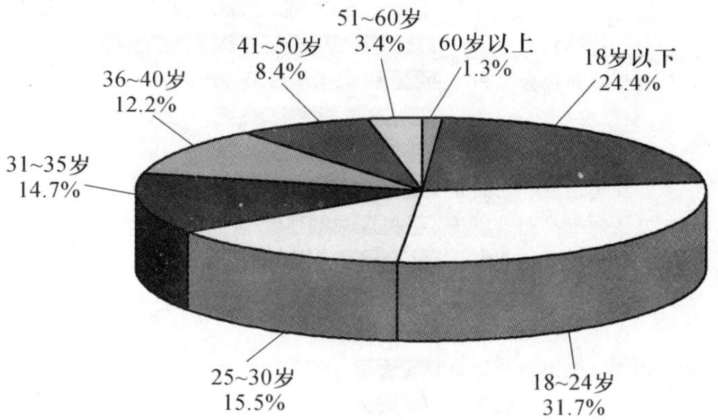

图 26.354　用户年龄分布

（3）用户的婚姻状况

四川省上网用户中，未婚者占 46.7%，已婚者占 53.3%（如图 26.355 所示）。已婚者占据上网用户主体。

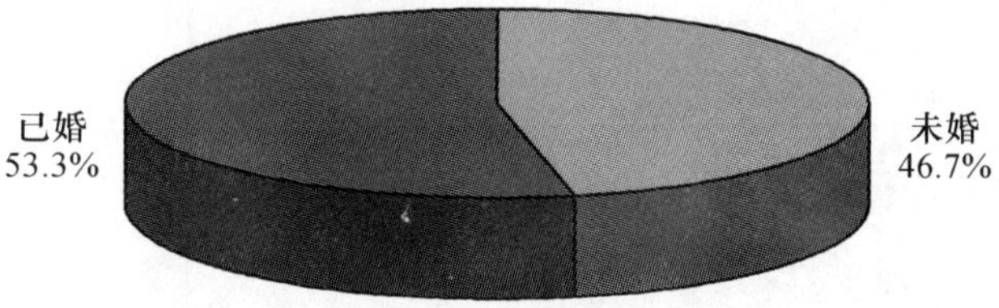

图 26.355　用户婚姻状况分布

（4）用户的受教育程度

四川省上网用户中，受教育程度为大专的最高，占到 31.8%；其次是高中（中专），占 28.6%；受教育程度为本科的占 22.7%；14.5%的用户受教育程度在高中（中专）以下，还有 2.4%的用户受教育程度在本科以上（如图 26.356 所示）。本科以下受教育程度的用户占据大多数。

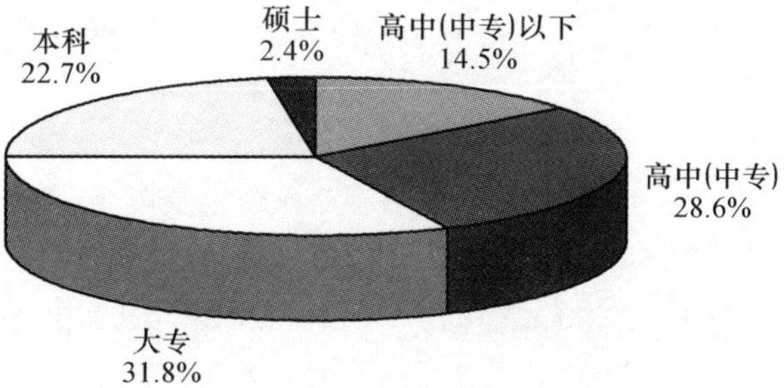

图 26.356　用户受教育程度分布

（5）用户的行业分布（不包括军人、学生和无业人员）

四川省上网用户中，从事教育业的人最多，占到 15.3%；其次是公共管理和社会组织，所占比例为 13.5%；排在第三的是卫生/社会保障和社会福利业以及 IT 业，各占 8.2%；从事其他行业的用户相对较少（如图 26.357 所示）。

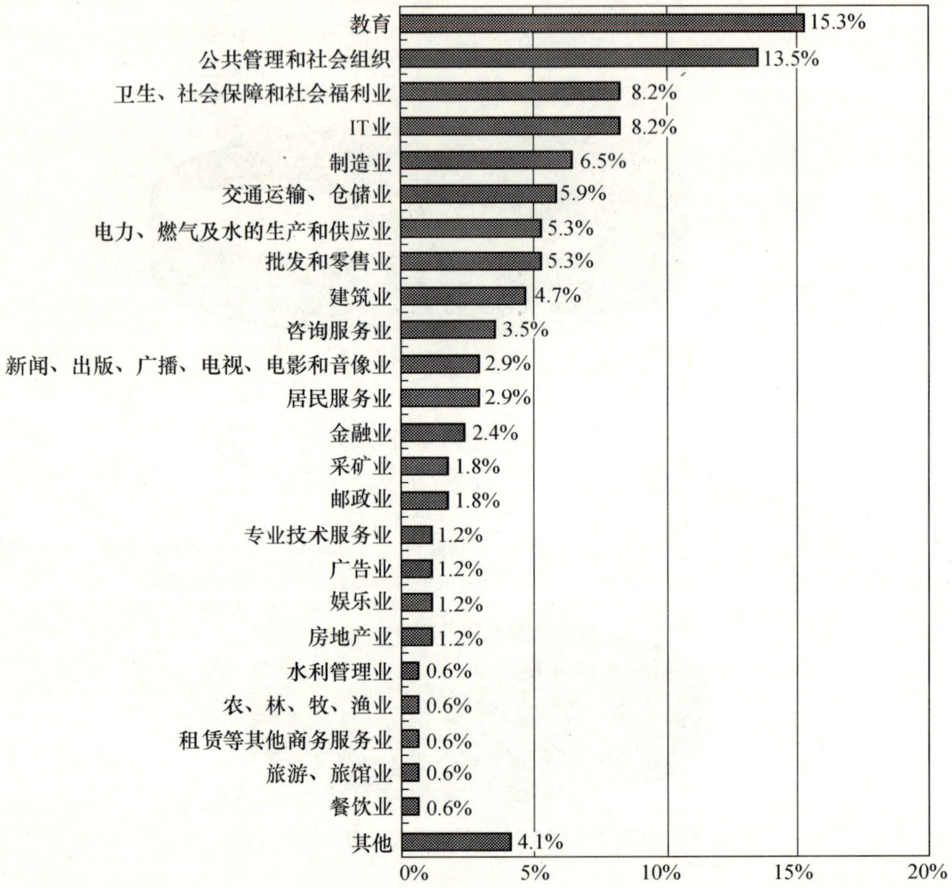

图 26.357　用户的行业分布

（6）用户的职业分布

四川省上网用户中，学生所占比例最多，达到 25.5%；其次是企事业单位管理人员、专业技术人员和商业/服务业人员，分别占 12.4%、11.6%、11.2%；国家机关/党群组织工作人员和教师所占比例也较多，分别为 10.0%和 9.3%；其他职业的上网用户所占比例相对较少（如图 26.358 所示）。

（7）用户的个人月收入

四川省上网用户中，个人月收入主要集中在 2 000 元及以下，其中以月收入在 1 001～1 500 元的用户最多，占 22.2%；10.9%的用户没有月收入，20.8%的用户收入在 500 元以下，15.8%的用户收入在 501～1 000 元；月收入在 2 000 元以上的用户占 18.6%（如图 26.359 所示）。

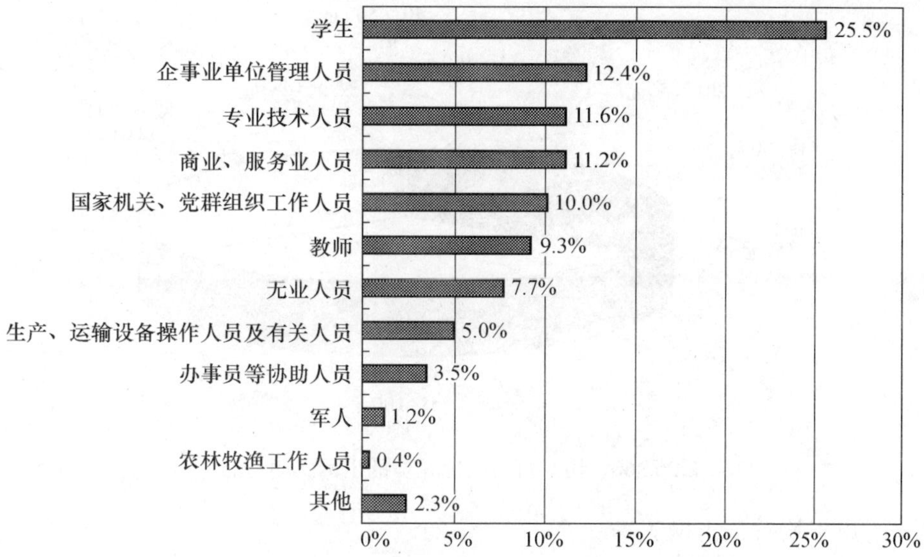

图 26.358　用户的职业分布

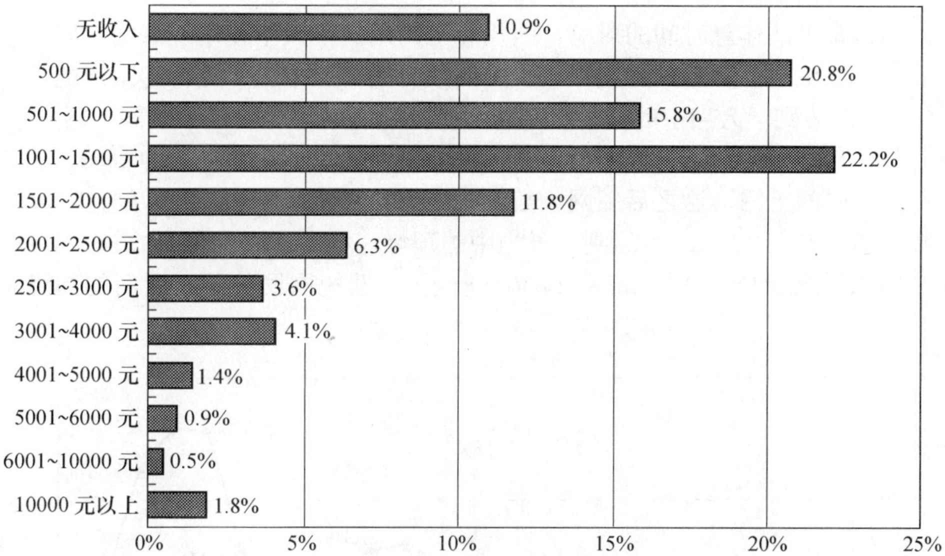

图 26.359　用户的个人月收入分布

2．用户对互联网的使用情况

（1）用户每月实际花费的上网费用

四川省上网用户中，每月实际花费的上网费用（仅限于上网费及上网电话费，不包括使用网络服务的费用）以低于 50 元的用户为最多，达到 32.6%；其次是花费在 51～100 元的用户，占 31.4%；每月花费在 101～150 元的用户占 26.2%，151～200 元的用户占 6.4%；每月花费超过 200 元的用户占 9.9%（如图 26.360 所示）。四川网民每月实际花费的上网费用主要集中在 100 元及以下。

（2）用户平均每周上网时间

四川省上网用户平均每周上网时间为 12.6 小时。

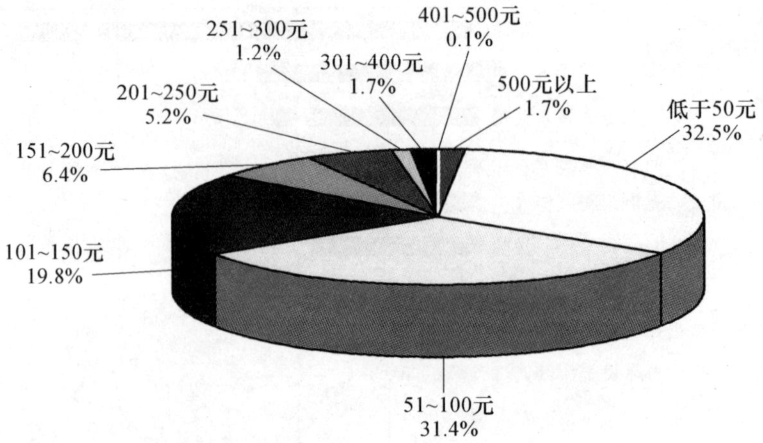

图 26.360　用户每月实际花费的上网费用分布

（3）用户平均每周上网天数

四川省上网用户平均每周上网天数为 4.0 天。

（4）用户通常上网时间

受人们日常生活作息时间的影响，四川省上网用户一天中使用互联网的时间波动非常大：凌晨 1 点至早上 7 点钟是用户最少上网的时间，从早上 8 点钟起上网的人逐渐增加，上午 10 点达到一天当中的第一个高峰，有 23.6%的用户在这一时间上网；中午 11 点略有回落，从中午 12 点开始回升，下午 14 点达到一天当中的第二个高峰，有 32.8%的用户在这一时间上网，这之后上网人数开始下降，直至傍晚 18 点；从晚上 19 点开始上网人数激增，晚上 20、21 点达到一天当中的顶峰，各有 51%的用户在这一时间上网，这之后上网人数又急剧减少（如图 26.361 所示）。四川网民使用互联网的高峰时间在晚上。

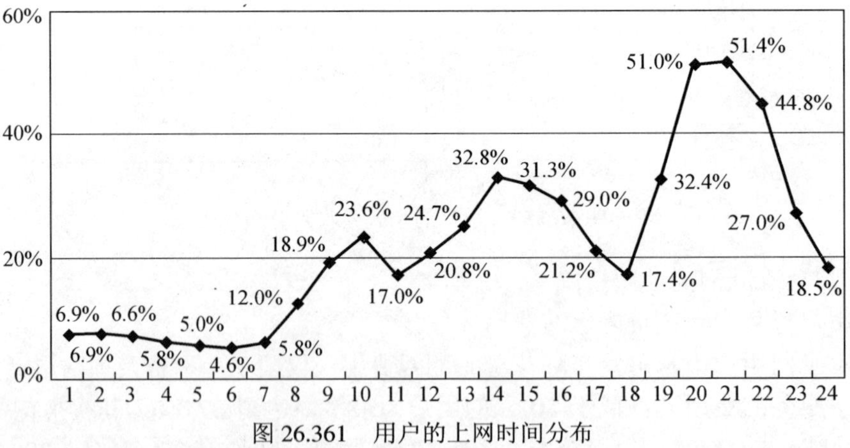

图 26.361　用户的上网时间分布

（5）用户拥有 E-mail 账号数

四川省上网用户人均拥有 1.1 个 E-mail 账号，其中免费的 E-mail 账号为 0.9 个。

（6）用户平均每周收发的电子邮件数

四川省上网用户平均每周收到 2.9 封电子邮件（不包括垃圾邮件），收到垃圾邮件 5.3

封，每周发出电子邮件 2.7 封。

（7）用户上网最主要的目的

四川省上网用户中，将获取信息作为上网最主要目的的用户所占比例最多，达到 42.1%；紧随其后的是休闲娱乐，有 40.2%的用户选择；选择其他上网目的的用户所占比例则很小（如图 26.362 所示）。获取信息是四川网民上网的最主要目的。

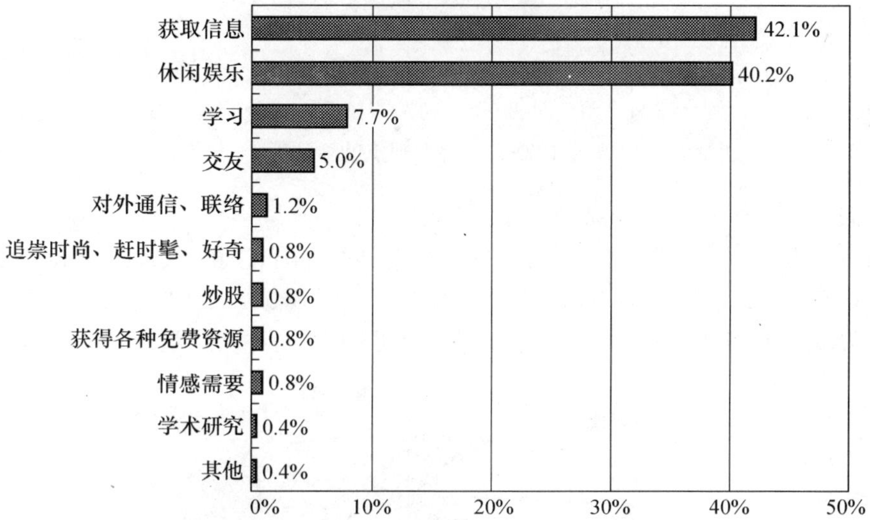

图 26.362　用户上网最主要的目的

3．用户对互联网的看法

（1）关于“使用互联网可以提高工作/学习和生活的效率”

四川省上网用户中，关于“使用互联网可以提高工作/学习和生活的效率”观点，33.7%的人非常赞成，53.8%的人比较赞成，7.4%的人一半赞成一半不赞成，3.9%的人不太赞成，1.2%的人很不赞成（如图 26.363 所示）。绝大多数四川网民对这一观点持赞成态度。

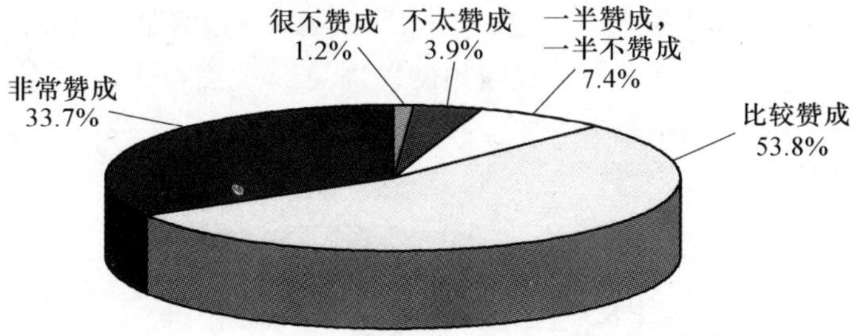

图 26.363　用户对“使用互联网可以提高工作/学习和生活的效率”观点的看法

（2）关于“在单位/学校/邻里中，会上网的人好像高人一等”

四川省上网用户中，关于“在单位/学校/邻里中，会上网的人好像高人一等”观点，4.0%的人非常赞成，12.3%的人比较赞成，7.5%的人一半赞成一半不赞成，47.3%的人不太赞成，28.9%的人很不赞成（如图 26.364 所示）。绝大多数四川网民对这一观点持不赞成态度。

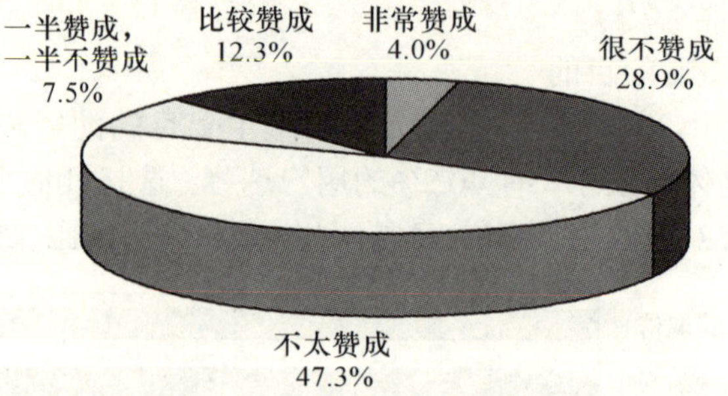

图 26.364　用户对“在单位/学校/邻里中，会上网的人好像高人一等”观点的看法

（3）关于“使用互联网容易结交不好的朋友”

四川省上网用户中，关于“使用互联网容易结交不好的朋友”观点，6.5%的人非常赞成，21.5%的人比较赞成，14.3%的人一半赞成一半不赞成，45.1%的人不太赞成，12.6%的人很不赞成（如图 26.365 所示）。总的来讲，四川网民对这一观点持不赞成态度。

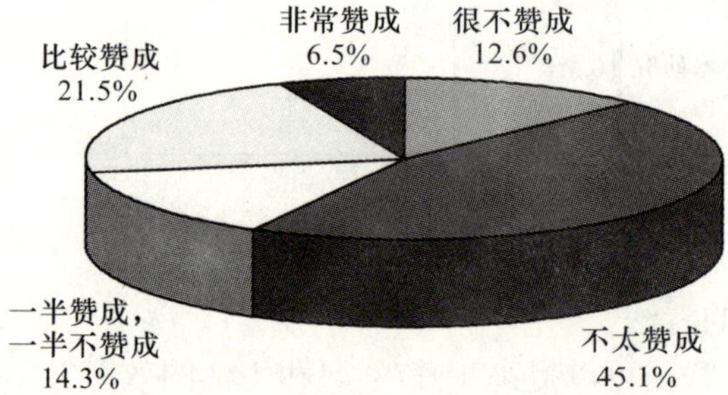

图 26.365　用户对“使用互联网容易结交不好的朋友”观点的看法

（4）关于“使用互联网容易暴露隐私”

四川省上网用户中，关于“使用互联网容易暴露隐私”观点，2.5%的人非常赞成，19.7%的人比较赞成，13.4%的人一半赞成一半不赞成，53.6%的人不太赞成，10.9%的人很不赞成（如图 26.366 所示）。大多数四川网民对这一观点持不赞成态度。

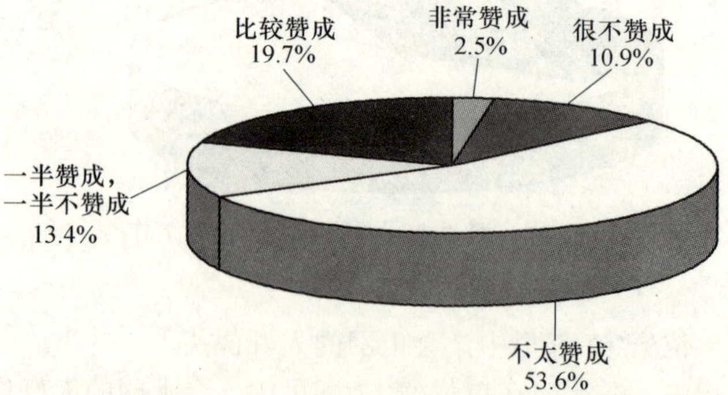

图 26.366　用户对“使用互联网容易暴露隐私”观点的看法

（5）关于“使用互联网容易受不良信息影响”

四川省上网用户中，关于“使用互联网容易受不良信息影响”观点，8.8%的人非常赞成，30.9%的人比较赞成，12.0%的人一半赞成一半不赞成，37.8%的人不太赞成，10.4%的人很不赞成（如图 26.367 所示）。总的来讲，四川网民对这一观点持不赞成态度。

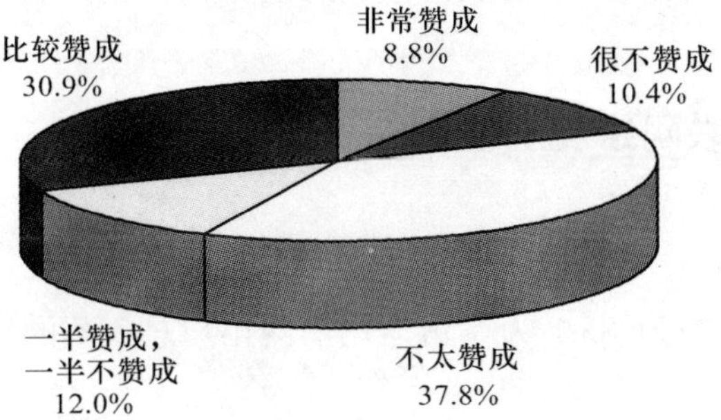

图 26.367 用户对“使用互联网容易受不良信息影响”观点的看法

（6）对互联网的信任程度

四川省上网用户中，5.9%的人对互联网完全信任，58.7%的人比较信任，29.1%的人半信半疑，5.5%的人不太信任，0.8%的人完全不信。总的来讲，四川网民对互联网持信任态度（如图 26.368 所示）。

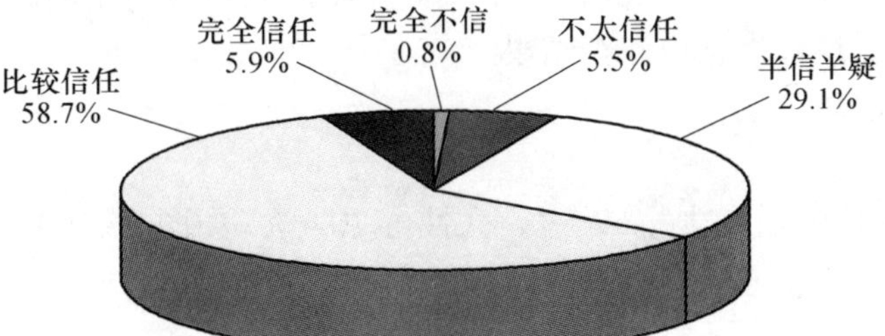

图 26.368 用户对互联网的信任程度

综上所述，四川省上网用户数为 424.3 万人，上网计算机 172 万台，CN 下注册域名数为 7380 个，WWW 站点数为 13697 个。

其中住宅电话覆盖的上网用户（不包括住校大学生）中以男性、已婚者为主体，18 岁以下的年轻人所占比例最多，受教育程度为大专的最多，个人月收入主要集中在 2000 元及以下，其中以月收入在 1001～1500 元的用户为最多。职业分布上以学生为最多，其次是企事业单位管理人员、专业技术人员和商业/服务业人员。从行业分布来看，教育业、公共管理和社会组织、卫生/社会保障和社会福利业是用户相对比较集中的行业。

用户每月实际花费的上网费用主要集中在 100 元及以下，平均每周上网 4.0 天，12.6 个小时，晚上八九点钟是用户上网的高峰时间。人均拥有 1.1 个 E-mail 账号，其中免费的 E-mail 账号为 0.9 个，平均每周收到 2.9 封电子邮件（不包括垃圾邮件），收到垃圾邮件 5.3 封，每周发出电子邮件 2.7 封。获取信息是用户上网的最主要目的。

在对互联网的看法上，四川省上网用户对“使用互联网可以提高工作/学习和生活的效率”观点持赞成态度，对“在单位/学校/邻里中，会上网的人好像高人一等”、“使用互联网容易结交不好的朋友”、“使用互联网容易暴露隐私”和“使用互联网容易受不良信息影响”等观点持不赞成态度。总的来讲，四川省上网用户对互联网持信任态度。

26.3.24 贵州省互联网络发展状况

（一）宏观概况

1．上网用户人数

贵州省上网用户人数为 83.1 万，占全国上网用户总人数的比例为 1.1%，是贵州省总人口的 2.2%。

2．上网计算机数

贵州省上网计算机数为 34 万台，占全国上网计算机总数的比例为 1.1%。

3．CN 下注册域名数（不含 EDU）

贵州省 CN 下注册域名数为 1269 个，占全国 CN 下注册域名总数的比例为 0.4%。

4．WWW 站点数（包括.CN、.COM、.NET、.ORG 下的网站）

贵州省 WWW 站点数为 2320 个，占全国 WWW 站点数的比例为 0.4%。

（二）互联网用户行为意识调查结果

1．用户个人信息

（1）用户的性别

贵州省上网用户中，男性占 69.6%，女性占 30.4%（如图 26.369 所示）。男性占据上网用户主体。

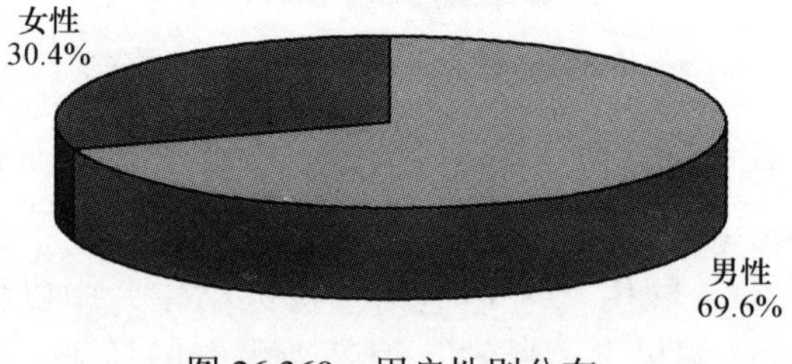

图 26.369 用户性别分布

（2）用户的年龄分布

贵州省上网用户在 18 岁以下、18～24 岁以及 25～30 岁这 3 个年龄段所占比例基本一致，分别为 22.3%、22.3%和 23.2%；31～35 岁的用户占 13.4%；36～40 岁的用户占 8.9%；41～50 岁的用户占 8.0%；还有 1.8%的用户在 50 岁以上（如图 26.370 所示）。贵州省上网用户在结构上呈现低龄化。

（3）用户的婚姻状况

贵州省上网用户中，未婚者占 52.0%，已婚者占 48.0%（如图 26.371 所示）。未婚者比已婚者略多。

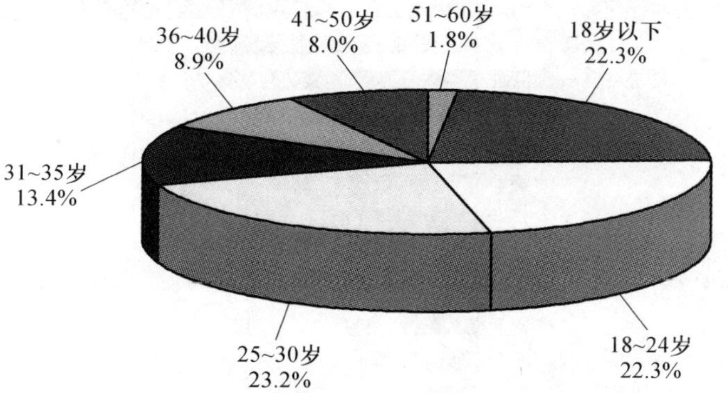

图 26.370　用户年龄分布

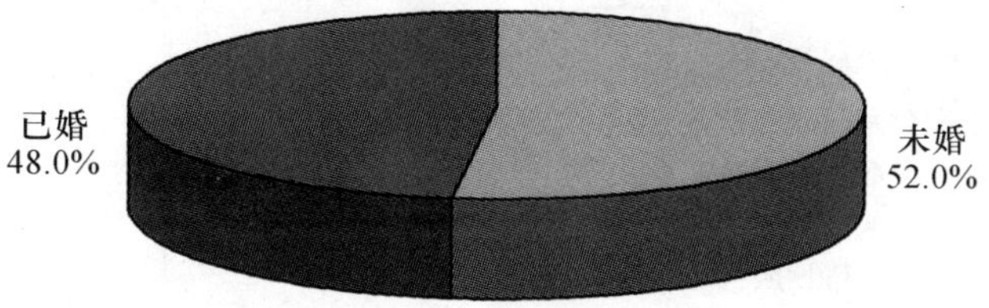

图 26.371　用户婚姻状况分布

（4）用户的受教育程度

贵州省上网用户的受教育程度分布比较均匀，主要分布在高中（中专）、大专、本科以及高中（中专）以下，所占比例分别为 30.3%、27.0%、26.2%和 16.4%（如图 26.372 所示）。

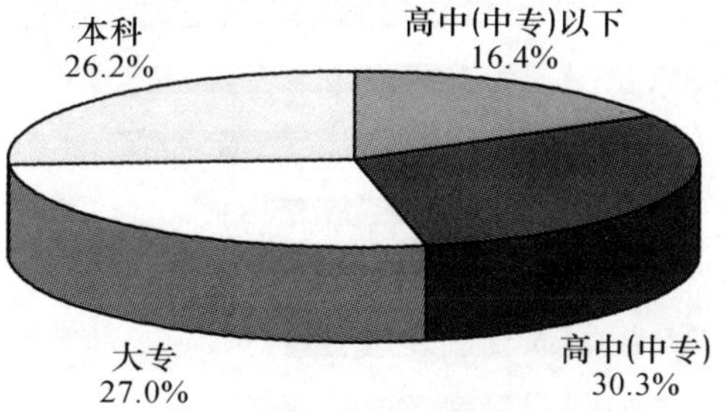

图 26.372　用户受教育程度分布

（5）用户的行业分布（不包括军人、学生和无业人员）

贵州省上网用户中，从事公共管理和社会组织的人最多，所占比例为 21.1%；其次是教育业，从事这一行业的用户为 12.2%；位居第三、第四的分别是交通运输/仓储业和金融业，所在占比例分别为 8.9%和 7.8%；从事其他行业的用户相对较少（如图 26.373 所示）。

（6）用户的职业分布

贵州省上网用户中，学生所占比例最多，达到 24.8%；其次是国家机关/党群组织工作人员和专业技术人员，所占比例分别为 15.2%和 14.4%；商业/服务业人员、教师、生产/运输设备操作人员及有关人员所占比例也相对较多，分别为 8.8%、8.8%和 8.0%；其他职业的用户则相对较少（如图 26.374 所示）。

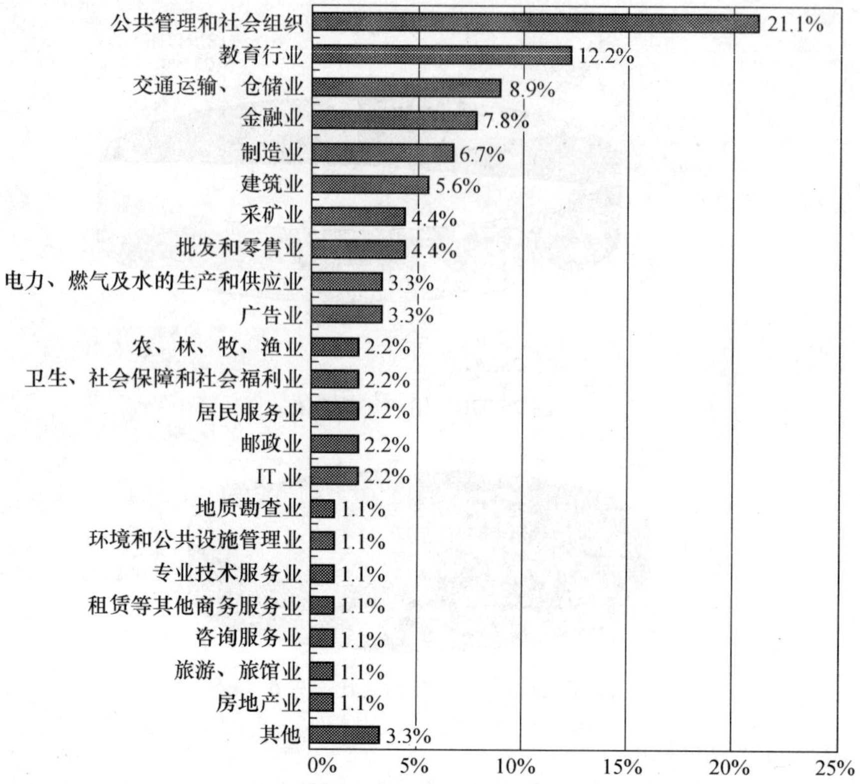

图 26.373　用户的行业分布

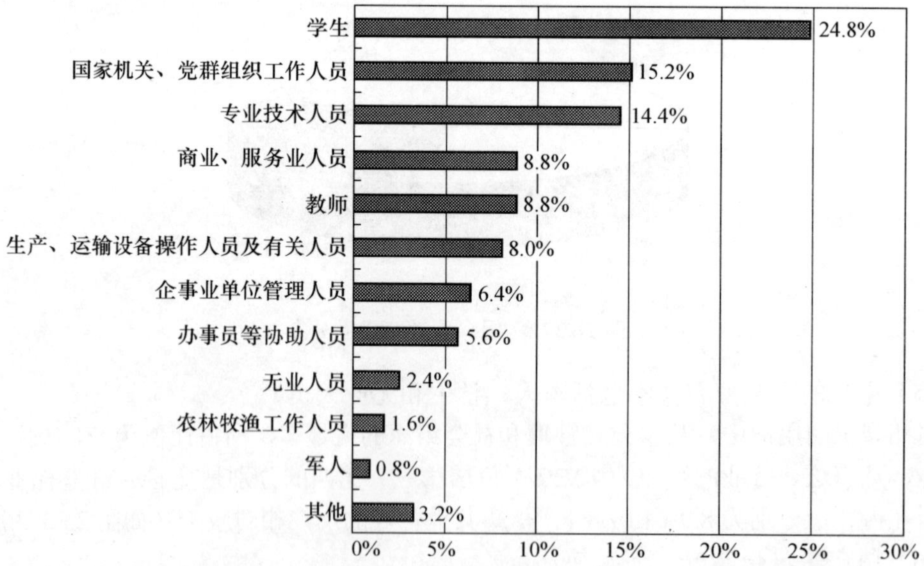

图 26.374　用户的职业分布

（7）用户的个人月收入

贵州省上网用户中，个人月收入在 501～1 000 元的用户所占比例最多，为 36.2%；500 元以下（包括无收入）的用户所占比例为 29.3%；18.1%的用户收入在 1 001～1 500

元；其他月收入的用户所占比例则很少（如图 26.375 所示）。

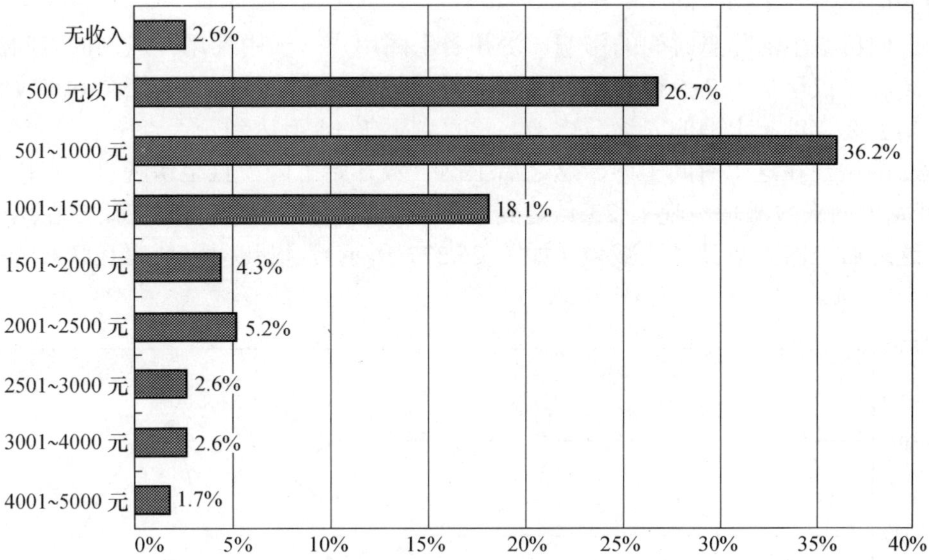

图 26.375 用户的个人月收入分布

2．用户对互联网的使用情况

（1）用户每月实际花费的上网费用

贵州省上网用户中，每月实际花费的上网费用（仅限于上网费及上网电话费，不包括使用网络服务的费用）以 51～100 元的用户为最多，达到 48.2%；其次是低于 50 元的用户，占 30.1%；每月花费在 101～150 元的用户占 12.0%，151～200 元的用户占 3.6%；每月花费超过 200 元的用户占 9.6%（如图 26.376 所示）。贵州网民每月实际花费的上网费用主要集中在 100 元及以下。

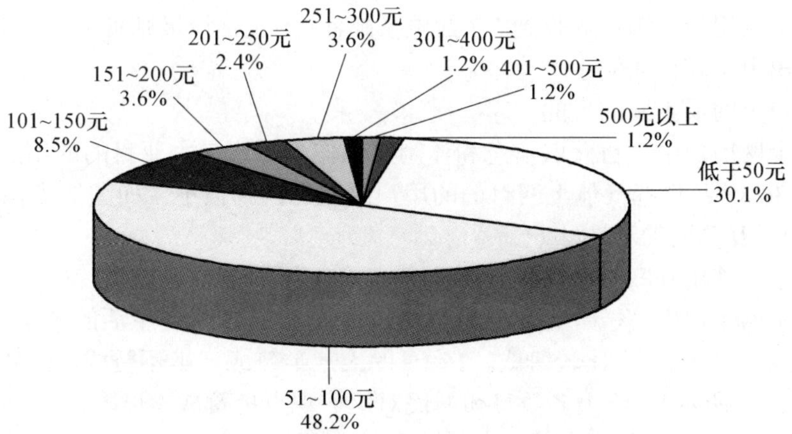

图 26.376 用户每月实际花费的上网费用分布

（2）用户平均每周上网时间

贵州省上网用户平均每周上网时间为 11.4 小时。

（3）用户平均每周上网天数

贵州省上网用户平均每周上网天数为 3.8 天。

（4）用户通常上网时间

受人们日常生活作息时间的影响，贵州省上网用户一天中使用互联网的时间波动非常大：凌晨 1 点至早上 7 点钟是用户最少上网的时间，其中凌晨的 4 点至 6 点没有人上网；从早上 8 点钟起上网的人逐渐增加，一直到下午 14 点达到一天当中的第一个高峰，有 33.6%的用户在这一时间上网，这之后上网人数开始下降，直至傍晚 18 点；从晚上 19 点开始上网人数激增，晚上 20 点达到一天当中的顶峰，有 64.0%的用户在这一时间上网，这之后上网人数又迅速减少（如图 26.377 所示）。贵州网民使用互联网的高峰时间在晚上。

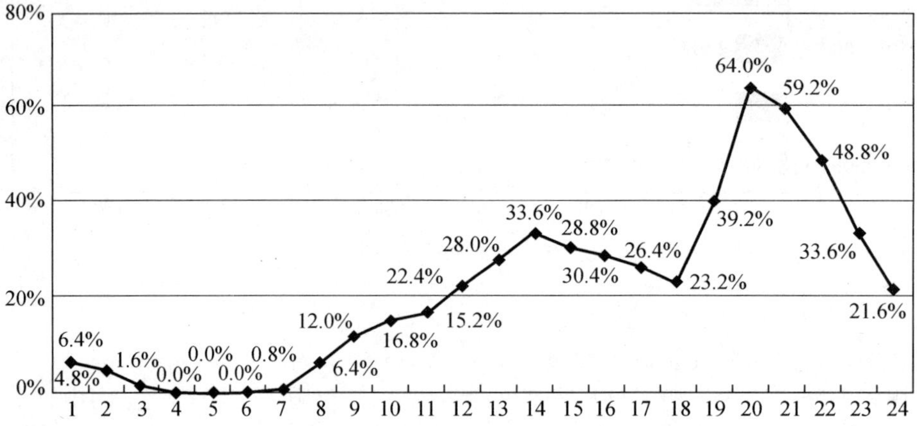

图 26.377　用户的上网时间分布

（5）用户拥有 E-mail 账号数

贵州省上网用户人均拥有 1.2 个 E-mail 账号，其中免费的 E-mail 账号为 1.2 个。

（6）用户平均每周收发的电子邮件数

贵州省上网用户平均每周收到 3.7 封电子邮件（不包括垃圾邮件），收到垃圾邮件 5.1 封，每周发出电子邮件 3.6 封。

（7）用户上网最主要的目的

贵州省上网用户中，将获取信息和休闲娱乐作为上网最主要目的的用户所占比例最多，分别为 36.8%；选择其他上网目的的用户所占比例则很小（如图 26.378 所示）。

3．用户对互联网的看法

（1）关于“使用互联网可以提高工作/学习和生活的效率”

贵州省上网用户中，关于“使用互联网可以提高工作/学习和生活的效率”观点，24.2%的人非常赞成，53.2%的人比较赞成，16.1%的人一半赞成一半不赞成，6.5%的人不太赞成（如图 26.379 所示）。绝大多数贵州网民对这一观点持赞成态度。

（2）关于“在单位/学校/邻里中，会上网的人好像高人一等”

贵州省上网用户中，关于“在单位/学校/邻里中，会上网的人好像高人一等”观点，8.1%的人非常赞成，10.6%的人比较赞成，9.8%的人一半赞成一半不赞成，38.2%的人不太赞成，33.3%的人很不赞成（如图 26.380 所示）。大多数贵州网民对这一观点持不赞成态度。

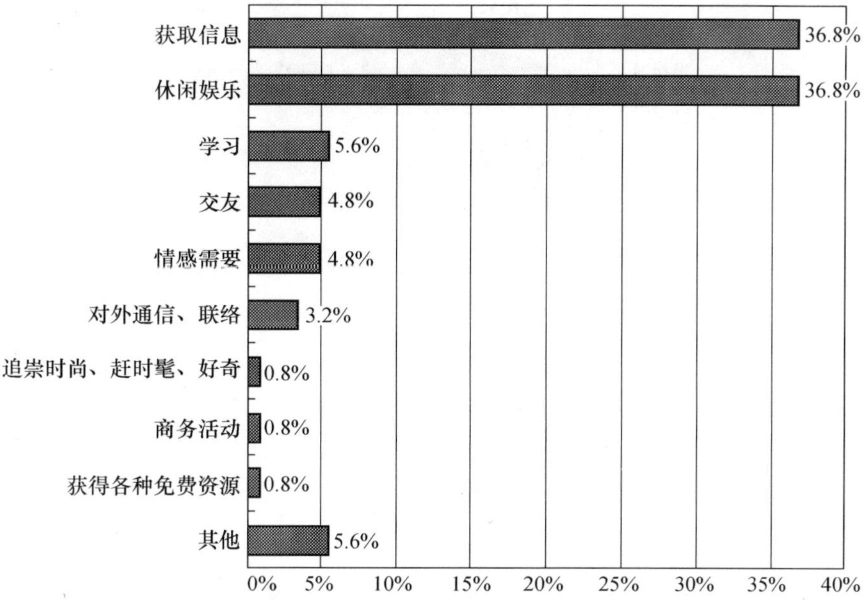

图 26.378　用户上网最主要的目的

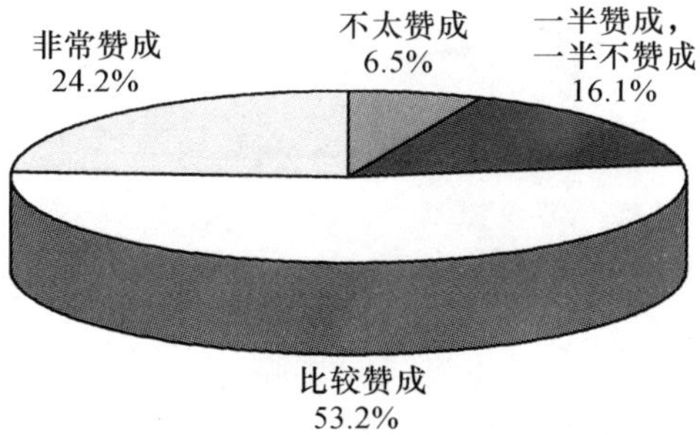

图 26.379　用户对“使用互联网可以提高工作/学习和生活的效率”观点的看法

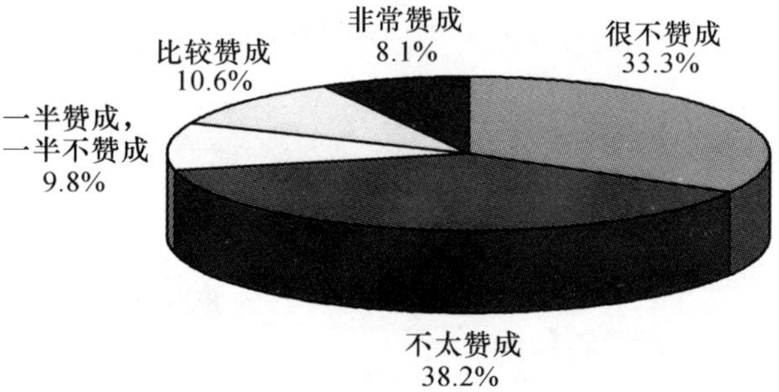

图 26.380　用户对“在单位/学校/邻里中，会上网的人好像高人一等”观点的看法

（3）关于“使用互联网容易结交不好的朋友”

贵州省上网用户中，关于“使用互联网容易结交不好的朋友”观点，4.1%的人非常赞成，14.9%的人比较赞成，17.4%的人一半赞成一半不赞成，43.0%的人不太赞成，20.7%的人很不赞成（如图 26.381 所示）。大多数贵州网民对这一观点持不赞成态度。

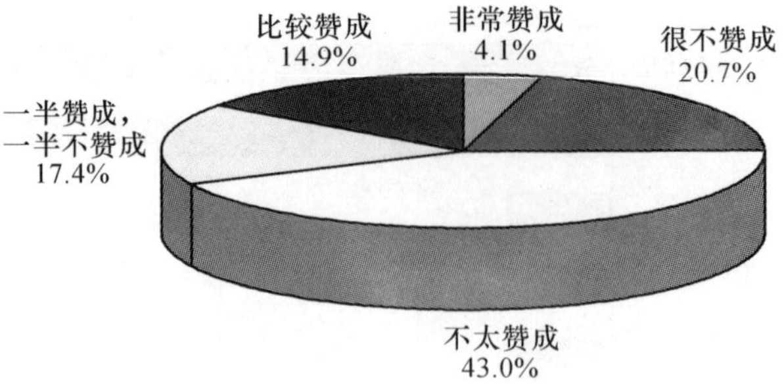

图 26.381 用户对“使用互联网容易结交不好的朋友”观点的看法

（4）关于“使用互联网容易暴露隐私”

贵州省上网用户中，关于“使用互联网容易暴露隐私”观点，2.6%的人非常赞成，18.4%的人比较赞成，12.3%的人一半赞成一半不赞成，48.2%的人不太赞成，18.4%的人很不赞成（如图 26.382 所示）。大多数贵州网民对这一观点持不赞成态度。

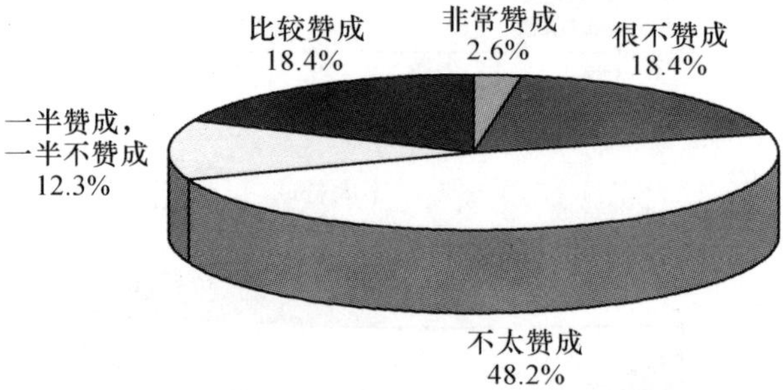

图 26.382 用户对“使用互联网容易暴露隐私”观点的看法

（5）关于“使用互联网容易受不良信息影响”

贵州省上网用户中，关于“使用互联网容易受不良信息影响”观点，7.3%的人非常赞成，26.0%的人比较赞成，22.0%的人一半赞成一半不赞成，33.3%的人不太赞成，11.4%的人很不赞成（如图 26.383 所示）。总的来讲，贵州网民对这一观点持不赞成态度。

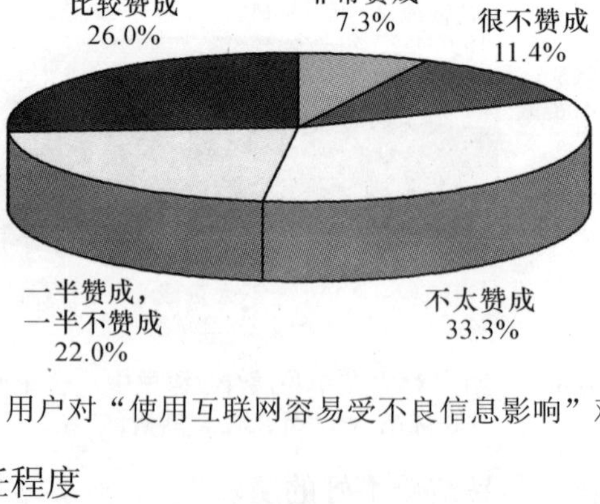

图 26.383 用户对“使用互联网容易受不良信息影响”观点的看法

（6）对互联网的信任程度

贵州省上网用户中，5.6%的人对互联网完全信任，48.4%的人比较信任，40.3%的人半信半疑，4.8%的人不太信任，0.8%的人完全不信。超过一半的贵州网民对互联网持信任态度（如图 26.384 所示）。

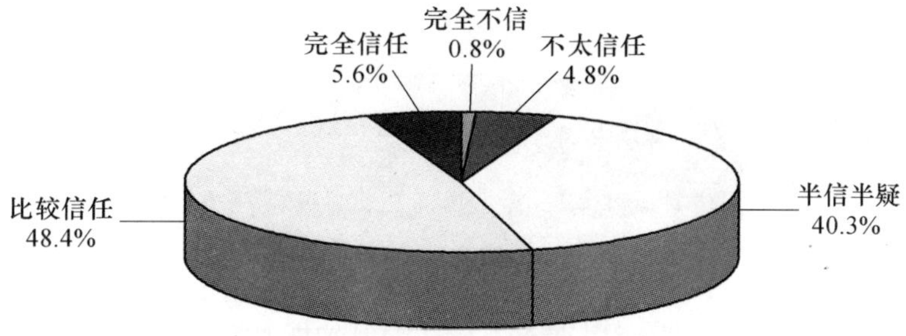

图 26.384　用户对互联网的信任程度

综上所述，贵州省上网用户数为 83.1 万人，上网计算机 34 万台，CN 下注册域名数为 1269 个，WWW 站点数为 2320 个。

其中住宅电话覆盖的上网用户（不包括住校大学生）中以男性、未婚者为主体，18 岁以下、18～24 岁和 25～30 岁的年轻人所占比例最多，受教育程度为高中（中专）的最多，个人月收入主要集中在 2000 元及以下，其中以月收入在 501～1 000 元的用户为最多。职业分布上以学生为最多，其次是国家机关/党群组织工作人员和专业技术人员。从行业分布来看，公共管理和社会组织、教育业、交通运输/仓储业和金融业是用户相对比较集中的行业。

用户每月实际花费的上网费用主要集中在 100 元及以下，平均每周上网 3.8 天，11.4 个小时，晚上 8 点钟是用户上网的高峰时间。用户人均拥有 1.2 个 E-mail 账号，其中免费的 E-mail 账号为 1.2 个，平均每周收到 3.7 封电子邮件（不包括垃圾邮件），收到垃圾邮件 5.1 封，每周发出电子邮件 3.6 封。获取信息和休闲娱乐是用户上网的最主要目的。

在对互联网的看法上，贵州省上网用户对“使用互联网可以提高工作/学习和生活的效率”观点持赞成态度，对“在单位/学校/邻里中，会上网的人好像高人一等”、“使用互联网容易结交不好的朋友”、“使用互联网容易暴露隐私”和“使用互联网容易受不良信息影响”等观点持不赞成态度。超过一半的贵州省上网用户对互联网持信任态度。

26.3.25　云南省互联网络发展状况

（一）宏观概况

1．上网用户人数

云南省上网用户人数为 166.4 万，占全国上网用户总人数的比例为 2.1%，是云南省总人口的 3.8%。

2．上网计算机数

云南省上网计算机数为 47 万台，占全国上网计算机总数的比例为 1.5%。

3．CN 下注册域名数（不含 EDU）

云南省 CN 下注册域名数为 3539 个，占全国 CN 下注册域名总数的比例为 1.0%。

4．WWW 站点数（包括.CN、.COM、.NET、.ORG 下的网站）

云南省 WWW 站点数为 5165 个，占全国 WWW 站点数的比例为 0.9%。

（二）互联网用户行为意识调查结果

1．用户个人信息

（1）用户的性别

云南省上网用户中，男性占 65.8%，女性占 34.2%（如图 26.385 所示）。男性占据上网用户主体。

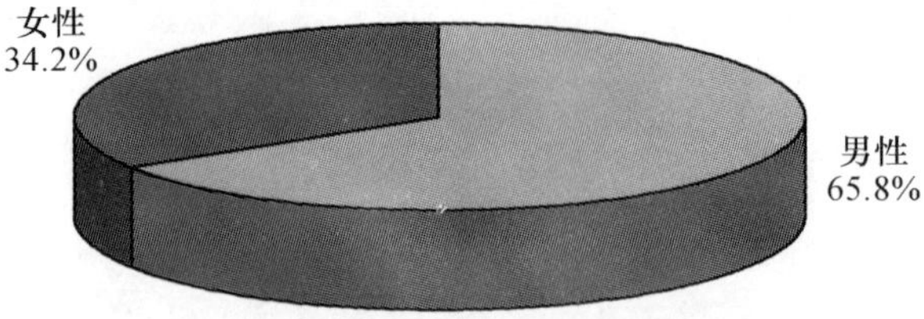

图 26.385　用户性别分布

（2）用户的年龄分布

云南省上网用户中，年龄在 18 岁以下的用户所占比例最多，为 25.0%；其次是 18～24 岁的用户，比例为 23.0%；25～30 岁的用户占 16.2%；年龄在 31～35 和 36～40 岁的用户各占 11.5%；8.8%的用户在 41～50 岁；年龄在 50 岁以上的用户有 4.1%（如图 26.386 所示）。

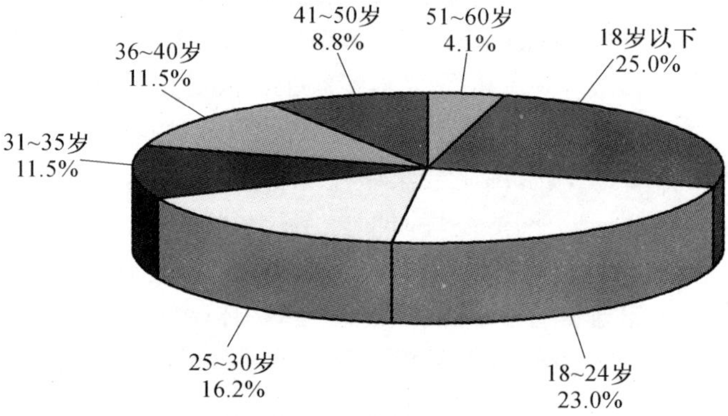

图 26.386　用户年龄分布

（3）用户的婚姻状况

云南省上网用户中，未婚者占 51.3%，已婚者占 48.7%（如图 26.387 所示）。未婚者比已婚者略多。

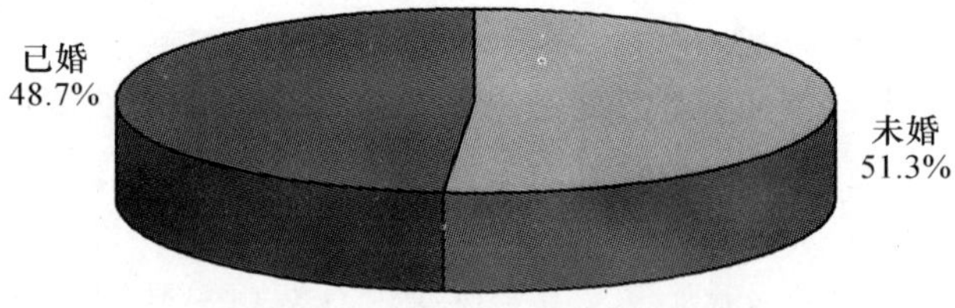

图 26.387　用户婚姻状况分布

（4）用户的受教育程度

云南省上网用户中，受教育程度在高中（中专）的用户所占比例最多，为 35.8%；其次是本科的用户，占 25.2%；高中（中专）以下的用户占 20.1%；大专用户占 17.6%；还有 1.3%的用户是硕士（如图 26.388 所示）。

（5）用户的行业分布（不包括军人、学生和无业人员）

云南省上网用户中，从事公共管理和社会组织的人最多，所占比例为 16.7%；其次是教育业，从事这一行业的用户为 10.8%；位居第三、第四的分别是制造业和金融业，所占比例分别为 7.8%和 6.9%；从事其他行业的用户相对较少（如图 26.389 所示）。

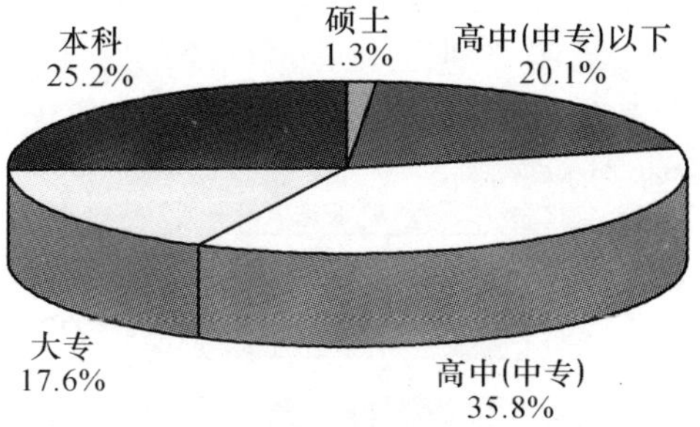

图 26.388 用户受教育程度分布

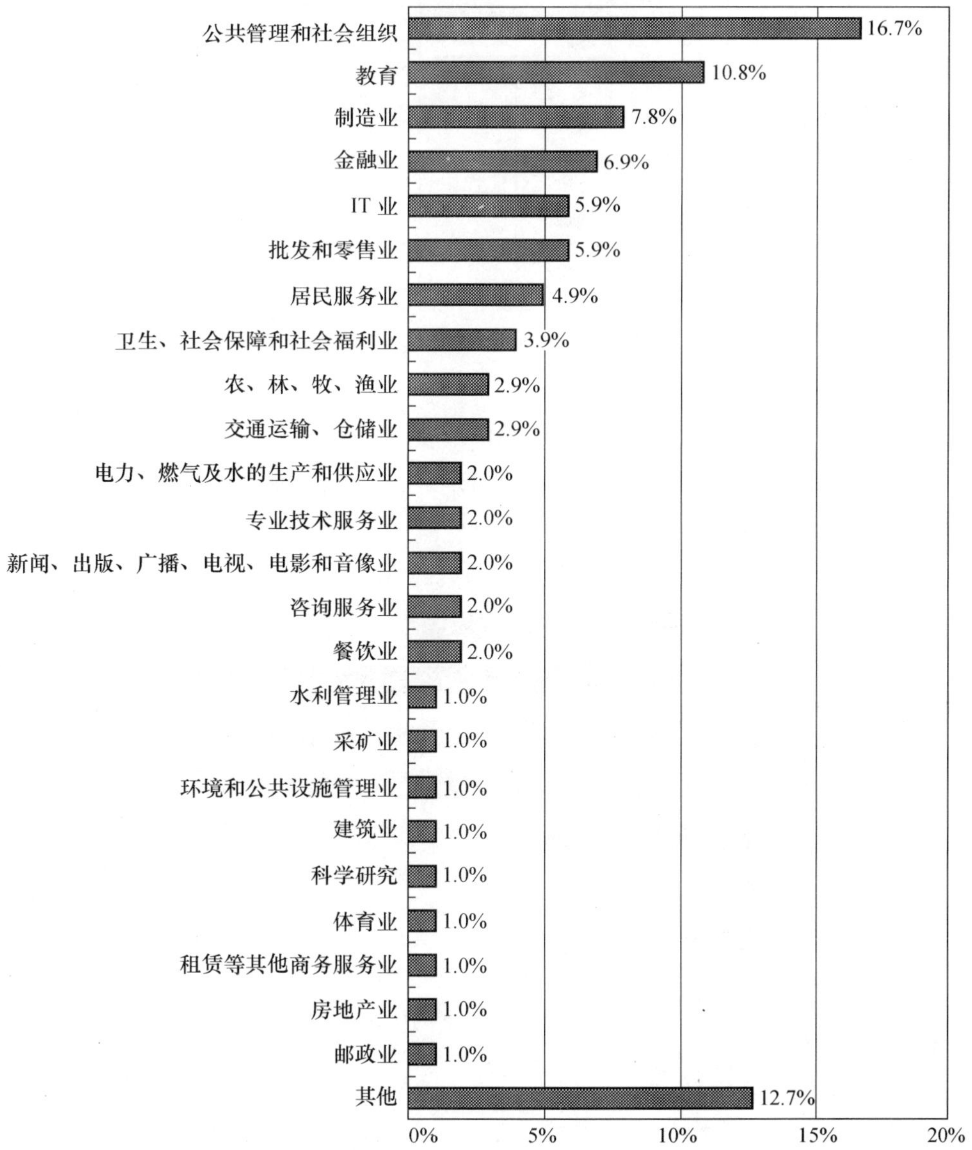

图 26.389 用户的行业分布

（6）用户的职业分布

云南省上网用户中，学生所占比例最多，达到26.7%；其次是国家机关/党群组织工作人员和专业技术人员，所占比例分别为12.4%和11.8%；位居第四的是商业/服务业人员，占10.6%；9.9%的用户无业；9.3%的用户是企事业单位管理人员；其他职业的用户所占比例相对较少（如图26.390所示）。

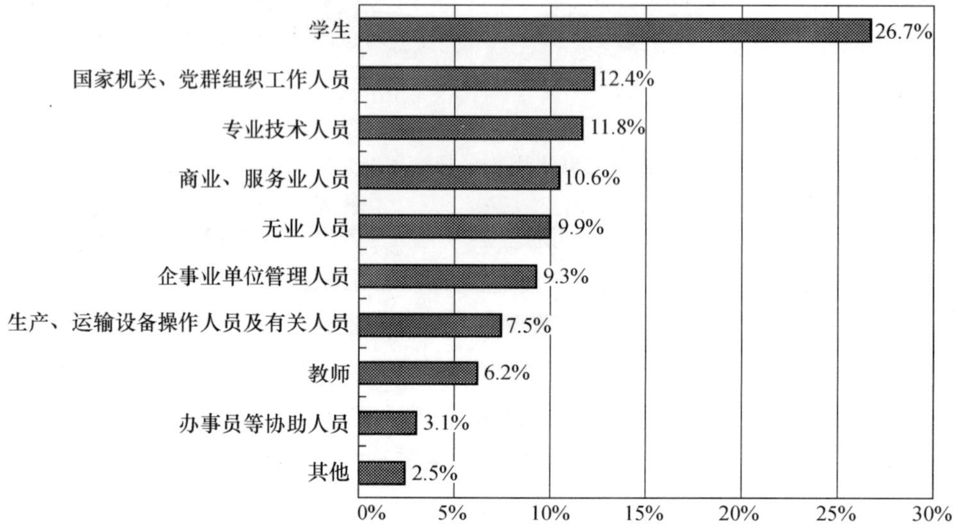

图26.390　用户的职业分布

（7）用户的个人月收入

云南省上网用户中，个人月收入在1 001～1 500元的用户所占比例最多，为23.4%；其次是月收入在500元以下和501～1 000元的用户，各占20.0%；13.1%的用户无收入；10.3%的用户月收入为1 501～2 000元；其他月收入的用户所占比例则很少（如图26.391所示）。月收入在2 000元以下的用户占据主体。

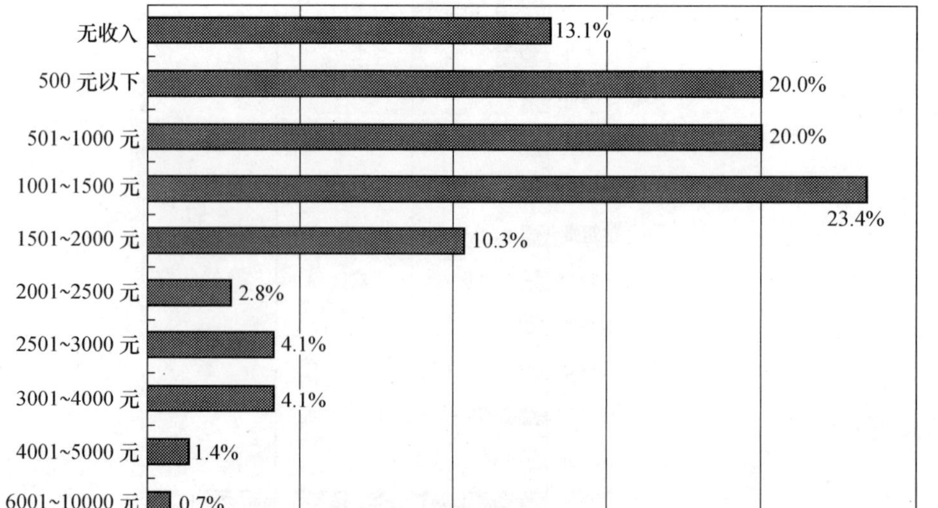

图26.391　用户的个人月收入分布

2．用户对互联网的使用情况

（1）用户每月实际花费的上网费用

云南省上网用户中，每月实际花费的上网费用（仅限于上网费及上网电话费，不包括使用网络服务的费用）以 51～100 元的用户为最多，达到 48.2%；其次是低于 50 元的用户，占 29.5%；每月花费在 101～150 元、151～200 元的用户分别占 8.9%和 4.5%；每月花费超过 200 元的用户占 9.0%（如图 26.392 所示）。云南网民每月实际花费的上网费用主要集中在 100 元及以下。

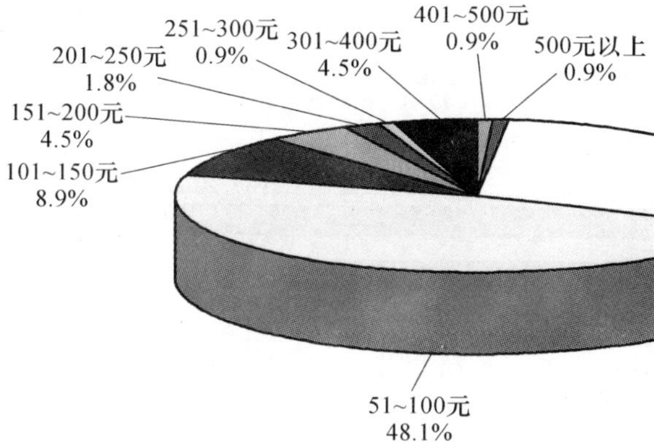

图 26.392　用户每月实际花费的上网费用分布

（2）用户平均每周上网时间

云南省上网用户平均每周上网时间为 14.4 小时。

（3）用户平均每周上网天数

云南省上网用户平均每周上网天数为 4.0 天。

（4）用户通常上网时间

受人们日常生活作息时间的影响，云南省上网用户一天中使用互联网的时间波动非常大：凌晨 1 点至早上 7 点钟是用户最少上网的时间；从早上 8 点钟起上网的人逐渐增加，到上午 10 点达到一天当中的第一个高峰，有 18.0%的用户在这一时间上网；中午 11 点略有回落，12 点开始上网人数开始增加，到下午 14 点达到一天当中的第二个高峰，有 30.4%的用户在这一时间上网，这之后上网人数开始下降，直至傍晚 18 点；从晚上 19 点开始上网人数激增，晚上 20、21 点达到一天当中的顶峰，各有 56.5%的用户在这一时间上网，这之后上网人数又迅速减少（如图 26.393 所示）。云南网民使用互联网的高峰时间在晚上。

（5）用户拥有 E-mail 账号数

云南省上网用户人均拥有 1.2 个 E-mail 账号，其中免费的 E-mail 账号为 1.0 个。

（6）用户平均每周收发的电子邮件数

云南省上网用户平均每周收到 4.4 封电子邮件（不包括垃圾邮件），收到垃圾邮件 6.8 封，每周发出电子邮件 3.5 封。

（7）用户上网最主要的目的

云南省上网用户中，将获取信息作为上网最主要目的的用户所占比例最多，为 42.9%；其次是休闲娱乐，占 34.2%；排在第三的是学习，有 11.2%的用户将它作为上网最主要的目的；选择其他上网目的的用户所占比例则很小（如图 26.394 所示）。

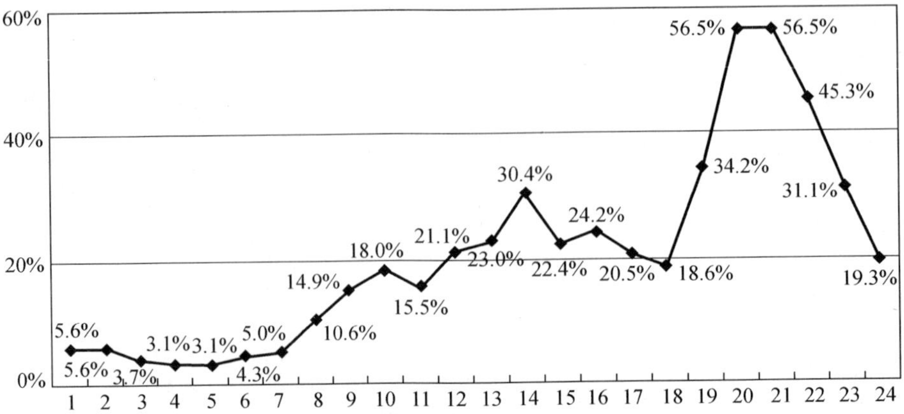

图 26.393　用户的上网时间分布

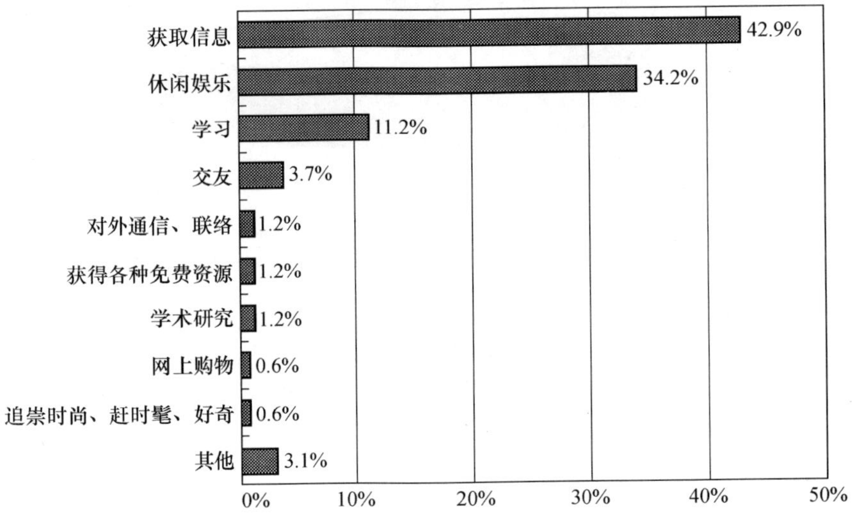

图 26.394　用户上网最主要的目的

3．用户对互联网的看法

（1）关于“使用互联网可以提高工作/学习和生活的效率”

云南省上网用户中，关于“使用互联网可以提高工作/学习和生活的效率”观点，30.4%的人非常赞成，46.0%的人比较赞成，17.4%的人一半赞成一半不赞成，5.6%的人不太赞成，0.6%的人很不赞成（如图 26.395 所示）。绝大多数云南网民对这一观点持赞成态度。

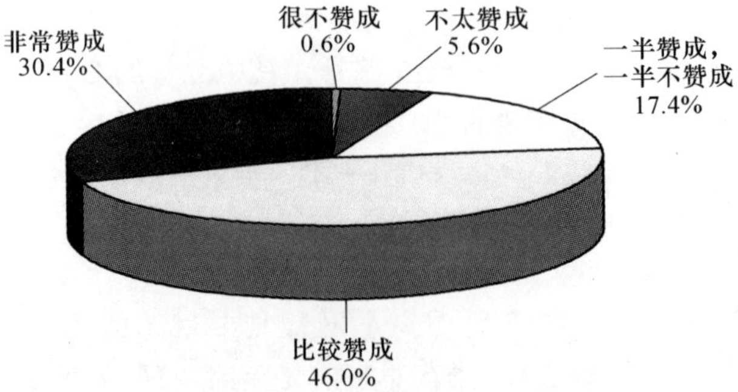

图 26.395　用户对“使用互联网可以提高工作/学习和生活的效率”观点的看法

（2）关于“在单位/学校/邻里中，会上网的人好像高人一等”

云南省上网用户中，关于“在单位/学校/邻里中，会上网的人好像高人一等”观点，3.8%的人非常赞成，10.3%的人比较赞成，10.9%的人一半赞成一半不赞成，39.7%的人不太赞成，35.3%的人很不赞成（如图 26.396 所示）。绝大多数云南网民对这一观点持不赞成态度。

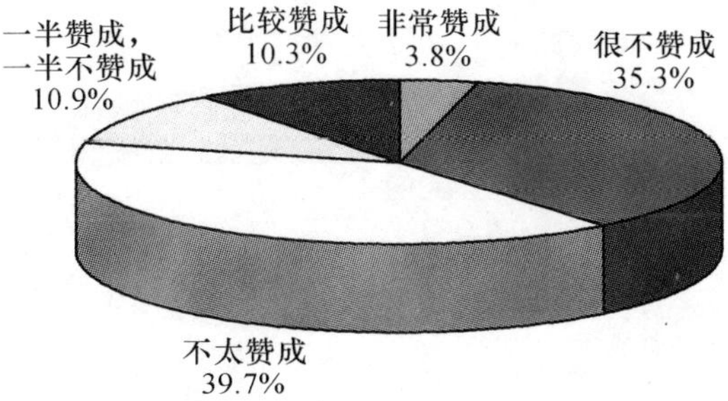

图 26.396 用户对“在单位/学校/邻里中，会上网的人好像高人一等”观点的看法

（3）关于“使用互联网容易结交不好的朋友”

云南省上网用户中，关于“使用互联网容易结交不好的朋友”观点，7.1%的人非常赞成，14.3%的人比较赞成，15.6%的人一半赞成一半不赞成，43.5%的人不太赞成，19.5%的人很不赞成（如图 26.397 所示）。大多数云南网民对这一观点持不赞成态度。

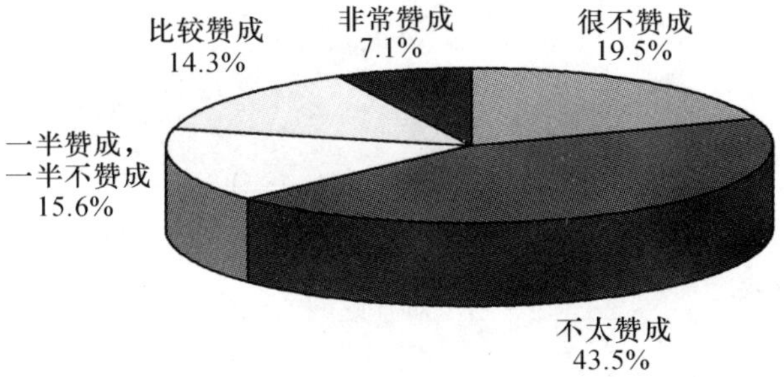

图 26.397 用户对“使用互联网容易结交不好的朋友”观点的看法

（4）关于“使用互联网容易暴露隐私”

云南省上网用户中，关于“使用互联网容易暴露隐私”观点，1.3%的人非常赞成，12.7%的人比较赞成，18.7%的人一半赞成一半不赞成，50.0%的人不太赞成，17.3%的人很不赞成（如图 26.398 所示）。大多数云南网民对这一观点持不赞成态度。

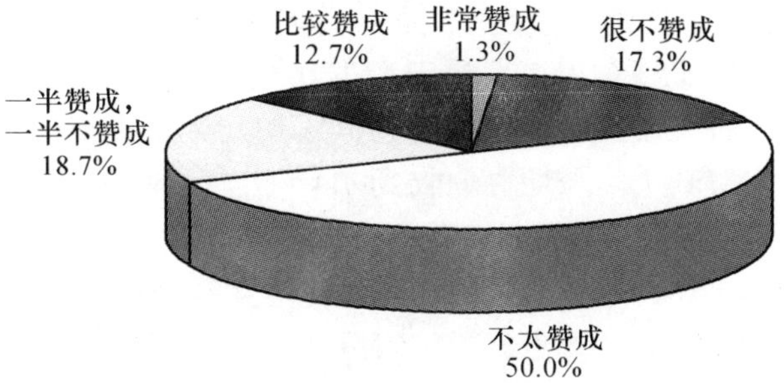

图 26.398 用户对“使用互联网容易暴露隐私”观点的看法

（5）关于“使用互联网容易受不良信息影响”

云南省上网用户中，关于“使用互联网容易受不良信息影响”观点，8.4%的人非常赞成，25.8%的人比较赞成，16.8%的人一半赞成一半不赞成，31.6%的人不太赞成，17.4%的人很不赞成（如图 26.399 所示）。总的来讲，云南网民对这一观点持不赞成态度。

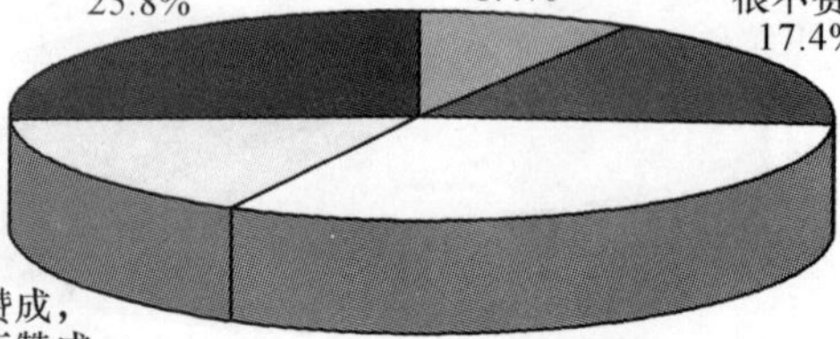

图 26.399　用户对“使用互联网容易受不良信息影响”观点的看法

（6）对互联网的信任程度

云南省上网用户中，5.0%的人对互联网完全信任，40.0%的人比较信任，43.1%的人半信半疑，11.9%的人不太信任。总的来讲，云南网民对互联网不够信任（如图 26.400 所示）。

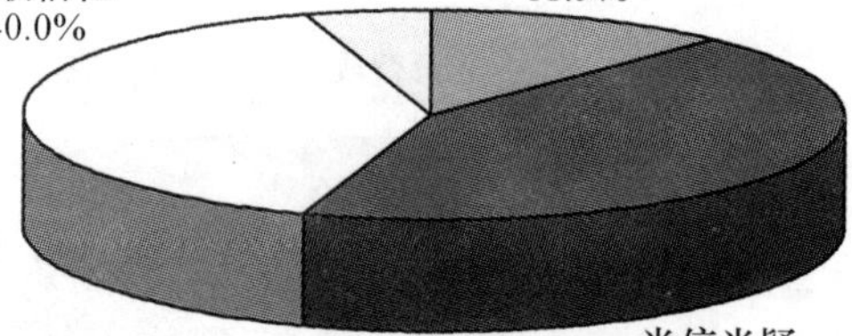

图 26.400　用户对互联网的信任程度

综上所述，云南省上网用户数为 166.4 万，上网计算机 47 万台，CN 下注册域名数为 3539 个，WWW 站点数为 5165 个。

其中住宅电话覆盖的上网用户（不包括住校大学生）中以男性为主体，未婚者比已婚者略多，18 岁以下的青少年所占比例最多，受教育程度为高中（中专）的用户最多，个人月收入主要集中在 2000 元及以下，其中以月收入在 1001～1500 元的用户为最多。职业分布上以学生为最多，其次是国家机关/党群组织工作人员和专业技术人员。就行业分布来看，公共管理和社会组织、教育业、制造业和金融业是用户相对比较集中的行业。

用户每月实际花费的上网费用主要集中在 100 元及以下，平均每周上网 4.0 天，14.4 个小时，晚上八、九点钟是用户上网的高峰时间。用户人均拥有 1.2 个 E-mail 账号，其中免费的 E-mail 账号为 1.0 个，平均每周收到 4.4 封电子邮件（不包括垃圾邮件），收到垃圾邮件 6.8 封，每周发出电子邮件 3.5 封。获取信息是用户上网的最主要目的。

在对互联网的看法上，云南省上网用户对“使用互联网可以提高工作/学习和生活的效率”观点持赞成态度，对“在单位/学校/邻里中，会上网的人好像高人一等”、“使用互联网容易结交不好的朋友”、“使用互联网容易暴露隐私”和“使用互联网容易受不良信息影响”等观点持不赞成态度。总的来讲，云南省上网用户对互联网不够信任。

26.3.26　西藏自治区互联网络发展状况

（一）宏观概况

1．上网用户人数

西藏自治区上网用户人数为 8.6 万，占全国上网用户总人数的比例为 0.1%，是西藏自治区总人口的 3.2%。

2．上网计算机数

西藏自治区上网计算机数为 3 万台，占全国上网计算机总数的比例为 0.1%。

3．CN 下注册域名数（不含 EDU）

西藏自治区 CN 下注册域名数为 624 个，占全国 CN 下注册域名总数的比例为 0.2%。

4．WWW 站点数（包括.CN、.COM、.NET、.ORG 下的网站）

西藏自治区 WWW 站点数为 1677 个，占全国 WWW 站点数的比例为 0.3%。

（二）互联网用户行为意识调查结果

1．用户个人信息

（1）用户的性别

西藏自治区上网用户中，男性占 69.5%，女性占 30.5%（如图 26.401 所示）。男性占据上网用户主体。

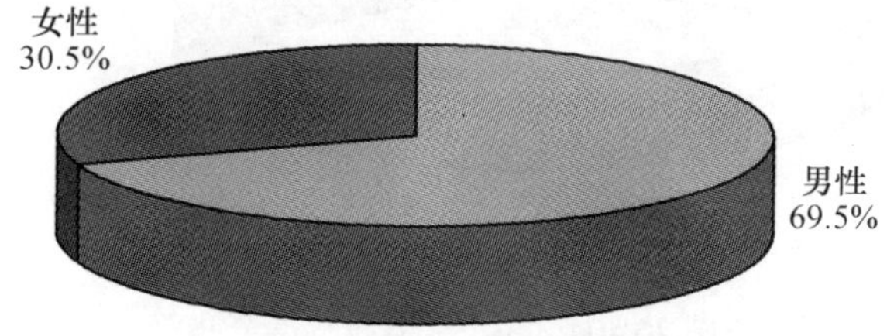

图 26.401　用户性别分布

（2）用户的年龄分布

西藏自治区上网用户中，年龄在 18～24 岁和 25～30 岁的用户所占比例最高，分别为 34.7%和 32.1%；年龄在 31～35 岁的用户占 14.5%；10.4%的用户在 36～40 岁；40 岁以上用户占 4.1%（如图 26.402 所示）。

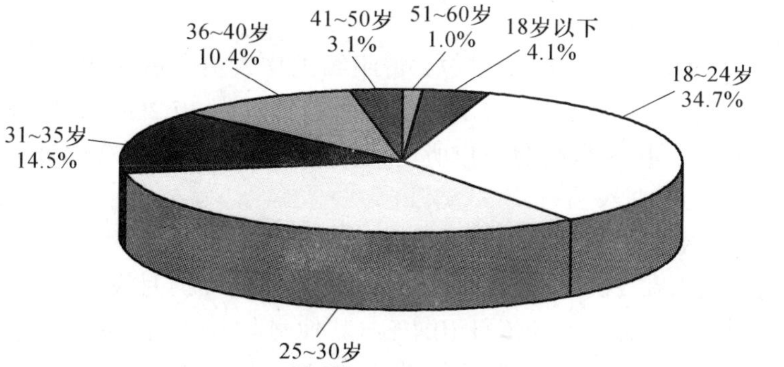

图 26.402　用户年龄分布

（3）用户的婚姻状况

西藏自治区上网用户中，未婚者占44.3%，已婚者占55.7%（如图26.403所示）。已婚者占据上网用户主体。

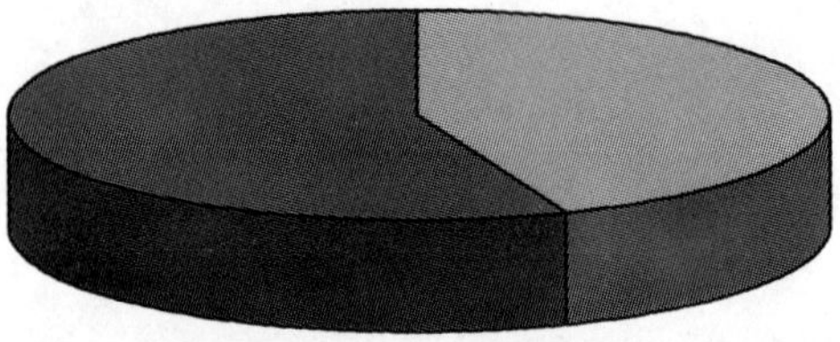

图 26.403　用户婚姻状况分布

（4）用户的受教育程度

西藏自治区上网用户中，受教育程度主要集中在大专、本科以及高中（中专），所占比例分别为31.5%、30.5%和30.5%；5.4%的用户受教育程度在高中（中专）以下，还有2.0%的用户是硕士（如图26.404所示）。

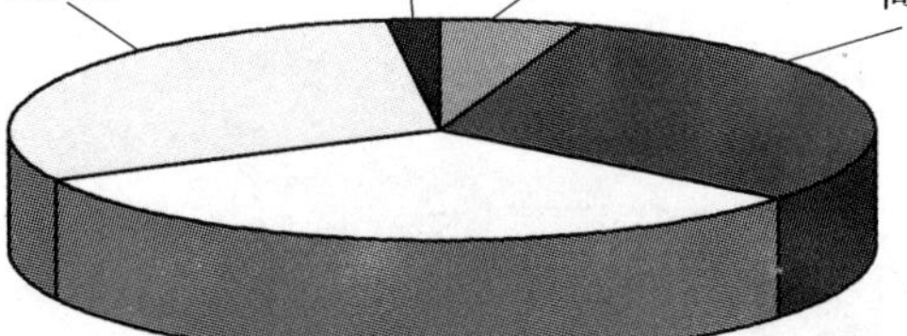

图 26.404　用户受教育程度分布

（5）用户的行业分布（不包括军人、学生和无业人员）

西藏自治区上网用户中，从事公共管理和社会组织的人最多，所占比例为33.7%；其次是教育业，从事这一行业的用户为25.1%；7.4%的用户从事IT业；6.3%的用户从事卫生/社会保障和社会福利业；从事其他行业的用户相对较少（如图26.405所示）。

（6）用户的职业分布

西藏自治区上网用户中，国家机关/党群组织工作人员所占比例最多，为27.1%；其次是教师，占21.7%；再次是专业技术人员，所占比例为17.2%；位居第四的是商业/服务业人员，占10.8%；其他职业的用户所占比例相对较少（如图26.406所示）。

（7）用户的个人月收入

西藏自治区上网用户中，个人月收入在1501～2000元的用户所占比例最多，为27.5%；其次是月收入在2001～2500元的用户，为21.8%；月收入在2501～3000元和3001～4000元的用户分别占14.0%和10.4%；其他月收入的用户所占比例相对较少（如图226.407所示）。西藏自治区用户的月收入主要集中在1501～4000元这样一个收入范围。

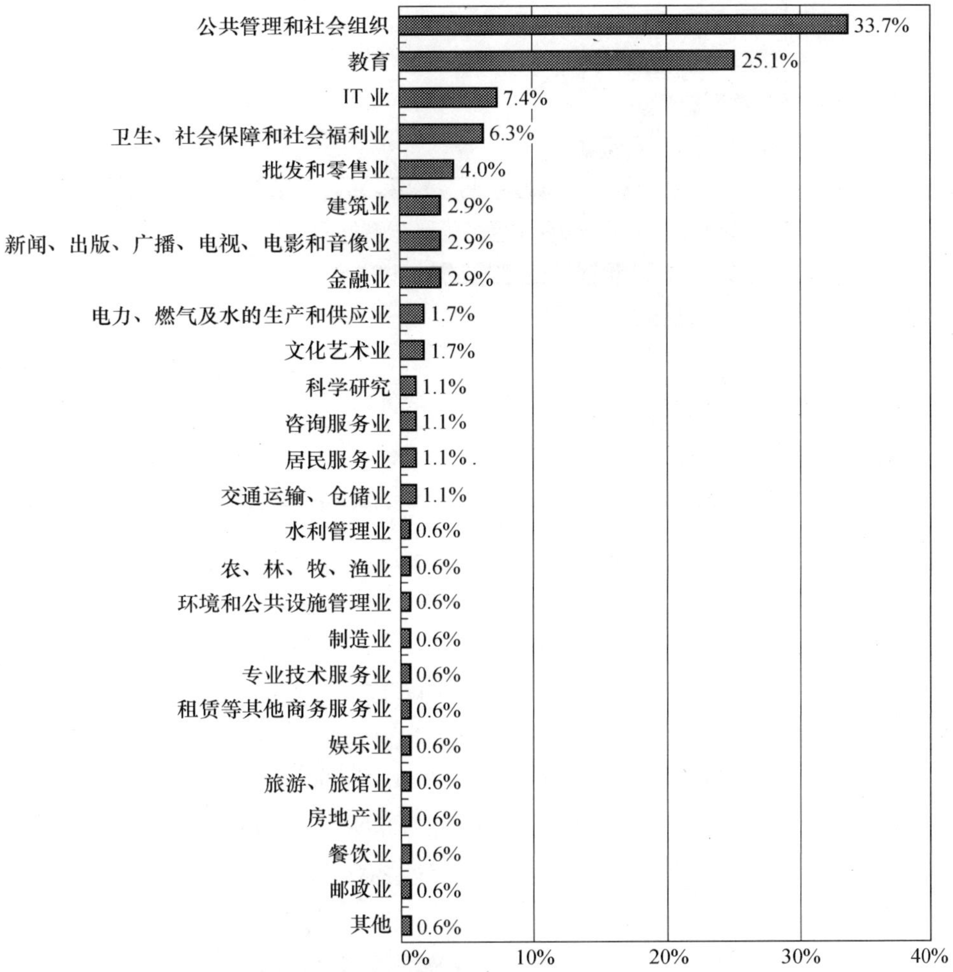

图 26.405　用户的行业分布

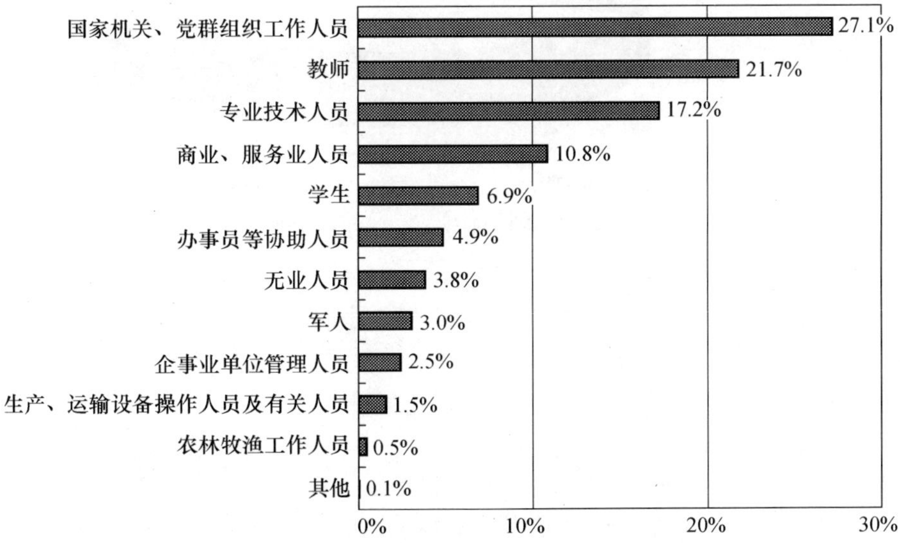

图 26.406　用户的职业分布

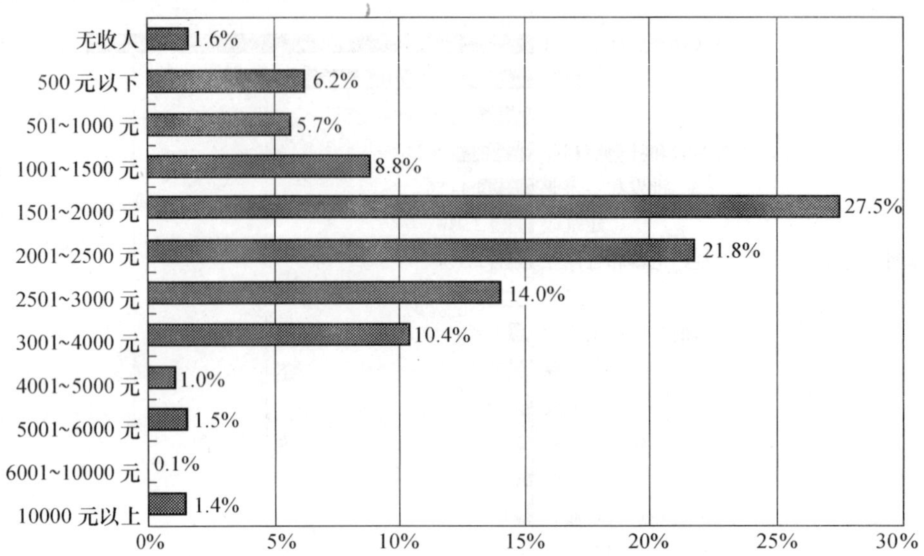

图 26.407　用户的个人月收入分布

2．用户对互联网的使用情况

（1）用户每月实际花费的上网费用

西藏自治区上网用户中，每月实际花费的上网费用（仅限于上网费及上网电话费，不包括使用网络服务的费用）以低于 50 元为最多，所占比例为 29.6%；其次是每月花费在 51～100 元的用户，占 21.4%；每月花费在 101～150 元、151～200 元的用户分别为 14.5%和 6.9%；13.2%的用户每月花费在 201～300 元；每月花费超过 300 元的用户占 14.4%（如图 26.408 所示）。

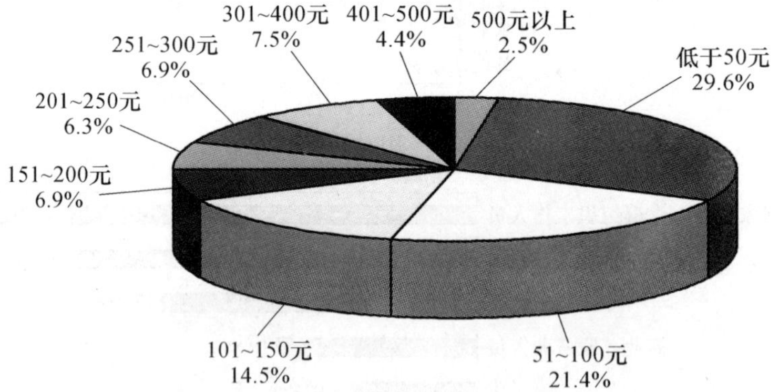

图 26.408　用户每月实际花费的上网费用分布

（2）用户平均每周上网时间

西藏自治区上网用户平均每周上网时间为 9.6 小时。

（3）用户平均每周上网天数

西藏自治区上网用户平均每周上网天数为 3.6 天。

（4）用户通常上网时间

受人们日常生活作息时间的影响，西藏自治区上网用户一天中使用互联网的时间波动非常大：凌晨 1 点至早上 8 点钟是用户最少上网的时间；从早上 9 点钟起上网的人开始增加，到上午 10 点达到一天当中的第一个高峰，有 16.7%的用户在这一时间上网；中午 11 点略有回落，12 点开始上网人数开始增加，到下午 15 点达到一天当中的第二个高峰，有 30.5%的用户在这一时间上网，这之后上网人数开始下降；从晚上 19 点开始上网人数激增，晚上 21 点达到一天当中的顶峰，有 54.2%的用户在这一时间上网，这之后上网人数又迅速减少（如图 26.409 所示）。西藏网民使用互联网的高峰时间在晚上。

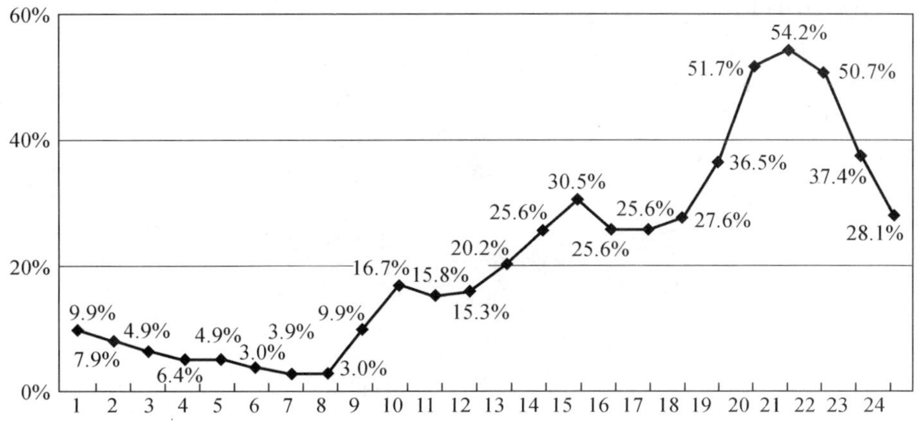

图 26.409　用户的上网时间分布

（5）用户拥有 E-mail 账号数

西藏自治区上网用户人均拥有 1.0 个 E-mail 账号，其中免费的 E-mail 账号为 0.8 个。

（6）用户平均每周收发的电子邮件数

西藏自治区上网用户平均每周收到 4.0 封电子邮件（不包括垃圾邮件），收到垃圾邮件 6.1 封，每周发出电子邮件 3.0 封。

（7）用户上网最主要的目的

西藏自治区上网用户中，将获取信息作为上网最主要目的的用户所占比例最多，为 44.3%；其次是休闲娱乐，占 28.6%；排在第三、第四位的是交友和学习，分别有 11.3%和 7.9%的用户选择；选择其他上网目的的用户所占比例则很小（如图 26.410 所示）。

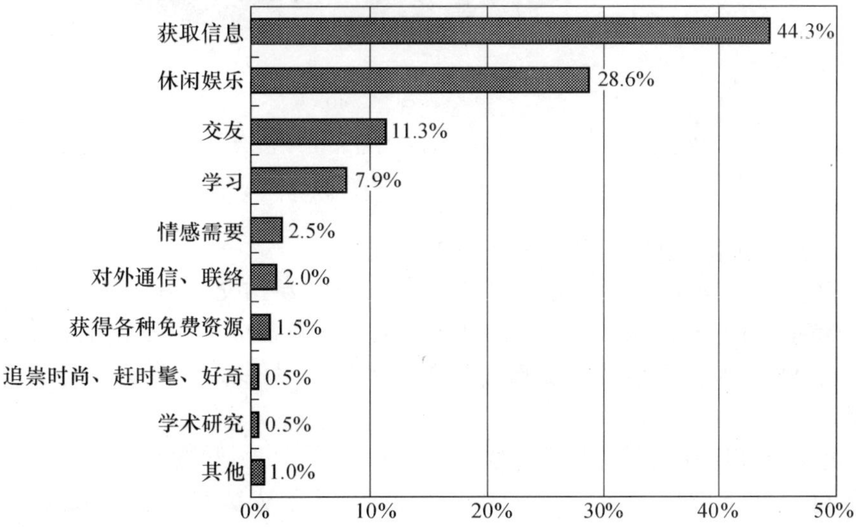

图 26.410　用户上网最主要的目的

3．用户对互联网的看法

（1）关于“使用互联网可以提高工作/学习和生活的效率”

西藏自治区上网用户中，关于“使用互联网可以提高工作/学习和生活的效率”观点，35.0%的人非常赞成，54.2%的人比较赞成，4.4%的人一半赞成一半不赞成，6.4%的人不太赞成（如图 26.411 所示）。绝大多数西藏网民对这一观点持赞成态度。

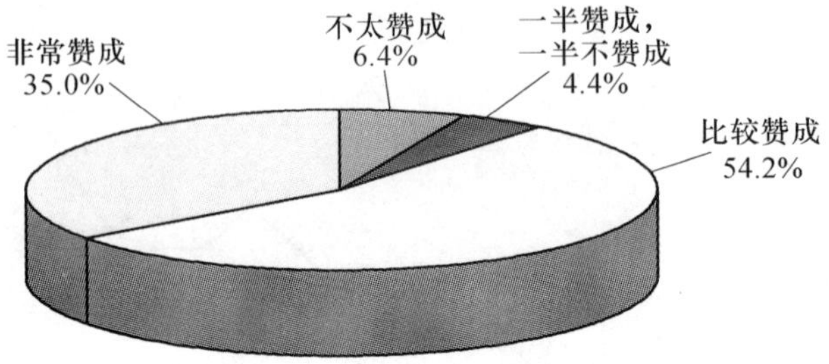

图 26.411　用户对“使用互联网可以提高工作/学习和生活的效率”观点的看法

（2）关于“在单位/学校/邻里中，会上网的人好像高人一等”

西藏自治区上网用户中，关于“在单位/学校/邻里中，会上网的人好像高人一等”观点，7.9%的人非常赞成，17.8%的人比较赞成，5.0%的人一半赞成一半不赞成，40.1%的人不太赞成，29.2%的人很不赞成（如图 26.412 所示）。大多数西藏网民对这一观点持不赞成态度。

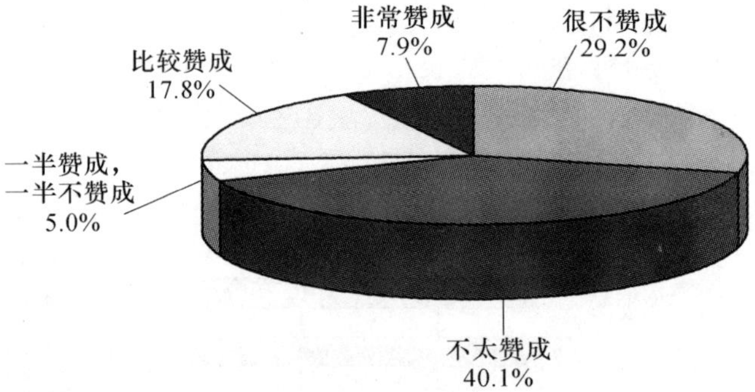

图 26.412　用户对“在单位/学校/邻里中，会上网的人好像高人一等”观点的看法

（3）关于“使用互联网容易结交不好的朋友”

西藏自治区上网用户中，关于“使用互联网容易结交不好的朋友”观点，6.0%的人非常赞成，19.9%的人比较赞成，9.5%的人一半赞成一半不赞成，47.3%的人不太赞成，17.4%的人很不赞成（如图 26.413 所示）。大多数西藏网民对这一观点持不赞成态度。

（4）关于“使用互联网容易暴露隐私”

西藏自治区上网用户中，关于“使用互联网容易暴露隐私”观点，5.9%的人非常赞成，19.5%的人比较赞成，8.1%的人一半赞成一半不赞成，45.4%的人不太赞成，21.1%的人很不赞成（如图 26.414 所示）。大多数西藏网民对这一观点持不赞成态度。

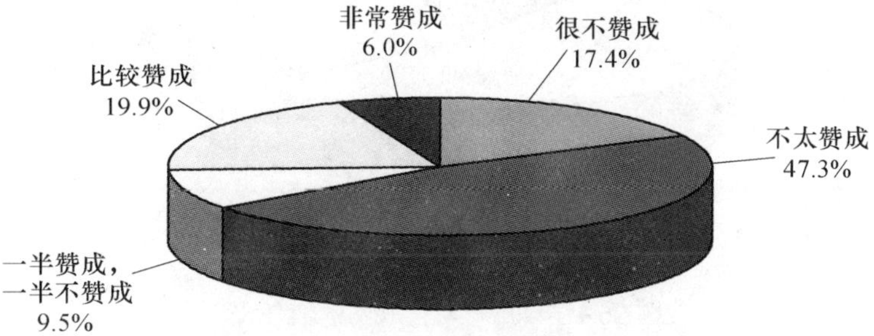

图 26.413　用户对“使用互联网容易结交不好的朋友”观点的看法

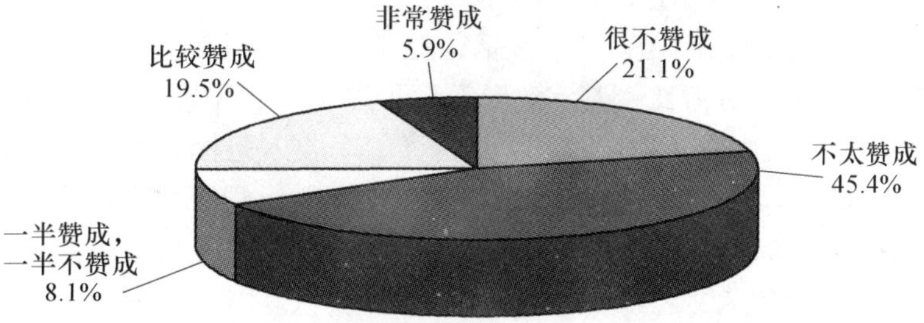

图 26.414　用户对“使用互联网容易暴露隐私”观点的看法

（5）关于“使用互联网容易受不良信息影响”

西藏自治区上网用户中，关于“使用互联网容易受不良信息影响”观点，12.2%的人非常赞成，25.5%的人比较赞成，9.2%的人一半赞成一半不赞成，37.8%的人不太赞成，15.3%的人很不赞成（如图 26.415 所示）。总的来讲，西藏网民对这一观点持不赞成态度。

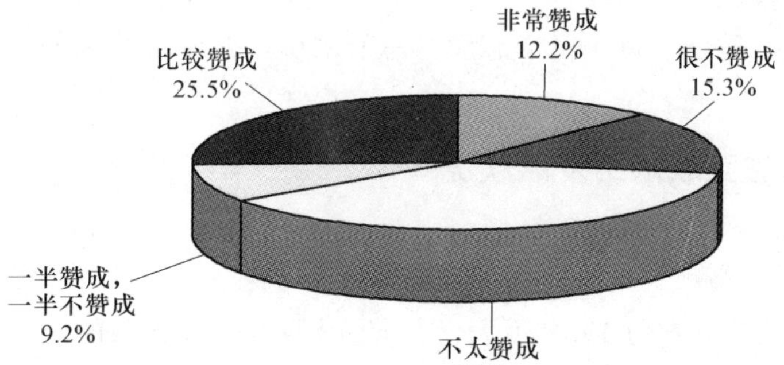

图 26.415　用户对“使用互联网容易受不良信息影响”观点的看法

（6）对互联网的信任程度

西藏自治区上网用户中，8.9%的人对互联网完全信任，55.2%的人比较信任，32.0%的人半信半疑，3.4%的人不太信任，0.5%的人完全不信。总的来讲，西藏网民对互联网比较信任（如图 26.416 所示）。

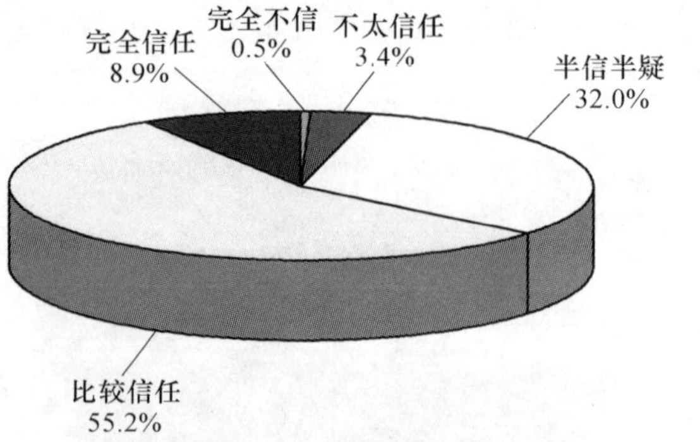

图 26.416　用户对互联网的信任程度

综上所述，西藏自治区上网用户数为 8.6 万，上网计算机 3 万台，CN 下注册域名数为 624 个，WWW 站点数为 1677 个。

其中住宅电话覆盖的上网用户（不包括住校大学生）中以男性、已婚者为主体，18～24 岁和 25～30 岁的用户所占比例最多，受教育程度主要集中在大专、本科以及高中（中专），个人月收入主要集中在 1501～4000 元这样一个收入范围，其中以月收入在 1501～2000 元的用户为最多。在职业分布上以国家机关/党群组织工作人员所占比例最多，其次是教师。从行业分布来看，公共管理和社会组织以及教育业是用户相对比较集中的行业。

用户每月实际花费的上网费用主要集中在 150 元及以下，平均每周上网 3.6 天，9.6 个小时，晚上 21 点钟是用户上网的高峰时间。用户人均拥有 1.0 个 E-mail 账号，其中免费的 E-mail 账号为 0.8 个，平均每周收到 4.0 封电子邮件（不包括垃圾邮件），收到垃圾邮件 6.1 封，每周发出电子邮件 3.0 封。获取信息是用户上网的最主要目的。

在对互联网的看法上，西藏自治区上网用户对“使用互联网可以提高工作/学习和生活的效率”观点持赞成态度，对“在单位/学校/邻里中，会上网的人好像高人一等”、“使用互联网容易结交不好的朋友”、“使用互联网容易暴露隐私”和“使用互联网容易受不良信息影响”等观点持不赞成态度。总的来讲，西藏自治区上网用户对互联网比较信任。

26.3.27　陕西省互联网络发展状况

（一）宏观概况

1．上网用户人数

陕西省上网用户人数为 196.7 万人，占全国上网用户总人数的比例为 2.5%，是陕西省总人口的 5.4%。

2．上网计算机数

陕西省上网计算机数为 58 万台，占全国上网计算机总数的比例为 1.9%。

3．CN 下注册域名数（不含 EDU）

陕西省 CN 下注册域名数为 4030 个，占全国 CN 下注册域名总数的比例为 1.2%。

4．WWW 站点数（包括.CN、.COM、.NET、.ORG 下的网站）

陕西省 WWW 站点数为 5704 个，占全国 WWW 站点数的比例为 1.0%。

（二）互联网用户行为意识调查结果

1．用户个人信息

（1）用户的性别

陕西省上网用户中，男性占 59.3%，女性占 40.7%（如图 26.417 所示）。男性占据上网用户主体。

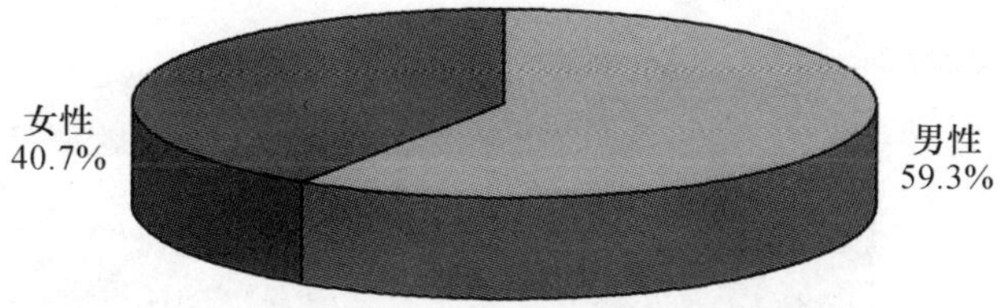

图 26.417　用户性别分布

（2）用户的年龄分布

陕西省上网用户中，年龄在 18 岁以下的用户所占比例最多，为 33.3%；18～24 岁、25～30 岁以及 31～35 岁的用户所占比例相差不多，分别为 16.7%、13.6%和 15.2%；9.1%的用户年龄在 36～40 岁；9.8%的用户在 41～50 岁；年龄在 50 岁以上的用户有 2.3%（如图 26.418 所示）。

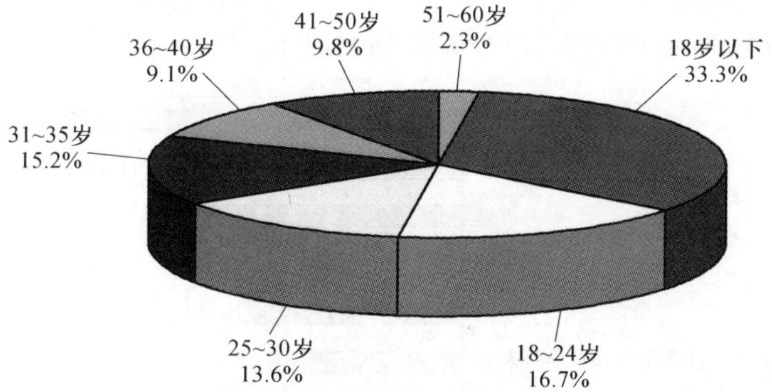

图 26.418　用户年龄分布

（3）用户的婚姻状况

陕西省上网用户中，未婚者占 47.6%，已婚者占 52.4%（如图 26.419 所示）。已婚者比未婚者略多。

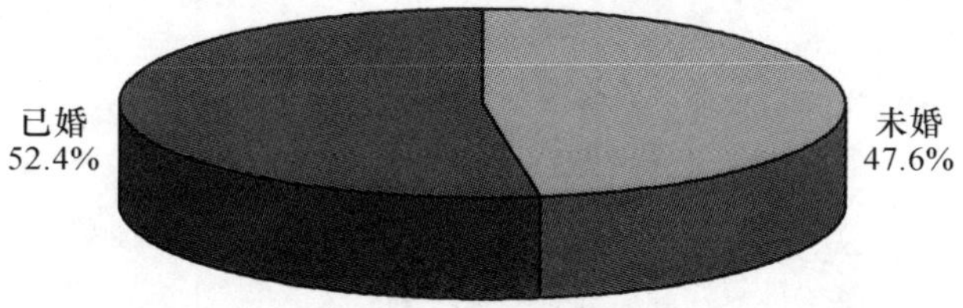

图 26.419　用户婚姻状况分布

（4）用户的受教育程度

陕西省上网用户中，受教育程度在高中（中专）的用户所占比例最多，为 36.6%；其次是大专和高中（中专）以下，分别占 24.6%和 23.9%；12.7%的用户受教育程度为本科，还有 2.1%的用户受教育程度在本科以上（如图 26.420 所示）。

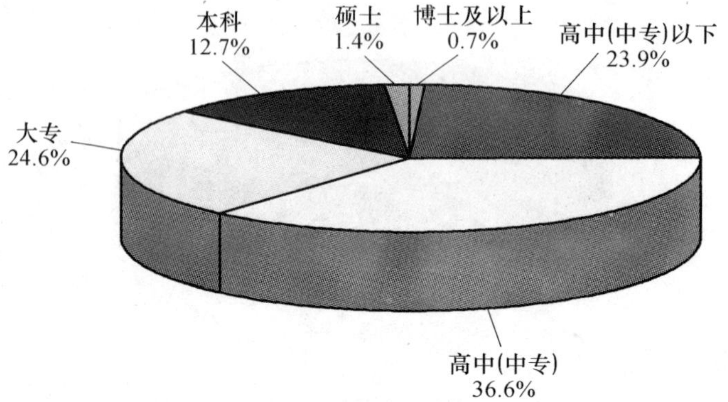

图 26.420　用户受教育程度分布

（5）用户的行业分布（不包括军人、学生和无业人员）

陕西省上网用户中，从事制造业的用户所占比例最多，为 18.6%；其次是公共管理和社会组织，所占比例为 11.6%；从事 IT 业、交通运输/仓储业以及教育业的用户也较多，所占比例分别为 10.5%、9.3%和 8.1%；从事其他行业的用户相对较少（如图 26.421 所示）。

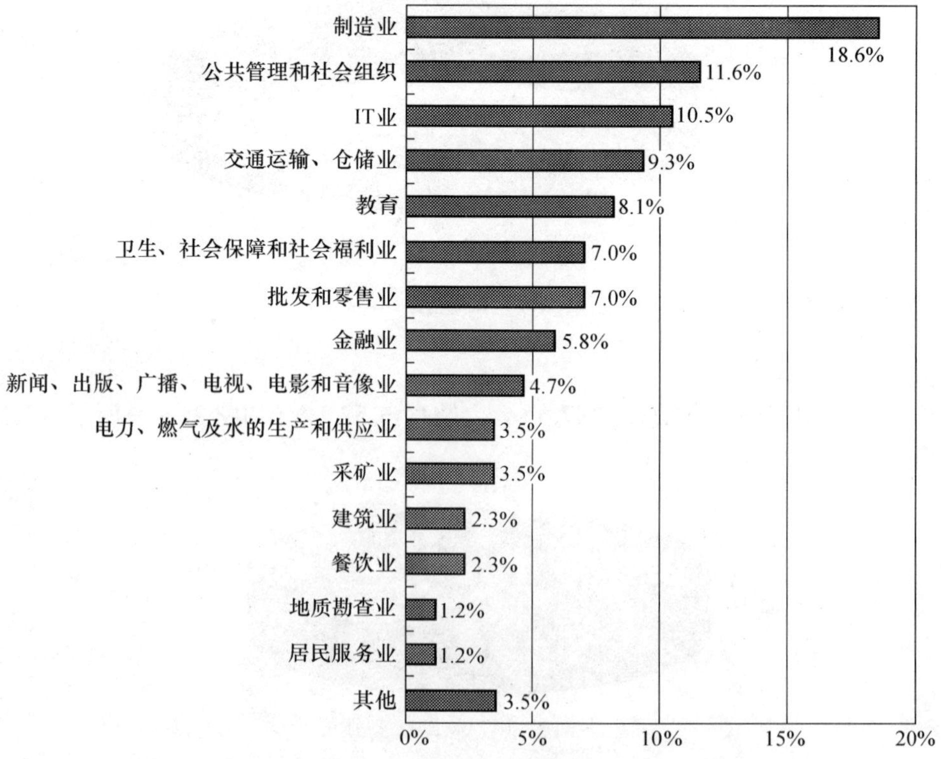

图 26.421　用户的行业分布

（6）用户的职业分布

陕西省上网用户中，学生所占比例最多，达到 33.1%；其次是专业技术人员，所占比例为 15.9%；位居第三、第四的依次是企事业单位管理人员和生产/运输设备操作人员及有关人员，分别占 11.0%和 10.3%；其他职业的用户所占比例相对较少（如图 26.422 所示）。

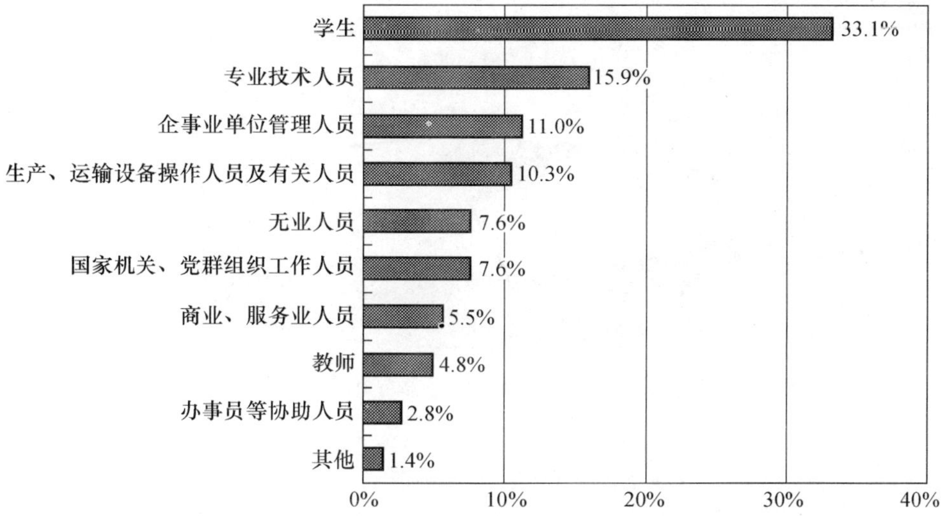

图 26.422　用户的职业分布

（7）用户的个人月收入

陕西省上网用户中，个人月收入在 500 元以下的用户所占比例最多，为 41.0%（包括 8.2%没有月收入的用户），500 元以上的用户基本上随着月收入的增加所占比例相应减少（如图 26.423 所示）。月收入在 1000 元及以下的用户占据主体。

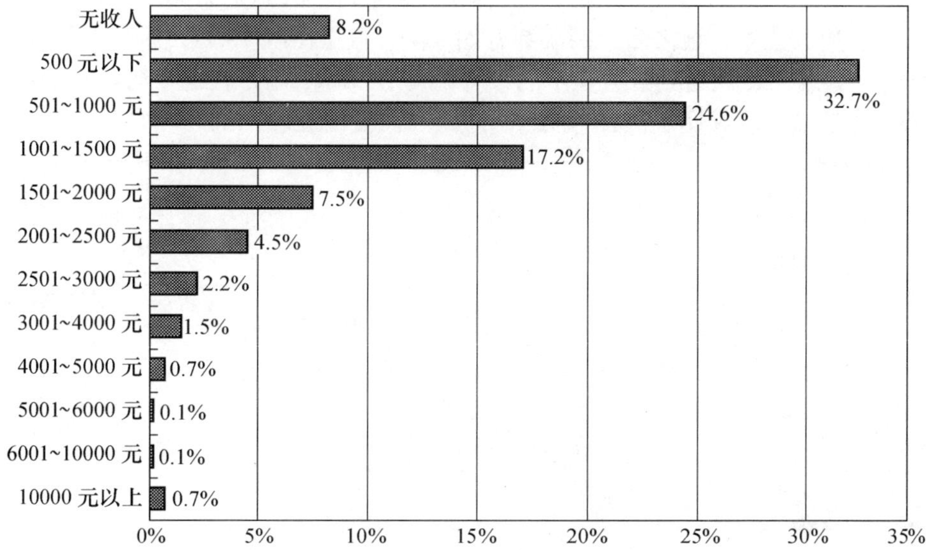

图 26.423　用户的个人月收入分布

2．用户对互联网的使用情况

（1）用户每月实际花费的上网费用

陕西省上网用户中，每月实际花费的上网费用（仅限于上网费及上网电话费，不包括使用网络服务的费用）以低于 50 元的用户为最多，达到 50.3%；其次是 51～100 元的用户，占 40.6%；每月花费超过 100 元的用户占 9.1%（如图 26.424 所示）。陕西网民每月实际花费的上网费用主要集中在 100 元及以下。

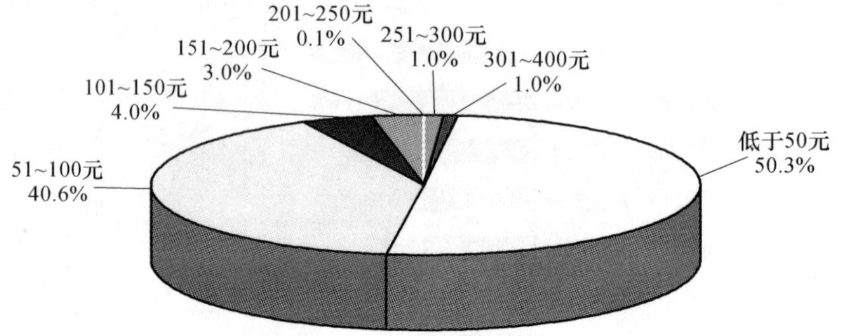

图 26.424　用户每月实际花费的上网费用分布

（2）用户平均每周上网时间

陕西省上网用户平均每周上网时间为 10.3 小时。

（3）用户平均每周上网天数

陕西省上网用户平均每周上网天数为 3.0 天。

（4）用户通常上网时间

受人们日常生活作息时间的影响，陕西省上网用户一天中使用互联网的时间波动非常大：凌晨 1 点至早上 7 点钟是用户最少上网的时间；从早上 8 点钟起上网的人逐渐增加，到中午 12 点达到一天当中的第一个高峰，有 21.4%的用户在这一时间上网；中午 13 点略有回落，14 点开始上网人数开始增加，到下午 15 点达到一天当中的第二个高峰，有 31.0%的用户在这一时间上网，这之后上网人数开始下降，直至傍晚 18 点；从晚上 19 点开始上网人数激增，晚上 20 点达到一天当中的顶峰，有 49.0%的用户在这一时间上网，这之后上网人数又迅速减少（如图 26.425 所示）。陕西网民使用互联网的高峰时间在晚上。

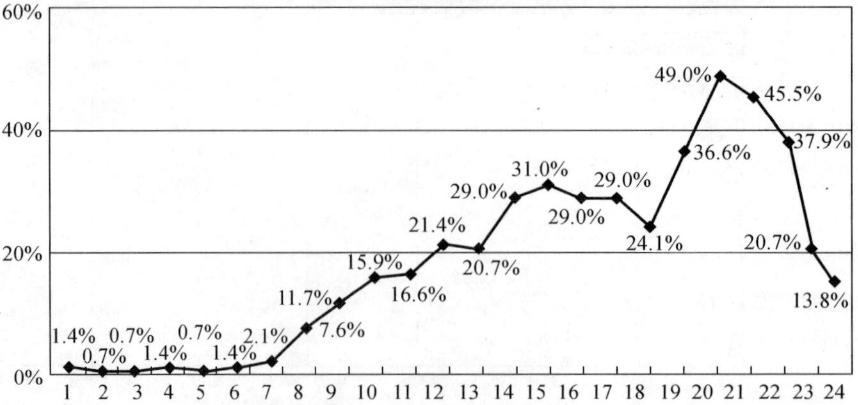

图 26.425　用户的上网时间分布

（5）用户拥有 E-mail 账号数

陕西省上网用户人均拥有 1.1 个 E-mail 账号，其中免费的 E-mail 账号为 1.0 个。

（6）用户平均每周收发的电子邮件数

陕西省上网用户平均每周收到 2.6 封电子邮件（不包括垃圾邮件），收到垃圾邮件 4.9 封，每周发出电子邮件 2.0 封，与网民总体相比较少。

（7）用户上网最主要的目的

陕西省上网用户中，将获取信息作为上网最主要目的的用户所占比例最多，为 38.6%；紧随其后的是休闲娱乐，占 35.2%；还有 9.7%和 9.0%的用户将学习和交友作为上网最主要的目的；选择其他上网目的的用户所占比例则很小（如图 26.426 所示）。

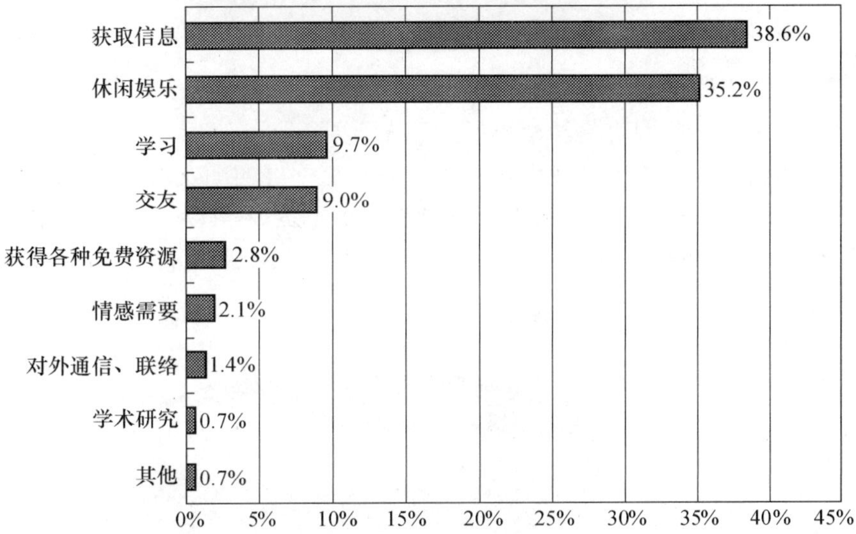

图 26.426　用户上网最主要的目的

3．用户对互联网的看法

（1）关于“使用互联网可以提高工作/学习和生活的效率”

陕西省上网用户中，关于“使用互联网可以提高工作/学习和生活的效率”观点，27.3%的人非常赞成，55.9%的人比较赞成，6.3%的人一半赞成一半不赞成，10.5%的人不太赞成（如图 26.427 所示）。绝大多数陕西网民对这一观点持赞成态度。

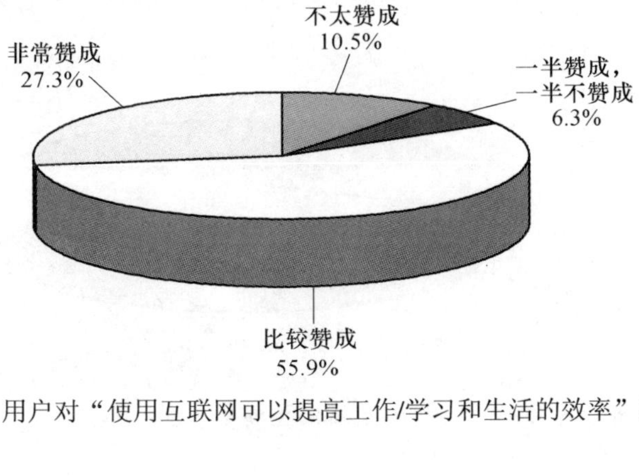

图 26.427　用户对“使用互联网可以提高工作/学习和生活的效率”观点的看法

（2）关于“在单位/学校/邻里中，会上网的人好像高人一等”

陕西省上网用户中，关于“在单位/学校/邻里中，会上网的人好像高人一等”观点，3.6%的人非常赞成，16.5%的人比较赞成，9.4%的人一半赞成一半不赞成，46.0%的人不太赞成，24.5%的人很不赞成（如图 26.428 所示）。大多数陕西网民对这一观点持不赞成态度。

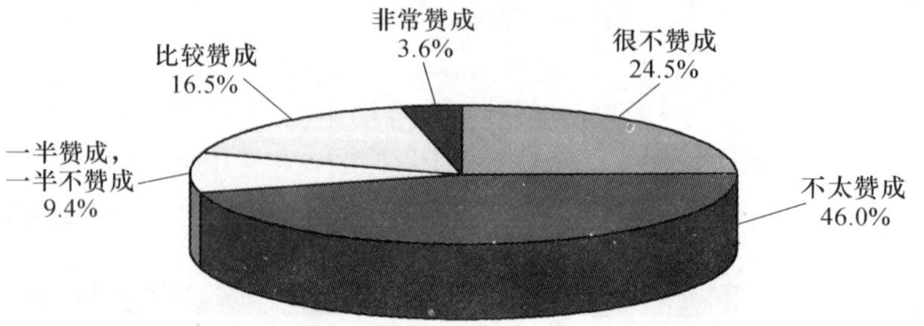

图 26.428　用户对“在单位/学校/邻里中，会上网的人好像高人一等”观点的看法

（3）关于“使用互联网容易结交不好的朋友”

陕西省上网用户中，关于“使用互联网容易结交不好的朋友”观点，1.5%的人非常赞成，25.7%的人比较赞成，15.4%的人一半赞成一半不赞成，41.9%的人不太赞成，15.4%的人很不赞成（如图 26.429 所示）。大多数陕西网民对这一观点持不赞成态度。

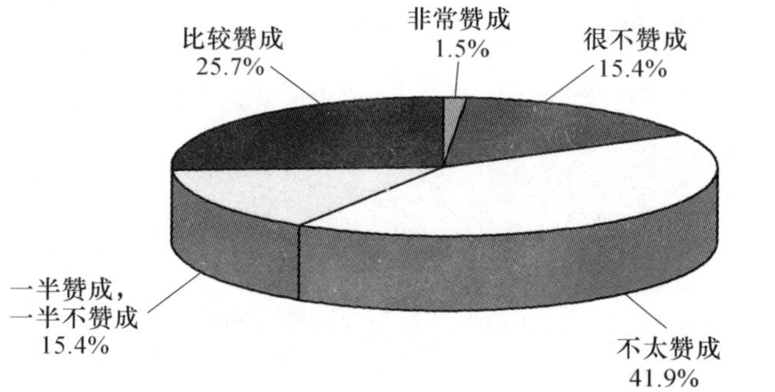

图 26.429　用户对“使用互联网容易结交不好的朋友”观点的看法

（4）关于“使用互联网容易暴露隐私”

陕西省上网用户中，关于“使用互联网容易暴露隐私”观点，1.5%的人非常赞成，18.5%的人比较赞成，13.3%的人一半赞成一半不赞成，49.6%的人不太赞成，17.0%的人很不赞成（如图 26.430 所示）。大多数陕西网民对这一观点持不赞成态度。

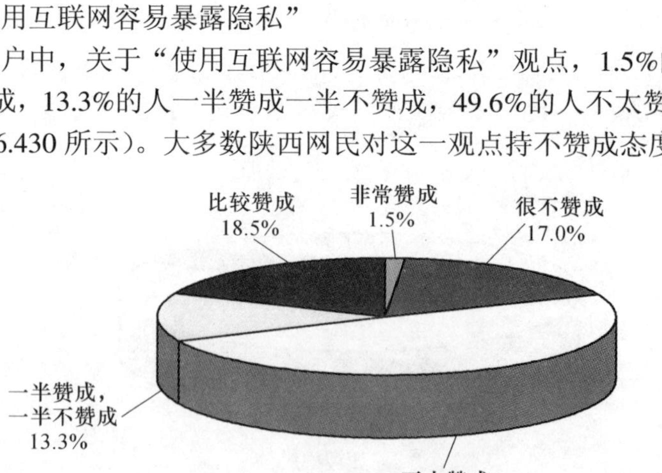

图 26.430　用户对“使用互联网容易暴露隐私”观点的看法

（5）关于“使用互联网容易受不良信息影响”

陕西省上网用户中，关于“使用互联网容易受不良信息影响”观点，9.9%的人非常赞成，32.4%的人比较赞成，14.8%的人一半赞成一半不赞成，32.4%的人不太赞成，10.6%的人很不赞成（如图 26.431 所示）。陕西网民对这一观点持赞成态度与持不赞成态度的人大致相当。

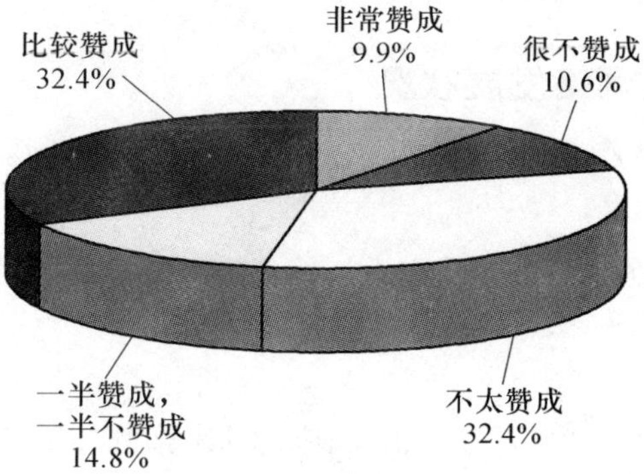

图 26.431 用户对“使用互联网容易受不良信息影响”观点的看法

（6）对互联网的信任程度

陕西省上网用户中，4.9%的人对互联网完全信任，53.8%的人比较信任，32.9%的人半信半疑，7.7%的人不太信任，0.7%的人完全不信。总的来讲，陕西网民对互联网比较信任（如图 26.432 所示）。

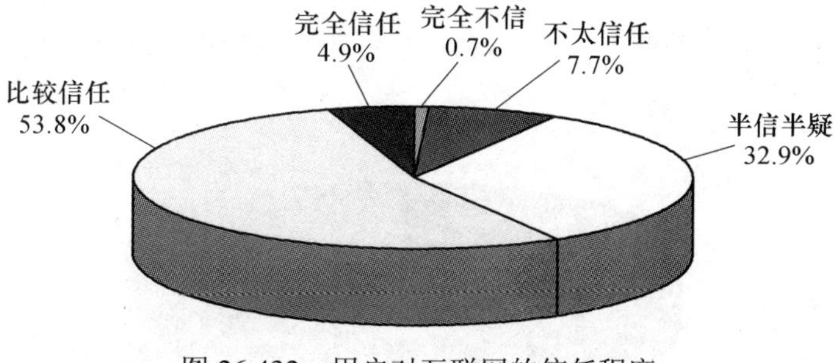

图 26.432 用户对互联网的信任程度

综上所述，陕西省上网用户数为 196.7 万，上网计算机 58 万台，CN 下注册域名数为 4030 个，WWW 站点数为 5704 个。

其中住宅电话覆盖的上网用户（不包括住校大学生）中以男性为主体，已婚者比未婚者略多，18 岁以下的青少年所占比例最多，受教育程度为高中（中专）的用户最多，个人月收入主要集中在 1000 元及以下，其中以月收入在 500 元以下的用户为最多。在职业分布上以学生为最多，其次是专业技术人员。就行业分布来看，制造业、公共管理和社会组织、IT 业、交通运输/仓储业以及教育业是用户相对比较集中的行业。

用户每月实际花费的上网费用主要集中在 100 元及以下，平均每周上网 3.0 天，10.3 个小时，晚上 20 点钟是用户上网的高峰时间。用户人均拥有 1.1 个 E-mail 账号，其中免费的 E-mail 账号为 1.0 个，平均每周收到 2.6 封电子邮件（不包括垃圾邮件），收到垃圾邮件 4.9 封，每周发出电子邮件 2.0 封。获取信息是用户上网的最主要目的。

在对互联网的看法上，陕西省上网用户对“使用互联网可以提高工作/学习和生活的效率”观点持赞成态度，对“在单位/学校/邻里中，会上网的人好像高人一等”、“使用互联网容易结交不好的朋友”和“使用互联网容易暴露隐私”等观点持不赞成态度，对“使用互联网容易受不良信息影响”观点持赞成态度与不赞成态度的人大致相当。总的来讲，陕西省上网用户对互联网比较信任。

26.3.28　甘肃省互联网络发展状况

（一）宏观概况

1．上网用户人数

甘肃省上网用户人数为 122.4 万，占全国上网用户总人数的比例为 1.5%，是甘肃省总人口的 4.7%。

2．上网计算机数

甘肃省上网计算机数为 38 万台，占全国上网计算机总数的比例为 1.2%。

3．CN 下注册域名数（不含 EDU）

甘肃省 CN 下注册域名数为 1274 个，占全国 CN 下注册域名总数的比例为 0.4%。

4．WWW 站点数（包括.CN、.COM、.NET、.ORG 下的网站）

甘肃省 WWW 站点数为 3369 个，占全国 WWW 站点数的比例为 0.6%。

（二）互联网用户行为意识调查结果

1．用户个人信息

（1）用户的性别

甘肃省上网用户中，男性占 69.1%，女性占 30.9%（如图 26.433 所示）。男性占据上网用户主体。

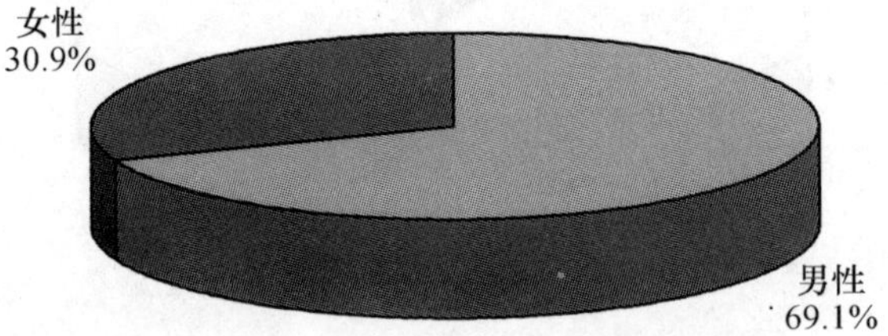

图 26.433　用户性别分布

（2）用户的年龄分布

甘肃省上网用户中，年龄在 18 岁以下的用户所占比例最多，为 22.3%；其次是 18～24 岁和 25～30 岁的用户，分别占 18.5%和 17.2%；年龄在 31～35 岁、36～40 岁和 41～50 岁的用户所占比例分别为 13.4%、10.2%和 15.3%；年龄在 50 岁以上的用户有 3.1%（如图 26.434 所示）。

（3）用户的婚姻状况

甘肃省上网用户中，未婚者占 41.2%，已婚者占 58.8%（如图 26.435 所示）。已婚者占据上网用户主体。

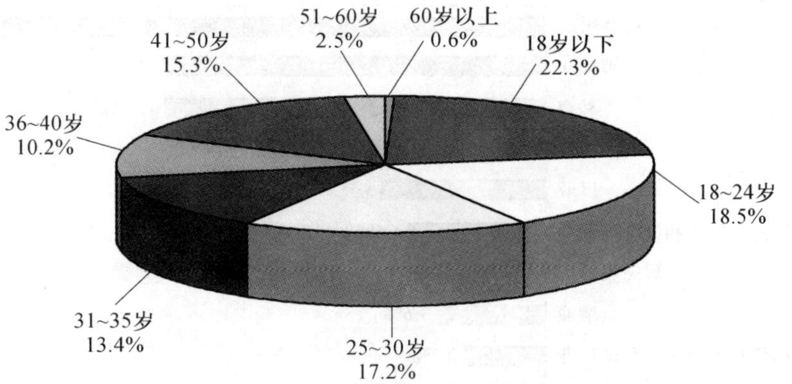

图 26.434　用户年龄分布

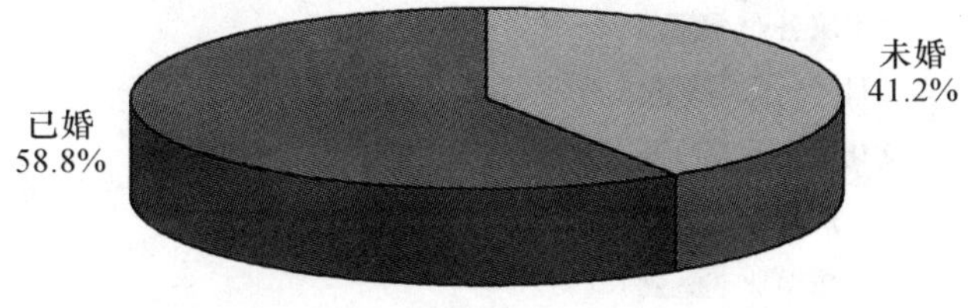

图 26.435　用户婚姻状况分布

（4）用户的受教育程度

甘肃省上网用户中，受教育程度在高中（中专）的用户所占比例最多，为 34.8%；其次是大专，占 29.3%；本科和高中（中专）以下用户分别占 18.9%和 14.6%；还有 2.4%的用户受教育程度在本科以上（如图 26.436 所示）。

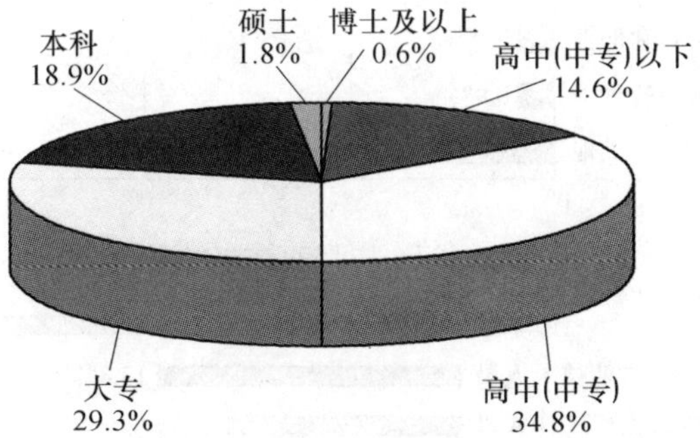

图 26.436　用户受教育程度分布

（5）用户的行业分布（不包括军人、学生和无业人员）

甘肃省上网用户中，从事公共管理和社会组织的用户所占比例最多，为 18.2%；其次是制造业和教育业，各占 12.7%；位居第四的是采矿业，占 10.9%；从事其他行业的用户相对较少（如图 26.437 所示）。

（6）用户的职业分布

甘肃省上网用户中，学生所占比例最多，达到 27.3%；其次是专业技术人员，所占比例为 13.3%；国家机关/党群组织工作人员、企事业单位管理人员和教师所占比例也较多，分别为 10.3%、9.7%和 9.1%；其他职业的用户所占比例相对较少（如图 26.438 所示）。

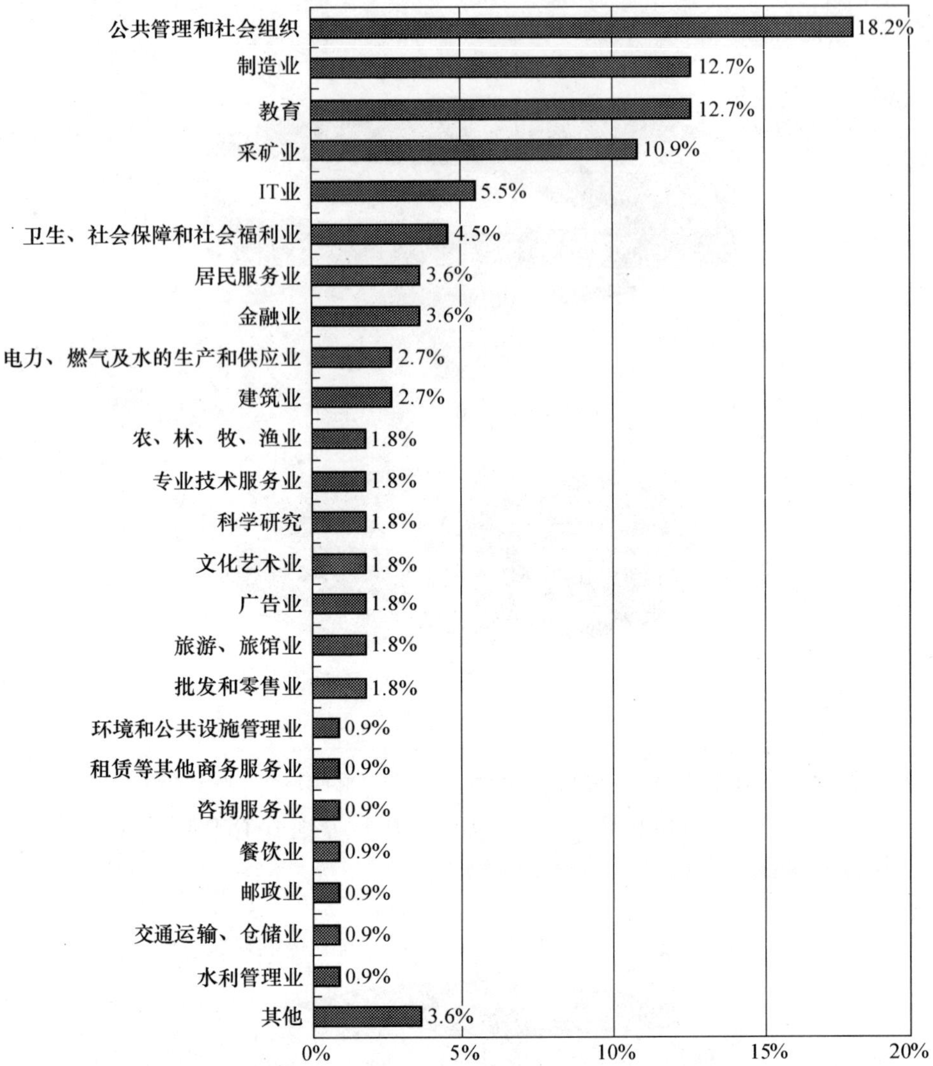

图 26.437　用户的行业分布

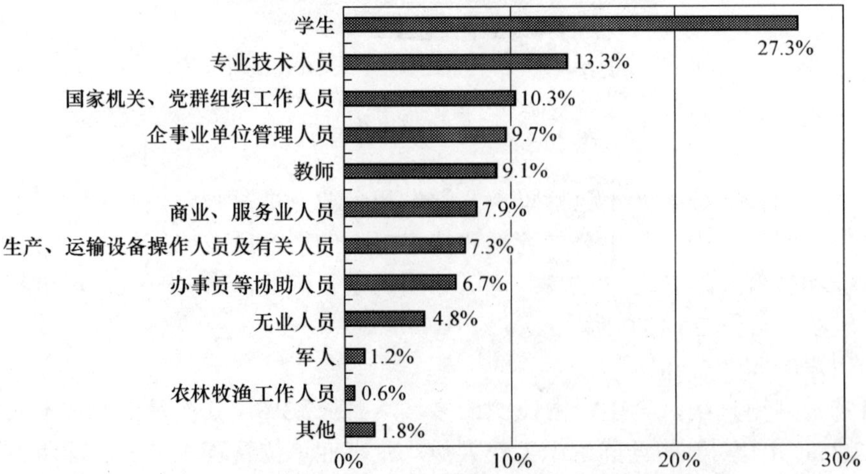

图 26.438　用户的职业分布

（7）用户的个人月收入

甘肃省上网用户中，个人月收入在 1001～1500 元的用户所占比例最多，为 27.1%；其次是月收入在 500 元以下的用户，为 21.3%；16.1%的用户月收入在 501～1000 元，12.9%的用户月收入在 1501～2000 元，10.3%的用户没有月收入；月收入在其他范围内的用户所占比例相对较少（如图 26.439 所示）。月收入在 2000 元及以下的用户占据主体。

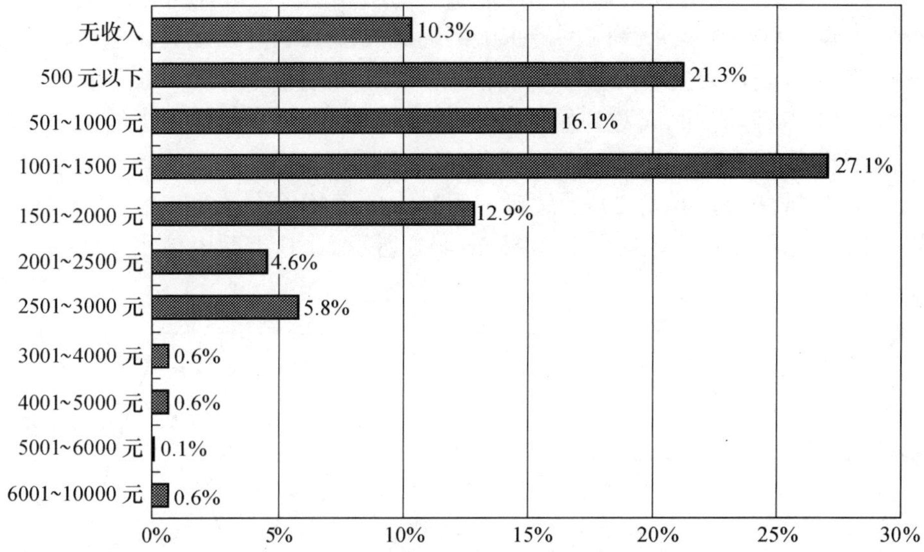

图 26.439　用户的个人月收入分布

2．用户对互联网的使用情况

（1）用户每月实际花费的上网费用

甘肃省上网用户中，每月实际花费的上网费用（仅限于上网费及上网电话费，不包括使用网络服务的费用）以 51～100 元的用户为最多，达到 42.3%；其次是低于 50 元的用户，占 40.3%；每月花费在 101～150 元、151～200 元的用户分别占 10.6%和 3.8%；每月花费超过 200 元的用户占 3.0%（如图 26.440 所示）。甘肃网民每月实际花费的上网费用主要集中在 100 元及以下。

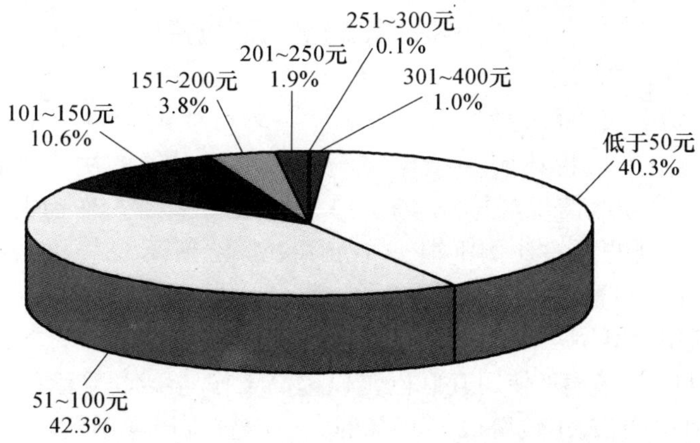

图 26.440　用户每月实际花费的上网费用分布

（2）用户平均每周上网时间

甘肃省上网用户平均每周上网时间为 9.7 小时。

（3）用户平均每周上网天数

甘肃省上网用户平均每周上网天数为 3.4 天。

（4）用户通常上网时间

受人们日常生活作息时间的影响，甘肃省上网用户一天中使用互联网的时间波动非常大：凌晨 1 点至早上 7 点钟是网民最少上网的时间；从早上 8 点钟起上网的人逐渐增加，到中午 11 点达到一天当中的第一个高峰，有 21.8%的用户在这一时间上网；中午 12 点略有回落，14 点开始上网人数开始增加，到下午 16 点达到一天当中的第二个高峰，有 37.6%的用户在这一时间上网，这之后上网人数开始下降，直至傍晚 18 点；从晚上 19 点开始上网人数激增，晚上 21 点达到一天当中的顶峰，有 55.8%的用户在这一时间上网，这之后上网人数又迅速减少（如图 26.441 所示）。甘肃网民使用互联网的高峰时间在晚上。

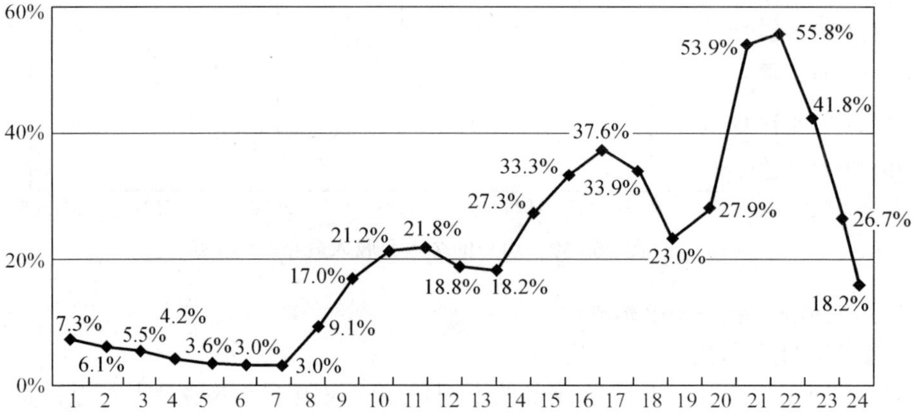

图 26.441　用户的上网时间分布

（5）用户拥有 E-mail 账号数

甘肃省上网用户人均拥有 1.0 个 E-mail 账号，其中免费的 E-mail 账号为 0.8 个。

（6）用户平均每周收发的电子邮件数

甘肃省上网用户平均每周收到 3.8 封电子邮件（不包括垃圾邮件），收到垃圾邮件 6.6 封，每周发出电子邮件 2.1 封。

（7）用户上网最主要的目的

甘肃省上网用户中，将休闲娱乐作为上网最主要目的的用户所占比例最多，为 37.0%；紧随其后的是获取信息，占 36.4%；13.3%的用户将学习作为上网最主要的目的；选择其他上网目的的用户所占比例则很小（如图 26.442 所示）。

3．用户对互联网的看法

（1）关于“使用互联网可以提高工作/学习和生活的效率”

甘肃省上网用户中，关于“使用互联网可以提高工作/学习和生活的效率”观点，37.0%的人非常赞成，50.9%的人比较赞成，7.9%的人一半赞成一半不赞成，4.2%的人不太赞成（如图 26.443 所示）。绝大多数甘肃网民对这一观点持赞成态度。

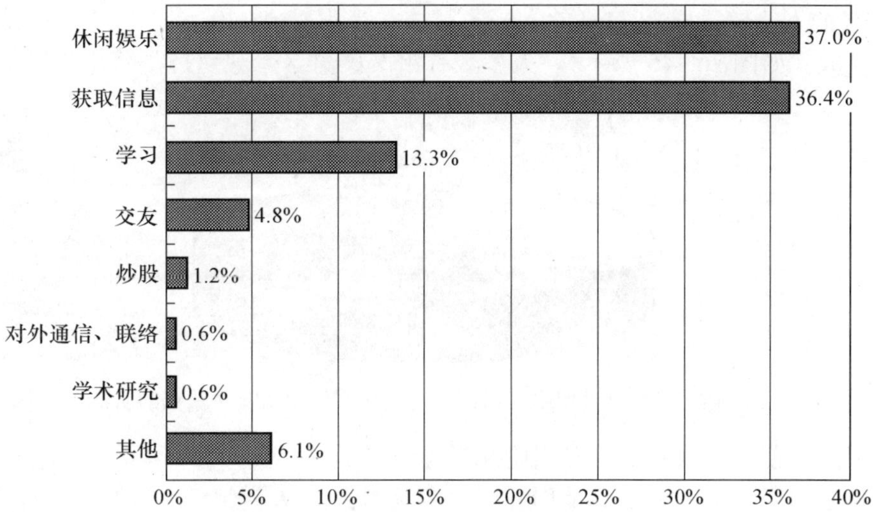

图 26.442　用户上网最主要的目的

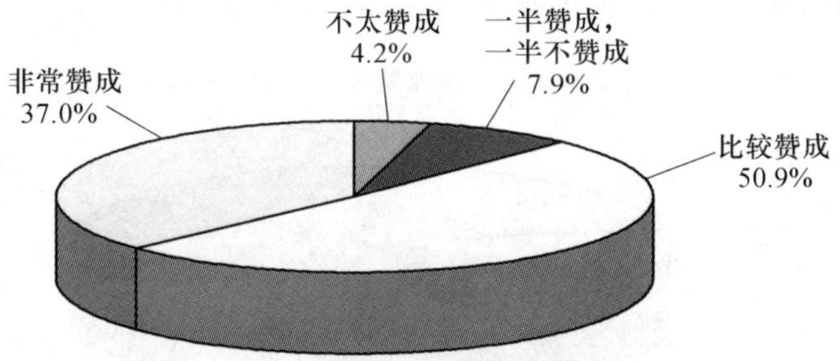

图 26.443　用户对“使用互联网可以提高工作/学习和生活的效率”观点的看法

（2）关于“在单位/学校/邻里中，会上网的人好像高人一等”

甘肃省上网用户中，关于“在单位/学校/邻里中，会上网的人好像高人一等”观点，4.3%的人非常赞成，13.0%的人比较赞成，9.3%的人一半赞成一半不赞成，46.9%的人不太赞成，26.5%的人很不赞成（如图 26.444 所示）。大多数甘肃网民对这一观点持不赞成态度。

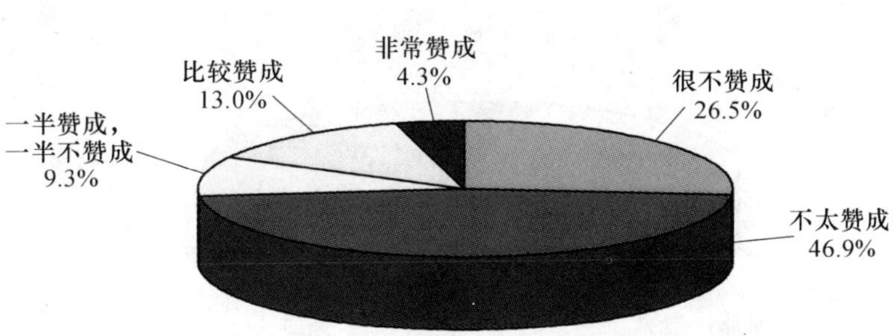

图 26.444　用户对“在单位/学校/邻里中，会上网的人好像高人一等”观点的看法

（3）关于“使用互联网容易结交不好的朋友”

甘肃省上网用户中，关于“使用互联网容易结交不好的朋友”观点，2.5%的人非常赞成，14.5%的人比较赞成，12.6%的人一半赞成一半不赞成，49.7%的人不太赞成，20.8%的人很不赞成（如图 26.445 所示）。大多数甘肃网民对这一观点持不赞成态度。

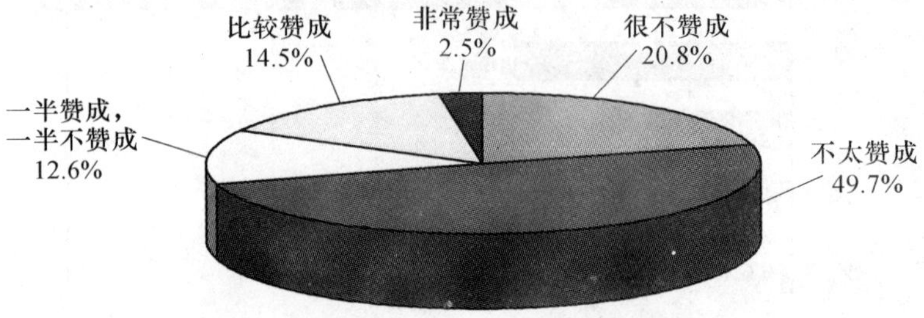

图 26.445　用户对“使用互联网容易结交不好的朋友”观点的看法

（4）关于“使用互联网容易暴露隐私”

甘肃省上网用户中，关于“使用互联网容易暴露隐私”观点，2.5%的人非常赞成，19.7%的人比较赞成，9.6%的人一半赞成一半不赞成，53.5%的人不太赞成，14.6%的人很不赞成（如图 26.446 所示）。大多数甘肃网民对这一观点持不赞成态度。

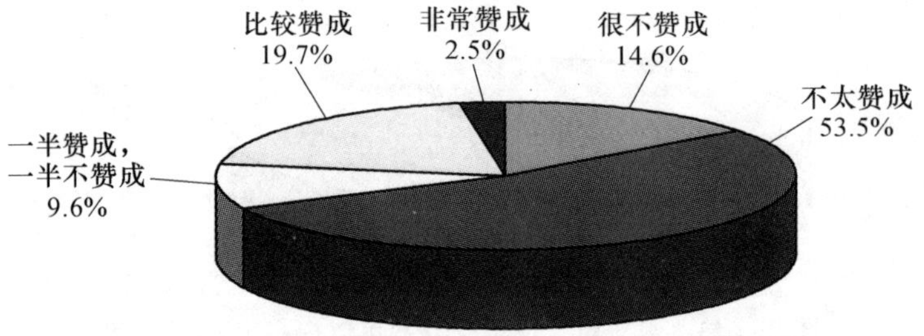

图 26.446　用户对“使用互联网容易暴露隐私”观点的看法

（5）关于“使用互联网容易受不良信息影响”

甘肃省上网用户中，关于“使用互联网容易受不良信息影响”观点，4.3%的人非常赞成，26.5%的人比较赞成，12.3%的人一半赞成一半不赞成，45.1%的人不太赞成，11.7%的人很不赞成（如图 26.447 所示）。大多数甘肃网民对这一观点持不赞成态度。

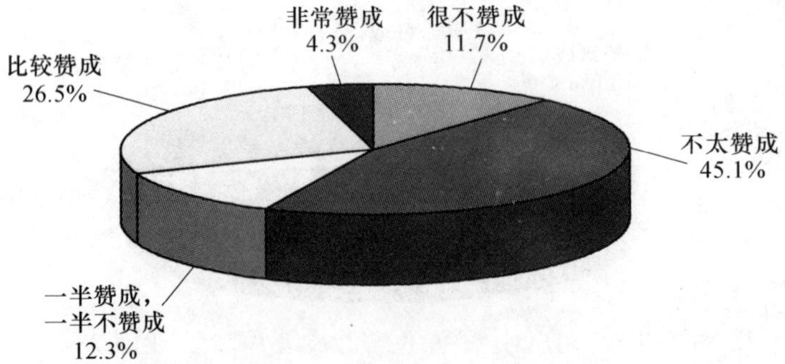

图 26.447　用户对“使用互联网容易受不良信息影响”观点的看法

（6）对互联网的信任程度

甘肃省上网用户中，5.5%的人对互联网完全信任，60.7%的人比较信任，27.6%的人半信半疑，5.5%的人不太信任，0.6%的人完全不信。总的来讲，甘肃网民对互联网比较信任（如图 26.448 所示）。

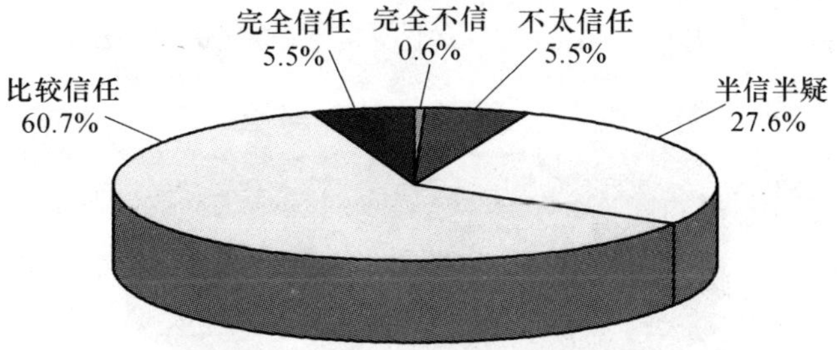

图 26.448　用户对互联网的信任程度

综上所述，甘肃省上网用户数为 122.4 万，上网计算机 38 万台，CN 下注册域名数为 1274 个，WWW 站点数为 3369 个。

其中住宅电话覆盖的上网用户（不包括住校大学生）中以男性、已婚者为主体，18 岁以下的青少年所占比例最多，受教育程度为高中（中专）的用户最多，个人月收入主要集中在 2000 元及以下，其中以月收入在 1001～1500 元的用户为最多。职业分布上以学生为最多，其次是专业技术人员。就行业分布来看，公共管理和社会组织、制造业和教育业是用户相对比较集中的行业。

用户每月实际花费的上网费用主要集中在 100 元及以下，平均每周上网 3.4 天，9.7 个小时，晚上 9 点钟是用户上网的高峰时间。人均拥有 1.0 个 E-mail 账号，其中免费的 E-mail 账号为 0.8 个，平均每周收到 3.8 封电子邮件（不包括垃圾邮件），收到垃圾邮件 6.6 封，每周发出电子邮件 2.1 封。休闲娱乐是用户上网的最主要目的。

在对互联网的看法上，甘肃省上网用户对“使用互联网可以提高工作/学习和生活的效率”观点持赞成态度，对“在单位/学校/邻里中，会上网的人好像高人一等”、“使用互联网容易结交不好的朋友”、“使用互联网容易暴露隐私”和“使用互联网容易受不良信息影响”等观点持不赞成态度。总的来讲，甘肃省上网用户对互联网比较信任。

26.3.29　青海省互联网络发展状况

（一）宏观概况

1．上网用户人数

青海省上网用户人数为 19.5 万，占全国上网用户总人数的比例为 0.3%，是青海省总人口的 3.7%。

2．上网计算机数

青海省上网计算机数为 8 万台，占全国上网计算机总数的比例为 0.3%。

3．CN 下注册域名数（不含 EDU）

青海省 CN 下注册域名数为 348 个，占全国 CN 下注册域名总数的比例为 0.1%。

4．WWW 站点数（包括.CN、.COM、.NET、.ORG 下的网站）

青海省 WWW 站点数为 710 个，占全国 WWW 站点数的比例为 0.1%。

（二）互联网用户行为意识调查结果

1．用户个人信息

（1）用户的性别

青海省上网用户中，男性占67.4%，女性占32.6%（如图26.449所示）。男性占据上网用户主体。

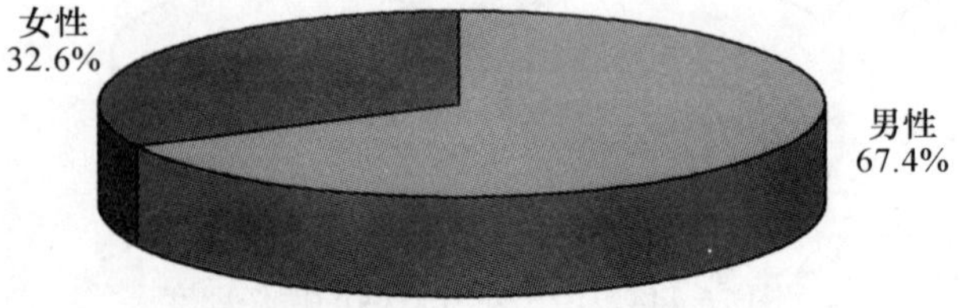

图26.449　用户性别分布

（2）用户的年龄分布

青海省上网用户中，年龄在25～30岁的用户所占比例最多，为26.8%；其次是18～24岁的用户，占24.4%；18岁以下的用户占16.5%；年龄在31～35岁、36～40岁和41～50岁的用户所占比例分别为11.8%、13.4%和5.5%；年龄在50岁以上的用户有1.6%（如图26.450所示）。

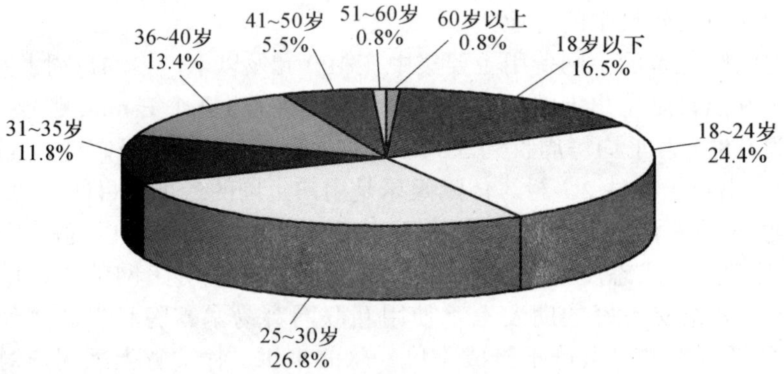

图26.450　用户年龄分布

（3）用户的婚姻状况

青海省上网用户中，未婚者占45.7%，已婚者占54.3%（如图26.451所示）。已婚者比未婚者略多。

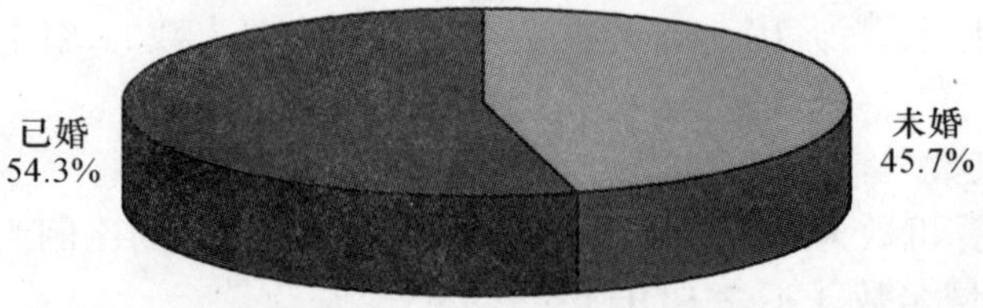

图26.451　用户婚姻状况分布

（4）用户的受教育程度

青海省上网用户中，受教育程度在大专的用户所占比例最多，为41.0%；其次是高中（中专），占 33.1%；本科和高中（中专）以下用户分别占 16.5%和 7.9%；还有 1.4%的用户受教育程度在本科以上（如图 26.452 所示）。

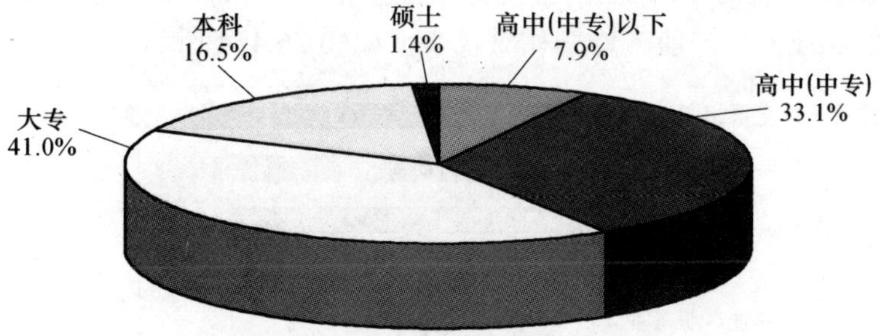

图 26.452　用户受教育程度分布

（5）用户行业分布（不包括军人、学生和无业人员）

青海省上网用户中，从事公共管理和社会组织的用户所占比例最多，为 26.3%；其次是教育业，占 16.7%；8.8%的用户从事 IT 业，7.9%的用户从事卫生/社会保障和社会福利业；从事其他行业的用户相对较少（如图 26.453 所示）。

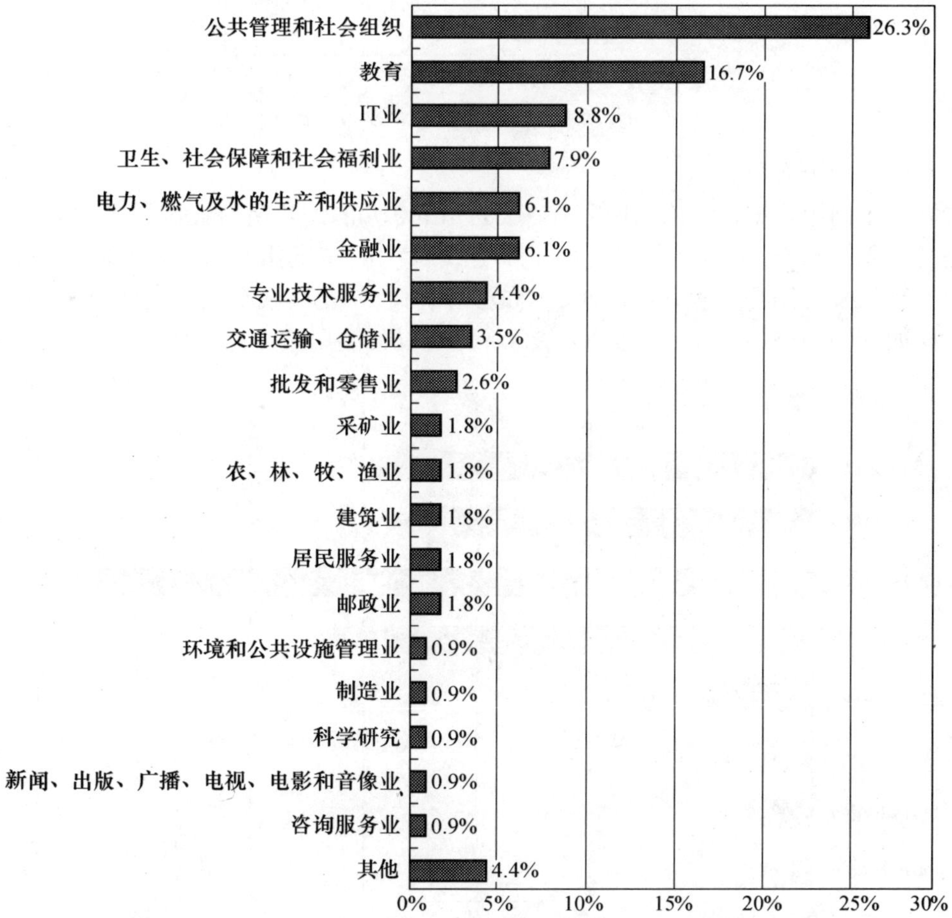

图 26.453　用户的行业分布

（6）用户的职业分布

青海省上网用户中，国家机关/党群组织工作人员所占比例最多，达到 20.6%；其次是学生，占 16.3%；位居第三、第四的分别是专业技术人员和教师，所占比例分别为 15.6% 和 14.2%；其他职业的用户所占比例相对较少（如图 26.454 所示）。

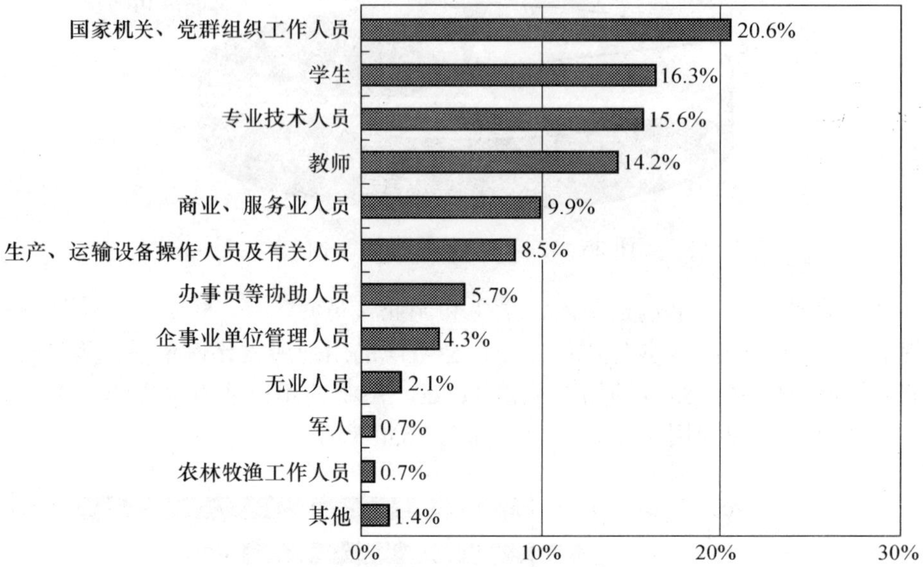

图 26.454 用户的职业分布

（7）用户的个人月收入

青海省上网用户中，个人月收入在 1001～1500 元的用户所占比例最多，为 32.3%；其次是月收入在 1501～2000 元的用户，为 19.2%；18.4%的用户月收入 500 元以下（含无收入）；16.2%的用户月收入在 501～1000 元；月收入在其他范围内的用户所占比例相对较少（如图 26.455 所示）。月收入在 2000 元及以下的用户占据主体。

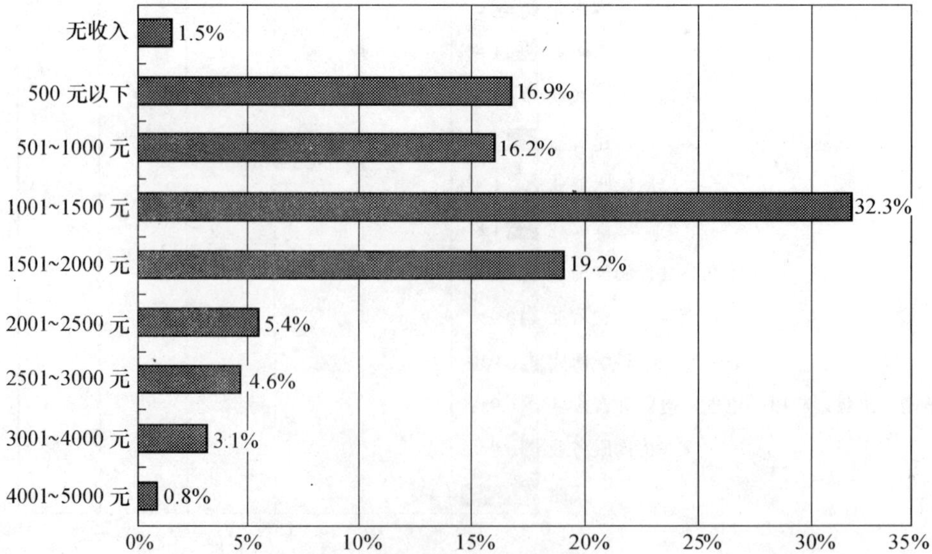

图 26.455 用户的个人月收入分布

2．用户对互联网的使用情况

（1）用户每月实际花费的上网费用

青海省上网用户中，每月实际花费的上网费用（仅限于上网费及上网电话费，不包括使用网络服务的费用）以低于 50 元的用户为最多，达到 29.8%；其次是 51～100 元的用户，占 20.8%；每月花费在 101～150 元、151～200 元的用户分别占 17.8%和 5.9%；每月花费在 201～300 元的用户占 14.8%；每月花费超过 300 元的用户占 10.9%（如图 26.456 所示）。青海网民每月实际花费的上网费用主要集中在 150 元及以下。

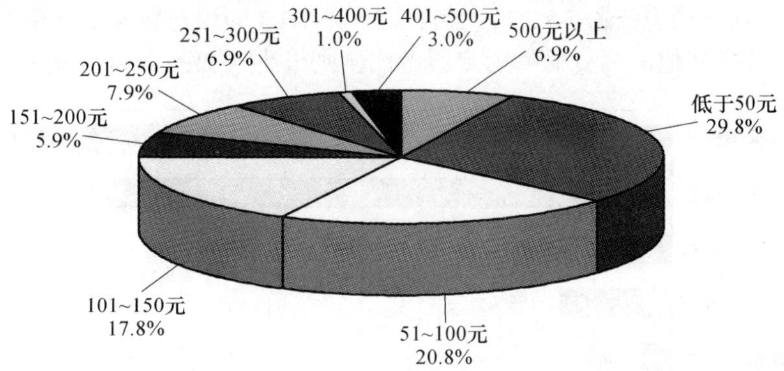

图 26.456　用户每月实际花费的上网费用分布

（2）用户平均每周上网时间

青海省上网用户平均每周上网时间为 11.4 小时。

（3）用户平均每周上网天数

青海省上网用户平均每周上网天数为 3.6 天。

（4）用户通常上网时间

受人们日常生活作息时间的影响，青海省上网用户一天中使用互联网的时间波动非常大：凌晨 2 点至早上 8 点钟是网民最少上网的时间；从上午 9 点钟起上网的人逐渐增加，直至下午 15 点达到一天当中的第一个高峰，有 31.9%的用户在这一时间上网；这之后上网人数开始下降，直至傍晚 18 点；从晚上 19 点开始上网人数激增，晚上 21 点达到一天当中的顶峰，有 52.5%的用户在这一时间上网，这之后上网人数又迅速减少（如图 26.457 所示）。青海网民使用互联网的高峰时间在晚上。

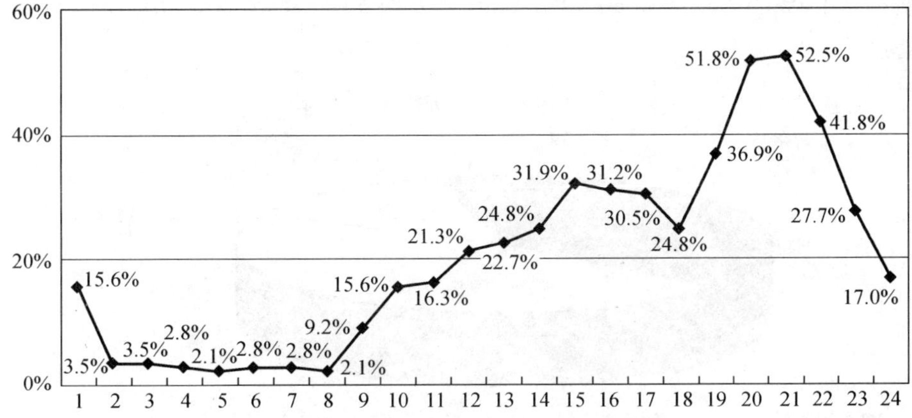

图 26.457　用户的上网时间分布

（5）用户拥有E-mail账号数

青海省上网用户人均拥有1.1个E-mail账号，其中免费的E-mail账号为1.0个。

（6）用户平均每周收发的电子邮件数

青海省上网用户平均每周收到4.6封电子邮件（不包括垃圾邮件），收到垃圾邮件5.0封，每周发出电子邮件4.1封。

（7）用户上网最主要的目的

青海省上网用户中，将休闲娱乐作为上网最主要目的的用户所占比例最多，为40.4%；其次是获取信息，占36.2%；各有8.5%和7.1%的用户将交友和学习作为上网最主要的目的；选择其他上网目的的用户所占比例则很小（如图26.458所示）。

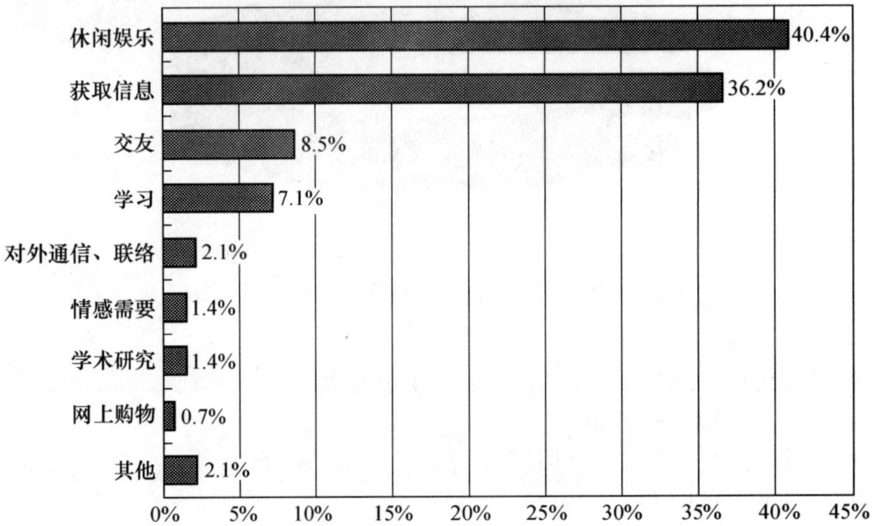

图26.458 用户上网最主要的目的

3．用户对互联网的看法

（1）关于“使用互联网可以提高工作/学习和生活的效率”

青海省上网用户中，关于“使用互联网可以提高工作/学习和生活的效率”观点，35.7%的人非常赞成，46.4%的人比较赞成，13.6%的人一半赞成一半不赞成，2.9%的人不太赞成，1.4%的人很不赞成（如图26.459所示）。绝大多数青海网民对这一观点持赞成态度。

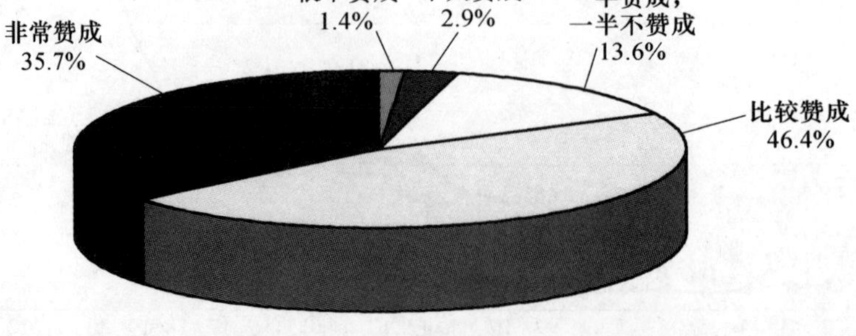

图26.459 用户对“使用互联网可以提高工作/学习和生活的效率”观点的看法

（2）关于"在单位/学校/邻里中，会上网的人好像高人一等"

青海省上网用户中，关于"在单位/学校/邻里中，会上网的人好像高人一等"观点，3.6%的人非常赞成，20.1%的人比较赞成，10.8%的人一半赞成一半不赞成，48.2%的人不太赞成，17.3%的人很不赞成（如图 26.460 所示）。大多数青海网民对这一观点持不赞成态度。

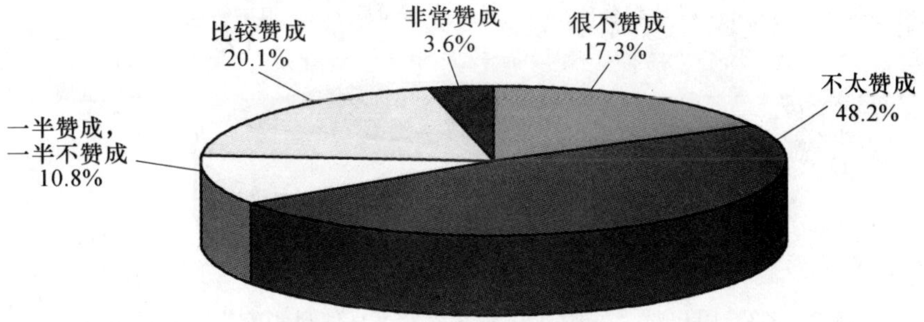

图 26.460　用户对"在单位/学校/邻里中，会上网的人好像高人一等"观点的看法

（3）关于"使用互联网容易结交不好的朋友"

青海省上网用户中，关于"使用互联网容易结交不好的朋友"观点，4.5%的人非常赞成，12.0%的人比较赞成，18.0%的人一半赞成一半不赞成，50.4%的人不太赞成，15.0%的人很不赞成（如图 26.461 所示）。大多数青海网民对这一观点持不赞成态度。

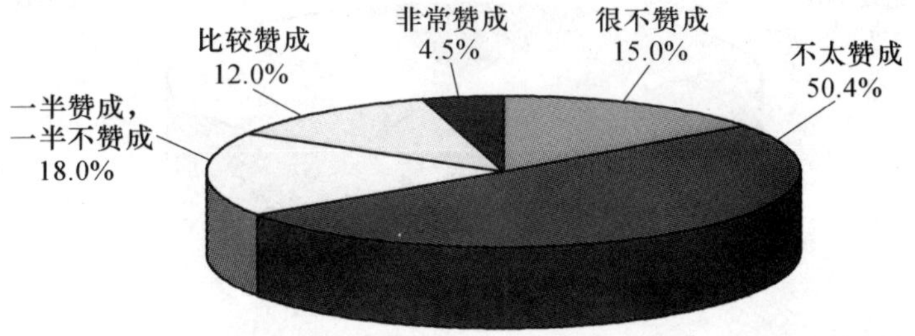

图 26.461　用户对"使用互联网容易结交不好的朋友"观点的看法

（4）关于"使用互联网容易暴露隐私"

青海省上网用户中，关于"使用互联网容易暴露隐私"观点，3.0%的人非常赞成，20.3%的人比较赞成，9.0%的人一半赞成一半不赞成，51.1%的人不太赞成，16.5%的人很不赞成（如图 26.462 所示）。大多数青海网民对这一观点持不赞成态度。

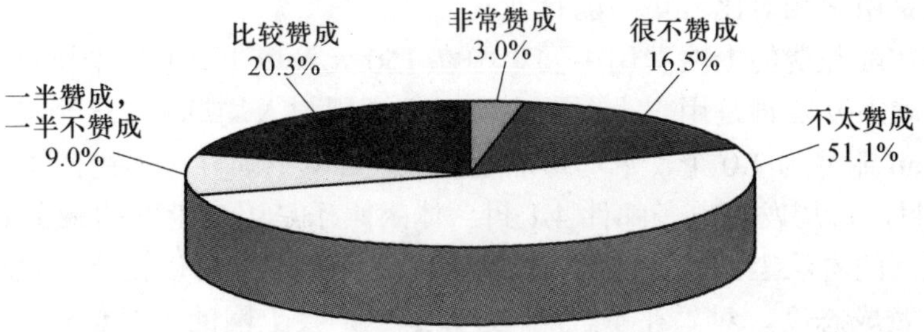

图 26.462　用户对"使用互联网容易暴露隐私"观点的看法

（5）关于“使用互联网容易受不良信息影响”

青海省上网用户中，关于“使用互联网容易受不良信息影响”观点，7.4%的人非常赞成，25.7%的人比较赞成，12.5%的人一半赞成一半不赞成，42.6%的人不太赞成，11.8%的人很不赞成（如图 26.463 所示）。大多数青海网民对这一观点持不赞成态度。

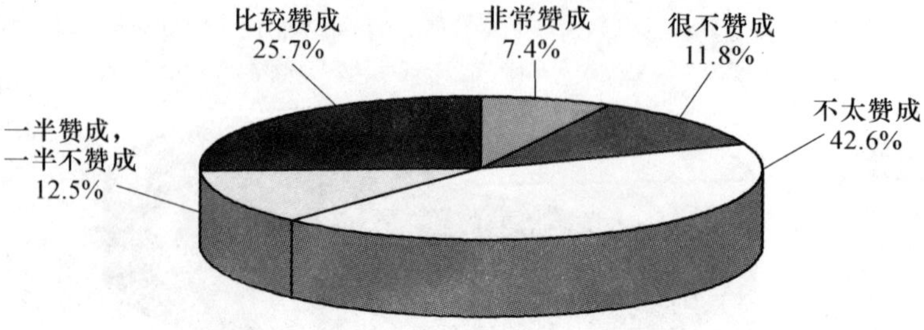

图 26.463　用户对“使用互联网容易受不良信息影响”观点的看法

（6）对互联网的信任程度

青海省上网用户中，7.1%的人对互联网完全信任，48.6%的人比较信任，38.6%的人半信半疑，5.0%的人不太信任，0.7%的人完全不信。总的来讲，青海网民对互联网比较信任（如图 26.464 所示）。

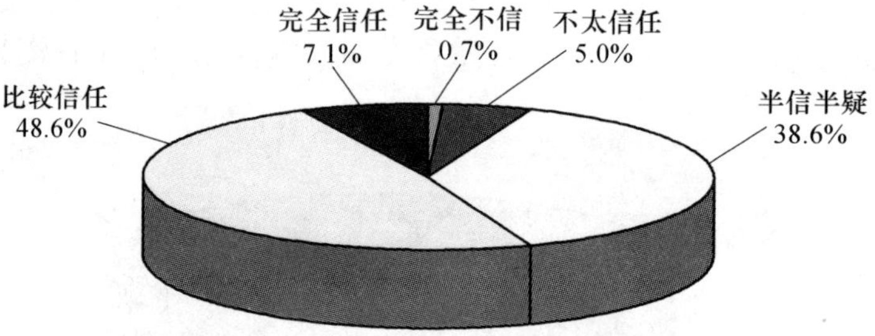

图 26.464　用户对互联网的信任程度

综上所述，青海省上网用户数为 19.5 万，上网计算机 8 万台，CN 下注册域名数为 348 个，WWW 站点数为 710 个。

其中住宅电话覆盖的上网用户（不包括住校大学生）中以男性为主体，已婚者比未婚者略多，25～30 岁的用户所占比例最多，受教育程度为大专的用户最多，个人月收入主要集中在 2000 元及以下，其中以月收入在 1001～1500 元的用户为最多。职业分布上以国家机关/党群组织工作人员为最多，其次是学生。从行业分布来看，公共管理和社会组织、教育业是用户相对比较集中的行业。

用户每月实际花费的上网费用主要集中在 150 元及以下，用户平均每周上网 3.6 天，11.4 个小时，晚上 9 点钟是用户上网的高峰时间。用户人均拥有 1.1 个 E-mail 账号，其中免费的 E-mail 账号为 1.0 个，平均每周收到 4.6 封电子邮件（不包括垃圾邮件），收到垃圾邮件 5.0 封，每周发出电子邮件 4.1 封。休闲娱乐是用户上网的最主要目的。

在对互联网的看法上，青海省上网用户对“使用互联网可以提高工作/学习和生活的效率”观点持赞成态度，对“在单位/学校/邻里中，会上网的人好像高人一等”、“使用互联网容易结交不好的朋友”、“使用互联网容易暴露隐私”和“使用互联网容易受不良信息影响”等观点持不赞成态度。总的来讲，青海省上网用户对互联网比较信任。

26.3.30　宁夏回族自治区互联网络发展状况

（一）宏观概况

1．上网用户人数

宁夏回族自治区上网用户人数为 33.3 万，占全国上网用户总人数的比例为 0.4%，是宁夏回族自治区总人口的 5.8%。

2．上网计算机数

宁夏回族自治区上网计算机数为 11 万台，占全国上网计算机总数的比例为 0.4%。

3．CN 下注册域名数（不含 EDU）

宁夏回族自治区 CN 下注册域名数为 1022 个，占全国 CN 下注册域名总数的比例为 0.3%。

4．WWW 站点数（包括.CN、.COM、.NET、.ORG 下的网站）

宁夏回族自治区 WWW 站点数为 1369 个，占全国 WWW 站点数的比例为 0.2%。

（二）互联网用户行为意识调查结果

1．用户个人信息

（1）用户的性别

宁夏回族自治区上网用户中，男性占 59.7%，女性占 40.3%（如图 26.465 所示）。男性占据上网用户主体。

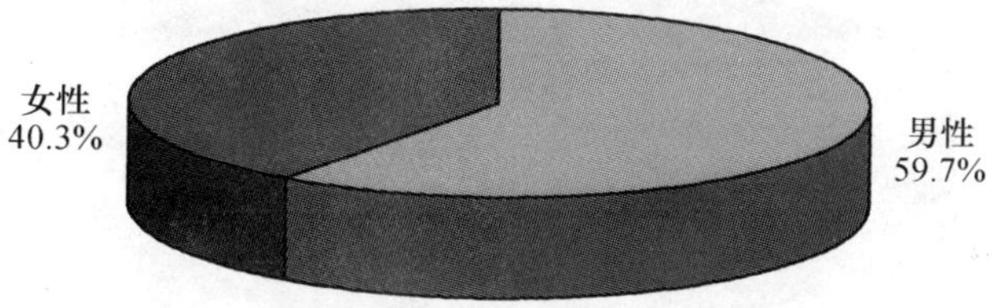

图 26.465　用户性别分布

（2）用户的年龄分布

宁夏回族自治区上网用户中，年龄在 18～24 岁的用户所占比例最多，为 28.2%；其次是 18 岁以下的用户，占 23.0%；25～30 岁和 31～35 岁的用户各占 14.4%；36～40 岁的用户占 12.1%；年龄在 40 岁以上的用户有 8.1%（如图 26.466 所示）。

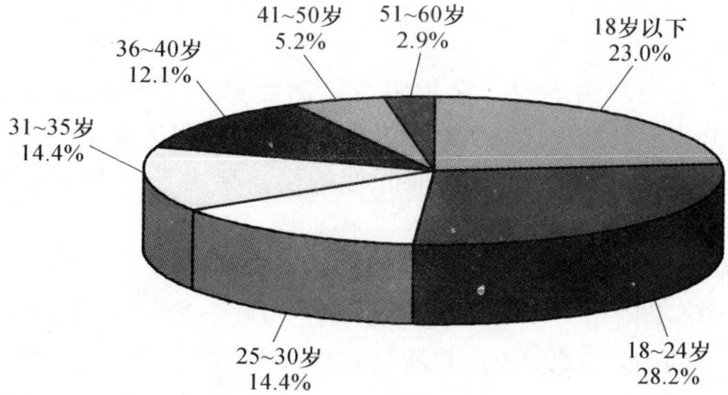

图 26.466　用户年龄分布

（3）用户的婚姻状况

宁夏回族自治区上网用户中，未婚者占51.4%，已婚者占48.6%（如图26.467所示）。未婚者与已婚者所占比例大致相当。

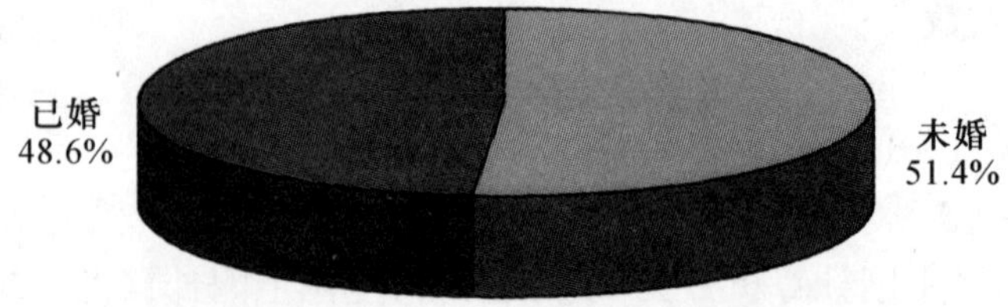

图26.467 用户婚姻状况分布

（4）用户的受教育程度

宁夏回族自治区上网用户中，受教育程度在高中（中专）的用户所占比例最多，为41.4%；其次是大专，占24.9%；本科和高中（中专）以下用户分别占17.1%和14.9%；还有1.7%的用户受教育程度在本科以上（如图26.468所示）。

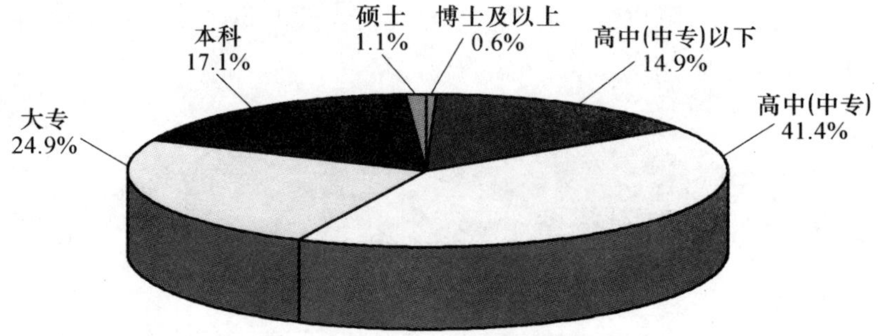

图26.468 用户受教育程度分布

（5）用户的行业分布（不包括军人、学生和无业人员）

宁夏回族自治区上网用户中，从事教育业的用户所占比例最多，为21.4%；其次是公共管理和社会组织，占12.5%；9.8%的用户从事批发和零售业，8.0%的用户从事交通运输/仓储业；从事其他行业的用户相对较少（如图26.469所示）。

（6）用户的职业分布

宁夏回族自治区上网用户中，学生所占比例最多，达到32.0%；其次是教师和商业/服务业人员，分别占12.7%和11.0%；企事业单位管理人员和专业技术人员所占比例也较多，分别为9.4%和8.8%；其他职业的用户所占比例相对较少（如图26.470所示）。

（7）用户的个人月收入

宁夏回族自治区上网用户中，个人月收入在500元以下的用户所占比例最多，为37.5%（包括11.7%的用户无收入）；其次是月收入在501～1000元的用户，为27.0%；24.5%的用户月收入在1001～1500元；月收入在其他范围内的用户所占比例相对较少（如

图 26.471 所示）。月收入在 1500 元及以下的用户占据主体。

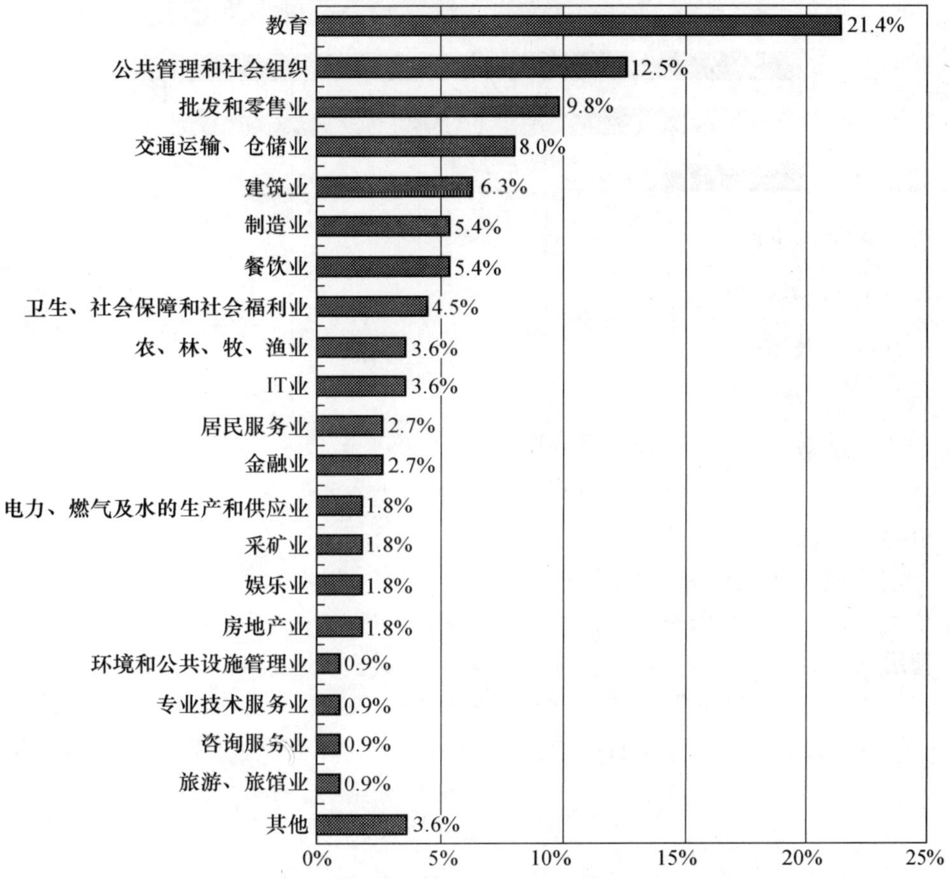

图 26.469　用户的行业分布

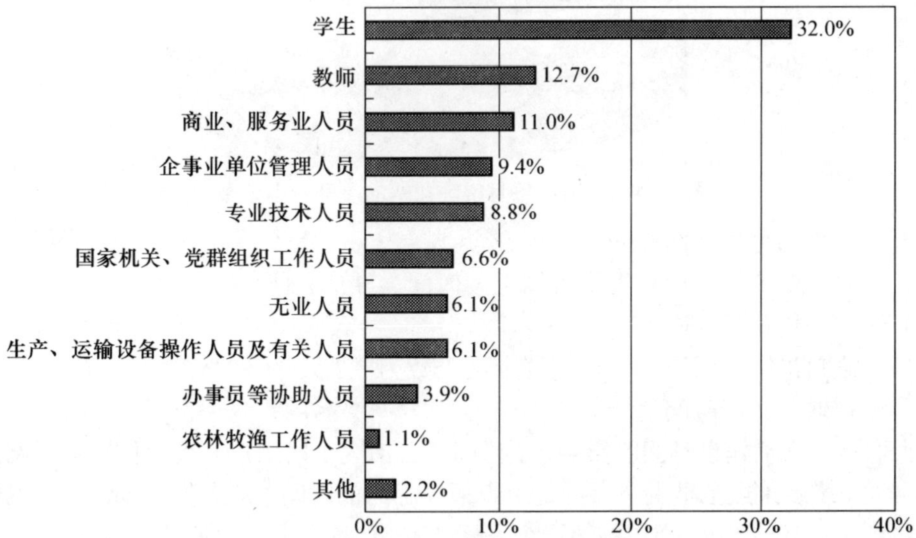

图 26.470　用户的职业分布

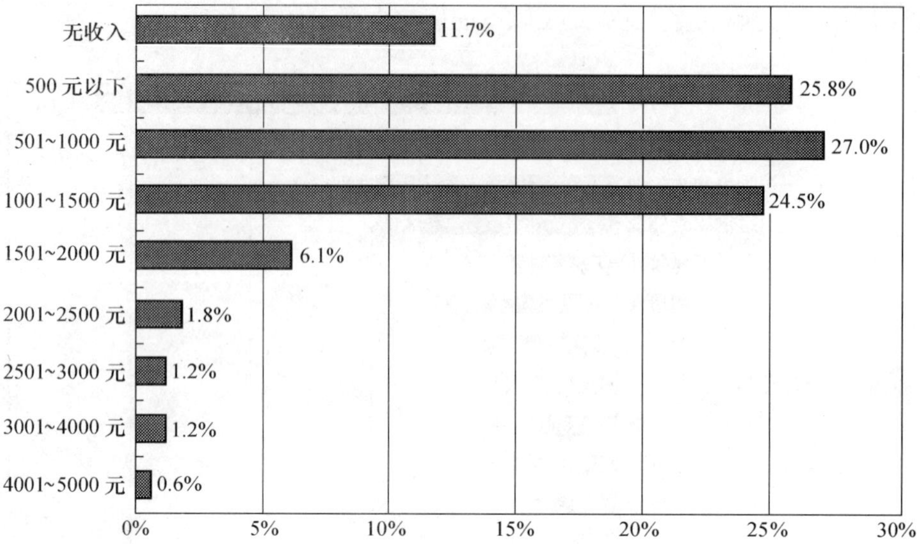

图 26.471　用户的个人月收入分布

2．用户对互联网的使用情况

（1）用户每月实际花费的上网费用

宁夏回族自治区上网用户中，每月实际花费的上网费用（仅限于上网费及上网电话费，不包括使用网络服务的费用）以低于 50 元的用户为最多，达到 44.8%；其次是 51～100 元的用户，占 34.4%；每月花费在 101～200 元的用户占 16.8%；每月花费超过 200 元的用户占 4.0%（如图 26.472 所示）。宁夏网民每月实际花费的上网费用主要集中在 100 元及以下。

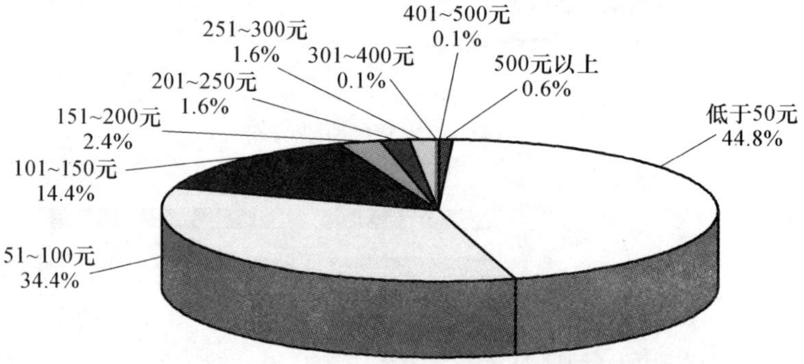

图 26.472　用户每月实际花费的上网费用分布

（2）用户平均每周上网时间

宁夏回族自治区上网用户平均每周上网时间为 9.5 小时。

（3）用户平均每周上网天数

宁夏回族自治区上网用户平均每周上网天数为 3.2 天。

（4）用户通常上网时间

受人们日常生活作息时间的影响，宁夏回族自治区上网用户一天中使用互联网的时间波动非常大：凌晨 1 点至早上 7 点钟是用户最少上网的时间；从上午 8 点钟起上网的人逐渐增加，到 10 点达到一天当中的第一个高峰，有 20.4%的用户在这一时间上网；中午 11 点略有回落，12 点开始上网人数增加，直至下午 16 点达到一天当中的第二个高峰，有 34.8%

的用户在这一时间上网；这之后上网人数开始下降，直至傍晚 18 点；从晚上 19 点开始上网人数激增，晚上 20 点达到一天当中的顶峰，有 51.9%的用户在这一时间上网，这之后上网人数又迅速减少（如图 26.473 所示）。宁夏网民使用互联网的高峰时间在晚上。

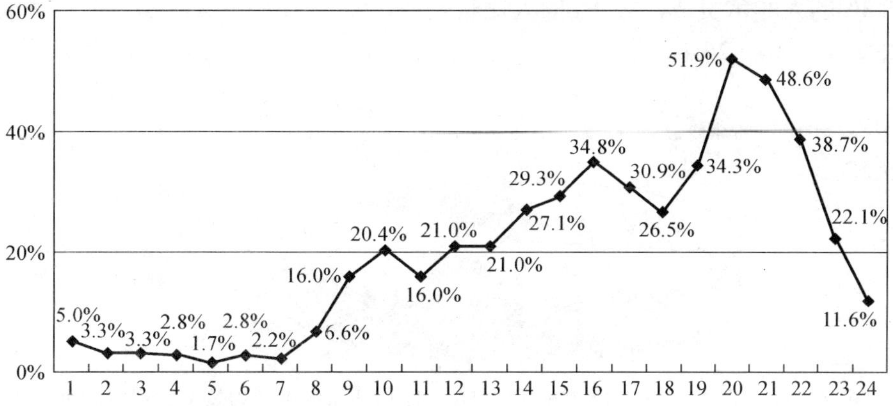

图 26.473　用户的上网时间分布

（5）用户拥有 E-mail 账号数

宁夏回族自治区上网用户人均拥有 1.0 个 E-mail 账号，其中免费的 E-mail 账号为 0.8 个。

（6）用户平均每周收发的电子邮件数

宁夏回族自治区上网用户平均每周收到 4.1 封电子邮件（不包括垃圾邮件），收到垃圾邮件 4.3 封，每周发出电子邮件 3.2 封。

（7）用户上网最主要的目的

宁夏回族自治区上网用户中，将获取信息作为上网最主要目的的用户所占比例最多，为 42.9%；其次是休闲娱乐，占 27.1%；各有 12.7%和 10.5%的用户将学习和交友作为上网最主要的目的；选择其他上网目的的用户所占比例则很小（如图 26.474 所示）。

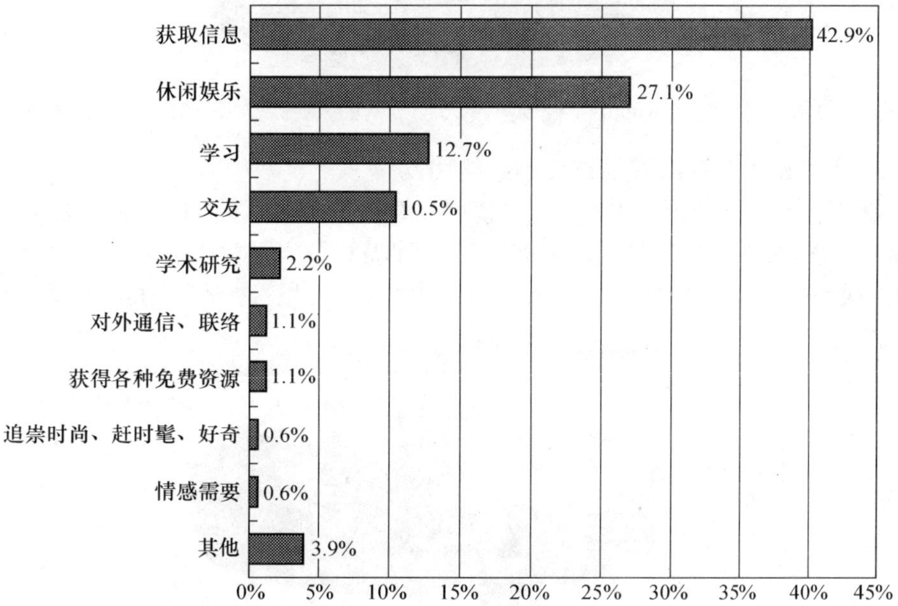

图 26.474　用户上网最主要的目的

3．用户对互联网的看法

（1）关于“使用互联网可以提高工作/学习和生活的效率”

宁夏回族自治区上网用户中，关于“使用互联网可以提高工作/学习和生活的效率”观点，28.3%的人非常赞成，59.4%的人比较赞成，9.4%的人一半赞成一半不赞成，2.8%的人不太赞成（如图 26.475 所示）。绝大多数宁夏网民对这一观点持赞成态度。

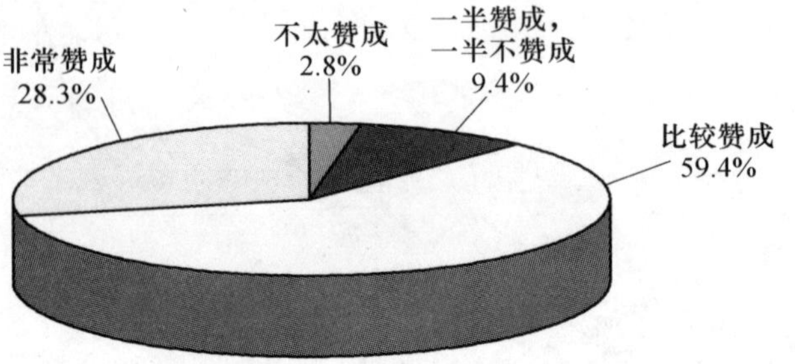

图 26.475　用户对“使用互联网可以提高工作/学习和生活的效率”观点的看法

（2）关于“在单位/学校/邻里中，会上网的人好像高人一等”

宁夏回族自治区上网用户中，关于“在单位/学校/邻里中，会上网的人好像高人一等”观点，5.6%的人非常赞成，17.9%的人比较赞成，12.8%的人一半赞成一半不赞成，41.3%的人不太赞成，22.3%的人很不赞成（如图 26.476 所示）。大多数宁夏网民对这一观点持不赞成态度。

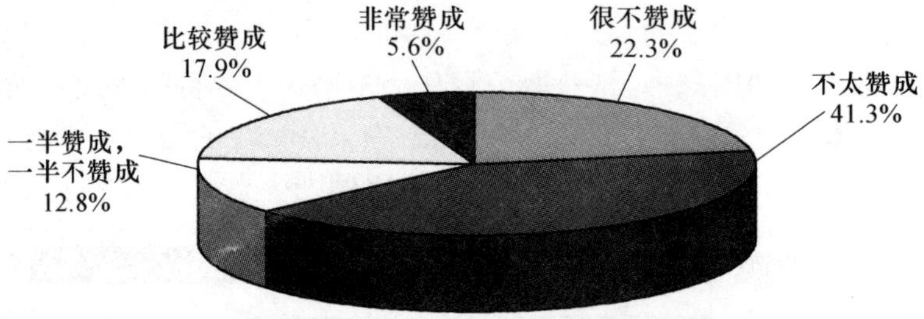

图 26.476　用户对“在单位/学校/邻里中，会上网的人好像高人一等”观点的看法

（3）关于“使用互联网容易结交不好的朋友”

宁夏回族自治区上网用户中，关于“使用互联网容易结交不好的朋友”观点，3.4%的人非常赞成，18.6%的人比较赞成，16.9%的人一半赞成一半不赞成，48.0%的人不太赞成，13.0%的人很不赞成（如图 26.477 所示）。大多数宁夏网民对这一观点持不赞成态度。

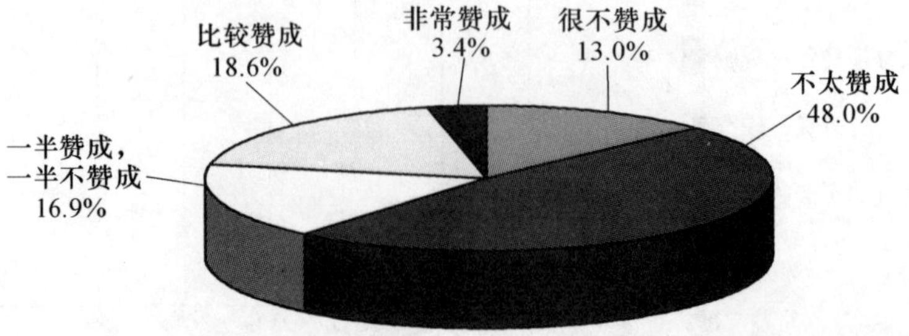

图 26.477　用户对“使用互联网容易结交不好的朋友”观点的看法

（4）关于"使用互联网容易暴露隐私"

宁夏回族自治区上网用户中，关于"使用互联网容易暴露隐私"观点，6.4%的人非常赞成，20.5%的人比较赞成，14.6%的人一半赞成一半不赞成，46.2%的人不太赞成，12.3%的人很不赞成（如图 26.478 所示）。大多数宁夏网民对这一观点持不赞成态度。

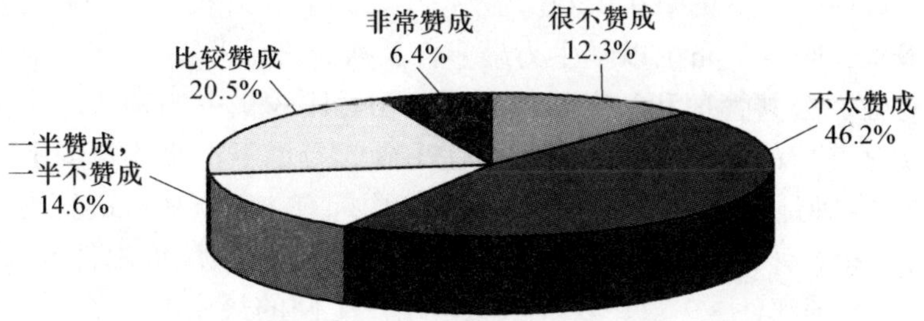

图 26.478　用户对"使用互联网容易暴露隐私"观点的看法

（5）关于"使用互联网容易受不良信息影响"

宁夏回族自治区上网用户中，关于"使用互联网容易受不良信息影响"观点，8.4%的人非常赞成，29.2%的人比较赞成，12.9%的人一半赞成一半不赞成，39.3%的人不太赞成，10.1%的人很不赞成（如图 26.479 所示）。总的来讲，宁夏网民对这一观点持不赞成态度。

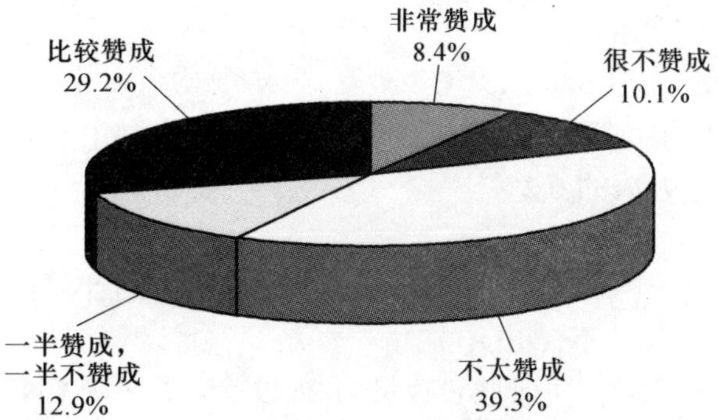

图 26.479　用户对"使用互联网容易受不良信息影响"观点的看法

（6）对互联网的信任程度

宁夏回族自治区上网用户中，6.2%的人对互联网完全信任，58.8%的人比较信任，29.9%的人半信半疑，4.0%的人不太信任，1.1%的人完全不信。总的来讲，宁夏网民对互联网比较信任（如图 26.480 所示）。

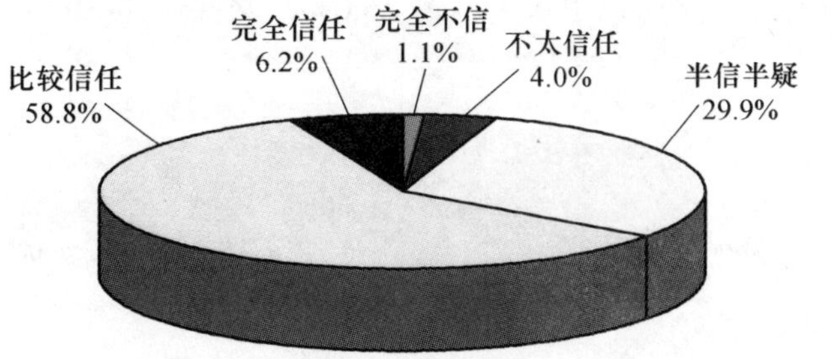

图 26.480　用户对互联网的信任程度

综上所述，宁夏回族自治区上网用户数为33.3万，上网计算机11万台，CN下注册域名数为1022个，WWW站点数为1369个。

其中住宅电话覆盖的上网用户（不包括住校大学生）中以男性为主体，未婚者与已婚者所占比例大致相当，18～24岁的用户所占比例最多，受教育程度为高中（中专）的用户最多，个人月收入主要集中在1500元及以下，其中以月收入在500元以下（含无收入）的用户为最多。职业分布上以学生为最多，其次是教师和商业/服务业人员。从行业分布来看，教育业、公共管理和社会组织是用户相对比较集中的行业。

用户每月实际花费的上网费用主要集中在100元及以下，平均每周上网3.2天，9.5个小时，晚上20点钟是用户上网的高峰时间。人均拥有1.0个E-mail账号，其中免费的E-mail账号为0.8个，平均每周收到4.1封电子邮件（不包括垃圾邮件），收到垃圾邮件4.3封，每周发出电子邮件3.2封。获取信息是用户上网的最主要目的。

在对互联网的看法上，宁夏回族自治区上网用户对“使用互联网可以提高工作/学习和生活的效率”观点持赞成态度，对“在单位/学校/邻里中，会上网的人好像高人一等”、“使用互联网容易结交不好的朋友”、“使用互联网容易暴露隐私”和“使用互联网容易受不良信息影响”等观点持不赞成态度。总的来讲，宁夏回族自治区上网用户对互联网比较信任。

26.3.31 新疆维吾尔自治区互联网络发展状况

（一）宏观概况

1. 上网用户人数

新疆维吾尔自治区上网用户人数为117.8万，占全国上网用户总人数的比例为1.5%，是新疆维吾尔自治区总人口的6.2%。

2. 上网计算机数

新疆维吾尔自治区上网计算机数为45万台，占全国上网计算机总数的比例为1.4%。

3. CN下注册域名数（不含EDU）

新疆维吾尔自治区CN下注册域名数量为2579个，占全国CN下注册域名总数的比例为0.8%。

4. WWW站点数（包括.CN、.COM、.NET、.ORG下的网站）

新疆维吾尔自治区WWW站点数为3056个，占全国WWW站点数的比例为0.5%。

（二）互联网用户行为意识调查结果

1. 用户个人信息

（1）用户的性别

新疆维吾尔自治区上网用户中，男性占56.0%，女性占44.0%（如图26.481所示）。男性占据上网用户主体。

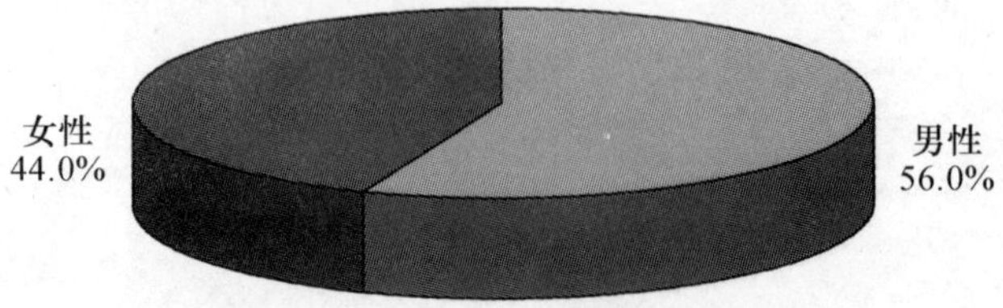

图26.481 用户性别分布

（2）用户的年龄分布

新疆维吾尔自治区上网用户中，31～35 岁的用户所占比例最高，达到 21.2%；其次是 25～30 岁的用户，所占比例为 20.6%；18 岁以下的用户占 18.2%；18～24 岁的用户占 15.9%；36～40 岁的用户占 12.9%；40 岁以上用户所占比例为 11.2%（如图 26.482 所示）。

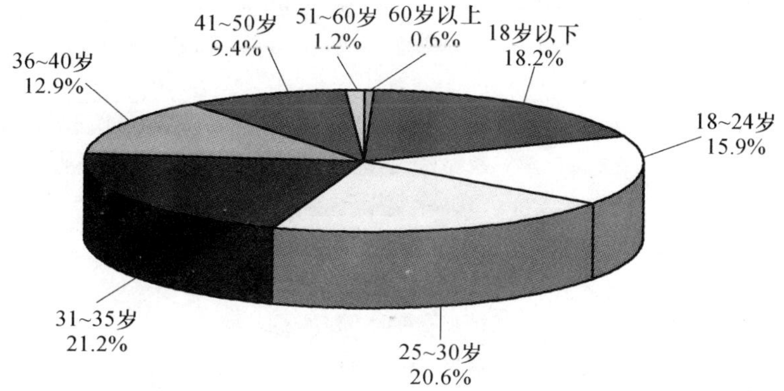

图 26.482　用户年龄分布

（3）用户的婚姻状况

新疆维吾尔自治区上网用户中，已婚者占 63.7%，未婚者占 36.3%（如图 26.483 所示）。已婚者占上网用户主体。

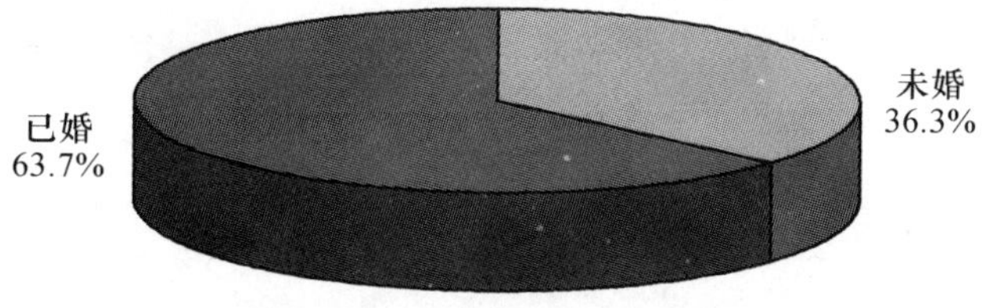

图 26.483　用户婚姻状况分布

（4）用户的受教育程度

新疆维吾尔自治区上网用户中，受教育程度为大专的最多，达到 35.0%；其次是受教育程度为高中（中专）的用户，所占比例为 28.3%；受教育程度为本科的用户所占比例为 19.5%；受教育程度为高中以下的用户所占比例为 16.1%；硕士所占比例较小，只有 1.1%（如图 26.484 所示）。

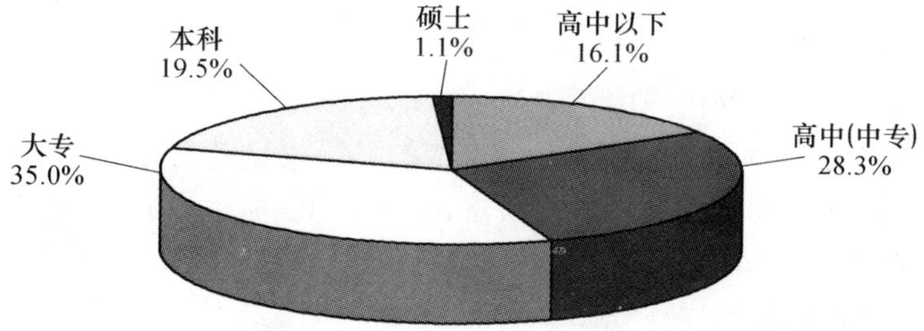

图 26.484　用户受教育程度分布

（5）用户的行业分布（不包括军人、学生和无业人员）

新疆维吾尔自治区上网用户中，从事公共管理、社会组织的人最多，达到 18.5%；其次是从事教育业的用户，所占比例为 16.3%；排在第三位的是从事批发零售业的用户，所占比例为 8.9%；从事建筑业的用户所占比例为 7.4%；从事制造业和采矿业的用户所占比例各为 6.7%；从事交通运输、仓储业和卫生、社会保障、社会福利业的用户所占比例各为 5.2%；从事其他行业的上网用户则较少（如图 26.485 所示）。

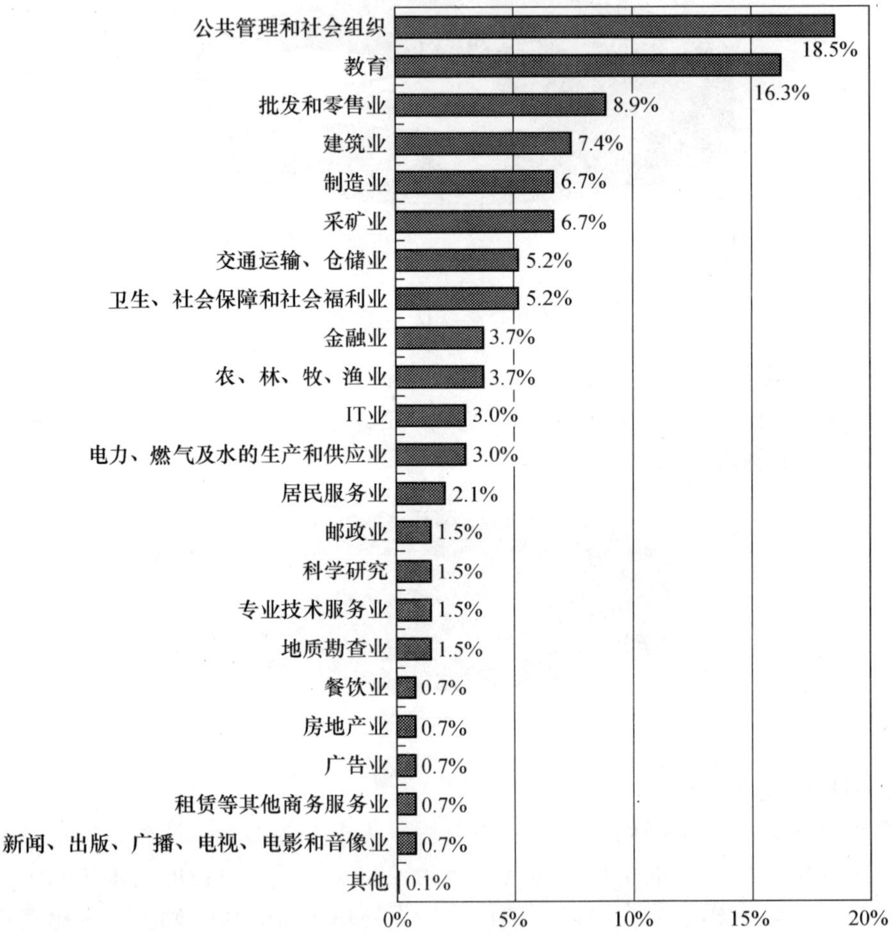

图 26.485 用户的行业分布

（6）用户的职业分布

新疆维吾尔自治区上网用户中，学生所占的比例最多，达到 18.7%；其次是商业、服务业人员，所占比例为 12.1%；排在第三位的是国家机关、党群组织工作人员和专业技术人员，所占比例各为 11.5%；教师所占比例为 10.4%；办事员等协助人员所占比例为 9.8%；企事业单位管理人员和工人所占比例各为 8.8%；无业人员所占比例为 7.2%；其他职业的用户所占比例较少（如图 26.486 所示）。

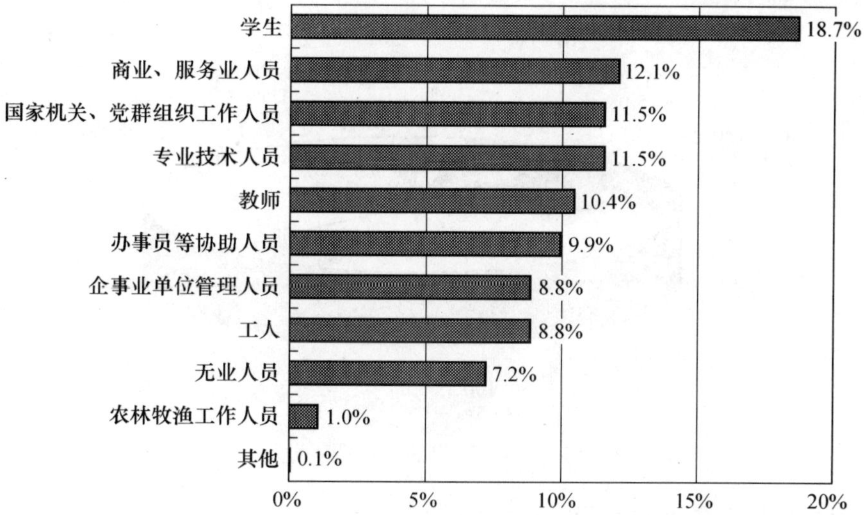

图 26.486　用户的职业分布

（7）用户的个人月收入

新疆维吾尔自治区上网用户中，个人月收入在 1001～1500 元的最多，达到 28.9%；其次是 500 元以下的用户，所占比例为 19.1%；排在第三位的是 501～1000 元的用户，所占比例为 18.5%；个人月收入为 1501～2000 元的用户所占比例为 17.9%；无收入的用户所占比例为 6.3%；个人月收入在 2000 元以上的用户所占比例为 9.3%（如图 26.487 所示）。

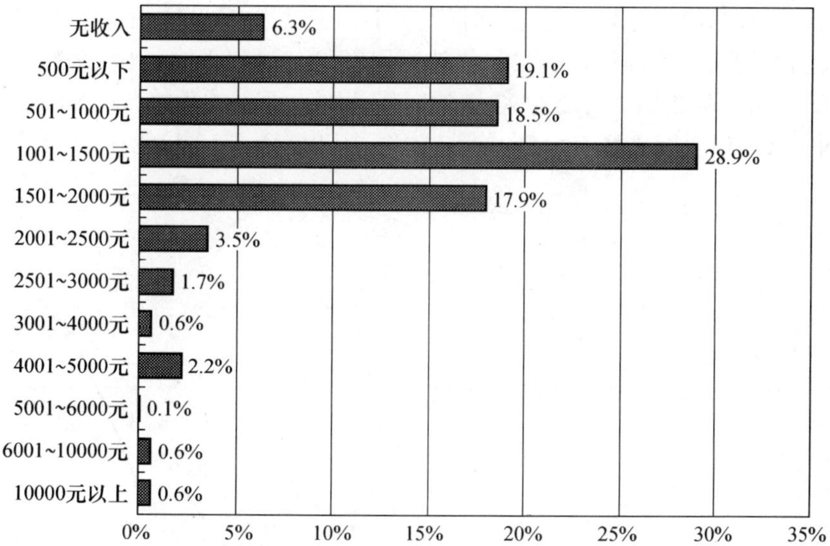

图 26.487　用户的个人月收入分布

2．用户对互联网的使用情况

（1）用户每月实际花费的上网费用

新疆维吾尔自治区上网用户每月实际花费的上网费用以低于 50 元和 51～100 元的最多，各占 35.5%；其次是每月实际花费的上网费用为 101～150 元的用户，所占比例为 15.7%；每月实际花费的上网费用在 150 元以上的用户，所占比例为 13.3%（如图 26.488 所示）。新疆维吾尔自治区上网用户每月实际花费的上网费用集中在 150 元及以下。

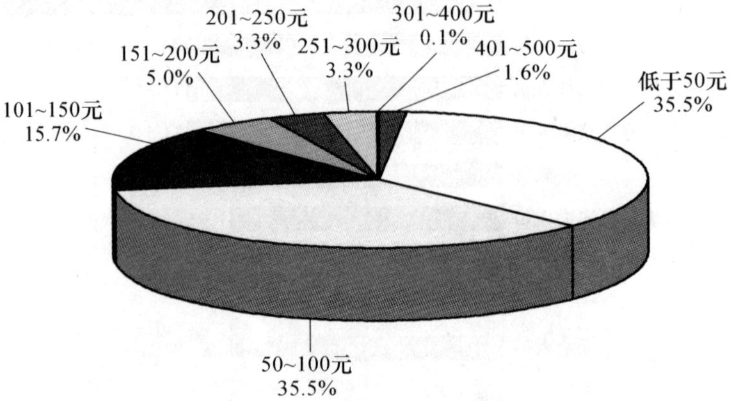

图 26.488　用户的上网费用分布

（2）用户平均每周上网时间

新疆维吾尔自治区上网用户平均每周上网时间为 9.8 小时。

（3）用户平均每周上网天数

新疆维吾尔自治区上网用户平均每周上网天数为 3.6 天。

（4）用户通常上网时间

新疆维吾尔自治区上网用户的上网时间在一天中波动较大：凌晨 1 点至早上 8 点钟是网民最少上网的时间，从早上 9 点钟起上网的人逐渐增加，到上午 12 点达到一天当中的第一个高峰，有 20.3%的网民在这一时间上网；13 点略有回落，16 点开始回升，18 点又达到一天当中的第二个高峰，有 28.0%的网民在这一时间上网；19 点略有回落，从晚上 20 点开始上网人数激增，到晚上 22 点的时候达到一天中的顶峰，有 50.5%的网民在这一时间上网，这之后上网人数又急剧减少（如图 26.489 所示）。日常生活的作息时间在一

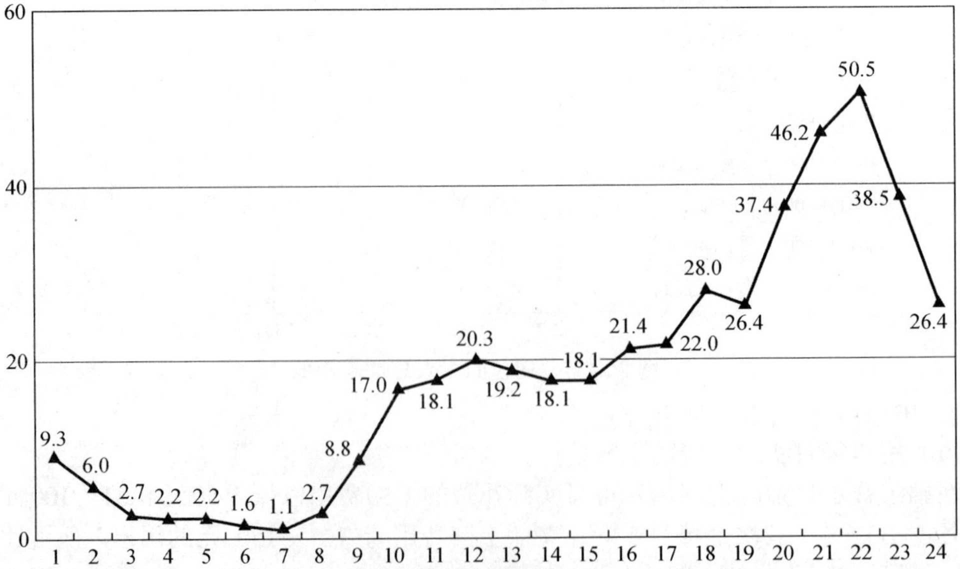

图 26.489　用户的上网时间分布（%）

定程度上影响着人们使用互联网的时间。新疆维吾尔自治区上网用户使用互联网的高峰时间在晚上。

（5）用户拥有 E-mail 账号数

新疆维吾尔自治区上网用户拥有 E-mail 账号平均值为 1.0，其中免费 E-mail 账号平均值为 0.9。

（6）用户平均每周收发的电子邮件数

新疆维吾尔自治区上网用户平均每周收到电子邮件数（不包括垃圾邮件）为 3.1 封，收到垃圾邮件数 4.5 封，发出电子邮件数 2.2 封。

（7）用户上网最主要的目的

新疆维吾尔自治区上网用户上网的最主要目的以获取信息最多，达到 50.0%；其次是休闲娱乐，所占比例为 37.4%；排在第三位的是学习，有 7.2%的用户选择此项；而选择其他上网目的的用户则很少（如图 26.490 所示）。

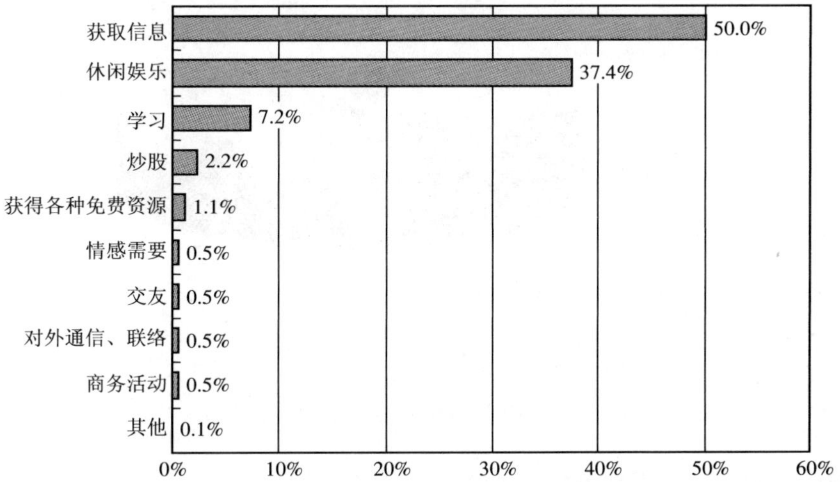

图 26.490　用户上网最主要的目的

3．用户对互联网的看法

（1）关于“使用互联网可以提高工作/学习和生活的效率”

关于“使用互联网可以提高工作/学习和生活的效率”的观点，新疆维吾尔自治区上网用户表示比较赞成的最多，达到 56.1%；其次是表示非常赞成的，所占比例为 30.6%；表示一半赞成一半不赞成的用户所占比例为 9.4%；表示不赞成的用户所占比例为 3.9%（如图 26.491 所示）。新疆维吾尔自治区上网用户对“使用互联网可以提高工作/学习和生活的效率”的观点表示赞成的占绝大多数。

（2）关于“在单位/学校/邻里中，会上网的人好像高人一等”

关于“在单位/学校/邻里中，会上网的人好像高人一等”的观点，新疆维吾尔自治区上网用户表示不太赞成的最多，达到 41.4%；其次是表示很不赞成的，所占比例为 37.0%；表示比较赞成的用户所占比例为 8.8%；表示一半赞成一半不赞成的用户所占比例为 8.3%；表示非常赞成的用户所占比例为 4.4%（如图 26.492 所示）。新疆维吾尔自治区上网用户对“在单位/学校/邻里中，会上网的人好像高人一等”的观点表示不赞成的占多数。

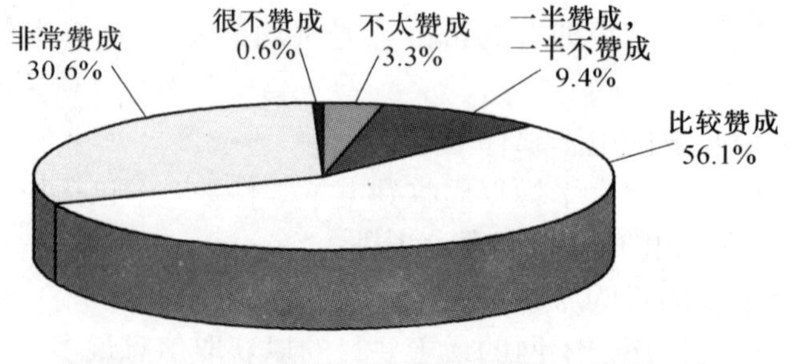

图 26.491　对“使用互联网可以提高工作/学习和生活的效率”观点的看法

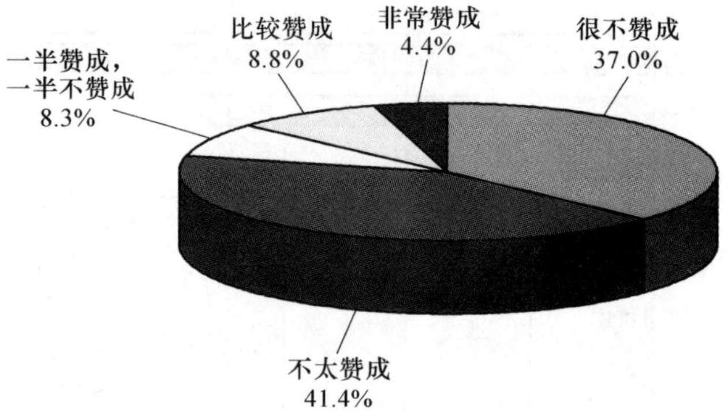

图 26.492　对“在单位/学校/邻里中，会上网的人好像高人一等”观点的看法

（3）关于“使用互联网容易结交不好的朋友”

关于“使用互联网容易结交不好的朋友”的观点，新疆维吾尔自治区上网用户表示不太赞成的最多，达到 50.6%；其次是表示一半赞成一半不赞成和很不赞成的用户，所占比例各为 17.6%；表示比较赞成的用户所占比例为 11.8%；表示非常赞成的用户最少，只有 2.4%（如图 26.493 所示）。新疆维吾尔自治区上网用户对“使用互联网容易结交不好的朋友”的观点表示不赞成的居多。

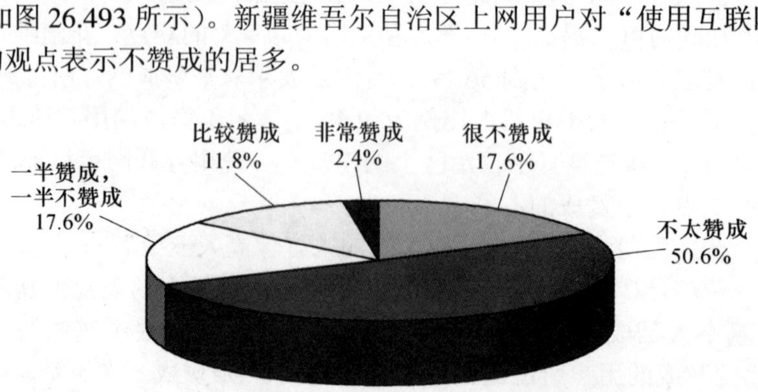

图 26.493　对“使用互联网容易结交不好的朋友”观点的看法

（4）关于“使用互联网容易暴露隐私”

关于“使用互联网容易暴露隐私”的观点，新疆维吾尔自治区上网用户表示不太赞成的最多，达到 50.0%；其次是表示一半赞成一半不赞成的用户，所占比例为 19.3%；表示很不赞成的用户，所占比例为 16.9%；表示比较赞成的用户，所占比例为 12.0%；表示非常赞成的用户最少，占 1.8%（如图 26.494 所示）。新疆维吾尔自治区上网用户对“使用互联网容易暴露隐私”的观点表示不赞成的居多。

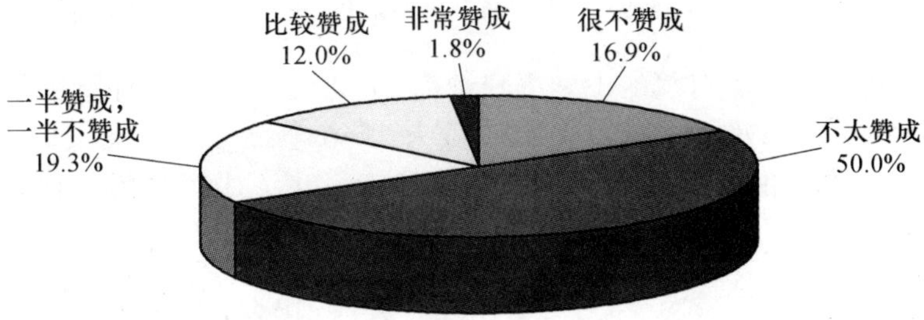

图 26.494　对“使用互联网容易暴露隐私”观点的看法

（5）关于“使用互联网容易受不良信息影响”

关于“使用互联网容易受不良信息影响”的观点，新疆维吾尔自治区上网用户表示不太赞成的最多，所占比例为 38.2%；其次是比较赞成的用户，所占比例为 26.0%；表示一半赞成一半不赞成的用户，所占比例为 19.7%；表示很不赞成的用户所占比例为 9.2%；表示非常赞成的用户所占比例为 6.9%（如图 26.495 所示）。新疆维吾尔自治区上网用户对“使用互联网容易受不良信息影响”的观点表示不赞成的略多于表示赞成的。

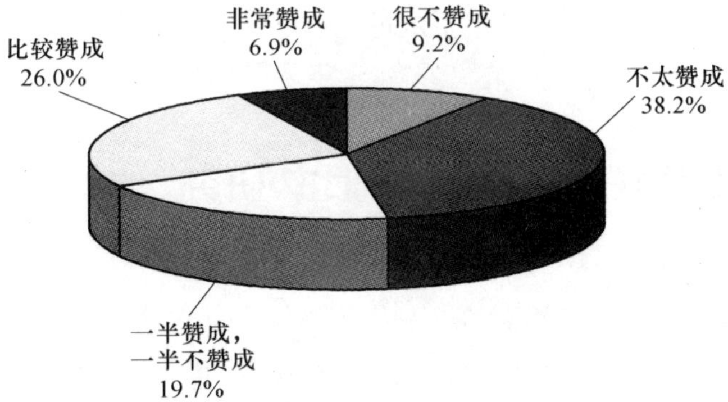

图 26.495　对“使用互联网容易受不良信息影响”观点的看法

（6）对互联网的信任程度

新疆维吾尔自治区上网用户对互联网表示比较信任的最多，所占比例为 58.1%；其次是对互联网表示半信半疑的，所占比例为 30.7%；对互联网表示完全信任的用户有 6.7%；对互联网表示不太信任的用户有 4.5%；（如图 26.496 所示）。新疆维吾尔自治区上网用户对互联网表示比较信任的占多数。

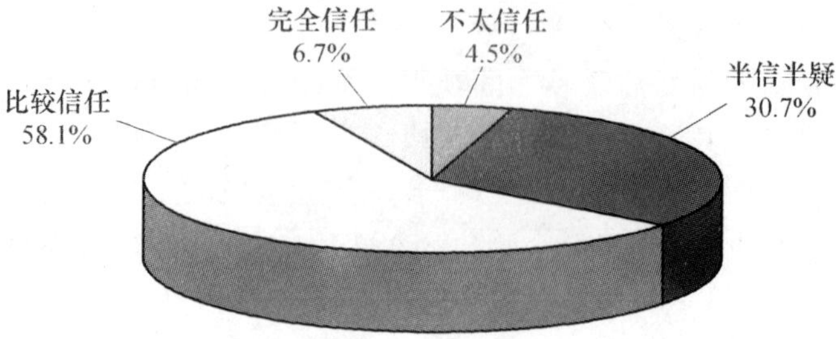

图 26.496　用户对互联网的信任程度

综上所述，新疆维吾尔自治区上网用户数为 117.8 万人，上网计算机数为 45 万台，CN 下注册域名数量为 2579 个，WWW 站点数为 3056 个。

其中住宅电话覆盖的上网用户（不包括住校大学生）中以男性、已婚者占主体，年龄在 31～35 岁的所占比例最高，受教育程度为大专的最多，职业以学生所占的比例最多，从事行业为公共管理、社会组织的人最多，个人月收入为 1001～1500 元的最多。

用户每月实际花费的上网费用集中在 150 元及以下，平均每周上网时间为 9.8 小时，平均每周上网天数为 3.6 天，使用互联网的高峰时间在晚上。用户拥有 E-mail 账号平均值为 1.0，其中免费 E-mail 账号平均值为 0.9，平均每周收到电子邮件数（不包括垃圾邮件）为 3.1 封，收到垃圾邮件数 4.5 封，发出电子邮件数 2.2 封。用户上网的最主要目的为获取信息。

新疆维吾尔自治区上网用户对“使用互联网可以提高工作/学习和生活的效率”的观点表示赞成的占绝大多数，对“在单位/学校/邻里中，会上网的人好像高人一等”的观点表示不赞成的占多数，对“使用互联网容易结交不好的朋友”的观点表示不赞成的居多，对“使用互联网容易暴露隐私”的观点表示不赞成的居多，对“使用互联网容易受不良信息影响”的观点表示不赞成的略多于表示赞成的。对互联网表示比较信任的占多数。

26.4　中国区域互联网络发展状况比较研究

一、各地区宏观概况比较

1．上网用户普及率

各地区上网用户普及率以北京最高，达到 28.0%；其次是上海，为 26.6%；排在第三位的是天津，上网用户普及率为 14.4%；比全国上网用户普及率 6.2%高的还有广东（12.1%）、浙江（9.7%）、福建（9.2%）、江苏（8.3%）、辽宁（6.9%）、山东（6.9%）、湖北（6.4%）、新疆（6.2%）；其他地区的上网用户普及率均低于全国平均水平（如图 26.497 所示）。

2．上网计算机数

各地区上网计算机数以广东最多，占全国上网计算机总数的 14.1%；其次是江苏，占 8.1%；排在第三位的是山东，占 6.7%（如图 26.498 所示）。

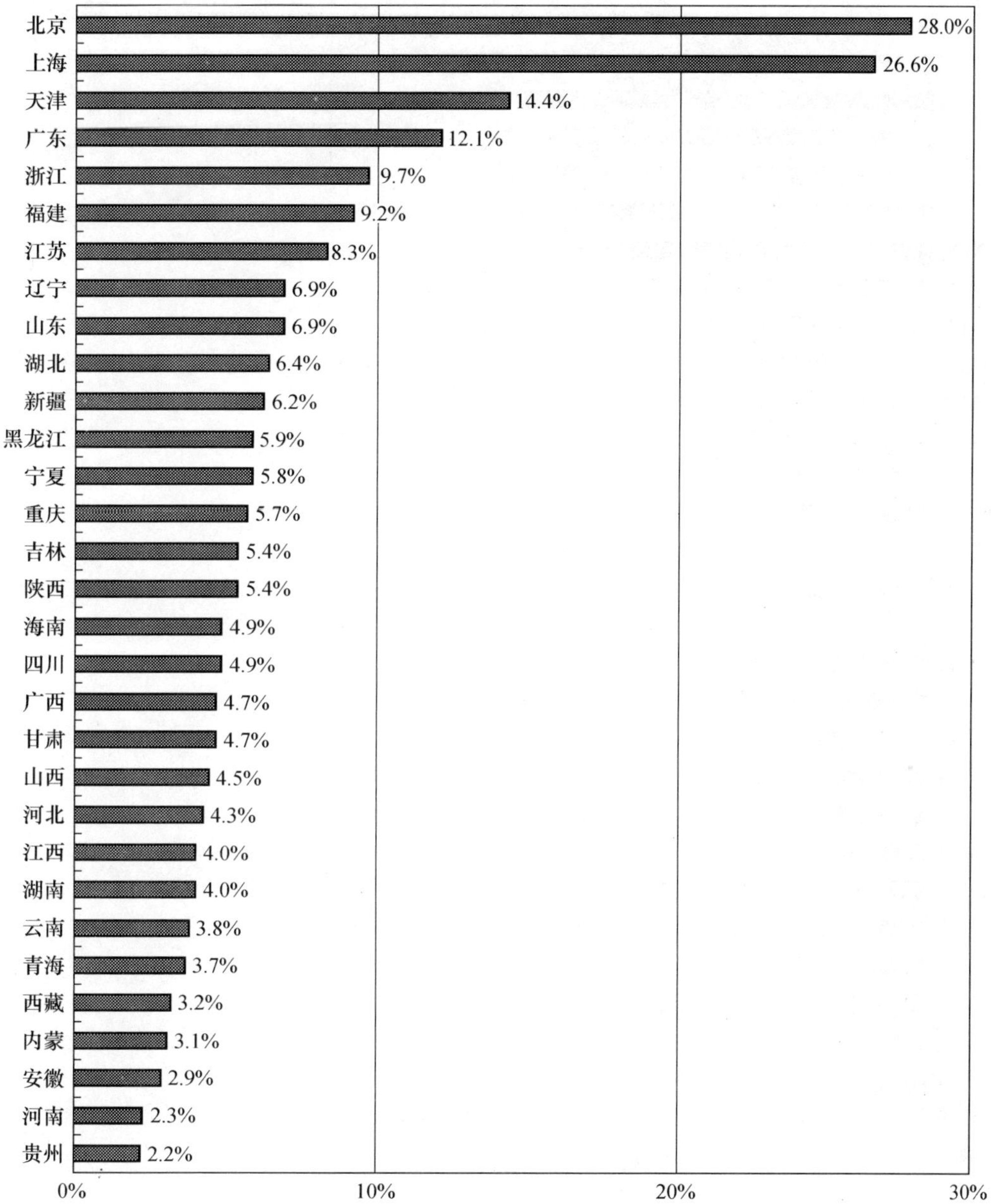

图 26.497　各地区上网用户普及率

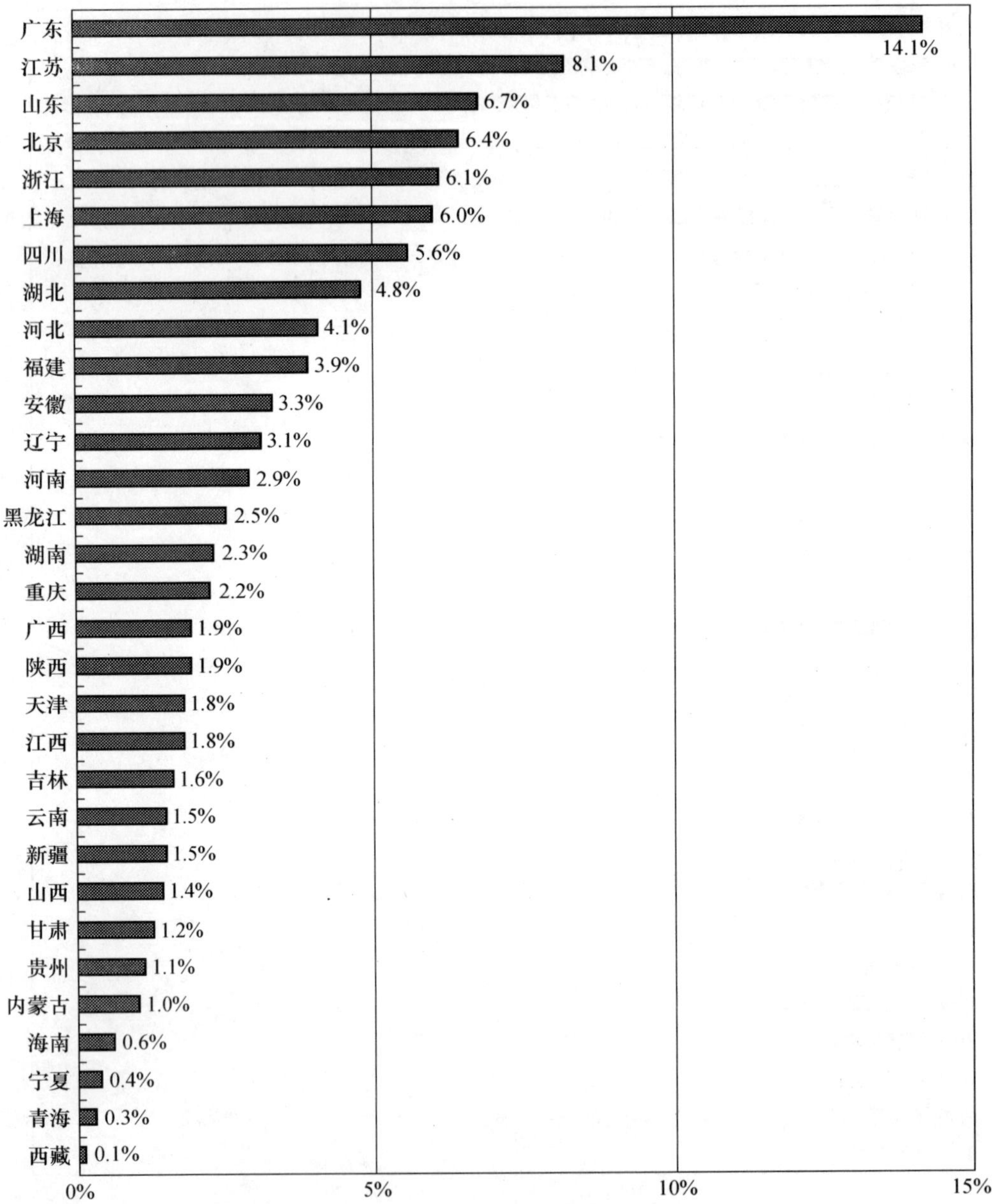

图 26.498　各地区上网计算机数占全国上网计算机总数的比例

3．CN 下注册域名数

CN 下注册域名数最多的是北京，占全国 CN 下注册域名总数的比例为 24.9%；其次是广东，所占比例为 14.0%；排在第三位的是上海，所占比例为 8.5%（如图 26.499 所示）。

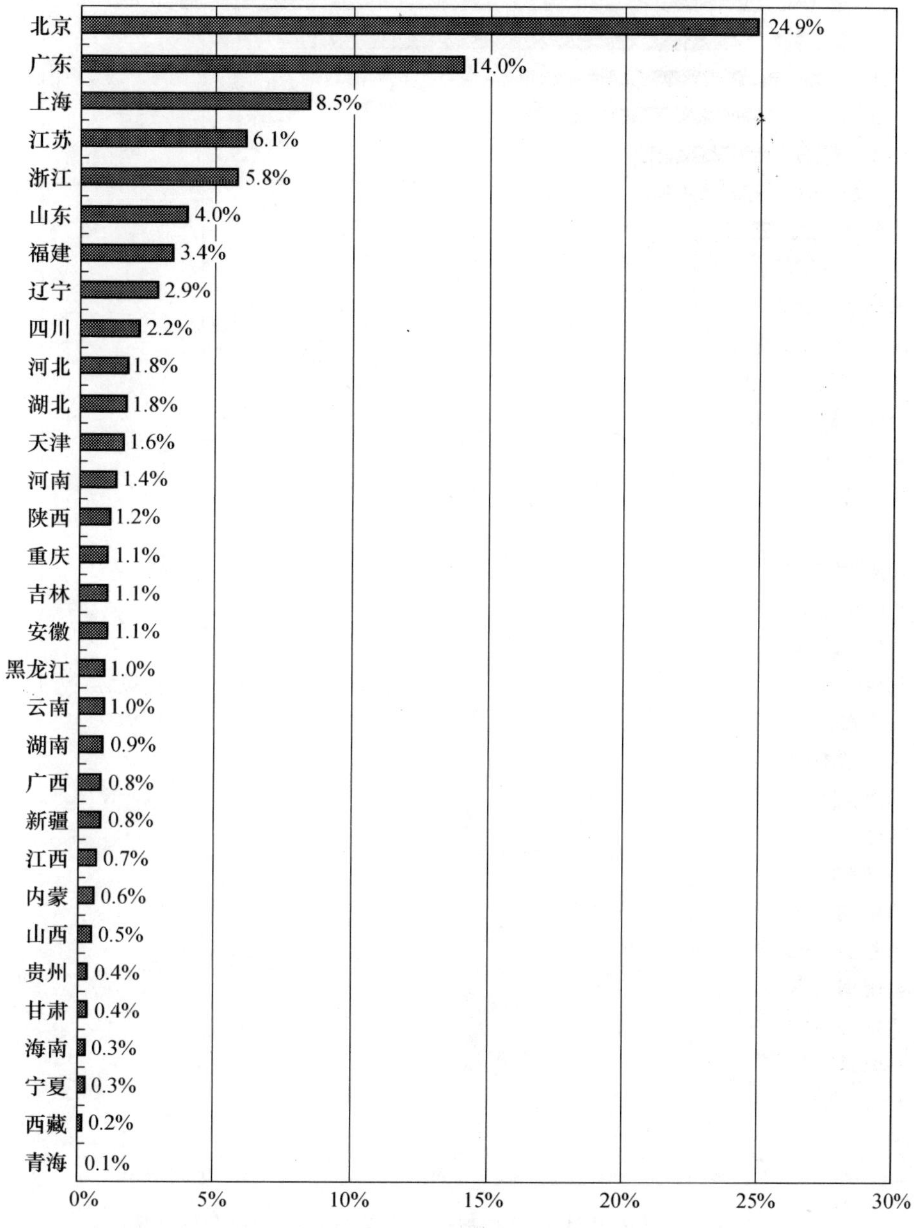

图 26.499　各地区 CN 下注册域名数占全国 CN 下注册域名总数的比例

4．WWW 站点数

各地区 WWW 站点数占全国 WWW 站点总数的比例以北京最多，为 20.7%；其次是广东，所占比例为 17.6%；排在第三位的是浙江，所占比例为 9.7%（如图 26.500 所示）。

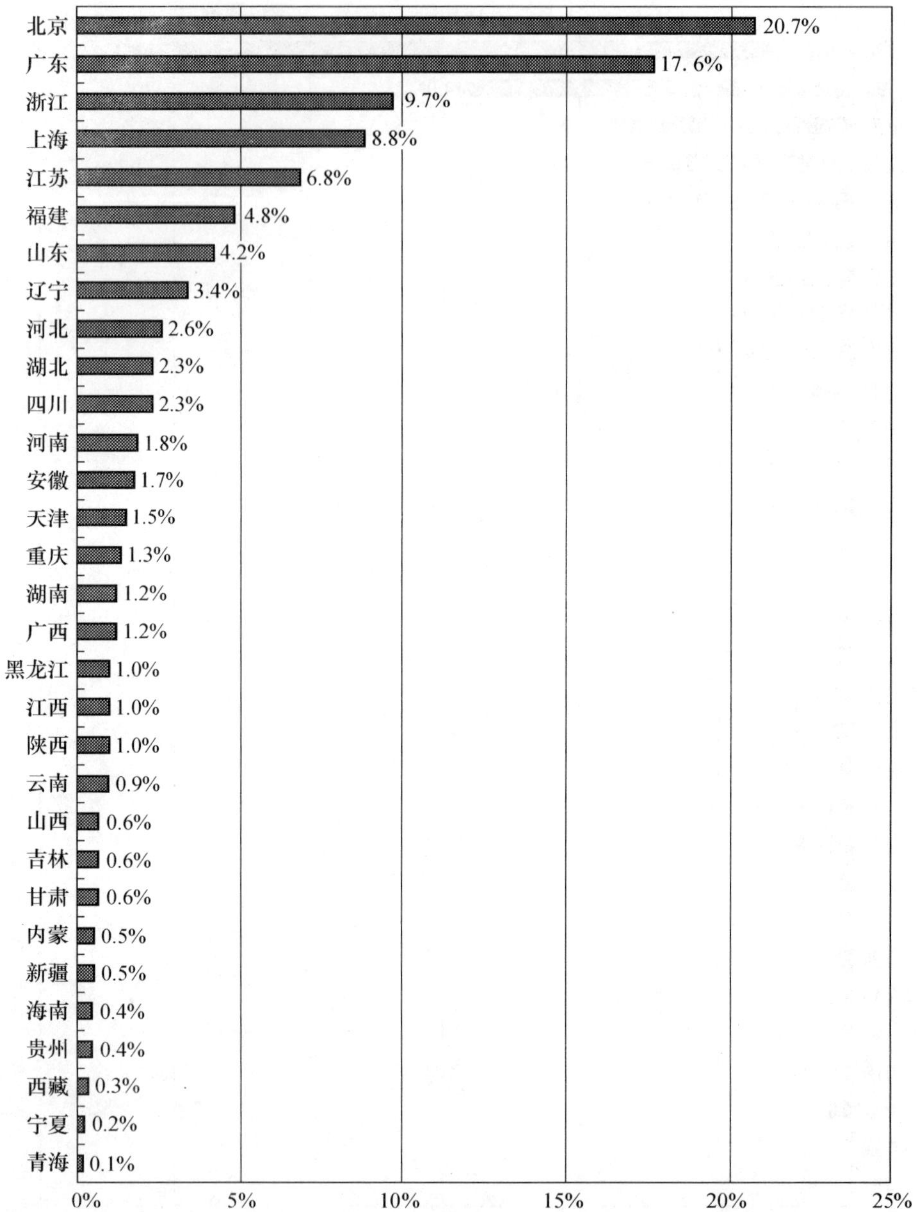

图 26.500　各地区 WWW 站点数占全国 WWW 站点总数的比例

二、各地区互联网络用户特征结构比较

1. 用户的性别

各地区上网用户中，男性都占据主体。其中：北京、天津、浙江、湖北、广东、陕西、宁夏和新疆等地区男性与女性所占比例差距相对较小；山西、安徽、河南、湖南、海南、贵州、西藏和甘肃等地区男性与女性所占比例差距相对较大（如图 26.501 所示）。

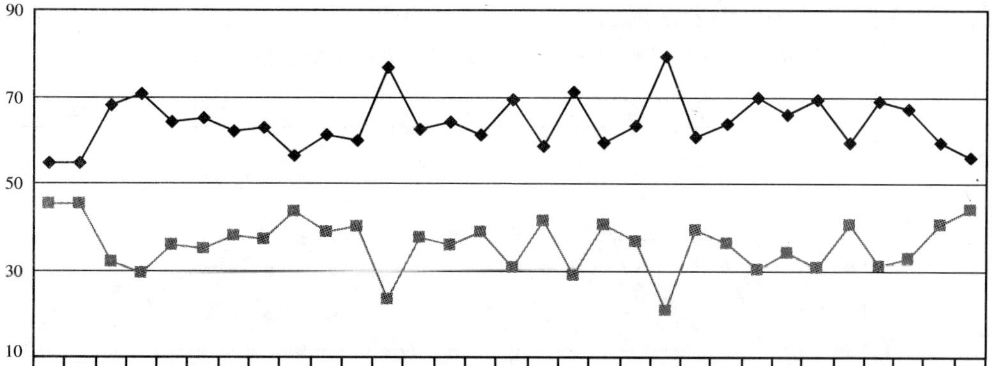

	北京	天津	河北	山西	内蒙古	辽宁	吉林	黑龙江	上海	江苏	浙江	安徽	福建	江西	山东	河南	湖北	湖南	广东	广西	海南	重庆	四川	贵州	云南	西藏	陕西	甘肃	青海	宁夏	新疆
男性	55	55	68	71	64	65	62	63	56	61	60	77	62	64	61	69	59	71	60	63	79	61	64	70	66	69	59	69	67	60	56
女性	45	45	32	29	36	35	38	37	44	39	40	23	38	36	39	31	41	29	40	37	21	39	36	30	34	31	41	31	33	40	44

图 26.501　各地区上网用户性别分布（%）

2．用户的年龄

各地区上网用户中，35 岁及以下用户都占据主体。其中：山西、安徽、江西、山东、四川和甘肃等地区 35 岁以上用户所占比例比其他地区略高；河北、内蒙古、吉林、上海、浙江、福建、河南、湖南、广东、广西、海南、重庆、贵州和西藏等地区 35 岁以上用户所占比例比其他地区略低（如图 26.502 所示）。就各地区上网用户在各个年龄段的分布来讲，湖南、海南、四川、云南、陕西和甘肃等地区 18 岁以下用户在本地区网民中所占的比例最高；江苏、青海两地 25～30 岁的用户在本地区网民中所占比例最高；新疆地区 31～35 岁用户在本地区网民中所占的比例最高；其他地区都是 18～24 岁用户在本地区网民中所占比例最高。

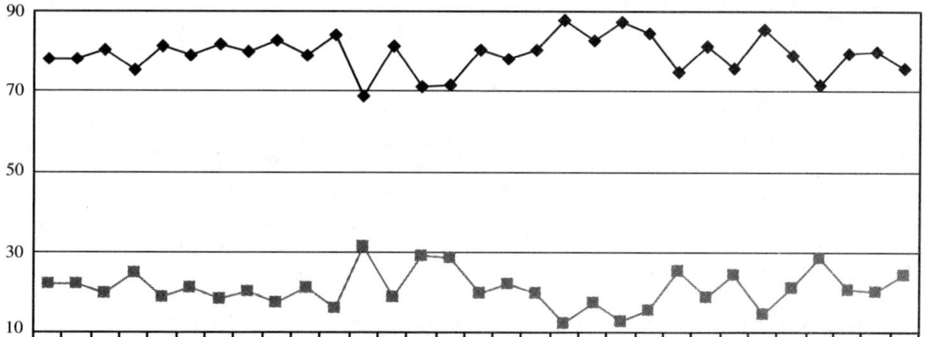

	北京	天津	河北	山西	内蒙古	辽宁	吉林	黑龙江	上海	江苏	浙江	安徽	福建	江西	山东	河南	湖北	湖南	广东	广西	海南	重庆	四川	贵州	云南	西藏	陕西	甘肃	青海	宁夏	新疆
35 岁及以下	78	78	80	75	81	79	82	80	83	79	84	69	81	71	71	80	78	80	88	83	87	84	75	81	76	85	79	71	80	80	76
35 岁以上	22	22	20	25	19	21	18	20	17	21	16	31	19	29	29	20	22	20	12	17	13	16	25	19	24	15	21	29	20	20	24

图 26.502　各地区上网用户年龄分布（%）

3．用户的婚姻状况

北京、天津、内蒙古、辽宁、上海、浙江、福建、湖南、广东、广西和海南等地区未婚者占据主体；河北、山西、江苏、安徽、江西、山东、重庆、四川、西藏、甘肃、青海和新疆等地区已婚者占据主体；吉林、黑龙江、河南、湖北、贵州、云南、陕西和宁夏等地区未婚者与已婚者所占比例大致相当（如图 26.503 所示）。

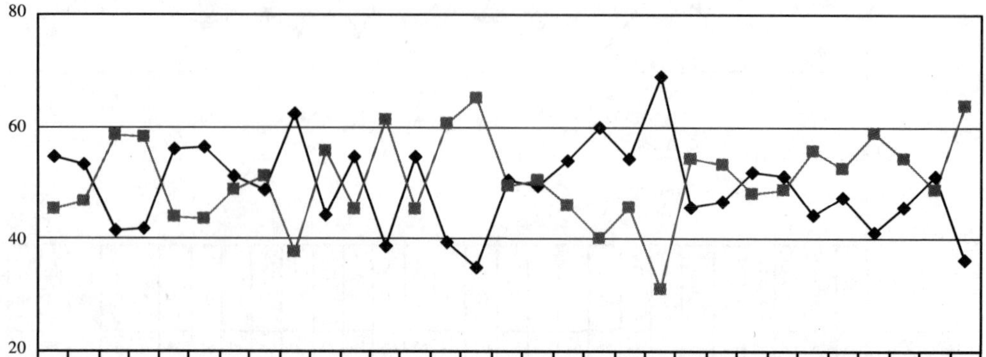

	北京	天津	河北	山西	内蒙古	辽宁	吉林	黑龙江	上海	江苏	浙江	安徽	福建	江西	山东	河南	湖北	湖南	广东	广西	海南	重庆	四川	贵州	云南	西藏	陕西	甘肃	青海	宁夏	新疆
未婚	55	53	41	42	56	57	51	49	62	44	55	39	55	39	35	51	50	54	60	54	69	46	47	52	51	44	48	41	46	51	36
已婚	45	47	59	58	44	43	49	51	38	56	45	61	45	61	65	49	50	46	40	46	31	54	53	48	49	56	52	59	54	49	64

图 26.503　各地区上网用户婚姻状况分布（%）

4．用户的受教育程度

各地区上网用户中，本科以下受教育程度的用户都占据主体（如图 26.504 所示）。其中：山西、内蒙古、黑龙江、上海、江苏、浙江、安徽、福建、江西、河南、湖南、广东、海南、贵州、云南、陕西、甘肃和宁夏等地区受教育程度在高中（中专）的用户在本地区网民中所占的比例最高；天津、河北、湖北、重庆、四川、西藏、青海和新疆等地区受教育程度在大专的用户在本地区网民中所占的比例最高；北京、辽宁、吉林和山东等地区受教育程度在本科的用户在本地区网民中所占的比例最高。

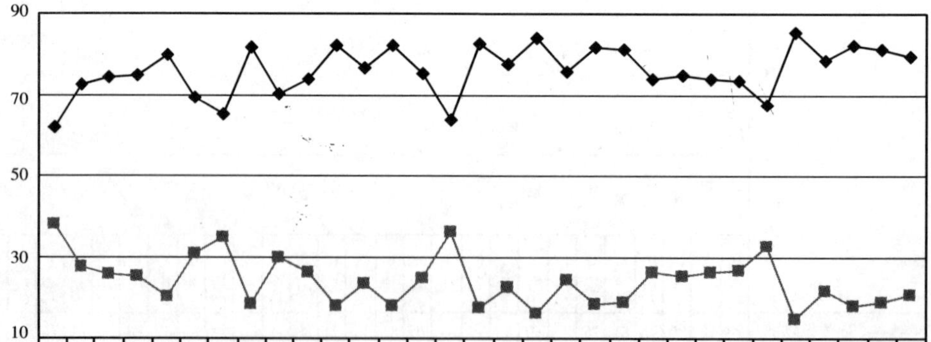

	北京	天津	河北	山西	内蒙古	辽宁	吉林	黑龙江	上海	江苏	浙江	安徽	福建	江西	山东	河南	湖北	湖南	广东	广西	海南	重庆	四川	贵州	云南	西藏	陕西	甘肃	青海	宁夏	新疆
本科以下	62	72	74	75	80	69	65	81	70	74	82	76	82	75	63	82	77	84	75	81	81	74	74	73	73	67	85	78	82	81	79
本科及以上	38	27	25	25	20	30	34	18	29	26	17	23	17	24	36	17	22	15	24	18	18	26	25	26	26	32	14	21	18	18	20

图 26.504　各地区上网用户受教育程度分布（%）

5．用户的行业（不包括军人、学生和无业人员）

北京、广东等地区上网用户中以从事 IT 业的用户所占比例为最多；天津、上海、江苏、浙江和陕西等地区上网用户中以从事制造业的用户所占比例为最多；河北、内蒙古、黑龙江、安徽、福建、江西、山东、河南、湖北、湖南、广东、广西、贵州、云南、西藏、甘肃、青海和新疆等地区上网用户中以从事公共管理和社会组织的用户所占比例为最多；山西、辽宁、吉林、黑龙江、安徽、海南、重庆、四川和宁夏等地区上网用户中以从事教育业的用户所占比例为最多。

6．用户的职业

北京、天津、内蒙古、辽宁、吉林、上海、江苏、浙江、安徽、福建、江西、山东、河南、湖北、湖南、广东、广西、海南、重庆、四川、贵州、云南、陕西、甘肃、宁夏和新疆等地区上网用户中以学生所占比例为最多；河北、山西地区上网用户中以专业技术人员所占比例为最多；黑龙江地区上网用户中以商业/服务业人员和生产、运输设备操作人员及有关人员所占比例为最多；西藏、青海等地区上网用户中以国家机关/党群组织工作人员所占比例为最多。

7．用户的个人月收入

除西藏地区上网用户中 2000 元及以下用户与 2000 元以上用户所占比例相当外，其他地区都是 2000 元及以下用户占据主体。其中北京、上海、安徽和广东等地区 2000 元以上用户所占比例比其他地区略多（如图 26.505 所示）。

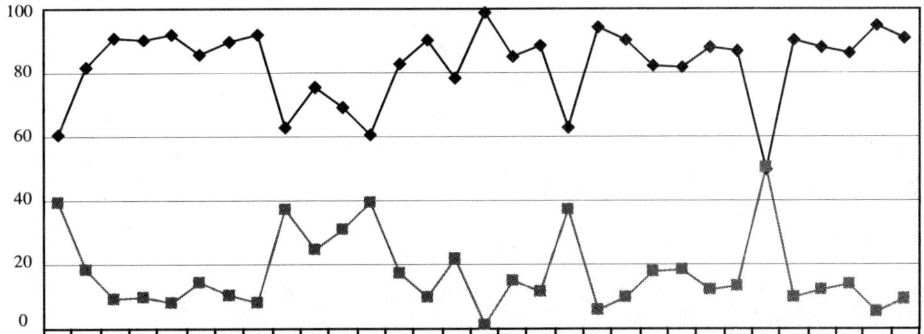

	北京	天津	河北	山西	内蒙古	辽宁	吉林	黑龙江	上海	江苏	浙江	安徽	福建	江西	山东	河南	湖北	湖南	广东	广西	海南	重庆	四川	贵州	云南	西藏	陕西	甘肃	青海	宁夏	新疆
2000 元及以下	60	82	91	90	92	86	90	92	63	76	69	60	83	90	78	99	85	89	63	94	90	82	81	88	87	50	90	88	86	95	91
2000 元以上	40	18	9	10	8	14	10	8	37	24	31	40	17	10	22	1	15	11	37	6	10	18	19	12	13	50	10	12	14	5	9

图 26.505　各地区上网用户个人月收入分布（%）

三、各地区互联网络用户上网行为比较

1．用户每月实际花费的上网费用

广东地区上网用户中每月实际花费的上网费用在 100 元以上的用户占据主体；北京、上海、西藏和青海等地区上网用户中每月实际花费的上网费用在 100 元及以下与 100 元以上的用户所占比例大致相当；其他地区上网用户中每月实际花费的上网费用在 100 元以下的用户占据主体（如图 26.506 所示）。

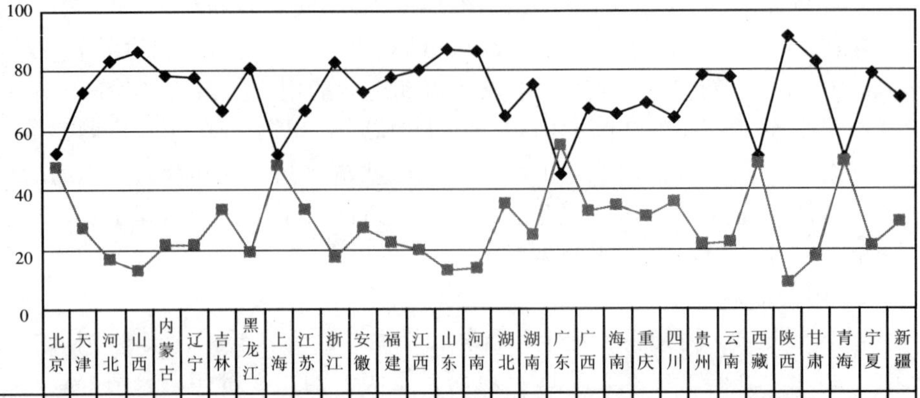

	北京	天津	河北	山西	内蒙古	辽宁	吉林	黑龙江	上海	江苏	浙江	安徽	福建	江西	山东	河南	湖北	湖南	广东	广西	海南	重庆	四川	贵州	云南	西藏	陕西	甘肃	青海	宁夏	新疆
100元及以下	53	73	83	87	78	78	67	81	52	66	83	73	78	80	87	86	65	75	45	68	66	69	64	78	78	51	91	83	50	79	71
100元以上	48	27	17	13	22	22	33	19	48	34	17	27	22	20	13	14	35	25	55	33	34	31	36	22	22	49	9	17	50	21	29

图 26.506　各地区上网用户每月实际花费的上网费用分布（%）

2．用户平均每周上网时间

北京、黑龙江、上海、浙江、福建、江西、山东、河南、湖北、广东、重庆和云南等地区上网用户每周上网时间相对较多；内蒙古、辽宁、吉林、安徽、广西、海南、贵州、西藏、陕西、甘肃、宁夏和新疆等地区上网用户每周上网时间相对较少（如图 26.507 所示）。

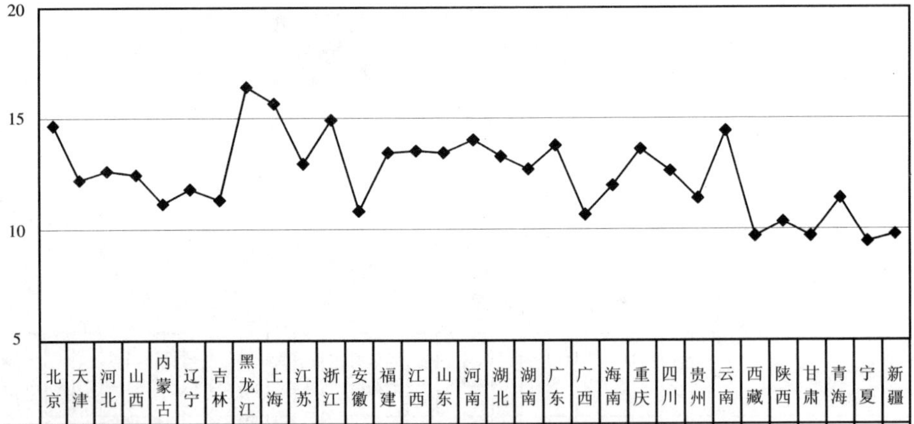

	北京	天津	河北	山西	内蒙古	辽宁	吉林	黑龙江	上海	江苏	浙江	安徽	福建	江西	山东	河南	湖北	湖南	广东	广西	海南	重庆	四川	贵州	云南	西藏	陕西	甘肃	青海	宁夏	新疆
每周上网时间	15	12	13	12	11	12	11	16	16	13	15	11	13	14	13	14	13	13	14	11	12	14	13	11	14	10	10	10	11	9	10

图 26.507　各地区上网用户平均每周上网时间（小时）

3．用户平均每周上网天数

北京、河北、上海、江苏、浙江、福建、江西、河南、广东、广西和重庆等地区上网用户每周上网天数相对较多；山西、内蒙古、安徽、海南、西藏、陕西、甘肃、宁夏和新疆等地区每周上网天数相对较少（如图 26.508 所示）。

4．用户通常上网时间

各地区上网用户使用互联网的时间都集中在晚上。其中：广东、海南和新疆等地区上网用户使用互联网的高峰在晚上的 21、22 点钟；其他地区使用互联网的高峰在晚上

20、21 点钟。这与一个地区人们的日常生活作息时间有一定关系。

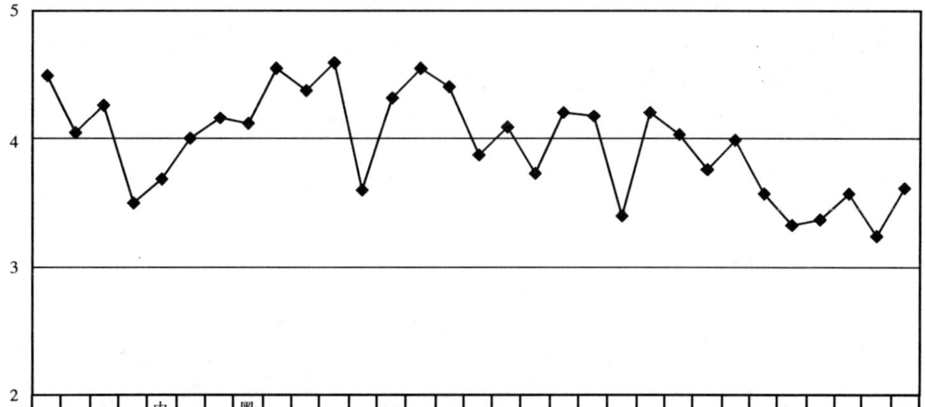

	北京	天津	河北	山西	内蒙古	辽宁	吉林	黑龙江	上海	江苏	浙江	安徽	福建	江西	山东	河南	湖北	湖南	广东	广西	海南	重庆	四川	贵州	云南	西藏	陕西	甘肃	青海	宁夏	新疆
每周上网天数	4.5	4.0	4.3	3.5	3.7	4.0	4.2	4.1	4.6	4.4	4.6	3.6	4.3	4.5	4.4	3.9	4.1	3.7	4.2	4.2	3.4	4.2	4.0	3.8	4.0	3.6	3.3	3.4	3.6	3.2	3.6

图 26.508　各地区上网用户平均每周上网天数（天）

5．用户拥有 E-mail 账号数

北京、上海和广东等地区上网用户拥有的 E-mail 账号相对较多；山西、内蒙古、西藏、甘肃、宁夏和新疆等地区上网用户拥有的 E-mail 账号相对较少（如图 26.509 所示）。

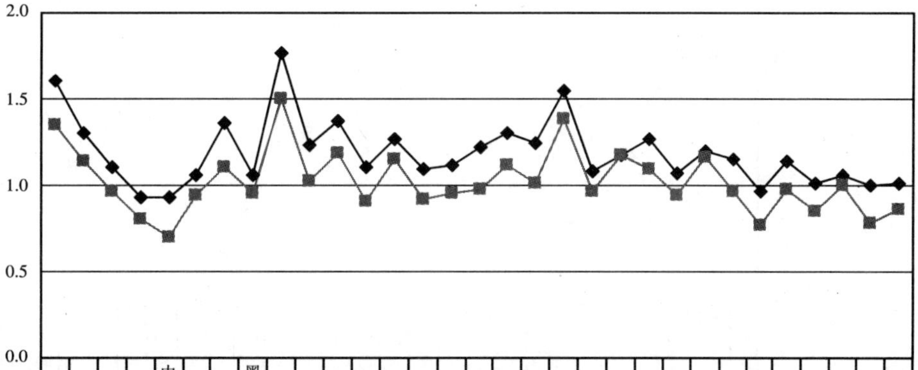

	北京	天津	河北	山西	内蒙古	辽宁	吉林	黑龙江	上海	江苏	浙江	安徽	福建	江西	山东	河南	湖北	湖南	广东	广西	海南	重庆	四川	贵州	云南	西藏	陕西	甘肃	青海	宁夏	新疆
E-mail 账号	1.6	1.3	1.1	0.9	0.9	1.1	1.4	1.1	1.8	1.2	1.4	1.1	1.3	1.1	1.1	1.2	1.3	1.2	1.5	1.1	1.2	1.3	1.1	1.2	1.2	1.0	1.1	1.0	1.1	1.0	1.0
免费 E-mail 账号	1.4	1.1	1.0	0.8	0.7	0.9	1.1	1.0	1.5	1.0	1.2	0.9	1.1	0.9	1.0	1.0	1.1	1.0	1.4	1.0	1.2	1.1	0.9	1.2	1.0	0.8	1.0	0.8	1.0	0.8	0.9

图 26.509　各地区上网用户拥有 E-mail 账号及免费 E-mail 账号的平均值（个）

6．用户平均每周收发的电子邮件数

北京、上海、安徽、湖北和广东等地区上网用户每周收发的电子邮件相对较多；河北、山西、内蒙古、黑龙江、江西、湖南、海南、四川、贵州、陕西、甘肃和新疆等地区上网用户每周收发的电子邮件相对较少（如图 26.510 所示）。

7．用户上网最主要的目的

各地区上网用户上网最主要的目的主要集中在获取信息和休闲娱乐两方面。其中：

黑龙江、湖南、海南和青海等地区上网用户中更多的人将休闲娱乐作为上网最主要目的；内蒙古、浙江、福建、河南、四川、贵州、陕西和甘肃等地区上网用户中将获取信息和休闲娱乐作为上网最主要目的的用户所占比例大致相当；其他地区上网用户中更多的人将获取信息作为上网最主要目的（如图 26.511 所示）。

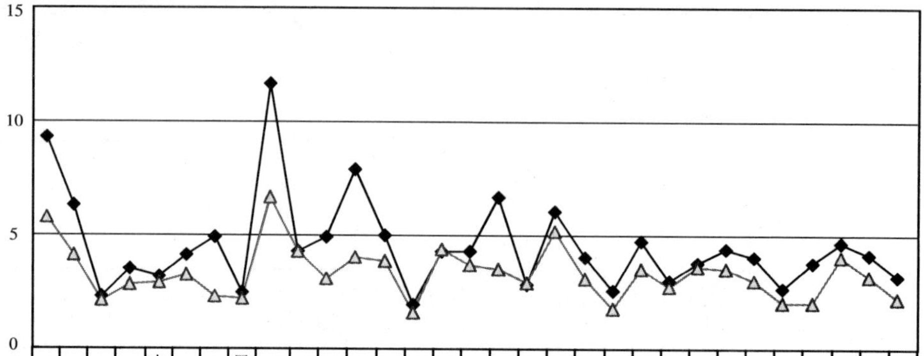

	北京	天津	河北	山西	内蒙古	辽宁	吉林	黑龙江	上海	江苏	浙江	安徽	福建	江西	山东	河南	湖北	湖南	广东	广西	海南	重庆	四川	贵州	云南	西藏	陕西	甘肃	青海	宁夏	新疆
收到电子邮件	9.3	6.3	2.3	3.5	3.2	4.2	5.0	2.5	11.0	4.3	4.9	7.9	5.0	1.9	4.3	4.3	6.7	2.8	6.1	4.0	2.5	4.7	2.9	3.7	4.4	4.0	2.6	3.8	4.6	4.1	3.1
发出电子邮件	5.8	4.2	2.1	2.8	2.9	3.3	2.3	2.2	6.7	4.3	3.1	4.1	3.9	1.6	4.4	3.7	3.5	2.9	5.2	3.0	1.7	3.5	2.7	3.6	3.5	3.0	2.0	2.1	4.1	3.2	2.2

图 26.510　各地区上网用户每周收到和发出的电子邮件数（封）

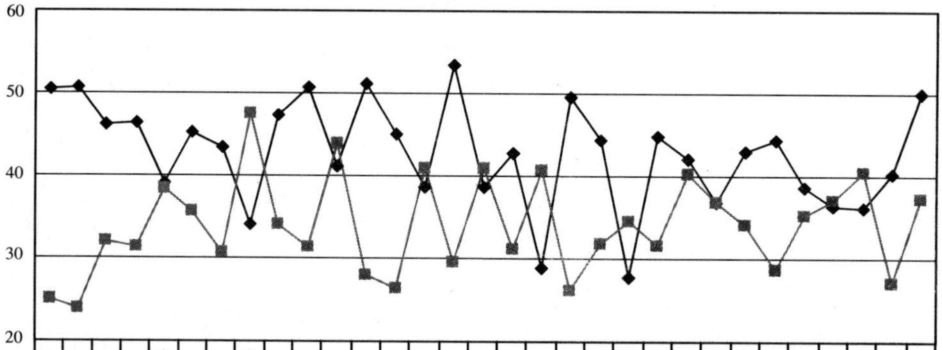

	北京	天津	河北	山西	内蒙古	辽宁	吉林	黑龙江	上海	江苏	浙江	安徽	福建	江西	山东	河南	湖北	湖南	广东	广西	海南	重庆	四川	贵州	云南	西藏	陕西	甘肃	青海	宁夏	新疆
获取信息	50	51	46	46	39	45	43	34	47	51	41	51	45	39	53	39	43	29	50	44	28	45	42	37	43	44	39	36	36	40	50
休闲娱乐	25	24	32	31	38	36	31	47	34	31	44	28	26	41	30	41	31	41	26	32	35	32	40	37	34	29	35	37	40	27	37

图 26.511　各地区上网用户中将获取信息和休闲娱乐作为上网最主要目的的比例（%）

四、各地区互联网络用户对互联网的看法比较：

1．关于“使用互联网可以提高工作/学习和生活的效率”

对“使用互联网可以提高工作/学习和生活的效率”观点，各地区网民表示“比较赞成”的比例都占第一位，且比例都在 50%左右；表示“非常赞成”的网民比例都占第二位，且比例都在 30%左右；表示“一半赞成，一半不赞成”的网民比例，除西藏、陕西外，在其他各地区都排第三位；而表示不赞成的网民比例，各地都很少（如图 26.512 所示）。对“使用互联网可以提高工作/学习和生活的效率”观点，全国各地区普遍是表示赞成的居多。

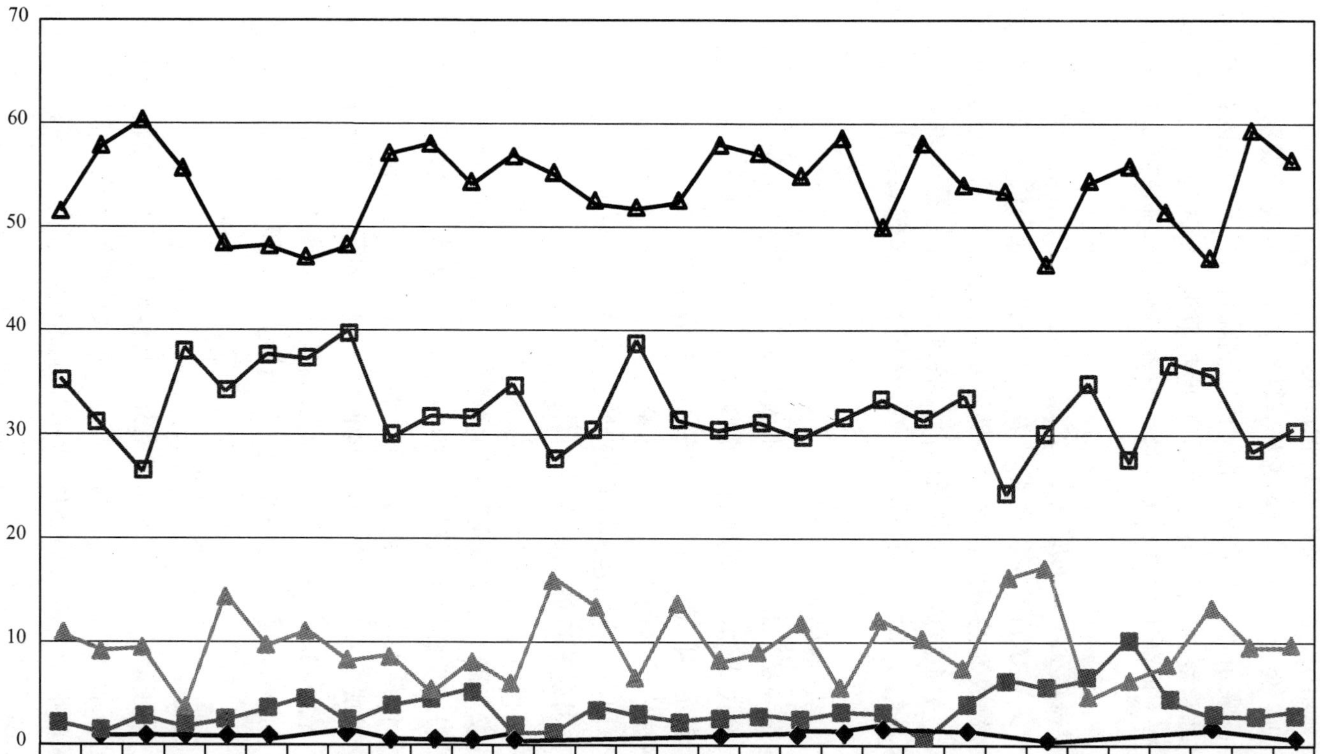

	北京	天津	河北	山西	内蒙古	辽宁	吉林	黑龙江	上海	江苏	浙江	安徽	福建	江西	山东	河南	湖北	湖南	广东	广西	海南	重庆	四川	贵州	云南	西藏	陕西	甘肃	青海	宁夏	新疆
很不赞成		0.9	0.9	0.9	0.8	0.9		1.5	0.6	0.5	0.5	1.2					0.9		1.4	1.4	2.0		1.2		0.6				1.4		0.6
不太赞成	2.1	1.2	2.8	1.8	2.4	3.5	4.8	2.2	3.8	4.5	5.5	1.2	1.2	3.7	2.9	2.3	2.7	3.0	2.5	3.2	3.0	0.5	3.9	6.5	5.6	6.4	10.	4.2	2.9	2.8	3.3
一半赞成，一半不赞成	10	9.2	9.4	3.6	14	9.6	11	8.1	8.7	5.1	8.3	5.8	16	13	6.3	14	8.0	8.9	11	5.1	12	9.9	7.4	16	17	4.4	6.3	7.9	13	9.4	9.4
比较赞成	51	57	60	55	48	48	46	48	57	58	54	57	55	52	51	52	58	57	54	58	49	58	53	53	46	54	55	50	46	59	56
非常赞成	35	30	26	38	34	37	37	40	29	31	31	34	27	30	39	31	30	31	29	31	33	31	33	24	30	35	27	37	35	28	30

图 26.512　各地区网民对“使用互联网可以提高工作/学习和生活的效率”的看法（%）

2．关于“在单位/学校/邻里中，会上网的人好像高人一等”

对“在单位/学校/邻里中，会上网的人好像高人一等”观点，各地区表示“不太赞成”的网民比例都占第一位；表示“很不赞成”的网民比例除青海外其他地区都占第二位；表示“比较赞成”和“非常赞成”的网民比例，各地都很少（如图 26.513 所示）。对“在单位/学校/邻里中，会上网的人好像高人一等”观点，全国各地区普遍是表示不赞成的居多。

3．关于“使用互联网容易结交不好的朋友”

对“使用互联网容易结交不好的朋友”观点，表示“不太赞成”的网民比例各地区都是第一位；表示“非常赞成”的网民比例，各地区都是最少；表示“很不赞成”、“比较赞成”、“一半赞成，一半不赞成”的网民比例，各地区略有差异（如图 26.514 所示）。对“使用互联网容易结交不好的朋友”观点，全国各地区普遍是表示不太赞成的居多。

4．关于“使用互联网容易暴露隐私”

对“使用互联网容易暴露隐私”观点，表示“不太赞成”的网民比例各地区都是第一位；表示“非常赞成”的网民比例，各地区都是最少（除海南表示“一半赞成，一半不赞成”的网民比例略高于表示“非常赞成”的网民比例）；表示“很不赞成”、“比较赞成”、“一半赞成，一半不赞成”的网民比例，各地区略有差异（如图 26.515 所示）。对“使用互联网容易暴露隐私”观点，全国各地区普遍是表示不太赞成的居多。

5．关于“使用互联网容易受不良信息影响”

对“使用互联网容易受不良信息影响”观点，表示“很不赞成”和“不太赞成”的网民比例高于表示“非常赞成”和“比较赞成”的网民比例的省份有湖南、河南、山东、黑龙江、北京；表示“很不赞成”和“不太赞成”的网民比例等于表示“非常赞成”和“比较赞成”的网民比例的省份是天津；其他省份均是表示“很不赞成”和“不太赞成”的网民比例低于表示“非常赞成”和“比较赞成”的网民比例；表示“一半赞成，一半不赞成”的网民比例最高的是河北、其次是天津、北京排第三（如图 26.516 所示）。对“使用互联网容易受不良信息影响”观点，全国各地区略有差异，大部分地区是表示不赞成的多于表示赞成的。

6．对互联网的信任程度

对互联网的信任程度，全国除广东、海南和云南外，其他地区表示“比较信任”的网民比例均是最多，其次是表示“半信半疑”的，表示“不太信任”、“完全信任”、“完全不信”的网民比例各地区都很少（如图 26.517 所示）。除个别省份外，全国其他各地区网民对互联网表示“比较信任”的占多数。

（中国互联网络信息中心 （CNNIC））

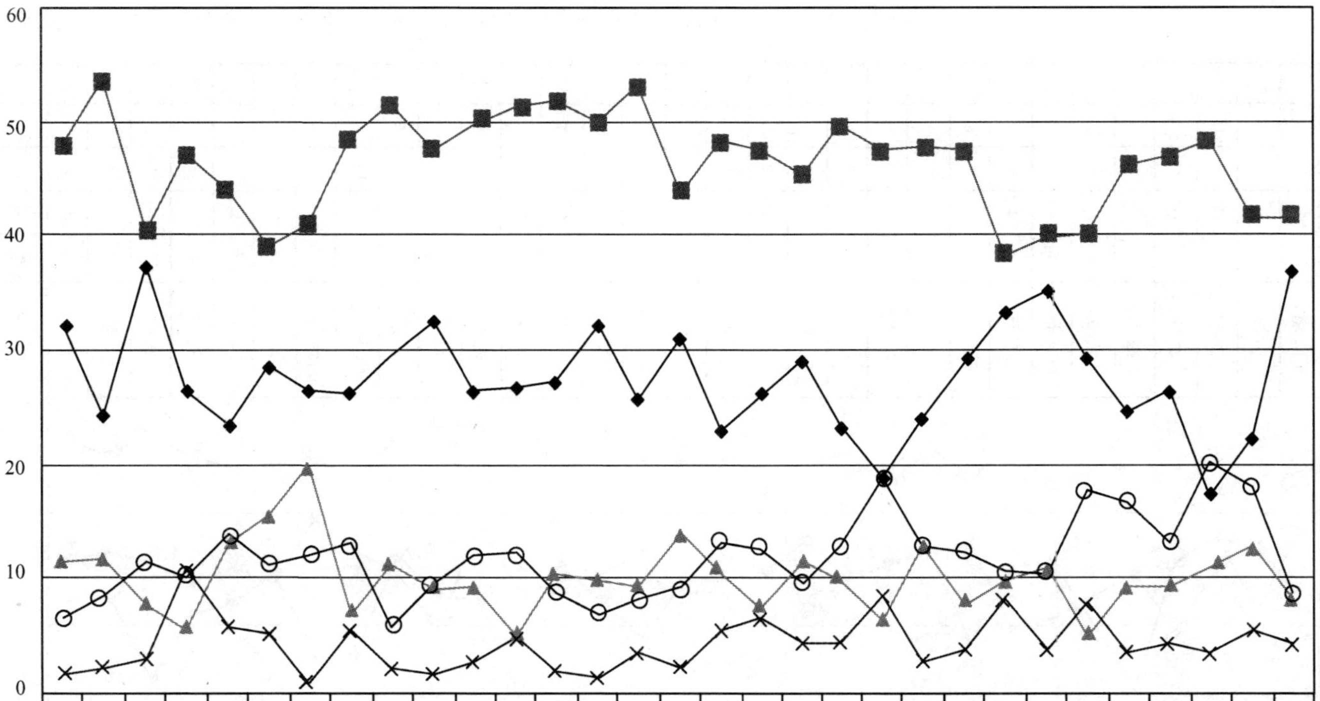

	北京	天津	河北	山西	内蒙古	辽宁	吉林	黑龙江	上海	江苏	浙江	安徽	福建	江西	山东	河南
很不赞成	32	24	37	26	23	28	26	26	29	32	26	26	27	32	25	31
不太赞成	48	53	40	47	43	39	40	48	51	47	49	51	51	50	53	43
一半赞成，一半不赞成	11	11	7.7	5.5	13	15	20	6.9	11	9.1	9.3	4.9	10	9.7	9.4	13
比较赞成	6.7	8.4	11	10	13	11	12	13	5.8	9.6	12	12	8.6	6.7	8.2	9.2
非常赞成	1.6	2.1	2.9	10	5.7	5.2	0.8	5.4	2.1	1.5	2.8	4.9	1.9	1.5	3.5	2.3

	湖北	湖南	广东	广西	海南	重庆	四川	贵州	云南	西藏	陕西	甘肃	青海	宁夏	新疆
很不赞成	23	25	29	23	18	23	28	33	35	29	24	26	17	22	37
不太赞成	48	47	45	49	47	47	47	38	39	40	46	46	48	41	41
一半赞成，一半不赞成	10	7.4	11	9.9	6.3	12	7.5	9.8	10	5.0	9.4	9.3	10	12	8.3
比较赞成	13	12	9.6	12	18	12	12	10	10	17	16	13	20	17	8.8
非常赞成	5.4	6.7	4.3	4.2	8.4	2.8	4.0	8.1	3.8	7.9	3.6	4.3	3.6	5.6	4.4

图 26.513　各地区网民对“在单位/学校/邻里中，会上网的人好像高人一等”的看法（%）

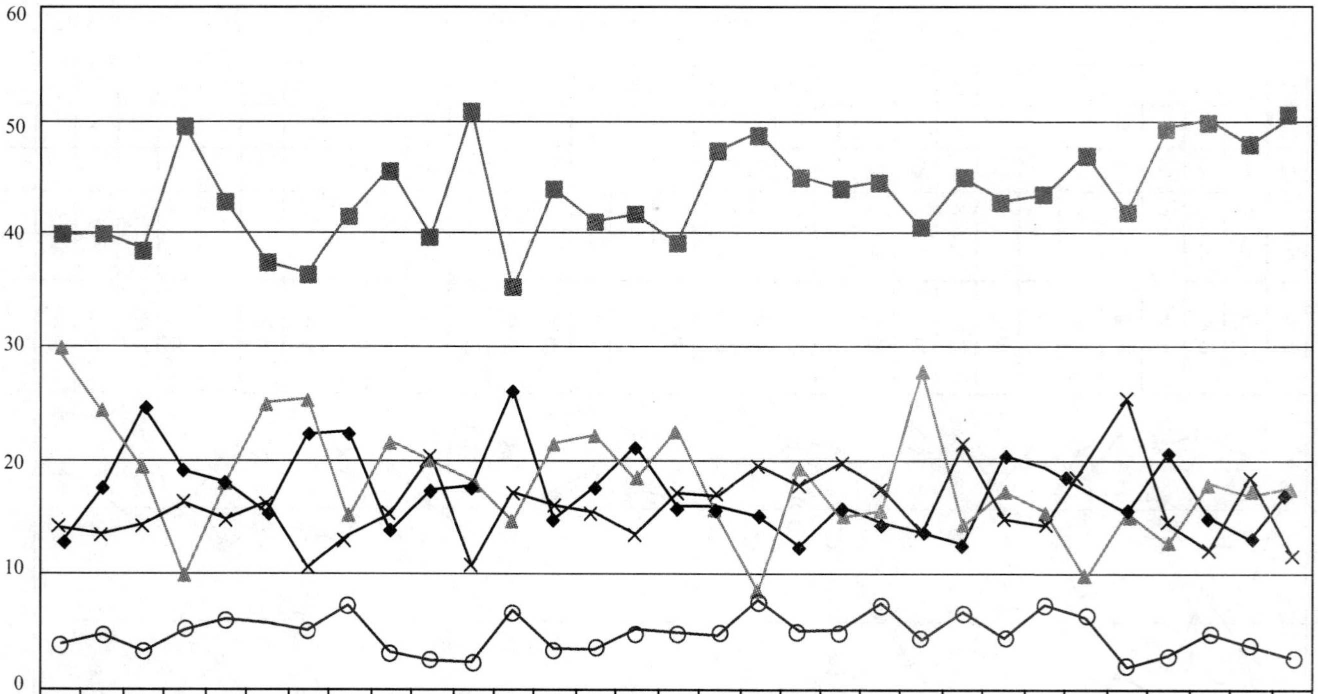

	北京	天津	河北	山西	内蒙古	辽宁	吉林	黑龙江	上海	江苏	浙江	安徽	福建	江西	山东	河南
很不赞成	12	17	25	19	18	15	22	22	13	17	17	26	14	17	21	16
不太赞成	39	39	38	50	43	37	36	41	46	39	51	34	44	41	41	39
一半赞成，一半不赞成	29	24	19	9.6	18	25	25	15	21	20	18	14	21	22	18	23
比较赞成	14	13	14	16	14	16	10	13	15	20	10	17	16	15	13	17
非常赞成	3.6	4.4	2.9	4.8	5.8	5.5	4.8	7.1	2.9	2.1	1.9	6.7	3.1	3.1	4.9	4.6

	湖北	湖南	广东	广西	海南	重庆	四川	贵州	云南	西藏	陕西	甘肃	青海	宁夏	新疆
很不赞成	16	15	12	16	14	13	12	20	19	17	15	20	15	13	17
不太赞成	47	49	45	44	44	40	45	43	43	47	41	49	50	48	50
一半赞成，一半不赞成	15	8.3	19	15	15	28	14	17	15	9.5	15	12	18	16	17
比较赞成	17	19	17	19	17	13	21	14	14	19	25	14	12	18	11
非常赞成	4.4	7.6	4.7	4.9	7.3	4.0	6.5	4.1	7.1	6.0	1.5	2.5	4.5	3.4	2.4

图 26.514　各地区网民对“使用互联网容易结交不好的朋友”的看法（%）

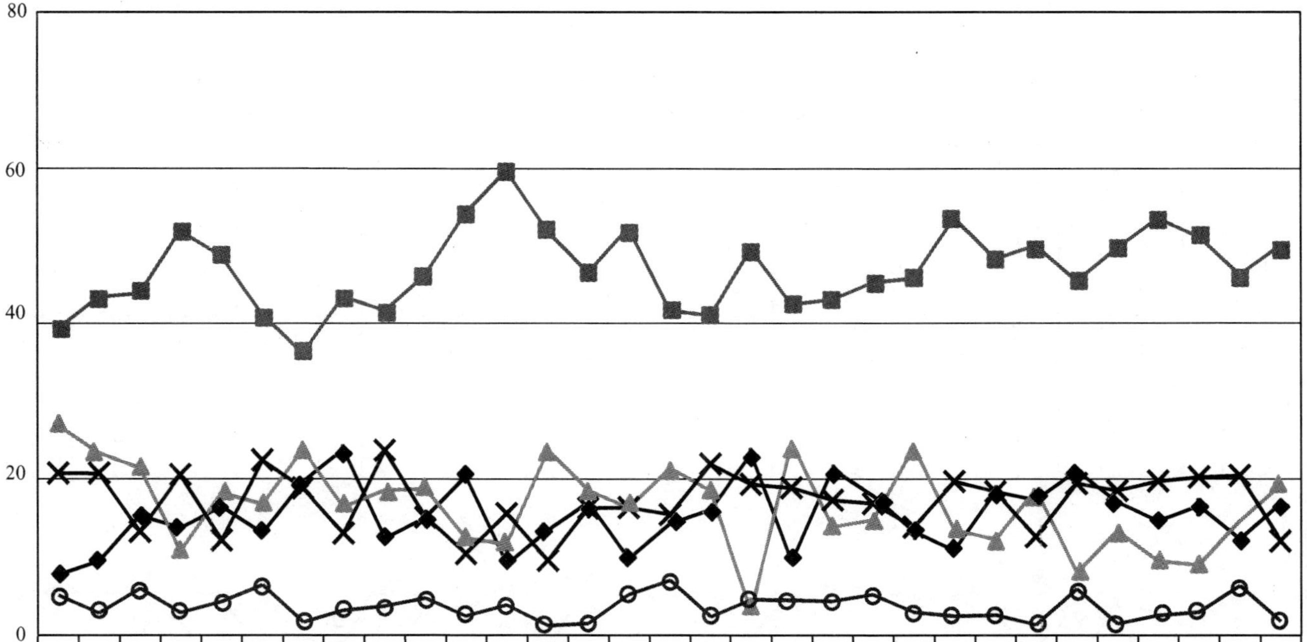

	北京	天津	河北	山西	内蒙古	辽宁	吉林	黑龙江	上海	江苏	浙江	安徽	福建	江西	山东	河南
很不赞成	7.8	9.6	15	13	16	13	19	23	12	15	20	9.1	13	17	9.8	14
不太赞成	39	43	43	52	48	41	36	43	41	46	54	59	51	46	52	41
一半赞成，一半不赞成	26	23	21	10	18	16	23	16	18	18	12	11	23	18	16	21
比较赞成	20	20	13	20	12	22	18	13	23	15	10	15	9.6	16	16	15
非常赞成	5.2	2.9	6.1	2.9	4.3	6.5	1.6	3.3	3.8	4.8	2.5	3.9	1.3	1.6	5.2	7.1

	湖北	湖南	广东	广西	海南	重庆	四川	贵州	云南	西藏	陕西	甘肃	青海	宁夏	新疆
很不赞成	16	23	9.5	21	17	13	10	18	17	21	17	14	16	12	16
不太赞成	41	49	42	43	45	45	53	48	50	45	49	53	51	46	50
一半赞成，一半不赞成	18	3.1	24	13	14	24	13	12	18	8.1	13	9.6	9.0	14	19
比较赞成	22	19	18	17	16	13	19	18	12	19	18	19	20	20	12
非常赞成	2.4	4.7	4.5	4.5	5.3	3.0	2.5	2.6	1.3	5.9	1.5	2.5	3.0	6.4	1.8

图 26.515　各地区网民对“使用互联网容易暴露隐私”的看法（%）

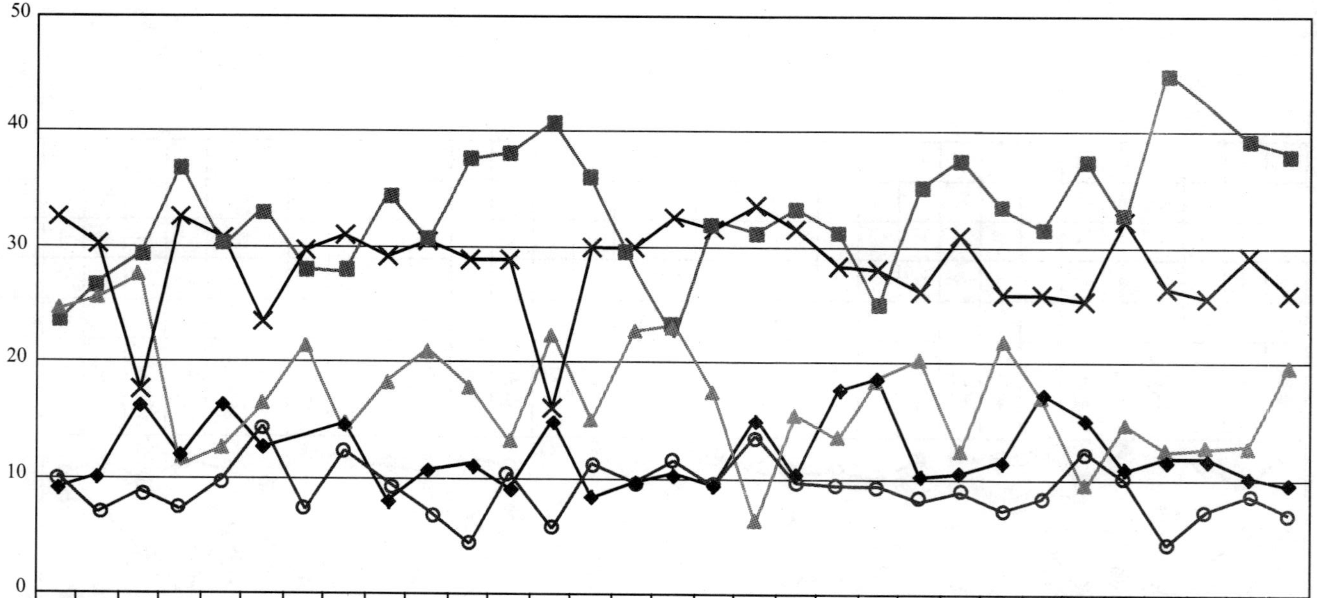

	北京	天津	河北	山西	内蒙古	辽宁	吉林	黑龙江	上海	江苏	浙江	安徽	福建	江西	山东	河南	湖北	湖南	广东	广西	海南	重庆	四川	贵州	云南	西藏	陕西	甘肃	青海	宁夏	新疆
很不赞成	9.2	10	16	11	16	12	13	14	8.0	10	11	9.2	14	8.2	9.6	10	9.4	15	10	17	18	10	10	11	17	15	10	11	11	10	9.2
不太赞成	23	27	29	37	30	33	28	27	34	30	37	38	41	35	28	22	32	31	33	31	25	35	37	33	31	37	32	45	42	39	38
一半赞成，一半不赞成	24	25	27	10	12	16	21	14	18	21	17	13	22	14	22	23	17	6.1	15	13	18	20	12	22	16	9.2	14	12	12	12	19
比较赞成	32	30	17	32	30	23	29	31	29	30	28	28	16	29	29	32	31	33	31	28	28	26	30	26	25	25	32	26	25	29	26
非常赞成	10	7.0	8.8	7.3	10	14	7.2	12	9.7	7.2	4.2	10	5.6	11	9.6	11	9.4	13	9.5	9.5	9.4	8.0	8.8	7.3	8.4	12	9.9	4.3	7.4	8.4	6.9

图 26.516　各地区网民对“使用互联网容易受不良信息影响”的看法（%）

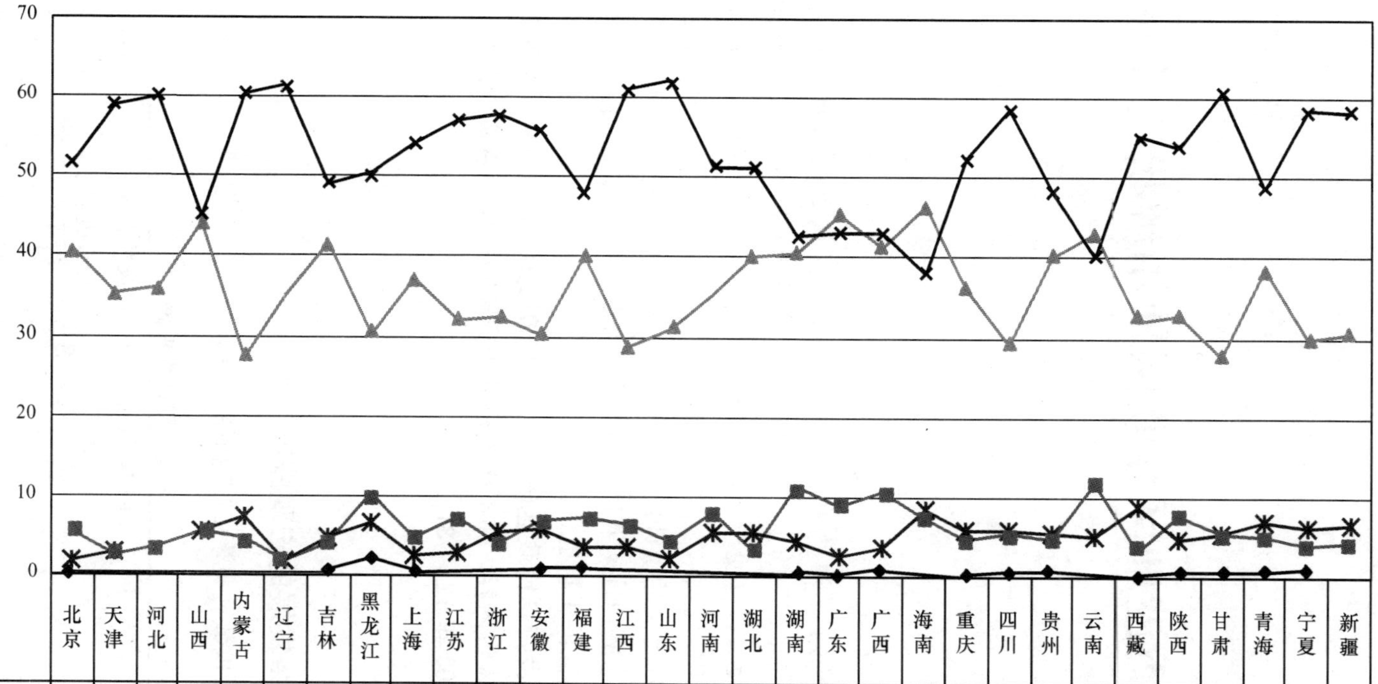

	北京	天津	河北	山西	内蒙古	辽宁	吉林	黑龙江	上海	江苏	浙江	安徽	福建	江西	山东	河南
完全不信	0.3						0.8	2.2	0.9			1.2	1.2			
不太信任	5.5	2.7	3.8	5.4	4.8	1.8	3.9	10	4.9	7.5	4.2	7.0	7.3	6.6	4.6	8.0
半信半疑	40	35	36	44	27	35	41	30	37	32	32	30	40	28	30	35
比较信任	51	59	60	45	60	61	48	50	54	57	57	55	47	61	62	51
完全信任	1.8	3.0		5.4	7.3	1.8	4.7	6.7	2.6	3.0	5.6	5.8	3.6	3.7	2.3	5.7

	湖北	湖南	广东	广西	海南	重庆	四川	贵州	云南	西藏	陕西	甘肃	青海	宁夏	新疆
完全不信		0.8	0.4	0.9		0.5	0.8	0.8		0.5	0.7	0.6	0.7	1.1	
不太信任	3.2	11	8.9	10	7.4	4.9	5.5	4.8	11	3.4	7.7	5.5	5.0	4.0	4.5
半信半疑	40	40	45	41	46	36	29	40	43	32	32	27	38	29	30
比较信任	51	42	43	43	37	52	58	48	40	55	53	60	48	58	58
完全信任	5.5	4.5	2.5	3.7	8.4	6.0	5.9	5.6	5.0	8.9	4.9	5.5	7.1	6.2	6.7

图 26.517 各地区网民对互联网的信任程度（%）

第 27 章　香港地区互联网使用现状统计报告

27.1　概念说明

1．**网民**：本调查采用了两种“网民”的定义。其一是从 2000 年度香港调查起一直采用的“全球互联网研究计划”的定义（“你现在是否使用互联网”，简称 WIP 定义），以下部分内容将沿用此定义，以便与 2000、2001、2002 年度调查结果作比较。其二是从 2002 年度起采用的 CNNIC 定义（“平均每周使用互联网至少 1 小时”），以便与 CNNIC 的调查结果作比较。两种定义的统计结果略有不同，敬请读者引用时予以注明。

2．**上网计算机**：指家庭内连入互联网络的桌面电脑和手提电脑，但不计入可以上网的掌上电脑或带 PDA 功能的手机电话。

说明：本调查由香港特别行政区研究資助局（CityU 1152/00H）和香港城市大学（7001506）所资助。本报告内容，并不代表香港研究資助局或香港城市大学。本次调查统计数据截止日期为 2003 年 12 月 31 日。

27.2　调查结果

27.2.1　香港互联网络发展的宏观概况

（一）家庭上网计算机数（见表 27.1 和图 27.1）

表 27.1　家庭上网计算机数

家庭总数	上网计算机总数	拨号上网计算机数	宽带上网计算机数*
217 万	151 万	24 万	127 万
占家庭总数的比例	70%	11%	59%
占上网家庭的比例	100%	16%	84%

（二）网民人数

1．按中国互联网络信息中心（CNNIC）定义计，在年龄为 6～84 岁之间的香港常住居民中，有 288 万为网民（即占对应总体 641 万中的 45%），如考虑到抽样误差，实际网民可能在 271～305 万之间。

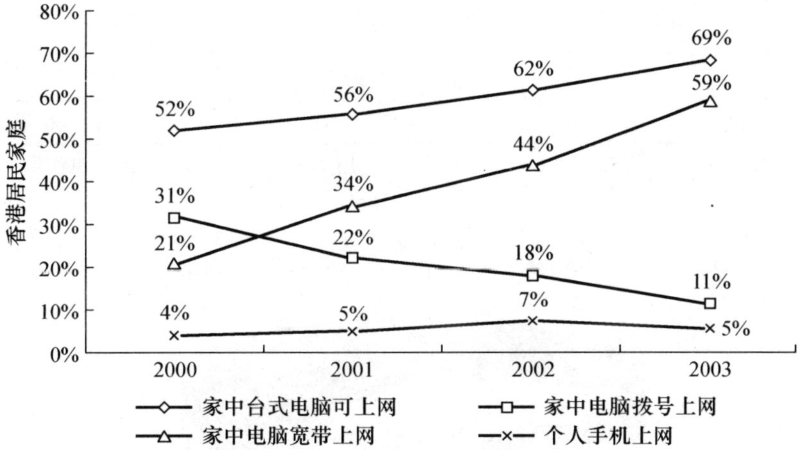

注：宽带上网包括 ADSL、Cable Modem 和 Microwave 方式，

但不包括 ISDN（计入拨号上网）和手机上网。

图 27.1　香港居民家庭电脑上网情况

2．按 WIP 定义计，在年龄为 18～74 岁之间的香港常住居民中，有 271 万为网民（即占对应总体 516 万中的 53%），如考虑到抽样误差，实际网民可能在 256～286 万之间如图 27.2 所示。

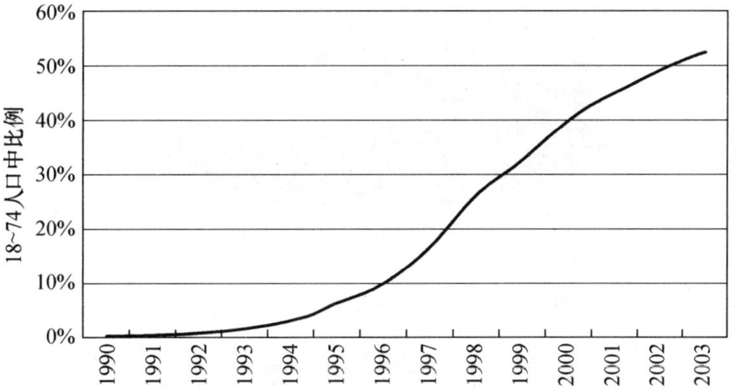

图 27.2　香港网民（WIP 定义）逐年增长趋势

27.2.2　网民行为意识调查结果

注：本部分的“网民”，如不注明为“WIP 定义”，即按中国互联网络信息中心（CNNIC）定义统计。

（一）网民个人信息

*1．网民的性别：男性占 54%，女性占 46%（如图 27.3 所示）。

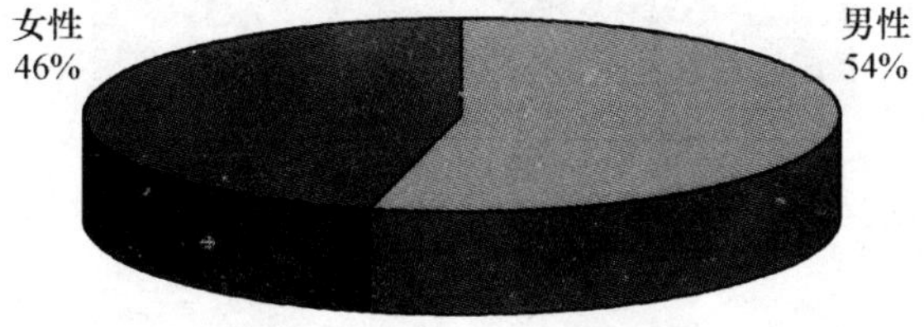

图 27.3　网民的性别比例

*2．网民的年龄分布（见表 27.2 和图 27.4）

表 27.2 　　**网民的年龄分布**

18 岁以下	18～24 岁	25～30 岁	31～35 岁	36～40 岁	41～50 岁	51～60 岁	60 岁以上
22%	16%	15%	10%	13%	17%	4%	1%

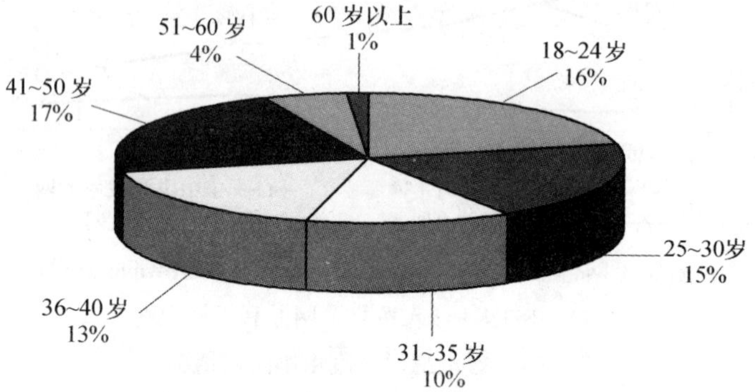

图 27.4　网民的年龄分布

*3．网民的婚姻状况：未婚占 61%，已婚占 39%（如图 27.5 所示）

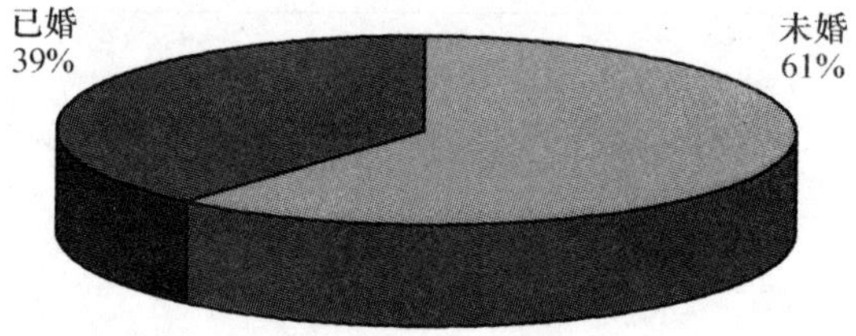

图 27.5　网民的婚姻状况

*4．网民的文化程度（见表 27.3 和图 27.6）

表 27.3 　　**网民的文化程度**

高中（中专）以下	高中（中专）	大专	本科	硕士、博士
58%	11%	9%	19%	3%

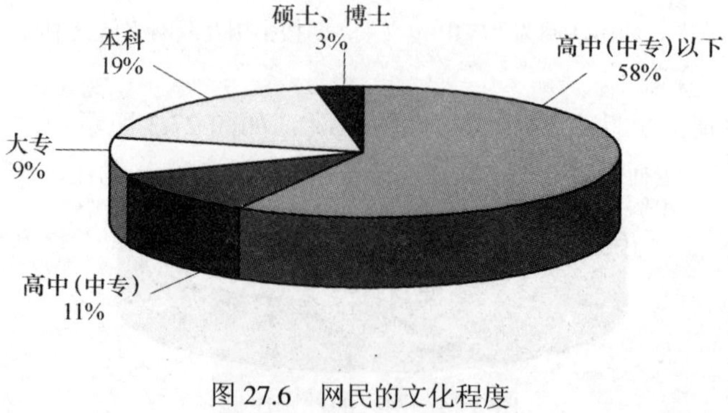

图 27.6　网民的文化程度

*5．网民的职业分布（见表 27.4）

表 27.4　网民的职业分布

公务员、军警	管理、科教文卫、公司职员	工人、商业/服务业人员	个体或私营劳动者	学生	退休、无业	其他
5%	19%	26%	3%	34%	14%	1%

*6．网民的家庭月收入（见表 27.5）

表 27.5　网民的家庭月收入

1 万港元以下	1～2 万港元	2～3 万港元	3～4 万港元	4 万港元以上
14%	30%	25%	13%	18%

（二）网民使用互联网情况和上网习惯

*1．网民上网的主要地点（多选题）（见表 27.6 和图 27.7）

表 27.6　网民上网的主要地点

家中	单位	学校	网吧、图书馆等公共场所
83%	55%	53%	13%

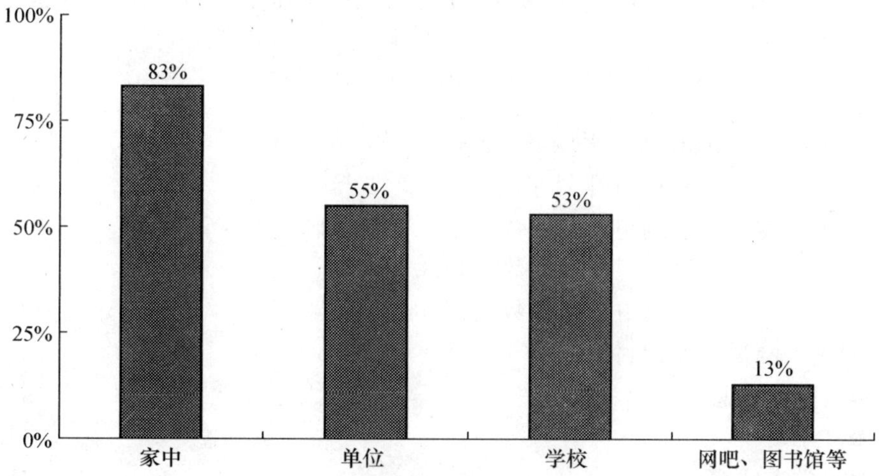

图 27.7　网民上网的主要地点

*2．网民平均每周上网时间：11.5 小时

*3．网民平均每周上网天数：5.2 天

*4．网民通常在什么时间上网（多选题）（见表 27.7 和图 27.8）

表 27.7　网民通常的上网时间

1 点	2 点	3 点	4 点	5 点	6 点
8%	5%	4%	3%	2%	1%
7 点	8 点	9 点	10 点	11 点	12 点
2%	5%	15%	19%	17%	15%

续表

13 点	14 点	15 点	16 点	17 点	18 点
16%	18%	19%	21%	22%	21%
19 点	20 点	21 点	22 点	23 点	24 点
24%	22%	35%	37%	26%	18%

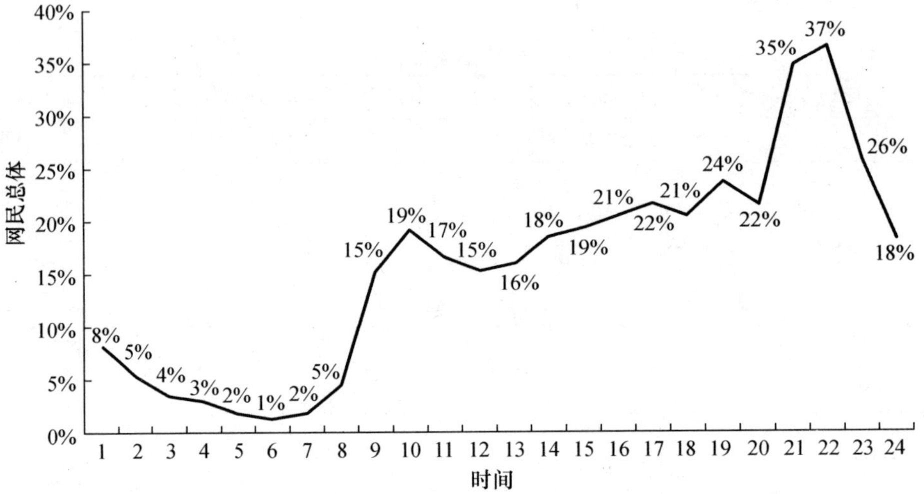

图 27.8　网民通常的上网时间分布

*5．网民拥有 E-mail 账号平均值：2.3

其中免费 E-mail 账号平均值：1.9

*6．网民平均每周收到电子邮件数（不包括垃圾邮件）：　28.6

收到垃圾邮件数：47.3

发出电子邮件数：14.5

*7．网民上网最主要的目的：

- 获取信息：46%
- 学习：11%
- 学术研究：1%
- 休闲娱乐：22%
- 情感需要：1%
- 交友：4%
- 获得各种免费资源（如免费邮箱、个人主页空间和各种免费资源下载等）：1%
- 对外通讯、联络（如收发邮件、短信息和传真等）：8%
- 炒股：1%
- 网上购物：4%
- 商务活动：1%
- 追崇时尚、赶时髦、好奇：1%

- 其他： 1%

*8. 网民经常使用的网络服务（多选题）

- 电子邮箱： 26%
- 新闻组： 19%
- 搜索引擎： 12%
- 软件上传或下载服务： 3%
- 信息查询： 47%
- 网上聊天（聊天室、QQ、ICQ）： 18%
- BBS 论坛、社区、讨论组： 2%
- 免费个人主页空间： 1%
- 电子政务： 1%
- 网上游戏： 20%
- 网上购物或商务活动： 2%
- 短信服务： 2%
- 网上教育： 4%
- 电子杂志： 0.3%
- 网络电话： 0.2%
- 网上医院： 0.2%
- 网上银行： 2%
- 网上炒股： 1%
- 网上拍卖： 0%
- 票务、旅店预定： 0.3%
- 视频会议： 0.2%
- VOD 点播： 1%
- 网上直播： 0.2%
- 多媒体娱乐（MP3、Flash 欣赏等）： 6%
- 其他： 3%

*9. 网民在过去一年中是否通过购物网站购买过商品或服务

- 是： 21%
- 否： 79%

*10. 网上购物网民在过去一年中在网上实际购买过哪些产品或服务（多选题）

- 书刊： 21%
- 旅游（飞机、火车、饭店）： 7%
- 休闲娱乐（如电影票、球票）： 14%
- 食品： 3%
- 服装： 9%
- 家电产品： 7%
- 电脑及相关产品： 8%
- 家居、工艺品： 5%

- 医疗保健用品及服务： 1%
- 网上银行及付费服务： 3%
- 其他： 2%

11．网民每周用于网上 6 种主要活动的时间（如图 27.9 所示）

- 看网上新闻： 1.4 小时
- 收发电子邮件： 3.0 小时
- 参加网上聊天、讨论： 1.9 小时
- 搜寻与工作/学习有关的信息： 3.5 小时
- 搜寻与个人生活有关的信息： 2.5 小时
- 参加网上的游戏、娱乐： 2.2 小时

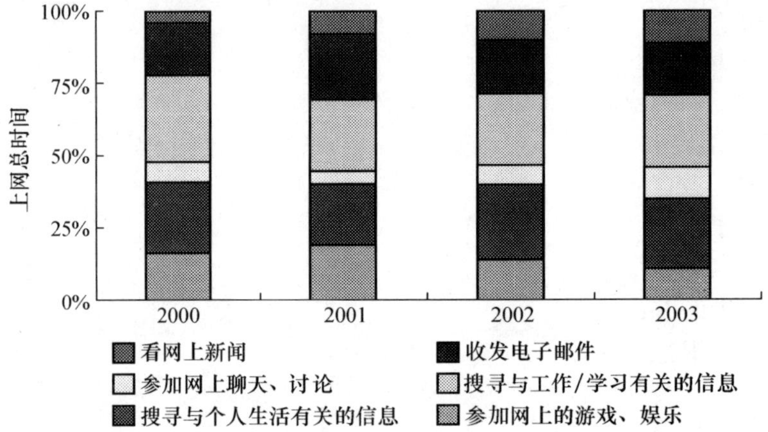

图 27.9　香港 18～74 岁网民（WIP 定义）上网时间分配

12．网民用于海内外中文网站的时间占所有上网时间的比例： 68%
网民用于香港本地中、外文网站的时间占所有上网时间的比例： 63%
如图 27.10 所示。

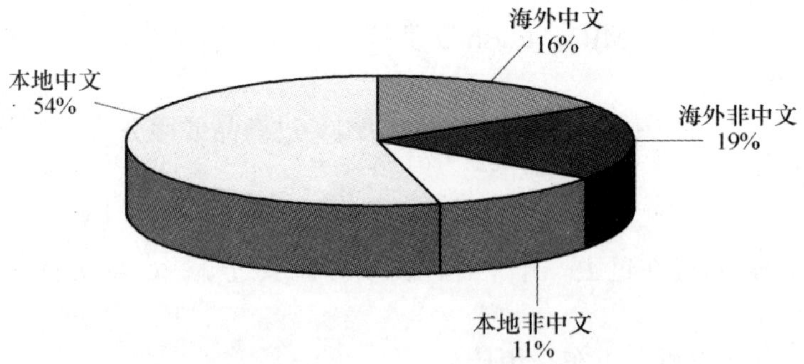

图 27.10　香港网民上网时间分配

*13．是否经常浏览/点击网络广告（如图 27.11 所示）

- 经常浏览/点击 2%
- 有时浏览/点击 15%
- 很少浏览/点击 35%
- 从来不浏览/点击 48%

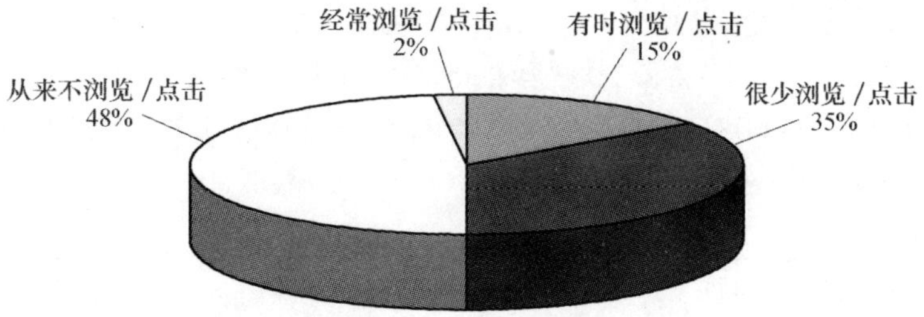

图 27.11　香港网民浏览/点击网络广告习惯

27.2.3　非网民概况

*1．非网民不上网的原因

- 不感兴趣：　15%
- 上网没用/不需要：　7%
- 上网费用贵：　5%
- 没时间上网：　17%
- 担心隐私泄漏：　10%
- 担心网上安全：　0.3%
- 担心孩子受到伤害：　1.7%
- 不懂电脑/网络：　36.5%
- 没有上网设备：　21%
- 其他：　15%
- 不知道/没有原因：　7%

*2．非网民预期上网时间（如图 27.12 所示）

- 1 个月内　19%
- 1～3 个月内　17%
- 3～6 个月内　14%
- 6～12 个月内　11%
- 1 年以后　7%
- 不知道/无法预计　8%
- 根本不打算上网　25%

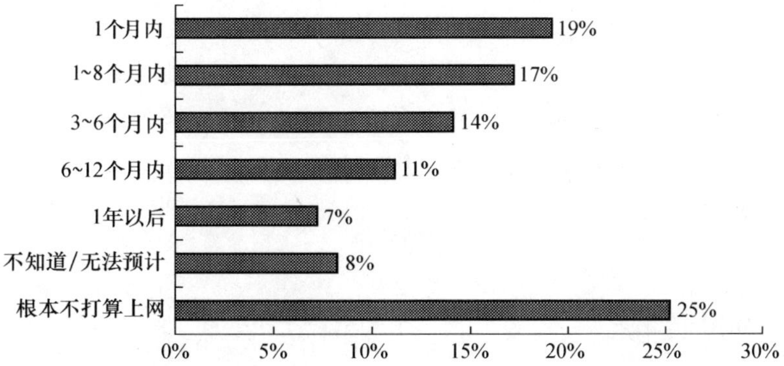

图 27.12　非网民预期上网时间

3．按 WIP 定义计，香港 18～74 岁成年人中的网民比例从 2000 年的 40%，增加到 2001 年的 45%、2002 年的 49%和 2003 年的 53%，平均年增长率为 10%；与此同时，非网民的比例从 2000 年的 60%，下降到 2001 年的 55%、2002 年的 51%和 2003 年的 47%，平均年减少率为 8%（如图 27.13 所示）。

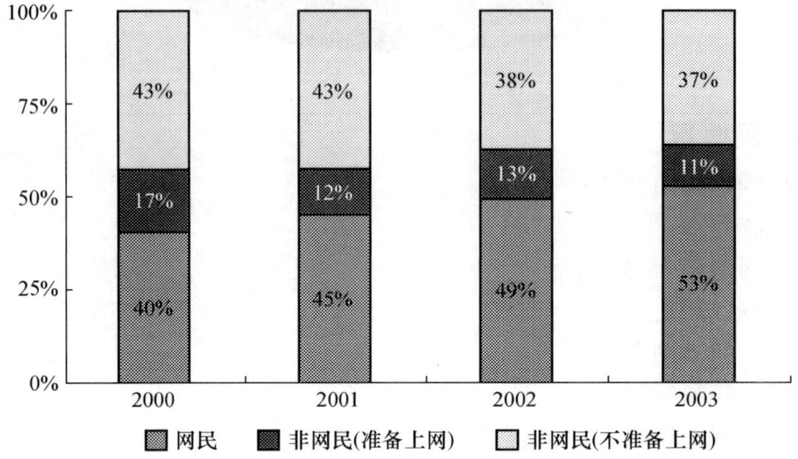

图 27.13　网民、非网民之比（按 WIP 定义计）

*4．非网民因不上网而遇到的经历

	从不	很少	有时	经常
（1）因为不使用互联网而有过感到难堪的经历	80%	8%	9%	3%
（2）因为不使用互联网而有过有人鼓励您使用互联网的经历	61	11	20	8
（3）因为不使用互联网而有过被排斥在朋友的交流沟通圈之外的经历	90	7	3	0
（4）因为不使用互联网而有过在升学/就业/本单位内升职涨薪时处于不利地位的经历	88	6	5	2
（5）因为不使用互联网而有过别人说难以与您联络的经历	92	4	3	1

网民与非网民对互联网的看法

*1．您是否信任互联网（如图 27.14 所示）？

	网民（%）	非网民（%）	总计（%）
■ 完全不信	2	8	4
■ 不太信任	10	12	11
■ 半信半疑	52	56	54
■ 比较信任	33	15	25
■ 完全信任	2	3	3
■ 不知道/说不准	1	7	4

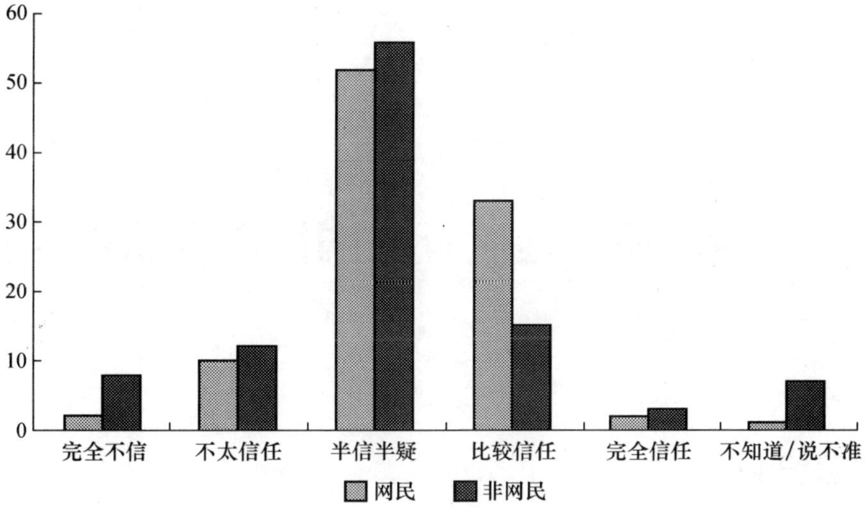

图 27.14 香港居民对互联网的信任度

2．网上信息是否需要管理和控制？

	网民（%）	非网民（%）	总计（%）
■ 非常需要	10	15	12
■ 比较需要	12	9	11
■ 不太需要	13	13	13
■ 完全不需要	26	24	25
■ 说不准	39	34	36

*3．对互联网的作用和影响的看法

	很不赞成	不太赞成	一半赞成，一半不赞成	比较赞成	非常赞成	不知道/说不准
■ 使用互联网可以提高工作/学习和生活的效率	2%	6%	17%	40%	34%	2%
■ 在单位/学校/邻里中，会上网的人好像高人一等	30	40	16	8	4	2
■ 使用互联网容易结交不好的朋友	9	18	28	22	20	2
■ 使用互联网容易暴露隐私	10	20	25	25	18	3
■ 使用互联网容易受不良信息影响	9	18	24	25	21	3

（以上结果中加注*者为中国互联网络信息中心（CNNIC）网下抽样调查问题，不带*者为香港抽样调查问题。）

（香港城市大学 祝建华）

第 28 章　我国澳门地区互联网使用现状统计报告

28.1　概念说明

1. **网民**：本调查采用了两种"网民"的定义。其一是采用 2001 年度以来澳门地区互联网使用现状调查一直采用的"全球互联网研究计划"的定义（"你现在是否使用互联网"，简称 WIP 定义），以下部分内容将沿用此定义。其二是采用中国互联网络信息中心（CNNIC）的定义（"平均每周使用互联网至少 1 小时"），以便与中国互联网络信息中心（CNNIC）的调查结果作比较。两种定义的统计结果略有不同，敬请读者垂注。

2. **上网计算机**：指家庭内连入互联网的台式电脑和手提电脑，但掌上电脑或带 PDA 功能的手机电话不在此列。

3. **说明**：本研究计划调查部分的经费由澳门大学资助（编号：RG070/02-03S/WH/FSH）。本报告内容，并不代表澳门大学立场。本次调查统计数据截止日期为 2003 年 12 月 31 日。

4. **鸣谢**：澳门互联网资讯中心（Macao Network Information Center, MONIC）及澳门电讯有限公司提供部分有关澳门互联网宏观发展的资料。

28.2　调查结果

28.2.1　澳门互联网络发展的宏观概况

（一）家庭上网计算机数（见表 28.1 及图 28.1）

表 28.1　　家庭上网计算机数

家庭总数	上网计算机总数	拨号上网计算机数*	宽带上网计算机数*
13.5 万	7.6 万	4 万	3.6 万
占家庭总数的比例	57%	30%	27%
占上网家庭的比例	100%	52%	48%

注：不包括 ISDN（计入拨号上网）、Leased line 和手机上网。

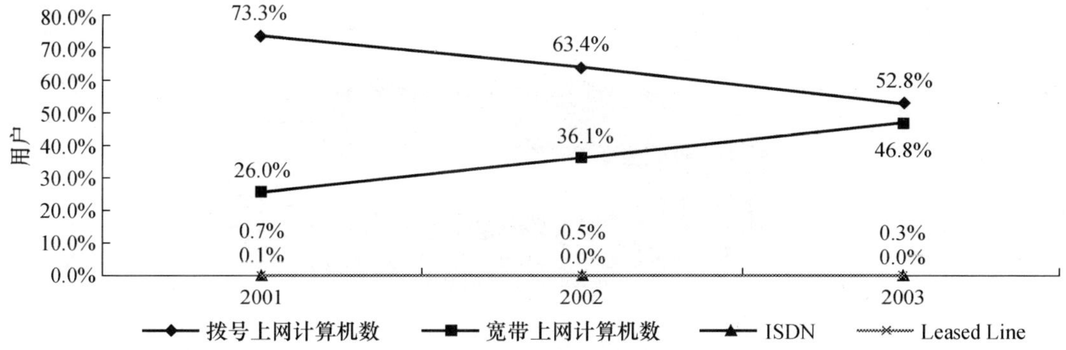

图 28.1　澳门已登记之计算机用户连网方式*

注：资料由 MONIC 及澳门电讯有限公司提供。

（二）网民人数

1．以中国互联网络信息中心（CNNIC）定义计，在年龄为 6～84 岁之间的澳门常住居民中，有 16.2 万为网民（即占对应总体 42 万中的 39%），如考虑到抽样误差（2.2%），实际网民可能在 15.3～17.2 万之间。

2．以 WIP 定义计，在年龄为 18～74 岁之间的澳门常住居民中，有 12.1 万为网民（即占对应总体 31 万中的 40%），如考虑到抽样误差（2.5%），实际网民可能在 11.4～12.9 万之间。

28.2.2　网民行为意识调查结果

注：本部分的“网民”，如不注明为“WIP 定义”，即按中国互联网络信息中心（CNNIC）定义统计。在编号中加注*者为中国互联网络信息中心（CNNIC）网下抽样调查问题，不带*者为我国澳门本地抽样调查问题。

（一）网民个人信息

*1．网民的性别：男性占 51%，女性占 49%（见图 28.2）

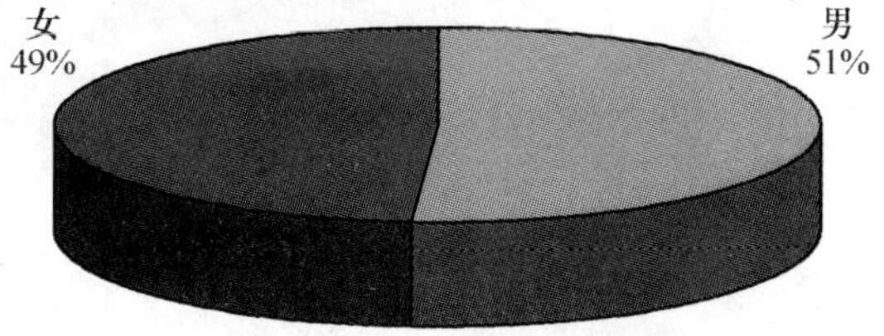

图 28.2　网民性别比例

*2．网民的年龄分布（见表 28.2 及图 28.3）

表 28.2　　网民的年龄分布

18 岁以下	18～24 岁	25～30 岁	31～35 岁	36～40 岁	41～50 岁	51～60 岁	60 岁以上
25%	24%	17%	10%	11%	10%	3%	0.3%

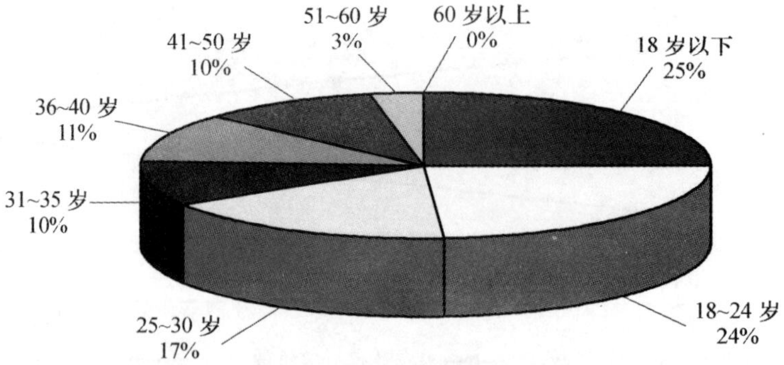

图 28.3　网民的年龄分布

*3．网民的婚姻状况：未婚占 67%，已婚占 33%（见图 28.4）

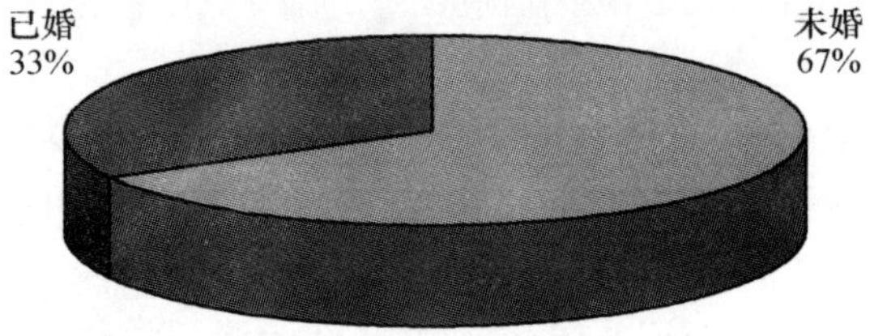

图 28.4　网民的婚姻状况

*4．网民的文化程度（见表 28.3 及图 28.5）

表 28.3　　**网民的文化程度**

高中以下	高中	大专文凭/副学士	大学本科	硕士，博士
32%	33%	15%	18%	2%

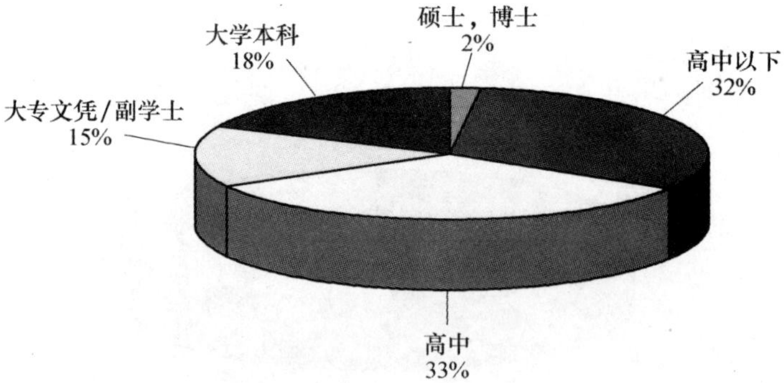

图 28.5　网民的文化程度

*5．网民的职业分布（见表 28.4）

表 28.4　　**网民的职业分布**

公务员，警察	管理阶层，专业人士，白领，文职人员	蓝领，劳动工人，服务员	自雇人士	学生	退休，无业，家庭主妇	其他
6%	33%	10%	2%	42%	7%	2%

*6. 网民的家庭月收入（见表 28.5）

表 28.5　　网民的家庭月收入

6 千元以下	6000 元～1.2 万元	1.2～1.8 万元	1.8～2.4 万元	2.4 万元以上
16%	30%	18%	17%	19%

（二）网民使用互联网情况和上网习惯

1. 网民上网的主要地点（单选题）（见表 28.6 及图 28.6）

表 28.6　　网民上网的主要地点

家中	公司/单位/学校	网吧	其他地方	几处差不多
77%	17%	2%	3%	1%

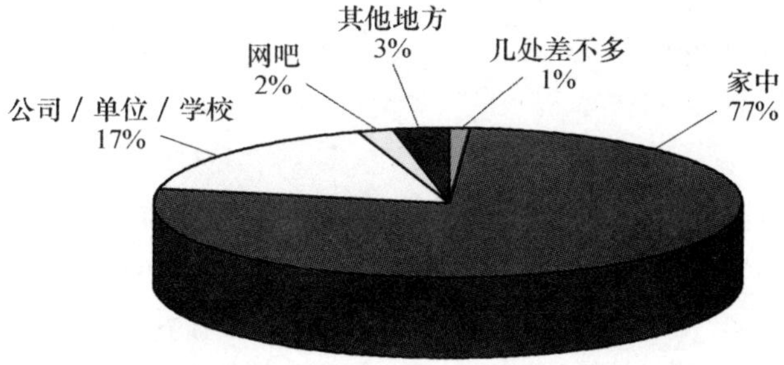

图 28.6　网民上网的主要地点

*2. 网民平均每周上网时间：12.1 小时。

*3. 网民平均每周上网天数：5.0 天。

*4. 网民通常在什么时间上网（多选题）（见表 28.7 及图 28.7）

表 28.7　　网民上网时间统计

1 点	2 点	3 点	4 点	5 点	6 点
3%	1%	1%	1%	2%	2%
7 点	8 点	9 点	10 点	11 点	12 点
2%	3%	8%	9%	7%	6%
13 点	14 点	15 点	16 点	17 点	18 点
16%	5%	6%	8%	7%	10%
19 点	20 点	21 点	22 点	23 点	24 点
10%	12%	22%	29%	28%	20%

*5. 网民拥有 E-mail 账号平均值：2.6；

其中免费 E-mail 账号平均值：2.4。

*6. 网民平均每周收到电子邮件数（不包括垃圾邮件）：　22.1；

收到垃圾邮件数：　34.9；

发出电子邮件数：　13。

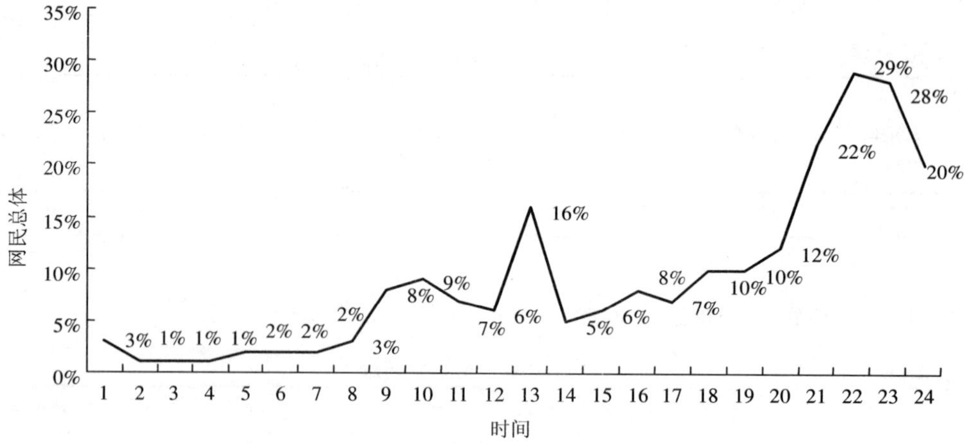

图 28.7　澳门地区网民每天 24 小时上网时间分布图

*7．网民上网最主要的目的

■ 获取信息	43.4%
■ 学习	7.7%
■ 学术研究	2.3%
■ 休闲娱乐	18.2%
■ 情感需要	0.7%
■ 交友	8.5%
■ 获得各种免费资源	3.4%
■ 对外通讯、联络	2.8%
■ 炒股	0.2%
■ 商务活动	0.8%
■ 追崇时尚、赶时髦、好奇	0.2%
■ 消磨时间	6.5%
■ 其他	5.3%

*8．网民经常使用的网络服务（多选题）

■ 电子邮箱	33.5%
■ 看新闻	18.3%
■ 搜索引擎	42.1%
■ 软件上传或下载服务	8.2%
■ 信息查询	13.1%
■ 网上聊天（QQ，ICQ）	31.8%
■ 论坛、社区、讨论组	5.8%
■ 免费个人主页空间	0.2%
■ 网上服务	13%

- ■ 网上购物　1.1%
- ■ 短信服务　0.7%
- ■ 多媒体娱乐　2.2%
- ■ 电子商务活动　0.3%
- ■ 网上教育　0.3%
- ■ 网上银行　0.6%
- ■ 网上炒股　0.8%
- ■ 票务、旅店预定　0.3%
- ■ 其他　1.9%

*9．网民在过去一年中是否通过购物网站购买过商品或服务

- ■ 是　11%
- ■ 否　89%

*10．网上购物:网民在过去一年中在网上实际购买过哪些产品或服务（多选题）

- ■ 书籍　34.8%
- ■ 旅游　（飞机、火车、饭店）　5.5%
- ■ 休闲娱乐（如电影票、门票）　9.9%
- ■ 纺织、服装　7.1%
- ■ 家电　3.6%
- ■ 计算机　4.6%
- ■ 网上博彩　（足球、篮球等）　7.6%
- ■ 股票买卖投资　8.2%
- ■ 订阅网上信息/成为会员　6.9%
- ■ 医疗、保健　1.5%
- ■ 家居、工艺品　3.4%
- ■ 玩游戏　3.6%
- ■ 其他　36.2%

11．网民每周用于网上 5 种主要活动的时间

- ■ 看网上新闻　2.0 小时
- ■ 收发电子邮件　1.9 小时
- ■ 参加网上聊天、讨论　2.3 小时
- ■ 搜寻信息　4.1 小时
- ■ 参加网上的游戏、娱乐　1.7 小时

28.2.3　澳门地区非网民概况

*1．非网民不上网的原因（多选题）

- ■ 不感兴趣　10%
- ■ 没有需要/没用　11%

- 上网费用太贵 5%
- 没有时间 17%
- 担心泄露隐私 0.1%
- 担心网上安全 0.4%
- 担心孩子受到不良影响 3%
- 不懂上网/没有所需技能 33%
- 没有计算机/相关设备 17%
- 病毒太多 0.1%
- 感兴趣的网站或信息太少 0.1%
- 中文信息太少/不懂英文 1%
- 计算机功能不佳 1%
- 传输速度太慢 1%
- 父母不批准 5%
- 其他 4%
- 不清楚/没有原因 6%

*2．非网民预期上网时间

- 1 个月内 16%
- 1～3 个月内 18%
- 3～6 个月内 8%
- 6～12 个月内 9%
- 1 年以后 6%
- 不知道/无法预计 31%
- 根本不打算上网 12%

3．以 WIP 定义计，澳门 18～74 岁成年人中的网民比例从 2002 年 1 月的 33%，增加至 2003 年 12 月的 40%，两年间只增加了 7 个百分点。

*4．非网民因不上网而遇到的经历

表 28.8　非网民因不上网而遇到的经历

	从不	很少	有时	经常
1．因为不上网而有过觉得难堪的经历	78%	8%	9%	4%
2．因为不上网而有过有人鼓励您使用互联网的经历	76%	7%	13%	4%
3．因为不上网而有过被朋友排斥的经历	95%	2%	2%	1%
4．因为不上网而有过对升学/工作不顺利的经历	84%	6%	8%	2%
5．因为不上网而有过别人说很难与您联络的经历	95%	2%	2%	1%

28.2.4　网民与非网民对互联网的看法

*1．　您是否信任互联网（见表 28.9）

表 28.9　　网民对互联网信任程度

	网民	非网民	总计
■ 完全不信	2%	5%	4%
■ 不太信任	13%	9%	10%
■ 半信半疑	59%	49%	52%
■ 比较信任	20%	10%	13%
■ 完全信任	2%	4%	3%
■ 不知道/说不准	3%	23%	17%

2．网上信息是否需要管理和控制（见表 28.10）

表 28.10　　网上信息是否需要管理和控制

	网民	非网民	总计
■ 非常需要	18%	13%	15%
■ 比较需要	40%	33%	36%
■ 不太需要	8%	9%	9%
■ 完全不需要	23%	15%	19%
■ 说不准	8%	6%	7%

*3．对互联网的作用和影响的看法（见表 28.11）

表 28.11　　对互联网的作用和影响的看法

	很不赞成	不太赞成	一半赞成，一半不赞成	比较赞成	非常赞成	不知道/说不准
1. 使用互联网可以提高工作/学习和生活的效率	4%	7%	8%	54%	20%	8%
2．单位/学校/邻里中，会上网的人好像高人一等	30%	47%	5%	10%	3%	6%
3．使用互联网容易结交不好的朋友	8%	24%	15%	31%	10%	11%
4．使用互联网容易暴露隐私	10%	30%	12%	26%	8%	13%
5．使用互联网容易受不良信息影响	8%	24%	16%	34%	10%	8%

（澳门大学　张荣显　王 旭）

第 29 章　我国台湾地区宽带互联网使用状况

29.1　个人与家庭网络及宽频使用行为推估

29.1.1　台湾地区民众网络及宽频使用人数推估

（一）网络使用人数部分

本调查依据受访者居住地与家中人数推估，台湾地区 12 岁以下上网人口数，共计有 924,742 人曾上网；以居住地、性别与年龄层三维加权推估台湾地区 12 岁以上的上网人口数，共计有 10,830,493 人曾上网；全体民众共计有 11,755,235 人曾上网。见表 29.1。

表 29.1　　台湾地区网络使用人数推估——依居住地区分

2003 年 7 月　　单位：人

项目 / 地区别	总计	12 岁以下曾上网	12 岁以上曾上网
总计	11,755,235	924,742	10,830,493
台北市	1,559,673	113,625	1,446,048
高雄市	893,898	53,312	840,586
北部地区	3,968,745	312,326	3,656,419
中部地区	2,784,965	256,155	2,528,810
南部地区	2,285,217	165,151	2,120,066
东部地区	262,737	24,173	238,564
北部地区-含台北市	5,528,418	425,951	5,102,467
南部地区-含高雄市	3,179,115	218,463	2,960,652

台湾地区 12 岁以上民众整体上网比例为 57.23%，台北市的上网比例为 64.27%，高雄市的上网比例约占 65.47%；依地区来看，以北部地区的比例最高，占 61.23%；其次为中部地区、南部地区，分别占 53.37%、50.80%；以东部地区的上网比例较少，占 47.41%。见表 29.2。

表 29.2　　台湾地区 12 岁以上网络使用人数推估——依居住地区分

2003 年 7 月　　单位：人；%

项目 / 地区别	母体人数	个人曾上网		抽样误差
		人数	百分比	
总计	18,925,772	10,830,493	57.23	±1.32
台北市	2,249,840	1,446,048	64.27	±3.94
高雄市	1,283,890	840,586	65.47	±5.17
北部地区	5,971,632	3,656,419	61.23	±2.33
中部地区	4,738,227	2,528,810	53.37	±2.84
南部地区	4,099,424	2,082,354	50.80	±2.74
东部地区	582,759	276,276	47.41	±5.64
北部地区-含台北市	8,221,472	5,102,467	62.06	±2.00
南部地区-含高雄市	5,383,314	2,922,940	54.30	±2.42

依城乡来看，以非偏远地区的上网比例较高，约占 57.60%；而偏远地区的上网比例占 37.23%。见表 29.3。

表 29.3　　台湾地区 12 岁以上网络使用人数比例推估——依城乡分

2003 年 7 月　　单位：%

项目 / 城乡别	个人曾上网	个人未上网
总计	57.23	42.77
偏远地区	37.23	62.77
非偏远地区	57.60	42.40

依居住地区城乡来看，以北部非偏远地区的比例最高，占 62.22%；其次为南部非偏远地区，占 54.60%；而以北部偏远地区的比例最少，占 21.24%。见表 29.4。

表 29.4　　台湾地区 12 岁以上网络使用人数比例推估——依居住地区城乡分

2003 年 7 月　　单位：%

项目 / 地区城乡别	个人曾上网	个人未上网
总计	57.23	42.77
北部偏远地区	21.24	78.76
北部非偏远地区	62.22	37.78
中部偏远地区	35.52	64.48
中部非偏远地区	53.51	46.49
南部偏远地区	41.55	58.45
南部非偏远地区	54.60	45.40
东部偏远地区	35.91	64.09
东部非偏远地区	50.53	49.47

依都市化程度来看，以“区”的比例最高，占63.85%；其次为“市”，占60.55%；而以“乡”的比例最少，占47.65%。见表29.15。

表29.5　　台湾地区12岁以上网络使用人数推估——依都市化程度分

2003年7月　　单位：人；%

项目 都市化	母体人数	个人曾上网		个人未上网	
		人数	百分比	人数	百分比
总计	18,925,772	10,830,493	57.23	8,095,279	42.77
乡	4,652,276	2,216,892	47.65	2,435,384	52.35
镇	2,789,859	1,466,409	52.56	1,323,450	47.44
市	5,622,752	3,404,797	60.55	2,217,955	39.45
区	5,860,885	3,742,395	63.85	2,118,490	36.15

以年龄层来分，台湾地区12岁以上民众其上网比例以“16～20岁”、“21～25岁”最高，各占94.68%、90.68%；其次为“12～15岁”，约占88.08%；其中，“46～55岁”的上网比例较低，约为35.89%；而“56岁以上”的上网比例最低，不足10%。见表29.6。

表29.6　　台湾地区12岁以上网络使用人数推估——依年龄层分

2003年7月　　单位：人；%

项目 年龄层	母体人数	个人曾上网		个人未上网	
		人数	百分比	人数	百分比
总计	18,925,772	10,830,493	57.23	8,095,279	42.77
12～15岁	1,292,491	1,138,407	88.08	154,084	11.92
16～20岁	1,724,816	1,633,029	94.68	91,787	5.32
21～25岁	1,987,692	1,802,368	90.68	185,324	9.32
26～35岁	3,679,751	2,759,447	74.99	920,304	25.01
36～45岁	3,781,768	2,149,892	56.85	1,631,876	43.15
46～55岁	2,979,671	1,069,464	35.89	1,910,207	64.11
56岁以上	3,479,583	277,886	7.99	3,201,697	92.01

依性别来分，台湾地区12岁以上民众上网的比例男性略高于女性，约占60.73%。见表29.7。

表29.7　　台湾地区12岁以上网络使用人数推估——依性别分

2003年7月　　单位：人；%

项目 性别	母体人数	个人曾上网		个人未上网	
		人数	百分比	人数	百分比
总计	18,925,772	10,830,493	57.23	8,095,279	42.77
男	9,604,132	5,832,403	60.73	3,771,729	39.27
女	9,321,640	4,998,090	53.62	4,323,550	46.38

（二）个人上网方式部分——以台湾地区 12 岁以上曾使用网络的民众为母体

台湾地区 12 岁以上民众宽频使用比例为 49.55%，台北市的比例最高，占 55.42%；高雄市的比例约占 51.36%；依地区来看，以北部地区的宽频使用比例最高，约占 53.47%；其次为中部地区，占 49.41%；再其次为南部地区，占 41.77%；而东部地区的宽频使用比例较低，约为 38.67%。见表 29.8。

表 29.8　　台湾地区 12 岁以上宽频使用人数推估——依居住地区分

2003 年 7 月　　单位：人；%

项目 / 地区别	母体人数	个人使用宽频上网		抽样误差
		人数	百分比	
总计	18,925,772	9,378,439	49.55	±1.66
台北市	2,249,840	1,246,765	55.42	±4.66
高雄市	1,283,890	659,445	51.36	±6.20
北部地区	5,971,632	3,193,033	53.47	±2.84
中部地区	4,738,227	2,341,374	49.41	±3.64
南部地区	4,099,424	1,712,473	41.77	±3.83
东部地区	582,759	225,349	38.67	±6.67
北部地区-含台北市	8,221,472	4,439,798	54.00	±2.42
南部地区-含高雄市	5,383,314	2,371,918	44.06	±3.26

依城乡来看，以非偏远地区的宽频使用比例较高，约占 49.83%；而偏远地区的宽频使用比例为 34.80%。见表 29.9。

表 29.9　　台湾地区 12 岁以上宽频使用人数比例推估——依城乡分

2003 年 7 月　　单位：%

项目 / 城乡别	个人使用宽频上网	个人未使用宽频上网
总计	49.55	50.45
偏远地区	34.80	65.20
非偏远地区	49.83	50.17

依城乡来看，以北部非偏远地区的比例最高，占 54.03%；其次为中部非偏远地区，占 54.60%；而以中部偏远地区的比例最少，占 10.57%。见表 29.10。

表 29.10　　台湾地区 12 岁以上宽频使用人数比例推估——依城乡分

2003 年 7 月　　单位：%

项目 / 地区城乡别	个人使用宽频上网	个人未使用宽频上网
总计	49.55	50.45
北部偏远地区	47.06	52.94
北部非偏远地区	54.03	45.97

续表

地区城乡别＼项目	个人使用宽频上网	个人未使用宽频上网
中部偏远地区	10.57	89.43
中部非偏远地区	49.73	50.27
南部偏远地区	38.80	61.20
南部非偏远地区	44.14	55.86
东部偏远地区	33.50	66.50
东部非偏远地区	40.18	59.82

依都市化程度来看，以“市”的比例最高，占 54.31%；其次为“区”，占 53.06%；而以“乡”的比例最少，占 42.41%。见表 29.11。

表 29.11　　台湾地区 12 岁以上宽频使用人数推估——依都市化程度分

2003 年 7 月　　单位：人；%

都市化＼项目	母体人数	个人使用宽频上网		个人未使用宽频上网	
		人数	百分比	人数	百分比
总计	18,925,772	9,378,439	49.55	9,547,333	50.45
乡	4,652,276	1,963,898	42.21	2,688,378	57.79
镇	2,789,859	1,250,910	44.84	1,538,949	55.16
市	5,622,752	3,053,832	54.31	2,568,920	45.69
区	5,860,885	3,109,799	53.06	2,751,086	46.94

以年龄层来分，台湾地区 12 岁以上民众其宽频使用比例以“16～20 岁”、“21～25 岁”最高，各占 75.64%、73.57%；其次为“12～15 岁”，约占 64.37%；而“56 岁以上”的上网比例最低，不及 20%。见表 29.12。

表 29.12　　台湾地区 12 岁以上宽频使用人数推估——依年龄层分

2003 年 7 月　　单位：人；%

年龄层＼项目	母体人数	个人使用宽频上网		个人未使用宽频上网	
		人数	百分比	人数	百分比
总计	18,925,772	9,378,439	49.55	9,547,333	50.45
12～15 岁	1,292,491	831,921	64.37	460,570	35.63
16～20 岁	1,724,816	1,304,662	75.64	420,154	24.36
21～25 岁	1,987,692	1,462,302	73.57	525,390	26.43
26～35 岁	3,679,751	2,110,150	57.34	1,569,601	42.66
36～45 岁	3,781,768	1,818,333	48.08	1,963,435	51.92
46～55 岁	2,979,671	1,256,375	42.16	1,723,296	57.84
56 岁以上	3,479,583	594,696	17.09	2,884,887	82.91

依性别来分，台湾地区 12 岁以上民众宽频使用的比例男性略高于女性，约占 53.00%。

见表 29.13。

表 29.13　　台湾地区 12 岁以上宽频使用人数推估——依性别分

2003 年 7 月　　单位：人；%

项目 / 性别	母体人数	个人使用宽频上网		个人未使用宽频上网	
		人数	百分比	人数	百分比
总计	18,925,772	9,378,439	49.55	9,547,333	50.45
男	9,604,132	5,090,436	53.00	4,513,696	47.00
女	9,321,640	4,288,003	46.00	5,033,637	54.00

（三）个人无线上网使用行为部分

1．以台湾地区 12 岁以上使用无线上网民众为母体

台湾地区 12 岁以上民众使用无线上网比例为 7.98%，其中台北市的比例较高，约占 12.31%；其次为高雄市，其使用比例为 8.83%；依地区来看，北部地区比例最高，约占 8.53%；其次为中部地区，占 6.93%；再其次为南部地区，占 6.39%；而东部地区的使用比例最低，仅占 3.43%。见表 29.14。

表 29.14　　台湾地区 12 岁以上无线上网使用人数推估——依居住地区分

2003 年 7 月　　单位：人；%

项目 / 地区别	母体人数	个人使用无线上网		抽样误差
		人数	百分比	
总计	18,925,772	1,510,296	7.98	±1.32
台北市	2,249,840	276,886	12.31	±3.94
高雄市	1,283,890	113,399	8.83	±5.17
北部地区	5,971,632	509,615	8.53	±2.33
中部地区	4,738,227	328,228	6.93	±2.84
南部地区	4,099,424	262,155	6.39	±2.74
东部地区	582,759	20,013	3.43	±5.64
北部地区-含台北市	8,221,472	786,501	9.57	±2.00
南部地区-含高雄市	5,383,314	375,554	6.98	±2.42

依城乡来看，非偏远地区的使用比例较高，约占 8.09%；而偏远地区的使用比例为 2.15%。见表 29.15。

表 29.15　　台湾地区 12 岁以上无线上网使用人数比例推估——依城乡分

2003 年 7 月　　单位：%

项目 / 城乡别	个人使用无线上网	个人未使用无线上网
总计	7.98	92.02
偏远地区	2.15	97.85
非偏远地区	8.09	91.91

依居住地区城乡来看，北部非偏远地区的比例最高，占 9.60%；其次为南部非偏远地区，占 7.09%；北部、中部偏远地区的比例最少。见表 29.16。

表 29.16　台湾地区 12 岁以上无线上网使用人数比例推估——依居住地区城乡分

2003 年 7 月　　单位：人；%

项目 / 地区城乡别	个人使用无线上网	个人未使用无线上网
总计	7.98	92.02
北部偏远地区	0.00	100.00
北部非偏远地区	9.60	90.40
中部偏远地区	0.00	100.00
中部非偏远地区	6.98	93.02
南部偏远地区	3.01	96.99
南部非偏远地区	7.09	92.91
东部偏远地区	2.20	97.80
东部非偏远地区	3.19	96.81

依都市化程度来看，以“区”的比例最高，占 10.48%；其次为“市”，占 8.53%；而以“乡”的比例最少，占 5.34%。见表 29.17。

表 29.17　台湾地区 12 岁以上无线上网使用人数推估——依都市化程度分

2003 年 7 月　　单位：人；%

项目 / 都市化	母体人数	个人使用无线上网		个人未使用无线上网	
		人数	百分比	人数	百分比
总计	18,925,772	1,510,296	7.98	17,415,476	92.02
乡	4,652,276	248,655	5.34	4,403,621	94.66
镇	2,789,859	167,683	6.01	2,622,176	93.99
市	5,622,752	479,618	8.53	5,143,134	91.47
区	5,860,885	614,340	10.48	5,246,545	89.52

以年龄层来分，台湾地区 12 岁以上民众使用无线上网比例以“16～20 岁”、“21～25 岁”最高，各占 14.00%、14.50%；其次为“26～35 岁”、“12～15 岁”，约占 11.14%、10.83%；而“56 岁以上”的比例最低，仅有 0.64%。见表 29.18。

表 29.18　台湾地区 12 岁以上无线上网使用人数推估——依年龄层分

2003 年 7 月　　单位：人；%

项目 / 年龄层	母体人数	个人使用无线上网		个人未使用无线上网	
		人数	百分比	人数	百分比
总计	18,925,772	1,510,296	7.98	17,415,476	92.02
12～15 岁	1,292,491	139,952	10.83	1,152,539	89.17
16～20 岁	1,724,816	241,501	14.00	1,483,315	86.00

续表

项目 年龄层	母体人数	个人使用无线上网		个人未使用无线上网	
		人数	百分比	人数	百分比
21～25 岁	1,987,692	288,283	14.50	1,699,409	85.50
26～35 岁	3,679,751	409,938	11.14	3,269,813	88.86
36～45 岁	3,781,768	247,299	6.54	3,534,469	93.46
46～55 岁	2,979,671	161,065	5.41	2,818,606	94.59
56 岁以上	3,479,583	22,258	0.64	3,457,325	99.36

以性别来分，台湾地区 12 岁以上民众使用无线上网比例大致相同，分别占 7.97%和 7.99%。见表 29.1 9 。

表 29.19　　台湾地区 12 岁以上无线上网使用人数推估——依性别分

2003 年 7 月　　单位：人；%

项目 性别	母体人数	个人使用无线上网		个人未使用无线上网	
		人数	百分比	人数	百分比
总计	18,925,772	1,510,296	7.98	17,415,476	92.02
男	9,604,132	765,177	7.97	8,838,955	92.03
女	9,321,640	745,119	7.99	8,576,521	92.01

2．以台湾地区 12 岁以上未曾使用无线上网的民众为母体

台湾地区 12 岁以上民众未使用无线上网其未来使用意愿比例为 12.19%，以高雄市的比例最高，约占 13.10%；台北市的使用比例约占 12.20%；依地区别来看，以东部地区的比例最高，约占 18.85%；其次为北部地区，占 12.61%；再其次为中部地区、南部地区，分别占 11.53%、11.09%。见表 29.20。

表 29.20　台湾地区 12 岁以上未曾使用无线上网其未来使用意愿人数推估——依居住地区分

2003 年 7 月　　单位：人；%

项目 地区别	母体人数	未来半年内会使用无线上网		抽样误差
		人数	百分比	
总计	17,415,476	2,123,193	12.19	±1.32
台北市	1,972,954	240,603	12.2	±3.94
高雄市	1,170,491	153,289	13.1	±5.17
北部地区	5,462,017	689,019	12.61	±2.33
中部地区	4,409,999	508,467	11.53	±2.84
南部地区	3,837,269	425,721	11.09	±2.74
东部地区	562,746	106,094	18.85	±5.64
北部地区-含台北市	7,434,971	929,622	12.50	±2.00
南部地区-含高雄市	5,007,760	579,010	11.56	±2.42

依城乡来看，以非偏远地区的比例较高，约占12.21%；而偏远地区的比例为11.43%。见表29.21。

表29.21　台湾地区12岁以上未曾使用无线上网其未来使用意愿人数比例推估——依城乡分

2003年7月　　　　单位：%

项目 / 城乡别	未来半年内会使用无线上网	未来半年内不会使用无线上网
总计	12.19	87.81
偏远地区	11.43	88.57
非偏远地区	12.21	87.79

依居住地区城乡来看，以中部偏远地区的比例最高，占27.35%；其次为东部非偏远地区，占21.28%；而以南部偏远地区的比例最少，占3.17%。见表29.22。

表29.22　台湾地区12岁以上未曾使用无线上网其未来使用意愿人数比例推估——依居住地区城乡分

2003年7月　　　　单位：%

项目 / 地区城乡别	未来半年内会使用无线上网	未来半年内不会使用无线上网
总计	12.19	87.81
北部偏远地区	12.12	87.88
北部非偏远地区	12.51	87.49
中部偏远地区	27.35	72.65
中部非偏远地区	11.39	88.61
南部偏远地区	3.17	96.83
南部非偏远地区	11.77	88.23
东部偏远地区	18.10	81.90
东部非偏远地区	21.28	78.72

依都市化程度来看，以“区”的比例最高，占13.09%；其次为“市”，占13.16%；而以“乡”的比例最少，占10.10%。见表29.23。

表29.23　台湾地区12岁以上未曾使用无线上网其未来使用意愿人数推估——依都市化程度分

2003年7月　　　　单位：人；%

项目 / 都市化	母体人数	未来半年内会使用无线上网		未来半年内不会使用无线上网	
		人数	百分比	人数	百分比
总计	17,415,476	2,123,193	12.19	15,292,283	87.81
乡	4,403,621	444,895	10.10	3,958,726	89.90
镇	2,622,176	314,685	12.00	2,307,491	88.00
市	5,143,134	677,026	13.16	4,466,108	86.84
区	5,246,545	686,587	13.09	4,559,958	86.91

依年龄层来分，台湾地区 12 岁以上民众未使用无线上网其未来使用意愿比例以“12～15 岁”最高，占 18.72%；其次为“16～20 岁”、“36～45 岁”，分别占 16.71%、16.00%。见表 29.24。

表 29.24　台湾地区 12 岁以上未曾使用无线上网其未来使用意愿人数推估——依年龄层分

2003 年 7 月　　单位：人；%

项目 / 年龄层	母体人数	未来半年内会使用无线上网		未来半年内不会使用无线上网	
		人数	百分比	人数	百分比
总计	17,415,476	2,123,193	12.19	15,292,283	87.81
12～15 岁	1,152,539	215,783	18.72	936,756	81.28
16～20 岁	1,483,315	247,898	16.71	1,235,417	83.29
21～25 岁	1,699,409	236,445	13.91	1,462,964	86.09
26～35 岁	3,269,813	488,777	14.95	2,781,036	85.05
36～45 岁	3,534,469	565,416	16.00	2,969,053	84.00
46～55 岁	2,818,606	271,710	9.64	2,546,896	90.36
56 岁以上	3,457,325	97,164	2.81	3,360,161	97.19

依性别来分，台湾地区 12 岁以上民众未使用无线上网其未来使用意愿比例大致相同，分别占 12.29%和 12.09%。见表 29.25。

表 29.25　台湾地区 12 岁以上未曾使用无线上网其未来使用意愿人数推估——依性别分

2003 年 7 月　　单位：人；%

项目 / 性别	母体人数	未来半年内会使用无线上网		未来半年内不会使用无线上网	
		人数	百分比	人数	百分比
总计	17,415,476	2,123,193	12.19	15,292,283	87.81
男	8,838,955	1,086,277	12.29	7,752,678	87.71
女	8,576,521	1,036,916	12.09	7,539,605	87.91

（四）个人行动上网使用行为部分

1．以台湾地区 12 岁以上民众为母体

台湾地区 12 岁以上民众使用行动上网比例为 5.11%，台北市的使用比例最高，占 7.71%；而高雄市的使用比例约占 4.71%；以地区来看，以北部地区的行动上网比例最高，分别占 5.93%；其次为中部地区，占 4.21%；再其次为南部地区，约占 3.89%；而以东部地区的比例最低，约占 3.53%。见表 29.26。

表 29.26　台湾地区 12 岁以上行动上网使用人数推估——依居住地区分

2003 年 7 月　　单位：人；%

项目 / 地区别	母体人数	个人使用行动上网		抽样误差
		人数	百分比	
总计	18,925,772	967,437	5.11	±1.32
台北市	2,249,840	173,463	7.71	±3.94

续表

地区别＼项目	母体人数	个人使用行动上网		抽样误差
		人数	百分比	
高雄市	1,283,890	60,512	4.71	±5.17
北部地区	5,971,632	354,086	5.93	±2.33
中部地区	4,738,227	199,465	4.21	±2.84
南部地区	4,099,424	159,318	3.89	±2.74
东部地区	582,759	20,593	3.53	±5.64
北部地区-含台北市	8,221,472	527,549	6.42	±2.00
南部地区-含高雄市	5,383,314	219,830	4.08	±2.42

依城乡来看，以非偏远地区的比例较高，约占5.18%；而偏远地区的比例为1.52%。见表29.27。

表29.27　　台湾地区12岁以上行动上网使用人数比例推估——依城乡分

2003年7月　　单位：%

城乡别＼项目	个人使用行动上网	个人未使用行动上网
总计	5.11	94.89
偏远地区	1.52	98.48
非偏远地区	5.18	94.82

依居住地区城乡来看，以中部偏远地区的比例最高，占9.48%；其次为北部非偏远地区，占6.44%。见表29.28。

表29.28　　台湾地区12岁以上行动上网使用人数比例推估——依居住地区城乡分

2003年7月　　单位：%

地区城乡别＼项目	个人使用行动上网	个人未使用行动上网
总计	5.11	94.89
北部偏远地区	0.00	100.00
北部非偏远地区	6.44	93.56
中部偏远地区	9.48	90.52
中部非偏远地区	4.17	95.83
南部偏远地区	1.00	99.00
南部非偏远地区	4.15	95.85
东部偏远地区	0.00	100.00
东部非偏远地区	4.79	95.21

依都市化程度来看，以“区”的比例最高，占6.05%；其次为“市”，占5.65%；而以“乡”的比例最少，占3.46%。见表29.29。

表 29.29　　台湾地区 12 岁以上行动上网使用人数推估——依都市化程度分

2003 年 7 月　　单位：人；%

项目／都市化	母体人数	个人使用行动上网		个人未使用行动上网	
		人数	百分比	人数	百分比
总计	18,925,772	967,437	5.11	17,958,335	94.89
乡	4,652,276	160,983	3.46	4,491,293	96.54
镇	2,789,859	133,789	4.80	2,656,070	95.20
市	5,622,752	317,931	5.65	5,304,821	94.35
区	5,860,885	354,734	6.05	5,506,151	93.95

以年龄层来分，台湾地区 12 岁以上民众使用行动上网比例以“16～20 岁”、“21～25 岁”最高，各占 10.09%、10.87%；其次为“26～35 岁”，约占 7.60%；而“56 岁以上”的上网比例最低，不及 10%。见表 29.30。

表 29.30　　台湾地区 12 岁以上行动上网使用人数推估——依年龄层分

2003 年 7 月　　单位：人；%

项目／年龄层	母体人数	个人使用行动上网		个人未使用行动上网	
		人数	百分比	人数	百分比
总计	18,925,772	967,437	5.11	17,958,335	94.89
12～15 岁	1,292,491	62,514	4.84	1,229,977	95.16
16～20 岁	1,724,816	174,052	10.09	1,550,764	89.91
21～25 岁	1,987,692	216,124	10.87	1,771,568	89.13
26～35 岁	3,679,751	279,693	7.60	3,400,058	92.40
36～45 岁	3,781,768	147,527	3.90	3,634,241	96.10
46～55 岁	2,979,671	75,370	2.53	2,904,301	97.47
56 岁以上	3,479,583	12,157	0.35	3,467,426	99.65

以性别来分，台湾地区 12 岁以上民众使用行动上网比例男性略高于女性，分别占 6.52%、3.66%。见表 29.31。

表 29.31　　台湾地区 12 岁以上行动上网使用人数推估——依性别分

2003 年 7 月　　单位：人；%

项目／性别	母体人数	个人使用行动上网		个人未使用行动上网	
		人数	百分比	人数	百分比
总计	18,925,772	967,437	5.11	17,958,335	94.89
男	9,604,132	626,636	6.52	8,977,496	93.48
女	9,321,640	340,801	3.66	8,980,839	96.34

2．以台湾地区 12 岁以上未曾使用行动上网的民众为母体

台湾地区 12 岁以上民众未使用行动上网其未来使用意愿比例为 8.54%，其中台北市的比例约占 9.42%；高雄市的比例约占 8.63%；以地区来看，以东部地区的比例最高，

约占 13.53%；其次为中部地区，占 8.65%；再其次为南部地区，约占 8.35%；而以北部地区的比例较少，约占 7.75%。见表 29.32。

表 29.32　台湾地区 12 岁以上未曾使用行动上网其未来使用意愿人数推估——依居住地区分

2003 年 7 月　　单位：人；%

项目 地区别	母体人数	未来半年内会使用行动上网		抽样误差
		人数	百分比	
总计	17,958,335	1,533,841	8.54	±1.32
台北市	2,076,377	195,681	9.42	±3.94
高雄市	1,223,378	105,567	8.63	±5.17
北部地区	5,617,545	435,361	7.75	±2.33
中部地区	4,538,762	392,024	8.64	±2.84
南部地区	3,940,106	329,118	8.35	±2.74
东部地区	562,166	76,089	13.53	±5.64
北部地区-含台北市	7,693,922	631,042	8.20	±2.00
南部地区-含高雄市	5,163,484	434,685	8.42	±2.42

依城乡来看，以非偏远地区的比例较高，约占 8.59%；而偏远地区的比例为 5.94%。见表 29.33。

表 29.33　台湾地区 12 岁以上未曾使用行动上网其未来使用意愿人数比例推估——依城乡分

2003 年 7 月　　单位：%

项目 城乡别	未来半年内会使用行动上网	未来半年内不会使用行动上网
总计	8.54	91.46
偏远地区	5.94	94.06
非偏远地区	8.59	91.41

依居住地区城乡来看，以东部非偏远地区的比例最高，占 17.00%；其次为北部偏远地区，占 15.18%；而以南部偏远地区的比例最少，占 4.37%。见表 29.34。

表 29.34　台湾地区 12 岁以上未曾使用行动上网其未来使用意愿人数比例推估——依居住地区城乡分

2003 年 7 月　　单位：%

项目 地区城乡别	未来半年内会使用行动上网	未来半年内不会使用行动上网
总计	8.54	91.46
北部偏远地区	15.18	84.82
北部非偏远地区	8.17	91.83
中部偏远地区	9.25	90.75
中部非偏远地区	8.63	91.37

续表

项目 地区城乡别	未来半年内会使用行动上网	未来半年内不会使用行动上网
南部偏远地区	4.37	95.63
南部非偏远地区	8.56	91.44
东部偏远地区	4.57	95.43
东部非偏远地区	17.00	83.00

依都市化程度来看，以“区”的比例最高，占 9.44%；其次为“镇”，占 9.02%；而以“乡”的比例最少，占 7.17%。见表 29.35。

表 29.35　台湾地区 12 岁以上未曾使用行动上网其未来使用意愿人数推估——依都市化程度分

2003 年 7 月　　单位：人；%

项目 都市化	母体人数	未来半年内会使用行动上网		未来半年内不会使用行动上网	
		人数	百分比	人数	百分比
总计	17,958,335	1,533,841	8.54	16,424,494	91.46
乡	4,491,293	322,018	7.17	4,169,275	92.83
镇	2,656,070	239,693	9.02	2,416,377	90.98
市	5,304,821	452,279	8.53	4,852,542	91.47
区	5,506,151	519,851	9.44	4,986,300	90.56

以年龄层来分，台湾地区 12 岁以上民众未使用行动上网其未来使用意愿比例以“12～15 岁”、“16～20 岁”最高，各占 15.90%、15.51%；其次为“21～25 岁”，约占 10.61%。见表 29.36。

表 29.36　台湾地区 12 岁以上未曾使用行动上网其未来使用意愿人数推估——依年龄层分

2003 年 7 月　　单位：人；%

项目 年龄层	母体人数	未来半年内会使用行动上网		未来半年内不会使用行动上网	
		人数	百分比	人数	百分比
总计	17,958,335	1,533,841	8.54	16,424,494	91.46
12～15 岁	1,229,977	195,557	15.90	1,034,420	84.10
16～20 岁	1,550,764	240,558	15.51	1,310,207	84.49
21～25 岁	1,771,568	187,971	10.61	1,583,597	89.39
26～35 岁	3,400,058	312,692	9.20	3,087,366	90.80
36～45 岁	3,634,241	283,448	7.80	3,350,793	92.20
46～55 岁	2,904,301	275,675	9.49	2,628,626	90.51
56 岁以上	3,467,426	37,940	1.09	3,429,485	98.91

以性别来分，台湾地区 12 岁以上民众未使用行动上网其未来使用意愿比例男性略高于女性，各占 9.53%、7.55%。见表 29.37。

表 29.37　台湾地区 12 岁以上未曾使用行动上网其未来使用意愿人数推估——依性别分

2003 年 7 月　单位：人；%

项目 / 性别	母体人数	未来半年内会使用行动上网		未来半年内不会使用行动上网	
		人数	百分比	人数	百分比
总计	17,958,335	1,533,841	8.54	16,424,494	91.46
男	8,977,496	855,657	9.53	8,121,839	90.47
女	8,980,839	678,184	7.55	8,302,655	92.45

29.1.2　家庭网络及宽频使用户数推估

（一）家庭网络使用户数

台湾地区家庭上网比例为 54.40%，以台北市的比例最高，约占 63.26%；而高雄市的比例约占 57.16%；依地区来看，以北部地区的上网比例最高，约占 58.95%；其次为中部地区，约占 49.79%；再其次为南部地区，约占 48.76%；而以东部地区的比例较低，约占 32.57%。见表 29.38。

表 29.38　台湾地区家庭网络使用户数推估——依居住地区分

2003 年 7 月　单位：户；%

项目 / 地区别	母体户数	家中可上网		抽样误差
		户数	百分比	
总计	6,456,662	3,512,240	54.40	±1.32
台北市	856,792	541,971	63.26	±3.94
高雄市	484,396	276,866	57.16	±5.17
北部地区	2,088,186	1,231,034	58.95	±2.32
中部地区	1,481,117	737,450	49.79	±2.83
南部地区	1,367,375	666,693	48.76	±2.74
东部地区	178,796	58,226	32.57	±5.63
北部地区（含台北市）	2,944,978	1,773,005	60.20	±2.00
南部地区（含高雄市）	1,851,771	943,559	50.95	±2.42

依城乡来看，以非偏远地区的上网比例较高，约占 54.86%；而偏远地区的上网比例为 31.61%。见表 29.39。

表 29.39　台湾地区家庭网络使用户数比例推估——依城乡分

2003 年 7 月　单位：%

项目 / 城乡别	家中可上网	家中不可上网
总计	54.40	45.60
偏远地区	31.61	68.39
非偏远地区	54.86	45.14

依居住地区城乡来看，以北部偏远地区的比例最高，占 63.14%；其次为北部非偏远地区，占 60.19%；而以中部偏远地区的比例最少，占 12.04%。见表 29.40。

表 29.40　台湾地区家庭网络使用户数比例推估——依居住地区城乡分

2003 年 7 月　　单位：%

地区城乡别＼项目	家中可上网	家中不可上网
总计	54.40	45.60
北部偏远地区	63.14	36.86
北部非偏远地区	60.19	39.81
中部偏远地区	12.04	87.96
中部非偏远地区	50.22	49.78
南部偏远地区	27.35	72.65
南部非偏远地区	51.53	48.47
东部偏远地区	30.88	69.12
东部非偏远地区	32.53	67.47

依都市化程度来看，以“市”的比例最高，占 60.10%；其次为“区”，占 59.24%；而以“乡”的比例最少，占 42.36%。见表 29.41。

表 29.41　台湾地区家庭网络使用户数推估——依都市化程度分

2003 年 7 月　　单位：户；%

都市化＼项目	母体人数	家中可上网		家中不可上网	
		户数	百分比	户数	百分比
总计	6,456,662	3,512,240	54.40	2,944,422	45.60
乡	1,472,254	623,674	42.36	848,580	57.64
镇	905,962	456,336	50.37	449,626	49.63
市	1,886,960	1,133,992	60.10	752,968	39.90
区	2,191,486	1,298,238	59.24	893,248	40.76

依教育程度来看，台湾地区家庭上网比例以研究所和博士所占比例最高，约为 83.66%、74.87%；其次为大学、专科，约占 68.05%、67.22%。见表 29.42。

表 29.42　台湾地区家庭网络使用户数比例推估——依教育程度分

2003 年 7 月　　单位：%

教育程度＼项目	家中可上网	家中不可上网
总计	54.40	45.60
未受教育	5.62	94.38
国小	29.53	70.47
国中	43.34	56.66

续表

项目 教育程度	家中可上网	家中不可上网
高中职	57.72	42.28
专科	67.22	32.78
大学	68.05	31.95
研究所以上	82.35	17.65
拒答	47.42	52.58

依家庭平均月收入来看，台湾地区家庭上网比例以“150,001～200,000 元”与“100,001～150,001 元”比例最高，分别占 87.29%、81.38%；其次为“80,001～100,000 元”与“200,001 元以上”，分别占 78.05%、75.68%。见表 29.43。

表 29.43　　台湾地区家庭网络使用户数比例推估——依家庭平均月收入分

2003 年 7 月　　单位：%

项目 月收入	家中可上网	家中不可上网
总计	54.40	45.60
没有收入	6.73	93.27
20,000 元以下	14.07	85.93
20,001～40,000 元	46.11	53.89
40,001～60,000 元	64.89	35.11
60,001～80,000 元	72.43	27.57
80,001～100,000 元	78.05	21.95
100,001～150,000 元	81.38	18.62
150,001～200,000 元	87.29	12.71
200,001 元以上	75.68	24.32
拒答	56.23	43.77

（二）家庭宽频使用户数——以台湾地区家庭为母体

台湾地区家庭宽频使用比例为 38.91%，以台北市的比例最高，约占 47.72%；而高雄市的比例约占 40.58%；以地区来看，以北部地区的宽频使用比例最高，约占 42.92%；其次为中部地区，约占 35.92%；再其次为南部地区，约占 32.11%；而以东部地区的比例最低，约占 21.98%。见表 29.44。

表 29.44　　台湾地区家庭宽频使用户数推估——依居住地区分

2003 年 7 月　　单位：户；%

项目 地区别	母体户数	家中使用宽频上网		抽样误差
		户数	百分比	
总计	6,456,662	2,512,130	38.91	±1.65
台北市	856,792	408,895	47.72	±4.57

续表

地区别＼项目	母体户数	家中使用宽频上网		抽样误差
		户数	百分比	
高雄市	484,396	196,565	40.58	±6.18
北部地区	2,088,186	896,296	42.92	±2.79
中部地区	1,481,117	531,988	35.92	±3.62
南部地区	1,367,375	439,095	32.11	±3.84
东部地区	178,796	39,291	21.98	±6.89
北部地区-含台北市	2,944,978	1,305,191	44.32	±2.38
南部地区-含高雄市	1,851,771	635,660	34.33	±3.26

依城乡来看，以非偏远地区的比例较高，约占 39.22%；而偏远地区的上网比例为 23.49%。见表 29.45。

表 29.45　　台湾地区家庭宽频使用户数比例推估——依城乡分

2003 年 7 月　　单位：%

城乡别＼项目	家中使用宽频上网	家中未使用宽频上网
总计	38.91	61.09
偏远地区	23.49	76.51
非偏远地区	39.22	60.78

依居住地区城乡来看，以北部偏远地区的比例最高，占 58.21%；其次为北部非偏远地区，占 44.23%；而以中部偏远地区的比例最少，占 1.72%。见表 29.46。

表 29.46　　台湾地区家庭宽频使用户数比例推估——依居住地区城乡分

2003 年 7 月　　单位：%

地区城乡别＼项目	家中使用宽频上网	家中未使用宽频上网
总计	38.91	61.09
北部偏远地区	58.21	41.79
北部非偏远地区	44.23	55.77
中部偏远地区	1.72	98.28
中部非偏远地区	36.31	63.69
南部偏远地区	20.68	79.32
南部非偏远地区	34.67	65.33
东部偏远地区	19.50	80.50
东部非偏远地区	21.97	78.03

依都市化程度来看，以“市”的比例最高，占 43.70%；其次为“区”，占 42.71%；而以“乡”的比例最少，占 30.66%。见表 29.47。

表 29.47　台湾地区家庭宽频使用户数推估——依都市化程度分

2003 年 7 月　单位：户；%

都市化＼项目	母体人数	家中使用宽频上网		家中未使用宽频上网	
		户数	百分比	户数	百分比
总计	6,456,662	2,512,130	38.91	3,944,532	61.09
乡	1,472,254	451,446	30.66	1,020,808	69.34
镇	905,962	300,131	33.13	605,831	66.87
市	1,886,960	824,630	43.70	1,062,330	56.30
区	2,191,486	935,923	42.71	1,255,563	57.29

以教育程度来分，台湾地区家庭宽频使用比例以研究所最高，占 55.18%；其次为大学与专科，分别占 48.47%、47.36%。见表 29.48。

表 29.48　台湾地区家庭宽频使用户数比例推估——依教育程度分

2003 年 7 月　单位：%

教育程度＼项目	家中使用宽频上网	家中未使用宽频上网
总计	38.91	61.09
未受教育	1.81	98.19
国小	20.15	79.85
国中	31.76	68.24
高中职	42.92	57.08
专科	47.36	52.64
大学	48.47	51.53
研究所以上	53.25	46.75
拒答	37.08	62.92

依家庭平均月收入来看，台湾地区家庭宽频使用以“150,001～200,000 元”比例最高，约占 72.83%；其次为“100,001～150,001 元”与“200,001 元以上”，分别占 61.89%、61.10%。见表 29.49。

表 29.49　台湾地区家庭宽频使用户数比例推估——依家庭平均月收入分

2003 年 7 月　单位：%

月收入＼项目	家中使用宽频上网	家中未使用宽频上网
总计	38.91	61.09
没有收入	4.82	95.18
20,000 元以下	9.79	90.21
20,001～40,000 元	32.05	67.95
40,001～60,000 元	46.78	53.22
60,001～80,000 元	50.13	49.87

续表

项目 / 月收入	家中使用宽频上网	家中未使用宽频上网
80,001～100,000 元	53.56	46.44
100,001～150,000 元	61.89	38.11
150,001～200,000 元	72.83	27.17
200,001 元以上	61.10	38.90
拒答	39.46	60.54

（三）非使用宽频连接网络之家庭其未来使用意愿户数－以台湾地区非使用宽频连接网络的家庭为母体

台湾地区以非宽频方式上网的家庭其未来宽频使用意愿比例为 29.23%，其中以台北市的比例最高，约占 34.64%；高雄市的比例约占 24.63%；以地区别来看，以北部地区比例最高，约占 30.35%；其次为东部地区，占 31.25%；再其次为南部地区与中部地区，分别占 27.51%、27.40%。见表 29.50。

表 29.50　台湾地区家庭非使用宽频连接网络其未来使用宽频意愿户数推估——依居住地区分

2003 年 7 月　　单位：户；%

项目 / 地区别	母体户数	未来半年内会使用宽频上网		抽样误差
		户数	百分比	
总计	1,000,110	292,305	29.23	±1.65
台北市	133,076	46,100	34.64	±4.57
高雄市	80,301	19,775	24.63	±6.18
北部地区	334,737	101,608	30.35	±2.79
中部地区	205,463	56,287	27.40	±3.62
南部地区	227,598	62,619	27.51	±3.84
东部地区	18,935	5,916	31.25	±6.89
北部地区-含台北市	467,813	147,708	31.57	±2.38
南部地区-含高雄市	307,899	82,394	26.76	±3.26

依城乡来看，以偏远地区的比例较高，约占 37.24%；而非偏远地区的比例约占 29.14%。见表 29.51。

表 29.51　台湾地区家庭非使用宽频连接网络其未来使用宽频意愿户数比例推估——依城乡分

2003 年 7 月　　单位：%

项目 / 城乡别	未来半年内会使用宽频上网	未来半年内不会使用宽频上网
总计	29.23	70.77
偏远地区	37.24	62.76
非偏远地区	29.14	70.86

依居住地区城乡来看，以北部偏远地区的比例最高，占 100.00%；其次为东部偏远

地区，占60.90%。见表29.52。

表29.52 台湾地区家庭非使用宽频连接网络其未来使用宽频意愿户数比例推估——依居住地区城乡分

2003年7月 单位：%

地区城乡别＼项目	未来半年内会使用宽频上网	未来半年内不会使用宽频上网
总计	29.23	70.77
北部偏远地区	100.00	0.00
北部非偏远地区	31.44	68.56
中部偏远地区	0.00	100.00
中部非偏远地区	27.63	72.37
南部偏远地区	15.40	84.60
南部非偏远地区	26.94	73.06
东部偏远地区	60.90	39.10
东部非偏远地区	22.37	77.63

依都市化程度来看，以“市”的比例最高，占30.16%；其次为“区”，占29.90%；而以“乡”的比例最少，占26.45%。见表29.53。

表29.53 台湾地区家庭非使用宽频连接网络其未来使用宽频意愿户数推估——依都市化程度分

2003年7月 单位：户；%

都市化＼项目	母体人数	未来半年内会使用宽频上网		未来半年内不会使用宽频上网	
		户数	百分比	户数	百分比
总计	1,000,110	292,305	29.23	707,805	70.77
乡	172,228	45,557	26.45	126,671	73.55
镇	156,205	45,121	28.89	111,084	71.11
市	309,362	93,309	30.16	216,053	69.84
区	362,315	108,318	29.90	253,997	70.10

以教育程度来分，台湾地区家庭以窄频方式上网其未来宽频使用意愿比例以博士为最高，占84.02%；其次为高中职、专科，分别占35.41%、28.70%。见表29.54。

表29.54 台湾地区家庭非使用宽频连接网络其未来使用宽频意愿户数比例推估——依教育程度分

2003年7月 单位：%

教育程度＼项目	未来半年内会使用宽频上网	未来半年内不会使用宽频上网
总计	29.23	70.77
未受教育	7.41	92.59
小学	21.57	78.43
中学	25.73	74.27
高中职	35.41	64.59

续表

教育程度＼项目	未来半年内会使用宽频上网	未来半年内不会使用宽频上网
专科	28.70	71.30
大学	27.74	72.26
研究所以上	31.92	68.08
拒答	22.21	77.79

依家庭平均月收入来看，台湾地区以窄频方式上网其未来宽频使用意愿比例以“100,001～150,001 元”最高，分别占 43.02%；其次为“150,001～200,000 元”，约占 40.25%。见表 29.55。

表 29.55　台湾地区家庭非使用宽频连接网络其未来使用宽频意愿户数比例推估——依家庭平均月收入分

2003 年 7 月　　单位：%

县市别＼项目	未来半年内会使用宽频上网	未来半年内不会使用宽频上网
总计	29.23	70.77
没有收入	25.10	74.90
20,000 元以下	16.85	83.15
20,001～40,000 元	24.54	75.46
40,001～60,000 元	34.03	65.97
60,001～80,000 元	32.83	67.17
80,001～100,000 元	38.48	61.52
100,001～150,000 元	43.02	56.98
150,001～200,000 元	40.25	59.75
200001 元以上	38.82	61.18
拒答	21.07	78.93

29.2　上网人口分析

一、台湾地区 12 岁以上民众整体上网比例

台湾地区 12 岁以上民众，曾经有上网的民众占 57.23%；没有上网的民众占 42.77%。见表 29.56。

表 29.56　台湾地区 12 岁以上民众整体上网比例

2003 年 7 月　　单位：%

项目别	百分比
总计	100.00
是	57.23
否	42.77

二、台湾地区 12 岁以上民众宽频上网使用情形

台湾地区 12 岁以上民众的上网方式以 ADSL 为最多，其次为付费拨接。另外，本调查所谓宽频是指使用 ADSL、有线电视频道的电缆线连接（Cable Modem）、固接专线连接、局域网络及社区网络（光纤到府+局域网络）的方式连接上网。就曾使用过网际网络的受访者中，由表 29.57 得知，有 74.84%的民众使用宽频，有 23.16%的民众非使用宽频。

表 29.57　　台湾地区 12 岁以上民众上网方式

2003 年 7 月　　单位：%

项目别	百分比
总计	100.00
ADSL	64.44
付费电话拨接	18.91
免付费电话拨接	5.04
有线电视频道的电缆线连接 Cable Modem	4.35
固接专线	2.89
局域网络	2.18
社区网络	0.96
行动电话上网	0.10
公共区域无线上网	0.02
其他	1.11

在使用过网际网络的受访者中，其宽频使用频率以“每日或几乎每日一次”最多，占 66.6%；其次为“每星期 2～3 次”，占 13.23%。见表 29.58。

表 29.58　　台湾地区 12 岁以上民众宽频使用频率

2003 年 7 月　　单位：%

项目别	百分比
总计	100.00
每日或几乎每日 1 次	66.57
每星期 4～5 次	5.54
每星期 2～3 次	13.23
每星期 1 次	5.38
每个月 2～3 次	1.77
每个月 1 次	1.46
不常	6.05

就曾使用过网际网络之受访者中，台湾地区 12 岁以上民众一周使用宽频时数，以“1-未满 5 小时”为最多，占 21.1%；其次为“30 小时以上”，占 19.4%，再次为“5-未满 10 小时”，占 16.68%，“10-未满 15 小时”，占 13.84%，合计一周使用宽频时数为“1-未满

15 小时”间之比例达 51.62%。见表 29.59。

表 29.59 **台湾地区 12 岁以上民众一周使用宽频时数**

2003 年 7 月 单位：%

项目别	百分比
总计	100.00
1 小时以下	8.88
1 小时到未满 5 小时	21.10
5 小时到未满 10 小时	16.68
10 小时到未满 15 小时	13.84
15 小时到未满 20 小时	5.69
20 小时到未满 25 小时	9.01
25 小时到未满 30 小时	5.44
30 小时以上	19.36

就有使用宽频上网的受访者中，其最常使用宽频上网之时段以“晚上 8 点～深夜 12 点以前”为最多；其次为“下午 6 点～下午 8 点以前”，再次为“下午 2 点～下午 6 点以前”及“上午 8 点～中午 12 点以前”。见表 29.60。

表 29.60 **台湾地区 12 岁以上民众最常使用宽频时段**

2003 年 7 月

项目类别	相对次数
上午 8 点到中午 12 点以前	20.36
中午 12 点到下午 2 点以前	11.50
下午 2 点到下午 6 点以前	21.92
下午 6 点到下午 8 点以前	23.79
晚上 8 点到深夜 12 点以前	55.99
深夜 12 点以后	11.14
全天 24 小时	7.56

注：本题为复选题

就有使用宽频上网之受访者中，其最常使用宽频上网的地点以“家中”为最多；其次为“工作场所”，再次为“学校”“网吧”。见表 29.61。

表 29.61 **台湾地区 12 岁以上民众最常使用宽频上网的地点**

2003 年 7 月

项目类别	相对次数
家中	87.42
工作场所	32.13
学校	25.95

续表

项目别	相对次数
网吧	22.39
图书馆	3.17
亲友家	1.69
咖啡厅、餐厅、快餐店	0.60
其他场所	0.20

注：本题为复选题

就有使用宽频上网的受访者中，其常使用宽频上网的功能以“浏览网页信息 WWW”为最多；其次为“电子邮件 E-mail”，再次为“玩网络游戏”。见表 29.62。

表 29.62　　台湾地区 12 岁以上民众常使用宽频上网的功能

2003 年 7 月

项目别	相对次数
浏览网页信息 WWW	82.91
电子邮件 E-mail	63.88
玩网络游戏	24.76
下载档案 Download	15.83
网络及时传呼 ICQ,MSN	10.09
聊天室 Chatroom	5.38
电子布告栏 BBS	5.29
网络论坛 News	1.86
电子档案传送 FTP	0.92
其他	0.26

注：本题为复选题

三、台湾地区 12 岁以上民众无线上网使用情形

本调查所谓无线上网是以计算机透过区域空间的无线网卡，结合存取桥接器进行区域无线网络连接。由表 29.63 得知有 92.08％的民众没有使用过无线上网，而有使用过无线上网的民众占 7.98％。

表 29.63　　台湾地区 12 岁以上民众是否使用无线上网

2003 年 7 月　　单位：％

项目别	百分比
总计	100.00
是	7.98
否	92.02

就有使用无线上网的受访者中，其曾使用无线上网的地点以“家中”为最多；其次

为“办公室”，再次为“学校”。见表 29.64。

表 29.64　　**台湾地区 12 岁以上民众曾使用无线上网的地点**

2003 年 7 月

项目别	相对次数
家中	41.81
办公室	29.60
学校	26.33
咖啡厅	9.58
亲友家	5.83
图书馆、购物中心	2.40
旅馆、饭店	1.58
餐厅	1.42
快餐店	0.89
百货公司、大卖场、游乐场	0.74
机场	0.74
会议场所	0.61
飞机上	0.37
客运上	0.13
其他	4.83

注：本题为复选题

在台湾地区 12 岁以上有使用无线上网的民众中，个人每月无线上网费用以“免费”为最多，占 19.05%；其次为“不清楚由谁付费”占 17.46%，“不清楚，公司付费”占 14.97%；而个人每月无线上网费用以“1,751～2,000 元”最少，占 0.23%。见表 29.65。

表 29.65　　**台湾地区 12 岁以上民众每月无线上网费用**

2003 年 7 月　　单位：%

项目别	百分比
总计	100.00
免费	19.06
1～250 元	6.53
251～500 元	7.78
501～750 元	2.69
751～1,000 元	6.72
1,001～1,250 元	8.10
1,251～1,500 元	2.11
1,501～1,750 元	0.74
1,751～2,000 元	0.18

续表

项目别	百分比
2,001 元以上	2.72
不清楚由谁付费	17.49
不清楚，公司付费	15.06
不清楚，学校付费	9.24
其他	1.58

就有使用无线上网的受访者中，有 50.16％受访者表示其使用无线上网是“没有困扰”的；“有困扰”的受访者约占 49.84%；其中，大部分的受访者表示其常遇到的困扰为“联机速度太慢”，其次为“联机常断线、不稳定”。见表 29.66。

表 29.66　　台湾地区 12 岁以上民众使用无线上网常遇到的困扰

2003 年 7 月

项目别	相对次数
没有困扰	50.16
有困扰	49.84
联机速度太慢	59.27
联机常断线、不稳定	49.63
联机的费用太高	14.49
联机的设定或拨接程序不方便	6.63
其他	0.71

注：本题为复选题

在台湾地区 12 岁以上有使用无线上网的民众中，个人使用无线上网满意度方面以“满意”为最多，占 62.81%；其次为“很难说，普通”，占 19.31%。见表 29.67。

表 29.67　　台湾地区 12 岁以上民众使用无线上网满意度

2003 年 7 月　　单位：%

项目别	百分比
总计	100.00
非常满意	4.08
满意	62.81
不满意	13.15
非常不满意	0.65
很难说（普通）	19.31

就没有使用无线上网之受访者中，其未使用无线上网的原因以“无使用需要”为最多；其次为“不了解无线上网”。见表 29.68。

表 29.68　　台湾地区 12 岁以上民众未使用无线上网的原因

2003 年 7 月

项目别	相对次数
无使用需要	75.95
不了解无线上网	12.22
使用麻烦	7.08
无线上网费用太高	5.25
现有计算机无法安装无线上网	3.60
不懂计算机，不懂网络	1.98
无线网卡费用太高	1.35
无计算机设备	1.29
其他	1.01

注：本题为复选题

在无使用无线上网的受访者中，12 岁以上民众未来半年愿意使用无线上网的比率有 12.19%，而未来半年不会使用行动上网比率为 87.81%。见表 29.69。

表 29.69　台湾地区 12 岁以上民众目前未使用无线上网的未来半年使用无线上网意愿

2003 年 7 月　　单位：%

项目别	百分比
总计	100.00
是	12.19
否	87.81

四、台湾地区 12 岁以上民众行动上网使用情形

本调查所谓行动上网是以 WAP、GPRS 和 PHS 等手机上网。有 94.89％的民众没有使用过行动上网，而有使用过无线上网的民众仅占 5.11%。见表 29.70。

表 29.70　　台湾地区 12 岁以上民众是否使用行动上网

2003 年 7 月　　单位：%

项目别	百分比
总计	100.00
是	5.11
否	94.89

就有使用行动上网的受访者中，其曾使用行动上网的方式以“GPRS”为最多；其次为“WAP”和“PHS”。见表 29.71。

表 29.71　　台湾地区 12 岁以上民众使用行动上网的方式

2003 年 7 月

项目别	相对次数
GPRS	39.45

续表

项目别	相对次数
WAP	26.14
PHS	24.17
不知道	15.43

注：本题为复选题

有使用行动上网的受访者中，在个人最常使用行动上网的服务项目，以“浏览信息”的比例为最高，占41.08%；其次为“下载铃声”，占21.24%。见表29.72。

表29.72　　台湾地区12岁以上民众使用行动上网服务项目

2003年7月　　单位：%

项目别	百分比
总计	100.00
浏览信息	41.08
下载铃声	21.24
收发电子邮件	13.12
下载图案	8.35
下载游戏	7.59
金融交易	3.96
上传信息（文字图片）	1.60
下载应用程序	0.83
购物	0.46
其他	1.77

就有使用行动上网的受访者中，以认为“有困扰”的受访者居多，约占65.39%，认为“没有困扰”的受访者占34.61%。在认为有困扰的受访者中以“联机速度太慢”为最多；其次为“联机的费用太高”及“联机常断线，不稳定”。见表29.73。

表29.73　　台湾地区12岁以上民众使用行动上网常遇到的困扰

2003年7月

项目别	相对次数
没有困扰	34.61
有困扰	65.39
联机速度太慢	64.57
联机的费用太高	36.11
联机常断线，不稳定	31.61
使用接口复杂	8.42
联机的设定或拨接程序不方便	2.80

注：本题为复选题

在有使用行动上网的受访者中，其个人每月行动上网费用，以“1～250 元”的比例为最高，占 44.32%；其次为“251～500 元”，占 13.85%。见表 29.74。

表 29.74　　台湾地区 12 岁以上民众每月行动上网费用

2003 年 7 月　　单位：%

项目别	百分比
总计	100.00
免费	9.64
1～250 元	44.32
251～500 元	13.85
501～750 元	5.81
751～1000 元	4.34
1001～1250 元	3.55
1251～1500 元	1.91
1501～1750 元	0.72
1751～2000 元	1.26
2001 元以上	4.95
其他	9.66

在有使用行动上网的受访者中，其个人使用行动上网的满意度，以“不满意”与“非常不满意”的比例为最高，共计 38.56%；其次为“满意”与“非常满意”，共计 37.12%。见表 29.75。

表 29.75　　台湾地区 12 岁以上民众使用行动上网满意度

2003 年 7 月　　单位：%

项目别	百分比
总计`	100.00
非常满意	1.00
满意	36.12
不满意	34.41
非常不满意	4.15
很难说（普通）	24.32

就未使用行动上网的受访者中，其不使用行动上网的原因以“无使用需要”为最多；其次为“行动上网费用太高”及“使用麻烦”、“现有手机无上网功能”。见表 29.76。

表 29.76　　台湾地区 12 岁以上民众不使用行动上网的原因

2003 年 7 月

项目别	相对次数
无使用需要	71.99
行动上网费用太高	11.53

续表

项目别	相对次数
使用麻烦	11.20
现有手机无行动上网功能	10.06
不懂网络	5.23
无行动电话	3.39
行动上网手机价格太高	2.48
目前技术不成熟，不普及	0.99
其他	0.19

注：本题为复选题

在无使用行动上网的受访者中，12 岁以上民众未来半年愿意使用行动上网的比率有 8.54%，而未来半年不会使用行动上网比率为 91.46%。见表 29.77。

表 29.77　台湾地区 12 岁以上民众目前未使用行动上网之未来半年使用行动上网意愿

2003 年 7 月　　单位：%

项目别	百分比
总计	100.00
是	8.54
否	91.46

29.3　家庭上网分析

一、家庭上网比例

本调查所谓家庭有使用网络，系指家庭中具有可上网设备者。而所谓可上网设备包含：桌面个人计算机、笔记型计算机、行动电话（具备 WAP、GPRS、PHS 等可以浏览网页的手机）、PDA 等联网设备。就调查结果来看，本次调查 5523 户家庭中，有 54.40% 的家庭有使用网际网络，而有 45.60%的家庭未使用网际网络。见表 29.78。

表 29.78　台湾地区家中是否上网

2003 年 7 月　　单位：%

项目	百分比
总计	100.00
是	54.40
否	45.60

二、家庭使用宽频网络状况

（一）家庭上网设备

家中主要上网设备以个人桌面计算机为最多；其次为笔记型计算机，再其次为行动电话与掌上计算机。见表 29.79。

表 29.79　　台湾地区家中可上网的设备

2003 年 7 月

项目别	相对次数
个人桌面计算机（PC，包括麦金塔计算机）	97.30
笔记型计算机	24.81
行动电话（WAP、GPRS、PHS 手机）	13.57
掌上计算机（PDA、个人数字助理或掌上型计算机）	5.78

注：本题为复选题

在家庭中以桌面计算机上网者，以拥有 1 台计算机为最多，占 68.46%；其次有 24.00%的家庭拥有 2 台计算机，拥有 3 台计算机以上的比例，约占 7.54%。见表 29.80。

表 29.80　　台湾地区家中桌面计算机数

2003 年 7 月　　单位：%

项目	百分比
总计	100.00
1 台	68.46
2 台	24.00
3 台	5.23
4 台	1.28
5 台以上	1.03

在家庭中以笔记型计算机上网者，以拥有 1 台计算机为最多，占 84.90%；其次有 12.67%的家庭具有 2 台计算机，拥有 3 台计算机以上的比例，约占 2.43%。见表 29.81。

表 29.81　　台湾地区家中笔记型计算机数

2003 年 7 月　　单位：%

项目	百分比
总计	100.00
1 台	84.90
2 台	12.67
3 台	1.85
4 台	0.41
5 台以上	0.17

（二）家庭连网方式

家庭的连网方式以 ADSL 为最多，占 64.66%；其次为付费电话拨接，占 20.56%；再其次为有线电视频道的电缆线连接 Cable Modem（5.48%）、免付费电话拨接（4.19%）。由调查结果可知，大约有 71.53%的家庭使用宽频上网（本调查宽频上网系包括 ADSL、Cable Modem、固接专线、局域网络及社区网络）。见表 29.82。

表 29.82　　台湾地区家中连网方式

2003 年 7 月　　单位：%

项目	百分比
总计	100.00
ADSL	64.66
付费电话拨接	20.56
有线电视频道的电缆线连接 Cable Modem	5.48
免付费电话拨接	4.19
社区网络	0.80
局域网络	0.32
固接专线	0.27
其他	0.03
不知道	3.69

而以 ADSL 连接上网的家庭中以使用“中华电信”的家庭为最多，占 84.19%；其余依次为“联合数字网络”（5.52%）、“亚太线上”（1.53%）、“台湾固网”（1.13%）及“速博网”（0.41%）。见表 29.83。

表 29.83　　台湾地区家中 **ADSL** 服务供货商

2003 年 7 月　　单位：%

项目	百分比
总计	100.00
中华电信	84.19
联合数字网络	5.52
亚太线上	1.53
台湾固网	1.13
速博网	0.41
其他	1.98
不知道	5.24

而以 Cable Modem 连接上网的家庭中以使用“东森宽频城市”的家庭为最多，占 60.85%；其次为“和信超媒体”，占 18.56%。见表 29.84。

表 29.84　　台湾地区家中 **Cable Modem** 服务供货商

2003 年 7 月　　单位：%

项目	百分比
总计	100.00
东森宽频城市	60.85
和信超媒体	18.56
其他	12.12
不知道	8.47

（三）家庭宽频连网下载速度

以 ADSL 连接上网的家庭中其下载速度以 512k bit/s 为主，约占 45.90%。见表 29.85。

表 29.85　　台湾地区家中 ADSL 下载速度

2003 年 7 月　　单位：%

项目	百分比
总计	100.00
256kbit/s	2.55
512kbit/s	45.90
768kbit/s	0.55
1.544Mbit/s	4.77
3.152Mbit/s	0.22
其他	1.11
不知道	44.90

以 Cable Modem 连接上网的家庭中其下载速度以 512k bit/s 为主，约占 20.02%。见表 29.86。

表 29.86　　台湾地区家中 Cable Modem 下载速度

2003 年 7 月　　单位：%

项目	百分比
总计	100.00
256kbit/s	7.84
512kbit/s	20.02
768kbit/s	1.44
1.544Mbit/s	6.95
其他	4.34
不知道	59.41

（四）家庭宽频 IP 使用形式

在使用宽频上网的家庭中，有 35.00%的家庭采用固定 IP、28.13%的家庭采用浮动 IP。见表 29.87。

表 29.87　　台湾地区家中 IP 型式

2003 年 7 月　　单位：%

项目	百分比
总计	100.00
固定 IP	35.00
浮动 IP	28.13
不知道	36.87

而在使用固定 IP 的使用者中，使用 1 个固定 IP 数的家庭占 62.66%，使用 2 个固定 IP 数的家庭占 14.03%。见表 29.88。

表 29.88　　台湾地区家中固定 IP 数

2003 年 7 月　　单位：%

项目	百分比
总计	100.00
1 个	62.66
2 个	14.03
不知道	23.31

而在使用浮动 IP 的使用者中，使用 1 个浮动 IP 数的家庭占 46.00%，使用 2 个浮动 IP 数的家庭占 32.03%。见表 29.89。

表 29.89　　台湾地区家中浮动 IP 数

2003 年 7 月　　单位：%

项目	百分比
总计	100.00
一个	46.00
两个	32.03
不知道	21.97

（五）家庭选择宽频网际网络服务供货商考虑因素

在有使用宽频上网的家庭中其选择宽频网际网络服务供货商考虑因素以“速度快”为最多；其次为“费用低”、“安全稳定”、“可靠性高”、“亲友推荐”、“优惠方案”等。见表 29.90。

表 29.90　　台湾地区家中选择 ISP 的考虑因素

2003 年 7 月

项目别	相对次数
速度快	26.73
费用低	20.03
安全稳定	18.61
可靠性高	16.28
亲友推荐	16.19
优惠方案	12.45
维修方便，牵线方便	5.72
集体选择	4.43
加值服务多	3.35
中华电信最早推出宽频	2.79
其他	1.52
不知道	12.43

注：本题为复选题

（六）家庭每月宽频上网费用

在有使用宽频上网的家庭中其每月上网费用以“751～1,000 元”与“1,001～1,250 元”为主，各占 21.31%、35.34%。见表 29.91。

表 29.91 **台湾地区家中每月上网费用**

2003 年 7 月 单位：%

项目	百分比
总计	100.00
免费	1.05
1～250 元	1.12
251～500 元	4.85
501～750 元	9.71
751～1,000 元	21.31
1,001～1,250 元	35.34
1,251～1,500 元	4.74
1,501～1,750 元	0.70
1,751～2,000 元	1.36
2,001 元以上	2.97
其他	0.48
不知道	16.37

（七）受访者认为家庭每月合理宽频上网费用

在有使用宽频上网的家庭中其认为每月合理之上网费用以“251～500 元”与“501～750 元”为主，各占 22.30%、21.11%；其次为“751～1,000 元”，占 17.10%与“1,001～1,250 元”占 10.14%。见表 29.92。

表 29.92 **台湾地区认为合理的每月上网费用**

2003 年 7 月 单位：%

项目	百分比
总计	100.00
免费	5.72
1～250 元	4.14
251～500 元	22.30
501～750 元	21.11
751～1,000 元	17.10
1,001～1,250 元	10.14
1,251～1,500 元	1.55
1,501～1,750 元	0.31
1,751～2,000 元	0.50

续表

项目	百分比
2,001元以上	0.66
其他	0.56
不知道	15.91

（八）家庭宽频上网常遇到的困扰

在有使用宽频上网的家庭中，有56.66%的家庭宽频上网者认为“有困扰”；有43.34%的家庭宽频上网者认为“没有困扰”；在认为有困扰的家庭中，大部分的家庭认为“下载速度太慢”，其次则是“常断线、不稳定”、“上传速度太慢”、“费用太高”等。见表29.93。

表29.93　台湾地区家中宽频上网最常遇到的困扰

2003年7月

项目别	相对次数
没有困扰	43.34
有困扰	56.66
下载速度太慢	54.46
常断线、不稳定	38.88
上传速度太慢	25.59
费用太高	19.80
计算机设定或拨接方式不便	2.44
多人共享设定不易	1.08
其他	0.12
不知道	10.69

注：本题为复选题

（九）家庭对宽频网络服务供货商的满意度

在有使用宽频上网的家庭中其对宽频网络服务供货商的满意度以满意为主，占67.23%；其次为很难说，占17.08%。见表29.94。

表29.94　台湾地区家中ISP满意度

2003年7月　　单位：%

项目	百分比
总计	100.00
非常满意	3.95
满意	67.23
不满意	5.91
非常不满意	1.22
很难说（普通）	17.08
不知道	4.61

三、未来使用宽频网络家庭状况

（一）家庭未使用宽频上网的原因

在有使用网际网络但未使用宽频上网的家庭中，未使用宽频上网的主要原因为“无兴趣或不需要”，其次依序为“无时间使用”、“花费太多”。见表 29.95。

表 29.95　台湾地区家中未使用宽频之原因

2003 年 7 月

项目别	相对次数
无兴趣或不需要	39.76
无时间使用	29.63
花费太多	21.47
没设备（例如计算机、接线或其他）	4.03
有其他替代地点	3.53
有设备但不会用	2.83
对计算机恐惧或怕语言不通	1.06
父母担心小孩沉溺网络	0.94
其他	1.84
不知道	17.01

注：本题为复选题

（二）家庭目前未使用宽频上网但未来计划使用宽频上网

在有使用网际网络但未使用宽频上网的家庭中，有 29.23%的家庭计划未来半年内使用宽频上网，而有 70.77%的家庭不计划在未来半年内改用宽频上网。见表 29.96。

表 29.96　台湾地区家中未来半年内是否使用宽频

2003 年 7 月　单位：%

项目	百分比
总计	100.00
是	29.23
否	70.77

（三）家庭计划未来使用宽频上网的方式

在计划未来半年内使用宽频的家庭中，大部分的家庭会采用 ADSL 宽频上网（71.32%），其次有 7.79%的家庭采用 Cable Modem 宽频上网，有 17.90%的家庭尚未决定宽频上网方式。见表 29.97。

表 29.97　台湾地区家中未来半年内使用宽频方式

2003 年 7 月　单位：%

项目	百分比
总计	100.00
ADSL	71.32

续表

项目	百分比
Cable Modem	7.79
社区网络	1.27
固接专线	0.80
局域网络	0.67
未决定	17.90
其他	0.25

在计划未来半年内以ADSL连接上网的家庭中，有67.66%的家庭选择使用“中华电信”，其次依序为“台湾固网”（1.96%）、“联合数字网络”（1.60%）、“速博网”（0.69%）及“亚太线上”（0.35%）。见表29.98。

表29.98　台湾地区家中未来半年内使用ADSL的ISP

2003年7月　　单位：%

项目	百分比
总计	100.00
“中华电信”	67.66
“台湾固网”	1.96
“联合数字网络”	1.60
“速博网”	0.69
“亚太线上”	0.35
“不知道”	27.74

而以Cable Modem连接上网的家庭中有63.67%的家庭选择使用东森宽频城市、而有20.80%的家庭不知道。见表29.99。

表29.99　台湾地区家中未来半年内使用Cable Modem的ISP

2003年7月　　单位：%

项目	百分比
总计	100.00
东森宽频城市	63.67
其他	15.53
不知道	20.80

29.4 小结

29.4.1 台湾地区民众网络、宽频、无线及行动上网使用人数分析

（一）台湾地区民众网络使用人数分析

1．台湾地区上网人口已突破千万人，本调查依据受访者居住县市推估台湾地区 12 岁以下之上网人口数，共计有 924,742 人曾上网；以居住县市、性别与年龄层推估台湾地区 12 岁以上之上网人口数，共计有 10,830,493 人曾上网；全体民众共计有 11,755,235 人曾上网。

2．台湾地区 12 岁以上民众上网的比例男性略高于女性，“16～25 岁”上网的比例较高：就性别观察，男性（60.73%）曾上网比例高于女性（53.62%）。年龄在“16～25 岁”者曾上网比例较高，皆超过九成，且其中尤以“16～20 岁”者上网的比例最高占 94.68%，20 岁以上民众上网比例随年龄增加有下降趋势，而“56 岁以上”者上网的比例最低占 7.99%。

3．各县市上网比例皆超过 30%：台湾地区 12 岁以上民众上网比例为 57.23%，台北市的上网比例为 64.27%，高雄市的上网比例约占 65.47%；依地区来看，以北部地区的比例最高，占 61.23%；其次为中部地区、南部地区，分别占 53.37%、50.80%；以东部地区的上网比例较少，占 47.41%。

（二）台湾地区民众宽频使用人数分析

有约 50%的民众使用宽频上网：台湾地区 12 岁以上民众宽频使用比例为 49.55%，台湾地区 12 岁以上民众宽频使用的比例男性略高于女性，“16～25 岁”宽频使用的比例较高；就性别观察，男性（53.00%）宽频使用比例高于女性（46.00%）。以年龄层来分，年龄在“16～25 岁”者宽频使用比例较高，皆超过 70%，且其中尤以“16～20 岁”者宽频使用的比例最高占 75.64%，20 岁以上民众宽频使用的比例随年龄增加有下降趋势，而“56 岁以上”者宽频使用的比例最低，占 17.09%。台北市的比例最高，占 55.42%；高雄市的比例约占 51.36%；依地区来看，以北部地区的宽频使用比例最高，约占 53.47%；其次为中部地区，占 49.41%；再其次为南部地区，占 41.77%；而东部地区的宽频使用比例较低，约为 38.67%。

（三）台湾地区民众无线上网使用人数分析

1．不到 10%的民众使用无线上网：台湾地区 12 岁以上民众使用无线上网比例为 7.98%。以性别来分，男性与女性使用无线上网比例大致相同，“16～25 岁”使用无线上网比例较高。以年龄层来分，年龄在“16～25 岁”者使用无线上网比例较高，皆超过 10%，且其中尤以“21～25 岁”者使用无线上网比例最高，占 14.50%，“25 岁以上”民众使用无线上网比例随年龄增加有下降趋势，而“56 岁以上”者使用无线上网比例最低，占 0.64%。以台北市的比例较高，约占 12.31%；其次为高雄市，其使用比例为 8.83%；依地区来看，以北部地区比例最高，约占 8.53%；其次为中部地区，占 6.93%；再其次为南部地区，占 6.39%；而以东部地区的使用比例最低，仅占 3.43%。

2．有超过 10%的民众未使用无线上网其未来有意愿使用，其中男性与女性比例大致相同，“12～15 岁”比例最高；依年龄层来分，台湾地区 12 岁以上民众未使用无线上网其未来使用意愿比例以“12～15 岁”最高，占 18.72%；其次为“16～20 岁”、“36～45 岁”，分别占 16.71%和 16.00%。依性别来分，台湾地区 12 岁以上民众未使用无线上网其未来使用意愿比例大致相同，分别占 12.29%、12.09%。台北市的使用比例约占 12.20%；依地区来看，以东部地区的比例最高，约占 18.85%；其次为北部地区，占 12.61%；再其次中部地区、南部地区，分别占 11.53%、11.09%。

（四）台湾地区民众行动上网使用人数分析

1. 不到 10%的民众使用行动上网：台湾地区 12 岁以上民众使用行动上网比例为 5.11%。以性别来分，台湾地区 12 岁以上民众使用行动上网比例男性略高于女性，分别占 6.52%、3.66%。以年龄层来分，台湾地区 12 岁以上民众使用行动上网比例以“16～20 岁”、“21～25 岁”最高，各占 10.09%、10.87%；其次为“26～35 岁”，约占 7.60%；而“56 岁以上”的上网比例最低，台北市的使用比例最高，占 7.71%；而高雄市的使用比例约占 4.71%；以地区来看，以北部地区的行动上网比例最高，分别占 5.93%；其次为中部地区，占 4.21%；再其次为南部地区，约占 3.89%；而以东部地区的比例最低，约占 3.53%。

2. 有近 10%的民众未使用行动上网其未来有意愿使用，其中男性略高于女性，“12～20 岁”比例较高；以年龄层来分，台湾地区 12 岁以上民众未使用行动上网其未来使用意愿比例以“12～15 岁”、“16～20 岁”为最高，各占 15.90%、15.51%；其次为“21～25 岁”，约占 10.61%。以性别来分，台湾地区 12 岁以上民众未使用行动上网其未来使用意愿比例以男性略高于女性，各占 9.53%、7.55%。台湾地区 12 岁以上民众未使用行动上网其未来使用意愿比例为 8.53%，台北市的比例约占 9.42%；高雄市的比例约占 8.63%；以地区来看，以东部地区的比例最高，约占 13.53%；其次为中部地区，占 8.65%；再其次为南部地区，约占 8.35%；而以北部地区的比例较少，约占 7.75%。

29.4.2 个人网络行为分析

（一）在使用过宽频网络的受访者中，有 66.6%使用频率为“每日或几乎每日一次”。

（二）就曾使用过宽频网络的受访者中，一周使用宽频时数，以“1 至未满 5 小时”最高，占 21.1%。

（三）就有使用宽频上网的受访者中，其最常使用宽频上网的时段，以“晚上 8 点～深夜 12 点以前”最高，占 55.99%。

（四）就有使用宽频上网的受访者中，其最常使用宽频上网的地点为“家中”。

（五）就有使用宽频上网的受访者中，其最常使用宽频上网的功能为“浏览网页信息 WWW”。

（六）就有使用无线上网的受访者中，其曾使用无线上网的地点以“家中”为最多。

（七）在台湾地区 12 岁以上有使用无线上网的民众中，个人每月无线上网费用以“免费”最多，占 19.05%。

（八）就有使用无线上网的受访者中，其使用无线上网常遇到的困扰以“没有困扰”为最多，占 50.16%。

（九）在台湾地区 12 岁以上有使用无线上网的民众中，个人使用无线上网满意度方面，认为“满意”的民众最多，占 62.81%。

（十）就没有使用无线上网的受访者中，其未使用无线上网的原因以“无使用需要”最多。

（十一）在无使用无线上网的受访者中，12 岁以上民众未来半年愿意使用无线上网的比率有 12.19%，因此大部分的民众仍然没有意愿在未来半年使用无线上网。

（十二）就有使用行动上网之受访者中，其曾使用行动上网的方式以“GPRS”为最多。

（十三）有使用行动上网的受访者中，在个人最常使用行动上网的服务项目，以“浏览信息”的比例为最高，占 41.08%。

（十四）就有使用行动上网的受访者中，其使用行动上网常遇到的困扰以“联机速度太慢”为最多。

（十五）在有使用行动上网的受访者中，其个人每月行动上网费用，以“1～250 元”的比例为最高，占 44.32%。

（十六）在有使用行动上网的受访者中，其个人使用行动上网的满意度，以“不满意”与“非常不满意”的比例为最高，占 38.56%。

（十七）就未使用行动上网的受访者中，其不使用行动上网的原因以“无使用需要”为最多。

（十八）在无使用行动上网的受访者中，12 岁以上民众未来半年愿意使用行动上网的比例为 8.54%。因此大部分的民众仍然没有意愿在未来半年使用行动上网。

29.4.3　家庭网络及宽频使用户数分析

（一）家庭网络使用户数

台湾地区有超过 50%的家庭有上网：台湾地区家庭上网比例为 54.40%，台北市的比例最高，约占 63.26%；而高雄市的比例约占 57.16%；依地区来看，以北部地区的上网比例最高，约占 58.95%；其次为中部地区，约占 49.79%；再其次为南部地区，约占 48.76%；而以东部地区的比例较低，约占 32.57%。

（二）家庭宽频使用户数分析

台湾地区有近 40%的家庭使用宽频；台湾地区家庭宽频使用比例为 38.91%，台北市的比例最高，约占 47.72%；而高雄市的比例约占 40.58%；以地区来看，以北部地区的宽频使用比例最高，约占 42.92%；其次为中部地区，约占 35.92%；再其次为南部地区，约占 32.11%；而以东部地区的比例最低，约占 21.98%。

（三）以非宽频方式上网之家庭其未来宽频使用意愿分析

台湾地区以非宽频方式上网之家庭其未来宽频使用意愿比例约为 30%（29.23%），台北市的比例最高，约占 34.64%；高雄市的比例约占 24.63%；以地区来看，以北部地区比例最高，约占 30.35%；其次为东部地区，占 31.25%；再其次为南部地区与中部地区，分别占 27.51%、27.40%。

29.4.4　家庭网络使用及拥有计算机情形

（一）在有使用网际网络的家庭中，以使用个人桌面计算机的家庭上网为最多，其次为笔记型计算机。其中在家庭中以桌面计算机上网者，以拥有 1 台桌上型计算机的家庭最多，占 68.46%；在家庭中以笔记型计算机上网者，以拥有 1 台笔记型计算机的家庭最多，占 84.90%。

（二）家庭中以 ADSL 连接上网的家庭比例最高，占 64.66%，其次是付费电话拨接（20.56%），再次为有线电视频道的电缆线连接 Cable Modem（5.48%）、免付费电话拨接（4.19%）。由调查结果可知，大约有 71.53%的家庭使用宽频上网（此处宽频上网系包括

ADSL、Cable Modem、固接专线、局域网络及社区网络）。

（三）其中以 ADSL 连接上网的家庭中，以使用中华电信的家庭为最多，占 84.19%。其下载速度主要以 512k bit/s 为主，约占 45.90%，回答不知道的占 44.90%。

（四）以 Cable Modem 连接上网的家庭，以使用东森宽频城市的家庭为最多，占 60.85%。其下载速度主要以 512k bit/s 为主，约占 20.02%，回答不知道的占 59.41%。

（五）在有使用宽频的家庭中，有 35.00%的家庭采用固定 IP，有 28.13%的家庭采用浮动 IP，有 36.87%的受访者回答不知道，其中使用固定 IP 的使用者中，以使用 1 个固定 IP 数的家庭最多，占 62.66%；使用浮动 IP 的使用者中，以使用 1 个浮动 IP 数的家庭为最多，占 46.00%。

（六）在有使用宽频的家庭中，在选择宽频网际网络服务供货商考虑因素中，“速度快”为最多家庭考虑因素，其次为“费用低”。

（七）在有使用宽频的家庭中，家庭每月宽频上网费用，以“1,001～1,250 元”为最多，占 35.34%。

（八）在有使用宽频的家庭中，家庭认为合理的每月宽频上网费用，以“251～500 元”为最多，占 22.30%。

（九）在有使用宽频的家庭中，家中宽频上网最常遇到的困扰，以认为“有困扰”为最多，占 56.66%，而最大的困扰为“下载速度太慢”。

（十）在有使用宽频的家庭中，对宽频网际网络服务供货商的满意度，以满意为最多，占 67.23%。

（十一）在有使用网际网络但未使用宽频上网的家庭中，未使用宽频上网的主要原因以“无兴趣或不需要”为最多，其次为“无时间使用”，“花费太多”。

（十二）在有使用网际网络但未使用宽频上网的家庭中，有 29.23%的家庭计划未来半年内使用宽频上网，而有 70.77%的家庭在未来半年内不使用宽频上网。因此大部分未使用宽频上网的家庭都不计划在未来半年内改用宽频上网。其中在计划未来半年内使用宽频的家庭中，以采用 ADSL 宽频上网为最多，占 71.32%；其次为 Cable Modem 宽频上网，占 7.79%。其中家庭未来半年内使用 ADSL 时选择的 ISP 以“中华电信”为最多，占 67.66%；而家庭未来半年内使用 Cable Modem 时选择的 ISP 以“东森宽频城市”为最多，占 63.67%。

（我国台湾网路资讯中心）

第30章　中国互联网络热点调查报告

30.1　调查背景

随着互联网在我国的发展和普及，互联网上的内容日趋丰富，用户对互联网的应用逐渐从传统的浏览新闻、查询信息、收发邮件等向更深、更广的领域发展，网络游戏、网上购物、网络短信等互联网增值服务开始蓬勃发展起来，并被越来越多的用户所接受。

网站短信息服务作为最近一两年兴起的一种互联网增值服务，其发展引人瞩目。网站所提供的丰富精彩的短信内容，吸引了大批的移动电话用户，通信与网络的结合不仅让人们的生活变得时尚多彩，更是在一定程度上改变了人们的交流方式和休闲娱乐方式，同时也为网站经营商和移动运营商带来了利润。另外，随着互联网上各种内容、服务的增加，宽带接入服务进入高速发展阶段。截至2003年6月，我国的宽带上网用户数已经达到了980万，占6800万网民的14.4%，比半年前增加48.5%，和去年同期相比增长了390%。

鉴于此，在每半年一次的中国互联网络发展状况统计调查的基础上开展本次热点调查，期望通过对网站短信息服务和宽带服务的用户特征、用户对服务的使用状况及用户对服务的相关看法、意见等进行调查，为政府和相关单位提供一些基础性的数据、信息，从而促进网站短信息服务、宽带服务乃至我国的互联网产业更加健康、快速地发展。

30.2　调查说明

1. 网站短信息服务用户：本次调查对网站短信息服务用户的定义为拥有手机并且使用过网站提供的短信息服务的互联网用户。

2. 宽带服务用户：本次调查对宽带服务用户的定义为使用宽带（包括ADSL、以太网、Cable Modem等）上网的互联网用户。

3. 非网站短信息服务用户：本次调查对非网站短信息服务用户的定义为拥有手机但没有使用过网站提供的短信息服务的互联网用户。

4. 非宽带服务用户：本次调查对非宽带服务用户的定义为不使用宽带（包括ADSL、

以太网、Cable Modem 等）上网的互联网用户。

5．本次调查统计数据截止日期为 2003 年 10 月 10 日。

30.3 调查结果

30.3.1 内容摘要

通过对网站短信息服务的调查发现。

● 网站短信息服务用户主要是男性、18～30 岁、受教育程度在大专及以下的年轻人占据相对主要地位，已婚者与未婚者所占比例基本持平。

● 企事业单位管理人员、专业技术人员、商业/服务业人员和学生是网站短信息服务用户主体；公共管理/社会组织、IT 业、制造业以及教育业是用户相对比较集中的行业。

● 个人月收入在 1000～1500 元的网站短信息服务用户所占比例最多，占到22%。

● 网站短信息服务用户平均每周使用网站发送短信息 10.9 条。

● 网站短信息服务用户使用这一服务主要看重的是其方便性、娱乐性以及网上信息的丰富性；网站提供的文字短信是用户最常使用的网站短信息服务类型；绝大多数用户使用网站发送短信息给朋友。

● 58.4%的用户每月使用网站短信息服务的花费不超过 10 元。

● 在选择短信息服务网站时，用户最看重的因素是“经常使用该网站，对该网站较熟悉”，占 46.2%。

● 总的来讲，用户对目前网站短信息服务的总体满意度均值为 3.6（五分制），介于“一般”和“比较满意”之间。

● “内容再丰富一些”、“费用要合理”、“速度要快、稳定”是用户对网站短信息服务提出的主要建议。

● 非网站短信息服务用户不使用这一服务的主要原因是“不需要”，比例为34.6%。

通过对宽带服务的调查发现。

● 宽带服务用户中，男性、30 岁及以下、受教育程度在大专及以下的用户占据相对主要地位，已婚者与未婚者所占比例大致相等。

● 学生、专业技术人员、企事业单位管理人员和商业/服务业人员所占比例相对较高；公共管理/社会组织、教育业、制造业、IT 业和批发零售业是用户相对比较集中的行业。

● 个人月收入在 1001～1500 元的用户所占比例最多，占 20.7%。

● 用户使用宽带上网的地点主要集中在家里、网吧、网校、网络咖啡厅和单位。

● ADSL 是用户使用最多的宽带上网方式，所占比例为 70.8%。

● 用户在使用宽带上网时最常使用的网络服务是“信息查询”，占 70.7%，其次是

"网上游戏"和"网上聊天"。

- "速度快"是家庭宽带用户接入宽带上网最主要的原因；在用户可以选择的条件下，"技术水平"、"速度"和"服务"是家庭宽带用户在选择宽带接入服务商时相对比较看重的因素。
- 绝大多数家庭宽带用户采用包月或者包年的方式支付宽带上网费用；使用计时付费的家庭宽带用户大部分每月宽带上网花费不超过 100 元，采用包月或者包年制的家庭宽带用户每月所支付的包月费用平均为 92.3 元。
- 超过四分之三的用户认为网上现有的内容、服务等能够满足个人需求。
- 针对目前的宽带服务，用户希望"提高速度"、"费用要合理"以及"内容要丰富，减少不健康内容"。
- 非宽带服务用户不使用宽带服务主要是因为"没有条件"和"暂时还不需要"。
- 有一半的非宽带服务用户未来一年内肯定会或可能会使用宽带服务，因此我国宽带服务的前景比较乐观。

30.3.2　网站短信息服务

（一）用户基本特征

1．性别

网站短信息服务用户中，男性占 60.9%，女性占 39.1%（如图 30.1 所示）。男性占据用户主体。

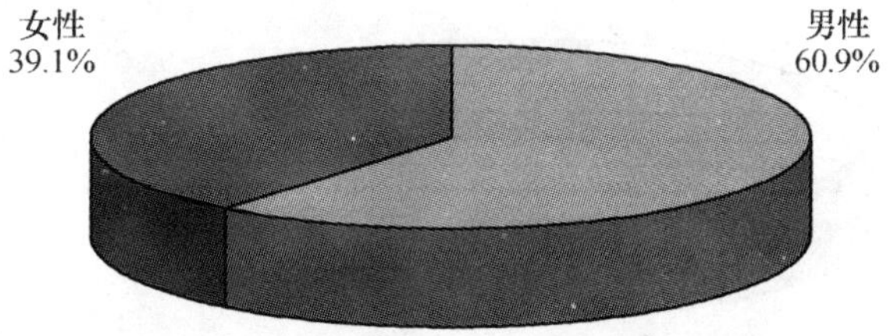

图 30.1　网站短信息服务用户的性别分布

2．婚姻状况

网站短信息服务用户中，已婚者占 50.7%，未婚者占 49.3%（如图 30.2 所示）。已婚者与未婚者所占比例基本持平。

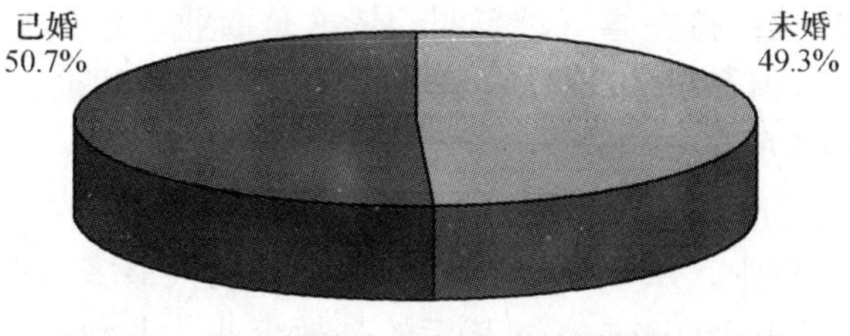

图 30.2　网站短信息服务用户的婚姻状况分布

3．年龄

网站短信息服务用户中，18～24 岁的用户所占比例最高，达到 32.8%；其次是 25～30 岁的用户，为 29.1%；31～35 岁的用户占 15.8%；35 岁以上的用户占 16.6%；18 岁以下的用户较少，只有 5.7%（如图 30.3 所示）。可以看出，网站短信息服务用户大部分集中在 18～30 岁的年轻人，他们追求时尚，喜爱与朋友沟通，是网站短信息服务的主要用户群。

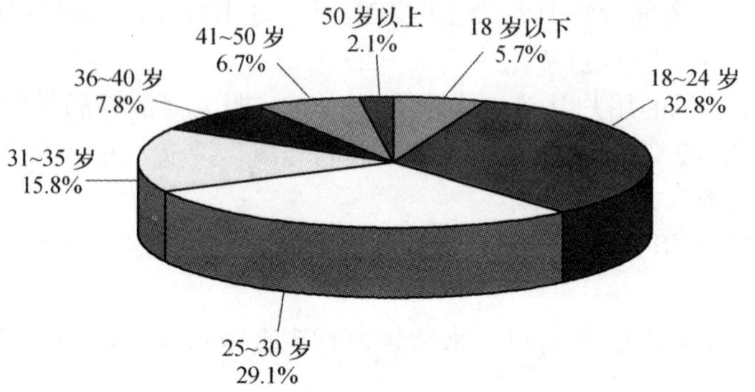

图 30.3　网站短信息服务用户的年龄分布

4．受教育程度

网站短信息服务用户中，受教育程度为大专的用户最多，为 32.6%；其次是本科和高中（包括中专和技校），分别为 30.7%和 28.3%；高中以下和本科以上的用户相对较少，分别只有 5%和 3.4%（如图 30.4 所示）。

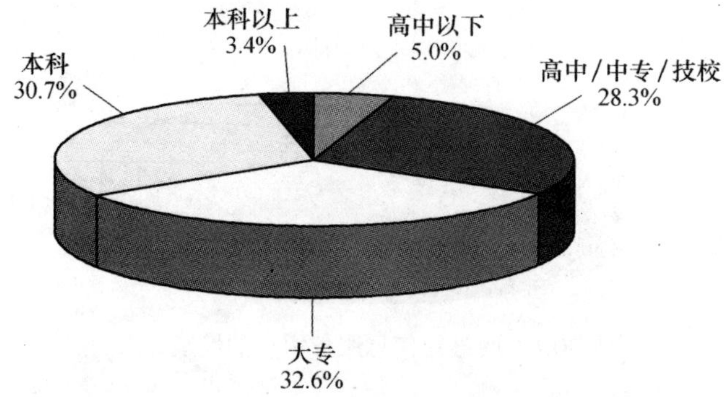

图 30.4　网站短信息服务用户的受教育程度分布

5．职业

网站短信息服务用户中，企事业单位管理人员所占比例最多，为 17.2%；专业技术人员位居第二，为 14.5%；排在第三、第四的依次是商业（包括服务业人员）和学生，分别占 13.7%和 12%；国家机关/党群组织工作人员以及教师也占据较多比例，分别为 8.9%和 8.1%（如图 30.5 所示）。

6．行业

网站短信息服务用户中，从事公共管理/社会组织的人最多，占到 12.9%；位居第二的是 IT 业和制造业，各占 10.6%；紧随其后的是教育业，占到 10.1%；批发零售业的用户也较多，占 7.6%（如图 30.6 所示）。

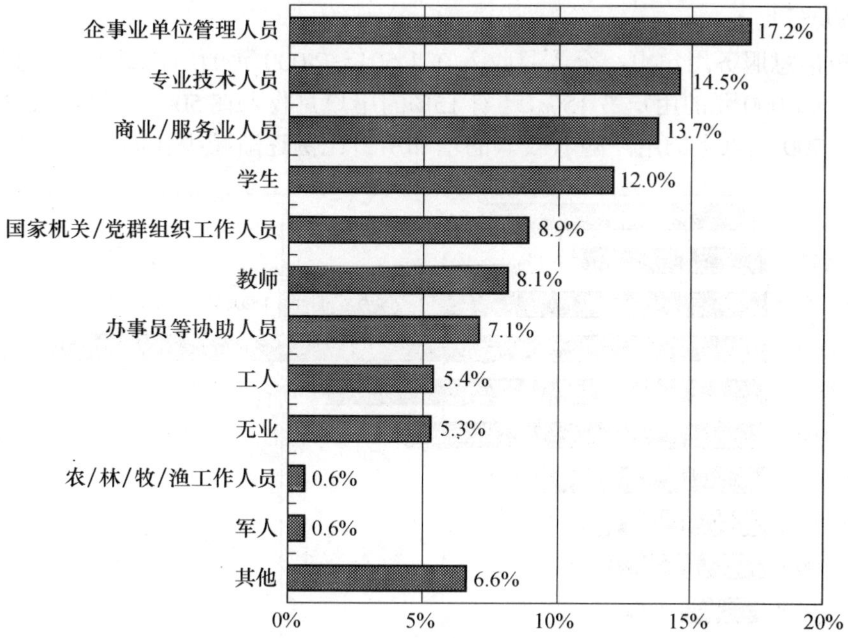

图 30.5　网站短信息服务用户的职业分布

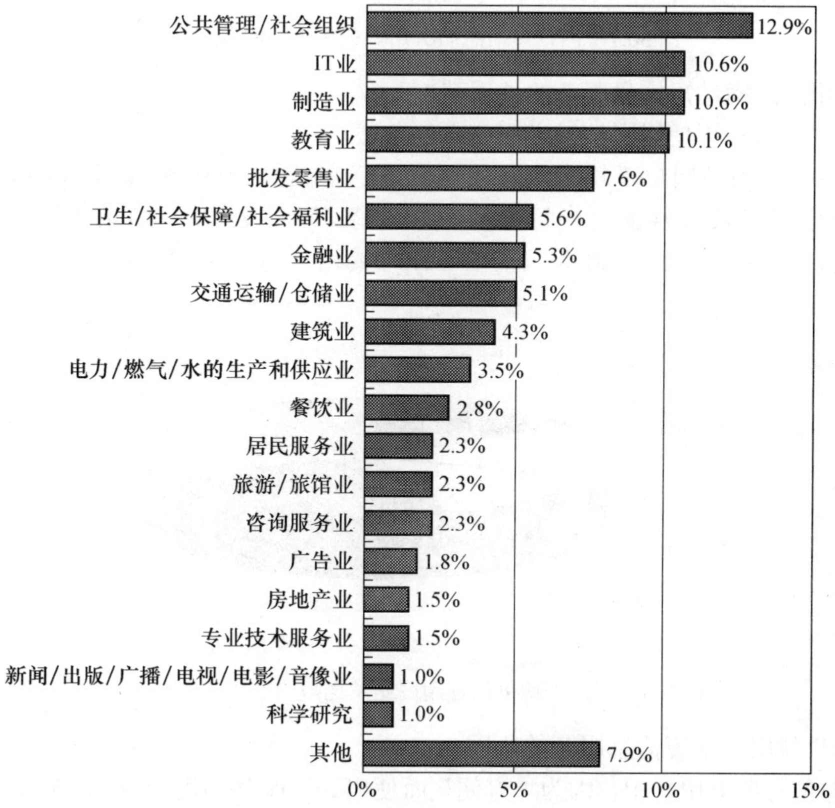

图 30.6　网站短信息服务用户的行业分布

7．个人月收入

网站短信息服务用户中，个人月收入在 1 501～2 000 元的用户最多，占到 22%，月收入在 501～1 000 元的用户占 15%，还有 15%的用户月收入在 500 元及以下(含无收入)，月收入在 1 500 元以上的用户随着收入的增加所占比例逐渐减少（如图 30.7 所示）。

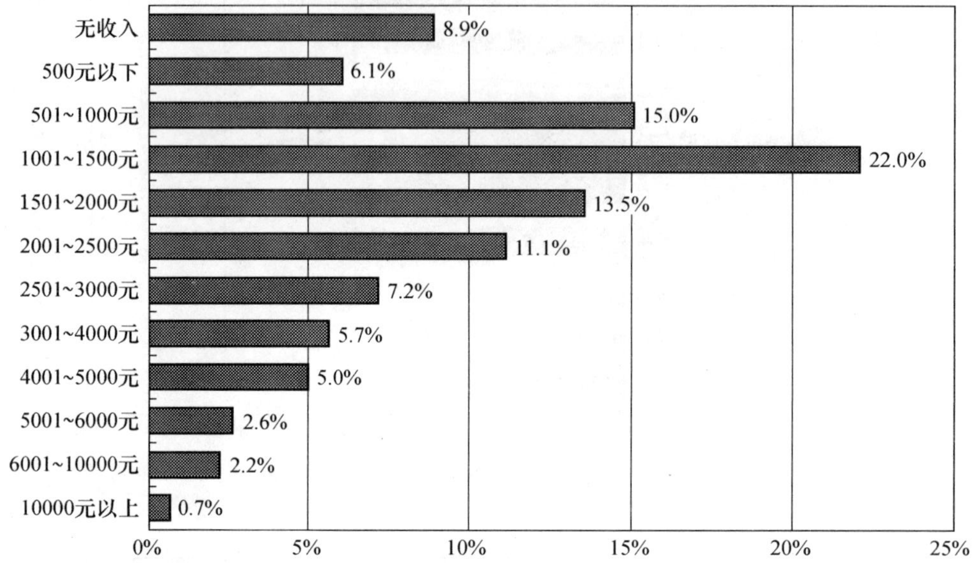

图 30.7　网站短信息服务用户的个人月收入分布

（二）用户对网站短信息服务的使用情况

1．用户平均每周使用网站发送短信息的条数

网站短信息服务用户平均每周使用网站发送短信息 10.9 条。其中 30.3%的用户每周发送不超过 1 条，24.8%的用户每周发送 2～5 条，每周发送 6～10 条的用户为 14.2%，15.1%的用户每周发送 11～20 条，还有 15.6%的用户每周发送 20 条以上（如图 30.8 所示）。

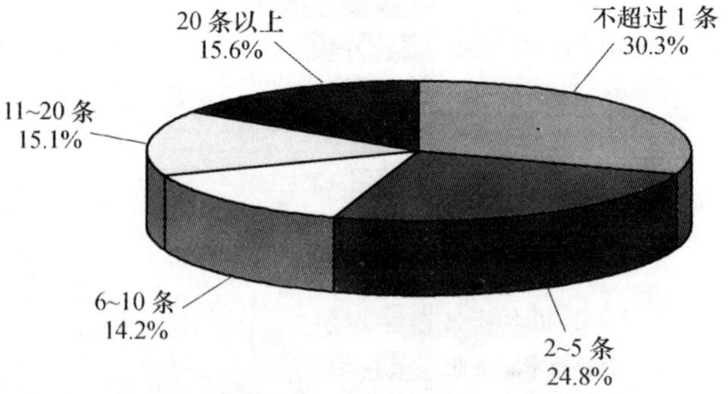

图 30.8　用户平均每周使用网站发送短信息数量的分布

2．用户使用网站短信息服务的原因

网站短信息服务用户中，因为“方便”而使用这一服务的用户占到 33.7%；23.2%的用户是为了“享受娱乐”；21.8%的用户是为了“获取相关信息”，例如天气预报、时事新闻等；因为“网上提供的内容丰富”致使使用这一服务的用户占到 16.9%；还有 8.5%

的用户是因为“追求时尚、好奇”；“可以群发”、“便宜”、“速度快”等也是用户使用网站短信息服务的原因，分别有 4.2%、4%和 3%的用户提及（如图 30.9 所示）。可以看出，用户使用这一服务主要看重的是其方便性、娱乐性以及网上信息的丰富性。

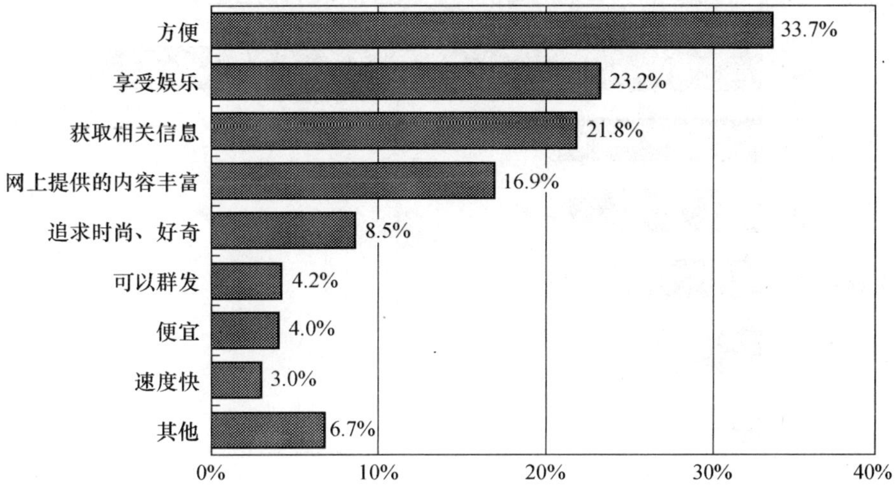

图 30.9　用户使用网站短信息服务的原因

3．用户经常使用的网站短信息服务类型

网站提供的文字短信以 46.5%的比例高居榜首，成为用户最常使用的网站短信息服务类型；位居第二的为订阅短信，经常使用这一服务的人为 26.1%；分别有 20.8%和 16.9%的用户经常使用铃声下载和图片下载；使用自写短信这一服务类型的用户也较多，为 15.2%；使用短信游戏、交友、移动 QQ、点歌、彩信下载等服务的用户则相对较少，分别只有 5.6%、3.9%、1.6%、1.2%、1.2%的用户经常使用（如图 30.10 所示）。

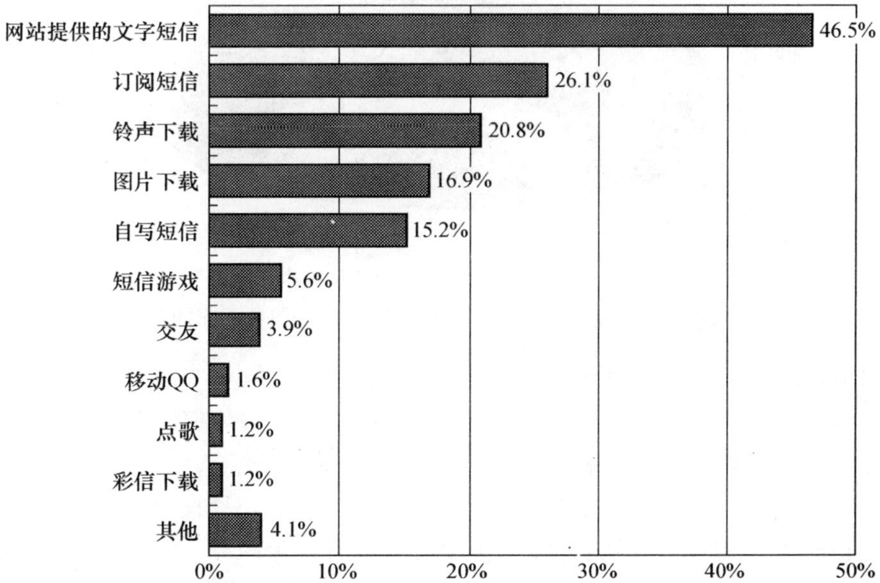

图 30.10　用户使用网站短信息服务的原因

4．用户使用网站发送短信息服务的主要对象

绝大多数用户使用网站发送短信息给朋友，这一比例达到74.8%，22.4%的用户使用网站短信息服务发送的主要对象为同事/商业伙伴，21.2%的用户发送给同学，16.1%的用户发送给家人/亲戚，12.8%的用户发送给自己（如图30.11所示）。

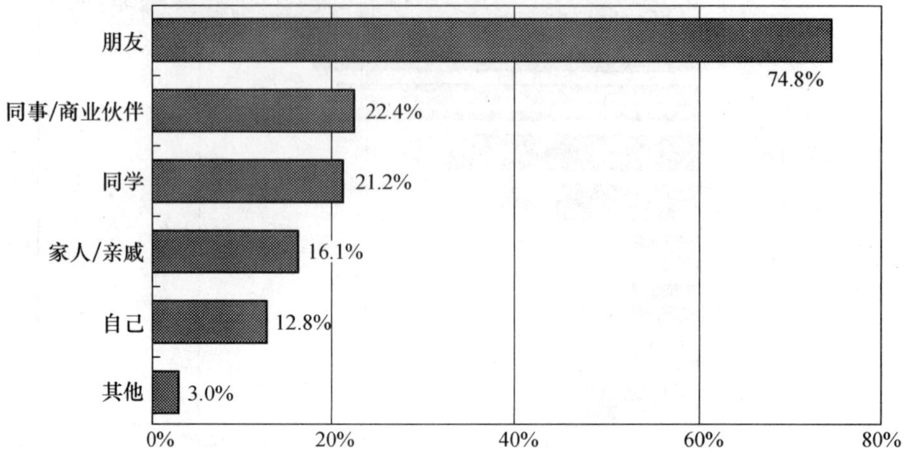

图30.11　用户使用网站发送短信息服务的主要对象

5．用户使用网站短信息服务所花的费用

58.4%的用户最近一个月内使用网站短信息服务所花的费用不超过10元，其中20.4%的用户最近一个月内并没有在网站短信息服务上有任何支出，21.3%的用户花费不超过5元，16.7%的用户花费在6～10元；21.3%的用户花费在11～30元；20.3%的用户花费在30元以上（如图30.12所示）。

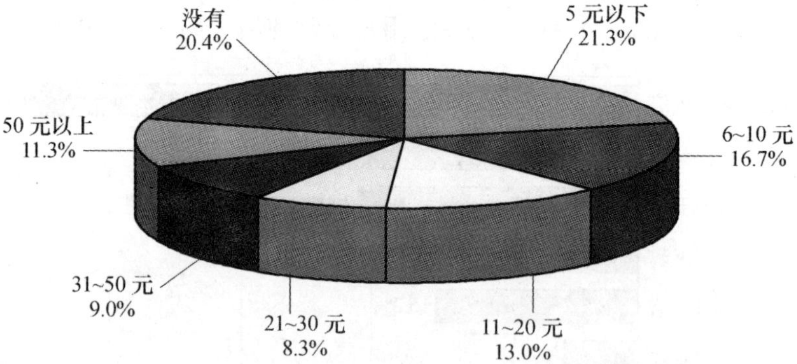

图30.12　用户最近一个月内使用网站短信息服务所花的费用

6．用户选择短信息服务网站时最看重的因素

46.2%的用户经常使用某一网站的短信息服务是因为"经常使用该网站，对该网站较熟悉"，选择这一原因的用户最多；其他依次为："内容丰富"（11.3%）、"操作方便"（7.7%）、"发送/下载速度快"（7.5%）、"他人推荐"（4.1%）、"收费低"（3.1%）、"服务质量好"（1.9%）、"规模大、知名度高"（1.5%）、"有特定服务"（1.4%）、"邮箱在该网站"（1.2%）；还有6.4%的用户在选择短信息服务网站时比较随意，没有固定常去的网站，也没有特定原因（如图30.13所示）。

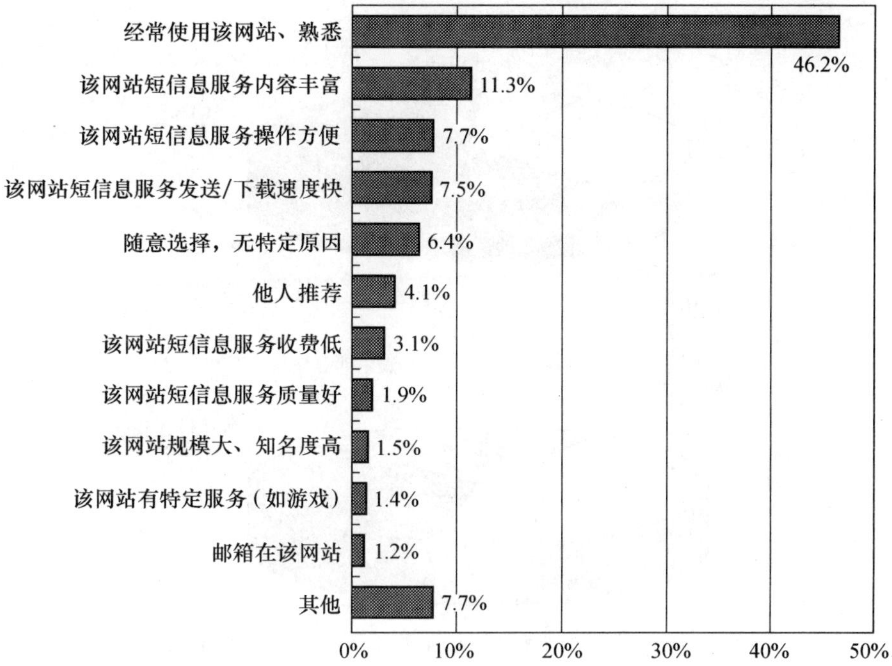

图 30.13　用户选择短信息服务网站时最看重的因素

（三）用户对网站短信息服务的满意度与建议

1．用户对网站短信息服务在操作方面的看法

55.1%的用户认为网站短信息服务在操作上是“非常简便”或者“比较简便”，35.2%的用户认为“一般”，9.7%的用户认为“非常繁琐”或者“比较繁琐”（如图 30.14 所示）。

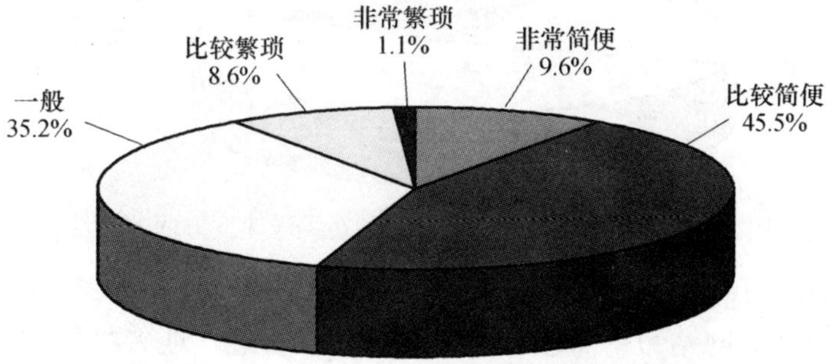

图 30.14　用户对网站短信息服务在操作方面的看法

2．用户对网站短信息服务在内容方面的看法

61.1%的用户认为网站短信息服务在内容上是“非常丰富”或者“比较丰富”，30.2%的用户认为“一般”，有 8.7%的用户认为“不太丰富”或者“很不丰富”（如图 30.15 所示）。

3．用户对网站短信息服务在娱乐性方面的看法

46.9%的用户认为目前网站短信息服务在娱乐性上是“娱乐性很强”或者“娱乐性比较强”，44.4%的用户认为“一般”，8.7%的用户认为“娱乐性不强”或者“基本没有娱乐性”（如图 30.16 所示）。

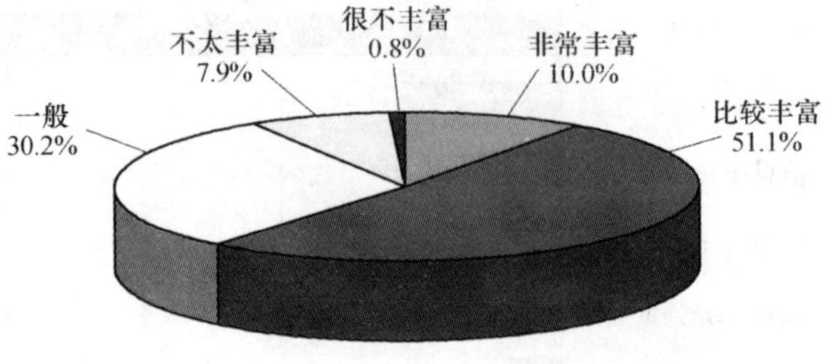

图 30.15　用户对网站短信息服务在内容方面的看法

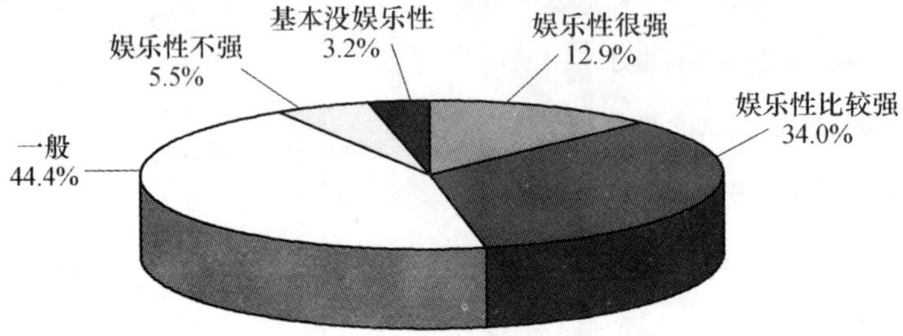

图 30.16　用户对网站短信息服务在娱乐性方面的看法

4．用户对网站短信息服务在发送速度方面的看法

69.8%的用户认为网站短信息服务在发送速度上是“非常及时”或者“比较及时”，23.5%的用户认为“一般”，有 6.7%的用户认为“比较滞后”或者“非常滞后”（如图 30.17 所示）。

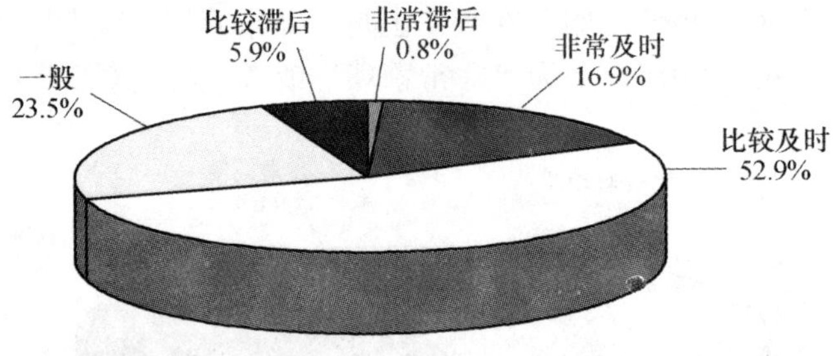

图 30.17　用户对网站短信息服务在发送速度方面的看法

5．用户对网站短信息服务在收费方面的看法

36.3%的用户认为网站短信息服务的收费“非常合理”或者“比较合理”，36.7%的用户认为“一般”，27%的用户认为“不太合理”或者“很不合理”（如图 30.18 所示）。

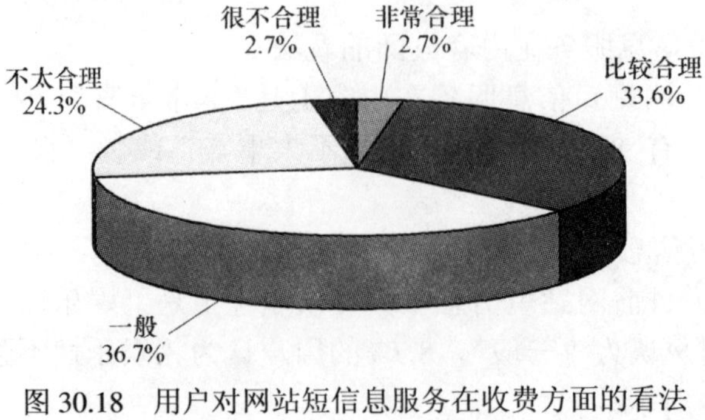

图 30.18　用户对网站短信息服务在收费方面的看法

6．用户对网站短信息服务的总体满意度

58.2%的用户对目前网站短信息服务在总体上是“非常满意”或者“比较满意”，34.9%的用户认为“一般”，6.9%的用户认为“不太满意”或者“很不满意”（如图 30.19 所示）。如果以 5 分代表“非常满意”、1 分代表“很不满意”，则总体满意度均值为 3.6 分，用户对目前网站短信息服务的总体满意度介于“一般”和“比较满意”之间。

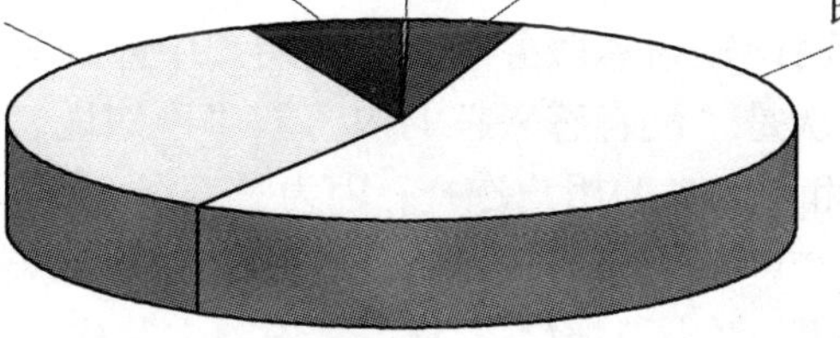

图 30.19　用户对网站短信息服务的总体满意度

7．用户对网站短信息服务的建议

用户对网站短信息服务的建议主要集中在内容、费用、速度以及操作等几个方面。其中关于内容的建议较多，包括“内容再丰富一些”、“内容要健康”、“内容更新要快”、“增强娱乐性”、“内容要有一定的专业性、个性化”、“内容要精致、有内涵、有深度”、“增强内容的实用性”、“减少广告”等；关于速度，用户希望“速度要快、稳定”；在费用方面，用户希望“费用要合理”、“收费要明确”；在操作方面，用户提出“操作要简便”、“订阅、取消订阅要简便”。此外，用户还希望“加强功能”、“放宽自写短信的字数限制”、“减少对机型的要求”、“提高安全性”等（见表 30.1）。

表 30.1　　用户对网站短信息服务的建议

建议	百分比
内容再丰富一些	35.3%
费用要合理	27.9%
速度要快、稳定	16.0%
内容要健康	11.6%
操作要简便	7.4%
增强娱乐性	5.3%
内容要有一定的专业性、个性化	5.3%
内容要精致、有内涵、有深度	5.0%
收费要明确	4.5%
内容更新要快	4.2%
订阅、取消订阅要简便	3.3%
加强功能	3.3%
放宽自写短信的字数限制	2.1%

续表

建议	百分比
增强内容的实用性	1.8%
减少对机型的要求	1.8%
提高安全性	1.2%
减少广告	0.9%

（四）非网站短信息服务用户不使用网站短信息服务的原因

拥有手机但是不使用网站短信息服务的互联网用户中，因为“不需要”而不使用的人最多，达到 34.6%；其次是“没有感兴趣的内容”、“不知道怎么使用”以及“收费太贵”，分别有 13%、12.2%和 11.6%的用户选择；因为“工作太忙，顾不上”、“操作繁琐”、“不了解该服务”、“上网不方便”等原因而不使用的用户各占 5%左右；3.7%的用户担心“不安全/不可靠”；“没想过”、“不习惯/不喜欢”、“内容太乱/不真实”、“担心网络病毒”、“手机无此功能”等也是用户不使用网站短信息服务的原因，各有 1%多的用户因为这些原因而不使用网站短信息服务（如图 30.20 所示）。

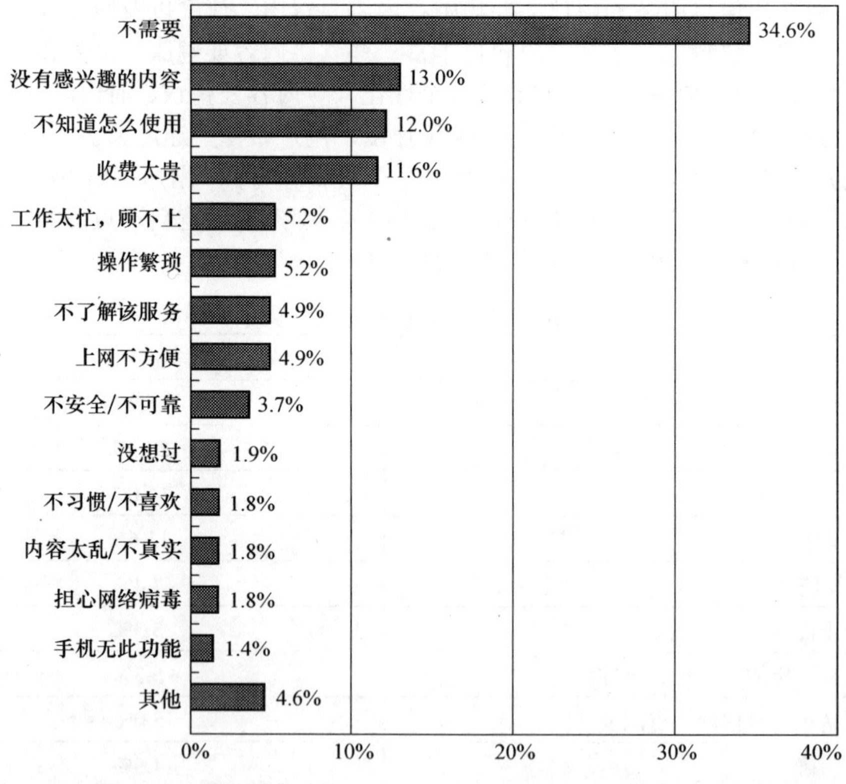

图 30.20　非网站短信息服务用户不使用网站短信息服务的原因

30.3.3　宽带服务

（一）用户基本特征

1．性别

宽带服务用户中，男性占 60.7%，女性占 39.3%（如图 30.21 所示）。男性占据用户主体。

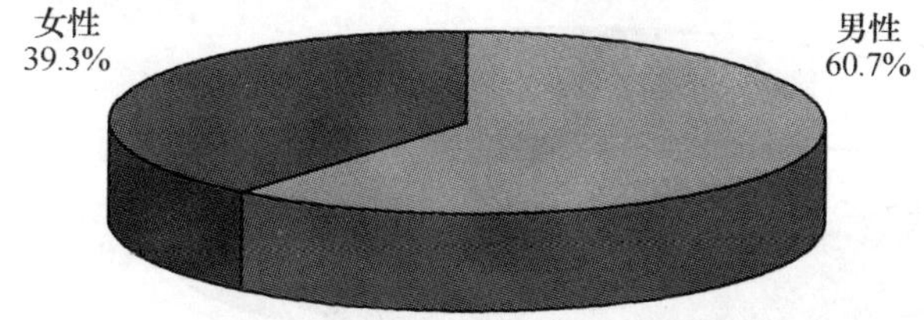

图 30.21　宽带服务用户的性别分布

2．婚姻状况

宽带服务用户中，已婚者占 48.7%，未婚者占 51.3%（如图 30.22 所示）。已婚者与未婚者所占比例大致相等。

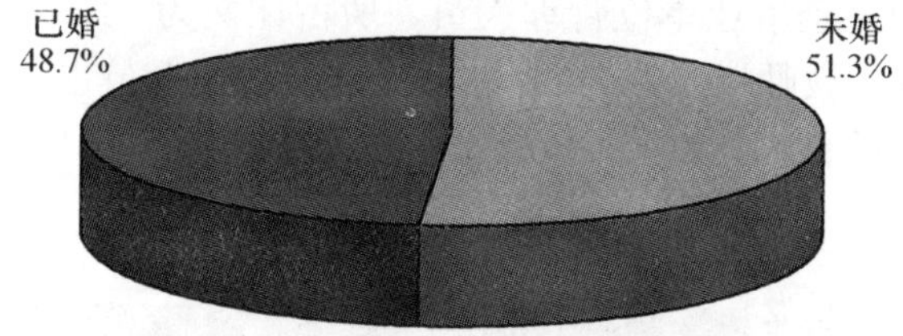

图 30.22　宽带服务用户的婚姻状况分布

3．年龄

宽带服务用户中，18～24 岁的用户所占比例最高，达到 28%；其次是 25～30 岁的用户，所占比例为 21%；18 岁以下的用户占 17.9%；31～35 岁的用户占 14.5%；还有 18.6%的用户在 35 岁以上（如图 30.23 所示）。30 岁以下的用户占据大多数。

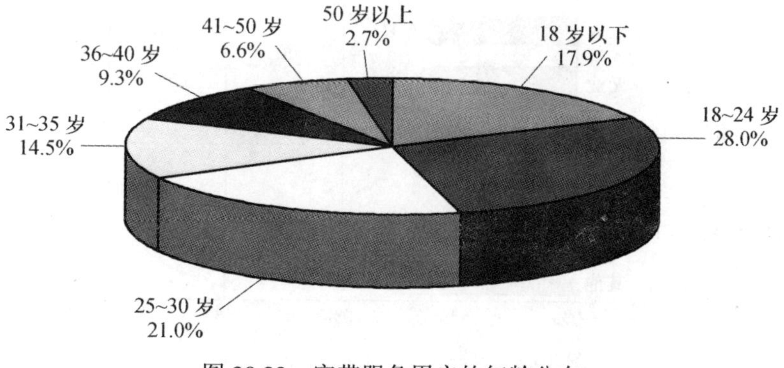

图 30.23　宽带服务用户的年龄分布

4．受教育程度

宽带服务用户中，受教育程度为高中/中专/技校的用户最多，为 32.3%；其次是大专和本科，分别占 27.5%和 25.1%；高中以下的用户占 12%；本科以上的用户相对偏少，只有 3.1%（如图 30.24 所示）。

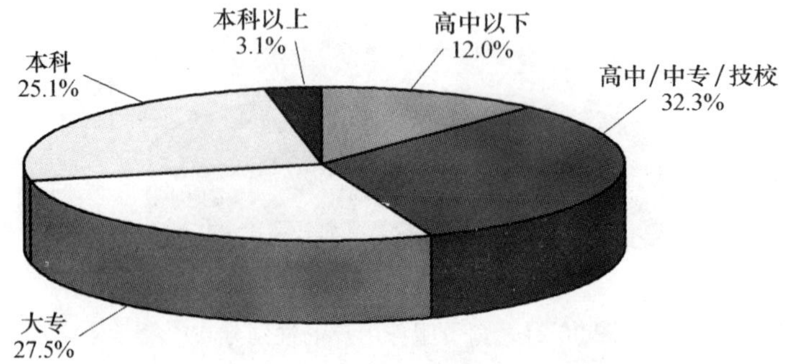

图 30.24　宽带服务用户的受教育程度分布

5．职业

宽带服务用户中，学生所占比例最多，达到 24.6%；专业技术人员位居第二，比例为 13.7%；排在第三的是企事业单位管理人员，所占比例为 11.5%；紧随其后的是商业/服务业人员，占 10.5%；教师以及国家机关/党群组织工作人员也占据一定比例，分别为 8%和 7%（如图 30.25 所示）。

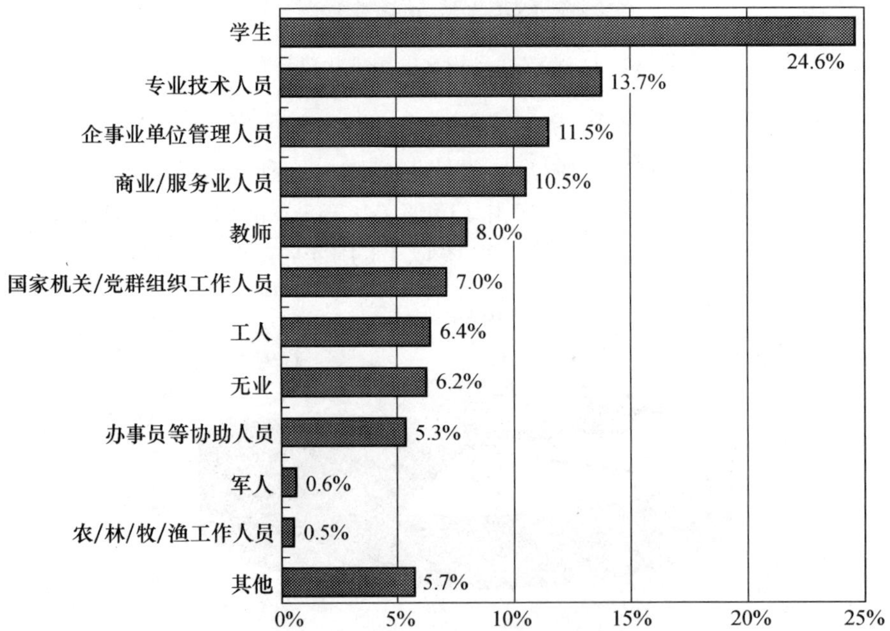

图 30.25　宽带服务用户的职业分布

6．行业

宽带服务用户中，从事公共管理/社会组织的人最多，占到 12.6%；教育业紧随其后，从事这一行业的用户占 11.7%；位居第三的是制造业，占 9.3%；从事 IT 业和批发零售业的用户所占比例也较多，分别为 8.9%和 7.6%（如图 30.26 所示）。

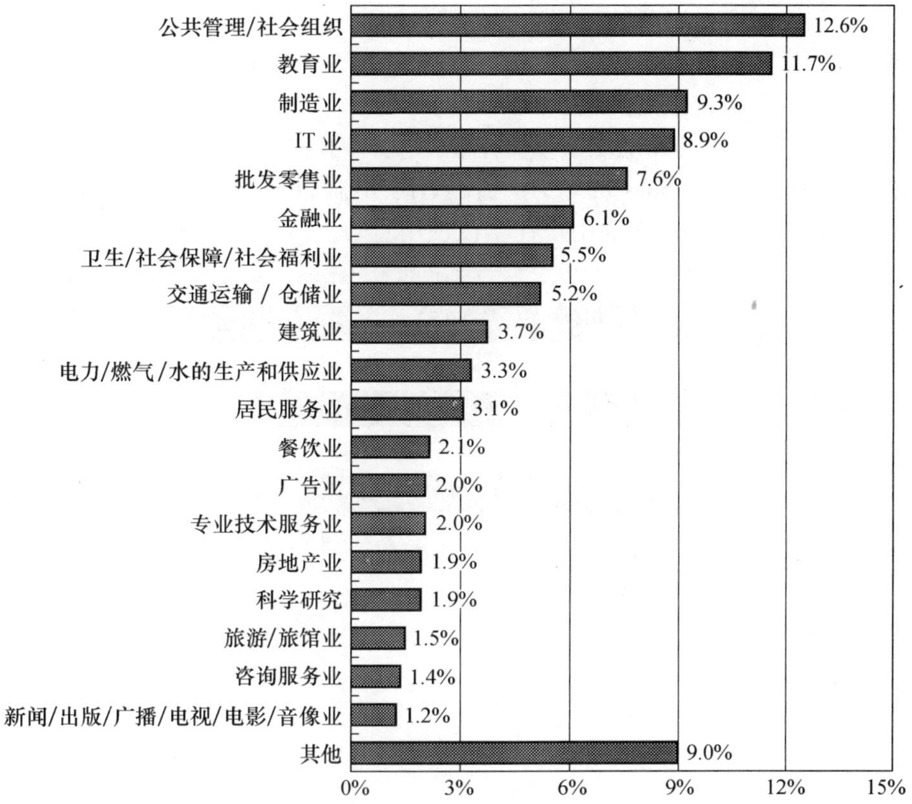

图 30.26　宽带服务用户的行业分布

7．个人月收入

宽带服务用户中，个人月收入在 1001～1500 元的用户所占比例最多，为 20.7%，其次是无收入和月收入在 501～1 000 元的用户，分别占 16.8%和 16.5%，月收入在 500 元以下的用户占 12.5%，月收入在 1500 元以上的用户随着月收入的增加所占比例逐渐减少（如图 30.27 所示）。

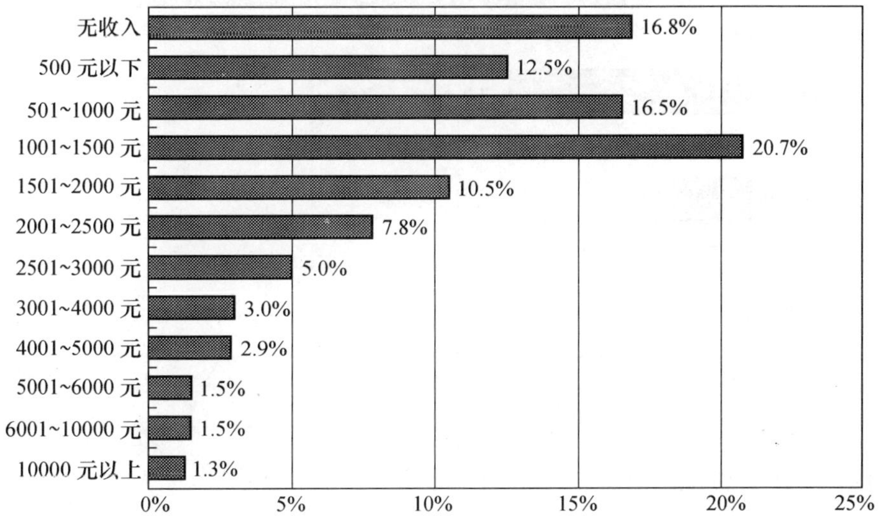

图 30.27　宽带服务用户的个人月收入分布

（二）用户对宽带服务的使用情况

■全体用户

1．用户使用宽带上网的地点

用户使用宽带上网的地点主要集中在家里、网吧/网校/网络咖啡厅和单位。在家里上网的用户最多，达到56.3%；在网吧/网校/网络咖啡厅和单位使用宽带上网的用户各占36.6%和32.1%；还有6.4%的用户在学校使用宽带上网（如图30.28所示）。

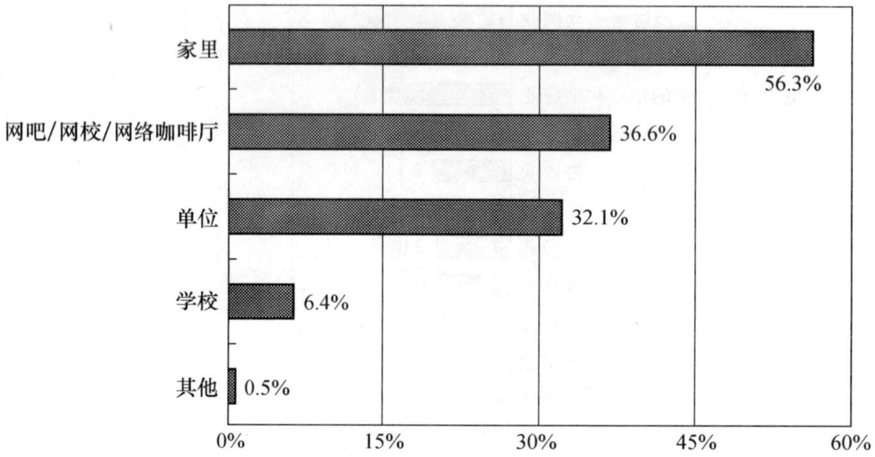

图30.28　用户使用宽带上网的地点

2．用户使用宽带上网的方式

ADSL是用户使用最多的宽带上网方式，有70.8%的用户使用；24.6%的用户使用以太网；使用Cable Modem方式的用户最少，只有7.8%（如图30.29所示）。可以看出，ADSL是目前宽带接入市场的主流方式。

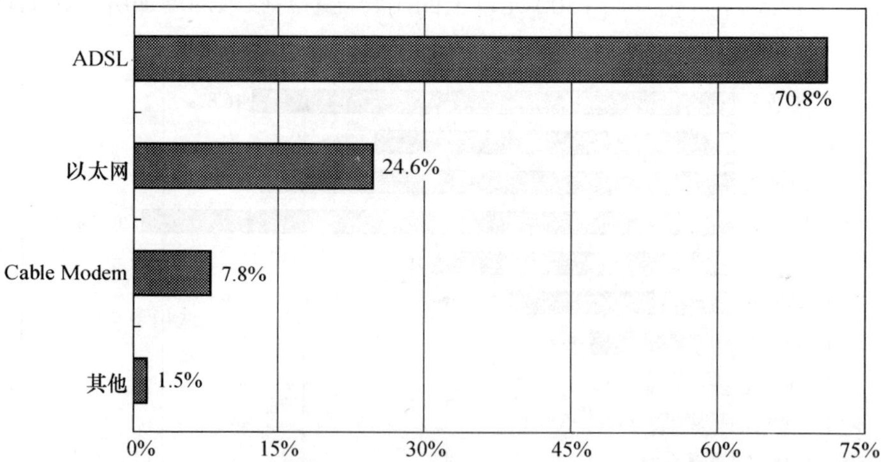

图30.29　用户使用宽带上网的方式

3．用户使用宽带上网时经常使用的网络服务

“信息查询”是用户在使用宽带上网时最常使用的网络服务，其比例高达70.7%；“网

上游戏”和“网上聊天”也是用户在使用宽带上网时使用较多的网络服务，分别有 39.5%和 35.6%的用户经常使用；使用“电子邮箱”、“搜索引擎”和“多媒体娱乐”的用户各占 18.2%、16.5%和 16%；还有一定数量的用户在使用宽带上网时经常使用“软件上传或下载”和“VOD 点播”，其比例分别为 8.9%和 8.5%（如图 30.30 所示）。

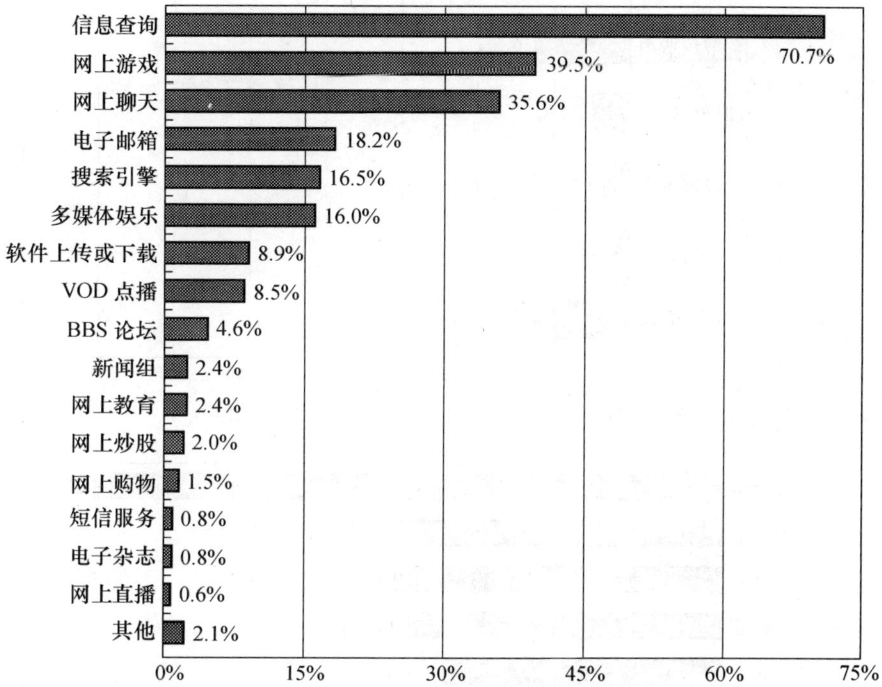

图 30.30　用户使用宽带上网时经常使用的网络服务

■家庭用户

1．用户接入宽带的主要原因

“速度快”是家庭宽带用户接入宽带最主要的原因，33.7%的用户因为这一原因而接入宽带；“享受多媒体服务、网络游戏等”也是用户提及较多的原因，所占比例为 28.3%；18.5%的用户是因为“使用方便”而接入宽带；6.3%的用户是为了“节约费用”；因为“赶时髦/好奇”、“稳定可靠”和“24 小时在线”而接入宽带的家庭用户分别为 2.5%、1.8%和 1%（如图 30.31 所示）。与窄带相比，速度快是宽带最大的优势，这一优势应该是促使家庭用户接入宽带的最主要原因。

2．用户选择宽带接入服务商时最看重的因素

当问及家庭宽带用户在选择宽带接入服务商最看重的因素时，有 22.5%的用户回答“没有选择余地”，只能接受某一家服务商的服务。在用户可以选择的条件下，“技术水平”、“速度”和“服务”是用户相对比较看重的因素，各有 11%多的用户选择；“品牌”和“上网费用”也是用户比较关注的，分别有 9.9%和 8.1%的用户选择；用户所考虑的其他因素还有“他人推荐或影响”（6.5%）、“安装使用的方便性”（5%）、“初装费用”（4.3%）、“稳定性”（3%）等（如图 30.32 所示）。

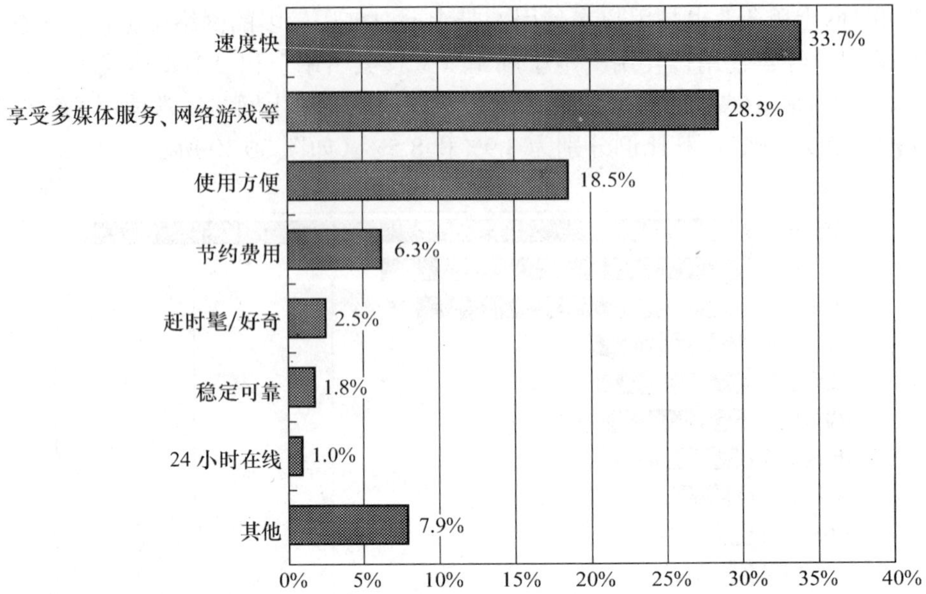

图 30.31　家庭宽带用户接入宽带的主要原因

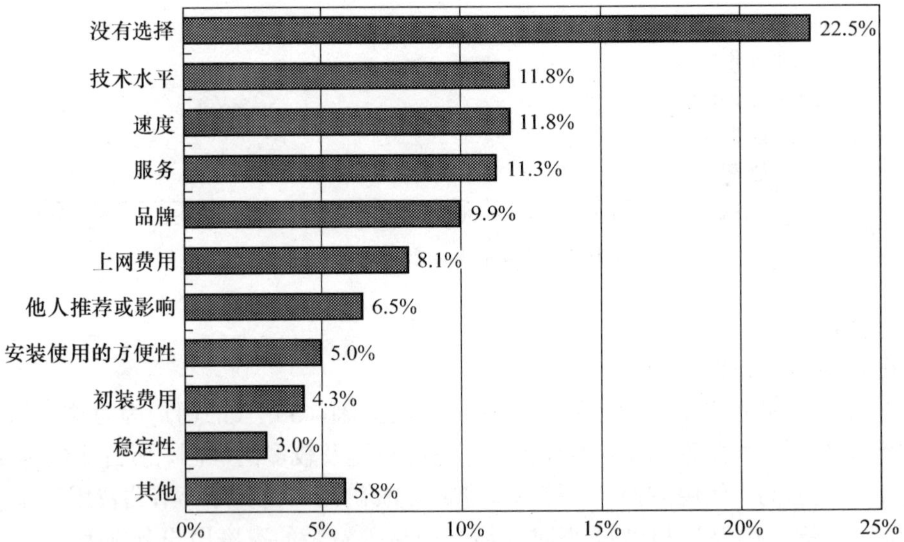

图 30.32　家庭宽带用户选择宽带接入服务商时最看重的因素

3．用户支付宽带上网费用的方式

绝大多数家庭宽带用户采用包月或者包年的方式支付宽带上网费用，这一比例高达88.1%；9.1%的家庭宽带用户采用计时付费；还有 2.8%的用户采用其他付费方式（如图30.33 所示）。可以看出，包月或者包年的支付方式深受广大家庭用户的欢迎。

4．用户每月所支付的宽带上网费用

使用计时付费的家庭宽带用户大部分每月宽带上网花费不超过 100 元，其中以每月花费 51～100 元的用户为最多，所占比例为 48.2%，每月花费低于 50 元的用户占 26.3%；16.7%的用户每月花费在 101～200 元之间；每月花费在 200 元以上的用户为 8.8%（如图

30.34 所示）。

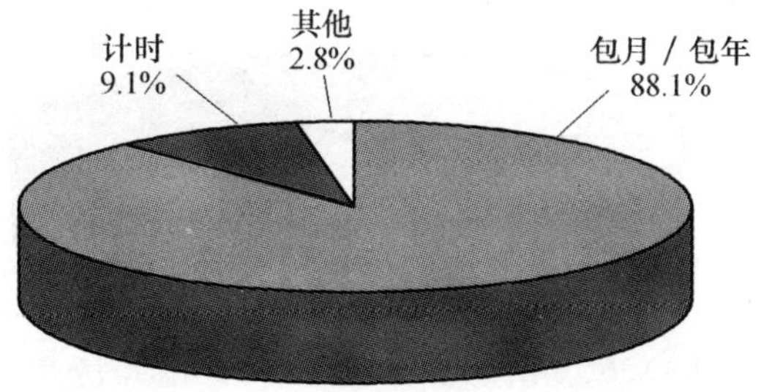

图 30.33　家庭宽带用户支付宽带上网费用的方式

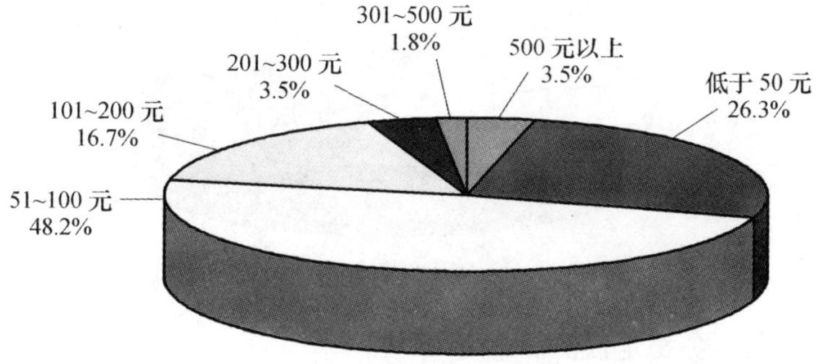

图 30.34　采用计时付费的家庭宽带用户每月所支付的宽带上网费用

另一方面，采用包月或者包年制的家庭宽带用户每月所支付的包月费用平均为 92.3 元。

（三）用户对宽带服务的满意度与建议

1．用户对宽带服务初装费用的满意度

41.5%的用户对宽带服务的初装费用“非常满意”或者“比较满意”，36.8%的用户表示“一般”，21.7%的用户“不太满意”或者“很不满意”（如图 30.35 所示）。

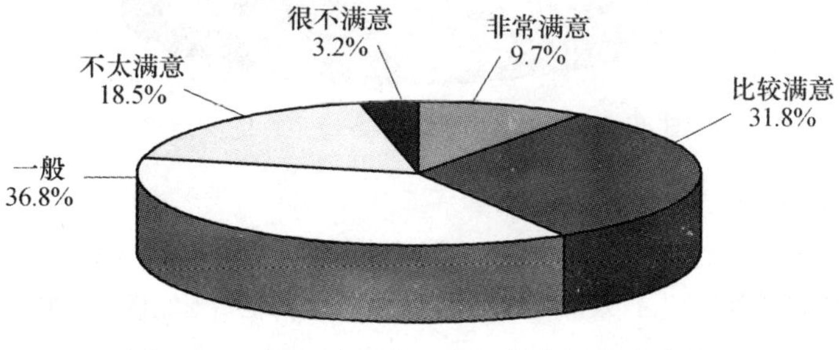

图 30.35　用户对宽带服务初装费用的满意度

2．用户对宽带服务上网费用的满意度

36.5%的用户对宽带服务的上网费用“非常满意”或者“比较满意”，39.4%的用户表示“一般”，24.1%的用户“不太满意”或者“很不满意”（如图 30.36 所示）。

3．用户对宽带服务连接速度的满意度

46.1%的用户对宽带服务的连接速度“非常满意”或者“比较满意”，33%的用户认为“一般”，20.9%的用户“不太满意”或者“很不满意”（如图 30.37 所示）。

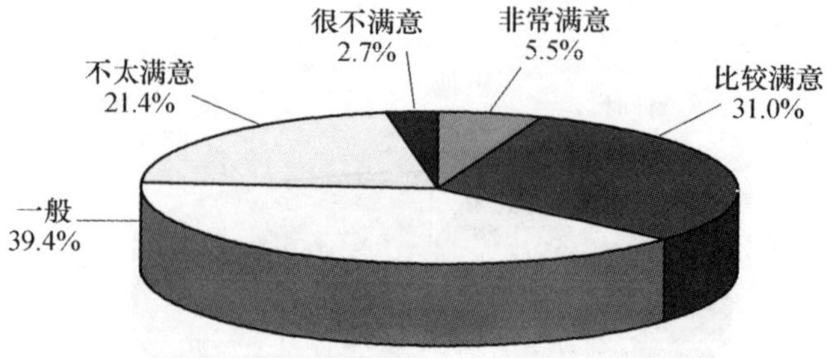

图 30.36　用户对宽带服务上网费用的满意度

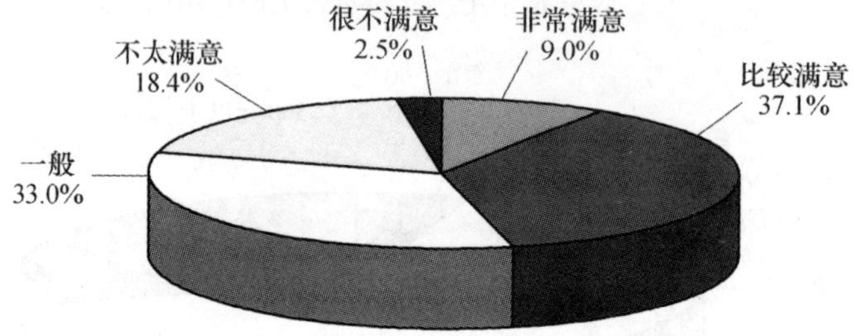

图 30.37　用户对宽带服务连接速度的满意度

4．用户对宽带服务稳定性的满意度

49.1%的用户对宽带服务的稳定性“非常满意”或者“比较满意”，34.1%的用户认为“一般”，16.8%的用户“不太满意”或者“很不满意”（如图 30.38 所示）。

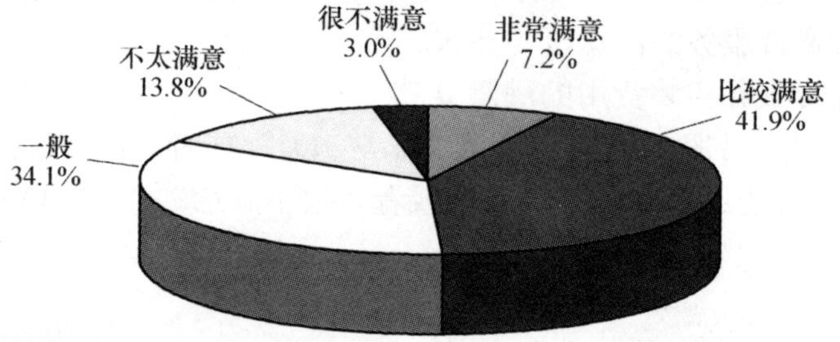

图 30.38　用户对宽带服务稳定性的满意度

5．用户对宽带服务安全性的满意度

45.7%的用户对宽带服务的安全性“非常满意”或者“比较满意”，38.4%的用户认为“一般”，15.9%的用户“不太满意”或者“很不满意”（如图 30.39 所示）。

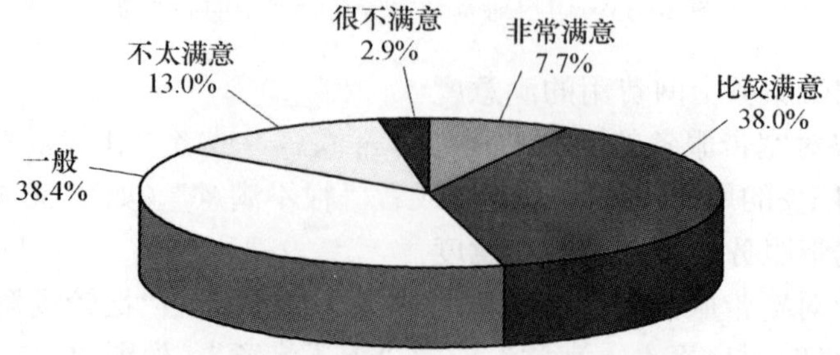

图 30.39　用户对宽带服务安全性的满意度

6．用户对宽带接入售后服务的满意度

51.9%的用户对宽带接入的售后服务“非常满意”或者“比较满意”，35.3%的用户认为“一般”，12.8%的用户“不太满意”或者“很不满意”（如图 30.40 所示）。

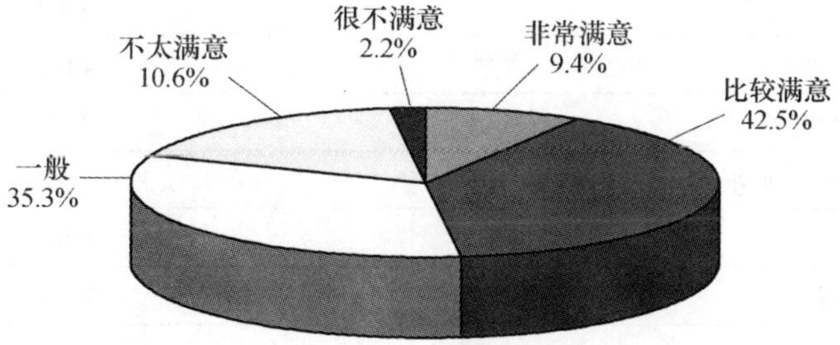

图 30.40　用户对宽带接入售后服务的满意度

7．用户认为网上现有内容、服务等对个人需求的满足

超过四分之三的用户认为网上现有的内容、服务等能够满足个人需求，其中 14.5%的用户认为“完全能够满足”，62.6%的用户认为“基本能够满足”；认为“比较不能满足”或者“完全不能满足”的用户有 11.2%（如图 30.41 所示）。

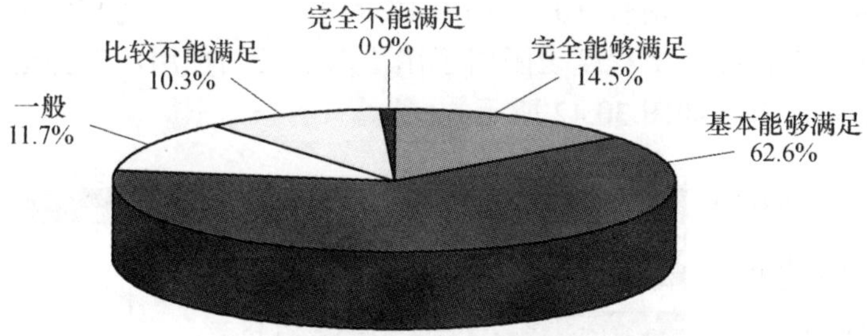

图 30.41　用户认为网上现有内容、服务等对个人需求的满足

8．用户对宽带服务的建议

当向用户征询对目前宽带服务的建议时，“提高速度”被提及的次数最多，有 41.7%的用户提到；“费用要合理”也是用户希望改进的主要方面，24.8%的用户提到；此外，“内容要丰富，减少不健康内容”、“增强稳定性”、“增强安全性”也被比较多的用户所建议；其他还有“提高服务水平”、“提高普及率”、“减少广告和垃圾邮件”、“提高服务商软硬件水平”、“及时更新内容”、“增加专业性内容”、“增加服务商，避免垄断”等（见表 30.2）。

表 30.2　　用户对宽带服务的建议

建议	百分比
提高速度	41.7%
费用要合理	24.8%
内容要丰富，减少不健康内容	15.2%
增强稳定性	11.2%

续表

建议	百分比
增强安全性	9.1%
提高服务水平	6.3%
提高普及率	4.0%
减少广告和垃圾邮件	2.7%
提高服务商软硬件水平	1.6%
及时更新内容	1.6%
增加专业性内容	1.0%
增加服务商，避免垄断	0.6%

（四）非宽带服务用户不使用宽带服务的原因与未来一年内的使用意愿

1．非宽带服务用户不使用宽带服务的主要原因

对于目前尚未使用宽带服务的用户来讲，29.6%的用户是因为“没有条件”，包括家里没有电脑或者居住地无法接入宽带；23.5%的用户是因为“暂时还不需要”；18.3%的用户因为“对宽带服务不了解”；“上网费用高”、“没时间上网/上网时间短”也是用户目前还未使用宽带的原因，分别有 10.2%和 9.1%的用户选择；“初装费用高”、“宽带服务少”、“技术不成熟”也在一定程度上阻碍了用户对宽带的使用，选择这些原因的用户分别有 5%、1.6%和 1.3%（如图 30.42 所示）。

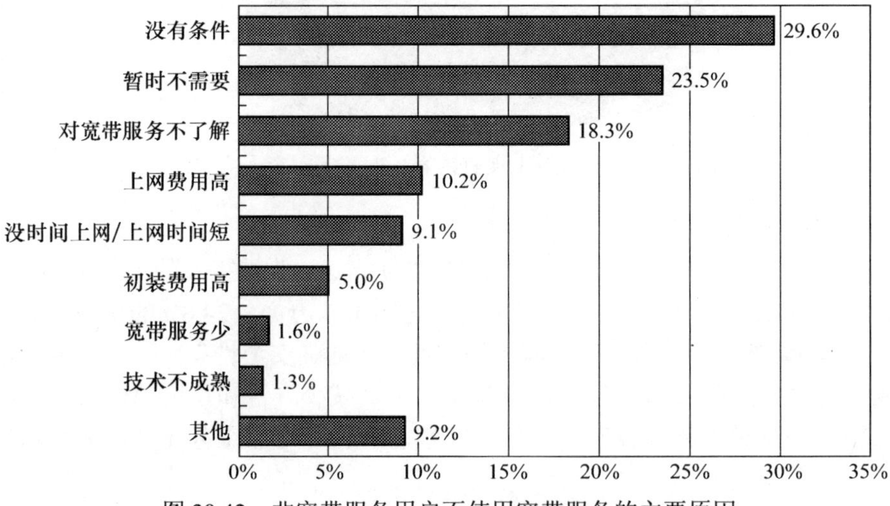

图 30.42　非宽带服务用户不使用宽带服务的主要原因

2．非宽带服务用户未来一年内是否会使用宽带服务

当问及非宽带服务用户在未来一年内是否会使用宽带服务时，一半的被访者表示出乐意尝试的意愿。表示“肯定会”的人为 15.9%，表示“可能会”的人为 34.4%；27.8%的用户“不知道/不好说”；还有 21.9%的用户表示“可能不会”或者“肯定不会”（如图 30.43 所示）。总的来看，我国宽带服务市场的前景比较乐观，随着网络技术的发展、宽带服务内容的进一步丰富和宽带上网成本的不断下降，用户对宽带服务的需求也将会日

益增加。

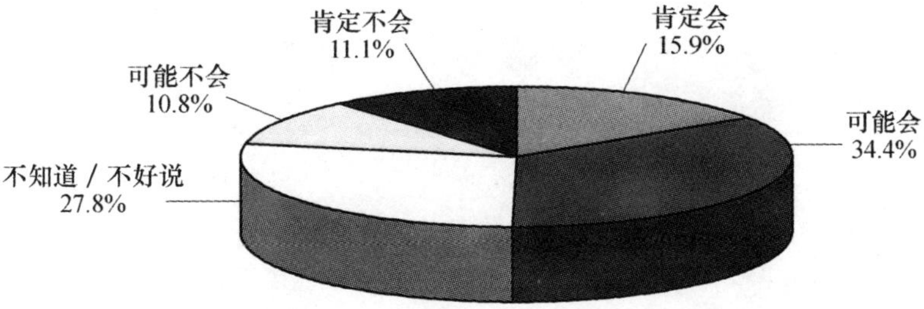

图 30.43　非宽带服务用户未来一年内是否会使用宽带服务

（中国互联网络信息中心（CNNIC））

第六篇

附录篇

附录A　2003年中国互联网发展大事记

1．2003年3月17日，中国国家顶级域名.CN下正式开放二级域名注册，用户可以在顶级域名CN下直接注册二级域名，这是我国自有域名体系以来一次重大变化。

2．2003年3月20日，湖北青年孙志刚在广州被收容并遭殴打致死。该事件首先被地方报纸媒体曝光后，我国各大网络媒体积极介入，引起社会广泛关注，互联网发挥了强大的媒体舆论监督作用，促使有关部门侦破此案。6月20日，国务院发布《城市生活无着的流浪乞讨人员救助管理办法》，同时废止《城市流浪乞讨人员收容遣送办法》。网络媒体的影响力与地位逐步提高。

3．2003年4月9日，中国网通集团在北京向社会各届公布中国网通集团与中国电信集团的公众计算机互联网（CHINANET）实施拆分，并隆重推出中国网通集团新的业务品牌“宽带中国CHINA169”。

4．2003年5月10日，文化部发布《互联网文化管理暂行规定》，自2003年7月1日起施行。

5．2003年6月5日，文化部发出《关于全国性互联网上网服务营业场所连锁经营单位审批情况的通告》，批准10家单位筹建全国性互联网上网服务营业场所连锁经营单位。

6．2003年6月26日，我国计算机网络与数据通信专家、中科院研究员钱华林当选ICANN理事，任期三年。这是中国专家第一次进入全球互联网地址与域名资源最高决策机构的管理层。

7．2003年7月9日，国务院信息化工作办公室在京发布《2002年中国互联网络信息资源数量调查》报告。截止到2002年12月31日，全国域名数为94.03万个，全国网站数为37.16万个，全国网页总数为1.57亿个，在线数据库总数为8.29万个。

8．2003年8月8日，由中国互联网协会和中国互联网络信息中心联合编写的第一部《中国互联网发展报告（2002）》在北京由人民邮电出版社正式出版。它是互联网1994年进入中国以来第一部比较全面地反映我国互联网发展状况的综合性大型文献资料。

9．2003年8月8日，中国互联网协会“反垃圾邮件协调小组”向社会公布了“垃圾邮件服务器名单（第一期）”，得到了社会各界的高度关注。

10．2003年8月11日，一种名为“冲击波”（WORM_MSBlast.A）的电脑蠕虫病毒从境外传入国内，短短几天内影响到全国绝大部分地区的用户。该病毒刷新了病毒历史纪录，成为病毒史上影响最广泛的病毒之一。国家有关部门采取有效措施控制了病毒的传播，新闻媒体对此作了相关报道。

11．2003 年 8 月，网络游戏玩家李宏晨在北京市朝阳区人民法院对网络游戏《红月》的运营商北京北极冰科技发展有限公司提起诉讼。这是中国首例游戏玩家因虚拟装备丢失向游戏公司提起诉讼请求的案件，此案从法律上引出了网络中虚拟财产的界定问题。

12．2003 年 8 月，国务院正式批复启动“中国下一代互联网示范工程”——CNGI（China Next Generation Internet）。CNGI 是实施我国下一代互联网发展战略的启步工程，由国家发展和改革委员会主持，中国工程院技术总协调，由国家发展和改革委员会、科学技术部、信息产业部、国务院信息化工作办公室、教育部、中国科学院、中国工程院、国家自然科学基金委员会等 8 部委联合领导。

13．2003 年 9 月 27 日，亚太互联网研究联盟 APIRA（Asia-Pacific Internet Research Alliance）在北京成立，该组织由中国互联网络信息中心（CNNIC）牵头发起，首批成员单位还有韩国互联网信息中心（KRNIC）、中国香港城市大学、中国澳门大学和中国台湾网路资讯中心（TWNIC）。

14．2003 年 11 月 18 日，国家体育总局正式批准电子竞技为我国正式开展的第 99 个体育项目。

15．2003 年 11 月 20 日，中国互联网络信息中心（CNNIC）在京发布《中国互联网络热点调查报告》。此次热点调查报告包括网站短信息和宽带两部分内容。这是 CNNIC，乃至全国首次发布有关内容的调查报告。报告显示，网站短信息服务用户平均每周使用网站发送短信息 10.9 条；70.8%的宽带用户是通过 ADSL 方式接入的。

16．2003 年 12 月 6 日至 7 日，第二届中国互联网大会在北京召开，大会主题为“透视互联网，迈向 E 时代”。中共中央政治局常委、国务院副总理黄菊同志向大会发来贺词，全文如下：“中国互联网大会在京召开，特致祝贺，并向与会专家学者、国内外嘉宾致以亲切问候！近年来，在各方面共同努力下，中国互联网发展取得了令人瞩目的成绩，网络规模和用户数量已居世界前列。信息网络的广泛应用有力地促进了社会经济、文化等方面的发展。中国互联网协会成立以来，充分发挥桥梁纽带作用，加强信息沟通与交流，实施行业自律公约，为政府决策服务，为企业发展服务，做出了积极贡献。望中国互联网行业同仁认真贯彻落实党的十六大和十六届三中全会精神，再接再厉，积极探索，开拓创新，加强互联网技术交流与合作，加强行业自律，不断推动中国互联网事业健康发展。预祝大会圆满成功！”

17．2004 年 1 月 12 日，“中美俄环球科教网络（GLORIAD）”在京宣布开通。“GLORIAD”是“Global Ring Network for Advanced Applications Development”的缩写，该网络是由中国科学院、美国国家科学基金会、俄罗斯部委与科学团体联盟共同出资建设的，其目的是支持三国乃至全球先进的科教应用并支持下一代互联网的研究。承担建设以及运营服务的单位分别是中国科学院计算机网络信息中心、美国依利诺伊大学国家超级计算应用中心、俄罗斯库尔恰托夫研究院。

18．2004 年 1 月 15 日，中国互联网络信息中心（CNNIC）在北京发布了《第十三次中国互联网络发展状况统计报告》。截止到 2003 年 12 月 31 日，中国共有上网计算机约 3089 万台，上网用户数约 7950 万人，CN 下注册的域名 340040 个，WWW 站点约 595550 个，国际出口带宽 27216Mbit/s。

（中国互联网络信息中心（CNNIC））

附录B　政策法规

（2003年1月~2004年1月）

司法解释

最高人民法院关于审理涉及计算机网络著作权纠纷案件适用法律若干问题的解释

（2000年11月22日最高人民法院审判委员会第1144次会议通过　根据2003年12月23日最高人民法院审判委员会第1302次会议《关于修改<最高人民法院关于审理涉及计算机网络著作权纠纷案件适用法律若干问题的解释>的决定》修正　法释[2004]1号）

为了正确审理涉及计算机网络著作权纠纷案件，根据民法通则、著作权法和民事诉讼法等法律的规定，对这类案件适用法律的若干问题解释如下：

第一条　网络著作权侵权纠纷案件由侵权行为地或者被告住所地人民法院管辖。侵权行为地包括实施被诉侵权行为的网络服务器、计算机终端等设备所在地。对难以确定侵权行为地和被告住所地的，原告发现侵权内容的计算机终端等设备所在地可以视为侵权行为地。

第二条　受著作权法保护的作品，包括著作权法第三条规定的各类作品的数字化形式。在网络环境下无法归于著作权法第三条列举的作品范围，但在文学、艺术和科学领域内具有独创性并能以某种有形形式复制的其他智力创作成果，人民法院应当予以保护。

第三条　已在报刊上刊登或者网络上传播的作品，除著作权人声明或者报刊、期刊社、网络服务提供者受著作权人委托声明不得转载、摘编的以外，在网络进行转载、摘编并按有关规定支付报酬、注明出处的，不构成侵权。但转载、摘编作品超过有关报刊转载作品范围的，应当认定为侵权。

第四条　网络服务提供者通过网络参与他人侵犯著作权行为，或者通过网络教唆、帮助他人实施侵犯著作权行为的，人民法院应当根据民法通则第一百三十条的规定，追究其与其他行为人或者直接实施侵权行为人的共同侵权责任。

第五条　提供内容服务的网络服务提供者，明知网络用户通过网络实施侵犯他人著作权的行为，或者经著作权人提出确有证据的警告，但仍不采取移除侵权内容等措施以消除侵权后果的，人民法院应当根据民法通则第一百三十条的规定，追究其与该网络用户的共同侵权责任。

第六条 提供内容服务的网络服务提供者，对著作权人要求其提供侵权行为人在其网络的注册资料以追究行为人的侵权责任，无正当理由拒绝提供的，人民法院应当根据民法通则第一百零六条的规定，追究其相应的侵权责任。

第七条 网络服务提供者明知专门用于故意避开或者破坏他人著作权技术保护措施的方法、设备或者材料，而上载、传播、提供的，人民法院应当根据当事人的诉讼请求和具体案情，依照著作权法第四十七条第（六）项的规定，追究网络服务提供者的民事侵权责任。

第八条 著作权人发现侵权信息向网络服务提供者提出警告或者索要侵权行为人网络注册资料时，不能出示身份证明、著作权权属证明及侵权情况证明的，视为未提出警告或者未提出索要请求。

著作权人出示上述证明后网络服务提供者仍不采取措施的，著作权人可以依照著作权法第四十九条、第五十条的规定在诉前申请人民法院作出停止有关行为和财产保全、证据保全的裁定，也可以在提起诉讼时申请人民法院先行裁定停止侵害、排除妨碍、消除影响，人民法院应予准许。

第九条 网络服务提供者经著作权人提出确有证据的警告而采取移除被控侵权内容等措施，被控侵权人要求网络服务提供者承担违约责任的，人民法院不予支持。

著作权人指控侵权不实，被控侵权人因网络服务提供者采取措施遭受损失而请求赔偿的，人民法院应当判令由提出警告的人承担赔偿责任。

最高人民法院关于修改《最高人民法院关于审理涉及计算机网络著作权纠纷案件适用法律若干问题的解释》的决定

最高人民法院公告

《最高人民法院关于修改<审理涉及计算机网络著作权纠纷案件适用法律若干问题的解释>的决定》已于2003年12月23日由最高人民法院审判委员会第1302次会议通过。现予公布，自2004年1月7日起施行。

二〇〇四年一月二日

（2003年12月23日最高人民法院审判委员会第1302次会议通过　法释[2004]1号）

根据2001年10月27日第九届全国人大常委会第二十四次会议审议修改的《中华人民共和国著作权法》的规定，最高人民法院审判委员会第1302次会议决定对《最高人民法院关于审理涉及计算机网络著作权纠纷案件适用法律若干问题的解释》作如下修改：

一、删去第二条第二款。

二、第三条修改为："已在报刊上刊登或者网络上传播的作品，除著作权人声明或者报社、期刊社、网络服务提供者受著作权人委托声明不得转载、摘编的以外，在网络进行转载、摘编并按有关规定支付报酬、注明出处的，不构成侵权。但转载、摘编作品超过有关报刊转载作品范围的，应当认定为侵权。"

三、增加一条，作为第七条："网络服务提供者明知专门用于故意避开或者破坏他人著作权技术保护措施的方法、设备或者材料，而上载、传播、提供的，人民法院应当根据当事人的诉讼请求和具体案情，依照著作权法第四十七条第（六）项的规定，追究网络服务提供者的民事侵权责任。”

四、第七条改为第八条，第二款修改为：“著作权人出示上述证明后网络服务提供者仍不采取措施的，著作权人可以依照著作权法第四十九条、第五十条的规定在诉前申请人民法院作出停止有关行为和财产保全、证据保全的裁定，也可以在提起诉讼时申请人民法院先行裁定停止侵害、排除妨碍、消除影响。”

五、删除第九条。

六、删除第十条。

此外，根据本决定对条文顺序作相应调整。

《最高人民法院关于审理涉及计算机网络著作权纠纷案件适用法律若干问题的解释》根据本决定作相应的修正，重新公布。

行政规章

互联网等信息网络传播视听节目管理办法

国家广播电影电视总局令

第15号

《互联网等信息网络传播视听节目管理办法》经局务会议通过，现予发布，自二〇〇三年二月十日起施行。

局长：徐光春

二〇〇三年一月七日

第一条 为规范信息网络传播视听节目秩序，加强信息网络传播视听节目的监督管理，促进社会主义精神文明建设，制定本办法。

第二条 本办法适用于在互联网等信息网络中开办各种视听节目栏目，播放（含点播）影视作品和视音频新闻，转播、直播广播电视节目及以视听节目形式转播、直播体育比赛、文艺演出等各类活动。

广播电视播出机构在广播电视传输覆盖网中开办广播电视频道播放广播电视节目的，由《广播电视管理条例》规范，不适用本办法。

第三条 本办法所称的信息网络，是指通过无线或有线链路相联接，采用卫星、微波、光纤、同轴电缆、双绞线等具体物理形态，架构在互联网或其他软件平台基础上，用于信息传输的传播系统。

本办法所称的视听节目,是指在表现形式上类同于广播电视节目或电影片,由可连续运动的图像或可连续收听的声音组成的节目。

本办法所称的信息网络传播视听节目，是指通过包括互联网在内的各种信息网络，将视听节目登载在网络上或者通过网络发送到用户端，供公众在线收看或下载收看的活动，包括流媒体播放、互联网组播、数据广播、IP广播和点播等。

本办法所称的视听节目的网络传播者，是指组织、编排视听节目并将其通过信息网络向公众传播的机构。

本办法所称的信息网络经营者，是指提供信息网络硬软件平台及其他技术支持的机构。

第四条 国家广播电影电视总局是信息网络传播视听节目的主管部门，负责制定信息网络传播视听节目的发展规划，确定视听节目网络传播者的总量、布局和结构。

原则上中央、国务院各部、委、局只可有一家下属单位从事视听节目网络传播业务。中国广播影视集团下属及控股、参股的企事业单位（除中央人民广播电台、中央电视台、中国国际广播电台外），只可有一家单位从事视听节目网络传播业务。

各级广播电视行政部门根据国家广播电影电视总局制定的全国视听节目网络传播发展规划，确定本辖区内视听节目网络传播发展规划，负责对本辖区内通过信息网络传播视听节目的活动进行监督管理。

第五条 国家广播电影电视总局对视听节目的网络传播业务实行许可管理。通过信息网络向公众传播视听节目必须持有《网上传播视听节目许可证》。

第六条 国家广播电影电视总局对通过信息网络传播的视听节目按以下四个类别实行分类管理：1．新闻类；2．影视剧类；3．娱乐类，包括音乐、戏曲、体育、综艺等；4．专业类，包括科技、教育、医疗、财经、气象、军事、法制等。

第七条 开办视听节目网络传播业务，应当同时具备以下基本条件：

（一）符合通过信息网络向公众传播视听节目的规划、技术标准和管理要求；

（二）有与业务规模相适应的自有资金、设备及场所；

（三）拥有与其业务规模相适应的符合国家规定的视听节目资源；

（四）拥有必要的专业人员；

（五）符合国家法律、法规及其他有关规定。

通过信息网络传播不同类别的视听节目，还应当具备相应的申办条件。

第八条 开办新闻类视听节目的网络传播业务，除具备本办法第七条规定的基本条件外，还应当同时具备以下条件：

（一）经国务院新闻办公室批准，具有网上发布新闻的资格；

（二）已取得从事娱乐类或专业类节目网络传播业务《网上传播视听节目许可证》3年以上的机构，或依法设立3年以上的新闻机构。

第九条 开办影视剧类视听节目的网络传播业务，除具备本办法第七条规定的基本条件外，还应当具备以下条件之一：

（一）取得《网上传播视听节目许可证》，从事娱乐类节目网络传播业务2年以上；

（二）依法经营3年以上的影视制作经营机构。

第十条 企业开办信息网络传播视听节目业务，须由地级以上广电、新闻、出版、文化等宣传单位作为业务主管部门。

第十一条 开办视听节目网络传播业务，须经省级广播电视行政部门审核同意后，报国家广播电影电视总局审批。中央直属单位和在国家工商行政管理总局注册的企业，可直接向国家广播电影电视总局提出申请。

审查合格者，由国家广播电影电视总局发给《网上传播视听节目许可证》。取得许可证后，只能按照《网上传播视听节目许可证》载明的标识、传播方式、传播载体、传播范围和节目类别开办传播业务。需变更以上事项者，应当按上述程序办理有关的变更审批手续。

第十二条 取得《网上传播视听节目许可证》后，如果开办单位的名称、地址、网址、网站名、法定代表人等项目发生变更时，应当在变更后的三十日内向原发证单位申请换证。

第十三条 申请成立专门机构开办视听节目的网络传播业务，由发起单位按本办法办理审批手续。以企业形式经营此类业务的，获得国家广播电影电视总局批准后，应当到工商部门办理注册登记手续。

第十四条 鼓励广播电台、电视台通过国际互联网传播本台广播电视节目。

第十五条 取得许可证的单位应当在一年之内正式开通业务；逾期不能开通的，由发证机关收回许可证。

第十六条 国家实行《网上传播视听节目许可证》年检制度。

《网上传播视听节目许可证》有效期为三年。在有效期内，取得《网上传播视听节目许可证》的单位，应当在规定的期限内提交年检报告，办理年检手续。年检不合格者限期整改，整改后仍不合格的，收回《网上传播视听节目许可证》。未按规定办理年检手续的单位，其许可证自动失效。有效期届满，需要继续经营的，应当在许可证届满前六十日办理续证手续。

年检的具体办法由国家广播电影电视总局另行制定。

第十七条 信息网络的拥有者和经营者不得以任何形式将网络出租、出让给未持有《网上传播视听节目许可证》的单位用以向公众传播视听节目，不得向未持有《网上传播视听节目许可证》的单位提供网络硬软件平台和其他与传播视听节目有关的服务。

境内互联网站不得向未持有《网上传播视听节目许可证》的境内网站以及传播视听节目的境外网站提供视听节目的链接服务。

第十八条 用于通过信息网络向公众传播的新闻类视听节目限于境内广播电台、电视台、广播电视台制作、播放的节目。

用于通过信息网络向公众传播的影视剧类视听节目必须是取得《电视剧发行许可证》的电视剧和取得《电影片公映许可证》的电影片。

广播电台、电视台、广播电视台以外的机构开办娱乐类、专业类视听节目网络传播业务，一般只能传播广播电台、电视台、广播电视台制作、播出的节目，或者以广播电台、电视台、广播电视台制作、播出的节目作为节目素材进行编辑加工的节目。通过信息网络直播、转播、使用广播电台、电视台、广播电视台节目的，应取得该广播电台、电视台、广播电视台的许可。

经合法教学单位的授权或省级以上教育管理部门批准开办网上学历教育或职业教育的机构，可以申请播放授权专业以内的自制教学节目。

以视听节目形式在网上直播体育赛事、文艺演出、大型活动及访谈节目，在直播前二十日应报当地省级广播电视部门批准。

第十九条 禁止通过信息网络传播有以下内容的节目：

（一）反对宪法确定的基本原则的；

（二）危害国家的统一、主权和领土完整的；
（三）泄漏国家秘密、危害国家安全或者损害国家荣誉和利益的；
（四）煽动民族仇恨、民族歧视，破坏民族团结，或者侵害民族风俗、习惯的；
（五）宣扬邪教、迷信的；
（六）扰乱社会秩序、破坏社会稳定的；
（七）宣扬淫秽、赌博、暴力或者教唆犯罪的；
（八）侮辱或者诽谤他人，侵害他人合法权益的；
（九）危害社会公德或者民族优秀文化的；
（十）虚假的信息；
（十一）从网络或境外媒体上收录下来的境外节目；
（十二）法律、法规规定禁止的其他内容。

第二十条 取得《网上传播视听节目许可证》的机构，应建立健全节目审查、播出等管理制度。

第二十一条 各级广播电视行政部门应通过监听监看、建立相应的公众监督举报制度等方式对信息网络传播视听节目进行监督管理。

第二十二条 违反本办法，有下列行为之一的单位，由县级以上广播电视行政部门责令停止违法活动，给予警告，可以并处人民币3万元以下的罚款。违反治安管理规定的，由公安机关依法给予治安管理处罚；构成犯罪的，依法追究刑事责任。

（一）未经许可，擅自开办视听节目网络传播业务的；
（二）违反本办法第十七条、第十八条、第十九条的规定传播视听节目的。

第二十三条 本办法自二○○三年二月十日起施行。

互联网文化管理暂行规定

中华人民共和国文化部令
（第27号）

《互联网文化管理暂行规定》已经2003年3月4日文化部部务会议审议通过，现予发布，自2003年7月1日起施行。

部长　孙家正

二○○三年五月十日

第一条 为了加强对互联网文化的管理，保障互联网文化单位的合法权益，促进我国互联网文化健康、有序地发展，根据《互联网信息服务管理办法》以及国家有关规定，制定本规定。

第二条 本规定所称互联网文化产品是指通过互联网生产、传播和流通的文化产品，主要包括：

（一）音像制品；
（二）游戏产品；
（三）演出剧（节）目；
（四）艺术品；

（五）动画等其他文化产品。

第三条 本规定所称互联网文化活动是指提供互联网文化产品及其服务的活动，主要包括：

（一）互联网文化产品的制作、复制、进口、批发、零售、出租、播放等活动；

（二）将文化产品登载在互联网上，或者通过互联网发送到计算机、固定电话机、移动电话机、收音机、电视机、游戏机等用户端，供上网用户浏览、阅读、欣赏、使用或者下载的在线传播行为；

（三）互联网文化产品的展览、比赛等活动。

互联网文化活动分为经营性和非经营性两类。经营性互联网文化活动是指以营利为目的，通过向上网用户收费或者电子商务、广告、赞助等方式获取利益，提供互联网文化产品及其服务的活动。非经营性互联网文化活动是指不以营利为目的向上网用户提供互联网文化产品及其服务的活动。

第四条 本规定所称互联网文化单位，是指经文化行政部门和电信管理机构批准，从事互联网文化活动的互联网信息服务提供者。

在中华人民共和国境内从事互联网文化活动，适用本规定。

第五条 从事互联网文化活动应当遵守宪法和有关法律、法规，坚持为人民服务、为社会主义服务的方向，弘扬民族优秀文化，传播有益于提高民族文化素质、推动经济发展、促进社会进步的思想道德、科学技术和文化知识，丰富人民的精神生活。

第六条 文化部负责制定互联网文化发展与管理的方针、政策和规划，监督管理全国互联网文化活动；依据有关法律、法规和规章，对经营性互联网文化单位实行许可制度，对非经营性互联网文化单位实行备案制度；对互联网文化内容实施监管，对违反国家有关法规的行为实施处罚。

省、自治区、直辖市人民政府文化行政部门负责本行政区域内互联网文化活动的日常管理工作，对本行政区域内申请从事经营性互联网文化活动的单位进行初审，对本行政区域内申请从事非经营性互联网文化活动的单位进行审核，对本行政区域内从事互联网文化活动违反国家有关法规的行为实施处罚。

第七条 申请设立互联网文化单位，应当符合《互联网信息服务管理办法》的有关规定，并具备以下条件：

（一）有单位的名称、住所、组织机构和章程；

（二）有确定的互联网文化活动范围；

（三）有适应互联网文化活动需要并取得相应从业资格的业务管理人员和专业技术人员；

（四）有适应互联网文化活动需要的资金、设备和工作场所以及相应的经营管理技术措施；

（五）法律、法规规定的其他条件。

审批设立互联网文化单位，除依照前款所列条件外，还应当符合互联网文化单位总量、结构和布局的规划。

第八条 申请设立经营性互联网文化单位，应当向所在地省、自治区、直辖市人民政府文化行政部门提出申请，由省、自治区、直辖市人民政府文化行政部门初审同意后，报文化部审批。

申请设立非经营性互联网文化单位，应当向所在地省、自治区、直辖市人民政府文化行政部门提出申请，由省、自治区、直辖市人民政府文化行政部门审核批准，并报文化部备案。

第九条　申请设立经营性互联网文化单位，应当提交下列文件：

（一）申请书；

（二）企业名称预先核准通知书或者营业执照和章程；

（三）资金来源、数额及其信用证明文件；

（四）法定代表人或者主要负责人及主要经营管理人员、专业技术人员的资格证明和身份证明文件；

（五）工作场所使用权证明文件；

（六）依法需要提交的其他文件。

对申请设立经营性互联网文化单位的，省、自治区、直辖市人民政府文化行政部门应当自受理申请之日起30日内提出初审意见；初审合格的，报文化部审批；不合格的，应当通知申请者并说明理由。文化部自收到初审意见之日起30日内做出批准或者不批准的决定，并书面通知申请者；批准的，发给《网络文化经营许可证》；不批准的，应当说明理由。

第十条　申请设立非经营性互联网文化单位，应当提交下列文件：

（一）申请书；

（二）章程；

（三）资金来源、数额及其信用证明文件；

（四）法定代表人或者主要负责人及主要业务管理人员、专业技术人员的资格证明和身份证明文件；

（五）工作场所使用权证明文件；

（六）依法需要提交的其他文件。

对申请设立非经营性互联网文化单位的，省、自治区、直辖市人民政府文化行政部门应当自受理申请之日起30日内做出批准或不批准的决定，并书面通知申请者；批准的，发给批准文件；不批准的，应当说明理由。

第十一条　申请设立互联网文化单位经批准后，应当持《网络文化经营许可证》或者批准文件，按照《互联网信息服务管理办法》的有关规定，到所在地电信管理机构或者国务院信息产业主管部门办理相关手续。

第十二条　互联网文化单位应当在其网站主页的显著位置标明文化行政部门颁发的《网络文化经营许可证》编号或者批准文件编号，标明国务院信息产业主管部门或者省、自治区、直辖市电信管理机构颁发的经营许可证编号或者备案编号。

第十三条　互联网文化单位改变名称、业务范围，合并或者分立，应当依据本规定第八条、第九条、第十条的规定办理变更手续，并持文化行政部门的《网络文化经营许可证》或者批准文件到当地电信管理机构办理相应的手续。

第十四条　互联网文化单位变更地址、法定代表人或者主要负责人，或者终止互联网文化活动的，应当在30日内到所在地省、自治区、直辖市人民政府文化行政部门办理变更或者注销手续，并到相关省、自治区、直辖市电信管理机构办理互联网信息服务业务经营许可证的变更或注销手续。经营性互联网文化单位办理变更或者注销手续须报文化部备案。

第十五条 经营性互联网文化单位自取得《网络文化经营许可证》并依法办理企业登记之日起满180日未开展互联网文化活动的，由文化部或者原审核的省、自治区、直辖市人民政府文化行政部门提请文化部注销《网络文化经营许可证》，同时通知相关省、自治区、直辖市电信管理机构。

非经营性互联网文化单位自取得批准文件之日起满 180 日未开展互联网文化活动的，由原审核的省、自治区、直辖市人民政府文化行政部门注销批准文件，同时通知相关省、自治区、直辖市电信管理机构。

第十六条 互联网文化单位进口互联网文化产品应当报文化部进行内容审查。

文化部应当自收到内容审查申请书之日起30日内作出批准或者不批准的决定，并通知申请人。批准的，发给批准文件；不批准的，应当说明理由。

第十七条 互联网文化单位不得提供载有以下内容的文化产品：

（一）反对宪法确定的基本原则的；

（二）危害国家统一、主权和领土完整的；

（三）泄露国家秘密、危害国家安全或者损害国家荣誉和利益的；

（四）煽动民族仇恨、民族歧视，破坏民族团结，或者侵害民族风俗、习惯的；

（五）宣扬邪教、迷信的；

（六）散布谣言，扰乱社会秩序，破坏社会稳定的；

（七）宣扬淫秽、赌博、暴力或者教唆犯罪的；

（八）侮辱或者诽谤他人，侵害他人合法权益的；

（九）危害社会公德或者民族优秀文化传统的；

（十）有法律、行政法规和国家规定禁止的其他内容的。

第十八条 互联网文化单位提供的文化产品，使公民、法人或者其他组织的合法利益受到侵害的，互联网文化单位应当依法承担民事责任。

第十九条 互联网文化单位应当实行审查制度，有专门的审查人员对互联网文化产品进行审查，保障互联网文化产品的合法性。其审查人员应当接受上岗前的培训，取得相应的从业资格。

第二十条 互联网文化单位发现所提供的互联网文化产品含有本规定第十七条所列内容之一的，应当立即停止提供，保存有关记录，向所在地省、自治区、直辖市人民政府文化行政部门报告并抄报文化部。

第二十一条 互联网文化单位应当记录备份所提供的文化产品内容及其时间、互联网地址或者域名，记录备份应当保存60日，并在国家有关部门依法查询时，予以提供。

第二十二条 未经批准，擅自从事经营性互联网文化活动的，由省级以上人民政府文化行政部门依据《无照经营查处取缔办法》第十七条的规定予以查处。

未经批准，擅自从事非经营性互联网文化活动的，由省级以上人民政府文化行政部门责令限期改正；拒不改正的，责令停止互联网文化活动，处1000元以下罚款。

第二十三条 从事经营性互联网文化活动，违反本规定第十二条、第十三条、第十四条、第十九条、第二十条的，由省级以上人民政府文化行政部门予以警告，责令限期改正，并处5000元以下罚款。

从事非经营性互联网文化活动，违反本规定第十二条、第十三条、第十四条、第十九条、第二十条的，由省级以上人民政府文化行政部门予以警告，责令限期改正，并处500元以下罚款。

第二十四条 经营性互联网文化单位，提供含有本规定第十七条禁止内容的互联网文化产品，或者提供未经文化部批准进口的互联网文化产品的，由省级以上人民政府文化行政部门责令停止提供，没有违法所得的，处10 000元以下罚款；有违法所得的，没收违法所得，并处1倍以上3倍以下罚款，但最高不超过30 000元；情节严重的，责令停业整顿直至吊销《网络文化经营许可证》。

非经营性互联网文化单位，提供含有本规定第十七条禁止内容的互联网文化产品，或者提供未经文化部批准进口的互联网文化产品的，由省级以上人民政府文化行政部门责令停止提供，处1000元以下罚款。情节严重的，责令停业整顿直至撤消批准文件。

第二十五条 违反本规定第二十一条的，由省、自治区、直辖市电信管理机构责令改正；情节严重的，由省、自治区、直辖市电信管理机构责令停业整顿或者责令暂时关闭网站。

第二十六条 本规定施行前按照国家有关规定已经从事互联网文化活动的单位，应当自本规定施行之日起60日内依据本规定第八条、第九条、第十条的规定补办审核手续。

第二十七条 本规定自2003年7月1日起施行。

铁路计算机信息系统安全保护办法

（2003年7月15日　铁道部令第10号令）

第一章　总　　则

第一条 为了保护铁路计算机信息系统安全，促进计算机的应用和发展，保障铁路运输和现代化建设顺利进行，根据《中华人民共和国计算机信息系统安全保护条例》的规定，制定本办法。

第二条 本办法适用于铁路系统的机关、企业、事业单位及铁路计算机信息系统的延伸点。

第三条 本办法所称的计算机信息系统，是指由计算机及其相关和配套的设备、设施（含网络）构成的，按照一定的应用目标和规则对信息进行采集、加工、存储、传输、检索等处理的人机系统。

第四条 铁路计算机信息系统安全保护工作的主要任务是：提高铁路计算机信息系统的整体安全水平，保障铁路运输安全。

第五条 铁路计算机信息系统的安全保护工作，是铁路运输安全保护工作的组成部分，应贯彻“预防为主、综合治理、人员防范和技术防范相结合”的方针，逐级建立安全保护责任制，加强制度建设，逐步实现科学化、规范化管理。

第六条 铁道部公安局主管铁路计算机信息系统安全保护工作，各铁路（含铁路工程、铁道建筑）公安局、处应明确信息网络安全监察机构，负责计算机信息系统安全保护工作。

第二章 安全监督

第七条 铁路公安机关对铁路计算机信息系统安全保护工作行使下列监督职权：

（一）督促计算机信息系统的管理部门和使用单位执行国家有关计算机信息安全法律、法规和规定，依法对其安全保护工作进行监督、检查和指导；

（二）负责对新建、改建和扩建铁路计算机信息系统的安全保护措施进行备案；

（三）负责检查、指导铁路计算机信息系统的安全技术措施；

（四）负责计算机信息系统安全员的培训；

（五）负责计算机信息系统安全专用产品使用的审核；

（六）负责监督、检查计算机信息系统安全管理制度的落实；

（七）组织计算机病毒防治和通报疫情；

（八）查处和侦破危害铁路计算机信息系统安全的事故和案件；

（九）负责奖励和处罚；

（十）办理有关铁路计算机信息系统安全管理手续；

（十一）组织计算机信息系统安全检查、检测工作；

（十二）组织计算机信息系统安全知识的培训和宣传工作。

第八条 铁路公安机关负责辖区内的计算机网络国际联网安全保护监督管理工作。

第九条 铁路公安机关发现影响计算机信息系统安全隐患时，要及时通知使用单位采取安全措施，限期整改。

第十条 铁路公安机关信息网络安全监察人员必须持铁路计算机安全监察证方可上岗工作。监察证由铁道部公安局签发。

第十一条 铁路公安基层段、所队应当协助信息网络安全监察机构，做好计算机信息系统安全保护工作。在特殊情况下，经上级铁路公安机关批准，可行使有关计算机安全监察职权。

第三章 安全保护

第十二条 计算机信息系统安全保护工作实行“谁主管，谁负责，谁经营，谁负责”的原则。使用、管理计算机信息系统的单位（部门）要建立计算机信息系统安全管理组织并设立安全员，负责本单位（部门）的计算机信息系统安全保护工作，其职责是：

（一）确定本单位计算机信息系统的安全保护策略，建立健全安全管理制度；

（二）完善和落实计算机信息系统安全措施，实现内部网与外部网的物理隔离，严禁一机两用；

（三）配合公安机关办理有关计算机信息系统安全保护管理手续；

（四）严格管理计算机信息系统资源，建立计算机信息系统资源台帐；

（五）严格管理系统管理员；

（六）建立与公安机关的通报联系制度，定期向铁路公安信息网络安全监察部门报告计算机信息系统安全情况；

（七）对造成损失并影响运输安全、计算机信息系统安全的案件、事故及违法行为，在12小时内报告铁路公安机关，并保护现场及有关资料，协助开展调查，处理责任者。

第十三条 计算机信息系统安全员必须经过铁路公安机关培训，经考试取得培训合格证书后方可上岗。

第十四条 进行国际联网的个人、单位，必须严格执行国家、铁道部有关规定。

第十五条 计算机机房的建设应当符合国家和铁道部的有关规定。

第十六条 重要部门的计算机机房应当制定严格的出入制度，未经主管部门批准的人员，不得接触和使用信息处理设备和媒体。

第十七条 铁路各单位和部门在新建、改建、扩建计算机系统前应当将计算机系统安全保护方案报铁路公安机关备案。

第十八条 重要部门的计算机信息系统需要对外联网或提供服务时，在报上级主管部门批准的同时，应当报铁路公安机关备案。

第十九条 各单位和部门使用的计算机信息系统安全专用产品，必须是经国家有关部门许可的产品，未经许可的产品不得使用。

第二十条 联网的计算机必须配置防病毒工具进行实时监控和检测。

第二十一条 重要计算机信息系统应设置双路双机冗余，实行封闭运行，制定应急方案，确保系统在发生意外情况后能够迅速恢复正常。

第二十二条 所有的计算机信息系统资产要严格执行登记使用制度，并建立完整的设备台帐及设备档案，定期进行清查。

第二十三条 对信息处理的各个环节和流程要有安全保护和安全控制措施，防止被人非法利用、更改、损害和泄漏。

第二十四条 计算机设备使用和信息存取权，按工作需要原则授予，任何人不得越权使用。

第二十五条 连接重要计算机信息系统的计算机不得存储与工作无关的程序和数据。存储介质和文件资料要严格执行安全保密制度，并设专人、专柜妥善保管。未经主管领导批准，不得随意利用、修改、复制和外借。

第二十六条 使用、管理计算机的单位要做好日常数据和软件备份，对新引用的软件和外来数据必须进行安全检测，确认无误再投入正常运行。

第二十七条 重要计算机信息系统应当建立完善的计算机信息系统日志，根据信息的重要程度设定保存时间，最短不少于60天。

第四章　法律责任

第二十八条 违反本办法，有下列行为之一的，由公安机关处以警告：

（一）逾期不到公安机关办理有关计算机信息系统安全管理手续的；

（二）发生计算机信息系统案件、事故或违法行为，在12小时内不报告的；

（三）违反计算机信息系统国际联网备案制度的；

（四）接到整改通知书后，不按期进行整改的；

（五）拒绝、阻碍铁路公安机关依法实施计算机信息系统安全检查、监督的；

（六）有危害计算机信息系统安全的其他行为的。

第二十九条 计算机信息系统存有严重安全隐患或违法犯罪嫌疑证据，需要技术检验核实的或者发生重大计算机信息系统安全事故或违法犯罪案件，需要保护现场或取证的，由公安机关采取措施保全证据。

第三十条 故意制作、传播计算机病毒及其他有害数据的，由公安机关对个人处以5000元以下罚款、对单位处以15 000元以下罚款。

第三十一条 违反本办法，应给予行政处罚的，由铁路公安机关依照《行政处罚法》规定的程序给予行政处罚。

第三十二条 铁路公安机关对违反本办法给予行政罚款处罚的，应当实行罚款决定与罚款收缴相分离的制度。铁路公安机关应当确定罚款代收机构，由公安机关出具处罚决定文书，被处罚人到代收银行自行缴纳罚款。

第三十三条 铁路公安机关实施行政处罚，使用公安部制发的《行政处罚决定书》。按照《行政处罚法》第四十八条规定，经当事人提出，由铁路公安机关当场收缴罚款的，铁路公安机关应当向当事人出具财政部指定的收据。

第三十四条 违反本办法、构成犯罪的，依照刑法的有关规定追究刑事责任。

第三十五条 对铁路公安机关依照本办法作出的行政处罚不服的，可以依法向上一级铁路公安机关申请复议或向人民法院提起行政诉讼。

第三十六条 因计算机信息系统安全保护工作不落实，导致发生危害后果的单位，除处罚直接责任者外，还要追究单位主要领导的责任。

第三十七条 铁路公安信息网络安全监察部门、人员违反本办法规定，由上一级铁路公安机关依法处罚。

第五章 附 则

第三十八条 本办法所称“重要部门”、“重要计算机信息系统”、“计算机事故及违法行为”另行规定。

第三十九条 中国铁路工程总公司、中国铁道建筑总公司应当适用本办法。

第四十条 本办法由铁道部负责解释。

第四十一条 本办法自2003年9月1日起施行。铁道部《铁路计算机信息系统安全保护办法》（铁公安[1998]74号）同时废止。

其他行政规范性文件

关于重新调整《电信业务分类目录》的通告

为适应电信业务发展，根据《中华人民共和国电信条例》（以下简称《电信条例》）的规定，我部对《电信条例》所附《电信业务分类目录》重新进行了调整。现将调整后的《电信业务分类目录》予以公布，自2003年4月1日起施行。届时，本通告发布之前公布的《电信业务分类目录》不再适用。

附件：电信业务分类目录

中华人民共和国信息产业部
二〇〇三年二月二十一日

电信业务分类目录

目　录

业务界定

A．基础电信业务

一、第一类基础电信业务

（一）固定通信业务

固定通信是指通信终端设备与网络设备之间主要通过电缆或光缆等线路固定连接起来，进而实现的用户间相互通信，其主要特征是终端的不可移动性或有限移动性，如普通电话机、IP 电话终端、传真机、无绳电话机、联网计算机等电话网和数据网终端设备。固定通信业务在此特指固定电话网通信业务和国际通信设施服务业务。

根据我国现行的“电话网编号标准”，全国固定电话网分成若干个“长途编号区”，每个长途编号区为一个本地电话网。固定电话网可采用电路交换技术或分组交换技术。

固定通信业务包括：固定网本地电话业务、固定网国内长途电话业务、固定网国际长途电话业务、IP 电话业务、国际通信设施服务业务。

1．固定网本地电话业务

固定网本地电话业务是指通过本地电话网（包括 ISDN 网）在同一个长途电话编号区范围内提供的电话业务。

固定网本地电话业务包括以下主要业务类型：

—端到端的双向话音业务。

—端到端的传真业务和中、低速数据业务（如固定网短消息业务）。

—呼叫前转、三方通话、主叫号码显示等补充业务。

—经过本地电话网与智能网共同提供的本地智能网业务。

—基于 ISDN 的承载业务。

固定网本地电话业务经营者必须自己组建本地电话网络设施（包括有线接入设施），所提供的本地电话业务类型可以是一部分或全部。提供一次本地电话业务经过的网络，可以是同一个运营者的网络，也可以是不同运营者的网络。

2．固定网国内长途电话业务

固定网国内长途电话业务是指通过长途电话网（包括 ISDN 网）、在不同“长途编号”区，即不同的本地电话网之间提供的电话业务。某一本地电话网用户可以通过加拨国内长途字冠和长途区号，呼叫另一个长途编号区本地电话网的用户。

固定网国内长途电话业务包括以下主要业务类型：

—跨长途编号区的端到端的双向话音业务。

—跨长途编号区的端到端的传真业务和中、低速数据业务。

—跨长途编号区的呼叫前转、三方通话、主叫号码显示等各种补充业务。

—经过本地电话网、长途网与智能网共同提供的跨长途编号区的智能网业务。

—跨长途编号区的基于 ISDN 的承载业务。

固定网国内长途电话业务的经营者必须自己组建国内长途电话网络设施，所提供的国内长途电话业务类型可以是一部分或全部。提供一次国内长途电话业务经过的本地电话网和长途电话网，可以是同一个运营者的网络，也可以由不同运营者的网络共同完成。

3．固定网国际长途电话业务

固定网国际长途电话业务是指国家之间或国家与地区之间，通过国际电话网络（包括 ISDN 网）提供的国际电话业务。某一国内电话网用户可以通过加拨国际长途字冠和国家（地区）码，呼叫另一个国家或地区的电话网用户。

固定网国际长途电话业务包括以下主要业务类型：

—跨国家或地区的端到端的双向话音业务。

—跨国家或地区的端到端的传真业务和中、低速数据业务。

—经过本地电话网、长途网、国际网与智能网共同提供的跨国家或地区的智能网业务，如国际闭合用户群话音业务等。

—跨国家或地区的基于 ISDN 的承载业务。

利用国际专线提供的国际闭合用户群话音服务属固定网国际长途电话业务。

固定网国际长途电话业务的经营者必须自己组建国际长途电话业务网络，无国际通信设施服务业务经营权的运营商不得建设国际传输设施，必须租用有相应经营权运营商的国际传输设施。所提供的国际长途电话业务类型可以是一部分或全部。提供固定网国际长途电话业务，必须经过国家批准设立的国际通信出入口。提供一次国际长途电话业务经过的本地电话网、国内长途电话网和国际网络，可以是同一个运营者的网络，也可以由不同运营者的网络共同完成。

4．IP 电话业务

IP 电话业务泛指利用 IP 网络协议，通过 IP 网络提供或通过电话网络和 IP 网络共同提供的电话业务。

IP 电话业务在此特指由电话网络和 IP 网络共同提供的 Phone-Phone 以及 PC-Phone 的电话业务，其业务范围包括国内长途 IP 电话业务和国际长途 IP 电话业务。IP 电话业务在整个信息传递过程中，中间传输段采用 IP 包方式。

IP 电话业务包括以下主要业务类型：

—端到端的双向话音业务。

—端到端的传真业务和中、低速数据业务。

—与智能网共同提供的国内和国际长途智能网业务。

IP 电话业务的经营者必须自己组建 IP 电话业务网络，无国际或国内通信设施服务业务经营权的运营商不得建设国际或国内传输设施，必须租用有相应经营权运营商的国际或国内传输设施。所提供的 IP 电话业务类型可以是部分或全部。提供国际 IP 长途电话业务，必须经过国家批准设立的国际通信出入口。提供一次 IP 电话业务经过的网络，可以是同一个运营者的网络，也可以由不同运营者的网络共同完成。

5．国际通信设施服务业务

国际通信设施是指用于实现国际通信业务所需的地面传输网络和网络元素。国际通信设施服务业务是指建设并出租、出售国际通信设施的业务。

国际通信设施主要包括：国际陆缆、国际海缆、陆地入境站，海缆登陆站、国际地面传输通道、国际卫星地球站、国际传输通道的国内延伸段，以及国际通信网络带宽、光通信波长、电缆、光纤、光缆等国际通信传输设施。

国际通信设施服务业务经营者应根据国家有关规定建设上述国际通信设施的部分或全部物理资源和功能资源，并可以开展相应的出租、出售经营活动。

（二）蜂窝移动通信业务

蜂窝移动通信是采用蜂窝无线组网方式，在终端和网络设备之间通过无线通道连接起来，进而实现用户在活动中可相互通信。其主要特征是终端的移动性，并具有越区切换和跨本地网自动漫游功能。蜂窝移动通信业务是指经过由基站子系统和移动交换子系统等设备组成蜂窝移动通信网提供的话音、数据、视频图像等业务。

蜂窝移动通信业务包括：900/1800MHz GSM 第二代数字蜂窝移动通信业务、800MHz CDMA 第二代数字蜂窝移动通信业务、第三代数字蜂窝移动通信业务。

1．900/1800MHz GSM 第二代数字蜂窝移动通信业务

900/1800MHz GSM 第二代数字蜂窝移动通信（简称 GSM 移动通信）业务是指利用工作在 900/1800MHz 频段的 GSM 移动通信网络提供的话音和数据业务。GSM 移动通信系统的无线接口采用 TDMA 技术，核心网移动性管理协议采用 MAP 协议。

900/1800MHz GSM 第二代数字蜂窝移动通信业务包括以下主要业务类型：

—端到端的双向话音业务。

—移动消息业务，利用 GSM 网络和消息平台提供的移动台发起、移动台接收的消息业务。

—移动承载业务以及其上的移动数据业务。

—移动补充业务，如主叫号码显示、呼叫前转业务等。

—经过 GSM 网络与智能网共同提供的移动智能网业务，如预付费业务等。

—国内漫游和国际漫游业务。

900/1800MHz GSM 第二代数字蜂窝移动通信业务的经营者必须自己组建 GSM 移动通信网络，所提供的移动通信业务类型可以是一部分或全部。提供一次移动通信业务经过的网络可以是同一个运营者的网络，也可以由不同运营者的网络共同完成。提供移动网国际通信业务，必须经过国家批准设立的国际通信出入口。

2．800MHz CDMA 第二代数字蜂窝移动通信业务

800MHz CDMA 第二代数字蜂窝移动通信（简称 CDMA 移动通信）业务是指利用工作在 800MHz 频段上的 CDMA 移动通信网络提供的话音和数据业务。CDMA 移动通信的无线接口采用窄带码分多址 CDMA 技术，核心网移动性管理协议采用 IS-41 协议。

800MHz CDMA 第二代数字蜂窝移动通信业务包括以下主要业务类型：

—端到端的双向话音业务。

—移动消息业务，利用 CDMA 网络和消息平台提供的移动台发起、移动台接收的消息业务。

—移动承载业务以及其上的移动数据业务。

—移动补充业务，如主叫号码显示、呼叫前转业务等。

—经过 CDMA 网络与智能网共同提供的移动智能网业务，如预付费业务等。

—国内漫游和国际漫游业务。

800MHz CDMA 第二代数字蜂窝移动通信业务的经营者必须自己组建 CDMA 移动通信网络，所提供的移动通信业务类型可以是一部分或全部。提供一次移动通信业务经过的网络，可以是同一个运营者的网络，也可以由不同运营者的网络共同完成。提供移动网国际通信业务，必须经过国家批准设立的国际通信出入口。

3．第三代数字蜂窝移动通信业务

第三代数字蜂窝移动通信（简称 3G 移动通信）业务是指利用第三代移动通信网络提供的话音、数据、视频图像等业务。

第三代数字蜂窝移动通信业务的主要特征是可提供移动宽带多媒体业务，其中高速移动环境下支持 144kb/s 速率，步行和慢速移动环境下支持 384kb/s 速率，室内环境支持 2Mb/s 速率的数据传输，并保证高可靠的服务质量（QoS）。第三代数字蜂窝移动通信业务包括第二代蜂窝移动通信可提供的所有的业务类型和移动多媒体业务。

第三代数字蜂窝移动通信业务的经营者必须自己组建 3G 移动通信网络，所提供的移动通信业务类型可以是一部分或全部。提供一次移动通信业务经过的网络，可以是同一个运营者的网络设施，也可以由不同运营者的网络设施共同完成。提供移动网国际通信业务，必须经过国家批准设立的国际通信出入口。

（三）第一类卫星通信业务

卫星通信业务是指经过通信卫星和地球站组成的卫星通信网络提供的话音、数据、视频图像等业务。通信卫星的种类分为地球同步卫星（静止卫星）、地球中轨道卫星和低轨道卫星（非静止卫星）。地球站通常是固定地球站，也可以是可搬运地球站、移动地球站或移动用户终端。

根据管理的需要，卫星通信业务分为两类。第一类卫星通信业务包括：卫星移动通信业务、卫星国际专线业务。

1．卫星移动通信业务

卫星移动通信业务是指地球表面上的移动地球站或移动用户使用手持终端、便携终端、车（船、飞机）载终端，通过由通信卫星、关口地球站、系统控制中心组成的卫星移动通信系统实现用户或移动体在陆地、海上、空中的通信业务。

卫星移动通信业务主要包括话音、数据、视频图像等业务类型。

卫星移动通信业务的经营者必须组建卫星移动通信网络设施，所提供的业务类型可以是一部分或全部。提供跨境卫星移动通信业务（通信的一端在境外）时，必须经过国家批准设立的国际通信出入口转接。提供卫星移动通信业务经过的网络，可以是同一个运营者的网络，也可以由不同运营者的网络共同完成。

2．卫星国际专线业务

卫星国际专线业务是指利用由固定卫星地球站和静止或非静止卫星组成的卫星固定通信系统向用户提供的点对点国际传输通道、通信专线出租业务。卫星国际专线业务有永久连接和半永久连接两种类型。

提供卫星国际专线业务应用的地球站设备分别设在境内和境外，并且可以由最终用户租用或购买。

卫星国际专线业务的经营者必须自己组建卫星通信网络设施。

（四）第一类数据通信业务

数据通信业务是通过因特网、帧中继、ATM、X.25 分组交换网、DDN 等网络提供的各类数据传送业务。

根据管理的需要，数据通信业务分为两类。第一类数据通信业务包括：因特网数据传送业务、国际数据通信业务、公众电报和用户电报业务。

1．因特网数据传送业务

因特网数据传送业务是指利用 IP 技术，将用户产生的 IP 数据包从源网络或主机向目标网络或主机传送的业务。

因特网数据传送业务的经营者必须自己组建因特网骨干网络和因特网国际出入口，无国际或国内通信设施服务业务经营权的运营商不得建设国际或国内传输设施，必须租用有相应经营权运营商的国际或国内传输设施。

因特网数据传送业务的经营者可以为因特网接入服务商提供接入，也可以直接向终端用户提供因特网接入服务。提供因特网数据传送业务经过的网络可以是同一个运营者的网络，也可以利用不同运营者的网络共同完成。

因特网数据传送业务经营者可以建设用户驻地网、有线接入网、城域网等网络设施。

基于因特网的国际会议电视和图像服务业务、国际闭合用户群的数据业务属因特网数据传送业务。

2．国际数据通信业务

国际数据通信业务是国家之间或国家与地区之间，通过帧中继和 ATM 等网络向用户提供永久虚电路（PVC）连接，以及利用国际线路或国际专线提供的数据或图像传送业务。

利用国际专线提供的国际会议电视业务和国际闭合用户群的数据业务属于国际数据通信业务。

国际数据通信业务的经营者必须自己组建国际帧中继和 ATM 等业务网络，无国际通信设施服务业务经营权的运营商不得建设国际传输设施，必须租用有相应经营权运营商的国际传输设施。

3．公众电报和用户电报业务

公众电报业务是发报人交发的报文由电报局通过电报网传递并投递给收报人的电报业务。公众电报业务按照电报传送的目的地分为国内公众电报业务和国际公众电报业务两种。

用户电报业务是用户利用装设在本单位或本住所或电报局营业厅的电报终端设备，通过用户电报网与本地或国内外各地用户直接通报的一种电报业务。用户电报业务按使用方式分为专用用户电报业务、公众用户电报业务和海事用户电报业务。

二、第二类基础电信业务

（一）集群通信业务

集群通信业务是指利用具有信道共用和动态分配等技术特点的集群通信系统组成的集群通信共网，为多个部门、单位等集团用户提供的专用指挥调度等通信业务。

集群通信系统是按照动态信道指配的方式实现多用户共享多信道的无线电移动通信系统。该系统一般由终端设备、基站和中心控制站等组成，具有调度、群呼、优先呼、虚拟专用网、漫游等功能。

集群通信业务包括：模拟集群通信业务、数字集群通信业务。

1．模拟集群通信业务

模拟集群通信业务是指利用模拟集群通信系统向集团用户提供的指挥调度等通信业务。模拟集群通信系统是指在无线接口采用模拟调制方式进行通信的集群通信系统。

模拟集群通信业务经营者必须自己组建模拟集群通信业务网络，无国内通信设施服务业务经营权的经营者不得建设国内传输网络设施，必须租用具有相应经营权运营商的传输设施组建业务网络。

2．数字集群通信业务

数字集群通信业务是指利用数字集群通信系统向集团用户提供的指挥调度等通信业务。数字集群通信系统是指在无线接口采用数字调制方式进行通信的集群通信系统。

数字集群通信业务主要包括调度指挥、数据、电话（含集群网内互通的电话或集群网与公众网间互通的电话）等业务类型。

数字集群通信业务经营者必须提供调度指挥业务，也可以提供数据业务、集群网内互通的电话业务及少量的集群网与公众网间互通的电话业务。

数字集群通信业务经营者必须自己组建数字集群通信业务网络，无国内通信设施服务务业务经营权的经营者不得建设国内传输网络设施，必须租用具有相应经营权运营商的传输设施组建业务网络。

（二）无线寻呼业务

无线寻呼业务是指利用大区制无线寻呼系统，在无线寻呼频点上，系统中心（包括寻呼中心和基站）以采用广播方式向终端单向传递信息的业务。无线寻呼业务可采用人工或自动接续方式。在漫游服务范围内，寻呼系统应能够为用户提供不受地域限制的寻呼漫游服务。

根据终端类型和系统发送内容的不同，无线寻呼用户在无线寻呼系统的服务范围内可以收到数字显示信息、汉字显示信息或声音信息。

无线寻呼业务经营者必须自己组建无线寻呼网络，无国内通信设施服务业务经营权的经营者不得建设国内传输网络设施，必须租用具有相应经营权运营商的传输设施组建业务网络。

（三）第二类卫星通信业务

第二类卫星通信业务包括：卫星转发器出租、出售业务、国内甚小口径终端地球站（VSAT）通信业务。

1．卫星转发器出租、出售业务

卫星转发器出租、出售业务是指根据使用者需要，在中华人民共和国境内将自有或租有的卫星转发器资源（包括一个或多个完整转发器、部分转发器带宽等）向使用者出租或出售，以供使用者在境内利用其所租赁或购买的卫星转发器资源为自己或他人、组织提供服务的业务。

卫星转发器出租、出售业务经营者可以利用其自有或租用的卫星转发器资源，在境内开展相应的出租或出售的经营活动。

2．国内甚小口径终端地球站（VSAT）通信业务

国内甚小口径终端地球站（VSAT）通信业务是指利用卫星转发器，通过 VSAT 通信系统中心站的管理和控制，在国内实现中心站与 VSAT 终端用户（地球站）之间、VSAT 终端用户之间的语音、数据、视频图像等传送业务。

由甚小口径天线和地球站终端设备组成的地球站称 VSAT 地球站。由卫星转发器、中心站和 VSAT 地球站组成 VSAT 系统。

国内甚小口径终端地球站通信业务经营者必须自己组建 VSAT 系统，在国内提供中心站与 VSAT 终端用户（地球站）之间、VSAT 终端用户之间的语音、数据、视频图像等传送业务。

（四）第二类数据通信业务

第二类数据通信业务包括：固定网国内数据传送业务、无线数据传送业务。

1．固定网国内数据传送业务

固定网国内数据传送业务是指第一类数据传送业务以外的，在固定网中以有线方式提供的国内端到端数据传送业务。主要包括基于异步转移模式（ATM）网络的 ATM 数据传送业务、基于 X.25 分组交换网的 X.25 数据传送业务、基于数字数据网（DDN）的 DDN 数据传送业务、基于帧中继网络的帧中继数据传送业务等。

固定网国内数据传送业务的业务类型包括：永久虚电路（PVC）数据传送业务、交

换虚电路（SVC）数据传送业务、虚拟专用网业务等。

固定网国内数据传送业务经营者可组建上述基于不同技术的数据传送网，无国内通信设施服务业务经营权的经营者不得建设国内传输网络设施，必须租用具有相应经营权运营商的传输设施组建业务网络。

2．无线数据传送业务

无线数据传送业务是指前述基础电信业务条目中未包括的、以无线方式提供的端到端数据传送业务，该业务可提供漫游服务，一般为区域性。

提供该类业务的系统包括蜂窝数据分组数据（CDPD）、PLANET、NEXNET、Mobitex等系统。双向寻呼属无线数据传送业务的一种应用。

无线数据传送业务经营者必须自己组建无线数据传送网，无国内通信设施服务业务经营权的经营者不得建设国内传输网络设施，必须租用具有相应经营权运营商的传输设施组建业务网络。

（五）网络接入业务

网络接入业务是指以有线或无线方式提供的、与网络业务节点接口（SNI）或用户网络接口（UNI）相连接的接入业务。网络接入业务在此特指无线接入业务、用户驻地网业务。

1．无线接入业务

无线接入业务是以无线方式提供的网络接入业务，在此特指为终端用户提供面向固定网络（包括固定电话网和因特网）的无线接入方式。无线接入的网络位置为固定网业务节点接口（SNI）到用户网络接口（UNI）之间部分，传输媒质全部或部分采用空中传播的无线方式，用户终端不含移动性或只含有限的移动性。

无线接入业务经营者必须自己组建位于固定网业务节点接口（SNI）到用户网络接口（UNI）之间的无线接入网络设施，可以从事自己所建设施的网络元素出租和出售业务。

2．用户驻地网业务

用户驻地网业务是指以有线或无线方式，利用与公众网相连的用户驻地网（CPN）相关网络设施提供的网络接入业务。

用户驻地网是指用户网络接口（UNI）到用户终端之间的相关网络设施。根据管理需要，在此，用户驻地网特指从用户驻地业务集中点到用户终端之间的相关网络设施。用户驻地可以是一个居民小区，也可以是一栋或相邻的多栋写字楼，但不包括城域范围内的接入网。

用户驻地网业务经营者必须自己组建用户驻地网，并可以开展驻地网内网络元素出租或出售业务。

（六）国内通信设施服务业务

国内通信设施是指用于实现国内通信业务所需的地面传输网络和网络元素。国内通信设施服务业务是指建设并出租、出售国内通信设施的业务。

国内通信设施主要包括：光缆、电缆、光纤、金属线、节点设备、线路设备、微波站、国内卫星地球站等物理资源和带宽（包括通道、电路）、波长等功能资源组成的国内通信传输设施。

国内专线电路租用服务业务属国内通信设施服务业务。

国内通信设施服务业务经营者应根据国家有关规定建设上述国内通信设施的部分或全部物理资源和功能资源，并可以开展相应的出租、出售经营活动。

（七）网络托管业务

网络托管业务是指受用户委托，代管用户自有或租用的国内的网络、网络元素或设备，包括为用户提供设备的放置、网络的管理、运行和维护等服务，以及为用户提供互联互通和其他网络应用的管理和维护服务。

注：模拟集群通信业务、无线寻呼业务、国内甚小口径终端地球站（VSAT）通信业务、第二类数据通信业务（含固定网国内数据传送业务和无线数据传送业务）、用户驻地网业务、网络托管业务比照增值电信业务管理。

B．增值电信业务

一、第一类增值电信业务

（一）在线数据处理与交易处理业务

在线数据与交易处理业务是指利用各种与通信网络相连的数据与交易/事务处理应用平台，通过通信网络为用户提供在线数据处理和交易/事务处理的业务。在线数据和交易处理业务包括交易处理业务、电子数据交换业务和网络/电子设备数据处理业务。

交易处理业务包括办理各种银行业务、股票买卖、票务买卖、拍卖商品买卖、费用支付等。

网络/电子设备数据处理指通过通信网络传送，对连接到通信网络的电子设备进行控制和数据处理的业务。

电子数据交换业务，即EDI，是一种把贸易或其他行政事务有关的信息和数据按统一规定的格式形成结构化的事务处理数据，通过通信网络在有关用户的计算机之间进行交换和自动处理，完成贸易或其他行政事务的业务。

（二）国内多方通信服务业务

国内多方通信服务业务是指通过通信网络实现国内两点或多点之间实时的交互式或点播式的话音、图像通信服务。

国内多方通信服务业务包括国内多方电话服务业务、国内可视电话会议服务业务和国内因特网会议电视及图像服务业务等。

国内多方电话服务业务是指通过公用电话网把我国境内两点以上的多点电话终端连接起来，实现多点间实时双向话音通信的业务。

国内可视电话会议服务业务是通过公用电话网把我国境内两地或多个地点的可视电话会议终端连接起来，以可视方式召开会议，能够实时进行话音、图像和数据的双向通信。

国内因特网会议电视及图像服务业务是为国内用户在因特网上两点或多点之间提供的双向对称、交互式的多媒体应用或双向不对称、点播式图像的各种应用，如远程诊断、远程教学、协同工作、视频点播（VOD）、游戏等应用。

（三）国内因特网虚拟专用网业务

国内因特网虚拟专用网业务（IP-VPN）是指经营者利用自有的或租用公用因特网网络资源，采用TCP/IP协议，为国内用户定制因特网闭合用户群网络的服务。因特网虚拟专用网主要采用IP隧道等基于TCP/IP的技术组建，并提供一定的安全性和保密性，专网内可实现加密的透明分组传送。

IP-VPN业务的用户不得利用IP-VPN进行公共因特网信息浏览及用于经营性活动；IP-VPN业务的经营者必须有确实的技术与管理措施（监控手段）防止其用户违反上述规定。

（四）因特网数据中心业务

因特网数据中心业务（IDC）是指利用相应的机房设施，以外包出租的方式为用户的服务器等因特网或其他网络的相关设备提供放置、代理维护、系统配置及管理服务，以及提供数据库系统或服务器等设备的出租及其存储空间的出租、通信线路和出口带宽的代理租用和其他应用服务。

因特网数据中心业务经营者必须提供机房和相应的配套设施，并提供安全保障措施。

二、第二类增值电信业务

（一）存储转发类业务

存储转发类业务是指利用存储转发机制为用户提供信息发送的业务。语音信箱、X.400电子邮件、传真存储转发等属于存储转发类业务。

1．语音信箱

语音信箱业务是指利用与公用电话网或公用数据传送网相连接的语音信箱系统向用户提供存储、提取、调用话音留言及其辅助功能的一种业务。每个语音信箱有一个专用信箱号码，用户可以通过终端设备，例如通过电话呼叫和话机按键进行操作，完成信息投递、接收、存储、删除、转发、通知等功能。

2．X.400电子邮件业务

X.400电子邮件业务是指符合ITU X.400建议、基于分组网的电子信箱业务。它通过计算机与公用电信网结合，利用存储转发方式为用户提供多种类型的信息交换。

3．传真存储转发业务

传真存储转发业务是指在用户的传真机之间设立存储转发系统，用户间的传真经存储转发系统的控制，非实时地传送到对端的业务。

传真存储转发系统主要由传真工作站和传真存储转发信箱组成，两者之间通过分组网或数字专线连接。传真存储转发业务主要有：多址投送、定时投送、传真信箱、指定接收人通信、报文存档及其他辅助功能等。

（二）呼叫中心业务

呼叫中心业务是指受企事业单位委托，利用与公用电话网或因特网连接的呼叫中心系统和数据库技术，经过信息采集、加工、存储等建立信息库，通过固定网、移动网或因特网等公众通信网络向用户提供有关该企事业单位的业务咨询、信息咨询和数据查询等服务。

呼叫中心业务还包括呼叫中心系统和话务员座席的出租服务。

用户可以通过固定电话、传真、移动通信终端和计算机终端等多种方式进入系统，访问系统的数据库，以语音、传真、电子邮件、短消息等方式获取有关该企事业单位的信息咨询服务。

（三）因特网接入服务业务

因特网接入服务是指利用接入服务器和相应的软硬件资源建立业务节点，并利用公用电信基础设施将业务节点与因特网骨干网相连接，为各类用户提供接入因特网的服务。用户可以利用公用电话网或其他接入手段连接到其业务节点，并通过该节点接入因特网。

因特网接入服务业务主要有两种应用，一是为因特网信息服务业务（ICP）经营者等利用因特网从事信息内容提供、网上交易、在线应用等提供接入因特网的服务；二是为普通上网用户等需要上网获得相关服务的用户提供接入因特网的服务。

（四）信息服务业务

信息服务业务是指通过信息采集、开发、处理和信息平台的建设，通过固定网、移动网或因特网等公众通信网络直接向终端用户提供语音信息服务（声讯服务）或在线信息和数据检索等信息服务的业务。

信息服务的类型主要包括内容服务、娱乐/游戏、商业信息和定位信息等服务。信息服务业务面向的用户可以是固定通信网络用户、移动通信网络用户、因特网用户或其他数据传送网络的用户。

注：我国承诺的 WTO 减让表中所列出的服务项目与本分类目录中的业务名称不一致时，其对应关系如下：

基础电信服务中，“移动话音和数据业务”属蜂窝移动通信业务。

国内业务中，“话音服务”、“传真服务”、“电路交换数据传送业务”含在固定网本地电话业务和固定网长途电话业务；“分组交换数据传输业务”属第二类数据通信业务；“国内专线电路租用服务”属国内通信服务设施业务。

国际业务中，“话音服务”、“传真服务”、“电路交换数据传输业务”、“国际闭合用户群话音服务”属固定网国际长途电话业务；“分组交换数据传输业务”含在因特网数据传送业务和国际数据通信业务中；基于因特网“国际闭合用户群数据业务”属因特网数据传送业务，利用国际专线的“国际闭合用户群数据服务”属国际数据通信业务。

增值电信服务中，“在线信息和/或数据处理（包括交易处理）”和“电子数据交换”属在线数据处理与交易处理业务；“电子邮件”、“语音邮件”、“增值传真服务（包括存储与传送、存储与调用）”属存储转发类业务；“在线信息和数据检索”属信息服务业务；“编码和规程转换”在目前电信网已无具体应用，故在本目录中未列

信息产业部关于加强我国互联网络域名管理工作的公告

在互联网络域名注册服务企业的工作推动下，我国互联网络域名数量快速增长，域名应用日益广泛，域名在维护和保障我国互联网健康发展方面的作用日益明显。但近期少数企业违规从事域名注册服务活动，干扰了我国互联网络域名注册服务秩序。为贯彻落实《中国互联网络域名管理办法》（以下简称域名管理办法），维护我国互联网络域名注册服务秩序，我部决定进一步加强管理，在全国范围内开展域名注册服务规范整顿工作。现将有关事项通告如下：

一、加强备案管理。在中华人民共和国境内从事域名（含.COM、.NET 等境外域名）

注册服务的单位，应当符合域名管理办法规定的条件，并依据域名管理办法向我部备案。符合条件并备案的，我部将向社会公布。

不具备条件且未经我部备案的或超出备案项目从事域名注册服务活动单位，应立即停止违规域名注册服务活动，尽快整改达到域名管理办法规定的条件，并按照规定于本公告发布之日起45个工作日内到我部办理备案手续。在规定期限内未予备案或超出备案范围继续从事域名注册服务的，我部将依据域名管理办法进行查处。各电信运营企业对经我部确认违规从事域名注册服务的单位，应当中止提供其接入服务。

二、清理违规注册域名。在我国境内从事域名（含.COM、.NET等境外域名）注册服务的单位，应尽快对本单位已注册的域名进行全面清查。对违反域名管理办法规定注册的域名，应于本公告发布之日起30个工作日内予以注销。在规定期限内未予注销的，我部将依据域名管理办法进行查处。

各从事域名注册服务的单位，应将本单位域名注册情况和具体清查情况于本公告发布之日起45个工作日内报送我部电信管理局。未按规定报送的，我部将不予备案。

三、进一步贯彻域名管理办法。域名关系到我国信息化建设，在我国境内从事域名注册管理、域名注册服务和域名注册代理的单位，应进一步加强学习域名管理办法，深刻领会其内涵，提高认识，自觉遵守和执行，提高自身管理和服务水平，共同维护和推动我国互联网络健康稳定发展。

特此公告。

中华人民共和国信息产业部

二〇〇三年七月三十一日

信息产业部关于从事域名注册服务经营者应具备条件法律适用解释的通告

《中国互联网络域名管理办法》第十二条所指“从事域名注册服务活动，应当具备下列条件”具体为。

一、是经工商行政管理部门批准注册、具有信息服务（ICP）业务经营许可证的合法企业法人或事业法人。

二、注册资金不得少于100万元人民币；从事域名注册服务的技术人员应当不少于5人，客户服务人员不少于10人。

三、具有良好的信誉，有专门的域名解析服务器（DNS），能完成域名在域名数据库中注册；有健全的域名注册服务退出机制，能保证在退出域名注册服务市场后其域名解析服务器至少能正常运行半年。

四、有较完整的业务发展计划，有用户注册、变更注册数据的管理机制和24小时的客户服务电话；有较科学、合理的技术方案。

五、有域名服务器的物理安全、防网络攻击等安全保障措施，有健全的安全预警、报警和恢复机制，有健全的运行维护值班机制；有严密、可操作的不良冒犯性域名清除过滤机制和域名信息数据备份机制；不良冒犯性域名清除或检查应当一天一次，域名数据备份应当至少一周一次。

六、有与相关域名注册管理机构签订的合作协议和用户服务协议等。

符合上述条件，并向我部提交备案材料的，我部将定期向社会公布。

特此通告。

中华人民共和国信息产业部
二〇〇三年十一月一日

信息产业部关于公布符合从事.cn域名注册服务条件的域名注册服务机构的通告

依据《中国互联网络域名管理办法》和《信息产业部关于公布域名注册服务经营者应具备条件法律适用解释的通告》信部电[2003]498号，现将符合从事.CN域名注册服务条件且向我部办理备案手续的域名注册服务机构予以公布。

本通告相关内容可查询我部网站 www.mii.gov.cn。本通告发布后办理备案手续的域名注册服务机构名单不再另行通知，一并发布在我部网站上。

对于发现的域名注册服务问题，欢迎社会各界向域名注册管理机构中国互联网络信息中心投诉（电话：010－62619750-3008；邮箱：supervise@cnnic.net.cn；传真：010－62559892/62636115），也可直接向信息产业部反映（联系电话：010－66020710，传真：010－66024197）。

特此通告。

中华人民共和国信息产业部
二〇〇三年十一月二十四日

附件：符合从事.CN域名注册服务条件的机构及其相关信息

1．北京万网新兴网络技术有限公司、北京信海科技发展有限公司
地址：北京首体南路6号新世纪饭店写字楼1858室（100044）
客户服务：010-68492333-1、68492333-2
传真：010-68492758
电子邮件：cnreg@chinadns.com
网址：http://www.chinadns.com.cn/

2．厦门精通科技实业有限公司
地址：厦门市开元区嘉禾路267号惠元大厦八楼（361004）
客户服务：0592-5391800

传真：0592-5391808
电子邮件：guonei@china-channel.com
网址：http://www.china-channel.com.cn/
3．北京首都在线科技发展股份有限公司
地址：北京市朝阳区东土城路14号建达大厦16层（100013）
客户服务：010-64240263-4
传真：010-84291029
电子邮件：idc.bj@net263.com
网址：http://www.263idc.net/index.html/
4．北京东方网景信息科技有限公司
地址：北京市海淀区知春路63号卫星大厦1108室（100080）
客户服务：010-82615500-1237、82615500-5858、82615500-1600
传真：010-68747667
电子邮件：support@east.net
网址：http://www.east.net/
5．北京新网互联科技有限公司
地址：北京海淀区花园东路10号高德大厦307室（100083）
客户服务：800-830-7110
传真：010-82039663
电子邮件：cnreg@dns.com.cn
网址：http://www.dns.com.cn/
6．广东互易科技有限公司
地址：广州市天河北路233号中信广场1202-1203（510613）
客户服务：020-87521880、87521883、87521885
传真：020-87502880
电子邮件：shitaluo@8hy.com
网址：http://www.huyi.cn/
7．厦门必信电脑网络有限公司
地址：厦门市湖滨南路388号国贸大厦41楼D座（361004）
客户服务：0592-5163169、5163200、8607568
传真：0592-5165137
电子邮件：domain@bizcn.com
网址：http://www.bizcn.com/
8．厦门中资源网络服务有限公司
地址：厦门市白鹭洲路普利花园大厦19层（361004）
客户服务：0592-2222123
传真：0592-2220123、
电子邮件：web@cnolnic.com
网址：http://www.cnolnic.net.cn/

9．珠海市天互科技有限公司

地址：珠海市人民东路 221 号西海大厦 6 楼 B 座（519000）

客户服务：0756-2281172、2282523、2281173

传真：0756-2282526

电子邮件：support@now.net.cn

网址：http://www.now.net.cn/

10．武汉市劲捷电子信息有限公司

地址：武汉市黄孝河路 107 号花桥互联网大厦 15 层（430019）

客户服务：800-880-1027/027-82890557、82649810-8328

传真：027-82649681

电子邮件：info@jingle.com.cn

网址：http://www.027.net.cn/

11．北京中科三方网络技术有限公司

地址：北京市海淀区中关村南四街 4 号 1 号楼（100080）

客户服务：800-810-6660、010-82619977

传真：010-82610500、82610330

电子邮件：sales@sanfront.com.cn

网址：http://www.sfn.com.cn

12．北京中企网动力数码科技有限公司

地址：北京市海淀区西三环中路甲 21 号企业网大厦（100036）

客户服务：010-63983732、63982266

传真：010-63983401

电子邮件：service@ce.net.cn

网址：http://www.ce.net.cn

13．北京万维通港科技有限公司

地址：北京市海淀区皂君庙 14 号院鑫三元服务中心 406（100081）

客户服务：010-62132381

传真：010-62118241

电子邮件：domain@nihao.net

网址：http://www.nihao.net.cn

文化部关于加强互联网上网服务营业场所连锁经营管理的通知

（文市发[2003]15 号）

各省、自治区、直辖市文化厅（局），新疆生产建设兵团文化局：

为深入贯彻《互联网上网服务营业场所管理条例》，整顿和规范网络文化市场，根据《国务院办公厅转发国务院体改办国家经贸委关于促进连锁经营发展若干意见的通知》（国办发[2002]49 号）精神，现就互联网上网服务营业场所连锁经营管理有关问题通知如下：

一、促进和规范互联网上网服务营业场所连锁经营，是加强对网吧等互联网上网服务营业场所管理，规范互联网上网服务经营活动的重要措施。各地文化行政部门一方面要继续坚持从严审批、从严管理、从严控制总量、从严打击违法经营的原则，合理布局、优化结构，加强对网吧等互联网上网服务营业场所的宏观调控和行政执法力度，探索长效管理机制，落实经营管理技术措施；另一方面要加强对现有网吧的正面引导和改造提高，通过促进和规范互联网上网服务营业场所连锁经营，力争让规模化、连锁化、主题化、品牌化的网吧等互联网上网服务营业场所逐步占据市场主流，在社会上树立起网吧等互联网上网服务营业场所文明、健康的良好形象。

二、本通知所称的互联网上网服务营业场所连锁经营，是指若干互联网上网服务营业场所在连锁经营企业总部的统一管理下，严格按照连锁经营的组织规范，统一经营方针、统一服务规范、统一形象标识、统一营业场所风格，并且统一上网首页和统一计算机远程管理的经营组织形式，主要包括直营连锁和特许（或称加盟）连锁两种组织形式。连锁经营企业对直营连锁门店的控股比例不得低于51%。不符合上述要求的，不得以连锁名义从事经营活动。

三、文化部负责全国性和跨省（自治区、直辖市）连锁经营的互联网上网服务营业场所连锁经营企业的审批；省、自治区、直辖市文化行政部门负责审批在本行政辖区内从事连锁经营的互联网上网服务营业场所连锁经营企业的审批，并报文化部备案。各省、自治区、直辖市文化行政部门要对互联网上网服务营业场所连锁经营企业及其连锁门店的数量和布局进行合理规划，既要防止独家垄断，又要避免恶性竞争。每个省（自治区、直辖市）审批设立的互联网上网服务营业场所连锁经营企业不超过3家，全国性互联网上网服务营业场所连锁经营企业原则上不超过10家。要在严格控制总量的前提下优先审批互联网上网服务营业场所连锁经营企业的直营连锁门店，从严审批新设立的特许连锁门店，鼓励和支持互联网上网服务营业场所连锁经营企业在商业自愿的原则下收购、兼并、联合、重组、参股、控股现有的互联网上网服务营业场所经营单位。今后要在城市和有条件的农村地区停止审批非连锁经营的互联网上网服务营业场所。

四、申请设立互联网上网服务营业场所连锁经营企业应当符合《互联网上网服务营业场所管理条例》和国家有关规定，并具备下列条件：

（一）有企业的名称、住所、组织机构和章程；

（二）在一个省（自治区、直辖市）内从事连锁经营的，注册资本（金）或出资不得少于1000万元；从事全国性和跨省（自治区直辖市）连锁经营的，注册资本（金）或出资不得少于5000万元；

（三）有与其连锁经营活动相适应并取得从业资格的经营管理人员、专业技术人员；

（四）在一个省（自治区、直辖市）内从事连锁经营的，应当有不少于10家直营连锁门店；从事全国性和跨省（自治区、直辖市）连锁经营的，应当在不少于两个省（自治区、直辖市）内拥有不少于20家直营连锁门店；

（五）直营连锁门店不得少于连锁门店总量的10%；从事特许经营活动应当依法签定特许经营合同；

（六）具有与其连锁经营活动相适应并符合连锁经营规范的经营管理体系和向连锁门店提供长期经营指导的能力；

（七）拥有统一的上网首页和对连锁门店统一实施的计算机远程管理系统；

（八）法律法规和文化部规定的其他条件。

五、申请设立互联网上网服务营业场所连锁经营的企业应当提供以下文件：

（一）名称预先核准通知书或营业执照和章程；

（二）法定代表人或主要负责人的身份证明等有关证明材料，主要经营管理人员、专业技术人员的从业资格等有关证明材料；

（三）资金信用证明和符合本通知第四条规定数量的营业场所产权证明或者租赁意向书；

（四）符合连锁经营规范的筹建方案；

（五）符合国家法律法规规定的连锁经营管理制度及特许连锁门店的加盟章程；

（六）作为统一上网首页的合作网站合作意向书或者自建网站的筹建方案；

（七）统一计算机远程管理系统的筹建方案；

（八）需要提交的其他文件。

六、文化部或省、自治区、直辖市文化行政部门收到互联网上网服务营业场所连锁经营企业设立申请后，经审查符合条件的，发给同意筹建的批准文件。申请人完成筹建后，应当持符合本通知第四条规定数量的连锁门店《网络文化经营许可证》复印件、直营连锁门店的直营证明材料和特许连锁门店的特许经营协议书（合同）等证明材料向文化行政部门申请最终审核。文化行政部门经实地检查并审核合格的，发给《网络文化经营许可证》；经审查不符合条件的，应当向申请人说明理由。

七、互联网上网服务营业场所连锁经营企业设立连锁门店应当取得当地县（区）级以上文化行政部门的书面同意，并按照《互联网上网服务营业场所管理条例》的有关规定单独办理《网络文化经营许可证》。已经依法办理《网络文化经营许可证》的连锁门店应当办理变更登记手续。各省（自治区、直辖市）文化行政部门应当支持全国性或跨省（自治区、直辖市）连锁经营企业于一年以内在本行政区内设立不少于10家连锁门店。

八、互联网上网服务营业场所连锁经营企业及其连锁门店应当自觉接受当地文化行政部门的日常监督管理。凡连锁门店受到停业整顿以上行政处罚的，当地文化行政部门应当将处罚决定逐级上报至连锁经营企业发证部门备案。一年以内累计受到两次以上停业整顿以上行政处罚的特许连锁门店，连锁经营企业应当终止与该门店的特许经营关系；一年以内 3%以上连锁门店受到停业整顿以上行政处罚的，发证部门应当责令连锁经营企业进行整改；一年以内 3%以上连锁门店被吊销《网络文化经营许可证》的，取消连锁经营企业的连锁经营资格。

九、文化行政部门要对网吧等互联网上网服务营业场所、连锁经营企业及其分支机构实行年审制度。要加强对互联网上网服务营业场所连锁经营企业的指导，积极引导连锁经营企业提高经营管理水平，按照连锁经营标准化、专业化的要求，逐步建立起完善的经营管理体系和服务标准，坚决杜绝假连锁现象。积极引导连锁经营企业加强互联网文化建设，不断拓展增值服务项目，开发主题鲜明、特色突出的互联网文化内容和增值服务功能，为上网消费者提供丰富多彩、健康有益的衍生文化产品和增值服务项目。要充分发挥连锁经营企业在行业协会中的骨干作用和示范作用，努力促进行业自律。

二〇〇三年四月二十二日

文化部文化市场司关于全国性互联网上网服务营业场所连锁经营单位审批情况的通告

根据《互联网上网服务营业场所管理条例》第八条和文化部《关于加强互联网上网服务营业场所连锁经营管理的通知》的有关规定，文化部负责全国性互联网上网服务营业场所连锁经营企业的审批，并确定全国性互联网上网服务营业场所连锁企业原则上不超过10家。

现经文化部受理批准筹建全国性互联网上网服务营业场所连锁经营单位已达10家（见附件），因此决定暂停受理全国性互联网上网服务营业场所连锁经营单位申请业务。我部将按照限期筹建、有进有出的原则，对全国性互联网上网服务营业场所连锁经营单位的筹建工作进行动态监管，适时调整受理审批工作。

特此通告。

文化部文化市场司

二〇〇三年六月五日

附：获准开展全国性互联网上网服务营业场所连锁经营筹建业务的10家单位名单

1. 中青网络家园有限公司（共青团中央网络影视中心）
2. 北京中录时空文化发展有限公司（中国录音录像出版总社）
3. 中国数字图书馆有限责任公司
4. 亚联电信网络有限公司
5. 中国文物信息咨询中心
6. 首创网络有限公司
7. 长城宽带网络服务有限公司
8. 中国联合通信有限公司
9. 中电华通通信有限公司
10. 瑞得投资控股公司

文化部关于实施《互联网文化管理暂行规定》有关问题的通知

各省、自治区、直辖市文化厅（局），新疆生产建设兵团文化局：

为贯彻落实《互联网文化管理暂行规定》（中华人民共和国文化部令第27号，以下简称《规定》），现就有关事项通知如下。

一、互联网文化产品是由于数字技术和互联网技术的应用所产生的一种新型文化产品形态。《规定》适用的互联网文化产品是指通过中国公用互联网以信息流形态在线传播的文化产品，主要包括：

（1）专门为互联网在线传播而生产的网络音像、网络游戏、互动漫画（FLASH）等互联网文化产品；

（2）将音像制品、游戏产品、演出（剧）节目、艺术品和动画等文化产品以一定的技术手段制作、复制到互联网上，以信息流形态在线传播的互联网文化产品。《规定》所称互联网文化单位主要是指《互联网信息服务管理办法》所称的互联网信息服务提供者。

二、申请设立互联网文化单位，应当符合《规定》的有关申办条件和互联网文化单位总量、结构和布局的规划，具有合法的互联网文化产品来源渠道或互联网文化产品生产能力；申请设立经营性互联网文化单位，应当有100万元以上注册资本和8名以上网络管理员、编辑人员等专业技术人员，并以企业的形式申办有关手续。申请设立非经营性互联网文化单位不得以企业的形式申办有关手续。各地暂不受理外商投资互联网信息服务提供者申请从事互联网文化活动。

三、申请设立专门利用互联网从事以物流形态传播音像制品、艺术品等文化产品的电子商务活动的，按照国家有关法律法规和文化部有关规定申报办理有关手续。已经获准设立的音像制品、艺术品等文化经营单位申请利用互联网从事以物流形态传播音像制品、艺术品等文化产品的电子商务活动的，按照国家有关法律法规和文化部有关规定向原发证部门申报办理有关手续；经审查合格的，在其原经营许可证上，增加相应的互联网经营项目。各级文化行政部门按照国家有关法律法规和文化部有关规定实施管理。

四、进口互联网文化产品，应当报经文化部审查批准，并在互联网文化产品显著位置标明文化部批准文号。未经文化部审查批准的互联网文化产品，不得进口、传播和流通。凡未经文化部审查批准，擅自进口、经营网络游戏的，文化部将依法予以查处，并按《互联网上网服务营业场所计算机经营管理系统技术规范》（WH/T16-2002）要求，纳入“黑名单制度”管理，同时向社会公告。进口用于互联网传播的音像节目、演出剧（节）目等文化产品，参照《音像制品管理条例》、《音像制品进口管理办法》、《营业性演出管理条例》及文化部有关规定报文化部审查。

五、申请进口游戏产品的互联网文化单位，应当向文化部提交下列文件：

1. 进口游戏产品内容审查申请表；

2. 营业执照；

3. 版权贸易或者运营代理协议草案（中、外文文本），原始版权证明书、版权授权书；

4. 游戏产品样品（中、外文文本，包括客户端程序软件）；

5. 游戏产品主题及内容说明书（中、外文文本）；

6. 游戏产品使用说明书（中、外文文本）；

7. 依法需要提供的其他文件。文化部收到进口游戏产品申请后，经审查合格的，发给批准文件；不批准的，应当说明理由。

六、加强对互联网文化产品的内容监管。互联网文化单位提供含有《规定》第十七条禁止内容的互联网文化产品的，按照《规定》第二十四条的规定从严予以查处；情节严重，违反《互联网信息服务管理办法》的，移交公安机关依法查处；但对当事人的同一个违法行为，不得给予两次以上罚款的行政处罚。构成犯罪的，依法追究刑事责任。

七、互联网文化单位《网络文化经营许可证》实行年检制度。《网络文化经营许可证》有效期为三年。在有效期内，互联网文化单位应当在规定的期限内提交年检报告，办理年检手续。年检不合格者限期整改，整改后仍不合格的，收回《网络文化经营许可证》。有效期届满，需要继续经营的，应当在许可证期满前 60 个工作日内办理续延手续。

二〇〇三年七月四日

国家版权局关于对计算机软件版权保护问题的意见

（国权办[2003]26 号）

浙江省版权局：

《关于杭州××电脑控制设备厂计算机软件是否侵权等问题的请示》（浙权〔2003〕2号）收悉。经研究，答复如下：

一、关于被投诉人的计算机软件是否构成侵权

根据我国著作权法和《计算机软件保护条例》（下称软件条例）的规定，被投诉人不能证明其制作、发行的作品、计算机软件有合法来源的，应当承担法律责任。本案中，被投诉人××电脑控制设备厂的软件已经有关部门认定与投诉人的软件绝大部分相同，因此，应当对自己制作软件的合法来源提供证据，如果提不出合法来源，应承担侵权责任。

二、如何理解软件条例第二十九条的规定

根据软件条例第二十九条的规定，在可供选用的表达方式有限的情况下，软件可以相似或者相同，而不发生侵权。但相似或相同的软件必须是各自独立创作产生的，而不能是抄袭或者复制他人已有软件的结果。

在软件著作权纠纷中，被诉方以"可供选用的表达方式有限"为由，为其软件与他人软件相同或者相似进行抗辩的，应当承担说明其表达方式有限的举证责任；举证不能的，应承担相应的侵权责任。

以上答复，供参考。

附件：《关于杭州××电脑控制设备厂计算机软件是否侵权等问题的请示》

二〇〇三年七月七日

附件：关于杭州××电脑控制设备厂计算机软件是否侵权等问题的请示

国家版权局：

最近，杭州市版权局就如何处理杭州××电脑绣花机厂与××电脑控制设备厂计算机软件著作权纠纷中遇到的问题向我局请示，事情的基本情况如下：

2 月下旬，杭州版权局接到杭州××电脑绣花机厂投诉，反映该厂"袜机电脑控制系统 V6.0 软件〔软著登字第 0007573 号〕（附件 1）被××电脑控制设备厂解密复制，构成侵权"。同时，该厂还提供了 2002 年 12 月 30 日中国版权保护中心版权鉴定委员会鉴定报告［中版鉴定〔2002〕第（012）号］（附件 2）、2003 年 1 月 6 日中国版权保护中心法律部给杭州市公安局出具的法律意见书（附件 3）。为进一步查清事实，杭州市版权局针

对软件程序是否独立创作、两软件相同是否系表达形式有限等问题进行了调查取证。经多方查证，××电脑控制设备厂至今未能对其“袜机电脑控制程序 V1.0”计算机软件提供独立创作的源程序和目标程序。根据中版鉴定〔2002〕第（012）号和中国版权保护中心法律部的法律意见书，以及××电脑控制设备厂未能提供独立创作软件程序的事实，杭州市版权局初步认为，××电脑控制设备厂“袜机电脑控制程序 V1.0”软件涉嫌构成对杭州电脑绣花机厂“袜机电脑控制系统 V6.0”软件的侵权。

为了准确把握法律法规精神，并考虑到××电脑绣花厂“袜机电脑控制程序 V1.0”软件也已取得计算机软件著作权登记证书〔软著登字第 003182 号〕（附件 4），而目前又很难对两软件相同表达形式是否有限作出鉴定。鉴于上述情况，我局现特请示：1. ××电脑控制设备厂“袜机电脑控制程序 V1.0”软件是否已构成对杭州电脑绣花机厂“袜机电脑控制系统 V6.0”软件的侵权；2. 如何理解《计算机软件保护条例》第 29 条的规定，对两软件表达方式竞合如何进行鉴别？

请予示复。

附件：

1.“袜机电脑控制系统 V6.0”计算机软件著作权登记证书（软著登字第 0007573 号）

2. 中国版权保护中心版权鉴定书（中版鉴字〔2002〕第（012）号）

3. 中国版权保护中心法律部法律意见书

4.“袜机电脑控制程序 V1.0”计算机软件著作权登记证书（软著登字第 003182 号）

（信息产业部政策法规司　朱秀梅　搜集整理）

附录 C　2003 年电信行业发展回顾

2003 年全国电信业在党中央、国务院的正确领导下，坚持以“三个代表”重要思想为指导，认真贯彻落实十六大和十六届三中全会精神，积极适应全面建设小康社会及信息化建设的需要，灵活应对国内外发展环境的变化，努力克服各种不利因素的影响，抓住通信需求迅猛增长的机遇，努力推动网络、技术、业务与服务质量协调发展，继续保持了稳定、快速、健康发展的良好态势。

2003 年全国电信业务收入完成 4593 亿元；电信固定资产投资完成 2218 亿元，已连续 4 年超过 2000 亿元；新增电话用户突破 1 亿户，电话用户总数达到 5.32 亿，继续稳居世界首位；移动通信网络实现全球 155 个国家和地区的漫游覆盖；数据、宽带、多媒体等业务快速发展，宽带化进程明显加快；第三代移动通信技术试验取得积极进展，单系统测试已经完成，网络技术试验开始启动；继续贯彻落实国务院相关文件精神，大力解决电信改革中的难点问题，促使市场竞争格局进一步形成，主要基础电信运营企业的现代企业制度逐步完善；增值业务市场竞争更加充分，全国经营增值电信业务的企业已超过 8000 家，极大促进了增值业务市场的繁荣；尤其值得关注的是，电信业在抗击“非典”过程中发挥了独特的作用，为“非典”期间国民经济发展和社会正常运转提供了有力的支撑。

（一）我国电信业稳步健康发展，有力拉动了国民经济

2003 年我国电信业继续保持快速健康的发展势头，完成电信业务总量 6479 亿元，同比增长 24.6%，电信业务收入达 4593 亿元，同比增长 13.7%，电信利润总额实现 743 亿元，同比增长 1.1%。在收入市场上，中国电信、中国网通、中国移动、中国联通的市场占有率分别为 30.2%、16.2%、37.4%、14.5%（如图 C.1 所示）。中国电信、中国移动的市场占有率比去年底分别下降了 1.8 和 1.4 个百分点，其他企业均有所上升，其中中国联通的市场占有率比去年底上升了 2.6 个百分点。各主要运营企业之间的收入差距在缩小，市场竞争趋于充分。

2003 年主要电信业务实现持续发展。全国电话用户总数突破 5 亿，提前两年完成“十五”计划目标；固定电话用户当年新增 4852.4 万户，达到 26274.7 万户，比上年同期增长 22.7%，平均月新增 404.4 万户，固定电话普及率达到 21.1 部/百人。其中城市电话用户达到 17109.7 万户，新增 3530.5 万户；农村电话用户达到 9165 万户，新增 1321.9 万户；移动电话用户于 2003 年 10 月首次超过固定用户。全国累计新增移动电话用户 6394.8 万户，达到 26995.3 万户，比上年同期增长 31%，平均月新增 532.9 万户，移动电话普

及率达到21.0部/百人；互联网上网用户达到7950万人，上网人数居世界第二；数字数据用户、帧中继及ATM用户共达66.9万户，比上年下降1.8%。移动短信增长迅猛，业务量达到1386.3亿条。

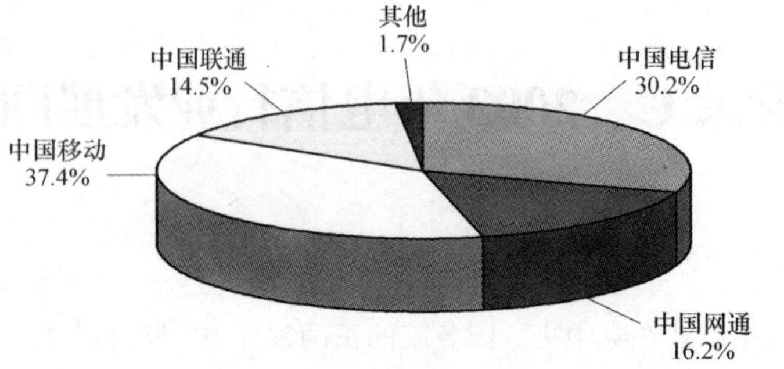

图C.1　2003年各电信企业收入市场占有率

我国电信业的稳步健康发展对进一步拉动国民经济的增长，促进国民经济结构调整，推动经济与社会发展做出了直接贡献，为我国信息化建设奠定了更加扎实的基础，让人们享受到了越来越多、越来越实惠的电信服务。

（二）电信业务结构更趋多元化，产业链已现雏形

2003年的电信市场上，电信业务结构更趋多元化。电信业务收入中固定本地电话网业务收入达1468.7亿元，同比增加8.9%，占整个电信业务收入的31.9%；长途电话业务（含固定长途和移动长途）收入达到674.9亿元，同比增长7.7%，占整个电信业务收入的14.7%；移动通信业务收入达到2180.4亿元，同比增加12.2%，占整个电信业务收入的47.5%，本地电话业务和移动通信业务是电信业务收入的主要来源；数据通信业务依然是收入增长最快的业务领域，2003年完成业务收入248.5亿元，同比增长27.2%，占整个电信业务收入的5.4%。详细情况如图C.2所示。

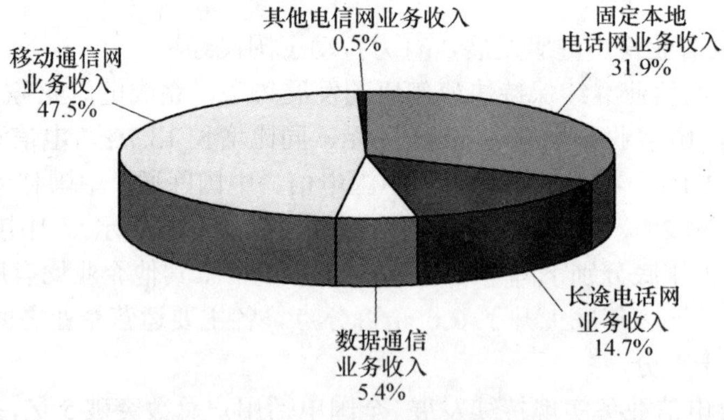

图C.2　2003年电信专业收入比例

在本地电话业务领域，固定电话通话量在本地通话量中依然占有绝对比例，但所占比重已由2001、2002年同期的79.8%、73.1%下降到66.7%，而移动电话通话量在本地通话量中所占比重已由2001、2002年同期的20.2%、26.9%上升到33.3%。移动本地通话量同比增长速度远远超过固定本地通话量的增长速度，发展势头迅猛。在本地通话

方面，移动通信业务对固定通信业务的分流越来越快。长途通话时长构成比例如图 C.3 所示。

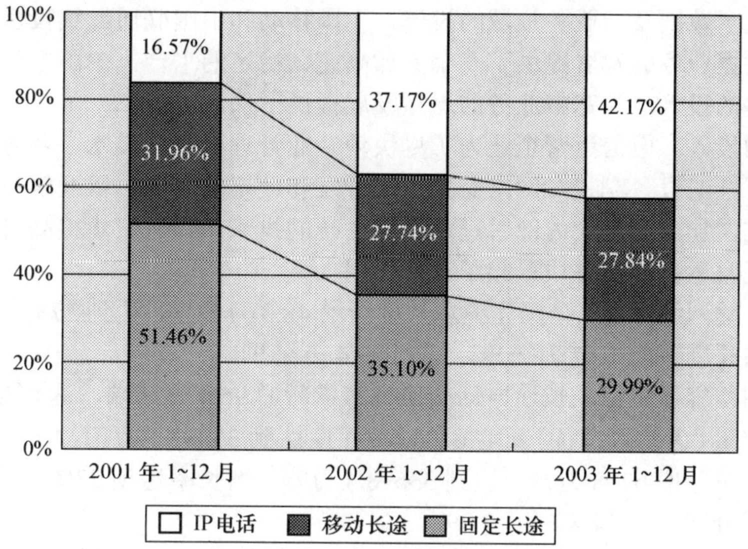

图 C.3　长途通话时长构成

从长途电话业务领域看，IP 长途占整个长途通话时长比重上升很快，由 2001 年的 16.57%、2002 年的 31.17%上升到 2003 年的 42.17%；移动长途所占比重基本保持不变，2003 年为 27.84%；传统固定长途所占比重下降较快，继 2002 年大大幅下降后，2003 年继续下滑了 5.1 个百分点。IP 长途业务已经成为主要的长途通信方式，在长途业务通话量中的份额持续增长，对传统长途的替代性作用仍然较强，尤其是对移动长途的分流日益明显。

2003 年中国移动和中国联通积极发挥了对移动数据产业链的主导作用，不断完善共赢的业务合作模式，通过与移动数据产业链上各上下游企业的利益共享、风险共担，初步打造了移动数据产业链，尤其是推动了内容提供商的聚集和壮大，有力地促进了移动数据业务的繁荣。另外，中国电信、中国网通开始重视挖掘无线市话市场的数据业务增长潜力，越来越多的地区逐渐开展了无线市话的互发短信、铃声下载和上网浏览等业务。数据业务领域另一个明显的变化是以中国电信、中国网通等主导的宽带产业的迅猛发展，由于以“互联星空”为代表的宽带业务合作模式得到大力推广，鼓励了内容提供商的积极性，丰富了宽带业务的应用，促进了我国宽带接入用户的迅速发展，到 2003 年底，我国宽带接入用户已突破 1000 万户。

（三）投资重点向新领域倾斜，网络规模继续扩大

目前电信业务市场正处于结构调整期，新一代网络应用尚未启动，在已经具备大规模网络覆盖条件下，电信投资主要是根据用户的发展进行必要网络扩容，因此投资需求相对稳定。2003 年，全国电信业固定资产投资完成 2217.6 亿元，同比增长 7.0%。其中：中国电信完成固定资产投资 647.4 亿元；中国网通完成固定资产投资 415.9 亿元；中国移动完成固定资产投资 609.2 亿元；中国联通完成固定资产投资 480.1 亿元；中国铁通完成固定资产投资 64.5 亿元。

由于市场竞争日趋激烈，要求企业不断提高管理效率和资金使用效果，使企业投资逐步从规模扩张走向了效益扩张，重点向新领域倾斜。电信投资呈现两个重要特点：第一，继续加大了数据及新业务领域的投资。中国移动和中国联通继续投资优化和完善网络，为移动数据业务的发展提供了一个更加高速、稳定的平台；中国电信、中国网通则加大宽带网络的投入，为宽带业务的迅猛发展提供了保证。第二，加大了企业内部管理和支撑系统的投入。电信运营企业为了尽快使企业管理机制与技术、业务的迅速发展相匹配，减少复杂的设备制式对网络监控系统开发和使用的制约，以及解决集中维护管理中面临的困难，加大了企业内部管理和支撑系统的投入，为进一步提高自身竞争实力、保证网络的正常运行和业务质量起了重要作用。

在基础传输网络方面，全国光缆总长度新增 48.3 万公里，达到 273.4 万公里，其中，长途光缆线路长度新增 10.7 万公里，达到 59.4 万公里。

在电话网络容量方面，长途电话交换机容量新增 96.4 万路端，达到 869.3 万路端；局用交换机容量（含接入设备）新增 6425.6 万门，达到 35082.5 万门，增长率达到 22.4%；移动交换机容量新增 6298 万户，达到 33698.4 万户，增长率达到 23%。固定电话和移动电话的实装率分别达到 74.4%和 79.9%。

在基础数据网络方面，基础数据网络端口规模达到 140 万个，比 2002 年增长了 28.4%；互联网拨号服务器端口达到 415 万个，比 2002 年有较大增长。

（四）电信服务水平进一步提高，“村村通电话”工程加速实施

一年来，我国电信服务水平进一步提高，电信服务质量不断改善，使人们享受到了更多、更实惠的电信服务，提前两年实现“十五”计划目标，固定电话主线普及率和移动电话普及率分别达到 21.1%和 21.0%，互联网业务得到快速普及。我国移动网络覆盖的盲区不断缩小，质量更加稳定，并与 155 个国家和地区开通了国际漫游业务。到 2003 年，在我国能够提供全球已开展的绝大多数电信业务，尽可能地满足了人们多样化的通信需求。随着市场竞争格局的进一步形成，消费者对业务使用和服务提供者有了更多的选择权。同时通过定期公正透明地向社会通告服务质量，以及政府监管、企业自律、社会监督机制的初步建立，改善了电信服务质量，群众反映强烈的服务热点问题得到进一步解决，电信用户满意率逐步提高，取得了阶段性成果。

电信行业主管部门从实践“三个代表”重要思想和解决“三农”问题的高度，着力解决农村通信发展滞后的问题，鼓励新技术在西部和偏远农村地区的应用，加快制定了“村村通电话”工程初步方案，决定在全国范围内启动，以进一步推动农村通信发展。到 2003 年底，全国已通固定电话行政村比例达到接近 90%，农村电话用户总数占固定电话用户总数的 34.9%，农村电话新增用户数的同比增长率是 32.2%，农村地区的电信服务水平得到不断提高。

2003 年，我国电信业在外部环境深刻变化的情况下，转变观念，开拓创新，以改革促竞争，开放求发展，各项工作取得了显著的成绩。但目前我国的主要电信普及指标仍处在发展中国家水平，通信领域监管手段薄弱，竞争还不够规范，要实现“电信强国”的战略目标依然需要付出长期而艰巨的努力。

附录 D　中国电信业国际竞争力现状及对策

竞争力问题，是世界上从国家到地区再到企业普遍关注的课题。无论是瑞士国际管理发展研究院（IMD）的《世界竞争力年鉴》、世界经济论坛（WEF）的《全球竞争力报告》；还是美国的《财富》、《福布斯》、《金融周刊》企业排行榜以及中国新闻社 2002 年根据《财富》500 强进行的《财富》500 强国际竞争力排名都一直吸引着全球政界、企业界和学界甚至社会大众的关注。本文研究重点放在电信业竞争力问题上，包括：电信业国际竞争力、区域竞争力以及企业竞争力研究。

中国电信业国际竞争力现状分析

电信业竞争力来源于完善的法律体系、独立的监管机构和科学的监管政策等宏观制度，也来源于足够的市场规模和有效的市场竞争，但最终要落脚于电信企业。无论是制度还是市场都不能直接创造竞争力，它们分别是竞争力的保证和表现，电信业竞争力只能由电信企业创造。

1　综合竞争力分析

电信业竞争力即综合竞争力是制度竞争力、市场竞争力和企业竞争力的综合。因而综合竞争力指数是制度竞争力指数、市场竞争力指数和企业竞争力指数的综合，包括 38 个指标，其中 31 个是统计指标， 7 个是调查指标。根据综合分析，得出 2003 年各国电信业国际竞争力综合排名（图 1）。我国电信业综合竞争力排名 13 位，与发达国家差距仍然很大。进入 2003 年以来，我国电信业基本面继续保持持续、快速、健康发展态势，《电信法》立法步伐加快，行业监管力度不断加大，电信市场结构趋向有效竞争，企业治理结构不断完善，部分运营商开拓国际市场取得重要成就。但是，正如十六届三中全会在《中共中央关于完善社会主义市场经济体制若干问题的决定》中指出的我国经济仍然存在“整体竞争力不强”的问题一样，电信业亦是如此。

2　制度竞争力分析

制度竞争力表示一国或地区电信法律体系、行业监管体制以及市场开放等宏观制度及其对电信产业发展和企业的促进和抑制能力。制度竞争力指数包括 8 个指标，其中 6 个调查指标参与竞争力评价，另外 2 个指标仅作为参考指标不参与竞争力评价。根据对组成制度竞争力指数的6个指标进行综合评价，计算出2003年各国电信业制度竞争力综合排名（图2）。中国电信业制度竞争力名列27位，与发达国家的制度竞争力相比差距很大，甚至与一些发展中国家相比，差距也很明显。

从构成制度竞争力指数的6个参评指标来看，中国各个指标排名都比较靠后，所有指标都低于平均值。“电信法律体系”得分为2.833，与阿根廷一起列最后一名。其他5个指标都是靠在后列。“行业监管体制”和“管制政策透明度”得分都为4，排名分别为第24位和第23位；“该国电信服务具体承诺程度”和“该国是否按照电信服务承诺表开放”得分都为4.833，排名分别为第24位和第25位；“该国电信开放程度”得分3.833，排名第24位。再看其他两个参考指标：“电信监管机构人员”和“电信监管机构经费”。虽然没有证据表明监管人员数和监管经费与电信业国际竞争力呈强相关性。但是，没有一定的人员和经费，电信业国际竞争力肯定受到影响。从目前我国电信监管的实际情况看，机构设置是国家和省两级监管机构，全国监管人员不足700人，监管人员素质水平有限。从地方看，人数最多的广东也只有25人，最少的青海、宁夏、西藏仅10人左右。参评的31个国家中美国的电信管制机构很复杂，仅联邦通信委员会（FCC）的人员编制就有2000多人，各州还有各自的管制机构；德国的独立电信管制机构邮政电信管制局（Reg TP）编制达2200多人；巴西国家电信管理局（ANATEL）的人员编制为1500人，其中一半在中央、另一半在地方。建立了独立管制机构的国家都规定了管制经费的来源。例如FCC获得财政拨款作为各项活动的经费，1999年，财政拨款为1.92亿美元；Reg TP的行政经费来源于向电信企业的经营许可证收费和频率使用收费，但要先上缴国库，经国家财政核准预算后支出；巴西电信监管经费来源于电信经营许可证收费和频率使用费，2000年经费达2亿美元。

3 市场竞争力分析

市场竞争力反映一国或地区电信市场容量和市场规模、服务水平以及市场发展潜力等。市场竞争力指数包括市场需求、用户数、电信普及率、电信资费、电信投资以及电信服务质量等方面的23个指标，其中，21个是参评指标，其余2个仅作为参考指标不参与竞争力评价。根据对组成市场竞争力指数的21个指标进行综合评价，计算出2003年各国电信业国际竞争力综合排名（图3）。我国市场竞争力排名第二，仅次于美国，这与我国固定电话用户数、移动电话用户数双双世界第一，互联网用户数世界第二的市场规模是一致的。

从构成市场竞争力指数的21个指标看，中国有11个指标排在前5位，其中有5个指标排名第一，分别是：固定电话用户数、固定电话用户数复合年增长率（CAGR）、移动电话用户数、年均电信投资占GDP比重和年均电信投资占电信收入比重。有3个指标排在后5位，分别是：人均电信业务收入，名列第27位，为28.7美元，分别是排在前5位的美国、日本、英国、荷兰和瑞典的2.70%、2.98%、3.23%、3.41%和3.49%；国际话务量CAGR，名列第29位，为2.9%；国际电话资费，在29个国家中倒数第二，为2.899美元，倒数第一的印度为2.944美元。我国构成市场竞争力指数的21个指标中，有13个指标高于平均值，其余8个指标低于平均值。注意电信资费指标（含本地电话资费、国际电话资费和互联网拨号资费）与电信业国际竞争力成反比，即资费越低，竞争力越高。市场竞争力指数的两个参考指标：电话主线待装数和电话主线待装时间主要反映电信消费需求满足情况。我国1995年电话主线待装数还为140万部，但是，今天已经基本上不存在待装情况。尤其是城市，只要有消费需求，电信公司基本上就能提供电信服务。

4　企业竞争力分析

从产业的角度研究企业的竞争力，企业竞争力就是一国或地区全部电信企业的平均竞争能力。决定企业竞争力的根本因素是效率和效益（在此产业规模因素反映在市场竞争力指数中）。企业竞争力指数包括7个指标，其中6个作为参评指标，其余1个仅作为参考指标，不参与电信业竞争力评价。根据对组成企业竞争力指数的6个指标进行综合评价，计算出2003年各国电信业企业竞争力综合排名（图4）。日本、阿根廷名列前两位。中国电信业企业竞争力位列末尾，这反映了我国企业的竞争实力较弱——尤其是企业效率和效益都有待提高——企业竞争力并没有随我国电信业的快速发展而大幅度提高。虽然经过电信重组，中国电信的市场规模缩小很多，但2003年我国仍然有2家电信企业——中国移动和中国电信进入《财富》500强。其中，中国移动名列230位，在电信类公司的排名是14位；中国电信名列254位，在电信类公司的排名是15位。而根据劳动生产率排名，这两家企业就退居22位和24位。这可以说明我国电信企业现在只是世界“大”企业，而不是“强”企业，换句话说，从整体上看，我国电信企业还不具有国际竞争优势。

从构成企业竞争力指数的6个参评指标来看，中国各个指标排名都比较靠后，所有指标都低于平均值。其中“国际话务量 MOU”排名倒数第一，即国际去话业务量每用户仅为10.7分钟，分别为排名前五位的新加坡、加拿大、荷兰、英国和马来西亚的1.99%、3.08%、3.73%、4.72%和5.54%。再看构成企业竞争力指数的参评指标，“该国进入2003年度《财富》500强电信公司数”，2003年，共有13个国家的24家电信公司进入《财富》500强，其中美国8家，英国、法国、日本和中国各2家，加拿大、墨西哥、德国、西班牙、荷兰、意大利、韩国和澳大利亚各1家。

中国电信业国际竞争力优劣势分析

通过测算优势指标和劣势指标可以从根本上了解我国电信业的国际竞争优势和竞争劣势。优劣势指标的判断程序和标准如下：首先选择位置统计量，即中位数、上四分位数、下四分位数与最大值、最小值。其次，根据统计分析结果，确定优势指标、劣势指标以及正常指标。优势指标是指该项指标大于或等于上四分位数；弱势指标是指该项指标小于下四分位数；正常指标是指我国电信业该项指标值位于下四分位数（包括下四分位数）与上四分位数之间。此外，还要计算出各个优势指标和劣势指标对中国电信业国际竞争力的贡献度。贡献度是指该项指标对于电信业国际竞争力贡献程度的大小。

根据测算，我国电信业国际竞争力有10个优势指标、15个劣势指标和8个中间指标（见表D.1）。从构成电信竞争力的领域来看，10个优势指标全部来自市场竞争力指数，占该子指数参评指标的 10/21，制度竞争力指数和企业竞争力指数没有优势指标。在 14 个劣势指标中，构成制度竞争力指数的指标占 3 个，占该子指数参评指标的 1/2；构成市场竞争力指数的指标占 6 个，占该子指数参评指标的 6/21；构成企业竞争力指数的指标占 5 个，占该子指数参评指标的 5/6。

表 D.1　　中国电信业国际竞争力的优势指标和劣势指标及其贡献

优势指标	排名	贡献度	领域	劣势指标	排名	贡献度
			制度竞争力	电信法律体系	31	0.91%
				行业监管体制	24	1.32%
				该国电信开放程度	26	1.32%
电信业务收入 CAGR	5	10.29%	市场竞争力	电信业务收入*	5	
固定电话用户数	1	41.48%		人均电信业务收入	27	0.35%
固定电话用户数 CAGR	1	23.00%		国际话务总量 CAGR	29	1.4%
移动电话用户数	1	38.75%		主线普及率	23	2.77%
互联网用户数	2	19.88%		移动电话普及率	26	2.03%
本地电话资费	2**	−1.68%		互联网普及率	24	1.05%
互联网拨号资费	2***	−2.00%		国际电话资费	27****	−15.23%
年均电信投资	3	28.42%				
年均电信投资占 GDP 的比重	1	15.79%				
年均电信投资占收入的比重	1	14.95%				
			企业竞争力	全员劳动生产率	27	0.34%
				全员劳动生产率增长率	25	-0.14%
				国际话务总量 MOU	31	0.14%
				每主线电信业务收入	28	0.46%
				电信公司治理结构	29	0.89%

注：*从优劣势指标的判断标准看，中国的电信业务收入位于下四分位数以内，应属于劣势指标。但是，其排名比较靠前，位于第五位，而且位于平均数以上，因而，我们不认为该指标属于劣势指标，这是个例外。

**缺乏美国、加拿大、意大利和菲律宾等 4 国的本地电话资费数据。

***缺乏巴西互联网拨号资费数据。

****缺乏罗马尼亚、巴基斯坦和埃及等 3 国的国际电话资费数据。

从优势指标和劣势指标对我国电信业国际竞争力的贡献看，按照贡献大小前五位是：固定电话用户数（贡献度为 41.48%，下同），移动电话用户数（38.75%），年均电信投资（28.42%），固定电话用户数 CAGR（23.00%）和互联网用户数（19.88%）。其他贡献度在 10%以上的指标还有：年均电信投资占 GDP 的比重（15.79%），年均电信投资占收入的比重（14.95%）和电信业务收入 CAGR（10.29%）。由此可以看出，我国电信业国际竞争力主要依靠市场驱动和投资驱动。制度竞争力和企业竞争力对我国电信业国际竞争力的贡献很低。而这再次证明制度建设对企业竞争力至关重要。另外，国际电话资费对我国电信业国际竞争力幅面影响最大，其对电信业国际竞争力负的贡献高达 15.23%。

根据上述分析，可见我国电信业国际竞争力的优势指标在世界的排名已经比较靠前，甚至有 5 个指标排名世界第一，而这些指标主要与我国庞大的市场需求有关。最影响我国电信业国际竞争力水平是劣势指标，尤其是制度竞争力指数和企业竞争力指数（如图 D.1，图 D.2，图 D.3，图 D.4 所示）。因而可以看出，我国电信业发育程度仍然较低，其快速发展主要是依靠市场驱动和投资驱动。但是这两种产业发展的驱动力不可能长期保持下去，尤其是在即将到来的电信业激烈的国际竞争中，更会不敌外国电信公司的直接竞争。因而，我国电信业需要强化制度建设（“建规立制”），尽快转换发展的驱动力，即从市场驱动型和投资驱动型转向效益驱动型为主，提高电信企业和行业的效益水平，这样才能从根本上提高我国电信业的国际竞争力。

全面提升中国电信业国际竞争力的十大战略对策

1. 创建稳定且有发展空间的法制环境。截止到 2003 年 11 月，我国已经按照加入 WTO 的要求完成了对电信行业法律法规的清理，但《电信法》等相关法律法规仍然没有出台，应当抓紧制定《电信法》、《电子商务法》等相关法规，并增强法律法规的公开性、透明度。

2. 加强制度创新，改善电信行业监管和产业政策制定的效率和透明度。保障消费者和电信公司的知情权，规范政府信息公开，增加监管活动的透明度，电信行业监管机构依法行使职权。提高电信行业监管效率，将精干、养廉、高效有机结合。

3. 构造有效竞争的电信产业结构。实践表明，培育有效率的市场环境长期中比产业政策和行业监管更重要。允许所有符合条件的国内电信运营商扩大业务经营范围，直至全业务运营。依法监管互联互通、电信资费恶性竞争、重复建设等与有效竞争市场不相容的反竞争行为。

4. 促进国内外投资，拓宽产业投融资渠道。允许外商兼并国内电信企业，简化审批程序、完善服务体系等，吸引外资进入。给予国内民间资本国民待遇。

5. 对电信基本基础设施和技术基础设施优先投资。进一步优化电信业投资结构，对企业在基本基础设施（例如网络扩容）和技术基础设施（例如提升业务运营支撑系统、开发电信应用与技术创新）的投资给予政策性优惠，鼓励电信企业扩大投资力度。

6. 实施人才战略。牢固树立以人为本的观念，把促进人才健康成长和充分发挥人才作用放在首要位置。采用多样化的培训方式，国内外联合，培养具有全球性决策、高素质的电信人才，建立企业内部培训基地。以培养造就高层次人才带动整个人才队伍建设，促进各级各类人才协调发展。

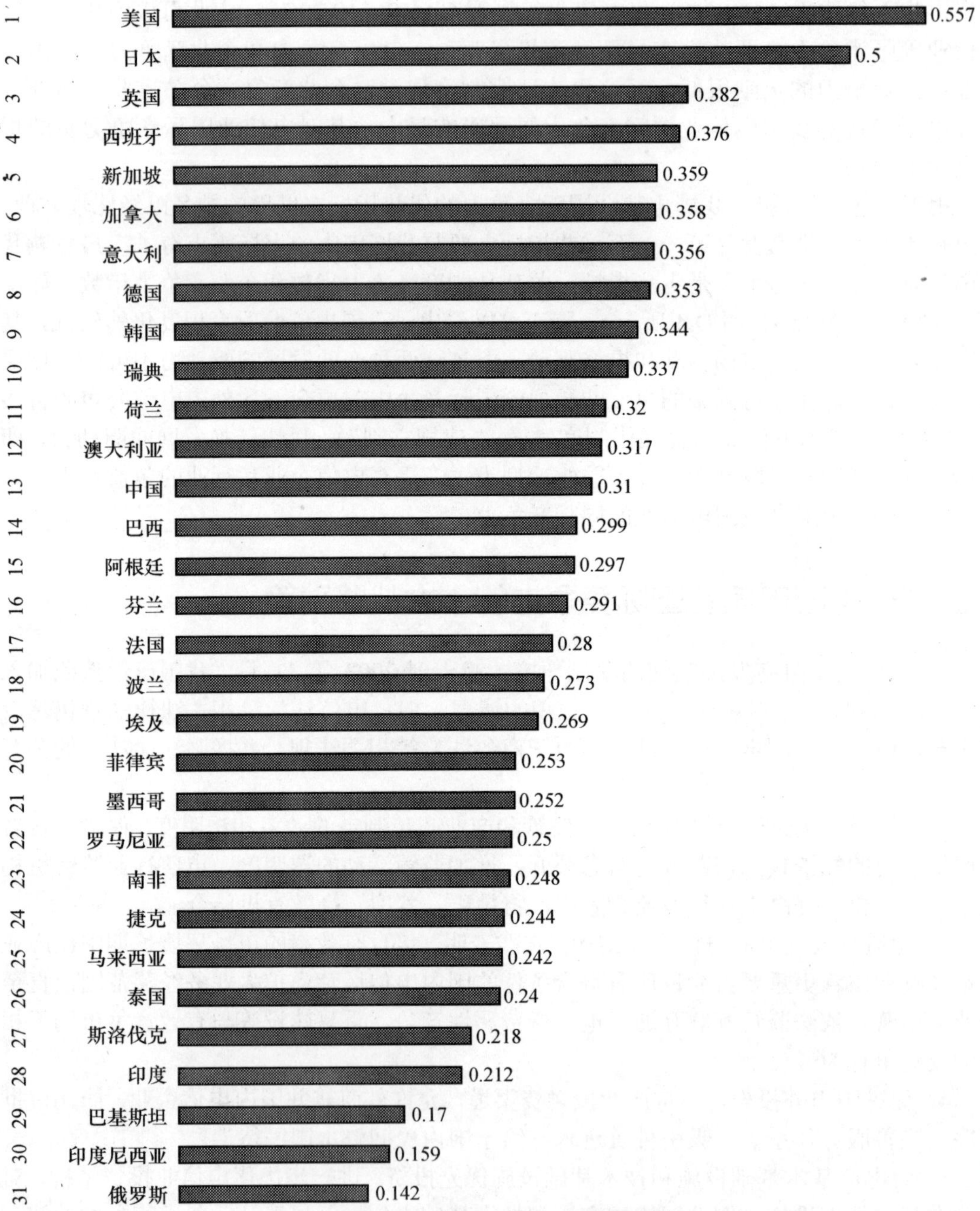

图 D.1　各国电信业国际竞争力综合排名

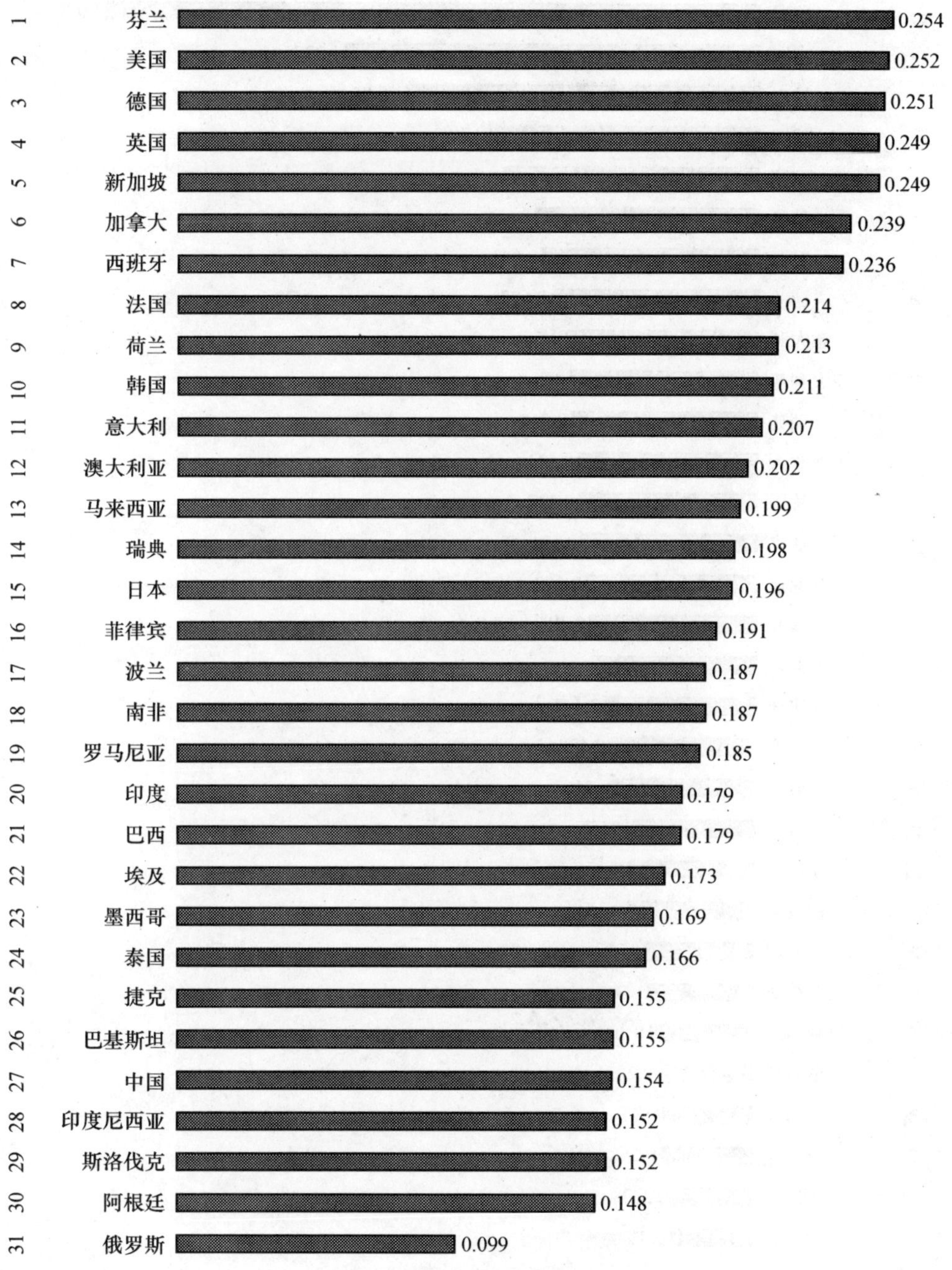

图 D.2　各国电信业制度竞争力排名

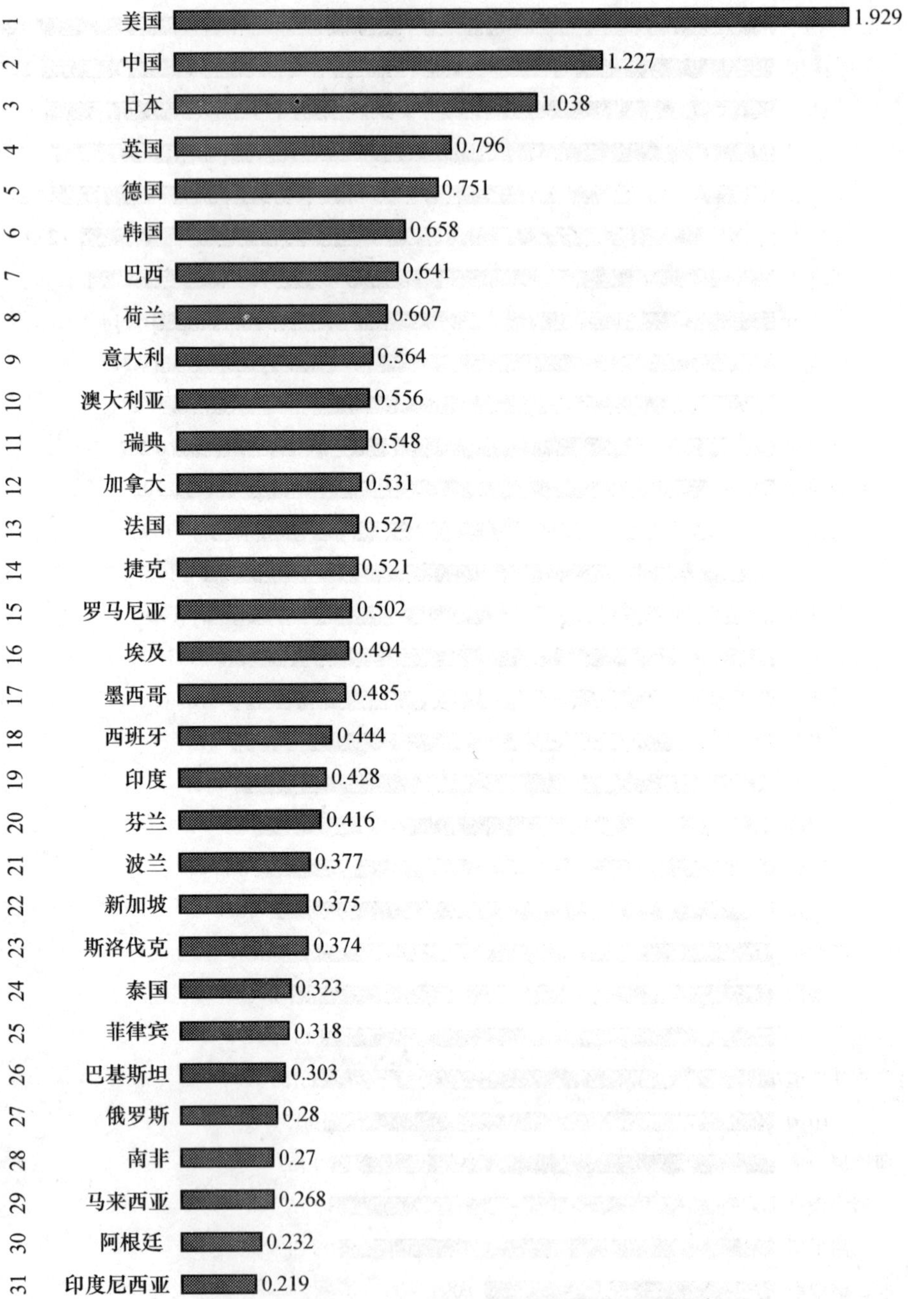

图 D.3　各国电信业市场竞争力排名

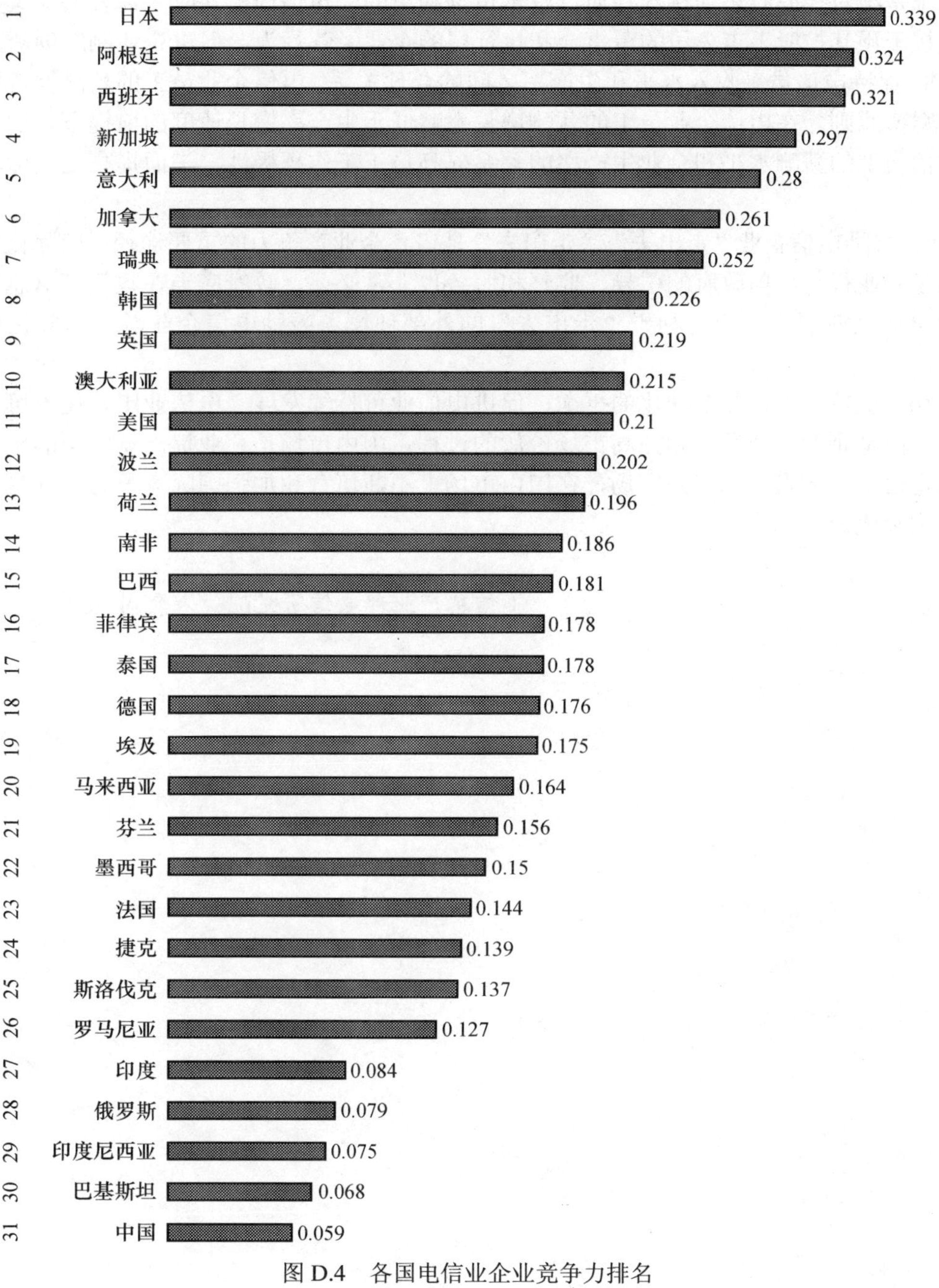

图 D.4 各国电信业企业竞争力排名

7. 建立高效的电信公司治理结构。政企、政资分离为我国电信企业完善公司治理结构创造了必要的条件。目前我国主要电信运营商几乎都已经成为上市公司，但由于集团公司都是绝对控股股东，在选择通过资本市场约束的公司治理模式时，需要避免集团公司越权干预其控股上市公司的董事会和执行层的企业经营行为。促进企业制度创新。

8. 保持电信员工收入水平和生产率之间的合理关系。电信企业员工的薪酬要遵循市场和财务原则。在电信企业员工的薪酬增长率略低于生产率增长速度的前提下，通过协调电信员工的薪酬水平和企业生产率的关系提高员工工作积极性，进而提高全员劳动生产率。

9. 鼓励电信企业“走出去”。“走出去”是培育企业竞争力的重要途径。国际化经营当然是企业行为，但政府的引导、监督和服务也非常必要。政府应当在政策、信息等方面为电信企业创造一个有利于“走出去”的外部环境。鼓励电信企业制定国际化经营战略。

10. 保持本土化和全球化的平衡，促进电信业可持续发展。电信业国际化不可一蹴而就，而是企业不断发展和提高市场份额的过程。国内市场是企业提高竞争力的根基。我国电信企业应当站稳国内市场，在国内市场上不断培育和加强国际竞争力，同时正确选择国际化经营战略重点。

（信息产业部电信研究院　朱金周 陈金桥）

附录 E　2003 年中国信息通信行业主要指标

2003 年通信行业主要业务完成情况（见表 E.1）

表 E.1　　　　2003 年通信行业主要业务完成情况

指 标 名 称	计量单位	本年累计达到	比上年同期（±%）	比上年底累计新增
邮电业务收入	亿元	5136.8	12.7	
电信业务收入	亿元	4610.0	13.9	
邮政业务收入	亿元	526.9	3.2	
固定资产投资完成额	亿元	2246.4	6.4	
电信投资完成额	亿元	2215.2	8.6	
邮政投资完成额	亿元	31.2	-56.5	
固定电话用户合计	万户	26330.5		4908.3
城市电话用户	万户	17129.2		3550.0
其中：住宅电话用户	万户	12467.9		2271.3
农村电话用户	万户	9201.3		1358.2
其中：住宅电话用户	万户	8415.4		1231.6
国内长途电话通话时长	万分钟	5791043.3	6.3	
国际电话通话时长	万分钟	44546.3	-1.8	
港澳台电话通话时长	万分钟	55402.4	-15.8	
本地网内区间电话通话量	亿次	599.6	14.6	
本地网内区内电话通话量	亿次	5295.6	]--7.1	
本地网内拨号上网通话量	亿次	1104.4		
移动电话用户	万户	26869.3		6268.8
移动本地通话时长	亿分钟	5772.9	53.9	
移动国内长途通话时长	亿分钟	540.9	24.6	
移动国际电话通话时长	万分钟	29742.3	5.9	
移动港澳台电话通话时长	万分钟	29064.1	12.5	
互联网用户数	万户			

续表

指 标 名 称	计量单位	本年累计达到	比上年同期（±%）	比上年底累计新增
互联网拨号用户	万户	5334.1		87.6
互联网专线用户	万户	31.6		24.0
IP 电话国内通话时长	万分钟	8081057.8	41.1	
IP 电话国际通话时长	万分钟	88881.4	25.6	
IP 电话港澳台通话时长	万分钟	113365.0	25.1	
固定电话普及率	部/百人	21.2		
城市电话普及率	部/百人	31.4		
移动电话普及率	部/百人	20.9		
已通固定电话的行政村比重	%	89.2		

注：一个互联网专线接入用户按一户统计；2002 年 12 月固定资产投资额中包括 CDMA 投资，2003 年 12 月为同口径比较。

2003 年电话用户数、互联网用户数分省情况（见表 E.2）

表 E.2　　2003 年电话用户数、互联网用户数分省情况

单位	固定电话 合计（万户）	固定电话 城市电话（万户）	固定电话 农村电话（万户）	移动电话（万户）	互联网 拨号用户（万户）	互联网 专线用户（万户）
全国	26330.5	17129.2	9201.3	26869.3	5334.1	31.63
东部	12699.9	8291.3	4408.7	14116.3	2893.2	12.83
北京	683.6	602.3	81.4	1102.6	198.9	0.75
天津	360.1	358.5	1.6	380.5	149.2	0.42
辽宁	1278.6	907.3	371.2	1077.5	362.1	3.34
上海	733.3	733.3	0.0	1095.5	259.7	0.30
江苏	2043.9	1175.4	868.5	1917.6	355.6	0.90
浙江	1656.6	937.5	719.2	1951.1	361.3	0.72
福建	1122.7	695.9	426.8	942.0	259.6	1.16
山东	2091.3	1006.7	1084.5	1506.4	214.3	2.11
广东	2567.0	1760.0	807.0	4007.0	709.9	2.96
海南	162.8	114.4	48.4	136.1	22.5	0.17
中部	8354.4	5077.2	3277.1	7329.8	1558.8	11.38
河北	1340.9	733.4	607.5	1250.6	300.9	1.59
山西	676.1	465.4	210.7	593.7	158.4	0.83
吉林	596.2	418.7	177.4	629.4	140.5	0.17
黑龙江	876.0	659.7	216.3	848.5	146.4	1.95
安徽	998.8	473.0	525.8	697.1	137.3	0.15

续表

单位	固定电话			移动电话	互联网	
	合计（万户）	城市电话（万户）	农村电话（万户）	（万户）	拨号用户（万户）	专线用户（万户）
江西	630.9	387.7	243.2	532.1	135.1	0.91
河南	1361.9	752.0	609.9	1070.8	198.8	2.42
湖北	889.8	640.5	249.3	867.5	163.7	1.46
湖南	983.8	546.8	437.1	840.1	177.6	1.91
西部	5235.4	3723.9	1511.6	5423.2	881.8	7.32
内蒙古	429.5	344.2	85.3	471.5	54.1	0.46
广西	638.7	429.5	209.2	639.0	147.9	2.16
重庆	533.3	343.8	189.6	613.0	69.7	0.82
四川	1128.2	804.9	323.3	1189.6	168.5	1.13
贵州	332.6	235.1	97.5	329.8	54.6	1.18
云南	482.3	358.8	123.5	620.3	119.2	0.07
西藏	27.4	26.1	1.3	32.1	5.4	0.00
陕西	672.4	446.6	225.8	617.0	136.7	0.15
甘肃	402.3	287.3	115.0	274.2	41.9	0.53
青海	76.4	64.1	12.3	98.5	6.7	0.01
宁夏	100.3	72.3	28.0	121.4	24.1	0.19
新疆	412.1	311.2	100.9	416.8	53.2	0.60
总部直属单位	40.7	36.8	3.9		0.3	0.10

注：一个专线接入用户按一户统计。

2003年通信水平分省情况（见表E.3）

表E.3　　2003年通信水平分省情况

单　位	固定电话普及率（部/百人）	城市电话普及率（部/百人）	住宅电话普及率（部/百人）	移动电话普及率（部/百人）	邮政储蓄市场占有率（%）
全国	21.19	31.45	16.26	20.92	8.48
东部	31.83	34.32	23.53	34.02	
北京	56.68	72.03	32.77	77.48	5.70
天津	37.89	61.95	24.18	37.79	6.80
辽宁	31.74	32.86	23.14	25.64	6.80
上海	51.97	66.49	33.01	67.41	6.30
江苏	27.98	26.91	22.70	25.98	10.50
浙江	36.24	31.86	26.76	41.99	5.50
福建	32.80	42.60	25.22	27.18	10.90

续表

单　　位	固定电话普及率（部/百人）	城市电话普及率（部/百人）	住宅电话普及率（部/百人）	移动电话普及率（部/百人）	邮政储蓄市场占有率（%）
山东	23.54	20.50	20.29	16.59	11.60
广东	33.79	36.46	22.80	50.99	3.10
海南	20.41	24.29	14.66	16.95	11.20
中部	17.40	26.27	14.24	14.86	
河北	20.38	31.44	16.54	18.57	8.00
山西	21.24	39.22	16.88	18.02	10.90
吉林	23.69	26.11	19.42	23.32	8.80
黑龙江	23.59	31.53	20.23	22.25	14.90
安徽	16.01	24.78	13.97	11.00	12.30
江西	15.07	28.09	12.28	12.60	16.00
河南	14.58	25.18	11.95	11.14	10.80
湖北	15.35	17.37	11.79	14.49	10.80
湖南	15.13	25.54	12.07	12.67	11.80
西部	14.65	33.71	11.12	14.78	
内蒙古	18.79	44.23	14.30	19.82	11.80
广西	13.47	30.84	10.38	13.25	8.00
重庆	17.88	24.96	13.87	19.73	7.80
四川	13.34	26.96	10.09	13.72	7.00
贵州	8.73	25.54	6.86	8.60	9.00
云南	11.40	40.95	8.41	14.32	6.40
西藏	10.76	116.47	7.02	12.03	13.70
陕西	18.63	41.78	14.30	16.79	10.50
甘肃	15.92	41.39	11.79	10.57	8.40
青海	14.56	69.73	11.03	18.62	8.70
宁夏	19.08	44.15	13.84	21.22	11.00
新疆	22.32	45.86	16.79	21.88	9.20

2003 年通信行业主要通信能力（见表 E.4）

表 E.4　　2003 年通信行业主要通信能力一览

指 标 名 称	计 量 单 位	本年累计达到	比上年底累计新增
长途电话业务电路	路	10407455	6201079
光缆线路长度	公里	2710144	457580
长途光缆线路长度	公里	547076	59392

续表

指 标 名 称	计 量 单 位	本年累计达到	比上年底累计新增
长途电话交换机容量	万路端	862	89
局用交换机容量	万门	35401	6744
其中：接入网设备容量	万门	12051	5379
用户交换机容量	万门	1568	198
移动电话交换机容量	万户	33632	6232

（中国互联网协会 杨君佐 搜集整理）

附录 F　国外互联网行业发展概况

信息社会世界高峰会议《原则宣言》

建设信息社会：新千年的全球性挑战

（联合国 2003 年 12 月 12 日于日内瓦）

A　我们对信息社会的共同展望

1. 我们，世界人民的代表，于 2003 年 12 月 10 日至 12 日汇聚在日内瓦，出席信息社会世界高峰会议第一阶段会议，宣告我们建设一个以人为本、具有包容性和面向发展的信息社会的共同愿望与承诺。在此信息社会中，人人可以创造、获取、使用和分享信息和知识，使个人、社区和各国人民均能充分发挥各自的潜力，促进实现可持续发展并提高生活质量。这一信息社会以《联合国宪章》的宗旨和原则为前提，并完全尊重和维护《世界人权宣言》。

2. 我们面临的挑战是如何发掘信息通信技术的潜力，促进实现《千年宣言》制定的发展目标，即，消除极端贫困和饥饿；普及初级教育；促进性别平等并赋予妇女能力；降低儿童死亡率；改善产妇健康状况；遏制艾滋病毒/艾滋病、疟疾以及其他疾病；确保环境的可持续性；建立促进发展的全球伙伴关系，以创造一个更加和平、公正和繁荣的世界。我们亦重申，我们致力于实现《约翰内斯堡宣言》和《执行计划》与《蒙特雷共识》以及其他相关联合国峰会文件中所包含的可持续发展和已达成共识的发展目标。

3. 我们重申《维也纳宣言》中揭示的所有人权和基本自由（包括发展权）的普遍性、不可分割性和相互关联性。我们亦重申，民主、可持续发展、尊重人权和基本自由以及各级的良政相互依存，相互促进。我们进一步表示我们的决心，在国际和国内事务中加强对法治的尊重。

4. 我们重申，作为信息社会的根基，并如《世界人权宣言》第 19 条所述，每个人都有自由发表意见和自由言论的权利；这种权利包括持有意见而不受干涉的自由，以及无论疆界为何均可以通过任何媒体寻求、接收和分享信息和思想的自由。交流是一种基本的社会过程，是人类的基本需要，而且是所有社会组织的基础。它是信息社会的核心所在。每个人，无论身在何处，均应有机会参与信息社会，任何人都不得被排除在信息社会所带来的福祉之外。

5．我们进一步重申对《世界人权宣言》第29条规定的承诺，即，每个人对社会均负有义务，因为只有在社会中其个性才可能得到自由和充分的发展。每个人在行使其权利和自由时，仅受法律所规定的限制，而规定此种限制的惟一目的在于确保对他人的权利和自由给予应有的承认和尊重，并在于满足民主社会在道德、公共秩序和普遍利益方面的正当要求。在任何情况下行使这些权利和自由时均不可违背联合国的宗旨和原则。藉此，我们将促进尊重人类尊严的信息社会。

6．根据本《宣言》的精神，我们再次强调，我们致力于坚持所有国家主权平等的原则。

7．我们认识到，科学在信息社会发展中发挥着核心作用。研究成果共享所带来的科技成就构成信息社会的诸多基石。

8．我们认识到，教育、知识、信息和通信是人类进步、努力和福祉的核心。此外，信息通信技术（ICT）对我们生活的几乎所有方面都产生着极大影响。这些技术的迅速发展为我们实现更高水平的发展带来全新的机遇。信息通信技术能够减少许多传统障碍，特别是时空障碍，从而使人们首次在人类历史上利用这些技术的巨大潜力造福于遍布世界各地的千百万人民。

9．我们意识到，信息通信技术本身应被视为手段而非目的。在有利的条件下，这些技术可以成为强有力的手段，帮助提高生产力，促进经济发展，创造就业机会和提高就业可能性，并改善全体人民的生活质量。信息通信技术亦可促进人们、各个国家和不同文明之间的对话。

10．我们亦充分意识到，目前，在发达国家和发展中国家之间以及各个社会内部，信息技术革命所带来的益处分布不均。我们全力致力于将此数字鸿沟转化为人人享有的数字机遇，特别是面临滞后和更加边缘化危险的人们能享有的数字机遇。

11．我们致力于为我们自己和我们的子孙后代实现我们对信息社会的共同理想。我们认识到，青年是未来的劳动大军，是信息通信技术的主要创造者和率先采用者。因此，必须赋予他们能力，使他们成为学习者、开拓者、贡献者、企业家和决策人。我们必须特别注重尚未能充分受惠于信息通信技术所带来的机遇的青年。我们亦致力于确保信息通信技术应用的开发和服务的运营能够尊重儿童的权利、能够保护儿童并保障儿童的利益。

12．我们申明，信息通信技术发展为妇女提供了极大的机遇，她们应该是信息社会不可分割的一部分，并应成为主要参与者。我们致力于确保信息社会能够赋予妇女能力，使妇女能够在平等的基础上充分参与社会的各个领域和所有决策进程。为此，我们应将性别平等的观念纳入我们的工作，并以信息通信技术为手段实现这一目的。

13．在建设信息社会的过程中，我们应特别关注社会边缘群体和弱势群体的特殊需要，包括移民、国内流离失所的人们和难民、失业人员和社会经济地位低下者、少数民族和游牧民族的特殊需要。我们亦应认识到老年人和残疾人的特殊需要。

14．我们要坚定不移地赋予穷人，特别是生活在边远地区、农村和边缘化城区的穷人，获得信息和使用信息通信技术的能力，使其藉此摆脱贫困。

15．在信息社会的发展中，必须特别关注原住居民的特殊情况，并特别关注保护他们的传统和文化遗产。

16．我们继续特别关注发展中国家、经济转型期国家、最不发达国家、小岛屿发展中国家、内陆发展中国家、重债穷国、被占领国家和领土、正在从冲突中恢复的国家以及具有特殊需要的国家和地区人民的特殊需求，并特别关注自然灾害等严重影响发展的情况。

17．我们认识到，建设包容性信息社会需要各国政府和其他利益相关方（即，私营部门、民间团体和国际组织）形成新型的团结精神、伙伴关系和合作关系。我们认识到，实现本《宣言》的宏伟目标——弥合数字鸿沟并确保着眼于全人类的和谐、公正与公平的发展——要求所有利益相关方做出坚定承诺，因此，我们呼吁在国内和国际层面上实现数字团结。

18．本《宣言》的任何部分均不得被理解为有损于、违背、限制或背离《联合国宪章》和《世界人权宣言》中的条款以及为促进这些条款而通过的任何其他国际法规或各国法律。

B 人人共享的信息社会：重要原则

19．确保人人从信息通信技术所带来的机遇中获益是我们的坚定追求。我们一致认为，为应对这些挑战，所有利益相关方应紧密合作，以便：改善信息通信基础设施的接入和技术的获取，加大信息和知识的获取；开展能力建设；增强信息通信技术使用方面的信心与安全性；在所有层面创建有利环境；开发和拓宽信息通信技术的应用；促进和尊重文化多样性；承认媒体的作用；解决信息社会中的道德问题；并鼓励国际和区域性合作。我们一致认为，这些是建设包容性信息社会的重要原则。

（1）各国政府和所有利益相关方在推动信息通信技术促进发展方面的作用

20．各国政府以及私营部门、民间团体和联合国及其他国际组织在信息社会的发展和决策过程中发挥着重要作用，肩负着重要责任。建设以人为本的信息社会是一项共同的事业，需要所有利益相关方加强合作并建立伙伴关系。

（2）信息通信基础设施：包容性信息社会的根基

21. 连通性是建设信息社会的关键推动因素。信息通信技术基础设施和服务的普遍、无处不在、公平和价格可以承受的获取是信息社会面临的挑战之一，并应成为建设信息社会的所有利益相关方的目标。连通性亦涉及能源和邮政服务的获取，应在符合各国国内立法的前提下确保这种获取。

22．发展良好、适应区域、国家和本地条件、易于获取、价格可以承受且尽可能更多地使用宽带和其他创新技术的信息通信网络基础设施和应用可以加速各国的社会与经济进步，提高所有个人、社区与人民的福祉水平。

23．制定和实施有利于在各个层面上实现稳定、可预见性和公平竞争的政策时，不仅应考虑为发展信息通信技术基础设施吸引更多的私人投资，而且应促进普遍服务的义务在传统的市场条件不起作用的地方得以履行。在生活条件不利地区的邮局、学校、图书馆和档案馆等处设立信息通信技术公共接入点，可为确保信息社会基础设施的普遍接入和服务的普遍获取提供有效手段。

（3）获取信息和知识

24．在包容性信息社会中，人人具有获得信息、思想和知识并为之做出贡献的能力至关重要。

25．通过消除在公平获取经济、社会、政治、卫生、文化、教育和科技活动信息方面存在的障碍，通过促进公用域信息的获取，包括利用通用的设计和使用辅助性技术，可以加强有益于发展的全球知识共享。

26．内容丰富的公用域是信息社会发展的一个基本因素，可以带来诸多益处，如加强公众教育，提供新的就业机会，鼓励创新，提供商业机遇和促进科技进步等。公用域的信息应易于获取以支持信息社会，并应受到保护不被盗用。应强化图书馆和档案馆、博物馆、文化藏品机构及其他基于社区的接入点等社会公共机构，以促进文献记录的保存和自由、公平地获取信息。

27．通过提高所有利益相关方对不同软件模式所带来的可能性的认识，可以促进信息和知识的获取，其中包括专有、开放源代码和免费软件，以便加强竞争、增强用户接入和增加选择类型，从而使所有用户都能够开发最能满足其需要的解决方案。以可承受的价格获取软件应被视为真正包容性信息社会的一个重要组成部分。

28．我们要努力使所有人均能有平等的机会普遍获取科学知识，创造和传播科技信息，包括公开获取科学出版的举措。

（4）能力建设

29．每个人均应有机会学习必要的技能和知识，以便了解、积极参与和充分受益于信息社会和知识经济。扫盲和普及初级教育是建设全面包容性信息社会的关键因素，同时应特别关注女童和妇女的特殊需要。鉴于各个层面所需的信息通信技术和信息专家范围甚广，应特别注重机构的能力建设。

30．应在教育、培训和人力资源开发的各个阶段推广使用信息通信技术，同时注意满足残疾人、处境不利群体和弱势群体的特殊需要。

31．继续教育和成人教育、再培训、终身教育、远程教育及远程医疗等其他特殊服务可以从根本上提高就业可能性，并帮助人们受益于信息通信技术为传统职业、个体职业和新兴职业所带来的新机遇。对信息通信技术的认识和掌握是这方面的根基。

32．内容的创造者、出版者和生产者以及教师、培训人员、档案管理员、图书管理员和学习者应在推动信息社会发展中发挥积极作用，特别是在最不发达国家发挥这一作用。

33．为实现信息社会的可持续发展，应提高各国在信息通信技术研发方面的能力。此外，伙伴关系，特别是发达国家和发展中国家（包括经济转型期国家）之间、发达国家之间和发展中国家之间在信息通信技术产品和服务的研发、技术转让、制造和使用中结成的伙伴关系，对于促进能力建设和信息社会的全球性参与至关重要。信息通信技术行业为创造财富提供了重大机遇。

34．特别对于发展中国家和经济转型期国家而言，欲想实现成为信息社会真正成员的共同理想并积极融入知识经济，在很大程度上需要加强教育、专门技术和信息获取等领域的能力建设。这些是决定发展和竞争能力的主要因素。

（5）树立使用信息通信技术的信心并提高安全性

35．加强包括信息安全和网络安全、鉴权、隐私和消费者保护在内的信任框架，这是发展信息社会和树立信息通信技术用户信心的先决条件。需要与所有利益相关方和国际专业组织合作，促进、发展和落实一种全球性的网络安全文化。应通过加强国际合作支持这方面的努力。在这种全球性的网络安全文化中，提高安全性和确保对数据与隐私的保护，同时增强接入和贸易十分重要。此外，必须考虑到每个国家的社会和经济发展水平，并尊重面向发展的信息社会的内涵。

36. 我们认识到，在获取信息通信技术方面，所有国家均应采用普遍和非歧视性的原则，与此同时，我们支持联合国开展的活动，以避免将信息通信技术用于与维护国际稳定和安全的宗旨相悖的目的，从而给各国国内基础设施的完整性带来不利影响，危害各国的安全。因此，在尊重人权的同时，有必要防止有人利用信息资源和技术从事刑事犯罪和恐怖主义活动。

37. 垃圾信息是用户、网络和整个互联网面临的日益严峻的问题。应在适当的国家和国际层面解决垃圾信息和网络安全问题。

（6）环境建设

38. 国家和国际层面上的环境建设对于信息社会至关重要。应将信息通信技术作为实现良政的重要手段。

39. 法制以及与之配套的反映各国实际情况的、支持性的、透明的、益于竞争、技术中立和连贯一致的政策和监管框架是建设以人为本的信息社会的根本所在。各国政府应视情况予以干预，以纠正市场失误，维护公平竞争，吸引投资，促进信息通信技术基础设施和应用的发展，最大程度地提高经济和社会效益，并满足国家重点建设的需要。

40. 一种充满活力且特别有利于金融、债务和贸易领域的外商直接投资、技术转让和国际合作的国际环境以及发展中国家对全球决策的充分有效参与，这是对各国在发展信息通信技术方面所做努力的重要补充。加强可承受的全球连通性将特别有助于使这些发展方面的努力富有成效。

41. 信息通信技术是通过提高效率和生产力（特别是通过中小型企业（SME））来推动发展的重要力量。在此方面，信息社会的发展对于发达国家和发展中国家范围甚广的经济增长而言至关重要。应促进各经济领域中由信息通信技术推动的生产力提高和技术应用创新。利益的平等分配有助于消除贫困和促进社会发展。那些能够促成产生效益的投资、并使企业（尤其是中小型企业）做出必要调整以及时从信息通信技术中受益的政策往往最为有益。

42. 对于鼓励信息社会中的创新和创造性而言，保护知识产权甚为重要；同样，知识的广泛传播、普及和共享对于鼓励创新和创造性亦很重要。通过增强意识和加强能力建设来促进所有各方对知识产权问题的有意义的参与，是包容性信息社会的一项基本内容。

43. 只有当与信息通信技术相关的工作和计划完全融入国家和区域性发展战略时，才能最好地推进信息社会的可持续发展。我们欢迎非洲发展新伙伴关系（NEPAD），并鼓励国际社会支持该举措中与信息通信技术相关的措施以及其他区域所做出的类似努力。推广信息通信技术推动的发展所带来的益处有助于消除贫困和实现可持续发展。

44. 标准化是信息社会的基石之一。应特别重视国际标准的制定和采纳。制定和使用顾及用户和消费者需要的、开放的、可互操作的、非歧视性的和需求驱动的标准是发展和普及信息通信技术和以更可承受的价格获得信息通信技术的一项基本内容，在发展中国家尤其如此。国际标准旨在创造一种无论采用何种技术，都可使消费者在世界各地获得服务的环境。

45．无线电频谱的管理应符合公众的利益，并应遵循合法性的原则，同时完全遵守各国的法律、法规和相关的国际协议。

46．在建设信息社会的过程中，我们强烈敦促各国采取行动，以防止和避免任何不符合国际法和《联合国宪章》、可能妨碍相关国家的人民全面实现其经济和社会发展并影响他们安居乐业的单边措施。

47．由于认识到信息通信技术正在逐渐改变着我们的工作方式，因而创造一个适宜使用信息通信技术的、尊重所有相关国际准则的、安全、稳定和健康的工作环境至关重要。

48．互联网已发展成为一个全球性公共设施，其治理应成为信息社会议程的核心问题。互联网的国际管理应是多边、透明和民主的，有政府、私营部门、民间团体和国际组织的全面参与。应确保资源的公平分配，方便所有人的接入，并确保互联网的稳定安全运行，同时考虑到多种语言的使用。

49．互联网的管理既包括技术问题，也包括政策问题，并应有所有利益相关方和相关政府间和国际组织的参与。在此方面，我们认识到：

a）与互联网有关的公共政策问题的决策权是各国的主权。对于与互联网有关的国际公共政策问题，各国拥有权利并负有责任；

b）在技术和经济领域，私营部门已经并应继续在互联网的发展中发挥重要作用；

c）民间团体亦已在互联网问题方面发挥重要作用，在社区层面尤其如此，并应继续发挥这一作用；

d）政府间组织已经并应继续在与互联网有关的公共政策问题的协调中发挥推动作用；

e）国际组织已经并应继续在与互联网有关的技术标准和相关政策的制定中发挥重要作用。

50．国际互联网治理问题应以协调的方式加以处理。我们请联合国秘书长成立一个互联网治理工作组，采取开放和具有包容性的方式，通过一种机制确保发展中国家和发达国家各国政府、私营部门和民间团体，包括相关政府间和国际组织与论坛的充分和积极参与，并在2005年之前开展调查研究并视情况就互联网治理方面的行动提出建议。

（7）信息通信技术应用：惠及生活的各个方面

51．信息通信技术的利用和部署应力求为我们日常生活的方方面面带来益处。信息通信技术应用在政府运作和服务、医疗保健和医疗信息、教育和培训、就业、创造就业机会、企业、农业、交通、环境保护、自然资源管理、预防灾害和文化等诸多方面，以及在促进消除贫困和实现其他业已达成共识的发展目标方面具有潜在的重要性。信息通信技术亦应有助于实现可持续的生产和消费模式，并减少传统壁垒，从而创造机会，使所有人均能以更加公平的方式进入本地和全球市场。各种应用应具有用户友好、人人均可获取、价格可以承受、适合本地语言和文化需要等特征，并支持可持续发展。为此，地方政府应在提供信息通信技术服务方面发挥重要作用，以造福于当地人民。

（8）文化多样性与特征，语言多样性与本地内容

52. 多样的文化是人类的共同遗产。信息社会应立足于并促进对文化特征、文化和语言多样性、传统和信仰的尊重，同时加强不同文化和文明之间的对话。包括联合国教科文组织《世界文化多样性宣言》在内的已达成共识的联合国相关文件中所反映出的对多样化文化特征和语言的推进、肯定和保护将进一步丰富信息社会的内容。

53. 在建设包容性信息社会的过程中，必须高度重视以多种语言和形式创造、传播和保存内容，同时对以多种形式提供的创造性作品予以特别关注，并对作者和艺术家的权利给予应有的认可。以多种语言和形式生产和获取所有内容——无论是教育、科学、文化还是娱乐内容——甚为重要。开发符合各国或区域需要的本地内容将鼓励社会和经济的发展，并将推动所有利益相关方的参与，包括生活在农村、边远地区和边缘地区的人民的参与。

54. 保护文化遗产可将一个社区与其过去联系起来，这是与个人特征和自我了解相关的关键内容。信息社会应采取包括数字化在内的所有适当手段，着眼未来，利用和保护文化遗产。

（9）媒体

55. 我们重申，我们致力于新闻自由和信息自由的原则以及媒体独立、多元化和多样性的原则，这些原则对于信息社会至关重要。自由寻求、接收、分享和使用信息以便创造、积累和传播知识对于信息社会十分重要。我们呼吁媒体秉承最高的道德和职业标准，负责任地使用和对待信息。所有形式的传统媒体在信息社会中均具有重要作用，而且信息通信技术应在此方面发挥支撑作用。应根据国家法律并在考虑相关国际公约的基础上鼓励媒体所有权的多样化。我们重申，有必要在国际上减少影响媒体的不均衡现象，特别是在基础设施、技术资源和技能的开发方面。

（10）信息社会的道德内涵

56. 信息社会应尊重和平，并坚持自由、平等、团结、宽容、责任分担和尊重自然等基本价值观。

57. 我们确认道德对于信息社会的重要意义，它应有助于伸张正义、重视人的尊严和价值。应尽最大可能保护家庭，以便使其能够在社会中发挥关键作用。

58. 人们在使用信息通信技术和创造内容时，应按照相关的国际法规，尊重人权和他人的基本自由（包括个人隐私），尊重思想、信仰和宗教自由的权利。

59. 信息社会的所有参与者均应采取法律规定的适当行动和预防措施，防止信息通信技术的滥用，如，出于种族主义、种族歧视、仇外等动机而从事的非法活动和其他活动，以及相关的偏执行为、仇恨、暴力和包括恋童癖和儿童色情在内的各种虐待儿童的行为和贩卖及剥削人口。

（11）国际和区域性合作

60. 在努力实现达成国际共识的发展目标，包括《千年宣言》中所包含的目标的过程中，我们希望充分利用信息通信技术提供的机遇，并坚持本《宣言》中所确定的重要原则。全球性是信息社会的内在特性，各国的努力需要得到各国政府、私营部门、民间

团体和其他利益相关方（包括国际金融机构）之间开展的有效的国际和区域性合作的支持。

61. 为了建设一个包容性的全球信息社会，我们将寻求和有效实施切实可行的、包括财务和技术援助在内的国际方式和机制。因此，我们在赞赏目前通过各种机制进行的信息通信技术合作的同时，也请所有利益相关方致力于《行动计划》中提出的“数字团结议程”。我们坚信，全球达成一致的目标是帮助弥合数字鸿沟、推动信息通信技术的获取、创造数字机遇并从信息通信技术提供的潜力中受益，从而促进发展。我们确认一些代表团表达的建立一种国际自愿性“数字团结基金”的意愿，同时也确认其他一些代表团提出的希望针对现有机制和这种基金的效率和可行性开展研究的要求。

62. 区域间的协调一致有利于全球信息社会的发展，而区域内和区域间的紧密合作亦不可或缺。区域性对话应有助于各国的能力建设，并有助于以协调的方式使国家战略与《原则宣言》中的目标保持一致，同时尊重各国和各区域的特殊情况。在此背景下，我们欢迎并鼓励国际社会支持此类举措中与信息通信技术相关的措施。

63. 我们决心通过利用所有的渠道筹集资金，通过提供资金和技术援助，通过创建一种符合本《宣言》和《行动计划》宗旨的有利于技术转让的环境，帮助发展中国家、最不发达国家和经济转型期国家。

64. 国际电信联盟（ITU）在信息通信技术领域的核心能力——帮助弥合数字鸿沟、开展国际和区域性合作、管理无线电频谱、制定标准和传播信息——对于建设信息社会具有关键的重要意义。

C 向知识共享的全民信息社会迈进

65. 我们致力于加强合作，以共同应对所面临的挑战，落实《行动计划》，并将构筑在本《宣言》所含重要原则基础之上的包容性信息社会的远景化为现实。

66. 在考虑到不同发展水平的同时，我们进一步致力于评估和跟踪弥合数字鸿沟方面所取得的进展，以便实现达成国际共识的发展目标，包括《千年宣言》中所含的目标，并对在建设信息社会的过程中投资和国际合作的有效性进行评估。

67. 我们坚信，我们正在共同迈入一个潜力巨大的新时代，一个信息社会的新时代，一个加强人类沟通的新时代。在这个新兴社会中，信息和知识可以通过世界上所有的网络生成、交流、共享和传播。如果我们采取必要的行动，所有人都可以在不远的将来，在全球团结和各民族与各国家之间加深理解的基础上，共同建设一个崭新的知识共享的信息社会。我们相信，这些措施将开辟一条通向真正的知识社会的未来发展之路。

（*杨君佐整理*）

信息社会世界高峰会议《行动计划》

（联合国 2003 年 12 月 12 日于日内瓦）

A 引言

1. 本《行动计划》将《原则宣言》中的共同展望和指导原则化作具体行动方针，以通过更广泛地利用基于信息通信技术的产品、网络、服务和应用，实现达成国际共识的发展目标，包括《千年宣言》、《蒙特雷共识》和《约翰内斯堡宣言》和《执行计划》中所确定的目标，同时帮助各国跨越数字鸿沟。《原则宣言》中构想的信息社会将通过各国政府和所有其他利益相关方的合作和团结一致得以实现。

2．信息社会这一概念在不断演进，并已在世界各地产生不同影响，反映出各国发展阶段的不同。技术和其他变革正在迅速改变着信息社会发展所处的环境。因此，本《行动计划》是在国家、区域和国际层面推进信息社会的一个不断演进的平台。信息社会世界高峰会议（WSIS）所具有的独特的两阶段会议结构使人们有机会充分考虑到这种演进。

3．在信息社会中，所有利益相关方均可发挥重要作用，尤其可以通过以下的伙伴关系发挥重要作用：

（a）各国政府在制定和实施综合的、前瞻性的和可持续的国家信息通信战略中发挥主导作用。私营部门和民间团体通过与各国政府对话，在制定国家信息通信战略中发挥重要咨询作用。

（b）在基础设施、内容和应用方面，私营部门的承诺对于发展和普及信息通信技术非常重要。私营部门不仅是市场的参与者，而且可以在更广泛的可持续发展中发挥作用。

（c）民间团体的承诺和参与对于创建平等的信息社会和实施与信息通信技术相关的发展举措具有同样重要的意义。

（d）在将信息通信技术的使用与发展进程相结合以及为建设信息社会和评估工作进展而提供必要的资源方面，包括国际金融机构在内的国际和区域性机构发挥关键作用。

B 目的、目标和指标

4．本《行动计划》的目的是建设一个包容性信息社会；将知识和信息通信技术的潜力用于发展；促进信息和知识的使用，以便实现达成国际共识的发展目标，包括《千年宣言》中的目标；在国家、区域和国际层面应对信息社会的新挑战。应利用信息社会世界峰会第二阶段会议评价和评估在弥合数字鸿沟方面取得的进展。

5．各国将在考虑到不同国情的同时，酌情在各自国家信息通信战略框架内并根据国家发展政策，制定信息社会的具体指标。这些指标可以作为有益的基本标准，用以衡量采取的行动和评价实现信息社会整体目标方面取得的进展。

6．根据达成国际共识并以国际合作为前提的发展目标，包括《千年宣言》中的目标，指示性指标可以作为2015年之前加强连通性和更多地使用信息通信技术以实现本《行动计划》目的的全球性参考指标。各国可根据不同的国情，在制定国家指标时参照下列指标：

（a）利用信息通信技术连接村庄，并建立社区接入点；

（b）利用信息通信技术连接大学、学院、中学和小学；

（c）利用信息通信技术连接科研中心；

（d）利用信息通信技术连接公共图书馆、文化中心、博物馆、邮局和档案馆；

（e）利用信息通信技术连接医疗中心和医院；

（f）连接所有地方和中央政府部门，并建立网站和电子邮件地址；

（g）根据国情，调整所有中小学课程，以应对信息社会的挑战；

（h）确保世界上所有的人都能得到电视和广播服务；

（i）鼓励内容开发并创造技术条件，使世界上所有语言均能在互联网上得到体现和使用；

（j）确保世界上一半以上的居民在可及范围内获得信息通信技术。

7. 在实现这些目的、目标和指标的过程中，要特别关注发展中国家的需求，尤其要关注《原则宣言》第11～16段所提及的国家、民族和群体的需求。

C　行动方针

C1. 各国政府和所有利益相关方在推动信息通信技术促进发展方面的作用

8. 各国政府和所有利益相关方有效参与信息社会的发展至关重要，因为信息社会需要各方进行合作并形成伙伴关系。

（a）在考虑不同国情的情况下，所有国家均应鼓励在2005年之前制定出包括必要的能力建设在内的国家信息通信战略。

（b）在为信息社会制定信息通信战略和交流最佳做法的过程中，在国家层面启动有所有利益相关方参与（包括通过公众/私营伙伴关系参与）的结构完整的对话进程。

（c）在制定和实施国家信息通信战略时，各利益相关方应考虑到本地、区域和国家的需求与关注的问题。欲使已采取的举措发挥最大效益，就应注重可持续发展的概念。私营部门应在本地、区域和国家层面上参与建设信息社会的具体项目。

（d）鼓励每个国家在 2005 年前至少确立一个可以发挥作用的公私合作伙伴关系（PPP）或多部门伙伴关系（MSP）的范例，为未来行动做出示范。

（e）为启动和促进信息社会各利益相关方形成合作伙伴关系，在国家、区域和国际层面上确定机制。

（f）探讨在国家层面为原住居民建立利益相关多方门户的可行性。

（g）到2005年，相关国际组织和金融机构应制定出各自的利用信息通信技术进行可持续发展的战略，包括可持续的生产和消费形式，并将其作为推动实现《联合国千年宣言》所述目标的有效途径。

（h）各国际组织应在其专业领域范围内，包括在各自的网站上，公布由利益相关方提供的有关将信息通信技术纳入其工作的成功经验的可靠信息。

（i）鼓励采取一系列相关措施，包括孵化器方案、风险资本投资（国内和国际）、政府投资基金（包括针对中小企业和微型企业（SMME）的微额贷款）、投资宣传战略、软件出口配套活动（贸易咨询）、支持研发网络以及软件园区等。

C2. 信息通信基础设施：信息社会的根基

9. 考虑到发展中国家和经济转型国家已采用的相关解决方案，在实现数字包容性的目标、使所有人都能普遍、持续、在任何地方并以可承受的价格获取信息通信技术方面，基础设施具有核心作用，有利于在国家和区域层面推动边远地区和边缘化地区的可持续连通性和接入。

（a）各国政府应在国家发展政策的框架内采取行动，以便支持创造一种有助于向信息通信技术基础设施提供必要投资和开发新业务的竞争环境。

（b）在国家信息通信战略方面，根据指示性指标，制定适当的普遍接入政策和战略及其实施措施，同时制订信息通信技术连通性指标。

（c）在国家信息通信战略方面，根据指示性指标，为向公众开放的机构提供信息通信技术连接，并加强连通性，连接所有中小学、大学、医疗机构、图书馆、邮局、社区中心、博物馆及其他机构。

（d）发展并加强国家、区域和国际宽带网络基础设施，包括通过卫星及其他系统的服务提供，以便帮助提供能够满足各国及各国公民需求的容量和能够提供基于信息通信技术的新业务所需的容量。支持国际电信联盟（ITU）及（适当时）其他相关国际组织开展技术、规则和操作研究，从而：

（i）拓宽轨道资源获取、确保全球频率协调并提高全球系统标准化；

（ii）鼓励公私合作伙伴关系；

（iii）推广向边远地区和人口稀少地区等服务欠缺地区提供的全球高速卫星服务；

（iv）探索可提供高速连接的其他系统。

（e）在国家信息通信战略方面，满足老年人、残疾人、儿童，特别是处于社会边缘地位的儿童和其他处境不利群体和弱势群体的特殊需要，包括通过适当的教育、行政管理和立法措施，确保他们完全融入信息社会。

（f）鼓励设计和推出信息通信技术设备和服务，使包括老年人、残疾人、儿童（特别是处于社会边缘地位的儿童）和其他处境不利群体和弱势群体在内的所有人都能方便地并以可承受的价格进行使用，并在通用设计原则的指导下和辅助性技术应用的进一步推动下，促进开发适合这些群体需要的技术、应用和内容。

（g）为了缓解文盲引发的问题，开发价格可承受的技术和非文字型的计算机界面，以方便人们使用信息通信技术。

（h）开展旨在为最终用户提供适当的和价格可以承受的信息通信技术设备的全球性研发工作。

（i）在发达国家和尤其是发展中国家鼓励使用包括卫星在内的闲置无线容量，为边远地区，特别是发展中国家和经济转型国家的边远地区提供接入，并加强发展中国家的低成本连通性。应特别关注最不发达国家为建设电信基础设施所做出的努力。

（j）鼓励创建和发展区域性信息通信技术骨干网和互联网交换点，以加强主要信息网络间的连通性，降低互连成本，加强网络接入。

（k）制定以可承受的价格提高全球连通性的战略，以帮助改善接入。以商业谈判形式确定的互联网经转和互连互通费用应以客观、透明和非歧视性为导向，并考虑到在此方面正在开展的工作。

（l）鼓励和促进传统媒介和新技术的混合使用。

C3．获取信息和知识

10．信息通信技术可以使世界任何地方的人们都能几乎即时地获取信息和知识。个人、组织和社区均应从知识和信息的获取中受益。

（a）制定有利于开发和推广公用域信息的政策指导方针，使之成为在国际上促进公众获取信息的重要手段。

（b）鼓励各国政府利用各种通信资源，特别是互联网，向人们提供获取公开的官方信息的适当渠道。鼓励特别在新技术领域针对信息的获取和公共数据的保护进行立法。

（c）促进研究和开发，以方便所有人，包括社会经济地位低下的群体、边缘化群体和弱势群体，获取信息通信技术。

（d）各国政府及其他利益相关方应建立可持续的多用途社区公共接入点，以可承受的价格或免费的方式向公民提供各种通信资源，尤其是互联网的接入。这些接入点应尽可能有足够的能力，以便向图书馆、教育机构、公共管理部门、邮政局所或其他公共场所的使用者，尤其是农村和服务欠缺地区的使用者提供帮助，同时尊重知识产权（IPR），并鼓励使用信息和共享知识。

（e）鼓励开展研究工作，并使所有利益相关方了解不同软件模式所带来的潜在机遇，同时了解包括专有、开放源代码和免费软件等模式的创建方式，以便加强竞争，增加选择自由度、增强价格的可承受性，并使所有利益相关方能够评估最能满足其需求的解决方案。

（f）各国政府应积极鼓励其公民和地方政府将信息通信技术作为工作中的一个基本工具加以使用。在此方面，国际社会及其他利益相关方应支持地方政府的能力建设，将广泛使用信息通信技术作为改善地方治理的手段。

（g）鼓励开展有关信息社会的研究，包括对创新式组网的研究，对信息通信技术基础设施、工具和应用做适应性调整，使所有人、特别是处境不利的群体都能利用信息通信技术。

（h）支持创建和开发与信息社会相适应的数字公共图书馆和档案馆服务，包括通过审议国家图书馆战略和立法，从全球的角度认识建立“混合图书馆”的必要性，并促进世界各地图书馆之间的合作。

（i）鼓励采取各种举措，促进（包括自由地和以可承受的价格）获取公开的刊物和书籍并使用公开的科技信息档案。

（j）支持在为所有利益相关方设计有效工具方面开展的研发工作，以增强他们对不同软件模式和许可证的认识、评估和评价，从而确保优选出最能因地制宜地实现发展目标的合适软件。

C4．能力建设

11．人人均应具备必要的技能，以便从信息社会中充分受益。因此，能力建设和对信息通信技术的掌握至关重要。信息通信技术可以通过提供教育和师资培训、通过改善终身教育条件（包括正规教育以外人群的终身教育条件）以及提高专业技能，在世界范围内帮助实现普及教育。

（a）制定各国的国内政策，以确保信息通信技术充分融入教育和培训的各个层次，包括课程开发、师资培训、机构管理，并支持终身教育的概念。

（b）在国家、区域和国际层次制定和推广利用信息通信技术进行扫盲的计划。

（c）利用图书馆、多用途社区中心和公共接入点等现有设施，通过设计和提供公共管理课程，并通过与所有利益相关方合作建立地方的信息通信技术培训中心，使所有人都能加强对信息通信技术的了解，并提高这方面的技能。应特别关注处境不利群体和弱势群体的情况。

（d）在国内教育政策方面，同时考虑到对成年人进行扫盲的需要，确保年轻人拥有使用信息通信技术的知识和技能，包括以创造性和创新型方式分析和处理信息的能力，并能共享专长，全面参与到信息社会之中。

（e）各国政府应与其他利益相关方合作，制定出能力建设计划，重点培养一大批急需的、称职且技能娴熟的信息通信技术专业人员和专家。

（f）开发试点项目，展示基于信息通信技术的其他教育提供系统的影响，主要目的在于实现“全民教育”的指标，包括基本的扫盲指标。

（g）努力消除信息通信技术教育和培训中存在的性别障碍，并在信息通信技术相关领域为妇女和女童争取平等的培训机会。应针对女童开展早期科技介入教学计划，以增加从事信息通信技术工作的妇女人数。加强将性别平等观点纳入信息通信技术教育最佳做法方面的交流。

（h）赋予当地社区、特别是农村和服务欠缺地区使用信息通信技术的能力，并促进有用的和具有社会意义的内容的制作，为所有人造福。

（i）出台能够为全面参与信息社会提供机遇的教育和培训计划，在可能的情况下利用传统游牧民族和原住民的信息网络。

（j）设计和实施区域性和国际合作活动，以着重提高发展中国家和最不发达国家领导层和工作人员的能力，并将信息通信技术有效应用到整个教育活动中。在工作场所和家庭等教育机构以外的地方提供教育也应包括在内。

（k）制定有关使用信息通信技术的具体培训计划，以满足对信息专业人士进行教育的需要，其中包括档案管理员、图书管理员、博物馆专业人员、科学家、教师、记者、邮政职工及其他相关专业群体。对信息专业人士的培训不仅应注重开发和提供信息通信服务的新方法和技术，而且应注重相关的管理技能，以确保技术得到最佳使用。师资培训应侧重于信息通信技术的技术问题、内容开发以及信息通信技术的潜力与挑战。

（l）将远程教育、培训及其他形式的教育和培训作为能力建设计划的组成部分。对人力资源开发处于不同水平的发展中国家和尤其是最不发达国家给予特别的关注。

（m）促进能力建设领域的国际和区域性合作，包括由联合国及其专门机构制定的国别计划。

（n）推出设计新型信息通信技术网络的试点项目，将发达国家、发展中国家和经济转型国家之间的教育、培训和研究机构连接在一起。

（o）倘若志愿行动与国家政策和当地文化和谐一致，则可成为一笔宝贵的财富，有助于提高人类有效利用信息通信技术工具和建设更具包容性信息社会的能力。尤其是在发展中国家启动志愿者计划，以提高信息通信技术促发展的能力。

（p）设计可以培训使用者增强自学和自我开发能力的程序。

C5．树立使用信息通信技术的信心并提高安全性

12．信心和安全是信息社会的主要支柱。

（a）促进各国政府在联合国的合作以及与所有利益相关方在其他相关论坛的合作，以增强用户信心，建立信任并保护数据和网络的完整性；考虑信息通信技术目前所面临的威胁和潜在威胁；并解决其他信息安全和网络安全问题。

（b）各国政府应与私营部门合作，通过以下方式防止、发现和应对网络犯罪和对信息通信技术的不当使用：在考虑到这些领域持续开展的工作的基础上制定指导方针；考

虑制定有利于有效查处不当使用的立法；加强有效互助；强化国际层面对此类事件的防范、发现和恢复工作提供的机构支持；鼓励开展教育，提高认识。

（c）各国政府和其他利益相关方应积极加强对用户的教育，提高对网络私密性和保护隐私方法的认识。

（d）在国家和国际层面对垃圾信息采取适当行动。

（e）鼓励对国家法律开展国内评估，以消除有效使用电子文件和交易（包括电子鉴权手段）所面临的障碍。

（f）利用信息通信技术使用安全领域内的互补和相互强化举措以及针对隐私权、数据和消费者权益保护的举措或指导方针，进一步加强信任和安全框架。

（g）分享信息安全和网络安全领域的有效做法，并鼓励所有相关各方采纳这些做法。

（h）请有关各国建立事件实时处理和响应联络点，并在这些联络点之间搭建一个合作网络，以便共享应对事件的信息和技术。

（i）鼓励进一步开发有助于在线交易的安全可靠的应用。

（j）鼓励相关国家对联合国正在进行的树立信息通信技术使用信心并提高其安全性的工作做出积极贡献。

C6．环境建设

13．为了最充分实现信息社会的社会、经济和环境效益，各国政府需要创造一种值得信赖、透明和非歧视性的法律、监管和政策环境。这方面的行动包括：

（a）各国政府应鼓励制定一种具有支持作用、透明、有利于竞争和可以预测的政策、法律和监管框架，适当地激励对信息社会的投资和社区发展。

（b）我们请联合国秘书长成立一个互联网治理工作组，在一种确保发展中国家和发达国家各国政府、私营部门和民间团体充分和积极参与的机制的开放和包容性进程中，在相关政府间组织和国际组织与论坛的参与下，进行调查，并在2005年之前视情况就互联网治理方面的行动提出建议。该工作组应：

（i）制定有关互联网治理的切实可行的工作定义；

（ii）确定与互联网治理有关的公共政策问题；

（iii）就各国政府、现有政府间和国际组织、其他论坛以及发展中国家和发达国家私营部门和民间团体各自的作用和责任形成共识；

（iv）就此活动的结果起草一份报告，提交将于2005年在突尼斯召开的信息社会世界峰会第二阶段会议审议，并采取适当行动。

（c）请各国政府：

（i）促进建立国家和区域性互联网交换中心；

（ii）对各自的国家代码顶级域名（ccTLD）进行管理或在适当时进行监督；

（iii）提高对互联网的认识。

（d）与利益相关方合作，促进区域根服务器的发展和国际化域名的使用，以克服接入障碍。

（e）各国政府应继续修订和充实各自的消费者权益保护法，以适应信息社会的新要求。

（f）推动发展中国家和经济转型国家有效参与信息通信技术国际论坛，并创造交流经验的机会。

（g）各国政府需制定本国的战略，其中包括电子政务战略，以使公共管理更为透明、高效和民主。

（h）建立一种使文件及其他电子信息记录得到安全存储和存档的框架。

（i）各国政府和利益相关方应积极对用户开展有关在线隐私和保护隐私手段的教育，提高他们的认识。

（j）请利益相关方确保为促进电子商务而设计的做法亦允许消费者对是否采用电子通信做出选择。

（k）鼓励继续围绕有效的争端解决机制开展工作，尤其是提出一个有助于解决争端的替代争端解决方式（ADR）。

（l）鼓励各国政府与利益相关方协作，制定有助于弘扬企业家精神、促进创新和投资、同时尤其有助于增加妇女参与的信息通信技术政策。

（m）鉴于信息通信技术在推进中小型企业（SME）发展方面所具备的经济潜力，因此，应通过简化行政程序、方便中小型企业获得资金和增强其参与信息通信技术项目的能力来帮助这些企业提高竞争力。

（n）各国政府应按照其社会经济发展水平成为电子商务的模范使用者和率先采用者。

（o）各国政府应与其他利益相关方合作，提高人们对全球电子商务国际互操作性标准重要性的认识。

（p）各国政府应与其他利益相关方合作，推动制定和使用开放的、可互操作的、非歧视的和需求驱动的标准。

（q）国际电联根据其条约制定能力对频率进行协调和分配，以促进实现无所不在和价格可承受的接入的目的。

（r）国际电联和其他区域性组织应进一步采取措施，确保所有国家均能在相关国际协议的基础上，合理、有效和经济地使用并平等获得无线电频谱。

C7．信息通信技术应用：惠及生活的各个方面

14．信息通信技术应用可以在国家信息通信战略框架内支持公共管理、商业、教育和培训、卫生、就业、环境、农业和科学领域的可持续发展。可包括在以下方面采取的行动：

15．电子政务

（a）实施旨在创新和提高公共管理与民主进程的透明度、提高效率和密切与民众关系的电子政务战略。

（b）在各个层面制定适应公民和企业需要的国家电子政务举措和服务，以实现资源和公共物资的更有效分配。

（c）支持电子政务领域的国际合作活动，以增强各级政府的透明度、责任心并提高效率。

16．电子商务

（a）鼓励各国政府、国际组织和私营部门宣传国际贸易和使用电子商务可带来的益

处，并鼓励发展中国家和经济转型国家使用电子商务模式。

（b）各国政府应通过建设有利的环境和借助可广泛获得的互联网接入，努力激励私营部门进行投资，促进新的应用和内容开发，并形成公私合作伙伴关系。

（c）各国政府的政策应有利于扶助和扩大信息通信技术行业的中小型企业和微型企业，有助于他们进入电子商务领域，以刺激经济增长和创造就业机会，并以此作为致富扶贫战略的一个组成部分。

17．电子学习（见C4节）

18．电子卫生

（a）推动有国际组织参与的政府、规划部门、卫生专业人员和其他机构的协同工作，以建立可靠、及时、优质和价格可承受的卫生保健和卫生信息系统，并利用信息通信技术加强持续的医疗培训、教育和研究工作，同时尊重和保护公民的隐私权。

（b）方便对世界医学知识和本地相关内容资源的利用，以加强公共卫生研究和预防计划并增进女性和男性的健康，这些内容可为涉及性和生殖健康、性传播疾病和有关艾滋病病毒/艾滋病、疟疾和肺结核等引起全世界关注的疾病的内容。

（c）通过改善共同信息系统，对传染性疾病的传播发出警告并进行监测和控制。

（d）推动医疗数据交换国际标准的制定，同时顾及人们对隐私的关注。

（e）鼓励采用信息通信技术来改善和扩大对边远地区与服务欠缺地区以及弱势人口的医疗保健和医疗信息系统，同时认识到妇女在其家庭和社区中作为医疗服务提供者所发挥的作用。

（f）加强并拓展为灾难和突发事件提供医疗和人道主义援助而采取的信息通信技术举措。

19．电子就业

（a）在遵守所有相关国际标准的同时，鼓励在国家层面上，根据公正与性别平等的原则，为以电子手段开展工作的人员和雇主确定最佳做法。

（b）推出开展工作和业务的新方式，旨在通过对信息通信技术与人力资源的投资，提高生产率、促进发展和改善福利。

（c）推广远程办公，以使公民、特别是发展中国家、最不发达国家和小型经济体的公民无需离开自己的社会生活环境就可以为世界各地工作，并增加妇女和残疾人的就业机会。在推广远程办公时，对于能够创造就业机会和留住技术劳动力的战略应给予特别的关注。

（d）推广面向女童的早期科技介入教学计划，以增加信息通信技术公司中女性的数量。

20．电子环境

（a）鼓励各国政府通过与其他利益相关方合作，使用和推行信息通信技术，将其作为保护环境和可持续使用自然资源的手段。

（b）鼓励各国政府、民间团体和私营部门采取行动，实施促进可持续生产和消费的项目和计划，并实施以有利于环境安全的方式处理和循环利用废弃的信息通信技术硬件与组件的项目和计划。

（c）利用信息通信技术建立监测系统，预报并监测自然灾害和人为灾害的影响，特别是在发展中国家、最不发达国家和小型经济体。

21．电子农业

（a）利用信息通信技术，确保有关农业、畜牧业、渔业、林业和食品业的信息得到系统化传播，以方便公众（特别是农村地区的公众）获得全面、及时和详细的知识与信息。

（b）公私伙伴关系应力求最大程度地发挥信息通信技术作为改进生产（数量和质量）的手段的作用。

22．电子科学

（a）在所有大学和研究机构推广价格可承受且质量可靠的高速互联网连接，以支持它们在生成信息和知识、开展教育和培训方面发挥关键作用，并鼓励在这些机构间建立伙伴关系、开展合作和交流。

（b）推广电子出版、差别定价和开放接入的举措，使所有国家都能在平等基础上以可承受的价格获取科学信息。

（c）提倡利用同行的对口技术，以共享科学知识，共享已放弃收费权利的科学著作作者撰写的预印和再版的科学著作。

（d）提倡在所有国家长期、系统和有效地收集、传播和保存诸如人口和气象数据等重要的科学数字数据。

（e）制定原则和源数据标准，以推动合作和酌情有效利用收集到的科学信息与数据开展科学研究。

C8．文化多样性与特征，语言多样性与本地内容

23．文化和语言多样性在促使人们尊重文化特征、传统和宗教的同时，对于建设基于多种文化交流和区域与国际合作的信息社会至关重要。它是可持续发展的重要因素。

（a）根据相关的、达成共识的联合国相关文件，包括联合国教科文组织的《世界文化多样性宣言》，制定有利于尊重、保护、提倡和加强信息社会中文化和语言多样性以及文化遗产的政策。这包括鼓励各国政府拟定文化政策，推动文化、教育和科学内容的制作，并发展符合用户的文化和语言条件的本地文化行业。

（b）制定国家政策与法律，确保图书馆、档案馆、博物馆及其他文化机构能够在信息社会中全面发挥其内容（包括传统知识）提供者的作用，特别通过不断利用记录的信息来发挥这一作用。

（c）支持通过开发和使用信息社会技术来保护我们的自然和文化遗产的工作，将这些遗产作为当今文化中栩栩如生的内容提供给公众。这包括开发出确保可不断获取数字藏馆中存档的数字信息及多媒体内容的系统，并对记载了人类历程的档案馆、文化收藏品和图书馆提供支持。

（d）制定并实施相关政策，通过创建多种信息内容和使用不同方式，包括通过对教育、科学和文化遗产进行数字化来保护、肯定、尊重和促进文化表达方式的多样性以及原住民的知识和传统。

（e）支持地方主管部门进行的本地内容的开发、翻译和改编，支持他们创建的数字档案馆和多种形式的数字和传统媒体。这些活动亦可推动当地和原住民社区的

发展。

（f）通过获得传统和数字媒体服务，提供与信息社会中个人的文化和语言相适应的内容。

（g）通过公私合作伙伴关系，鼓励创作形式多样的本地及本国内容，包括以用户本国语言提供的内容，并对所有艺术领域内以信息通信技术开展的工作予以承认和支持。

（h）在以全民为对象的正规与非正规教育中强化重视性别平等的课程计划，增强妇女对通信与媒体的了解，以提高女童和妇女了解和开发信息通信技术内容的能力。

（i）培养本地人才，开发并传播以本地语言制作的软件及适应包括文盲、残疾人、社会经济地位低下群体和弱势群体在内的不同群体需求的内容，尤其是针对发展中国家和经济转型国家的此类群体。

（j）支持当地社区的媒体，扶植将传统媒体与新技术相结合的项目，发挥其推广使用本地语言记载和保存本地遗产（包括地貌和生物多样性）方面的作用，并将其作为与农村、闭塞地区和游牧地区沟通的手段。

（k）增强原住民以本族语言开发内容的能力。

（l）与原住民和传统社区合作，赋予他们能力，使他们在信息社会中能够更有效地利用自己的传统知识并从中受益。

（m）针对旨在区域和分区域层面加强文化和语言多样性的政策和手段，开展知识、经验和最佳做法交流。可以根据本行动计划中的具体事宜，建立区域和分区域工作组，以便集中力量，完成上述工作。

（n）在区域层面上评估信息通信技术对文化交流和互动所做的贡献，并在评估结果的基础上制定相关的计划。

（o）各国政府应通过公私合作伙伴关系推进技术和研发计划，涉及的领域包括翻译、图像记录和语音辅助服务，必要的硬件和多种软件模式的开发，包括专有软件、开放源代码软件和免费软件，如，标准字符集、语言编码、电子词典、术语与词汇、多语种搜索引擎，机器翻译工具、国际化域名、内容参注以及综合软件和应用软件。

C9. 媒体

24. 形式和所有制多样化的媒体作为参与者在建设信息社会中发挥举足轻重的作用，并被认为是推动言论自由和信息多元化的重要力量。

（a）鼓励媒体——印刷、广播和新型媒体——在信息社会中继续发挥重要作用。

（b）鼓励国内立法，保障媒体的独立性和多元化。

（c）采取符合言论自由的适当措施，抵制媒体内容中的非法和有害内容。

（d）鼓励发达国家的媒体专业人员与发展中国家的媒体建立合作伙伴关系和联系，特别是在培训领域。

（e）提倡媒体均衡地、多角度地展示女性和男性的形象。

（f）充分利用信息通信技术工具，减少国际上影响媒体的不均衡现象，特别是基础设施、技术资源和技能开发方面的不均衡现象。

（g）鼓励传统媒体弥合知识鸿沟并促进文化内容的传播，特别是在农村地区。

C10．信息社会的道德内涵

25．信息社会应遵从普遍认同的价值观，推进公共利益，防止滥用信息通信技术。

（a）采取措施，促进尊重和平，并坚持自由、平等、团结、容忍、责任共担和崇尚自然的基本价值观。

（b）所有利益相关方均应提高他们对使用信息通信技术的道德内涵的认识。

（c）信息社会的所有参与者均应推进公共利益、保护隐私和个人信息，并按照法律规定采取适当行动和预防措施，防止信息通信技术的滥用，如，出于种族主义、种族歧视、仇外等动机而从事的非法活动和其他活动，以及相关偏执行为、仇恨、暴力和包括恋童癖、儿童卖淫和儿童色情在内的各种虐待儿童的行为和贩卖及剥削人口。

（d）请利益相关方，特别是学术界，继续对信息通信技术的道德内涵进行研究。

C11．国际和区域性合作

26．所有利益相关方之间的国际合作对于实施本行动计划至关重要，这种合作需要进一步加强，以通过提供实施手段促进普遍接入和弥合数字鸿沟。

（a）发展中国家政府在要求发达国家和国际金融组织就基础设施建设项目进行国际合作和提供援助时，应相应提高信息通信技术项目的优先地位。

（b）在《联合国全球契约》的框架内并根据《联合国千年宣言》，扩大并加快促成公私合作伙伴关系，重点强调将信息通信技术用于发展。

（c）请国际和区域组织在考虑区域性举措的重要性的同时，将信息通信技术纳入其主要工作计划，并协助发展中国家的各级政府参与制定和实施国家行动计划，以支持实现《原则宣言》和本《行动计划》提出的目标。

D 数字团结议程

27．数字团结议程的目的在于创造条件，调动人力、财力和技术资源，从而使所有的男性和女性都能融入新兴的信息社会之中。所有利益相关方在国内、区域和国际层面的密切合作对实施此项议程至关重要。为了跨越数字鸿沟，我们需要更有效地利用现有的方法和机制，并充分探索新方法、新机制，以便为基础设施、设备、能力建设和内容开发筹措资金，因为这些都是参与信息社会的必不可少的条件。

D1．重点和战略

（a）国家信息通信战略应成为包括扶贫战略在内的国家发展计划中一个不可分割的部分。

（b）应通过更有效地共享和协调捐赠方信息，并通过分析和共享从信息通信技术促发展项目的经验中汲取的最佳做法和教训，将信息通信技术全面纳入官方发展援助（ODA）之中。

D2．调动资源

（a）所有国家和国际组织均应如《蒙特雷共识》所述，积极行动起来，创造条件，以便增加可用资源并有效调动资源，用于发展。

（b）发达国家应做出切实努力，履行它们在包括《蒙特雷共识》之中向世界做出的为发展而融资的承诺。《蒙特雷共识》敦促尚未履行承诺的发达国家采取实际行动，实现将其国民生产总值（GNP）的0.7%作为官方发展援助提供给发展中国家，并将其国民生产总值的0.15%～0.20%提供给最不发达国家的目标。

（c）对于那些不堪债务重负的发展中国家，我们欢迎各方已经采取的减少未偿债务的举措，同时希望在各国和国际层面上进一步就此采取措施，其中包括酌情取消债务和做出其他安排。应特别注意强化针对重债穷国开展的举措。这些举措将有助于腾出更多的资源用于资助信息通信技术促发展的项目。

（d）由于认识到信息通信技术在促进发展方面的潜力，我们因而进一步提倡：

（i）发展中国家通过创造一种透明、稳定、可预测和有利的投资环境，更加努力地吸引国内外私人投资方对信息通信技术进行投资；

（ii）发达国家和国际金融机构应对信息通信技术促进发展方面的战略和工作重点做出响应，将信息通信技术纳入工作计划，并帮助发展中国家和经济转型国家制定和实施其国内信息通信战略。发达国家应根据国家发展计划的轻重缓急和对上述承诺的落实情况加大力度，为发展中国家发掘信息通信技术潜力以促进发展的工作提供更多的资金；

（iii）私营部门应对落实此数字团结议程做出贡献。

（e）在弥合数字鸿沟的工作中，我们进行的发展合作应有助于为国家和区域层面的能力建设、以相互认可的条款进行技术转让、研发项目合作和专门技术交流等提供的技术和资金援助。

（f）尽管应充分利用各种现有的金融机制，但在2004年12月底前应完成对这些机制的全面审查，以确定这些机制是否足以应对在利用信息通信技术促进发展方面所面临的挑战。此项审查工作应由联合国秘书长支持的一个任务组进行，并提交本峰会的第二阶段会议进行审议。根据审查结论，将考虑对融资机制进行改进和创新，包括《原则宣言》所述的自愿性“数字团结基金”的有效性、可行性及其建立。

（g）各国应考虑建立国内机制，实现服务欠缺的农村地区和城区的普遍接入，从而弥合数字鸿沟。

E 跟进和评估

28．应通过可比的统计指标和研究结果，制定现实的国际业绩评估方法和基本标准（定性和定量）体制，以跟踪本《行动计划》目的、目标和指标的实现情况，同时要考虑不同国家的国情。

<u>E1．重点和战略</u>

（a）国家信息通信战略应成为包括扶贫战略在内的国家发展计划中一个不可分割的部分。

（b）应通过更有效地共享和协调捐赠方信息，并通过分析和共享从信息通信技术促进发展项目的经验中汲取的最佳做法和教训，将信息通信技术全面纳入官方发展援助（ODA）之中。

<u>E2．调动资源</u>

（a）与每个相关国家合作，制定并发布信息通信技术发展（数字机遇）综合指数。该综合指数可每年或每两年在一份《信息通信技术发展报告》中公布。综合指数可显示有关的统计数据，而报告则可根据各国国情对政策及其执行情况进行分析研究，包括性别方面的分析。

（b）应利用包括社区连通性指标在内的相关指标和基本标准，说明各国和国际范围数字鸿沟的严重程度，并定期予以评估，同时跟踪世界范围内利用信息通信技术实现达成国际共识的发展目标（包括《联合国千年宣言》中的目标）方面所取得的进展。

（c）国际和区域性组织应定期针对各国对信息通信技术的普遍利用进行评估并作出报告，以便为发展中国家信息通信技术行业的发展创造平等机会。

（d）应制定反映不同性别在信息通信技术的使用和需要方面情况的指标，并确定可衡量的绩效指标，以评估所资助的信息通信技术项目对妇女和女童的影响。

（e）在汇总所有利益相关方意见的基础上，按照国际认可的网站访问标准，以简明、便于访问和具有说服力的形式建立并推出一个介绍最佳做法和成功事例的网站。该网站可以定期更新，并成为一种永久性的经验交流途径。

（f）所有国家和地区均应开发可以提供有关信息社会的统计信息的工具，包括基本指标和对信息社会主要方面的分析。应优先考虑建立统一的、国际间可比的指标体系，同时还要考虑到各国不同的发展水平。

F 向信息社会世界峰会第二阶段会议（突尼斯）迈进

29. 忆及联合国大会第56/183号决议，并考虑到峰会日内瓦阶段会议的成果，将在2004年上半年召开一次筹备会议，审议构成峰会突尼斯阶段会议重点的信息社会问题，并就第二阶段会议筹备进程的结构达成一致意见。根据本峰会有关突尼斯阶段会议的决定，信息社会世界峰会第二阶段会议应特别考虑：

（a）以信息社会世界峰会日内瓦阶段会议成果为基础，详细制定最后的适当文件，以便巩固建设全球信息社会的进程，缩小数字鸿沟并将数字鸿沟转化为数字机遇。

（b）在国家、区域和包括联合国系统的国际层面上跟进和实施《日内瓦行动计划》是一种综合和协调的方式，需要所有利益相关方参与其中，尤其应通过利益相关方之间结成的伙伴关系予以实现。

（杨君佐　整理）

全球信息通信技术发展与应用状况指标分析

（见表F.1，表F.2，表F.3，表F.4，表F.5，表F.6，表F.7，表F.8，表F.9）

表F.1　全球信息通信技术应用普及增长状况一览表（**1999～2002**年）

项　目	1999年（百万）	2002年（百万）	1999～2002年增长状况	
			绝对值（百万）	增长率（%）
人口	5，962	6，192	229	4
家庭数	1484	1552	68	5
互联网用户（估计）	276	605	329	119
个人计算机数	394	550	157	40
固定电话主线数	906	1098	192	21
移动电话用户	493	1155	662	134
电视机	1573	1775	202	13
有线电视用户	288	359	71	25
家用卫星天线	78	97	19	24

续表

项　　目	1999年（百万）	2002年（百万）	1999～2002年增长状况	
			绝对值（百万）	增长率（%）
	占人口总数的比例（%）		占家庭总数的比例（%）	
	1999年	2002年	1999年	2002年
互联网用户（估计数字）	5	10	19	39
个人计算机数	7	9	27	35
固定电话主线数	15	18	61	71
移动电话用户数	8	19	33	74
电视机（个）	26	29	106	114
有线电视用户数	5	6	19	23
家用卫星电视接收器（个）	1	2	5	6
	与人口的比率		与家庭的比率	
	1999年	2002年	1999年	2002年
互联网用户数	1:22	1:10	1:5	1:3
个人计算机数	1:15	1:11	1:4	1:3
固定电话主线数	1:7	1:6	1:2	1:1
移动电话用户数	1:12	1:5	1:3	1:1
电视机（个）	1:4	1:3	1:1	1:1
有线电视用户数	1:21	1:17	1:5	1:4
家用卫星天线（线）	1:77	1:64	1:19	1:16

以上是根据国际电信联盟“世界电信指标数据库”（2003 年 7 月）的数据进行分析得出的结果。

表 F.2　　世界 7 个人口大国信息通信技术普及率增长情况（1999 年～2002 年）

1999年～2002年增长情况（百万）						
国　　别	人口（百万）	互联网用户（估计）	个人计算机	固定电话主线（线）	移动电话	电视机
中国	1,285	50	10	106	163	40
印度	1,042	14	3	15	11	10
美国	2,88	53	37	6	55	34
印尼	2,12	7	0	2	9	2
巴西	1,74	11	7	14	20	4
巴基斯坦	1,49	1	0	1	1	5
俄罗斯	1,47	5	8	5	16	5

以上是根据国际电信联盟“世界电信指标数据库”（2003 年 7 月）的数据进行分析得出的结果。

表 F.3　　信息通信技术普及率增长规模最大的国家或地区（1999 年～2002 年）

一、互联网用户（估计）			二、个人计算机（百万）		
国　别	增长数（百万）	占全球增长率的比重（%）	国　别	增长数（百万）	占全球增长率的比重（%）
美国	53	16	美国	37	24
中国	50	15	韩国	15	10
日本	30	9	日本	12	8
德国	18	5	德国	12	7
韩国	15	5	中国	10	6
印度	14	4	俄罗斯	8	5
法国	13	4	巴西	7	4
英国	12	4	法国	5	3
巴西	11	3	巴西	4	3
意大利	9	3	意大利	4	3
三、固定电话主线			四、移动电话		
国　别	百　万　线	占全球增长率的比重（%）	国　别	（百万）	占全球增长率的比重（%）
中国	106	55	中国	163	25
印度	15	8	美国	55	8
巴西	14	7	德国	36	5
美国	6	3	日本	24	4
德国	6	3	英国	23	3
伊朗	5	2	意大利	22	3
俄罗斯联邦	6	2	巴西	20	3
墨西哥	45	2	西班牙	18	3
埃及	3	1	墨西哥	18	3
韩国	3	1			
五、电视机			六、有线电视用户		
国别	增长数（百万）	占全球增长率的比重（%）	国别	增长数（百万）	占全球增长率的比重（%）
中国	40	20	中国	36	57
美国	34	17	日本	6	9
土耳其	13	6	美国	5	7
印度	10	5	德国	3	5
日本	9	4	印度	3	5
苏丹	8	4	菲律宾	2	3
英国	7	4	韩国	1	2
菲律宾	6	3	澳大利亚	1	1
巴基斯坦	5	3	英国	1	1
俄罗斯联邦	5	2	泰国	1	1

以上是根据国际电信联盟“世界电信指标数据库”（2003 年 7 月）的数据进行分析得出的结果。

表 F.4　　信息通信技术普及率最高的国家或地区（2002 年）

一、互联网用户（估计数）		二、电视机	
国家或地区	占人口比例（%）	国家或地区	占人口比例（%）
冰岛	61	百慕大	108
列支敦士登	58	法罗群岛	102
瑞典	57	英国	97
韩国	55	瑞典	96
新加坡	54	美国	93
美国	53	挪威	88
荷兰	51	卡塔尔	87
芬兰	50	丹麦	86
挪威	50	拉托维亚	85
新西兰	48	日本	78
三、个人计算机		**四、有线电视用户**	
国家或地区	占人口比例（%）	国家或地区	占人口比例（%）
美国	62	摩纳哥	59
丹麦	58	列支敦士登	40
瑞典	56	荷兰	40
韩国	56	比利时	37
瑞士	54	瑞士	37
卢森堡	51	卢森堡	31
澳大利亚	51	德国	26
挪威	50	斐济群岛	26
新加坡	50	美国	25
百慕大	49	加拿大	25
五、固定电话主线		**六、移动电话**	
国家或地区	占人口比例（%）	国家或地区	占人口比例%
摩纳哥	92	中国台湾	106
百慕大	87	卢森堡	101
卢森堡	73	以色列	95
瑞士	73	中国香港	93
挪威	73	意大利	93
瑞典	72	冰岛	89
丹麦	70	瑞典	89
美国	66	捷克	85
德国	65	希腊	85
加拿大	64	芬兰	85

以上是根据国际电信联盟“世界电信指标数据库”（2003 年 7 月）的数据进行分析得出的结果。

表 F.5　　　　信息通信技术普及最大的潜在市场（2002 年）

按人口排名	国　别	尚未使用互联网的人口（百万）	尚未拥有个人计算机的人口（百万）	尚未拥有固定电话主线的人口（百万）	尚未拥有移动电话的人口（百万）	尚未拥有电视机的人口（百万）	尚未拥有有线电视的人口（百万）
	中国	1,225	1,260	1,070	1,078	875	1,188
	印度	1,025	1,036	1,000	1,029	957	1,002
	美国	133	110	98	148	21	215
	印尼	204	210	204	200	180	212
	巴西	160	161	135	139	114	172
	巴基斯坦	147	148	145	148	127	149
	俄罗斯联邦	141	134	111	129	68	135
	孟加拉国	133	133	132	132	125	130
	日本	70	79	56	46	28	104
	尼日利亚	120	119	119	118	108	120
	墨西哥	97	95	87	76	74	99
	德国	48	47	29	23	34	61
	越南	80	80	78	79	66	完全没有
	菲律宾	76	78	77	66	65	77
	埃塞俄比亚	67	67	67	67	67	完全没有

以上是根据国际电信联盟“世界电信指标数据库”（2003 年 7 月）的数据进行分析得出的结果。

表 F.6　　　　全球最大的信息通信技术应用和内容服务市场（2002 年）

国家或地区	总　数（百万）	占全球的比重（%）	国家或地区	总　数（百万）	占全球的比重（%）
一、互联网用户（估计）			二、个人计算机		
美国	155	26	美国	178	35
中国	59	10	日本	49	9
日本	57	9	德国	36	6
德国	35	6	韩国	26	4
韩国	26	4	中国	25	4
英国	24	4	英国	22	4
法国	19	3	法国	21	4
意大利	17	3	加拿大	15	3
印度	17	3	意大利	13	2
加拿大	15	3	巴西	13	2

续表

国家或地区	总 数（百万）	占全球的比重（%）	国家或地区	总 数（百万）	占全球的比重（%）
三、固定电话主线			四、移动电话用户		
中国	214	15	中国	207	12
美国	190	19	美国	141	15
日本	71	8	日本	81	9
德国	54	5	德国	59	7
印度	41	3	意大利	52	6
巴西	39	3	英国	50	6
俄罗斯联邦	36	3	法国	39	4
英国	35	4	巴西	35	3
法国	34	3	西班牙	33	3
意大利	27	3	韩国	32	4
五、电视机			六、有线电视用户		
中国	410	24	中国	96	25
美国	267	14	美国	73	22
日本	100	6	印度	40	12
印度	85	5	日本	23	6
俄罗斯联邦	79	5	德国	22	6
巴西	60	4	俄罗斯	11	4
英国	57	3	韩国	8	3
德国	48	3	加拿大	8	2
法国	38	2	荷兰	7	2
印尼	32	2	阿根廷	6	2

以上是根据国际电信联盟“世界电信指标数据库”（2003 年 7 月）的数据进行分析得出的结果。

表 F.7　全球不同收入水平国家和地区信息通信技术普及率鸿沟（1999 年～2002 年）

项　目	1999 年（百万）	2002 年（百万）	1999 年～2002 年增长情况		占总人口比例（%）	
			增长率（%）	增长数（百万）	1999 年	2002 年
一、互联网用户（估计）						
高收入国家	235	423	80	187	25	44
中上等收入国家	16	51	213	34	3	10
中下等收入国家	20	99	398	79	1	5
低收入国家	5	32	575	28	0	1
全球	276	605	119	329	5	10

续表

项　　目	1999年（百万）	2002年（百万）	1999年～2002年增长情况		占总人口比例（%）	
			增长率（%）	增长数（百万）	1999年	2002年
二、个人计算机						
高收入国家	321	429	34	108	34	45
中上等收入国家	25	43	75	19	5	9
中下等收入国家	38	63	64	25	2	3
低收入国家	10	15	56	5	0	1
全球	394	550	40	156	7	9
三、固定电话主线						
高收入国家	542	567	4	23	58	59
中上等收入国家	85	107	25	22	17	21
中下等收入国家	221	345	57	125	10	16
低收入国家	58	80	38	22	2	3
全球	906	1098	21	192	15	18
四、移动电话用户						
高收入国家	363	637	76	274	39	66
中上等收入国家	49	138	181	89	10	27
中下等低收入国家	73	335	357	262	3	15
低收入国家	7	44	532	37	0	2
全球	493	1,155	134	662	8	19
五、电视机						
高收入国家	629	695	11	66	66	71
中上等收入国家	154	167	9	14	31	33
中下等收入国家	583	663	14	80	27	30
低收入国家	207	250	21	43	9	10
全球	1,573	1,775	13	202	26	29
六、有线电视用户						
高收入国家	153	172	12	19	16	18
中上等收入国家	19	21	11	2	4	4
中下等收入国家	79	119	50	39	4	5
低收入国家	37	47	8	3	2	2
全球	288	359	22	64	3	6

以上是根据国际电信联盟“世界电信指标数据库”（2003 年 7 月）的数据进行分析得出的结果。

表 F.8　　全球不同地理区域信息通信技术普及鸿沟（**1999** 年～**2002** 年）

地　　区	1999 年（百万）	2002 年（百万）	1999 年～2002 年增长情况		占人口总数的比重（%）	
			增长率（%）	增长绝对值（百万）	1999 年	2002 年
一、互联网用户（估计）						
亚太地区	67.1	192.5	187	125.5	3	9
加拿大和美国	113.0	170.2	51	57.2	37	53
欧洲	77.6	168.5	117	90.8	9	19
拉美和加勒比地区	10.5	36.2	245	26.2	2	7
北非和中东	2.6	12.8	383	9.6	1	4
南亚	3.0	18.6	512	15.5	0	1
西非地区	2.3	6.0	156	3.6	0	1
全球	276.2	604.8	119	328.5	5	10
二、个人计算机						
亚太地区	90.3	137.3	52	47	4	7
加拿大和美国	152.1	193.3	27	41.2	49	60
欧洲	114.7	159.4	39	44.7	13	18
拉美和加勒比地区	19.1	32.6	71	13.5	4	6
北非和中东	8.7	13.6	51	4.4	3	4
南亚	4.2	7.4	77	3.2	0	1
西非地区	4.7	6.8	42	2.0	1	1
全球	393.3	550.5	40	156.1	7	9
三、固定电话主线						
亚太地区	251.7	368.0	46	116.3	12	18
加拿大和美国	203.6	210.0	3	6.4	66	66
欧洲	314.3	334.5	6	20.2	36	38
拉美和加勒比地区	67.4	89.4	33	22.1	13	17
北非和中东	29.0	38.9	34	9.9	10	12
南亚	30.9	47.1	52	16.2	2	3
西非地区	9.2	10.2	11	1.0	1	2
四、移动电话用户						
亚太地区	160.0	423.7	165	263.6	8	20
加拿大和美国	93.0	152.6	64	59.7	30	48
欧洲	182.2	404.9	122	222.7	21	46
拉美和加勒比地区	40.9	101.5	148	60.6	8	19
北非和中东	7.6	33.4	340	25.8	3	10
南亚	2.6	16.0	520	13.4	0	1
西非地区	6.5	22.8	253	16.3	1	3
全球	492.7	1154.8	134	662.1	8	19

续表

地　　区	1999年（百万）	2002年（百万）	1999年～2002年增长情况		占人口总数的比重（%）	
			增长率（%）	增长绝对值（百万）	1999年	2002年
五、电视机						
亚太地区	583.5	648.5	11	65.0	29	31
加拿大和美国	253.3	288.2	14	35.2	82	90
欧洲	414.5	460.8	11	46.3	48	53
拉美和加勒比地区	136.5	150.1	10	13.5	27	28
北非和中东	57.6	63.0	8	4.9	19	20
南亚	98.1	117.0	19	18.9	7	8
西非地区	29.4	47.3	61	17.9	5	7
全球	1572.8	1775.1	13	201.8	26	29
六、有线电视用户						
亚太地区	91.8	139.0	51	47.1	5	7
加拿大和美国	76.6	81.0	6	4.4	25	25
欧洲	67.9	78.4	10	6.9	8	9
拉美和加勒比地区	13.3	15.5	14	1.9	3	3
北非和中东	1.3	1.4	12	0.1	0	0
南亚	37.1	43.7	8	3.0	3	3
西非地区	0.1	0.2	38	0.1	0	0
全球	288.1	359.2	22	63.6	5	6

以上是根据国际电信联盟“世界电信指标数据库”（2003 年 7 月）的数据进行分析得出的结果。

表 F.9　　全球网络应用指数排名

名　次	国　别	评　分	名　次	国　别	评　分
1	美国	5.5	12	日本	4.8
2	新加坡	5.4	13	荷兰	4.79
3	芬兰	5.23	14	卢森堡	4.76
4	瑞典	5.2	15	英国	4.68
5	丹麦	5.19	16	以色列	4.64
6	加拿大	5.07	17	中国台湾	4.62
7	瑞士	5.06	18	中国香港	4.61
8	挪威	5.03	19	法国	4.6
9	澳大利亚	4.88	20	韩国	4.6
10	冰岛	4.88	21	奥地利	4.56
11	德国	4.85	22	爱尔兰	4.55

续表

名次	国别	评分	名次	国别	评分
23	新西兰	4.48	58	巴拿马	3.31
24	比利时	4.43	59	纳米比亚	3.28
25	爱沙尼亚	4.25	60	哥伦比亚	3.28
26	马来西亚	4.19	61	罗马尼亚	3.26
27	马耳他	4.15	62	萨尔瓦多	3.22
28	意大利	4.07	63	俄罗斯联邦	3.19
29	西班牙	4.01	64	摩洛哥	3.19
30	斯洛文尼亚	3.99	65	埃及	3.19
31	葡萄牙	3.94	66	斯里兰卡	3.15
32	智利	3.94	67	保加利亚	3.15
33	捷克	3.8	68	越南	3.13
34	希腊	3.76	69	菲律宾	3.1
35	拉托维亚	3.74	70	秘鲁	3.09
36	匈牙利	3.74	71	坦桑尼亚	3.09
37	南非	3.72	72	委内瑞拉	3.09
38	泰国	3.72	73	印度尼西亚	3.06
39	巴西	3.67	74	加纳	3.06
40	突尼斯	3.67	75	马其顿	3.05
41	斯洛伐克	3.66	76	巴基斯坦	3.03
42	立陶宛	3.63	77	塞尔维亚	2.98
43	毛里求斯	3.62	78	乌克兰	2.96
44	墨西哥	3.57	79	尼日利亚	2.92
45	印度	3.54	80	乌干达	2.9
46	约旦	3.53	81	塞内加尔	2.9
47	波兰	3.51	82	冈比亚	2.85
48	克罗地亚	3.48	83	喀麦隆	2.82
49	哥斯达黎加	3.46	84	肯尼亚	2.81
50	阿根廷	3.45	85	纳米比亚	2.8
51	中国	3.38	86	危地马拉	2.76
52	特立尼达和多巴哥	3.37	87	阿尔及利亚	2.75
53	牙买加	3.36	88	马拉维	2.71
54	乌拉圭	3.35	89	厄尔多瓦	2.68
55	博茨瓦纳	3.34	90	玻利维亚	2.66
56	土耳其	3.32	91	巴拉圭	2.62
57	多米尼加共和国	3.32	92	马达加斯加	2.6

续表

名　次	国　别	评　分	名　次	国　别	评　分
93	孟加拉国	2.57	98	洪都拉斯	2.41
94	尼加拉瓜	2.56	99	安哥拉	2.32
95	津巴布韦	2.53	100	海地	2.27
96	马里	2.52	101	埃塞俄比亚	2.13
97	莫桑比克	2.51	102	乍得	2.09

资料来源：世界经济论坛《2003 年世界信息技术竞争力报告》

（杨君佐　搜集整理）

国际互联网名字与编号分配机构普通会员（ALS）组织建设和管理状况

（如图 F.1 所示）

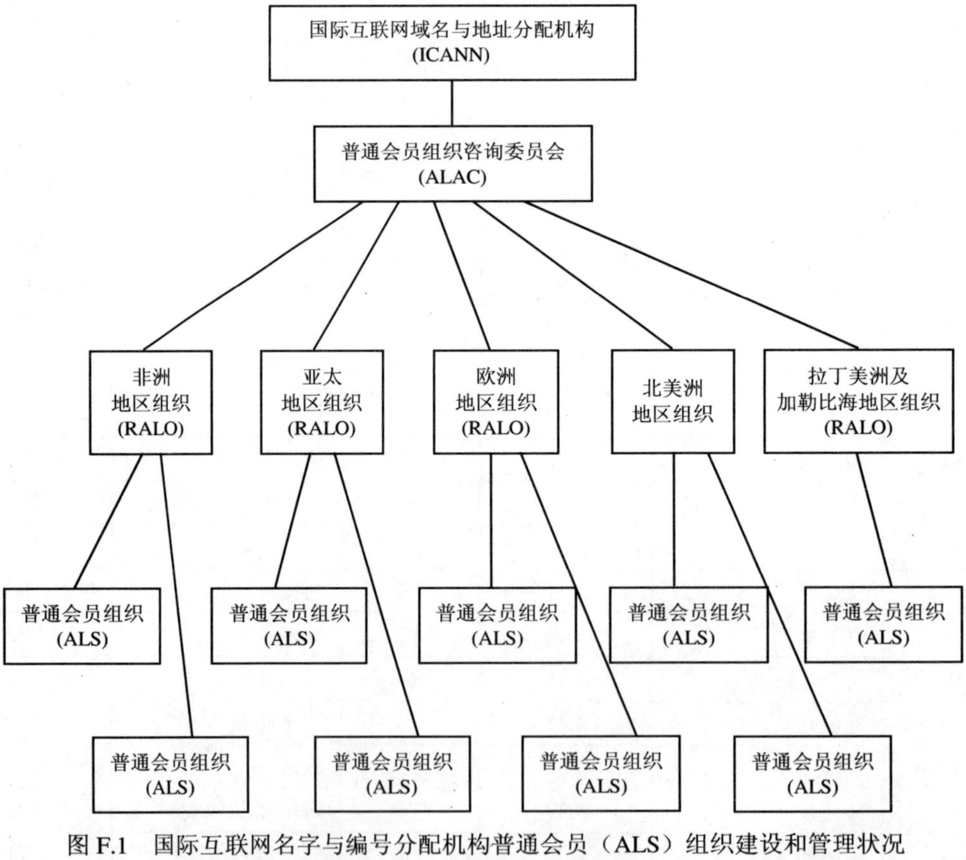

图 F.1　国际互联网名字与编号分配机构普通会员（ALS）组织建设和管理状况

国际互联网名字与编号分配机构（ICANN）于 2002 年底开始筹划运作建立一个全球性个人互联网用户参与的普通组织机制，目的是使其能够充分代表全球个人互联网用户的利益，并确保 ICANN 的政策能够切实地反映出所有利益相关者的需求、利益和权利。

ICANN 的普通组织机构分为三层结构。普通会员组织（ALS）、区域性普通组织

（RALOs）和普通会员组织咨询委员会（ALAC）。

普通会员组织（At-Large Structure 简称“ALS”）是指各个国家或地区的个人互联网用户参与成立的最基层性组织，由各个国家和地区的个人互联网用户发起组建。该组织通过建立一个具有反馈机制的公开透明渠道，使个人互联网用户能够参与到 ICANN 的政策发展和决策过程中，向 ICANN 反映自己的意见和建议，及时得到 ICANN 的最新动态及活动情况。

区域性普通组织（Regional At-Large Organizations 简称“RALOs”）是根据 ICANN 划分的 5 个地理区域（非洲地区、亚太地区、欧洲地区、北美洲地区、拉丁美洲及加勒比海地区）进行组建的，每个 RALOs 由相应区域中的多个 ALS 组成。RALOs 将主要负责促进公共参与，并成为各地区在参与 ICANN 活动中的主要论坛和协调中心。普通会员组织咨询委员会（At-Large Advisory Committee 简称“ALAC”）将由 5 个 RALOs 选出代表组成。

2002 年 10 月 31 日，ICANN 理事会根据新章程建立了普通会员咨询委员会（ALAC），并授权该组织负责组建区域性普通组织（RALOs）和普通会员组织（ALS）。新章程是 ICANN2002 年改革的成果之一，于 2002 年 12 月 15 日正式生效。章程规定 ALAC 的 10 名成员应从区域性普通组织（RALOs）中选出，此外还有来自 ICANN 提名委员会的 5 名成员。ALAC 的主要职能是考虑全球个人互联网用户的利益并就 ICANN 的活动提供相关建议，ICANN 将主要依靠 ALAC 和它的支持组织的参与来代表广大的互联网用户的利益。

为了使 ALAC 能够尽快履行职能，2003 年 1 月 20 日，按照新章程的规定由 ICANN 理事会从 ICANN 划分的 5 个地区中委任 10 名成员（每个区域选出两名成员）组建了临时普通会员组织咨询委员会（简称“Interim ALAC”）。这 10 名委员分别来自贝宁、加纳、日本、中国、意大利、德国、秘鲁、阿根廷和美国。

除了承担普通会员组织的咨询角色以外，临时 ALAC 还将协助组建和授权认证各地区的 ALS 和 RALOs。在组织建设过程中负责要求和监督 ALS 和 RALOs 遵循为会员提供参与机会、遵循公开性、透明性、可靠性和广泛性等原则。此外，临时 ALAC 与其支持性组织还承担了其他如下职能：

- 对自行组建 ALS 的标准和审查程序提出建议；
- 审批 ALS 的组建申请；
- 提出组建 RALOs 的“谅解备忘录”样本，并明确规定 RALOs 在 ICANN 中的职责；
- 协助各地区 ALS 完成最初的发展策略和参与 ICANN 相关活动规划；
- 宣传并分析 ICANN 提出的政策与决定是否对各区域的用户产生潜在的冲击或影响；
- 为 ICANN 各个政策制定组织在决定与个人互联网用户相关或 ICANN 范围内的问题、提案及相关活动时提供建议；
- 提供基于互联网的讨论机制和程序，使 ALS 的成员之间、ALS 与 ICANN 的政策制定者之间展开对话，并使得有兴趣的个人互联网用户能够就 ICANN 悬而未决的事情发表自己的意见。

2003 年 6 月 26 日，经过数月的征求意见期后，ICANN 理事会通过了组建 ALS 以促进全球互联网个人用户有效地参与 ICANN 活动的基本结构组建框架及若干具体条例。

一、组建 ALS 最低标准

1. 受个人互联网用户委托，支持个人用户以合法会员身份参与 ICANN 的相关活动和事项的决策；为个人用户提供网上机制，使他们能够以个人合法会员身份讨论并决定 ICANN 的政策发展。

2. 个人互联网用户应为所属 ALS 本地区合法公民或居住者，同时也允许对本地区 ALS 感兴趣的其他地区公民加入。

3. 自己支持运作,不依赖 ICANN 资助。

4. 在公众可以看到的互联网上（如 ALAC 网站或其他网站）公开有关 ALS 的目标、结构、合法组织（会员）的介绍、工作机制、领导层，以及联络方式。

协助 RALOs 的运作与实施。

二、ALS 认证程序

1. 用英语向 ALAC 提交由 ALAC 提供的电子表格，以及所要求提供的相应文件。

2. ALAC 将尽快对申请及其表现进行必要的审查，以确保成立的 ALS 已满足或将满足 ALS 的标准。审查包括要求 ALS 提供相关材料、与申请者进行接触审查、收集或要求申请者提供必要的补充信息、要求已成立的组织提供领导人信息和运作情况、审查资金来源、并要求申请组织提供其个人会员的合法身份。

3. 完成审查程序后，所有 ALAC 成员将审阅申请材料和相关文件，随后进行对 ALS 申请的表决，每一个成员要投合格或不合格票。

4. 批准认证一个 ALS 需有全体 ALAC 成员的 2/3 以上成员同意，并应按程序提交理事会审定。ALAC 将向理事会通报对申请者的认证决定，并提供适当的材料以供审定。

5. 否决认证一个 ALS 需有全体 ALAC 成员的 2/3 以上成员同意，并应按程序提交理事会审定。否决认证一个 ALS 的原因应包含其不顺应 ALS 长期发展的需要。ALAC 将提前通知有问题的 ALS，使得该 ALS 在 ALAC 否决其认证之前有机会做出解释与应对，ALAC 将把否决决定告知该 ALS 同时要求对方提供再次审议的补充信息与材料。

6. 在审定进行中，ALAC 可以为申请者提供非正式建议并在认证过程中起到帮助和支持的作用。也就是说，ALAC 以非正式身份同申请者一起工作，努力协助他们达到标准的要求，从而争取获得认证。

7. ALAC 将把 ALS 申请情况、ALAC 对申请的决定以及其他适当的相关信息公布于众。

三、理事会复审 ALAC 认证决议程序

ALAC 对一个 ALS 的认证或否决将依据 ICANN 理事会制定的程序由 ICANN 理事会进行复审。ALAC 对复审程序的建议如下：

请求对 ALAC 决议认证或否决认证进行复审的要求需在 ALAC 在其网站上贴出通知之后的 60 天之内提出。申请复审需以电子邮件方式提交。申请不需填写特殊表格，但应

包括申请者的下述基本信息:

1. 姓名、地址、联络方式（包括邮政地址和电子信箱地址）;
2. 复审中特别需要注意的事项;
3. 所需注意的事项发生的时间;
4. 提出复审的事实依据;
5. 需要理事会主持复审人员的专业范围领域;
6. 其他任何申请方愿意提交的文件。

ICANN 理事会将指定三位负责人考虑复审申请并主持复审。理事会指定的复审小组将把复审申请告知 ALAC。复审小组可以要求所有复审相关方以及其他相关渠道提供补充信息。复审申请及理事会复审小组的活动和决定将在 ICANN 的网站上公诸于众。复审小组可以依据其判断为申请复审方保守相关信息的秘密。对于任何复审小组决定的不公开的事项，复审小组将以概括其方式和种类的形式描述该信息，并说明不予公开的理由。复审小组在复审要求提出后的 30 天内做出最终决定，其决定将在 ICANN 网站上公布。为保护复审程序、复审要求不被滥用，那些草率的、不真实的以及以其他不负责的方式提出的复审申请可以被复审小组取消。

目前世界各地的许多互联网个人用户及互联网组织已开始积极响应ICANN的提议，准备组建各国或各地区的 ALS 组织。

参照 ICANN 理事会正式确认批准的有关 ALS 成立的相关原则和标准，根据中国互联网行业和网民的实际情况，中国互联网协会发起于 2003 年 6 月 24 日组建了中国互联网用户工作委员会（英文名称 At-Large@China）。工作委员会制定了章程、会员守则等、开设了中、英文网站。并于 2004 年 1 月向 ICANN 正式提出申请组建中国的 ALS 组织。

亚太地区，还有约旦、印度等国家和地区也先后向 ICANN 提交了申请。全球目前共有 16 个组织向 ICANN 提出组建 ALS 的申请，其中 10 个组织的申请已得到 ICANN 的正式批准。

（中国互联网协会秘书处　李红　搜集整理）

2003 年美国 IT 产业发展状况综述

在网络泡沫经历两年多的萎缩之后，2003 年，美国 IT 生产行业开始恢复其在 1996 年～2000 年期间的活力。2003 年前三季度的数据显示，IT 制造业对国内生产总值（GDP）的贡献达到 8%，对美国经济增长率的贡献达到 0.8%（全部增长率预计为 2.9%）。

据估算，2003 年美国经济增长率为 2.9%，其中 IT 产业对 GDP 增长率的贡献将达到 0.8%。（见表 F.10）

表 F.10　　**IT 产业占经济增长比例**（单位：%）

	1997	1998	1999	2000	2001	2002	2003
国内生产总值增长	4.5	5.0	4.2	4.7	0.1	2.3	2.9
IT 产业所占百分点	1.5	1.6	1.5	1.1	0.1	0.1	0.8
其他产业共占百分点	3.0	3.4	2.7	3.6	0.0	2.2	2.1

美国 IT 服务业的增长幅度虽然在 2001 年～2002 年期间有所下降，但 2003 年呈现出增长势头；计算机和半导体制造商从 2001 年～2002 年的逆境中开始重整旗鼓，但是通信设备制造业形势仍然不容乐观。

IT 行业产出集中于 IT 服务业的情况表明，IT 行业未来的增长将会更加稳健。IT 运用将继续成为美国经济实力的源泉。

信息技术的投资和应用对劳动生产率的提高中扮演着主要角色，从 1989 年到 2001 年，信息技术密集型产业年均劳动生产率增长 3%，比其他非农业产业劳动生产率增长速度高出 1.6 个百分点，美国经济普查研究局的研究显示，很多因素影响了生产增长中信息技术发挥的作用。另外，大约 50%的美国制造商拥有计算机网络，并取得比其他没有计算机网络的企业高得多的劳动生产率。

信息技术在生命科学研究和开发领域的应用显示出强大的活力，信息技术在创造新经济中扮演着日益突出的角色。在生物信息技术领域，信息技术不断扩大其研究和开发的范围和领域，信息技术可以帮助科研人员获取、管理和分析大量复杂的生物学数据，这一切大大增加了对高级计算机和软件的需求。

2001 年～2002 年期间，IT 行业吸收就业人员规模大幅度下降，到 2003 年才开始缓慢回升。从 2000 年开始，美国在 IT 生产行业就业的工人下降了 11.2%（降到 480 万人），但下降的幅度仍然低于其他行业 13.2%的幅度。2002 年，整个 IT 行业就业岗位总数为 590 万个，比 2000 年下降了 8%。一开始，IT 行业失业人员主要是 IT 制造业和信息技术层次比较低的岗位，后来，失业率几乎遍布 IT 制造业和服务业的各个领域、各个层次。

到 2002 年，IT 制造业从业人员的平均年薪为 67440 美元，比 2001 年的 68330 美元下降了 1.3%，比同期其他行业的从业人员的平均年薪（36520 美元）高出 85%，其根本原因就在于 IT 行业大都是技术水平比较高的岗位。

美国 IT 制造商在世界上仍然最具竞争力。2002 年，尽管美国 IT 行业的外贸出现负增长，但美国 IT 企业以及它们的海外分支机构的销售总额仍然达到约 1 万亿美元，仍然是世界上最大的 IT 产品和服务的出口国。美国 IT 产品和服务出口逐年出现负增长的基本原因主要是 IT 产品生产和服务的全球化发展的结果，尤其是 IT 企业或生产中心远在海外市场或远离美国市场的发展趋势以及日益增长的公司内部 IT 交易趋势。

近期公布的 IT 产品和服务消费数据，以及 2002 年和 2003 年 IT 产品统计显示：（1）计算机和半导体制造业摆脱了 2001 年至 2002 年的困境，而通信设备制造业却继续呈稳步发展趋势；（2）自 1996 至 2000 年 IT 服务业一直就比 IT 制造业增长迅速，2001 年至 2002 年，虽然经济发展速度减缓，但 IT 服务业继续增长，尽管增长率有所降低，但整体趋势依然向上；（3）2003 年，IT 产业再次成为美国整体经济发展的重要促进因素。

IT 产业历经经济衰退与复苏

在 1996 年至 2000 年之间，IT 产业收入平均占全美经济收入总额的 8%～9%，占年平均国内生产总值增长率 4.6%中的 1.4 个百分点。2001 年 IT 产业增长了不到 0.9%，尽管处于经济不景气的一年，但这个数字依然占了全国经济增长的 0.3%。从整体看，IT 产业，特别是通信服务的持续增长使得经济衰退相对温和。

2002 年，美国经济保持高于 2%的增速。然而，与 1996 年～2000 年不同的是，在这次经济增长中，IT 产业并非主力军。IT 行业于 2001 年开始出现负增长，并在 2002 年有所加剧。在这两年中，全行业收入骤减的速度之快几近于前四年增加的速度，主要原因是大型商业设备的市场需求量持续偏低。

1996 年～2000 年的发展以投资为主导，而 2002 年的经济增长则主要受个体消费和政府开支增加的驱动。在 2002 年，IT 产业没有出色的表现。

可喜的是，投资市场已经开始转型，最新迹象表明：大型 IT 设备的投资将再次成为市场投资的重要目标。其中以计算机和半导体产品生产投资趋势最好，但交通及通信设备制造业则将继续下滑。（见表 1.3）

2001 年，虽然经济衰退，但计算机服务及软件依然保持缓慢增长，并且在 2002 年出现复苏，2003 年继续增长。但由于在经济衰退期间 IT 服务业没有遭受过多的冲击，所以在复苏阶段继续保持稳定增长态势，不像 1997～2000 年中上升的速度达到两位数。

由于 IT 设备产出的负增长，使得 IT 产业的核心越来越趋向于 IT 服务业。1996 年，IT 软件和计算机服务以及通信服务业占全部 IT 业产值的 59%。在 2003 年，软件和服务业增加到了 71%。

IT 产业结构向服务业的转轨意味着 IT 产业将来的发展将会更加适度、稳健，而不会像从前那样具有爆炸性。从 2001 年到 2003 年，IT 软件和计算机服务平均每年增长 1.3%，IT 通信服务平均每年增长 4.8%。相比之下，IT 硬件和 IT 设备的情况则是先以两位数的速度下降，后以一位数的速度回升。

2003 年第三季度 IT 产品及服务需求

商用设备和软件的需求以及硬件和通信设备的需求是 IT 产业的主要部分。在 2003 年第三季度，企业购买了 4460 亿美元的 IT 设备和软件（主要是信息处理软件）（见表 1.2），占所有商业新设备投资的一半。第二季度，国内生产总值增长 3.3%，IT 设备和软件方面的商业投资占其中 21%；而第三季度，国内生总值增长 8.2%，IT 设备和软件方面的商业投资占其中的 10%。相比之下，2002 年商用 IT 设备和软件消费仅占国内生产总值增长率 2.4%当中的 4%。

与 2001～2002 年的下降趋势相反，商用 IT 设备和软件消费从 2003 年第三季度开始以季平均 2.3%的速度回升（见表 F.11）。第二季度比第一季度上升 3.7%，而第三季度为 4.5%。2003 年第三季度，计算机设备消费上升 7.3%，而第二季度上升 8%。商用软件消费比第二季度上升 2%，第三季度上升 4%。此外，继 2001 年下降 14%和 2002 年下降 5%之后，IT 设备在 2003 年的前三个季度中转而每季上升 3%。

表 F.11　　私人固定投资　　单位：%

	2001	2002	2003 一季度	2003 二季度	2003 三季度
私人固定投资	−2.7	−3.5	0.4	1.5	4.1
非住宅设施	−5.1	−7.0	−1.2	1.4	3.4
非住宅建设	3.3	−17.0	0.3	0.9	0.5
非住宅设备及信息处理软件	−7.8	−3.3	−1.7	1.5	4.2
设备及软件	−9.5	−1.1	1.4	3.7	4.5

续表

	2001	2002	2003 一季度	2003 二季度	2003 三季度
计算机及外围设备	−20.5	0.0	1.2	8.0	7.3
软件	0.6	1.3	0.2	2.1	4.0
其他 IT 设备和软件	−14.0	−4.7	3.0	3.4	3.5
工业设备	−3.6	−4.3	−1.1	−0.1	1.5
运输设备	−12.6	−10.2	−10.4	−2.6	4.2
其他设备	−1.4	−0.4	−1.6	−1.1	6.3
住宅设施	4.4	6.1	4.3	1.7	5.7

商务投资是 IT 市场需求的主要部分，IT 产品和服务市场是一个非常有潜力的多样化市场，属于非生产性投资消费，包括计算机和通信服务、个人消费和政府开支。

2002 年，除在 IT 设备和软件方面的投资之外，商家大约支出了 2700 亿美元用于通信服务，而 2001 年的此项支出仅为 2580 亿美元。从财务管理角度来说，这笔开支被视作流动资金，而不是固定投资。在通信服务方面的商务支出排在商务投资之后，成为第二个重要的 IT 产业市场。

个人消费是第二个上升的非生产性投资市场。在 2003 年第二季度，个人消费的 IT 产品和服务毫无悬念地上涨。2003 年第二季度，个人消费的耐用商品包括计算机、计算机辅助产品及软件上涨了 7.4%。第三季度，个人消费的耐用品上涨了 2.7%。在 2001 年，个人消费的计算机、辅助设备和软件总额为 329 亿美元，其中 11%用于购买辅助设备。

2003 年第三季度，个人用于通信服务的消费同样在继续上涨。2003 年第二季度，个人家用非能源消费（指电话服务等）增长了 0.3%。在第三季度，该消费又上升了 0.7%。2001 年用于通信的消费为 1365 亿美元，其中 54%为家用非能源消费。

2003 年第三季度，政府部门设备的消费（包括 IT 设备和软件）也呈积极的上升趋势。联邦政府在 IT 设备和软件上的开支（包括国防和非国防开支）为 148 亿美元；州政府及各地方政府的开支约为 83 亿美元。

交货、订货和存货数额表明 8 月份 IT 制造业呈积极趋势

2003 年前九个月的产品数据表明 IT 制造业的实力正在上涨（见表 F.12）。尽管通信设备的交货和订货数继续在下降，计算机和半导体产品的交货已呈增加趋势。2003 年前九个月的计算机交货比 2002 年同期高 14%，半导体交货比去年同期高 22%。相比之下，通信设备的交货下降了 9%。计算机和通信设备的订货分别上升了 7%和 8%。

表 F.12　　2003 年计算机、通信设备、半导体的交货、订货及库存　　单位：%

	8～9 月	7～8 月	6～7 月	2002 年 9 月～2003 年 1 月
计算机及相关产品				
交货	−1.3	5.6	25.1	13.9
订货	−3.2	8.3	9.2	7.0
总库存	1.3	2.9	−6.7	−10.8

续表

	8～9 月	7～8 月	6～7 月	2002 年 9 月～2003 年 1 月
通信设备				
交货	−1.2	−0.8	−1.8	−8.9
订货	5.2	1.7	13.4	8.1
总库存	0.0	−2.3	−1.9	−22.9
半导体				
交货	−8.2	19.9	−12.8	22.3
订货	/	/	/	/
总库存	/	/	/	/

9 月，制造商的计算机和通信设备存货分别以 11%和 23%的幅度继续下降。计算机实现零存货，这意味着制造商必须生产新产品以满足客户需求。然而，通信设备的存货继续下降，而且很难预测还要多久制造商们才能有一定的存货以满足周转。

2003 年 IT 产业的表现

在经历了 2001 年 5.6%的下降和 2002 年 0.3%的增长之后，IT 业的产出在 2003 年增长了 4.8%，见表 F.13。从整体来看 IT 制造业呈缓慢好转趋势，而 IT 服务业则在稳步攀升。

表 F.13　　IT 产业国内生产总值　　单位：10 亿美元

	1996	1997	1998	1999	2000	2001	2002	2003
行业总额	589.0	666.1	739.5	821.7	877.8	828.9	831.6	871.9
硬件	201.1	231.6	242.1	252.2	244.1	189.6	189.3	208.0
软件及服务	166.3	193.6	238	278.3	316.6	320.3	323.7	328.8
通信设备	39.0	52.7	53.2	60.6	67.3	54.9	46.6	43.5
通信服务	182.6	188.2	206.1	230.6	249.8	264.3	272.1	291.6
年增长率（%）								
行业总额	/	13.1	11.0	11.1	6.8	−5.6	0.3	4.8
硬件	/	15.2	4.6	4.1	−3.2	−22.4	−0.2	9.8
软件及服务	/	16.4	22.9	16.9	13.8	1.2	1.0	1.6
通信设备	/	35.1	0.8	14.0	10.9	−18.4	−15.1	−5.6
通信服务	/	3.1	9.5	11.9	8.3	5.8	3.0	7.2

据估计，2003 年 IT 硬件业（包括计算机、半导体、电子元配件和电子测量仪器）产量增加了 9.8%。此外，继 2001 年和 2002 年的陡降之后，通信设备的产量下降的幅度有所减缓。

2003 年，IT 服务业的产出继续上涨，尽管幅度远远低于九十年代末的两位数增长幅度。全面评估表明：软件和计算机服务增长率为 1.6%，通信服务增长率为 7.2%。

从 1997 年到 2000 年，计算机价格每年约下落 24%，而 2002 年仅下落 16%。半导体产品价格自 1997 至 2000 年平均每年下落 15%，2002 年平均下降 9%。

IT 产业在 1997 年至 1999 年间的产值上涨约为 20%。2000 年下降到 13%。2001 年和 2002 年尽管硬件价格继续下降，但实际产量并没有增长。在 2003 年，这种趋势得到扭转，IT 产值增长 6%。

IT 研发开支持续强劲

IT 业——尤其是硬件业迅速发展变化的技术步伐，使得研发方面的投资成为一笔巨大的开支。其研发开支是美国整个经济领域平均值的三倍。近期 IT 业的研发开支增长主要受电视、摄影、摄像和 DVD 等几大产品市场向数字技术转变的影响。

IT 企业研发费用占全行业研发投入的 31%，远远高于其他经济领域的研发投入。此外，研发投资用于技术创新，直接导致了计算机和半导体产品价格指数的迅速下落。IT 业的研发投入通过技术更新为经济增长做出了贡献，并且创造了许多高薪就业机会，IT 业总共拥有 30 万专业技术人员。

IT 业的生产和就业则与研发投资一起形成了稳步的良性循环。IT 业的强劲研发开支出现在 2001 年，研发投资达到了 565 亿美元，见表 F.14。2001 年，在其他行业研发投入平平的情况下，IT 业的研发投入增加使得其从上年占全行业研发投资比例的 26%上升到 31%。美国国家科学基金会对全行业的研发开支评估表明，另一个 IT 研发投入增长年是 2002 年。

表 F.14　　研发开支与公司基金　　单位：**10** 亿美元

	1997	1998	1999	2000	2001
全美研发开支	212.4	226.9	244.1	264.6	281.1
公司研发基金	133.6	145.0	160.2	180.4	181.6
IT 研发开支总额	35.2	38.4	36.2	46.9	56.5
计算机与外围设备	7.7	8.3	4.1	5.2	5.2
通信设备	2.8	8.4	5.8	11.1	15.2
半导体及其元件	14.0	9.1	10.6	12.8	14.2
其他电子设备	0.5	0.6	0.8	0.3	0.3
全部 IT 设备	25.0	26.4	21.3	29.4	34.9
软件发行	7.2	9.2	10.9	12.6	13.0
计算机系统设计	3.0	2.9	4.0	4.9	8.7
全部 IT 服务	10.2	12.0	14.9	17.5	21.7
IT 业公司研发基金所占比例（%）	26.4	26.5	22.6	26.0	31.2

2001 年，虽然 IT 业的销售额下降，但依然有许多因素导致了研发开支的增长。产品需要更新，并且要有满足新的应用需要的潜力，这就需要进行研发投入。半导体产品的研发投入增长满足了迅速增长的新一代产品的需要，包括：液晶显示屏、等离子显示屏电视机和高清晰度电视机、数码相机、具备摄影、带摄像功能的移动电话、电子游戏

机、具有编辑数字音像功能的 PC 机。在通信设备业，迅速增长的市场需求刺激了研发的增长，例如宽带、调制解调器、无线网络、高清晰度电视播放、即时通讯、移动电话彩信设施等。

（中国互联网协会秘书处　李红　编写　参考资料来源：美国商务部）

美国 IT 产业发展状况统计指标

（见表 F.15～表 F.23）

表 F.15　美国 IT 产业分类

硬件产业
计算机、计算机设备、大型办公计算机
计算机批量销售贸易
计算机零售贸易
电子管
印刷电路板
半导体
无源电子器件
工业测量仪器
电学测量仪器
实验分析仪器
软件和计算机服务产业
计算机编程服务
软件包
软件批量销售贸易
软件零售贸易
计算机综合系统设计
计算机处理和数据准备
信息修复服务
计算机服务管理
计算机租赁
计算机保养维修
计算机相关服务
通信设备产业
家用音频、视频设备
电话、电报设备
无线电及电视通信设备
磁性材料及光学材料存储介质
通信服务产业
电话、电报通信
电缆及其他收费电视服务

注：根据 1997 年北美产业分类标准划分

表 F.16　　**IT 产业国内生产总值（GDP）**

	1996 年	1997 年	1998 年	1999 年	2000 年	2001 年	2002 年（估）	2003 年（估）
	（单位：百万美元）							
国内生产总值（GDP）	7,780,300.0	8,288,600.0	8,812,500.0	9,313,100.0	9,953,100.0	10,199,400.0	10,555,100.0	11,040,634.6
与上年相比增加（%）		6.5%	6.3%	5.7%	6.9%	2.5%	3.5%	4.6%
产业								
硬件								
PC 计算机及设备、大型计算机	51,151.5	56,140.3	66,727.0	62,262.7	54,966.8	46,390.4	43,699.8	46,234.3
PC 计算机及设备批量销售	59,767.0	68,224.1	72,395.8	77,211.5	72,212.3	58,795.6	55,400.9	58,614.2
PC 计算机及设备零售	4,794.1	5,465.7	6,110.2	6,431.1	6,410.0	5,581.3	5,785.2	6,120.7
电子管	1,564.9	1,568.4	1,619.4	1,758.0	1,362.1	1,180.6	1,324.2	1,561.7
印刷电路板	5,048.3	5,062.3	5,047.7	5,557.1	6,626.8	4,731.7	5,307.3	6,259.2
半导体	51,601.8	64,135.3	59,977.2	68,021.7	67,896.6	44,118.2	49,485.0	58,360.3
无源电子器件	15,332.2	12,996.1	12,351.3	12,657.7	14,778.6	11,037.2	12,379.8	14,600.2
工业测量仪器	3,146.2	4,914.9	4,761.8	4,581.3	4,801.6	4,567.2	4,137.9	4,241.8
电学测量仪器	5,684.8	8,991.8	8,755.0	9,010.4	10,346.8	8,236.5	7,462.3	7,649.6
实验分析仪器	3,040.5	4,111.2	4,480.6	4,715.0	4,730.3	4,723.1	4,279.1	4,386.5

续表

	1996年	1997年	1998年	1999年	2000年	2001年	2002年（估）	2003年（估）
	（单位：百万美元）							
硬件总额	201,131.5	231,610.1	242,226.0	252,206.5	244,131.9	189,361.8	189,261.4	208,028.6
软件和计算机服务								
计算机编程服务	29,412.5	34,967.9	47,654.0	56,405.1	63,261.8	61,145.4	61,818.0	62,693.1
软件包	47,683.4	52,261.5	61,408.5	69,063.2	75,961.1	77,709.1	78,563.9	80,200.9
软件包批量销售	3,483.8	3,818.2	4,051.7	4,321.2	4,041.5	3,290.6	3,100.6	3,174.6
软件包零售	647.7	710.2	794.0	835.7	832.9	725.3	751.7	769.6
计算机综合系统设计	34,039.8	43,940.7	58,225.6	66,114.9	75,136.8	73,733.1	74,544.2	75,600.4
计算机处理和数据准备	23,106.2	24,391.8	26,299.2	30,028.7	33,602.5	37,850.1	38,266.5	38,808.7
信息修复服务	5,252.9	6,892.9	9,729.7	16,354.3	25,312.6	26,155.7	26,443.4	26,818.1
计算机服务管理	10,150.4	11,789.0	9,278.9	11,882.5	12,779.5	14,891.0	15,054.8	15,268.1
办公器械租赁	4,160.1	4,820.9	6,495.8	7,292.2	7,846.8	6,635.5	6,708.5	6,803.6
计算机保养维修	5,941.1	6,631.8	7,961.3	8,480.2	8,494.3	8,652.2	8,747.4	8,871.3
计算机相关服务	2,460.0	3,385.2	6,060.6	7,496.6	9,330.4	9,548.0	9,653.0	9,789.7
软件和计算机服务总额	166,338.0	193,610.1	237,959.3	278,274.6	316,600.2	320,336.0	323,651.9	328,798.2
通信设备								

续表

	1996 年	1997 年	1998 年	1999 年	2000 年	2001 年	2002 年（估）	2003 年（估）
	（单位：百万美元）							
家用音频、视频设备	1,731.2	2,372.8	2,663.0	2,855.0	3,221.2	3,143.0	2,668.4	2,601.4
电话设备、调制解调器	16,958.9	23,766.1	25,415.7	32,744.8	35,843.0	28,005.2	23,776.4	22,087.2
无线电及电视通信设备	18,016.1	24,273.9	22,839.9	23,122.9	26,756.9	22,751.6	19,316.1	17,943.8
磁性材料及光学记录材料存储介质	2,302.1	2,300.2	2,242.3	1,902.5	1,440.6	989.9	840.4	819.3
通信设备总额	39,008.3	52,713.0	53,160.9	60,625.2	67,261.7	54,889.7	46,601.4	43,451.7
通信服务								
电话、电报通信	163,900.0	166,700.0	173,900.0	193,700.0	208,000.0	218,500.0	224,846.0	240,980.0
电缆及其他收费电视服务	18,665.4	21,490.0	32,216.0	36,876.2	41,819.5	45,823.4	47,211.9	50,616.8
通信服务总额	182,565.4	188,190.0	206,116.0	230,576.2	249,819.5	264,323.4	272,057.9	291,596.8
IT 产业总额	589,043.2	666,123.2	739,462.2	821,682.5	877,813.3	828,910.9	831,572.6	871,875.2
占经济收入份额	7.6%	8.0%	8.4%	8.8%	8.8%	8.1%	7.9%	7.9%

注：产业分类见表 1

资料来源：美国商务部

表 F.17 **IT 产业国内生产总值（按不变价计算）**

	1996 年	1997 年	1998 年	1999 年	2000 年	2001 年	2002 年（估）	2003 年（估）
	（单位：百万 1996 年美元，注释部分除外）							
国内生产总值（GDP）	7,780,300.0	8,130,169.6	8,538,937.7	8,896,062.5	9,311,618.1	9,321,613.5	9,538,309.5	9,814,920.5
与上年相比增长（%）		4.5%	5.0%	4.2%	4.7%	0.1%	2.3%	2.9%
产业								
硬件								
PC 计算机及设备、大型计算机	51,151.5	72,573.3	117,049.6	142,846.1	145,164.2	149,987.3	167,083.8	209,517.7
计算机及设备批量销售	59,767.0	88,194.2	126,993.6	177,142.3	190,708.6	190,095.2	211,822.6	265,618.6
PC 计算机及设备零售	4,794.1	5,501.1	6,184.4	6,543.2	6,568.2	5,697.5	5,843.6	6,167.5
电子管	1,564.9	1,722.5	2,144.3	2,717.7	2,621.6	2,765.5	3,072.4	4,126.3
印刷电路板	5,048.3	5,559.7	6,683.8	8,590.8	12,754.5	11,083.6	12,313.9	16,537.6
半导体	51,601.8	70,436.7	79,417.0	105,155.1	130,680.0	103,343.3	114,814.4	154,195.7
无源电子器件	15,332.2	14,273.0	16,354.6	19,567.6	28,444.2	25,853.7	28,723.5	38,575.7
工业测量仪器	3,146.2	4,900.1	4,735.6	4,545.3	4,742.5	4,462.4	3,955.9	4,094.4
电学测量仪器	5,684.8	8,964.8	8,706.8	8,939.6	10,219.4	8,047.6	7,134.1	7,383.8
实验分析仪器	3,040.5	4,098.9	4,455.9	4,678.0	4,672.0	4,614.8	4,090.9	4,234.1
硬件总额	201,131.3	275,491.5	364,104.6	464,501.1	524,504.7	485,611.2	527,628.9	665,419.2

续表

	1996年	1997年	1998年	1999年	2000年	2001年	2002年（估）	2003年（估）
	（单位：百万1996年美元，注释部分除外）							
软件和计算机服务								
计算机编程服务	29,412.5	34,417.2	46,176.4	53,464.5	58,091.6	56,199.8	55,691.9	56,582.2
软件包	47,683.4	53,383.0	64,476.7	71,953.2	78,078.2	78,398.3	79,810.3	80,847.7
软件包批量销售	3,483.8	3,900.1	4,254.1	4,502.0	4,154.1	3,319.8	3,149.8	3,200.2
软件包零售	647.7	725.4	833.7	870.7	856.1	731.7	763.6	775.8
计算机综合系统设计	34,039.8	43,248.7	56,420.2	62,668.2	68,996.1	67,769.4	67,156.9	68,231.4
计算机处理和数据准备	23,106.2	24,007.7	25,483.7	28,463.2	30,856.3	34,788.7	34,474.3	35,025.9
信息修复服务	5,252.9	6,784.4	9,428.0	15,501.7	23,243.9	24,040.2	23,822.9	24,204.1
计算机服务管理	10,150.4	11,603.3	8,991.2	11,263.0	11,735.1	13,686.6	13,562.9	13,779.9
办公器械租赁	4,160.1	4,745.0	6,294.4	6,912.0	7,205.5	6,098.8	6,043.7	6,140.4
计算机保养维修	5,941.1	6,527.4	7,714.4	8,038.1	7,800.1	7,952.4	7,880.5	8,006.6
计算机相关服务	2,460.0	3,331.9	5,872.7	7,105.8	8,567.9	8,775.7	8,696.4	8,835.5
软件和计算机服务总额	166,337.9	192,711.1	236,076.0	271,106.7	300,239.0	302,545.4	301,682.2	306,287.8
通信设备								
家用音频、视频设备	1,731.2	2,398.6	2,807.3	3,123.1	3,649.4	3,670.3	2,998.2	2,926.3

续表

	1996年	1997年	1998年	1999年	2000年	2001年	2002年（估）	2003年（估）
	（单位：百万1996年美元，注释部分除外）							
电话设备、调制解调器	16,958.9	24,024.1	26,792.9	35,820.1	40,607.7	32,703.6	26,715.1	24,845.0
无线电及电视通信设备	18,016.1	24,537.4	24,077.5	25,294.5	30,313.8	26,568.6	21,703.5	20,184.2
磁性材料及光学记录材料存储介质	2,302.1	2,325.2	2,363.8	2,081.2	1,632.1	1,156.0	944.3	921.6
通信设备总额	39,008.3	53,285.2	56,041.5	66,318.9	76,203.0	64,098.6	52,361.0	48,877.1
通信服务								
电话、电报通信	163,900.0	167,900.0	181,300.0	205,300.0	236,700.0	265,700.0	274,202.4	278,589.6
电缆及其他收费电视服务	18,665.4	19,824.7	27,417.9	29,859.3	31,419.6	37,714.7	38,921.6	39,544.3
通信服务总额	182,565.4	187,753.5	204,009.8	235,691.4	267,699.8	303,950.2	313,676.6	318,695.4
IT产业总额	589,042.9	706,414.8	848,963.1	1,012,026.1	1,138,433.4	1,149,136.1	1,167,284.9	1,241,516.3

注：产业分类见表1

资料来源：美国商务部。

表 F.18　　**1993 年～2002 年 IT 制造业和 IT 服务业就业趋势**

	就业人数（单位：千）										平均年增长率（%）		
	1993 年	1994 年	1995 年	1996 年	1997 年	1998 年	1999 年	2000 年	2001 年	2002 年	1993 年～2000 年	2000 年～2001 年	2001 年～2002 年
IT 制造业													
电子计算机	189.0	175.9	166.2	165.7	172.6	178.3	171.3	168.6	159.3	138.4	−1.6	−5.5	−13.1
计算机存储设备	34.6	35.5	37.7	38.5	39.6	39.0	40.5	38.0	37.0	32.8	1.3	−2.6	−11.4
计算机终端	24.2	24.7	25.8	26.1	26.8	26.6	25.5	25.2	23.8	21.3	0.6	−5.6	−10.5
其他计算机外围设备	57.9	61.6	65.8	74.3	77.8	78.4	72.8	70.1	66.1	57.2	2.8	−5.7	−13.5
电子管	24.8	24.5	24.0	22.9	21.9	20.7	20.6	20.4	19.1	16.2	−2.8	−6.4	−15.2
嵌入式电路裸板	96.7	102.0	115.3	123.8	132.1	134.0	126.5	139.5	120.2	83.9	5.4	−13.8	−30.2
半导体及相关设备	210.5	217.0	231.5	255.5	272.9	279.9	268.0	289.2	292.1	254.8	4.6	1.0	−12.8
电子电容器	16.4	16.7	18.2	17.4	17.0	15.9	15.2	16.9	14.4	11.0	0.4	−14.8	−23.6
电子连接器	15.3	15.9	17.3	18.5	20.3	20.4	21.9	24.2	23.7	18.1	6.8	−2.1	−23.6
嵌入式电路装配件	52.7	53.8	55.2	56.9	60.0	62.0	61.8	64.4	60.8	51.2	2.9	−5.6	−15.8
各种电子配件	103.0	105.5	109.5	111.6	115.6	116.9	116.5	121.7	115.1	96.2	2.4	−5.4	−16.4
工业加工器械	59.6	61.1	63.3	65.2	65.6	67.2	68.9	70.1	67.4	61.2	2.3	−3.9	−9.2
电子指示测试仪器	69.6	68.0	68.0	71.0	72.0	72.5	65.2	65.8	65.1	54.8	−0.8	−1.1	−15.8

续表

	就业人数（单位：千）										平均年增长率（%）		
	1993年	1994年	1995年	1996年	1997年	1998年	1999年	2000年	2001年	2002年	1993年～2000年	2000年～2001年	2001年～2002年
实验分析仪器	38.6	36.8	36.0	36.5	36.9	37.3	36.5	35.7	35.4	33.6	−1.1	−0.7	−5.2
半导体器械	18.1	19.3	22.4	24.3	24.9	25.2	23.1	24.7	23.2	19.6	4.5	−6.1	−15.5
办公器械	14.7	14.9	15.6	15.8	16.2	16.1	15.4	15.3	14.7	12.7	0.6	−3.9	−13.6
软件再造	20.3	21.8	23.7	24.8	25.4	26.3	26.9	28.2	27.1	25.3	4.8	−4.1	−6.4
磁性材料及光学材料存储介质	5.4	5.7	6.2	6.5	6.7	6.9	7.1	7.4	7.1	6.7	4.8	−4.1	−6.4
电话设备	92.4	92.0	93.8	96.2	100.8	105.6	101.6	106.5	97.2	70.6	2.0	−8.7	−27.4
广播及无线通信设备	93.3	100.2	110.6	112.4	113.8	110.8	104.4	107.3	102.5	89.1	2.0	−4.5	−13.1
音频、视频设备	57.2	57.6	53.8	52.9	52.0	53.2	52.4	52.1	47.4	41.6	−1.3	−9.0	−12.2
光缆制造业	14.7	15.4	15.8	15.9	16.4	16.9	17.9	20.4	20.2	15.1	4.8	−1.2	−25.1
全部IT制造业	1,309.0	1,326.0	1,375.8	1,432.8	1,487.3	1,510.2	1,460.1	1,511.8	1,438.9	1,211.4	2.1	−4.8	−15.8
IT服务业													
有线电信载波	624.5	621.9	611.1	603.2	629.9	652.1	688.1	719.2	732.2	662.4	2.0	1.8	−9.5
蜂窝及其他无线载波	47.4	60.3	75.9	92.5	111.0	121.1	134.3	155.7	171.0	168.7	18.5	9.8	−1.3
电信转售	170.5	171.8	171.2	171.6	181.3	188.7	200.2	213.6	214.1	185.7	3.3	0.2	−13.3

续表

	就业人数（单位：千）										平均年增长率（%）		
	1993 年	1994 年	1995 年	1996 年	1997 年	1998 年	1999 年	2000 年	2001 年	2002 年	1993 年～2000 年	2000 年～2001 年	2001 年～2002 年
电缆及其他通信配送	75.8	80.4	86.6	94.6	96.9	102.4	110.9	123.0	129.2	128.0	7.2	5.0	−0.9
卫星及其他电信服务	15.1	15.3	16.5	17.5	19.3	20.4	20.5	21.2	25.2	28.9	5.0	18.9	14.7
软件发行	125.9	136.8	157.2	174.8	195.2	214.9	235.0	260.6	268.9	256.0	11.0	3.2	−4.8
互联网接入服务及网络搜索	39.7	41.2	48.6	59.6	70.4	86.4	132.2	194.3	176.8	142.1	25.5	−9.0	−19.6
数据处理及相关服务	223.4	226.9	242.6	252.0	268.4	282.8	307.1	315.7	316.8	305.3	5.1	0.3	−3.6
特定计算机编程服务	199.4	220.6	255.7	286.4	331.8	388.6	464.2	540.0	562.9	511.8	15.3	4.2	−9.1
计算机系统设计服务	190.1	209.4	242.6	285.2	343.2	408.1	468.7	502.9	520.3	462.4	14.9	3.5	−11.1
计算机设备管理服务	51.8	51.4	52.8	54.5	55.4	58.6	63.9	64.9	64.6	58.4	3.3	−0.5	−9.6
其他计算机相关服务	43.6	49.9	60.2	75.3	96.3	119.6	136.1	146.5	150.1	130.1	18.9	2.5	−13.3
计算机及软件批量销售	222.9	223.1	233.6	249.3	273.5	303.2	319.0	315.2	295.8	265.6	5.1	−6.2	−10.2
计算机及软件零售	136.2	143.9	155.7	167.5	186.4	198.2	212.3	216.4	202.3	183.1	6.8	−6.5	−9.5
办公设备租赁	10.5	10.6	11.0	11.5	12.0	12.8	12.9	13.1	12.9	13.0	3.3	−1.5	0.6
计算机及办公设备维修	39.9	41.4	44.6	48.2	51.2	51.4	51.0	47.7	48.3	46.6	2.6	1.3	−3.5
电信设备维修、租赁	18.1	18.2	19.2	20.3	20.9	20.8	20.6	19.8	20.1	19.4	1.3	1.5	−3.1
全部 IT 服务业	2,234.7	2,323.0	2,485.1	2,664.1	2,943.1	3,230.1	3,576.9	3,869.8	3,911.5	3,567.5	8.2	1.1	−8.8

续表

	就业人数（单位：千）										平均年增长率（%）		
	1993年	1994年	1995年	1996年	1997年	1998年	1999年	2000年	2001年	2002年	1993年～2000年	2000年～2001年	2001年～2002年
全部IT制造业	3,544	3,649	3,861	4,097	4,430	4,740	5,037	5,382	5,350	4,779	6.2	−0.6	−10.7
与上年相比变化（%）		3.0%	5.8%	6.1%	8.1%	7.0%	6.3%	6.8%	−0.6%	−10.7%			
全部私企	91,855	95,016	97,866	100,169	103,113	106,021	108,686	110,996	110,707	108,886	2.7	−0.3	−1.6
IT行业占全部私企（%）	3.9%	3.8%	3.9%	4.1%	4.3%	4.5%	4.6%	4.8%	4.8%	4.4%			

资料来源：美国劳工统计局最新就业统计表

表F.19　　1993年～2002年IT制造业就业情况

	（就业人数单位：千）										平均年增长率（%）		
	1993年	1994年	1995年	1996年	1997年	1998年	1999年	2000年	2001年	2002年	1993年～2000年	2000年～2001年	2001年～2002年
电子计算机	189.0	175.9	166.2	165.7	172.6	178.3	171.3	168.6	159.3	138.4	−1.6	−5.5	−13.1
计算机存储设备	34.6	35.5	37.7	38.5	39.6	39.0	40.5	38.0	37.0	32.8	1.3	−2.6	−11.4
计算机终端	24.2	24.7	25.8	26.1	26.8	26.6	25.5	25.2	23.8	21.3	0.6	−5.6	−10.5
其他计算机外围设备	57.9	61.6	65.8	74.3	77.8	78.4	72.8	70.1	66.1	57.2	2.8	−5.7	−13.5
计算机及软件批量销售	211.0	211.2	221.1	236.0	258.9	287.0	302.0	298.4	280.0	251.4	5.1	−6.2	−10.2

续表

	（就业人数单位：千）										平均年增长率（%）		
	1993年	1994年	1995年	1996年	1997年	1998年	1999年	2000年	2001年	2002年	1993年～2000年	2000年～2001年	2001年～2002年
计算机及软件零售	120.4	127.3	137.7	148.1	164.8	175.3	187.8	191.4	178.9	162.0	6.8	−6.5	−9.5
电子管	24.8	24.5	24.0	22.9	21.9	20.7	20.6	20.4	19.1	16.2	−2.8	−6.4	−15.2
嵌入式电路裸板	96.7	102.0	115.3	123.8	132.1	134.0	126.5	139.5	120.2	83.9	5.4	−13.8	−30.2
半导体及相关设备	210.5	217.0	231.5	255.5	272.9	279.9	268.0	289.2	292.1	254.8	4.6	1.0	−12.8
电子电容器	16.4	16.7	18.2	17.4	17.0	15.9	15.2	16.9	14.4	11.0	0.4	−14.8	−23.6
电子连接器	15.3	15.9	17.3	18.5	20.3	20.4	21.9	24.2	23.7	18.1	6.8	−2.1	−23.6
嵌入式电路装配件	52.7	53.8	55.2	56.9	60.0	62.0	61.8	64.4	60.8	51.2	2.9	−5.6	−15.8
各种电子配件	103.0	105.5	109.5	111.6	115.6	116.9	116.5	121.7	115.1	96.2	2.4	−5.4	−16.4
工业加工器械	59.6	61.1	63.3	65.2	65.6	67.2	68.9	70.1	67.4	61.2	2.3	−3.9	−9.2
电子指示测试仪器	69.6	68.0	68.0	71.0	72.0	72.5	65.2	65.8	65.1	54.8	−0.8	−1.1	−15.8
实验分析仪器	38.6	36.8	36.0	36.5	36.9	37.3	36.5	35.7	35.4	33.6	−1.1	−0.7	−5.2
半导体器械	18.1	19.3	22.4	24.3	24.9	25.2	23.1	24.7	23.2	19.6	4.5	−6.1	−15.5
办公器械	14.7	14.9	15.6	15.8	16.2	16.1	15.4	15.3	14.7	12.7	0.6	−3.9	−13.6
全部计算机硬件行业	1,357.2	1,371.7	1,430.6	1,508.2	1,595.9	1,652.8	1,639.5	1,679.6	1,596.4	1,376.4	3.1	−5.0	−13.8
软件发行	125.9	136.8	157.2	174.8	195.2	214.9	235	260.6	268.9	256	11.0	3.2	−4.8

续表

	（就业人数单位：千）										平均年增长率（%）		
	1993年	1994年	1995年	1996年	1997年	1998年	1999年	2000年	2001年	2002年	1993年～2000年	2000年～2001年	2001年～2002年
互联网接入服务及网络搜索	39.7	41.2	48.6	59.6	70.4	86.4	132.2	194.3	176.8	142.1	25.5	−9.0	−19.6
数据处理及相关服务	223.4	226.9	242.6	252	268.4	282.8	307.1	315.7	316.8	305.3	5.1	0.3	−3.6
计算机及软件批量销售	11.9	11.9	12.5	13.3	14.6	16.2	17.0	16.8	15.8	14.2	5.1	−6.2	−10.2
计算机及软件零售	15.7	16.6	18.0	19.4	21.5	22.9	24.5	25.0	23.4	21.2	6.8	−6.5	−9.5
特定计算机编程服务	199.4	220.6	255.7	286.4	331.8	388.6	464.2	540.0	562.9	511.8	15.3	4.2	−9.1
计算机系统设计服务	190.1	209.4	242.6	285.2	343.2	408.1	468.7	502.9	520.3	462.4	14.9	3.5	−11.1
计算机设备管理服务	51.8	51.4	52.8	54.5	55.4	58.6	63.9	64.9	64.6	58.4	3.3	−0.5	−9.6
其他计算机相关服务	43.6	49.9	60.2	75.3	96.3	119.6	136.1	146.5	150.1	130.1	18.9	2.5	−13.3
办公设备租赁	10.5	10.6	11.0	11.5	12.0	12.8	12.9	13.1	12.9	13.0	3.3	−1.5	0.6
计算机及办公设备维修	39.9	41.4	44.6	48.2	51.2	51.4	51.0	47.7	48.3	46.6	2.6	1.3	−3.5
全部软件及计算机服务	951.9	1,016.7	1,145.7	1,280.2	1,460.0	1,662.2	1,912.6	2,127.5	2,160.8	1,961.0	12.2	1.6	−9.2
电话设备	92.4	92.0	93.8	96.2	100.8	105.6	101.6	106.5	97.2	70.6	2.0	−8.7	−27.4
广播及无线通信设备	93.3	100.2	110.6	112.4	113.8	110.8	104.4	107.3	102.5	89.1	2.0	−4.5	−13.1
音频、视频设备	57.2	57.6	53.8	52.9	52	53.2	52.4	52.1	47.4	41.6	−1.3	−9.0	−12.2
光缆制造业	14.7	15.4	15.8	15.9	16.4	16.9	17.9	20.4	20.2	15.1	4.8	−1.2	−25.1

续表

	（就业人数单位：千）										平均年增长率（%）		
	1993 年	1994 年	1995 年	1996 年	1997 年	1998 年	1999 年	2000 年	2001 年	2002 年	1993 年～2000 年	2000 年～2001 年	2001 年～2002 年
软件再造	20.3	21.8	23.7	24.8	25.4	26.3	26.9	28.2	27.1	25.3	4.8	−4.1	−6.4
磁性材料及光学材料存储介质	5.4	5.7	6.2	6.5	6.7	6.9	7.1	7.4	7.1	6.7	4.8	−4.1	−6.4
全部通信设备	283.3	292.8	304.0	308.8	315.1	319.7	310.3	322.0	301.5	248.4	1.8	−6.4	−17.6
有线电信载波	624.5	621.9	611.1	603.2	629.9	652.1	688.1	719.2	732.2	662.4	2.0	1.8	−9.5
蜂窝及其他无线载波	47.4	60.3	75.9	92.5	111.0	121.1	134.3	155.7	171.0	168.7	18.5	9.8	−1.3
电信转售	170.5	171.8	171.2	171.6	181.3	188.7	200.2	213.6	214.1	185.7	3.3	0.2	−13.3
电缆及其他通信传输	75.8	80.4	86.6	94.6	96.9	102.4	110.9	123	129.2	128	7.2	5.0	−0.9
卫星及其他电信服务	15.1	15.3	16.5	17.5	19.3	20.4	20.5	21.2	25.2	28.9	5.0	18.9	14.7
电信设备维修、租赁	18.1	18.2	19.2	20.3	20.9	20.8	20.6	19.8	20.1	19.4	1.3	1.5	−3.1
全部电信服务	951.4	967.9	980.5	999.7	1,059.3	1,105.5	1,174.6	1,252.5	1,291.8	1,193.1	4.0	3.1	−7.6
全部 IT 制造业	3,543.8	3,649.0	3,860.8	4,096.9	4,430.4	4,740.3	5,037.0	5,381.6	5,350.4	4,779.0	6.2	−0.6	−10.7
（与上年相比之变化）		3.0%	5.8%	6.1%	8.1%	7.0%	6.3%	6.8%	−0.6%	−10.7%			
全部私企	91,855	95,016	97,866	100,169	103,113	106,021	108,686	110,996	110,707	108,886	2.7	−0.3	−1.6
IT 行业占全部私企（%）	3.9%	3.8%	3.9%	4.1%	4.3%	4.5%	4.6%	4.8%	4.8%	4.4%			

资料来源：美国劳工统计局最新就业统计表。

表 F.20 **2001～2002 年 IT 行业每人年平均工资**

排　序	IT 制造业	年平均工资		变　化	变化率%
（2002 年）		2001 年	2002 年	2001 年～2002 年	2001 年～2002 年
	全部私企平均数	$36,160	$36,520	$360	1.0%
	全部 IT 制造业平均数	$68,330	$67,440	−$890	−1.3%
1	软件发行	$104,810	$99,440	−$5,370	−5.1%
2	电子计算机制造	$95,050	$93,020	−$2,030	−2.1%
3	软件再造	$89,570	$92,260	$2,690	3.0%
4	半导体仪器制造	$86,320	$85,470	−$850	−1.0%
5	计算机及软件批量销售	$88,530	$84,840	−$3,690	−4.2%
6	计算机存储设备制造	$82,270	$82,810	$540	0.7%
7	计算机终端制造	$81,410	$82,610	$1,200	1.5%
8	特定计算机编程服务	$77,540	$76,080	−$1,460	−1.9%
9	半导体及相关设备制造	$78,820	$75,870	−$2,950	−3.7%
10	计算机系统设计服务	$75,950	$75,070	−$880	−1.2%
11	电子指示测试仪器	$70,240	$73,900	$3,660	5.2%
12	电话设备制造	$70,740	$72,940	$2,200	3.1%
13	互联网接入服务及网络搜索	$83,090	$69,270	−$13,820	−16.6%
14	其他计算机外围设备制造	$67,190	$68,770	$1,580	2.4%

续表

排　序	IT 制造业	年平均工资		变　化	变化率%
（2002 年）		2001 年	2002 年	2001 年～2002 年	2001 年～2002 年
15	实验分析仪器制造	$64,700	$64,980	$280	0.4%
16	卫星及其他电信服务	$60,830	$64,280	$3,450	5.7%
17	其他计算机相关服务	$65,750	$64,200	–$1,550	–2.4%
18	广播及无线通信设备	$61,240	$63,010	$1,770	2.9%
19	有线电信载波	$59,270	$60,810	$1,540	2.6%
20	计算机设备管理服务	$63,620	$60,770	–$2,850	–4.5%
21	办公仪器及设备租赁	$58,600	$59,860	$1,260	2.2%
22	办公仪器制造	$57,630	$59,850	$2,220	3.9%
23	电子管制造	$58,220	$59,350	$1,130	1.9%
24	电信转售	$55,110	$56,790	$1,680	3.0%
25	数据处理、集合及相关服务	$55,650	$55,820	$170	0.3%
26	蜂窝及其他无线电信	$56,970	$54,330	–$2,640	–4.6%
27	工业处理调节仪器	$52,290	$53,500	$1,210	2.3%
28	计算机及软件零售	$53,700	$52,870	–$830	–1.5%
29	光缆制造	$48,060	$51,630	$3,570	7.4%
30	磁性材料及光学材料存储介质制造	$49,660	$49,590	–$70	–0.1%

续表

排　序	IT 制造业	年平均工资		变　化	变化率%
（2002 年）		2001 年	2002 年	2001 年～2002 年	2001 年～2002 年
31	音频、视频设备制造	$46,790	$48,850	$2,060	4.4%
32	嵌入式电路装配件	$47,950	$48,010	$60	0.1%
33	通信设备保养维修	$43,800	$44,650	$850	1.9%
34	各种配件	$43,990	$43,820	–$170	–0.4%
35	计算机及办公仪器维修保养	$44,210	$43,770	–$440	–1.0%
36	电缆及其他通信传输	$42,560	$43,430	$870	2.0%
37	电子连接器制造	$39,550	$42,790	$3,240	8.2%
38	嵌入式电路板制造	$38,680	$40,020	$1,340	3.5%
39	电子电容器制造	$35,040	$37,750	$2,710	7.7%

表 F.21　　**1999 年～2002 年 IT 行业就业情况**

职　业	1999 年	2000 年	2001 年	2002 年	1999 年～2000 年+–%	2000 年～2001 年+–%	2001 年～2002 年+–%	教育/培训需要
总数	6,237,460	6,469,860	6,151,170	5,953,470	3.7%	–4.9%	–3.2%	--
计算机及信息系统管理人员	280,820	283,480	267,310	264,790	0.9	–5.7	–0.9	高
工程管理人员	248,210	242,280	214,760	205,390	–2.4	–11.4	–4.4	高

续表

职　业	1999年	2000年	2001年	2002年	1999年～2000年+−%	2000年～2001年+−%	2001年～2002年+−%	教育/培训需要
计算机及信息科研人员	26,280	25,800	25,620	24,410	−1.8	−0.7	−4.7	高
计算机程序员	528,600	530,730	501,550	457,320	0.4	−5.5	−8.8	高
计算机软件应用工程师	287,600	374,640	361,690	356,760	30.3	−3.5	−1.4	高
计算机软件系统工程师	209,030	264,610	261,520	255,040	26.6	−1.2	−2.5	高
计算机支持专业人员	462,840	522,570	493,240	478,560	12.9	−5.6	−3.0	高
计算机系统分析人员	428,210	463,300	448,270	467,750	8.2	−3.2	4.3	高
数据库程序管理员	101,460	108,000	104,250	102,090	6.4	−3.5	−2.1	高
网络及计算机系统管理人员	204,680	234,040	227,840	232,560	14.3	−2.6	2.1	高
网络系统及数据通信分析人员	98,330	119,220	126,060	133,460	21.2	5.7	5.9	高
计算机硬件工程师	60,420	63,680	67,590	67,180	5.4	6.1	−0.6	高
电学工程师	149,210	162,400	151,300	146,180	8.8	−6.8	−3.4	高
计算机以外电子工程师	106,830	123,690	123,210	126,020	15.8	−0.4	2.3	高
电学及电子工程技术人员	242,160	244,570	220,800	194,960	1.0	−9.7	−11.7	高
数据录入人员	520,220	458,720	405,000	376,970	−11.8	−11.7	−6.9	中等
计算机、自动化仪器操作人员及办公设备维修人员	130,090	142,390	143,810	135,380	9.5	1.0	−5.9	中等

续表

职　　业	1999 年	2000 年	2001 年	2002 年	1999 年～2000 年+−%	2000 年～2001 年+−%	2001 年～2002 年+−%	教育/培训需要
电信设备安装及维修人员（铺线人员除外）	172,700	192,470	210,650	195,680	11.4	9.4	−7.1	中等
电学及电子工商设备维修人员	71,530	81,760	77,780	82,320	14.3	−4.9	5.8	中等
电能线路安装及维修人员	99,090	96,200	99,140	96,040	−2.9	3.1	−3.1	中等
电信线路安装及维修人员	158,990	168,480	168,260	156,160	6.0	−0.1	−7.2	中等
电学及电子设备装配人员	387,430	367,150	302,530	267,030	−5.2	−17.6	−11.7	中等
机电设备组装人员	69,830	72,550	63,930	57,500	3.9	−11.9	−10.1	中等
半导体加工人员	42,110	67,000	51,060	43,630	59.1	−23.8	−14.6	中等
通信设备操作人员	299,390	295,250	285,160	273,310	−1.4	−3.4	−4.2	低
销售人员	551,410	492,040	480,610	491,000	−10.8	−2.3	2.2	低
计算机操作人员	198,500	186,460	177,990	172,640	−6.1	−4.5	−3.0	低
办公设备操作员（计算机操作员除外）	101,490	86,380	90,240	93,340	−14.9	4.5	3.4	低

注释：

高：相当于或高于学士学位；相关工作经验+学士或以上学位。

中等：长期在岗培训，相关工作经验或第二职业继续教育。

低：短期至中期在岗培训。

资料来源：美国劳工统计局职业数据统计表。

表 F.22 **1999 年～2002 年 IT 职业工资情况**

	1999 年	2000 年	2001 年	2002 年	1999 年～2000 年+−%	2000 年～2001 年+−%	2001 年～2002 年+−%	教育/培训需要
全部 IT 职业	$43,543	$47,328	$49,549	$51,195	8.7%	4.7%	3.3%	
计算机及信息系统管理人员	74,430	80,250	83,890	90,440	7.8	4.5	7.8	高
工程管理人员	81,560	85,450	88,900	95,740	4.8	4.0	7.7	高
计算机及信息科研人员	67,180	73,430	76,970	80,520	9.3	4.8	4.6	高
计算机程序员	54,960	60,970	62,890	63,690	10.9	3.1	1.3	高
计算机软件应用工程师	65,780	70,300	72,370	73,800	6.9	2.9	2.0	高
计算机软件系统工程师	66,230	70,890	74,490	75,840	7.0	5.1	1.8	高
计算机支持专业人员	39,410	39,680	41,920	42,330	0.7	5.6	1.0	高
计算机系统分析人员	57,920	61,210	63,710	64,900	5.7	4.1	1.9	高
数据库程序管理员	52,550	55,810	58,420	59,090	6.2	4.7	1.2	高
网络及计算机系统管理人员	50,090	53,690	56,440	57,620	7.2	5.1	2.1	高
网络系统及数据通信分析人员	55,710	57,890	60,300	61,380	3.9	4.2	1.8	高
计算机硬件工程师	66,960	70,100	74,310	76,150	4.7	6.0	2.5	高
电学工程师	61,520	66,320	68,630	70,470	7.8	3.5	2.7	高
计算机以外电子工程师	63,410	66,490	69,710	71,610	4.9	4.8	2.7	高
电学及电子工程技术人员	39,390	41,210	43,220	44,220	4.6	4.9	2.3	高
数据录入人员	21,070	22,170	22,740	23,190	5.2	2.6	2.0	中等

续表

	1999 年	2000 年	2001 年	2002 年	1999 年～2000 年+−%	2000 年～2001 年+−%	2001 年～2002 年+−%	教育/培训需要
计算机、自动化仪器操作人员及办公设备维修人员	31,290	32,860	34,120	34,800	5.0	3.8	2.0	中等
电信设备安装及维修人员（铺线人员除外）	41,130	42,520	44,360	45,550	3.4	4.3	2.7	中等
电学及电子工商设备维修人员	36,160	37,190	39,110	40,770	2.8	5.2	4.2	中等
电能线路安装及维修人员	43,490	44,490	45,840	47,170	2.3	3.0	2.9	中等
电信线路安装及维修人员	35,790	38,050	39,030	39,560	6.3	2.6	1.4	中等
电学及电子设备装配人员	21,840	22,950	23,900	24,630	5.1	4.1	3.0	中等
机电设备组装人员	23,830	24,560	26,080	26,520	3.1	6.2	1.7	中等
半导体加工人员	27,540	27,170	28,170	29,140	−1.3	3.7	3.4	中等
通信设备操作人员	20,970	22,100	23,030	23,220	5.4	4.2	0.8	低
销售人员	23,880	25,480	26,340	27,120	6.7	3.4	3.0	低
计算机操作人员	28,170	29,430	30,780	31,640	4.5	4.6	2.8	低
办公设备操作员（计算机操作员除外）	21,510	22,400	23,470	23,400	4.1	4.8	−0.3	低

注释：

高：相当于或高于学士学位；相关工作经验+学士或以上学位。

中等：长期在岗培训，相关工作经验或第二职业继续教育。

低：短期至中期在岗培训。

资料来源：美国劳工统计局职业数据统计表。

表 F.23　　IT 相关职业分类职责

职　业	职　责
工程管理人员	计划、指导或协调该领域的建筑、工程、研发项目。
计算机及信息系统管理人员	计划、指导或协调该领域电子数据处理、信息系统、系统分析和计算机程序设计项目。
计算机及信息科研人员	作为创意者、设计者、或专家主持以计算机和信息科学为基础的研究项目，解决计算机硬件和软件方面问题，或开发相关技术。
计算机程序员	将相关问题和程序以计算机编码语言的形式设计并开发存储、定位及数据、信息重置程序，也可以设计网站。
计算机软件应用工程师	开发、创造、修改普通计算机应用软件及专项应用软件项目，分析用户需要、开发软件功能，按要求为用户设计软件，也可以从应用角度分析设计数据库。
计算机软件系统工程师	研究、设计、开发、测试运营系统软件、编译器及网络配送软件，包括医疗、工业、军事和普通软件系统，编制操作说明书、并做软件需求分析。
计算机支持专业人员	为计算机系统用户提供技术帮助，解答、处理用户的计算机问题，也可以在计算机软件和硬件方面为客户提供帮助，包括打印、安装、文字处理、电子邮件和操作系统。
计算机系统分析人员	分析关于科学、工程、商务等方面的电子数据处理系统应用以及其他数据处理问题，分析用户需求、程序及自动化操作问题，改进现有系统，也可以分析或推荐软件。
数据库程序管理员	运用数据库管理系统协调、测试并更改计算机数据库，也可以计划、协调和改进安全措施以保护计算机数据库的安全。
网络及计算机系统管理人员	安装、配置、支持、监控、维修单位用户的局域网络（LAN）、广域网（WAN）和互联网系统，也可以监管网络支持和用户服务，计划、协调和完善网络安全措施。

续表

职　业	职　责
网络系统及数据通信分析人员	分析、设计、测试、评估网络系统，如：局域网（LAN）、广域网（WAN）、互联网、企业内部互联网、和其他数据通信系统；研究、推荐网络和数据通信硬件及软件；作为电信专家分析计算机界面和通信设备。
计算机硬件工程师	研究、设计、开发、测试商用、工用、军用和科研用计算机及其相关设备，也可以监管计算机及其相关设备部件的生产和安装。
电学工程师	设计、开发、测试或监管商用、工用、军用或科研用电学设备、配件或系统的生产和安装。
计算机以外电子工程师	研究、设计、开发、测试商用、工用、军用或科研用电子元件和系统；设计电子电路和部件，如电信、航空领域部件、推进器、声学仪器等。
电学及电子工程技术人员	在相关工程师的指导下，应用电学及电子工程理论，设计、制造、修理、校准和修改电学部件、电路、调节装置和机器，供进一步工程评估和设计使用。
数据录入人员	操作录入数据程序，如键盘录入和照片处理；其职责包括校对数据和准备打印材料。
计算机、自动化仪器操作人员及办公设备维修人员	修理、维护或安装计算机、文字处理系统、自动化仪器、电子办公设备，如复印机、传真机等。
电信设备安装及维修人员（铺线人员除外）	安装、重置或拆除中控室的电信转换或拨号设备，安装和修理电话及其他通信设备。
电学及电子工商设备维修人员	修理、测试、调校或安装电子设备，如：工业调节装置、发送其和天线。
电能线路安装及维修人员	安装或维修电能或配送用电缆或电线，也可架杆、装灯或安装重负荷传输塔。
电信线路安装及维修人员	维修电话和电视线路，包括：光纤和其他信号或电视节目传输设备。

续表

职　业	职　责
电学及电子设备装配人员	组装或更改电学或电子设备，如：计算机、测距器系统设备、电动机和电池。
机电设备组装人员	组装或更改机电设备或程序，如：自动驾驶装置、陀螺仪、功率计、磁鼓、磁带驱动器、制动器、联动调节器、加载器和矫正器。
半导体加工人员	进行部分或全部电子半导体制造，包括：半导体原材料装炉、定型切割、清洁、抛光、晶片制作、化学浸泡及组装电路。
通信设备操作人员	有依据地提供信息，帮助客户解决特殊需要，如：过户、委托、错话退款或通话故障等。操作电话业务系统设备、总机转接、中继线、内部呼叫等。
销售人员	汇总、统计、录入订单、账单、统计数字和其他销售数据，准备发票、发货清单等。
计算机操作人员	监控计算机及其外围电子数据处理设备根据指令进行商务、科研、工程及其他数据处理，也可在计算机及其外围设备上设定监控。

资料来源：美国劳工统计局

（中国互联网协会秘书处　李红　搜集整理）